실체에 이르는 길

1권

국립중앙도서관 출판시도서목록(CIP)

실체에 이르는 길 : 우주의 법칙으로 인도하는 완벽한 안내서. 1 /
로저 펜로즈 지음 ; 박병철 옮김. -- 서울 : 승산, 2010
p. ; cm

원표제: Road to reality : a complete guide to the laws of the universe
원저자명: Roger Penrose
참고문헌과 색인수록
영어 원작을 한국어로 번역
ISBN 978-89-6139-036-1 94420 : ₩35000
ISBN 978-89-6139-035-4(세트)

수리 물리학[數理物理學]
물리 법칙[物理法則]

420.1-KDC5
530.1-DDC21 CIP2010004065

THE ROAD TO REALITY

실체에 이르는 길

우주의 법칙으로 인도하는 완벽한 안내서

「황제의 새 마음」의 저자 로저 펜로즈 지음 | 박병철 옮김

1

승산

전 세계에서 『실체에 이르는 길』에 쏟아진 찬사들!

무엇으로도 대체 불가능한, 유일무이한 책이다.

E. Robb (영국, 런던)

어제 책을 읽기 시작했는데 오늘까지 손을 떼지 못하고 있다. 처음 150쪽 정도는 내가 대학에서 공부했던 내용이었는데, 그때 그것을 이해했다고 생각했지만 이 책을 읽으면서 그것이 착각이었음을 알게 되었다. 새로운 시각을 주는, 정말이지 스릴 넘치는 책이다.

GM (미국 캘리포니아 주, 캠벨)

수학이나 물리학과 친하지 않지만, 친구의 추천으로 『실체에 이르는 길』을 읽게 되었다. 이 책은 놀랍다. 펜로즈는 이해하기 어렵고 복잡한 수학의 아이디어를 무척이나 "쉽게" 만드는 능력을 지녔다. 다 읽고 이해하기까지 시간이 좀 걸리긴 하지만, 계속 읽고 싶게 만드는 매력적인 책이다.

T. K. Sheppard-Williams (미국 뉴저지 주)

『실체에 이르는 길』은 보석이다. 로저 펜로즈는 훌륭한 학자일 뿐만 아니라 훌륭한 교육자이다. 이 한 권으로 물리학의 아름다움과 물리학이 설명하는 자연의 깊은 곳을 엿보기에 손색이 없다.

Vincent (네덜란드)

서점에서 이 책을 처음 봤을 때 1,000페이지가 넘는 분량과 1.4킬로그램이 넘는 무게에 덜컥 겁부터 났다. 하지만, 일단 읽기 시작하자 손에서 놓을 수가 없었다. 결국 책을 사고 말았고 며칠 동안 시간 가는 줄 모르고 즐겁게 읽었다. 이 책을 단지 전시용으로만 사기에는 너무 아깝다. 『실체에 이르는 길』은 읽고, 또 읽고, 계속 읽어야 하는 책이다.

Palle Jorgensen (미국 아이오와 주, 아이오와 시티)

물리학을 공부해 본 적도 없는데 이 책을 구입한 이유는 순전히 로저 펜로즈라는 이름 때문이다. 그는 서평을 읽지 않더라도 믿음이 가는 작가이다. 이 책은 맥 레인의 『수학, 형식과 기능』, 스티븐 호킹의 『시간의 역사』와 함께 내 책장에 영원히 존재할 것이다.

Stephen Turnbull (일본, 쓰쿠바)

우리 시대 가장 뛰어난 수리물리학자가, 실체를 서술하는 물리 법칙을 특히 수학적 요소에 중점을 두어 서술한 철저한 보고서이다.

Rama Rao (미국 버지니아 주, 아난데일)

교양과학계의 베스트셀러를 많이 갖고 있지만, 『실체에 이르는 길』에는 또 다른 특별함이 있다. 마치 혼자서 펜로즈의 이야기를 듣고 있는 것 같은 기쁨을 준다. 또 깊이 있는 설명과 현대 물리학의 아름다움을 동시에 제공해 다른 대중 과학 도서들은 따라갈 수 없는 최고의 책이다.

J. Koelman (미국 텍사스 주, 휴스턴)

펜로즈는 보란 듯이 성공했다. 그와 함께라면 물리학은 지루하지 않다! 『실체에 이르는 길』은 수학과 물리학이 어떤 학문인가를 솔직하게 보여 준다. 수식과 마주쳐야만 하지만, 이 책은 독자를 아주 쉬운 수준에서부터 편안하게 준비시킬 것이고 나중에는 오히려 수식을 원하게 될 것이다! 과학을 본격적으로 공부하는 고등학생들에게 우선 추천하지만, 수학을 전공하지 않은 일반인, 교사, 다른 분야의 과학자, 대학생에게도 가치 있는 책이다.

Palle E. T. Jorgensen (미국 아이오와 주, 아이오와 시티)

드디어 역사에 길이 남을 대작이 탄생하였다. 『실체에 이르는 길』은 진정한 예술품이며, 반드시 고전이 될 책이다. 학교는 이 책을 갖춰 두고 수학이나 이론 물리학을 공부하게 될 미래의 모든 학생이 대학 공부를 시작하기 전에 읽도록 해야 한다.

Mr. R. L. Holden (영국, 런던)

아주 인상적인 책이다. 매우 수학적인 내용이지만 누구나 이해할 수 있도록 풀어서 설명하는 까닭에, 내 수준이 이 정도로 높았나 하는 생각이 들게 한다.

Angar18 (미국)

중요한 부분에 대한 자세한 서술을 지나치게 아끼는 대중 과학서나 어려운 세부 사항 때문에 나무만 보여주고 숲을 보여주지 못하는 학술 서적 사이에서 중용을 지킨 책이다. 핵심 수학을 피해가지 않으면서도 이 모두가 무엇을 의미하는지에 대한 탁월한 설명을 놓치지 않는『실체에 이르는 길』은 당신의 서재를 완벽하게 보완할 것이다.

Mr. J. D. Small (영국 켄트 주, 파버샴)

이 책은 결말이 뜯겨진 추리 소설과도 같아서 당신은 필사적으로 책의 마지막 장을 좇을 것이다. 당신의 영웅이 아인슈타인, 디랙, 리처드 파인만, 스티븐 호킹이라면 반드시 이 책을 읽으라. 그렇지 않은 사람이라도 어쨌든 읽으라. 그들이 당신의 영웅이 될 것이다.

P. Turner (영국)

차례

일러두기

1. 외래어 표기는 '외래어 표기법' 을 따르되 학계·언론 등에서 관행적으로 써 온 표기는 예외로 하였다.
   예) 리처드 파인만(← 파인먼)
2. 본문의 물리학, 수학용어의 표기는 각각 한국물리학회 물리용어 조정안과 대한수학회 수학용어집을 따랐다.

나에게 물리학의 즐거움을 일깨워 준
고(故) 데니스 시아마에게
이 책을 바친다.

서문

인류는 지난 세월 동안 지적 항해를 꾸준하게 추구해 오면서 실로 다양한 지식을 축적해 왔다. 그중에서 가장 중요하고 흥미로운 테마와 그 발달사를 일반 독자들에게 전달하는 것이 이 책의 목적이다. 인간의 지식에는 여러 종류가 있지만, 그중에서도 가장 중요하면서 우리의 관심을 끄는 것은 단연 '우주를 지배하는 근본 법칙'일 것이다. 인류의 우주탐구는 거의 2,500년에 가까운 역사를 갖고 있으므로, 그동안 방대한 지식이 축적되었다고 해서 많이 놀랄 일은 아니다. 그러나 우주를 이해하는 것은 너무나도 어려운 과제였고, 진정한 지식은 오랜 세월에 걸쳐 아주 서서히 구축되어 왔다. 문제가 어렵다는 것은 "언제라도 잘못된 길로 빠질 수 있다"는 뜻이므로, 우주를 탐구할 때에는 각별한 주의를 기울여야 한다. 지난 20세기에 엄청난 진보를 이루면서 한껏 고무된 과학자들은 자연을 지배하는 '모든' 기본원리들을 이제 곧 이해하게 될 것이라고 목소리를 높이고 있다. 그러나 나는 지금의 상황을 좀 더 냉정한 관점에서 바라보아야 한다고 생각한다. 물론, 낙관적인 사람들은 나의 의견을 환영하지 않겠지만, 내가 보기에는 지난 세기에 겪었던 것보다 더욱 혁신적인 변화가 앞으로 다가올 것 같다.

앞으로 책장을 넘기다 보면 알게 되겠지만, 나는 독자의 수가 현격하게 줄어들 것을 알면서도 난해한 수학공식을 과감하게 전면으로 내세웠다. 책을 집필하면서 이 문제 때문에 고민을 많이 했는데, 독자들에게 제대로 된 내용을 전달하려면 순수수학적 개념과 수식들을 동원할 수밖에 없다는 결론에 이르렀다. 물리적 세계를 지배하는 기본원리들을 심도 있게 이해하려면, 그와 관련된 수학을 어느 정도는 알고 있어야 한다. 이쯤에서 "뭐야, 수학과는 담을 쌓은 나한테 이렇게 난해한 책을 읽으라고?"라며 당장 책을 덮고 싶은 독자들도 있을 것이다. 그러나 간단한 분수의 덧셈조차 부담스러워 하면서 최첨단의 과학이론을 이해하는 것은 현실적으로 불가능하다. 과학적 시각으로 자연에 접근하는 과정에는 분명히 넘기 어려운 고비가 있다. 물론, 일반인들에게 수학이 어렵게 느껴진다는 것은 나도 잘 알고 있다.

그러나 나는 이 점에 대하여 매우 낙관적인 견해를 갖고 있다. 어찌 보면 '불치의' 낙관주의자라 할 수 있을 것이다. 분수계산을 못하는(또는 자신이 그렇다고 주장하는) 사람들은, 수학으로 가득 찬 책을 읽으면서 숨겨진 재능을 찾게 될지도 모를 일이다. 물론 개중에는 간단한 수식만 봐도 어린 시절 선생님이나 부모님의 엄한 얼굴을 떠올리는 사람도 있을 것이다. 사실, 대부분의 사람들은 소싯적에 수학을 배워야 하는 이유조차 모르는 채 오로지 '배워야 한다'는 일념 하에 암기 위주의 교육을 받았기 때문에, 수학의 아름다움이나 신비함을 느끼기는 어려웠을 것이다. 게다가 독자 중에는 수학에 적응하기에 적절한 시기를 이미 놓친 사람도 있을 것이다. 그러나 방금 말한 대로 나는 이 점에 관하여 매우 낙천적인 생각을 갖고 있기에, 분수의 계산조차 서툰 사람들도 최소한의 수학지식을 갖춘다면 경이로운 자연의 아름다움을 충분히 즐길 수 있으리라 믿어 의심치 않는다.

우리 어머니의 친구 중에, 어릴 적에 분수를 전혀 이해하지 못했던 분이 있다. 이분은 훗날 발레리나로 성공하여 커다란 명성을 얻었고, 은퇴한 후 나에게 이 사실을 고백해 왔다. 당시 나는 수학자가 되려고 한창 공부하던 어린 학생에 불과했지만, 그분의 눈에는 수학이라는 난해한 학문을 '즐기는' 별종으로 보였던 모양이다. 그녀는 내게 이렇게 말했다. "분수 계산은 분자와 분모를 약분하는 게 전부 아니니? 그런데 어린 내게는 그 짓이 정말 어려웠단다." 그분은 더할 나위 없이 우아하고 지적인 부인이었다. 사실, 복잡한 안무를 이해하고 외우는 데 필요한 지적 능력이 수학을 이해하는 능력보다 낮은 수준일 리가 없지 않은가. 그래서 나는 상대방을 이해시키는 나의 능력을 굳게 믿고, 그 부인에게 분수의 약분법을 열심히 설명해 주었다.

그러나 다른 사람들도 그랬듯이, 나의 설명은 그다지 성공적이지 못했다(부인의 부친은 저명한 과학자이자 영국 왕립학회의 회원이기도 했다. 그렇다면 그녀는 남들보다 훌륭한 과학적 자질을 타고났을 수도 있다. 어린 시절 부친의 엄한 표정이 그녀를 주눅들게 했을까? 나도 잘 모르겠다). 아마도 그녀는 수학적인 대화 자체에 어떤 부담감을 느끼고 있었을지도 모른다. 수학에 콤플렉스를 가진 사람이라면 대체로 이 말에 동의할 것이다. 수학이나 수리물리학을 공부하다 보면, 간단한 분수의 약분에 깊은 의미가 숨어 있는 경우를 종종 보게 된다.

분수계산을 계속 반복하여, 눈감고도 약분을 할 수 있을 정도로 숙달된 사람들은 간단한 연산 뒤에 숨어 있는 어려움을 쉽게 간과하는 경향이 있다. 그러나 '약분의 신비함'을 간파한 사람들은 그 속에 심오한 수학적 원리가 숨어 있음을 알고 있다. 수학자들은 이러한 원리를 이용하여 수학적 객체에 생명을 불어넣고, 이들을 물리학과 연관시킨다.

나는 11살 때 학교 선생님이 "$\frac{3}{8}$과 같은 분수의 진정한 의미는 무엇일까요?"라는 질문을 던지는 바람에 몹시 당황한 적이 있다. 몇몇 학생들은 파이나 사과를 나눠 먹는 비유를 들어가면서 열심히 대답했지만, 그것은 선생님이 바라던 답이 아니었다. 선생님은 '분수의 개념을 물리적 세계에 적용한' 답을 원한 것이 아니라, 분수 자체의 의미를 물어보았던 것이다. 그때 한 학생이 나서서 "$\frac{3}{8}$은 3을 위에, 8을 아래에 놓고 이들 사이에 짧은 수평선을 그어놓은 것"이라고 대답했다. 우리는 킬킬거리며 황당한 답을 내놓은 학생을 비웃고 있었는데, 놀랍게도 선생님은 그 학생을 칭찬하는 것이 아닌가! 그날의 결론이 어떻게 내려졌는지는 기억나지 않지만, 훗날 수학을 전공하면서 그 시절을 회고해 보니 당시의 선생님은 초등학생들을 앉혀놓고 '동치류同値類, equivalence class'라는 수학개념으로 분수를 정의하려는 과감한 시도를 했던 것이었다.

동치류란 무엇인가? 이 개념은 분수에 어떤 식으로 적용되며, 분수와 관련하여 우리에게 어떤 사실을 말해줄 수 있는가? '분수란 3을 위에, 8을 아래에 놓고 이들 사이에 짧은 수평선을 그어 놓은 것'이라는 초등학생의 설명에서부터 시작해서, 실마리를 풀어나가 보자. 기본적으로 분수란 '한 쌍의 정수를 이용하여 특정 비율을 표현한 값'을 의미한다. 그러나 우리는 분수를 이런 식으로 이해하지 않는다. (6, 16)과 (3, 8)은 분명히 다른 정수로 이루어진 짝임에도, $\frac{6}{16}$과 $\frac{3}{8}$은 동일한 값을 나타내기 때문이다. 이들이 동일한 값으로 인정되려면 '약분'이라는 과정을 거쳐야 한다. $\frac{6}{16}$은 $\frac{3 \times 2}{8 \times 2}$로 쓸 수 있고, 분자와 분모에 공통으로 들어 있는 2를 떼어 내면 $\frac{3}{8}$이 얻어진다. 그런데 누구 마음대로 2를 떼어낸다는 말인가? 수학자의 대답(일부 사람들에게는 변명처럼 들리겠지만)은 다음과 같다. 분수의 원래 정의에 의해, 두 개의 정수로 이루어진 $(a \times n, b \times n)$쌍은 (a, b)쌍과 정확하게 같은 의미를 갖는다. 단, n은 0이 아닌 정수이어야 한다(b가 0인 경우도 허용되지 않는다).

그러나 이런 식의 설명으로는 분수의 정확한 의미를 전달할 수 없다. 이것은 단지 분수의 표기법을 설명한 것에 불과하다. 우리가 알고 싶은 것은 수학자들이 만들어 놓은 규칙이 아니라, 분수의 '진정한 의미'이다. 수학자들이 제시한 '동치류'의 개념에 의하면, $\frac{3}{8}$이라는 분수는 다음과 같이 무수히 많은 정수 쌍의 집합에 해당된다.

(3, 8), (−3. −8), (6, 16), (−6, −16), (9, 24), (−9, −24), (12, 32), …

여기 나열된 모든 정수 쌍들에 전술한 약분규칙을 적용하면 한결같이 $\frac{3}{8}$이라는 결과가 얻어진다[이들은 수학적 객체(여기서는 정수 쌍)의 류類, class로 이루어져 있기 때문에 '동치류equivalence class'라 부른다. 여기 나열된 정수 쌍들은 미리 정해 놓은 규칙에 따라 모두 동일한 값에 대응한다 : 옮긴이]. 여기에 덧붙여서, 정상적인 대수학의 규칙 하에 분수를 더하고 빼고 곱하고 나누는 연산이 정의되어야 하며, 기존의 정수들을 분수로 표현하는 방법도 있어야 한다.

이런 식으로 정의가 내려지면 분수는 수학적으로 완벽한 '숫자'의 대열에 합류하게 된다($\frac{1}{2}$을 두 번 더하면 1이 되는 등, 기존 연산과 숫자체계에 자연스럽게 부합한다). 그리고 약분은 분수의 정의 속에 자연스럽게 포함된다. 그러나 이 모든 과정은 다분히 형식적으로 이루어지기 때문에, 수학적 정의가 성공적으로 내려진다 해도 분수를 직관적으로 이해하는 데에는 별 도움이 되지 않는다. 동치류의 개념은 수학적 객체를 정의하고 타당성을 부여하는 데 매우 중요한 역할을 하지만, 여기서 탄생한 개념들은 (일반인들이 보기에) 그다지 안정적이지 않다. 이런 식의 정의로 $\frac{3}{8}$의 개념을 이해하기란 거의 불가능하다! 사정이 이러하기에, 어머니의 친구 분이 분수계산에 그토록 어려움을 겪은 것도 어찌 보면 당연한 결과라 할 수 있다.

나는 이 책에서 수학 개념을 설명할 때, 가능한 한 '수학자 티'를 내지 않을 생각이다. 분수를 설명할 때 무한 동치류의 개념을 도입하면 수학적 정교함이나 엄밀함을 추구할 수는 있지만, 일반 독자에게는 딴 나라 이야기로 들릴 것이 분명하다. 그래서 나는 수학자들이 정의해 놓은 규칙보다는 개념 자체를 직관적으로 이해시키는 데 주안점을 둘 것이다. 예를 들자면, 분수 $\frac{3}{8}$을 "여덟 번을 연달아 더했을 때 3이 되는 수"로 정의하는 식이다. 여기서 한 가지 신기한 것은, 물리적 세계에서 분수를 직접 경험하지 않아도 분수의 개념을 이해할 수 있다는 것이다. 파이나 피자 조각을 예로 드는 것은 '근사적인 서술'에 불과하지만, 우리는 이로부터 분수를 어렵지 않게 떠올릴 수 있다(1, 2, 3과 같은 정수는 사정이 다르다. 우리는 정수를 다양한 물체의 '개수'에 대응시킴으로써, 한 치의 오차도 없이 정확하게 응용할 수 있다). 분수의 개념이 수학적으로 모순을 일으키지 않는다는 것은 무한히 많은 정수(자연수) 쌍을 이용한 분수의 '정의'로부터 확인할 수 있다. 그러나 $\frac{3}{8}$이라는 분수가 "무수히 많은 자연수 쌍으로 정의된다"고 하면, 일반인들은 쉽게 이해하지 못할 것이다. $\frac{3}{8}$이 '무수히 많은 수 자체'는 아니기 때문이다. 무수히 많은 자연수의 쌍은 $\frac{3}{8}$을 학술적으로 정의하는 수단에 불과하며, 일단 정의를 이해하고 나면 더는 머릿속에 담아둘 필요가 없다. 분수뿐만 아니라, 대부분의 수학적 개념도 이와 비슷한 속성을 갖고 있다.

대부분의 수학자들은(적어도 내가 아는 수학자 대부분은) 수학을 '인간이 창조한 문화적 산물'이 아니라 '자생력을 갖고 스스로 존재하는' 그 무엇으로 간주한다. 또한 수학은 물리적 세계와 놀라울 정도로 정교한 조화를 이루고 있으므로, 물리학 법칙을 깊이 이해하려면 어쩔 수 없이 수학을 도입해야 한다. 특히, 위에서 언급한 동치류의 개념은 수학뿐만 아니라 물리학의 일반상대성이론이나 자연에 존재하는 다양한 힘을 서술하는 게이지 이론gauge theory에서도 핵심적인 역할을 하고 있다. 그래서 현대 물리학을 연구하는 학자들은 복잡하고 미묘한 수학을 최상의 도구로 활용하고 있다. 바로 이러한 이유 때문에, 이 책의 전반부(1장 ~ 16장)는 수학적 개념을 설명하는 데 고스란히 쓰였다.

이 책은 4단계의 각기 다른 수준에서 읽을 수 있도록 집필되었다. 수식을 볼 때마다 현기증을 일으키거나, 분수 계산에 아직도 자신이 없는 독자들은 모든 수식을 뛰어넘고 글자만 읽어도 꽤 많은 정보를 습득할 수 있을 것이다. 나는 어린 시절 집에서 체스잡지를 읽을 때 이 방법을 자주 사용했다. 당시 우리 부모님과 형제들은 체스광이었는데, 유독 나만 체스를 별로 좋아하지 않았다. 나의 관심은 체스경기가 아니라, 체스에 완전히 몰입한 채 독특한 삶을 살아가는 세계적인 선수들이었다. 그래서 나는 책에 나와 있는 복잡한 행마를 이해하지 못하면서도 고수들이 개발했다는 묘수를 그림 감상하듯 바라보면서 그 세계를 짐작하곤 했는데, 이런 식으로 책을 읽어도 전체적인 내용을 이해하며 즐기는 데에는 아무런 문제가 없었다. 마찬가지로, 수학과 친하지 않은 독자들이라 해도 이 책에 등장하는 수학적 내용에서 많은 정보를 얻을 수 있을 것이다. 내가 장담하건대 수식을 그냥 넘어갔다고 해서 걱정할 필요는 전혀 없다(나도 다른 책을 읽을 때 수식을 뛰어넘는 경우가 종종 있다). 첫머리부터 골치 아픈 이야기가 나온다고 생각되면 그 부분을 생략하거나, 아예 한 장을 통째로 뛰어넘어도 상관없다. 각 주제는 다양한 난이도로 여러 부분에 걸쳐 반복되기 때문에, 독자들의 입맛에 맞는 설명이 어딘가에 분명히 있을 것이다. 그 부분을 읽고 어느 정도 개념이 잡혔다면, 앞에서 건너뛰었던 부분으로 되돌아가 생각을 다시 한 번 정리할 수도 있다.

이 책을 읽는 독자 중에는 수학에 어느 정도 익숙하긴 하지만 수식을 손수 검증할 만큼 열성적이지 않은 사람들도 있을 것이다. 이런 독자들은 책의 하단부에 각주와 함께 나와 있는 문제들을 풀어 보길 권한다. 각 문제의 난이도는 아래와 같은 아이콘으로 구분해 놓았다.

 매우 쉬움

 약간의 사고를 필요로 함

 제법 어려움

모든 문제를 일일이 풀면서 진도를 나간다 해도, 독서의 흐름이 끊기지는 않을 것이다.

이 책에 제시된 문제들은, 수학공부를 하려는 의욕은 넘치지만 수학개념에 익숙지 않은 독자에게도 많은 도움이 될 것이다. 다른 분야도 그렇지만, 특히 수학은 '대충 읽는 것'과 '직접 문제를 풀어보는 것' 사이에 엄청난 차이가 있다(각 연습문제의 해답은 www.roadsolutions.ox.ac.uk에서 찾아볼 수 있다).

수학을 이해하는 데 별 어려움이 없는 전문가층 독자라면, 문제를 풀면서 시간을 낭비하기 싫을 것이다. 그러나 직접 문제를 풀다 보면 내가 제시한 개념들이 도움된다는 사실을 알게 될 것이다. 대부분의 문제는 기존과 사뭇 다른(때에 따라서는 전혀 다른) 개념과 관련되어 있다. 또한 독자들은 최신이론(초대칭, 인플레이션 우주론, 빅뱅, 블랙홀, 초끈이론과 M-이론, 양자중력이론의 고리 변수loop variable, 트위스터 이론, 양자역학의 기본개념 등)에 대한 나의 견해가 기존의 생각들과 전혀 다르다는 것도 알게 될 것이다. 물론, 대부분의 사람은 나의 의견에 동의하지 않을 것이다. 그러나 논쟁은 과학 발전을 위해 반드시 필요한 요소이기에, 현대 이론물리학과 상치되는 나의 개인적 견해를 과감하게 피력하기로 했다.

이 책의 주제는 '수학과 물리학의 관계'이며, 수학과 물리학의 강력한 상호작용을 이용하여 새로운 이론을 개발하는 방법에 대해서도 언급되어 있다. 현대에 이르러, 수학의 미적 짜임새와 깊이, 그리고 세련된 정도는 새로운 물리이론의 진위를 가늠하는 중요한 척도로 자리 잡았다. 수학은 양자역학의 체계와 전자의 운동을 서술하는 디랙 방정식, 그리고 아인슈타인의 일반상대성이론 등 20세기에 개발된 주요 물리학이론을 통해 막강한 위력을 발휘해 왔다. 그러나 아무리 대단한 이론이라 해도, 물리적 사실(궁극적인 관측결과)에 우선할 수는 없다. 궁극적인 진실은 이론이 아닌 실험결과에 담겨 있기 때문이다. 실험이나 관측결과에 부합되지 않는 이론은 수학적 체계가 아무리 아름답다고 해도, 과학의 전당에서는 설 자리가 없다. 그러나 우주에 대한 우리의 이해를 한층 높여준 최신 이론 중 상당수는 아직 실험적으로 검증되지 않았으며, 심지어는 검증될 가능성조차 없는 것도 있다. 따라서 우리는 먼저 다음과 같은 질문을 제기해야 한다. "현재 알려진 수학만으로 새로운 이론을 검증할 수 있는가?" 사실, 이것은 매우 미묘한 문제이다. 나는 이 책을 통해 다른 곳에서 신중하게 거론된 적이 없는 문제점들을 지적하고자 한다.

이 책은 논쟁의 소지가 다분한 내용을 곳곳에 담고 있다. 물론, 이런 문제를 거론할 때에는 독자들에게 가능한 한 많은 정보를 전달하기 위해 최대한 노력을 기울였다. 그러므로 이 책은 현대물리학의 핵심개념을 이해하려는 독자들에게 매우 훌륭한 안내서가 될 것이다. 세 번째 밀레니엄을 향해 첫발을 내디딘 지금, 공부하는 학생들에게 현대물리학을 '가감없이 솔직하게' 소개할 때에도 이 책이 제 몫을 하리라 믿는다.

감사의 글

이 책을 처음 집필하기 시작한 후로, 감사의 글을 쓸 때까지 무려 8년의 세월이 흘렀다. 이렇게 오랜 시간이 걸린 이유는 책의 두께가 말해주리라 믿는다. 집필기간이 길었던 만큼, 감사의 말을 전하고 싶은 사람들의 명단도 꽤 길다. 그동안 수많은 사람들이 이 책의 탄생에 공헌했으나, 개중에는 이 책에서 누락된 내용도 있다. 물론 이것은 나의 불찰이므로 이 자리를 빌려 먼저 양해를 구하는 바이다.

우선, 그동안 나에게 값진 도움을 베풀었음에도 불구하고 지금 당장 이름이 떠오르지 않는 사람들에게 특별한 감사와 함께 심심한 사과의 말을 전한다. 그 밖에 나에게 다양한 정보와 도움을 주었던 사람들의 명단은 다음과 같다.

마이클 아티야Michael Atiyah, 존 바에즈John Baez, 마이클 베리Michael Berry, 도르제 브로디Dorje Brody, 로버트 브라이언트Robert Bryant, 찬홍모Hong-Mo Chan, 조이 크리스찬Joy Christian, 앤드루 더긴스Andrew Duggins, 마치에 두나체스키Maciej Dunajski, 프리먼 다이슨Freeman Dyson, 아르투르 에커르트Artur Ekert, 데이비드 파울러David Fowler, 마거

릿 글리슨Margaret Gleason, 제레미 그레이Geremy Gray, 스튜어트 해머로프Stuart Hameroff, 키스 하나버스Keith Hannabuss, 루시엔 하디Lucien Hardy, 짐 하틀Jim Hartle, 톰 호킨즈Tom Hawkins, 나이젤 히친Nigel Hitchin, 앤드루 호지스Andrew Hodges, 디판카르 홈Dipankar Home, 짐 호위Jim Howie, 크리스 아이샴Chris Isham, 테드 제이콥슨Ted Jacobson, 버나드 케이Bernard Kay, 윌리엄 마셜William Marchall, 라이오넬 메이슨Lionel Mason, 찰스 마이스너Charles Misner, 트리스탄 니덤Tristan Needham, 스텔리오스 네그레폰티스Stelios Negrepontis, 사라 존스 넬슨Sarah Jones Nelson, 에즈라 테드 뉴먼Ezra Ted Newman, 찰스 오클리Charles Oakley, 다니엘 오이Daniel Oi, 로버트 오서먼Robert Osserman, 돈 페이지Don Page, 올리버 펜로즈Oliver Penrose, 앨런 랜달Alan Rendall, 볼프강 린들러Wolfgang Rindler, 엥겔베르트 슈킹Engelbert Schucking, 버나드 슈츠Bernard Schutz, 조지프 실크Joseph Silk, 크리스토프 사이먼Christoph Simon, 조지 스팔링George Sparling, 존 스타첼John Stachel, 헨리 스탭Henry Stapp, 리처드 토머스Richard Thomas, 제라드 토프트Gerard 't Hooft, 폴 토드Paul Tod, 제임스 비커스James Vickers, 로버트 월드Robert Wald, 라이너 바이스Rainer Weiss, 로니 웰즈Ronny Wells, 제럴드 웨스트하이머Gerald Westheimer, 존 휠러John Wheeler, 닉 우드하우스Nick Woodhouse, 안톤 차일링거Anton Zeilinger.

또한, 다양한 부분에서 많은 도움을 주었던 리 스몰린Lee Smolin과 켈리 스텔Kelly Stelle, 레인 휴스턴Lane Huston에게도 감사를 전한다. 입자물리학 부분은 플로렌스 추Florence Tsou (추셩춘Tsou Sheuny Tsun)으로부터 커다란 도움을 받았고, 양자역학과 관련된 부분에서는 페이 도우커Fay Dowker의 조언이 글의 완성도를 높여 주었다. 수비르 사카르Subir

Sarkar와 바헤 구르자단Vahe Gurzadyan은 우주론과 관련된 관측 데이터 및 최신정보를 제공해 주었으며, 아브헤이 아쉬테카르Abhay Ashtekar는 고리변수이론loop-variable theory과 끈이론string theory과 관련하여 많은 도움을 주었다.

PHY 93-96246과 00-90091 프로젝트를 통해, 책의 집필에 재정적인 도움을 준 미 국립과학재단과, 2000～2002년 동안 연구를 지원해 준 레버흄 에메리투스Leverhulme Emeritus 장학재단에도 깊은 감사를 전한다. 나는 이 책을 집필하던 중 런던의 그레샴 대학교Gresham Collage : 1998～2001와 미국 펜실베이니아 주립대학교Penn State Univ의 중력연구소를 한시적으로 방문한 적이 있었는데, 이 기간 동안 매우 많은 진도를 나갈 수 있었다. 옥스포드 수학 연구소에 있을 때 사무조교로서 많은 업무를 처리해 주었던 루스 프레스턴Ruth Preston에게도 감사를 전하고 싶다. 옥스퍼드 대학교 측에도 이 자리를 빌어 심심한 감사를 드린다.

이 책의 편집진은 빡빡한 스케줄 속에서 실수를 연발하는 작가 때문에 엄청난 고생을 했다. 이런 악조건 속에서 끝까지 임무를 완수해준 분들에게 깊은 감사를 보낸다. 초기 편집장이었던 에디 미찌Eddie Mizzi는 나의 혼란스러운 글을 깔끔한 문장으로 다듬어 주었고, 리처드 로렌스Richard Lawrence는 초인적인 인내를 발휘하여 기어이 이 책을 완성시켰다. 또한, 존 홈즈John Holmes는 특유의 꼼꼼함으로 색인을 정리해 주었으며, 프로젝트 막바지에 합류한 윌리엄 쇼William Shaw는 뛰어난 컴퓨터 솜씨로 그래픽 작업(그림 1.2, 2.16, 2.19)을 훌륭하게 마무리하였다. 그리고 제이콥 포스터Jacob Foster는 나를 위해 참고문헌을 정리해 주었을 뿐만 아니라, 원고 교정을 엄청나게 빠른 속도로 수행하면서 틀린 부분을 정확하게 잡아 주었다. 각 장의 뒷부분에 수록된 후주와 책의 끝부분에 수록된 방대한 양의 참고문헌을 보면, 그의 고생을 짐작할 수 있을 것이다. 물론, 이 책에 아직도 남아 있을 오자와 탈자는 순전히 나의 책임임을 분명하게 밝혀 두는 바이다.

M.C. 에셔M.C. Escher의 그림 2.11, 2.12, 2.16, 2.22의 게재를 허락해 준 네덜란드의 M.C. 에셔 사M.C. Escher Company에도 감사를 드린다. 그림 2.12와 2.16은 원화를 부분적으로 수정한 그림 2.11을 활용한 것이다. 이것 역시 M.C. 에셔 사의 허락 하에 인용되었다. 이 책에 수록된 에셔의 모든 그림에 대한 판권은 M.C. 에셔 사가 보유하고 있음을 밝힌다. 또한, 그림 27.19와 28.19의 게재를 허락해 준 하이델베르크 대학교 이론물리학 연구소와 찰스 H. 라인위버Charles H. Lineweaver에게도 감사의 말을 전한다.

나의 사랑하는 아내 바네사Vanessa에 대한 고마움은 말로 표현할 길이 없다. 그녀는 내가 부탁할 때마다 컴퓨터로 그래프를 그려 주었을 뿐만 아니라(그림 4.1, 4.2, 5.7, 6.2～6.8, 8.15, 9.1, 9.2, 9.8, 9.12, 21.3b, 21.10, 27.5, 27.14, 27.15, 그리고 그림 1.1의 정다면체들), 긴 세월 동안 마음이 딴 데 가있는 남편을 한결같은 마음으로 보살펴 주었다. 그리고 태어난 후 줄곧 나의 산만한 모습만 보면서 자란 맥스Max에게도 미안함과 고마움을 함께 전한다. 나는 맥스 덕분에 책의 집필기간을 늘일 수 있었고(그 덕분에 중요한 내용을 추가할 수 있었다), 맥스의 응원 덕분에 집필기간 내내 긍정적이고 즐거운 마음을 유지할 수 있었다. 이런 마음을 계속 유지할 수 있다면, 우주의 법칙을 규명하는 아이디어와 영감 어린 생각들도 언젠가는 떠오를 것이다.

기호설명

(이 글은 '책에 등장하는 다양한 개념에 익숙해졌지만, 기호의 서체 때문에 헷갈리는' 독자를 위한 것이다. 그러므로 아직 이 수준에 이르지 못했다면 이 글을 읽을 필요가 없다!)

나는 이 책을 쓰면서 기호를 일관성 있게 사용하려고 노력했다. 그러나 나의 표기법이 국제적 표준은 아니므로, 기호에 관하여 설명을 약간 추가하는 편이 좋을 것 같다.

w^2, p^n, $\log z$, $\cos\theta$, $e^{i\theta}$, e^x 등과 같이 이탤릭 체로 쓴 문자들은 통상적인 숫자나 스칼라로 표현되는 변수를 의미한다. 그러나 cos, log와 같은 함수는 정자 체로 표기하였다. 그리고 c, G, h, $\hbar$, g, k 등과 같은 전통적 물리상수들은 이탤릭 체로 표기하였다.

굵은 이탤릭 체로 표기된 문자는 벡터나 텐서를 나타낸다. 예를 들어, 본문에 나오는 $\boldsymbol{R}$은 리만 곡률텐서 Riemann curvature tensor이다. 그리고 벡터나 텐서의 성분은 R_{abcd}와 같이 보통 이탤릭 체(가늘게 기울인 서체)로 표기하였다. 12.8절에 도입된 추상-지표 표기법 abstract-index notation과의 일관성을 유지하기 위해, R_{abcd}는 경우에 따라 벡터 $\boldsymbol{R}$을 의미할 수도 있다고 약속한다(단, 이러한 해석이 가능하거나 내용상 명백한 경우에 한한다). 추상적 선형변환abstract linear transfirmation은 일종의 텐서로 표현되는데, 이때도 $\boldsymbol{T}$같이 굵은 이탤릭 체를 사용할 것이다. $T^a{}_b$와 같은 기호도 추상적 선형변환을 의미하며, 각 첨자는 행렬의 곱하는 순서를 분명하게 정의하기 위해 도입되었다. 예를 들어, $S^a{}_b\, T^b{}_c$는 두 선형변환의 곱 $\boldsymbol{ST}$를 의미한다. 텐서의 경우, $S^a{}_b$와 $T^b{}_c$는 (본문에 명기된 내용에 따라)각 성분의 배열을 나타내는데(이 경우에는 행렬matrix에 대응된다), 경우에 따라서는 (이탤릭 체가 아닌)굵은 서체 $\mathbf{S}$나 $\mathbf{T}$를 사용할 수도 있다. 이때 $\mathbf{ST}$는 행렬의 곱을 의미한다. 물론, R_{abcd}나 $S^a{}_b$의 의미를 이렇게 이중적으로(행렬의 성분, 또는 텐서 자체) 사용해도 혼동할 염려는 없다. 두 가지 경우에 이 기호들은 동일한 대수법칙(또는 미분법칙)을 따르기 때문이다. 이 책에서는 위의 양들을 나타내는 세 번째 표기법(다이어그램 표기법)도 도입되었는데, 구체적인 내용을 알고 싶은 독자들은 그림 12.17, 12.18, 14.6, 14.7, 14.21, 19.1 등을 참고하기 바란다.

특수상대성이론에서는 기존의 3차원 공간이 4차원 시공간으로 확장되는데, 두 공간에서 정의되는 물리량들을 구별하기 위해 3차원 벡터는 $\mathbf{p}$, $\mathbf{x}$와 같이 굵은 고딕체로 쓰고, 4차원 시공간에서 정의되는 벡터들은 $\boldsymbol{p}$, $\boldsymbol{x}$와 같이 굵은 이탤릭 체로 표기하였다. 방금 전에 "$\mathbf{T}$는 행렬을, $\boldsymbol{T}$는 추상적 선형변환을 나타낸다"고 했으므로, 일관성을 유지하기 위해 $\mathbf{p}$, $\mathbf{x}$는 세 개의 성분을 갖는 벡터를 의미하고 $\boldsymbol{p}$, $\boldsymbol{x}$는 추상적 성분이 추가된 고차원 벡터를 나타내는 것으로 약속한다(그러나 경우에 따라서는 이 규약을 지키지 않을 수도 있다). 3차원 벡터 $\mathbf{a} = (a_1,\ a_2,\ a_3)$의 유클리드식 '길이length'는 a로 표기한다. 여기서 $a^2 = a_1^2 + a_2^2 + a_3^2$이다. 또한, 벡터 $\mathbf{a}$와 $\mathbf{b} = (b_1,\ b_2,\ b_3)$의 스칼라곱scalar product은 $\mathbf{a} \bullet \mathbf{b} = a_1 b_1 +$

$a_2b_2 + a_3b_3$이다. 여기서 사용된 '•' 연산은 3차원뿐만 아니라 n-차원에서 정의된 코벡터covector α와 벡터 ξ에 대하여 $\alpha \bullet \xi$와 같은 형태로 적용될 수 있다.

양자역학으로 가면, 관측 가능한 물리량들이 선형연산자linear operator로 표현되기 때문에 표기법이 더욱 복잡해진다. 대부분의 양자역학 교과서에는 이 연산자들을 알파벳 위에 ^를 얹은 형태로 표기하고 있지만, 이런 표기법은 독자들을 더욱 심란하게 만들 것 같아 사용하지 않기로 했다(이 책에서는 '양자역학과 고전역학은 동일하다'는 철학적 관점을 고수하므로 물리량도 같은 기호로 표기한다. 단, 고전역학에서는 플랑크 상수 $\hbar$와 견줄 만한 양들을 무시하기 때문에 $ab = ba$와 같은 교환법칙이 성립하지만, 양자역학적 연산자의 경우 ab와 ba는 $\hbar$ 정도의 차이가 난다). 양자역학적 선형연산자는 $\boldsymbol{T}$와 같이 굵은 이탤릭 체로 표기할 예정인데, 책을 읽다 보면 알겠지만 이런 식으로 표기해도 나의 철학적 관점이 모호해지는 경우는 없다. 따라서 운동량 $\mathbf{p}$(또는 $\boldsymbol{p}$)나 위치 $\mathbf{x}$(또는 $\boldsymbol{x}$)와 같은 양들은 양자역학과 고전역학에서 같은 기호로 표기할 것이다. 또한, 그 정체가 다소 불분명한 연산자도 $\boldsymbol{Q}$와 같은 기호로 표현할 것이다.

$\mathbb{N}, \mathbb{Z}, \mathbb{R}, \mathbb{C}, \mathbb{F}_q$ 등의 기호들은 각각 자연수(양의 정수), 정수, 실수, 복소수, 그리고 원소의 개수가 q인 유한체finite를 나타내는데(여기서 q는 소수prime number에 붙는 지수이다. 16.1절 참조), 이것은 기존의 표기법을 그대로 따른 것이다. 그리고 $\mathbb{N}^n, \mathbb{Z}^n, \mathbb{R}^n, \mathbb{C}^n, \mathbb{F}_q^n$은 각 영역에 해당되는 n개의 숫자조합으로 이루어진 체계를 의미한다. 이것은 수학의 정준체正準體, canonical entity를 표기하는 전형적인 방법인데, 유클리드 3차원 공간이나 n차원 공간도 이와 비슷하게 $\mathbb{E}^3, \mathbb{E}^n$ 등으로 표기할 것이다. 또한, 양자역학에서 자주 언급되는 4차원 민코프스키 시공간은 일종의 유

사-유클리드 공간pseudo-Euclidean space으로서, 이 책에서는 $\mathbb{M}$으로 표기하였다[$\mathbb{M}^n$은 민코프스키 시공간의 n차원 버전을 의미한다. 이 n차원은 하나의 시간차원과 $(n-1)$개의 공간차원으로 이루어져 있다].

책을 읽다 보면 $\mathbb{C}$라는 기호가 형용사처럼 사용된 경우도 종종 눈에 띌 텐데, 이것은 뒤에 붙어 있는 대상이 복소수로 확장되었음을 의미한다. 예를 들어, $\mathbb{CE}^n$은 '복소수로 확장된 유클리드 n차원 공간'이라는 뜻이다. 그리고 $\mathbb{P}$가 형용사로 사용되면 '투영되었다projective'는 뜻이고, $\mathbb{P}^n$과 같이 명사로 사용되면 '투영된 n차원 공간projective n-space'을 의미한다(따라서 $\mathbb{RP}^n$이나 $\mathbb{CP}^n$은 각각 '투영된 n차원 실수공간'과 '투영된 n차원 복소공간'을 의미한다). 트위스터 이론twistor theory으로 가면(33장) 4차원 복소공간 $\mathbb{T}$가 등장하는데, 이것은 정준적canonical 의미에서 $\mathbb{M}$ (또는 $\mathbb{CM}$)과 관련되어 있으며, $\mathbb{T}$의 투영된 버전은 $\mathbb{PT}$로 표기하였다. 또한, 널트위스터 공간null twistor space은 $\mathbb{N}$으로, 이것의 투영된 버전은 $\mathbb{PN}$으로 표기하였다.

독자들은 형용사적 의미로 사용된 $\mathbb{C}$와 복소켤레complex conjugate를 의미하는 C (13.1 ~ 13.2 참조)를 혼동하지 않도록 주의하기 바란다. 또한, C는 입자의 전하부호를 반대로 바꾸는 연산, 즉 '전하켤레charge conjugation'를 의미하기도 한다(25, 30장 참조). 입자물리학에서는 전하켤레와 더불어 반전성parity연산자 P와 시간되짚기time reversal연산자 T가 자주 등장한다. '벡터 공간vector space'을 나타낼 때에는 굵은 고딕체 V, W, H 등을 사용할 것이다. 여기서 H는 양자역학의 주무대인 힐베르트 공간이며, H^n은 n차원 복소수로 확장된 힐베르트 공간을 의미한다. 특별한 언급이 없는 한 벡터공간은 평평한 것으로 간주하며, 휘어진 공간은 가시적인 효과를 위해 $\mathcal{M}$, $\mathcal{S}$, $\mathcal{T}$ 등으로 표기하였다. 단, $\mathscr{I}$는 공간이 아니라 널무한대null infinity를 의미한다. 그리고 물리학이론에서 가장 빈번하게 등장하는 라그랑지안($\mathcal{L}$)과 해밀토니안($\mathcal{H}$)은 기존 표기법을 그대로 따랐다.

입문

도공 암-텝Am-tep은 왕실의 수석 장인匠人이자 당대 최고의 예술가였다. 어느 날 밤, 그는 결과가 썩 나쁘지 않았던 저녁 작업의 피로를 이기지 못하고 작업실 의자 위에서 잠이 들었다. 그러나 그는 단잠에 이르지 못했다. 아마도 공기 속에서 묻어 나오는 원인 모를 긴장감 때문이었으리라. 사실대로 말하자면, 그는 그 일이 일어났을 적에 자신이 잠들어 있었는지 확신하지 못했다. 낮은 그의 몸이 지금은 아직 밤이 틀림없다고 고할 때 '느닷없이' 찾아왔다.

그는 자리에서 벌떡 일어섰다. 무언가 이상한 느낌이 그를 압도하고 있었다. 새벽의 여명이 북쪽 창가에서 밝아오고 있었던 것이다. 창문으로 다가가 바닷가를 내다보니, 정말로 해가 북쪽에서 떠오르는 것이 아닌가! 그는 한동안 할 말을 잃은 채 창밖을 응시하다가, 그것이 무엇이건 도저히 태양일 수는 없다고 생각했다. 다시 한 번 눈을 비비고 자세히 바라보니, 바다에서 뿜어져 나온 강렬한 한줄기 빛이 하늘로 치솟고 있었다.

그가 멍하니 서 있는 동안, 검은 구름이 꼭대기에서부터 빛줄기를 덮기 시작했다. 마치 연기를 뿜어내며 타오르는 깃대를 품고서 불길하게 빛나는 거대한 파라솔을 보는 듯했다. 어느새인가 그가 바라보는 동안 파라솔의 형태가 점점 커지면서 어둠을 더해가기 시작했는데, 땅속에 있는 악마가 하늘로 부상하여 날개를 펼치는 것처럼 보이기도 했다. 밤은 이미 그 힘을 잃은 지 오래였지만, 이제는 별들이 지옥에서 튀어나온 이 무시무시한 생명체 뒤편으로 하나둘씩 사라지기 시작했다. 악마가 별을 먹어 치우는 중일까?

암-텝은 본능적으로 불안과 공포에 휩싸였으나, 그 광경이 보여주는 놀라운 대칭과 아름다움에 사로잡힌 나머지 몇 분간은 못 박힌 듯 자리를 떠나지 못했다. 그런데 하늘을 덮은 음침한 구름이 바람에 밀려 서서히 동쪽으로 이동하는 것 같았다. 그는 이 광경을 바라보며 약간의 안도감을 느꼈다. 이제 비로소 악마의 저주가 풀리고 있다고 생각한 것이다. 그러나 그것도 잠시뿐, 이 세상의 존재라고 생각되지 않을 정도로 불길한 우르릉 소리와 함께 땅속에서부터 올라오는 진동을 느끼자마자 두려움은 곧바로 되살아났다. 신의 분노를 이토록 생생하게 느껴보기는 생전 처음이었다.

사실, 그는 잠들기 직전에 희생제단에 올릴 잔을 막 완성한 참이었다. 나름대로 심혈을 기울인 역작이었으나, 신의 분노를 느끼면서 자신이 한 일을 후회하기 시작했다. 잔에 새겨 넣은 황소 신의 모습이 너무 온화했던 것은 아닐까? 잔을 만들면서 신에 대한 두려움을 잠시 잊은 것은 아닐까? 그래서 신이 분노한 것일까? 그러나 이런 바보 같은 생각은 금세 사라졌다. 그런 그는 이 참상을 불러올 만한 이유가 무엇인지 걱정되기 시작했다. 사소한 이유 때문이라면 자신에게만 국한될 일이지, 이런 끔찍한 참사를 불러올 리가 없었다. 하지만, 그는 왕궁에서 문제가 일어났을지도 모른다는 사실을 알고 있었다. 사제들의 우두머리인 왕은 이 악신의 노여움을 달래는 데 단 한시도 소홀한 적이 없는 사람이었다. 왕은 수시로

신의 제단에 희생제물과 풍성한 과일을 바치곤 했다. 그 정도의 제물로는 신의 노여움을 누그러뜨릴 수 없었던 것일까? 당장 눈앞에 닥친 재앙을 수습하려면 인간의 목숨을 제물로 바쳐야 할까?

그 순간, 매서운 바람이 창문을 통과하면서 일어난 강렬한 돌풍이 그를 창졸간에 방 뒤쪽으로 밀어붙였다. 바람 소리가 어찌나 요란하던지 순간적으로 귀머거리가 된 듯한 느낌이 들 정도였다. 그동안 정성을 다해 만들었던 아까운 도자기들이 선반에서 바람에 휘말려 벽까지 날려가 산산이 부서졌다. 구석 마루에까지 쓸려가서 널브러져 있다가 정신을 차리고 나니, 방안은 그야말로 난장판이었다. 자신의 최고 걸작이라 여겼던 도자기들이 산산조각 나고, 고심 끝에 만들어 낸 무늬가 세상에서 사라져 버렸다는 사실에 그는 큰 충격을 받았다.

바람이 잔잔해지고 난 다음에야 그는 비틀거리며 일어났다. 간신히 정신을 차리고 창 밖을 내다보니, 이번에는 바다에서 끔찍한 일이 벌어지고 있었다. 불빛이 뿜어져 나오던 바로 그 자리에서 절벽처럼 높은 파도가 일어나 해안을 향해 맹렬한 속도로 다가오는 것이 아닌가! 그는 마치 얼어붙은 사람처럼 꼿꼿하게 서서 그 광경을 멍하니 바라볼 수밖에 없었다. 아무리 빨리 도망을 가 봐야, 그 거대한 파도를 피하지는 못할 것 같았기 때문이다. 마침내 파도는 해변에 도달하여 모든 것을 집어삼키고, 아무 일도 없었다는 듯이 빠져나갔다. 파도가 휩쓸고 간 바닷가는 좌초된 배와 온갖 쓰레기들로 난장판이 되어 있었다. 그러나 잠시 후 또 한차례의 거대한 파도가 밀려오더니 근처에 있는 집들을 모두 삼켜 버렸다. 다행히도 암-텝의 집은 언덕 꼭대기에 있어서 참사를 모면할 수 있었다.

왕궁도 바닷가에서 멀리 떨어져 있었으므로 대형참사를 피할 수 있었다. 그러나 암-텝의 머릿속에는 불길한 생각이 떠나지 않았으며, 그의 불안감은 사실 옳았다(자신의 생각이 어디까지 옳았는지는 몰랐지만 말이다). 이제는 인간 노예를 희생 제물로 바쳐도 소용이 없을 것 같았다. 이 무시무시한 신의 노여움을 풀려면 그보다 훨씬 귀한 것을 바쳐야 했다. 그 순간, 그의 머릿속에는 아들과 딸, 그리고 얼마 전에 태어난 손자의 얼굴이 스쳐 지나갔다. 이 난리통 속에 그들도 무슨 일을 당하지나 않았을까?

새로이 제물로 바쳐질 인간에 대한 그의 불안은 적중했다. 사제들은 상류층 집안의 어린 아이들을 강제로 징발하여 산비탈 꼭대기에 있는 사원으로 데리고 갔다. 그곳에서 아이들을 희생 제물로 바치는 종교의식을 치르던 중, 갑자기 땅이 흔들리면서 사원의 지붕이 내려앉았고, 사제들과 아이들은 그 밑에 깔려 죽었다. 이들의 시신은 3,500년이 지난 지금도 그 자리에 묻혀 있다!

미증유의 대 재난으로 왕국은 막대한 피해를 입었지만, 그것으로 세상이 끝나지는 않았다. 암-텝이 살고 있던 섬에서는 엄청난 지진에도 불구하고 많은 사람이 살아남았다. 그러나 왕궁은 재난의 직격탄을 맞아 완전히 무너지고 말았다. 그 후 몇 년에 걸친 공사 끝에 왕궁은 어느 정도 복구되었지만 암-텝은 섬을 떠나기로 마음먹었다. 엄청난 재앙을 겪으면서 그의 세계관이 변한 것이다.

그가 살던 세계는 땅의 여신의 가호 아래 수천 년 동안 평화와 번영을 누려 왔다. 뛰어난 예술이 꽃을 피우고 이웃나라와의 교역도 자유롭게 이루어졌으며, 거대하고 화려한 왕궁은 꽃과 동물을 그린 프레스코 벽화를 곳곳에 수놓은 호화로운 미궁으로서 그 자체만으로도 한 도시와 견주어질 정도였다. 도시에는 상수도와 하수도, 배수 시설이 완비되어 있었다. 이런 태평성대에서 전쟁이란 흘러간 옛 기억에 불과했고, 성벽도 필요가 없었다. 그러나 엄청난 재앙을 겪은 후, 암-텝은 땅의 여신이 있던 자리를 다른 존재가 차지했다고 믿기 시작했다.

결국, 수 년 후 암-텝은 살아남은 가족을 데리고 섬을 떠났다. 탈출에 필요한 배는 막내아들이 직접 만들었는데, 그는 숙련된 목수이자 항해사였다. 암-텝의 손자는 모든 세상사에 관심이 많고 똑똑한 소년으로 자라났다. 이 가족의 항해는 며칠간 계속되었고, 다행히 날씨는 매우 고요했다. 어느 날 밤, 암-텝은 갑판에 앉아 손자에게 별자리의 모양을 설명해주다가 문득 놀라운 사실을 깨달았다. 그 무시무시한 악마가 이변을 일으키기 전이나 지금이나 별들의 배열은 바뀐 곳이 하나도 없었다!

타고난 예술가적 심미안을 가졌던 암-텝은 옛날부터 별의 위치를 잘 알고 있었다. 그의 생각으로는, 일진광풍이 자신의 주전자와 항아리를 박살 낸 것처럼 하늘의 이 작디작은 불빛들도 격렬한 난리를 겪으면서 최소한 어느 정도는 당연히 위치가 달라져야만 했다. 달의 형상과 이동경로 역시 이전과 조금도 다르지 않은 것 같았다. 대재앙이 일어나고 몇 달 동안 하늘은 항상 어두웠고 구름이 걷힐 날이 없었으며, 태양과 달의 색상도 수시로 달라지곤 했다. 그러나 지금은 그런 일도 없을뿐더러, 해와 달의 움직임에는 애초에 무슨 일이 있었느냐는 양 아무런 변화가 없었다. 조그만 별들의 위치도 마찬가지였다.

암-텝은 혼자 생각했다. "그 무시무시한 악마보다도 더 지위가 높은 하늘이 이 난리와 별 상관이 없다면, 섬에서 미약한 인간들이 행했던 유치한 제의와 인간 희생이 악마를 지배하는 힘에 영향을 끼친다고 볼 이유 또한 없지 않은가?" 그는 그저 잔의 무늬 때문에 악마가 노했다고 생각했던 과거의 자신에게 문득 부끄러움을 느꼈다.

그러나 "왜?"라는 의문은 여전히 암-텝의 머릿속에서 그를 괴롭혔다. 세상을 지배하는 숨겨진 힘은 무엇이며, 왜 이렇게 이해 못 할 격렬한 방식으로만 가끔씩 자신을 드러내는 걸까? 그는 손자와 함께 머리를 맞대고 생각해 보았지만, 답이 나오지 않았다.

…

한 세기가 흐르고 또 천 년이 지나도, 이 문제에 답이 없기는 매한가지였다.

…

암포스Amphos라는 장인은 조상 대대로 살아온 조그만 마을에서 평생을 보냈다. 그는 자신의 예술적 재능을 한껏 발휘하여 금으로 장식한 팔찌와 귀걸이, 의식용 잔 등을 만들었다. 이 모두는 1,100년 전에 암-텝이 이 마을에 정착한 후로 40여 세대에 걸쳐 꾸준하게 전수되어 온 기술이었다.

그러나 긴 세월에 걸쳐 전수된 것은 예술적 기술만이 아니었다. 그 옛날 암-텝이 제기했던 질문도 여러 세대를 거쳐 전수됐으며, 각 세대의 후손들은 나름대로 해답을 찾으려고 무진 애를 써왔지만 아무런 진전도 없이 암포스의 시대까지 이르게 되었다. 이와 함께, 고대의 찬란했던 문화유산이 대 재난을 맞이하여 송두리째 사라진 사건도 마을 사람들 사이에서 전설처럼 구전되었다. 암포스는 선조인 암-텝과 마찬가지로 "광활한 우주는 지구에서 일어나는 끔찍한 재난에 무심하다"는 사실을 잘 알고 있었다. 지구에서 일어나는 모든 재난은 인간의 행위와 전혀 무관하게 존재하는 어떤 거대한 힘이 일으키는 것이 분명했다. 그러나 그 힘의 정체는 1,000여 년이 지난 지금도 여전히 오리무중이었다.

암포스는 식물, 곤충 등 작은 생명체와 각종 광물의 결정구조를 연구하여 자신의 예술작품에 응용하였다. 특히 농사에 관심이 많았던 그는 낟알에 불과했던 것이 밀이나 다른 식물의 열매로 성장하는 과정을 주의 깊게 관찰하였다. 그러나 자연을 아무리 들여다봐도, "왜?"라는 의문은 결코 풀리지 않았다. 자연의 다양한 패턴이 모종의 원리에 의해 결정된다는 심증은 있었지만, 그에겐 그 원리라는 것을 속 시원하게 풀어헤칠 만한 도구가 없었다.

어느 청명한 날 밤, 암포스는 하늘을 바라보며 각 별자리에 할당되어 있는 과거 영웅들의 모습을 떠올려 보았다. 그러나 아무리 상상력을 동원해도, 별자리의 생김새와 영웅들의 모습은 닮은 구석이 별로 없었다. 왜 그럴까? 어찌하여 신은 하늘의 별자리를 좀 더 '보기 좋은 형태로' 만들어 놓지 않은 것일까? 그의 눈에 비친 별들은 신이 꼼꼼히 계획했다기보다는 농부가 아무 생각 없이 뿌려놓은 씨앗처럼 사방으로 흩어져 있었다. 그 순간, 암포스의 머릿속에 한 가지 생각이 스치고 지나갔다. "별들이 특별한 형태로 분포되었다고 해서, 그로부터 어떤 이유를 찾으려고 노력할 필요는 없다. 그보다는 그 안에 숨겨진 보편적인 질서에 주목하자."

암포스는 질서를 밝혀낼 실마리는 땅에 흩뿌려진 씨앗들이 만들어 내는 형태가 아니라, 각각의 씨앗이 큰 관점에서 서로 동일한 구조를 갖는 식물로 성장하는 불가사의한 방식에서 나오리라고 추론했다. 씨앗의 배치만 가지고서는 의미를 찾아낼 방법이 없다. 그러나 씨앗이 독립해서 성장하는 과정이 본질적으로 똑같다는 점에 미루어 보면, 의미는 성장을 관장하는 내면의 힘에 숨겨진 수수께끼 속에 반드시 존재해야만 했다.

결국, 암포스는 다음과 같은 결론에 이르렀다. "자연의 저변에 정교한 법칙이 깔려 있지 않다면, 지금과 같은 질서는 존재할 수 없다. 그리고 이런 생각을 떠올리는 나 자신도 은연중에 그 법칙을 따르고 있다. 그렇지 않다면 내 생각은 길을 잃고 헤매게 될 것이다."

그 무렵 암포스는 다른 지방에 사는 어떤 현자의 말을 우연히 전해 들었는데, 그의 어록은 자신의 생각과 비슷한 점이 많았다. 그 현자는 "과거의 전통이나 가르침에 연연하지 말고, '반박할 수 없는 완벽한 논리'에 따라 결론을 내려야 한다"고 주장했다. 그가 말하는 완벽한 논리란, 수와 기하학에 기초를 둔 수학이었다. 이 세상을 지배하는 것은 신화나 미신이 아니라 수와 기하학이라는 것이다.

천여 년 전에 암-텝이 그랬듯이, 암포스도 평생 살아왔던 마을을 등지고 현자가 산다는 크로톤Croton 시를 찾아갔다. 그곳에는 571명의 현명한 남성들과 28명의 현명한 여인들이 한데 모여 진리를 추구하고 있었다. 얼마 후 암포스는 단체의 일원이 되어 여생을 진리탐구에 바쳤다. 이들을 이끌던 현자의 이름은 피타고라스Pythagoras였다.

1
과학의 뿌리

1.1 이 세계를 지금과 같은 모습으로 만든 힘의 원천은 무엇인가?

우주를 지배하는 법칙은 무엇인가? 우리는 그것을 어떻게 알 수 있는가? 우주의 법칙을 알면 우주를 이해할 수 있는가? 우주의 진정한 모습을 추적하는 우리의 여정에서, 이런 법칙들은 우리에게 어떤 도움을 주는가?

인간은 문명의 초창기부터 이와 유사한 질문을 끊임없이 제기해 왔다. 처음에 그들은 삶에서 쉽게 습득한 일상적인 지식으로부터 이 세상을 관장하는 법칙을 알아내려고 노력했다. 당연한 이야기지만, 원시 인류는 자연을 관장하는 주체가 누구이건 간에 자신과 비슷한 의도를 갖고 있다고 생각했다. 즉, 인간의 운명을 좌우하는 초월적 존재(신)는 인간과 비슷한 가치관에 근거하여 세상을 다스린다고 믿었던 것이다. 그래서 과거의 인간들이 섬겼던 신은 자존심, 사랑, 야망, 두려움, 복수심, 열정, 고상함, 예술성 등 인간적인 특성을 고스란히 갖고 있었다. 따라서 태양과 비, 폭풍, 기근, 전염병 등의 자연현상도 '인간적인 충동'을 가진 신들의 변덕으로 이해되었다. 이런 사건에 영향을 미칠 수 있다고 여겨진 유일한 방법은 신을 달래는 길뿐이었다.

그러나 세월이 흐르고 경험이 축적되면서, 인류는 계속 반복되는 여러 가지 유형의 사건들에 믿음을 갖기 시작했다. 태양의 움직임이 밤낮의 변화에 미치는 명백한 영향과, 하늘을 가로지르는 경로의 한결같음이 가장 두드러진 사례였다. 또한, 태양과 천구天球의 상대적인 위치에 따라 계절이 바뀌었고, 계절의 변화는 날씨와, 따라서 당연히 동식물의 삶과 밀접한 연관이 있었다. 달도 태양에 대한 기하학적 위치에 따라 그 모양이 규칙적으로 바뀌었으며, 달의 위치와 위상에 따라 바다의 조수가 규칙적으로 변한다는 사실도 알게 되었다. 그뿐만 아니라, 복잡하게 움직이는 행성들도 결국은 뚜렷한 규칙에 따라 운행되고 있었다. 따라서 전지전능한 신이 천체의 운동을 관장한다면, 그는 수학적 규칙을 선호하고 있음이 분명했다.

이와 마찬가지로, 인류는 온도의 일변화와 연변화, 바닷물의 조수와 조류, 식물의 성장 등 지구의 현상을 지배하는 법칙에서도 수학적 특성을 발견했다. 그러나 지구와 천체들 사이의 유사성은 종종 과장되거나 다른 쪽으로 와전되어, 점성술astrology이라는 신비주의적 사조를 만들어 내기도 했다. 인류가 상상과 미신에서 완전히 벗어나 하늘의 운행법칙을 과학적인 눈으로 바라본 것은 그로부터 수백 년 후의 일이지만, "지구도 하늘의 운행법칙을 따른다"는 수학적 우주관은 이 무렵부터 싹트고 있었다.

인류는 하늘의 움직임과 상관없이 지구 상에서 움직이는 물체에서도 모종의 규칙을 발견하였다. 허공에 떠 있는 모든 물체는 예외 없이 아래쪽으로 움직이려는 경향을 보이는데, 그 원인은 오늘날 '중력gravity'이라는 힘으로 알려져 있다. 특별한 환경에서 물질의 형태가 달라지는 일도 있다. 예를 들어 얼음이 녹으면 물이 되고 소금을 물에 타면 소금용액이 되는데, 어떤 상황에서도 물질의 총 질량은 변하지 않는다. 이 현상은 오늘날 '질량 보존법칙'으로 알려져 있다. 그리고 이동 중에도 형태가 변하지 않는 강체 rigid body의 운동을 관찰하면서 '강체의 공간운동'이라는 개념이 자연스럽게 탄생하였으며, 이것을 수학적으로 표현하기 위해 3차원 유클리드 기하학이 개발되었다. 기하학에서 말하는 '직선'의 개념은 물리적 세계에서 '빛의 경로'로 대치될 수 있었다. 3차원 기하학의 정교함과 아름다움은 고대나 지금이나 여전히 막강한 위력을 발휘하고 있다.

수학은 심오한 진리가 담긴 정교한 학문이지만, 이 수학적 정교함이 우리 일상의 움직임과 맺는 관련성은 가끔은 재미없고 어딘가 부족해 보인다. 그런 이유로, 많은 고대인이 수학의 매력에 마음을 빼앗긴 나머지 현실을 넘어설 지경에 이르기까지 자신들의 상상을 진행해 버리곤 했다. 예

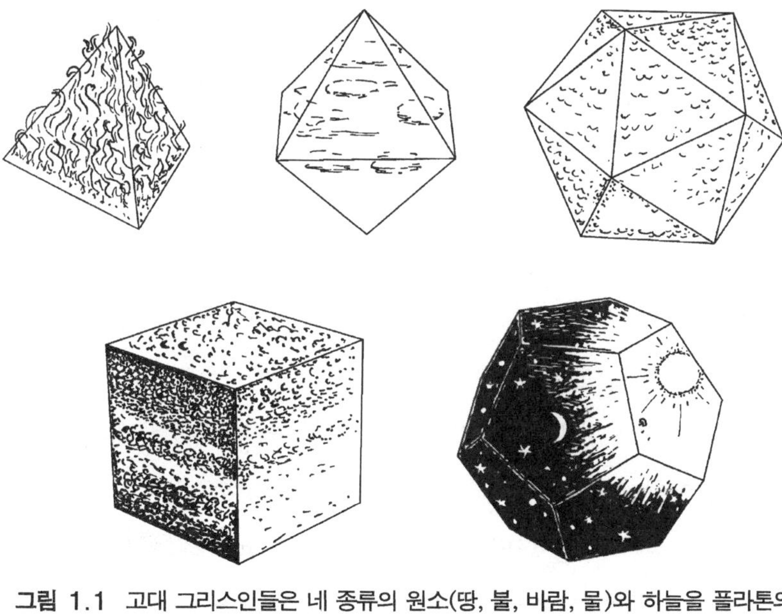

그림 1.1 고대 그리스인들은 네 종류의 원소(땅, 불, 바람, 물)와 하늘을 플라톤의 다섯 입체(각 꼭짓점에 모이는 면의 개수가 같으며, 각 면이 모두 합동인 정다면체. 그리스인들은 정육면체, 정이십면체, 정사면체, 정팔면체를 각각 지수화풍에, 하늘을 정십이면체에 결부시켰다 : 옮긴이)에 결부시켜 이해하였다.

를 들어, 점성술사들은 불가사의한 마력을 준다고 믿었던 오망성이나 칠망성처럼 기하학 도형을 신비한 힘의 원천으로 간주하였으며, 플라톤의 입체와 물질의 최소단위를 억지로 연결하기도 했다(그림 1.1 참조). 인류가 질량과 중력, 기하학, 행성의 운동, 그리고 빛의 상호관계를 지금과 같은 수준으로 이해하게 된 것은 불과 수백 년 전의 일이다.

1.2 수학적 진리

자연을 지배하는 진정한 힘을 이해하는 첫 번째 단계는, 순수한 '추정'에서 '사실'을 찾아내는 일로부터 시작된다. 그러나 고대인에겐 자연을 이해하고자 벌이는 이 작업을 어떤 상황에서도 신뢰할 수 있으려면 먼저 해결해야 할 과제가 있었으니, 바로 수학적 가정에서 사실을 얻어내는 방법을 발견하는 것이었다. 이를 위해서는 수학적 주장의 참-거짓 여부를 판별하는 확실한 방법이 있어야 했다. 이 방법이 확립되기 전에는 우주를 좌우하는 힘과 그들 사이의 수학적 관계 등을 논리적으로 표현하기가 매우 어려웠다. "자연을 이해하려면 가장 먼저 수학을 이해해야 한다"—과학분야에서 인류가 이루어 낸 최초의 업적은 바로 이 사실을 깨달은 것이었다.

고대 이집트나 바빌로니아인들도 다양한 수학적 주장을 내놓긴 했지만, 그것은 어디까지나 추측에 불과했고 인류 최초로 엄밀한 '수학적 증명mathematical proof'을 도입하여 수학적(그리고 과학적) 사고의 기초를 다진 사람은 그리스의 철학자 탈레스Thales of Miletus, 기원전 625～547와 사모스 섬의 피타고라스Pythagoras, 기원전 572～497였다.[1*] 증명이라는 개념을 최초로 도입한 사람은 탈레스였지만, 이것을 응용하여 '언뜻 보기에 분명하지 않은' 사실을 증명한 사람은 피타고라스와 그의 추종자들(피타고라스학파)이었다. 또한, 피타고라스는 숫자와 산술학이 자연을 지배한다는 사실을 일찍 간파하여, 이 분야를 집중적으로 연구했다. 전하는 말에 의하면, 그는 수금(리라 lyra. 고대 그리스의 현악기)이나 피리 같은 악기에서 나는 소리가 끈과 파이프의 길이에 따라 달라지며 이들의 길이가 간단한 정수비를 이룰 때 가장 듣기 좋은 화음을 이룬다는 사실을 간파하면서 수학과 자연의 긴밀한 관계를 깨달았다고 한다. 이때 그가 제안했던 숫자들 사이의 비율, 즉 '피타고라스 음계'는 오늘날 서양음악의 기초를 이루고 있다.[2] 또한, 직각삼각형에서 빗변 길이의 제곱이 다른 두 변 길이 제곱의 합과 같다는 피타고라스 정리는 물리적 공간을 다루는 기하학과 수학 사이에 긴밀한 관계가 있음을 보여 주는 대표적인 사례라 할 수 있다(2장 참조).

피타고라스는 많은 추종자를 거느리고 있었다. '피타고라스학파 Pythagorean'라 불리는 이 단체는 이탈리아 남부의 크로톤 시 Croton city에 본거지를 두고 은밀하게 수학을 연구했다. 이 단체에서 발견된 내용은 철저하게 비밀에 부쳐졌으며, 단체의 일원이 되려면 반드시 비밀서약을 거쳐야 했다. 그래서 이들의 연구결과는 후대에 전해지지 않고 대부분 소실되었다. 서약을 깨고 비밀을 외부에 누설한 사람에게는 '익사'라는 끔찍한 형벌이 가해졌다고 한다!

내부규칙이 어쨌건 간에, 피타고라스학파가 인간의 사고수준을 현격하게 끌어올렸다는 점만은 부정할 수 없는 사실이다. 수학적 증명이 처음 도입되면서 '도저히 반박할 수 없는' 확고한 주장을 펼칠 수 있게 되었으

---

* 작은 숫자로 표시된 후주는 각 장의 끝 부분에 정리되어 있다.

며, 그 후로 지금까지 엄청난 세월이 흘렀음에도 한 번 진리로 판명된 주장은 여전히 진리로 남아 있다. 피타고라스 덕분에 수학은 영원불멸의 존재가 된 것이다.

그런데 '수학적 증명'이 대체 무슨 뜻일까? 수학에서 증명이란, 이미 진리로 확립된 수학적 주장이나 진리임이 자명한 공리axiom에 기초하여 새로운 주장의 타당성을 입증하는 행위이다. 물론 이 과정은 순수한 논리만으로 진행되어야 한다. 이런 식으로 확립된 수학적 주장을 '정리theorem'라 한다.

피타고라스학파가 이루어 낸 증명 대부분은 기하학과 관련된 내용이며, 나머지는 수에 관한 단순한 정리들이다. 수와 관련된 정리들은 피타고라스 시대나 지금이나 여전히 불변의 진리로 남아 있다. 그렇다면 기하학과 관련된 정리들도 여전히 진리로 남아 있을까? 그들의 증명이 옳다는 것은 예나 지금이나 변함없는 사실이지만, 기하학 자체가 그때보다 훨씬 복잡하고 다양해졌기 때문에 그들의 주장을 '유일한 진리'로 간주하기에는 다소 무리가 있다. 고대의 기하학은 평면에서 전개되는 유클리드 기하학뿐이었으나, 지금은 곡면을 비롯한 가상공간에서 다양한 형태의 기하학이 확립되어 있다(비유클리드 기하학에 대해서는 2.4절에서 자세히 다룰 예정이다).

유클리드 기하학은 자신만의 독특한 공리(증명되지 않은 몇 개의 공준postulate을 포함한다)에서 출발하는 특수한 수학 구조이며, 물리적 세계를 근사적으로 서술하는 강력한 도구로 자리 잡았다. 고대 그리스인들은 3차원 공간에서 진행되는 강체rigid body의 운동과 이들 사이의 관계를 서술할 때 유클리드 기하학을 사용했다. 그들의 일상적인 경험이 유클리드 기하학과 잘 일치했기 때문이다. 여기에는 너무나 명백한 주장도 포함되어 있었는데, '자명한' 수학적 진리, 즉 공리公理라 불리는 이 주장들은 증명과정을 거치지 않은 채 유클리드 기하학을 떠받치는 기초가 되었다. 앞으로 17 ~ 19장과 27.8, 27.11절에서 언급하겠지만, 아인슈타인의 일반상대성이론(그리고 민코프스키 시공간Minkowski spacetime을 무대로 펼쳐지는 특수상대성이론)으로 가면 물리적 우주를 서술하는 기하학이 전혀 다른 형태로 대치된다. 고대의 유클리드 기하학도 나름대로 매우 정확하지만, 현대의 기하학은 이보다 훨씬 정교하기 때문에 기하학적 주장을 펼칠 때에는 공리의 타당성을 충분히 검토해야 한다.

'타당성'이란 무엇인가? 피타고라스보다 150년쯤 후에 태어난 그리스 철학자 플라톤Plato, 기원전 429～347은 이 질문을 놓고 심각한 고민에 빠졌다. 그는 "수학적 명제proposition. 논박의 여지가 없이 참인 수학적 언명는 실제의 물리적 대상(모래사장 위에 그려진 사각형, 삼각형, 원, 구, 육면체 등)과 일치하지 않는다. 명제란, 실존하는 대상을 이상화했을 때 성립하는 것이다"라는 결론을 내렸다. 그리고 이상화된 대상은 물리적 세계와 전혀 다른 세계에 존재한다고 생각했다. 그가 말한 세계는 오늘날 '플라톤의 수학세계Platonic world of mathematical forms'로 알려져 있다. 정사각형, 원, 삼각형 등을 파피루스나 맨땅 위에 그려 놓았다면(또는 진흙으로 정육면체나 구를 빚었다면), 그로부터 이상화된 기하학적 도형을 떠올릴 수는 있지만 그 자체가 이상적인 도형은 아니다. 즉, 우리가 보고 느낄 수 있는 수학적 객체들은 근사적인 서술에 지나지 않는다는 것이다. 완벽한 사각형과 완벽한 원, 완벽한 삼각형 등은 이 세계가 아니라 이상적 수학세계에 속한다는 것이 플라톤의 생각이었다.

1.3 플라톤의 '이상적 수학세계'는 정말로 존재하는가?

플라톤의 '수학적 이상향'은 당시로선 매우 파격적이면서도 강력한 아이디어였다. 그러나 그가 말하는 이상적 수학세계가 과연 실제로 존재할까? 철학자를 비롯한 많은 사람이 이를 '인간의 상상력이 낳은 허구'로 간주하지만, 플라톤의 아이디어 자체는 매우 값진 유산임이 틀림없다. 무엇보다도 플라톤식 사고는 정확한 수학적 객체와 일상생활 속의 '근사적인' 객체가 동일하지 않다는 사실을 일깨워 주었으며, 현대과학의 갈 길을 안내하는 청사진 구실을 해 왔다. 앞으로도 과학자들은 우주를 서술하는 이상적인 모형을 가정한 다음 관측 및 실험결과와 비교하여 수정을 가하는 식으로 연구를 진행할 것이다. 그들이 상정한 모형에 자체모순이 없고 실험결과를 잘 설명한다면, 모형은 살아남게 된다. 중요한 점은 모형이라는 것이 수학적으로 이상화되어 있는 추상적 개념이라는 것이다. 검증이 가능하려면, 모형은 수학적으로 정확하게 정의되어야 한다. 그렇지 않으면 모형을 대상으로 질문을 던졌을 때 명확한 답을 얻을 수 없기 때문이다.

실존하는 임의의 대상에 대하여 하나의 모형이 상정되면, 그 대상은 플라톤의 세계에 수학적 형태로 존재하게 된다. 물론, 개개인의 마음속에 모형이 존재한다고 생각할 수도 있다. 그러나 수학적 구조에 '실존'이라는 관념을 불어넣으려면 무언가 중요한 요소가 추가되어야 한다. 인간의 마음은 원래 신뢰도가 떨어지고 부정확하며, 스스로의 판단과 따로 노는 경우가 많다. 과학이론이 갖춰야 할 정확성과 신뢰도, 그리고 타당성은 (믿을 수 없는)인간의 마음을 한참 넘어선 곳에 있다. 인간의 마음이 수학논리처럼 완벽할 수는 없다. 그렇다면 플라톤의 생각대로 인간의 마음을 초월한 어딘가에 수학적으로 완벽한 객체들이 존재하는 것일까?

다음과 같이 생각할 수도 있다. "이상적인 수학세계는 독립적으로 존재하지 않는다. 그것은 우리의 마음속에서 걸러진 '신뢰할 만한' 아이디어의 집합체에 불과하며, 이미 마음속에서 정제과정을 거쳤으므로 모든 면에서 타당하게 보이는 것도 당연하다." 그러나 이런 식의 논리에는 심각한 문제가 있다. '모든 면에서 타당하다'는 것이, '올바른 생각을 가진 사람이 보기에 타당하다'는 뜻인가? 아니면 '수학 박사학위(플라톤이 살던 시대에는 그런 게 없었지만)를 가진 사람이 보기에 타당하다'는 뜻인가? 타당성을 판별하는 주체는 과연 누구인가? 이런 식으로 따지다 보면 논리의 무한궤도에 빠지기 쉽다. 그(혹은 그녀)가 '올바른 생각을 가졌는지' 여부를 판단하려면 외부 기준이 어느 정도는 반드시 필요하다. 이는 다수결로 채택되는 여론처럼 비과학적인 성질을 갖는 몇몇 기준을 빼고는 '타당성'에도 똑같이 적용되는 문제이다(민주주의 체제에서는 다수 의견을 따르는 것이 최선의 선택이지만, 과학에서는 천만의 말씀이다). 아무리 뛰어난 수학자라 해도, 엄밀한 수학을 자신의 마음속에 원형 그대로 담을 수는 없다. 새로운 수학을 연구하건, 누군가가 이미 이루어 놓은 업적을 응용하건 간에, 수학자들은 인간의 개인적 의견을 훨씬 초월해 있는 객관적 세계를 탐험하는 듯한 느낌에 종종 빠져들곤 한다. 제아무리 뛰어난 사고력의 소유자라 해도 예외가 될 수는 없다.

수학적 이상향의 존재를 다른 형태로 설명하면 독자들에게 도움이 될지도 모르겠다. 여기서 말하는 '존재'란 수학적 진리의 객관성을 의미한다. 내가 보기에, 플라톤식 존재란 개인의 의견이나 특정 문화와 전혀 무관한 객관적 존재이다. 이러한 '존재'는 수학뿐만 아니라 도덕이나 미학이 될 수도 있다(1.5절 참조). 그러나 여기서는 오직 수학적 객관성만을 문제 삼기로 한다.

수학적 진리에 관한 유명한 문제를 예로 들어 '객관성'의 문제와 연결지어 보자. 1637년에 프랑스의 유명한 아마추어 수학자 피에르 드 페르마Pierre de Fermat는 3세기에 활동했던 그리스 수학자 디오판토스Diophantos의 저서 『아리스메티카Arithmatica』를 읽다가 책의 여백에 수학 정리 하나를 낙서처럼 적어 놓았다. 이것이 바로 그 유명한 '페르마의 마지막 정리'로서, "n이 3 이상의 정수일 때, $x^n + y^n = z^n$을 만족하는 정수해 x, y, z는 존재하지 않는다[3]"는 내용을 골자로 한다. 그런데 페르마는 이 정리 아래에 다음과 같은 감질나는 문구를 덧붙였다. "나는 경이적인 방법으로 이 정리를 증명했다. 그러나 책의 여백이 좁아서 여기 적지는 않겠다." 그 후 350년이 넘는 세월 동안 전 세계의 내로라하는 수학자들이 페르마의 마지막 정리를 증명하려고 갖은 노력을 다했지만 아무도 성공하지 못했다. 그러다가 1995년에 영국 수학자 앤드루 와일즈Andrew Wiles가 마침내 증명에 성공하였고(이전에 활동했던 여러 수학자의 아이디어를 사용하였다), 그의 증명은 지금도 수학자들 사이에서 타당한 논리로 받아들여지고 있다.

페르마가 펼쳤던 주장은 그 정리가 탄생하기 한참 전부터 원래 '참'이었는가? 아니면 정리의 타당성이라는 것이 수학 학회가 결정한 주관적 기준에 따라 바뀌는 문화적 산물인가? 일단, 페르마의 정리가 갖는 타당성이 주관적인 산물이라고 가정해 보자. 그리고 X라는 다른 수학자가 '페르마의 정리가 성립되지 않는 구체적인 사례'를 1995년 이전에 발견했다고 가정하자.[4] 이런 상황이라면, 수학자들은 X의 반론을 수용할 수밖에 없다. 그리고 이후로는 페르마의 정리를 증명하려는 와일즈의 행위는 그 자체가 무의미해진다. X가 찾아낸 단 하나의 반증에 의해, 페르마의 정리가 틀렸음이 증명되었기 때문이다! 그뿐만 아니라, 다음과 같은 후속 질문도 제기될 수 있다. "페르마의 마지막 정리가 참이 아니라면(거짓이라면), 페르마가 말했던 '경이로운 증명'은 어떻게 되는가? 증명과정에 실수를 범하여 잘못된 믿음을 가졌던 것일까?" 수학적 진실이라는 주관적 관점에서 볼 때, 페르마가 오류를 범했을 수도 있다(그가 증명의 내용을 공개했다면, 동시대에 살았던 다른 수학자가 오류를 발견했을지도 모른다). 그리고 훗날 X가 반례 counter-example. 정리가 거짓임을 보여주는 사례 를 발견할 수 있는 이유는 페르마가 자신의 증명을 공개하지 않았기 때문이다! 나는 아마도 거의 모든 수학자가, 자신이 '플라톤주의'에 대해 갖는 태도에 상관없이 이럴 가능성은 명백한 모순으로 여기리라 본다.

물론, 와일즈의 증명에 오류가 있어 페르마의 마지막 정리가 정말로 '틀린' 정리일 가능성이 있으며, 아니면 와일즈의 증명에 오류가 있음에도 페르마의 정리가 참일 수 있다. 또는 와일즈의 증명이 원리적으로는 옳지만, 부분적으로 엄밀한 증명이 누락된 미완의 작품일지도 모른다. 그러나 내가 말하려는 요지는 이게 아니다. 페르마의 정리를 누군가 증명(또는 반증)하여 동시대 수학자들에게 인정을 받았는지 여부는 중요한 문제가 아니다. 지금 나는 페르마가 펼쳤던 주장의 '객관성'을 문제 삼는 것이다.

'수학적 논리'라는 관점에서 볼 때, 페르마의 정리는 매우 단순한 종류의 수학적 주장이며[5] 아주 명백한 객관성을 갖는다. 이러한 주장들의 진위가 어떤 식으로든 '주관적'이라고 생각하는 수학자는 극소수에 불과하다(인정받을 만하다고 간주하는 논거의 유형에 관해서는 어느 정도 주관이 존재하겠지만).[6] 그러나 수학적 주장 중에는 주관적인 견해에 따라 진위가 판가름나는 것도 있다. '선택공리 axiom of choice'가 그 대표적인 사례이다(지금 당장은 자세한 내용을 알 필요가 없다. 단지 예를 들려고 도입한 것뿐이다. 구체적인 내용은 16.3절에서 다시 언급할 것이다). 수학자는 대부분 선택공리를 '명백한 진리'로 간주하지만, 개중에는 회의적인 생각을 품고 있는 수학자도 있다(나 역시 선택공리가 참이 아니라고 생각하는 쪽이다). 이들은 여전히 선택공리를 '진위'가 단지 의견의 문제일 뿐인 주장이나, 아니면 차라리 개인이 고수하는 공리계나 절차 규칙('형식체계 formal system' 16.6절 참조)에 따라 어느 쪽으로든 바뀔 수 있는 무엇인가로 간주한다. 이런 관점을 고수하는 수학자들은 상대적으로 '소극적인' 플라톤주의자라 할 수 있다(그러나 이들도 페르마의 정리처럼 명료한 주장에는 이의를 달지 않는다). 반면에, 선택공리의 객관성을 인정하는 수학자들은 '적극적인' 플라톤주의자에 속한다.

선택공리는 물리학 이론에 자주 등장하지 않지만, 물리적 세계의 행동양식과 밀접하게 관계된 개념이기 때문에 16.3절에서 자세히 다룰 예정이다. 만일 선택공리가 완벽한 수학논리를 통해 반론의 여지없이 말끔하게 증명된다면,[7] 객관적인 진리로 받아들여지면서 플라톤의 세계에 이름을 올리게 될 것이다. 또는 이와 정반대로 선택공리가 거짓으로 판명된다 해도, 거짓이라는 사실 자체는 플라톤의 세계에 등록될 것이다(이것도 플라톤의 세계라 불러야 할지는 잘 모르겠지만, 내가 보기에는 다른 점이 없는 것 같다). 또한, 선택공리의 진위가 개인의 의견이나 선택에 따라 달라지는 것이라면 선택공리나 그 반대 공리는 플라톤의 세계에 속하지 않는다. 플라톤의 세계에는 '순수한 수학적 사실'만 존재할 수 있기 때문이다("선택공리에 의하면 이러이러한 사실도 성립한다"라거나, "이러이러한 수학체계의 법칙에 의하면 선택공리는 정리 theorem 이다"라는 주장이 있을지 모르나, 이 역시 플라톤의 세계에서는 자격 미달이다).

하나의 수학적 주장이 플라톤의 세계에 속하려면 객관적 진리임이 입증되어야 한다. 수학적 플라톤주의는 수학적 객관성을 최고의 가치로 여

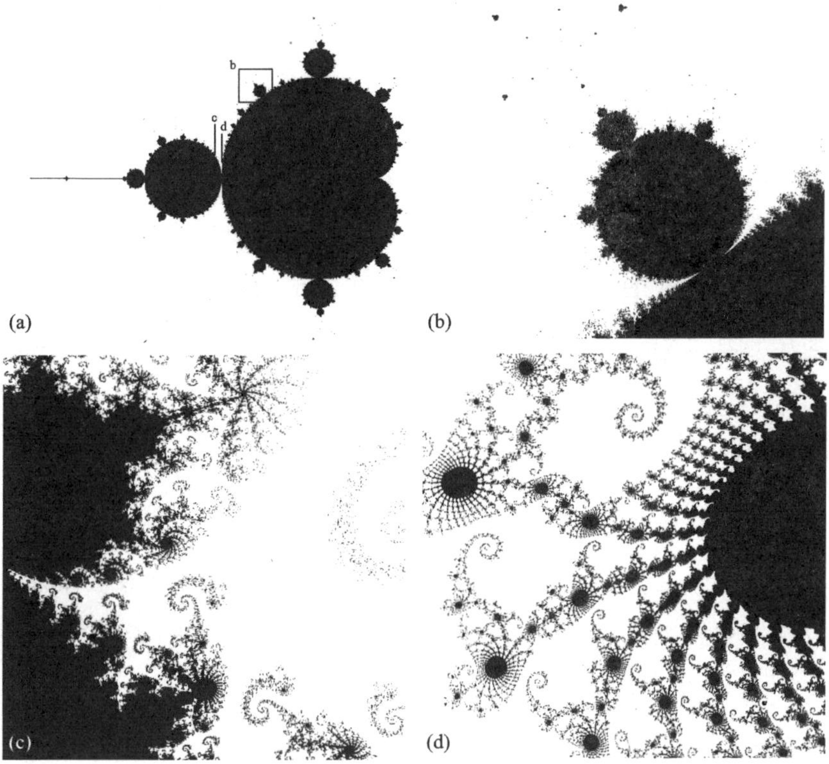

그림 1.2 (a) 만델브로트 집합(Mandelbrot set). (b), (c), (d)는 그림 (a)를 부분 확대한 것으로, 배율은 각각 11.6, 168.9, 1042배이다(후주 4 - 10 참조).

긴다. 어떤 수학적 주장이 플라톤적 존재라고 말하는 것은, 그것이 수학적 객관성을 완벽하게 갖추고 있다는 뜻이다. 수학적 개념도 이와 비슷하다. 예를 들어 '수 7'이나 '정수의 곱셈법칙', 또는 '무한집합' 등은 플라톤의 세계에 속한다. 왜냐하면, 이들은 한결같이 객관적인 개념이기 때문이다. 일부 사람들은 여기에 '신비적'이나 '비과학적'을 추가하기도 하지만, 내가 보기에 플라톤적 존재를 결정하는 요소는 단순히 객관성의 문제일 뿐이다.

선택공리의 예처럼, "하나의 수학적 객체에 대한 어떤 주장이 객관성을 띠고 있는가?"라는 질문은 경우에 따라서 매우 미묘하고 복잡한 문제를 일으키기도 한다. 그러나 일반적인 수학개념은 전문적인 수학자가 아니더라도 쉽게 이해할 수 있다. 그림 12.1은 그 유명한 만델브로트 집합Mandelbrot set의 일부분을 확대한 그림이다. 이 집합의 구조는 엄청나게 정교하지만, 사람의 솜씨가 들어간 부분은 없다. 놀랍게도, 만델브로트 집합은 매우 간단한 수학법칙으로 표현될 수 있다. 자세한 내용은 지금 당장 알 필요가 없으므로, 4.5절에서 다시 언급하기로 한다.

내가 지적하고 싶은 것은, 어느 누구도(심지어 집합의 세부 구조가 보이는 놀라운 복잡성을 처음 접한 베노이트 만델브로트 자신마저도) 이 집합이 만들어 낼 다채로운 풍경을 전혀 예측하지 못했다는 점이다. 만델브로트 집합은 사람이 인위적으로 만들어 낸 집합이 아니라, 수학 자체 내에 원래부터 존재하던 것이었다. 이 집합은 인간의 마음속에 다 담지 못할 정도로 복잡하고 다양한 속성을 갖고 있다. 가장 뛰어난 컴퓨터로 이 집합을 재현한다 해도, 극히 일부의 '그림자'만을 재현할 수 있을 뿐이다. 그러나 만델브로트 집합이 수학적으로 엄밀하게 정의된다는 점에는 이견의 여지가 없다. 그것은 보는 사람의 눈에 따라 달라지지 않으며, 어떤 컴퓨터로 재현해도 동일한 모습이 나타난다. 다시 말해서, 만델브로트 집합은 인간의 마음속이 아닌 플라톤의 이상적 수학세계에 존재하고 있다.

아직 많은 독자가 수학 구조에 어떤 모양새로건 실존을 부여하는 일에 거부감을 갖는다는 사실을 내 모르는 바 아니다. 이런 사람들에게는 '존재'라는 단어의 개념을 좀 더 넓게 확장하기를 권하고 싶다. 플라톤 세계의 수학적 형태는 책상이나 의자 같은 일상적인 물체와 전혀 다르다. 그들은 공간을 점유하지 않으며, 시간 속에 존재하지도 않는다. 객관적인 수학개념은 시간을 초월한 존재로 봐야만 하며, 인간이 처음 인식한 그 순간에 실존을 획득했다고 생각해서도 안 된다. 그림 1.2(c), (d)에 나와 있는 만델브로트 집합의 독특한 소용돌이는 컴퓨터 모니터나 프린터를 통해 처음 세상에 모습을 보였을 때 실존을 얻은 것이 아니다. 만델브로트 집합의 근간이 되는 일반적 개념을 인류가 처음으로 발견했을 때도 아니다(만델브로트 집합은 1981년에 브룩스R. Brooks와 마텔스키J. P. Matelski가 처음 발견한 것으로 알려졌으나, 그전에 다른 사람이 이미 발견했다는 주장도 있다). 과연 브룩스와 마텔스키, 그리고 만델브로트는 이 집합을 발견하기 전부터 그림 1.2(c), (d)와 같이 복잡한 구조를 머릿속에 그리고 있었을까? 절대로 그렇지 않다. 이 구조는 시간의 탄생 이전에 이미 시간과 무관한 잠재적인 영역에 존재했으며, 장차 구조를 인지하게 될 존재가 구조를 펼쳐 보기로 결심하는 시간과 장소가 언제 어디였든지 간에, 오늘날 우리가 인지하는 바로 이 모습으로 나타날 운명이었다.

1.4 세 가지 세계와 세 개의 미스터리

수학적 존재는 물리적 존재나 인간의 의식(마음)이 만들어 낸 존재와 근본적으로 다르다. 그러나 이 세 가지 존재들은 신비한 방식으로 연결되어 있다. 그림 1.3에는 물리적 세계와 정신적 세계, 그리고 플라톤의 이상적 수학세계가 구형으로 표현되어 있고, 이들 사이를 연결하는 '신비한 다리'가 상징적으로 그려져 있다(그림의 구체적인 형태는 신경 쓸 필요 없다. 이 문제에 대한 나의 개인적 믿음이나 편견을 최소화하기 위해, 이와 같은 형태를 선택한 것이다).

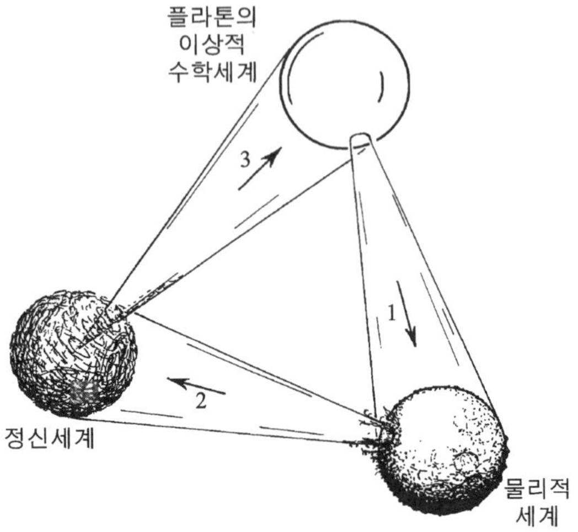

그림 1.3 세 가지 세계(플라톤의 수학세계, 물리적 세계, 정신적 세계)와 이들 사이를 잇는 과정에서 일어나는 심원한 세 개의 미스터리.

각 세계를 연결하는 세 개의 다리 중에서 플라톤 세계와 물리적 세계를 연결하는 다리부터 살펴보자. 그림에서 보다시피, 이 다리는 한쪽 끝(물리적 세계에 접한 부분)이 넓고 다른 쪽 끝(플라톤의 세계에 접한 부분)은 좁은 형상을 하고 있다. 다시 말해서, 수학세계의 일부만이 물리적 세계에 투영된다는 뜻이다. 순수수학이 물리적 세계에 적용되는 사례가 가끔 나오지만, 사실 수학자들이 연구하는 방대한 내용은 물리학이나 그 밖의 과학(34.9장 참조)과 별다른 관계가 없다. 이것이 첫 번째 미스터리이다. 또한, 물리적 구조물(특히, 건강한 사람의 두뇌)로부터 인간의 정신(지성)이 창출되는 과정도 커다란 미스터리이다. 물론, 모든 물리적 구조가 지성을 낳는다는 뜻은 아니다. 고양이의 두뇌는 정신적 세계를 창출할 수 있지만, 바위는 그렇지 못하다. 마지막으로, 세 번째 미스터리는 인간의 정신활동 중 극히 일부만이 수학과 관련되어 있다는 점이다!(우리의 정신활동은 불안이나 기쁨, 걱정, 흥분 같은 다양한 감정을 매일 양산하고 있다) 그림 1.3을 시계방향으로 따라가면 방금 열거한 세 가지 관계가 거의 비슷하게 재현된다. 그러나 한쪽 일부가 다른 쪽 '전부'에 투영된다는 것은 나의 개인적인 생각임을 밝혀 둔다.

그림 1.3에 의하면, 물리적 세계는 전적으로 수학법칙이 좌우한다. 나중에 가서 이 진술을 뒷받침하는 강력한(허나 불완전한) 증거와 만나게 될 것이다. 이런 관점대로라면, 수학적 원리(뒷장에 가서 배울 방정식들의 연장선일 확률이 높지만, 오늘날 우리가 '방정식'이라고 분류하는 것과는 뿌리부터 다른 미래의 수학 개념일지도 모른다)의 지배력이 닿지 않는 부분은 물리적 우주를 통틀어 존재하지 않는다. 즉, 수학적 원리가 물리계의 운명을 좌우한다는 것이다. 만일 이것이 사실이라면 우리가 행하는 물리적 행위도 궁극적으로는 수학의 통제를 받는 셈이며, 이 '통제'가 엄격한 확률적 원리를 따르는 몇몇 무작위 사건에도 관여하는 것일지도 모른다.

대부분의 사람은 이런 논리를 별로 좋아하지 않는다. 나 역시 글을 쓰면서도 마음이 별로 편치 않다. 그러나 내 논리는 그저 자연 전체를 바라보는 관점을 보완하기 위함이다. 우리는 수학의 통제를 받는 물리적 행동과 통제를 넘어선 행동을 구별하는 선이 무엇인지 잘 모르기 때문이다. 이 주장이 마음에 와 닿지 않는 독자들은 아마도 '수학적 통제'라는 단어에서 어떤 편견 어린 생각을 떠올렸기 때문일 것이다. 이 책의 목적 중 하나는 수학적 개념을 올바르게 이해했을 때 느낄 수 있는 아름다움과 풍부함, 그리고 그 막강한 위력을 독자들에게 전달하는 것이다.

그림 1.2의 만델브로트 집합을 보면, 그 속에 담긴 아름다움과 변화무쌍함을 어렴풋이 느낄 수 있다. 그러나 전체적으로 보면, 이런 집합도 수학 안에서 엄밀한 계산규칙의 통제를 받는 극히 일부분에 불과하다. 그 너머에는 상상을 초월하는 다양성이 잠재되어 있다. 나와 내 친구들의 모든 행동이 결국 그런 수학적 원리의 지배 아래였음이 사실로 밝혀질 때 내가

느낄 감정이 궁금한가? 난 나름 괜찮겠다고 본다. 나의 행동이 쾌락을 추구하는 마음이나 탐욕, 폭력 등에서 기인한다고 생각하기보다(물론 이것도 따지고 보면 과학적 요인으로 생각할 수 있겠지만), '플라톤의 이상향에 있는 무언가에 의해 통제되고 있다'고 생각하는 편이 더 그럴듯하지 않은가? 다른 사람들은 어떤지 모르겠지만, 나는 후자가 더 마음에 든다.

수학에 익숙한 독자들도 "우주 안에서 일어나는 모든 운동은 전적으로 수학법칙의 지배를 받는다"는 주장을 받아들이기가 쉽지 않을 것이다. 그뿐만 아니라, 그림 1.3에 나와 있는 다른 두 세계 사이의 상호관계에 대하여 나와 의견이 다른 독자들도 있을 것이다. 개중에는 "아니, 인간의 정신과 관련된 모든 행동이 물리적 세계에 뿌리를 둔다고? 이 사람, 과학을 너무 신봉하는 거 아니야?" ─ 라고 생각하는 사람도 나올지 모른다. 물론 이 모든 것은 나의 편견일 수도 있다. 그러나 물리적 세계와 전혀 무관한 '마음'이 별개로 존재한다는 것을 과학으로 증명 가능할까? 증명이 없는 한, 확신을 할 수도 없다. 게다가 대부분의 종교에서는 물리계와 상관없이 정신세계가 존재한다고 주장하면서도, 그 증거를 일상적인 과학에서 찾으려 애쓰고 있다.

내가 가진 또 하나의 편견은 그림 1.3에 적나라하게 나타나 있다. 이 그림은 플라톤의 수학세계 전체가 정신세계에 포함되는 것처럼 묘사하는데, 그 이유는 (적어도 원리적으론) 수학적 진리가 인간의 이성을 초월할 수는 없다고 생각했기 때문이다. 물론, 수학적 진술 중에는(간단한 산술적 덧셈조차 예외가 아니다) 인간의 지성으로 도저히 이해할 수 없을 정도로 방대하고 복잡한 것도 있다. 그러나 내용이 아무리 어렵다 해도 '잠재적으론' (인간)지성의 범위 내에 있으므로, 그림 1.3에 어긋나는 경우는 발생하지 않는다. 그럼에도, 우리는 이성의 잠재적 범위조차 뛰어넘어 그림

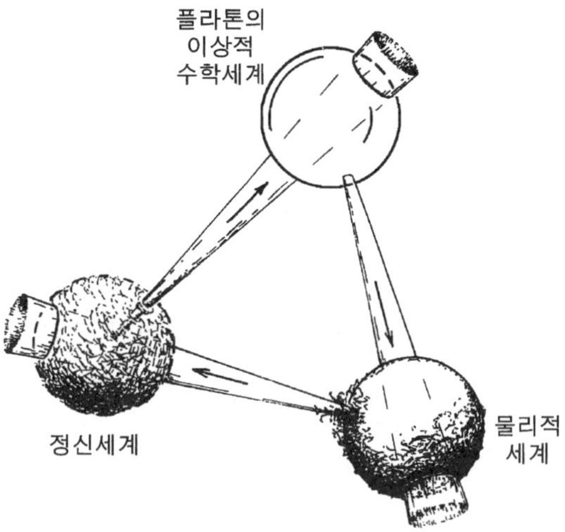

그림 1.4 세 가지 세계의 상호 연결관계에 약간의 수정을 가한 그림.

1.3을 거스르는 수학 진술이 나올 가능성을 염두에 두어야만 한다(이 문제는 16.6절에서 괴델Gödel의 불완전성정리incompleteness theorem를 다룰 때 자세히 언급할 것이다).[8]

나와 의견을 달리하는 독자들을 위해, 그림 1.3의 연결상태를 조금 수정해 보았다. 앞에서 나는 플라톤 세계의 '일부'가 물리적 세계의 '전체'에 투영된다고 주장했는데, 이것을 "플라톤 세계의 일부가 물리적 세계의 일부에 투영된다"고 수정하면 그림 1.4와 같은 상호관계가 얻어진다. 물론 정신적 세계와의 연결관계도 비슷한 방식으로 수정하였다. 이렇게 하면 '수학의 통제를 받지 않는 물리적 행동'이 허용되고, 물리적 세계에 뿌리를 두지 않은 정신세계도 존재할 수 있게 된다. 또한 그림 1.4에 의하면 논리나 직관으로는 진위 판단이 불가능한 수학적 주장도 존재할 수 있다.

내 의견으로는 그림 1.3만 해도 아주 신비롭다고 생각한다. 그러나 수정된 그림 1.4를 수용하면 또 다른 미스터리가 등장한다 — "왜 수학법칙이 현실세계에 놀라울 정도로 잘 들어맞는가?" 이것은 그림 1.4를 더 수정해도 결코 해결할 수 없는 미스터리이다(기초 물리이론에서 나타나는 놀라운 정확도를 지닌 수학법칙은 19.8, 26.7, 27.13절에서 다룰 예정이다). 신기한 것은 이뿐만이 아니다. 옳은 것으로 판명된 물리학이론들은 자연현상을 정확하게 설명할 뿐만 아니라, 그 자체로 '복잡 미묘하고 아름다운' 수학체계를 이루고 있다. 또한, 적절하게 구성된 물리적 물체(예를 들어, 인간의 두뇌)로부터 정신(의식)세계가 창출되는 과정과 수학적 진실을 인식하는 과정도 미스터리로 남아 있다. 인간의 두뇌가 단순히 계산기 역할만 할 뿐이라면, 위와 같은 과정들은 결코 일어날 수 없다. 지적 능력이 최하수준인 인간도 '영zero'이나 '하나', '둘', '셋', '넷' 등과 같은 단어로부터 구체적인 의미를 떠올릴 수 있다. 따라서 우리의 두뇌는 단순한 계산기가 아니라 무언가 심오한 기능을 수행하고 있음이 분명하다.[9]

세 번째 미스터리와 관련된 문제들은 다음 장(더 자세한 내용은 16.5～6절 참조)에서 '수학적 증명'이라는 개념과 함께 다뤄질 것이다. 그러나 이 책의 가장 큰 주제는 첫 번째 미스터리이다. 물리적 세계에서 일어나는 모든 현상이 수학을 통해 설명되는 이유는 무엇인가? 최소한의 수학 지식을 갖추지 않으면 결코 현대과학을 이해할 수 없다. 이것은 누구도 부인하지 못할 사실이다. 이 책을 읽는 독자 중에는 현대과학을 심도 있게 이해하려고 야심차게 접근했다가 수학이라는 장벽에 막혀 포기한 사람도 있을 것이다. 그러나 책의 서두에서 밝힌 바와 같이, 나는 이 점에 매우 낙천적인 생각을 갖고 있다. 수학이 골치 아픈 건 사실이지만, 난공불락의 요새는 아니다. 부디 이 책을 읽으면서 "수학은 재미있다"는 사실을 깨닫기 바란다. 물론 나도 이점을 설득하기 위해 온 정성을 쏟을 것이다.

그림 1.3과 1.4에서 발견되는 두 번째 미스터리[인간의 정신(주로 의식)이 물리적 세계에 뿌리를 두고 있음]에 대해서는 심각하게 다루지 않을 생각이다(34.7절에는 이 문제와 관련하여 심오한 질문이 제기되어 있다). 물리적 우주와 수학법칙 사이의 상호관계만 논하기에도 엄청나게 바쁘기 때문이다. 정신과 관련된 문제를 파고들어가다 보면 이 책의 기본 취지에서 분명히 벗어나게 될 것이다. 사실, 이런 책에서 인간 정신의 뿌리 운운하는 것처럼 어색한 일도 없다. 그러나 나는 물리적 세계에 대한 이해가 적당히 깊어질 때 인간의 정신도 언젠가는 이해할 수 있다고 생각한다. 진도를 나갈수록 분명해지겠지만, 우리에게 가장 필요한 것은 '물리적 세계에 대한 이해'이다. 이 분야에서 혁명적인 진보가 이루어진다면, 정신세계에 대한 이해는 자연스럽게 따라올 것이다.[10]

1.5 선과 진리, 그리고 아름다움

그림 1.3과 1.4에는 또 다른 문제가 함축되어 있다. 앞에서 나는 플라톤의 '이상적 원형 세계' 관념을 수학적 형태 같은 제한된 개념에만 적용했다. 수학은 결정적으로 진리眞라는 고유한 이상과 밀접한 연관이 있다. 플라톤은 '아름다움美'과 '선善'이라는 두 가지 근본적인 절대 이상이 더 있다고 주장하였는데, 여기에는 그다지 심각한 오류가 없다고 본다. 따라서 플라톤의 세계에는 이와 같은 항목들이 포함된 것으로 간주한다.

책의 끝 부분에 가면, 새로운 물리학이론을 발견하고 수용하는 문제를 술술 풀리게도, 동시에 꼬이게도 하는 '진리와 아름다움 사이의 놀라운 상호관계'와 마주치게 될 것이다(34.2, 5, 9절과 그림 34.1 참조). 물리적 세계의 저변에 깔린 수학의 아름다움을 굳이 논하지 않더라도, 새로운 수학적 아이디어로부터 진리를 찾는 여정에서 '수학의 미적 기준'은 중요한 길잡이 역할을 한다. 수학자들은 플라톤의 이상적 수학세계가 존재한다는 가장 결정적인 증거로 '수학의 아름다움'을 꼽을 정도이다. 수학 이론에서 예기치 않은 아름다움이 발견되면 거짓일 가능성이 거의 없다는 뜻이기도 하다.

이 책의 주제와 직접적인 관련은 없지만, 문맥상으로 넓게 보면 확실히 중요한 문제는 도덕의 절대 관념absolute ideal of morality에 대한 질문이다. 무엇이 선이고 무엇이 악인가? 인간은 어떤 기준으로 이들을 구분하는가? 도덕은 정신세계와 깊이 관련되어 있다. 왜냐하면, 도덕은 의식을 가진 존재에 의해 가치가 부여되며, 더 중요하게는 의식 자체가 존재한다는 강력한 증거이기 때문이다. 의식을 가진 존재가 없다면 도덕도 가치를 상실한다. 과학기술이 발달할수록, 인간의 지성이 그대로 배어 있는 물리적 환경의 중요성도 부각되기 마련이다. 나는 과학기술로 상징되는 현대 문화에서 과학을 향해 던져지는 질문들이 도덕과 무관한 쪽으로 치우쳐선 안 된다고 생각한다. 그러나 이 주제는 이 책의 당면과제와 너무 동떨어진 영역으로 우리를 몰고 갈지도 모른다. 우리는 사람들이 좋은 것과 나쁜 것을 구분하는 그런 가르침들을 적당히 적용하려 하는 상황이 오기 전에 참과 거짓을 구분하는 질문에 초점을 맞추어야만 한다.

그림 1.3에는 마지막까지 내가 남겨 두었던 또 다른 미스터리가 숨어 있다. 사실, 그림 1.3은 이 모순을 부각하려는 의도하에 디자인된 것이다. (나의 편견 어린 생각이 맞는다면) 어떻게 하나의 세계가 그다음 세계를 완전하게 포함할 수 있다는 말인가? 이 문제를 핑계 삼아 나의 편견을 포기하려는 것은 아니다. 다만, 위에서 언급한 문제들을 초월하는 더욱 심오한 미스터리가 숨어 있음을 강조하고 싶을 뿐이다. 사실, 위에서 언급한 세

가지 세계는 하나의 덩어리로 존재할지도 모른다. 하나의 세계 속에서 각기 다른 세계를 반영하는데, 우리가 그 사실을 인지하지 못하는 것일 수도 있다. 이들 사이의 진정한 관계를 밝히려면 아직도 갈 길이 멀다.

나름대로 자제는 하고 있지만, 이 장에서는 대체로 책의 주제와 다소 먼 이야기를 한 것 같다. 이 장의 주된 목적은 수학이 고대 및 현대과학에서 중요한 역할을 해 왔다는 점을 강조하는 것이었다. 그러면 지금부터 플라톤의 세계로 들어가, 물리적 실체와 수학 사이의 긴밀한 관계를 좀 더 근거리에서 살펴보기로 하자.

〈1장 후주〉

1–2절

1.1 피타고라스의 삶과 추종자들, 그리고 그가 남긴 업적에 대해서는 별로 알려진 바가 없다. 다만, 피타고라스를 중심으로 하는 학파가 한때 존재했고, 그가 화음의 원리를 발견했다는 것, 그리고 직각삼각형의 정리를 증명했다는 것 정도만이 알려져 있을 뿐이다. 더 자세한 내용을 알고 싶으면 참고문헌의 Burkert(1972)를 참조하기 바란다. 삶의 태반이 전설 속에 묻혀 있음에도, 피타고라스는 인류의 과학사에서 가장 중요한 인물 중 하나로 꼽힌다. 이 책에 사용된 '피타고라스학파(Pythagorean)'라는 용어는 이 단체가 역사적으로 검증된 학술단체라는 뜻이 아니며, 피타고라스와 그 추종자들을 칭하는 고유명사로 사용된 것이다.

1.2 여기서 말하는 음계란, 진동수(1초당 진동하는 횟수, 파장에 반비례함)의 비가 24 : 27 : 30 : 32 : 36 : 40 : 45 : 48로 맞추어진 온음계(diatonic)

를 의미한다. 한 번에 여러 음을 낼 수 있는 악기의 경우, 각 줄(또는 건반)을 이와 같은 비율로 조절하면 가장 듣기 좋은 화음이 창출된다. 현재 사용되고 있는 피아노의 하얀 건반들은 피타고라스의 화음과 조옮김을 한꺼번에 고려한 평균율(equal temperament)에 따라 조율되고 있다. 이들의 진동수 비율은 $1 : \alpha^2 : \alpha^4 : \alpha^5 : \alpha^7 : \alpha^9 : \alpha^{11} : \alpha^{12}$이며, $\alpha = \sqrt[12]{2} = 1.05946\cdots$이다(주 : α^5은 α의 5제곱, 즉 $\alpha \times \alpha \times \alpha \times \alpha \times \alpha$이며, $\sqrt[12]{2} = 2^{1/12}$은 2의 12 제곱근, 즉 '12번 곱해서 2가 되는 수'를 의미한다. 따라서 $\alpha^{12} = 2$이다. [후주 1.3]과 5.2절 참조).

1–3절

1.3 [후주 1.2]에서 언급한 대로, 어떤 수의 n 제곱은 그 수를 n번 곱했다는 뜻이다. 따라서 5의 세제곱은 125이며, 기호로는 $5^3 = 125$로 표기한다. 이와 마찬가지로 3의 네제곱은 81이며, $3^4 = 81$이다.

1.4 앤드루 와일즈는 페르마의 마지막 정리를 증명하여 1993년 6월에 케임브리지 대학교의 학회석상에서 발표하였으나, 그 후 증명에 약간의 오류가 발견되어 그것을 수정하느라 무진 애를 썼다. 그런데 와일즈가 수정작업에 몰두하고 있을 무렵, 페르마의 마지막 정리가 틀렸음을 보여주는 반례를 노암 엘키스(Noam Elkies)라는 수학자가 발견했다는 소문이 나돌았다. 노암 엘키스는 1988년에도 오일러의 추론(Euler's conjecture, $x^4 + y^4 + z^4 = w^4$을 만족하는 정수해가 존재하지 않는다는 추론)이 틀렸음을 입증하는 반례를 찾아내어 학계를 떠들썩하게 만든 적이 있었으므로, 이번에도 그의 주장이 맞을 가능성이 커 보였다. 그러나 이 모든 소동은 헨리 다몬(Henry Darmon)이라는 사람의 짓궂은 장난으로 판명되었고, 결국 와일즈는 증명을 완성하여 페르마의 정리에 걸려 있던 현상금(볼프스켈 상)을 수상하였다. Singh(1997, 『페르마의 마지막 정리』), p.293 참조.

1.5 전문용어로는 Π_1-명제라고 한다(16.6절 참조).

1.6 나는 이런 말을 하면서 스스로 곤란을 자처하고 있는지도 모른다. 중요한 것은 그토록 주관적인 관점을 고수하는 수학자의 인원수가 아니라(사실, 이 문제를 갖고 수학자들을 대상으로 여론조사를 한 적도 없다), 그런 관점을 심각하게 받아들여야 하는지의 여부이다. 판단은 독자들이 알아서 내리기 바란다.

1.7 일부 독자들은 "선택공리는 더욱 기본적인 단계의 집합론의 공리와 무관하다(제르멜로-프란켈 공리체계, Zermelo-Frankel axiom system)"는 괴델과 코헨의 연구결과를 들어본 적이 있을 것이다. 여기서 괴델과 코헨은 선택공리가 증명될 수 없음을 주장한 것이 아니다. 이 문제는 코헨의 저서(Cohen, 1966, 14장 13절)에 자세히 서술되어 있다. 단, 이 책은 선택공리보다 연속체가설(continuum hypothesis)에 주안점을 두고 있다(16.5절 참조).

1–4절

1.8 여기에는 희한한 역설이 숨어 있다. 인간의 마음속에 모든 수학이 담겨 있다고 믿는 반플라톤주의자들은 "옳은 수학 정리는 존재할 수 없다"는 괴델의 불완전성정리도 믿어야 한다는 것이다. 예를 들어, 페르마의 마지막 정리가 원리적으로 증명될 수 없는 것이라면, 반플라톤주의자들은 '참도 아니고 거짓도 아닌' 존재를 수용해야 한다. 참이나 거짓은 증명, 또는 반증을 통해 결정되기 때문이다.

1.9 Penrose(1997b) 참조.

1.10 이 문제에 대한 나의 개인적인 견해는 Penrose(1989, 1994, 1997a, 1997b)에 서술되어 있다.

2
고대의 정리와 현대의 질문

2.1 피타고라스의 정리

우선 기하학부터 살펴보자. 1장에서 말했던 '여러 종류의 기하학'이란 무슨 뜻인가? 이 질문의 답을 구하기 위해, 피타고라스의 정리로 되돌아가서 생각해 보자.[1] 다들 알다시피, 피타고라스 정리란 직각삼각형의 빗변(90°인 끼인각과 마주 보는 변)의 길이를 제곱한 값이 나머지 두 변을 각각 제곱하여 더한 값과 같다는 정리이다(그림 2.1 참조). 우리가 이 주장을 참이라 믿는 이유는 무엇일까? 구체적으로 말해서, 피타고라스 정리를 '증명'하려면 어떻게 해야 할까? 지금까지 알려진 증명법은 여러 가지가 있는데, 그중에 대표적인 두 가지를 선택하여 어떤 차이가 있는지 알아보기로 하자.

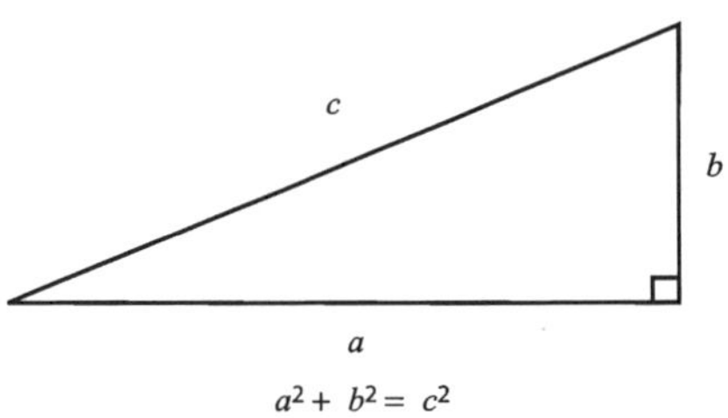

그림 2.1 피타고라스의 정리 직각삼각형에서 빗변 c의 제곱은 나머지 두 변 a와 b를 각각 제곱하여 더한 값과 같다.

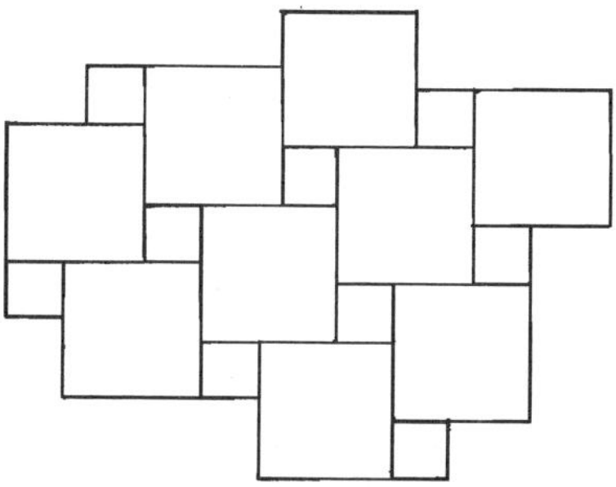

그림 2.2 크기가 다른 두 종류의 정사각형을 이어 만든 연속무늬.

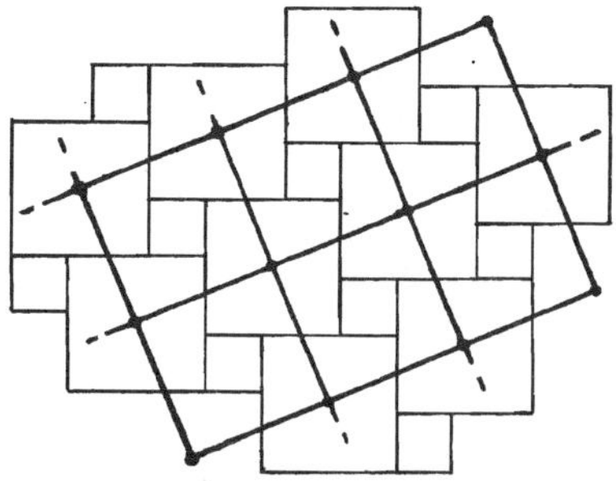

그림 2.3 큰 정사각형의 중심을 직선으로 이으면, 조금 더 큰 정사각형의 기울어진 격자무늬가 얻어진다.

증명으로 들어가기 전에, 그림 2.2와 같은 사각형 패턴을 생각해 보자. 이 그림은 두 가지 크기의 정사각형들로만 이루어진다. 두 종류의 정사각형을 이와 같은 패턴으로 배열하면 아무리 넓은 평면도 채울 수 있다. 즉, 그림 2.2와 같은 패턴은 아무런 공백 없이 사방으로 '무한히' 계속될 수 있다. 왜 그럴까? 큰 정사각형의 중심을 직선으로 연결하면 그림 2.3과 같이 조금 더 큰 정사각형으로 이루어진 '바둑판 격자'가 얻어지기 때문이다. 새로 얻어진 정사각형은 원래보다 조금 기울어져 있지만, 무한히 반복하는 데는 아무런 문제가 없다. 이들은 크기와 기울어진 정도가 모두 같으므로 각 변을 이어 붙이기만 하면 무한반복 패턴을 얻을 수 있다. 그런데 직선으로 연결하는 기준점을 큰 정사각형의 중심에서 다른 지점으로 옮겨도 그림 2.3과 동일한 무한격자가 얻어진다. 이 경우 새로 얻어진 정사각형들의 크기와 기울어진 정도는 이전과 같지만, 각 정사각형의 위치는 기준점의 위치에 따라 특정방향으로 '평행이동translation'하게 된다(그림 2.4 참조).

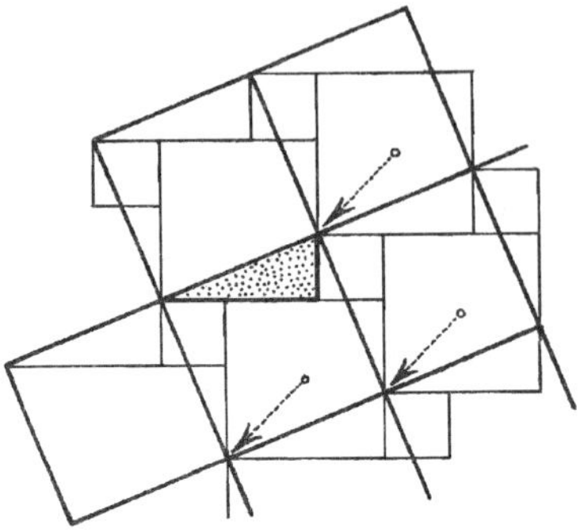

그림 2.4 기울어진 정사각형 격자는 평행이동될 수 있다. 이 그림은 조그만 정사각형의 왼쪽 — 위 모서리(또는 큰 정사각형의 왼쪽 — 아래 모서리)를 새로운 격자 기준점으로 잡은 것이다. 이때 기울어진 정사각형의 한 변은 직각삼각형의 빗변이 된다(이 직각삼각형의 나머지 두 변은 원래 있었던 두 정사각형 각 변의 길이와 같다).

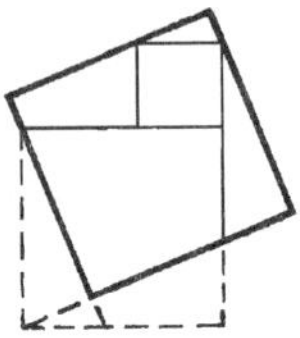

그림 2.5 기울어진 정사각형의 꼭짓점이 어디에 있건 간에, 이 사각형의 면적은 원래 있던 (크기가 다른)두 정사각형 면적의 합과 같다.

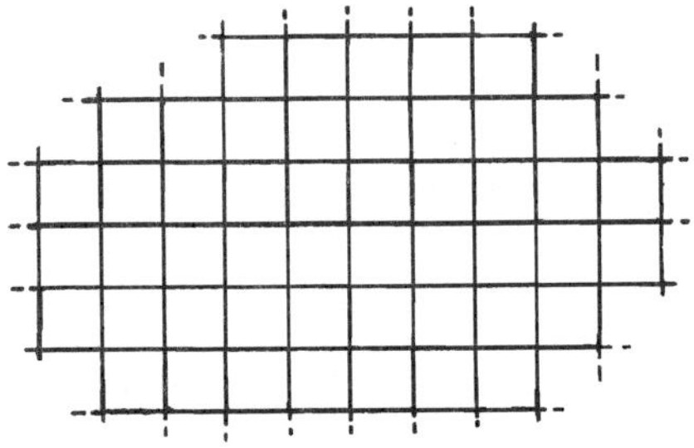

그림 2.6 동일한 정사각형으로 이루어진 격자. 이런 도형이 존재한다는 것을 어떻게 알 수 있을까?

여기서 눈여겨볼 것은, 원래 있었던 두 정사각형 넓이의 합과 기울어진 정사각형의 넓이가 같다는 점이다. 격자의 기준점을 어디로 정하건 간에, 기울어진 사각형 안에 들어 있는 작은 영역들을 (회전 없이도)잘 조합하면 원래 있었던 두 개의 정사각형이 재현된다(그림 2.5 참조). 그뿐만 아니라, 그림 2.4에서 알 수 있듯이 기울어진 정사각형의 한 변을 직각삼각형의 빗변에 대응시키면, 나머지 두 변은 원래 있었던 두 정사각형의 각 변의 길이에 대응된다. 언뜻 이해가 가지 않는 독자들도 있겠지만, 방금 우리는 피타고라스 정리를 증명한 것이나 다름없다. 그림 2.4에 표시된 직각삼각형 빗변의 제곱은 기울어진 정사각형 하나의 면적에 해당하는데, 이 면적은 크기가 달랐던 두 정사각형 면적의 합과 같고, 이들의 각 변은 직각삼각형의 나머지 두 변에 대응되기 때문이다. 즉, "직각삼각형에서 빗변의 제곱은 나머지 두 변의 제곱의 합과 같다."

방금 펼친 논리는 '간단한 증명'의 위력을 유감없이 보여 주고 있다. 이로써 우리는 피타고라스 정리가 참true임을 확신할 수 있게 된 것이다. 처음부터 논리를 이런 식으로 펼치지 않았다면, 복잡한 보조선을 여러 개 그려 가며 골치 아프고 형식적인 논리를 따라가야 했을 것이다. 그런데 우리는 증명과정에서 은연중에 한 가지 사실을 가정하고 넘어갔다. 그림 2.2나 2.6과 같은 정사각형 배열이 기하학적으로 무한반복 가능하다는 가정이 바로 그것이다. 직관적으로는 명백한 사실인 것 같지만, 한 번쯤은 확인해 볼 필요가 있다. 정사각형을 이어 놓으면 기하학적으로 무한히 반복될 수 있는가? 이 질문에 답하려면 먼저 정사각형의 정의부터 내려야 한다. 우리는 어떤 도형을 정사각형이라 부르는가? 간단하게 생각하면 '네 변의 길이가 같고 네 개의 각이 모두 직각인 평면도형'이 정사각형이다. 그러면 직각은 또 무엇인가? 두 개의 직선이 한 점에서 만나면서 만들어진 네 개의 각이 모두 같을 때, 이들을 직각이라고 한다.

이제 정의에 입각하여 정사각형을 작도해 보자. 우선, 길이가 같은 선분 AB, BC, CD를 이어서 'U'자 모양의 도형을 만들되, ∠ABC(꺾어진 선 ABC로 만들어지는 각)와 ∠BCD가 직각이 되도록 한다(그림 2.7 참조). 여기서 다음과 같은 질문을 던져 보자. "이렇게 하면 선분 AD의 길이는 다른 세 변의 길이와 같아질 것인가?"(또는 "∠DAB와 ∠CDA도 직각인가?") 물론 지금 그린 도형은 좌우가 똑같이 생긴 대칭도형이므로 ∠DAB = ∠CDA이다. 이들도 나머지 각들처럼 직각일까? 사실 정사각형의 네 각이 직각임은 너무도 잘 알려진 사실이라 증명할 필요조차 없을 것 같다. 그러나 우리는 지금 '정사각형'이라는 지극히 간단한 도형을 가장 기초적인 단계에서 작도하고 있으므로, ∠DAB가 직각이라는 것은 결코 당연한 사실이 아니다. 잠시 학창시절로 되돌아가서, 수학시간에 배웠던 유클리드 기하학을 떠올려 보자. "직선 AB와 직선 CD가 평행하고 한 직선이 이들을 가로지를 때, 엇각끼리는 서로 같다"는 정리를 배운 적이 있을 것이다. 이 정리에 의하면 ∠BCD = ∠DAB이고, ∠ABC = ∠CDA이다. 위에서 ∠ABC와 ∠BCD는 직각이라고 했으므로, ∠DAB와 ∠CDA도 직각이어야 한다. 그다음으로 선분 AD와 선분 BC의 길이가 같다는 것도 증명해야 하는데, 이것은 두 개의 평행한 직선 AB와 직선 CD를 가로지르는 직선의 성질로부터 쉽게 증명할 수 있다(선분 AB와 선분 CD가 평행하고 네 개의 각도가 모두 직각이므로 선분 AD와 선분 BC도 평행하다. 그런데 두 쌍의 평행선이 교차했을 때 서로 마주 보는 선분들은 길이가 같으므로 선분 AD와 선분 BC의 길이는 같다). 이로써 우리는 유클리드 기하학에 입각하여 네 개의 각이 모두 같은(직각인) 정사각형이 존재한다는 것을 증명한 셈이다. 그러나 여기에는 아직도 근본적인 문제가 숨어 있다.

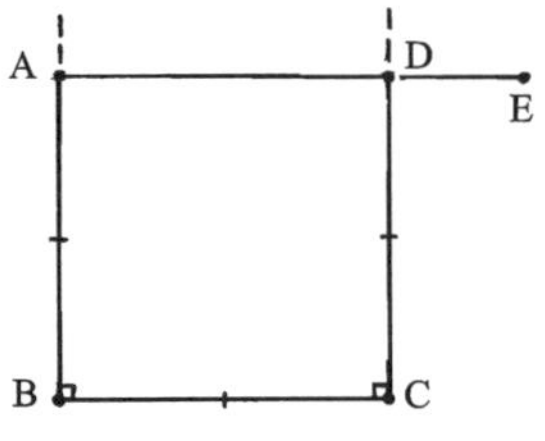

그림 2.7 정사각형의 작도. ∠ABC와 ∠BCD가 직각이고 $\overline{AB} = \overline{BC} = \overline{CD}$라면, $\overline{AD}$는 나머지 선분과 길이가 같을 것인가? 그리고 ∠DAB와 ∠CDA도 직각인가?

2.2 유클리드의 공준

유클리드는 고전 기하학의 기본개념을 구축하면서 자신의 증명이 어떤 가정에 기초하는지를 철저하게 따지고 들었다.[2] 특히 그는 '공리axiom'와 '공준postulate'을 엄밀하게 구별하였는데, 점point이나 선line의 정의처럼 그 개념이 너무도 자명한 것이 공리이고, '이 세계의 기하학에서 성립하는 것은 분명하지만 공리만큼 자명하지 않은 가설'을 공준이라 한다. 유클리드는 공준을 모두 다섯 개로 정리하였는데, 그중 다섯 번째 공준은 다른 공준보다 자명하지 않다. 그 후로 수 세기 동안 수학자들은 "처음 네 개의 공준을 적절히 이용하면 다섯 번째 공준을 증명 가능하다"고 믿어 의심치 않았다. 소위 '평행선 공준'이라 불리는 이 다섯 번째 공준을 지금부터 도마 위에 올려 보자.

본론으로 들어가기 전에, 나머지 네 공준이 어떤 내용을 담고 있는지 간단하게 알아보자. 이들은 (유클리드)평면 위에서 성립하는 기하학적 특성을 나열한 것인데, 훗날 유클리드는 자신의 기하학을 3차원 공간으로 확장하였다. 유클리드 평면기하학의 기본 요소는 점과 직선, 그리고 원이다. 여기서 직선(간단히 줄여서 '선'이라고도 한다)이란, 양쪽 방향으로 무한히 뻗은 선을 의미한다. 길이가 유한한 선은 '선분'이라고 한다. 유클리드의 공준을 순서대로 요약하면 다음과 같다.

(1) 임의의 두 점은 직선으로 연결될 수 있으며, 이 직선(선분)은 단 하나뿐이다.
(2) 임의의 선분은 양쪽으로 무한히 길게 확장될 수 있다.
(3) 임의의 점을 중심으로 임의의 반지름을 갖는 원이 존재한다.
(4) 모든 직각은 동일하다.[3]

현대수학의 관점에서 볼 때, 네 번째 공리는 좀 어색하게 들린다. 굳이 이런 것까지 지적해야 했을까? 그러나 지금은 유클리드의 '기하학 정신'을 새기는 것이 목적이므로, 그냥 머릿속에 담아 두고 넘어가자. 유클리드는 기하학의 기초를 다지면서 이상적인 강체(모양이 흐트러지지 않는 물체. 고체는 대부분 강체로 취급할 수 있으나, 그 앞에 '이상적인'이라는 수식어가 붙으면 '외부에서 어떠한 힘을 가해도 변형이 일어나지 않는 강도 무한대의 물체'를 의미한다. 물론 현실에서 이런 물체는 존재하지 않는다 : 옮긴이)의 운동을 떠올렸다. 그가 생각했던 '합동congruence'의 개념은 이상적인 강체를 움직여서 다른 강체 위에 포갰을 때 외형이 정확하게 일치한다는 의미였다. 한 물체의 귀퉁이가 직각이고 다른 물체의 귀퉁이도 직각일 때, 이 각도가 서로 같다는 것은 두 물체를 서로 포갰을 때 직각을 이루는 두 외곽선이 정확하게 일치한다는 뜻이다. 사실, 유클리드의 네 번째 공준은 한 지역에 놓인 물체를 다른 지역으로 옮겨 놓아도 기하학적 형태가 변하지 않는다는(즉 합동한다는), 공간의 등방성等方性, isotropy과 균질성homogeneity을 주장한 것이었다. 그리고 두 번째와 세 번째 공준은 "공간은 아무런 빈틈없이 무한대로 확장될 수 있다"는 뜻이며, 첫 번째 공준은 곧은 선분의 기본적인 특성을 규명한 것이다. 기하학을 바라보는 유클리드의 시각은 오늘날과 사뭇 달랐지만, 그가 정리한 네 개의 공준은 현대적 의미에서 2차원 거리공간metric space의 등방성과 균질성, 그리고 무한확장 가능성을 모두 포함하고 있다. 이러한 공간개념은 현대 우주론이 말하는 우주공간의 개념과 매우 비슷한데, 자세한 내용은 27.11절과 28.10절에서 다시 언급할 것이다.

그렇다면 유클리드의 다섯 번째 공준, 평행선 공준은 무엇을 주장하는가? 내용이 좀 길긴 하지만 특별히 복잡한 것은 없다. 평면에서 두 개의 선분 a, b가 다른 선분 c와 만날 때(이 경우, c를 a와 b의 횡단선 transversal이라 한다), c의 두 측면 중 한쪽에서 a와 c 사이 내각과 b와 c 사이의 내각을 더한 값이 직각의 두 배(180°) 보다 작다면, 그 쪽으로 길게 잡아 늘인 a와 b는 어디선가 반드시 만난다는 것이다(그림 2.8a 참조). 이 공준을 다른 말로 표현하면 다음과 같다. "임의의 직선과 그 직선 위에 놓여 있지 않은 임의의 점이 주어졌을 때, 이 점을 지나면서 주어진 직선과 평행한 직선이 반드시 존재한다(이것을 플레이페어 공리 Playfair axiom라고도 한다. 그림 2.8b 참조)." 여기서 '평행하다'는 말은, 동일 평면상에 있는 두 개의 직선을 아무리 길게 늘여도 만나지 않는다는 뜻이다(여기서 말하는 '직선'이 길이가 유한한 선분이 아니라, 무한히 길게 뻗은 곧은 선임을 기억하라).[2.1]

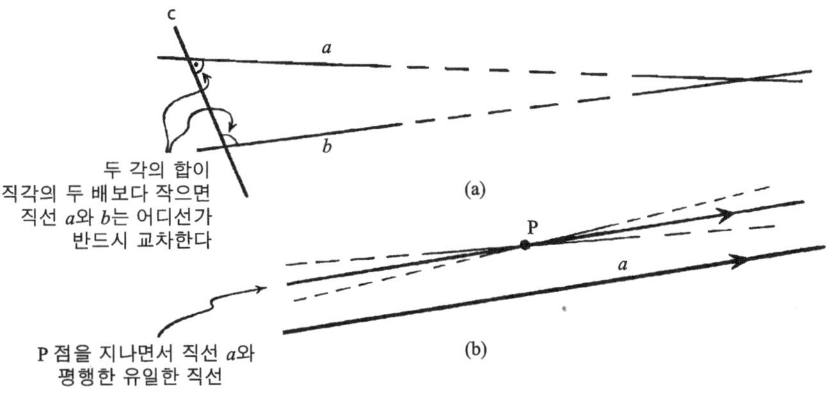

그림 2.8 (a) 유클리드의 평행선 공준(parallel postulate). 두 직선 a, b가 직선 c와 교차할 때, a와 c 사이의 내각과 b와 c 사이의 내각의 합이 직각의 두 배(180°)보다 작으면 직선 a와 b는 (무한히 길게 늘였을 때)어디선가 반드시 교차한다. (b) 플레이페어 공리(Playfair axiom). 임의의 직선 a와 임의의 점 P가 주어질 때(P는 a 위에 있지 않음), P를 지나면서 a에 평행한 직선은 단 하나뿐이다(단, 이 직선이 a와 P를 포함하는 평면 위에 놓여 있을 때에 한한다).

평행선 공준을 수용한다면, 정사각형의 존재를 증명하는 데 아무런 문제가 없다. 한 쌍의 직선과 횡단선이 주어졌을 때, 직선과 횡단선 사이의 내각을 더한 값이 정확하게 직각의 두 배라면, 두 직선은 평행하다. 게다가 이 사실은 '모든 한 쌍의 직선과 하나의 횡단선'에 똑같이 적용될 수 있다. 앞에서 증명했던 정사각형의 존재 여부는 이 공준에 의해 비로소 완전한 논리를 갖추게 된다. '네 개의 각이 직각이고 네 변의 길이가 같은' 도형이 정사각형임을 증명하려면, 다섯 번째 공준을 반드시 적용해야 한다. 평행선 공준이 없다면 (네 각이 모두 직각이고 네 변의 길이가 모두 같다는 의미의)정사각형은 작도될 수도, 존재할 수도 없다.

정사각형처럼 누가 봐도 명백한 도형을 두고 "그런 것이 정말로 존재하는지 증명해야 한다"고 우기면서 어떤 가정을 써야 할지 일일이 따지고 드는 일은 언뜻 보기에 '한가한 수학자들의 현학적 유희' 같기도 하다. 정사각형의 정의는 어린아이들도 아는데, 왜 골치 아프게 공준, 공리 운운해 가며 일일이 따지고 드는 것인가? 앞으로 알게 되겠지만, 유클리드는 이런 문제들을 다루면서 깊은 통찰력을 발휘하여 놀라운 결과를 얻어냈다. 그의 현학적인 접근법이 우주공간의 기하학적 구조를 규명하는 데 결정적인 실마리를 제공한 것이다. 실제 우주공간에서 물리적인 '정사각형'의 존재 여부는 '수학적 자명함'과 전혀 다른 문제이다. 이것은 오로지 관측을 통해 확인하는 수밖에 없는데, 지금은 의견이 분분한 상태여서 이렇다 할 결론을 내리기가 쉽지 않다(2.7, 28.10절 참조).

[2.1] 유클리드의 평행선 공준이 참이라면, 플레이페어 공리도 참임을 증명하라.

2.3 닮음을 이용한 피타고라스 정리의 증명

평행선 공준을 수용하지 않았을 때 발생하는 문제들은 2.4절에서 생각해 볼 것이다. 그리고 이 문제와 관련된 물리학적 이슈들은 18.4, 27.11, 28.10, 34.4절에서 다룰 예정이다. 지금 당장은 피타고라스의 정리를 다른 방법으로 증명하고 나서, 이전의 증명과 비교해 보기로 한다.

유클리드 기하학의 범주 안에서 피타고라스의 정리를 증명하는 가장 간단한 방법의 하나는 직각삼각형의 내부를 닮은 삼각형 구획으로 나눠서 닮음비를 이용하는 것이다. 임의의 직각삼각형에서 각도 90°인 꼭짓점으로부터 빗변에 수선을 내리면(즉, 빗변과 90°로 만나는 선분을 그리면) 두 개의 닮은 직각삼각형이 만들어진다(그림 2.9 참조). 그림 2.9에는 세 개의 삼각형이 존재하고 있다. 원래의 삼각형(가장 큰 것)과 보조선으로 나누어진 두 개의 삼각형이 바로 그것이다. 물론, 가장 큰 삼각형의 넓이는 그 안에 있는 두 삼각형의 넓이를 더한 것과 같다.

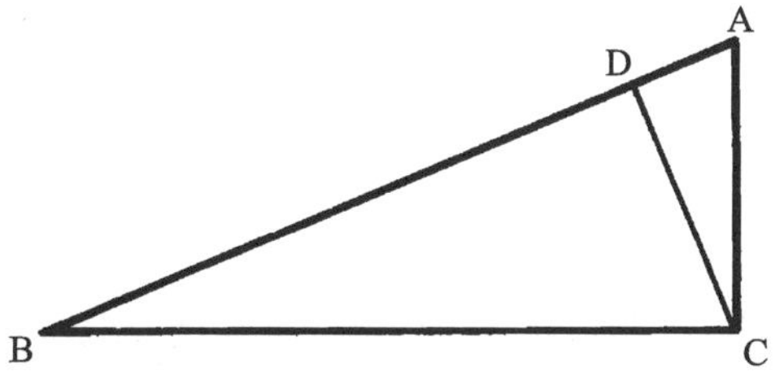

그림 2.9 피타고라스 정리는 삼각형의 닮음비를 이용하여 증명될 수도 있다. 직각삼각형을 그린 후 각도 90°인 꼭짓점에서 빗변에 수선을 내리면(즉, 빗변과 90°로 만나는 선분을 그리면) 두 개의 닮은 직각삼각형이 만들어진다. 물론 가장 큰 삼각형의 넓이는 그 안에 있는 작은 삼각형 두 개의 넓이를 더한 것과 같다. 세 삼각형은 모두 닮음이어서, 이들의 면적비는 닮음비의 제곱과 같은데, 이 사실을 이용하면 피타고라스 정리를 증명할 수 있다.

이 세 직각삼각형은 서로 '닮음similar'이다. 즉, 크기는 전부 다르지만 세 삼각형 중 하나를 골라내서 세 개의 변을 같은 비율로 확대하거나 축소하면 다른 삼각형과 완전히 같아진다(물론 스케일을 조절한 후 완전히 포개려면 특정 각도만큼 돌려야 한다). 왜 그럴까? 이유는 간단하다. 각각의 삼각형은 세 내각의 크기와 배열이 모두 같기 때문이다. 내각의 순서는 다를 수도 있지만, 위치를 적당히 돌리거나 뒤집으면 이마저도 완전히 같아진다. 예를 들어, 그림 2.9에서 가장 큰 삼각형과 두 번째로 큰 삼각형은 가장 작은 각을 공유하면서 둘 다 직각을 가지므로, 나머지 하나의 각도 당연히 같다. 삼각형 내각의 합은 항상 일정하기 때문이다. 그런데 두 도형이 서로 닮은꼴일 때, 이들의 면적비는 닮음비(닮은꼴 도형의 대응변 사이의 비율)의 제곱과 같다. 이것은 모든 2차원 평면도형에 일반적으로 적용되는 성질이다. 이제 세 개의 닮은꼴 직각삼각형에서 각각 빗변을 취하여 닮음비를 비교해 보자. 그림 2.9에서 보다시피, $\triangle BCD$의 빗변 $\overline{BC}$는 $\triangle ABC$의 밑변에 해당하고, $\triangle ACD$의 빗변 $\overline{AC}$는 $\triangle ABC$의 세로변과 같다. 또한 $\triangle ABC$의 면적은 $\triangle BCD$와 $\triangle ACD$의 면적을 더한 것과 같은데, 위에서 언급한 대로 닮은꼴 삼각형의 면적비는 닮음비의 제곱과 같으므로 $(\overline{AC})^2 + (\overline{BC})^2 = (\overline{AB})^2$이 되어 피타고라스 정리가 증명된다!

그러나 우리는 이 증명에서도 어떤 사실을 은연중에 가정하고 넘어갔다. 삼각형 내각의 합이 항상 일정하다는 가정이 바로 그것이다(삼각형 내각의 합은 항상 $180°$인데, 유클리드는 이 값을 '직각의 두 배'로 표현하였다. 라디안radian이라는 각도단위를 사용하면 유클리드 기하학에서 삼각형 내각의 합은 항상 π이다. 라디안은 $1°$를 $\pi/180$로 간주한 단위로서, $180° = \pi$이다). 그림 2.10을 이용하면 이 가정을 쉽게 증명할 수 있다.

$\triangle$ABC에서 밑변 $\overline{CA}$를 E까지 확장하고, A를 지나면서 $\overline{CB}$와 평행한 직선 $\overline{AD}$를 긋는다. 그러면 (평행선 공준에 의해) $\angle EAD = \angle ACB$이고 $\angle DAB = \angle CBA$이다. 그런데 $\angle EAD + \angle DAB + \angle BAC = \pi$(또는 180°, 직각의 두 배)이므로, $\triangle$ABC의 내각의 합 ($\angle ACB + \angle CBA + \angle BAC$)도 π이다. 단, 이것은 평행선 공준이 참이라는 가정하에 성립한다.

우리는 피타고라스 정리를 증명하는 과정에서 "닮은 도형의 면적비는 닮음비의 제곱과 같다"는 성질을 사용하였다(위의 증명에서는 각 직각삼각형의 빗변의 길이를 닮음비의 대표값으로 사용하였다). 그런데 이 사실은 닮은 도형의 존재 여부에 따라 성립이 좌우되며(그림 2.9에서는 평행선 공준을 이용하여 이 사실을 확인하였다), 사각형이 아닌 도형(원이나 구형)의 '면적'을 실제로 어떻게 정의할 것인가를 다루는 더 복잡한 문제와도 관련되어 있다. 이 문제는 극한을 취하는 과정으로 표현될 수 있는데, 자세한 내용은 나중에 다룰 것이다. 어쨌거나, 이 문제를 파고들다 보면 기하학에서 사용되는 어떤 숫자들과 관련된 심오한 현안에 직면하게 된다(3.1 ~ 3.3절 참조).

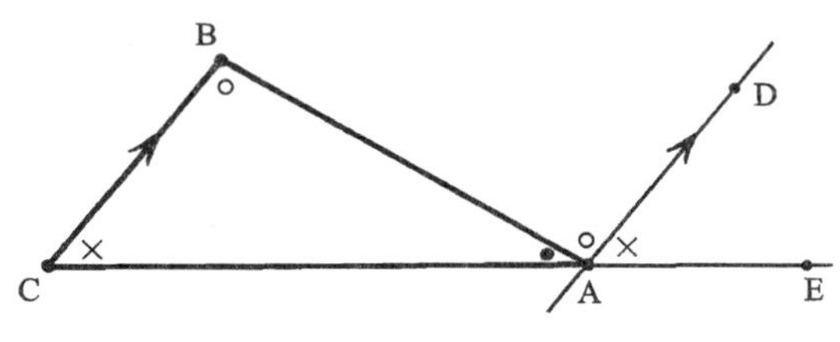

그림 2.10 $\triangle$ABC 내각의 합이 π(= 180° = 직각의 두 배)임을 증명하는 그림. 선분 CA를 E까지 확장하고 A를 지나면서 CB와 평행한 직선 AD를 그리면 평행선 공준에 의해 $\angle EAD = \angle ACB$이고 $\angle DAB = \angle CBA$가 된다. 그런데 $\angle EAD + \angle DAB + \angle BAC = \pi$이므로, $\triangle$ABC의 내각의 합 $\angle ACB + \angle CBA + \angle BAC = \pi$이다.

앞 절의 논의대로라면, 평행선 공준의 진위에 따라 피타고라스 정리의 운명이 정해지는 것 같다. 정말로 그럴까? 평행선 공준이 거짓이라면 피타고라스 정리도 물 건너가는 것일까? 이런 대형사고가 터질 가능성이 정말로 존재한다는 말인가? 말이 나온 김에, 평행선 공준이 거짓이라면 어떤 일이 벌어지는지 알아보자. 학교에서 배웠던 것과 정반대로 돌아가는 이상한 기하학이 세상을 지배한다면, 무엇이 어떻게 달라질까? 앞으로 곧 알게 되겠지만, 이 질문의 답을 구하다 보면 기하학의 특성을 가장 기본적인 단계에서 이해하게 될 것이다.

2.4 쌍곡기하학과 등각표현

그림 2.11을 자세히 들여다보라. 이것은 네덜란드 출신 화가인 에셔 M. C. Escher의 목판화 〈원 극한 I Circle limit I〉을 찍어낸 그림으로서, 쌍곡기하학 hyperbolic geometry (로바체프스키 기하학 Lobachevski geometry 이라고도 한다)이 매우 정확하게 표현되어 있다. 쌍곡기하학이란 평행선 공준이 성립하지 않는 기하학체계로서, 이 동네에서는 피타고라스 정리가 성립하지 않고 삼각형 내각의 합도 π가 아니다. 그뿐만 아니라 한 도형이 주어질 때, 이보다 크면서 닮음인 도형은 일반적으로 존재하지 않는다.

에셔는 쌍곡평면 hyperbolic plane으로 이루어진 우주 '전체'를 일상적인 유클리드 평면상의 원 내부에 '우겨넣는' 식으로 쌍곡기하학을 표현하였다. 그림 2.11에서 원의 경계선은 쌍곡기하학적 우주에서 '무한대'에 해당한다. 경계선에 가까이 갈수록 물고기의 수가 증가하는 것처럼 보이는데, 이것은 일종의 환상에 불과하다. 우리가 이 그림에 들어 있는 물고기 중 하나라면, 그림의 중앙에 있건, 또는 가장자리에 있건, 우리의 눈에 보이는 (쌍곡기하학적)우주는 언제나 똑같다. 이 기하학 체계에서 '거리'라는 개념은 유클리드 기하학에서 말하는 거리와 전혀 다르다. 유클리드 기하학적 관점에서 에셔의 그림을 바라보면, 원의 가장자리로 갈수록 물고기의 몸집이 작아지는 것처럼 보인다. 그러나 그림에 있는 흰 물고기, 또는 검은 물고기의 입장이 되어 '쌍곡기하학적' 관점에서 바라보면 모든 물고기는 완전히 동일하다. 또한, 유클리드적 관점에서 볼 때 원의 바깥 경계가 분명히 존재하는 것처럼 보이지만, 쌍곡기하학적 관점에서 보면 원의 가장자리로 아무리 접근해도 경계선은 무한히 먼 곳에 있을 뿐이다. 다시 말해서, '공간의 경계선'이나 '외부 공간'이라는 개념이 아예 존재하지 않는 것이다. 이들이 속한 우주를 유클리드적 관점에서 보면 조그만 원 안

그림 2.11 에셔(M. C. Escher)의 목판화 〈원 극한 I〉. 쌍곡기하학면이 등각적(conformal)으로 표현되어 있다.

에 갇혀 있는 것처럼 보인다.

쌍곡기하학적 그림은 수학적으로 어떻게 만들어지는가? 일단, 우리에게 친숙한 유클리드 평면을 떠올려 보자. 이곳에서 원의 내부에 있는 점들의 집합은 쌍곡평면상에 있는 모든 점의 집합에 대응된다. 또한, 쌍곡기하학에서 말하는 직선이란 원의 가장자리 경계선과 수직으로 만나는 '유클리드식 원호(원주의 일부)'를 의미한다. 그러나 두 개의 곡선이 만나면서 이루는 각도의 쌍곡기하학적 정의는 유클리드 기하학에서 각도의 정의와 동일하다. 이와 같은 특성을 흔히 '등각적conformal'이라 하며, 쌍곡기하학을 에셔와 같은 방식으로 표현한 것을 '쌍곡기하학의 등각모형conformal model'이라 한다(또는 푸앵카레 원반Poincaré disc이라고도 한다. 이런 이름이 붙게 된 사연은 2.6절에서 설명하도록 하겠다).

이제, 쌍곡평면에 그려진 삼각형의 내각의 합이 얼마인지 알아보자. 그림 2.12를 보면, 정확한 값은 모르겠지만 대충 $\pi(180°)$보다는 작을 것 같다. 실제로, 쌍곡기하학적 삼각형의 내각의 합은 항상 π보다 작다. 그런데, '작다'는 사실만 언급하고 정확한 값을 알려 주지 않으면 독자들의 마음이 몹시 불편할 것이다. 독자들은 "삼각형 내각의 합은 ……이다"라는 일종의 선언문식 표현에 익숙하기 때문이다. 그러나 쌍곡기하학적 삼각형의 내각을 더하다 보면 놀랍고도 우아한 법칙을 발견하게 된다. 내각의 합이 π보다 작은데, 그 모자라는 정도가 삼각형의 면적에 비례하는 것이다. 삼각형의 세 내각을 각각 α, β, γ라고 했을 때, 이들의 합은 다음 관계를 만족한다(이 관계식은 요한 하인리히 람베르트Johann Heinrich Lambert. 1728~1777에 의해 발견되었다).

$$\pi - (\alpha + \beta + \gamma) = C\Delta$$

여기서 Δ는 삼각형의 넓이이고 C는 상수이다. C는 길이와 면적의 기준단위에 따라 달라지는데, 적절한 스케일을 통해 항상 $C=1$이 되게 할 수 있다. 쌍곡평면에서 삼각형의 면적을 이렇게 단순하게 표현할 수 있다는 것은 실로 놀라운 일이 아닐 수 없다. 다들 알다시피, 유클리드 평면에 그려진 삼각형의 내각과 면적 사이에는 아무런 관계도 없다. 이 경우에는 삼각형 세 변의 길이를 이용하여 면적을 나타낼 수 있는데, 그 관계식이 꽤 복잡하다.

쌍곡기하학의 등각표현conformal representation에 대하여 앞에서 약

그림 2.12 그림 2.11에 쌍곡기하학적 직선(직선과 원의 경계선은 항상 직각으로 만난다)과 삼각형을 첨가한 그림. 단, 쌍곡기하학적 각도는 유클리드식 각도와 동일하게 정의된다. 그래서 쌍곡기하학에서는 평행선 공준(그림 2.8b 참조)이 성립하지 않으며, 삼각형 내각의 합은 π보다 작다.

간의 언급이 있긴 했지만, 그것으로 설명이 끝난 것은 아니다. 쌍곡평면에서 두 점 사이의 거리를 아직 정의하지 않았기 때문이다(도형의 면적을 논하려면, 먼저 거리부터 정의해야 한다). 원 내부에 있는 두 점 A, B 사이의 '쌍곡거리'는 다음과 같이 정의된다.

$$\log \frac{QA \cdot PB}{QB \cdot PA}$$

여기서 P와 Q는 A와 B를 지나는 유클리드 기하학적 원(즉, 쌍곡직선)이 경계선 원과 직교하는 점이며, QA, QB 등은 유클리드 기하학적 거리를 의미한다(그림 2.13 참조). 람베르트의 면적공식에 등장하는 상수 C ($C \neq 1$)를 포함하고 싶으면 위 거리 공식에 $C^{-1/2}$을 곱하면 된다($C^{-1/2}$은 C의 제곱근의 역수이다).[4, [2.2]] 앞으로 $C^{-1/2}$을 '유사반지름pseudo－radius'이라 부를 텐데, 이유는 나중에 알게 될 것이다.

위 식에 등장하는 log 기호 때문에 겁먹을 필요는 없다. 분명한 결과

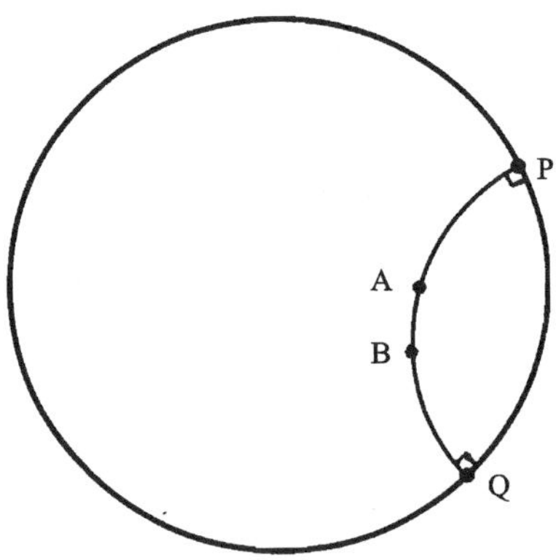

그림 2.13 쌍곡기하학을 등각적으로 표현했을 때, A와 B 사이의 쌍곡거리는 $\log\{QA \cdot PB/QB \cdot PA\}$로 정의된다. 여기서 QA, QB 등은 유클리드 기하학적 거리이며, P와 Q는 A, B점을 지나는 유클리드 기하학적 원이 경계선 원(쌍곡기하학적 직선)과 직각으로 만나는 점이다.

[2.2] 그 이유를 짐작할 수 있겠는가?

를 보고 싶어하는 독자를 위해 적어 놓은 것뿐이다. 이런 식이 나오게 된 경위는 설명하지 않을 것이다(즉, 두 점 사이의 최단 쌍곡거리가 왜 이런 식으로 쌍곡직선을 따라서 정의되는지, 쌍곡직선을 따라간 거리가 왜 근사적으로 '더해지는지' 자세히 알 필요가 없다는 뜻이다).[2.3] 또한, 대부분의 독자에게 생소한(또는 부담되는) 'log'기호를 적은 것도 사과하는 바이다. 여기 적은 log는 '자연로그(e를 밑으로 하는 로그)'로서, 5.2절과 5.3절에서 자세히 설명할 기회가 있을 것이다. 로그함수는 수학과 물리학의 여러 분야에서 매우 신비하고도 중요한 계산수단으로 활용된다(앞으로 알게 되겠지만, e도 매우 신기한 숫자이다).

쌍곡기하학은 평행선 공준과 관련된 성질을 제외하면 유클리드 기하학과 거의 비슷한 특성을 가진다. 우리는 쌍곡평면 위에서 삼각형을 비롯한 다양한 크기의 도형들을 작도할 수 있으며, 도형의 모양을 변형시키지 않은 채로 자유롭게 이동시킬 수도 있다. 따라서 쌍곡기하학에서도 '합동인 도형'은 얼마든지 존재할 수 있다. 단, 여기서 말하는 합동이란 "하나의 도형을 이동시켜서 다른 도형과 완전히 일치하게 할 수 있다"는 뜻이다. 이 정의에 의하면, 에셔의 그림에 등장하는 하얀 물고기들은 모두 합동이며, 검은 물고기들도 자기들끼리는 합동임을 알 수 있다.

[2.3] A, B, C가 쌍곡기하학적 직선 위의 점일 때, 쌍곡거리 사이에 AB + BC = AC의 관계가 성립함을 증명해 보라. $\log(ab) = \log a + \log b$를 이용할 것(5.2, 5.3절 참조).

2.5 쌍곡기하학의 다른 표현법

그림 2.11의 하얀 물고기들은 크기가 모두 다르지만, 사실은 그렇지 않다. 우리 눈이 유클리드 기하학적 관점에 너무 익숙해져 있기 때문에 '다른 것처럼' 보이는 것뿐이다. 에셔의 그림은 쌍곡기하학에 대한 유클리드식 표현 중 하나를 활용한 것에 불과하며, 사실 쌍곡기하학 자체는 어떤 유클리드식 표현에도 의존하지 않는 매우 추상적인 개념이다. 그렇지만 쌍곡기하학을 유클리드식으로 표현하면, 우리에게 익숙한 개념을 통해 그 실체를 '더 구체적으로' 이해할 수 있다. 또한 이런 표현들은 "쌍곡기하학은 모순이 없는 구조이며, 그러므로 평행선 공준은 유클리드 기하학의 나머지 법칙으로는 증명되지 않는다"란 사실을 명확히 해 준다.

쌍곡기하학을 유클리드 기하학으로 표현하는 방법에는 여러 가지가 있다. 에셔가 채택했던 것과 다른 등각표현법을 사용하면 쌍곡기하학을 다른 형태로 표현할 수 있는데, 그중 하나가 바로 '사영모형projective model'이다. 사영표현법에서는 이전과 마찬가지로 쌍곡평면 전체가 유클리드 평면에 그려진 원 안에 들어가며, 쌍곡기하학적 직선은 (이전처럼 원의 일부가 아니라)유클리드적 직선으로 표현된다. 그 대신, 쌍곡각이 유클리드적 각과 사뭇 다르기 때문에 '이전보다 불편하다'고 생각하는 독자들도 있을지 모르겠다. 이 표현법에서 두 점 A, B 사이의 쌍곡거리는 다음과 같이 정의된다(관심 없는 독자들은 그냥 넘어가도 좋다. 그림 2.14 참조).

$$\frac{1}{2}\log\frac{\mathrm{RA}\cdot\mathrm{SB}}{\mathrm{RB}\cdot\mathrm{SA}}$$

여기서 $C=1$을 선택하면 앞에서 도입했던 등각표현법과 거의 같아진다. 이 때 R, S는 직선 AB를 연장했을 때 원의 경계선과 만나는 교점이다. 등각표현법으로 표현된 모든 점의 위치를 중심으로부터 반지름 방향으로 다음 양만큼 확장하면 사영표현을 얻을 수 있다.

$$\frac{2R^2}{R^2 + r_c^2}$$

여기서 R은 외곽 원의 반지름이고, r_c는 등각표현법으로 나타낸 외곽 원의 중심에서 해당 점까지의 거리이다(그림 2.15 참조).[2.4] 그림 2.16

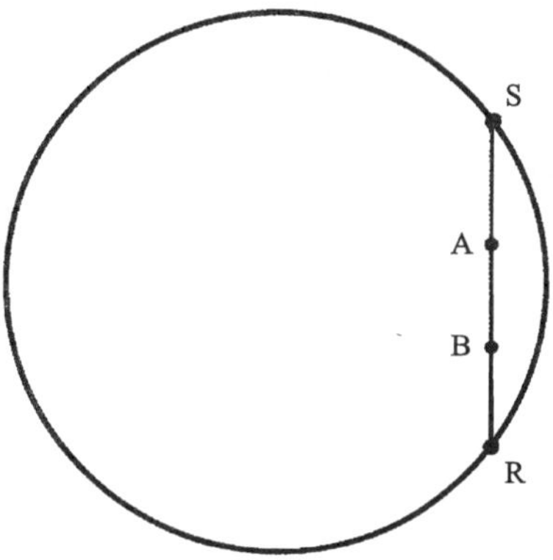

그림 2.14 사영표현에서 쌍곡거리를 구하는 공식은 $\frac{1}{2}\log\{RA \cdot SB/RB \cdot SA\}$이다. 여기서 R과 S는 유클리드 직선 AB와 외곽 원이 만나는 점이다.

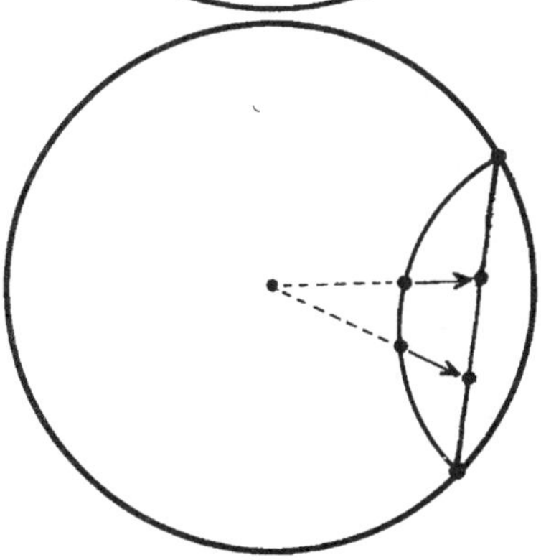

그림 2.15 등각표현을 사영표현으로 바꾸려면, 외곽 원의 중심을 기준으로 하여 모든 점의 위치를 반지름 방향으로 $2R^2/(R^2 + r_c^2)$만큼 확장하면 된다. 여기서 R은 외곽 원의 반지름이고 r_c는 등각표현법에서 외곽 원의 중심으로부터 해당 점까지의 (유클리드 기하학적)거리이다.

[2.4] 직접 증명해 보라[도움말 : 필요하다면 그림 2.17에 예시된 벨트라미 기하학을 사용할 것].

그림 2.16 에셔의 그림 2.11을 등각표현에서 사영표현으로 바꾼 그림.

은 등각표현법으로 그린 에셔의 그림 2.11을 사영표현법으로 바꾼 것이다(자세한 부분은 생략되었지만, 에셔의 예술적 필치는 아직 살아 있다).

또 하나의 표현법을 도입하면 등각표현과 사영표현을 좀 더 직접적으로 연결시킬 수 있다. 이 세 가지 표현법을 처음으로 제안했던 사람은 이탈리아의 기하학자 에우제니오 벨트라미 Eugenio Beltrami, 1835~1900였다. 쌍곡기하를 사영표현법으로 나타낸 그림 2.16에서, 외곽 원이 적도와 일치하는 구^{求} S를 상상해 보자. 우리의 목적은 S의 북쪽 반구(즉, 그림에 보이는 부분) S^+에서 쌍곡기하학을 새로운 방법으로 표현하는 것이다(이것을 반구표현법 hemispheric representation이라 부르기로 한다). 그림 2.17에서 실마리를 풀어 보자. 사영표현을 구면 위의 새로운 표현으로 전환하려면 (수평방향으로 그려진)평면상의 모든 점을 수직방향으로 '올려야'한다(그림 2.17a 참조). 그러면 (쌍곡직선을 나타내는) 평면 위의 직선들은 S^+에서 적도와 수직으로 만나는 원호로 대치된다. 이제 S^+ 위의 표현을 등각표현으로 바꾸려면 S의 남극점(그림 2.17b)을 향해 투영시키면 된다. 이것을 입체사영stereographic projection이라고 하는데, 앞으로 이 책에서 중요한 역할을 하게 된다(8.3, 18.4, 22.9, 33.6절 참조). 입체사영은 두 가지 중요한 특징을 가진다. 하나는(8.3절로 가면 알게 되겠지만) 이 사영이 등각적이어서 각도가 보존된다는 것이고, 또 하나는 구면 위의 원을 평면 위의 원으로(몇 가지 예외적인 경우에는 직선으로) 투영시킨다는 것이다.[2.5],[2.6]

이처럼 쌍곡기하학을 유클리드 기하학으로 표현하는 방법은 여러 종류가 있지만, 이들은 어디까지나 '유클리드식 모형'일 뿐, 쌍곡기하학 자체를 설명해 주지는 않는다. 쌍곡기하학은 유클리드 기하학과 마찬가지로 플라톤의 이상적 수학세계에 존재하며(서문과 1.3절 참조), 유클리드 버전으로 바꾼 모형은 쌍곡기하학의 '올바른' 표현이라 할 수 없다. 그런데도 굳이 쌍곡기하학을 유클리드 기하학으로 표현하는 이유는, 우리의 사고체계가 유클리드 기하학에 익숙해져 있기 때문이다. 만일 유클리드 기하학보다 쌍곡기하학에 익숙한 생명체가 있다면, 그는 (생소한)유클리드 기하학을 쌍곡기하학으로 표현하여 이해를 도모할 것이다. 18.4절로 가면 다른 형태의 쌍곡기하학 모형을 접하게 될 텐데, 특수상대성이론의 무대

[2.5] 본문에서 언급한 입체사영의 두 가지 특성과 2.4절에서 언급된 쌍곡기하학의 등각표현법을 이용하여, 벨트라미 반구표현법(쌍곡직선이 수직원호로 변환됨)이 등각적임을 증명하라.

[2.6] 이 두 특성을 증명할 수 있겠는가?[도움말 : 원의 경우, 투영된 원뿔이 정확하게 반대 방향으로 기울어진 두 평면과 만난다는 것을 증명하라.]

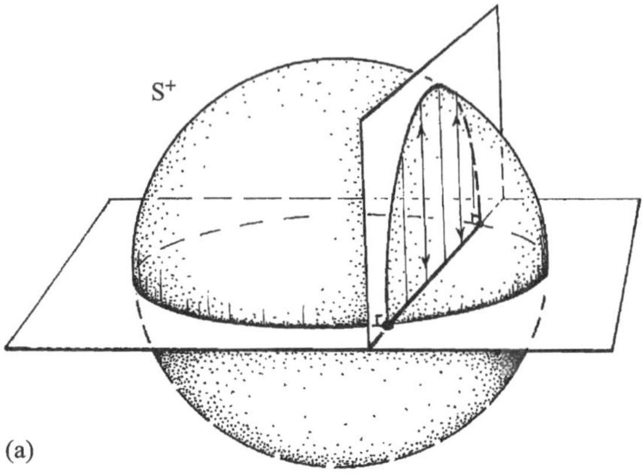

(a)

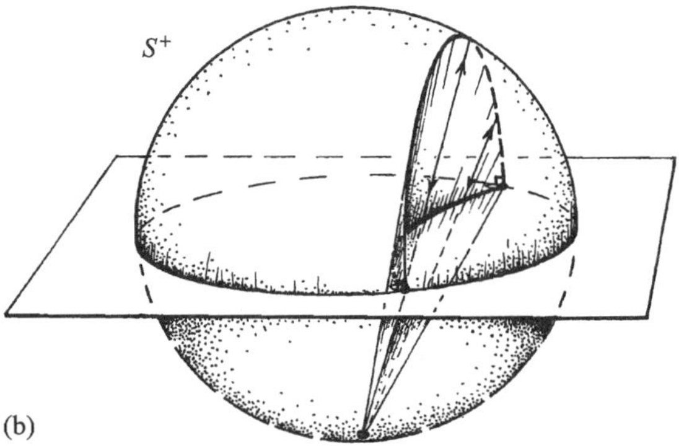

(b)

그림 2.17 벨트라미 기하학(Beltrami geometry)은 쌍곡기하학을 기술하는 세 개의 표현법을 서로 연결해 준다. (a) 반구표현법(북쪽 반구 S^+에서의 등각표현법)은 적도평면의 사영표현을 수직방향으로 투영한 것이다. (b) 반구표현법은 남극점을 중심으로 적도평면의 등각표현을 입체사영한 것이다.

인 민코프스키 공간이 바로 그러한 범주에 속한다.

쌍곡기하학에도 정사각형이 존재할 수 있을까? 일단, 쌍곡기하학에서는 모든 각이 직각인 정사각형을 작도할 수 없다. 그러나 '모든 각이 직각보다 작은' 사각형은 작도할 수 있다. 가장 간단한 작도법은 다음과 같다. 우선, 점 O에서 서로 직교하는 두 개의 직선을 그린다. 우리가 작도할 정사각형의 네 꼭짓점 A, B, C, D는 조금 전에 그린 두 직선과 교차하고, 점 O에 중심을 둔 원주상에 놓여 있다(그림 2.18 참조). 이 도형은 대칭성에 의해 네 변의 길이와 네 꼭짓점의 각도가 모두 같다. 그런데 꼭짓점의 각도가 과연 직각일까? 쌍곡기하학에서는 불가능하다. 네 꼭짓점의 위치에 따라 직각보다 작은 어떤 각도 나타날 수 있지만, 직각이 될 때는 없다. (쌍곡기하학적)정사각형이 커질수록(즉, 원의 반지름이 커질수록) 꼭짓점의 각도는 작아진다. 그림 2.19 a는 등각모형을 이용하여 쌍곡기하학적 정사각형으로 이루어진 격자를 표현한 것인데, 하나의 점을 다섯 개의 정사각형이 공유하므로(유클리드 평면에서는 네 정사각형이 하나의 점을 공유한다) 각 꼭짓점의 각도는 $\frac{2}{5}\pi$, 또는 72°이다. 그림 2.19 b는 동일한 격자를 사영모형(사영표현법)을 이용하여 그린 것인데, 여기서는 '두 종류의 사각형이 반복 배열 가능하다'라는 그림 2.2의 가정을 마치 허용하지 않는 듯 보일 것이다.[2.7]

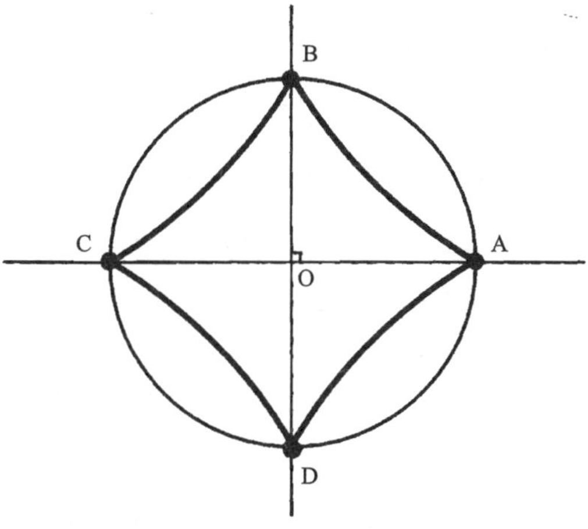

그림 2.18 쌍곡기하학적 '정사각형'의 네 꼭짓점은 두 개의 직교하는 쌍곡기하학적 직선과 교차하며, 두 직선의 교점 O를 중심으로 하는 원주상에 놓여 있다. 또한, 도형의 대칭성에 의해 ABCD의 네 변과 네 꼭짓점의 각도는 모두 같다. 꼭짓점의 각도는 직각($\frac{1}{2}\pi$)이 아니며, 직각보다 작은 임의의 각도를 가질 수 있다.

[2.7] 이와 비슷한 방법으로, 쌍곡기하학적 5각형을 작도해 보라.

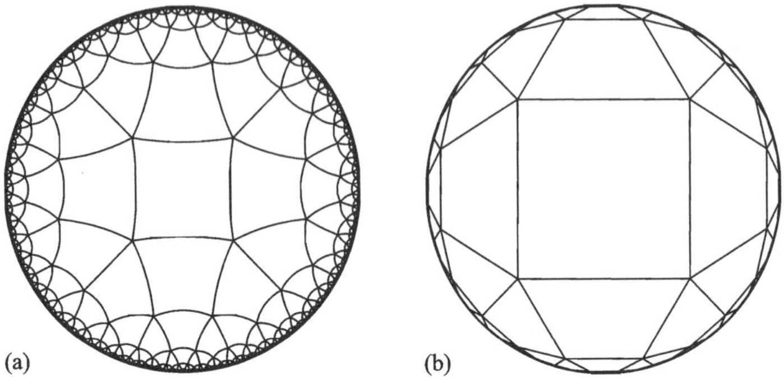

그림 2.19 쌍곡기하학적 공간에서 정사각형을 연결하여 만든 격자의 모습. 다섯 개의 정사각형이 하나의 점을 공유하고 있으므로 꼭짓점의 각도는 $\frac{2}{5}\pi$, 또는 72°이다. (a) 등각표현 (b) 사영표현.

2.6 쌍곡기하학의 역사

여기서 잠시 쌍곡기하학의 발견과 관련된 역사적 사실들을 되짚어보기로 한다. 유클리드의 『원론Element』이 출판된 후(기원전 300년경), 수학자들은 유클리드의 공리와 네 개의 공준으로부터 다섯 번째 공준을 증명하기 위해 온갖 노력을 기울였고, 오랜 세월에 걸친 이들의 노력은 1773년에 지롤라모 사케리Jesuit Girolamo Saccheri라는 기하학자에게서 비로소 열매를 맺게 되었다. 사케리는 유클리드의 다섯 번째 공준을 증명하는 수단으로 '모든 삼각형은 내각의 합이 직각의 두 배보다 작다'는 가설이 모순임을 증명하기 위해 평생을 바쳤으나, 만족스러운 결과를 얻지는 못했다. 아마도 그는 일생에 걸친 노력이 실패로 끝났다고 생각했을지도 모른다. 결국, 사케리는 자신의 주장을 조금 완화해서 다음과 같이 표현하였다.

> 예각가설(hypothesis of acute angle)은 직선의 고유한 성질에 부합되지 않으므로 완전히 틀린 가설이다.[5]

예각가설이란, 그림 2.8의 직선 a, b가 만나지 않을 때도 있다는 가설을 말한다. 쌍곡기하학에서는 얼마든지 가능한 일이다!

사케리는 자신이 증명을 완성하지 못하리라는 사실을 어떻게 알았을까? 사케리는 일단 다섯 번째 공준이 거짓이라고 가정한 뒤, 이로부터 명백하게 모순된 결과를 유도하는 식으로 공준을 증명하려 하였다. 이것은 피타고라스에 의해 처음 도입된 귀류법歸謬法, proof by contradiction(라틴어로는 reductio ad absurdum이라 한다)으로서, 지금까지도 수학 역사상 가장 빛나는 유산으로 여겨지고 있다. 어떤 주장이 참true임을 귀류법으로 증명하려면, 일단 주장이 거짓이라고 가정한 뒤 이로부터 어떤 모순된 결과가 유도된다는 것을 보이면 된다. 단 하나의 모순이라도 발견되기만 하면, 원래의 주장은 참으로 인정된다.[6] 오늘날에도 귀류법은 수학분야에서 강력한 논리수단으로 활용되고 있다. 영국의 저명한 수학자 하디G. H. Hardy는 귀류법에 대하여 다음과 같은 말을 남겼다.

> 유클리드가 즐겨 사용했던 귀류법은 수학자가 가진 가장 강력한 무기이며, 장기의 어떤 수(手)보다도 강력한 수이다. 장기를 두는 사람은 졸(卒)이나 다른 말 하나의 희생을 치르고 대국을 승리로 이끌지만, 귀류법을 사용하는 수학자는 '대국 자체'를 지불한다.[7]

귀류법의 다른 적용사례는 3.1절과 16.4, 16.6절에서 다시 언급될 것이다.

사케리는 유클리드의 다섯 번째 공준에 귀류법을 적용하였으나, 아무런 모순도 발견하지 못했다. 결국, 그는 다섯 번째 공준을 증명하는 데 실패하고 말았다. 그러나 그의 노력은 결코 헛된 것이 아니었다. 공준과 씨름을 벌이는 과정에서 '쌍곡기하학'이라는 새로운 기하학 체계를 발견한 것이다. 그는 유클리드의 다섯 번째 공준이 성립하지 않는다는 가정하에 '도저히 믿을 수 없을 것 같은' 일련의 정리를 증명하였다. 이 정리들은 유클리드 기하학의 관점에서 볼 때 말도 안 되는 난센스였으나, 새로운 기하학 체계 안에서는 어떤 모순도 일으키지 않았다. 당시 사케리는 알지 못했지만, 쌍곡기하학은 실제로 '존재하는' 기하학이며 수학적으로 타당한 체계를 갖고 있다. 1.3절에서 도입한 용어로 표현하자면, 쌍곡기하학은 플라톤의 이상적 수학세계에 이미 존재하고 있었던 것이다(쌍곡기하학의 물리적 현실성에 관해서는 2.7절과 28.10절에서 논의할 예정이다).

사케리가 쌍곡기하학 체계를 발견하고 얼마 지나지 않아, 요한 하인리히 람베르트는 유클리드 제 5 공준이 성립하지 않는다는 가정하에 여러 가지 흥미로운 결과를 유도하였는데, 쌍곡기하학적 삼각형 내각의 합과 면적 사이의 관계(2.4절 참조)도 이때 유도되었다. 람베르트는 적어도 한 순간은 "유클리드의 제 5 공준을 부정하면 수학적으로 타당한 기하학체계를 만들 수 있다"고 생각했지만, 완전한 확신을 갖지는 못했던 것 같다. 그가 생각했던 기하학은 쌍곡기하학이 아니라 '반지름이 허수인(즉, 반지름의 제곱이 음수인)' 구면 위의 기하학이었기 때문이다. 람베르트의 공식 $\pi-(\alpha+\beta+\gamma)=C\Delta$는 세 각이 α, β, γ인 쌍곡기하학적 삼각형의 면적을 알려 주고 있다(여기서 C는 상수이다. 특히, $-C$를 쌍곡평면의 '가우스 곡률Gaussian curvature'이라고 한다). 이 공식은 1603년에 토머스 해리엇Thomas Hariot, 1560~1621이 발견한 $\Delta=R^2(\alpha+\beta+\gamma-\pi)$와 기본적으로 동일하다. 여기서 Δ는 반경 R인 구면 위 대원great circle(구면 위에 그릴 수 있는 원 중 가장 큰 원)의 호arc로 만들어진

'구면 삼각형 spherical triangle[8]'의 넓이이다(그림 2.20 참조).[2.8] 해리엇의 공식에서 C의 값을

$$C = -\frac{1}{R^2}$$

로 잡으면 해리엇의 공식은 람베르트의 공식과 같아진다. 그러나 쌍곡기하학에 걸맞도록 C가 양수가 되려면 구의 반지름 R은 허수(음수의 제곱근)가 되어야 한다. 위의 식에서 R을 구해 보면 $R = (-C)^{-1/2}$이 되기 때문이다. 2.4절에서 실수 $C^{-1/2}$을 '유사반지름'이라 부른 것도 바로 이런 이유 때문이다. 사실, 현대수학의 관점에서 보면 람베르트가 얻은 결과는 지극히 타당하다(4장, 18.4절, 그림 18.9 참조). 당시에는 아무도 몰랐지만, 람베르트는 시대를 초월한 선구자였던 셈이다.

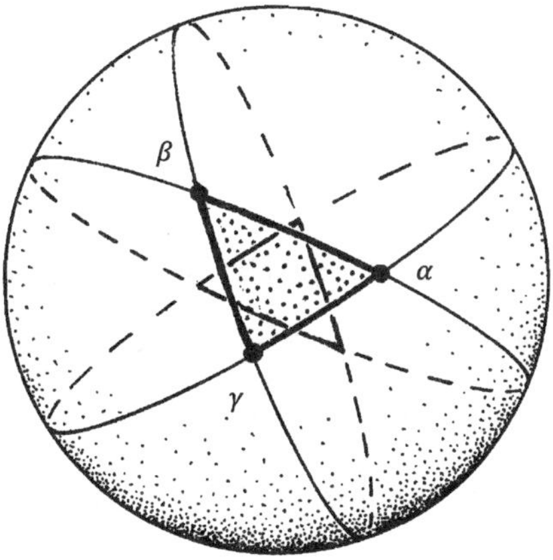

그림 2.20 해리엇의 공식 : 반경 R인 구면 위의 대원(구면 위에 그릴 수 있는 원 중 가장 큰 원)으로 만들어진 '구면 삼각형(sphrical triangle)'의 넓이 Δ는 $\Delta = R^2(\alpha + \beta + \gamma - \pi)$로 주어진다. 여기서 $C = -1/R^2$이 되도록 R 값을 택하면 해리엇의 공식은 쌍곡기하학적 삼각형에 대한 람베르트의 공식과 같아진다.

[2.8] 반지름 R인 구의 면적이 $4\pi R^2$이라는 사실과 대칭논리만을 이용하여 이 사실을 증명해 보라[도움말 : 구면 위에서 한 쌍의 대척점을 연결하는 두 대원호로 둘러싸인 면적을 구한 후, 대칭논리를 적용하면 된다. 그림 2.20을 참고할 것].

그러나 학계에서는 비유클리드 기하학의 창시자로 람베르트를 꼽지 않는다(내가 보기엔 다소 부당한 처사인 것 같다). 평행선 공준이 성립하지 않으면서 수학적으로 타당한 기하학체계를 처음으로 확립한 사람은 독일의 위대한 수학자 카를 프리드리히 가우스Carl Friedrich Gauss로 알려져 있다(시기적으로 람베르트보다 50년이나 뒤쳐졌다!). 가우스는 매사에 조심스럽고 신중한 사람으로 자신의 혁명적 발견으로부터 논쟁이 야기되는 것을 원치 않았기 때문에, 새로운 기하학이론을 세상에 발표하지 않은 채 혼자 간직하고 있었다.[9] 가우스가 이 분야를 연구한 지 30년이 지나고 나서, 쌍곡기하학은 헝가리의 야노스 보여이János Boyali와 러시아의 니콜라이 이바노비치 로바체프스키Nicolai Ivanovich Lobachevski 등 여러 수학자에 의해 독립적으로 발견되었다(그래서 쌍곡기하학을 종종 '로바체프스키 기하학'이라고 부르기도 한다).

위에서 언급한 쌍곡기하학의 등각표현이나 사영표현은 1868년에 벨트라미가 확립하여 발표한 것으로서, 2.5절에서 언급한 반구표현법 등의 다른 우아한 표현법들도 포함하고 있었다. 이 중에서 등각표현은 푸앵카레가 1882년에 재확립하였는데, 이 재확립이 벨트라미의 작업보다 널리 알려지는 바람에 '푸앵카레 표현'이라는 이름으로 불리게 되었다(아마도 푸앵카레가 등각표현을 더욱 다양하게 활용했기 때문일 것이다).[10] 이와 비슷하게, 벨트라미의 옛 사영표현은 가엾게도 종종 '클라인 표현Klein representation'이라 불린다. 새로운 수학개념에 최초 발견자(또는 최초 확립자)의 이름이 붙지 않는 것은 수학계에서 곧잘 있는 일이다. 여기서는 최소한, 푸앵카레는 쌍곡기하학의 등각표현을 '재발견'하긴 했다(사영표현은 클라인이 1871년에 발표하였다). 심지어는 생전에 알지도 못했던 결과에 자기 이름이 붙어서 죽은 후에 엉뚱하게 영예를 누리는 수학자도 있다![11]

벨트라미는 1868년에 쌍곡기하학의 또 다른 표현법을 발견하였다. 이것은 유사구면pseodo-sphere 위에 기하학을 표현하는 방법으로서, 대략적인 개념은 그림 2.21과 같다. 유사구면이란 추적선tractrix을 회전시켰을 때 나타나는 곡면이며, 추적선은 1676년에 아이작 뉴턴이 점근선asymptote과 함께 처음으로 도입한 개념이다. 독자들은 고등학교 수학시간에 함수의 성질을 배울 때 점근선이라는 말을 들었을 것이다. 점근선이란, 어떤 곡선이 무한히 뻗어나가면서 수렴하는 직선을 말한다. 즉, 곡선이 계속 뻗어나가면서 곡률이 서서히 감소하여 특정 직선에 가까워질 때, 그 직선을 해당 곡선의 점근선이라 한다. 이제 표면이 까칠한 평면 위에서 추적선을 작도해 보자. 그림 2.21 b와 같이(위에서 내려다본 그림이라고 생각하라) 가늘고 곧은 막대의 한쪽 끝 P가 작고 무거운 점에 연결되어 있고, 반대쪽 끝 R은 점근선을 따라 움직인다고 가정해 보자. 그러면 P는 마찰력의 영향을 받으면서 어떤 궤적을 그리게 되는데, 이 곡선이 바로 추적선이다. 1839년에 페르디난드 마인딩Ferdinand Minding은 유사구면에

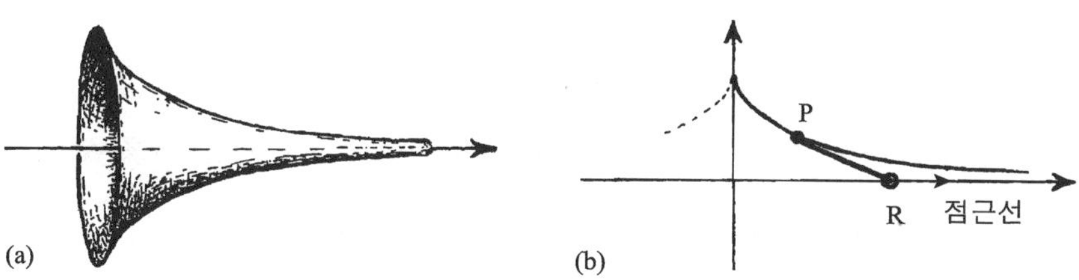

그림 2.21 (a) 점근선을 중심으로 추적선(tractrix)을 회전시키면 유사구면(pseudo-sphere)이 얻어진다. (b) 추적선의 작도법. 표면이 까칠한(마찰이 작용하는) 수평면 위에 가늘고 곧은 막대의 한쪽 끝 P가 작고 무거운 점에 연결되어 있고, 반대쪽 끝 R은 점근선(직선)을 따라 움직이고 있다. 이때 P가 R을 따라가면서 그리는 궤적이 바로 추적선이다.

'내재기하학intrinsic geometry'이 존재한다는 사실을 알아냈고, 벨트라미는 이 사실을 이용하여 쌍곡기하학 모형을 최초로 완성하였다. 벨트라미의 유사구면 모형은 평면 쌍곡기하의 무모순성에 수학자들이 설득된 하나의 사례이다. 이 구면 위에서는 쌍곡거리와 유클리드거리가 일치하기 때문이다. 그러나 이 모형은 쌍곡기하학을 '부분적으로' 표현하는 데 그쳤으므로 완전한 모형은 아니었다(벨트라미가 제시했던 다른 모형들도 마찬가지였다).

2.7 물리적 공간과의 관계

쌍곡기하학은 고차원 공간에서도 완벽하게 적용된다. 그뿐만 아니라, 등각모형과 사영모형도 고차원 버전을 갖고 있다. 특히 3차원 쌍곡기하학으로 넘어가면 경계를 이루는 원이 3차원 구sphere로 대치된다. 무한히 큰 3차원 쌍곡기하학 전체가 유한한 크기의 유클리드 구 내부에서 표현되는 것이다. 나머지 구체적인 내용은 앞에서 설명한 것과 거의 비슷하다. 등각모형에서 3차원 쌍곡직선은 경계 구면과 수직으로 만나는 유클리드 원으로 표현되며, 각도는 유클리드 기하학의 각도와 같다. 두 점 사이의 거리는 2차원에서 정의했던 거리공식과 동일한 식으로 구할 수 있다.

그렇다면 우리가 속해 있는 우주공간은 어떤 기하학을 만족하는가? 유클리드 기하학인가? 아니면 2.4～6절에서 다뤘던 쌍곡기하학(단, 3차원인)인가? 우주의 본질을 이해하려면 가장 먼저 이 질문의 답부터 구해야 한다. 아인슈타인의 일반상대성이론(17.9절과 19.6절에서 다룰 예정이다)에 따르면, 유클리드 기하학은 현존하는 물리 공간의 '근사적' 서술에 불과하다(그러나 엄청나게 정확하다). 이 기하학은 물질 밀도의 존재가 일으키는 작고 불규칙한 잔물결들 탓에 균일하지조차 않다. 그러나 현존하는 최고 성능의 장비를 동원하여 우주공간을 관측한 결과는, 이 잔물결이 우주론적 규모에서 놀랍도록 정확하게 상쇄되어(27.13, 28.4 ~ 10절 참조), 우주 공간의 실제 기하학이 균일한(균질이고 등방인. 27.11절 참조) 기하학과 엄청나게 근접하는 것으로 나왔다. 적어도 유클리드의 제 1 ~ 4공준은 오랜 세월에 걸친 테스트를 무난히 통과한 셈이다.

여기서 한 가지 짚고 넘어갈 점이 있다. 기본적으로, 균질성('모든 점은 동일하다'는 성질)과 등방성('모든 방향은 동등하다'는 성질)을 만족하는 기하학은 세 종류(유클리드 기하학, 쌍곡기하학, 타원기하학)가 있다. 우리에게 가장 친숙한 것은 유클리드 기하학이며(무려 23세기 동안 기하학의 왕좌를 지켜 왔다), 쌍곡기하학은 이 장의 주제이다. 그런데 타원기하학은 또 무엇인가? 본질적으로 타원평면 기하학은 구의 표면에 그려진 그림들이 만족하는 기하학이다. 그림 2.22의 *a*, *b*, *c*는 에셔의 작품을 타원기하, 유클리드 기하, 쌍곡기하 버전으로 표현한 것이다. 각 그림에는 천사와 악마의 형상이 교묘하게 반복되어 있는데, 특히 세 번째 그림은 그림 2.11의 디테일을 한 단계 업그레이드한 것이다(타원기하학도 3차원 버전이 있으며, 구면 상의 대척점을 동일한 점으로 간주한 버전도 있다. 이 내용은 27.11절에서 자세히 언급될 것이다). 그런데 타원기하학은 외연이 유한한 공간에서 펼쳐지는 기하학이기 때문에, 유클리드의 제 2, 제 3 공준을 위반하는 듯 보인다(첫 번째 공준도 마찬가지다. 한 쌍의 점을 연결하는 직선이 유일하지 않기 때문이다).

그렇다면, 우주공간의 기하학적 성질에 관하여 지금까지 알려진 사실은 무엇인가? "결국은 유클리드가 옳았다. 다섯 번째 공준도 참이다. 우주공간의 '평균적' 기하학은 유클리드적이다"라는 주장이 널리 퍼져 있

(a)

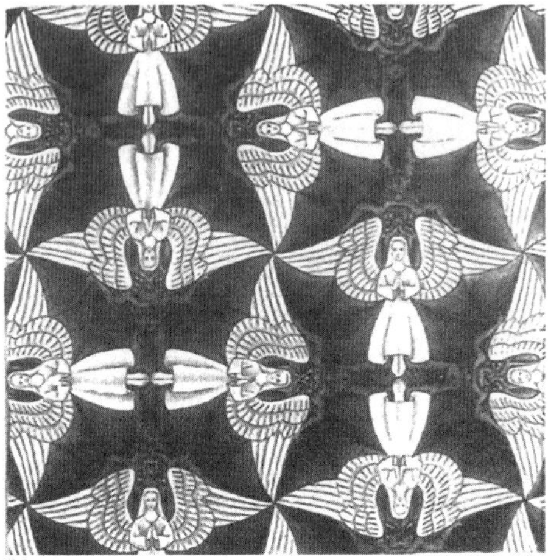

(b)

(c)

그림 2.22 천사와 악마 무늬를 이용해 균일한 평면 기하학의 세 가지 기본 유형을 나타낸 에셔의 그림. (a) 타원기하학(곡률이 양) (b) 유클리드 기하학(곡률이 0) (c) 쌍곡기하학(곡률이 음) — 등각표현법을 사용해서 나타냄[에셔의 원 극한 IV(그림 2.11)과 비교해 보라].

긴 하지만, 엄밀히 말해서 정확하게 알려진 내용은 아무것도 없다.[12] 또한, 지금까지 얻어진 관측결과 중에는 우주공간이 쌍곡기하학적임을 '보여 주는 듯한' 증거도 있으며,[13] 타원기하학을 주장하는 학자들도 있다. 그런데 우주가 타원기하학적임을 보여 주는 증거는 유클리드 기하학적임을 주장하는 데도 똑같이 사용되기 때문에, 어느 한 쪽을 일방적으로 배제할 수 없는 상황이다(자세한 내용은 34.4절 후반부에서 언급할 것이다). 앞으로 알게 되겠지만, 이 문제는 아직도 치열한 공방 속에 미해결상태로 남아 있는데, 책 후반부에서 집중적으로 다룰 예정이다(쌍곡기하학을 주장하는 나의 사견도 굳이 숨기지 않을 것이다. 단, 다른 이론을 주장하는 학자들과 동등한 입장에 서서 공정성을 최대한 발휘하도록 노력하겠다).

나처럼 쌍곡기하학의 아름다움과 현대물리학의 웅장함에 매료된 사람들에게 희소식이 하나 있다. 물리적 우주를 이해하는 데 쌍곡기하학이 결코 부정하지 못할 중요한 역할을 한다는 사실이다. 뉴턴의 고전이론에 의하면 우주공간은 유클리드적이지만, 현대물리학의 총아인 상대성이론에 의하면 '속도 공간'은 3차원 쌍곡기하학을 따르고 있다(18.4절 참조). 이러한 사실은 상대성이론의 수수께끼를 푸는 데 많은 도움이 된다. 예를 들어, 거의 빛의 속도로 건물을 스쳐 지나가는 자동차에서 포사체 하나가 역시 거의 빛의 속도로(진행방향으로) 던져졌다고 가정해보자. 이 경우, 건물에 대한 포사체의 속도는 결코 빛의 속도보다 빠를 수 없다. 상식적으로 생각해 보면 빛보다 빠를 것 같지만, 상대성이론은 빛보다 빠른 속도를 원천적으로 금지한다. 왜 그럴까? 그 이유는 18.4절에서 쌍곡기하학의 도움으로 분명하게 밝혀질 것이다.

우리는 쌍곡기하학에서 피타고라스 정리가 성립하지 않는다는 사실을 앞에서 확인한 바 있다. 피타고라스가 후손들에게 남겨준 그 값진 유산을 정말로 포기해야 하는가? —전혀 그렇지 않다. 쌍곡기하학과 리만 기하학(쌍곡기하학을 일반화한 곡면기하학으로서, 아인슈타인의 일반상대성이론이 펼쳐지는 무대이다. 자세한 내용은 13.8, 14.7, 18.1, 19.6절을 참조할 것)의 특성은 극단적으로 작은 영역에서 피타고라스 정리의 성립 여부에 따라 크게 달라진다. 그뿐만 아니라, 쌍곡기하학은 수학과 물리학 전반에 걸쳐 지대한 영향을 미치고 있다(양자역학의 유니터리 계량 구조 unitary metric structure 등이 대표적인 사례이다. 22.3절 참조). 피타고라스의 정리는 큰 스케일에서 성립하지 않지만, 작은 영역에서는 기하학의 특성을 좌우하는 핵심적인 정리로서 여전히 막강한 위력을 발휘한다.

〈2장 후주〉

2–1절

2.1 '피타고라스의 정리'라는 이름이 붙어 있긴 하지만, 이 정리를 최초로 발견한 사람이 누구인지는 분명치 않다[후주 1.1 참조]. 고대 이집트인과 바빌로니아인도 이 정리를 다양한 문제에 응용한 것으로 알려져 있다. 피타고라스와 그 추종자들의 활약상은 태반이 전설로 남아 있다.

2–2절

2.2 이렇게 주의를 기울였지만, 유클리드 기하학에는 다양한 가정들이 숨어 있다. 그중에서 가장 눈에 띄는 것은 위상(topology)에 관한 가정인데, 유클리드는 이것이 '직관적으로 너무나 명백하여' 따로 고려하지 않은 것 같다. 유클리드가 언급하지 않았던 가정을 구체적으로 지적한 사람은 19세기에 활동했던 독일 수학자 힐베르트(D. Hilbert)였다.

2.3 참고문헌의 Thomas(1939)와 Schutz(1997) 참조. 슈츠는 민코프스키의 4차원 시공간기하학을 공리체계로 재확립했다(17.8, 18.1절 참조).

2–4절

2.4 이 책에는 $C^{-1/2}$과 같은 지수표기법이 자주 등장한다. [후주 1.2]에서 말한 바와 같이, a^5은 $a \times a \times a \times a \times a$를 의미한다. 일반적으로 n이 양의 정수일 때, a^n은 a를 n번 곱한 값, 즉 'a의 n 제곱'을 뜻한다. 지수는 음수로 확장될 수 있는데, a^{-1}은 a의 역수인 $\frac{1}{a}$이고 a^{-n}은 a^n의 역수인 $1/a^n$, 또는 $(a^n)^{-1}$을 의미한다. 5.2절에 등장하는 용어를 써서 설명하자면 임의의 양수 a에 대하여 $a^{\frac{1}{n}}$은 'a의 n제곱근'이다. 따라서 $(a^{\frac{1}{n}})^n = a$이며, $a^{\frac{m}{n}}$은 $a^{\frac{1}{n}}$의 m 제곱이다.

2–6절

2.5 Saccheri(1733), Prop XXXIII 참조.

2.6 직관주의적 관점(intuitionism)을 고수하는 일부 수학자들은 귀류법(proof by contradiction)으로 이루어진 증명을 인정하지 않는다. 귀류법의 논리를 따라가다 보면, 그 존재가 아직 확립되지 않은 수학적 객체를 '존재한다'고 주장할 수도 있기 때문이다. 이 문제는 16.6절의 내용과 밀접하게 관련되어 있다. Heyting(1956) 참조.

2.7 Hardy(1940), p. 34 참조.

2.8 대원호(great circle arc)는 구면 위에서 두 점을 연결하는 가장 짧은 곡선(측지선)이며, 구의 중심을 지나는 평면 위에 놓인다.

2.9 가우스가 측지학(geodesy)에 관심이 많았던 것은 사실이지만, 그가 유클리드 기하학과 물리적 공간 사이의 차이점을 구체적으로 연구했다는 증거는 없다. 실제로 연구했다고 해도, 차이점이 매우 작게 나타났을 것이므로(과묵한 성격이 아니었다 해도)별로 할 말은 없었을 것이다. 현대의 과학

역사가들은 가우스가 '지구의 곡률을 재는 측지학'에 관심이 있었을 뿐, 우주공간의 곡률을 연구한 적은 없다고 주장한다. 그러나 천재 가우스가 유클리드 기하학의 오류에 대해 전적으로 무관심했다는 것도 수긍이 안 가기는 마찬가지다. Fauvel(1987), Gray(1987), Gray(1979) 참조.

2.10 벨트라미도 '푸앵카레 반평면 표현[Poincaré half-plane representation, 계량(metric) $= (dx^2 + dy^2)y^2$]'을 독자적으로 구축하였다. Beltrami(1868) 참조. 음의 곡률을 갖는 푸앵카레 계량 $4(dx^2 + dy^2)/(1 - x^2 - y^2)^2$(그림 2.11 ~ 13)을 실제로 발견한 사람은 리만(1854)이었다!

2.11 여기 해당되는 대표적인 인물이 바로 가우스이다(가우스는 다른 수학자들의 업적을 정확하게 예견하곤 했다). 예를 들어, 위상수학에 나오는 '가우스-보넷 정리(Gauss-Bonnet theorem)'는 '가우스 사상(Gauss map)'을 이용하여 완벽하게 증명되는데, 실제로 이 정리를 처음 제기했던 사람은 브라쉬케(Blaschke)였고 증명을 완성한 사람은 올린드 로드리게스(Olinde Rodrigues)였다. 즉, 결과와 증명, 그 어느 부분도 가우스나 보넷과는 무관한 정리였던 것이다. 가우스-보넷 정리의 구체적인 내용을 알고 싶은 독자들은 Willmore(1959)와 Rindler(2001)을 참조하기 바란다.

2–7절

2.12 우주공간의 전반적인 구조를 분석하는 데 필요한 증거자료들은 주로 '우주 마이크로파 배경복사(cosmic microwave background radiation, CMB)'를 분석하여 얻어진다(27.7, 10, 11, 13, 28.5, 10, 30.14절 참조). 이 문제와 관련된 기초적 수준의 참고문헌으로는 Bernards *et al*.(2002)(BOOMERanG 관련)이 있다. 더 자세한 내용을 알고 싶은 독자들은 Hanany *et al*.(2000)(MAXIMA 관련)과 Halverson *et al*.(2001)(DASI 관련), 그리고 Bennett *et al*.(2003)(WMAP 관련)을 참고하기

바란다.

2.13 이론적인 내용은 Gurzadyan(1997)과 Gurzadyan and Kocharyan (1994)에 잘 정리되어 있다. CMB 관측자료의 분석과정을 알고 싶은 독자들은 Gurzadyan and Kocharyan(1992)(COBE data 관련)과 Gurzadyan *et al*.(2002, 2003)(BOOMERanG data 관련), 그리고 Gurzadyan *et al*.(2004)(WMAP data 관련)을 참고하기 바란다.

3
물리적 세계에 존재하는 수(數)

3.1 피타고라스에게 닥친 대 재난

사케리가 유클리드의 제 5 공준을 증명하려고 시도했을 때 사용했던 귀류법을 도마 위에 올려 보자. 고전수학에서는 귀류법이 성공적으로 적용된 사례를 쉽게 찾아볼 수 있다. 이들 중 가장 유명한 사례는 피타고라스 시대까지 거슬러 올라가는데, 그 무렵 수학자들은 하나의 문제에 직면하여 심한 골머리를 앓고 있었다. "제곱하여 2가 되는 유리수rational number. 또는 '분수'라고도 함를 찾을 수 있는가?" —그들을 괴롭혔던 문제는 바로 이것이었다. 중학교를 나온 독자들은 모두 알고 있겠지만, "찾을 수 없다"가 정답이다. 제곱하여 2가 되는 유리수는 유리수의 세계에 아예 존재하지 않기 때문이다. 그 이유는 잠시 후에 증명할 것이다.

피타고라스와 그의 추종자들이 이 문제를 놓고 심각한 고민에 빠졌던 이유는 무엇인가? 모든 분수, 또는 유리수는 두 개의 정수(또는 자연수) a, b(단, $b \neq 0$)를 이용하여 a/b의 형태로 표현할 수 있다(분수의 정의에 대한 서문의 내용 참조). 피타고라스학파는 그들이 개발한 모든 기하학이 유리수 길이로 표현되기를 내심 기대하고 있었다. 유리수는 매우 단순한 숫자로서, 제아무리 길거나 짧은 거리도 유리수로 표현할 수 있다. 만일 모든 기하학이 유리수만으로 표현된다면, 기하학을 이해하기도 그만큼 쉬워질 것이다. 그러나 숫자의 배열이 무한히 계속되는 '무리수irrational number'는 고대 수학자들의 심기를 몹시 불편하게 만들었다. 제곱하여 2가 되는 유리수가 존재하지 않는다고 해서, 대체 무엇이 문제라는 말인가? 문제의 시발점은 바로 피타고라스 정리 그 자체였다. 유클리드 평면에 그려진 직각삼각형을 상상해 보자. 직각을 낀 두 변의 길이가 모두 1일 때, 빗변의 길이는 얼마인가? 피타고라스의 정리에 의하면, 빗변 길이의 제곱은 $1^2 + 1^2 = 2$이므로, 결국 빗변의 길이는 '제곱해서 2가 되는 수'여야 한다(그림 3.1 참조). 만일 이 길이에 해당하는 유리수가 존재하지 않는다면, 오로지 유리수에만 의존해 온 기하학에는 일대 재난이 일어난다. 피타고라스와 그의 추종자들은 어떻게든 이 길이를 기존 유리수로 표현해 보려고 무진 애를 썼으나, 모두 허사로 끝나고 말았다. 그들이 실패할 수밖에 없었던 이유를 지금부터 자세히 알아보자.

우리가 풀어야 할 문제는 다음 방정식

$$\left(\frac{a}{b}\right)^2 = 2$$

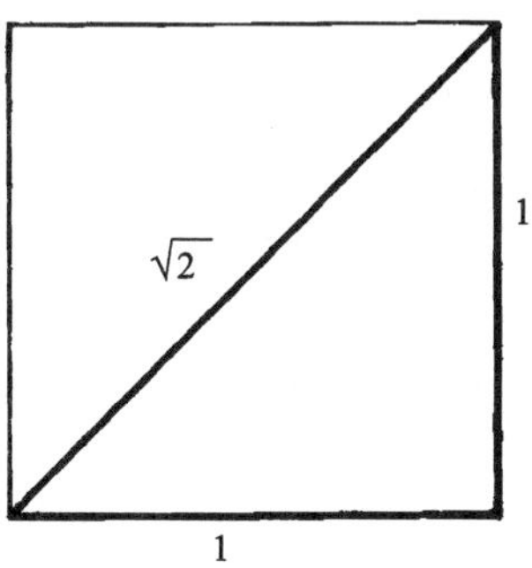

그림 3.1 한 변의 길이가 1인 정사각형의 대각선 길이는 피타고라스 정리에 따라 $\sqrt{2}$이다.

를 만족하는 정수 a, b가 존재하지 않는다는 주장을 귀류법으로 증명하는 것이다(여기서 a와 b는 양의 정수로 제한한다. a, b가 양의 정수일 때 해가 존재하지 않으면 음의 정수일 때도 존재하지 않는다). 귀류법의 논리에 따라, 제일 먼저 할 일은 "위 식을 만족하는 양의 정수 a, b가 정말로 존재한다"고 가정하는 것이다. 이제 양변에 b^2을 곱하면

$$a^2 = 2b^2$$

이 얻어지는데, 양의 정수 a와 b가 이 관계를 만족하려면 $a^2 > b^2 > 0$가 되어야 한다.[1] 여기서 위 식의 우변을 주의 깊게 바라보라. b^2이 어떤 수이건 간에, 그 앞에 '2'라는 숫자가 곱해졌으므로 a^2은 짝수임이 분명하다. 그런데 a^2이 짝수이면 a도 짝수가 될 수밖에 없다(홀수의 제곱은 항상 홀수이며, 짝수의 제곱은 항상 짝수이다). 따라서 우리는 새로운 양의 정수 c를 도입하여 $a = 2c$라고 쓸 수 있다. 이 값을 위 식에 대입하면

$$4c^2 = 2b^2$$

이 되고, 양변을 2로 나누면

$$b^2 = 2c^2$$

이 얻어진다. 물론, 이 관계를 만족하려면 $b^2 > c^2 > 0$가 되어야 한다. 이 식에서 b를 a로, c를 b로 대치하면 앞에서 유도했던 식 $a^2 = 2b^2$과 완전히 동일해진다. 또 한 가지 명심할 것은, 대치된 수가 원래 수보다 항상 작다는 것이다($a > b > c$). 지금까지의 논리는 새로운 양의 정수를 도입하여 끝없이 반복될 수 있으며, 그 때마다 얻어지는 관계는 다음과 같다.

$$a^2 = 2b^2,\ b^2 = 2c^2,\ c^2 = 2d^2,\ d^2 = 2e^2,\ \ldots$$

여기서 모든 상수는 양수이며

$$a^2 > b^2 > c^2 > d^2 > e^2 > \ldots,$$

의 관계를 만족한다. 다들 알다시피 임의의 양의 짝수를 계속해서 2로 나누다 보면, 더는 나눌 수 없는(즉, 나눈 결과가 양의 정수로 나오지 않는) 시점이 찾아오기 마련이다. 그러나 위의 식은 a와 b를 2로 '무한 번' 나눌 수 있다는 모순된 주장을 하므로, 처음부터 가정이 잘못되었다는 결론을 내릴 수밖에 없다. 그런고로 "제곱해서 2가 되는 유리수는 존재하지 않는다"는 주장이 증명된 것이다.[2]

여기서 몇 가지 짚고 넘어갈 점이 있다. 첫째로, 우리는 수가 갖는 어떤 특성을 '당연한 사실', 또는 '이미 검증된 사실'로 간주했다. 홀수를 제곱하면 홀수가 된다거나, 홀수가 아닌 수는 당연히 짝수임을 기정사실로 받아들인 것이다. 또한 우리는 임의의 양의 정수를 다른 양의 정수로 줄여 나가는 작업(즉, 분수의 약분)을 무한히 반복할 수 없다는 것도 당연하게 받아들였다.

가정 자체가 아무리 명백한 사실이라 해도, 증명에 완벽을 기하려면 이러한 가정을 정확하게 짚고 넘어가야 한다. 수학자들은 증명과 직접 관련되지 않은 부분에서도 트집을 잡고 늘어지기 때문이다. 만일 이런 부분들도 동일한 가정을 만족한다면, 우리의 증명은 더욱 강력한 일반성을 띠게 된다. 그러나 처음의 가정이 '증명과 직접적인 관련이 없는 부분'에서 성립하지 않는다면, 애써 이룩해 놓은 증명이 설득력을 잃게 된다(예를 들어, 2.2절에서 평행선 공준을 이용하여 증명했던 피타고라스 정리는 쌍곡기하학에서 성립하지 않는다).

위 증명에서 원래 중요한 대상은 정수였고, 유리수의 '몫quotient'을 추적한 끝에 어떠한 유리수를 제곱해도 2가 되지 않는다는 사실을 확인하였다. 그러나 숫자 중에는 정수나 유리수가 아닌 수도 있다. 정수와 유리수가 수의 전부라고 하늘같이 믿었던 고대 그리스 수학자들은 '2의 제곱근'을 범주 안에 집어넣기 위해 어쩔 수 없이 수의 범위를 확장해야 했다. 이렇게 해서 탄생한 것이 바로 '실수real number' 개념이다. 십진법으로 표기했을 때 소수점 아래 자리가 무한히 계속되는 수를 실수라고 한다(그러나 고대 그리스인들은 '실수'라는 용어나 십진표기법을 사용하지 않았다)(엄밀히 말하자면, 실수는 유리수와 무리수를 한꺼번에 일컫는 말이다. 이들 중 '소수점 아래 자리가 무한히 계속되면서 아무런 주기성도 없는 수'가 무리수이며, 나머지는 모두 유리수에 해당된다 : 옮긴이). 실제로 2의 제곱근은 다음과 같다.

$$\sqrt{2} = 1.4142135623730950488016887 2\ldots.$$

이런 실수가 의미하는 물리적 상태는, 다음 절에서 알아보기로 한다.

이왕 여기까지 온 김에, "2의 제곱근은 존재하지 않는다"는 증명이 실수(또는 같은 값을 나타내는 실수 분수)에서 성립하지 않는 이유도 알아보자. 지금까지 펼쳤던 모든 논리에서 '정수'를 '실수'로 바꾸면 어떤 결과가 얻어질까? 다른 부분은 아무런 문제가 없지만, 양의 실수를 무한히 나눌 수 없다는 부분에서 논리가 와해된다(나눗셈의 결과를 '정수'가 아닌 '실수'로 제한한다면 1, $\frac{1}{2}$, $\frac{1}{4}$, $\frac{1}{8}$, $\frac{1}{16}$, $\frac{1}{32}$, …와 같이 무한히 나눌 수 있다).[3] 그렇다면 홀수-짝수의 개념은 어떻게 되는가? 이것도 아무런 문제가 없다. 임의의 실수 a에 대하여 $a = 2c$를 만족하는 실수 c는 항상 존재하므로, 모든 실수는 짝수로 간주할 수 있다(그렇다고 모든 실수가 실제로 짝수라는 뜻은 아니다. 원래 짝수는 정수에 한하여 정의된 용어이며, 지금은 "앞의 증명을 굳이 실수에 적용할 때 이와 같은 식으로 해석하면 아무런 문제가 없다"는 점을 지적하는 것이다 : 옮긴이).

3.2 실수체계

이로써 고대 그리스인들은 "유클리드 기하학을 제대로 발전시키려면 유리수만으로는 부족하다"는 사실을 간파하기에 이르렀다. 현대를 사는 우리는 실수라는 개념에 매우 익숙하므로 어떤 기하학적 양이 유리수로 표현되지 않는다고 해도 전혀 당황하지 않는다. 소수점 아래로 유한한 자릿수를 가진 숫자가 휴대용 계산기에 찍힐 때, 우리는 그것이 유리수가 아닌 무리수임을 잘 알고 있다. 계산기 화면이 무한히 긴 숫자를 표현할 수 없어서 도중에 잘라 버린 것이다. 이제 우리는 이상적인(플라톤적인) 수들이 소수점 아래로 무한히 길게 계속될 수 있다는 것을 인정해야 한다. 물론 이 사실은 분수를 십진수로 표기했을 때에도 똑같이 적용된다.

$$\frac{1}{3} = 0.333333333\ldots,$$

$$\frac{29}{12} = 2.416666666\ldots,$$

$$\frac{9}{7} = 1.285714285714285\ldots,$$

$$\frac{237}{148} = 1.60135135135\ldots.$$

분수를 십진표기법으로 표기했을 때, 소수점 아래로 나타나는 숫자들은 고유한 주기성을 갖는다. 다시 말해서, 나열된 숫자의 어떤 지점부터는 '유한한 길이의 숫자배열'이 동일한 패턴으로 무한히 반복된다는 것이다. 위에 나열한 숫자들에서 반복되는 배열은 각각 3, 6, 285714, 135이다.

십진표기법을 사용하지 않았던 고대 그리스인은 그들 나름대로 무리수 표기법을 개발하였다. 그들이 사용했던 표기법은 오늘날 '연분수continued fraction'로 알려져 있는데, 자세한 설명은 독자들을 따분하게 만들 것 같아 기본적인 개념만 짚고 넘어가기로 한다. 연분수란[4] $a+(b+(c+(d+\cdots)^{-1})^{-1})^{-1}$과 같은 형태로 유한, 또는 무한하게 반복되는 분수를 말한다. 여기서 $a, b, c, d, \cdots$는 양의 정수이다.

$$a+\cfrac{1}{b+\cfrac{1}{c+\cfrac{1}{d+\cdots}}}$$

1보다 큰 임의의 유리수는 '유한한 연분수'로 나타낼 수 있다[정수부분을 제일 앞에 먼저 쓰고, 나머지 (1보다 작은)소수부분을 분수에 쓰기로 약속한다]. 예를 들어 $\frac{52}{9}=5+(1+(3+(2)^{-1})^{-1})^{-1}$이다.

$$\frac{52}{9}=5+\cfrac{1}{1+\cfrac{1}{3+\cfrac{1}{2}}}$$

1보다 작은 유리수를 연분수로 표기할 때에는 제일 앞에 나오는 정수가 0이 된다. 그리고 이 방법으로 실수(무리수)를 표현하면 연분수의 배열은 무한히 길어진다.[5], [3.1]

[3.1] 휴대용 전자계산기를 이용하여(단, $\sqrt{\ }$와 x^{-1}을 계산하는 키가 있어야 한다) 본문에 제시된 연분수를 가능한 한 정확하게 계산해 보라. 참고로, $\pi=3.141592653589793\cdots$이다 [도움말 : 정수부분은 머릿속에 기억해 두다가 분수를 먼저 계산하고 나서 더하는 것이 편리하다].

$$\sqrt{2} = 1 + (2 + (2 + (2 + (2 + \cdots)^{-1})^{-1})^{-1})^{-1}$$

$$7 - \sqrt{3} = 5 + (3 + (1 + (2 + (1 + (2 + (1 + (2 + \cdots)^{-1})^{-1})^{-1})^{-1})^{-1})^{-1})^{-1}$$

$$\pi = 3 + (7 + (15 + (1 + (292 + (1 + (1 + (1 + (2 + \cdots)^{-1})^{-1})^{-1})^{-1})^{-1})^{-1})^{-1})^{-1}$$

보다시피, $\sqrt{2}$의 연분수 표현에는 자연수 1, 2, 2, 2, …가 등장하고 $7-\sqrt{3}$에는 5, 3, 1, 2, 1, 2, 1, 2, …가 반복되는데, 이들은 무한히 계속되는 와중에도 분명한 주기성을 보인다(첫 번째에선 2가 무한히 반복되고 두 번째는 1과 2가 번갈아 가며 반복된다).[3.2] 앞서 지적한 대로 유리수를 십진표기법으로 표기하면 소수점 아랫부분의 숫자배열이 유한하거나 주기성을 띠게 되고, 무리수는 아무런 주기성 없이 무한히 길게 이어진다. 그런데 고대 그리스인이 개발한 연분수로 무리수를 표현해 보면, 자연수 부분이 주기성을 띠는 경우가 있고, 그렇지 않은 경우도 있다. 연분수 표기법에서 궁극적으로 주기성이 나타나는 수는 어떤 수인가? 이 질문의 답을 최초로 구한 사람은 18세기의 수학자 조제프 라그랑주Joseph C. Lagrange였다(그는 이 문제 말고도 물리학에서 매우 중요한 아이디어를 개발한 사람이다. 자세한 내용은 20장에서 다룰 예정이다). 그가 내린 결론에 따르면, 연분수로 표현했을 때 자연수 부분에서 궁극적으로 주기성이 나타나는 수는 '2차 무리수quadratic irrational number'이다.[6]

2차 무리수는 무엇이며, 고대 그리스 기하학에서 이들이 중요하게 취급된 이유는 무엇인가? 간단히 말해서, 2차 무리수란 다음과 같은 형태로 표기할 수 있는 수이다.

[3.2] 이 배열이 무한히 반복된다는 가정하에, 이들이 나타내는 수가 좌변과 일치함을 증명하라[도움말 : 좌변의 수가 만족하는 2차 방정식을 찾을 것. 후주 3.6 참조].

$$a + \sqrt{b}$$

여기서 a와 b는 분수이며, b는 완전제곱수(정수를 제곱하여 얻어지는 수)가 아니다. 위와 같은 수들은 눈금 없는 자와 컴퍼스만 가지고 작도하는 유클리드 기하학에서 빈번히 나타나기 때문에 다른 무리수들보다 더 한층 중요하게 취급되었다(3.1절에서 우리를 $\sqrt{2}$ 문제와 마주치게 한 피타고라스 정리를 떠올려 보자. 길이나 각을 재는 척도가 없는 유클리드 기하학 속 간단한 도형에선 이런 형태의 숫자가 곧잘 등장한다).

특히, 위와 같은 형태의 무리수 중에서 a가 0이고 b가 (완전제곱수가 아닌)자연수이거나 1보다 큰 유리수인 경우를 살펴보자. 이에 해당하는 대표적인 사례들은 다음과 같다.

$$\sqrt{2}, \sqrt{3}, \sqrt{5}, \sqrt{6}, \sqrt{7}, \sqrt{8}, \sqrt{10}, \sqrt{11}, \ldots$$

위 수들을 연분수로 표현하면, 자연수 부분에서 매우 특이한 주기성이 나타난다. 처음에 **A**라는 자연수가 홀로 등장한 후, 그 뒤로 **B**, **C**, **D**, …, **D**, **C**, **B**와 같은 회문형回文形. 거꾸로 읽어도 똑같은 배열이 이어진다. 하나의 배열이 끝나고 나서는 **A**의 두 배인 2**A**가 등장하고, 그 뒤부터는 **B**, **C**, **D**, …, **D**, **C**, **B**, 2**A**의 배열이 무한반복된다. 예를 들어, $\sqrt{14}$를 연분수로 전개했을 때 나타나는 자연수 배열은 다음과 같다.

$$3, 1, 2, 1, 6, 1, 2, 1, 6, 1, 2, 1, 6, 1, 2, 1, 6, \ldots$$

위 설명을 이 배열에 적용하면 **A**는 3이고, **B**, **C**, **D**, …, **D**, **C**, **B** 배열은 1, 2, 1에 해당한다.

고대 그리스 수학자들도 이 사실을 알았을까? 엄밀한 증명은 하지 않았겠지만, 지금 언급한 모든 내용(라그랑주의 정리까지 포함하여)을 알고 있었을 가능성이 크다. 특히, 플라톤과 같은 시대에 살았던 테아이테토스 Theaetetos는 위 내용 중 상당 부분을 증명했던 것으로 추정된다. 심지어는 플라톤도 변증법을 논하면서 이런 지식(회문형 배열을 포함한)을 알고 있음을 살짝 암시한다.[7]

2차 무리수를 도입하면 유클리드 기하학을 다루기가 조금 수월해지지만, 모든 문제가 해결되는 것은 아니다. 유클리드의 열 번째 저서(가장 어려운 책이기도 하다)에는 $\sqrt{a+\sqrt{b}}$ 와 같은 형태의 수가 언급되어 있는데(a와 b는 양의 유리수이다), 이것은 일반적인 2차 무리수가 아님에도 유클리드 기하학에 등장한다. 사실, 유클리드 기하학에 필요한 수들은 자연수의 덧셈과 뺄셈, 곱셈, 나눗셈, 그리고 제곱근을 취하여 구할 수 있다. 그러나 방금 언급한 숫자들은 연산이 매우 복잡할 뿐만 아니라 유클리드 기하학의 극히 한정된 부분에서 나타나기 때문에, 이것을 붙잡고 시간을 끄는 것은 별로 효율적이지 못하다. 이보다는 차라리 '어떠한 상황에도 적용할 수 있는 가장 일반적인 무한 연분수 표기법'을 찾으려 과감하게 시도(이게 실제로 얼마나 과감한 시도인지는 16.3 ~ 5 절에서 알게 될 것이다)하는 편이 바람직하다. 고대 그리스인들도 유클리드 기하학과 관련된 수를 표현할 때 이 방법을 사용하였다.

유클리드 기하학과 관련된 수를 통칭하는 용어는 다름 아닌 '실수'이다. 실수 개념은 19세기에 와서야 데데킨트 Dedekind, 칸토어 Cantor 등에 의해 수학적으로 분명하게 정의되었다. 그러나 플라톤의 제자로서 고대 그리스의 위대한 수학자이자 천문학자였던 에우독소스 Eudoxos는 기원전 4세기에 실수의 기본개념을 이미 간파하고 있었다. 여기서 잠시 실수에 대한 에우독소스의 의견을 들어 보자.

첫째, 유클리드 기하학에 등장하는 모든 수는 길이 자체가 아닌 '길이의 비율'로 표현될 수 있다. 이렇게 하면 길이의 단위(영국의 '인치' 나 그리스의 '닥틸로스dactylos'. 둘 다 손마디란 뜻)를 따로 도입하지 않아도 되고, 동시에 곱할 수 있는 횟수에도 제한이 없어진다(길이를 계속 곱하면 차원이 증가하여 '초공간 부피' 같은 난해한 개념을 도입해야 한다). 에우독소스의 이론은 길이의 비율 $a : b$와 다른 비율 $c : d$의 대소관계를 판단하는 기준을 확립하는 것으로 시작되는데, 그 기준은 다음과 같다. a를 M번 더한 값이 b를 N번 더한 값보다 크고(작고), d를 N번 더한 값이 c를 M번 더한 값보다 커지도록(작아지도록) 만드는 양의 정수 M, N이 존재한다면, $a : b$는 $c : d$보다 크다(작다).[3.3] 그리고 위와 같은 연산을 수행했을 때 같은 결과가 얻어진다면, $a : b$와 $c : d$는 같다. 에우독소스는 이처럼 비율의 등가equality를 판단하는 독창적인 기준을 제시함으로써 '실수'라는 추상적인 개념을 길이의 비율로 표현할 수 있었으며, 이로부터 실수의 덧셈 및 곱셈법칙을 확립하였다.[3.4]

그러나 고대 그리스인이 생각했던 실수와 현대적 의미의 실수 사이에는 근본적인 차이가 있다. 그리스인은 실수를 "물리적 공간의 '거리' 개념으로부터 자연스럽게 주어진 양"으로 간주했기 때문에, 이 거리 측정을 실제로 행하는 방법을 확정하는 게 문제였다. 그 안에 존재하는 실제 물리적 대상이 어쩔 수 없이 플라톤적 개념보다 좀 떨어진다 한들, 플라톤적 절대 공간이라는 그 자체는 그들에게 당연했다[8](그러나 아인슈타인은 일반상대성이론을 통해 공간과 물질의 개념을 완전히 뒤바꿔 놓았다.

[3.3] 그 이유를 알 수 있겠는가?

[3.4] 이 법칙이 어떤 과정을 거쳐 확립되었는지 짐작할 수 있겠는가?

구체적인 내용은 17.9절과 19.6, 8절에서 다룰 예정이다).

고대 그리스인은 모래사장에 그려진 정사각형이나 대리석을 쪼아 만든 정육면체가 완벽한 도형이 아님을 알면서도, 이것을 플라톤의 세계에 존재하는 이상적인 도형의 근사치로 간주했다. 그리고 플라톤적 형상의 이런 '근사적 모습' 뒤에는 공간 자체가 놓여 있었다. 공간은 현실세계에 존재했지만, 그 자체가 다분히 추상적이고 개념적이었기에 플라톤적 실체가 이 세상에 그대로 현현한 것으로 간주되었다. 이 이상적 기하학에서 거리 측정이란, 확인하는 차원의 문제였다. 그러므로 '이미 주어진' 유클리드 공간의 기하학에서 실수 개념을 도출해 내는 것은 그들에게 당연한 순서였을 것이다. 에우독소스도 이러한 절차를 따라 실수의 개념을 확립할 수 있었다.

그러나 19세기와 20세기에 접어들면서 "수 개념은 물리 공간의 특성과 분리되어야 한다"는 주장이 설득력을 얻기 시작했다. 과거의 유클리드 기하학과 전혀 다른(그러나 수학적으로 타당한) 기하학의 존재가 확인되면서, 기하학이라는 수학 개념이 실제 물리적 공간으로부터 유추되어야 한다는 기존 사고방식은 설 자리를 잃게 되었다. 그뿐만 아니라, 완전하지 않은 물리적 대상으로부터 '플라톤적 물리 기하학'의 세세한 특성을 유추하기란 너무나도 어려운 일이었다. 예를 들어, '기하학적 거리'에 의거하여 수의 성질을 이해하려면 무한히 짧은 거리와 무한히 먼 거리에서 벌어지는 일을 모두 알아야 하는데, 이 문제는 지금까지도 완전하게 풀리지 않고 있다(구체적인 내용은 나중에 다시 언급할 것이다). 그러므로 물리적 관측과 무관한 수 체계를 세우는 편이 훨씬 바람직하다. 결국, 리하르트 데데킨트와 게오르그 칸토어는 기하학과 무관한 개념으로부터 실수체계를 확립하는 데 성공하였다.

실수에 대한 데데킨트의 정의는 '유리수로 이루어진 무한집합'에서 시작된다. 우리는 유리수를 생각할 때 양수와 음수(0 포함)가 크기에 따라 나열된 무한배열을 떠올린다. 이 배열은 왼쪽에서 오른쪽으로 진행되는데, 음의 유리수는 왼쪽으로 무한히 계속되고 중앙에 0이 자리 잡으며, 양의 유리수는 오른쪽으로 무한히 길게 배열되어 있다(사실 이것은 유리수를 눈에 보이도록 가시화한 것에 불과하다. 실수에 대한 데데킨트의 정의는 완전히 추상적인 방법으로 이루어졌다). 데데킨트는 머릿속에서 이 배열을 둘로 '쪼개' 보았다. 그러면 왼쪽 조각에 들어 있는 모든 수는 오른쪽 조각의 모든 수보다 당연히 작을 것이다. 그런데 둘로 쪼갠 경계지점이 유리수가 아니라 '유리수와 유리수의 사이'였다면, 그 지점은 바로 '무리수'에 해당한다. 더 정확히 말하자면, 이런 상황은 잘린 왼쪽 집합에 가장 큰 수가 존재하지 않고 오른쪽 집합에 가장 작은 수가 존재하지 않을 때 발생한다. 이처럼 '잘라내기 조작'으로 정의되는 무리수체계는 우리가 이미 알고 있는 유리수와 한데 어우러져 완전한 실수체계를 이룬다.

데데킨트의 정의는 실수의 덧셈과 뺄셈, 곱셈, 나눗셈 등의 연산으로 자연스럽게 이어진다. 그뿐만 아니라, 정의를 조금 확장하면 무한히 계속되는 연분수의 '극한값limit'도 정의할 수 있다. 이 정의에 따르면

$$1 + (2 + (2 + (2 + (2 + \cdots)^{-1})^{-1})^{-1})^{-1}$$

이나, 다음과 같은 무한수열

$$1 - \frac{1}{3} + \frac{1}{5} - \frac{1}{7} + \frac{1}{9} - \cdots$$

도 하나의 실수 값에 대응된다. 실제로 위의 연분수는 $\sqrt{2}$이고, 그 아래 무한수열의 합은 $\frac{1}{4}\pi$이다. 극한값을 구하는 기법은 수학의 여러 개념을 확

립하는 데 결정적인 역할을 해 왔다. 만일 이 기법이 개발되지 않았다면, 실수는 지금처럼 막강한 위력을 발휘하지 못했을 것이다[9](2.3절에서 지적한 바와 같이, 극한을 취하는 과정은 면적을 정의할 때에도 필수적으로 요구된다).

3.3 현실세계에 존재하는 실수(實數)

지금 논하는 실수와 관련하여, 심각한 논쟁거리가 하나 있다. 수학 개념 발전의 첫 원동력은, 언제나 물리계의 행동을 있는 그대로 반영하는 수학 구조를 찾으려는 욕구였다. 그러나 엄밀한 수학 개념을 그 안에서 바로 도출할 수 있을 만큼 세밀한 수준으로 물리계 자체를 연구하기란 보통 불가능하다. 그 대신, 한 번 탄생한 수학적 개념은 다양한 관련 문제들을 자연스럽게 양산하면서 스스로 진보하는 능력을 갖고 있다. 이 문제 중 일부(예를 들어, 정사각형의 대각선 길이를 구하는 문제 등)는 원래의 개념을 근본 단계에서 더욱 확장시켜 획기적인 발전을 불러오기도 한다. 이런 확장은 우리 앞에 불가피하게 나타나는 것일 수도, 아니면 편리함이나 무모순성, 수학적 우아함을 찾는 과정에서 나타나는 것일 수도 있다. 그래서 수학의 발전은 물리적 세계를 반영하려는 애초의 목적과 다소 다른 방향으로 진행되는 경우가 많다. 그러나 수학적 타당성과 우아함을 찾으려는 이 충동은, 높은 확률로 우리를 처음보다 더욱 심오하고 광범위한 수준에서 물리계를 반영하는 수학 개념과 구조로 인도한다. 이러한 일련의 과정을 지켜보고 있노라면 인간과 마찬가지로 자연도 타당성과 우아함을 추구한다는 생각을 하게 된다.

이와 같은 특성을 보여주는 대표적인 사례가 바로 실수체계이다. 자연을 아무리 관찰해도, '무한히 긴 거리'라는 물리적 개념이 반영된 낌새는 없다. '무한히 짧은 거리'도 마찬가지다. 이런 개념을 적용할 만한 물리적 대상은 아직 발견된 적이 없다. 그뿐만 아니라, 거리를 실수로 표현하려면 '공간상의 한 점'에 물리적 의미가 있어야 하는데, 이 역시 공허한 주장에 불과하다. 물리적 대상 중에 점point이라는 것은 존재하지 않기 때문이다. 유클리드가 활동하던 시대에도 10^{12} m를 넘어가거나[10] 10^{-5} m보다 짧은 거리는 측정한계를 벗어나 있었다. 그러나 고대 그리스인은 실수체계의 수학적 타당성과 우아함을 믿었으며, 그것을 기초로 하여 오늘날과 같이 성공적인 현대과학이 탄생할 수 있었다. 유클리드 기하학이 현실세계에 적용된다는 확실한 증거는 없었지만 인간은 실수의 존재를 하늘같이 믿었고, 그 믿음은 충분한 보상을 받았다. 현대의 우주론은 10^{26} m $\sim 10^{-17}$ m의 광범위한 영역에 걸쳐 타당성이 입증된 상태이다(양자중력이론은 이보다 10^{18}배나 작은 10^{-35} m의 영역, 즉 '플랑크 척도Planck-scale'를 언급하고 있다. 자세한 내용은 31.1, 31.6 ~ 12, 31.14절과 32.7절에서 다룰 예정이다). 이상화된 수학적 객체는 유클리드 시대에 10^{17}에 걸친 실수영역($10^{12} \sim 10^{-5}$)에서 통용되었으나, 지금은 10^{43}($10^{26} \sim 10^{-17}$)이라는 방대한 영역을 다룬다. 2,000년 남짓한 세월 동안 적용 가능한 폭이 무려 10^{26}배나 커진 것이다.

실수의 물리적 타당성을 보여주는 사례는 이것 말고도 또 있다. 예를 들어, 면적이나 부피도 실수가 적용되는 전형적인 사례이다. 면적은 거리의 제곱이고 부피는 거리의 세제곱이다. 그러므로 부피의 한계는 위에서 언급한 거리영역의 세제곱에 해당된다. 이렇게 따지면 유클리드 시대에는 $(10^{17})^3 = 10^{51}$이고, 현대의 이론에선 $(10^{43})^3 = 10^{129}$이나 된다. 게다가 현대의 물리학이론은 예외 없이 실수로 표현되는 물리량들을 취급하는데, 이들 중 가장 대표적인 것이 시간이다. 아인슈타인 상대성이론에 의하면, 시간과 공간은 한데 어우러져 시공간spacetime이라는 새로운 공간을 형성한다(이는 17장의 주제이기도 하다). 그런데 시공간의 부피는 4차원적 양이기 때문에, 여기 동원되는 실수의 범위는 (앞에서와 마찬가지로 거리의 최대 한계를 10^{43}m라 했을 때) 10^{172}이다. 책의 후반부(27.13, 28.7절)에 가면, 이보다 훨씬 큰 실수(또는 정수)가 사용되는 경우를 보게 될 것이다.

그러나 실수의 역할이 가장 두드러졌던 분야는 물리학이론이 아니라 미적분학calculus이었다(6장 참조). 아르키메데스에서 갈릴레오를 거쳐 뉴턴, 맥스웰, 아인슈타인, 슈뢰딩거, 디랙에 이르기까지 물리학자에게 새 이론을 구축할 때 가장 요긴했던 수단은 단연 미적분학이었으며(물론 미적분학은 뉴턴 이후부터 상용화되었다), 모든 역학이론이 미적분학으로부터 탄생했다고 해도 과언이 아니다. 그런데 미적분학을 가능하게 만든 주역은 다름 아닌 실수체계였다. 미적분학의 기본개념은 무한소infinitesimal 영역에서 나타나는 실수의 성질에 기초를 두기 때문이다. 속도와 가속도, 운동량, 에너지 등의 물리량들도 미적분학으로부터 정의된 개념이다. 따라서 실수체계는 이 모든 물리량을 함께 서술하는 근본적인 수단으로 물리학 이론에 자연스럽게 녹아들어갈 수 있었다.

그러나 아직 의문은 남아 있다. 과연 실수체계는 '가장 근본적인 단계에서' 물리적 실체를 올바르게 서술하고 있는가? 양자역학의 기본 아이디어가 처음 도입되었던 20세기 초에, 물리학자들 사이에는 물리적 세계가 지극히 작은 스케일에서 '불연속의 덩어리'로 이루어져 있을지도 모른다는 생각이 퍼지기 시작했다.[11] 에너지는 연속적인 양이 아니라 '불연속적인 다발(또는 양자quanta라고도 함)'로 존재하며, '작용action'이나 '스핀spin’과 같은 물리량들도 어떤 기본단위의 정수배만을 가질 수 있다는 것이다(작용의 고전적 개념은 20.1, 5절을 참조하고, 양자적 개념의 작용은 26.6절을 참조하기 바란다. 스핀에 관한 내용은 22.8 ~ 12절에 걸쳐 소개되어 있다). 그 후로 전 세계의 물리학자들은 극미極微의 세계를 지배하는 불연속의 개념을 도입하여 물리학을 다시 쓰기 시작했다.

그러나 양자역학이 상용화된 오늘날에도 시간과 공간, 에너지가 극미의 영역에서 불연속이라는 증거는 발견되지 않았으며, 이를 주장할 만한 이론적 근거도 없다(21장과 22장, 특히 22.13절의 마지막 문장을 참조하라). 양자역학은 이제는 시간과 공간이 불연속임을 주장하지 않지만, 아이디어 자체는 가장 근본적인 단계에서 아직도 명맥을 유지하고 있다. 위대한 양자물리학자였던 에르빈 슈뢰딩거Erwin Schrödinger는 공간의 불연속성을 처음으로 제기한 사람 중 하나였다.[12]

> 오늘날 수학자들에게 익숙한 ‘연속 범위(continuous range)’의 개념은 우리가 인식하는 실체를 너무 뭉뚱그려 생각하는, 터무니없는 추론이다.

그는 자연 자체가 불연속이라는 자신의 주장을 고대 그리스의 철학과 연관시켜 설명하기도 했다. 또한, 아인슈타인은 그의 마지막 저서에서 미래의 물리학은 불연속에 기초를 둔 이론(대수학) 쪽으로 진화할 것이라고 예견하였다.[13]

> 실체를 연속 장(場, field)으로 표현하기가 왜 불가능한지 입증할 훌륭한 증거가 있다…… 바로 양자 현상이다…… 이는 실체를 설명할 순수 대수학 이론을 찾아내려는 시도로 반드시 이어져야만 한다. 그러나 아무도 그런 이론의 원리를 얻어내는 방법을 모른다.[14]

이런 생각을 한 물리학자는 아인슈타인뿐만이 아니었다(33.1절 참조).[15] 나도 1950년대 말에 이 문제를 연구한 끝에 양자역학적 스핀의 불연속적 특성을 조합의 기본단위로 삼아 (실수 기반과는 달리 불연속적인) 물리학을 서술하는 '스핀네트워크 이론spin network theory'을 발표한 적이 있다(이 내용은 32.6절에 간단하게 소개되어 있다). 이 이론은 당시에 포괄적인 이론으로 발전하지 못했지만(그러나 어떤 면에서 보면 스핀네트워크 이론은 '트위스터 이론twister theory'의 모체라고 할 수도 있다), 최근 들어 양자중력이론quantum gravity이 주목을 받으면서 다시 부활의 조짐을 보이고 있다.[16] 이와 관련된 다양한 아이디어들은 32장에서 간단히 소개할 예정이다. 어쨌거나, 실수체계는 오늘날 (지난 24세기 동안 줄곧 그래 왔듯이) 물리적 세계를 이해하는 가장 근본적인 요소임이 분명하다.

3.4 자연수는 물리적 세계 없이도 존재할 수 있을까?

나는 실수에 대한 데데킨트식 접근법을 언급하면서(3.2절), 유리수를 '이미 충분히 알려진 수'로 간주했다. 사실, 정수에서 유리수로 넘어가는 단계는 별로 어렵지 않다. 유리수란 '정수의 비율'에 불과하기 때문이다(서문 참조). 그렇다면, 정수는 어떤가? 정수도 물리적 개념에 뿌리를 두는가? 앞 절에서 말한 불연속의 개념은 분명히 '자연수natural number(양의 정수, 또는 개수를 헤아릴 때 사용하는 수)'와 연관되어 있고, 여기에 음의 정수까지 포함하면 정수체계가 성립된다. 고대 그리스인은 음수를 수로 취급하지 않았다. 물건의 개수를 헤아릴 때 −1개나 −17개 등은 아무런 의미가 없다고 생각했기 때문이다. 그래서 우리도 당분간은 음수를 고려하지 않고, 물리학에서 자연수가 하는 역할에 대해 알아보기로 한다.

자연수란 0, 1, 2, 3, 4, …로 이어지는 양의 정수(0 포함)를 의미한다(현대적 관점에서 보면 자연수가 0을 포함하는 것이 당연하지만, 고대 그리스인은 0을 수로 인식하지 않았다. 수의 체계에 0을 처음으로 도입한 사람은 7세기 인도의 힌두 수학자 브라마굽타Brahmagupta였고, 그가 확립한 수 체계는 9세기의 마하비라Mahavira와 12세기의 바스카라Bhaskara에 의해 계승되었다). 자연수가 하는 일은 너무도 분명하여 오해의 소지가 전혀 없다. 물리학이나 기하학 법칙이 제아무리 복잡하다 해도, 자연수는 어디까지나 '개수를 헤아리는 수'이다. 또한 자연수는 우리에게 친숙한 일련의 연산법칙을 따르는데, 대표적인 것이 덧셈(예 : 37 + 79 = 116)과 곱셈(예 : 37 × 79 = 2923)이다. 즉, 한 쌍의 자연수에 특정연산을 가하면 새로운 자연수가 얻어진다. 이 연산은 물리적 세계의 기하학적 성질과 전혀 무관하다.

그러나 우리는 "자연수 자체가 물리적 세계의 실제 성질과 무관한 의미(내지 존재)를 갖는가?"라는 질문을 제기해 볼 수 있다. 아마도 자연수에 대한 우리 개념은 우리 우주에 계속 존재하는 잘 정의된well-defined 불연속 객체들에 기반하는 듯하다. 다시 말해서, 자연수는 눈앞에 보이는 사물(사람이나 사과, 동물 등)의 개수를 세기 위해 도입된 개념이라는 것이다. 따라서 '셀' 대상이 없다면 자연수의 의미도 사라진다. 예를 들어, 우주에 존재하는 모든 물체의 개수가 수시로 변한다고 가정해 보자. 이런 우주에서도 자연수가 '자연스러운' 개념으로 받아들여질 것인가? 게다가 우주에 존재하는 물체의 개수가 모두 유한하다면, 자연수의 배열은 무한히 계속되지 않고 어느 시점에서 끝나 버릴 것이다! 우주가 형체 없는 무정형의 물질로만 구성되어 있다면, 개수를 헤아린다는 개념조차 탄생하지 않았을 것이다. 이런 우주에서도 자연수 개념이 의미가 있을까?

이런 우주에 살고 있는 생명체들은 우리가 당연하게 받아들이는 자연수를 매우 어렵다고 생각하겠지만, 그렇다고 자연수 자체가 그들에게 전혀 무의미하지는 않을 것이다. 자연수가 순수수학에 도입되는 과정은 여러 가지가 있으며, 이 모든 과정은 물리적 세계의 실체와 전혀 무관하다. 가장 대표적인 경우가 집합set이다. 이것은 '숫자를 한데 모아 놓은 추상적 집단'이므로 바깥세계의 물리적 특성과는 아무런 관련도 없다. 사실, 이 문제를 가장 근본적인 단계까지 파고들어가면 매우 미묘한 문제에 직면하게 되는데, 자세한 내용은 16.5절에서 다룰 예정이다.

집합이라는 추상적인 개념을 통해 자연수가 도입되는 과정을 살펴보자(이것은 주세페 페아노Giuseppe Peano의 아이디어를 칸토어가 발전시킨 것으로, 후에 존 폰 노이만이라는 천재 수학자가 체계를 확립했다). 이 과정을 따라가다 보면 '순서수ordinal number'라는 개념에 이르게 된다. 모든 집합 중에서 가장 간단한 집합은 집합을 구성하는 요소가 단 하나도 없는 집합, 즉 '공집합null set'이다. 일반적으로 공집합은 기호 ϕ로 표현하며, 정의에 의해 다음과 같이 쓸 수 있다.

$$\phi = \{\quad\}$$

여기서 괄호 $\{\quad\}$는 집합을 나타내고, 집합을 이루는 원소는 이 괄호 안에 나열된다. 따라서 공집합은 괄호 안에 적을 것이 하나도 없다. 이제 공집합 ϕ를 자연수 0에 대응시켜 보자. 그러면 집합원소가 ϕ뿐인 새로운 집합, 즉 $\{\phi\}$를 정의할 수 있다. 물론 $\{\phi\}$는 위에서 정의한 ϕ와 다른 집합이다. $\{\phi\}$는 ϕ라는 원소를 갖는 집합이고, ϕ는 원소가 하나도 없다. 이제 집합 $\{\phi\}$를 자연수 1에 대응시켜 보자. 그리고 ϕ와 $\{\phi\}$로 이루어진 새로운 집합 $\{\phi, \{\phi\}\}$를 정의하여 자연수 2에 대응시킨다. 이런 식으로 계속 진행해 나가면 집합 $\{\phi, \{\phi\}, \{\phi, \{\phi\}\}\}$은 자연수 3에 대응되고 $\{\phi, \{\phi\}, \{\phi, \{\phi\}\}, \{\phi, \{\phi\}, \{\phi, \{\phi\}\}\}\}$는 자연수 4에 대응된다. 각 집합원소가 바로 전 단계에서 정의되므로 아무런 문제가 없다. 우리는 자연수를 이런 식으로 정의하지 않지만, 이것은 자연수를 수학에 도입하는 다양한 방법 중 하나임이 분명하다(이 논리를 서문의 내용과 비교해 보라). 그뿐만 아니라, 자연수와 비슷한 객체들은[17] '아무것도 없는 맨땅'에서 오로지 집합의 개념만을 도입하여 만들어 낼 수 있다. 다시 말해서 0, 1, 2, …와 같이 추상적인(플라톤적인) 무한배열을 물리적 세계의 특성과 무관하게 얼마든지 만들 수 있다는 뜻이다. 그림 1.3에서 우리는 물리계와 독립적으로 '존재' 하는 플라톤적 수학개념이 있으리라 예견했었다(여기서는 자연수 자체이다). 그러나 이 존재를 불러내고 다가가려면, 실제 우주의 본질을 꼼꼼히 파고들기보다는 그저 우리의 상상력을 단련해야만 하는 듯 하다. 데데킨트는 순수한 사고과정을 통해 전체 실수체계를 성공적으로 구축할 수 있었으며,[18] 이 과정에는 물리적 세계에 대한 정보가 전혀 개입되지 않았다.

3.5 물리적 세계에 존재하는 불연속 수

앞에서 언급한 대로, 데데킨트는 실수체계를 구축할 때 자연수가 아닌 유리수를 사용하였다. 사실, 자연수의 개념이 확실하게 서 있다면 실수체계는 이로부터 어렵지 않게 유추할 수 있다. 물론 그 중간과정에서 양의 자연수와 음의 자연수의 집합인 '정수'가 정의되어야 한다(−0은 0과 같다). 음수를 정의하는 데에는 별다른 어려움이 없다. 대충 말해서, 모든 자연수에 '−'부호를 붙이고(0은 제외), 이들에 적용되는 덧셈, 뺄셈, 곱셈, 나눗셈(0은 제외)연산을 정의하면 된다. 그러나 이 모든 과정이 성공적으로 이루어졌다고 해도 음수의 물리적 의미는 여전히 미지로 남는다. "들판에 소가 −3마리 있다"는 말에 대체 무슨 의미가 있다는 말인가?

자연수와는 달리 음수는 물리적 응용대상이 분명치 않다. 은행 예금을 비롯한 금융 거래에서 '빚을 진 상태'를 나타낼 때에는 음의 정수가 매우 유용하다. 그러나 막상 음수를 물리적 세계에 적용하려고 하면 마땅한 대상을 찾기가 어렵다. 과연 음수는 물리적 세계와 직접적인 관련을 맺고 있을까? 특정 방향으로 측정한 거리를 '+'로 잡을 때 반대 방향으로 측정한 거리를 '−'로 표현할 수 있지만(시간도 마찬가지다. 미래로 흐르는 시간을 '+'로 잡으면 과거로 흐르는 시간은 '−'로 취급할 수 있다), 그렇다고 반대 방향의 거리 자체가 음수라는 뜻은 아니다. 위에서 말한 '직접적인 관계'란, 방향성이나 시간성을 전혀 갖지 않는 스칼라scalar 양이 음수로 표현되는 경우를 말하는 것이다. 만일 이런 양이 존재한다면, 양의 정수와 음의 정수는 물리적 세계와 직접적으로 연결된다.

정수가 물리적 세계와 직접적으로 연관되어 있다는 사실이 지난 20세기에 와서야 발견된 것은 정말로 놀라운 일이 아닐 수 없다. 실존하는 물리량이 정수로 표현된 최초의 사례는 다름 아닌 전기전하electric charge. 줄여서 '전하'라고도 한다였다.[19] 지금까지 알려진 바로는(아직 이론적으로 완전하게 규명되진 않았지만), 고립된 임의의 물체의 전하는 양성자 전하의 정수배로만 나타난다(또는 전자electron 전하의 정수배로 나타난다. 단, 전자의 전하는 양성자 전하와 부호가 반대이다).[20] 지금은 양성자가 최소단위 입자가 아니라 더 작은 세부구조를 갖는다는 사실이 밝혀져 있다. 즉, 양성자는 세 개의 '쿼크quark'로 이루어져 있고, 이들은 '글루온gluon'이라는 입자를 통해 서로 단단하게 결합되어 있다(글루온의 전하는

0이다). 세 쿼크의 전하는 각각 $\frac{2}{3}$, $\frac{2}{3}$, $-\frac{1}{3}$이며, 이들을 모두 더하면 $+1$, 즉 양성자의 전하가 된다. 만일 쿼크가 가장 기본적인 입자라면(그 안에 더는 세부구조가 없다면) 전하의 기본단위는 이전에 알려졌던 단위의 $\frac{1}{3}$이 될 것이다. 모든 하전입자의 전하가 기본단위의 정수배로 표현된다는 점에는 변함이 없지만, 그 기본단위가 양성자 전하의 $\frac{1}{3}$로 줄어드는 셈이다(쿼크와 글루온에 대해서는 25.3 ~ 7절에 걸쳐 자세히 다룰 예정이다).

전기전하는 가법적 양자수additive quantum number의 한 예이다. 양자수란 자연에 존재하는 입자의 특성을 나타내는 숫자인데, 여러 입자가 한데 모여 있을 때 각 입자의 양자수를 더한 값이 전체 계의 양자수와 같은 경우가 있다. 이런 조건을 만족하는 양자수를 가법적 양자수라 한다. 물론, 지금처럼 양수와 음수가 섞여 있을 때에는 부호를 고려해 주어야 한다. 그런데 신기하게도 지금까지 알려진 모든 가법적 양자수는[21] 실수도 아니고 자연수도 아닌 정수(0을 포함한 양의 정수와 음의 정수)로 표현된다.

20세기 물리학은 음수로 표현되는 물리량이 존재할 수도 있음을 확인하였다. 위대한 물리학자였던 폴 디랙Paul Dirac은 1929년에서 1931년 동안에 반입자antiparticle이론을 연구하였는데, 이 이론에 따르면 (나중에 알려진 사실이지만)모든 입자들은 (가법적)양자수의 부호가 자기 자신과 반대인 반입자 짝을 갖고 있다(24.2, 8절 참조). 이로써 물리학자들은 음의 정수를 포함한 정수체계가 물리적 우주에도 존재한다는 사실을 확인할 수 있었다. 지난 오랜 세월 동안 수학자와 경제학자를 비롯해 수많은 사람이 다양한 방면에서 음수를 활용해 왔음에도, 20세기에 와서야 물리학에서 음수의 실제적인 응용사례가 발견된 것이다.

이 시점에서 한 가지 확실히 짚고 넘어갈 것이 있다. 양성자의 반입자인 반양성자antiproton는 음의 전하를 갖지만, 그 자체가 '음의 양성자, 또는 마이너스 양성자'는 아니다. 부호가 바뀌는 것은 가법적 양자수(전하)일 뿐, 질량은 부호가 바뀌지 않고 가법적이지도 않다(그 이유는 18.7절에서 상대론적 질량을 논할 때 자세히 언급할 것이다). '마이너스 양성자'가 되려면 질량까지도 양성자 질량의 마이너스가 되어야 한다. 그러나 실존하는 입자의 질량은 어떤 경우에도 음수가 될 수 없다. 반양성자의 질량은 양성자와 동일하며, 양성자의 질량은 당연히 양수이다. 앞으로 보게 되겠지만, 양자장이론으로 가면 질량(정확하게 말하면 에너지)이 음수인 '가상입자virtual particle'라는 것이 등장한다. 굳이 말하자면 '마이너스 양성자'는 가상입자인 셈이다. 그러나 가상입자는 실제 입자와 달리 독립해서 존재하지 못한다.

이제 유리수와 관련된 질문을 제기해 보자. 유리수체계는 물리적 우주와 직접적인 관련이 있는가? 현재 통용되는 이론에는 없다. 일련의 유리수들이 개입되는 이상한 경우가 있긴 하지만,[22] 그다지 중요한 역할을 하지 않기 때문에 '직접적인 관련'으로 보기는 어렵다. 그러나 양자역학적 확률(다양한 물리적 상태 중 하나가 선택될 확률)로 가면, 유리수가 중요한 일을 하게 된다. 확률은 스핀네트워크 이론에서도 중요한 역할을 하는데, 자세한 이야기는 32.6절에서 논할 예정이다. 이런 예외적인 경우를 제외하면 유리수와 물리적 세계 사이의 관계는 아직 분명하지 않다.

자연수와 유리수, 실수 이외에 우주의 활동에 결정적인 역할을 하는 수가 또 하나 있다. 흔히 i로 표기하는 허수imaginary number가 바로 그것인데, 이는 실수와 한데 어우러져서 '복소수complex number'라는 가장 광범위한 수 체계를 이룬다(i는 -1의 제곱근, 즉 $\sqrt{-1}$이다). 복소수가 처음 발견된 때는 16세기였으나, 수백 년 동안 천덕꾸러기 취급을 받다가

"수학적 사고에 필수적이며, 불가능을 가능하게 하는 마술 같은 수"라는 사실이 수학계에 알려지고 나서야 가장 중요한 수로 떠올랐다. 그러나 복소수가 위력을 발휘하는 분야는 수학뿐만이 아니다. 이 이상한 수는 극미세계의 물리학에서 전례를 찾아볼 수 없을 만큼 중요한 역할을 하며, 물리적 우주와 수학이 하나로 수렴한다는 놀라운 사실을 다른 어떤 수보다도 극명하게 보여 주고 있다. 복소수와 관련된 자세한 이야기는 다음 장에서 계속하기로 한다.

〈3장 후주〉

3–1절

3.1 $>$, $<$, $\geq$, $\leq$는 각각 '∼보다 크다', '∼보다 작다', '∼보다 크거나 같다', '∼보다 작거나 같다'를 의미하는 기호이다. 이런 종류의 기호들을 통틀어서 부등호라고 한다.

3.2 a/b가 '기약분수(더 약분할 수 없는 분수)'임을 가정하면 더 간단하게 증명할 수 있다. 그러나 이 방법을 택하려면 먼저 "모든 분수는 기약분수로 약분 가능하다"는 사실을 증명해야 한다. 주어진 분수 A/B의 기약분수 형태를 구하려면(이것은 '유클리드 알고리즘'이라는 과정을 거쳐 구할 수 있다. Hardy and Wright 1945, p. 134 ; Davenport 1952, p. 26 ; Littlewood 1949, 4장 ; Penrose 1989, 2장 참조) 본문과 비슷한(그러나 조금 더 복잡한) 논리를 어차피 펼쳐야 한다.

3.3 이 증명에 실수를 적용하는 것 자체가 무리라고 생각하는 사람도 있을 것이다. '실 유리수(즉, 실수의 몫)'는 항상 실수이기 때문이다. 그러나 위 증

명은 이런 사실에 아무런 영향도 받지 않는다. 본문의 증명에서 a와 b는 유리수가 아닌 정수로 출발했음을 기억하라. 만일 a와 b가 유리수였다면 다른 결과는 모두 같지만, '무한히 나누어질 수 없다'는 부분에서 논리상 모순을 초래한다.

3–2절

3.4 $a + (b + (c + (d + \cdots)^{-1})^{-1})^{-1}$은 현대인에게 그다지 친숙한 표기법이 아니지만, 고대 그리스인들은 이와 같은 표기를 일상적으로 사용하였다(물론 그들은 지금과 다른 기호를 사용했다). 후주 3.2에서 언급한 유클리드 알고리즘은 기약분수를 구하는 일반적인 방법인데, 제대로 적용되면 그 결과가 (일반적으로) 위와 같은 '무한 연분수' 형태로 얻어진다. 고대 그리스인들은 두 기하학적 거리 사이의 비율을 계산할 때 이 방법을 사용했다.

3.5 연분수에 관하여 더 많은 내용을 알고 싶다면 Davenport(1952)의 4장을 참고하라. 요즘은 실수를 소수(소수점을 이용한 십진표기법)로 표기하는 것이 일반적이지만, 연분수로 표기하면 쌍곡기하학을 비롯한 다양한 수학 분야에서 새로운 의미를 파악하는 데 매우 유용하다. 그러나 실수를 대상으로 사칙연산을 할 때에는 연분수 표기법보다 소수표기법이 훨씬 편리하다.

3.6 '2차 무리수(quadratic irrational)'라 부르는 이유는, 이들이 다음과 같은 2차 방정식을 만족하기 때문이다.

$$Ax^2 + Bx + C = 0$$

A가 0이 아닐 때, 이 방정식의 일반 해는 다음과 같다.

$$-\frac{B}{2A} + \sqrt{\left(\frac{B}{2A}\right)^2 - \frac{C}{A}} \text{ 와 } -\frac{B}{2A} - \sqrt{\left(\frac{B}{2A}\right)^2 - \frac{C}{A}}$$

이들이 실수가 되려면 $B^2 > 4AC$를 만족해야 한다. 방정식의 계수 A, B, C가 정수이거나 유리수이고 방정식에 유리수 해가 존재하지 않는다면, 이 방정식의 해는 2차 무리수이다.

3.7 스텔리오스 네그레폰티스(Stelios Negrepontis)교수는 플라톤의 삼부작(trilogy) 중 하나인 『정치가(Statesman, 또는 Politikos)』편에서 그 증거를 찾을 수 있다고 내게 귀띔해 주었다. 플라톤 삼부작은 『테아이테토스(Theaetetus)』편, 『소피스트(Sophist)』편, 『정치가(Statesman)』편으로 구성되어 있다. Negrepontis(2000) 참조.

3.8 공간에 대한 고대 그리스인들의 생각은 Sorabji(1984, 1988)에 잘 정리되어 있다.

3.9 Hardy(1914), Conway(1976), Burkill(1962) 참조.

3–3절

3.10 후주 1.2와 1.4에서 언급한 대로, 10^{12}은 '백만 × 백만'을 뜻하는 수이다. 나는 이 책에서 '백만(million)'이나 '십억(billion)'이라는 단어의 사용을 가능한 한 자제할 생각이다. 미국에서는 '십억'을 표기할 때 billion이라는 단어를 자주 사용하지만(지금은 영국에서도 거의 일반화되었다), 원래 이것은 10^9이 아니라 10^{12}을 뜻하는 단어였다. 10^{-6}과 같은 음의 지수(백만 분의 1)도 통상적인 표기법을 따를 것이다.

10^{12} m(미터)는 지구와 태양 사이 거리의 약 7배에 해당하는 거리로서, 지구와 목성 사이의 거리가 이 정도쯤 된다. 유클리드 시대의 사람들은 목성이 이보다 훨씬 가까운 거리에 있다고 생각했다.

3.11 Russell(1927), 4장 참조

3.12 Schrödinger(1952), pp. 30 – 1 참조.

3.13 Stachel(1995) 참조.

3.14 Einstein(1955), p. 166 참조.

3.15 Snyder(1947), Schild(1949), Ahmavaara(1965) 참조.

3.16 Ashtekar(1986), Ashtekar and Lewandowski(2004), Smolin(1998, 2001), Rovelli(1998, 2003) 참조.

3–4절

3.17 본문에서는 '순서수(ordinal number)'를 유한한 개념으로 도입했지만, 무한한 경우로 확장될 수도 있다. 이 중에서 가장 작은 것이 '모든 유한한 순서(finite ordinal)'의 집합인 칸토어의 'ω'이다.

3.18 그러나 '완벽하게' 구축한 것은 아니었다. 실수 중에는 일반적인 계산으로 얻을 수 없는 수가 있는데(사실은 이런 경우가 대부분이다), 자세한 내용은 16.6절에서 설명할 것이다.

3–5절

3.19 기본적인 전기전하의 값을 최초로 제시한 사람은 아일랜드 출신 물리학자 조지 존스톤 스토니(George Johnstone Stoney, 1874)였고, 1891년에는 전자(electron)의 전하를 전하의 기본단위로 사용하기 시작했다. 1909년에 미국의 물리학자 로버트 앤드루스 밀리컨(Robert Andrews Millikan)은 그 유명한 '기름방울 실험(oil - drop)'을 통해 하전입자(이 경우에는 기름방울)의 전하를 정확하게 측정하였는데, 그 결과는 항상 전자 전하량의 정수배로 나타났다.

3.20 1959년에 리틀턴(R. A. Lyttleton)과 본디(H. Bondi)는 양성자와 전자의 전하가 정확하게 같지 않고(부호는 제외) 약 10^{-18} 만큼 차이가 나며, 이 차이에 의해 우주의 팽창이 야기되었다고 주장했다(27.11, 13절, 28장 참조). 자세한 내용은 Lyttleton and Bondi(1959)를 참고하기 바란다. 이 차이는 훗날 잘못된 것으로 판명되었지만, 리틀턴과 본디의 기본 아이디어는 창조적 사고의 모범적인 사례로 지금까지 전해지고 있다.

3.21 여기서 '가법적'이라는 용어는 물리학자들이 말하는 '곱셈적(multiplicative)'과 다른 의미를 갖고 있다. 이 내용은 5.5절에서 다시 언급될 것이다.

3.22 예를 들어, '분수양자 홀 효과(fractional quantum Hall effect)'에서는 유리수가 핵심적인 역할을 한다. Frohlich and Pedrini(2000) 참조.

4
마법 같은 복소수

4.1 마법의 수 'i'

-1의 제곱근이라니, 이 무슨 황당한 소리인가? 양수의 제곱은 항상 양수이고, 음수의 제곱도 항상 양수이다(0의 제곱은 0이므로 따로 고려할 필요가 없다). 아무리 생각해 봐도 자기 자신을 제곱하여 음수가 되는 숫자는 찾을 수 없을 것 같다. 그러나 이것은 앞에서 "제곱하여 2가 되는 유리수는 존재하지 않는다"고 생각했을 때와 비슷한 상황이다. 수의 범위를 유리수에서 더욱더 큰 체계, 실수로 확장하여 $\sqrt{2}$를 찾아냈던 것처럼, 실수체계를 좀 더 확장하면 이 황당한 문제의 답을 찾을 수 있을지도 모른다.

결론부터 말하자면, -1의 제곱근은 복소수 형태로 존재한다. 그런데 실수를 복소수로 확장하는 과정은 유리수를 실수로 확장하는 과정보다 훨씬 쉽다(이 작업은 라파엘 봄벨리Raphael Bombelli가 1572년에 발표한 저서 『대수학L'algebra』에 정리되어 있는데, 그는 지롤라모 카르다노Gerolamo Cardano가 1545년 『아르스 마그나Ars Magna. 위대한 비법』를 통해 발표했던 복소수 개념을 그대로 사용하였다). 우리가 할 일이라고는 수 'i'를 도입하는 것뿐이다. i는 -1의 제곱근으로서, 실수체계와 결합하여 다음과 같은 형태의 복소수 체계를 이룬다.

$$a + ib$$

여기서 a와 b는 실수이며, 위와 같은 조합을 복소수라고 한다. 두 복소수의 합은 다음과 같이 계산한다.

$$(a + ib) + (c + id) = (a + c) + i(b + d)$$

위 덧셈법칙은 앞에서 정의했던 실수의 덧셈법칙과 동일하다(실수 $a + c$와 $b + d$는 앞에서 정의했던 a와 b를 각각 대신한다). 복소수의 곱셈은 어떨까? 이것도 아주 쉽다. 예를 들어, 두 복소수 $a + ib$와 $c + id$를 곱해 보자. 특별한 규칙이 있는 게 아니다. 일반 대수법칙을 그대로 적용하면 된다.[1]

$$\begin{aligned}(a + ib)(c + id) &= ac + ibc + aid + ibid \\ &= ac + i(bc + ad) + i^2bd\end{aligned}$$

정의에 의해 $i^2 = -1$이므로, 위 결과는 다음과 같이 쓸 수 있다.

$$(a + ib)(c + id) = (ac - bd) + i(bc + ad)$$

이것은 복소수의 일반적 형태인 $a + ib$와 생긴 모양이 같다. 다만 a가 $ac - bd$로, b가 $bc + ad$로 바뀐 것뿐이다.

복소수의 뺄셈도 이와 비슷한 방법으로 수행하면 된다. 그런데 나눗셈은 어떻게 해야 하는가? 임의의 실수는 0이 아닌 실수로 얼마든지 나눌 수 있다. 이제 복소수 $a + ib$를 $c + id$로 나눠 보자. 단, 이 경우에도 제수(나누는 수) $c + id$는 0이 아니어야 한다(c와 d가 동시에 0이 되어서는 안됨). 따라서 $c^2 + d^2 > 0$이고 이는 곧 $c^2 + d^2 \neq 0$임을 의미하므로, 분모를 $c^2 + d^2$으로 써도 아무런 문제가 없다. 약간의 계산을 거치면 다음과 같은 결과가 얻어진다[4.1](양변의 분모에 $c + id$를 곱하여 이 결과가 맞는지 확인해 보라).

$$\frac{(a + ib)}{(c + id)} = \frac{ac + bd}{c^2 + d^2} + i\,\frac{bc - ad}{c^2 + d^2}$$

이 역시 $a + ib$의 형태이므로, 복소수를 복소수로 나눈 결과도 복소수임을 알 수 있다.

복소수로 계산할 때 한 가지 명심할 것이 있다. $a + ib$는 '하나의' 복소수일 뿐, 'a와 b로 이루어진 한 쌍의 수'가 결코 아니라는 점이다. 그래서 수학자들은 알파벳 z를 동원하여 $z = a + ib$로 표기한다. 우리가 아는 모든 대수법칙이 복소수에도 똑같이 적용된다는 사실은 어렵지 않게 증명할 수 있다.[4.2] 사실, 이 증명은 실수에 대한 증명보다 훨씬 쉽다(실수에 대한 증명 — 우선 모든 분수가 대수법칙을 만족한다는 사실 — 을 확인한 후, 데데킨트의 '잘라내기' 기법을 이용하여 대수법칙이 무리수에도 적용된다는 것을 증명해야 한다). 수의 범위를 유리수에서 실수로 확장하는 과정이 고대 그리스에서 시작되어 오랜 세월 동안 아무런 반감 없이 수용되었음에도, 유독 복소수만 이상한 수 취급을 받았다는 것은 참으로 이상한 일이 아닐 수 없다.

[4.1] 직접 증명해 보라(양변에 $c - id$를 곱하여 증명할 수도 있다).

[4.2] 직접 확인해 보라. 이와 관련된 대수법칙은 $w + z = z + w$, $w + (u + z) = (w + u) + z$, $wz = zw$, $w(uz) = (wu)z$, $w(u + z) = wu + wz$, $w + 0 = w$, $w1 = w$이다.

과거 수학자들이 복소수를 이상하게 생각한 이유는, 아마도 물리적 세계에서 복소수를 가시화可視化할 만한 방법이 없었기 때문일 것이다. 실수는 거리나 시간 등 물리적 응용대상이 많았기 때문에 쉽게 수용될 수 있었지만, 복소수는 수학자들이 수의 범위를 넓히려고 노력하는 과정에서 인위적으로 탄생한 수였다. 그러나 3.3 장에서 배웠듯이, 길이나 시간 같은 물리 개념과 실수와의 관계도 우리 생각처럼 명확하지 않다는 사실을 잊어선 안 된다. 우리는 데데킨트의 잘라내기(절단, 切斷) 기법을 무한소 영역에서 직접 볼 수 없고, 무한히 크거나 무한히 작은 길이나 시간이 자연계에 존재한다는 확신도 없다. 결국, 따지고 보면 실수 역시 복소수와 마찬가지로 수학자들의 상상을 통해 탄생한 수이다. 그렇다면 물리적 세계에서 복소수에 대응되는 양을 찾기가 과연 가능할까? 앞으로 보게 되겠지만, 그 결과는 참으로 드라마틱하다. 마치 자연이 우리처럼 복소수가 아우르는 범위와 그 무모순성에 감탄한 나머지 극미의 영역에서 자신이 맡은 엄격한 임무를 복소수에 내맡긴듯한 느낌이 들 정도이다. 이와 관련된 자세한 내용은 21 ~ 23장에 걸쳐 다루어질 것이다.

복소수체계는 수학적으로 톱니바퀴처럼 잘 맞아 돌아가지만, 그 안에는 그 이상의 무언가가 숨어 있는 것 같다. 마땅한 표현일지는 모르겠으나, 내가 보기에 그것은 하나의 '마법'과도 같다. 이 마법의 세계로 독자들을 안내하는 데 4장의 나머지 부분과 5, 6장을 모두 할애할 것이다. 그러고 나서도, 복소수의 마법은 아무도 예상치 못했던 충격적인 모습으로 7 ~ 9장에서 다시 나타난다.

복소수가 발견되고 400년이 흐르면서, 복소수는 그 마법 같은 특성을 서서히 드러냈다. 그러나 이들은 수학의 범주 안에서 이해 가능한 마법이었으며, 덕분에 수학에 대한 이해가 더욱 깊어지게 되었다. 수학이 실수만으로 진행되었다면 이 모든 진보는 결코 불가능했을 것이다. 복소수가 물리적 세계와 관계가 있다고 생각할 이유는 아무 데도 없었다. 카르다노와 봄벨리의 저작을 통한 복소수의 첫 도입 이후 350년간, 우리에게 복소수의 마법은 그저 수학 안에서 일어나는 일일 뿐이었다. 그렇기에, 1920년대부터 본격적으로 발동이 걸린 양자역학이 밝혀낸 '극미세계 물리학은 복소수의 지배를 받는다'는 놀라운 사실은 복소수에 회의적인 생각을 품었던 모든 이에게 큰 충격이었다.

양자역학과 복소수의 관계는 이 책의 후반부에서 가장 중요한 주제로 다뤄질 것이다(21 ~ 23, 26, 31 ~ 33장). 지금 당장은 복소수의 수학적 성질에 초점을 맞춰 이야기를 풀어가 보자. 앞에서 이야기한 대로, 복소수를 도입하기 위해 우리는 −1의 제곱근을 정의하고 나서 이들이 기존 대수법칙을 만족하는지 확인하면 된다. 물론 이 과정에서 어려운 문제는 하나도 없다. 그러나 연산을 수행하다 보면 복소수 특유의 마법이 진가를 드러내기 시작한다!

4.2 복소수를 이용한 방정식 해법

본론으로 들어가기 전에, 수학기호를 좀 더 도입해야 할 것 같다. 이 점은 독자에게 미안하게 생각한다. 그러나 수학에 담긴 아이디어를 제대로 이해하려면, 최소한의 수학기호를 어쩔 수 없이 사용해야 한다. 독자 중에는 수학기호를 불편하게 생각하는 사람들도 많을 줄 안다. 이런 독자들에게는 이런 말을 해 주고 싶다. 적혀 있는 글자를 그냥 읽기만 하라. 방정식을 이해하려 너무 집착할 필요는 없다. 앞으로 다양한 공식이 줄줄이 등장할 텐데, 한번 쓱 읽어 주고 다음 문장으로 넘어가면 된다. 사실 이 책에는 복잡한 수식이 곳곳에 즐비하게 널려 있다. 이 모든 수식을 구체적으로 이해하지 못한다 해도, 약간의 집중력과 인내심을 발휘하면 전체적인 흐름 정도는 이해 가능하다. 적어도 나는 그렇게 믿는다. 복소수가 발휘하는 마법은 애써 이해할 만한 가치가 충분히 있다. 만약 여러분이 수학기호를 견뎌낼 수 있다면, 상황은 더욱 희망적이다.

제일 먼저 제기해야 할 질문은 다음과 같다. 다른 음수의 제곱근도 존재하는가? 예를 들어, -2의 제곱근은 얼마인가? 답은 의외로 간단하다. $i\sqrt{2}$를 제곱하면 -2가 되므로, 이것이 답이다. 또한, $-i\sqrt{2}$도 -2의 제곱근이다. 일반적으로 a가 양의 실수일 때, $-a$의 제곱근은 $i\sqrt{a}$와 $-i\sqrt{a}$이다. 아직 이렇다 할 마법은 펼쳐지지 않은 것 같다. 이제 두 번째 질문을 던져 보자. 가장 일반적인 형태의 복소수 $a+ib$(a, b는 실수)의 제곱근은 얼마인가? 계산해 보면 알겠지만, 아래의 수를 제곱하면 $a+ib$가 된다(전체적으로 마이너스 부호를 붙이고서 제곱해도 마찬가지다).[4.3]

$$\sqrt{\frac{1}{2}(a+\sqrt{a^2+b^2})}+i\sqrt{\frac{1}{2}(-a+\sqrt{a^2+b^2})}$$

복소수에 관한 우리 논의는 -1의 제곱근을 정의하는 것으로 시작되었지만, 이제 보니 모든 복소수가 제곱근을 갖고 있다! 이것은 유리수나 실수에서 겪었던 것과 전혀 다른 상황이다. 유리수에 $\sqrt{2}$를 도입했을 때에는 단지 수의 종류가 많아졌을 뿐, 의외의 결과가 나오지는 않았다.

이 정도는 아직 시작에 불과하다. 우리는 복소수의 제곱근뿐만 아니라 세제곱근, 5제곱근, 999제곱근, π제곱근, 심지어는 i제곱근까지 계

[4.3] 직접 확인해 보라.

산할 수 있다. 놀랍게도 어떤 복소수를 선택하건(0은 제외), 어떤 지수를 선택하건 간에, 이런 문제에는 항상 복소수해가 존재한다(곧 알게 되겠지만, 거듭제곱근을 구하는 문제에는 해가 여러 개 존재할 수 있다. 거듭제곱하는 횟수가 많아질수록 해의 개수도 증가한다. 위에서 제곱근이 두 개 얻어진 것도 이런 이유 때문이다. 5.4절 참조).

이 정도면 꽤 놀라운 결과지만, 복소수의 마법으로 들어가려면 아직 멀었다. 지금까지 언급된 내용은 어렵지 않게 증명할 수 있다(복소수의 로그함수를 이용하면 된다. 5장에서 곧 다룰 예정이다). 더 놀라운 것은 소위 말하는 '대수학의 기본 정리fundamental theorem of algebra'로서,

$$1 - z + z^4 = 0$$

나

$$\pi - iz + \sqrt{417}\, z^3 + z^{999} = 0$$

같이(복소계수를 갖는) 임의의 다항식이 복소수해를 반드시 갖는다는 것이다. 일반적으로, 다음과 같은 형태의 방정식

$$a_0 + a_1 z + a_2 z^2 + a_3 z^3 + \cdots + a_n z^n = 0$$

에는 복소수해가 항상 존재한다. 여기서 방정식의 계수 $a_0, a_1, a_2, a_3, \cdots, a_n$은 복소수이며, 다른 계수들은 0이어도 상관없지만 a_n만은 0이 아니다[2](n은 양의 정수이며, 아무리 커도 상관없다). i를 도입한 이유가 사실상 특정 방정식

$$1 + z^2 = 0$$

의 해를 얻기 위함이었음을 기억하자. 나머지 모든 해도 마찬가지다! 진

도를 더 나가기 전에, 이쯤에서 카르다노가 처음 복소수를 접하고 그 마법 같은 특성의 다른 일면을 눈치챘던 1539년경부터 그를 붙잡고 놓아주지 않았던 문제를 알아 보자. 그는 계수가 실수인 3차(즉, n이 3인) 방정식의 일반해를 구하기 위해 골머리를 앓고 있었는데, 방정식을 이리저리 변형시키던 끝에 일반적인 3차 방정식을 다음과 같은 형태로 쓸 수 있음을 알게 되었다.

$$x^3 = 3px + 2q$$

여기서 p와 q는 실수이며, 복소수해가 아닌 실수해를 찾는다는 의미에서 미지수 z를 x로 바꾸었다. 카르다노가 찾은 해(1545년에 그의 저서 『아르스 마그나』를 통해 발표되었다)는 그가 1539년 니콜로 폰타나 Niccolò Fontana (어린 시절 턱을 다쳐서 말을 더듬는 바람에 '타르탈리아 Tartaglia, 이탈리아어로 '말더듬이'라는 뜻'라는 이름으로 불렸다)에게 배운 불완전한 해를 발전시킨 것이며, 이 역시(어쩌면 완전한 해까지도) 스키피오네 델 페로 Scipione del Ferro가 1526년 이전에 먼저 발견했었다.[3] (델 페로-)카르다노의 해를 현대식으로 표기하면 다음과 같다.

$$x = (q + w)^{\frac{1}{3}} + (q - w)^{\frac{1}{3}}$$

여기서 w는

$$w = (q^2 - p^3)^{\frac{1}{2}}$$

이다. $q^2 \geq p^3$이면, w는 '양수의 제곱근'이므로 (델 페로-)카르다노 방정식은 단 하나의 실수해를 갖는다. 즉, 이 경우에는 흥미를 끌 만한 요소가 없다. 그러나 $q^2 < p^3$이면(이런 경우를 '기약형 irreducible'이라고 한

다) w는 음수의 제곱근이 되므로, 방정식의 해를 표기하려면 복소수를 도입해야 한다. 그러면 카르다노 방정식은 세 개의 실수해를 갖게 되는데, 이 사실은 1572년에 봄벨리가 (자신의 저서 『대수학』 2장에서)증명하였다[4] (카르다노의 해는 두 복소수가 더해진 형태인데, 이 과정에서 i를 포함한 항이 상쇄되기 때문에 최종결과는 실수로 나타난다[5]). 신기한 것은 방정식의 해와 계수가 모두 실수임에도(기약형인 경우), 정작 해를 구하려면 복소수라는 전혀 다른 영역으로 발을 들여놓아야 한다는 점이다. 이 방정식을 풀면서 실수만을 고집했다면 결코 해를 구할 수 없었을 것이다(아이러니하게도, 이 방정식은 근의 공식에 복소수가 전혀 없을 때 복소수해를 갖는다).

4.3 멱급수의 수렴

지금쯤이면 독자들도 복소수의 위력을 어느 정도는 느꼈으리라 믿는다. 그러나 복소수의 진짜 마법은 지금부터 시작이다. 한 예로, 멱급수의 특성을 분석할 때 복소수는 너무나도 유용하다. 멱급수란 다음과 같이 무한히 계속되는 항들의 합series. 급수을 의미한다.

$$a_0 + a_1x + a_2x^2 + a_3x^3 + \cdots$$

더해지는 항이 무한히 많으므로, 언뜻 보기에 위 급수는 무한대로 발산diverge할 것 같다. 예를 들어, 다음과 같은 급수를 생각해 보자.

$$1 + x^2 + x^4 + x^6 + x^8 + \cdots$$

(원래의 급수에서 $a_0 = 1,\ a_1 = 0,\ a_2 = 1,\ a_3 = 0,\ a_4 = 1,\ a_5 = 0,\ a_6 =$

1, ...을 대입한 것이다) 여기에 $x = 1$을 취하여 각 항을 더한 결과는 다음과 같다.

$$1, \quad 1+1=2, \quad 1+1+1=3,$$
$$1+1+1+1=4, \quad 1+1+1+1+1=5, \ \ldots$$

이런 식으로 무한히 더해 간다면, 급수는 당연히 무한대가 될 것이다. 다시 말해서, 이 급수는 '발산한다.' x가 2이면 상황은 더욱 안 좋아진다. 뒤로 갈수록 더해지는 값들이 커지기 때문이다.

$$1, \quad 1+4=5, \quad 1+4+16=21, \quad 1+4+16+64=85, \ \ldots$$

이런 식으로 무한히 많은 항을 더한다면, 계산결과도 당연히 무한대가 된다. 그러나 x가 $\frac{1}{2}$일 때에는

$$1, \quad 1+\tfrac{1}{4}=\tfrac{5}{4}, \quad 1+\tfrac{1}{4}+\tfrac{1}{16}=\tfrac{21}{16}, \quad 1+\tfrac{1}{4}+\tfrac{1}{16}+\tfrac{1}{64}=\tfrac{85}{64}, \ \ldots$$

이 되는데, 더하는 항의 개수를 늘려 갈수록 최종 계산결과는 $\frac{4}{3}$에 가까워진다. 즉, 이 급수는 수렴convergent한다.

위 급수를 다른 형태로 표현하면 $x = 1$, 또는 $x = 2$일 때 발산하고 $x = \frac{1}{2}$일 때 $\frac{4}{3}$로 수렴하는 이유를 어렵지 않게 알 수 있다. 앞에서 예로 들었던 무한급수의 합은 다음과 같이 쓸 수 있다.[4.4]

$$1 + x^2 + x^4 + x^6 + x^8 + \cdots = (1 - x^2)^{-1}$$

x에 1을 대입하면 우변은 $(1 - 1^2)^{-1} = 0^{-1}$, 즉 무한대가 된다.[6] x가 1일

[4.4] 이것을 대수적 방법으로 증명할 수 있겠는가?

때 급수가 발산하는 이유가 바로 이것이다. 또한, 위 식에 $x = \frac{1}{2}$을 대입하면 우변은 $(1 - \frac{1}{4})^{-1} = \frac{4}{3}$가 되어 앞의 설명과 일치한다.

여기까지는 전부 잘 들어맞는다. 그런데 $x = 2$일 때는 어떻게 될까? 일단 위의 공식에 대입해 보면 $(1 - 4)^{-1} = -\frac{1}{3}$이라는 답이 나오는데, 아무리 생각해도 옳은 답이 아닌 것 같다. 무한 개의 양수를 더했는데($1 + 4 + 16 + 64 + \cdots$), 결과가 음수($-\frac{1}{3}$)로 나올 리 만무하다. 대체 무엇이 잘못되었을까? 논리적으로 생각해 보면, $x = 2$일 때의 각 항은 $x = 1$일 때의 각 항보다 항상 크다. 그런데 $x = 1$일 때 급수가 발산했으므로, $x = 2$일 때에도 발산하는 것이 당연하다. x가 2일 때 답은 실제로 무한대가 아니지만, 그저 항을 더하기만 해서는 이 결론에 이를 길이 없다. 그림 4.1에는 $1 + x^2 + x^4 + x^6 + x^8 + \cdots$의 부분합(무한 개의 항을 다 더하지 않고 유한한 개수의 항만 더한 값)이 x의 함수로 그려져 있다. 이 그림은 항의 개수가 1, 2, 3, 4인 경우(점선)와 함수 $(1 - x^2)^{-1}$을 (실선) x의 함수로 그려 넣은 것이다. 그림에서 보다시피, x가 -1과 $+1$ 사이에 '확실하게' 놓여 있는 경우,[7] 부분합을 나타내는 곡선은 우리 예상대로 $(1 - x^2)^{-1}$에 수렴한다(즉, 점선이 실선에 가까워진다 : 옮긴이). 그러나 x가 이 범위를 벗어나면 그래프는 발산하며, 어떤 유한한 값에도 가까워지지 않는다.

여기서 잠시 옆길로 빠져서 중요한 이슈 하나를 짚고 넘어가고자 한다. 이 문제는 나중에 매우 중요하게 취급될 것이므로, 미리 설명해 두는 편이 좋을 것 같다. 우선 다음과 같은 질문을 제기해 보자. "위 방정식에 $x = 2$를 대입할 때 얻어지는

$$1 + 2^2 + 2^4 + 2^6 + 2^8 + \cdots = (1 - 2^2)^{-1} = -\frac{1}{3}$$

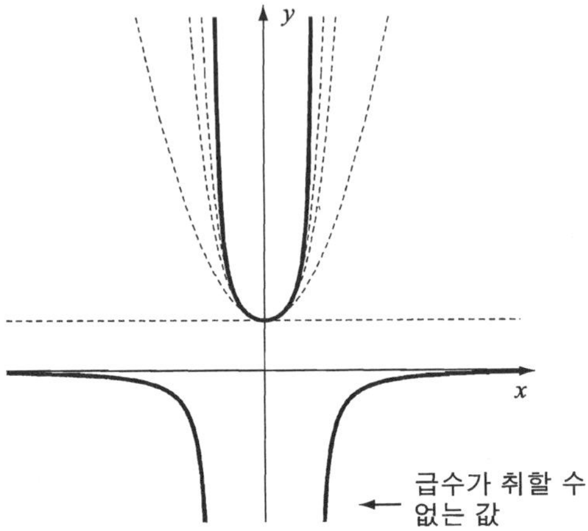

그림 4.1 무한급수 $(1-x^2)^{-1}$의 네 가지 부분합 1, $1+x^2$, $1+x^2+x^4$, $1+x^2+x^4+x^6$을 x의 함수로 나타낸 그래프(점선). $|x|<1$일 때 수렴하고 $|x|>1$일 때 발산한다[굵은 실선이 $(1-x^2)^{-1}$의 그래프이다].

에 현실적인 의미가 있는가?" 18세기의 위대한 수학자 레온하르트 오일러 Leonhard Euler는 종종 이런 류의 방정식을 노트에 적어 놓고 이리저리 찔러보면서 마치 게임을 하듯 즐기곤 했다. 당대 최고의 수학자가 이런 바보 같은 문제로 시간을 낭비했다는 것이 언뜻 이해가 안 가지만, 사실 당시에는 급수의 수렴에 대하여 알려진 내용이 거의 없었다. 수열과 급수, 그리고 이들의 수렴 및 발산 여부가 본격적으로 연구되기 시작한 시기는 18세기 말에서부터 19세기 초까지였으며, 오귀스탱 코시 Augustin Cauchy를 비롯한 몇몇 수학자들이 이 분야에 커다란 업적을 남겼다. 이들의 분석에 따르면, 위의 방정식은 한 마디로 '난센스'이다. 그러나, 내 생각엔 오일러가 이런 명백한 모순을 적어 내려갈 적에 자신이 뭘 하는지 확실히 알았다는 사실과, 위 방정식이 반드시 '옳다고' 간주하는 행위에 의미가 있음을 이해하는 일은 중요하다.

당연한 이야기지만, 수학 방정식은 엄밀한 타당성을 확보해야 한다. 그러나 '방정식의 저변에서 진행되는 그 무엇'에 주의를 기울이는 것도 그에 못지않게 중요하다. 방정식에 담긴 중요한 의미는 바로 이런 '예외적인 경우'를 통해 그 모습을 드러내곤 하기 때문이다. "양수 항들의 합 $1 + 4 + 16 + 64 + 256 + \cdots$은 결코 $-\frac{1}{3}$이 될 수 없다"는 논리적 사고에 지나치게 집착하면, 방정식에 담긴 깊은 의미를 놓치기 쉽다. 예를 들어, 방정식 $x^2 + 1 = 0$의 '실수해'를 찾는다고 가정해 보자. 알다시피, 이 방정식을 만족하는 실수 x는 존재하지 않는다. 그러나 수학자들이 '해가 없다'는 이유로 더는 이 방정식을 거들떠보지 않았다면 복소수 개념은 탄생하지 않았을 것이다. $x^2 = 2$를 만족하는 유리수해를 구할 때도 사정은 마찬가지였다. 해가 없는 방정식을 끈질기게 물고 늘어진 덕분에 무리수와 실수라는 개념이 탄생했던 것이다. 사실, 위 무한급수에서 $-\frac{1}{3}$이라는 답을 얻어내는 일은 얼마든지 가능하다. 중요한 것은 '허용되는 것'과 '허용되지 않는 것'을 엄격하게 구별하는 규칙이다. 여기서 이와 관련된 내용을 일일이 나열할 생각은 없고,[8] 다만 현대물리학(특히 양자장이론)에서 이런 종류의 '발산하는 급수'가 종종 등장한다는 사실만은 기억해 두기 바란다(26.7, 26.9절과 31.13절 참조). 위와 같은 방법으로 구한 답에 실제 의미가 있는지, 더군다나 정말로 맞는 답인지를 판단하는 것은 매우 어렵고 미묘한 문제이다. 발산하는 급수를 이리저리 다루다가 엄청나게 정확한 해가 얻어지는 경우도 있고, 이렇게 구한 해가 실험으로 확인되는 놀라운 경우도 있다. 물론 이런 행운이 자주 찾아오는 것은 아니지만, 무한급수의 독특한 성질은 현대 물리학이론에서 매우 중요한 역할을 하고 있다. 지금 당장 우리에게 필요한 것은 복소수의 특성이 겉으로는 무의미해 보이는 이런 급수들을 본질적인 방식으로 좌우할 가능성을 무시하지 않는

‘센스’이다.

이제 본론으로 되돌아와서, 수렴하는 급수와 복소수가 어떤 식으로 연결되는지 알아보자. 우선, $(1-x^2)^{-1}$과 비슷한 형태인 $(1+x^2)^{-1}$을 멱급수 형태로 전개해 보자. $(1+x^2)^{-1}$은 모든 실수 x에 대해 유한한 값을 가지므로, 이 함수를 전개한 멱급수는 수렴할 가능성이 클 것 같다. 실제로 $(1+x^2)^{-1}$을 전개한 결과는 다음과 같다.

$$1-x^2+x^4-x^6+x^8-\cdots=(1+x^2)^{-1}$$

$(1-x^2)^{-1}$의 전개식과 다른 점은 각 항의 부호가 하나 건너 바뀌는 것뿐이다.[4.5] 그림 4.2는 항의 개수가 1, 2, 3, 4, 5인 경우(점선)와 함수 $(1+x^2)^{-1}$를(실선) x의 함수로 그려 넣은 것이다. 놀라운 것은, 무한급수의 일부만 더한 값도 $-1<x<1$의 영역 안에서 수렴한다는 점이다. 그리고 이전과는 달리 x가 이 영역을 벗어나도 답 자체는 무한대가 되지 않지만, 마치 발산하는 것처럼 보인다. 이러한 성질은 이전과 마찬가지로 $x=1$, $x=2$, $x=\frac{1}{2}$을 직접 대입하여 확인할 수 있다. $x=\frac{1}{2}$일 때 우리의 무한급수는 $\frac{4}{5}$로 수렴하며, 나머지 경우는 아래와 같다.

$$x=1: \quad 1, 0, 1, 0, 1, 0, 1, \ldots$$

$$x=2: \quad 1, -3, 13, -51, 205, -819, \ldots$$

$$x=\frac{1}{2}: \quad 1, \frac{3}{4}, \frac{13}{16}, \frac{51}{64}, \frac{205}{256}, \frac{819}{1024}, \ldots$$

첫 번째 식에선 더하는 항의 수를 점차 늘려가도 한 값으로 수렴하는 경향이 전혀 없다. 그러나 항의 개수를 무한대로 늘려도, 이들의 합(무한

[4.5] 왜 이렇게 되는지 설명할 수 있겠는가?

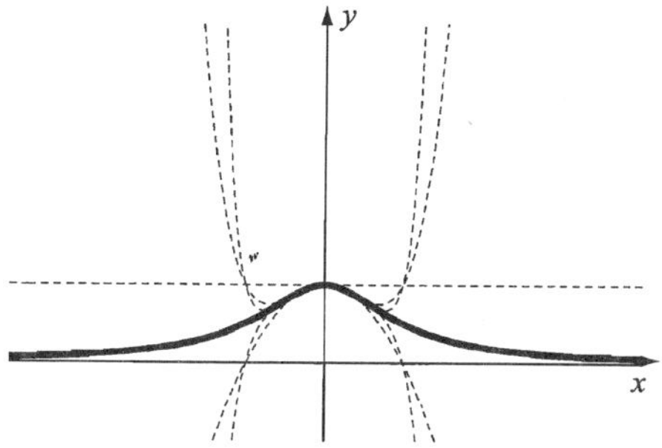

그림 4.2 무한급수 $(1+x^2)^{-1}$의 다섯 가지 부분합 1, $1-x^2$, $1-x^2+x^4$, $1-x^2+x^4-x^6$, $1-x^2+x^4-x^6+x^8$을 x의 함수로 나타낸 그래프(점선). 이 함수는 $x=\pm1$일 때 명확한 값을 갖지만, 앞에서와 마찬가지로 $|x|<1$일 때 수렴하고 $|x|>1$일 때 발산한다[굵은 실선은 $(1+x^2)^{-1}$의 그래프이다].

급수)은 무한대가 되지 않는다.

그러므로 실수만으로 이 문제를 해결하려 한다면 '무한 개의 항들을 실제로 더한 값'과 $(1+x^2)^{-1}$사이에 커다란 차이가 발생하여 딜레마에 빠지게 된다. 함수 $(1+x^2)^{-1}$은 이전과 달리 $x=\pm1$에서 무한대가 되지 않지만, 이 지점에서 급수의 부분합은 '날아오르며'(혹은, 아래위로 극심하게 요동치며) $(1-x^2)^{-1}$과 커다란 차이를 보인다. 이 수수께끼의 해법은 우리의 관심을 실수에 한정하지 않고 함수에 복소수 값을 대입했을 때 비로소 드러난다.

4.4 캐스퍼 베셀의 복소평면

지금까지 제시된 문제의 저변에서 어떤 일이 벌어지고 있는지 제대로 파악하려면, 복소수를 유클리드 평면 위에 기하학적으로 표현하는 방법부터 알아야 한다. 캐스퍼 베셀Casper Wessel(1797년)과 장 아르강Jean

R. Argan(1806년), 존 워렌John Warren(1828년), 카를 프리드리히 가우스(1831년) 모두는 '복소평면complex plane'이라는 개념을 독자적으로 개발하여(그림 4.3 참조), 복소수의 덧셈과 뺄셈, 곱셈 등을 기하학으로 해석하는 데 성공했다. 그림 4.3은 수평방향을 x축, 수직방향을 y축으로 잡은 전형적인 직교좌표계에서 복소수를 표현한 것이다. 이 그림에서 다음 복소수

$$z = x + iy$$

는 직교좌표계의 (x, y)좌표에 대응된다.

이제 실수 x는 복소수 $z = x + iy$에서 $y = 0$인 특수한 경우로 생각할 수 있다. 따라서 복소평면의 x축은 실수를 나타내는 '실수축real-axis, 또는 수직선數直線'에 해당한다. 즉, x축에는 모든 실수가 크기 순서에 따라 질서정연하게 도열되어 있다. 여기서 실수를 복소수로 확장하면 실수축이 복소평면으로 확장된다. 즉, 직교좌표의 y축을 허수축imaginary axis으로 잡으면 $x + iy$라는 복소수가 (x, y)라는 좌표에 대응되는 것이다.

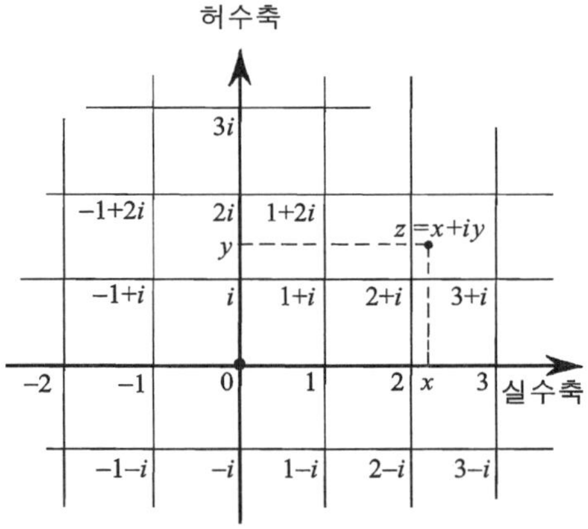

그림 4.3 복소수 $z = x + iy$ $(x, y$는 실수)로 이루어진 복소평면. 수평방향 x축은 실수축이고 수직방향 y축은 허수축을 이룬다. 그리고 임의의 복소수 $z = x + iy$는 복소평면에서 (x, y)좌표에 대응한다.

물론, y축에는 모든 허수가 순서에 따라 도열되어 있다.

이제 멱급수를 이용하여 합을 계산했던 두 함수 $(1-x^2)^{-1}$과 $(1+x^2)^{-1}$로 되돌아가 보자. 단, 이번에는 실수 x를 복소수 z로 확장해서 이전과 동일한 논리를 적용하자. "누구 마음대로 변수를 바꾸느냐?"라고 따질 필요는 없다. 변수를 확장하면 안 된다는 법은 없기 때문이다. 자, 이제 우리의 함수는 $(1-z^2)^{-1}$과 $(1+z^2)^{-1}$로 바뀌었다. 첫 번째 실수함수인 $(1-x^2)^{-1}$의 경우 $x=+1$과 $x=-1$에서 함숫값이 무한대가 되었지만(이런 지점을 '특이점singular point'이라 한다), 두 번째 함수 $(1+x^2)^{-1}$은 무한대가 되는 특이점이 없었다. 그러나 실수 x를 복소수 z로 확장하면, 두 복소함수는 수학적으로 거의 '동등한' 입장에 놓이게 된다. $(1-z^2)^{-1}$의 특이점은 ± 1인데, 이는 실수축 상에서 원점으로부터 좌우로 1만큼 떨어진 지점이다. 그런데 실수와는 달리, $(1+z^2)^{-1}$도 특이점을 갖는다. 이 함수는 $z=\pm i$일 때($1+z^2$가 0이므로) 무한대가 된다. 따라서 $(1+z^2)^{-1}$의 특이점은 $\pm i$이며, 이것은 허수축 상에서 원점으로부터 상하로 1만큼 떨어진 지점이다.

허수 특이점이 멱급수의 수렴/발산과 무슨 관계가 있을까? 입이 딱 벌어질 정도로 놀라운 관계가 있다! 지금 우리는 멱급수로 이루어진 함수를 실수 x에서 복소수 z로 확장하고 나서, 복소평면에서 이 함수가 수렴하거나 발산하는 z의 위치를 찾으려 하고 있다. 중간과정을 모두 생략하고 결론만 말하자면 다음과 같다. 아래와 같은 형태의 멱급수가 주어졌을 때,

$$a_0 + a_1 z + a_2 z^2 + a_3 z^3 + \cdots$$

이 급수가 수렴하는 구간은 '복소평면의 원점에 중심을 둔 원의 내

부'로 주어지며, 각 항의 계수 값에 상관없이 이와 같은 원은 항상 존재한다(이 원을 '수렴원circle of convergence'이라 한다).[9] 즉, 수렴원의 내부(경계선은 제외)에 있는 z를 위 멱급수에 대입하면 유한한 값이 얻어지고, 수렴원의 외부(경계선은 제외)에 있는 z를 대입하면 무한대로 발산한다는 뜻이다(수렴원의 경계선 상에 있는 z에 대하여 급수의 수렴 여부를 따지는 것은 매우 미묘한 문제인데, 여기서는 그다지 중요한 논점이 아니므로 생략한다. 그러나 9.6～7절에 가면 이 문제가 중요한 역할을 하게 된다). 물론, 수렴원의 반지름은 0이 될 수도 있고(이때 멱급수는 0이 아닌 모든 z에 대하여 발산한다) 무한대가 될 수도 있다(멱급수가 모든 z에 대하여 수렴한다). 복소평면 상에서 주어진 함수에 대응되는 수렴원은 어떻게 알 수 있을까? 방법은 간단하다. 함수의 특이점을 모두 파악하고 나서, 원점을 중심으로 '특이점을 포함하지 않는 가장 큰 원'을 그리면 된다(즉, 원점에서 가장 가까운 특이점만 알면 된다).

$(1-z^2)^{-1}$과 $(1+z^2)^{-1}$에선 특이점이 단순한 형태로 나타나는데, 이런 특이점을 극pole이라 한다(다항식의 역수가 0인 경우). 이 함수들이 갖는 모든 극은 원점으로부터 단위거리(= 1)만큼 떨어진 곳에 있다. 그리고 수렴원은 두 경우 모두 '원점을 중심으로 하고 반지름이 1인' 원으로 주어진다. 즉, $(1-z^2)^{-1}$과 $(1+z^2)^{-1}$의 수렴원이 동일하다는 것이다(그림 4.4 참조). 두 함수의 수렴 및 발산영역이 동일하게 나타났던 것은 바로 이런 이유 때문이다. 두 함수를 실함수(x)로 표현했을 때에는 이런 성질이 분명하게 드러나지 않았었다. 따라서 복소수는 함수의 저변에 깔려 있는 깊은 속성을 알아내는 데도 결정적인 역할을 한다.

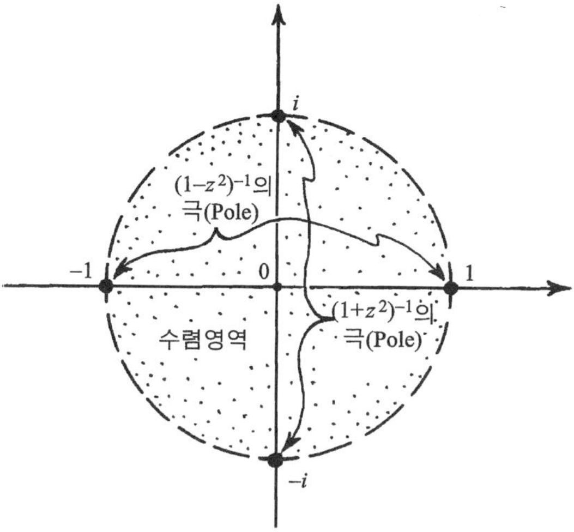

그림 4.4 복소평면 상에서 함수 $(1-z^2)^{-1}$과 $(1+z^2)^{-1}$은 동일한 수렴원을 갖는다. $(1-z^2)^{-1}$의 극(pole)은 $z=\pm 1$이고 $(1+z^2)^{-1}$의 극은 $z=\pm i$인데, 이들은 원점으로부터 모두 같은 거리에 있다.

4.5 만델브로트 집합

이 장을 끝내기에 앞서, 급수의 수렴/발산과 관련된 문제를 하나만 더 짚고 넘어가고자 한다. 바로 1.3절의 그림 1.2에서 잠시 소개했던 만델브로트 집합에 관한 문제이다. 사실 이 집합은 베셀 복소평면의 부분집합으로서, 엄청나게 복잡한 집합을 놀라울 정도로 간단하게 정의한 것이다. 우리가 할 일이란, 다음과 같은 대치를 무한히 반복하는 것이다.

$$z \mapsto z^2 + c$$

여기서 c는 특정한 기준으로 선택된 복소수이다. 이제, $z=0$에서 시작하여 위 대치과정을 반복해 보자. 이 과정에서 z가 무한대로 나오면 c에 해당하는 점을 하얗게 칠하고, z가 어떤 제한된 영역 안에 있으면 c지점을 검은색으로 칠한다. 이런 작업을 반복하여 최종적으로 검게 칠해진 영역을 모은 것이 바로 만델브로트 집합이다.

이제 대치과정을 일일이 따라가 보자. 우선, c를 선택하고 나서 z를 z^2+c로 대치한다. 그다음 대치된 z^2+c를 z로 간주하여 이것을 다시 z^2+c에 대입한다. 그러면 처음 선택했던 z는 $(z^2+c)^2+c$가 된다. 이 과정을 또 한 번 반복하면 $((z^2+c)^2+c)^2+c$가 되고, 한 번 더 반복하면 $(((z^2+c)^2+c)^2+c)^2+c$가 되고…… 이런 식으로 무한히 반복한다.

처음에 z를 0으로 선택했다면 어떻게 될까? 결과에 $z=0$을 대입하면 된다. 이 경우, 계산결과를 순차적으로 나열하면 다음과 같다.

$$0,\quad c,\quad c^2+c,\quad (c^2+c)^2+c,\quad ((c^2+c)^2+c)^2+c,\ \ldots$$

위의 값들은 복소평면에서 각기 하나의 점을 나타낸다(컴퓨터 프로그램을 사용하면 대수적인 계산을 일일이 할 필요 없이 수치적으로 모든 계산을 수행할 수 있다. 컴퓨터에게는 '과거의 계산경력'을 되돌아보지 않고 매 단계 계산을 새로 시키는 편이 훨씬 효율적이다). 계산하다 보면, 임의의 c값에 대하여 다음과 같은 두 가지 현상이 발생할 것이다. (i) 단계가 반복될수록 z가 원점으로부터 계속해서 멀어지거나(즉, 수열이 발산하거나), (ii) 모든 z값이 원점으로부터 특정 거리 이내(원점을 중심으로 하는 특정 원의 내부)에 놓이게 된다(수열이 수렴한다). 그림 1.2a에서 하얗게 칠해진 부분은 (i)이 발생하는 c값의 영역을 나타내고, 검은색으로 칠해진 부분은 (ii)가 발생하는 c값의 영역을 나타낸다. 그리고 이들 중 검은색 영역이 만델브로트 집합에 해당된다.[10]

만델브로트 집합이 이토록 복잡한 이유는 반복수열의 수렴이 매우 다양한 형태로 나타나기 때문이다. 이러한 현상은 주기적으로 나타나기도 하고, '거의 주기적인' 패턴들이 복잡하게 꼬이기도 하면서 복소평면 위에

현란한 무늬를 만들어 낸다. 그러나 그림 1.2a의 패턴을 일일이 설명하는 일은 이 책의 집필의도를 한참 벗어나므로 이쯤에서 줄이기로 한다. 만델브로트 집합의 수학적 특성을 더욱 깊이 알고 싶은 독자들은 참고문헌에 수록된 Peitgen and Reichter(1986), Peitgen and Saupe(1988), Douady and Hubbard(1985)를 참고하기 바란다.

〈4장 후주〉

4–1절

4.1 이 법칙에 관해서는 [예제 4.2]의 연습문제를 참조하라.

4–2절

4.2 이것은 변수가 z 하나뿐인 다항식이 다음과 같은 형태로 인수분해된다는 사실로부터 얻어지는 결과이다.[4.6]

$$a_0 + a_1 + a_2z^2 + \cdots + a_nz^n = a_n(z - b_1)(z - b_2)\cdots(z - b_n)$$

흔히 말하는 '대수학의 기본 정리'란, 바로 이를 두고 하는 말이다.

4.3 타르탈리아는 카르다노에게 "비밀을 누설하지 않겠다"는 약속을 받고서 자신이 찾은 부분해를 보여 주었다. 그 후 카르다노는 타르탈리아의 해를 참고하여 더욱 일반적인 해를 구하는 데 성공했지만, 그와의 약속 때문에 세상에 공개하지는 못했다. 그러던 중 카르다노는 1543년에 볼로냐로 여행을 갔다가 델 페로가 죽기 전 남겼던 논문을 읽고 자신의 해가 처음이 아

[4.6] 직접 증명해 보라[도움말 : 이 다항식을 $(z - b)$로 나눴을 때 나머지가 없다는 것을 증명하면 된다. 단, b는 이 방정식을 만족하는 해이다].

니었음을 알게 되었고, 이 일을 계기로 별 부담 없이 해를 1545년 『아르스 마그나』에 공개할 수 있었다(타르탈리아와 델 페로에게 감사한다는 문구도 적어 놓았다). 그러나 타르탈리아는 카르다노가 비밀서약을 지키지 않았다고 격분하여, 결국 결말은 좋지 않게 끝났다[Wykes(1969) 참조].

4.4 더 자세한 내용은 van der Waerden(1985)를 참조하라.

4.5 복소켤레(complex conjugate) 관계에 있는 두 복소수를 더하면 항상 실수가 된다(10.1절 참조).

4–3절

4.6 [후주 2.4]에서 말한 대로 0^{-1}은 $\frac{1}{0}$, 즉 1을 0으로 나눈 수이다. 물론 이 값은 무한대이며, 0으로는 어떠한 수도 나눌 수 없다.

4.7 여기서 '확실하다'는 말은 경계지점($x = 1, -1$)을 포함하지 않는다는 뜻이다.

4.8 자세한 내용은 Hardy(1949)를 참조하라.

4–4절

4.9 Priestley(2003)[이 책에서는 수렴원을 '수렴반경(radius of convergence)'으로 표현하고 있다], Needham(1997) 참조.

4–5절

4.10 (그림 1.2처럼)만델브로트 집합을 컴퓨터로 그릴 때에는 반복연산을 무한히 수행할 수 없으므로 적절한 선에서 끊어야 한다. 따라서 수열의 수렴 여부를 정확하게 결정할 수 없는 부분이 발생하여, 그림의 경계선이 분명하게 나타나지 않는다. 반복연산을 아무리 많이 해도 경계선은 선명해지지 않는다.

5
로그, 지수, 제곱근의 기하학적 성질

5.1 복소대수의 기하학적 성질

4장 끝 부분에서 소개했던 '복소수의 마법'에는 여러 가지 미묘한 문제가 숨어 있다. 이 장에서는 이야기를 뒤로 조금 돌려서, 복소수 마법에서 기초에 해당하지만 오히려 그만큼 더 난해하고 중요한 부분을 배워 보는 시간을 갖도록 한다. 우선 첫째로, 4.1절에서 언급했던 복소수의 덧셈과 곱셈이 기하학적으로 어떻게 표현되는지 알아보자. 결론부터 말하자면 덧셈은 '평행사변형법칙'으로, 곱셈은 '삼각형 닮음법칙'으로 표현할 수 있다(그림 5.1 참조) 일반적으로 임의의 복소수 w와 z에 대한 덧셈($w + z$)과 곱셈(wz)은 다음 규칙을 따른다.

복소평면에서 0, w, $w + z$, z는 평행사변형의 네 꼭짓점을 형성한다.

복소평면에서 0, 1, w로 이루어진 삼각형과 0, z, wz로 이루어진 삼각형은 서로 닮은꼴이다.

[순서와 회전방향은 결정하기 나름인데, 이 책에서는 w와 $w + z$를 연

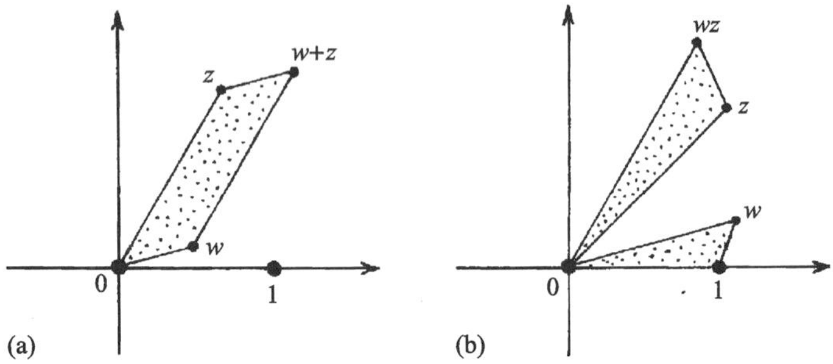

그림 5.1 복소대수의 기본법칙은 기하학적으로 표현될 수 있다. (a) 덧셈의 평행사변형법칙 : 0, w, $w+z$, z는 평행사변형의 네 꼭짓점을 형성한다. (b) 곱셈의 삼각형 닮음법칙 : 0, 1, w로 이루어진 삼각형과 0, z, wz로 이루어진 삼각형은 서로 닮은꼴이다.

결하는 선을 0과 z를 연결하는 선과 평행하도록 배열한 '통상적 선택'을 따를 것이다. 그리고 곱셈에 등장하는 두 삼각형은 '거울 닮음의 관계(둘 중 하나를 뒤집어야 닮은꼴이 되는 관계)'에 있지 않다. 또한, 삼각형이나 평행사변형이 유일하게 결정되지 않는 특별한 경우도 생길 수 있다[5.1]]

이 법칙은 삼각함수를 이용하여 증명할 수 있다. 관심 있는 독자는 직접 증명해 보기 바란다.[5.2] 그러나 구체적인 계산을 거치지 않고서도 이 법칙들을 이해할 좋은 방법이 있다.

복소수의 덧셈과 곱셈을 "복소평면 전체를 자기 자신으로 보내는" 다른 형태의 사상mapping (또는 변환transformation이라고도 한다)으로 생각해 보자. 임의의 복소수 w가 주어지면, 이로부터 하나의 덧셈사상addition map과 곱셈사상multiplication map이 정의된다. 덧셈사상은 복소평면을 이루는 모든 z에 w를 일괄적으로 더하여 전체적으로 위치를 옮

[5.1] 어떤 가능성이 있는지 생각해 보라.

[5.2] 직접 증명해 보라.

기는 변환이며, 곱셈사상은 모든 z에 w를 일괄적으로 곱하여 전체적으로 위치를 옮기는 변환이다.

$$z \mapsto w + z \text{와 } z \mapsto wz$$

덧셈사상이 적용되면, 복소평면 상의 모든 점은 크기, 형태의 전환이나 회전 없이 특정방향을 향해 '일괄적으로' 이동한다. 이것은 평행이동의 대표적인 사례로서, 예를 들어 원점 0은 w로 이동하게 된다(그림 5.2a 참조). 평행사변형법칙은 이와 같은 변환을 다른 언어로 표현한 것이다. 그렇다면 곱셈사상은 어떻게 될까? 이 연산은 "원점을 고정한 채 좌표를 통째로 회전시킨rotation 후, 반지름방향(원점에서 멀어지는 방향)으로 길이를 잡아 늘이거나expansion 수축시키는contraction" 변환에 해당한다(그림 5.2b 참조).[5.3] 이 변환을 적용하면 실수축 상의 1은 w로 이동하게 되며, 이것을 간단하게 표현한 것이 삼각형 닮음법칙이다. 이 변환은 8.2절에서 매우 중요한 일을 하게 된다.

특히 $w = i$인 경우, 곱셈사상은 복소평면 전체를 반시계방향으로 90°($\frac{1}{2}\pi$)만큼 회전시키는 변환에 해당된다. 이 변환을 연달아 두 번 적용하면 복소평면은 반시계방향으로 180°(π)만큼 돌아가게 되는데, 이것은 이것은 단순히 원점에 대한 '반전'이다. 이러한 곱셈사상 하에서 모든 복소수 z는 $-z$로 이동한다. 또한, 이 변환은 $i^2 = -1$이라는 신비한 관계를 기하학적으로 이해할 수 있게 해준다(그림 5.3참조). 즉, 'i를 곱한다'는 원래의 점을 복소평면 상에서 90° 회전시키는 것과 같다. 이런 식으로

[5.3] 이것을 구체적인 계산 없이 증명해 보라[도움말 : 평행사변형법칙은 복소평면이 선형적 구조임을 보여주는 분배법칙 $w(z_1 + z_1) = wz_1 + wz_2$로부터 유도되는 결과이다. 그리고 $w(iz) = i(wz)$는 "좌표를 회전시켜도 직각은 변하지 않음"을 보여 준다].

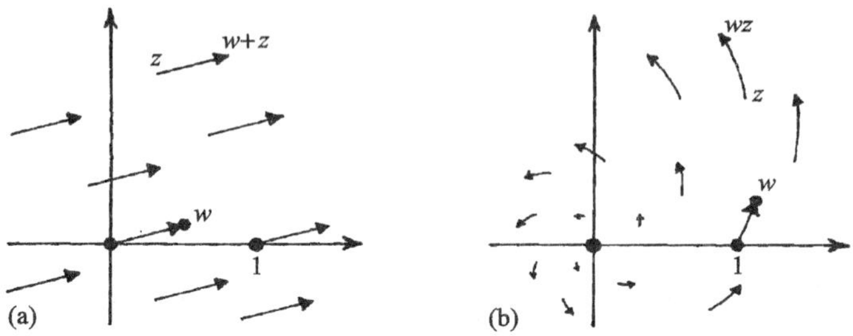

그림 5.2 (a) 덧셈사상 '$+w$'는 원점 0이 w로 이동하는 방향을 따라 복소평면 전체를 이동시키는 변환에 해당된다. (b) 곱셈사상 '$\times w$'는 원점을 중심으로 복소평면을 회전시키고 팽창(또는 수축)하는 변환에 해당된다. 이 변환을 적용하면 1은 w로 이동한다.

해석하면 어떤 수에 i를 두 번 곱한 결과가 '원래의 수에 마이너스 부호를 붙인 것과 같은' 이유를 어렵지 않게 이해할 수 있다. 물론 그렇다고 해서 실수에 대한 대수법칙이 복소수에도 똑같이 적용되는 이유를 설명할 수는 없으며, 물리학에서 복소수가 하는 일이 무엇인지도 알 수 없다. 예를 들어, 다음과 같은 질문을 던져 보자. "왜 평면에서의 회전만 다루는가? 3차원 공간에서 회전이란 어떤 의미를 갖는가?" 이 질문은 11.2, 11.3, 18.5절과 21.6, 21.9, 22.2, 22.3, 22.8 ~ 10절, 그리고 33.2, 34.8절에서 조금 다른 형태로 다시 제기될 것이다.

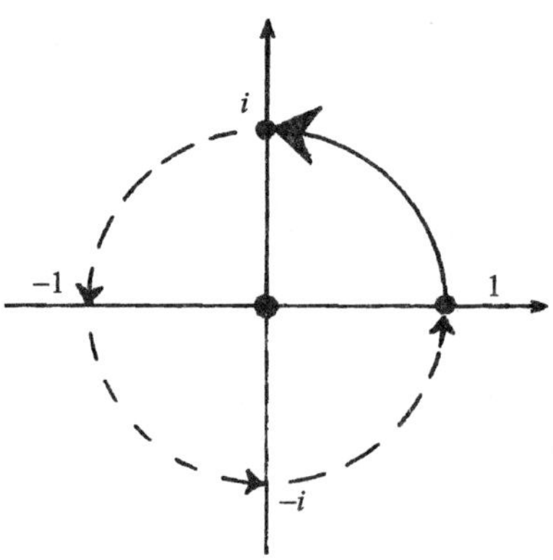

그림 5.3 임의의 복소수에 'i를 곱하는' 연산은 기하학적 관점에서 90° 회전으로 이해할 수 있다. 이렇게 해석하면 $i^2 = -1$이 되는 이유도 분명해진다.

지금까지 우리는 복소평면 위에서 복소수를 표현할 때 직교좌표 (x, y)를 사용해 왔다. 그러나 경우에 따라서는 극좌표 $[r, \theta]$를 사용하는 것이 편리할 때도 있다. 여기서 r은 원점으로부터의 거리이며, θ는 원점과 복소수 z를 연결하는 직선과 양의 실수축 사이의 각도로서, 반시계방향으로 측정했을 때 + 부호가 되도록 약속되어 있다(그림 5.4a 참조). 임의의 복소수 z가 극좌표에서 (r, θ)로 표현될 때 r을 z의 '절댓값modulus'이라 하고, 다음과 같이 표현한다.

$$r = |z|$$

θ는 복소수 z의 '편각argument'이라고 하는데, 양자역학에서는 가끔 위상phase이라는 단어를 쓰기도 한다. $z = 0$일 때는 편각이 정의되지 않지만, 이 경우의 절댓값은 $r = 0$이다.

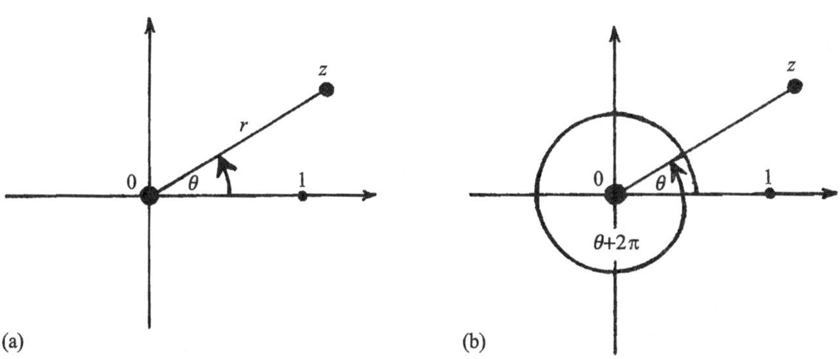

그림 5.4 (a) 직교좌표 (x, y)에서 극좌표 $[r, \theta]$로의 변환. 절댓값(modulus) $r = |z|$는 원점과 z 사이의 거리를 나타내고, 편각(argument) θ는 원점과 z를 연결하는 직선과 양의 실수축 사이의 각도를 반시계방향으로 측정한 값이다. (b) "편각 θ는 $-\pi < \theta \leq \pi$의 영역 안에 있다"는 조건을 부과하지 않으면, z는 원점을 여러 바퀴 돌 수 있게 되고, z의 편각은 θ에 '2π의 정수배'가 더해진 값을 가질 수 있다.

z의 편각을 정할 때는 혼동을 피하기 위해 $-\pi < \theta \leq \pi$라는 조건을 부과하는 것이 보통이다. 그러나 굳이 이런 조건을 부과하지 않고 "편각이 θ라는 것은, 몇 바퀴를 돌았건 간에 양의 실수축과 이루는 각도가 θ라는 뜻이다"로 이해한다면, 2π의 정수배에 해당하는 각도를 θ에 더해줘도 무방하다. 2π의 정수배(360°의 정수배) 만큼 아무리 돌려도, 양의 실수축과 이루는 각도는 항상 θ이기 때문이다(그림 5.4b 참조. 곧 알게 되겠지만, 편각에 대한 두 번째 해석은 더욱 깊은 의미를 갖는다). 그림 5.5에서 보는 바와 같이 삼각함수를 이용하면 (x, y)와 $[r, \theta]$ 사이의 관계를 유도할 수 있다.

$$x = r\cos\theta,\ y = r\sin\theta$$

이 관계를 뒤집으면 다음과 같다.

$$r = \sqrt{x^2 + y^2},\ \theta = \tan^{-1}\frac{y}{x}$$

여기서 $\theta = \tan^{-1}(y/x)$는 다가함수多價函數, many-valued function(하나의 변수 값에 여러 함숫값이 대응되는 함수) $\tan^{-1}$의 특정 값을 나타낸다[삼각함수가 기억나지 않는 독자들은 직각삼각형에서 사인과 코사인의 정의를 떠올려 보라. 그림 5.5에서 $\cos\theta$는 직각삼각형의 밑변을 빗변으로 나눈 값이고(x/r), $\sin\theta$는 직각삼각형의 세로변을 빗변으로 나눈 값이다(y/r). 위에 적어 놓은 처음 두 개의 식은 이 관계를 서술한 것이고, 그 아래의 두 식은 피타고라스 정리와 같은 의미이다. 그리고 $\tan^{-1}$은 tan의 역수가 아니라 tan의 '역함수inverse function'이다. 즉, $\theta = \tan^{-1}(y/x)$라는 식은 $\tan\theta = y/x$와 완전히 같다. 한마디 더 하자면,

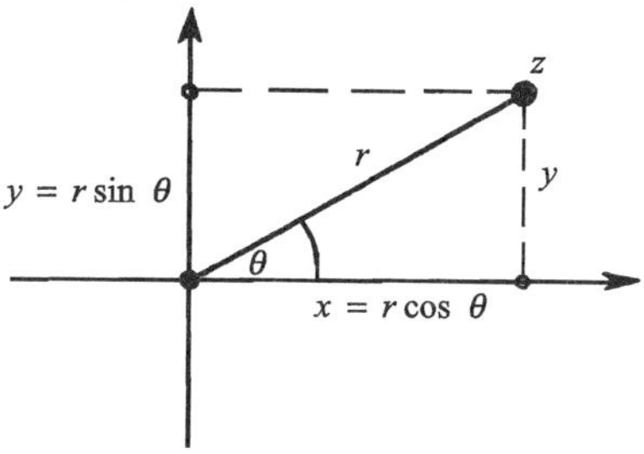

그림 5.5 복소평면에서 직교좌표와 극좌표 사이의 관계는 $x = r\cos\theta$, $y = r\sin\theta$로 요약된다. 이 관계를 뒤집으면 $r = \sqrt{x^2 + y^2}$, $\theta = \tan^{-1}(y/x)$이다.

θ에 2π의 정수배를 더해도 tan 값은 변하지 않으므로 $\tan^{-1}$은 다가함수이다].[1]

5.2 복소 로그함수

그림 5.1b에 기하학적으로 표현된 복소수의 곱셈, 즉 '삼각형 닮음법칙'을 말로 표현하면 다음과 같다. "두 복소수를 곱한 복소수의 편각은 각 복소수의 편각의 합과 같고, 절댓값은 각 복소수의 절댓값을 곱한 것과 같다." [5.4] 여기서 한 가지 주목할 것은 복소수의 '곱셈'이 편각의 '덧셈'으로 바뀌었다는 점이다. 이것은 로그log의 성질과 밀접하게 관련되어 있다(그림 5.6의 계산자slide rule 참조. 두 수를 곱하여 로그를 취한 값은 각각의 수에 로그를 취한 후 더한 값과 같다. 즉, $\log ab = \log a + \log b$이다). 로그는 전자계산기가 없었던 과거에 계산 속도를 높여 주는 가장 중요한 도구였다.[2] 물론 계산자나 로그보다는 전자계산기가 훨씬 빠르고 정확하지만, 복소수의 위력을 제대로 이해하려면 로그 연산의 아름다움과 심오함을 피부로 느껴야 한다. 이제 곧 알게 되겠지만, 로그는 복소수와 관

[5.4] 그 이유를 생각해 보라.

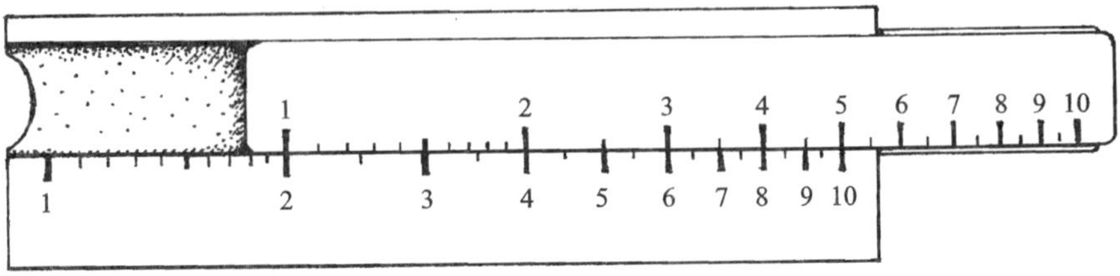

그림 5.6 계산자의 눈금은 로그 스케일로 그려져 있어서 곱셈을 덧셈으로 변환해 준다. 이것은 로그의 성질, 즉 $\log_b(p \times q) = \log_b p + \log_b q$와 일치한다(이 그림은 ×2 연산을 보이고 있다).

련된 수학에서 핵심적인 역할을 한다. 복소수의 편각도 따지고 보면 로그와 밀접하게 관련되어 있다. 그러면 지금부터 복소수의 로그를 도마 위에 올려 보자.

4.2절에서 말한 바와 같이, 복소수에 제곱근을 취하는 것은 근본적으로 복소 로그함수complex logarithm와 연관되어 있다. 이제 독자들은 복소수의 로그와 삼각함수 사이에 놀라운 관계가 성립한다는 사실을 곧 알게 될 것이다.

일상적인 로그의 정의부터 알아보자. 로그는 숫자에 지수를 얹는 거듭제곱(예를 들어, b를 b^m으로 만드는 연산)의 역과정에 해당한다. 지수 표기법을 사용하면 덧셈이 곱셈으로 바뀐다. 왜 그럴까? 일반적으로, 0이 아닌 임의의 수 b는 다음 관계를 만족한다.

$$b^{m+n} = b^m \times b^n$$

보다시피, 지수의 덧셈은 전체적인 곱셈을 의미한다. 지수 m과 n이 양의 정수이면 이 관계가 성립한다는 사실은 너무나 자명하다. 양변 모두 'b를 연속해서 $(m+n)$번 곱한 값'을 나타내기 때문이다. 지금부터 우리가 할 일은 m과 n을 양의 정수에 한정하지 않고 복소수 영역으로 확장하는 것이다. 이를 위해서는 일단 복소수 z에 대하여 b^z의 수학적 의미부터 정의해야 한다. 정의가 내려진 후에는 두 복소수 w, z에서 동일한 관계, 즉 $b^{w+z} = b^w \times b^z$가 성립하는지를 확인해야 한다.

이 과정은 양의 정수를 복소수로 확장하는 과정과 매우 비슷하다. 수의 범위를 확장하는 일반화 과정은 참으로 역사가 깊다. 피타고라스에서 시작하여 에우독소스, 브라마굽타, 그리고 카르다노와 봄벨리에 이르기까지, 당대의 유명한 수학자들은 항상 그전까지의 숫자 유형에 만족하지 않고 끊임없이 그 영역을 넓혀 왔다(3.4, 4.1절 참조). z가 양의 정수일 때 b^z의 의미는 독자들도 잘 알고 있다. 이것은 z개의 b를 $b \times b \times b \cdots \times b$와 같이 반복해서 곱했다는 뜻이다. 특히, z가 1일 때 $b^1 = b$이다. 그런데 z가 0인 경우에는 어떻게 될까? 브라마굽타의 해석에 따르면 $b^0 = 1$이다. 그래야 w나 z가 0일 때에도 $b^{w+z} = b^w \times b^z$ 관계가 유지되기 때문이다. 다음으로 z가 음수인 경우를 생각해 보자. 전과 같은 논리대로라면, $z = -1$, 즉 b^{-1}은 b의 역수$(1/b)$가 되어야 하고 자연수 n에 대하여 b^{-n}은 b^{-1}의 n제곱이 되어야 한다. 이런 식으로 일반화하면 $z = 1/n$ (n은 양의 정수)인 경우까지 확장할 수 있다. $b^{w+z} = b^w \times b^z$를 반복해서 적용하면 $(b^z)^n = b^{zn}$이 되므로 $b^{1/n}$은 b의 n 제곱근에 해당된다.

b가 양수인 한, 지수는 실수영역까지 확장될 수 있다. $b^{1/n}$을 'b의 n 제곱근 중 양수'로 정의하면(n은 양의 정수) 임의의 유리수 $z = m/n$에 대하여 b^n은 'b의 n 제곱근의 m 제곱'이 된다. 여기에 극한과정limiting process을 적용하면 임의의 실수 z에 대해서도 b^z을 정의할 수 있다. 그러나 b가 음수이면, $z = \frac{1}{2}$일 때 $b^z = b^{1/2} = \sqrt{b}$가 되어 어쩔 수 없이

허수 i를 도입해야 한다. 지금까지 실수 범주 안에서 별 탈 없이 잘 진행해 왔는데 갑자기 허수(복소수)가 개입하면 애써 만들어 놓은 지수체계에 문제가 생기지 않을까? 걱정은 되겠지만, 일단 눈 딱 감고 허수를 허용해 보자.

이제 우리가 할 일은 임의의 복소수 p, q, $b(b \neq 0)$가 다음 관계를 만족하도록 b^p를 정의하는 것이다.

$$b^{p+q} = b^p \times b^q$$

이쯤에서 'b를 밑수로 하는 로그($\log_b$)'를 정의하자. 로그는 $f(z) = b^z$로 표현되는 함수의 역함수로서, 다음과 같이 정의된다.

$$w = b^z \text{일 때 } z = \log_b w$$

여기에 우리가 원하는 지수법칙을 적용하면

$$\log_b(p \times q) = \log_b p + \log_b q$$

가 된다. 즉, 로그는 곱셈을 덧셈으로 바꿔 주는 역할을 한다.

5.3 다가성(多價性, multiple valuedness), 자연로그

기본적으로 잘못된 것은 없지만, '허수 지수'를 허용하는 데에는 기술적인 어려움이 있다(이 어려움은 잠시 후에 해결될 것이다). 가장 큰 문제는 b^z 값을 유일하게 결정하지 못한다는 점이다. 즉, b^z라는 표기 속에는 여러 값이 공존하고 있다. 그뿐만 아니라, 방금 위에서 정의한 $\log_b w$도 여러 개의 값을 갖는다. 사실 b^z가 둘 이상의 값을 갖는 경우는 앞에서도 마주친 적이 있다. 예를 들어 z가 $\frac{1}{2}$이면 b^z는 '제곱했을 때 b가 되는 어떤 수 t'를 의미하는 것으로 봐야 하며, 그 때문에 우리는 $t^2 = t \times t = b^{\frac{1}{2}} \times b^{\frac{1}{2}} = b^{\frac{1}{2}+\frac{1}{2}} = b^1 = b$가 되기를 요구한다. 그런데 t가 이 조건을 만족한다면 $-t$도 똑같은 조건을 만족하게 된다[$(-t) \times (-t) = t^2 = b$]. 앞에서 $b \neq 0$임을 전제했으므로 우리는 $b^{1/2}$이 의미하는 두 개의 값을 구별해야 한다(흔히 $\pm\sqrt{b}$로 표기한다). n이 양의 정수일 때(1, 2, 3, 4, 5, …), 일반적으로 $b^{1/n}$에는 n개의 서로 다른 복소수가 대응한다. 이제 곧 알게 되겠지만, n이 (0이 아닌)유리수이면 $b^{1/n}$의 값은 유한개이고 n이 무리수면 $b^{1/n}$의 값은 무한개이다.

답이 여러 개 존재하는 이 난감한 상황을 어떻게 타개할지, 지금부터 찬찬히 따져 보자. 우선, 지금까지 사용한 밑수 b를 '자연로그의 밑수'인 e로 바꿔 보자. 그저 하나의 상수에 불과한 e가 우리 문제를 해결해 줄 것이다. e의 정의는 다음과 같다.

$$e = 1 + \frac{1}{1!} + \frac{1}{2!} + \frac{1}{3!} + \frac{1}{4!} + \cdots = 2.7182818285\ldots$$

여기서 !기호는 느낌표가 아니라 계승factorial을 나타내는 기호로서, 정의는 다음과 같다.

$$n! = 1 \times 2 \times 3 \times 4 \times \cdots \times n$$

따라서 $1! = 1$, $2! = 2$, $3! = 6$, …이다. $f(z) = e^z$와 같은 형태의 함수를 지수함수exponential function라 한다. 흔히 $\exp(z)$로 표기하는 이 함수는 '상수 e의 z승'을 의미하며, 이때 z의 함숫값은 e의 정의를 조금 수정한 아래의 멱급수로 정의될 수 있다.

$$e^z = 1 + \frac{z}{1!} + \frac{z^2}{2!} + \frac{z^3}{3!} + \frac{z^4}{4!} + \cdots$$

위 멱급수는 모든 z값에서 수렴한다(따라서 수렴원의 반지름은 무한대이다 : 4.4절 참조). $b = e$일 때 위 무한급수는 하나의 값으로 결정된다. 예를 들어, $z = \frac{1}{2}$이면 이 급수는 $-\sqrt{e}$가 아닌 $+\sqrt{e}$로 수렴한다. $z = \frac{1}{2}$일 때 급수의 값이 $e^{1/2}$이고 이 값을 제곱했을 때 e가 되는 것은, e^z가 언제나 정의로부터 다음의 성질을 만족하기 때문이다.[5.5]

$$e^{a+b} = e^a e^b$$

따라서 $(e^{\frac{1}{2}})^2 = e^{\frac{1}{2}} e^{\frac{1}{2}} = e^{\frac{1}{2}+\frac{1}{2}} = e^1 = e$이다.

e^z의 정의로부터 지수함수의 역함수인 로그를 정의해 보자.

$$w = e^z \text{일 때 } z = \log w$$

이를 자연로그natural logarithm라 한다(자연로그의 밑은 e이므로 $\log_e w$로 써야 하지만, 가장 자주 사용하는 로그이기 때문에 보통 e를 생략한다).[3] e가 만족하는 지수법칙과 자연로그의 정의를 결합하면 다음 법칙을 유도할 수 있다.

$$\log ab = \log a + \log b$$

사실 e^z의 정의만 보고 역함수가 존재한다는 사실을 유추하기란 그리 쉽지 않다. 그러나 0이 아닌 임의의 복소수 w에 $w = e^z$의 관계를 만

[5.5] 이것을 e^z의 급수로부터 직접 증명해 보라[도움말 : $(a + b)^n$을 전개했을 때(n은 정수) $a^p b^q$ 항의 계수는 이항정리(binomial theorem)에 의해 $n!/p!q!$이다].

족하는 z가 항상 존재하기 때문에, $\log w = z$를 정의할 수 있는 것이다. 그런데 문제는 이 관계를 만족하는 z가 유일하지 않다는 점이다.

$w = e^z$을 만족하는 z를 어떻게 표현해야 할까? w를 극좌표 표현 $[r, \theta]$으로 나타낼 때, w의 로그 z를 직교좌표($z = x + iy$)식으로 표현하면 다음과 같다.

$$z = \log r + i\theta$$

여기서 $\log r$은 r에 자연로그를 취한 것이다(극좌표의 정의에 의해, r은 양수이다). 왜 그런가? 그림 5.7을 보면 이러한 로그함수가 존재함을 직관적으로 알 수 있다. 그림 5.7a는 $r = e^x$의 그래프인데, 이 그림에서 x축과 r축을 맞바꾸면 $r = e^x$를 뒤집은 역함수, 즉 $x = \log r$의 그래프가 얻어진다(그림 5.7b). $z = \log w$의 실수부가 어떤 실수(r)의 로그로 표현된다는 것은 그다지 놀라운 일이 아니다. 정말로 놀라운 것은[4] z의 허수부가 복소수 w의 편각인 θ와 일치한다는 사실이다. 앞에서 복소수의 편각이 로그와 밀접한 연관이 있다고 말했던 이유가 바로 이것이다.

독자들은 복소수의 편각이 하나의 값으로 유일하게 결정되지 않는다는 사실을 기억할 것이다. 앞서 지적한 대로, 주어진 복소수와 원점을 이은 직선이 양의 실수축과 이루는 각도가 θ일 때는 θ에 2π의 정수배를 더해도 여전히 같은 복소수를 나타낸다(그림 5.4b 참조). 따라서 w가 명확하게 '하나의 값으로' 주어져도, $w = e^z$의 관계를 만족하는 z는 여럿 존재할 수 있다. 이들 중 하나를 z라고 했을 때, $z + 2\pi in$도 위 관계를 만족한다(n은 앞으로 우리가 선택해야 할 정수이다). 그러므로 복소수 $\log w$는 '$2\pi i$의 정수배'만큼 간격을 두고 무수히 많은 값이 존재하는 셈이다.

'값이 유일하게 결정되지 않는' 복소수 로그의 출현이 독자 여러분의

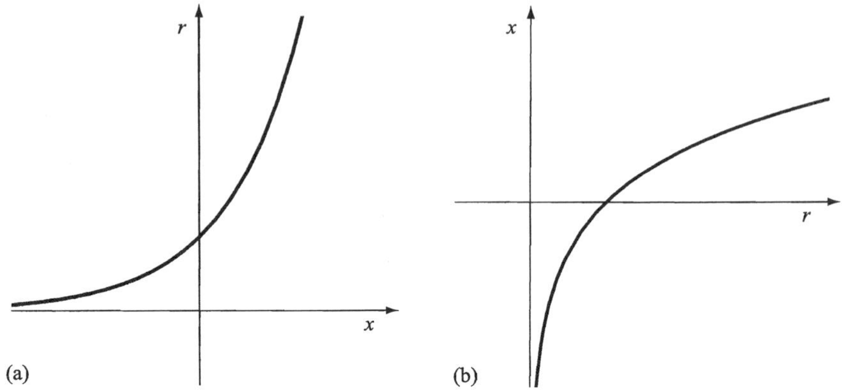

그림 5.7 양의 실수 r의 로그($\log r$)를 구하기 위해 다음의 그래프를 생각해 보자. (a) $r = e^x$의 그래프. 이 경우 r은 어떠한 양수도 취할 수 있다. (b) 그래프 (a)에서 r과 x를 뒤바꾸면 $r = e^x$의 역함수, 즉 양수 r에 대한 $x = \log r$의 그래프가 얻어진다.

심기를 불편하게 할지도 모르겠다. 그러나 7.2절에 가면 이러한 성질이야말로 복소수가 갖는 가장 강력하고 유용한 마법임을 분명히 알게 될 것이다. 소위 말하는 복소해석학complex analysis도 결국은 이러한 성질에 뿌리를 둔 수학분야라고 할 수 있다. 자세한 이야기는 그때 가서 하기로 하고, 지금 당장은 로그함수의 다가성多價性, multivaluedness (하나의 변수에 대한 함숫값이 여러 개 존재하는 성질)을 좀 더 세밀히 분석해 보자.

$\log w$의 다가성은 다른 방법으로 이해할 수도 있다. 이 방법은 기적과도 같은 다음 공식에서 출발한다.

$$e^{2\pi i} = 1$$

따라서 $e^{z+2\pi i} = e^z = w$이다. 다시 말해서, z가 $\log w$이면 $z + 2\pi i$도 $\log w$라는 뜻이다(이 관계는 $2\pi i$를 계속 더해 가면서 얼마든지 만들어 낼 수 있다). 위 식은 그 유명한 오일러 공식Euler's formula과 밀접한 연관이 있다.

$$\text{오일러 공식 : } e^{\pi i} + 1 = 0$$

(이 식은 다섯 개의 기본상수 0, 1, i, π, e를 절묘하게 연결한다)[5.6]

$z = \log r + i\theta$를 e의 지수로 취해 보면 위 공식을 쉽게 이해할 수 있다.

$$w = e^z = e^{\log r + i\theta} = e^{\log r} e^{i\theta} = re^{i\theta}$$

따라서 임의의 복소수 w에 대한 극형식(극좌표 $[r, \theta]$로 표현한 식)을 좀 더 분명하게 표기하면 다음과 같다.

$$w = re^{i\theta}$$

이런 식으로 표현하고 보니, 그림 5.1b의 삼각형 닮음법칙에서 말한 대로 "두 개의 복소수를 곱하여 얻어진 새로운 복소수의 절댓값은 각 복소수의 절댓값의 '곱'과 같고, 새로운 복소수의 편각은 두 복소수의 편각의 '합'과 같아지는" 이유가 분명하게 드러난다[$re^{i\theta}se^{i\phi} = rse^{i(\theta+\phi)}$이므로, 절댓값은 rs(곱)이고 편각은 $\theta + \phi$(합)이다. 물론 $\theta + \phi$에서 2π를 더하거나 빼도 복소수는 달라지지 않는다]. 앞으로는 복소수를 표기할 때 $[r, \theta]$ 대신 위 표기를 사용할 것이다. 여기에 $r = 1$과 $\theta = \pi$를 대입하면 그림 5.4a에 의해 $w = -1$이 되므로, 오일러 공식 $e^{\pi i} + 1 = 0$이 성립한다. 그리고 $r = 1$, $\theta = 2\pi$를 대입하면 $w = 1$이 되어 $e^{2\pi i} = 1$도 확인할 수 있다.

[5.6] 이 식으로부터 $\log(-w) = z + \pi i$를 증명해 보라.

복소평면에서 반지름 r이 1인 원을 '단위원unit circle'이라 한다(그림 5.8 참조). 원점에 중심을 둔 단위원의 원주 위에는 절댓값이 1인 복소수들이 모두 모여 있다. 위 표기법을 따르면, θ가 실수일 때의 단위원은 $w = e^{i\theta}$로 표현된다. 그런데 직교좌표에서 $w = x + iy$이고 $x = r\cos\theta$, $y = r\sin\theta$이므로(직교좌표와 극좌표 사이의 관계에 의해), $e^{i\theta}$는 다음과 같이 쓸 수 있다.

$$e^{i\theta} = \cos\theta + i\sin\theta$$

이것이 바로 그 유명한 '코츠-오일러 공식Cotes-Euler formula'이다.[5] 이 놀라운 공식에는 복소 지수함수와 삼각함수 사이의 심오한 관계가 고스란히 담겨 있다.

코츠-오일러 공식의 몇 가지 간단한 적용사례를 알아보자. 가장 기본적인 지수법칙 $e^{a+b} = e^a e^b$의 양변을 코츠-오일러 공식으로 풀어쓰고서, 양변의 실수부와 허수부를 각각 비교하면 아래와 같은 삼각함수의 덧셈법칙이 단번에 유도된다[5.7](가법정리라고도 한다. 일부 독자들에게는 매우 익숙할 것이다).

$$\cos(a+b) = \cos a\cos b - \sin a\sin b$$
$$\sin(a+b) = \sin a\cos b + \cos a\sin b$$

또한, $e^{3i\theta} = (e^{i\theta})^3$을 코츠-오일러 공식으로 풀어쓰고 실수부와 허수부를 각각 비교하면, 삼각함수의 3배각 공식이 순식간에 유도된다.[6, [5.8]]

[5.7] 직접 유도해 보라.

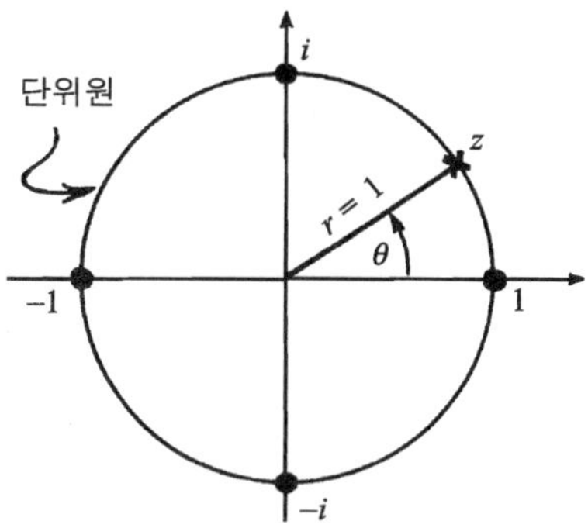

그림 5.8 복소평면에서 반지름이 1인 원을 단위원이라 한다. 원점에 중심을 둔 단위원의 원주 위에는 $r=1$인(절댓값이 1인) 복소수들이 모두 모여 있다. 이것을 코츠-오일러 공식으로 표현하면 $e^{i\theta}=\cos\theta+i\sin\theta$이다.

$$\cos 3\theta = \cos^3\theta - 3\cos\theta\sin^2\theta$$
$$\sin 3\theta = 3\sin\theta\cos^2\theta - \sin^3\theta$$

코츠-오일러 공식을 적절히 이용하면 다른 복잡한 공식도 놀라우리만치 간단하게 유도할 수 있다.

5.4 복소지수

이제 지수가 복소수인 경우, 즉 w^z(앞에서는 b^z로 표기했다)의 의미가 무엇인지 논리적으로 따져 보자. 우선, 로그의 정의와 지수의 성질에 의해 다음과 같이 쓸 수 있다.

$$w^z = e^{z\log w}$$

$[e^{z\log w} = (e^{\log w})^z = (w)^z = w^z]$ $\log w$는 다가함수이므로, $\log w$에 $2\pi i$의 정수배를 더해도 위 관계는 성립해야 한다. 즉, w^z이 가질 수 있는

[5.8] 직접 유도해 보라.

어떤 특정 값에 $e^{z\cdot 2\pi i}$를 여러 번 곱하거나 나눠도, 그 값은 여전히 w^z에 해당된다. 그렇다면 복소평면 위에서 $e^{z\cdot 2\pi i}$를 계속 곱해 나갈 때(또는 나눌 때), w^z가 변하는 양상을 그려 보는 일도 재미있을 것이다. 결과가 그림 5.9에 나와 있는데, 여기서 w^z는 두 개의 등각나선equiangular spiral이 만나는 지점들이다[등각나선(또는 '로그나선')이란 원점에서 뻗어 나오는 직선과 항상 동일한 각도로 만나도록 그려진 곡선을 말한다].[5.9]

w^z이 여러 값을 가질 수 있다는 사실에 각별한 주의를 기울이지 않으면 사방에서 온갖 문제들이 발생한다.[5.10] 혼란을 방지하는 가장 좋은 방법은 w^z을 '$\log w$가 어떤 특정한 값으로 선택되었을 때의 값'으로 정의하는 것이다($w = e$인 특별한 경우, 즉 e^z는 $\log e = 1$을 암암리에 가정하고 있다. 따라서 우리가 통상 사용하는 e^z는 w^z의 일반적인 정의와 부합한다). 일단 $\log w$값이 하나로 선택되면, w^z은 모든 z에서 유일하게 결정된다.

이 시점에서 한 가지 분명히 짚고 넘어가야 할 문제가 있다. 이 장의 서두에서 언급했던 'b를 밑으로 하는 로그($\log_b$)'를 정의하려면, $\log b$의 값부터 하나로 결정해야 한다는 것이다. 우리에게 필요한 것은 $z = \log_b w$를 정의하는 $w = b^z$이기 때문이다. 그러나 이 작업을 선행했다 해도, $\log_b w$는 $\log w$와 마찬가지로 여러 값을 가지며, $\log_b w$에 $2\pi i / \log b$의 정수배를 마음대로 더할 수 있다.[5.11]

[5.9] 직접 증명해 보라. 몇 가지 방법으로 그릴 수 있는가? 특별한 경우들을 모두 나열해 보라.

[5.10] 다음 등식의 '모순'을 해결해 보라 : $e = e^{1+2\pi i}$, 따라서 $e = (e^{1+2\pi i})^{1+2\pi i} = \exp(1 + 4\pi i - 4\pi^2) = \exp(1 - 4\pi^2)$ [여기서 $\exp(k)$는 e^k를 의미한다].

[5.11] 직접 증명해 보라.

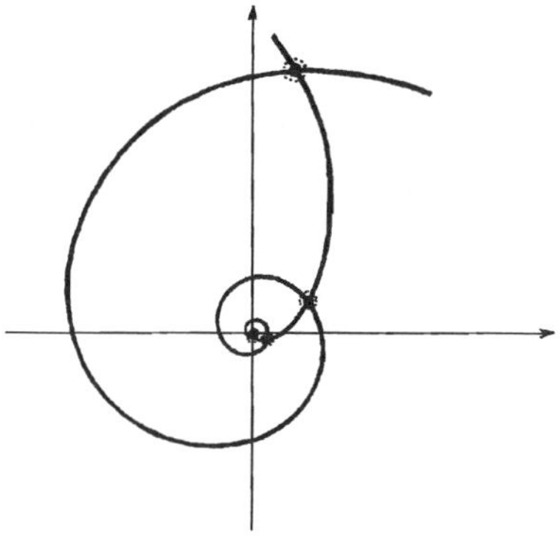

그림 5.9 $w^z(=e^{z\log w})$가 취할 수 있는 여러 가지 값들. $\log w$에는 $2\pi i$의 정수배를 더할 수 있으며, 이는 w^z에 $e^{z2\pi i}$를 곱하거나 나누는 것과 같다. 일반적으로 w^z는 복소평면 위에서 두 개의 등각나선(equiangular spiral)이 만나는 점으로 나타낼 수 있다(원점에서 뻗어 나오는 직선과 항상 동일한 각도로 만나도록 그려진 곡선을 등각나선이라 한다).

과거의 수학자들은 i^i라는 수에 각별한 관심이 있었다. 아마도 이는 인간에게 가능한 가장 추상적인 수일 것이다. 그러나 이 수는 다음과 같은 명확한 값을 갖는다.

$$i^i = e^{i\log i} = e^{i\cdot\frac{1}{2}\pi i} = e^{-\pi/2} = 0.207879576\cdots$$

단, 여기서 $\log i = \frac{1}{2}\pi i$이며,[5.12] $\log i$를 다른 값으로 정하면 다른 결과가 나올 수도 있다. i^i의 다른 값들은 위에 제시된 값(0.207879576…)에 $e^{2\pi n}$(n은 정수)을 곱하여 얻을 수 있다(또는 0.207879576…에 $4n+1$형태의 지수를 얹어서 구할 수도 있다. 단 n은 양, 또는 음의 정수이다[5.13]). 어떤 경우에도 i^i은 실수이다. 정말로 놀랍지 않은가?

이제 $z=\frac{1}{2}$일 때 w^z값이 어떻게 되는지 알아보자. 일단 '$w^{1/2}$'의 후보로는 $\pm\sqrt{w}$가 유력해 보인다. 실제로 이 두 값은, 일단 $\log w$를 결정하고 여기에 $2\pi i$를 더하여 또 하나의 $\log w$를 결정함으로써 구할 수 있다.

[5.12] 이런 선택이 가능한 이유는 무엇인가?

[5.13] 그 이유를 생각해 보라.

이렇게 얻어진 두 $w^{1/2}$은 부호가 서로 반대이다(오일러 공식대로라면 $e^{\pi i}$가 -1이기 때문이다). 이 방법을 그대로 확장하면, 방정식 $z^n = w(n = 3, 4, 5, \cdots)$를 만족하는 n개의 해, 즉 $w^{1/n}$을 구할 수 있다. 물론 각각의 $w^{1/n}$은 선택된 $\log w$값에 따라 달라진다.[5.14] 또한, 4.2절에서 잠시 언급했던 w의 z제곱근, 즉 $w^{1/z}$도 이 방법으로 구할 수 있다(단, w와 z는 0이 아닌 복소수이다). 이 경우에도 $w^{1/z}$은 $\log w$를 어떻게 선택하느냐에 따라 무한히 많은 값이 나올 수 있다. $\log w^{1/z}$, 즉 $(\log w)/z$를 적절한 값으로 선택하면 $(w^{1/z})^z = w$도 성립하게 된다. 또한,

$$(w^a)^b = w^{ab}$$

에서 일단 $\log w$ 값이 선택되면(우변) $\log w^a = a \log w$가 되도록 $\log w^a$을 결정해야 한다(좌변).[5.15]

z가 n(n은 정수)이면 상황이 매우 단순해져서 n개의 해가 존재하게 된다. 특히, $w = 1$인 경우가 우리의 관심을 끈다. 위에서 했던 대로 $\log 1$의 값을 순차적으로 매기면 $0, 2\pi i, 4\pi i, 6\pi i, \cdots$이므로, 결국 $1^{1/n} = e^0, e^{2\pi i/n}, e^{4\pi i/n}, e^{6\pi i/n}, \cdots$을 얻는다. $\epsilon = e^{2\pi i/n}$이라 하면, 이 값들은 $1, \epsilon, \epsilon^2, \epsilon^3, \cdots$으로 쓸 수 있다. 이 결과를 복소평면 위에 그려 보면, '1의 n-제곱근 n-th root of unity'이라 불리는 단위원의 원주 위에 동일한 간격으로 배치되어 있는 n개의 점으로 나타나며, 이 점들을 직선으로 이으면 정 n각형이 된다(그림 5.10 참조)($\log 1$을 $-i, -4\pi i, -6\pi i, \cdots$ 등으로 선택해도 동일한 답을 얻는다. 단, 이 경우에는 나타나는 순서가 뒤집

[5.14] 어떻게 달라지는지 설명해 보라.

[5.15] 직접 증명해 보라.

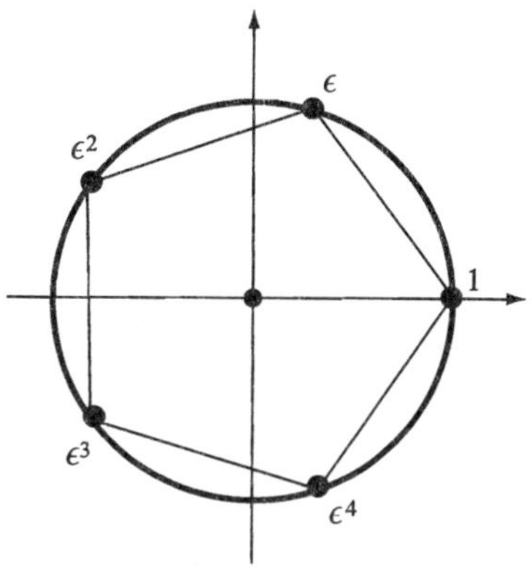

그림 5.10 1의 n-제곱근 $e^{2\pi ri/n}$ ($r = 1, 2, \cdots, n$)은 복소평면 위에서 단위원의 원주 상에 동일한 간격으로 분포하며, 이들을 직선으로 연결하면 정 n각형이 된다. 이 그림에는 $n = 5$인 경우가 예시되어 있다.

히게 된다).

또 한 가지 흥미로운 사실은 임의의 n에서 1의 n-제곱근들이 '유한 곱셈군finite multiplicative group', 즉 $\mathbb{Z}_n$을 이룬다는 점이다(13.1절 참조). 이들 중 두 개를 임의로 골라서 곱하면 다른 하나가 얻어지기 때문이다. 그뿐만 아니라, 하나를 골라서 다른 하나로 나눠도 또 다른 하나가 얻어진다. $n = 3$인 경우를 예로 들어 보자. $\omega = e^{2\pi i/3}$이라 하면 1의 세 제곱근은 $1, \omega, \omega^2$이다($\omega^3 = 1$, $\omega^{-1} = \omega^2$). 이들을 대상으로 곱셈표를 만들면 다음과 같다.

$\times$	1	ω	ω^2
1	1	ω	ω^2
ω	ω	ω^2	1
ω^2	ω^2	1	ω

$\div$	1	ω	ω^2
1	1	ω^2	ω
ω	ω	1	ω^2
ω^2	ω^2	ω	1

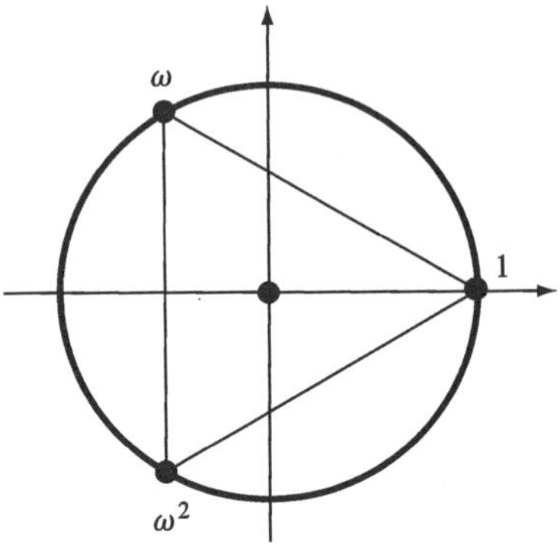

그림 5.11 1의 세제곱근 1, ω, ω^2은 복소평면에서 정삼각형의 세 꼭짓점에 해당한다. 이들 중 하나를 골라서 ω를 곱하면 반시계방향으로 120°만큼 돌아가고, ω^2을 곱하면 시계방향으로 120°만큼 돌아간다.

1, ω, ω^2은 복소평면에서 정삼각형의 세 꼭짓점을 이룬다. 이들 중 아무거나 골라서 ω를 곱하면 반시계방향으로 $\frac{2}{3}\pi$(120°)만큼 돌아가고, ω^2을 곱하면 시계방향으로 $\frac{2}{3}\pi$만큼 돌아간다. 나눗셈을 실행하면 회전방향이 반대로 된다(그림 5.11 참조).

5.5 현대 입자물리학과 복소수의 관계

복소수는 현대 입자물리학, 특히 '곱셈적 양자수multiplicative quantum number'와 밀접한 관련이 있다. 3.5절에서 언급한 대로, 입자물리학의 가법적 양자수는 (지금까지 알려진 바로는)정수로 분명하게 결정된다. 그리고 "곱셈적 양자수는 1의 n-제곱근으로 표현된다"는 몇 가지 증거가 제시된 상태이다. 나는 전통적인 입자물리학에서 이에 해당하는 사례 중 일부를 알고 있는데, 대부분은 비교적 관심이 덜 가는 $n=2$인 경우에 한정되어 있다. $n=3$인 경우에는 분명한 사례가 단 하나 알려져 있고, $n=4$일 때는 하나 정도가 이러한 사례로 추정되고 있다. 그러나 안타깝게도 대부분의 경우에 양자수가 범용적이지 않아서, 모든 입자에 일괄적으로 적용할 수가 없다. 앞으로 이런 때에는 '근사적 곱셈양자수approximately multiplicative quantum number'라는 표현을 쓰기로 한다.

흔히 '반전성parity'이라 불리는 물리량은 $n=2$인 (근사적) 곱셈양자수에 해당된다($n=2$인 경우, 반전성과 유사한 g-반전성g-parity은 근사 양자수의 대표적인 사례인데, 우리의 논지와 직접적인 관련이 없으므로 자세한 설명은 생략한다). 복합계에서 반전성 개념은 최소단위의 구성입자들로부터 (곱셈적으로)형성되며, 이러한 입자들은 짝-반전성even-parity(입자의 거울반전이 원래의 입자와 물리적으로 완전히 동등함)을 갖는다. 이와는 반대로 입자의 거울반전이 원래 입자의 반입자와 물리적으로 동등한 경우에는 '홀-반전성을 갖는다'고 말한다(3.5절, 24.1~3, 8절, 26.4절 참조). 거울반전이나 반입자 변환 같은 개념은 '두 번 반복하면 원래대로 돌아간다'는 특징을 가지므로, ϵ이라는 양자수가 $\epsilon^2=1$을 만족한다면 이것은 $n=2$인 경우의 '1의 n-제곱근'에 해당한다(즉, $\epsilon=+1$ 또는 $\epsilon=-1$). 그러나 반전성은 약한 상호작용weak interaction에 대하여 보존되는 양이 아니기에, 이는 근사적인 개념에 불과하다. 이런 이유로 우리는 반전성이 정확하게 정의되는 입자가 자연계에 존재하지 않는 것으로 추정하고 있다.

게다가 반전성은 '보존boson'이라는 입자족에만 적용되는 개념이다. 보존이 아닌 입자들은 '페르미온fermion'이라는 입자족에 속한다. 보존과 페르미온의 차이점에는 매우 중요하면서도 혼란스러운 면이 있는데, 이는 23.7, 8절에서 자세하게 다룰 예정이다(한 가지 예로, 입자의 상태를 연속적으로 360° 회전시키면 보존은 원래 상태로 완벽하게 되돌아오지만, 페르미온은 720°를 돌려야 원래 상태로 돌아온다. 11.3, 22.8절 참조). 이는 곧 이런 뜻이다. '페르미온 둘을 합치면 보존이 되고', '보존 둘을 합쳐도 보존이 되는데', '페르미온과 보존을 한 개씩 합치면 페르미온이 된다'. 따라서 페르미온의 곱셈적 양자수에는 -1, 보존에는 $+1$을 부여할 수 있는데, 이것은 $n=2$ 곱셈적 양자수의 또 다른 사례이며, 근사가 아닌 '정확한' 곱셈적 양자수로 알려져 있다. 전통적인 용어와는 어긋나지만, 내가 보기에는 페르미온에 적용할 수 있는 반전성 개념도 존재할 것 같다. 이 개념은 페르미온/보존 양자수와 결합해서 $n=4$인 결합 곱셈적 양자수를 내놓을 것이다. 이 반전성 값은 페르미온에서는 $+i$이나 $-i$가 되고, 이중 거울반전을 취하면 $2\pi(360°)$회전한 것과 같은 효과를 낸다. 보존에서는, 반전성 값은 위에서와 같이 $+1$ 아니면 -1일 것이다.

앞으로 나는 $n=3$인 곱셈적 양자수를 '쿼크수quarkiness'라 부를 것이다(물론 이것은 공인된 용어가 아니며, 양자수의 범주에 넣는 것도 이견의 여지가 있을 수 있다. 그러나 여기에는 현대 입자물리학의 중요한 특성이 함축되어 있다). 3.5절에서 말한 대로, 강한 상호작용을 하는 입자들, 즉 하드론hadron (양성자, 중성자, π-중간자 등)은 쿼크로 이루어져 있다(25.6절 참조). 쿼크의 전기전하는 전자 전하의 정수배가 아니라 '전자 전하의 $\frac{1}{3}$배'로 표현된다. 그러나 자연계에서 혼자 돌아다니는 쿼크는 아직 발견된 적이 없고, 쿼크가 모여서 형성된 입자들도 총 전하량이 전자 전하의 정수배일 때만 독립해서 존재할 수 있다. 전자 전하를 -1로 간주할 때(전자의 전하는 음수이다), 쿼크의 전하 q는 $\frac{2}{3}$ 또는 $-\frac{1}{3}$이며, 반쿼크의 전하 q는 $\frac{1}{3}$ 또는 $-\frac{2}{3}$이다. 따라서 쿼크수를 $e^{-2q\pi i}$로 잡으면 각각 $1, \omega, \omega^2$이 되어, 쿼크의 쿼크수는 ω이고 반쿼크의 쿼크수는 ω^2이 된다. 그리고 독립적으로 존재할 수 있는 입자의 쿼크수는 1이다. 이것을 5.4절에서 언급했던 군group으로 표기하면 하드론의 쿼크수는 $\mathbb{Z}_3$ 순환군을 이룬다(여기에 덧셈 개념과 0을 추가하면 $\mathbb{Z}_3$군은 유한체finite field

$\mathbb{F}_4$군이 된다. 자세한 내용은 16.1절에서 다룰 예정이다).

지금까지 복소수의 마법 같은 성질과 몇 가지 응용분야를 소개하였다. 그러나 내가 대학원 과정에서 배웠던 '복소수의 진짜 마법'에 대해서는 아무런 언급도 하지 않았다(7장 참조). 이 내용은 복소수의 미적분학과 깊이 관련되기 때문에, 일단 미적분학의 기본 개념을 설명하는 순서를 밟는 편이 옳을 듯하다. 미적분학은 복소수를 이해하는 수단이기도 하지만, 뭐니뭐니해도 현대 물리학의 수학적 기반을 떠받치는 가장 중요하고도 아름다운 개념이다!

〈5장 후주〉

5–1절

5.1 삼각함수의 관계식 중 $\cot\theta = \cos\theta/\sin\theta = (\tan\theta)^{-1}$, $\sec\theta = (\cos\theta)^{-1}$, $\operatorname{cosec}\theta = (\sin\theta)^{-1}$과, 삼각함수의 쌍곡 (hyperbolic) 버전인 $\sinh t = \frac{1}{2}(e^t - e^{-t})$와 $\cosh t = \frac{1}{2}(e^t + e^{-t})$, $\tanh t = \sinh t/\cosh t$ 등도 함께 기억해 두기 바란다. 이 함수들의 역함수는 5.1절의 $\tan^{-1}(y/x)$와 마찬가지로 $\cot^{-1}$, $\sinh^{-1}$ 등으로 표기한다.

5–2절

5.2 로그함수는 1614년에 존 네이피어(John Napier)에 의해 처음으로 도입되었으며, 1624년 헨리 브릭스(Henry Briggs)가 실용적인 계산에 최초로 응용하였다.

5–3절

5.3 자연로그는 'ln'으로 표기하기도 한다.

5.4 지금까지의 논리를 그대로 따른다면, $z = \log r + i\theta$의 '$i\theta$'는 $i\theta$의 실수배일 이유가 없다.

5.5 로저 코츠(Roger Cotes)는 1714년에 오일러의 공식과 동등한 $\log(\cos\theta + i\sin\theta) = i\theta$를 증명하였다. 오일러 공식 $e^{i\theta} = \cos\theta + i\sin\theta$는 이보다 30년 뒤인 1748년에 발표된 것으로 추정된다[Euler(1748) 참조].

5.6 여기서 나는 편의상 $(\cos\theta)^3$을 $\cos^3\theta$로 표기하였다(물론, 논리적인 표기법은 전혀 아니다). 사실, $\arccos\theta$를 $\cos^{-1}\theta$로 표기하는 것도 그다지 바람직한 표기법은 아니지만, 요즘은 별 거부감 없이 사용되고 있다. $\sin n\theta + i\cos n\theta = (\sin\theta + i\cos\theta)^n$은 흔히 '드무아브르의 정리(De Moivre's theorem)'라고 한다. 아브라함 드무아브르는 코츠와 동시대에 살았던 수학자로서, 그 역시 $e^{i\theta} = \cos\theta + i\sin\theta$를 증명했던 것으로 추정되고 있다. 복소수의 수학적 성질과 역사적 일화에 대하여 더 많은 내용을 알고 싶은 독자들은 Nahin(1998)을 읽어 보기 바란다.

6
실함수의 미분과 적분

6.1 함수란 무엇인가?

미적분학calculus(더 세련되게 말하자면 해석학analysis이라고도 한다)은 미분differentiation과 적분integration이라는 두 요소로 이루어져 있다. 미분은 속도와 가속도 및 곡선의 기울기와 곡면의 곡률 등을 알아내는 연산이며, 주어진 한 점과 그 근방을 살핌으로써 어떤 양이 얼마나 빠르게 변하는지를 국소적으로 측정하는 수단이다. 반면에 적분은 면적과 부피, 중력중심(질량중심) 등과 같은 실제 세계의 수치들과 관련된 연산으로서 '전체적인 양'을 측정하는 데 주로 쓰이며, 국소적인 성질과는 전혀 무관하다. 여기서 놀라운 것은, 미적분학의 기본 정리에 따르면 미분과 적분이 서로 '역과정inverse process'에 해당한다는 점이다. 그래서 미분과 적분을 적절히 결합하면 수학적 객체나 물리적 대상의 특성을 이해하는 최상의 도구가 될 수 있다.

미적분학은 17세기에 페르마와 뉴턴, 라이프니츠 등에 의해 개발되었지만, 기본 아이디어는 아르키메데스가 살았던 기원전 3세기의 계산법calculus까지 거슬러 올라간다. 계산법이라 불린 이유는, 개념상으로는 어려운 문제들이 머리 쓸 필요 없이 비교적 간단한 규칙 몇 가지만 지키면 '자동으로' 술술 풀리는 산술 기법 전체가 그 안에 담겨 있기 때문이었다. 그런데 미분과 적분은 난이도 측면에서 매우 대조적인 특징을 갖는다. 간단히 말해서, 미분은 쉽고 적분은 어렵다. 함수가 분명한 형태로 주어질 때 미분은 아주 쉽게 수행할 수 있지만, 적분은 어려울 뿐만 아니라 심지어 아예 불가능할 때도 있다. 그러나 함수가 분명한 형태로 주어지지 않고 '변수에 대한 함숫값'이 표의 형태로 주어지면 상황이 정반대로 달라져서 적분은 쉽고 미분은 어려워진다. 엄밀히 말해 이런 때에는 정상적인 방법으론 미분을 수행할 수 없다. 수치해석적인 방법은 근사적인 해를 구할 때 주로 사용되는데, 수치적 미분보다는 수치적 적분이 훨씬 쉽다. 왜 그럴까? 지금부터 그 이유를 생각해 보자. 근본적인 원인은 '함수function'라는 개념에서 찾을 수 있다.

오일러를 비롯하여 17세기와 18세기에 활동했던 수학자에게, 함수란 x^2이나 $\sin x$, $\log(3 - x + e^x)$처럼 명확한 수식으로 표현되거나 적분 또는 멱급수의 형태로 정의되는 그 무엇을 뜻했다. 현대 수학자들은 함수를 '사상寫像, mapping'의 개념으로 이해한다. 사상이란, 수 또는 기타 수학적 객체로 이루어진 배열 A를 다른 배열 B에 대응시키는 행위를 말한다. 이때 A를 함수의 정의역domain이라 하고, B를 치역target이라 한다(그림 6.1 참조). 여기서 중요한 것은 정의역 A의 '모든' 원소마다 치역 B에 있는 원소들이 대응한다는 점이다(A에서 어떤 원소를 고르더라도, 대응되는 원소가 B에 반드시 존재한다는 뜻이다). A와 B 사이의 대응관계가 (방금 서술한 조건을 만족하면서)어떻게든 형성되기만 하면 하나의 함수가 정의된다. 이런 함수는 어찌 보면 탐색표look-up table와도 비슷하며, 대응관계가 반드시 명확한 수식으로 표현될 필요는 없다.

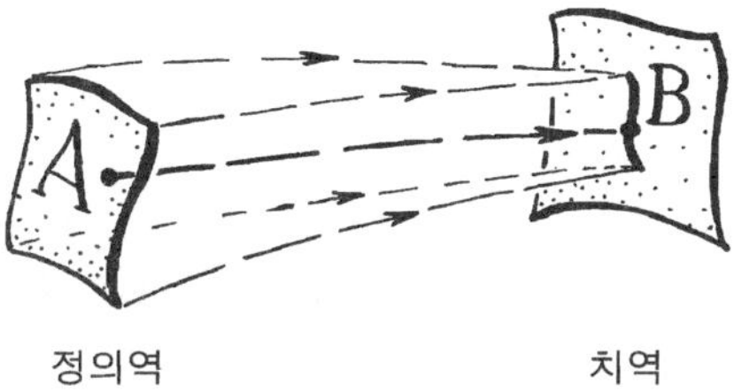

그림 6.1 함수(function)란 정의역(수 또는 기타 수학적 객체로 이루어진 배열 A)과 치역(다른 배열 B)을 대응시키는 관계이다. A의 모든 원소는 특정 규칙을 따라 B에 있는 원소에 대응된다. 단, A에 있는 여러 개의 원소가 B의 원소 하나에 '집중 대응'될 수도 있으며, B의 원소 중에는 '대응짝이 A에 없는' 원소도 있을 수 있다.

한 가지 예를 들어 보자. 그림 6.2에 함수 $|x|$, x^2, $\theta(x)$의 그래프가 그려져 있다.[1] 이 함수들의 정의역과 치역은 실수 전체, 즉 $\mathbb{R}$이다. 이들 중 x^2이라는 함수는 실수를 쭉 훑어 가면서 잡히는 대로 모두 제곱하여 치역(함숫값)으로 전송한다. 함수 $|x|$(x의 절댓값)은 x가 양수일 때는 그 값을 그대로 전송하고, 음수일 때는 마이너스 부호를 붙여 양수로 만든 후에 치역으로 전송한다. 또한, $\theta(x)$는 x가 음수일 때는 0을, x가 양수일 때는 1을 치역으로 전송한다 : 단, $\theta(0)$은 $\frac{1}{2}$로 정의하는 것이 상례이다(이 함수의 이름은 '헤비사이드 계단함수Heaviside step function'이다. 올리버 헤비사이드Oliver Heaviside는 지구 대기에 무선통신에 필요한 전리층인 헤비사이드 층이 존재한다는 가정을 처음 제기한 과학자로 더 유명하다. 헤비사이드의 수학적 업적은 21.1절에서 언급할 기회가 있을 것이다). 이 세 함수는 현대수학의 관점에서 볼 때 나무랄 데 없이 완벽한 함수지만, 만일 오일러가 생전에 이 그림을 보았다면 $|x|$나 $\theta(x)$를 함수로 해석하는 데 많은 어려움을 겪을 것이다.[2]

왜 그럴까? 한 가지 이유로는 함수 $|x|$나 $\theta(x)$의 대응관계가 수식

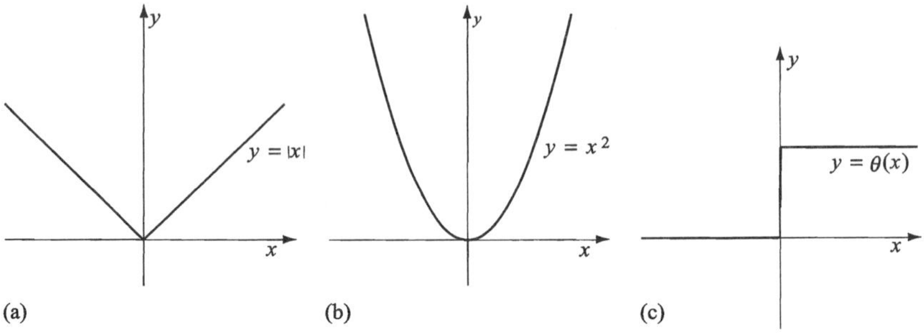

그림 6.2 (a) $|x|$, (b) x^2, (c) $\theta(x)$의 그래프. 이 경우, 정의역과 치역은 모든 실수 ($\mathbb{R}$)이다.

으로는 깔끔하게 표현되지 않는다는 점을 들 수 있다. 이런 함수의 대응 규칙은 "x가 이러이러할 때는 저러저러한 값을 갖고, x가 저러저러할 때는 이러이러한 값을 갖는다"는 식으로 표현하는 수밖에 없다. 게다가, 일단 $|x|$를 함수로 인정하면 $\theta(x)$를 다음과 같은 형태로 쓸 수 있게 된다.[6.1]

$$\theta(x) = \frac{|x| + x}{2x}$$

[$\theta(0)$는 어떻게 되는가? 위 식에 $x = 0$을 대입하면 $0/0$의 형태가 되어 함숫값이 정의되지 않는다. x가 0일 때는 $\theta(0)$이 $1/2$이라는 약속을 따르는 수밖에 없다] $|x|$가 갖는 또 한 가지 문제는 그래프가 $x = 0$인 지점에서 '매끈하지 않다not smooth'는 점이다. 이것은 $|x|$가 분명한 수식으로 표현되지 않는 것보다 더 심각한 문제이다. 그림 6.2a에서 꺾어진 각을 보면 알 수 있듯이, $|x|$는 $x = 0$에서의 기울기가 하나의 값으로 정의

[6.1] 왜 그런지 증명해 보라($x = 0$인 지점은 제외).

되지 않는다. 이런 것이 미분에서 왜 문제가 되는지, 다음 절에서 알아보기로 하자.

6.2 함수의 기울기

앞에서 잠시 언급한 대로 미분은 함수의 '기울기slope'를 계산하는 수단이다. 그림 6.2a의 함수 $|x|$는 거의 모든 지점에서 기울기가 명확하게 정의되지만, 유독 원점에서 하나의 값으로 결정되지 않기 때문에 이곳에서는 미분이 불가능하다('매끈하지 않다'고 표현하기도 한다). 대조적으로, 그림 6.2b의 함수 x^2은 모든 지점에서 기울기가 완벽하게 정의되므로 모든 곳에서 미분가능하다.

6.2c의 $\theta(x)$는 $|x|$보다 상황이 더욱 나쁘다. x가 0인 지점에서 $\theta(x)$ 값에 갑작스러운 비약jump이 나타나기 때문이다. 이럴 때, $\theta(x)$는 원점에서 '불연속discontinuous'이라고 한다. 반면에, x^2과 $|x|$는 모든 지점에서 연속이다. $|x|$는 원점에서 미분이 불가능하지만 연속성에는 아무런 문제가 없다(함수의 연속성과 미분가능성은 분명히 다른 문제지만 서로 긴밀하게 얽혀 있는 개념이기도 하다. 이 문제는 잠시 후에 다룰 것이다).

$|x|$나 $\theta(x)$가 미분불가능하다고 오일러가 마음 편해할 것 같지는 않다. 미분할 수 없어도, 이들은 여전히 '적절한' 함수이기 때문이다. 이번에는 다른 함수를 예로 들어 보자. 그림 6.3에는 x^3과 $x|x|$의 그래프가 제시되어 있다. 물론, x^3은 누구의 눈에도 정상적인 함수이며, 모든 지점에서 기울기가 명확하게 정의된다. 그러나 $x|x|$는 어떤가? 이 함수는 $x \geq 0$일 때 x^2이고, $x < 0$이면 $-x^2$이다. 외관상으로 볼 때, 두 그래프

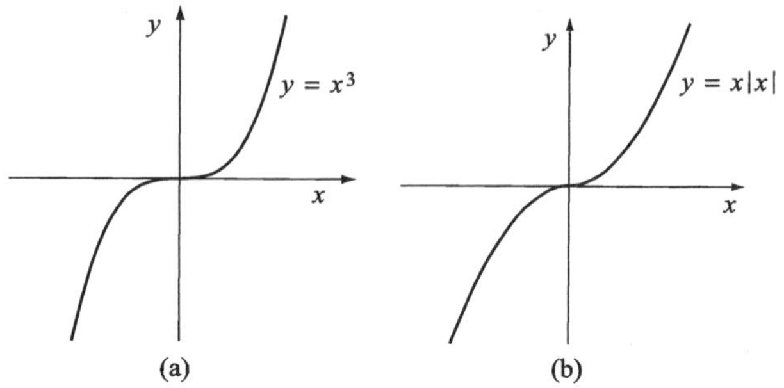

그림 6.3 (a) x^3, (b) $x|x|$ ($x \geq 0$이면 x^2, $x < 0$이면 $-x^2$)

는 매우 비슷하게 생겼고 모든 지점에서 매끈한 것 같다. 실제로, 이들 두 개의 함수는 원점에서 명확한 기울기(둘 다 0이다. 즉, $x = 0$에서 이 그래프들은 경사가 전혀 없다)를 가지며, 원점을 포함한 모든 지점에서 미분가능하다. 그러나 이 희소식을 모두 듣고 나서도 오일러는 여전히 $x|x|$를 달갑지 않게 생각할 것이다.

$x|x|$가 갖는 문제 중 하나는 원점에서 잘 정의된 곡률curvature을 갖지 않는다는 것이다. 곡률은 미분과 관련된 개념으로서, 함수를 두 번 미분하여 얻어지는 양이다(이를 2계 미분second derivative이라고 한다). 함수 $x|x|$는 원점에서 '한 번' 미분가능하지만, 두 번 미분한 값은 존재하지 않는다. 2계 미분과 그 이상의 미분은 6.3절에서 자세히 다룰 예정이다.

이 모든 상황을 정확하게 이해하려면, 무엇보다도 미분이라는 연산이 실제로 어떻게 수행되는지를 알아야 한다. 그리고 미분을 논하려면 곡선의 기울기부터 정확하게 정의해야 한다. 대략적인 개념은 그림 6.4에 제시되어 있다. 그림에서 $f(x)$로 표기한 함수는 기울기의 특성을 가장 잘 보이는 이상적인 함수로 선택된 것이다. 그림 6.4a에서 곡선의 높이는

$y = f(x)$의 함숫값을 나타내고 수평축은 변수 x의 값을 나타내는데, 이것은 직교좌표Cartesian description에서 함수를 그릴 때 일상적으로 사용되는 표기법이다. 곡선상의 한 지점 p에서 곡선의 기울기는 y 방향의 증가량을 x 방향의 증가량으로 나눈 값이며, 이 기울기로 대표되는 직선은 점 p에서 주어진 곡선에 '접하는' 방향을 향한다(접선tangent line을 수학적으로 정의하려면 극한 개념을 도입해야 하는데, 이런 골치 아픈 내용까지 소개할 생각은 없다. 설명이 다소 부실하긴 하지만 지금 당장은 직관적으로 이해하는 것이 중요하므로, 위와 같은 축약형 설명으로 대신하고자 한다[3]). 기울기는 오래된 전통에 따라 dy/dx로 표기한다(영어로는 'dy by dx'라고 읽는다). 여기서 dx는 아주 작은 구간에서 x의 증가량이고, dy는 동일 구간에서 함숫값의 증가량을 의미한다(한 지점에서 기울기를 정확하게 정의하려면, 방금 말한 '아주 작은' 구간을 0으로 근접시키는 극한 과정을 취해야 한다).

이제 이 곡선의 각 지점 p에서 기울기를 계산하여, 그 값을 다시 x의 함수로 표현하면 그림 6.4b와 같은 또 다른 곡선을 얻는다. 이번에도 직교좌표를 사용하였지만, 세로축은 y가 아닌 dy/dx의 값을 나타내고 있다. 여기 그려진 함수는 흔히 $f'(x)$로 표기하는데, $dy/dx = f'(x)$로서 '$f(x)$를 x로 한 번 미분하여' 얻어진 함수이며, 수학용어로는 '$f(x)$의 도함수derivative of $f(x)$'라고 한다.[4]

6.3 고계 도함수 : C^∞- 매끈한 함수

지금부터 2계 도함수에서 어떤 일이 일어나는지 알아보자. $f(x)$를 x로 한 번 미분하면 (1계)도함수 $u = f'(x)$(또는 dy/dx)가 되듯이(그

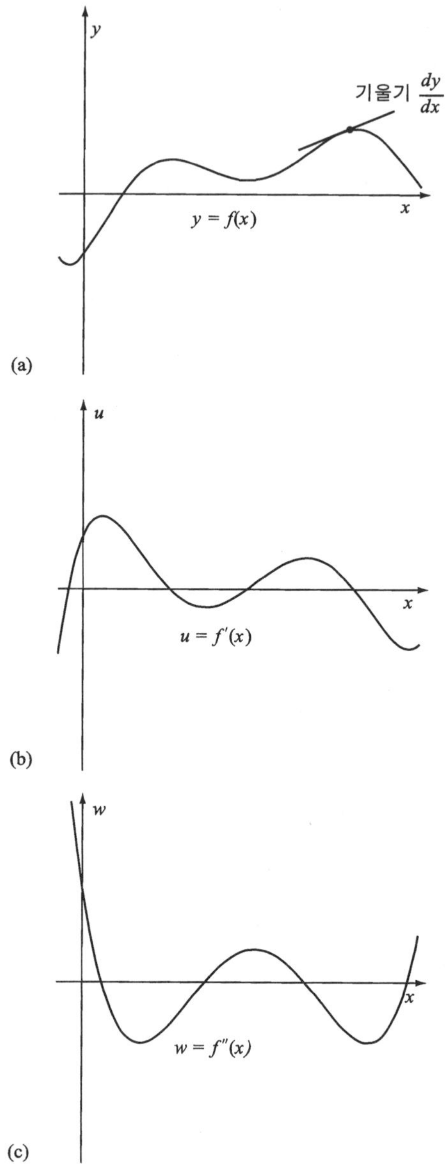

그림 6.4 (a) $y = f(x)$, (b) y의 1계 미분 $u = f'(x)(= dy/dx)$, (c) 2계 미분 $f''(x) = d^2y/dx^2$의 그래프[$f'(x)$가 x축과 만나는 지점에서 $f(x)$의 기울기는 0이다(경사가 전혀 없다). 그리고 $f''(x)$가 x축과 만나는 지점은 $f(x)$의 변곡점(變曲點, inflection)이다].

림 6.4b), $f'(x)$를 또 한 번 미분하면[즉, $f(x)$를 두 번 미분하면] 2계 도함수 $f''(x)(=du/dx)$가 된다(그림 6.4c). $f'(x)$는 각 지점에서 $f(x)$의 그래프에 접하는 접선의 기울기를 x의 함수로 나타낸 것이고, $f''(x)$는 각 지점에서 $f'(x)$의 그래프에 접하는 접선의 기울기를 x의 함수로 나타낸 것이다. du/dx의 u에 dy/dx를 대입하면 y의 2계 도함수가 되는데, (그다지 논리적인 표기는 아니지만)흔히 d^2y/dx^2로 표기한다(영어로는 'd - two - y by dx - squared'라고 읽는다).

$x=p$인 지점에서 원래의 함수 $f(x)$의 기울기가 평평하다면(기울기가 0이라면), $x=p$에서 $f'(x)$의 그래프는 x축과 만난다(즉, 이 지점에서 $dy/dx=0$이다). 그리고 이런 지점에서 $f(x)$는 국소적으로 극대, 또는 극소값을 갖는다(그림 6.4a의 그래프에서 언덕 꼭대기나 골짜기에 해당한다). 그렇다면 2계 도함수 $f''(x)$가 x축과 만나는 점은 어떤 의미가 있을까? 이런 지점에서는 $f(x)$의 곡률이 0이다. 일반적으로 함수 $y=f(x)$의 그래프는 곡률이 0인 지점을 경계로 오목/볼록 상태가 뒤바뀌는데, 이런 지점을 변곡점變曲點, inflection이라고 한다[사실, 엄밀하게 말하면 $f''(x)$는 곡률이 아니다. $y=f(x)$로 정의된 함수의 곡률은 $f''(x)$를 포함하는 훨씬 복잡한 형태로 정의된다.[5] 그러나 곡률이 0이면 $f''(x)$도 0이다].

앞에서 살펴보았던 (겉보기에는)비슷한 두 그래프, x^3과 $x|x|$로 되돌아가서 생각해 보자. 그림 6.5의 a, b, c는 함수 x^3과 이 함수의 1, 2계 도함수이고 d, e, f에는 함수 $x|x|$와 1, 2계 도함수가 그려져 있다. 보다시피, 함수 x^3의 1, 2계 도함수는 모든 지점에서 매끈하고 연속이다. 1계 도함수 $3x^2$이나 2계 도함수 $6x$는 오일러의 마음을 전혀 불편하게 하지 않을 것이다(도함수의 계산법은 조금 뒤에 설명할 예정이다). 그러나

$x|x|$의 1계 도함수는 그림 6.2a와 비슷한 첨점尖點, angle(뾰족한 지점)을 갖고 있고, 2계 도함수는 그림 6.2c와 비슷한 '계단함수'의 형태를 보이고 있다. $x|x|$의 1계 도함수 $2|x|$는 매끈하지 않고, 2계 도함수 $-2+4\theta(x)$는 연속함수가 아니다(독자 중에는 $2|x|$가 원점에서 미분 불가능하므로 그에 대한 도함수를[$-2+4\theta(x)$를] 쓸 수는 없지 않느냐고 반문할 사람도 있을지 모른다. 물론 옳은 지적이다. 그러나 지금 우리에게는 미분의 기본개념 이해가 급선무이므로 사소한 문제는 뒤로 미루기로 한다. 9장의 끝 부분에 등장하는 논리를 이용하면 완전한 도함수를 계산할 수 있다).

우리는 1계 도함수나 2계 도함수를 계산하기 전에는 연속성이나 매

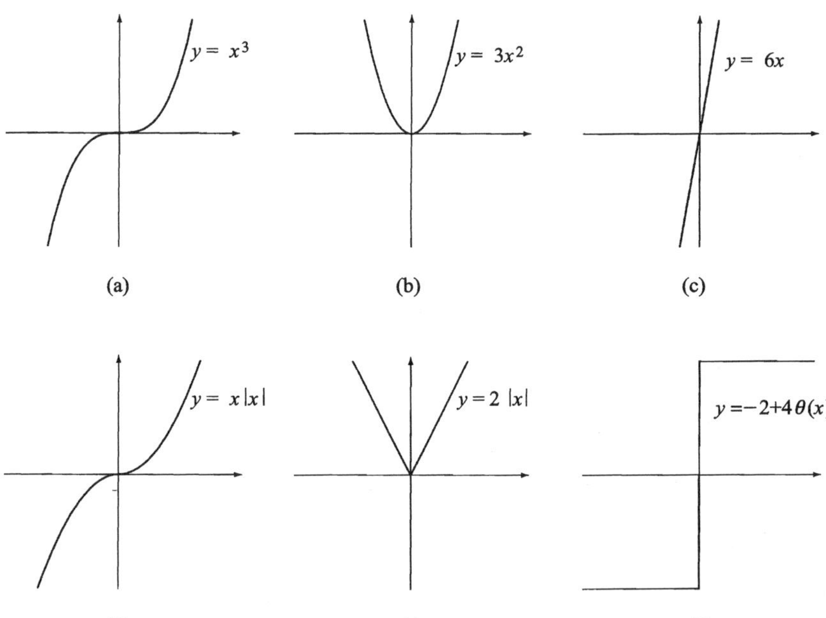

그림 6.5 (a), (b), (c) 함수 x^3과 1계 도함수 $3x^2$, 2계 도함수 $6x$의 그래프. (d), (e), (f) 함수 $x|x|$와 1계 도함수 $2|x|$, 2계 도함수 $-2+4\theta(x)$의 그래프.

끈함에 아무런 문제가 없는 $x|x|$와 같은 함수를 얼마든지 상상할 수 있다. 함수 $x^n|x|$는 보통 n번까지 미분가능하다(n은 양의 정수이며, 얼마든지 크게 잡을 수 있다). 이와 같은 함수를 수학용어로는 'C^n -매끈한 함수'라고 한다(정의역의 모든 점에서 미분을 n번 취할 때까지 함수의 매끈함이 유지된다는 뜻이다. 앞으로는 'C^n -함수'로 줄여서 표기하기로 한다). 따라서 C^n -함수의 n계 도함수는 연속함수이다.[6] $x^n|x|$는 원점에서 C^n -함수에 속하지만, C^{n+1} -함수는 아니다.

오일러가 만족하려면 n이 얼마나 커야 할까? 아마도 무한대가 되어야 할 것 같다. n이 아무리 크다 해도 더 미분을 적용할 수 없는 시점이 찾아온다면 오일러는 만족하지 않을 것이다. 그렇다면 오일러의 요구대로 '무한정 미분가능한 함수'를 어떻게 표현해야 할까? 수학자들은 이런 함수를 'C^∞ -함수'라는 이름으로 부른다. 다시 말해서, C^∞ -함수란 '우리가 원하는 대로 끝없이 미분할 수 있는 함수'이다.

함수에 대한 오일러식 개념은 C^∞ -함수로 요약할 수 있다. 정의역 대부분에서 C^∞ -함수라면 오일러의 요구는 충족될 것이다. 그렇다면 함수 $1/x$은 어떻게 되는가?(그림 6.6 참조) 이 함수는 원점에서 C^∞ -함수가

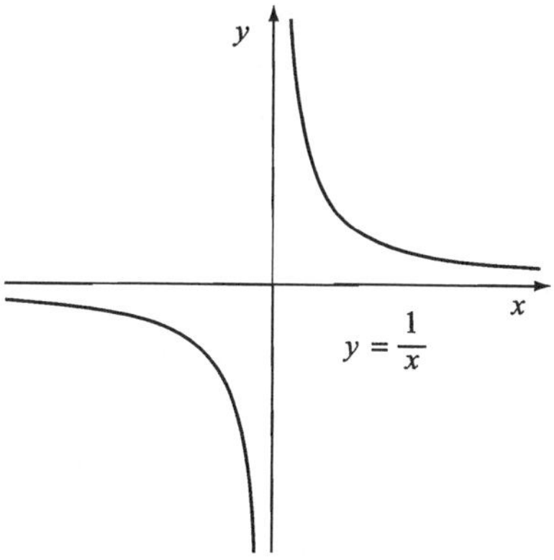

그림 6.6 $1/x$의 그래프.

아니지만(현대 수학자가 사상으로 이해하는 함수의 정의에도 맞지 않지만), 오일러에게는 아무 문제 없는 정상적인 함수로 받아들여질 것이다. $1/x$이라는 함수는 형태가 단순하고 외견상으로도 문제가 없기 때문이다. 따라서 우리는 오일러가 정의역의 모든 지점에서 자신의 함수가 C^{∞}-매끈한지 여부를 크게 신경쓰지 않았다고 생각해도 된다(그가 '정의역들'에만 주목했다고 볼 때). 이런 이상한 성질이 특정 지점에서만 나타난다면 큰 문제가 되지 않을 수도 있다. 그러나 $|x|$와 $\theta(x)$도 $1/x$과 마찬가지로 x가 0인 단 하나의 지점에서만 문제를 일으킨다. 그렇다면 함수 $|x|$와 $\theta(x)$도 정상적인 함수로 간주해야 하지 않을까? 수많은 학자가 그토록 오랜 세월 동안 함수를 연구해 왔지만, 이 의문을 명쾌하게 해결할 기준은 아직 없는 것 같다.

또 다른 예로, 다음과 같이 정의되는 함수 $h(x)$를 생각해 보자.

$$h(x) = \begin{cases} x \leq 0\text{일 때 } 0 \\ x > 0\text{일 때 } e^{-1/x} \end{cases}$$

이 함수의 그래프는 그림 6.7과 같다. 언뜻 보기에도 모든 실수 정의역에 걸쳐 C^{∞}-함수임이 분명하지 않은가!(이 사실을 증명하는 것은 수학과 대학원 과정에 속하는 문제이다. 나도 대학원 시절에 이 문제를 풀어본 적이 있다.[6.2] 함수 $h(x)$는 분명히 모든 지점에서 매끈하지만, 오일러에게 이런 함수를 보여주면 코웃음 치며 무시해 버릴 것 같다. 그가 생각하는 함수는 '단 하나의 수식'으로 정의되는 함수이기 때문이다. 원점에서 끊어진 양쪽 함수를 연결하는 작업이 얼마나 매끈하게 이루어졌던

[6.2] 관련지식이 있다면 한 번 증명해 보라.

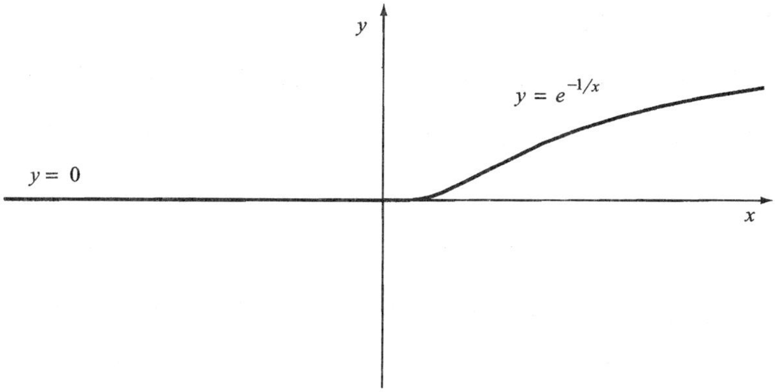

그림 6.7 $y = h(x)$의 그래프($x \leq 0$이면 $y = 0$, $x > 0$이면 $y = e^{-1/x}$).

간에, 어쨌거나 $h(x)$는 '서로 다른 두 함수를 이어 붙인' 함수이다. 그러나 $\frac{1}{x}$은 원점에서 아주 큰 두 '상승spike'으로 나뉘어 매끈하지 않은 건 물론이고 연속이지도 않음에도(그림 6.6 참조) 단 '하나의 수식'으로 표현될 수 있기 때문에 오일러의 관점에서는 정상적인 함수로 분류된다. 오일러에게 함수 $h(x)$는 $|x|$나 $\theta(x)$보다 나은 구석이 전혀 없다. 이번에 우리에게 확실하게 남은 소득은, 연결 방식이 꽤 조잡하긴 하지만 '두 함수가 서로 연결된 함수'이다[$\theta(x)$도 그렇다. $\theta(x)$에서는 연결 부분이 마치 따로 떨어진 것처럼 보인다].

6.4 함수에 대한 '오일러식' 개념

오일러식 함수란 단 하나의 수식으로 표현되는 함수로서, '두 개 이상의 함수를 이어 붙인 함수'와 대조되는 개념이다. 그런데 이런 식의 분류는 어떤 관점에서 비롯한 것인가? 방금 예를 들었던 $h(x)$에서 알 수 있듯이, C^∞-매끈함만으로는 충분치 않다. 이 문제를 해결하는 데에는 두 가지 접근법이 있다. 하나는 복소수를 이용하는 것인데, 여기에는 매우 깊은 의미가 담겨 있지만 말로 표현하면 엄청나게 간단하다. 복소변수 z를 도입해 문제의 함수 $f(x)$를 $f(z)$로 확장하고서, $f(z)$가 변수 z로 '단 한 번' 미분가능하다는 조건을 부과하는 것이다[이 조건을 만족하는 $f(z)$는 복소수 영역에서 C^1-함수'라 할 수 있다]. 이것이 전부이다. 정말로 대단한 복소수 마법이 아닌가? 만일 $f(z)$가 복소변수 z로 '한 번' 미분가능하다면 더 볼 것도 없다. 이 조건을 만족하는 $f(z)$는 무한 번 미분가능하다!

복소함수의 미분은 다음 장에서 다룰 것이다. 오일러식 함수를 규명하는 또 한 가지 접근법은 2.5절에서 언급했던 실함수(변수가 실수인 함수)의 멱급수를 이용하는 것이다(실제로 오일러는 멱급수를 다루는 데 도가 튼 수학자였다). 이 절에서는 멱급수를 이용하여 함수를 정의하는 방법에 대해 알아보기로 한다. 복소미분 가능성이 국소적으로 멱급수 전개의 타당성과 동등하다는 사실은 복소수 마법의 참으로 놀라운 점이다.

복소함수와 관련된 문제는 나중에 다루기로 하고, 당장은 실함수에 관심을 집중해 보자. 어떤 함수 $f(x)$가 다음과 같은 멱급수로 표현된다고 가정하자.

$$f(x) = a_0 + a_1 x + a_2 x^2 + a_3 x^3 + a_4 x^4 + \cdots$$

$f(x)$의 형태(멱급수가 아닌 형태)를 알면 상수 $a_0, a_1, a_2, a_3, a_4, \ldots$를 구할 수 있다. 위와 같은 전개가 가능하려면 $f(x)$가 C^∞-매끈한 함수여서(곧 알게 되겠지만, 이 조건만으로 충분치는 않다) $f'(x)$, $f''(x)$, $f'''(x)$, $f''''(x)$, $\cdots$ 등의 도함수들이 존재해야 한다. 이들은 각각 $f(x)$

의 1계, 2계, 3계, 4계, … 도함수이다. 사실 우리에게 중요한 것은 '$x = 0$일 때 각 도함수의 값'이기 때문에, $f(x)$의 C^{∞}-매끈함은 원점에서만 만족되면 된다. 결론부터 말하면, $f(x)$를 전개했을 때 각 항의 계수들은 다음과 같은 값을 갖는다(이들로 이루어진 멱급수를 '맥로린 급수Maclaurin's series[7]'라고도 한다).[6.3]

$$a_0 = f(0),\ a_1 = \frac{f'(0)}{1!},\ a_2 = \frac{f''(0)}{2!},\ a_3 = \frac{f'''(0)}{3!},\ a_4 = \frac{f''''(0)}{4!},\ \cdots$$

(5.3절에서 말했듯이, $n! = 1 \times 2 \times \cdots \times n$이다) 그러나 다른 부분은 어떻게 되는가? 상수 $a_0, a_1, a_2, a_3, a_4, \ldots$가 위와 같이 결정되면, 멱급수 $a_0 + a_1 x + a_2 x^2 + a_3 x^3 + a_4 x^4 + \cdots$은 (원점을 포함하는 특정 구간 내에서) 원래의 $f(x)$와 같아질 것인가?

연결부위가 매끈했던 $h(x)$를 다시 떠올려 보자. $x = 0$인 지점에서 멱급수 전개를 적용하면 $h(x)$의 문제점을 찾을 수 있을지도 모른다. 일단은 $h(x)$를 멱급수로 전개하는 것이 가능한지 확인해 보자. 위에서 $f(x)$를 $h(x)$로 대치하여 $h(x) = a_0 + a_1 x + a_2 x^2 + a_3 x^3 + a_4 x^4 + \cdots$로 놓고 보면 계수 $a_0, a_1, a_2, a_3, a_4, \ldots$는 모두 0이 되어야 한다. $x \leq 0$일 때 $h(x)$는 무조건 0이어야 하기 때문이다. 그뿐만 아니라 $h(x)$는 $x = 0$에서 C^{∞}-함수이기 때문에, $x > 0$인 구간$(= e^{-1/x})$에서도 모든 계수는 0이 되어야 한다(앞서 말한 대로, 엄밀한 증명은 수학과 대학원 과정에 해당하므로 생략한다. 근본적인 이유는 모든 도함수가 $x = 0$을 중심으로 매끈하게 연결되어야 하기 때문이다). 그러나 모든 계수가 전 구간에서 0

[6.3] 6.5절의 끝 부분에 제시된 미분공식을 이용하여 증명해 보라.

이라면, 이들로 만들어진 멱급수로는 $h(x)$를 만들 수 없다. 0을 아무리 많이 더해도 $e^{-1/x}$이 될 수는 없기 때문이다([예제 6.2] 참조). 따라서 $h(x)$로는 x^n 형태의 멱급수 전개가 불가능하다. 이럴 때, $h(x)$는 $x=0$에서 '해석적이지 않다not analytic'고 한다.

위에서는 '원점에 대한' 멱급수 전개를 문제 삼았는데, 사실 멱급수 전개는 원점이 아닌 실수 정의역의 다른 지점에서 실행할 수도 있다. 물론 이 경우에도 동일한 논리가 적용된다. 단, 전개의 중심점이 원점에서 다른 지점 p로 이동하면 전개공식에 등장하는 모든 x를 $x-p$로 바꾸어야 한다.

$$f(x) = a_0 + a_1(x-p) + a_2(x-p)^2 + a_3(x-p)^3 + \cdots$$

여기서 각 계수의 값은 다음과 같다.

$$a_0 = f(p),\ a_1 = \frac{f'(p)}{1!},\ a_2 = \frac{f''(p)}{2!},\ a_3 = \frac{f'''(p)}{3!},\ a_4 = \frac{f''''(p)}{4!},\ \cdots$$

위의 $f(x)$를 '점 p에 대한 멱급수 전개'라고 한다. $x=p$를 포함하는 특정 영역 안에서 위와 같은 전개식이 존재할 때, $f(x)$는 '$x=p$에서 해석적analytic'이라고 한다. 만약 모든 정의역에서 해석적이라면, $f(x)$는 해석함수(또는 'C^{ω}-매끈한 함수')라고 한다. 해석함수는 C^{∞}-함수보다 더욱 매끈한 함수이며, $\theta(x)$, $x|x|$, $x^n|x|$, $h(x)$ 등과 같이 두 해석함수를 붙여 놓은 함수보다 더한층 오일러의 취향에 맞는 함수라고 할 수 있다. 결국, 오일러가 원했던 것은 해석함수였다. 해석함수야말로 가장 '정직한' 함수인 셈이다!

그러나 함수를 무한 멱급수로 전개하기란 현실적으로 불가능하다.

처음 몇 개의 항(또는 일반항)을 써넣을 수는 있겠지만, 매번 무한히 많은 항을 몽땅 더해서 원래 함수와 비교해야 한다면, 이것만큼 번거로운 일도 없다. 함수를 낱낱이 풀어헤쳐서 적나라하게 드러내는 것보다는, '복소수'를 동원하여 함수의 성질을 설명하는 편이 훨씬 수월하다. 또한, 이 방법은 우리의 이해 수준을 훨씬 높여 준다. 예를 들어 함수 $\frac{1}{x}$은 $x=0$에서 해석적이지 않지만, 여전히 '하나의 함수'이다.[6.4] 멱급수 전개에 담긴 철학으로는 이런 상황을 설명할 수 없다. 그러나 이제 곧 알게 되겠지만, 복소수의 관점에서 보면 $\frac{1}{x}$은 분명한 하나의 함수이다.

6.5 미분과 관련된 공식들

위 문제를 논하기 전에, 미분과 관련된 중요한 공식들을 알고 넘어가는 것이 좋겠다. 이 절에 등장하는 공식만 알고 있으면 함수 대부분을 '거의 아무런 생각 없이' 미분할 수 있다. 물론 이렇게 되려면 몇 달에 걸친 연습이 필요하다! 아래 공식들은 다양한 함수의 도함수, 특히 멱급수로 표현된 함수의 도함수를 계산할 때 매우 유용하다.

앞에서 지나가는 말로 x^3의 도함수가 $3x^2$이라고 말한 적이 있다. 이것은 간단하지만 매우 중요한 공식의 특별한 경우로서, 일반적으로 x^n의 1계 도함수는 nx^{n-1}이다. 이 관계를 미분기호로 표현하면 다음과 같다.

$$\frac{d(x^n)}{dx} = nx^{n-1}$$

[6.4] '하나의 함수' $\exp(-1/x^2)$는 C^∞이지만 원점에서 해석적이지 않다. 이 사실을 증명해 보라.

(왜 이렇게 되는지를 설명하려면 본론에서 한참 벗어나 먼 길을 돌아가야 하므로, 증명은 과감하게 생략한다. 물론, 증명 자체는 별로 어렵지 않다. 미적분학 기초교재를 뒤져 보면 증명과정이 나올 것이다.[8] 여기서 n은 반드시 정수가 아니어도 상관없다). 위 식은 (양변에 dx를 곱해서)다음과 같이 간편한 형태로 쓸 수도 있다.[9]

$$d(x^n) = nx^{n-1}\,dx$$

멱급수를 미분할 때에는 이것으로 충분하다. 이와 더불어 두 가지 규칙만 기억하면 된다. 첫째, 두 함수의 합을 미분한 것은 각각의 함수를 먼저 미분하고 더한 것과 같다.

$$d[f(x) + g(x)] = df(x) + dg(x)$$

위 규칙은 여러 개의 함수가 더해진 때에도 똑같이 적용된다.[10] 둘째, 함수 앞에 어떤 상수가 곱해진 상태에서 미분한 결과는 함수만 골라내서 먼저 미분한 뒤 그 상수를 곱한 것과 같다.

$$d\{af(x)\} = adf(x)$$

여기서 말하는 상수constant란, 'x가 변해도 따라서 변하지 않는 양'을 의미한다. 멱급수에 등장하는 계수 a_0, a_1, a_2, a_3, a_4, …은 모두 상수이다. 지금까지 나열한 세 규칙만 알고 있으면 모든 종류의 멱급수를 별다른 어려움 없이 미분할 수 있다.[6.5]

a가 상수임을 미분기호로 표현하면 다음과 같다.

[6.5] 5.3절에 제시된 e^x의 멱급수 전개를 이용하여 $de^x = e^x\,dx$를 증명하라.

$$da = 0$$

이를 유념한다면, 우리는 위 공식 $d\{af(x)\} = adf(x)$가 라이프니츠 공식Leibniz rule

$$d\{f(x)g(x)\} = f(x)\,dg(x) + g(x)\,df(x)$$

의 특수한 경우[$g(x) = a$]에 해당한다는 사실을 알 수 있다[그뿐만 아니라, $d(x^n)/dx = nx^{n-1}$도 라이프니츠 공식으로부터 유도할 수 있다[6.6]]. 덧붙여서, 알고 있으면 유용한 미분규칙을 또 하나 소개한다.

$$d\{f(g(x))\} = f'(g(x))g'(x)\,dx$$

라이프니츠 공식에서 $f(x)g(x)$를 $f(x)[g(x)]^{-1}$로 대치하고 위 규칙을 적용하면 다음과 같이 분수함수의 미분법칙을 유도할 수 있다.[6.7]

$$d\left(\frac{f(x)}{g(x)}\right) = \frac{g(x)\,df(x) - f(x)\,dg(x)}{g(x)^2}$$

위에 나열된 미분법칙만 알고 있으면(사실, 아는 것만으로는 부족하다. 여러 차례에 걸친 반복훈련이 무엇보다 중요하다) '왜 그렇게 되는지' 속사정을 전혀 모르고서도 미분 전문가가 될 수 있다! 이것은 미분연산이 가지는 커다란 장점이다.[6.8] 여기에 몇몇 특수한 함수의 도함수까지 외워두면[6.9] 미분도사의 경지에 오를 수 있다. 아래 나열된 도함수들을 잘 기

[6.6] 직접 유도해 보라.

[6.7] 직접 유도해 보라.

[6.8] $y = (1 - x^2)^4$과 $y = (1 + x)/(1 - x)$의 도함수 dy/dx를 구하라.

[6.9] a가 상수일 때, $d(\log_a x)$, $d(\log_x a)$, $d(x^x)$를 구하라.

억해 두기 바란다. 이 책을 읽기 전까지 미분을 전혀 몰랐다 해도, 몇 가지 미분법칙과 도함수만 알고 있으면 '미분도사 클럽'의 당당한 회원이 될 수 있다.[11], [6.10]

$$d(e^x) = e^x\,dx$$

$$d(\log x) = \frac{dx}{x}$$

$$d(\sin x) = \cos x\,dx$$

$$d(\cos x) = -\sin x\,dx$$

$$d(\tan x) = \frac{dx}{\cos^2 x}$$

$$d(\sin^{-1}\mathrm{x}) = \frac{dx}{\sqrt{1-x^2}}$$

$$d(\cos^{-1} x) = \frac{-dx}{\sqrt{1-x^2}}$$

$$d(\tan^{-1} x) = \frac{dx}{1+x^2}$$

이 장의 서두에서 말한 대로, 관련법칙을 알면 미분은 정말 '쉽다.' 물론, 눈감고도 할 수 있을 정도로 쉽지는 않다. 몇몇 유별난 함수의 미분은 걷잡을 수 없을 정도로 복잡하다. 미분이 쉽다는 것은 '어떤 경우에도 미분을 수행할 수 있는 명확한 규칙이 존재한다'는 뜻이다. 주어진 식이 아무리 복잡해도, $+$나 $-$부호로 연결된 각 항의 미분규칙을 알고 있다면 아

[6.10] 첫 번째 식은 [예제 6.5]와 동일하고 두 번째 식은 $d(e^{\log x})$로부터 증명할 수 있다. 세 번째와 네 번째 식은 de^{ix}로부터 유도할 수 있으며(단, 복소수 i는 상수로 취급한다), 나머지는 위에서 얻은 결과 [$d(\sin(\sin^{-1} x))$등]를 이용하면 된다. 참고로, $\cos^2 x + \sin^2 x = 1$이다.

무런 문제가 없다. 이처럼 미분은 명확한 규칙이 있기 때문에 컴퓨터로 구현하기도 쉽다. 그러나 미분의 역과정, 즉 적분으로 가면 상황은 크게 달라진다.

6.6 적분

장의 서두에서 말한 바와 같이, 적분은 미분의 역과정에 해당한다. 간단히 말해서, $g'(x) = f(x)$의 관계에 있는 $f(x)$가 주어질 때 이로부터 원래의 $g(x)$를 구하는 과정이 바로 적분이다. 이런 설명으로 이해가 가지 않는 독자들을 위해 다른 설명법을 준비했다. 그림 6.4(또는 그림 6.5)에서 (a)→(b)→(c)로 이동하려면 각 단계의 함수를 미분해야 하는데, 미분 대신 적분을 하면 이 순서를 거꾸로 밟아 가게 된다. '미적분학의 기본정리'의 아름다움은 바로 이 과정이 (a), (b), (c) 각각의 연속곡선들 아래의 면적을 어떻게 계산하는지 우리에게 알려 준다는 점이다. 그림 6.8의 $f(x)$는 각 지점에서 $g(x)$의 기울기를 x의 함수로 표현한 것이다. 다시 말해 $y = g(x)$를 미분하면 $u = f(x)$를 얻으며, $f(x)$는 $g(x)$의 1계 도함수다. 이것은 앞에서 이미 설명한 내용이다. 이번에는 아래[$f(x)$]에서 위[$g(x)$]로 올라가는 방법을 생각해 보자. 결론부터 말하자면, 위쪽 곡선에는 아래쪽 곡선과 x축 사이의 면적이 투영되어 있다. 좀 더 구체적으로 설명하면 다음과 같다. 아래쪽 곡선에서 $x = a$와 $x = b$에 해당하는 두 개의 수직선과 x축, 그리고 곡선 자체로 에워싸인 면적은(그림 6.8b의 검은 부분) 위쪽 곡선에서 $x = b$일 때와 $x = a$일 때 곡선의 높이 차이와 같다. 물론 이와 같은 대응관계를 따질 때에는 '부호'를 조심해야 한다. 아래쪽 곡선이 x축 아래로 내려가 있는 경우에는 면적을 음수로 간주하

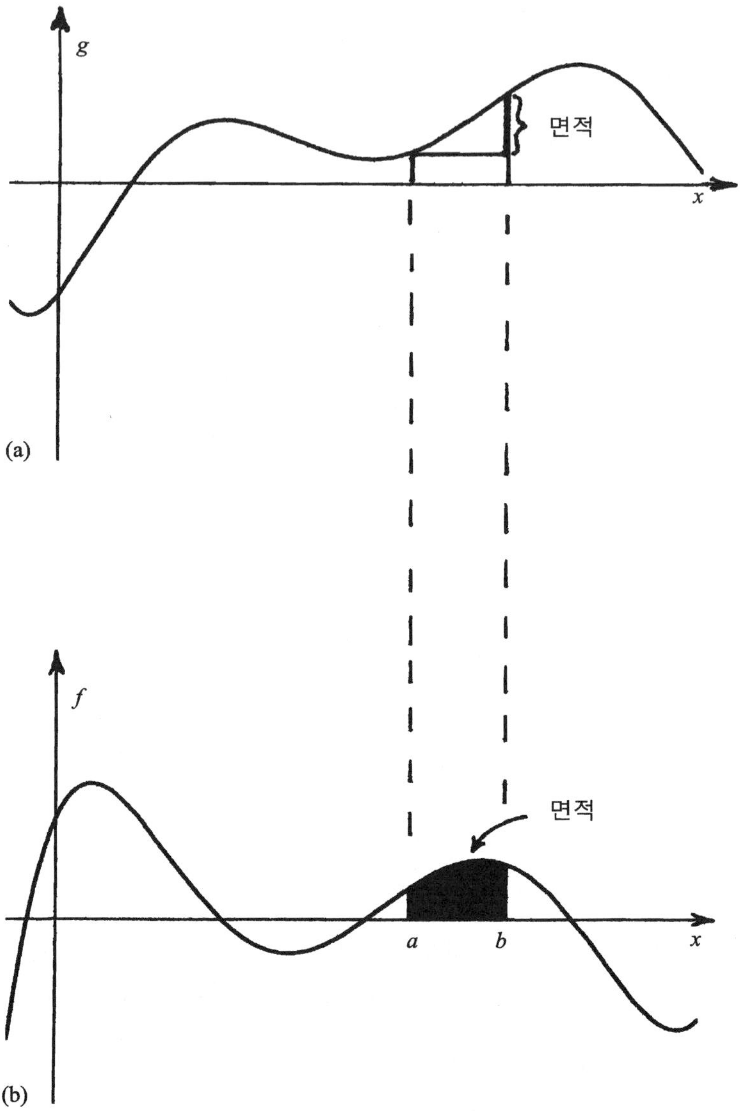

그림 6.8 미적분학의 기본 정리 : 그림 6.4에서 함수가 (b)→(a)로 바뀌는 과정이 적분에 해당된다. 이 그림에서 위쪽에 있는 곡선 (a)에는 아래쪽에 있는 곡선 (b)의 면적이 투영되어 있다. 그림 (b)에서 $x = a$와 $x = b$에 해당하는 두 수직선과 x축, 그리고 곡선 자체로 에워싸인 면적은 이 구간에서 곡선 (a)의 높이 차이, 즉 $g(b) - g(a)$와 같다(부호에 주의!).

고, '곡선의 높이 차이'는 $a < b$일 때 $g(b) - g(a)$이다[$a > b$인 경우에는 $g(a) - g(b)$이다].

그림 6.9는 면적과 높이 사이에 이런 신기한 관계가 성립하는 이유를 직관적으로 설명해 준다. 그림에서 b가 a보다 '아주 조금' 크다고 가정하면, 아래쪽 그림에 굵은 선으로 표시된 부분은 $x = a$와 $x = b$로 에워싸인 가느다란 끈 모양이 된다(그림에는 a와 b의 차이가 실제보다 많이

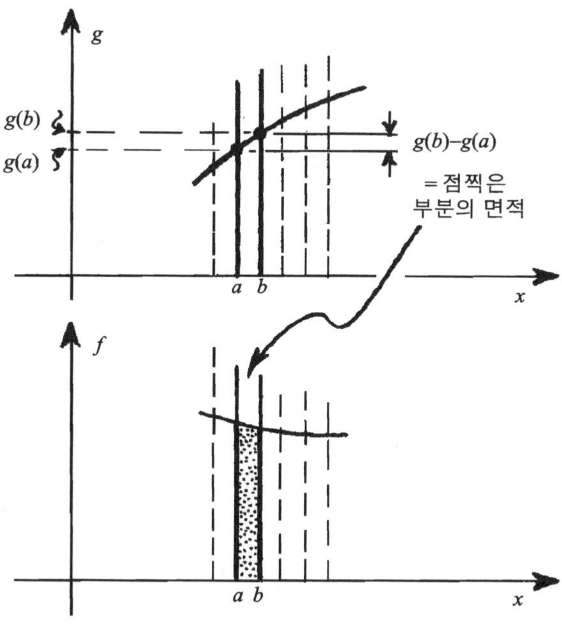

그림 6.9 b가 a보다 '아주 조금' 크다고 가정하면 아래쪽 그림에서 $x = a$와 $x = b$로 에워싸인 가느다란 끈 모양 도형의 면적은 끈의 폭 $(b - a)$에 곡선의 높이(x축에서 곡선까지의 높이)를 곱한 값과 같다. 그런데 이 높이는 동일 지점에서 위쪽 그래프의 기울기와 같으므로 끈 모양 도형의 면적은 '기울기 × 끈의 폭'으로 계산되며, 이 값은 해당 구간에서 위쪽 곡선의 증가량인 $g(b) - g(a)$와 같다. 폭이 넓은 끈은 가느다란 끈을 여러 개 붙여서 만들 수 있으므로, 결국 폭이 넓은 끈의 면적(그림 6.8b의 검은 부분)은 해당 구간에서 위쪽 그래프의 전체적인 증가량과 같다.

과장되어 있다). 이 도형의 면적은 끈의 폭 $(b-a)$에 높이(x축에서 곡선까지의 높이)를 곱한 값과 같다. 엄밀하게 따지면 이 도형은 직사각형이 아니지만, $b-a$가 아주 작다고 가정했으므로 (거의)직사각형으로 간주할 수 있다. 그런데 끈의 높이는 해당 지점에서 위쪽 그래프의 기울기와 같다. 이것이 바로 미분의 정의이기 때문이다. 따라서 끈의 면적은 이 기울기에 끈의 폭을 곱한 것과 같고, 이 양은 a와 b 사이에서 위쪽 그래프의 증가량, 즉 $g(b)-g(a)$에 해당한다. 따라서 아래쪽 곡선을 잘게 토막 내 만들어진 모든 끈(가느다란 직사각형들)의 면적도 해당 구간에서 함수 $g(x)$의 증가량과 같다. 그런데 폭이 넓은 끈은 가느다란 끈들을 여러 개 모아서 만들 수 있으므로, 문제의 구간에서 위쪽 곡선의 증가량을 알면 동일 구간으로 둘러싸인 아래쪽 도형의 면적을 계산할 수 있다.

이쯤에서 매우 중요한 사실 하나를 짚고 넘어갈 필요가 있다. 그림 6.9에서 아래쪽 곡선(f)→위쪽 곡선(g)으로 옮겨갈 때, 곡선 g의 '높이'가 유일하게 결정되지 않는다는 것이다. 중요한 것은 곡선 자체의 높이가 아니라 두 지점 사이의 차이, 즉 증가량이므로, 곡선 g가 위 또는 아래로 상수 C만큼 평행이동해도 f와 g의 관계는 여전히 성립한다. 곡선 전체를 평행이동시켜도 $g(b)-g(a)$는 달라지지 않고, 각 지점에서의 기울기도 그대로 유지된다. 이 사실이 미적분학에 반영되면서 등장한 개념이 바로 적분상수이다. $g(x)$를 미분한 결과가 $f(x)$라면, $g(x)+C$를 미분해도 $f(x)$를 얻는다(상수를 미분하면 0이다).

$$d(g(x)+C)=dg(x)+dC=f(x)dx+0=f(x)dx$$

위와 같은 관계에 있는 $g(x)$나 $g(x)+C$를 '$f(x)$의 부정적분 indefinite integral'이라 하며, 적분기호로 표현하면 다음과 같다.

$$\int f(x)\,dx = g(x) + 상수$$

이것은 $d[g(x) + 상수] = f(x)\,dx$의 관계를 다른 방식으로 표현한 것뿐이며, $\int$ 기호는 미분에 등장하는 d의 역inverse을 나타내는 기호이다. 면적의 구간이 $x = a$와 $x = b$로 분명하게 정해진 때에는

$$\int_a^b f(x)\,dx = g(b) - g(a)$$

로 쓰고, '$f(x)$의 정적분definite integral'이라 한다. 이제 남은 문제는 $f(x)$가 주어져 있을 때 위 적분을 수행하는 방법이다. 미분처럼 다양한 $f(x)$에 대하여 명확한 공식이 있으면 좋겠는데, 몇 가지 특별한 경우를 제외하고는 애석하게도 그런 것이 존재하지 않는다. 미적분학 교과서나 컴퓨터 프로그램에 적분과 관련된 다양한 계산법이 소개되어 있긴 하지만, 모든 적분을 수행하기에는 턱없이 부족하다. 결국 적분결과를 나타내기 위해 우리는 이전에 썼던 명확한 기본 함수의 범위를 확장해야만 할 때나, 아예 새로운 함수들을 '발명해야만' 하는 때와 자주 마주치게 된다. 실은 위 사례가 바로 그런 특별한 경우에 해당한다. 예를 들어, 우리가 x^n이나 이들의 조합으로 이루어진 함수밖에 모른다고 가정해 보자. x^n을 적분하면 $x^{n+1}/(n+1)$이 된다[6.5절에서 소개했던 미분공식에 n 대신 $n+1$을 대입하고 미분을 적분으로 뒤집으면 이 결과를 얻을 수 있다: $d(x^{n+1})/dx = (n+1)x^n$]. 이 사실만 알면 다항식은 대부분 별다른 문제 없이 적분 가능하다. 단, $n = -1$이면 $x^{n+1}/(n+1)$의 분모가 0이 되기 때문에 이 식을 적용할 수 없다. 그렇다면 $x^{-1} = 1/x$은 어떻게 적분해야 할까? 다행히도 우리에게는 $d(\log x) = x^{-1}\,dx$라는 미분공식이 있으므로, 이 관계를 적분으로 뒤집으면 $\int x^{-1}\,dx = \log x + 상수$가 된다.

이번에는 제법 운이 좋았다! 앞에서 다른 이유로 배웠던 로그함수가 우연히도 딱 맞아떨어지는 답을 제시해 주는 바람에 x^{-1}의 적분을 의외로 쉽게 구할 수 있었다. 그러나 대부분의 경우에는 우리가 이미 알고 있는 함수로 적분 결과를 표현하기가 쉽지 않다. 심지어는 적분결과를 표현하기 위해 새로운 함수를 '정의해야' 하는 경우도 종종 발생한다. 적분이 어려운 것은 바로 이런 이유 때문이다.

그러나 명확한 표현에 신경쓰지 않고 주어진 함수에 대하여 도함수나 적분의 '존재 여부'만을 문제 삼는다면 상황은 정반대로 달라진다. 이런 경우에는 적분보다 미분에서 문제가 발생하기 쉽다. 수치적 데이터만 갖고 미적분을 수행할 때에도 사정은 마찬가지다. 미분에서 문제가 발생하는 이유는 미분이라는 연산 자체가 함수의 미세한 변화에 매우 민감하게 반응하기 때문이다. 그래서 함수의 정확한 형태가 주어지지 않으면 미분이 몹시 어려워진다. 이에 반하여 적분은 함수의 국소적인 성질보다 전체적인 형태에 따라 좌우되기 때문에, 수치적 방법으로도 답을 쉽게 구할 수 있다. 실제로, 정의역이 $a \leq x \leq b$로 '닫혀 있는'[12] 임의의 연속함수(C^0-함수)를 적분하면 C^1-함수가 되고, 이 함수를 계속 적분해 나가면 C^2, C^3, … 등으로 변한다. 즉, 적분을 반복할수록 함수는 점차 매끈해지며, 이 과정은 끝없이 반복될 수 있다. 그러나 미분은 함수에 반복할수록 점점 더 미분하기 어려워지며, 어느 시점에 이르면 아예 불가능해진다.

그렇다고 함수를 무한정 미분하는 방법이 아예 없지는 않다. 앞에서 우리는 미분불가능한 함수 $|x|$를 미분하여 $\theta(x)$를 얻은 적이 있다[그림 6.5에서 (e)→(f)로 넘어가는 과정 참조]. $\theta(x)$는 원점에서 기울기가 무한대지만, 이 함수를 또 한 번 미분하면 양자역학의 수학에서 엄청나게 중요한 역할을 하는 디랙 델타함수가 얻어진다.[13] 델타함수는 원점에서 값

을 갖지 않고(오직 '무한대만을' 가질 수 있다). 그 외의 모든 점에서 0이기 때문에, '정의역에서 치역으로 집합의 원소를 대응시킨다'는 현대적 의미의 함수론에 입각해서 볼 때 정상적인 함수는 아니다. 그렇지만, 델타함수는 분포distribution를 비롯한 여러 수학분야에서 명확하게 정의되어 있다.

앞에서 도입했던 C^n -함수의 개념은 n이 음수여도 적용될 수 있다. 위 논리에 의하면 함수 $\theta(x)$는 C^{-1} -함수이며 델타함수는 C^{-2} -함수이다. 한 번 미분할 때마다 함수의 미분가능성은 1단계씩 감소한다[즉, C^{-n} -함수가 $C^{-(n+1)}$ -함수로 변한다]. 오일러의 눈으로 보면 미분을 계속할수록 '정상 함수'에서 멀어져 가는 셈이다. 실제 응용분야가 없다면 오일러는 이런 함수를 결코 상대하지 않을 것이다. 그러나 이 시점에서 복소수를 도입하면 모든 상황이 극적으로 달라진다. 복소수의 마법이 드디어 제 모습을 드러내는 것이다! 이 멋진 장관을 구경하려면 9장의 후반부까지 기다려야 한다. 지금 당장은 미적분을 복소함수에 적용하는 기술부터 습득하는 것이 급선무이다.

〈6장 후주〉

6–1절

6.1 이 그림에서는 함수의 대응관계를 생략하고 함수의 값만을 표기하였다. 알론조 처치(Alonzo Church)가 1941년 쓴 『람다 계산법(lambda calculus)』의 표기를 따르자면 x에서 x^2가 되는 함수는 $x \mapsto x^2$, 또는 $\lambda x[x^2]$라고 써야 한다. Penrose(1989) 2장 참조.

6.2 이 절에서는 오일러의 함수관(函數觀)을 자주 언급할 것이다. 그러나 여기서 인용한 '오일러'는 사실 내가 가설에 근거해 이상화한 개념임을 확실히 해 두어야겠다. 레온하르트 오일러가 함수를 정확히 어떤 식으로 이해했는지는 나로서도 알 길이 없다. 그러나 내가 이 책의 '오일러'가 갖게 한 함수관은, 역사에 기록된 실제 오일러의 함수관과 완전히 어긋나지는 않는다. 오일러의 함수관에 대하여 더 많은 정보를 원하는 독자들은 Boyer (1968), Thiele(1982), Dunham(1999)를 참고하기 바란다.

6–2절

6.3 자세한 내용은 Burkill(1962)를 참조하라.

6.4 엄밀히 말해서, f'은 함수 f를 '통째로' 미분하여 얻어지는 함수이다. 특정한 x값에서 f를 알고 있다고 해도, 그 지점에서 f'을 구할 수 있는 것은 아니다([후주 6.1] 참조).

6–3절

6.5 곡률(curvature) $= f''(x)/[1+f'(x)^2]^{3/2}$

6.6 이는 곧 C^n-함수의 1계 ~ n계 도함수가 연속임을 뜻한다. 미분이 가능하려면 함수가 연속이어야 하기 때문이다.

6–4절

6.7 전통적으로, 원점을 중심으로 함수를 전개한 멱급수를 맥로린 급수(Maclaurin's series)라고 한다(그러나 이 전개식을 맥로린이 처음 유도했는지는 분명치 않다). 임의의 점 p를 중심으로 함수를 전개하는 테크닉을 처음 도입한 사람은 브룩 테일러(Brook Taylor, 1685 ~ 1731)였다.

6–5절

6.8 Edwards and Penney(2002) 참조.

6.9 미분기호 dy/dx의 의미가 머리에 들어오지 않는다면 'dy를 dx로 나눈 값'으로 이해해도 큰 지장은 없다(물론 사실은 나눗셈과 조금 다른 의미이다). 여기 사용된 표기법은 12.3～6절에서 미분형식(differential form)을 논할 때 다시 도입될 것이다.

6.10 그러나 무한 멱급수처럼 항의 개수가 무한히 많을 때 이 법칙을 적용하면 미묘한 기술적 차이가 생겨난다. x값이 수렴원의 바깥에 있으면 급수가 발산하기 때문이다. x값이 확실히 수렴원 안에 있으면 이 차이를 무시할 수 있다. Priestley(2003), 4.4절 참조,

6.11 5.1절에서 말한 바와 같이 $\sin^{-1}$, $\cos^{-1}$, $\tan^{-1}$는 각각 sin, cos, tan의 역함수를 나타낸다. 따라서 $\sin(\sin^{-1}x)=x$이다. 단, 여기 열거한 역함수들은 '다가함수'이기 때문에 함숫값의 범위를 $-\frac{\pi}{2}\le\sin^{-1}x\le\frac{\pi}{2}$, $0\le\cos^{-1}x\le\pi$, $-\frac{\pi}{2}\le\tan^{-1}x\le\frac{\pi}{2}$로 제한하는 것이 보통이다.

6–6절

6.12 이와 같은 정의역을 '컴팩트(compat)하다'고 말한다(12.6절 참조). 일반적으로 끝점을 포함하는 영역을 '컴팩트한 영역'이라고 한다.

6.13 올리버 헤비사이드는 델타함수의 존재를 디랙보다 먼저 알고 있었다.

7
복소함수의 미분과 적분

7.1 복소함수의 매끈함 : 복소해석함수

6장에서 다뤘던 미분 개념을 '복소' 함수 $f(z)$에 적용할 수 있을까? 적용할 수 있다면, 과연 어떤 결과가 얻어질까? 물론, 이 책은 일반인을 위한 교양과학서이므로 복소함수 미적분의 모든 내용을 다룰 수는 없다.[1] 6.2절에서 실함수의 미분을 논할 때에도 자세한 설명은 생략했다. 독자들은 핵심적인 사항만 알고 있으면 된다. 복소함수의 미분에 담긴 의미를 축약해서 설명하면 다음과 같다. 이 중에서 특별히 강조해야 할 부분은 나중에 따로 설명할 것이다.

복소함수의 미분을 논하려면, 먼저 정의역에 포함된 임의의 점 z에서 복소곡선 $w = f(z)$의 '기울기'부터 정의해야 한다[여기서 함수 $f(z)$와 변수 z는 복소수 값을 취한다]. 복소함수의 기울기가 일관된 의미를 지니려면, 변수 z를 복소평면에서 근방의 다른 지점으로 이동시킬 때 $f(z)$가 코시-리만 방정식Cauchy-Riemann equation을 만족해야 한다[2][이것은 $f(z)$의 실수부 및 허수부의 도함수가 만족해야 하는 한 쌍의 방정식으로 되어 있는데, z의 실수부 x와 허수부 y가 미분변수로 등장한다. 10.5절 참조]. 또한, 이 방정식으로부터 복소함수의 '경로적분contour integral'이라는 새 개념이 도입된다. $f(z)$의 n계 도함수는 경로적분을 이용하여 그야말로 아름답게 표현된다. 따라서 $f(z)$의 1계 도함수만 알면 나머지는 '공짜로' 구할 수 있다.

일단 경로적분이 정의되면, 이를 이용하여 $f(z)$의 테일러 전개[6.4절 후주 6.7 참조]에 나타나는 계수들을 계산할 것이다. 이 작업이 완료되면 복소 z평면 위의 특정 원 안에서 수렴하는 $f(z)$의 테일러 전개식이 완성되고, 이 영역에서 $f(z)$는 매끈한 함수, 즉 복소해석적인 함수가 된다!

이처럼 활동무대를 실수에서 복소평면으로 넓히면, $h(z)$와 같이 두 함수를 '하나로 이은' 특정 C^{∞}-함수의 잡다한 문제들을 따로 고려할 필요가 없다. 오일러가 살아 있다면 복소함수의 매끈함에 매우 만족했을 것이다(불행히도 오일러는 이 놀라운 사실을 모르고 있었다. 복소함수의 매끈함은 그가 죽고 38년이 지난 1821년에 오귀스탱 코시에 의해 처음으로 발견되었다). 복소함수의 매끈함을 이용하면 앞서 언급했던 '오일러식 함수의 개념'을 간단명료하게 표현할 수 있다. 함수를 복소수영역으로 확장했을 때 우리가 얻는 이점은 이뿐만이 아니다. 6장에서 확인한 바와 같이 $1/x$라는 함수는 무언가를 이어 붙이지 않은 '단 하나의 함수'임에도 불구하고 두 곡선으로 이루어져 있으며, 경계지점에서 해석적으로 연결되지도 않는다. 그러나 이 함수를 복소수영역으로 확장한 $1/z$은 (곧 알게 되겠지만)아무런 문제도 일으키지 않는 단 하나의 함수이다. $1/z$이 문제를 일으키는 유일한 곳은 $z=0$인 지점인데, 이 점을 제거해도 복소평면은 여전히 '연결된 영역connected region'으로 남기 때문에 아무런 문제가 없다. $x<0$인 실수선은 원점을 통하지 않아도 $x>0$인 실수선과 연결될 수 있다. 실수만 고려한다면 있을 수 없는 일이지만, 복소수는 '선'이 아닌 '면'을 점유하므로 원점을 피해 우회할 길은 얼마든지 있다.

복소 매끈한(복소 해석적인)함수를 수학용어로 '복소해석함수holomorphic function'라고 한다. 복소해석함수는 앞으로 펼쳐질 논의에서 핵심적인 역할을 하게 된다. 8장에서는 등각사상conformal mapping 및 리만곡면Riemann surface과 연계하여 그 중요성이 드러날 것이고, 9장에서는 진동이론의 근간을 이루는 푸리에 급수Fourier series와 결합하여 위력을 발휘할 것이다. 또한, 24.3절과 26.3절에서 논의될 양자역학과 양자장이론에서도 중요한 역할을 맡을 것이다. 오늘날 복소해석함수는 새로운 물리학 이론 개발에 없어서는 안 될 도구로 확고한 입지를 굳히고 있다(33장의 트위스터 이론과 31.5, 13, 14절의 끈이론 참조).

7.2 경로적분

7.1절에서 간단하게 언급한 내용을 일일이 풀어서 설명할 생각은 없지만, 큰 얼개는 짚고 넘어가야 할 것 같다. 특히 복소함수의 경로적분contour integral은 앞으로 전개될 이야기의 핵심을 이루는 부분이기 때문에 설명을 별도로 해야만 한다. 우선 6장에서 언급했던 실함수의 정적분을 복소함수에 그대로 적용해 보자.

$$\int_a^b f(z)\,dz = g(b) - g(a)$$

여기서 $g'(z) = f(z)$이다. 실함수에선 적분은 a에서 b까지 직선(x축)을 따라가며 수행된다. 적분변수가 실수인 한, 이것 외에 다른 경로는 있을 수 없다. 그러나 적분변수가 복소수로 확장되면 복소수 a에서 b에 이르는 경로는 무수히 많아진다. 적분변수 자체가 직선이 아닌 평면상에 분포하기 때문이다. 그렇다면 $f(z)$가 코시-리만 방정식을 만족하도록 요구한다는 것은 어떤 의미인가? 답은 다음과 같다. $f(z)$가 코시-리만 방정식을 만족하면, a와 b를 잇는 수많은 경로 중 하나를 선택하여 그 길을 따라 $f(z)$를 적분한 값은[3] 주변의 다른 경로를 따라 적분한 값과 같다는 것이다! 단, 새로운 경로는 $f(z)$의 정의역 안에서 처음 경로를 '연속적으로' 변형해 얻을 수 있는 경로여야 한다(그림 7.1 참조. 이 성질은 12.6절에서 다루게 될 '외미적분의 기본 정리fundamental theorem of exterior calculus'의 단순한 사례로부터 기인한 것이다). 복소함수의 정의역 안에는 '구멍hole'이 존재할 수 있는데($1/z$에선 $z=0$일 때가 구멍이다), 바로 이러한 구멍들 때문에 a에서 b로 가는 경로들은 모두 같을 수가 없다. 하나의 경로를 연속적으로 변형시켜서 다른 경로를 만들지 못하는 경우가 생기기 때문이다. 이렇게 '근본적으로 다른' 두 개의 경로를 따라 적

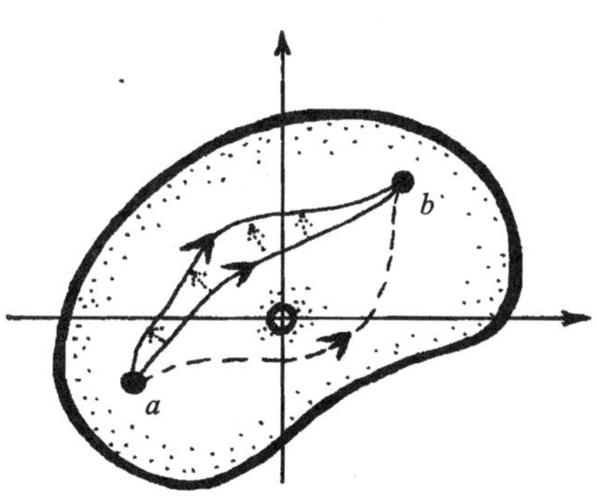

그림 7.1 a에서 b로 가는 '서로 다른' 경로들. 특정 경로를 따라 복소 해석함수 f를 적분한 결과는 그 경로를 정의역 안에서 연속적으로 변형시켜서 만들어진 다른 경로를 따라 적분한 값과 동일하다. 그러나 함수의 정의역 안에 '구멍(hole, $1/z$의 구멍은 $z=0$인 지점이다)'이 존재하면, 연속적인 변형으로 얻을 수 없는 '근본적으로 다른' 경로들이 존재하게 된다. 이렇게 다른 경로를 따라 적분이 수행되면 결과도 달라진다.

분이 수행되었다면, 적분값도 경로에 따라 달라진다.

여기서 한 가지 분명하게 짚고 넘어가야 할 것(또는 수정해야 할 것)이 있다. 하나의 경로를 연속적으로 변형시켜서 다른 경로와 같아진다는 것은, 이들 두 경로가 호몰로그homologous. 유사한 관계에 있다는 뜻이지, 호모토픽homotopic. 연속변형하다는 뜻은 아니다. 호몰로그 변형에서는 그림 7.2와 같이 반대방향으로 향하는 경로들은 서로 상쇄된다. 이런 변형을 통해 서로 같아질 수 있는 경로들은 동일한 호몰로지 클래스homology class에 속한다. 이와는 대조적으로 호모토픽 변형에서는 반대방향으로 나 있는 경로들이 상쇄되지 않으며, 이러한 변형을 통해 서로 같아지는 경로들은 동일한 호모토피 클래스homotopy class에 속한다. 호모토픽한 곡선들은 항상 호몰로그하지만, 호몰로그한 곡선들은 호모토픽한 관계가 아닐 수도 있다. 호모토피와 호몰로지는 위상수학의 중요한 주제로서, 나중에 다시 다룰 기회가 있을 것이다.

복소함수 $f(z) = 1/z$을 호몰로그하지 않은 두 개의 경로에 대해 적분하면 다른 결과가 얻어지는데, 그 이유는 앞에서 정의했던 로그함수에서 유추할 수 있다. 6장 끝 부분에서 언급한 대로, $\log z$는 $1/z$의 부정적분이다(6장에서는 실함수를 대상으로 삼았지만, 동일한 논리를 복소함수

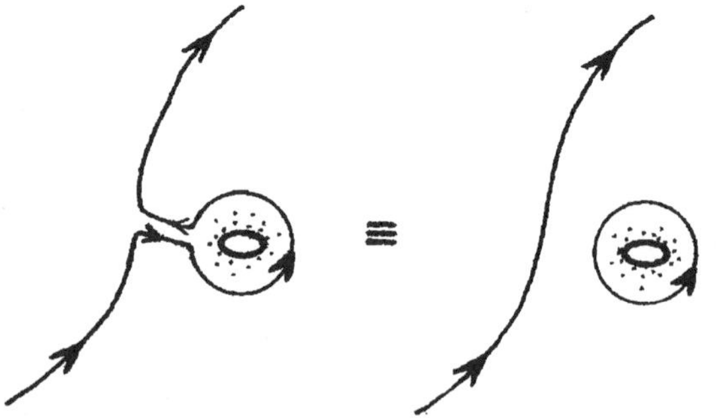

그림 7.2 호몰로그 변형에서 반대방향으로 진행되는 경로는 상쇄된다. 그래서 원래의 경로와 분리된 닫힌 곡선이 생성될 수도 있다.

에 적용하면 x를 z로 바꾼 것과 동일한 결과가 얻어진다. $1/z$뿐만 아니라 다른 함수의 부정적분도 실함수와 동일한 규칙을 따른다). 따라서 다음과 같이 쓸 수 있다.

$$\int_a^b \frac{dz}{z} = \log b - \log a$$

그런데 5.3절에서 설명한 바와 같이 복소수의 로그는 하나의 값으로 결정되지 않는다. 그뿐만 아니라, 우리는 위 적분을 하나의 값에서 다른 값으로 '연속적으로' 변형시킬 수 있다. 이 사실을 확인하기 위해, 시작점 a를 고정한 채로 b를 다른 지점으로 이동시켜 보자. 이동하는 방식은 그림 7.3과 같다. 즉, 원점을 중심으로 삼아 b를 양의 방향(반시계방향)으로 한 바퀴 회전시키고 나서 원래 지점으로 되돌려 놓는 것이다(그림 7.3a). 로그 b의 허수부는 편각(복소수 b가 양의 실수축과 이루는 각도. 그림 5.4b 참조)과 같다는 사실을 상기해 보자. 지금 b의 편각은 한 바퀴 돌면서 2π만큼 증가한 상태이므로, $\log b$의 값은 $2\pi i$만큼 커졌다(그림 7.3b 참조). 따라서 원점을 중심으로 (반시계방향으로)한 바퀴 돌아간 경로를 따라 a에서 b까지 적분한 값도 $2\pi i$만큼 커질 것이다.

지금까지 전개된 상황은 '닫힌 경로closed contour'라는 용어로 재서술할 수 있다. 닫힌 경로는 복소해석학의 핵심을 이루는 중요한 개념이다. 첫 번째 경로와 두 번째 경로의 차이를 다음과 같이 생각해 보자. 즉, 두 번째 경로를 따라 적분하여 b에 도달한 후, 그곳에서 다시 첫 번째 경로를 '거꾸로' 따라가며 b에서 a를 향해 적분하는 것이다(그림 7.3c 참조). 그런데 이 두 개의 경로는 동일한 호몰로지 클래스에 속하기 때문에, 동일한 지점을 반대방향으로 지나가는 부분경로들은 서로 상쇄된다. 그러

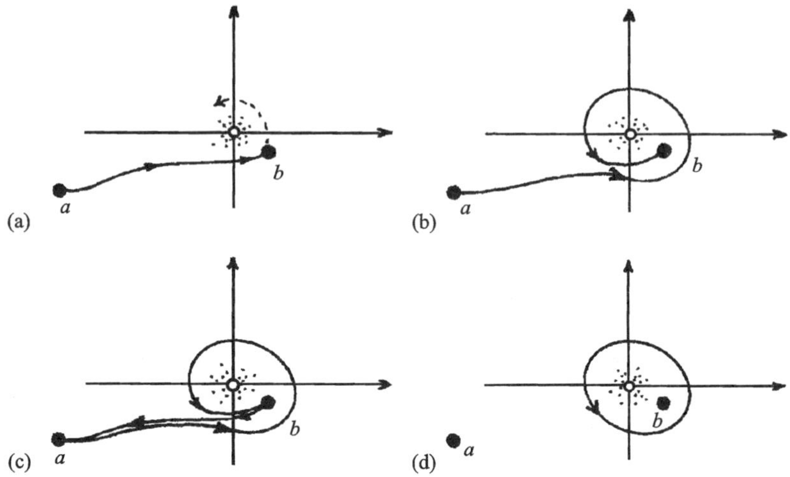

그림 7.3 (a) $z^{-1}dz$를 a에서 b까지 적분한 값은 $\log b - \log a$이다. (b) a를 고정한 채로 b를 반시계방향으로 한 바퀴 돌리면 $\log b$의 값은 $2\pi i$만큼 증가한다. (c) 원래의 경로를 따라 a로 되돌아온다. (d) 방향이 정반대인 동일경로는 서로 상쇄되고 원점을 포함하는 닫힌 경로만 남는다. 따라서 $\oint z^{-1}dz = 2\pi i$이다.

므로 위와 같은 경로를 따라가면서 수행된 적분은 그림 7.3d와 같이 '원점을 포함하는 닫힌 경로'를 따라 수행된 적분과 동일한 값을 갖게 된다. 그뿐만 아니라 이 적분은 a, b의 위치에 상관없이 항상 같은 값을 갖는다. 이것은 (닫힌)경로적분의 한 사례로서 흔히 $\oint$로 표기하는데, 지금은 다음과 같이 쓸 수 있다.[7.1]

$$\oint \frac{dz}{z} = 2\pi i$$

물론 이런 표기를 사용할 때는 적분이 실제로 어떤 경로를 따라 수행

[7.1] n이 -1이 아닌 정수일 때 $\oint z^n dz = 0$임을 증명하라.

되었는지(또는 어떤 호몰로지 클래스의 경로를 사용했는지) 분명하게 밝혀야 한다. 만일 적분경로가 양의 방향(반시계방향)으로 두 바퀴 돌아갔다면 위 적분값은 $4\pi i$가 되고, 음의 방향(시계방향)으로 한 바퀴 돌아갔다면 $-2\pi i$가 된다.

위에서 지적한 대로, 닫힌 경로적분에서 자명하지 않은nontrivial(이 경우에는 '0이 아닌') 결과가 얻어지는 것은 복소수 로그가 다가함수라는 사실과 밀접하게 관련되어 있는데, 이는 로그의 정의에서 그저 어색하게만 보일지도 모르는 부분이다. 우리는 곧 이것을 신기한 사례로만 여겨서는 안 됨을 깨닫게 될 것이다. 사실은 경로적분뿐만 아니라 복소해석학 자체가 이 사실에 크게 의존하고 있다. 지금부터 여기에 담긴 의미를 더 구체적으로 설명할 예정인데, 수학과 친하지 않은 독자들도 끈기를 갖고 따라오다 보면 수학적 논리의 참맛을 느낄 수 있을 것이다.

7.3 매끈한 복소함수의 멱급수 전개

위에 적어 놓은 경로적분식은 코시 공식에서 $f(z)=2\pi i$인 특별한 경우에 속한다. 코시 공식은 원점에서 복소해석함수의 값을 '원점을 에워싸는 경로적분'으로 표현한 것으로서, 그 형태는 다음과 같다.[4]

$$\frac{1}{2\pi i}\oint\frac{f(z)dz}{z}=f(0)$$

여기서 $f(z)$는 원점에서 복소해석적이며(원점을 에워싸는 어떤 영역 안에서 매끈한 함수이며), 적분경로는 원점을 제거한 정의역에서 원점을 에워싸는 닫힌 경로이거나 이와 호몰로그한 경로이다. 원점에서의 함숫값이 '원점을 에워싸고 있는 다른 점들에서의 함숫값'으로 결정되는 셈이다(코시 공식은 기본적으로 $\oint z^{-1}\,dz = 2\pi i$의 경로를 무한히 작은 원으로 극한을 취한 결과와 코시-리만 방정식이 결합되어 나타난 공식이다. 자세한 설명은 독자들을 성가시게 할 듯해 생략한다).

코시 공식에 $1/z$ 대신 $1/z^{n+1}$을 대입하면(n은 양의 정수) 원점에서 $f(z)$의 n계 도함수[$f^{(n)}(0)$]값을 경로적분으로 표현한 '고차 버전'의 코시 공식이 얻어진다.

$$\frac{n!}{2\pi i}\oint \frac{f(z)}{z^{n+1}}\,dz = f^{(n)}(0)$$

($n!$의 정의는 5.3절을 참고하라) $f(z)$의 멱급수 전개를 분석해 보면 위 관계가 성립함을 확인할 수 있다.[7.2] 그러나 아직은 $f(z)$를 표현하는 멱급수나 n계 도함수의 존재 여부조차 확실치 않으므로 당분간은 위 식을 그냥 받아들이기로 하자. 이 시점에서 한 가지 확실한 것은 [$f(z)$를 여러 번 미분가능한지는 아직 모르지만] $f(z)$가 매끈한 복소함수라는 사실이다. 앞으로 우리는 위 적분식을 '원점에서 n계 도함수를 정의하는 방법'으로 사용할 것이다. 이 정의는 아래의 멱급수를 맥로린 공식 $a_n = \dfrac{f^{(n)}(0)}{n!}$으로 계산할 때에도 매우 유용하다(6.4절 참조).

$$a + a_1 z + a_2 z^2 + a_3 z^3 + a_4 z^4 + \cdots$$

약간의 수고를 더하면, 원점을 포함하는 어떤 영역 안에서 위 급수가

[7.2] $f(z)$의 맥로린 급수를 적분에 직접 대입하여 증명해 보라.

[7.3] 그 이유를 대략적으로 설명해 보라. 엄밀한 증명은 필요 없다[도움말 : 원점이 이동된 코시 공식을 참고할 것].

$f(z)$로 수렴한다는 것도 증명할 수 있다. 이렇게 되면 $f(z)$의 n계 도함수가 존재한다는 것도 증명되는 셈이다.[7.3] 지금까지 얻어진 결과를 종합하면 다음과 같은 결론을 내릴 수 있다. "원점을 포함하는 영역에서 매끈한 복소함수는 원점에서 복소해석적이다."

물론, 원점이라고 해서 다른 점보다 특별할 이유는 없다. 실함수에서와 마찬가지로, 복소함수의 멱급수전개도 테일러 급수를 사용해(6.4절 참조) 원점이 아닌 다른 지점 p를 중심으로 수행될 수 있다. 위 식에서 z를 $z-p$로 대치하면 '원점이 이동된' 코시 공식이 얻어진다.

$$\frac{1}{2\pi i}\oint\frac{f(z)}{(z-p)}\,dz=f(p)$$

또한, p에서의 n계 도함수는 다음과 같다.

$$\frac{n!}{2\pi i}\oint\frac{f(z)}{(z-p)^{n+1}}\,dz=f^{(n)}(p)$$

단, 이 경우에 적분경로는 원점이 아닌 p를 에워싸고 있어야 한다. 따라서 매끈한 복소함수는 정의역 안에 있는 모든 점에서 복소해석적(정칙)임을 알 수 있다.

나는 매끈한 복소함수가 복소해석적임을 무턱대고 주장하는 대신, 최소한의 논리로 증명하는 쪽을 택했다. 독자들의 머릿속이 다소 복잡해지긴 했겠지만, 수학자들이 답을 유도해 내는 방법을 보여주기 위해 무리수를 약간 둔 것이다. $f(z)$가 복소 매끈하다는 가정과 $f(z)$가 복소해석적이라는 결론 속에는 경로적분의 개념이나 로그함수의 다가성多價性, multivaluedness이 전혀 들어 있지 않음에도, 이들에게서 해법을 찾는 올바른 길로 이끄는 결정적 실마리가 나왔다. (무엇이 되었든지 간에) '직접적인'

논증만으로 이 결과에 도달하기란 쉽지 않다. 이 모든 과정을 한 마디로 표현한다면 '수학적 유희'라 할 수 있다. 확실히 복소로그함수는 응용분야와 상관없이 수학자들의 마음을 사로잡는 매력이 있다. 그러나 경로적분의 매력은 로그함수를 훨씬 능가한다. 위상수학적 자유도가 명쾌한 해답과 결합하면서 수학적 아름다움의 극치를 보여 주기 때문이다.[7.4] 경로적분은 아름다울 뿐만 아니라, 복소수의 마법을 풀어 주는 매우 강력한 수학 도구이기도 하다. 특히 정적분과 무한급수의 합을 계산할 때 경로적분은 막강한 위력을 발휘한다.[7.5], [7.6] 또한 경로적분은 물리학과 공학에서도 많은 응용분야를 갖고 있다. 오일러가 생전에 이 사실을 알았다면 정말로 기뻐했을 것이다!

7.4 해석적 접속

앞 절에서 확인한 바와 같이, 복소함수가 특정 영역 안에서 복소해석

[7.4] 닫힌 경로 Γ 위의 모든 점과 그 내부에서 복소해석적인 함수 $f(z)$가 있다. 단, $f(z)$는 Γ 내부에 있는 유한한 개수의 지점에서 극(pole)을 가지며, 이 지점에서는 복소해석적이지 않다. 4.4절에서 설명한 바와 같이, $f(z)$가 $h(z)/(z-\alpha)^n$의 형태이고 $h(z)$가 $z=\alpha$에서 정칙(regular)이면 차수가 n인 극이 존재한다. 극 α의 유수(residue)가 $h^{n-1}(\alpha)/(n-1)!$일 때, $\oint f(z)\,dz = 2\pi i \times$ {각 극에서의 유수(residue)의 합} 임을 증명하라.

[7.5] $\int_0^\infty x^{-1}\sin x\,dx = \frac{\pi}{2}$를 증명하라. 실수축 상의 $-R$에서 $-\epsilon$에 이르는 직선과 ϵ에서 R에 이르는 직선($R > \epsilon > 0$), 그리고 실수축 위쪽으로 난 두 개의 반원(반지름 $=\epsilon, R$)으로 이루어진 폐곡선 Γ를 따라 $z^{-1}e^{iz}$를 적분하고 $\epsilon \to 0$, $R \to 0$의 극한을 취할 것.

[7.6] $1+\frac{1}{2^2}+\frac{1}{3^2}+\frac{1}{4^2}+\cdots=\frac{\pi^2}{6}$을 증명하라. 원점을 중심으로 하고 한 변의 길이가 $2N+1$인 정사각형 경로를 따라 $f(z)=z^{-2}\cot\pi z$를 적분하고 나서 [후주 5.1]참조, N은 매우 큰 수임) $N\to\infty$로 극한을 취할 것[도움말 : [예제 7.4]를 이용하여 $f(z)$의 극을 찾고 유수(residue)를 계산한 후 경로 Γ에 대한 $f(z)$의 적분이 $N\to\infty$일 때 0으로 접근한다는 것을 증명할 것].

적이라는 것은 그 영역 안에 있는 임의의 점을 중심으로 해당 함수를 멱급수로 전개할 수 있다는 뜻이다. 여기서 말하는 '영역'이란 대체 어떤 영역을 말하는 것일까? 수학용어를 써서 표현하자면 '열린 영역open region'을 말한다. 영역 A 안에 있는 임의의 점 a를 중심으로 원을 그렸을 때, 그 원의 내부에 있는 모든 점이 A에 속하는, 그러한 원이 존재한다면 A는 열린 영역이다. 그러나 이런 식의 설명은 직관적인 이해에 별 도움이 되지 않을 것이므로 구체적인 예를 들어 설명하는 편이 나을 것 같다. 하나의 점point은 열린 영역이 아니며 일상적인 곡선도 아니다. 하지만 복소평면 위에서 반지름이 1인 단위원의 내부, 즉 원점과의 거리가 1보다 작은 모든 점의 집합(원주상의 점들은 제외함)은 열린 영역이다. 이 영역 안에서 경계선에 아무리 가까운 점을 선택한다 해도, 그 점을 중심으로 작은 원을 그려서 그 안의 모든 점이 원래의 영역에 속하게 할 수 있기 때문이다(그림 7.4 참조). 그러나 원점으로부터의 거리가 1과 같거나 1보다 작은 점들의 집합, 즉 원주를 '포함하는' 원의 내부영역인 '닫힌 원반closed disc'은 열린 영역이 아니다. 원주상의 점을 중심으로 조그만 원을 그려서 그 안의 모든 점이 원래 원에 포함되게 할 수는 없기 때문이다(원

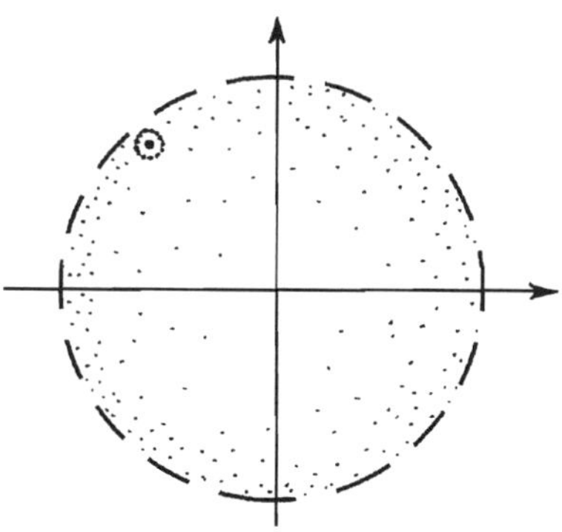

그림 7.4 $|x| < 1$로 주어진 열린 영역. 이 안에서는 원주에 아무리 가까운 점을 선택해도 그 점을 중심으로 작은 원을 그려서 그 안의 모든 점이 원래의 원 안에 속하게 할 수 있다. 그러나 영역이 $|x| \leq 1$로 주어졌다면, 원주 위에 있는 점들은 이 조건을 만족하지 못한다.

주 위에서 한 점을 골라 그 점을 중심으로 원을 그리면 반 이상의 영역이 밖으로 이탈한다).

정의역 D가 열린 영역으로 주어진 복소해석함수 $f(z)$를 생각해 보자.[5] $f(z)$는 D 내부의 모든 점에서 매끈한 함수이므로 D에 속하는 임의의 점 p를 중심으로 $f(z)$를 멱급수로 전개할 수 있고, 이 급수는 p를 포함하는 적절한 영역 안에서 $f(z)$로 수렴한다. 이 '적절한 영역'의 넓이는 얼마일까? 특정 p를 중심으로 한 $f(z)$의 멱급수 전개는 모든 D에서 $f(z)$로 수렴하지는 않는다. 4.4절에서 언급했던 '수렴원' 개념을 떠올려 보자. p를 중심으로 하는 원 내부의 모든 지점에서 급수가 수렴하고 원의 바깥에 있는 모든 점에서 급수가 발산할 때, 이 원을 수렴원이라 한다(수렴원의 반지름은 무한대가 될 수도 있다). 이제 함수 $f(z)$가 $z = q$에서 특이점singularity을 갖는다고 가정해 보자. 즉 이 지점에서 $f(z)$는 복소 매끈하지만, 확장이 불가능하기 때문에[예를 들어, $f(z) = 1/z$는 $z = 0$에서 특이점을 갖는다(7.1절 참조). singularity는 종종 singular point 라고도 한다(한글로는 둘 다 '특이점'으로 표기한다). 이와는 반대로 함수가 복소해석적인 지점, 즉 특이점이 아닌 지점은 '정칙점regular point'이라고 한다] 수렴원은 q를 포함할 정도로 커지지 못한다. 그런데 일반적으로 수렴원 하나만으로 모든 정의역 D를 커버할 수는 없으므로, 여러 수렴원들(보통 무한개)을 이어 붙여야 한다. $f(z) = 1/z$을 예로 들어 보자(그림 7.5 참조). 이 함수의 정의역 D는 원점을 제외한 복소평면 전체이다. D 안에서 점 p를 선택하여 수렴원을 그린다면, 당연히 'p를 중심으로 하고 원점을 지나는 원'이 될 것이다.[7.7] 이제 수렴원으로 D 전체를 덮

[7.7] p 점을 중심으로 $f(z) = 1/z$를 멱급수로 전개해 보라.

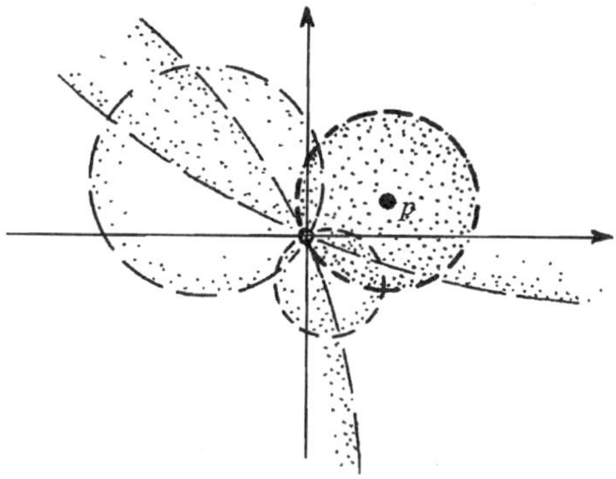

그림 7.5 복소함수 $f(z) = 1/z$의 정의역 D는 원점을 제외한 복소평면 전체이다. D 안에 있는 임의의 점 p에서 수렴원을 그리면, p를 중심으로 하고 원점을 지나는 원이 얻어진다. 그런데 D 전체를 수렴원으로 덮으려면 무한히 많은 수렴원들을 이어 붙여야 한다.

으려면 무한히 많은 수렴원을 그려야 한다.

바로 이 시점에서 '해석적 접속'이라는 개념이 등장한다. 어떤 정의역 D에서 복소해석적인 함수 $f(z)$에 대하여 다음과 같은 질문을 제기해 보자. $f(z)$의 정의역 D를 더 큰 영역 D'으로 확장할 수 있는가? 단, D'에서도 $f(z)$는 여전히 복소해석적이어야 한다. 예를 들어, $f(z)$가 특정 수렴원 안에서 수렴하는 멱급수 형태로 우리에게 주어졌다고 가정해 보자. 우리 임무는 $f(z)$를 수렴원 밖으로 확장하는 것이다. 과연 성공할까? 항상 그런 것은 아니지만, 경우에 따라서는 성공할 수도 있다. 4.4절에서 확인한 대로, 급수 $1 - z^2 + z^4 - z^6 + \cdots$은 수렴원의 반지름이 1이지만, 이 급수의 본체격인 $(1 + z^2)^{-1}$은 $+i$와 $-i$를 제외한 복소평면 전체에서 복소해석적이다. 따라서 이 함수의 정의역은 수렴원보다 훨씬 넓은 영역으로 확장될 수 있다.

위 사례에서는 함수의 원형을 쉽게 알아낼 수 있었지만, 대부분의 경우에는 급수만 보고 함수의 형태를 찾기가 쉽지 않다. 그러나 다행히도 해석적 접속을 적용하는 일반적인 방법이 있다. 복소해석함수 $f(z)$의 멱급수전개가 가능한 국소적 영역을 생각해 보자. 이제 특정 경로를 따라 멱급수의 전개 중심점을 점차 이동시키면 지점마다 그에 해당하는 $f(z)$의 멱급수가 조금씩 다른 형태로 주어질 것이다. 이때 각 지점의 수렴원이 그림 7.6처럼 겹치면 해석적 접속을 구현할 수 있다. 이 작업이 성공적으로 수행되었을 때, 최종 함수는 처음에 주어졌던 영역과 전개 중심점이 지나온 궤적 상에서의 함숫값에 의해 유일하게 결정된다.

해석적 접속이라는 과정에서 알 수 있듯이, 복소해석함수는 쉽게 변하지 않는 경직성 rigidity을 갖는다. C^∞-실함수에서는 미분가능성을 유지하면서 정의역을 확장할 때 함수의 값을 마음대로 바꿀 수 있었다[그림 6.7의 $h(x)$처럼 두 개의 함수를 이어 붙일 때, $x < 0$에서 0이었던 함숫값이 갑자기 큰 폭으로 증가할 수도 있다]. 복소해석함수에서는 이런 자유가 없다. 원래 영역에서 함수와 경로가 정해지고 나면, 함수를 확장하는 방법에는 선택의 여지가 없다. 이 말은 실변수를 갖는 실해석함수에도 그대로 적용된다. 실해석함수도 비슷한 '경직성'을 가지며, 한술 더 떠서 경로를 선택할 방법조차 별로 없다. 정의역을 넓히려면 실수축을 따라 직선으로 이동하는 수밖에 없다. 그러나 복소함수의 해석적 접속은 2차원 평면에서 휘어진 경로를 따라 진행될 수 있기 때문에 더욱 흥미로운 주제라 할 수 있다.

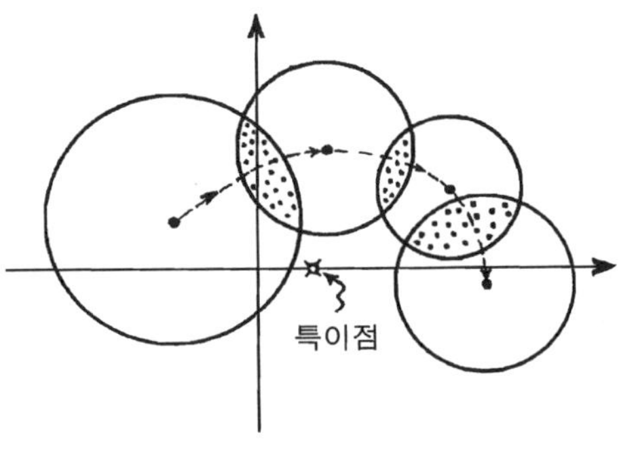

그림 7.6 복소해석함수는 특정 궤적을 따라가는 일련의 점에 대한 멱급수 전개를 이용하여 해석적으로 접속될 수 있다. 단, 한 점에서의 수렴원과 그다음 점에서의 수렴원은 겹치는 부분이 있어야 하며, 이 과정은 점의 이동경로에 의해 유일하게 결정된다.

이미 우리에게 친숙한 복소함수 $\log z$를 예로 들어 보자. 이 함수는 원점에서 특이성을 갖기 때문에, 원점을 중심으로 전개될 수는 없다. 그러나 $p = 1$인 지점을 중심으로 전개하는 것은 얼마든지 가능하며, 결과는 다음과 같다.[7.8]

$$\log z = (z-1) - \frac{1}{2}(z-1)^2 + \frac{1}{3}(z-1)^3 - \frac{1}{4}(z-1)^4 + \cdots$$

이 급수의 수렴원은 $z = 1$에 중심을 둔 반지름 1짜리 단위원이다. 이제 반시계방향으로 원점을 에워싸는 경로를 따라 해석적 접속을 가해 보자. 함수의 전개 중심점을 $1, \omega, \omega^2$으로 이동한 후 다시 출발점인 1로 되돌아오면 원점을 한 바퀴 도는 경로가 완성된다(그림 7.7 참조). 방금 선택한 점들은 5.4절에서 언급했던 1의 세제곱근으로서 $\omega = e^{2\pi i/3}$, $\omega^2 = e^{4\pi i/3}$이며, 원점을 에워싸는 경로는 정삼각형으로 잡을 수 있다. 또는 $1, i, -1, -i$를 전개 중심으로 삼아 동일한 과정을 반복하면 계산이 조금 간단해진다. 어떤 선택을 하건 간에, 지금 우리는 함수의 원형($\log z$)을 알고 있으므로 멱급수를 일일이 계산할 필요가 없다. 문제는 특정 경로를 따라 원점을 한 바퀴 돌았을 때 함수의 값이 출발 전과 달라진다는 점이다. 알다시피, 반시계방향으로 돌아갔을 때 $\log z$는 $2\pi i$만큼 커진다. 만일 원점 주변을 반대방향(시계방향)으로 돌았다면 $2\pi i$만큼 작아질 것이다. 따라서 해석적 접속의 '유일성'은 꽤 미묘한 문제이며 선택한 경로에 따라 민감하게 달라질 수 있다. $\log z$보다 훨씬 복잡한 다가함수의 경우, 한 바퀴 돌았을 때 함수의 차이는 ($2\pi i$보다)더욱 복잡하게 나타난다.

[7.8] 이 급수를 유도하라.

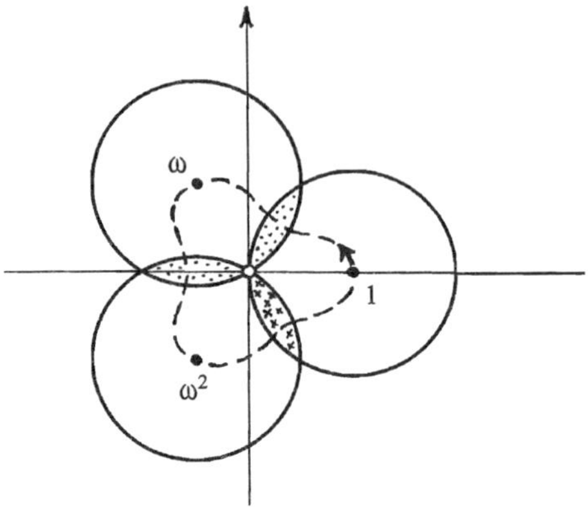

그림 7.7 $z=1$에서 출발하여 원점 주변을 반시계방향으로 돌아가는 경로를 따라 $f(x)=\log z$에 가해진 해석적 접속(1, ω, ω^2에 대하여 멱급수 전개를 시도함. $\omega = e^{2\pi i/3}$). 한 바퀴 돌고 나면 f의 값은 $2\pi i$만큼 커진다.

해석적 접속의 개념은 멱급수에만 적용되는 것이 아니다. 예를 들어, 정수론에는 디리클레 급수Dirichlet series라는 전혀 다른 급수가 등장한다. 이들 중에서 가장 중요한 것이 (오일러-)리만 제타 함수(Euler-)Riemann zeta function로서,[6] 정의는 다음과 같다.[7]

$$\zeta(z) = 1^{-z} + 2^{-z} + 3^{-z} + 4^{-z} + 5^{-z} + \cdots$$

이 급수는 z의 실수부가 1보다 클 때 해석적 함수인 제타 함수 $\zeta(z)$로 수렴하며, 이 함수의 해석적 접속은 $z=1$을 제외한 복소평면 전체에서 유일하게(일가적으로一價的, single-valuedly) 결정된다. 해석적으로 접속된 제타 함수에서 $\zeta(z)=0$을 만족하는 z와 관련된 가설이 하나 있는데, 이것이 바로 현대수학에서 아직 풀리지 않은 가장 중요한 문제인 리만 가설Riemann hypothesis이다. $z=-2, -4, -6, \cdots$일 때 $\zeta(z)=0$이 만족된다는 것은 쉽게 증명할 수 있다. 이들은 모두 제타 함수의 해이다. 리만 가설은 위의 목록에 속하지 않는(음의 정수가 아닌) $\zeta(z)$의 해들이 모두 $\mathrm{Re}(z)=\frac{1}{2}$이라는 직선 위에 놓여 있다는 가설이다(즉, 이들의 실수부가 모두 $\frac{1}{2}$이라는 뜻이다). 지금까지 수치적으로 계산된 모든 해가 이

가설을 만족하지만, 엄밀한 증명은 아직 완성되지 않은 상태이다. 이 문제가 해결되면 정수론은 비약적인 발전을 하게 될 것이다.[8]

〈7장 후주〉

7–1절

7.1 기하학과 관련된 자세한 내용을 알고 싶은 독자들에게 Needham(1997)을 강력하게 추천한다.

7.2 코시-리만 방정식의 자세한 내용은 10.5절에서 편미분을 도입한 뒤에 설명할 예정이다.

7–2절

7.3 좀 더 정확하게 말해서, $z=p(t)$로 주어진 경로를 따라 수행되는 f의 적분은 [여기서 p는 매끈한 복소함수이며 매개변수 t는 실수이다] $\int_u^v f(p(t))p'(t)\,dt=\int_a^b f(z)\,dz$로 쓸 수 있다. 여기서 $p(u)$는 경로의 시작점 a이고 $p(v)$는 경로의 끝점 b이다.

7–3절

7.4 코시 공식이 성립하는 이유는 원점을 에워싸는 조그만 폐경로에 대하여 $f(z)$를 상수 $f(0)$으로 취급할 수 있기 때문이다.

7–4절

7.5 'domain'이라는 용어는 두 가지 의미로 사용된다. 하나는 '복소평면 상에서 연결된 열린 영역(connected open region in the complex plane)'이라는 뜻이고, 다른 하나는 (6.1절에서 도입한 바와 같이)함수 f가 정

의되는 영역(정의역)을 의미하는데, 후자의 경우는 '열린 영역'이나 '연결된 영역'일 필요가 없다(여기서는 열린 영역이다).

7.6 제타 함수를 처음 도입한 사람은 오일러였으나, 요즘은 함수 앞에 '리만'이라는 이름을 붙이는 것이 상례이다. 리만은 제타 함수를 복소평면으로 확장하였다.

7.7 이 급수를 일상적인 멱급수 형태로 뒤집으면 다음과 같은 관계가 성립한다.
$(-z)+(-z)^2+(-z)^3+\cdots=-z(1+z)^{-1}$

7.8 ζ 함수와 리만 가설에 대하여 더 많은 내용을 알고 싶은 독자들은 Apostol (1976), Priestley(2003)을 참조하기 바란다. 일반인들이 읽을 수 있는 책으로는 Derbushire(2003), du Sautoy(2003), Sabbagh(2003), Devlin (1988, 2002) 등이 있다.

8
리만 곡면과 복소사상

8.1 리만 곡면의 기본개념

로그함수(또는 다른 형태의 다가함수)의 해석적 접속에서 무엇이 일어나는지는 '리만 곡면Riemann surface'을 통해 가시화할 수 있다. 리만은 이러한 함수들을 단순한 복소평면이 아니라 '여러 겹으로 이루어진' 영역region에서 정의된 함수로 생각하였다. 예를 들어, $\log z$라는 함수는 그림 8.1과 같이 복소평면에서 수직 방향으로 형성된 나선형 경사면으로 가시화할 수 있다. 그림과 같이 여러 겹으로 이루어진 복소평면에서 $\log z$는 일가함수一價函數, single-valued function이다. 원점을 중심으로 한 바퀴 돌 때마다 $\log z$의 값이 $2\pi i$만큼 달라지지만, 그에 해당하는 z값도 다른 층으로 이동하기 때문이다. 정의역이 다층구조로 확장되면 로그함수가 하나의 z에 대하여 여러 값을 갖는다 해도 문제가 될 것이 전혀 없다. 이것이 바로 리만 곡면의 기본 개념이다.

이 아이디어를 처음 도입했던 베른하르트 리만Bernhard Riemann은 역사상 가장 위대한 수학자로서, 짧은 인생을 사는 동안1826~1866 다양한 아이디어를 제안하여 현대수학의 흐름을 바꿔 놓았다. 그의 수학이론

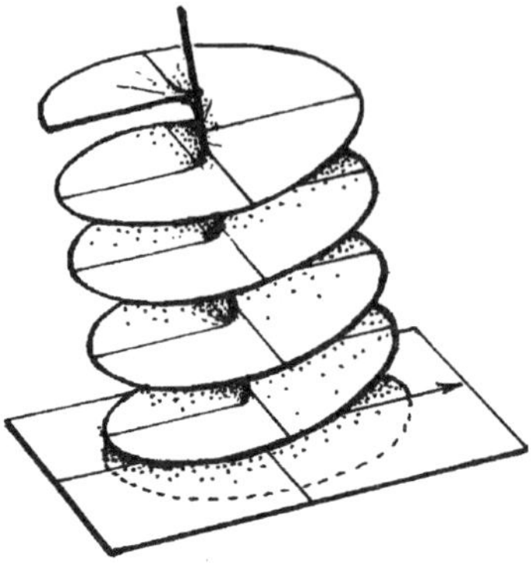

그림 8.1 log z의 리만 곡면(Riemann surface)은 수직으로 형성된 나선형 경사면으로 가시화할 수 있다.

중에는 아인슈타인의 대표작인 일반상대성이론의 모태가 된 것도 있는데, 자세한 내용은 책의 후반부에서 다룰 기회가 있을 것이다(7장에서는 리만이 제안했던 또 다른 이론을 다룰 것이다). 리만 곡면이 도입되기 전에는 log z와 같은 다가함수의 처리방법을 놓고 수학자들 사이에 의견이 분분했었다. 그들은 수학적 엄밀함을 추구한다는 명목으로 다가함수에 여러 가지 제한을 가했는데, 내가 보기에는 이 모든 것들이 '다가함수에 대한 혐오감'으로 느껴질 뿐이다(리만의 기념비적 논문이 발표된 지 거의 100년이 지났지만, 아직도 다가함수를 이런 식으로 대하는 수학자들이 종종 있다). 특히, 로그함수의 정의역을 원점에서 무한대까지 뻗어나가는 직선으로 잘라 내는 경우가 있는데, 내가 보기에 이것은 숭고한 수학적 구조물을 망가뜨리는 몰지각한 행위에 불과하다. 리만은 우리에게 사고방식을 바꾸기를 종용한다. 정의역의 변수를 목적공간target space. 여기서는 '치역'을 의미함에 대응시키는 오늘날의 일반적 '함수' 개념으로 보면 복소해석함수는 항상 거북한 존재이다. 앞서 확인한 바와 같이, 복소해석함수는 우리가 최초에 정해 놓은 영역과 상관없이 해석적 접속이라는 과정을 통해 자신의 정의역을 '스스로' 결정하는 능력을 갖고 있다. 주어진 함수의 정의역은 그와 관련된 리만 곡면으로 표현될 수 있지만, 정의역 자체는 미리 정해진 것이 아니다. 정의역이 어떤 리만 곡면에 해당하는지는 함수의 생긴 형태에 따라 좌우된다.

독자들은 이제 곧 다양한 형태의 리만 곡면을 접하게 될 것이다. 이 아름다운 개념은 현대 수리물리학, 특히 끈이론(31.5, 13절 참조)과 트위스터 이론(33.2, 10절 참조)에서 핵심 역할을 맡고 있다. 사실 조금 전에 예로 들었던 $\log z$는 리만 곡면 중에서 가장 간단한 사례에 속한다. 함수 z^a의 리만 곡면은 a가 유리수일 때 $\log z$보다 좀 더 흥미로운 특성을 보여 준다. a가 무리수일 때 z^a의 리만 곡면은 $\log z$와 같은 구조를 갖게 되지만, a가 m/n 꼴로 표현되는 유리수이면 나선형 다층구조는 n바퀴를 돌고 나서 하나로 합쳐진다.[8.1] 또한 $z=0$(원점)은 $\log z$와 z^a의 분지점branch point으로서, 나선형 다층구조가 n바퀴를 돌고 하나로 합쳐질 때[$z^{m/n}$, m과 n은 서로소인(공약수가 없는) 유한한 정수] "분지점의 차수가 유한하다", 또는 "분지점의 차수는 n이다"라고 표현한다. 그리고 ($\log z$에서처럼)아무리 많이 돌아도 다층구조가 하나로 합쳐지지 않으면 분지점은 무한대의 차수를 갖는다.

$(1-z^3)^{1/2}$과 같은 표현은 더 신중하게 생각해야 한다. 이 함수의 분지점은 $1-z^3=0$인 세 개의 점이며($z=1$, $z=\omega$, $z=\omega^2$. 여기서 ω는 $e^{2\pi i/3}$이다 ; 5.4, 7.4절 참조), 원점으로부터 '무한히 먼 곳'에 또 하나의 분지점을 갖고 있다. 각 분지점을 거치면서 원점을 중심으로 한 바퀴 돌아가면 함숫값의 부호가 바뀌고 한 바퀴 더 돌면 원래의 값으로 되돌아오므로, 모든 분지점의 차수는 2이다. 이 함수의 리만 곡면은 2층 구조로

[8.1] 그 이유를 설명해 보라.

되어 있으며, 그림으로 표현하면 8.2a, b와 같다. 이 그림은 $(1-z^3)^{1/2}$의 리만 곡면이 위상적으로topologically '네 개의 구멍이 뚫린 원환면torus. 도넛 모양'과 동일하다는 것을 보여 주기 위해 변환을 약간 가한 것이다(각각의 구멍은 분지점에 대응된다). 그러나 네 개의 구멍은 (네 개의 점으로)

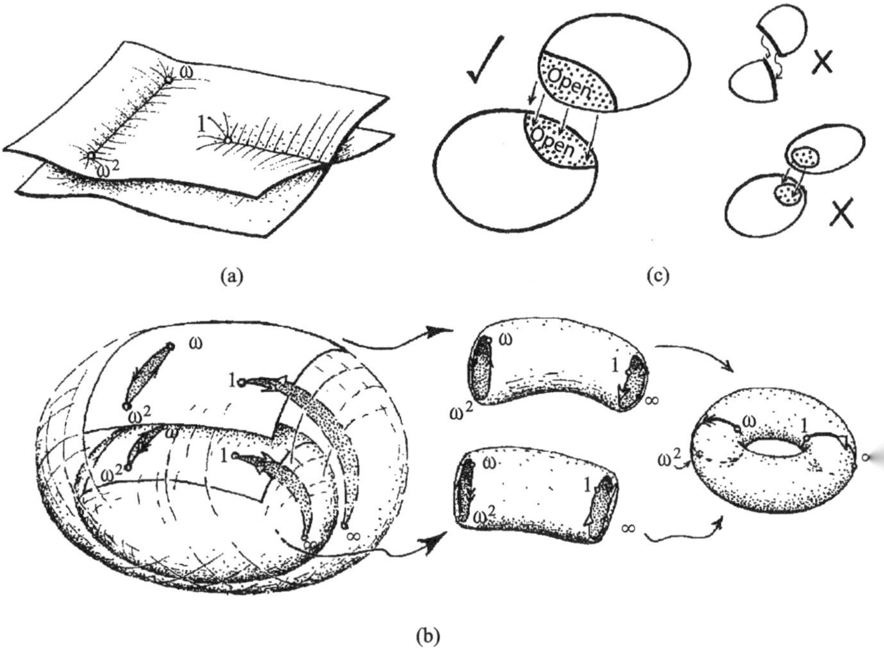

그림 8.2 (a) $(1-z^3)^{1/2}$의 리만 곡면은 두 개의 층과 네 개의 2차-분지점(1, ω, ω², ∞)으로 이루어져 있다. (b) $(1-z^3)^{1/2}$의 리만 곡면이 위상적으로 원환면(torus)과 동일하다는 것을 증명하기 위해 그림 (a)를 두 개의 리만 구면(Riemann sphere)으로 간주하고 ω와 ω², 그리고 1과 ∞ 사이를 자른다. 그러면 두 개의 위상수학적 원통이 만들어지는데, 이들을 한데 합치면 원환면이 된다. (c) 리만 곡면(일반적으로 다양체)은 좌표공간을 이어 붙여서 만들 수 있다. 이 그림에서는 복소평면의 열린 부분이 서로 연결되었다. 연결 부위는 서로 중복되어야 한다[그리고 연결할 때 그림 (c)의 마지막 그림과 같은 '비-하우스도르프 분지(non-Hausdorff branching)'가 없어야 한다. 12.2절의 그림 12.5b 참조].

분명히 채울 수 있기 때문에, 결국 리만 곡면은 구멍이 없는 원환면과 위상적으로 동등하다.[8.2]

리만 곡면은 '다양체manifold'라는 새로운 개념을 탄생시켰다. 다양체란 다양한 방식으로 휘어진 공간으로서, 국소적으로는(즉, 주어진 점으로부터 아주 가까운 근방에서) 일상적인 유클리드 공간의 일부분으로 간주할 수 있는 공간을 말한다. 다양체에 관한 자세한 내용은 10장과 12장에서 다룰 예정이다. 다양체 개념은 물리학의 여러 분야에서 매우 중요하게 취급되며, 특히 아인슈타인의 일반상대성이론에서 핵심적인 역할을 한다. 다양체는 여러 개의 조각을 이어 붙인 것으로 생각할 수 있는데, 6.3절 후반부에 언급된 $h(x)$와는 달리 이음매가 전혀 없다. 이러한 특성은 이웃한 조각들이 공통된 영역을 공유함으로써 구현될 수 있다(그림 8,2c와 12.2절의 그림 12.5 참조).

리만 곡면에서, 각기 다른 층에 속하는 복소평면들을 이어 붙이면 다양체(즉, 리만 곡면 자체)가 형성된다. $(1-z^3)^{1/2}$의 리만 곡면에는 유한 차수의 분지점 때문에 구멍이 몇 개 생기지만, 이들은 언제나 점으로 채워 넣을 수 있다. 그러나 분지점의 차수가 무한대일 때에는 상황이 훨씬 복잡해진다.

나선형 다층구조로 이루어진 $\log z$의 리만 곡면을 예로 들어 보자. 다수의 층을 연결하는 방법은 여러 가지가 있는데, 그중 하나가 그림 8.3에 제시되어 있다. 양의 실수축(원점 포함)을 제거한 복소평면 (a)들과 음의 실수축(원점 포함)을 제거한 복소평면 (b)들을 번갈아 이어 붙이면 리만 곡면이 얻어진다. 더 구체적으로 말하자면, (a)의 위쪽 반과 그다음 층 (b)

[8.2] $(1-z^4)^{1/2}$에 대하여 동일한 과정을 반복해 보라.

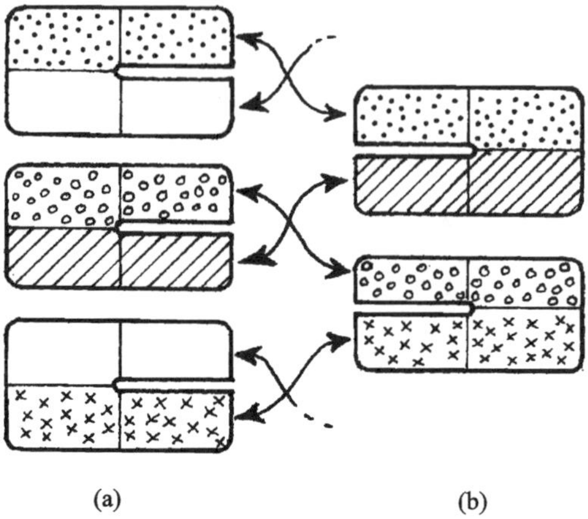

그림 8.3 $\log z$의 리만 곡면은 다음과 같은 과정을 거쳐 만들 수 있다. (a) 복소평면에서 양의 실수축(원점 포함)을 제거한다. (b) 그다음 층 복소평면에서 음의 실수축(원점 포함)을 제거한다. (a)의 위쪽 반을 (b)의 위쪽 반과 이어 붙이고, (b)의 아래쪽 반과 그다음 층 (a)의 아래쪽 반을 이어 붙인다.

의 위쪽 반을 이어 붙이고 나서 (b)의 아래쪽 반과 그다음 층 (a)의 아래쪽 반을 이어 붙이는 식이다. $\log z$는 원점에 무한차수 분지점이 있지만, 전체적인 나선형 경사면은 점 하나가 누락된 구sphere와 동등하다. 이 점은 $(1-z^3)^{1/2}$의 경우처럼 수학적으로 타당한 과정을 거쳐 메울 수 있으므로 결국 $\log z$의 리만 곡면은 구와 완전히 동등하다.[8.3]

8.2 등각사상

다양체를 이어 붙일 때에는 하나의 조각에서 다음 조각으로 넘어갈 때 어떤 국소 구조가 보존되는지를 고려해 주어야 한다. 실수다양체를 다룰 때에는 개개의 조각을 특정 차원의 유클리드 공간으로 간주할 수 있다. 이 경우엔 연속성과 매끈함이 계속 이어지도록 붙여야 하는데, 이 문제

[8.3] 왜 이렇게 되는지 설명해 보라[도움말 : 변수 $w(=\log z)$로 주어진 리만 구면(Riemann sphere)을 떠올려 보라].

는 10.2절에서 논의될 것이다. 그러나 리만 곡면에서는 '복소함수'의 매끈함이 문제가 되기에 코시-리만 방정식 같은 더 복잡한 요소들을 고려해 주어야 한다. 코시-리만 방정식의 구체적인 형태는 아직 언급하지 않았으므로(10.5절에서 다룰 예정이다), 지금은 이 방정식에 담긴 구조의 기하학적 의미를 살펴보기로 하자. 이제 곧 알게 되겠지만, 여기에는 아름다움과 우아함, 그리고 놀라운 유연성과 광범위한 적용가능성이 함축되어 있다.

기본적인 개념은 공형기하학conformal geometry에서 출발한다. 대충 말하자면, 공형기하학에서 중요한 요소는 도형의 크기가 아니라 무한소infinitesimal 스케일에서 바라본 형태이다. 평면상의 (열린)영역에 등각사상conformal map을 가하면 유한한(즉, 무한히 작지 않은) 영역의 형태와 크기는 변하지만, 무한소의 영역에서 바라본 형태는 보존된다. 예를 들어 평면 위에 그려진 아주 작은(무한소) 원에 등각사상을 가하면 크기는 달라질 수 있지만, 타원 등 다른 도형으로 변환되지는 않는다(그림 8.4 참조).

등각변환의 효과가 어떤 식으로 나타나는지 이해하기 위해 에셔M. C. Escher의 그림으로 되돌아가 보자(그림 2.11). 2.4절(벨트라미의 '푸앵카레 원반')에서 설명한 바와 같이, 이 그림은 쌍곡평면의 등각표현conformal representation을 유클리드 평면 위에 구현한 것이다. 쌍곡평면은

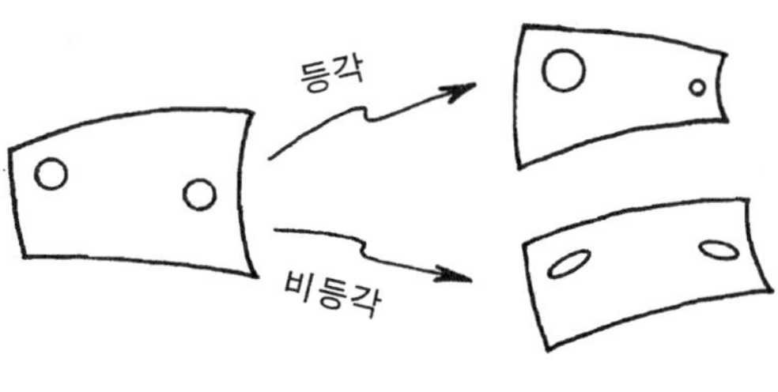

그림 8.4 무한히 작은 원에 등각사상을 가하면 크기는 달라질 수 있지만, 타원으로 변하지는 않는다.

매우 높은 대칭성을 갖고 있다. 특히 그림의 중앙에 있는 커다란 영상을 경계선 바로 안쪽의 조그만 영상으로 이동시키는 변환이 존재하는데, 이 변환은 경계원의 내부를 자기 자신으로 투영하는 '유클리드 평면의 등각 사상'으로 표현될 수 있다. 이런 변환에서 도형의 크기는 보통 보존되지 않는다(중앙에 있는 도형이 가장자리 도형보다 크다). 그러나 도형의 형태는 '거의' 보존되며, 도형의 크기가 작을수록 보존되는 정도는 더욱 정밀해진다. 따라서 '무한히 작은' 도형은 등각사상 하에서 그 형태가 완벽하게 보존되는 것이다. 이것을 조금 다른 식으로 표현하면 다음과 같다 — "두 곡선이 만나면서 이루는 각도는 등각사상에서 불변이다."

등각적 특성은 함수 $f(z)$의 복소 매끈함(복소해석성)과 어떤 관계에 있을까? 이 질문에 답하려면 복소함수의 매끈함에 담긴 기하학적 의미를 알아야 한다. 잠시 '사상mapping'이라는 관점으로 되돌아가서, 복소평면(정의역) 상의 변수 z를 다른 복소평면(치역) w로 변환시키는 $w = f(z)$를 생각해 보자(그림 8.5 참조). 이 사상이 복소해석적 관계가 되려면[즉, $f(z)$가 복소해석함수가 되려면], 국소적인 기하학적 특성은 어떤 식으로 변해야 하는가? 답을 들으면 독자들은 깜짝 놀랄 것이다. 함수 f가 복소해석적이라는 것은, 사상이 등각적이고 비반전적non-reflective

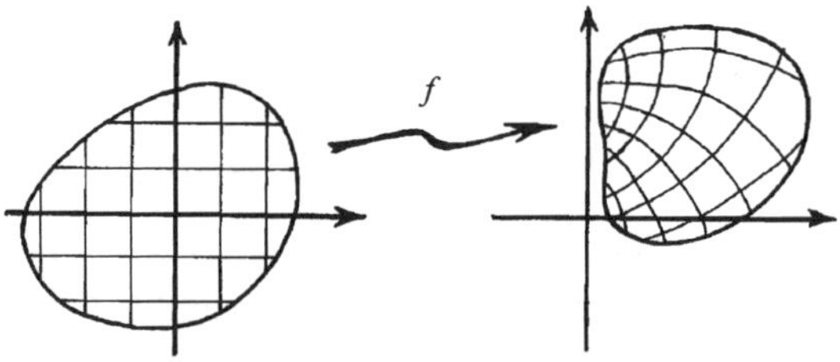

그림 8.5 $w = f(z)$로 표현되는 사상(mapping)은 복소수 z-평면을 w-평면으로 투영한다. 이때 f가 복소해석적이라는 것은, 사상이 등각적이고 비반전적(non-reflective)이라는 것과 동일한 의미를 갖는다.

이라는 것과 완전히 동일하다. 비반전적(또는 향보존적 orientation-preserving)이란, 어떤 변환 하에서 형태가 보존되는 작은 구역의 방향이 반대로 뒤집히지 않는 것을 의미한다(12.6절 참조).

우리가 택한 변환 $w = f(z)$에서 매끈함이란 '무한소의 극한에서 변환이 작용하는 방식'과 관련되어 있다. 6.2절에서 다뤘던 실함수 $f(x)$로 되돌아가서 생각해 보자. $y = f(x)$의 그래프와 그 미분은 그림 6.4에 제시되어 있다. 특정한 지점에서 그래프의 접선이 잘 정의되면 well-defined, 함수 f는 그 지점에서 '매끈하다.' 그렇다면, 특정 지점에서의 접선을 기하학적으로 어떻게 시각화할 수 있을까? 무한정 확대 가능한 이상적인 돋보기로 해당 지점을 크게 확대해 보자. 특정 지점에서 그래프가 매끈하다면, 확대를 거듭할수록 곡선이 점차 직선으로 바뀌면서 결국은 그 지점에서 접선과 나란한 방향을 향하게 된다. 복소함수에서도 상황은 크게 다르지 않다. 다만 $y = f(x)$가 수평 방향으로 배열된 x값을 수직 방향의 y값으로 대응시키는 반면에, $w = f(z)$는 z-평면을 전혀 다른 w-평면으로 대응시킨다는 차이가 있다. 무한소 영역에서 이 사상의 특성을 파악하기 위해, z를 포함한 근방의 점들이 w-평면에 투영되는 과정을 '무한정 확대할 수 있는 이상적인 돋보기'를 통해 들여다보자. 이제 크게 확대된 z근방의 점들은 동일한 배율로 확대된 w-평면 위의 특정 지역을 향해 '선형적으로' 투영될 것이다. $f(z)$가 복소해석함수라면, 이 대응관계는 기본적으로 5.1절에서 논했던 변환 중 하나에 해당할 것이다. 그러므로 조금만 생각해 보면 z-평면에서 w-평면으로 투영되는 변환은 균일한 팽창(또는 수축)과 회전이 결합한 형태로 나타난다는 사실을 알 수 있다(그림 5.2 참조). 다시 말해서, 조그만 형태(또는 각도)가 그대로 보존되고 반전도 일어나지 않으므로 등각사상이자 비반전 사상이 되는 것이다.

사례를 몇 가지 들어 보자. 변수 z에 상수 b를 더하거나 상수 a를 곱하는 변환은 5.1절(그림 5.2)에서 논한 대로 복소해석적이고($z+b$와 az는 분명히 미분가능하다) 등각적인 변환이다. 이 둘은 사실 결합된 (비동차 선형 inhomogeneous-linear)변환의 일반형

$$w = az + b$$

의 특별한 예이다.

이것은 유클리드 평면의 전체적인 이동과(반전은 없음) 전체적인 팽창(또는 수축)이 결합하여 나타나는 변환으로 해석할 수 있다. 실제로 이 변환은 z-평면 전체를 w-평면 전체로 사상하는 유일한 (비반전)등각사상이다. 또한, 이 변환 하에서 (단순히 무한소 크기의 원뿐만 아니라)모든 크기의 원은 여전히 원으로 변환되며, 직선의 곧은 형태도 그대로 유지된다.

또 한 예로 다음과 같이 간단한 복소해석함수를 생각해 보자.

$$w = z^{-1}$$

이것은 원점을 제외한 모든 복소평면을 다른 복소평면(역시 원점이 제거된 평면)으로 대응시키는 변환으로서, z-평면의 원이 이 규칙을 따라 변환되면 w-평면 위에서도 여전히 원으로 나타나게 된다[8.4](직선은 반지름이 무한대인 원으로 간주 가능하므로, 직선도 변하지 않는다). 실수축을 중심으로 한 반전과 위 변환을 조합하여 이루어지는 변환을 '반전

[8.4] 직접 증명해 보라.

inversion'이라고 한다. 이 변환과 앞서 언급했던 비동차 선형변환들을 조합하여 얻어지는 더한층 일반적인 변환은 다음과 같다.[8.5]

$$w = \frac{az + b}{cz + d}$$

위의 형태로 주어지는 변환을 겹선형변환bilinear transformation, 또는 뫼비우스 변환Möbius transformation이라고 한다. 뫼비우스 변환은 점 $-d/c$가 제거된 복소평면 전체를 점 a/c가 제거된 복소평면 전체로 투영한다. 단, 자명한 변환이 되지 않으려면 $ad \neq bc$라는 조건을 만족해야 한다(그렇지 않으면 '$w =$상수'라는 재미없는 변환이 되고 만다).

z-평면에서 제거된 점($z = -d/c$)은 $w = \infty$가 되는 점이며, w-평면에서 제거된 점(a/c)은 $z = \infty$에 해당하는 점이다. 따라서 정의역과 치역에 ∞를 포함시키면 더 대역적global인 의미의 변환이 된다. 이는 리만 곡면의 가장 단순한(컴팩트한) 형태를 구현하는 방법이다. 이제 우리의 다음 목표는 리만 구면Riemann sphere이다.

8.3 리만 구면

복소평면에 ∞를 추가한다고 해서, ∞근방이 이음매 없이 매끈하다고 단정지을 수는 없다. 이 문제는 z-평면과 w-평면의 '좌표조각coordinate patche' 두 개를 이어 붙여서 만든 구球를 이용하여 표현할 수 있

[8.5] 다음과 같은 일련의 변환이 겹선형변환임을 증명하라. $z \mapsto Az + B$, $z \mapsto z^{-1}$, $z \mapsto Cz + D$

는데, 이렇게 하면 구면 위의 두 점을 제외한 모든 점은 (뫼비우스 변환을 통해) z-좌표와 w-좌표에 대응된다. 여기서 제외된 두 점 중 하나는 z-좌표만을 가지며($w=\infty$), 나머지 하나는 w-좌표만을 갖게 된다($z=\infty$). 우리에게 필요한 등각구조는 z나 w, 또는 둘 다 사용하여 정의될 수 있는데, 둘 다 사용한 경우에는 하나만 사용했을 때와 동일한 등각구조를 얻는다. z-좌표와 w-좌표는 복소해석적 관계에 있기 때문이다.

이를 구현하기 위해 z와 w사이의 일반적인 뫼비우스 변환을 고려할 필요는 없다. 다음과 같이 간단한 뫼비우스 변환을 고려하는 것으로 충분하다.

$$w=\frac{1}{z}, \qquad z=\frac{1}{w}$$

여기서 $z=0$과 $w=0$은 서로 반대쪽 평면의 ∞에 대응한다. 이러한 변환 하에서 z의 실수축과 허수축이 변하는 모습은 그림 8.6과 같다.

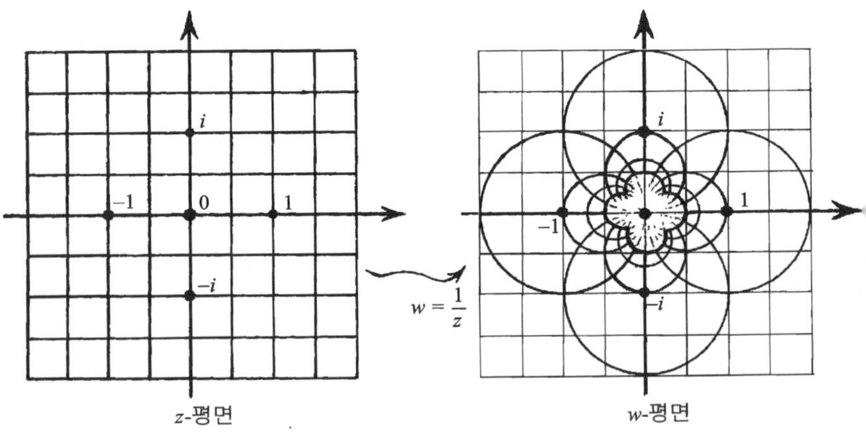

그림 8.6 $w=1/z$와 $z=1/w$를 통해 z-평면과 w-평면으로부터 리만 구면을 만드는 과정(비교를 쉽게 하기 위해 z-평면의 격자선을 w-평면에도 그려 넣었다). $z=0$은 $w=\infty$에 대응되고, $w=0$은 $z=\infty$에 대응된다.

이 모두는 리만 구면을 다소 추상적으로 정의하고 있다. 언뜻 보기에는 전혀 구면 같지 않은데, 왜 굳이 '리만 구면'이라고 부르는 것일까? 그 이유는 그림 8.7a로부터 짐작할 수 있다. 기하학적 구의 적도를 가로지르는 평면을 z-평면으로 잡고, 구면 위의 한 점을 z-평면으로 입체사영 stereographic projection해 보자. 입체사영이란, 구면 위 임의의 점 p를 남극점과 직선으로 연결했을 때(구면을 따라가는 직선이 아니라, 구의 내부를 관통하는 유클리드식 직선을 의미함) 적도면과 만나는 지점으로 p를 투영하는 사상이다. 그러므로 이 직선을 따라 z-평면상의 점을 구면으로 투영하면 구면 위의 점들과 z-평면상의 점들이 1 : 1로 대응된다. 단 여기에는 한 가지 예외가 있는데, 구면 상의 남극점은 $z=\infty$에 대응된다 (적도면에 삽입된 복소평면을 무한히 크게 확장해 보면 이유를 알 수 있

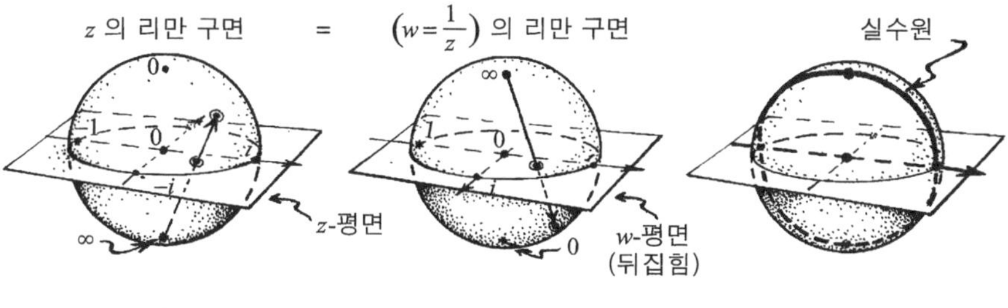

그림 8.7 (a) 리만 구면은 적도면에 z-평면이 삽입된 단위구(반지름이 1인 구)로 표현될 수 있다. 여기서 구면 위의 모든 점은 남극점을 향해 뻗어나가는 선이 z-평면과 만나는 점으로 투영되며(입체사영), 남극점 자체는 $z=\infty$에 대응된다.
(b) 적도면을 w-평면으로 해석하려면 (a)에서 삽입한 z-평면을 통째로 뒤집고 나서 남극점이 아닌 북극점을 향해 입체사영하면 된다. 단, 북극점 자체는 $w=\infty$에 대응된다($w=1/z$).
(c) 복소평면의 실수축은 리만 구면에서 북극과 남극을 지나는 대원(great circle)에 대응한다.

을 것이다). 그렇다면 w는 어떻게 변할 것인가? 답을 구하기 위해 w-평면을 뒤집어서 적도면에 삽입한 후($w = 1$, i, -1, $-i$는 각각 $z = 1$, $-i$, -1, i에 대응된다), 남극점이 아닌 북극점을 향해 입체사영을 실시해 보자(그림 8.7b 참조).[8.6] 입체사영의 장점은 구면 위의 원을 평면 위의 원(또는 직선)으로 투영시킨다는 것이다.[1] 따라서 겹선형(뫼비우스)변환은 복소평면 위의 원을 리만 구면 위의 원으로 투영시킨다. 이 놀라운 사실은 상대성이론에서 매우 중요한 역할을 할 뿐만 아니라(18.5절 참조), 스피너 spinor 및 트위스터 이론과도 깊이 관련되어 있다(22.8, 24.7, 33.2, 4절 참조).

리만 구면의 관점에서 볼 때 실수축은 구면을 수직 방향으로 에워싸는 '하나의 원'에 불과하며(그림 8.7c 참조) 임의의 원은 다른 원을 회전해서 얻을 수 있다. 리만 구면의 회전은 등각변환이기 때문에, 구면 전체를 다시 구면으로 투영하는 복소해석적 사상에 해당된다. 실제로 전체 리만 구면을 자기 자신과 대응시키는 모든 (비반전)등각사상은 겹선형(뫼비우스)변환을 통해 구현될 수 있다. 지금 우리가 관심을 두는 특별한 회전은 복소 매개변수 z와 t를 갖는 리만 구면을 이용하면 다음과 같이 나타난다.[8.7]

$$t = \frac{z-1}{iz+i}, \qquad z = \frac{-t+i}{t+i}$$

그림 8.8은 t-평면에 이 변환을 가했을 때 z-평면에 나타나는 결과

[8.6] 남극과 북극을 향해 투영시키는 두 종류의 입체사영이 $w = z^{-1}$과 어떻게 연관되는지 설명해 보라.

[8.7] 왜 그런지 설명해 보라.

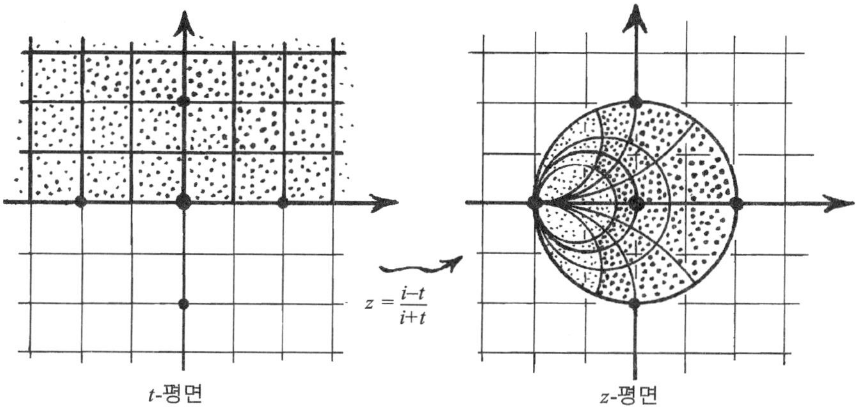

그림 8.8 $t = (z-1)/(iz+i)$, $z = (-t+i)/(t+i)$의 대응관계를 t-평면과 z-평면에 나타낸 그림. t-평면의 위쪽 반은 z-평면에서 단위원의 내부로 사상(mapped)된다.

를 그림으로 표현한 것이다. 특히, t-평면의 실수축 위쪽에 있는 부분이 z-평면에서는 반지름 1인 단위원의 내부로 들어오는 것을 보여 주기 위해 이 부분을 강조하였다. 이 특별한 변환은 다음 장(9장)에서 매우 중요하게 다루어질 것이다.

리만 구면은 '컴팩트compact. 또는 닫힌 리만 곡면'의 가장 간단한 형태이다.[2] 컴팩트라는 용어의 개념은 12.6절에서 설명할 예정이다. 이와는 대조적으로, 로그함수에서 나타나는 '나선형' 리만 곡면은 '비-컴팩트 리만 곡면'에 해당된다. 앞서 언급했던 $(1-z^3)^{1/2}$의 리만 곡면을 컴팩트하게 만들려면 분지점 때문에 나타나는 네 구멍을 메워야 한다(구멍을 메우지 않으면 비-컴팩트 리만 곡면이 된다). 그러나 이런 식의 '컴팩트화'는 흔히 사용되는 방법이다. 앞에서도 말했지만, 분지점의 차수가 유한하기만 하면 '구멍 메우기'는 언제나 가능하다. 8.1절의 끝 부분에서 확인한 바와 같이 로그함수의 원점과 무한대에 존재하는 분지점은 하나의 점으로 메울 수 있고, 이 작업을 거치면 컴팩트화된 리만 구면이 얻어진다. 현재 컴팩트 리만 곡면의 종류는 완전하게 분류되어 있으며(이 작업은 리만이 직접 수행하였다), 끈이론을 비롯한 여러 분야에서 매우 중요한 역할을 하고 있다. 리만 곡면의 분류법은 다음 절에서 알아보기로 한다.

8.4 컴팩트 리만 곡면의 종류

첫 번째 단계는 다양한 곡면들을 위상topology에 따라 분류하는 것이다. 즉, 연속적인 변환 하에서 무엇이 보존되는지를 확인하여 분류의 기준으로 삼는다는 뜻이다. 가향인orientable(12.6절의 끝 부분 참조) 컴팩트 2차원 곡면은 '종수genus. 흔히 g로 표기한다'라는 숫자 하나로 완전하게 분류된다. 곡면이 갖는 손잡이의 개수가 바로 종수이다. 구의 종수는 0이고, 원환면(도넛)의 종수는 1이다. 손잡이가 달린 찻잔의 종수도 1이므로, 원환면과 찻잔은 위상수학에서는 동일한 객체이다. 프레첼(밀가루 반죽을 길게 뽑아 하트 모양으로 만드는 딱딱하고 짭잘한 빵과자의 일종)은 종수가 3인 리만 곡면에 속한다. 그림 8.9에는 $g = 0, 1, 2, 3$에 해당되는 곡면들이 예시되어 있다.

그러나 $g = 0$인 경우를 제외하고, 종수만으로는 리만 곡면을 완전하게 정의할 수 없다. 리만 곡면을 제대로 정의하려면 '법modulus'이라는 복소변수를 추가로 도입해야 한다. $g = 1$인 원환면을 예로 들어 보자. 종수가 1인 리만 곡면을 가장 쉽게 만드는 방법은 복소평면에서 평행사변형을 취하는 것이다. 이 평행사변형의 네 꼭짓점을 각각 $0, 1, 1 + p, p$라 하자(그림 8.10 참조). 이제 평행사변형을 돌돌 말아서 서로 마주 보는 두 쌍의 변을 하나로 합쳐 보자. $0 \sim 1$을 잇는 변과 $p \sim p + 1$을 잇는 변을 하

$g=0$: ,

$g=1$: ,

$g=2$: ; $g=3$:

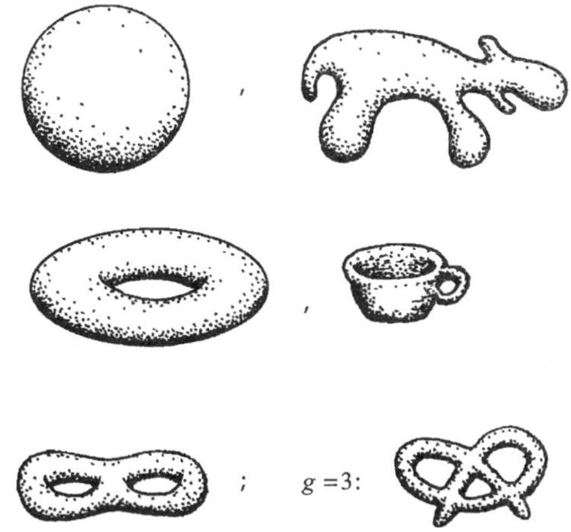

그림 8.9 리만 곡면의 종수(genus, g)는 도형에 달린 손잡이의 수와 같다. 구의 종수는 0이고 원환면(torus)과 찻잔의 종수는 1이며 프레첼의 종수는 3이다.

나로 붙이고, $0 \sim p$를 잇는 변과 $1 \sim 1+p$를 잇는 변을 하나로 붙이면 위상적으로 원환면과 동일한 곡면을 얻는다. 그런데 다른 p값에 대응되는 원환면들은 서로 동등하지 않다. 다시 말해서, 이들은 복소해석적 사상을 통하여 다른 p값에 해당되는 원환면으로 변환될 수 없다는 뜻이다(p가 $1+p$, $-p$, $1/p$로 대치된 경우에는 불연속적인 동등성이 나타날 수도 있다[8.8]. 그림 8.11에 예시된 두 리만 곡면을 비교하면, 위상이 같은 리만 곡면이라 해도 모두 동등하지는 않음을 직관적으로 이해할 수 있다. p값이 작으면 가느다란 원환면이 얻어지고 p가 i에 가까우면 두툼한 원환면이 얻어지는데, 직관적으로 생각해 봐도 이들 사이에 등각적 동등함은 성립하지 않을 듯하다(실제로 그렇다).

$g=1$인 경우는 복소법complex modulus p가 단 하나뿐이지만, $g=2$이면 세 개로 늘어난다. $g=1$일 때 사용했던 '평행사변형 이어 붙이기'

[8.8] p가 이러한 값으로 대치되었을 때, 이들이 복소해석적으로 동등함을 증명하라. 그리고 리만 곡면에서 불연속적 대칭성이 추가로 나타나는 가능한 p값을 모두 찾아보라.

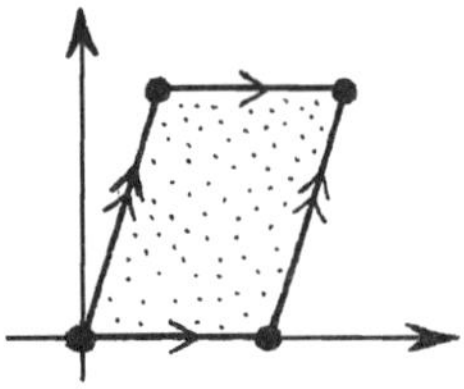

그림 8.10 종수 (g) = 1인 리만 곡면을 만드는 방법: 복소평면에서 0, 1, $1+p$, p를 꼭짓점으로 갖는 평행사변형을 취한 후 마주 보는 변들끼리 이어 붙인다. 이 경우, 리만 곡면의 법(modulus)은 p이다.

그림 8.11 위상적으로 동등한 두 개의 리만 곡면

기법으로 $g=2$인 리만 곡면을 만들려면 쌍곡면hyperbolic plane 조각을 이어 붙여야 한다(그림 8.12 참조). g가 3 이상인 경우에도 사정은 마찬가지다. 종수가 $g(\geq 2)$인 리만 곡면의 법의 수를 m이라고 하면 $m=3g-3$의 관계가 성립한다.

$g=2, 3, 4, 5, \cdots$의 모든 경우에 법의 수는 항상 $3g-3$이지만, g가 0이거나 1이면 이 관계는 성립하지 않는다. 위와 같이 간단명료한 공식이 몇 가지 경우에 적용되지 않는 데는 그럴만한 이유가 있으며, 그 이유는 리만 곡면의 연속적(복소해석적) 자기변환self transformation을 정의하는 복소변수의 개수 s와 관련되어 있다. $g\geq 2$인 경우에는 연속적 자

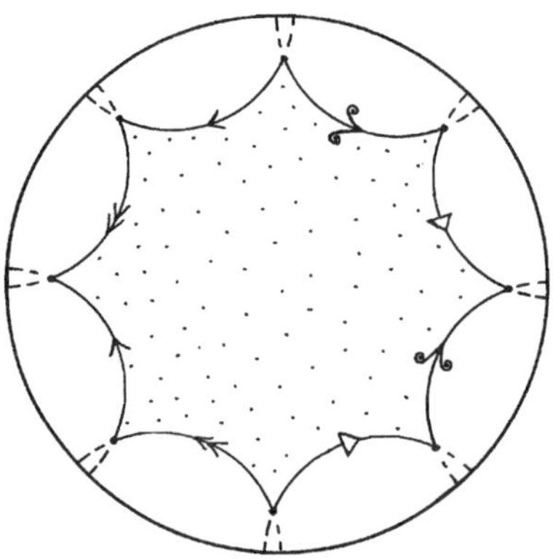

그림 8.12 그림 2.12를 등각적으로 표현한 쌍곡면의 팔각형 영역. 이것은 종수 $g=2$인 리만 곡면과 동일하다.

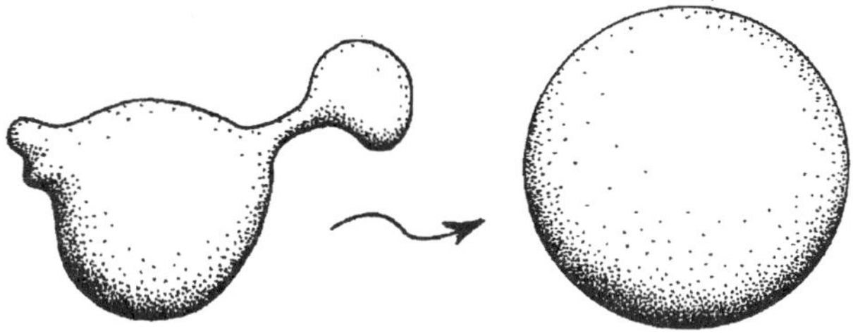

그림 8.13 $g=0$인 모든 계량기하학은 전형적인 단위구의 기하학과 동등하다.

기변환이 존재하지 않기 때문에 $s=0$이다. 그러나 g가 1이면 그림 8.10의 평행사변형은 임의의 방향으로 병진이동할 수 있는데(즉, 회전 없이 위치만 이동할 수 있다), 이 변환의 크기와 방향은 복소변수 a를 이용하여 $z \mapsto z+a$로 나타낼 수 있으므로 $s=1$이다. 구면의 경우($g=0$), 자기변환은 위에서 설명한 겹선형변환, 즉 $z \mapsto (az+b)/(cz+d)$로 나타낼 수 있는데, $a:b:c:d$의 비율에 따라 3가지 선택이 가능하므로[3] $s=3$이다. 모든 경우를 종합해 볼 때 $m-s$, 즉 복소법의 개수 m과 복소변수의 개수 s의 차이가 다음 관계식을 만족함을 알 수 있다.

$$m-s=3g-3$$

(사실 이 공식에는 더욱 깊은 의미가 담겨 있지만, 이 책의 수준을 넘어서기 때문에 구체적인 설명은 생략한다[4])

(복소해석적)등각변환의 구조(와 리만 곡면의 구조)를 유지하면서 리만 곡면의 겉보기 '형태'만 바꾸는 일에는 분명히 높은 수준의 자유도가 존재한다. 예를 들어, 구에 구멍을 뚫지 않고 계량기하학적으로 metrical geometry 외형만 바꾼 도형들은(그림 8.13 참조) 전형적인 단위구와 등각적으로 동등하다('계량 metric'에 대해서는 14.7절에서 따로 설명할 것이다). 종수가 크면 '형태'의 자유도가 매우 클 것 같지만, 결국은 위 공식에서 산출되는 복소법의 유한한 가짓수로 줄어들게 된다. 그러나 리만

곡면의 형태와 관련된 정보 중에는 등각적 자유도를 고려하고 나서도 제거되지 않는 것이 있는데, 이런 정보들은 법 자체로부터 정의되는 것들이다. 이러한 자유로부터 얻을 수 있는 정보의 양을 헤아리는 것은 매우 미묘한 문제로 남아 있다.

8.5 리만사상 정리

복소해석적 변환에 내재하는 자유도는 리만사상 정리Riemann mapping theorem를 통해 어느 정도 이해할 수 있다. 이 정리대로라면, 복소평면 상에서 스스로 겹치지 않는non-self-intersecting 닫힌 영역이 주어졌을 때([후주 8.2] 참조), 이 영역을 단위원으로 변환시키는 복소해석적 사상이 반드시 존재한다(그림 8.14 참조).(이렇게 되려면 닫힌 영역이 '테임니스tameness'라는 느슨한 조건을 추가로 만족해야 하지만, 이 조건을 부과해도 그림 8.14처럼 부분적으로 뾰족하거나 미분 불가능한 폐곡선을 단

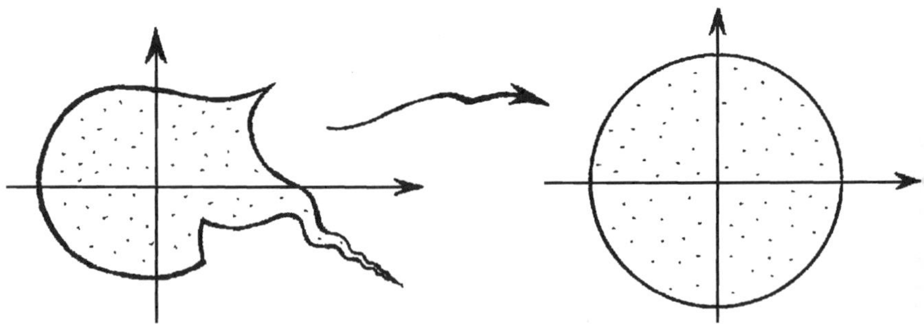

그림 8.14 리만사상 정리에 의하면 복소평면 상에서 단순폐곡선(매끈할 필요는 없음)으로 둘러싸인 모든 열린 영역(open region)은 단위원의 내부로 (복소해석적으로)사상할 수 있다.

위원으로 변환할 수 있다) 한 걸음 더 나아가, 폐곡선 위에서 세 개의 서로 다른 점 a, b, c를 임의로 선택하여 "이 점들은 단위원 위에 놓인 a', b', c'으로 사상된다"고 주장할 수도 있다($a' = 1$, $b' = \omega$, $c' = \omega^2$). 단, a, b, c와 a', b', c'의 순서는 같아야 하며, 이들을 연결하는 사상은 유일하게 결정된다. 사상을 유일하게 결정하는 또 한 가지 방법은 폐곡선 상의 한 점 a와 곡선 내부의 한 점 j를 선택하여, 이들을 각각 단위원주 상의 한 점 a'과(예를 들어, $a' = 1$) 단위원 내부의 한 점 j'으로(예를 들어, $j' = 0$) 사상하는 것이다.

이제 리만사상 정리를 복소평면이 아닌 리만 구면에 적용해 보자. 리만 구면의 관점에서 볼 때, 폐곡선의 내부와 외부는 다를 것이 없으므로(구를 다른 각도에서 바라본 것과 같다), 리만사상 정리는 폐곡선의 내부와 외부에 똑같이 적용될 수 있다. 따라서 복소평면 상의 폐곡선 외부를 단위원의 외부로 사상하는 '역 리만사상 정리'가 존재하며, 폐곡선 상의 특정한 점 a가 단위원주 상의 특정한 점 a'(예를 들어, $a' = 1$)으로 변환된다는 간단한 조건을 부과하면 이 사상은 유일하게 결정된다. 앞에서 j와 j'이 했던 역할은 ∞가 대신하게 된다.[5]

이런 종류의 사상이 필요한 이유 중 하나는, 이들이 에어로포일aerofoil. 비행기 주날개, 보조익, 미익 등의 익형(翼型)을 지나가는 공기의 흐름 같은 다양한 물리문제의 해답을 제공하기 때문이다(단, 유체의 점성이 없고non-viscous 압축 불가능incompressible하며 회전이 없는irrotational 이상적인 경우에만 적용 가능하다). 나는 수학과 대학원에 다니던 시절에 주코프스키Zhoukowski, 또는 Joukowski의 에어로포일 변환공식을 접하고 커다란 충격을 받았다. 그림 8.15에 예시된 이 변환은 $z = -1$을 지나는 적절한 원주 상에서 다음과 같은 식으로 표현될 수 있다.

$$w = \frac{1}{2}\left(z + \frac{1}{z}\right)$$

1930년대에 제작된 비행기의 날개 단면은 대부분 이와 같은 모양을 하고 있다. 따라서 날개를 스쳐 지나가는 (이상적인)공기의 흐름은 구형 날개를 스쳐 지나가는 공기의 흐름으로부터 직접 구할 수 있으며, 구형 날개 주변의 흐름은 또 다른 복소해석적 변환을 통해 알아낼 수 있다(언젠가 나는 "비행기 날개가 지금과 같은 형태로 결정된 것은 그것이 주코프스키 변환을 통해 수학적으로 분석 가능한 유일한 형태이기 때문이다"라는 끔찍한 이야기를 들은 적이 있다. 부디 사실이 아니길 간절히 바란다!).

이 문제를 풀 때는 많은 가정을 도입해야 할 뿐만 아니라, 주어진 상황을 가능한 한 단순화해야 한다. 공기의 점성을 무시하고 비압축성과 비회전성을 요구하는 것은 계산상 편의를 위한 가정이지만, 실제로 문제를 풀 때는 여기에 한 술 더 떠서 '공기의 흐름이 날개 전체에 걸쳐 균일하

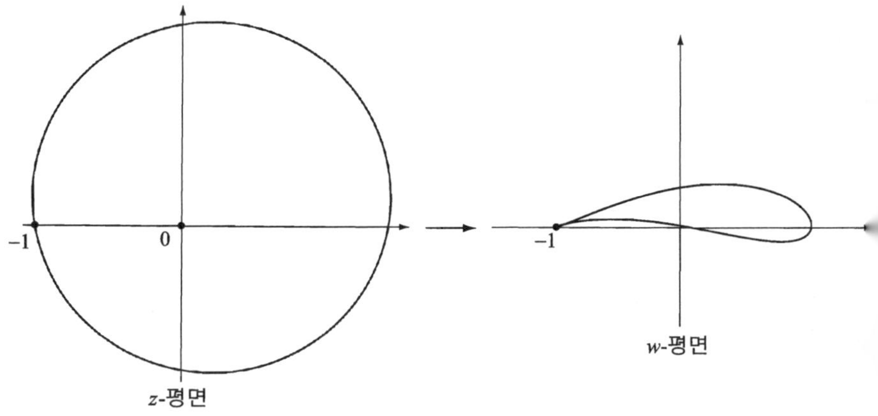

그림 8.15 $z = -1$을 지나는 원의 외부에 주코프스키 변환 $w = \frac{1}{2}(z + 1/z)$를 가하면 에어로포일(aerofoil)의 전형적인 형태가 얻어진다. 이를 이용하면 비행기 날개 주변에 나타나는 공기의 흐름을 알아낼 수 있다.

게 일어난다'는 가정까지 세운다. 이렇게 하면 3차원 문제를 2차원으로 축소할 수 있기 때문이다. 물론 날개 주변에서 실제로 일어나는 현상은 이보다 훨씬 복잡할 것이다. 그러나 실제상황을 고려했을 때, 주코프스키 변환과 같은 복소해석적 변환과정이 무용하다는 증거는 어디에도 없다. 사실, 지난 세월 동안 학자들은 현실세계에서 매우 중요한 문제를 해결할 때 종종 복소수를 도입하여 짭짤한 재미를 보았다. 물론 공기는 엄청나게 많은 입자로 구성되어 있으므로(1 cm^3당 약 10^{20}개의 입자), 이들의 움직임을 거시적으로 표현하려면 여러 차례의 평균과정을 거치면서 다양한 근사식을 도입해야 한다. 따라서 개개의 입자에 적용되는 방정식이 공기역학 방정식에 반영될 가능성은 거의 없다고 보아야 한다.

나는 복소수가 극미세계의 물리학에서 '기본적이고 특별한' 역할을 하고 있다고 말한 적이 있다(4.1절 참조). 실제로 자연을 이루는 기본입자들은 복소해석적 방정식의 지배를 받는다(21.2절 참조). 그러나 거시적 물리계에서 이러한 '복소 구조'는 다른 요소들에 가려 거의 보이지 않는다. 극히 예외적인 경우(위에서 말한 공기의 흐름 등)에만 복소수와 복소해석 기하학이 조금씩 사용될 뿐이다. 그런데 거시세계에서 복소수 구조가 두드러지게 나타나는 경우도 있다. 맥스웰의 전자기이론 및 파동과 관련된 현상들이 대표적인 사례이다. 또한 상대성이론에서도 복소수와 관련된 사례를 찾아볼 수 있다(18.5절 참조). 다음 장에서 복소수와 복소해석 함수가 발휘하는 마술을 집중적으로 조명해 보자.

〈8장 후주〉

8–1절

8.1 [예제 2.5] 참조.

8.2 기하학적 표면이나 일반적인 다양체(n – 표면, 12장 참조)를 다룰 때, '닫힌(closed)'이라는 용어는 혼란을 불러올 우려가 있다. 다양체의 경우, '닫혀 있다'는 말은 '위상적으로 닫혀 있다'는 뜻이 아니라 '경계선 없이 컴팩트(compact)하다'는 의미로 사용된다[위상적 의미에서 볼 때, '닫힌 집합(closed set)'이란 마지막 극한까지 모두 포함하는 집합을 말하며, 닫힌 집합의 여집합(complement)은 열린 집합이 된다(반대로 열린 집합의 여집합은 닫힌 집합이다). 위상공간 $\mathcal{V}$에서 집합 $\mathcal{S}$의 여집합이란 '$\mathcal{S}$에 속하지 않는 모든 $\mathcal{V}$'를 의미한다]. 방금 언급한 경계(boundary)도 오해의 소지가 있는 용어이다. 다양체의 경계는 아직 이 책에서 언급되지 않았다. 12장에서 다루게 될 일상적인 다양체(경계가 없는 다양체)에서 '닫혀 있다'는 말은 (위상적인 의미와 달리) '컴팩트하다'는 의미로 사용된다. 이 모든 혼란을 줄이기 위해, 나는 이 책에서 '닫혀 있다'는 말 대신 '컴팩트하다'는 용어를 주로 사용하였다. 단, 위상적으로 S^1-원에 해당되는 1-다양체 폐곡선은 '닫힌 곡선(closed curve)'으로, 공간적으로 컴팩트한 우주[즉, 컴팩트한 공간꼴 초곡면(spacelike hypersurface)]는 '닫힌 우주(closed universe)'로 표기할 것이다([후주 27.36] 참조).

8–4절

8.3 a, b, c, d에 0이 아닌 복소수를 일괄적으로 곱해도(전체적인 스케일의 변환) 이 변환은 달라지지 않지만, 이들 중 일부에 복소수를 곱하면 다른 변환이 된다. 변환을 특정 짓는 상수는 모두 4개지만, 전체적인 스케일 변

화는 원래의 변환에 아무런 영향도 미치지 못하기 때문에 변환의 자유도는 4에서 3으로 줄어든다.

8.4 이것은 아티야-싱어 정리(Atiyah-Singer theorem)라는 길고 긴 이야기의 출발점으로 생각할 수 있다[Atiyah-Singer(1963) 참조].

8–5절

8.5 리만사상 정리를 통해 완벽하게 매끈한 리만 구면을 얻으려면 정확한 원에서 출발해야 한다.

9
푸리에 분해와 초함수

9.1 푸리에 급수

6.1절에서 제기된 질문으로 되돌아가 보자. "오일러를 비롯하여 그와 동시대에 살았던 수학자들은 과연 어떤 함수를 정직한honest 함수라고 생각했을까?" 우리는 7.1절에서 이 조건을 가장 충실하게 만족하는 함수로 '복소해석함수'를 내세운 바 있다. 그러나 오늘날 대부분의 수학자는 이것을 '지나친 제한조건'으로 받아들인다. 과연 누구 생각이 옳은 것일까? 그 답은 이 장의 끝 부분에서 내려질 것이다. 지금 당장은 논란의 대상이 되는 문제의 실체를 더 명확하게 알고 넘어갈 필요가 있다.

수학을 물리적 세계의 문제에 적용할 때, 학자들은 보통 복소해석함수나 해석함수(복소해석함수의 실함수 버전, C^{ω}-함수)에서 찾아볼 수 없는 융통성을 요구하곤 한다. 7.4절에서 설명한 대로 해석적 접속은 유일하기 때문에, 복소평면 상의 어떤 '연결된 열린 영역connected open region' $\mathcal{D}$에서 정의된 복소해석함수의 대역적 특성은 $\mathcal{D}$에 속하는 작은 열린 영역에서의 정보만으로 완벽하게 결정된다. 또한, 실변수를 가지면서 실수선 $\mathbb{R}$ 위의 연결된 선분connected segment $\mathcal{R}$에서 정의된 해석함수의 대역적 특성은 '$\mathcal{R}$에 속하는 작은 열린 영역'에서의 정보만으로 완벽하게 결정될 수 있다. 이와 같은 함수의 '경직성rigidity'은 현실적 물리계에 적용하기에 왠지 부적절한 것 같다.

'파동전파wave propagation'를 다룰 때에는 더욱 골치 아프다. 라디오파나 빛 같은 전자기적 진동을 이용하여 신호를 전달하는 파동전파 문제는 '정보의 전달'이라는 차원에서 응용분야가 무궁무진하다. 그런데 전달된 정보에 의미가 있으려면, 수신자 쪽에서 볼 때 '전혀 예기치 않은' 내용이 포함되어야 한다. 수신자가 뻔히 아는 내용을 전송한다면, 정보전달이라는 행위 자체가 빛을 잃는다. 만일 복소해석함수 형태로 신호가 주어진다면, 메시지를 교환하는 도중에 '마음을 바꿀' 수가 없다. 신호의 아주 작은 부분이 전체 내용을 결정해 버리기 때문이다. 그래서 파동전파를 연구하는 사람들은 주로 불연속적이거나 해석적이지 않은 신호를 전달하는 방법에 관심을 둔다.

지금부터 파동의 형태와 전달과정, 그리고 그 안에 들어 있는 정보들을 수학적으로 분석해 보자. 파동의 형태를 연구하는 가장 효율적인 방법은 푸리에 해석을 이용하는 것이다. 조제프 푸리에Joseph Fourier는 1768년에 태어나 1830년 세상을 떠난 프랑스 수학자로서, 주기적으로 반복되는 진동을 사인파sine wane의 성분으로 분해하는 방법을 개발하였다. 이것은 음악에서 어떤 음을 순음pure tone의 조합으로 표현하는 것과 기본적으로 동일하다. 여기서 '주기적periodic'이라는 말은 (진동하는 물체의 물리적 변위 같은) 패턴이 일정 시간간격이나 공간간격을 두고 똑같이 반복되는 성질을 의미한다. 따라서 큰 바다의 파도나 고체의 결정 구조, 벽지의 문양 등을 모두 주기성을 띤 패턴으로 간주할 수 있다. 수학적으로는 함수 f가 모든 χ에 대해 다음 성질을 만족할 때(변수 χ는 실수)[1]

$$f(\chi+l)=f(\chi)$$

"f는 주기적 특성을 갖는다"고 말한다. 여기서 l은 고정된 값으로서, 이 함수의 주기 period라고 한다. 이 정의에 의하면 $y=f(\chi)$ 그래프를 χ축과 평행한 방향으로 l만큼 평행이동시켜도 달라지는 것이 전혀 없다(그림 9.1a 참조)(푸리에가 개발한 푸리에 변환에서는, 함수가 주기적일 필요가 '없다'. 푸리에 변환에 관한 내용은 9.4절에서 설명할 것이다).

음악의 '순음'은 $\sin\chi$나 $\cos\chi$로 표현되는데(그림 9.1b 참조), 이 함수들은 아래와 같은 성질을 만족하기 때문에 2π의 주기를 갖는다.

$$\sin(\chi+2\pi)=\sin\chi, \qquad \cos(\chi+2\pi)=\cos\chi$$

이와 같은 주기성은 복소함수 $e^{i\chi}=\cos\chi+i\sin\chi$에서도 나타난다.

$$e^{i(\chi+2\pi)}=e^{i\chi}$$

위 식은 5.3절에서 이미 대면한 적이 있다. 이 함수의 주기를 2π에서 l로 바꾸고 싶다면, 함수에 등장하는 χ의 스케일을 바꿔서 $e^{i\chi}$를 $e^{i2\pi\chi/l}$로 변형시키면 된다. 이렇게 하면 함수의 실수부와 허수부는 각각 $\cos(2\pi\chi/l)$와 $\sin(2\pi\chi/l)$가 되고, 이들의 주기도 모두 l이다. 그러나 이것만이 유일한 방법은 아니다. 주기 l 사이에 함수가 한 번이 아니라 두 번이나 세 번, 혹은 n번 진동할 수도 있으므로(n은 양의 정수, 그림 9.1c 참조) 아래 나열한 함수들은 주기가 모두 l이다(물론, 이보다 작은 l/n도 주기가 될 수 있다).

$$e^{i2\pi n\chi/l}, \qquad \sin\left(\frac{2\pi n\chi}{l}\right), \qquad \cos\left(\frac{2\pi n\chi}{l}\right)$$

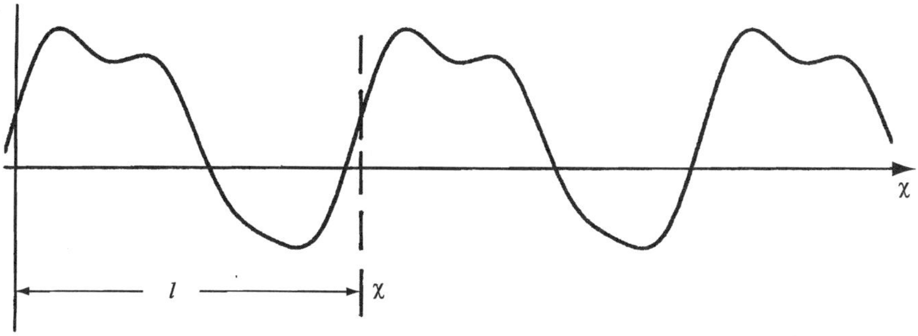

(a)

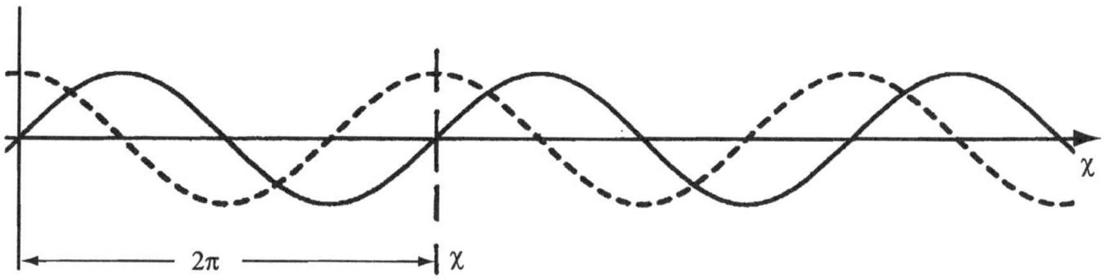

(b)

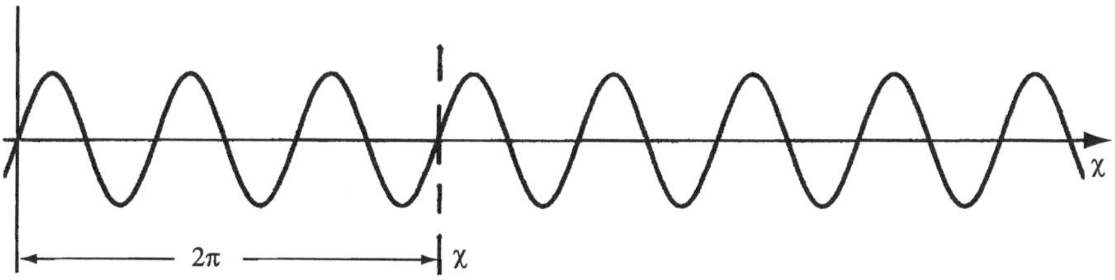

(c)

그림 9.1 주기함수. (a) 모든 χ에 $f(\chi) = f(\chi + l)$을 만족하면 $f(\chi)$의 주기는 l이다. 이 경우, $y = f(\chi)$의 그래프를 χ 축 방향으로 l만큼 평행이동시켜도 그래프의 전체 형태는 변하지 않는다. (b) 기본적 순음(pure tone)에 해당되는 $\sin\chi$와 $\cos\chi$ (점선)의 주기는 $l = 2\pi$이다. (c) '고배음(higher harmonics)' 순음은 주기 l동안 진동이 여러 번 반복된다. 이들의 주기도 역시 l이며, 이보다 짧은 주기를 추가로 가질 수 있다(위 그림은 $\sin 3\chi$의 그래프로서, 주기는 $l = 2\pi$, 또는 $l = 2\pi/3$이다).

음악에서는 $n = 2, 3, 4 \ldots$에 해당하는 음을 고배음高倍音, higher harmonics이라 한다.

푸리에가 제기했던(그리고 풀었던) 문제 중 하나는 주기 l인 일반적 주기함수 $f(\chi)$를 순음의 합으로 표현하는 것이었다. 각 n값에는 전체 함수에 기여하는 순음의 다양한 진폭이 존재하며, 구체적인 진폭의 값들은 파동의 형태[$y = f(\chi)$의 그래프]에 따라 달라진다. 그림 9.2에 간단한 사례가 제시되어 있다. 그림에는 $f(\chi)$가 유한한 개수의 항으로 이루어져 있지만, 일반적으로 $f(\chi)$에 기여하는 순음의 개수는 무한히 많다. 푸리에는 $f(\chi)$를 각 순음성분으로 분해했을 때 그 앞에 붙는 계수 c, a_1, b_1, a_2, b_2, a_3, b_3, $a_4 \ldots$의 계산법을 개발하였다.

$$f(\chi) = c + a_1 \cos \omega\chi + b_1 \sin \omega\chi + a_2 \cos 2\omega\chi + b_2 \sin 2\omega\chi + a_3 \cos 3\omega\chi + b_3 \sin 3\omega\chi + \cdots$$

위 식에서는 간단한 표기를 위해 sin 및 cos의 인수를 각진동수 angular frequency ω로 표기하였다(5.4, 5.5, 8.1절에 등장했던 ω와는 전혀 무관하다). 여기서 $\omega = 2\pi/l$이다.

일부 독자들은 '간결하게 표현했다'는 $f(\chi)$가 아직도 지나치게 복잡하다고 느낄지도 모르겠다. 그 점은 나도 인정한다. e를 이용하여 sin과 cos을 한데 묶으면($e^{iA\chi} = cos\ A\chi + i \sin A\chi$) 아래와 같이 더 간단하게 줄일 수 있다.

$$f(\chi) = \cdots + \alpha_{-2} e^{-2i\omega\chi} + \alpha_{-1} e^{-i\omega\chi} + \alpha_0 + \alpha_1 e^{i\omega\chi} + \alpha_2 e^{2i\omega\chi} + \alpha_3 e^{3i\omega\chi} + \cdots$$

여기서 각 계수는

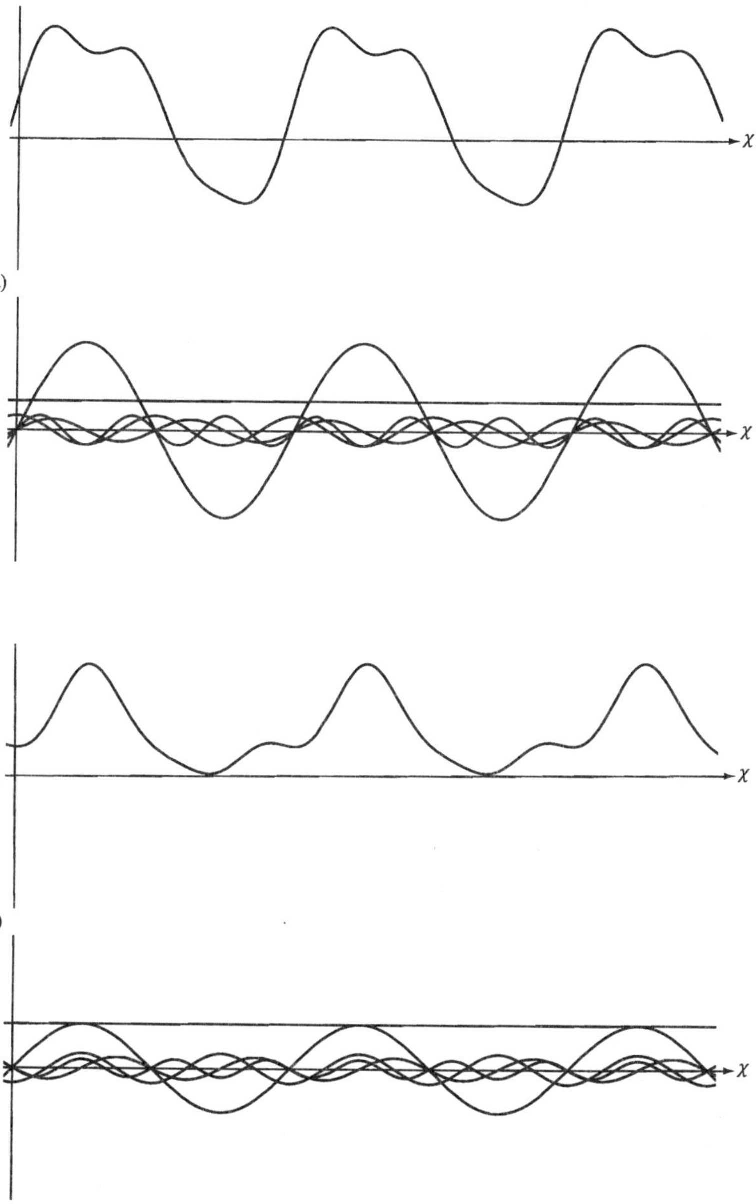

그림 9.2 주기함수에 푸리에 분해를 적용한 사례. 파동의 형태(그래프의 모양)는 푸리에 계수에 의해 결정된다. (a), (b)의 위쪽 그림은 $f(\chi)$이고 아래쪽 그림은 푸리에 성분(순음)들을 개별적으로 그려 놓은 것이다. (a) $f(\chi)=\frac{2}{3}+2\sin\chi+\frac{1}{3}\cos 2\chi+\frac{1}{4}\sin 2\chi+\frac{1}{3}\sin 3\chi$. (b) $f(\chi)=\frac{1}{2}+\sin\chi-\frac{1}{3}\cos 2\chi-\frac{1}{4}\sin 2\chi-\frac{1}{5}\sin 3\chi$.

$$a_n = \alpha_n + \alpha_{-n}, \quad b_n = i\alpha_n - i\alpha_{-n}, \quad c = \alpha_0$$

의 관계를 만족한다($n = 1, 2, 3, 4, \ldots$).[2, [9.1]] $z = e^{i\omega\chi}$로 치환하고, z의 함수 $F(z)$를 아래와 같이 정의하면

$$F(z) = \cdots + \alpha_{-2} z^{-2} + \alpha_{-1} z^{-1} + \alpha_0 z^0 + \alpha_1 z^1 + \alpha_2 z^2 + \alpha_3 z^3 + \cdots$$

$F(z)$와 $f(\chi)$는 동일한 함수가 된다.

$$F(z) = F(e^{i\omega\chi}) = f(\chi)$$

여기에 합을 의미하는 $\sum$ 기호를 도입하면 더욱 간단하게 줄일 수 있다. $\sum$는 '모든 r값(정수)에 대하여 $\sum$ 기호의 오른쪽에 있는 양들을 더한다'는 뜻이다.

$$F(z) = \sum \alpha_r z^r$$

이 식은 지수가 음수인 항을 포함한다는 사실을 제외하면 4.3절의 멱급수와 형태가 비슷하다. 이러한 급수를 로랑 급수Laurent series라고 하는데, 여기에 담겨 있는 수학적 의미는 다음 절에서 소개할 것이다.[9.2]

9.2 원주 상에서 정의된 함수

로랑 급수를 이용하면 푸리에 급수를 간단하게 표현할 수 있을 뿐만 아니

[9.1] 직접 증명해 보라.

[9.2] F가 단위원의 원주 상에서 복소해석적일 때, 계수 α_n이(따라서 a_n, b_n, c도) 다음의 적분으로 계산될 수 있음을 증명하라. $\alpha_n = (2\pi i)^{-1} \oint z^{-n-1} F(z)\,dz$

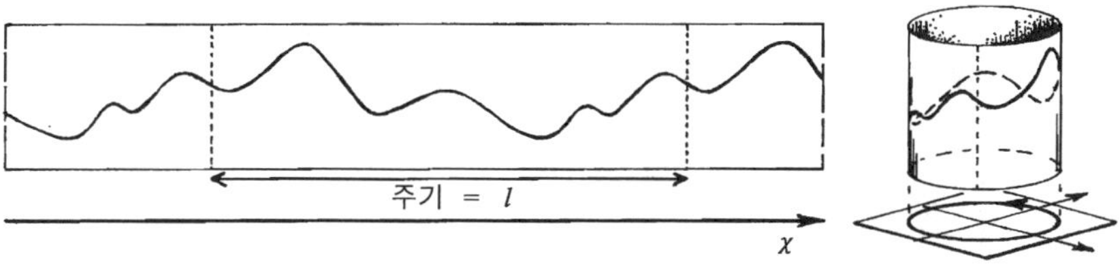

그림 9.3 실변수 χ를 갖는 주기함수는 χ 축을 돌돌 말아서 원주 길이가 l인 원을 만든 후 그 위에서 정의할 수 있다. $l = 2\pi$일 때는 복소평면 상의 단위원(반지름이 1인 원)을 사용하면 된다.

라, 푸리에 분해를 다른 각도에서 바라볼 수 있다. 주기함수에서는 동일한 값이 무한히 반복되므로, 원주 상에서 정의된 함수로 생각할 수 있다(변수 χ는 실수, 그림 9.3 참조). 이런 경우, 함수의 주기 l은 원주의 길이와 같고, 변수 χ는 출발점과 현재위치 사이의 원주 상 거리를 나타낸다. 원주 상에서 주기함수를 정의하면 평행축을 길게 그리지 않고서도 함수의 주기성을 분명하게 나타낼 수 있다.

당분간은 편의를 위해, 복소평면 상에서 원주 길이가 2π인 단위원 위에 주기함수를 표현하기로 한다. 이 원주 상에서 정의되는 함수는 2π의 주기를 가지므로 다음과 같은 관계가 성립한다.

$$\omega = 1\text{이므로 } z = e^{i\chi}$$

(다른 주기의 함수를 표현할 때는 χ의 스케일을 적당히 조절하면 된다) 이렇게 하면 푸리에 분해에서 각기 다른 순음에 해당했던 cos과 sin 함수들이 이제 n차 조화진동harmonic을 나타내는 z의 양수 또는 음수 거듭제곱, 즉 $z^{\pm n}$으로 표현되며, 단위원의 원주 상에서 이들은 우리가 원하는 코사인파와 사인파 형태의 진동을 제공한다(그림 9.4참조).

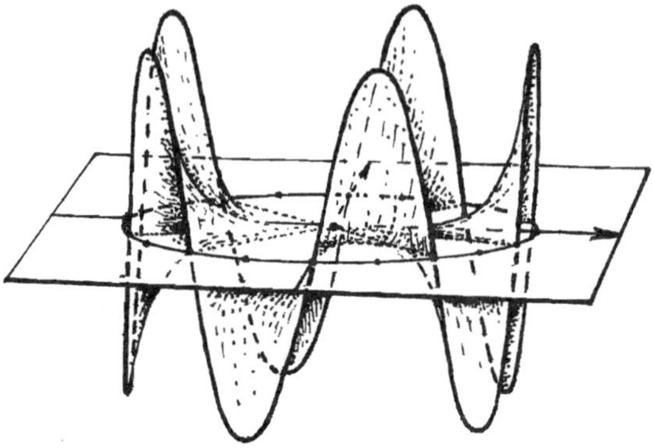

그림 9.4 단위원주 상에서 함수 z^n의 실수부와 허수부 ($z = e^{i\chi}$일 때 $e^{in\chi}$의 실수부와 허수부)는 각각 사인파 및 코사인파의 n차 조화진동(harmonic)으로 나타난다. 이 그림은 $n = 5$인 경우, 즉 z^5의 실수부를 나타낸 것이다.

이로써 우리는 주기함수 $f(\chi)$의 푸리에 분해를 매우 깔끔한 형태로 표현할 수 있게 되었다. $f(\chi) = F(z)$를 z-평면의 단위원 위에서 정의된 함수로 간주하고 $z = e^{i\chi}$의 관계를 부여하면, 푸리에 분해는 원래 함수의 (z를 변수로 갖는)로랑 급수와 같아진다. 함수를 이런 식으로 표기하면 외형이 깔끔해질 뿐만 아니라, 푸리에 급수의 특성을 더욱 깊은 수준에서 이해할 수 있게 된다. 특히 양자역학으로 가면 푸리에 급수(또는 로랑 급수)가 자연의 특성과 밀접하게 연관되어 있음을 알게 될 것이다. 이 성질은 복소수 마법에서 비롯한 것이며, 그래서 우리는 단위원주에서 떨어진 z에 로랑 급수 전개를 쓸 수 있다. 단위원주 상에 있지 않은 z를 중심으로 로랑 급수를 전개하면, 원주 상에서 $F(z)$의 중요한 특성을 알 수 있다.

4.4절에서 언급했던 수렴원의 개념을 잠시 떠올려 보자. 멱급수는 수렴원 안에서 수렴하고, 그 바깥에서는 발산한다. 로랑 급수에는 수렴원에 대응되는 개념으로 '수렴원환annulus of convergence'이 있다. 원점을 중심으로 하는 두 원 사이의 영역에서 주어진 급수가 수렴할 때, 이 영역을 수렴원환이라고 한다(그림 9.5 참조). 일상적인 급수에서 수렴원 개념을

이해하고 있다면, 수렴원환도 어렵지 않게 이해할 수 있을 것이다. $F(z)$를 이루는 항 중에서 아래와 같이 양의 지수로 이루어진 부분은[3] (예를 들어)반지름 A의 일상적인 수렴원을 갖는다.

$$F^{-} = \alpha_1 z^1 + \alpha_2 z^2 + \alpha_3 z^3 + \cdots$$

이 급수는 절댓값이 A보다 작은 모든 z에서 수렴한다. 그리고 아래와 같이 음의 지수로 이루어진 부분은 $w = 1/z$라는 변수를 도입하여 일상적인 멱급수로 이해할 수 있다.

$$F^{+} = \cdots + \alpha_{-3} z^{-3} + \alpha_{-2} z^{-2} + \alpha_{-1} z^{-1}$$

이 경우, w-평면에 나타나는 수렴원의 반지름은 $1/B$의 형태일 것이다. 즉, 이 급수는 절댓값이 $1/B$보다 작은 모든 w에 대하여 수렴한다 (지금 우리는 사실 8장에서 말한 리만 구면을 논하는 중이다. 그림 8.7에서 확인한 바와 같이, z-좌표는 리만 구면의 반쪽에 대응되고 w-좌표는 나머지 반쪽에 대응된다. 그림 9.5b를 참조하라. 이 문제와 관련된 리만 구면의 특성에 대해서는 다음 절에서 설명할 것이다). 따라서 음의 지수로 이루어진 급수는 z의 절댓값이 B보다 큰 곳에서 수렴한다. 그리고 $B < A$이면 두 급수의 수렴구간이 중복되므로, 전체 로랑 급수의 수렴원환이 형성된다. 함수 $f(\chi) = F(e^{i\chi}) = F(z)$의 전체 푸리에 급수(또는 로랑 급수)는 다음과 같다.

$$F(z) = F^{+} + \alpha_0 + F^{-}$$

여기서 상수 α_0는 F^{+}나 F^{-}에 속하지 않기 때문에 별도로 더해 주어야 한다.

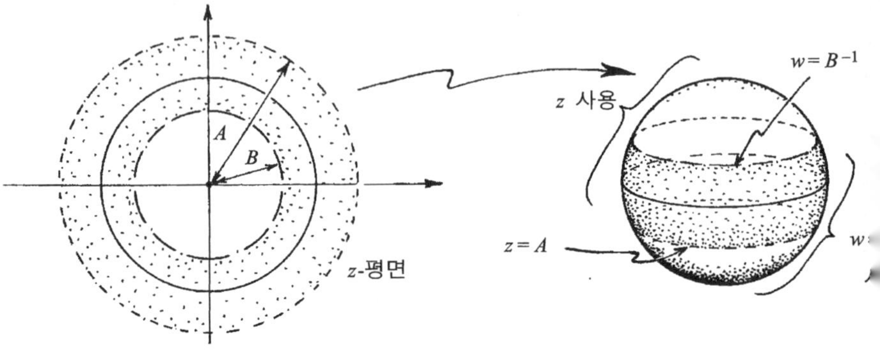

그림 9.5 (a) 로랑 급수 $F(z) = F^+ + \alpha_0 + F^-$의 수렴원환(annulus of convergence). 여기서 $F^+ = \cdots + \alpha_{-2}z^{-2} + \alpha_{-1}z^{-1}$, $F^- = \alpha_1 z^1 + \alpha_2 z^2 + \cdots$이다. $w = z^{-1}$을 사용했을 때 F^-의 수렴반경은 A이고 F^+의 수렴반경은 B^{-1}이다. (b) 동일한 수렴원환을 리만 구면 위에 표현한 그림(그림 8.7 참조). 여기서 z는 위쪽 반구에 해당되고 $w(= z^{-1})$는 아래쪽 반구에 해당된다.

χ가 실수일 때 단위원은 $z = e^{i\chi}$로 표현되므로, 지금 우리는 단위원 '위에서' 급수의 수렴 여부를 따지는 중이다. 단위원 위에서 $f(\chi)$의 푸리에 급수가 수렴하는지 여부를 묻는 것은, 그 위에서 $F(z)$의 로랑 급수가 수렴하는지의 여부를 묻는 것과 같다. 따라서 푸리에 급수가 수렴하려면 $B < 1 < A$, 즉 단위원이 수렴원환 내부에 놓여야 할 것 같다. 과연 그럴까?

$f(\chi)$가 복소해석적이라면(즉, C^{ω}-함수라면) 위 주장은 사실이다. 이럴 때 $f(\chi)$는 단위원을 포함하는 어떤 열린 영역 안에서 복소해석적인 함수 $F(z)$로 확장될 수 있다.[4] 그러나 $f(\chi)$가 복소해석적이 아닌 경우에는 수렴원환의 폭이 줄어들어서 단위원과 같아지거나 — 엄격하게 말하자면 사실 이는 수렴원환에서 일어나선 안 될 일이다. 수렴원환은 열린 영

역이어야만 하는데, 단위원은 그렇지 않기 때문이다 — 단위원이 수렴원환의 내부 또는 외부 경계선이 된다. 이 문제는 9.6 ~ 7절에서 다시 언급할 것이다.

당분간은 $f(\chi)$가 복소해석적인 경우만을 다룰 것이다. 이때 $F(z)$의 수렴원환(원의 중심 = 원점)의 반지름 A, B는 $B < 1 < A$의 대소관계를 만족하며, z-평면의 단위원은 그 안에 놓이게 된다. 양의 지수로 이루어진 로랑 급수의 일부 F^-는 z의 절댓값이 A보다 작은 영역에서 수렴하며, 음의 지수로 이루어진 F^+는 z의 절댓값이 B보다 큰 영역에서 수렴한다. 따라서 전체 급수는 수렴원환의 내부에서 수렴하게 된다(물론 상수 a_0는 모든 z에 대하여 유한한 값으로 수렴한다). 이렇게 생각하면 $F(z)$는 두 부분으로 나누어질 수 있다. 즉, 바깥 원의 안쪽에서 복소해석적인 F^-와 안쪽 원의 바깥에서 복소해석적인 F^+가 바로 그것이다.

$F(z)$를 F^-와 F^+로 나눌 때 a_0는 어느 쪽에 포함되어야 할까? 여기에는 (약간의)임의성이 존재하는데, F^-와 F^+는 모종의 대칭성을 가지므로 굳이 결정할 필요없이 그대로 놔두는 편이 낫다(리만 구면의 특성을 고려하면 이 대칭성을 분명하게 이해할 수 있다. 그림 9.5b 참조). 그러면 지금부터 '둘로 분리된' 함수의 의미를 더 자세히 알아보기로 하자.

9.3 리만 구면의 진동수 분할

z와 $w(= 1/z)$ 좌표는 우리에게 리만 구면을 덮는 두 조각을 제공한다. 단위원은 리만 구면의 적도에 해당되고, 수렴원환은 마치 무슨 '옷깃 collar' 처럼 적도를 감싸고 있다. 우리는 $F(z)$의 분할을 남쪽 반구로 복소해석적으로 확장되는 함수 $F^+(z)$와[이를 $F(z)$의 '양의 진동수 부분

positive frequency part이라 한다] 북쪽 반구로 복소해석적으로 확장되는 함수 $F^{-}(z)$[$F(z)$의 '음의 진동수 부분negative frequency part이라 한다] 두 부분의 합으로 생각할 수 있다. 어느 쪽에 포함될지 아직 결정하지 않은 상수를 무시한다면, 이러한 분할은 둘 중 하나의 반구로 확장하는 데 필요한 복소해석적 요건에 따라 유일하게 결정된다.[9.3]

리만 구면 위에 그려진 원(또는 임의의 폐곡선)의 내부와 외부를 정의할 때, 원의 '배향orientation'을 이용하면 편리하다. z-평면에 그려진 단위원의 향은 θ-좌표가 증가하는 방향, 즉 반시계방향으로 주어진다. 따라서 배향을 뒤집으면(예를 들어, θ를 $-\theta$로 대치하면) 양의 진동수 부분은 음의 진동수 부분으로 바뀐다. 일반적인 폐곡선에 적용되는 규칙도 이와 비슷하다. '시계 문자판'이 폐곡선 내부에 있으면 배향을 반시계방향으로, 외부에 있으면 시계방향으로 정의한다. 이는 유향 폐곡선oriented closed loop에서 '내부'와 '외부'를 결정하는 일을 한다.

$F(z)$의 음/양 진동수 분할은 양자이론, 특히 양자장이론에서 핵심적인 역할을 한다(24.3, 26.2 ~ 4절 참조). 앞서 제시했던 공식은 가장 흔히 사용되는 분할표현법이 아니지만, 나름대로 커다란 이점을 갖는다(특히 트위스터 이론에서 매우 유용하게 쓰인다. 33.10절 참조). 가장 흔히 사용되는 분할공식은 푸리에 전개와 직접적인 연관이 있지만, 복소해석적 확장과는 직접적인 연관이 없다. 양의 진동수 성분은 $e^{-in\chi}$에 상수가 곱해진 형태이며(n은 양수), 음의 진동수 성분은 $e^{in\chi}$에 상수가 곱해진 형태이다. 양 진동수 성분들만으로 이루어진 함수를 '양 진동수 함수'라고 한다.

[9.3] 그 이유를 설명해 보라.

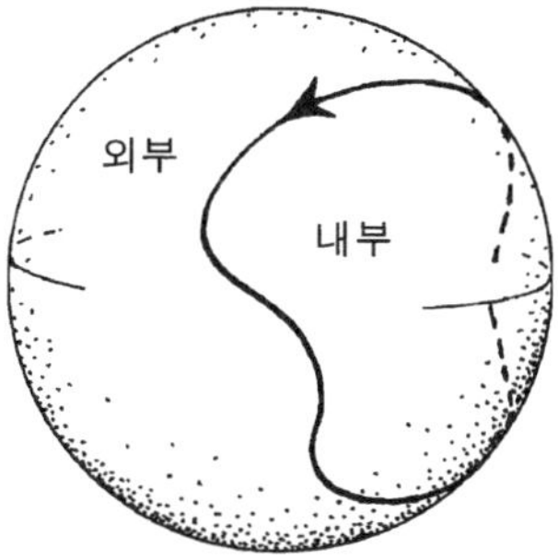

그림 9.6 리만 곡면 위에 그려진 폐곡선의 배향(orientation)은 내부와 외부를 결정한다. '시계 문자판'이 내부에 있으면 배향은 반시계방향이다(문자판이 외부에 있으면 시계방향이다).

그러나 이런 표현으로는 분할에 내포된 의미를 모두 나타낼 수 없다. 리만 구면의 반쪽을 자기 자신으로 보내는 복소해석적 사상은 여러 가지가 있는데, 대부분 북극점과 남극점($z=0$과 $z=\infty$)이 보존되지 않는다.[9.4] 이러한 사상 하에서 양/음 진동수 분할은 보존되지만, 개개의 푸리에 성분들($e^{-in\chi}$ 또는 $e^{in\chi}$)은 보존되지 않는다. 따라서 양/음 진동수 성분으로 분할하는 것은 개개의 푸리에 성분을 골라내는 것보다 훨씬 일반적인 개념이다.

양자역학에서 양/음 진동수 분할은 시간 t의 함수를 대상으로 실행되는데, 보통 우리는 시간을 '원을 그리며 돌아가는 변수'로 간주하지 않는다. 그러나 여기에 약간의 변환을 가하면 $t=-\infty$(무한히 먼 과거)에서 $t=+\infty$(무한히 먼 미래)에 이르는 '모든 시간'을 커버할 수 있다. 이것은 변수 χ를 $-\pi$에서 $+\pi$까지 변화시킴으로써 구현된다(이렇게 하면 $z=e^{i\chi}$는 복소평면 위의 단위원을 $z=-1$에서 출발하여 반시계방향으로 한 바퀴 돌면서 출발점으로 되돌아오게 된다. 그림 9.7 참조). 이 변환을 식으로 표현하면 다음과 같다.

[9.4] 어떤 사상이 이런 특성을 갖는지, 구체적인 예를 들어 보라.

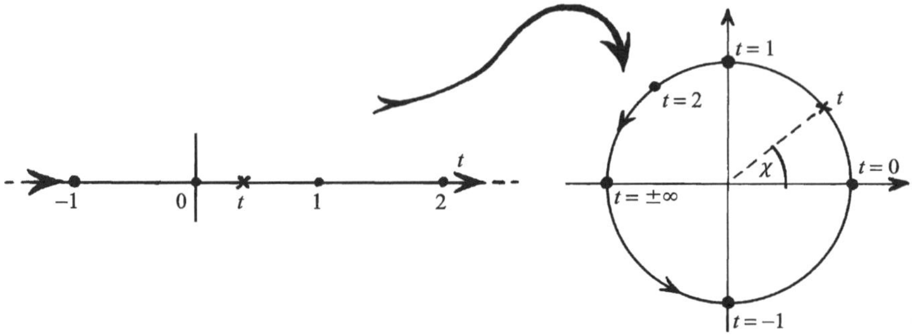

그림 9.7 양자역학에서 양/음 진동수 분할은 시간 t의 함수를 대상으로 실행된다. 물론 t는 주기적 성질을 띠지 않는 변수이다. 그러나 t를 $z(=e^{i\chi})$와 연관시키는 변환을 적용하면, 전체 시간($t=-\infty \sim +\infty$)에서 그림 9.5와 같은 분할을 시도할 수 있다. χ가 $-\pi$에서 $+\pi$까지 변하는 동안, z는 -1에서 출발하여 단위원을 반시계방향으로 한 바퀴 돌면서 출발점으로 되돌아온다.

$$t = \tan\tfrac{1}{2}\chi$$

그림 9.8은 이 관계를 그래프로 나타낸 것이고, 기하학적 의미는 그림 9.9에 표현되어 있다.

이 특별한 변환에는 대상 함수를 리만 구면 전체로 (복소해석적으로) 확장한다는 장점이 있다. 이 변환은 8.3절에서 이미 다룬 적이 있는데(그림 8.8 참조), 그때 사용했던 변환식은 다음과 같다.[9.5]

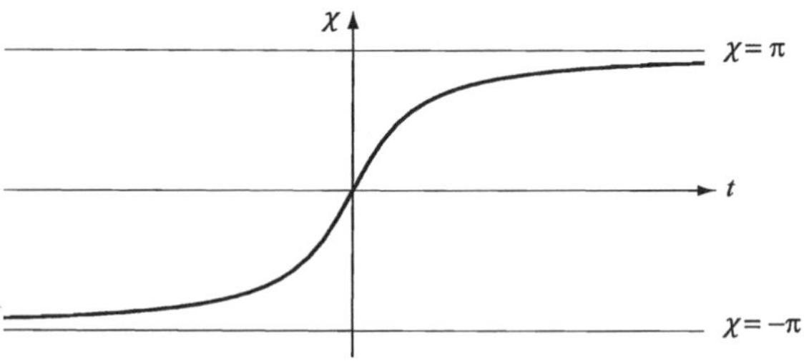

그림 9.8 $t=\tan\frac{1}{2}\chi$의 그래프.

[9.5] 이 변환이 위의 변환식과 같음을 증명하라.

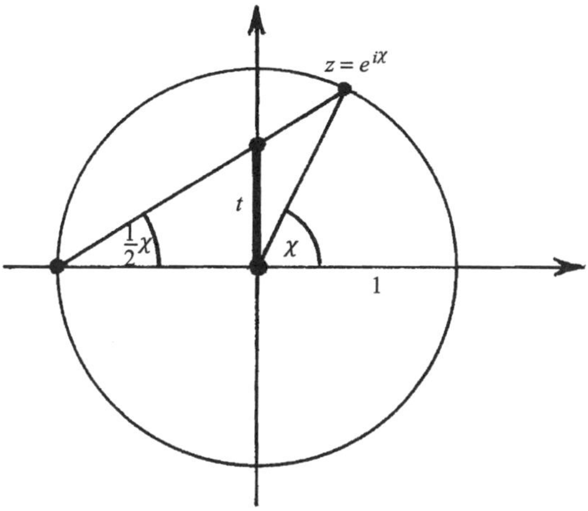

그림 9.9 $t = \tan\frac{1}{2}\chi$ 의 기하학적 의미.

$$t = \frac{z-1}{iz+i}, \qquad z = \frac{-t-i}{t+i}$$

이러한 변환 하에서 z-평면에 그려진 단위원의 내부는 t-평면의 위쪽 반에 대응되며, z-단위원의 외부는 t-평면의 아래쪽 반에 대응된다. 따라서 양의 진동수로 분할된 t의 함수는 t-평면의 아래쪽 반으로 확장되고, 음의 진동수로 분할된 부분은 t-평면의 위쪽 반으로 확장된다(그러나 t-평면의 '∞' 지점을 다룰 때에는 각별한 주의를 기울여야 한다. '복소 t-평면'이라는 개념을 머릿속에서 지우고 리만 구면의 관점에서 생각하면 이 문제를 피해갈 수 있다).

그러나 일반적으로 시간좌표 t의 함수의 '양의 진동수 분할'은 방금 설명한 방식이 아니라 '$f(\chi)$의 푸리에 변환Fourier transform'으로 표현된다. 물론 어떤 식으로 표현해도 결과는 달라지지 않지만,[5] 푸리에 변환은 양자역학(그리고 다른 여러 분야)에서 매우 중요한 개념이기 때문에 더 자세히 알고 넘어갈 필요가 있다.

9.4 푸리에 변환

기본적으로, 푸리에 변환은 주기함수 $f(\chi)$를 푸리에 급수로 전개했을 때 주기 l을 무한히 길게 잡은 극단적인 예에 해당하며 이 극한에서 $f(\chi)$의 주기성에는 아무런 제한이 없다. 그저 정상적인 함수이기만 하면 된다.[6] 푸리에 변환은 특히 '의도하지 않은' 신호를 보낼 가능성과 파동전파를 분석할 때 막강한 위력을 발휘한다. 파동에 실린 신호가 특정한 주기성을 갖지 않아도 분석할 수 있기 때문이다. 푸리에 변환을 이용하면 단 한 차례 나타나는 신호까지도 '주기적인 순음'으로 분석할 수 있다. 이런 파동은 주기 l이 무한대인 함수 $f(\chi)$에 해당된다. 주기가 길어질수록, 주기가 l/n(n은 양의 정수)인 순배음pure-tone harmonics들은 우리가 선택한 양의 실수에 가까워진다(어떤 실수라도 유리수를 이용하여 정확하게 근사 가능함을 기억하자). 이는 곧 임의의 진동수를 갖는 임의의 순음들이 푸리에 성분으로 참여할 수 있음을 뜻한다. 이제 $f(\chi)$는 푸리에 성분들의 (불연속적인)합이 아니라, 모든 진동수에 대한 합, 즉 적분으로 표현된다(6.6절 참조).

지금부터 이 원리를 수학적으로 분석해 보자. 주기 l인 함수 $f(\chi)$의 푸리에 분해를 가장 깔끔한 형태로 표현하면 다음과 같다.

$$z = e^{i\omega\chi}\text{인 지점에서 } F(z) = \sum \alpha_r z^r$$

(각진동수 ω는 $\omega = 2\pi/l$로 주어진다) 일단 첫 주기를 2π라고 하면, ω는 1이 된다. 그다음에 주기를 N배로 늘이면(N은 정수, $l = 2\pi N$) 진동수는 같은 배율로 작아진다($\omega = N^{-1}$). 따라서 처음에 순음이었던 파동은 작아진 진동수에서 N 번째 배음이 되고, n번째 배음이었던 파동은 (nN) 번째 배음이 된다. N을 무한대로 보내는 극한을 취하면, n이 계속

해서 변하기 때문에 특정 진동성분에 배음수harmonic number를 부여하는 것이 무의미해진다. 다시 말해서, 위 기호에 들어간 r이라는 지표index로 진동성분을 구별하는 것이 적절치 않다는 뜻이다. 고정된 r값은 특정 배음만을 나타낼 뿐($r = \pm n$은 n번째 배음을 나타낸다), 변하는 진동수를 추적할 수는 없기 때문이다. 이 진동수를 추적하는 지표는 r이 아니라 r/N이다. 따라서 이 값을 나타낼 새로운 변수를 도입해야 하는데, 앞으로는 p로 표기할 것이다. N이 무한대로 가면 p는 '위치 $= \chi$인 양자역학적 입자의 운동량momentum'에 해당된다.[7] 이 극한에서는 원한다면 χ 대신 우리에게 익숙한 x를 사용해도 상관없다. 지금부터 고려할 극한에서 χ는 z의 실수부와 같아지기 때문이다.

N이 유한한 정수일 때 새로운 변수 p는 다음과 같이 정의된다.

$$p = \frac{r}{N}$$

여기에 $N \to \infty$의 극한을 취하면, p는 연속변수가 되고 $\sum$에 들어 있는 '계수 a_r'은 불연속 정수변수 r이 아닌 연속 실변수 p에 의존하게 된다. 연속변수로 이루어진 함수는 함수의 이름 뒤에 괄호를 붙이고 그 안에 변수를 표기하는 것이 일반적이므로, 'p에 의존하는 함수'라는 뜻으로 g_p 대신 $g(p)$를 사용하기로 한다. 그러면 $\sum a_r z^r$에서 계수부분은 아래와 같이 대치된다.

$$a_r \mapsto g(p)$$

N이 ∞로 가면 주어진 p의 범위 안에서 $\sum$에 속하는 항의 개수가 무한히 많아지면서(지금 우리는 이 범위 안에서 n/N을 고려하고 있으므로 항의 개수는 N에 비례한다) $\sum$가 적분 $\int$으로, a_r은 $g(p)dp$로 대

치된다. 이제 $\sum$ 안에 들어 있는 나머지 부분, 즉 z^r만 적절히 바꿔 주면 되는데, $z = e^{i\omega\chi}$이고 $\omega = N^{-1}$이므로 $z = e^{i\chi/N}$)이 되어 결국 $z^r = e^{ir\chi/N}) = e^{i\chi p}$가 된다. 이 모두를 원래의 식에 대입하면, $N \to \infty$의 극한에서 $f(\chi)$는 다음과 같은 형태가 된다.

$$\sum a_r z^r \to \int_{-\infty}^{\infty} g(p) e^{i\chi p}\, dp$$

여기에 $(2\pi)^{-1/2}$이라는 축척인자scaling factor를 적분 앞에 곱하면, $f(\chi)$를 $g(p)$로 나타낸 적분과 $g(p)$를 $f(\chi)$로 나타낸 적분 사이에 말끔한 대칭성이 나타나게 된다(e의 지수에 붙는 부호만 달라진다).

$$f(\chi) = (2\pi)^{-1/2} \int_{-\infty}^{\infty} g(p) e^{i\chi p}\, dp, \quad g(p) = (2\pi)^{-1/2} \int_{-\infty}^{\infty} f(\chi) e^{-i\chi p}\, dx$$

이때 함수 $f(\chi)$와 $g(p)$를 서로 상대방에 대한 '푸리에 변환'이라 한다.[9.6]

9.5 푸리에 변환의 진동수 분할

실수축 전체에 걸쳐 정의된 (복소)함수 $f(\chi)$의 푸리에 변환 $g(p)$가 $p \geq 0$인 영역에서 항상 0일 때, "$f(\chi)$는 양의 진동수를 갖는다"고 말한다. 이럴 때 $f(\chi)$는 $p < 0$인 $e^{i\chi p}$ 성분들만으로 이루어져 있다. 6.1절에서 지적한 대로, 오일러에게 $g(p)$라는 함수를 보이면 또다시 고민에 빠

[9.6] [예제 9.2]의 경로적분 $a_n = (2\pi i)^{-1} \oint z^{-n-1} F(z)\, dz$의 극한형태를 이용하여 $g(p)$를 $f(\chi)$로 표현해 보라(대략적인 과정만 서술하면 된다).

질 것이다. 위 경우에 $g(p)$는 '$p < 0$에서 0이 아니고 $p > 0$에서 0인' 두 함수를 강제로 이어 붙인 형태이기 때문이다. 그러나 $g(p)$에는 $f(\chi)$의 복소해석적 성질이 완벽하게 담겨 있다. '양의 진동수' 조건을 표현하는 또 다른 방법은 (푸리에 급수에서 했던 것처럼) $f(\chi)$의 복소해석적 확장성을 이용하는 것이다. 변수 χ를 실수축 위의 점으로 제한하면(즉, $\chi = x$로 잡으면), 이 실수축($\chi = \infty$ 포함)은 리만 구면 위의 실수원real circle이 된다(그림 8.7c 참조). 이 원은 리만 구면을 두 개의 반구로 분할하는데, 이들 중 '바깥쪽' 반구는 표준 복소평면의 아래쪽 반에 해당된다. 이렇게 하면 $f(\chi)$가 양의 진동수를 갖는다는 조건은 $f(\chi)$가 '바깥쪽 반구로 (복소해석적으로)확장될 수 있다'는 조건과 동일해진다.

방금 우리는 '양의 진동수'를 두 가지 방법으로 정의했다. 그러나 이들을 비교할 때는 약간의 주의가 필요하다. 이 문제는 $z = \infty$인 지점을 다루는 방법과 밀접하게 관련되어 있는데, 그 이유는 함수 $f(\chi)$가 이 지점에서 일반적으로 모종의 특이성을 갖기 때문이다. 이제 곧 설명할 예정인 초함수적hyperfunctional 관점을 수용하면(9.7절 참조), $z = \infty$에서의 특이성은 별로 어려울 것이 없다. $f(\infty)$에 대하여 적절한 해석만 내리면, 두 가지 방법으로 내린 정의가 기본적으로 서로 일치한다는 사실을 쉽게 알 수 있다.[8]

관심 있는 독자들을 위해, 9.4절에서 언급한 극한(푸리에 급수를 푸리에 변환으로 바꾸는 극한)을 리만 구면의 관점에서 기하학적으로 이해해 보자. 우선 앞에서 했던 대로 주기가 2π인 함수 $f(\chi)$를 z-평면 위에서 표현해 보자. 변수 χ는 반지름이 1인 단위원 상에서 원호의 길이를 나타낸다. 이제 χ의 의미를 손상하지 않은 채(χ가 원호의 길이를 나타낸다는 사실을 그대로 유지한 채), 단계적으로 함수의 주기를 2π보다 크게 늘여 보자. 원의 크기를 점차 키워나가면서 기하학적 의미를 상실하지 않으려면 모든 원이 출발점 $\chi = 0$을 통과해야 한다(그림 9.10a 참조). 문제의 단순화를 위해 이 점을 원점($z = 1$이 아니라, $z = 0$)으로 잡아 보자. 그러면 각 단계의 모든 원은 z-평면의 아래쪽 반에 놓이게 된다. 그리고 처음 시작하는 주기 2π짜리 원의 중심은 원점이 아니라 $z = -i$이다. 주기 l이 2π보다 커지면 원의 중심은 $C = -il/2\pi$로 이동하며, $l \to \infty$의 극한으로 가면 원은 실수축($\chi = x$)과 일치하고 원의 중심은 허수축 음의 방향으로 무한히 멀어진다. 각 단계에서 χ는 '시계방향으로' 측정한 원호의 길이($l \to \infty$의 극한에서는 실수축을 따라가며 측정한 양의 거리)를 나타내며, 원점에서는 $\chi = 0$이다. 이 원들은 표준방향(반시계방향)으로 돌아가지 않기 때문에 상식적인 원의 내부는 정의상 '바깥쪽'에 해당되고 (9.3절의 그림 9.6 참조), 따라서 양의 진동수 조건도 이 영역에서 적용되어야 한다. 이제 우리에게 주어진 χ와 z 사이의 관계는 다음과 같다.[9.7]

$$z = \frac{il}{2\pi}(e^{-i\chi} - 1)$$

주기 l이 유한한 경우, $f(\chi)$의 푸리에 급수는 $C = -il/2\pi$를 중심으로 하는 로랑 급수로부터 구할 수 있다. 여기에 $l \to \infty$의 극한을 취하면 푸리에 변환이 얻어진다. l이 유한하면 원의 '안쪽'에서 $f(\chi)$를 복소해석적으로 확장시킬 수 있다는 '양의 진동수 조건'이 얻어지고, $l \to \infty$인 경우에 이 조건은 앞서 확인한 대로 z-평면의 아래쪽 반에서 복소해석적으로 확장될 수 있다는 조건과 같아진다.

[9.7] 이 관계를 유도해 보라.

$l \to \infty$의 극한에서 로랑 급수는 어떻게 되는가? 이 질문에 답하려면 리만 구면을 살펴봐야 한다. 각각의 유한한 l 값에 대하여 χ-원의 중심은 $C(=-il/2\pi)$로 주어진다. 그러나 리만 구면 위에서 C는 원의 중심과 일치하지 않는다. l이 커질수록 $C(=-il/2\pi)$는 허수축을 나타내는 리만 구면 위의 원을 따라 이동하면서(그림 9.10b 참조), 원의 중심에서 점차 멀어지게 된다. 결국, l이 ∞에 이르면 C는 리만 구면 위에서 $z=\infty$로 이동한다. 그런데 $C=\infty$라는 것은 C가 중심이 아닌 원주 상에 놓여 있다는 뜻이다!(물론 이 원주는 실수축에 해당된다) 그러므로 이 지

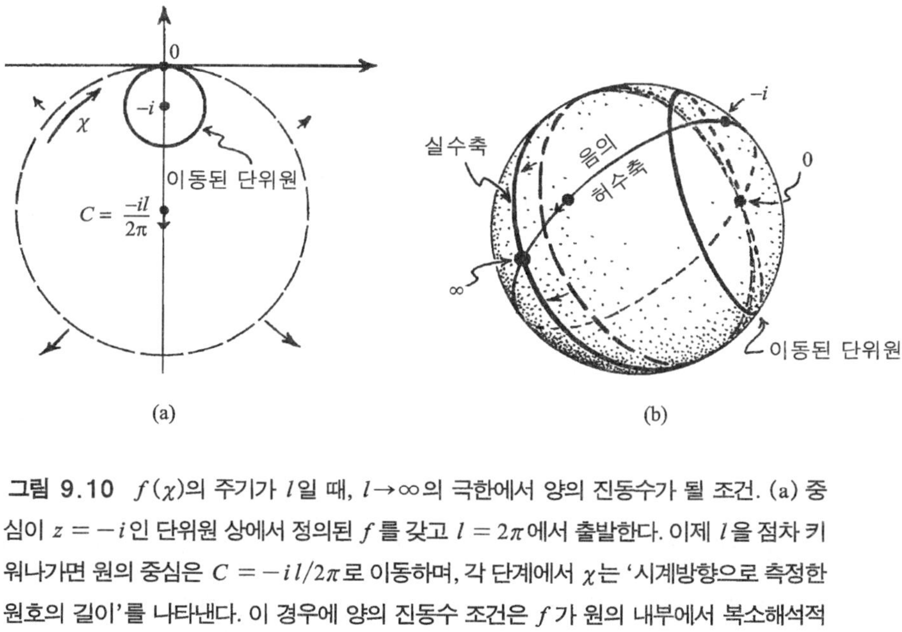

그림 9.10 $f(\chi)$의 주기가 l일 때, $l \to \infty$의 극한에서 양의 진동수가 될 조건. (a) 중심이 $z=-i$인 단위원 상에서 정의된 f를 갖고 $l=2\pi$에서 출발한다. 이제 l을 점차 키워나가면 원의 중심은 $C=-il/2\pi$로 이동하며, 각 단계에서 χ는 '시계방향으로 측정한 원호의 길이'를 나타낸다. 이 경우에 양의 진동수 조건은 f가 원의 내부에서 복소해석적으로 확장될 수 있다는 조건으로 표현될 수 있으며, $l=\infty$인 경우에 이 조건은 복소평면의 아래쪽 반으로 확장된다. (b) 리만 구면에서도 이와 비슷한 논리를 펼칠 수 있다. l이 유한한 경우, 푸리에 급수는 $z=-il/2\pi$를 중심으로 하는 로랑 급수로부터 구할 수 있다. 그러나 리만 구면에서는 이 점이 원의 중심과 일치하지 않으며, $l=\infty$이면 C도 ∞로 이동한다. 이렇게 되면 푸리에 급수는 푸리에 변환으로 대치된다.

점에서 멱급수를 전개하면 다소 비정상적인(또는 특이한singular) 현상이 벌어진다. 물론 이것은 이미 예견된 결과이다. $l=\infty$이면 불연속적인 '합'이 연속적인 '적분'으로 변하기 때문이다.

9.6 어떤 함수가 적절한가?

이제 장의 서두에서 제기했던 질문으로 되돌아가 보자. 우리에게 적절한 함수는 과연 어떤 형태인가? 이 시점에서 우리는 다음과 같은 문제를 제기할 수 있다. "푸리에 변환으로 표현할 수 있는 함수는 어떤 함수인가?" 이 질문의 대상을 해석함수(즉, C^{ω}-함수)로 제한하는 것은 적절치 않다. 왜냐하면, 양의 진동수 함수 $f(\chi)$(물론 해석함수이다)의 푸리에 변환 $g(p)$는 '값이 항상 0인 함수'와 '0이 아닌 함수'를 비해석적으로 이어 붙여서 만든 함수이기 때문이다. 원래의 함수와 그 함수의 푸리에 변환은 서로 대칭적이므로, 이들에게 각기 다른 표준을 적용하는 것은 적절치 않다. 또한, $\chi=\infty$에서 $f(\chi)$의 거동은 양/음 진동수 분할문제와 밀접하게 관련되어 있지만 $f(\chi)$가 $\chi=\infty$에서 해석(C^{ω}) 함수가 되는 것은 극히 예외적인 사례에 해당한다[$f(\chi)$의 거동이 $\chi\rightarrow+\infty$와 $\chi\rightarrow-\infty$에서 정확하게 같아야 한다]. 그뿐만 아니라 앞서 언급했던 '물리적 동기'도 고려해야 한다. 우리는 푸리에 변환을 도입하면서 '예상치 못한(비해석적인)' 신호를 다룰 수 있을 것으로 기대했었다. 그러므로 우리는 서두에서 제기했던 질문으로 되돌아가야만 한다 : "정직한 함수란 어떤 함수인가?"

오일러와 그 동시대의 수학자들이 생각했던 '신뢰할 만한' 함수는 아마도 복소해석(또는 해석)함수였을 것이다. 그러나 이런 함수들은 제한

조건이 너무 까다로워서 파동전파와 같은 물리학분야나 다양한 수학분야에 적용하기가 쉽지 않다. 그래서 우리에게는 좀 더 포괄적인 개념의 함수가 필요하다. 그런데 방금 서술한 두 가지 관점 중에서 상대편보다 '우월한', 또는 '더 옳은' 관점이 과연 존재할 것인가? 현대의 개념은 두 번째 쪽으로 크게 기울어, 학계에선 첫 번째 관점의 지지자들은 '구식'이며 복소해석(해석) 함수는 '함수'의 일반 개념에서 그저 아주 특수한 사례일 뿐이라고 보는 의견이 다수이다. 과연 그럴까? 잠시 18세기 수학자의 마음으로 되돌아가서 생각해 보자.

19세기 초 조제프 푸리에가 그림 9.11과 같은 네모파square wave나 톱니파saw tooth를 푸리에 변환으로 표현했을 때, 해석적(오일러식) 함수관에 익숙했던 기존의 수학자들은 불쾌감을 감추지 못했다. 그래서 당시 수학계에는 푸리에의 연구결과를 배척하는 분위기가 팽배해 있었다. 기존 관념으로는 함수라고 부르기조차 껄끄러운 네모파함수가 어떻게 '공식'으로 표현될 수 있다는 말인가? 그러나 푸리에는 아래의 급수를 충분히 많이 더해 나가면 $\frac{1}{4}\pi$와 $-\frac{1}{4}\pi$사이에서 진동하는 네모파함수가 된다는 사

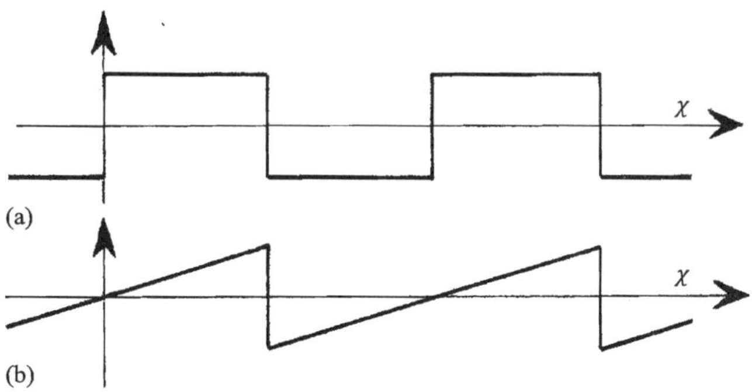

그림 9.11 푸리에 변환으로 표현되는 불연속 주기함수 : (a) 네모파(square wave) (b) 톱니파(saw tooth)

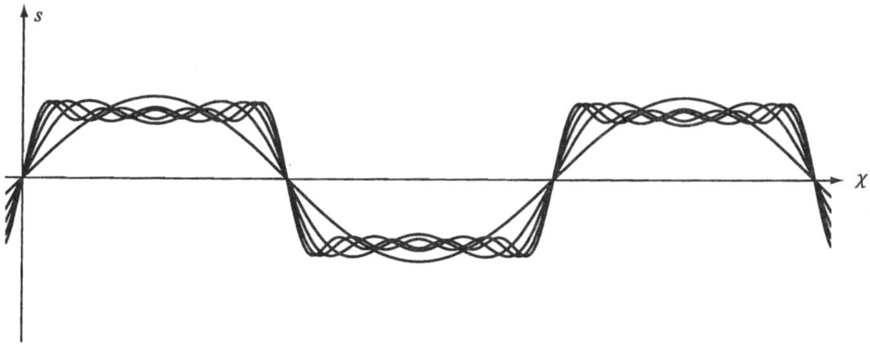

그림 9.12 푸리에 급수 $s(\chi)=\sin\chi+\frac{1}{3}\sin 3\chi+\frac{1}{5}\sin 5\chi+\frac{1}{7}\sin 7\chi+\frac{1}{9}\sin 9\chi+\cdots$는 네모파함수로 수렴한다(그림 9.11a와 같은 형태임)

실을 증명하였다(그림 9.12 참조).

$$s(\chi)=\sin\chi+\frac{1}{3}\sin 3\chi+\frac{1}{5}\sin 5\chi+\frac{1}{7}\sin 7\chi+\cdots$$

위 식을 로랑 급수 형태로 표현해 보자. $z=e^{i\chi}$라 하고 양변에 $2i$를 곱하면 다음과 같은 형태가 된다.[9.8]

$$2is(\chi)=\cdots-\tfrac{1}{5}z^{-5}-\tfrac{1}{3}z^{-3}-z^{-1}+z+\tfrac{1}{3}z^{3}+\tfrac{1}{5}z^{5}+\cdots$$

사실 이 급수는 수렴원환이 (열린 공간을 전혀 남기지 않은 채)단위원으로 수축된 사례에 해당한다. 그러나 위 식을 양의 지수부분(일상적인 z의 멱급수)과 음의 지수부분(z^{-1}의 멱급수)으로 분할하면 복소해석함수로 취급할 수 있다. 실제로 이것은 잘 알려진 급수로서, 덧셈도 어렵지 않게 수행할 수 있다.[9.9]

[9.8] 증명해 보라.

$$S^{-} = z + \tfrac{1}{3}z^{3} + \tfrac{1}{5}z^{5} + \cdots = \tfrac{1}{2}\log\left(\frac{1+z}{1-z}\right)$$

$$S^{+} = \cdots - \tfrac{1}{5}z^{-5} - \tfrac{1}{3}z^{-3} - z^{-1} = -\tfrac{1}{2}\log\left(\frac{1+z^{-1}}{1-z^{-1}}\right)$$

따라서 $2is(\chi) = S^{-} + S^{+}$이다. 약간의 계산을 거치면 S^{-}와 S^{+}의 차이가 $\pm\frac{1}{2}i\pi$임을 알 수 있다. 따라서 $s(\chi) = \pm\frac{1}{4}\pi$이다.[9.10] 그러나 이들을 더한 결과가 네모파와 같아지는 이유를 이해하려면 더 자세히 들여다봐야 한다.

8.3절에서 언급했던 변환 $t = (z-1)/(iz+i)$를 적용하면, 지금 벌어진 상황을 좀 더 쉽게 이해할 수 있다. 이것은 z-평면 상에 그려진 단위원의 내부영역을 t-평면의 위쪽 반(실수축 위)으로 대응시키는 변환이다(그림 8.8 참조). 이 변환을 적용하면 S^{-}의 정의역은 t-평면의 위쪽 반이 되고, S^{+}의 정의역은 아래쪽 반이 된다. 이들의 구체적인 형태는 다음과 같다(로그의 값에는 $2\pi i$만큼의 임의성이 존재한다).

$$S^{-} = -\tfrac{1}{2}\log t + \tfrac{1}{2}\log i, \quad S^{+} = \tfrac{1}{2}\log t + \tfrac{1}{2}\log i$$

$t = i(S^{-} = 0$인 지점)와 $t = -i(S^{+} = 0$인 지점)에서 출발하여 연속적으로 변하는 로그값을 따라가 보면, 양의 실수 t-축에서 $S^{-} + S^{+} = +\frac{1}{2}i\pi$이고 음의 실수 t-축에서 $S^{-} + S^{+} = -\frac{1}{2}i\pi$임을 알 수 있다.[9.11] 그리고 이 사실로부터 z-평면 단위원의 위쪽 반에서 $s(\chi) =$

[9.9] 7.4절의 끝 부분에 등장했던 $\log z$의 ($z = 1$을 중심으로 한)멱급수 전개를 이용하여 직접 더해 보라.

[9.10] 직접 증명해 보라($|s(\chi)| < 3\pi/2$를 가정할 것).

[9.11] 직접 증명해 보라.

$+\frac{1}{4}\pi$이고 아래쪽 반에서 $s(\chi) = -\frac{1}{4}\pi$임을 유추할 수 있다. 이리하여 푸리에 급수는 위에서 주장한 대로 네모파와 같아지는 것이다.

이 예제로부터 우리가 배운 교훈은 "미분이 불가능하면서 연속이지도 않은 유별난 주기함수(이때는 C^{-1}-함수)도 푸리에 급수로 나타낼 수 있다"는 사실이다. 또는, 단위원 상에서 정의된 함수의 수렴원환이 단위원 자체로 수축되어 있다 해도 이 함수는 로랑 급수로 나타낼 수 있다. 이 로랑 급수의 양진동수 부분과 음진동수 부분은 리만 구면 위에서 각기 완벽한 복소해석함수가 되며, 이들 중 하나는 단위원의 한쪽 반 위에서 정의되고 다른 하나는 나머지 반쪽 위에서 정의된다. 그리고 두 함수의 합은 단위원 위에서 정확한 네모파를 재현한다. 급수의 합이 갑자기 다른 값으로 '비약(이것은 네모파의 특성이다)'하는 것은 단위원 위에서 $z = \pm 1$지점이 분지특이성branch singularity을 갖기 때문이다. 분지특이성은 두 종류의 멱급수가 단위원을 벗어난 곳에서 수렴하는 것을 방지하는 역할도 한다.

9.7 초함수

위에서 들었던 예제는 매우 특별한 경우에 불과하지만, 이로부터 일반적인 정보를 끄집어낼 수 있다. (리만 구면 상의)단위원 위에서 정의되면서, 원주 상의 열린 영역에서 복소해석적인 함수 F^+와 반대쪽 열린 영역에서 복소해석적인 함수 F^-의 합으로 표현되는 함수의 가장 일반적인 형태는 무엇일까? 이 질문의 해답을 찾다 보면, 초함수hyperfunction라는 별나지만 중요한 개념이 자연스럽게 도입된다.

f를 F^-와 $-F^+$의 '차이'로 간주하면 생각하기가 좀 더 쉽다. 가

장 일반적인 경우에 F^-나 F^+를 단위원 전체로 (복소해석적으로)확장할 수 없기 때문에, 실제의 단위원 위에서 이들의 '합'이 무엇을 의미하는지 분명치 않다. 그러나 우리는 F^-와 $-F^+$의 차이를 '이들의 정의역이 단위원 상에서 만나는 지점에서 일어나는 비약'으로 생각할 수 있다.

"복소평면 위에 그려진 곡선의 한 부분에서 복소해석적인 하나의 함수와 그 곡선의 다른 부분에서 복소해석적인 또 하나의 함수 사이에 일어나는 비약"은(이 함수들이 곡선 전체에 걸쳐 복소해석적으로 확장될 필요는 없다) 곡선 전체에 걸쳐 (복소해석적으로)정의된 새로운 함수 개념을 탄생시킨다. 이것이 바로 1958년에 일본 수학자 사토 미키오 Mikio Sato가 처음으로 제안했던[9] 초함수의 정의이다. 이제 곧 알게 되겠지만, 초함수에는 엄청나게 많은 의미가 함축되어 있다.[10]

초함수를 정의하기 위해 완전한 단위원 모양의 폐곡선을 떠올릴 필요는 없다. 초함수는 폐곡선의 일부만으로도 정의할 수 있다. 실제로, 실수선의 부분선분 γ 위에서 초함수를 정의하는 편이 훨씬 유용하다. 실수 a와 b 사이의 선분을 γ라 하면($a < b$), 이 위에서 정의된 초함수는 열린 영역 $\mathcal{R}^-$(γ를 위쪽 경계선으로 갖는 영역)에서 정의된 복소해석함수에서 출발하여 γ을 가로질러 $\mathcal{R}^+$(γ를 아래쪽 경계선으로 갖는 영역)에서 정의된 복소해석함수를 연결하는 '비약'을 의미한다(그림 9.13 참조).

그러나 단순히 '비약'이라는 설명만으로는 그 의미가 확실치 않다(수학적으로도 정확하지 않다). 사토는 한 쌍의 복소해석함수 사이에서 일어나는 비약을 (f, g)라는 단순한 형태로 정의하였다. 그리고 f와 g에 복소해석함수 h를 똑같이 더해서 (f_0, g_0)라는 또 하나의 쌍이 얻어졌다면, (f, g)와 (f_0, g_0)는 '동일한 쌍'으로 취급한다. 단 h는 곡선분 curve segment γ을 사이에 둔 $\mathcal{R}^-$와 $\mathcal{R}^+$로 이루어진 (열린)영역 $\mathcal{R}$에서 명확하게

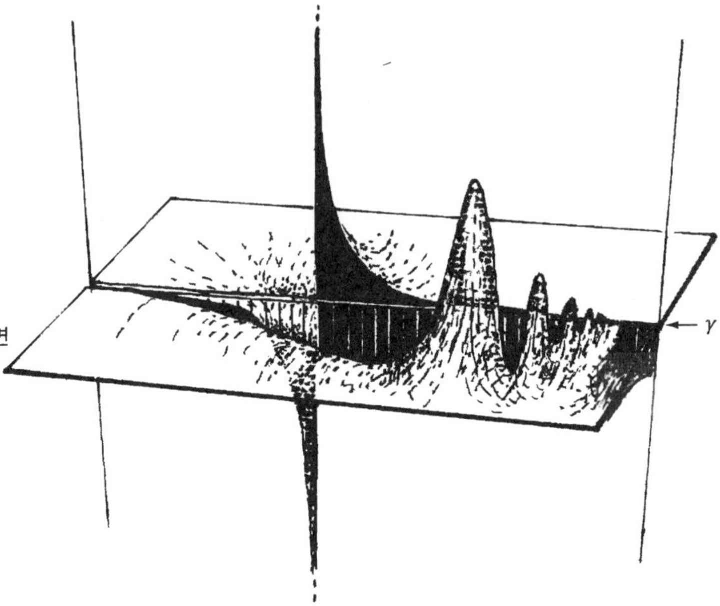

그림 9.13 실수축의 부분선분 γ 위에서 정의된 초함수는 γ를 경계로 양쪽에서 일어나는 복소해석함숫값의 '비약'을 나타낸다.

정의된 함수여야 한다(그림 9.14 참조). 복소해석함수 f와 g가 각각 $\mathcal{R}^-$와 $\mathcal{R}^+$에서 정의되어 있고 이들을 더한 영역 $\mathcal{R}$에서 h가 임의의 복소해석함수일 때,

(f, g)는 $(f+h, g+h)$와 동치이다.

특정 초함수를 표현할 때에는 이들 중 어떤 표현을 사용해도 상관없다. 수학적으로 초함수 자체는 이러한 쌍들을 $\mathcal{R}$에서 정의된 복소해석함수 h를 법으로 삼아 기약한reduced modulo '동치류'로 규정된다.[11] 동치류는 책의 서문에서 분수 개념을 설명할 때 잠시 언급한 적이 있다. 물론 초함수에서도 개념은 동일하다. 여기서 중요한 것은, f와 g에 h를 더하

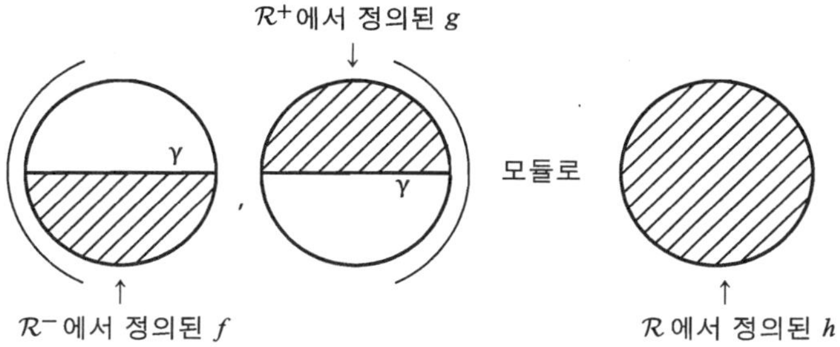

그림 9.14 실수축 γ의 일부 영역에서 정의된 초함수(hyperfunction)는 한 쌍의 복소해석함수 (f, g)로 표현된다. f는 γ의 아래쪽으로 확장된 열린 영역 $\mathcal{R}^-$에서 정의된 함수이며, g는 γ의 위쪽으로 확장된 열린 영역 $\mathcal{R}^+$에서 정의된 함수이다. γ에서 정의된 초함수 (f, g)는 $(f + h, g + h)$와 같다. 여기서 h는 $\mathcal{R}^+$와 $\mathcal{R}^-$, γ를 조합한 영역 $\mathcal{R}$에서 복소해석적인 함수이다.

면 각각의 값은 달라지지만 f와 g사이에서 일어나는 '비약'은 달라지지 않는다는 사실이다(예를 들어, f와 g에 h를 더하면 실수선 γ의 바깥에서 f와 g의 거동이 달라질 수 있다). 따라서 비약 자체는 동치류를 이용하여 깔끔하게 표현될 수 있다.

독자들은 초함수를 접하면서 다소 당황했을 것이다. 위 정의에 의하면 초함수는 열린 영역 $\mathcal{R}^-$와 $\mathcal{R}^+$를 어떻게 선택하느냐에 따라 크게 달라질 것 같은데, 공통 경계선 γ 이외에는 영역에 대하여 아무런 언급이 없었기 때문이다. 그러나 놀랍게도 초함수의 정의는 영역의 선택에 좌우되지 '않는다'. 흔히 절단정리excision theorem라 부르는 놀라운 정리에 따르면, 초함수 개념은 실제로는 $\mathcal{R}^-$와 $\mathcal{R}^+$의 선택과 전혀 무관하다. 그림 9.15의 (a)는 이 사실을 도식적으로 보여주고 있다.

절단정리에 담긴 정보는 이것뿐만이 아니다. 앞에서 우리는 "γ를 제거했을 때 열린 영역 $\mathcal{R}$은 두 부분($\mathcal{R}^-$와 $\mathcal{R}^+$)으로 나뉘어야 한다"는 조건을 달지 않았다. 복소평면에서 열린 영역 $\mathcal{R}$이 만족해야 할 조건이란

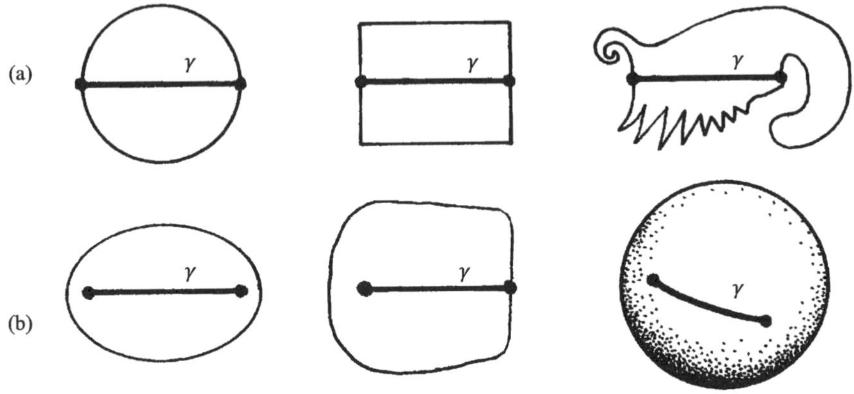

그림 9.15 절단정리(excision theorem)에 의하면, 초함수 개념은 열린 영역 $\mathcal{R}$이 곡선 γ를 포함하는 한 $\mathcal{R}$의 선택과 무관하다. (a) 영역 $\mathcal{R}-\bar{\gamma}$가 두 개의 분리된 조각으로 이루어진 경우(이런 경우에는 그림 9.14와 같이 서로 다른 두 개의 복소해석함수 f, g가 등장한다). (b) 영역 $\mathcal{R}-\bar{\gamma}$가 하나로 연결된 조각인 경우. 이 영역에서 f와 g는 동일한 복소해석함수의 두 부분에 해당한다.

"열린 선분open segment γ를 포함해야 한다"는 것뿐이다.[12] $\mathcal{R}-\gamma$($\mathcal{R}$에서 γ를 제거하고 남은 영역[13])는 서로 분리된 두 개의 영역일 수도 있지만, 일반적으로는 그림 9.15의 (b)에 예시된 것처럼 하나로 연결된 영역이다. 이런 경우, γ의 양끝에 해당되는 a와 b까지 제거하면 열린 영역이 되는데, 앞으로는 $\mathcal{R}-\bar{\gamma}$로 표기하기로 한다. 일반적으로 초함수는 영역 $\mathcal{R}-\bar{\gamma}$에서 복소해석적인 함수로서, $\mathcal{R}$에서 복소해석적인 함수(h)를 법으로 삼아 기약한 함수이다reduced modulo holomorphic functions on $\mathcal{R}$. $\mathcal{R}$을 자유롭게 잡아도 초함수의 클래스가 달라지지 않는다는 것은 참으로 놀라운 사실이 아닐 수 없다.[9.12] a와 b가 $\mathcal{R}$에 포함되어 있으면 초함수를 적분할 때 매우 유용하다. 이 경우에는 $\mathcal{R}-\bar{\gamma}$에서 폐경로를 사용할 수 있기 때문이다.

이 모든 내용은 앞서 언급했던 '리만 구면 상의 원'에도 똑같이 적용되는데, 여기서는 $\mathcal{R}$을 리만 구면 전체로 잡는 것이 좋다. 왜냐하면, h는 리만 구면 전체에서 복소해석적인 함수이고 한 정리에 의하면 이 함수는 상수이기 때문이다(9.2절에서 찬밥 취급했던 α_0가 바로 이 상수에 해당한다). 따라서 리만 구면의 원주 상에서 정의된(상수를 더한 만큼 달라질 수 있는modulo constant) 초함수는 원주의 한쪽 면 전체에서 복소해석적인 하나의 함수와 나머지 면에서 복소해석적인 또 하나의 함수로 규정되며, 임의의 초함수는 양의 진동수 부분과 음의 진동수 부분으로 분할될 수 있다(분할하는 방법은 단 한 가지뿐이며, 상수를 더한 만큼 달라질 수 있다).

마지막으로 초함수가 갖는 기본적 특성에 대해 알아보자. $\mathcal{R}^-$와 $\mathcal{R}^+$에서 각각 복소해석적인 f, g가 정의되었을 때, 이들로부터 특정되는 초함수를 $\langle\!\langle f, g \rangle\!\rangle$로 표기하자. 이제 $\langle\!\langle f, g \rangle\!\rangle$와 $\langle\!\langle f_0, g_0 \rangle\!\rangle$가 동일한 초함수의 두 가지 표현이라면(즉, $\langle\!\langle f, g \rangle\!\rangle = \langle\!\langle f_0, g_0 \rangle\!\rangle$이면), $f - f_0$와 $g - g_0$는 $\mathcal{R}$에서 정의된 '동일한' 복소해석함수 h가 된다(단, 이들의 영역은 각각 $\mathcal{R}^-$와 $\mathcal{R}^+$로 제한된다). 따라서 두 초함수의 합과 초함수의 미분, 그리고 γ 위에서 정의된 해석함수 q와 초함수의 곱셈은 γ 위에서 다음과 같이 간단하게 정의될 수 있다.

$$\langle\!\langle f, g \rangle\!\rangle + \langle\!\langle f_1, g_1 \rangle\!\rangle = \langle\!\langle f + f_1, g + g_1 \rangle\!\rangle$$

$$\frac{d\langle\!\langle f, g \rangle\!\rangle}{dz} = \left\langle\!\!\left\langle \frac{df}{dz}, \frac{dg}{dz} \right\rangle\!\!\right\rangle$$

$$q\langle\!\langle f, g \rangle\!\rangle = \quad = \langle\!\langle qf, qg \rangle\!\rangle$$

[9.12] $\mathcal{R} - \bar{\gamma}$가 두 개의 영역 $\mathcal{R}^-$와 $\mathcal{R}^+$로 분할되어 있을 때, "영역 $\mathcal{R}$에서 복소해석적이고 $\mathcal{R} - \bar{\gamma}$에서 복소해석적인 함수($h$)를 법으로 삼아 기약한 함수(reduced modulo holomorphic functions on $\mathcal{R} - \bar{\gamma}$)"라는 초함수의 정의가, 앞에서 내렸던 정의와 같은 이유는 무엇인가?

마지막 식에서 해석함수 q는 복소해석성을 유지한 채 γ의 근방으로 확장될 수 있다.[14, 9.13] q자체도 $q = (\!| q, 0 |\!) = (\!| 0, -q |\!)$와 같이 초함수 형태로 나타낼 수 있지만, 두 개의 초함수를 곱하는 일반적인 규칙은 정의되어 있지 않다. 그러나 곱셈이 정의되지 않았다고 해서 초함수 개념에 문제가 있는 것은 아니다. 어떤 접근법을 택하건 간에, 이런 현상은 항상 나타난다.[15] 예를 들어 디랙 델타함수(바로 밑 내용과 6.6절 참조)도 제곱이 불가능하지만, 양자역학에 적용했을 때 아무런 문제도 일으키지 않는다.

γ은 $\mathbb{R}$(실수)이고 $\mathcal{R}^-$가 복소평면 위쪽의 열린 영역, $\mathcal{R}^+$는 복소평면 아래쪽의 열린 영역일 때, 초함수 표현의 간단한 사례로는 헤비사이드 계단함수 $\theta(x)$와 디랙(-헤비사이드) 델타함수 $\delta(x)[= d\theta(x)/dx]$를 들 수 있다(6.1, 6.6절 참조).

$$\theta(x) = \left(\!\!\left| \frac{1}{2\pi i}\log z, \frac{1}{2\pi i}\log z - 1 \right|\!\!\right)$$

$$\delta(x) = \left(\!\!\left| \frac{1}{2\pi i z}, \frac{1}{2\pi i z} \right|\!\!\right)$$

여기서 로그함수의 분지branch로는 $\log 1 = 0$을 택한다. 실수 전체에 걸친 초함수 $(\!| f, g |\!)$의 적분은 실수선 바로 아래에 있는 경로에 대한 f의 적분에서 실수선 바로 위에 있는 경로에 대한 g의 적분을 뺀 것으로 표현할 수 있다. 단, 적분은 왼쪽에서 오른쪽으로 수행하며, 적분결과는 유한해야 한다.[9.14] f와 g가 같은 함수로부터 해석적 접속을 통해 얻어진

[9.13] 여기에는 약간 미묘한 사실이 숨겨져 있다. 무엇인지 찾아보라[도움말 : 정의역을 주의 깊게 살펴볼 것].

경우에도 초함수 $(\!(f, g)\!)$는 자명하지 않을지도 모른다는 사실을 명심하자.

그렇다면 초함수는 얼마나 일반적인 개념일까? 일단 초함수가 모든 해석함수를 포함한다는 사실은 분명하다. 또한, 초함수는 $\theta(x)$나 네모파, 또는 이들을 더해서 만든 C^{-1}-함수 같은 불연속 함수들도 포함하고 있다. 사실 모든 C^{-1}-함수들이 초함수의 예라 할 수 있다. 그뿐만 아니라 초함수를 미분하면 새로운 초함수가 얻어지는데, 임의의 C^{-1}-함수를 미분하면 C^{-2}-함수가 되므로 모든 C^{-2}-함수는 초함수이다(앞서 언급한 대로, 여기에는 디랙 델타함수도 포함된다). 이 함수들에는 미분을 계속 적용할 수 있으므로 결국 모든 C^{-n}-함수(n은 임의의 정수)는 초함수가 된다. 6.6절에서 분포distribution문제와 관련하여 언급했던 $C^{-\infty}$-함수도 초함수이다.

분포는 통상적으로 C^{∞}-매끈한 함수의 '쌍대공간dual space'의 원소로 정의된다. 쌍대공간의 개념은 12.3절과 13.6절에서 다룰 예정이다. 사실, C^{n}-함수 공간의 쌍대dual는 C^{-2-n}-함수 공간이며(n은 임의의 정수), 이 관계는 $n=\infty$인 경우에도 적용될 수 있다($-2-\infty=-\infty$, $-2+\infty=\infty$를 수용하면 된다). 따라서 $C^{-\infty}$-함수는 C^{∞}-함수의 쌍대이다. 그렇다면 C^{ω}-함수의 쌍대인 $C^{-\omega}$-함수는 어떻게 되는가? '쌍대'의 개념을 적절히 정의하면, $C^{-\omega}$-함수도 초함수임을 증명할 수 있다!

이로써 함수를 규명하는 우리의 여정은 완전히 한 바퀴를 돌아왔다. 오일러 같은 수학자가 만족할 만한 해석함수, 또는 복소해석함수에서 출

[9.14] $q(x)$가 복소해석함수일 때, 델타함수의 전형적 특성인 $\int q(x)\delta(x)\,dx = q(0)$을 증명하라.

발하여 함수의 개념을 가능한 한 넓히려고 노력한 끝에, 가장 일반적인 초함수의 개념에 도달하였다. 그러나 초함수는 기본적으로 (우리가 사용하기를 꺼렸던)오일러식 복소해석함수로부터 간단한 형태로 정의된다. 내가 보기에, 이것은 복소수가 이루어낸 가장 위대하고 마술적인 업적이다.[16] 오일러가 살아서 이 사실을 접했다면 정말로 기뻐했을 것이다!

〈9장 후주〉

9–1절

9.1 여기서는 일상적인 x보다 그리스문자 χ(카이)를 사용하는 편이 더 자연스럽다. x는 복소수 z의 실수부를 나타낼 때 사용되기 때문이다.

9.2 χ가 실수라고 해서 $f(\chi)$가 반드시 실수일 필요는 없다. 실변수로 이루어진 함수도 얼마든지 복소수가 될 수 있다. $f(\chi)$가 실수가 되려면 α_{-n}과 α_n이 복소켤레(complex conjugate)관계에 있어야 한다. 복소켤레는 10.1절에서 설명할 예정이다.

9–2절

9.3 양의 지수로 이루어진 부분을 F^-로, 음의 지수로 이루어진 부분을 F^+로 표기하는 것은 언뜻 보기에 반대로 된 것 같다. 이 표기법은 양자역학의 통상적인 표기법을 그대로 따른 것인데(21.2～3절, 24.3절 참조), 헷갈리는 독자들에게는 매우 미안한 일이지만 나로서도 어쩔 도리가 없다!

9.4 임의의 C^ω-함수 f가 실수영역 $\mathcal{R}$에서 정의되어 있을 때, '복소화된(complexify)' $\mathcal{R}$을 $\mathbb{C}\mathcal{R}$로 확장할 수 있다. 이 과정을 '복소밀집화(complex thickening)'라고 한다. 확장된 $\mathbb{C}\mathcal{R}$은 $\mathcal{R}$을 완전히 포함하며,

f는 $\mathbb{C}\mathcal{R}$에서 정의된 단 하나의 복소해석함수로 확장될 수 있다.

9.5 Bailey *et al*. (1982) 참조.

9–4절

9.6 보통은 $\chi = \pm\infty$일 때 $f(\chi)$가 '정상적으로' 거동해야 한다는 조건을 부과하는 것이 상례이다. 그러나 지금 우리가 채용한 접근법에서는 굳이 이런 조건을 요구할 필요가 없다.

9.7 양자역학에서는 p와 x의 스케일을 조절하기 위해 $\hbar$라는 상수가 도입된다(21.2, 11절 참조). 그러나 당분간은 문제를 단순화하기 위해 $\hbar = 1$로 간주할 것이다. $\hbar$는 플랑크 상수(Planck's constant) h를 디랙이 수정한 것이다($\hbar = h/2\pi$). 앞으로 기본단위를 정의할 때에도 $\hbar = 1$을 계속해서 사용할 것이다(27.10절 참조).

9–5절

9.8 Bailey *et al*. (1982) 참조.

9–7절

9.9 Sato(1958, 1959, 1960) 참조.

9.10 Bremermann(1965) 참조. 단, 이 책에서는 초함수(hyperfunction)라는 용어가 사용되지 않았다.

9.11 '모듈로(modulo)'라는 용어의 다른 쓰임새는 16.1절에서 언급될 것이다([후주 3.17]과 비교해 보라).

9.12 여기서 말하는 열린 선분이란, 양 끝점 a, b가 γ에 포함되지 않는다는 뜻이다. 따라서 $\mathcal{R}$이 γ를 포함한다 해도 a, b는 $\mathcal{R}$에 포함되지 않는다.

9.13 집합 $\mathcal{R}$과 γ의 '차이'를 나타내는 기호로서, 흔히 $\mathcal{R} \setminus \gamma$을 사용하기도 한다.

9.14 '~의 근방'을 뜻하는 전문용어는 '~을 포함하는 열린 집합'이다.

9.15 '일반화된 함수'를 향한 좀 더 표준적인 접근법을 알고 싶은 독자들은 Schwartz(1966), Friedlander(1982), Gel'fand and Shilov(1964), Trèves(1967)을 참조하기 바란다. 그리고 '비선형(nonlinear)' 문제에 유용하게 적용될 수 있는 접근법으로는 Colombeau(1983, 1985)와 Grosser *et al*.(2001)을 추천한다.

9.16 복소해석적 층코호몰로지(sheaf cohomology)와 초함수 사이에는 매우 중요한 상호관계가 존재하는데, 자세한 내용은 33.9절에서 설명할 것이다. 이 아이디어는 고차원 곡면의 초함수이론에서 중요한 역할을 한다. Sato (1959, 1960), Harvey(1966) 참조.

10
곡면

10.1 복소차원과 실차원

지난 200년 사이에 수학이 이룩한 가장 위대한 업적은 과연 무엇일까? 사람마다 이견이 있겠지만, '다양한 차원의 비평탄non-flat 공간을 수학으로 다루는 방법'이 개발된 것을 꼽을 수 있을 것이다. 내가 이 사실을 강조하는 데에는 그럴 만한 이유가 있다. 현대물리학이 여기에 전적으로 의지하고 있기 때문이다.

지금까지 우리는 1차원 공간만을 다뤄 왔다. "복소평면과 리만 구면, 그리고 다양한 리만 곡면을 몇 장에 걸쳐서 그토록 장황하게 설명해 놓고 이제 와서 무슨 소리인가?"라며 의아해하는 독자도 있을 것이다. 그러나 복소해석함수의 관점에서 볼 때, 이러한 곡면들은 근본적으로 1차원, 즉 복소차원complex dimension에 해당된다(8.2절 참조). 1차원 공간에 난 점들은 (국소적으로)하나의 변수를 도입하여 식별할 수 있는데, 지금까지는 이 변수가 우연히 복소수였던 것뿐이다. 따라서 지금까지 다뤄 왔던 곡면들은 일종의 곡선으로 간주할 수 있다. 앞으로 이것을 '복소곡선complex curve'이라 부르기로 한다. 물론 복소수는 $z = x + iy$로 표현되므로,

실수부와 허수부를 분할하여 '두 독립변수(x, y)'로 취급할 수도 있다. 그러나 복소수를 이런 식으로 분리하는 것은 복소해석적 연산의 영역에 속하지 않는다. 함수의 복소해석적 구조만을 문제 삼으려면 (복소공간을 생각할 때 줄곧 그래 왔듯이), 단일 복소 매개변수를 하나의 차원으로 생각해야 한다. 앞으로 이 점을 마음속 깊이 새겨 두기 바란다.

이와는 반대로, 복소해석적 연산이 더욱 일반적인 연산의 특별한 사례들로 구성되어 있다고 생각할 수도 있다. 즉 z의 실수부와 허수부에 해당되는 x, y를 분리하여 각각 독립적인 변수로 간주하자는 것인데, 이는 복소켤레complex conjugate라는 비복소해석적 연산을 통해 구현할 수 있다. 복소수 x와 y가 모두 실수일 때 $z = x + iy$의 복소켤레는 $\bar{z}$로 표기하며, 정의는 다음과 같다.

$$\bar{z} = x - iy$$

복소평면에서 복소수 z에 복소켤레를 취하는 것은, 실수축을 중심으로 z의 위치를 반전reflection시키는 것과 같다(그림 10.1 참조). 8.2절에서 확인한 바와 같이, 복소해석적 연산 하에서 복소평면의 배향orientation은 변하지 않는다. 복소평면 일부의 배향이 뒤바뀌는 등각사상을 고려하고자 한다면, 복소켤레라는 연산을 반드시 도입해야 한다. 복소켤레가 표준연산체계(덧셈, 곱셈, 극한값 취하기)에 추가되면, 사상map을 더욱 넓게 일반화할 수 있으므로 복소켤레는 등각변환일 필요가 전혀 없다. 사실, 복소평면의 일부를 다른 일부에 대응시키는 임의의 사상(예를 들어, 연속변환 등)은 다른 연산들과 함께 복소켤레 연산을 가함으로써 구현할 수 있다.

이 내용을 좀 더 자세히 알아보자. 복소해석함수는 복소수에 덧셈과

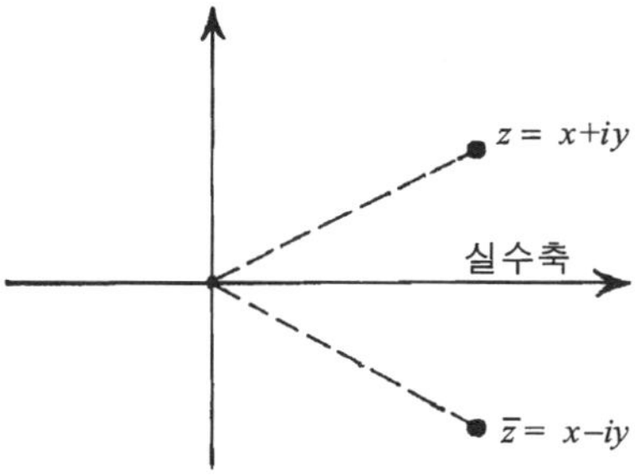

그림 10.1 $z = x + iy(x, y$는 실수)의 복소켤레 $\bar{z} = x - iy$는 복소평면에서 z를 실수축에 대하여 반전시킨 복소수이다.

곱셈, 그리고 극한 연산을 취하여 만들어진 함수로 생각할 수 있다(이 연산들을 조합하면 멱급수와 무한급수를 만들 수 있고, 이로부터 모든 복소해석함수를 만들 수 있다).[10.1] 여기에 복소공액 연산을 추가하면, x와 y를 변수로 갖는 일반함수(연속함수라고도 한다)를 만들어낼 수 있다. 왜냐하면, x와 y는 복소수 z와 그 복소켤레 $\bar{z}$를 이용하여 다음과 같이 쓸 수 있기 때문이다.

$$x = \frac{z + \bar{z}}{2},\ y = \frac{z - \bar{z}}{2i}$$

(x와 y를 변수로 갖는 임의의 연속함수는 실수의 덧셈과 곱셈, 극한 연산으로부터 만들어질 수 있다) 앞으로 z를 변수로 갖는 비복소해석함수를 고려할 때에는 $F(z, \bar{z})$와 같이 $\bar{z}$를 '눈에 보이도록' 표기할 것이다. 이렇게 하면 우리 논리가 복소해석의 영역을 벗어날 때마다 "우리의 함수는 1차원 복소수가 아닌 2차원 실수공간에서 정의된 함수로 취급되어야 한다"는 사실을 쉽게 상기할 수 있다. $F(z, \bar{z})$는 z의 실수부와 허수

[10.1] 뺄셈과 나눗셈이 빠진 이유는 이들이 덧셈과 곱셈, 그리고 극한으로부터 만들어질 수 있기 때문이다. 그 이유를 설명하라.

부, 즉 x와 y의 함수로 표현할 수도 있는데, 이 함수를 $f(x, y)$라 하면 $F(z, \bar{z}) = f(x, y)$의 관계가 성립하지만 함수의 구체적인 형태는 달라진다. 예를 들어 $F(z, \bar{z}) = z^2 + \bar{z}^2$이면 $f(x, y) = 2x^2 - 2y^2$이고, $F(z, \bar{z}) = z\bar{z}$이면 $f(x, y) = x^2 + y^2$이 된다.[10.2] 특히 이 $z\bar{z}$값은 z의 절댓값 $|z|$의 제곱을 의미한다.

$$z\bar{z} = |z|^2$$

10.2 함수의 매끈함과 편미분

이제 변수가 두 개 이상인 함수의 세계, 즉 고차원 공간으로 접어들었으므로 이 공간에서 적용되는 미적분을 약간은 설명해야 할 것 같다. 다음 장부터 자세히 설명하겠지만, 공간(앞으로는 '다양체'라는 용어를 사용할 것이다)은 임의의 정수(n)차원으로 얼마든지 확장될 수 있다(n차원 다양체를 간단하게 줄여서 'n-다양체'라고도 한다). 아인슈타인의 일반상대성이론은 시공간을 4-다양체로 서술하며, 그 밖의 많은 현대물리학 이론도 고차원 다양체의 개념을 채용하고 있다. 일반적인 n-다양체는 12장에서 다루기로 하고, 지금 당장은 실수를 대상으로 하는 2-다양체(또는 곡면) $\mathcal{S}$부터 살펴보자. $\mathcal{S}$ 안에 있는 모든 점은 (실수)국소좌표 x, y로 나타낼 수 있다. 사실, 앞으로 펼쳐질 모든 논리가 일반적인 n-다양체에도 그대로 적용된다.

예를 들어 2차원 곡면은 정상적인 평면이나 구면이 될 수 있지만, 복

[10.2] 두 경우 모두 증명해 보라.

소수 구조를 별도로 부여하지 않는 한 복소평면이나 리만 구면이 될 수는 없다(즉, 곡면 상에서 복소해석함수가 정의되어 있어야 한다). 지금 우리가 다루려는 대상은 리만 곡면이 아니라 '매끈한smooth' 다양체이다. 이 경우, 중요한 이슈는 8.2절에서 리만 곡면을 다룰 때 언급했던 등각적 구조가 아니라 곡면 위에서 정의된 함수(정의역이 곡면으로 주어진 함수)의 '매끈함smoothness'이다.

매끈한 다양체 개념을 직관적으로 이해하기 위해, 정육면체와 반대되는 개념으로 구면을 생각해 보자(물론 우리 관심사는 구의 내부가 아니라 표면이다). 구면 위에서 정의된 매끈한 함수의 예로서, '적도면과 떨어진 거리'를 나타내는 높이함수를 생각해 보자(우리의 구가 정상적인 3차원 유클리드 공간에 있다고 가정하자. 적도면 아래쪽의 높이는 음수로 간주한다. 그림 10.2 참조). 반면에 위-아래 부호를 따지지 않고 '적도면과 떨어진 거리의 절댓값'을 나타내는 함수를 정의하면(6.1절, 그림 10.2b 참조) 적도면 아래쪽에서도 양의 값을 갖게 되며, 이 함수는 이제 매끈하지 않다. 또한, '적도면과 떨어진 거리의 제곱'으로 함수를 정의하면 구면 위에서 매끈한 함수가 된다(그림 10.2c 참조). 이 세 함수는 남극점 및 북극

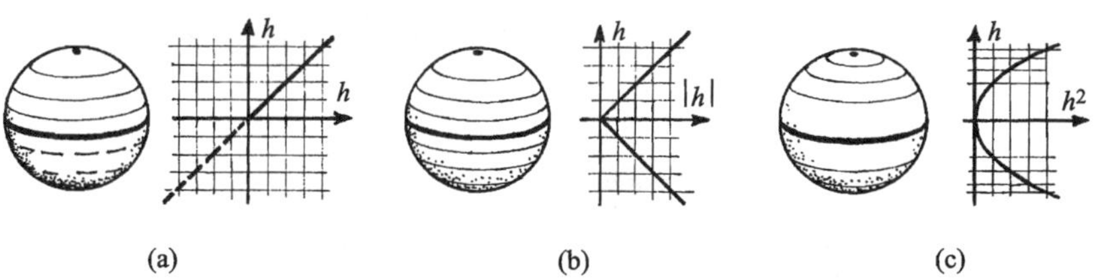

그림 10.2 3차원 유클리드 공간에 놓여 있는 구면 $\mathcal{S}$와, 그 위에서 정의된 함수들. h는 적도면에서 측정한 높이이다. (a) 함수 $f(h) = h$는 $\mathcal{S}$ 위에서 매끈하다(점선은 남반구에서 측정한 높이가 음수임을 의미한다). (b) 함수 $f(h) = |h|$는 적도에서 매끈하지 않다(그림 6.2a 참조). (c) 함수 $f(h) = h^2$은 $\mathcal{S}$ 위의 모든 점에서 매끈하다.

점에서 특이성을 띨 것 같지만, 사실은 모두 매끈하다. 매끈함이 유지되지 않는 경우는 두 번째 함수뿐이다(그것도 적도면에서만).

의미를 더 분명하게 하기 위해, $\mathcal{S}$의 일부분에 좌표계를 국소적으로 도입해 보자. 그러면 $\mathcal{S}$는 8.1절에서 리만 곡면을 다룰 때와 비슷하게 좌표조각들coordinate patches을 이어 붙여서 만들어진 것으로 생각할 수 있다(예를 들어, 구면을 만들려면 두 개 이상의 좌표를 이어 붙여야 한다). 하나의 조각 안에서 각 점은 그림 10.3과 같이 매끈한 좌표로 표현된다. 우리가 잡은 좌표는 모두 실수이며, 앞으로는 이들을 x, y로 표기한다(이들이 조합되어 복소수 z가 만들어진다는 식의 주장은 하지 않을 것이다). 이제 $\mathcal{S}$ 위에서 정의된 매끈한 함수 Φ를 생각해 보자. Φ는 $\mathcal{S}$의 모든 점을 실수(또는 복소수)에 대응시키는 함수이다. 현대수학 용어로 표현하자면, Φ는 곡면 $\mathcal{S}$로부터 실수 $\mathbb{R}$로 가는 매끈한 '사상'이다(Φ가 복소함수이면 $\mathcal{S}$에서 복소수 $\mathbb{C}$로 가는 사상이다). 이런 함수를 흔히 '$\mathcal{S}$ 위에서 정의된 스칼라장scalar field'이라고 하는데, 특정 좌표조각에서 Φ는 두 좌표의 함수로 표현할 수 있다.

$$\Phi = f(x, y)$$

여기서 Φ의 매끈함은 $f(x, y)$의 '미분가능성'과 직결된다.

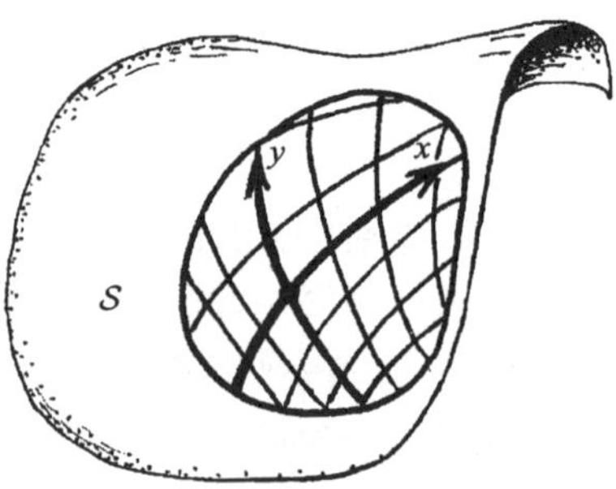

그림 10.3 2차원 곡면 $\mathcal{S}$의 국소적 조각에서 각 지점은 매끈한 (실수)좌표계로 표현된다.

지금까지는 변수가 두 개 이상인 함수의 미분가능성에 대해서 언급하지 않았다. 직관적으로는 분명하지만, 정확한 정의는 지나치게 기술적인 내용을 담고 있기 때문에 이 책에서 다루기는 무리라고 생각한다.[1] 개념의 핵심을 이루는 부분만 알고 넘어가도 후속 내용을 이해하기에는 별 지장이 없을 것이다.

두 개의 변수 (x, y)로 이루어진 함수 f가 미분가능하려면, y를 상수로 고정하고 x 하나만을 변수로 간주했을 때 f가 매끈한(적어도 C^1 이상인) 함수여야 한다[$f(x)$의 미분가능성에 대해서는 6.3절을 참고하라]. 반대로, x를 상수로 고정하고 y 하나만을 변수로 간주했을 때에도 f는 y의 매끈한(C^1) 함수가 되어야 한다. 그러나 이 조건만으로는 충분치 않다. x와 y 각각에는 매끈하면서도 이들을 한꺼번에 고려했을 때 매끈하지 않은 함수도 있기 때문이다.[10.3] $f(x, y)$가 완전히 매끈하려면 x나 y로 미분했을 때 (x, y)쌍에 대하여 연속함수가 되어야 한다. 변수가 셋 이상인 함수에도 동일한 조건이 요구된다(4.3절 참조). 변수가 여럿일 때 나머지 변수들을 상수로 고정하고 하나의 변수에 행해지는 미분을 '편미분partial derivative'이라 하며, 기호로는 ∂로 표기한다. x와 y에 대한 $f(x, y)$의 편미분은 각각

[10.3] $N = 2, 1, \frac{1}{2}$에 대하여 함수 $f(x, y) = xy(x^2 + y^2)^{-N}$이 주어져 있다. y가 상수일 때 x로 미분가능함(C^ω)을 증명하라(그리고 x가 상수일 때 y로 미분가능하다는 것도 증명하라). 그러나 f가 (x, y)쌍의 함수일 때에는 매끈하지 않다. $N = 2$일 때 원점 $(0, 0)$ 근방에서 f의 값에 한계가 없음을 보임으로써, f가 매끈하지 않다는 사실을 입증하라. 그리고 $N = 1$일 때는 원점에서 유한한 값을 갖지만 (x, y)의 연속함수가 아님을 증명하라. 마지막으로, $N = \frac{1}{2}$일 때 f는 연속이지만 직선 $x = y$ 위에서 매끈하지 않다는 것을 증명하라[도움말 : (x, y)-평면의 원점을 지나는 직선상에서 $f(x, y)$의 값을 계산해 볼 것]. 이 문제는 컴퓨터로 3차원 그래프를 그려 보면 금방 풀리지만, 컴퓨터의 도움 없이도 풀 수 있다.

$$\frac{\partial f}{\partial x}, \ \frac{\partial f}{\partial y}$$

이다[예를 들어, $f(x, y) = x^2 + xy^2 + y^3$일 때 $\partial f/\partial x = 2x + y^2$이고 $\partial f/\partial y = 2xy + 3y^2$이다]. 이 값이 존재하면서 연속일 때, Φ는 $\mathcal{S}$ 위에서 (C^1-)매끈한 함수가 된다.

물론, 편미분도 여러 번 반복할 수 있다. x, y에 대한 $f(x, y)$의 2계 편미분은 다음과 같다.

$$\frac{\partial^2 f}{\partial x^2}, \ \frac{\partial^2 f}{\partial y^2}$$

(이 값이 존재하려면 f는 C^2-매끈한 함수이어야 한다). 이 밖에도 '혼합형' 2계 편미분도 있는데, y로 먼저 편미분한 결과를 x로 편미분한 것, 즉 $\partial(\partial f/\partial y)/\partial x$는 간단하게 $\partial^2 f/\partial x\partial y$로 표기한다. 반대로 x로 먼저 편미분하고 나서 y로 편미분한 것은 $\partial^2 f/\partial y\partial x$로 표기하는데, 사실상 편미분은 순서에 무관하기 때문에 이들은 서로 동일하다.[10.4]

$$\frac{\partial^2 f}{\partial x\partial y} = \frac{\partial^2 f}{\partial y\partial x}$$

(두 개의 변수를 갖는 C^2-매끈한 함수를 완전하게 정의하려면 이 사실을 포함해야 한다)[10.5] 고계 편미분(그리고 고차 매끈함)으로는 다음과 같은

[10.4] $f(x, y)$가 다항식으로 주어졌을 때, $\partial^2 f/\partial y\partial x = \partial^2 f/\partial x\partial y$가 항상 성립함을 증명하라($x$, y의 다항식이란, 변수 x와 y, 그리고 상수가 덧셈과 곱셈으로 어우러져 있는 형태를 말한다).

[10.5] 함수 $f = xy(x^2 - y^2)/(x^2 + y^2)$의 혼합형 2계 편미분, 즉 $\partial^2 f/\partial y\partial x$와 $\partial^2 f/\partial x\partial y$가 원점에서 같지 않음을 증명하라. 그리고 원점에서 2계 편미분이 연속이지 않다는 것도 증명하라.

사례를 들 수 있다.

$$\frac{\partial^3 f}{\partial x^3},\quad \frac{\partial^3 f}{\partial x^2\,\partial y}=\frac{\partial^3 f}{\partial x\,\partial y\,\partial x}=\frac{\partial^3 f}{\partial y\,\partial x^2}\cdots$$

내가 골치 아픈 그리스 문자까지 동원해 가며 f와 Φ를 엄밀하게 구별하는 이유는(뒤로 가면 나도 모르게 구별을 안 하게 될지도 모르지만), 곡면 위에서 정의한 Φ를 다양한 좌표계에서 표현할 것이기 때문이다. 함수 $f(x, y)$의 수학적 표현은 좌표조각마다 얼마든지 달라질 수 있지만, 조각들을 이어 붙여 '덮여진' 곡면 위 특정 지점에서의 Φ값은 좌표가 달라져도 변하지 않는다. 이 현상은 특히 여러 개의 좌표조각들이 겹쳐질 때(그림 10.4 참조) 분명하게 나타난다. 두 번째 좌표계를 (X, Y)로 표기하면, Φ의 새로운 표현은 다음과 같다.

$$\Phi = F(X, Y)$$

두 좌표계가 겹치는 부분에서는 다음 관계가 성립한다.

$$F(X, Y) = f(x, y)$$

그러나 위에서 언급한 대로, Φ를 특별한 좌표계 X, Y로 표현한 $F(X, Y)$는 다른 좌표로 표현한 $f(x, y)$와 일반적으로 같지 않다. 두 좌표계가 겹친 영역에서 X와 Y는 x와 y의 복잡한 함수로 나타날 것이므로, f에서 F로 옮겨갈 때에는 이 함수를 고려해야 한다.[10.6] 이처럼 하나의 좌표계와 다른 좌표계 사이를 연결하는 함수를 '추이함수transition

---

[10.6] $f(x, y) = x^3 - y^3$이고 $X = x - y$, $Y = xy$일 때 $F(X, Y)$를 구하라[도움말 : $x^2 + xy + y^2$를 X, Y로 표현해 보라. 이것은 F와 어떤 관계에 있는가?].

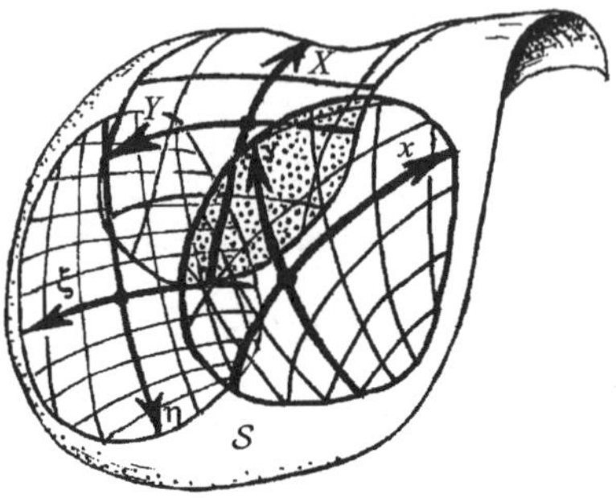

그림 10.4 좌표계로 $\mathcal{S}$ 전체를 커버하려면 여러 국소적 좌표조각들을 '이어 붙여야' 한다. $\mathcal{S}$ 위에서 정의된 매끈한 함수 Φ는 한 좌표계에서 $\Phi = f(x, y)$로, 다른 좌표계에서는 $\Phi = F(X, Y)$로 표현된다[국소좌표계의 변수가 각각 (x, y), (X, Y)일 때]. 그리고 이 좌표조각들이 겹친 영역에서는 $f(x, y) = F(X, Y)$이다. 여기서 X와 Y는 x, y의 매끈한 함수이다.

function'라 하며, 일반적으로 다음과 같은 관계를 제공한다.

$$X = X(x, y), \qquad Y = Y(x, y)$$

또한, 이 관계를 뒤집으면 다음과 같은 역관계식을 얻을 수 있다.

$$x = x(X, Y), \qquad y = y(X, Y)$$

추이함수는 매끈한 함수이며(간단하게 C^∞-매끈한 함수라고 하자), 이로부터 Φ 값의 '매끈함'은 좌표조각들이 겹치는 영역에 사용되는 좌표계의 선택과 무관하다는 결론을 유도할 수 있다.

10.3 벡터장과 1-형식

지금부터 '좌표 선택과 무관한' 미분의 개념을 소개하고자 한다. $\mathcal{S}$ 위에서 함수 Φ가 정의되어 있을 때, 이 함수의 미분 $d\Phi$는 다음과 같다.

$$d\Phi = \frac{\partial f}{\partial x} dx + \frac{\partial f}{\partial y} dy$$

여기서 미분의 개념을 놓고 다소 헷갈리는 독자들도 있을 것이다. 이 문제와 친숙해지려면 어느 정도 시간이 흘러야 한다. 처음에는 $d\Phi$나 dx 같은 양을 미분 dy/dx를 정의하는(6.2절 참조) 계산의 '극한값을 취하는 과정'에서 등장하는 무한소의 양infinitesimally small quantity으로 여기기가 쉽다. 6.5절에서도 $d(\log x) = dx/x$와 같은 표현을 사용한 적이 있는데, 당시에는 더 정확한 표현인 $d(\log x)/dx = 1/x$을 보기 쉬운 형태로 편리하게 적은 것뿐이었다(양변에 dx를 곱해서).[2] 그러나 위 식에 등장하는 $d\Phi$는 편의상 대충 도입한 기호가 아니라, '1-형식1-form'이라 불리는 기하학적 객체이다(단, 1-형식의 가장 일반적인 형태는 아니다. 12.6절 참조). $d\Phi$ 또한 $d(\log x) = dx/x$ 같은 표현들에서 작용한다. 1-형식은 '무한소'가 아니다. $d\Phi$는 지난 몇 년 동안 중요한 변화를 겪으면서 전혀 다른 의미로 해석되고 있는데(자세한 내용은 나중에 설명할 것이다), 그럼에도 공식적인 수학 표기법(6.5절에 등장하는 내용들)은 조금도 달라지지 않았다. 과거의 표기법을 그대로 사용해도 논리적 하자가 전혀 없기 때문이다. 무언가를 dx로 나누는 등의 비정상적인 연산을 고집하지 않는 한, 새로운 개념의 'd'는 과거 표기법과 완전히 일치한다.

위 식에는 독자를 헷갈리게 하는 또 하나의 '잠재적 문젯거리'가 숨어 있다. 보다시피, 좌변에서 Φ였던 것이 우변에서는 f로 바뀌었다. 나는 Φ와 f의 '구별'을 강조하기 위해 이와 같은 표기를 사용하였다. Φ값은 정의역이 다양체 $\mathcal{S}$인 함수이고, f의 정의역은 특정 좌표조각 (x, y)-평면상의 (열린)영역이다. 이제 'x에 대한 편미분'을 이 함수에 적용하려면 '나머지 변수 y를 상수로 고정한다'는 말의 의미를 정확하게 짚고 넘어가야 한다. 위 식의 우변에 Φ 대신 f를 써넣은 것도 이 점을 분명히 밝혀 두기 위해서였다. 변수 x, y의 값을 '알고 있는' 함수는 Φ가 아니라 f 이기 때문이다. 그래도 함수 옆에 변수를 명기하지 않았으므로 위 식에는 여전히 오해의 소지가 남아 있다. 좌변의 Φ는 2차원 다양체 $\mathcal{S}$의 특정한 점 p에 적용되는 함수인 반면, 우변의 f 는 p에 부여된 좌표 (x, y)에 적용되는 함수이다. 이런 형태의 식이 분명한 의미를 가지려면 관련 변수들을 일일이 표기해야 한다. 그러나 함수가 등장할 때마다 일일이 변수를 적어 넣는 일은 번거로울 뿐만 아니라 보는 사람도 피곤하다. 그래서 앞으로는 위 식을 다음과 같은 형태로 표기할 것이다.

$$d\Phi = \frac{\partial \Phi}{\partial x} dx + \frac{\partial \Phi}{\partial y} dy$$

아래와 같은 연산자를 정의해 두면 위와 같이 길게 쓸 필요도 없다.

$$d = dx \frac{\partial}{\partial x} + dy \frac{\partial}{\partial y}$$

사실, 위 식은 소위 말하는 '연쇄법칙chain rule'의 한 사례이다. 어쨌거나 $d\Phi$의 값을 알기 위해서는 다양체 $\mathcal{S}$에서 정의된 함수 Φ를 좌표로 편미분한 값, 즉 $\partial\Phi/\partial x$와 같은 항들의 의미를 분명하게 정의해야 한다.

$\partial/\partial x$와 같은 연산자를 x, y를 변수로 갖는 함수에 적용했을 때의 계산법은 앞에서 이미 다룬 바 있다. 이 연산자를 Φ와 같이 $\mathcal{S}$ 위에서 정의된 함수에 적용한다는 것은 대체 무슨 뜻인가? 우선, $\partial/\partial x$가 다른 좌표계 (X, Y)에서 정의된 함수에서 무엇을 의미하는가부터 알아보자. 연쇄법칙에 따르면, 이 연산은 다음과 같은 규칙을 따라 수행된다.

$$\frac{\partial}{\partial x} = \frac{\partial X}{\partial x}\frac{\partial}{\partial X} + \frac{\partial Y}{\partial x}\frac{\partial}{\partial Y}$$

즉, (x, y)좌표계에서 $\partial/\partial x$로 간단하게 표현했던 연산이 다른 좌표계 (X, Y)에서는 $(\partial X/\partial x)\partial/\partial X + (\partial Y/\partial x)\partial/\partial Y$로 복잡해진다. 이제 $\boldsymbol{\xi}$라는 양을 아래와 같이 정의해 보자.

$$\boldsymbol{\xi} = A\frac{\partial}{\partial X} + B\frac{\partial}{\partial Y}$$

여기서 A와 B는 X, Y를 변수로 갖는 (C^∞-)매끈한 함수이다. 지금처럼 $\boldsymbol{\xi}$를 (x, y)-좌표계에서 $\partial/\partial x$에 대응시키면 $A = \partial X/\partial x$, $B = \partial Y/\partial x$가 된다. 그러나 A와 B가 딱히 이런 값을 갖지 않아도 $\boldsymbol{\xi}$는 얼마든지 정의될 수 있다. 이 $\boldsymbol{\xi}$를 $\mathcal{S}$에서 정의된 '벡터장vector field'이라고 한다[더 정확하게 말하면, $\mathcal{S}$ 일부에 할당된 좌표조각 (X, Y)에서 정의된 벡터장이다]. $\boldsymbol{\xi}$를 (x, y)-좌표계에서 표현하면 구체적인 형태는 달라지지만, 전반적인 모양새는 (X, Y)-좌표계에서 표현한 것과 같다.

$$\boldsymbol{\xi} = a\frac{\partial}{\partial x} + b\frac{\partial}{\partial y}$$

(물론 a, b는 일반적으로 A, B와 다르다)[10.7] 이 사실을 이용하면 (X, Y)-좌표조각에서 정의된 벡터장을 (x, y)-좌표계로 확장할 수 있다. 이런 식으로 충분히 많은 좌표조각들을 이어 붙이면, 벡터장 $\boldsymbol{\xi}$를 전체 $\mathcal{S}$로 확장할 수 있다.

지금쯤 독자들은 매우 혼란스러울 것이다! 내 목적은 독자를 괴롭히는 것이 아니라, 기하학의 기초개념을 해석적인 형태로 올바르게 표현하

[10.7] A와 B를 a, b로 표현해 보라. 그리고 이 관계를 뒤집어서 a와 b를 A, B로 표현하라.

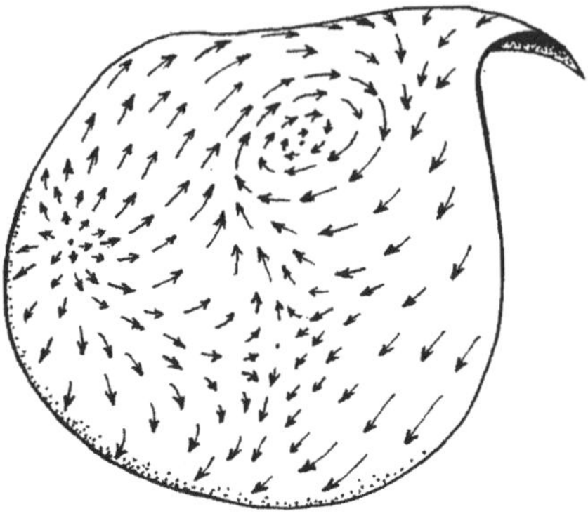

그림 10.5 벡터장 $\boldsymbol{\xi}$의 기하학적 해석. $\boldsymbol{\xi}$는 다양체 $\mathcal{S}$ 위에 그려진 '화살표들의 장(field)'으로 시각화할 수 있다.

는 것이다. 벡터장이라 불리는 미분연산자 $\boldsymbol{\xi}$와 (그 결과로서 생겨나는) 특유의 변환 방식은, 좌표조각과 조각 사이를 지나가면서 기하학적으로 분명한 의미를 갖는다. 그림 10.5에는 $\mathcal{S}$의 각 지점에서 $\boldsymbol{\xi}$가 '조그만 화살표들의 장field'으로 표시되어 있는데, $\boldsymbol{\xi}=0$인 지점에서는 화살표가 점으로 수축된다(벡터장의 대표적인 사례로는 텔레비전 일기예보에 단골로 등장하는 풍향도를 들 수 있다). 이 그림에서 각 화살표의 방향은 미분연산자 $\boldsymbol{\xi}$가 작용하는 방향과 일치한다. Φ에 $\boldsymbol{\xi}$를 적용하면 $\boldsymbol{\xi}(\Phi)=a\,\partial\Phi/\partial x+b\partial\Phi/\partial y$가 되고, 이 값은 화살표 방향으로 Φ의 증가율을 나타낸다(그림 10.6 참조). 또한, 화살표의 길이는 '함수 증가량의 축적' 결정에 중요한 역할을 한다. 화살표가 길수록 그 지점에서 함수가 빠르게 증가한다는 뜻이다. 더 정확하게 말하자면, 모든 화살표는 $\mathcal{S}$ 위의 점 p(화살표의 꼬리)와 그 근방의 다른 점 p'(화살표의 머리)를 연결하는 '무한히 짧은' 화살표이다. 이 점을 분명히 이해하기 위해, p와 p' 사이의 거리를 ϵ이라 하자(ϵ은 아주 작은 양수이다). 그러면 두 지점에서 함숫값의 차이, 즉 $\Phi(p')-\Phi(p)$를 ϵ으로 나눈 값이 $\boldsymbol{\xi}(\Phi)$와 거의 같아지며, ϵ을 작게 잡을수록 $\boldsymbol{\xi}(\Phi)$에 더욱 가깝게 접근한다. 여기서 p'가 p로 무

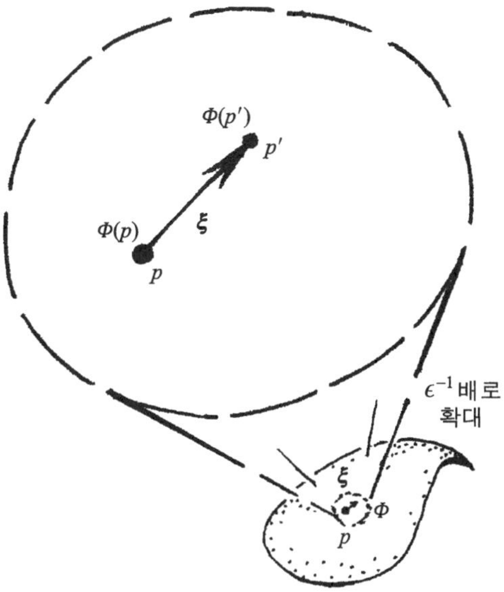

그림 10.6 $\boldsymbol{\xi}$를 스칼라장 Φ에 적용하면 $\boldsymbol{\xi}$-화살표 방향으로 함수의 증가율이 얻어진다. $\mathcal{S}$ 위의 한 점 p와 그 근방의 다른 점 p'를 연결하는 화살표를 그려 넣고, 이 화살표의 길이가 무한히 짧다고 상상해 보자(화살표는 p에서 출발하여 p'에서 끝난다). 이제 화살표를 ϵ^{-1}배로 확대하면(ϵ은 매우 작은 양수이다) $\Phi(p') - \Phi(p)$를 ϵ으로 나눈 값은 ($\epsilon \to 0$의 극한에서) $\boldsymbol{\xi}$의 방향으로 취한 Φ의 그래디언트(gradient)가 된다.

한히 가깝게 접근하는 극한(즉, $\epsilon \to 0$)을 취하면 $\{\Phi(p') - \Phi(p)\}/\epsilon$은 $\boldsymbol{\xi}(\Phi)$와 완전히 일치하게 되는데, 이 값을 $\boldsymbol{\xi}$ 방향으로 취한 'Φ의 그래디언트gradient(또는 기울기slope)'라고 한다.

$\partial/\partial x$라는 특별한 벡터장에서는 모든 화살표가 y가 상수인 방향을 향한다. 그러나 바로 이러한 사실 때문에 많은 사람이 편미분 기호 '$\partial/\partial x$'를 떠올리면서 혼란에 빠지곤 한다. 일단 '$\partial/\partial x$'라는 연산자를 접하면, 모든 정보가 변수 'x'에 들어 있다고 생각하기 쉽다. 그러나 이것은 어디까지나 편미분이기 때문에, 직접적으로 언급되지 않은 변수들(여기서는 y)이 겉으로 드러나는 미분변수 x보다 더욱 중요한 역할을 한다. 특히 (x, y)-좌표를 (X, Y)-좌표로 변환할 때(단, 하나의 좌표는 그대로 두고 나머지 하나만 바꿀 때), 편미분 기호는 우리를 완전히 배신한다. 예를 들어 다음과 같은 변환을 생각해 보자.

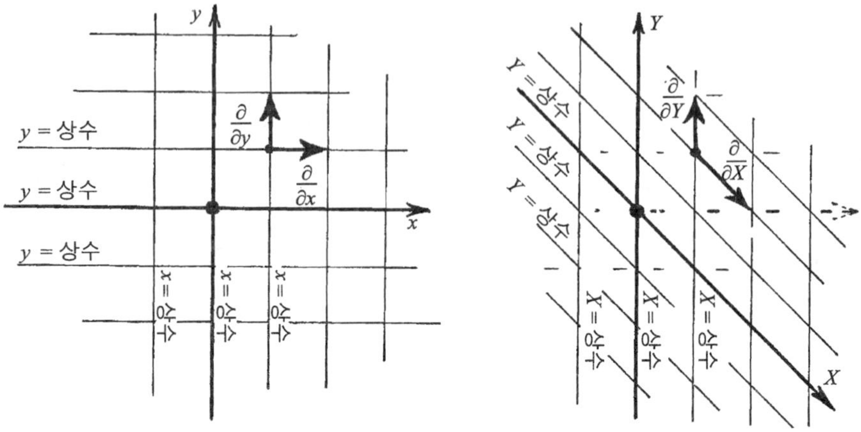

그림 10.7 그림으로 표현한 '미적분학의 제2 기본 헷갈림.' $X = x$, $Y = y + x$로 변환을 가했을 때 좌표 사이의 관계는 $X = x$, $Y \neq y$지만, 미분연산자들 사이의 관계는 이와 정반대로 $\partial/\partial X \neq \partial/\partial x$, $\partial/\partial Y = \partial/\partial y$이다. 편미분 연산자를 '좌표 = 상수'인 방향의 화살표에 대응시키면 기하학적 의미를 이해할 수 있다($x =$ 상수인 선은 $X =$ 상수인 선과 일치하지만, $y =$ 상수인 선은 $Y =$ 상수인 선과 일치하지 않는다).

$$X = x, \qquad Y = y + x$$

그러면 각 미분연산자는 다음과 같이 변환된다.[10.8]

$$\frac{\partial}{\partial X} = \frac{\partial}{\partial x} - \frac{\partial}{\partial y}, \qquad \frac{\partial}{\partial Y} = \frac{\partial}{\partial y}$$

X와 x가 같다는 조건에서 변환을 시도했음에도, 보다시피 $\partial/\partial X$는 $\partial/\partial x$와 다르다! 그런가 하면, 변환을 가한 것은 Y와 y인데도 $\partial/\partial Y$와 $\partial/\partial y$는 같다는 결과가 나왔다. 나의 연구동료인 닉 우드하우스Nick Wood-

---

[10.8] 이 변환식을 직접 유도하라[도움말 : 연쇄법칙(chain rule) 공식을 $\partial/\partial X$와 $\partial/\partial Y$에 써 보라. 이들은 앞서 언급했던 $\partial/\partial x$ 공식과 아주 비슷하다].

house는 이것을 가리켜 '미적분학의 제 2 기본 헷갈림'이라고 불렀다![3] 그러나 그림 10.7을 보면 $\partial/\partial X \neq \partial/\partial x$인 이유를 '기하학으로' 쉽게 이해할 수 있다. 위 규칙을 따라 좌표를 변환했을 때 $x =$상수인 선과 $X =$상수인 선은 동일하지만, $y =$상수인 선과 $Y =$상수인 선은 방향이 달라진다.

이제 $d\Phi$의 의미를 생각해 보자. 이것은 흔히 Φ의 그래디언트(또는 외미분exterior derivative)라고 하며, "Φ가 $\mathcal{S}$ 안에서 모든 가능한 방향을

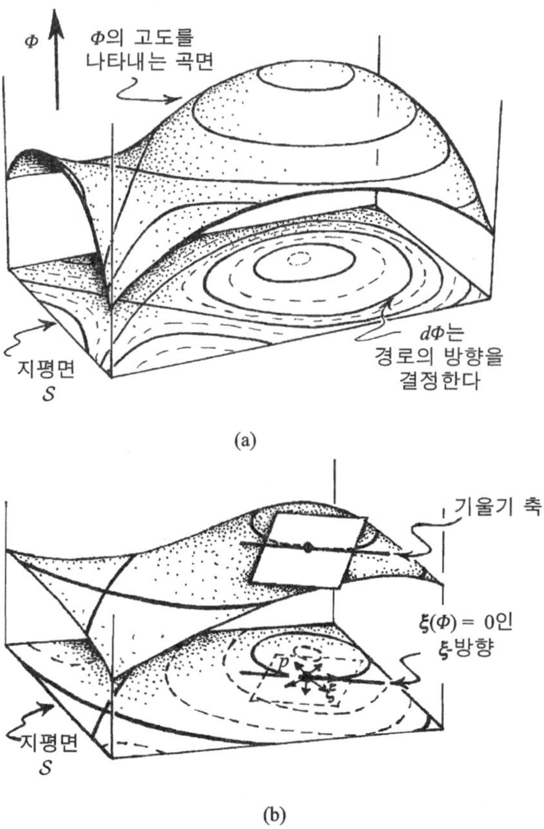

그림 10.8 $\mathcal{S}$ 위에 일련의 경로(등고선)를 그려 넣으면 스칼라 함수 Φ의 외미분(exterior derivative), 즉 $d\Phi$의 의미를 기하학으로 해석할 수 있다. (a) 각 지점에서의 고도를 Φ라 하면, $\mathcal{S}$ 위에 그려진 경로(Φ = 상수)는 고도가 일정한 지점들을 연결한 등고선이 된다. (b) $\mathcal{S}$ 위 임의의 점 p에서의 등고선 방향은 Φ의 그래디언트가 0인 방향(언덕 비탈의 '기울기 축')을 나타내며, 이 방향은 p점에서 $\xi(\Phi) = 0$인 방향과 일치한다. 그러나 등고선을 이탈하면 Φ는 증가하거나 감소하게 되고, ξ 방향으로 계산된 $\xi(\Phi)$는 그 방향으로 등고선들이 밀집한 정도를 나타낸다.

따라 얼마나 빠르게 증가(또는 감소)하는가?"에 대한 정보를 담고 있다. $\mathcal{S}$ 위에 일련의 경로들을 그려 넣으면 $d\Phi$를 기하학적으로 시각화할 수 있는데, 구체적인 상황은 그림 10.8a와 같다. 다양체 $\mathcal{S}$를 보통의 지도에 비유해 보자(우리가 등산할 때 휴대하는 종이 지도를 뜻한다. '사상map'이라는 수학 개념이 아니다). $\mathcal{S}$가 굽어진 다양체인 상황을 계산에 넣고 싶다면, 지구본을 상상하면 된다. Φ가 각 지점의 해발고도를 나타내는 함수라고 가정해 보자. $d\Phi$는 수평면에 대한 기울기에 해당하고, 등고선을 따라 그려 넣은 경로는 원래 의미대로 '높이가 같은 지점들의 집합'이 된다. 따라서 $\mathcal{S}$ 위 임의의 점 p를 지나는 등고선의 방향은 Φ의 그래디언트가 0이 되는 방향(고도가 변하지 않는 방향)을 나타내며, 이것은 p 점에서 계산된 $\boldsymbol{\xi}$-화살표의 방향, 즉 $\boldsymbol{\xi}(\Phi)$가 0이 되는 방향과 일치한다. 그러므로 이 경로(등고선)를 따라 이동하면 고도의 변화가 전혀 나타나지 않는다. 그러나 등고선 경로를 이탈하면 고도가 높아지거나 낮아지면서 Φ 값에 변화가 나타나며, Φ의 변화율은 이탈한 방향($\boldsymbol{\xi}$)으로 계산된 $\boldsymbol{\xi}(\Phi)$로 주어진다(그림 10.8b 참조).

10.4 성분, 스칼라곱

아래와 같이 정의된 벡터장 $\boldsymbol{\xi}$는

$$\boldsymbol{\xi} = a\frac{\partial}{\partial x} + b\frac{\partial}{\partial y}$$

두 부분으로 나누어 생각할 수 있다. $\partial/\partial x$에 비례하는 첫 번째 부분은 $y=$상수인 방향을 향하고, $\partial/\partial y$에 비례하는 두 번째 부분은 $x=$상수

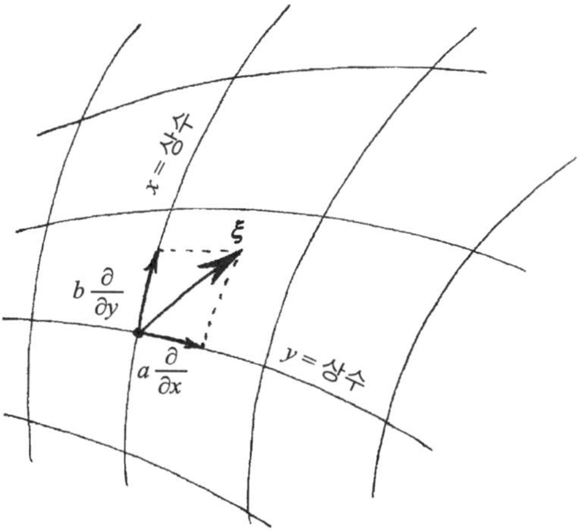

그림 10.9 벡터 $\xi = a\partial/\partial x + b\partial/\partial y$는 두 부분으로 나누어 생각할 수 있다. 하나는 $\partial/\partial x$에 비례하는 부분으로 $y=$상수인 방향을 향하고, 다른 하나는 ∂y에 비례하면서 $x=$상수인 방향을 향한다. 그리고 각 항의 가중치에 해당되는 (a, b)쌍은 '(x, y)-좌표계에서 측정한 ξ의 성분(component)'이라고 한다.

인 방향을 향한다. 그러므로 (x, y)-좌표계에서 ξ를 표현할 때, (a, b)는 일종의 가중치weighting factor로 생각할 수 있다. 일반적으로 a와 b를 ξ의 성분component이라고 한다(그림 10.9 참조). 엄밀히 말해서 ξ를 이루는 두 성분 $a\partial/\partial x$와 $b\partial/\partial y$는 각각 나름대로 벡터장을 형성하며, 그림 10.9에서처럼 벡터장 ξ를 만들어 낸다. 아래 적어 놓은 $d\Phi$에도 비슷한 논리가 적용된다. 그러나 수학 서적은 대부분 '성분'이라는 용어를 '좌표를 나타내는 라벨'의 의미로 사용하고 있으며, 이는 텐서 미적분학tensor calculus을 다룰 때 특히 더 그러하다(12.8절 참조).

이와 비슷하게, $d\Phi$(1-형식)도 dx와 dy로 이루어진 두 부분으로 나누어 생각할 수 있다.

$$d\Phi = u\,dx + v\,dy$$

따라서 (u, v)쌍이 정해지면 $d\Phi$가 유일하게 결정되며, u와 v는 해당 좌표계에서 $d\Phi$의 성분이 된다(여기서 $u = \partial\Phi/\partial x$, $v = \partial\Phi/\partial y$이다). 1-형식 $d\Phi$의 성분 (u, v)와 벡터장 ξ의 성분 (a, b) 사이의 관계

는 $\boldsymbol{\xi}(\Phi)$로부터 알 수 있다. 앞서 언급한 대로, $\boldsymbol{\xi}(\Phi)$는 $\boldsymbol{\xi}$ 방향으로 나타나는 Φ의 증가율을 의미하며 다음과 같이 쓸 수 있다.[10.9]

$$\boldsymbol{\xi}(\Phi) = au + bv$$

$au + bv$는 (a, b)로 표현되는 $\boldsymbol{\xi}$와 (u, v)로 표현되는 $d\Phi$의 스칼라곱scalar product(또는 내적inner product)이라고 하는데, 좌표계에 의존하지 않는 형태로 쓰고 싶을 때에는 $d\Phi \bullet \boldsymbol{\xi}$로 표기하기도 한다. 따라서

$$d\Phi \bullet \boldsymbol{\xi} = \boldsymbol{\xi}(\Phi)$$

이다. 하나의 양을 두고 두 가지 표현을 소개하는 이유는 $d\Phi \bullet \boldsymbol{\xi}$가 $d\Phi$보다 더욱 일반적인 1-형식에 해당하기 때문이다(12.3절 참조). 이러한 1-형식을 $\boldsymbol{\eta}$로 표기했을 때, 임의의 벡터장 $\boldsymbol{\xi}$와 $\boldsymbol{\eta}$의 스칼라곱은 $\boldsymbol{\eta} \bullet \boldsymbol{\xi}$로 쓸 수 있다.

정의에 의하면, 1-형식은 임의의 벡터장과 결합하여 스칼라곱을 만들어낼 수 있다. 그런데 바로 $d\Phi$가 벡터장과 결합하여 스칼라곱을 만들어 내므로, $d\Phi$는 1-형식임이 분명하다(1-형식을 때때로 '코벡터covector'라 부르기도 한다). 전문용어를 써서 표현하자면 1-형식(코벡터)은 벡터장의 '쌍대dual'이다. 쌍대 개념은 12.3절에서 고차원 곡면(n-다양체)을 다룰 때 자세히 설명할 예정이다. 1-형식의 기하학적 의미는 12.3절에서 12.5절에 걸쳐 다뤄질 것이다. 당분간은 $d\Phi \bullet \boldsymbol{\xi} = 0$일 때[즉, $\boldsymbol{\xi}(\Phi) = 0$일 때], $\boldsymbol{\xi}$의 방향과 경로(등고선)의 방향이 일치한다는 정도만 기억해 두기 바란다.

[10.9] 연쇄법칙(chain rule)을 이용하여 직접 증명해 보라.

10.5 코시 - 리만 방정식

고차원 곡면으로 넘어가기 전에(다음 장에서 다룬다), 이 장의 서두에서 제기했던 문제를 다시 한번 생각해 보자. 이미 언급한 바와 같이, 2차원 곡면은 1차원 복소다양체로 해석할 수 있다. 지금 우리에게 필요한 것은 복소해석함수 Φ를 규정하는 방법인데, 복소해석성은 원래 국소적인 특성이므로 두 개의 좌표가 겹치는 부분에서 Φ의 값이 유일하게 결정되도록 좌표조각을 붙여야 한다. (x, y)-좌표계에서 Φ는 복소수 $z = x + iy$에 대하여 복소해석적이고, 이와 겹치는 (X, Y)-좌표계에서는 $Z = X + iY$에 대하여 복소해석적이다. 이들이 겹치는 부분에서 Φ가 유일하게 결정되려면, 이곳에서 Z는 z의 복소해석함수가 되어야 하며, 그 반대로 z 또한 Z의 복소해석함수여야 한다(Φ가 z의 복소해석함수이고 z가 Z의 복소해석함수이면, Φ는 Z의 복소해석함수이다. 복소해석함수의 복소해석함수도 역시 복소해석함수이기 때문이다[10.10]).

Φ가 z의 복소해석함수임을 Φ와 z의 실수부와 허수부로 나타내려면 어떻게 해야 할까? 해결책은 바로 7.1절에서 잠시 언급했던 코시 - 리만 방정식이다. 구체적으로 어떻게 생긴 방정식인가? 일반적으로 Φ는 z와 $\bar{z}$의 함수로 생각할 수 있다. 장의 서두에서 확인한 바와 같이 $x = (z + \bar{z})/2$, $y = (z - \bar{z})/2i$이므로, z의 실수부와 허수부는 z와 $\bar{z}$의 조합으로 나타낼 수 있다. 그런데 지금 우리가 다루는 Φ는 z만의 함수이며, 이것을 x와 y로 풀어쓰고서 방금 언급한 관계를 이용해 z와 $\bar{z}$로 나타

[10.10] 이것을 세 가지 다른 관점에서 설명해 보자 : (a) 일반적 원리에 입각하여 직관적으로 설명해 보라($\bar{z}$의 경우는 어떻게 되는가?). (b) 8.2절에서 설명한 복소해석적 사상의 기하학적 해석을 이용하라. (c) 연쇄법칙과 코시 - 리만 방정식을 이용하여 설명하라.

냈을 때 $\bar{z}$와 관련된 항들은 모두 사라져야 한다.

이 말의 뜻을 더 깊이 이해하기 위해, 서로 복소공액인 z와 $\bar{z}$ 대신 한 쌍의 독립 실변수 u, v를 생각해 보자. 어떤 함수 Ψ가 u만의 함수라면, Ψ는 v에 독립이며(v가 변해도 Ψ는 변하지 않는다), 편미분을 이용하여 다음과 같이 표현할 수 있다.

$$\frac{\partial \Psi}{\partial v} = 0$$

(이 방정식에 의하면 u값이 변해도 v는 항상 상수이므로 Ψ는 u만의 함수가 된다)[4] 따라서 Φ가 $\bar{z}$와 무관하려면(독립이려면) 다음 식을 만족해야 한다.

$$\frac{\partial \Phi}{\partial \bar{z}} = 0$$

이것이 바로 Φ가 복소해석함수가 되기 위한 조건이다(나는 지금 '유비 논증類比 論證, argument by analogy'에 따라 위 식을 적어 놓은 것뿐이며, 아직 증명은 하지 않았다).[5] 연쇄법칙을 적용하면 위 방정식을 (x, y)-좌표계에서 편미분의 형태로 나타낼 수 있다.[10.11]

$$\frac{\partial \Phi}{\partial x} + i\frac{\partial \Phi}{\partial y} = 0$$

함수 Φ의 실수부와 허수부를 아래와 같이 쓰면(α와 β는 실수이다)

$$\Phi = \alpha + i\beta$$

[10.11] 증명해 보라.

우리가 원했던 코시-리만 방정식이 다음과 같은 형태로 얻어진다.[6, [10.12]]

$$\frac{\partial \alpha}{\partial x}=\frac{\partial \beta}{\partial y}, \qquad \frac{\partial \alpha}{\partial y}=-\frac{\partial \beta}{\partial x}$$

앞에서 지적한 대로 (x, y)-좌표계와 (X, Y)-좌표계가 겹치는 영역에서 $Z = X + iY$는 $z = x + iy$의 복소해석함수가 되어야 하므로, (x, y)와 (X, Y) 사이에도 코시-리만 방정식이 성립해야 한다.

$$\frac{\partial X}{\partial x}=\frac{\partial Y}{\partial y}, \qquad \frac{\partial X}{\partial y}=-\frac{\partial Y}{\partial x}$$

임의로 고른 한 쌍의 좌표계에서 이 관계가 성립한다면 우리는 리만 곡면 $\mathcal{S}$를 성공적으로 구축한 셈이다(이것은 7.1절에서 요구했던 해석적 조건에 해당된다). 물론 이러한 곡면은 1차원 복소다양체(1-다양체)로 해석될 수 있다. 그러나 '코시-리만'식 관점에 의하면, $\mathcal{S}$는 특별한 구조로 되어 있는 실수 2차원 다양체 real 2-manifold이기도 하다(즉 코시-리만 방정식으로 결정되는 다양체이다).

복소해석적 연산에 전적으로 의존하면서(이 관점은 33장과 34.8장에서 매우 중요하게 취급될 것이다) $\mathcal{S}$를 곡선으로 간주하는 것은 어느 정도 '순수한' 관점이라 할 수 있다. 그러나 이와 정반대인 '코시-리만'식 관점은 다른 부분에서 막강한 위력을 발휘한다. 예를 들어, 코시-리만 방정식을 이용하면 편미분방정식의 '존재정리 existence theorem'를 증명할 수 있다. 말이 나온 김에 대략적인 증명과정을 짚고 넘어가기로 하자.

코시-리만 방정식 $\partial\alpha/\partial x = \partial\beta/\partial y$, $\partial\alpha/\partial y = -\partial\beta/\partial x$가 성립하

[10.12] 도함수 정의를 이용하여 코시-리만 방정식을 유도해 보라.

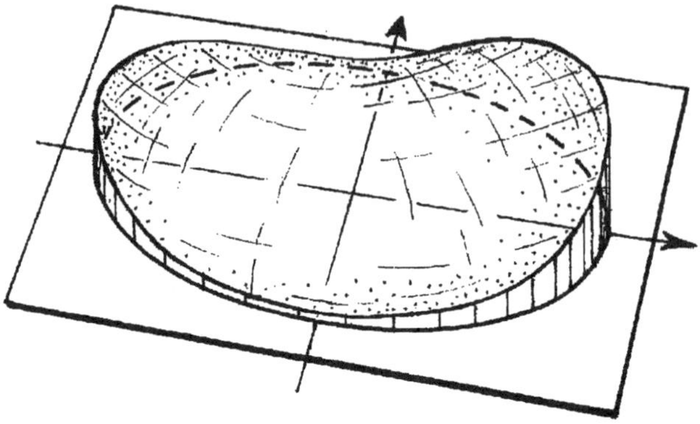

그림 10.10 원형 고리에 형성된 비누 막은 특정한 곡면을 이룬다. 이 경우 수평면에서 비누 막까지의 높이는 라플라스 방정식으로 구할 수 있다(높이가 낮을수록 정확한 근사치를 얻는다).

면, α와 β는 다음 방정식(라플라스 방정식이라고 한다)을 만족한다.[10.13]

$$\nabla^2 \alpha = 0, \qquad \nabla^2 \beta = 0$$

여기서 2계 미분연산자 ∇^2는 (2-차원) 라플라시안Laplacian이라고 하는데, 정의는 다음과 같다.

$$\nabla^2 = \frac{\partial^2}{\partial x^2} + \frac{\partial^2}{\partial y^2}$$

라플라시안은 많은 물리학 분야에서 매우 중요한 연산자이다(21.2, 22.11, 24.3 ~ 6절 참조). 예를 들어 원형 고리에 비누 막이 형성되어 있을 때, 수평면에서 비누 막까지의 높이는 라플라스 방정식을 풀어서 구할 수 있다(막까지의 높이가 낮을수록 정확한 근사치를 얻는다. 그림 10.10 참조).[7] 또한, (3차원) 라플라스 방정식은 뉴턴 중력이론에서 핵심적인 역할을 한다(정전기학electrostatics에서도 마찬가지다. 17, 19장 참조). 중

[10.13] 증명해 보라.

력장(또는 정전기장) 퍼텐셜 함수가 자유공간에서 라플라스 방정식을 만족하기 때문이다.

코시-리만 방정식의 해는 2차원 라플라스 방정식으로부터 직접 구할 수 있다. $\nabla^2 \alpha = 0$인 α를 알면 β는 $\beta = \int(\partial\alpha/\partial x)\,dy$로 구할 수 있고, 이들은 코시-리만 방정식을 만족한다.[10.14] 이 사실을 이용하면 앞장의 끝 부분에서 펼쳤던 일부 주장들을 증명할 수 있다.

특히, 9.7절 끝 부분에서 펼쳤던 놀라운 주장도 코시-리만 방정식으로 증명할 수 있다. 그곳에서 나는 "복소평면의 단위원 상에서 정의된 임의의 연속함수 f는 초함수로 표현될 수 있다"고 주장했었다. 이는 곧 임의의 함수 f를 단위원 내부로 복소해석적으로 확장되는 부분과 단위원 외부로 복소해석적으로 확장되는 부분으로 나눌 수 있다는 뜻이다(다만, 지금 우리는 복소평면을 리만 구면으로 대치했다). 이 주장은 (9.2절의 논리대로라면)실변수를 갖는 주기함수 f의 푸리에 급수 표현이 항상 존재한다는 주장과 동일하다. 이제 실함수(함숫값이 실수인 함수) f에 대하여 성립하는 하나의 정리를 생각해 보자(f가 복소함수인 경우는 실수부와 허수부로 나눠서 생각하면 된다). "f는 원의 내부로 연속적으로 확장 가능하며, 그곳에서 $\nabla^2 f = 0$이다."[그림 10.10의 비누 막을 떠올리면 이 사실을 직관적으로 이해할 수 있다. 적당한 스케일을 정하여 f를 ϵf로 축소시키면(ϵ는 아주 작은 수이다) 원형 고리는 복소평면 위에서 위-아래로 조금씩 굴곡진 단위원과 같아지고, 굴곡의 정도는 단위원 상에서 ϵf로 표현된다.[8] 따라서 비누 막의 높이는 ϵf이 되고, 이로써 단위원 내부의 f도 알 수 있다] 여기에 허수부 $g = \int(\partial f/\partial x)\,dy$를 f에 추가하

[10.14] 증명해 보라.

여 $f + ig$로 확장하면, 이 함수는 단위원 안에서 복소해석함수가 된다. 이 과정은 단위원의 원주 상에서도 그대로 적용되며(일반적으로는 초함수의 형태가 되기 때문에, $f + ig$는 음의 진동수를 갖는다). 이 과정을 (리만 구면 위에 있는)단위원의 바깥에 적용하면 $f - ig$가 양의 진동수를 갖는다는 사실을 확인할 수 있다. 즉, $f = \frac{1}{2}(f + ig) + \frac{1}{2}(f - ig)$로 분리된 것이다.

〈10장 후주〉

10–2절

10.1 다변수 함수의 미분가능성에 대하여 더 자세한 내용을 알고 싶은 독자들은 Marsden and Tromba(1996)을 읽어 보기 바란다.

10–3절

10.2 17세기 말에 라이프니츠가 처음 사용한 dx는 위력이 막강한 동시에 매우 유연한 표기법이기도 하다. dx는 대수적 양으로 취급해도 아무 문제가 없지만, 2계 미분을 나타내는 d^2x는 그렇지 않다. 만일 라이프니츠가 'x에 대한 y의 2계 미분'을 $(d^2y - d^2x dy/dx)/dx^2$로 표기했다면, d^2x도 대수적 양으로 취급할 수 있었을 것이다(dx^2은 $dx\,dx$를 의미한다). 그러나 표기 자체가 너무 복잡해서 별로 실용적일 것 같지는 않다.

10.3 '미적분학의 제 1 기본 헷갈림'은 10.2절에서 언급한 대로 편미분을 논할 때 f와 Φ를 혼용하면서 야기되는 혼란이다. Woodhouse(1991) 참조.

10–5절

10.4 이 조건은 국소적인(local) 의미로 해석해야 한다. 예를 들어 신장형 (kidney-shaped) 영역 안에서 매끈한 함수 $\Phi(u, v)$가 정의되었을 때, $\partial\Phi/\partial v = 0$라 해도 Φ는 u의 함수가 아니다.[10.15]

10.5 이 논증만으로는 코시 - 리만 방정식을 유도할 수 없지만, 이런 형태가 된 이유를 어느 정도 짐작할 수 있다.

10.6 이 방정식은 코시와 리만이 발견하기 한참 전인 1752년에 달랑베르 (Jean LeRond D'Alembert)가 처음으로 발견했다.

10.7 실제의 비누 막 방정식은(라플라스 방정식은 근사식에 불과하다) 놀라운 일반해를 가지며, 1866년에 바이어스트라스(Weierstrss)에 의해 자유-복소해석함수의 형태로 발견되었다.

10.8 f는 원주 상에서 연속함수이므로 유계함수(bounded function, 최댓값과 최솟값이 유한한 함수)이다. 이것은 원이 '컴팩트한 공간(compact space)'이라는 표준 정리로부터 유도되는 결과이다[컴팩트의 개념에 대해서는 12.6절과 Kahn(1995), Frankel(2001)을 참조하라]. 따라서 (아주 작은 상수 ϵ을 곱하여) f를 축소시키면, 최댓값과 최솟값도 아주 작아진다. 따라서 막의 내부에 ϵf가 존재하고, 이것이 라플라스 방정식을 만족한다는 비누 막 유사논리도 타당성을 가질 수 있다. 이 문제는 '디리클레의 원반문제(Dirichlet problem for a disc)'라고 하는데, 더욱 엄밀한 해는 Strauss(1992)와 Brown and Churchill(2004)을 참조하기 바란다.

[10.15] $\Phi(u, v) = \theta(v)h(u)$일 때 이 사실을 증명해 보라. 단, θ와 h는 6.1, 3절에서 정의된 함수이다. 신장형 영역은 양의 u-축을 피해 가야 한다.

11
다원수

11.1 4원수의 대수학

지금까지 언급된 모든 내용을 고차원으로 확장하려면 어떻게 해야 하는가? n-다양체에 대한 표준적인(현대식) 접근법은 다음 장에서 알아보기로 하고, 이 장에서는 고차원과 관련하여 초기에 제기되었던 몇 가지 아이디어를 살펴보자. 이 아이디어는 최신 이론물리학과도 밀접한 관련이 있다.

복소해석의 아름다움과 강력함은(물리학에서 매우 중요한) 2차원 라플라스 방정식의 해를 복소해석함수의 형태로 아주 간단하게 나타내는 10장의 사례에서 명확히 드러났고, 이는 19세기 수학자들로 하여금 3차원 공간에 적용 가능한 '일반화된 복소수'를 찾아 나서게 했다. 아일랜드의 저명한 수학자 윌리엄 로원 해밀턴William Rowan Hamilton, 1805~1865은 이 문제를 집요하게 파고들었고, 1843년 10월 16일 아내와 함께 더블린의 로열 운하 근처 길을 거닐 적에 마침내 그의 머릿속에 해답이 번득였다. 그는 너무나 흥분한 나머지, 브로엄 다리Brougham Bridge의 돌에 다음 방정식을 새겨 넣었다.

$$\mathbf{i}^2 = \mathbf{j}^2 = \mathbf{k}^2 = \mathbf{ijk} = -1$$

여기 등장하는 $\mathbf{i}, \mathbf{j}, \mathbf{k}$는 서로 독립인 '$-1$의 제곱근'이며(복소수 i와 비슷하다), 이들이 일반적인 형태로 결합하여 만들어진 수 $\boldsymbol{q}$를 일반 4원수quaternion라고 한다(t, u, v, w는 실수이다).

$$\boldsymbol{q} = t + u\mathbf{i} + v\mathbf{j} + w\mathbf{k}$$

이 새로운 양은 기존 i가 만족했던 대수를 모두 만족한다. 단, 한 가지 예외가 있다. $\mathbf{i}, \mathbf{j}, \mathbf{k}$는 곱셈의 교환법칙을 만족하지 않는다!(해밀턴의 아이디어가 유명해진 것도 바로 이 점 때문이었다[1]) 해밀턴은 약간의 대수계산을 거친 끝에 다음과 같은 관계를 유도할 수 있었다.[11.1]

$$\mathbf{ij} = -\mathbf{ji}, \qquad \mathbf{jk} = -\mathbf{kj}, \qquad \mathbf{ki} = -\mathbf{ik}$$

이것은 전통적인 교환법칙 $\boldsymbol{ab} = \boldsymbol{ba}$와 전혀 다른 새로운 규칙이다.

4원수는 덧셈의 교환법칙과 결합법칙을 모두 만족하며, 곱셈의 결합법칙과 덧셈 - 곱셈이 섞여 있는 분배법칙도 만족한다. 이를 정리하면 다음과 같다.[11.2]

$$\boldsymbol{a} + \boldsymbol{b} = \boldsymbol{b} + \boldsymbol{a}$$
$$\boldsymbol{a} + (\boldsymbol{b} + \boldsymbol{c}) = (\boldsymbol{a} + \boldsymbol{b}) + \boldsymbol{c}$$
$$\boldsymbol{a}(\boldsymbol{bc}) = (\boldsymbol{ab})\boldsymbol{c}$$
$$\boldsymbol{a}(\boldsymbol{b} + \boldsymbol{c}) = \boldsymbol{ab} + \boldsymbol{ac}$$

[11.1] 해밀턴의 '브로엄 다리 방정식'을 이용하여 직접 증명해 보라. 결합법칙 $a(bc) = (ab)c$를 가정할 것.

[11.2] 두 개의 일반 4원수로 직접 계산하여 이 관계식을 증명해 보라.

$$(\boldsymbol{a}+\boldsymbol{b})\boldsymbol{c}=\boldsymbol{ac}+\boldsymbol{bc}$$

또한, 4원수 체계에는 덧셈의 항등원 0과 곱셈의 항등원 1이 존재한다.

$$\boldsymbol{a}+0=\boldsymbol{a}, \qquad 1\boldsymbol{a}=\boldsymbol{a}1=\boldsymbol{a}$$

위 관계식 중 마지막 식을 제외하고 한데 모으면 '환ring'이라는 대수 체계가 정의된다(사실 '환'은 별로 적절한 이름이 아니다. '추상대수학'처럼, 이름으로부터 떠올릴 수 있는 것이 전혀 없기 때문이다. 무슨 이유로 이런 이름이 붙었는지는 나로서도 알 길이 없다). 그리고 마지막 관계식까지 포함하면 '항등원이 존재하는 환'이 된다.

4원수 체계는 실수에서 정의된 벡터공간vector space의 한 예이다. 벡터공간에서 두 원소(벡터[2]) $\boldsymbol{\xi}$와 $\boldsymbol{\eta}$의 덧셈은 교환법칙과 결합법칙을 만족한다.

$$\boldsymbol{\xi}+\boldsymbol{\eta}=\boldsymbol{\eta}+\boldsymbol{\xi}$$
$$(\boldsymbol{\xi}+\boldsymbol{\eta})+\boldsymbol{\zeta}=\boldsymbol{\xi}+(\boldsymbol{\eta}+\boldsymbol{\zeta})$$

또한, 벡터는 스칼라와 곱해질 수 있으며(아래 식에서 f와 g는 실수이다), 이 과정에서 아래와 같이 분배법칙과 결합법칙 등이 성립한다.

$$(f+g)\boldsymbol{\xi}=f\boldsymbol{\xi}+g\boldsymbol{\xi}$$
$$f(\boldsymbol{\xi}+\boldsymbol{\eta})=f\boldsymbol{\xi}+f\boldsymbol{\eta}$$
$$f(g\boldsymbol{\xi})=(fg)\boldsymbol{\xi}$$
$$1\boldsymbol{\xi}=\boldsymbol{\xi}$$

4원수 체계는 서로 독립인 4개의 기저basis 1, **i**, **j**, **k**를 가지므로 실수에서 '4차원' 벡터공간을 형성한다. 다시 말해서, 각 기저에 적절한 실수를 곱하여 더해 주면(선형결합시키면) 모든 4원수를 만들어낼 수 있다. 앞으로 우리는 벡터공간의 다양한 사례들을 접하게 될 것이다.

4원수 곱셈은 기존의 곱셈과 다르다. 따라서 4원수 개념은 실수를 대상으로 하는 '대수'의 새로운 사례를 우리에게 제공한다. 그러나 해밀턴의 4원수 개념이 뛰어난 이유는 나눗셈 연산이 가능하다는 점이다. 이것은 "0이 아닌 4원수 $\boldsymbol{q}$의 곱셈에 역원 $\boldsymbol{q}^{-1}$이 존재한다"는 말로 대신할 수 있다. 역원은 다음의 관계식을 만족한다.

$$\boldsymbol{q}^{-1}\boldsymbol{q} = \boldsymbol{q}\boldsymbol{q}^{-1} = 1$$

역원을 포함한 환을 '나눗셈환division ring'이라고 하며, 역원 $\boldsymbol{q}^{-1}$은 아래의 관계를 만족한다.

$$\boldsymbol{q}^{-1} = \bar{\boldsymbol{q}}(\boldsymbol{q}\bar{\boldsymbol{q}})^{-1}$$

여기서 $\boldsymbol{q}$의 (4원수적)켤레 $\bar{\boldsymbol{q}}$는 다음과 같이 정의된다.

$$\bar{\boldsymbol{q}} = t - u\mathbf{i} - v\mathbf{j} - w\mathbf{k}$$

$\boldsymbol{q}$는 앞에서 정의한 대로 $\boldsymbol{q} = t + u\mathbf{i} + v\mathbf{j} + w\mathbf{k}$이다. 따라서

$$\boldsymbol{q}\bar{\boldsymbol{q}} = t^2 + u^2 + v^2 + w^2$$

이며, $\boldsymbol{q}$가 0이 아닌 한(즉 $t = u = v = w = 0$이 아닌 한) 실수 $\boldsymbol{q}\bar{\boldsymbol{q}}$도 0이 아니다. 그러므로 $\boldsymbol{q} \neq 0$이면 $(\boldsymbol{q}\bar{\boldsymbol{q}})^{-1}$이 유한한 값을 가지면서 위 식을 따라 $\boldsymbol{q}^{-1}$이 정의된다.[11.3]

[11.3] $\boldsymbol{q}^{-1}$을 이런 식으로 정의해도 아무런 문제가 없음을 확인해 보라.

11.2 물리학에서 4원수의 역할

4원수 대수학체계는 매우 아름다울 뿐만 아니라, 현실적인 3차원 세계의 물리학과 기하학을 다루는 도구를 제공할 가능성이 크다. 해밀턴은 '브로엄 다리 방정식'을 떠올린 후 이 도구를 개발하기 위해 22년의 세월을 고스란히 바쳤다. 그러나 현대의 시각에서 19～20세기를 되돌아볼 때, 그의 영웅적인 노력은 결국 실패로 끝났다고 봐야 할 것 같다. 그렇다고 4원수가 수학적으로(또는 물리학적으로) 덜 중요하다는 뜻은 아니다. 4원수는 다양한 분야에서 중요한 구실을 할만한 잠재력을 충분히 갖고 있다. 그러나 처음에 기대했던 만큼 위력을 발휘하지 못한 것도 사실이다.

이유가 무엇일까? 물리적 세계에 적용되는 '올바른' 수학을 찾는 방법에 무언가 문제가 있었던 것은 아닐까? 한 가지 사실만은 분명하다. 4원수를 복소수의 고차원 버전으로 생각한다면, 4원수의 차원은 3차원이 아니라 4차원이라는 점이다. $\boldsymbol{q}$를 $\mathbf{i}, \mathbf{j}, \mathbf{k}$로 나타낸 위 식에서 t는 실수성분을 나타내는데, 4원수 공간을 실제 시공간과 비교해 보면 t를 '시간'으로 간주하고 싶은 마음이 절로 일어난다.[3] 이렇게 하면 4원수로 단순한 3차원 공간이 아닌 4차원 시공간을 서술할 수 있을 것 같다. 20세기 물리학의 관점에서 볼 때, 이것은 매우 그럴듯한 착상임에 틀림없다. 4차원 시공간은 바로 상대성이론의 주무대이기 때문이다(17장 참조). 그러나 정작 뚜껑을 열어 보면 결과는 다소 실망스럽다. 4원수의 이차형식 quadratic form, 즉 $\boldsymbol{q}\bar{\boldsymbol{q}} = t^2 + u^2 + v^2 + w^2$이 상대성이론에 맞지 않는 부호로 이루어져 있기 때문이다(자세한 내용은 13.8, 18.1절에서 언급할 것이다). 물론 해밀턴은 19세기 사람이므로 상대성이론을 알지 못했다. 어쨌거나 여기에는 매우 복잡미묘한 문제가 숨어 있는데, 당장은 언급을 자제하고 앞으로 차차 설명하도록 하겠다(13.8, 18.1 ~4절, 22.11절 끝 부분, 28.9, 31.13, 32.2절 참조).

4원수가 애초의 기대에 미치지 못한 데에는 또 다른 이유가 있다(아마도 이것이 더욱 치명적인 이유일 것이다). 4원수는 기존의 복소수만큼 뛰어난 마술을 발휘하지 못했다. 학자들은 '복소수의 특성을 그대로 유지한 채 차원만 확장된 수'를 기대했으나, 4원수는 기대를 충족시키지 못했다. 가장 큰 문제는 4원수 체계 속에 '복소해석함수'라는 개념을 도입하기가 어렵다는 것이었다.[4] 왜 이렇게 되었을까? 이유는 뜻밖에도 간단하다. 앞장에서 설명한 바와 같이, 복소수 z를 변수로 갖는 복소해석함수의 특징은 '복소켤레 $\bar{z}$와 무관하다'는 것이다. 그런데 임의의 4원수 $\boldsymbol{q}$의 4원수 켤레 $\bar{\boldsymbol{q}}$는 $\boldsymbol{q}$와 $\mathbf{i}, \mathbf{j}, \mathbf{k}$를 이용하여 아래와 같이 표현할 수 있다.[11.4]

$$\bar{\boldsymbol{q}} = -\frac{1}{2}(\boldsymbol{q} + \mathbf{i}\boldsymbol{q}\mathbf{i} + \mathbf{j}\boldsymbol{q}\mathbf{j} + \mathbf{k}\boldsymbol{q}\mathbf{k})$$

'4원수적 복소해석quaternionic holomorphic'의 의미를 복소해석의 경우와 마찬가지로 '4원수에 덧셈과 곱셈, 그리고 극한연산을 적용하여 만들어진 함수'로 풀이한다면, $\bar{\boldsymbol{q}}$를 $\boldsymbol{q}$의 4원수적 복소해석함수로 간주해야만 하며 아이디어 전체가 무용지물이 된다.

그렇다면 4원수를 개량하여 물리적 세계와 좀 더 직접적으로 연관된 수를 만들 수는 없을까? 이제 곧 알게 되겠지만, 이론적으로는 가능하다. 그러나 필요한 수정을 가하고 나면 '나눗셈'이라는 중요한 특성을 포기해야 한다. 고차원 공간으로 일반화하는 문제는 어떻게 되는가? 앞으로 설

[11.4] 증명해 보라.

명하겠지만, 이 문제는 클리포드Clifford에 의해 해결되었으며 물리학에서 매우 중요하게 취급되고 있다. 그러나 이 모든 확장은 나눗셈 연산을 포기한 대가로 얻은 결과였다.

나눗셈을 보존하면서 4원수를 일반화할 수는 없을까? 사실은 이것도 가능하다. 그러나 이를 위해서는 대수 법칙을 곱셈 교환법칙을 포기했을 때보다 더 완화해야 했다. 1843년에 해밀턴은 자신이 발견한 4원수 체계를 편지에 적어 존 그레이브스John Graves에게 보냈다. 그로부터 약 2개월 뒤에 그레이브스는 8원수octonion 체계도 가능하다는 것을 알게 되었으며, 이 사실은 1845년 아서 케일리Arthur Cayley에게 재발견되었다. 8원수 체계에서는 곱셈의 결합법칙 $a(bc)=(ab)c$가 더는 성립하지 않지만[단, $a(ab)=a^2b$와 $(ab)b=ab^2$과 같은 규칙은 성립한다], 기존의 확장된 4원수와 달리 나눗셈이 가능했으므로 매우 바람직한 체계 같았다[0이 아닌 a에 대하여 $a^{-1}(ab)=b=(ba)a^{-1}$을 만족하는 a^{-1}이 존재한다]. 즉, 8원수는 비결합적인(결합법칙이 성립하지 않는) 8차원 나눗셈 대수 체계를 형성했던 것이다. 4원수가 $\mathbf{i}$, $\mathbf{j}$, $\mathbf{k}$로 이루어졌던 것처럼 8원수는 7개의 기저로 이루어져 있고, 여기에 실수부가 더해져서 8차원 대수 체계를 이룬다. 각 기저 사이의 곱셈법칙($\mathbf{ij}=\mathbf{k}=-\mathbf{ji}$ 등과 비슷하다)은 다소 복잡하기 때문에, 자세한 설명은 16.2절로 미루기로 한다(그래도 궁금한 독자들은 그림 16.3을 잠시 들여다보라). 안타깝게도 나눗셈을 유지한 채 8원수를 더 높은 차원으로 일반화하는 방법은 아직 발견되지 않았다. 1898년에 후르비츠Hurwitz는 '$q\bar{q}$ = 제곱의 합'이라는 4원수(또는 8원수)의 항등식이 1, 2, 4, 8차원에서만 성립한다는 사실을 증명하였다. 후르비츠가 찾아낸 차원 이외의 공간에서는 나눗셈을 포함하는 대수 체계가 '전적으로' 불가능하다. 이 모든 것은 위상수학에 등장하는 어떤 정리 때문인데,[5] 자세한 내용은 15.4절에서 다룰 예정이다. 나눗셈이 가능한 수 체계는 실수와 복소수, 그리고 4원수와 8원수뿐이다.

나눗셈을 포기할 준비가 되었다면 4원수 체계는 고차원으로 쉽게 일반화할 수 있으며 이는 현대물리학과 정말로 밀접한 연관이 있다. 바로 클리포드 대수Cliford algebra 개념인데, 길지 않은 생을 살았던 영국 수학자 윌리엄 킹돈 클리포드William Kingdon Clifford, 1845~1879가 1878년에 처음으로 도입하였다.[6] 클리포드 대수의 기원은 두 가지로 분류할 수 있는데, 각각의 기원은 복소수로 서술되는 2차원 이상의 공간과 연관되어 있으며, 지금 우리가 논하는 해밀턴의 4원수가 그중 하나이다. 또 하나의 기원은 독일의 어느 중학교 교장이었던(그러나 후대에 별로 알려지지 않은) 헤르만 그라스만Hermann Grassmann, 1809~1877이 1844년과 1862년 두 차례에 걸쳐 발표했던 대수학이었다.[7] 그라스만 대수도 현대 이론물리학에서 중요한 일익을 담당하고 있다[특히 초대칭이론supersymmetry에 자주 등장한다(31.3절 참조). 초대칭이론은 표준모형을 넘어서 물리학의 근본을 새롭게 구축하려는 현대 이론의 근간을 이룬다]. 클리포드 대수와 그라스만 대수는 각각 11.5절과 11.6절에서 설명할 것이다.

클리포드(그리고 그라스만) 대수에는 고차원 공간에서 유래한 새로운 요소가 포함되어 있다. 이 내용을 다루기 전에, 기하학적 관점에서 4원수를 다시 한 번 생각해 보자.

11.3 4원수의 기하학

4원수의 기저인 **i, j, k**를 3차원 유클리드 공간에서 서로 직교하는 세(오른손right-handed)좌표축에 대응시켜 보자(그림 11.1 참조). 5.1절에서 말한 대로, 기존의 복소수이론에서 z에 i를 곱한다 함은 z를 복소평면에서 반시계방향으로 90° 회전시킨다는 뜻이다. 우리 목적은 4원수의 **i**도 이와 같은 의미로 해석하는 것이다. 단, 이 때는 회전 자체가 2차원이 아닌 3차원 공간에서 일어나기 때문에, 4원수에 **i**를 곱하는 연산은 '**i**-축을 중심으로 반시계방향으로 일어나는 90° 회전'에 대응되어야 할 것이다[즉, (**j**, **k**)-평면이 기존의 복소평면과 같은 역할을 하게 된다]. 이런 식으로 해석하면 **j**, **k**는 각각 **j**, **k**-축을 중심으로 하는 (반시계방향)회전에 대응된다. 그러나 이 모든 회전이 복소수에서와 같이 90°로 일어나도록 요구하면, 앞에서 정의했던 **i**, **j**, **k** 사이의 곱셈법칙이 더는 성립하지 않게 된다. **i**-축 회전 후 **j**-축 회전이 일어난 경우는 **k**-축 회전만 일어난 경우와 같지 않기 때문이다.

일상적인 물체를 직접 회전시켜 보면 이 사실을 쉽게 확인할 수 있다. 주변에서 애써 찾을 것도 없이, 그냥 이 책을 돌려 보면 된다(이어지는 설명을 읽으면서 책을 회전시키려면 다른 책을 고르는 편이 좋다 : 옮긴이). 우선 책을 덮고 나서 테이블 위에 '일상적인 자세'로 놓고(읽던 책의 위치를 바꾸지 않고 그냥 덮는다는 뜻이다) 책 중심에 좌표의 원점을 갖다 놓는다. **k**-축은 테이블에 수직인 방향으로 나 있고, **i**-축은 오른쪽, **j**-축은 우리에게서 멀어지는 쪽으로 나 있다고 가정하자. 물론 **i**-축과 **j**-축

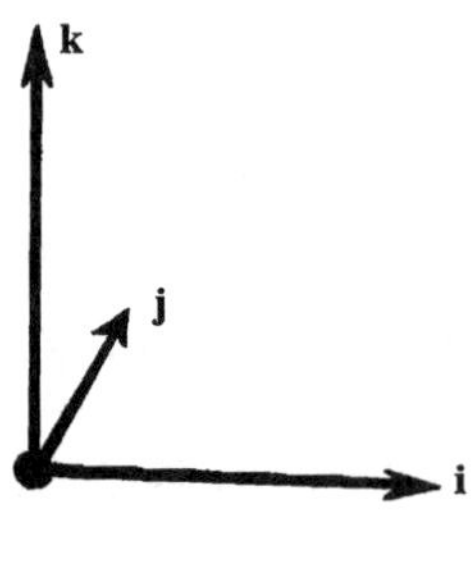

그림 11.1 4원수의 기저(basis)를 이루는 **i**, **j**, **k**는 일상적인 유클리드 공간에서 서로 직교하는 3차원 (오른손)좌표축으로 생각할 수 있다.

은 모두 원점을 지난다. 이런 상황에서 **i**-축을 중심으로 책을 반시계방향으로 90°($\pi/2$)만큼 회전시킨 후, 다시 **j**-축을 중심으로 반시계방향으로 90° 회전시킨다. 제대로 돌렸다면 책의 뒷면이 우리를 향하고 있을 것이다. 이 상황에서 **k**-축을 중심으로 책을 회전시켜서 처음 시작했던 위치로 되돌려 보라. 어떤가? 원래대로 되돌아왔는가? 괜히 애쓸 필요 없다. 안 되는 것이 정상이다(그림 11.2 참조).

이번에는 회전 각도를 90°에서 180°(또는 π)로 늘려 보자. 물론 이렇게 하면 복소수 i의 작용을 흉내낸다는 원래 취지가 무색해진다. 그뿐만 아니라 이 작용을 두 번 연속으로 가하면 360°(또는 2π)회전과 동일해지면서 물체(지금은 책)가 원래 위치로 되돌아오게 되는데, 이것은 $\mathbf{i}^2 = -1$이 아니라 $\mathbf{i}^2 = +1$을 의미한다. 이 정도면 별로 희망이 없는 것 같다. 그러나 여기에 약간의 아이디어를 첨가하면 정말로 놀라운 결과가 얻어진다. 이 아이디어는 매우 미묘하면서도 엄청나게 중요하여, 전자와 양성자, 중성자 같은 기본입자를 연구하는 양자역학의 수학적 근간을 이루고 있다. 23.7절에서 보게 되겠지만, 일상적인 고체들은 이것 없이 존재할 수 없다. 이 기본적인 아이디어란 다름 아닌 스피너spinor이다.[8]

스피너란, 간단히 말해서 한 바퀴(2π) 돌아갔을 때 부호가 바뀌는 양을 의미한다. 물론 독자들은 금방 이해가 가지 않을 것이다. 어떤 물체이

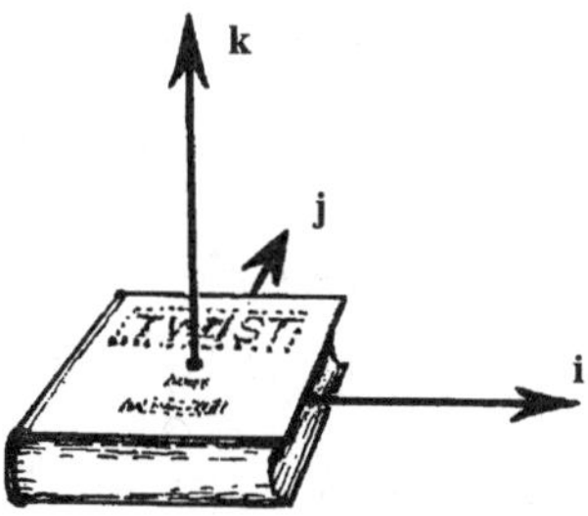

그림 11.2 4원수 연산자 **i**, **j**, **k**는 일상적인 물체의 회전(180°, 또는 π)에 대응시킬 수 있다.

건 간에, 한 바퀴 돌아서 원래 위치로 되돌아오면 달라지는 것이 전혀 없기 때문이다. 스피너(앞으로 이런 특성을 갖는 물체를 '스피너 물체spinorial object'라 부를 것이다)의 특이한 성질을 이해하기 위해, 테이블 위에 반듯하게 올려놓은 책으로 되돌아가 보자. 단, 이번에는 책이 회전한 내력을 기록하는 도구를 사용하기로 하자. 어떤 도구가 좋을까? 여러 가지 방법이 있겠지만, 허리띠가 제일 간편할 것 같다. 허리띠의 한쪽 끝(버클이 없는 부분)은 책 사이에 끼우고, 다른 쪽 끝(버클이 달린 부분)은 어딘가에 단단히 고정시킨다(다른 책더미 속에 끼워 두면 편리하다. 그림 11.3a 참조). 이 상태에서 책을 한 바퀴(2π) 돌리면 허리띠가 꼬이고, 꼬인 허리띠를 풀려면 책을 다시 회전시켜야 한다(그림 11.3b 참조). 그러나 허리띠를 두 바퀴(4π) 회전시켜서 허리띠가 두 번 꼬이게 한 경우에는, 놀랍게도 책을 더 회전시키지 않고서도 허리띠를 원래 상태로 매끈하게 펼 수 있다. 매듭을 감듯이 책을 허리띠 밑으로 한 번 감아 돌리면 된다. 이 과정에서 책을 회전시킬 필요는 전혀 없다(그림 11.3c 참조). 즉, 허리띠는 360° 회전할 때마다 반전성parity이 뒤바뀌는 것이다. 책을 2π의 짝수 배만큼 회전시키면 허리띠의 꼬임이 원상태로 회복되고, 2π의 홀수 배만큼 회전시키면 허리띠가 꼬이게 된다. 이러한 현상은 여러 종류의 회전이 연달아 일어나는 경우에도 똑같이 나타난다.

따라서 스피너 물체를 생각할 때에는 무언가 유별난 물체를 상상할 필요가 없다. 그냥 공간 속에 존재하는 일상적인 물체를 떠올리면 된다. 단, 이 물체와 외부의 고정된 물체 사이에는 유연한 가상의 고리가 연결되어 있어야 한다. 위 사례에서는 가상의 고리로 허리띠를 사용했다. 연결고리는 어떻게든 연속적으로 움직일 수 있지만, 양끝은 고정되어 있어야 한다(한쪽 끝은 스피너 물체에, 반대쪽 끝은 외부구조에 고정되었다).

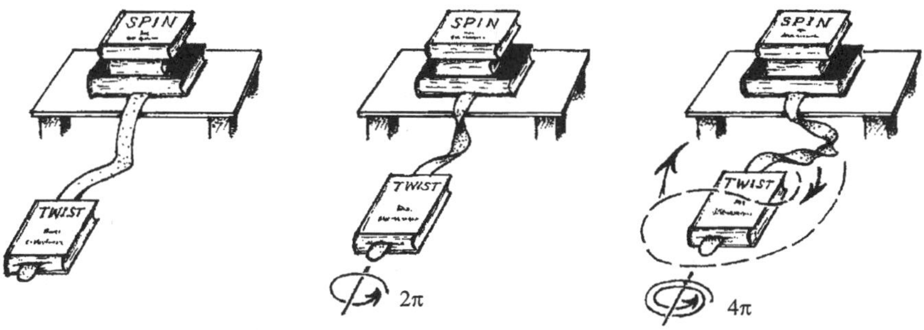

그림 11.3 그림 11.2의 책으로 표현된 스피너 물체(spinorial object). 2π의 짝수 배만큼 회전하면 아예 회전하지 않은 것과 동일하지만, 2π의 홀수 배만큼 회전하면 회전 효과가 분명하게 나타난다. (a) 허리띠의 한쪽 끝을 책갈피에 끼우고 반대쪽 끝을 다른 책더미에 끼워 고정하면 책이 회전한 내력을 쉽게 확인할 수 있다. (b) 책을 2π만큼 회전시키면 허리띠가 꼬인다. 허리띠를 원래대로 펴려면 책을 다시 회전시켜야 한다. (c) 책을 4π만큼 회전시키고 나서, 매듭을 감듯이 책을 허리띠 밑으로 한 번 감아 돌리면 책을 회전시키지 않고서도 허리띠를 원래대로 펼 수 있다.

방금 예로 들었던 '스피너 책'의 경우, 양쪽 끝이 고정된 가상의 연결고리를 자유롭게 (연속적으로)움직여서 재현할 수 있는 상태들은 동일한 상태로 간주하였다. 일상적인 책에 허리띠를 연결하여 만든 스피너 책은 두 종류의 '서로 다른 상태'가 가능한데, 이들 중 하나는 다른 하나의 '음'으로 간주한다.

지금부터 스피너의 특성을 이용하여 4원수의 올바른 곱셈법칙을 만들 수 있는지 확인해 보자. 이전처럼 책갈피 속에 벨트를 끼우고, **i**-축을 중심으로 π만큼 돌리고서 다시 **j**-축을 중심으로 π만큼 돌린다. 이때 얻어진 최종결과는 **k**-축을 중심으로 π만큼 돌린 결과와 일치한다. 즉, 해밀턴의 브로엄 다리 방정식대로 $\mathbf{ij} = \mathbf{k}$가 성립하는 것이다.

과연 그럴까? 이 조작에는 한 가지 주의할 점이 있다. 모든 축의 회전이 동일 방향으로 일어나야 한다는 것이다. 이제 각 축의 회전을 '오른손 방향(반시계방향)'으로 통일하고 위 조작을 다시 한 번 실행해 보라. 그러면 $\mathbf{ij} = -\mathbf{k}$임을 금방 알 수 있을 것이다. 그러나 부호는 다양한 방법으로 수정될 수 있다. 4원수를 오른손회전이 아닌 왼손 π회전으로 나타낼 수도 있고(이렇게 하면 $\mathbf{ij} = \mathbf{k}$가 성립한다), 아예 $\mathbf{i}$, $\mathbf{j}$, $\mathbf{k}$-축을 왼손좌표계로 정의해도 된다. 또는 연산자 $\boldsymbol{p}$와 $\boldsymbol{q}$가 연달아 나타날 때 오른쪽에 있는 연산자가 왼쪽에 있는 연산자보다 먼저 작용하는 것으로 해석하면 부호를 맞출 수 있다. 즉, $\boldsymbol{pq}$는 '$\boldsymbol{q}$가 먼저 작용한 후에 $\boldsymbol{p}$가 작용한다'는 뜻이다.

이런 이상한 약속을 제시하는 데는 그럴 만한 이유가 있다. 일반적으로 $\partial/\partial x$와 같은 미분연산자들은 오른쪽에 붙어 있는 양에 적용된다는 공통점을 가지므로, $\boldsymbol{\Phi}$에 작용하는 연산자 $\boldsymbol{P}$는 $\boldsymbol{P}(\boldsymbol{\Phi})$로 표기할 수 있다(또는 간단하게 $\boldsymbol{P\Phi}$로 쓰기도 한다). 따라서 $\boldsymbol{\Phi}$에 $\boldsymbol{P}$를 먼저 적용한 후 $\boldsymbol{Q}$를 적용했다면, 그 결과는 $\boldsymbol{Q}(\boldsymbol{P}(\boldsymbol{\Phi}))$나 $\boldsymbol{QP\Phi}$가 된다.

나는 4원수의 부호를 정의할 때 오른손 좌표계를 유지하면서 '오른쪽 연산자가 왼쪽 연산자보다 먼저 적용된다'는 규칙을 따르는 것을 선호하는 편이다. 이 방식을 따르면 해밀턴의 브로엄 다리 방정식 $\mathbf{i}^2 + \mathbf{j}^2 + \mathbf{k}^2 = \mathbf{ijk} = -1$은 '스피너 책'에도 그대로 적용될 수 있다. 물론, 여기서 $\mathbf{ijk}$는 연산자가 $\mathbf{k} \to \mathbf{j} \to \mathbf{i}$의 순서로 적용되었음을 의미한다.[9]

11.4 3차원 회전

회전각도가 우리의 예상보다 두 배로 커진 이유는 다른 방식으로 설명할 수도 있다. 3차원 공간에서는 '다양한 축을 중심으로 여러 회전을 연속적으로 가하여 얻어진 최종 결과'를 '특정 축을 중심으로 이루어진 단 한 번의 회전'으로 표현할 수 있다. 이것은 3차원 (비반전)회전의 특징이다. 그렇다면 이 특정 축과 회전 각도를 쉽게 알아낼 수 있는 기하학적 방법이 존재할 것인가? 해밀턴은 이 질문에 우아한 답을 제시했다.[10] 지금부터 그 내용을 알아보기로 하자. 단, 내 설명은 해밀턴과 조금 다를 수도 있다.

두 개의 (서로 다른)연속적인 평행이동translation을 하나의 평행이동으로 표현할 때에는 삼각형법칙을 이용하면 된다(이것은 그림 5.1a의 평행사변형법칙과 동일하다). 첫 번째 이동을 벡터로 표현하고(이 벡터는 '방향을 갖는 선분'을 의미한다. 회전방향은 선분으로 표현된 화살표의 방향과 같다), 두 번째 이동을 또 하나의 벡터로 표현하여 두 번째 벡터의 꼬리와 첫 번째 벡터의 머리를 연결한 다음, 첫 번째 벡터의 꼬리에서 출발하여 두 번째 벡터의 머리에서 끝나는 새로운 벡터를 그리면 이것이 바로 전체 이동을 나타내는 '하나의' 벡터가 된다(그림 11.4a 참조).

회전의 경우에도 이와 비슷한 규칙을 적용할 수 있을까? 놀랍게도 정답은 "yes!"이다. 위에서 도입한 벡터를 구면 위에 그려진 대원great circle(구면 위에 그릴 수 있는 가장 큰 원. 구의 중심을 지나는 평면이 구면과 만나면서 형성하는 원)의 일부로 간주하고, 각 화살표가 회전을 의미한다고 생각하면 된다. 이렇게 정의된 '원호벡터'는 화살표 방향의 회전을 의미하는 것으로 해석될 수 있다. 이 회전은 '화살표가 속해 있으면서 구의 중심을 지나는 평면'에 수직인 방향으로 일어나는 회전이다. 단, 회전의 중심은 구의 중심과 일치한다.(여기서 '회전의 방향'이란 실제로 돌아가는 방향이 아니라 오른손규칙에 입각한 회전축의 방향을 뜻한다. 예를 들어, 시계 초침의 회전방향은 시계의 면을 수직으로 뚫고 들어가는

방향이다 : 옮긴이)

이런 식으로 표현된 두 차례의 연속회전을 평행이동의 삼각형법칙처럼 하나의 회전으로 표현할 수 있을까? 그렇다. 표현할 수 있다. 그러나 여기에는 주의할 점이 하나 있다. 원호벡터로 표현된 회전은 원호의 길이에 대응되는 회전각의 '두 배'만큼 돌아간 것으로 해석해야 한다는 것이다(편의를 위해 여기 도입된 구를 단위구로 간주하자. 그러면 원호로 표현된 각도는 원호 자체의 길이와 일치한다. 삼각형법칙이 성립하려면, 회전각도가 원호길이의 두 배가 되어야 한다). 이런 식의 해석이 가능한 이유는 그림 11.4b에 도식으로 설명되어 있다. 중심에 있는 곡선(구면)삼각형은 '삼각형법칙'을 나타내고, 외부에 그려진 세 개의 삼각형들은 각 꼭짓점을 중심으로 반전시킨 것이다. 이렇게 그려 놓고 보면 첫 번째 회전은 삼각형 1을 삼각형 2로 이동시키고, 두 번째 회전은 삼각형 2를 삼각형 3으로 이동시킨다. 그리고 이들 두 회전을 결합한 회전은 삼각형 1을 삼각형 3으로 이동시킨다. 그런데 이런 해석이 가능하려면, 각각의 회전각도가 원래 삼각형 원호 길이의 두 배가 되어야 한다. 그래야 이동된 삼각형이 그 다음 삼각형과 일치하기 때문이다.[11.5] 이 해석법은 18.4절에서 상대론적 물리학을 논할 때 조금 다른 형태로 다시 언급될 것이다(그림 18.13 참조).

한 가지 예로서, 지금까지의 논리를 4원수의 기본 관계식 $\mathbf{ij} = \mathbf{k}$에 적용해 보자. **i**, **j**, **k**로 표현되는 회전은 회전각도가 모두 π이다. 따라서

[11.5] 원래 해밀턴은 3차원 회전을 '이중(dual)' 구형삼각형으로 설명하였다. 이 삼각형의 각 꼭짓점은 문제에 제시된 세 개의 회전축과 구면이 만나는 점으로 정의된다. 이런 식으로 설명해도 동일한 결과가 얻어진다는 것을 확인해 보라. 단, 이 경우에도 회전각은 이중 삼각형 각도의 두 배로 해석해야 한다.

여기에도 삼각형법칙이 적용되려면 삼각형의 각 변을 이루는 원호의 길이는 이 값의 반인 $\frac{1}{2}\pi$가 되어야 한다. 자세한 상황은 그림 11.4c에 제시되어 있다[그림에는 이해를 돕기 위해 $\mathbf{i}(-\mathbf{j}) = -\mathbf{k}$의 형태로 표현되었다]. 또한, 대원의 원호 길이가 π이면 구면상의 대척점으로 이동하므로, $\mathbf{i}^2 = -1$도 자동으로 만족한다. 원호의 길이가 0이거나 2π이면 출발점으로 되돌아오지만, 앞서 말한 대로 원호의 길이는 실제 회전각의 절반에 대응되기 때문에 위와 같은 관계가 성립하는 것이다. 이처럼 원호벡터를 이용하면 '스피너 물체'의 회전을 성공적으로 표현할 수 있다.

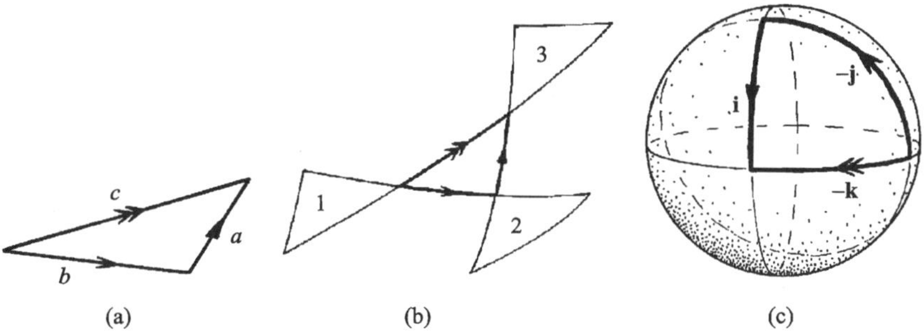

그림 11.4 (a) 유클리드 평면에서 일어나는 평행이동은 '방향성을 갖는 선분(oriented line segment)'으로 표현할 수 있다. 그림에서 머리가 두 개 그려진 화살표는 삼각형법칙에 입각하여 나머지 두 화살표를 더한 결과이다. (b) 3차원 유클리드 공간에서 회전이 일어나는 경우, 각 선분은 단위구의 표면에 그려진 대원(great circle, 구면에 그릴 수 있는 가장 큰 원)으로 대치되며, 각 대원에 대응되는 회전각은 원호의 중심각(대원을 포함하는 평면에 수직인 축을 중심으로 측정한 각도)보다 두 배 큰 것으로 해석한다. 이런 해석이 가능한 이유는 무엇일까? 원호로 만들어진 중심부의 삼각형을 각 꼭짓점을 중심으로 반전시켜 보자. 그러면 첫 번째 회전에서 삼각형 1은 삼각형 2로 이동하고, 두 번째 회전에서는 삼각형 2가 삼각형 3으로 이동한다. 그리고 이들을 합친 회전에서는 삼각형 1이 삼각형 3으로 이동한다는 것을 알 수 있다. (c) 4원수 관계식 $\mathbf{ij} = \mathbf{k}$[그림에는 $\mathbf{i}(-\mathbf{j}) = -\mathbf{k}$의 형태]의 특별한 경우를 나타낸 그림. 각 회전은 그림에서 $\frac{\pi}{2}$로 표현되어 있지만, 실제로는 π만큼 돌아간 것으로 간주한다.

11.5 클리포드 대수

지금까지의 논리를 고차원으로 확장하고 클리포드 대수를 도입하기 위해, '주어진 축에 대한 회전'을 어떤 식으로 비유할 수 있는지 알아보자. 3차원 공간의 회전은 1차원 축에 대한 회전으로 표현되지만, n차원 공간에서 일어나는 기본 회전은 $(n-2)$차원을 이루는 회전축에 대한 회전으로 표현된다(사실 이것은 상반된 성질이 아니다. $n=3$을 대입해 보면 모든 것이 맞아떨어진다. 임의의 3차원 회전은 하나의 회전축과 이 축에 대한 회전각도로 유일하게 결정될 수 있다). n차원 스피너 물체는 n차원 공간에서 연속적으로 2π만큼 돌아갔을 때 원래 상태와 마이너스 부호만큼 차이가 나고, 4π만큼 돌아가면 원래의 상태로 정확하게 돌아와야 한다.

그러나 여기에는 한 가지 요소가 추가되어 있다. 4차원 이상의 공간에서는 $(n-2)$차원 축에 대한 회전의 조합이 항상 $(n-2)$차원 축에 대한 '하나의' 회전으로 표현되지는 않는다는 것이다. 고차원 공간에서는 일반적인 회전(내지 일반 회전의 조합)의 표현법이 그리 간단하지 않다. 이러한 (일반적인)회전은 다양한 차원의 회전축(회전운동에 의해 교란되지 않는 공간)을 갖고 있다. 그러므로 n차원에서 클리포드 대수 체계를 세우려면 여러 종류의 회전을 표현하는 다양한 객체의 계층구조hierarchy를 먼저 확립해야 한다. 실제로 π만큼 회전, 즉 $(n-1)$차원 초평면에서의 반전보다는 더욱 기본적인 단계에서 출발하는 편이 바람직하다. 서로 수직인 평면에 연달아 실행된(각 평면에 한 번씩 실행된) 반전을 하나로 합성하면 π만큼 회전한 결과가 나온다. 이럴 때 앞에서 말한 π-회전은 2차적 요소이고, 중요한 것은 반전이다.[11.6]

이러한 기본 반전을 $\boldsymbol{\gamma}_1$, $\boldsymbol{\gamma}_2$, $\boldsymbol{\gamma}_3$, $\cdots$, $\boldsymbol{\gamma}_n$으로 표기하자. 여기서 $\boldsymbol{\gamma}_r$은

다른 좌표축을 그대로 둔 상태에서 r번째 좌표축만 반전되는 것을 의미한다. 스피너 물체는 같은 방향으로 두 번 반전되면 마이너스 부호만큼 달라진다. 따라서 $\boldsymbol{\gamma}$는 다음과 같은 n개의 유사 4원수 관계식을 만족한다.

$$\boldsymbol{\gamma}_1^2 = -1, \quad \boldsymbol{\gamma}_2^2 = -1, \quad \boldsymbol{\gamma}_3^2 = -1, \quad \cdots, \quad \boldsymbol{\gamma}_n^2 = -1$$

π-회전을 나타내는 2차적 요소는 서로 다른 $\boldsymbol{\gamma}$를 곱하여 얻을 수 있으며, 이들의 곱은 비가환적 성질을 갖는다(4원수의 경우처럼 교환법칙이 성립하지 않는다).

$$\boldsymbol{\gamma}_p \boldsymbol{\gamma}_q = -\boldsymbol{\gamma}_q \boldsymbol{\gamma}_p \quad (p \neq q)$$

3차원의 경우($n = 3$)에는 다음과 같이 서로 다른 세 개의 '2차적 양 second order quantity'을 정의할 수 있다.

$$\mathbf{i} = \boldsymbol{\gamma}_2 \boldsymbol{\gamma}_3, \quad \mathbf{j} = \boldsymbol{\gamma}_3 \boldsymbol{\gamma}_1, \quad \mathbf{k} = \boldsymbol{\gamma}_1 \boldsymbol{\gamma}_2$$

이렇게 정의된 **i**, **j**, **k**가 4원수 대수법칙(해밀턴의 '브로엄 다리 방정식')을 만족한다는 사실은 어렵지 않게 증명 가능하다.[11.7]

n차원 공간에서 클리포드 대수의 일반적 요소는 서로 다른 $\boldsymbol{\gamma}$끼리 곱한 양의 선형결합linear combination으로 이루어진다. 1차 요소primary entity는 n개의 서로 다른 $\boldsymbol{\gamma}_p$이고, 2차 요소secondary entity는 서로 독립인 $\frac{1}{2}n(n-1)$개의 곱 $\boldsymbol{\gamma}_p \boldsymbol{\gamma}_q$이며 ($p < q$), 3차 요소는 서로 독립인 $\frac{1}{6}n(n-1)(n-2)$개의 $\boldsymbol{\gamma}_p \boldsymbol{\gamma}_q \boldsymbol{\gamma}_r$이다($p < q < r$). 또한 서로 독립인

[11.6] 3차원 유클리드 공간에서 서로 수직이 아닌 평면에 두 차례(각 평면에 한 번씩) 반전시킨 변환의 기하학적 특성을 논하라.

[11.7] 직접 증명해 보라.

$\frac{1}{24}n(n-1)(n-2)(n-3)$개의 4차 요소가 있으며…… 마지막으로 n차 요소는 $\gamma_1\gamma_2\gamma_3\cdots\gamma_n$ 단 하나뿐이다. 여기에 0차 요소 1을 추가하면 총 개수는

$$1+n+\frac{1}{2}n(n-1)+\frac{1}{6}n(n-1)(n-2)+\cdots+1=2^n$$

개이며,[11.8] 클리포드 대수의 일반적 요소는 각 차수의 선형결합으로 표현된다. 따라서 클리포드 대수의 일반적 요소는 실수에 대한 2^n-차원 대수를 이룬다(11.1절의 관련 설명을 참조할 것). 이들의 집합은 항등원 1을 포함하여 '환'을 이루지만, 4원수와 달리 나눗셈환을 형성하지는 않는다.

클리포드 대수가 중요하게 취급되는 이유 중 하나는 스피너를 정의할 때 필요하기 때문이다. 물리학에서 스피너는 그 유명한 디랙 방정식을 통해 등장하는데, 여기서 전자의 상태는 스피너에 대응된다(24장 참조). 스피너는 $\gamma_p\gamma_q$와 같은 클리포드 대수의 요소들이 (연산자로서)작용되는 대상으로 간주할 수 있으며, 스피너 물체의 기본반전이나 회전도 이와 비슷하게 취급할 수 있다. 그러나 '스피너 물체'의 개념이 직관적으로 분명치 않고 혼란의 여지가 다소 있기 때문에, 일부 학자들은 스피너 물체를 연구할 때 순수하게 (클리포드)대수적인 접근법을 사용하고 있다.[11] 이 방법은 n차원 일반론을 펼칠 때 유리한 점이 많지만, 기하학적 시야를 잃지 않는 것 또한 중요하다. 앞에서 기하학과 관련된 이야기를 많이 한 것도 이런 이유 때문이다.

[11.8] 모든 차수의 요소 수를 나열하라[도움말 : $(1+1)^n$의 전개식을 이용할 것].

n차원 공간에서[12] 전체 스피너 공간(스핀 공간spin-space이라고도 한다)은 n이 짝수일 때 $2^{n/2}$차원이고 n이 홀수일 때 $2^{(n-1)/2}$차원을 이룬다. n이 짝수이면 스피너 공간은 두 개의 독립적인 공간으로 나뉘는데(이것을 '축소된 스피너 공간reduced spinor space', 또는 '반half 스피너 공간'이라 부르기도 한다), 이때 각 공간의 차원은 $2^{(n-2)/2}$이다. 즉, 전체 공간의 각 요소들은 축소된 공간 요소들의 합으로 주어진다. 그리고 (짝수) n차원에서의 반전은 축소된 스피너 공간 중 하나를 다른 하나의 공간으로 변환시킨다. 각 축소된 스피너 공간의 요소들은 특정한 카이랄성chirality, 또는 손잡이성handedness을 가지며, 상대편 축소된 스피너 공간의 요소들은 이와 정반대의 카이랄성을 갖는다. 이러한 성질은 4차원 시공간의 스피너를 다룰 때 매우 중요한 역할을 한다. 이때 두 개의 축소된 스피너 공간은 각각 2차원이며, 하나는 오른손, 다른 하나는 왼손으로 배향된 요소들로 이루어져 있다. 마치 자연이 두 축소된 스피너 공간에 각기 다른 역할을 부여한 것처럼 보인다. 이것은 물리학에서 나타나는 '반전 비보존reflection non-invariant'의 기원이기도 하다. 20세기 물리학이 이루어낸 가장 놀라운 발견('가장 충격적인 발견'이라고 말하는 사람도 있다) 중 하나는 자연계에 "거울대칭이 아닌 형태로 일어나는 사건도 있다"는 점이었다(이 사실은 양전닝Chen Ning Yang과 리정다오Tsung Dao Lee가 이론적으로 처음 예견하였으며, 그 후 1957년에 우젠슝Chien-Shiung Wu과 그녀가 이끄는 연구팀에 의해 실험으로 확인되었다). 구체적인 내용은 25.3∼4, 32.2, 33.4, 7, 11, 14절에서 자세히 언급될 것이다.

주어진 상황에 따라 스피너에는 매우 중요한 수학적 값이 할당되는데[13](22.8∼11, 23.4∼5, 24.6∼7, 32,3∼4, 33.4, 6, 8, 11절 참조), 이 값은 특정한 형태의 계산에서 매우 유용하게 쓰인다. 원래 공간의 차원

수 n과 스핀공간의 차원수($2^{n/2}$ 등)는 지수함수적으로 연결되어 있기 때문에, n이 작은 때에 한하여 스피너를 다루는 것이 실용적이다. 예를 들어 일상적인 4차원 시공간에서 각각의 스핀공간은 2차원에 불과하지만, 11차원 M-이론(31.14절 참조)의 스핀 공간은 무려 32차원이나 된다.

11.6 그라스만 대수

마지막으로 그라스만 대수Grassmann algebra에 대하여 알아보자. 앞의 관점을 따르면 그라스만 대수는 일종의 '퇴화된degenerated' 클리포드 대수로 생각할 수 있다. 클리포드 대수가 $\gamma_1, \gamma_2, \gamma_3, \cdots, \gamma_n$으로 이루어져 있듯이, 그라스만 대수는 $\eta_1, \eta_2, \eta_3, \cdots, \eta_n$으로 이루어진다. 그러나 η_s를 제곱하면 클리포드 대수에서처럼 -1이 아니라 항상 0이 된다.

$$\eta_1^2 = 0, \qquad \eta_2^2 = 0, \qquad \cdots, \qquad \eta_n^2 = 0$$

곱셈이 비가환이라는 점은 클리포드 대수와 같다.

$$\eta_p \eta_q = -\eta_q \eta_p$$

단, 위 관계식은 $p \neq q$라는 조건이 필요 없으므로 그라스만 대수는 클리포드 대수보다 체계적이라고 할 수 있다. $\eta_p \eta_p = -\eta_p \eta_p$는 $\eta_p^2 = 0$과 같은 뜻이기 때문이다.

사실 그라스만 대수는 클리포드 대수보다 '더 작은 국소 구조'에만 의존하기 때문에, 더욱 근본적이고 범용적인 대수 체계다. 기본적으로 클리포드 대수에서는 '수직perpendicular'의 의미를 알아야 반전으로부터 일상적인 회전을 만들어낼 수 있지만, 그라스만 대수에서는 회전이라는 개념 자체가 필요 없다. 다시 말해서 '클리포드 대수'와 '스피너'라는 개념이 성립하려면 공간의 '계량metric'이 주어져야 하지만, 그라스만 대수에는 이런 것이 필요 없다(계량에 대해서는 13.8절과 14.7절에서 설명할 것이다).

그라스만 대수는 다양한 차원의 '평면요소'와 관련되어 있다. $\boldsymbol{\eta}_1$, $\boldsymbol{\eta}_2$, $\boldsymbol{\eta}_3$, ⋯, $\boldsymbol{\eta}_n$을 (초평면의 반전이 아니라) n차원 좌표의 원점에서 정의된 선소line element, 또는 벡터라고 생각해 보자. 그러면 각 $\boldsymbol{\eta}$는 n개의 좌표축 중 하나에 대응되며(그라스만 대수는 수직과 무관하므로 좌표축 사이의 각도는 90°가 아니어도 상관없다 : 그림 11.5 참조), 원점에서 출발하는 일반적인 벡터 $\boldsymbol{a}$는 다음과 같이 표현될 수 있다.

$$\boldsymbol{a} = a_1 \boldsymbol{\eta}_1 + a_2 \boldsymbol{\eta}_2 + \cdots + a_n \boldsymbol{\eta}_n$$

여기서 a_1, a_2, ⋯, a_n은 실수이다(물론 복소공간에서는 a_i가 복소수가 될 수도 있다. 그러나 실공간과 복소공간은 대수적 성질이 비슷하므로,

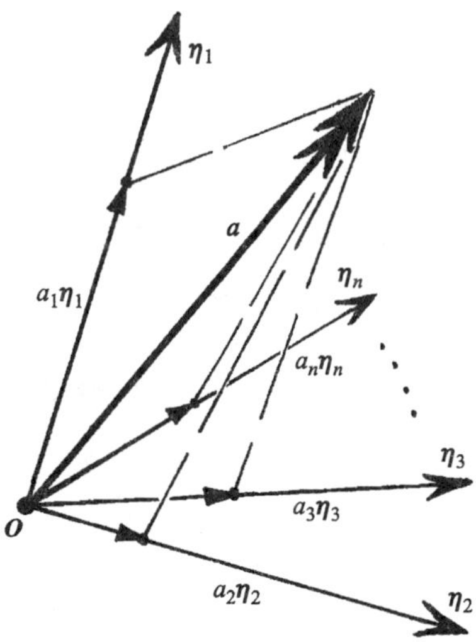

그림 11.5 그라스만 대수의 요소 $\boldsymbol{\eta}_1$, $\boldsymbol{\eta}_2$, $\boldsymbol{\eta}_3$, ⋯, $\boldsymbol{\eta}_n$은 n차원 공간의 원점 O에서 출발하는 벡터를 정의한다. 이 벡터들은 각 좌표축의 방향을 향하고 있다. 또한, 그라스만 대수는 수직성과 무관하므로 각 좌표축은 서로 수직일 필요가 없다. 원점 $\boldsymbol{O}$에서 출발하는 임의의 벡터 $\boldsymbol{a}$는 $\boldsymbol{a} = a_1 \boldsymbol{\eta}_1 + a_2 \boldsymbol{\eta}_2 + \cdots + a_n \boldsymbol{\eta}_n$과 같이 $\boldsymbol{\eta}$의 선형결합으로 표현된다.

a_i가 실수인 경우만 고려하기로 한다). 여기에 또 하나의 벡터 $\boldsymbol{b}$를 다음과 같이 도입하여

$$\boldsymbol{b} = b_1 \boldsymbol{\eta}_1 + b_2 \boldsymbol{\eta}_2 + \cdots + b_n \boldsymbol{\eta}_n$$

$\boldsymbol{a}$, $\boldsymbol{b}$로 정의되는 2차원 평면요소를 서술하려면 $\boldsymbol{a}$와 $\boldsymbol{b}$의 그라스만 곱 Grassmann product을 정의해야 한다. 다른 형태의 곱셈과 구별하기 위해, 앞으로 이 곱셈연산을 $\boldsymbol{a} \wedge \boldsymbol{b}$로 표기하기로 하자(이를 '쐐기곱 wedge product'이라 한다). 표기법이 다소 낯설겠지만, 기존의 기호를 사용하면서 혼란을 감수하기보다는 나을 것이다. 그러면 위에 적었던 $\boldsymbol{\eta}_p \boldsymbol{\eta}_q$는 $\boldsymbol{\eta}_p \wedge \boldsymbol{\eta}_q$가 되고, $\boldsymbol{\eta}$의 비가환법칙은 다음과 같이 표기할 수 있다.

$$\boldsymbol{\eta}_p \wedge \boldsymbol{\eta}_q = -\boldsymbol{\eta}_q \wedge \boldsymbol{\eta}_p$$

$\boldsymbol{a} \wedge \boldsymbol{b}$의 정의에 분배법칙을 수용하면(11.1절 참조), 임의의 벡터 $\boldsymbol{a}$, $\boldsymbol{b}$에 대하여 더욱 일반적인 비가환법칙이 얻어진다.[11.9]

$$\boldsymbol{a} \wedge \boldsymbol{b} = -\boldsymbol{b} \wedge \boldsymbol{a}$$

$\boldsymbol{a} \wedge \boldsymbol{b}$는 벡터 $\boldsymbol{a}$와 $\boldsymbol{b}$로 정의되는 평면요소를 대수적으로 표현한 것이다(그림 11.6a 참조). 이 연산에는 평면요소의 배향 orientation뿐만 아니라($\boldsymbol{a} \wedge \boldsymbol{b}$와 $\boldsymbol{b} \wedge \boldsymbol{a}$는 부호가 다르다) '크기 magnitude'에 대한 정보까지 담겨 있다.

그렇다면, $\boldsymbol{a} \wedge \boldsymbol{b}$를 성분별로 표현할 수 있을까? $\boldsymbol{a}$와 $\boldsymbol{b}$를 $\boldsymbol{\eta}_1$, $\boldsymbol{\eta}_2$, $\boldsymbol{\eta}_3$, $\cdots$, $\boldsymbol{\eta}_n$의 선형결합으로 표현했을 때 각 계수는 $(a_1, a_2, \cdots, a_n)$, $(b_1,$

[11.9] 직접 증명해 보라.

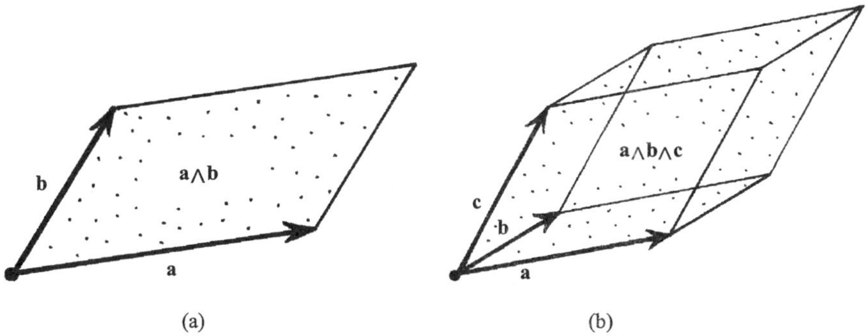

그림 11.6 (a) 두 벡터의 쐐기곱(wedge product) $\boldsymbol{a} \wedge \boldsymbol{b}$는 $\boldsymbol{a}$와 $\boldsymbol{b}$로 정의되는 평면 요소를 나타낸다(배향과 크기가 함께 정의된다). (b) 그라스만 3중곱 $\boldsymbol{a} \wedge \boldsymbol{b} \wedge \boldsymbol{c}$는 서로 독립적인 벡터 $\boldsymbol{a}$, $\boldsymbol{b}$, $\boldsymbol{c}$로 만들어지는 3차원 공간을 나타낸다.

$b_2, \cdots, b_n$)이므로, $\boldsymbol{a} \wedge \boldsymbol{b}$는 $\boldsymbol{\eta}_1 \wedge \boldsymbol{\eta}_2$, $\boldsymbol{\eta}_1 \wedge \boldsymbol{\eta}_3$ 등의 선형결합으로 주어진다. 이때 선형결합의 계수는 $\boldsymbol{a} \wedge \boldsymbol{b}$의 성분들이다. 한 가지 주의할 점은 $\boldsymbol{\eta}_1 \wedge \boldsymbol{\eta}_2$와 $\boldsymbol{\eta}_2 \wedge \boldsymbol{\eta}_1$이 서로 독립이지 않다는 것인데(값은 같고 부호만 다르다), 언뜻 생각하면 이들 중 어느 하나만 택하여 표현하고 싶은 생각이 들지만, 사실은 그대로 놔둔 채 적절한 계수로 나눈 형태로 표현하는 편이 더욱 체계적인 표현이다. 이런 표기법을 수용하면 $\boldsymbol{a} \wedge \boldsymbol{b}$의 각 계수(성분)를 $a_{[p}b_{q]}$로 표현할 수 있는데,[11.10] 첨자에 붙은 꺾쇠괄호는 반대칭화 antisymmetrization를 나타내는 기호로서 다음과 같이 정의된다.

$$A_{[pq]} = \frac{1}{2}(A_{pq} - A_{qp})$$

따라서 $a_{[p}b_{q]}$는 다음과 같다.

[11.10] $n = 2$일 때 $\boldsymbol{a} \wedge \boldsymbol{b}$를 완전히 전개하여 이 사실을 확인해 보라.

$$a_{[p}\,b_{q]} = \frac{1}{2}(a_p\,b_q - a_q\,b_p)$$

3차원 평면요소는 어떻게 될까? $\boldsymbol{a}$, $\boldsymbol{b}$, $\boldsymbol{c}$가 세 개의 독립 벡터일 때, 그라스만 3중곱 $\boldsymbol{a} \wedge \boldsymbol{b} \wedge \boldsymbol{c}$는 이 벡터들로 만들어진 공간을 나타내며(이때도 배향과 크기가 함께 정의된다), 이들 사이의 비가환적 특성은 다음과 같다(그림 11.6b 참조).

$$\begin{aligned}\boldsymbol{a} \wedge \boldsymbol{b} \wedge \boldsymbol{c} = \boldsymbol{b} \wedge \boldsymbol{c} \wedge \boldsymbol{a} = \boldsymbol{c} \wedge \boldsymbol{a} \wedge \boldsymbol{b} = -\,\boldsymbol{b} \wedge \boldsymbol{a} \wedge \boldsymbol{c}\\ = -\,\boldsymbol{a} \wedge \boldsymbol{c} \wedge \boldsymbol{b} = -\,\boldsymbol{c} \wedge \boldsymbol{b} \wedge \boldsymbol{a}\end{aligned}$$

또한, 앞의 논리를 그대로 따라가면 $\boldsymbol{a} \wedge \boldsymbol{b} \wedge \boldsymbol{c}$의 성분이 다음과 같이 된다는 것을 알 수 있다.

$$\begin{aligned}&a_{[p}b_q c_{r]}\\ &\quad= \frac{1}{6}(a_p b_q c_r + a_q b_r c_p + a_r b_p c_q - a_q b_p c_r - a_p b_r c_q - a_r b_q c_p)\end{aligned}$$

이 경우에도 첨자에 붙은 꺾쇠괄호는 '반대칭화'를 나타내는 기호로서, 위 식의 우변과 같이 정의된다.

이런 식의 곱셈연산은 일반 r차원의 평면요소를 정의한다. 여기서 r은 전체 공간의 차원인 n까지 확장 가능하다. 또한, r차 쐐기곱의 성분은 각 벡터의 성분을 반대칭화해서 구할 수 있다.[11.11], [11.12] 실제로 그라스만 대수는 임의(무한대)차원에서 선형요소의 기하학적 특성을 서술하는

[11.11] 4차원 벡터 쐐기곱의 구체적인 형태를 유도하라.

[11.12] 벡터 a를 a +(상수)× (쐐기곱에 등장하는 임의의 벡터)로 대치해도 쐐기곱이 변하지 않음을 증명하라.

강력한 도구이다.

그라스만 대수는 r차 요소를 포함한다는 점에서 '차수 붙은 대수 graded algebra'이다(r은 하나의 쐐기곱에 등장하는 $\boldsymbol{\eta}$의 개수에 해당한다). 숫자 r은($r = 0, 1, 2, 3, \cdots, n$) 그라스만 대수 요소의 차수grade라 한다. 그러나 차수가 r인 대수의 일반적인 요소는 ($n = 3$일 때 $\boldsymbol{a} \wedge \boldsymbol{b} \wedge \boldsymbol{c}$와 같은)단순한 쐐기곱이 아니라 이들의 합으로 주어진다. 따라서 그라스만 대수의 요소들 중에는 기하학적 r-요소와 직접 연결되지 않는 것도 많이 있다. 이러한 '비기하학적' 그라스만 요소들의 역할에 관해서는 나중에 설명할 것이다(12.7절 참조).

일반적으로, $\boldsymbol{P}$가 차수 p인 요소이고 $\boldsymbol{Q}$가 차수 q인 요소일 때, $(p + q)$차 쐐기곱 $\boldsymbol{P} \wedge \boldsymbol{Q}$의 성분은 $P_{[a \cdots c}Q_{d \cdots f]}$이다. 여기서 $P_{a \cdots c}$와 $Q_{d \cdots f}$는 각각 $\boldsymbol{P}$와 $\boldsymbol{Q}$의 성분을 나타낸다. 따라서 다음과 같은 사실을 유도할 수 있다.[11.13], [11.14]

$$\boldsymbol{P} \wedge \boldsymbol{Q} = \begin{cases} +\boldsymbol{Q} \wedge \boldsymbol{P} & p\text{와 } q\text{둘 중 하나가 짝수이거나,아니면 둘 다 짝수일 때} \\ -\boldsymbol{Q} \wedge \boldsymbol{P} & p\text{와 } q\text{가 둘 다 홀수일 때} \end{cases}$$

주어진 차수 r에 대하여 모든 요소를 더한 값도 차수 r인 요소이다. 또한, 차수가 다른 요소들을 더하면 특정 차수를 갖지 않는 '섞인 요소'가 만들어진다. 그라스만 대수의 이러한 요소들에는 마땅한 기하학적 해석을 내릴 수 없다.

[11.13] 직접 증명해 보라.

[11.14] 차수 p가 홀수일 때 $\boldsymbol{P} \wedge \boldsymbol{P} = 0$임을 증명하라.

〈11장 후주〉

11–1절

11.1 에두아르트(Eduard)와 클라인(Klein)의 주장대로라면(1898), 4원수의 곱셈체계는 카를 프리드리히 가우스가 1829년경 이미 확립해 놓았으나 출판을 하지 않았다고 한다. 그러나 타이트(Tait)와 노트(Knott)의 주장은 이들과 다르다(1920). 자세한 정보를 원한다면 Crowe(1967)을 참조하기 바란다.

11.2 '벡터(vector)'라는 용어는 실로 다양한 의미를 갖고 있다. 여기서 말하는 벡터는 10.3절에서 말한 '벡터장의 미분'과 무관하다.

11–2절

11.3 해밀턴 자신도 이런 생각을 했는지는 분명치 않다. 사실 그는 4원수를 발견하기 전부터 '시간의 흐름'을 대수적으로 표현하는 일에 관심이 많았다. 그가 4원수의 네 번째 차원을 별다른 거부감 없이 수용한 것도 여기서 받은 영향 때문이었을 것이다. Crowe(1967) pp. 23 ~ 17 참조.

11.4 그러나 4원수를 복소해석과 유사한 개념으로 취급하면서 물리학에 응용한 사례도 있었다. 이 내용은 Gursey(1983)와 Adler(1995)를 참조하라. 질량이 없는 자유장(free field) 방정식을 풀 때, 트위스터 표현(33.8 ~ 9절 참조)을 '복소해석함수를 이용한 라플라스 방정식의 해'의 4차원 버전으로 생각할 수도 있다. 그러나 이 방법에는 4원수가 아닌 복소수가 사용된다. 4원수와 8원수의 일반적인 성질에 관해서는 Conway and Smith(2003)을 참조하라.

11.5 Adams and Atiyah(1966) 참조.

11.6 Clifford(1978)참조. 좀 더 현대적인 설명을 원하는 독자들은 Hestenes and Sobczyk(2001)과 Lounesto(1999)를 참조하기 바란다.

11.7 Grassmann(1844, 1862), van der Waerden(1985) pp. 191 ~ 192, Crowe(1967) Chap.3 참조.

11–3절

11.8 'spinor'는 '스퍼이너'로 읽지 않고 '스피너'로 읽는다. [후주 24.12] 참조.

11.9 4원수의 곱셈을 이런 식으로 처음 증명한 사람이 누구였는지는 나도 모른다. 아무튼, 1978년에 헬싱키에서 열렸던 국제수학회에서 콘웨이(J. H. Conway)가 이 방법을 선보였던 것만은 분명하다. Newman(1942), Penrose and Rindler(1984), pp. 41 ~ 46 참조.

11–4절

11.10 Pars(1968) 참조.

11–5절

11.11 클리포드 대수의 물리적 응용에 관해서는 Lasenby *et al.*(2000)과 여기 첨부된 참고문헌을 참조하라.

11.12 Cartan(1966), Brauer and Weyl(1935), Penrose and Rindler (1986), Harvey(1990), Budinich and Trautman(1988) 참조.

11.13 적절한 예제로는 Lounesto(1999), Cartan(1966), Crumeyrolle (1990), Chevalley(1954), Kamberov(2002)를 참조하라.

12
n차원 다양체

12.1 고차원 다양체를 알아야 하는 이유

이제 n차원 다양체를 구축하는 일반적인 과정을 알아보기로 하자. 여기서 n은 양의 정수라면 무엇이든 가능하다(점 point을 0차원 다양체로 간주한다면 $n = 0$도 허용된다). n차원 다양체는 현대 기초물리학의 거의 모든 분야에 공통으로 적용되는 기본개념이다. 독자들은 이렇게 반문할지도 모른다. "우리가 살고 있는 시공간은 기껏해야 4차원인데, 5차원 이상의 다양체를 알 필요가 어디 있는가?" 그러나 끈이론과 같은 다수의 현대물리학이 5차원 이상의 시공간(실제로는 10 또는 11차원)을 배경으로 하고 있다. 우리는 15.1, 31.4, 31.10 ~ 12, 31.14 ~ 17절에서 이 생각이 물리계와 얼마나 잘 들어맞는지 검증할 것이다. 그러나 실제 시공간을 문제 삼지 않더라도, 물리학에서 n차원 다양체를 중요하게 취급해야 할 이유는 얼마든지 찾을 수 있다.

예를 들어, 3차원 유클리드 공간에서 일상적인 강체의 배위공간 configuration space (보통 공간 $\mathcal{C}$로 표기하며, 이곳에서 서로 다른 지점은 강체 내부의 서로 다른 위치를 의미한다)은 비유클리드 6차원 다양체

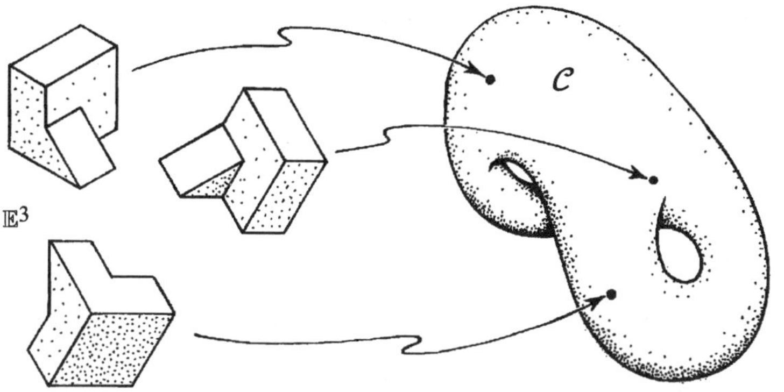

그림 12.1 배위공간 $\mathcal{C}$의 각 점은 3차원 유클리드 공간 $\mathbb{E}^3$에서 주어진 강체의 다양한 위치와 배향을 나타낸다. $\mathcal{C}$는 비유클리드 6차원 공간이다.

이다(그림 12.1 참조). 왜 6차원인가? 중력 중심의 위치가 3개의 차원을 갖고(즉, 자유도가 3이고), 강체가 회전할 수 있는 독립적인 축이 3개이기 때문이다.[12.1] 배위공간은 왜 비유클리드적인가? 여기에는 여러 가지 이유가 있는데, 가장 두드러진 이유는 배위공간의 위상topology이 6차원 유클리드 공간의 위상과 다르기 때문이다. $\mathcal{C}$의 위상이 자명하지 않은non-trivial 것은 3차원 강체의 회전이 갖는 특성 때문이다. 강체의 회전과 관련된 3차원 배위공간을 $\mathcal{R}$이라 하자. 그러면 $\mathcal{R}$의 각 점은 강체의 특정한 회전배향을 나타낸다. 3차원 강체의 예로서 책을 들어 보자(덮인 책이어야 한다. 펼쳐진 책은 각 페이지를 넘길 수 있으므로 배위공간의 차원이 훨씬 복잡해진다).

배위공간이 '위상적으로 자명하지 않음'을 어떻게 알 수 있을까? 이는 3차원, 또는 6차원 다양체에서는 그렇게 간단한 문제가 아니다. 그러

[12.1] 독립적인 3개의 축을 좀 더 분명하게 설명해 보라.

나 여기에 수학적 기교를 약간 부리면 쉽게 확인 가능하다. 8.4절에서 리만 곡면을 논할 때(그림 8.9 참조), 우리는 '위상적으로 자명하지 않은' 다양한 2차원 곡면을 다룬 적이 있다. (리만)구면을 제외했을 때, 이들 중에서 가장 간단한 곡면은 원환면torus (종수 g가 1인 곡면)이었다. 원환면과 구면은 어떻게 구별할까? 한 가지 방법은 곡면에 폐곡선을 감아 보는 것이다. 구면 위에 그려진 모든 폐곡선은 연속적으로 수축시켜서 점으로 만들 수 있지만, 원환면 위에 그려진 폐곡선 중에는 이런 수축이 불가능한 것도 있다(그림 12.2 참조). 유클리드 평면 위에 그려진 임의의 곡선은 점으로 수축될 수 있다. 그래서 구면과 평면을 '단일연결simply-connected'된 도형이라고 한다. 반면에, 원환면(또는 $g > 1$인 곡면)은 점으로 수축될 수 없는 폐곡선을 가지기 때문에 '다중연결multiply-connected'된 도형이다.[1] 따라서 주어진 도형의 연결성을 고려하면 원환면(또는 $g > 1$인 곡면)과 구면(또는 평면)을 분명하게 구별할 수 있다.

동일한 논리를 사용하면 3차원 다양체 $\mathcal{R}$과 '자명한' 3차원 유클리드 공간의 위상을 구별하거나, 6차원 다양체 $\mathcal{C}$와 자명한 6차원 유클리드

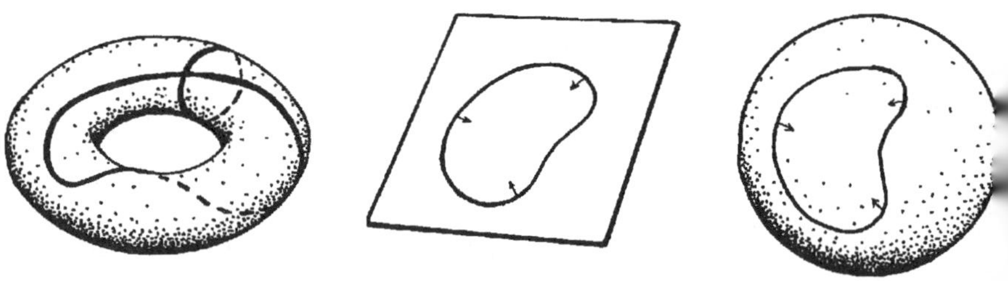

그림 12.2 원환면 위에 그려진 폐곡선 중에는 연속적으로 수축되어 점으로 변할 수 없는 것들이 존재한다. 그러나 (평면이든지 구면이든지) 곡면 위에 그려진 모든 폐곡선은 점으로 수축될 수 있다. 그래서 "평면과 구면은 '단일연결(simply-connected)'되어 있고, 원환면(또는 $g > 1$인 곡면)은 '다중연결(multiply-connected)'되어 있다"고 한다.

드 공간의 위상을 구별할 수 있다. 11.3절에서 도입했던 '벨트를 끼워 넣은 책'으로 잠시 되돌아가서 생각해 보자. 단계마다 책의 회전배향은 $\mathcal{R}$ 표면에 있는 점 하나에 대응한다. 책을 연속적으로 2π만큼 회전시키면 원래의 배향으로 되돌아오는데, 이 과정을 다양체 $\mathcal{R}$의 표면 위에 그려진 하나의 폐곡선으로 표현할 수 있다(그림 12.3 참조). 이 폐곡선을 연속적으로 수축시켜서 하나의 점으로 만들 수 있을까? 이 변환은 책의 회전을 연속적으로 변화시켜서 처음 상태로 되돌리는 변환에 해당한다. 그런데 책에는 벨트가 끼워져 있기 때문에, 책을 2π만큼 회전시키면 벨트가 꼬이게 된다. 책을 고정한 채 벨트를 (연속적으로)아무리 움직여 봐도 꼬인 벨트는 다시 풀리지 않는다. 따라서 2π-회전을 연속적으로 변화시켜서 '회전이 전혀 일어나지 않은' 상태로 되돌리는 것은 불가능하다. 즉, $\mathcal{R}$ 위에

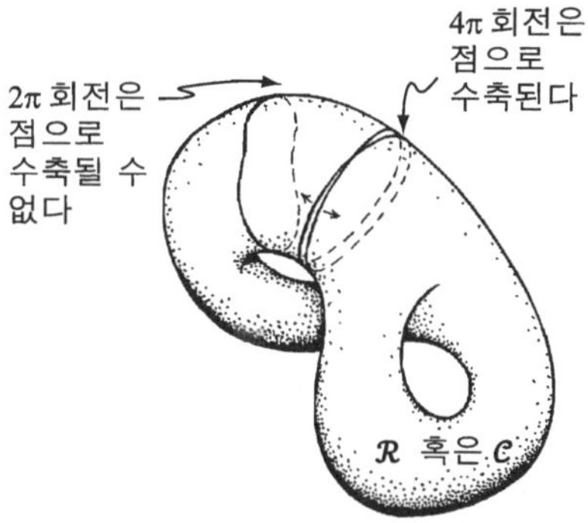

그림 12.3 그림 12.2에 예시된 다중연결의 개념을 이용하면 3차원 다양체 $\mathcal{R}$(회전공간)과 자명한 3차원 유클리드 공간, 또는 6차원 다양체 $\mathcal{C}$(배위공간)과 6차원 유클리드 공간을 명확하게 구분할 수 있다. 물체의 2π-회전은 $\mathcal{R}$이나 $\mathcal{C}$ 위에 그려진 폐곡선에 대응되는데, 이 곡선은 점으로 수축될 수 없으므로 $\mathcal{R}$과 $\mathcal{C}$는 다중연결된(multiply connected) 다양체이다. 그러나 다양체의 표면을 두 번 가로지르면(즉, 4π만큼 회전시키면) 폐곡선은 점으로 수축될 수 있다[위상적 꼬임률(topological torsion)]. 그림 11.3을 참조하라(주의 : 여기 그려진 2차원 다양체는 도식적인 표현에 불과하며, 마지막 성질을 만족하지 않는다).

그려진 우리의 폐곡선을 연속적으로 수축시켜서 점으로 만들 수 없다는 이야기다. 그러므로 3차원 다양체 $\mathcal{R}$(또는 6차원 다양체 $\mathcal{C}$)은 다중연결되어 있으며, 단일연결된 3차원(또는 6차원) 유클리드 공간과는 다른 위상을 갖는다.[2]

$\mathcal{R}$과 $\mathcal{C}$의 다중연결성은 원환면의 경우보다 훨씬 흥미롭다. 2π-회전을 나타내는 우리의 폐곡선은 신기한 성질을 갖고 있어서, 이것을 두 번 적용하여(4π-회전) 얻어진 폐곡선은 한 점으로 수축될 수 있다[12.2](원환면에서는 이런 일이 일어나지 않는다). $\mathcal{R}$과 $\mathcal{C}$의 폐곡선이 갖는 이 특이한 성질은 위상적 꼬임률topological torsion의 한 사례이다.

이런 점에서 볼 때, 일상적인 시공간보다 차원이 높으면서 자명하지 않은 위상을 갖는 6차원 다양체 $\mathcal{C}$ 같은 공간들을 연구하는 일은 물리학적 측면에서도 충분히 가치가 있다. 그뿐만 아니라, 이들과 관련된 물리적 공간들은 6차원보다 훨씬 큰 차원을 가질 수도 있다. 초고차원 공간은 배위공간에서 나타날 수도, 여러 입자들을 포함하는 계의 위상공간phase space에서 나타날 수도 있다. 예를 들어 N개의 입자로 이루어진 기체의 배위공간 $\mathcal{K}$는 $3N$차원 공간이며(각 기체입자는 3차원 공간의 점으로 표현된다), $\mathcal{K}$에 속한 각 점은 모든 입자의 위치가 결정된 하나의 기체 배열상태를 나타낸다(그림 12.4a). 기체의 위상공간 $\mathcal{P}$에서는 각 입자의 위치뿐만 아니라 운동량 배열까지 고려하는데, 운동량은 스칼라가 아닌 벡터이므로(운동량 = 속도 × 질량) 한 입자마다 3개의 요소가 추가되어 총 $6N$차원의 공간을 이룬다. 따라서 $\mathcal{P}$의 점은 기체 안 모든 입자의 배열상태뿐만 아니라, 각 입자의 운동상태에 대한 정보까지 담고 있다(그림

[12.2] 예제 [12.17]에 제시된 $\mathcal{R}$의 표현을 참조하여 이 사실을 증명해 보라.

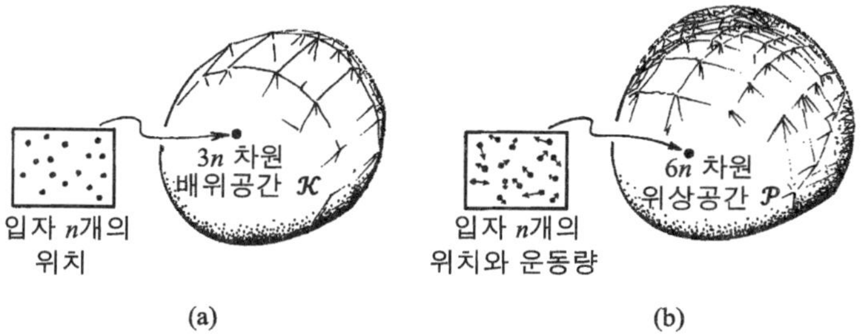

그림 12.4 (a) 점입자 n개로 이루어진 물리계가 3차원 공간을 점유할 때, 이 계의 배위공간 $\mathcal{K}$는 $3n$ 차원이며 $\mathcal{K}$의 각 점은 입자 n개의 위치분포를 나타낸다. (b) 위상공간 $\mathcal{P}$는 $6n$차원이며, 이 공간 속의 각 점은 입자들의 위치 및 운동량 분포를 나타낸다(운동량 = 속도 × 질량).

12.4b). 소량의 공기 속에는 약 10^{19}개의 분자가 들어 있으므로,[3] 이때 $\mathcal{P}$는 60,000,000,000,000,000,000차원 공간인 셈이다! 위상공간은 여러 개의 입자로 이루어진 (고전적)물리계의 거동을 연구할 때 특히 유용하며, 위와 같은 초고차원 공간도 물리적 적용사례는 분명히 존재한다.

12.2 다양체와 좌표조각

그러면 지금부터 n-다양체(n차원 다양체)를 수학적으로 다루는 방법을 알아보자. n-다양체 $\mathcal{M}$은 8장과 10장에서(10.2절 참조) 여러 개의 좌표조각을 붙여 $\mathcal{S}$를 만들었던 것과 비슷한 방법으로 만들 수 있다. 단, 그때와 다른 점은 각 좌표조각에 (x, y)나 (X, Y)보다 훨씬 많은 수의 좌표가 필요하다는 것이다. 지금은 하나의 조각당 n개($\mathcal{M}$의 차원)의 좌표를 할당해야 한다(n은 임의의 양수). 앞으로 이 좌표를 표현할 때 x, y, z ...처럼 여러 개의 알파벳을 나열하는 대신, 아래와 같은 표기법을 사용할 것이다.

$$x^1,\ x^2,\ x^3,\ \cdots,\ x^n$$

x 위에 붙은 숫자는 지수가 아니라, 좌표를 구별하기 위한 첨자이다. 이 시점에서 독자들은 대부분 이렇게 생각할 것이다. "아니, (x_1, x_2, ⋯, x_n)처럼 아래첨자를 쓰지 않고 왜 위첨자를 써서 사람을 헷갈리게 하는 거지? 이렇게 쓰면 x^3이 x의 세제곱인지, 아니면 세 번째 좌표인지 알 수가 없잖아!" 물론 옳은 지적이다. 나 자신도 헷갈릴 뿐만 아니라, 이것 때문에 짜증이 날 때도 종종 있다. 모종의 역사적 이유로, 고전적 텐서 분석 tensor analysis의 기본 표기법(자세한 내용은 이 장의 후반부에서 다룰 예정이다)은 이런 식으로 결정되었다. 이 표기법은 위-아래 첨자 표기를 꼼꼼하게 지시하는 규칙을 포함하며, 좌표 자체에 붙는 첨자를 일관적으로 위쪽에 붙이기를 요구한다(이 규칙은 실제로 잘 돌아가지만, 왜 정반대의 방법을 안 선택했는지 대단히 유감이다. 나는 이게 우리가 그저 안고 가야만 하는 요소라는 점이 참으로 싫다).

다양체 $\mathcal{M}$을 어떻게 시각화할 수 있을까? 일단은 $\mathbb{R}^n$의 열린 영역으로 이루어진 여러 개의 좌표조각을 이어 붙여 보자. 여기서 $\mathbb{R}^n$은 좌표공간으로서, 각 점은 n개의 실수로 이루어진 집합 (x^1, x^2, ⋯, x^n)을 나타낸다(6.1절에서 말한 바와 같이, $\mathbb{R}$은 실수체계를 나타내는 기호이다). 이 좌표 이어 붙이기 과정에는 한 조각에서의 좌표를 다른 조각의 좌표로 변환해 주는 '추이함수 transition function'가 등장한다. 이것은 다양체 $\mathcal{M}$에서 임의의 좌표조각이 다른 좌표조각과 겹쳐질 때 중요한 역할을 한다. 추이함수들은 전체 과정의 일관성을 확보하기 위해 자기들끼리 어떤 조건을 만족해야 한다. 이 과정은 그림 12.5a에 도식으로 제시되어 있다. 그런데 '하우스도르프 공간 Hausdorff space'라는 표준 다양체를 만들어 내려면[4] 각별한 주의를 기울여야 한다(비 하우스도르프 공간은 그림 12.5b처럼 갈라질 수 있다. 그림 8.2c도 참조할 것). 하우스도르프 공간이란, 서로 다른 임의의 두 점이 주어질 때 이들을 각각 포함하면서 서로 교차하지 않는 열린 집합open set이 존재하는 공간을 말한다(그림 12.5c).

그러나 다양체 $\mathcal{M}$이 주어졌다고 해서 각 좌표조각의 위치나 특정 지점의 좌표값을 알 수 있는 것은 아니다. $\mathcal{M}$은 여러 좌표조각을 위와 같은 방법으로 이어 붙여서 만들어질 수 있지만, 다양체를 머릿속에 제대로 그리려면 좌표를 붙인 구체적인 방법은 잊어야 한다. 다양체는 그 자체가 수학적 구조이며, 좌표는 우리가 필요할 때마다 도입하는 보조수단에 불과하기 때문이다. 다양체의 정확한 수학적 정의는 독자들의 머리를 혼란스

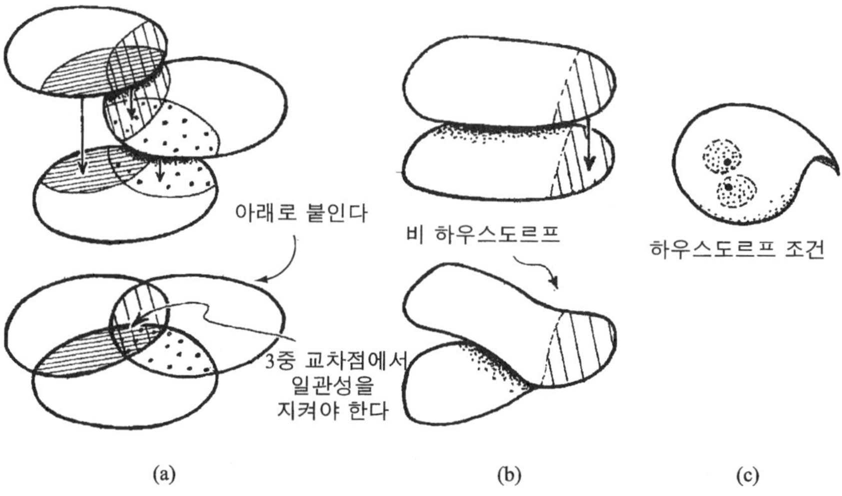

그림 12.5 (a) 서로 겹치는 좌표조각들 사이를 연결하는 추이함수는 모든 3중 교차점에서 일관된 관계를 만족해야 한다. (b) 한 쌍의 좌표조각 사이에 겹친 영역(열린 집합)도 적절한 조건을 만족해야 한다. 그렇지 않으면 갈라진 공간, 즉 비 하우스도르프 공간이 생겨나게 된다. (c) 하우스도르프 공간이란, 서로 다른 두 점이 '서로 겹치지 않는 이웃을 소유하는 공간'으로 정의된다[(b)에서 '접합된' 부위가 열린 집합이 되려면 갈라짐 현상이 나타나는 가장자리가 분리된 채로 남아 있어야 한다. 이 지점에서는 하우스도르프 조건을 만족하지 않는다].

럽게 할 것 같아 생략하기로 한다(여러 가지 방법으로 정의할 수 있다).[5]

12.3 스칼라, 벡터, 코벡터

10.2절에서 말한 바와 같이, 우리는 다양체 $\mathcal{M}$ 위에서 매끈한 함수 Φ를 정의할 수 있다(이것을 $\mathcal{M}$ 위에 존재하는 스칼라장scalar field이라고도 한다). Φ는 모든 국소 좌표조각에서 n개의 좌표에 의존하는 매끈한 함수이다. 여기서 '매끈하다'는 말은 'C^∞-매끈한 함수'라는 의미로 사용된 것이다. 두 좌표조각이 겹친 곳에서 한 조각의 좌표는 다른 조각 좌표의 매끈한 함수이다. 그러므로 하나의 좌표계에서 Φ가 매끈한 함수이면 다른 좌표계에서도 매끈한 함수가 된다. 이처럼 국소 ('조각'식) 좌표계에서 정의된 스칼라 함수 Φ의 매끈함은 $\mathcal{M}$ 전체로 확장될 수 있기 때문에, 우리는 단순히 '$\mathcal{M}$에서의 매끈함'을 언급하는 것만으로도 충분하다.

그다음으로, 다양체 $\mathcal{M}$ 위에서 벡터장 $\boldsymbol{\xi}$를 정의할 수 있다. $\boldsymbol{\xi}$는 기하학적으로는 $\mathcal{M}$ 위에 존재하는 '화살표'의 집합으로서(그림 10.5 참조), 매끈한 연속함수 Φ에 작용하여 또 다른 스칼라장 $\boldsymbol{\xi}(\Phi)$를 생성하는 미분연산자로 해석되어야 한다. 이때 $\boldsymbol{\xi}(\Phi)$는 $\boldsymbol{\xi}$를 나타내는 화살표들이 가리키는 방향으로 측정한 'Φ의 증가율'을 의미한다. 10.3절에서 2차원 곡면을 언급할 때에도 이와 비슷한 장field을 언급한 적이 있다. $\boldsymbol{\xi}$는 미분연산자로서 특정한 대수법칙을 만족한다[6.5절에서 언급했던 법칙과 비슷하다. 예를 들자면 $d(f+g)=df+dg$, $d(fg)=fdg+gdf$, $da=0$ (a는 상수) 등이다].

$$\boldsymbol{\xi}(\Phi+\Psi)=\boldsymbol{\xi}(\Phi)+\boldsymbol{\xi}(\Psi)$$

$$\xi(\Phi\Psi) = \Phi\xi(\Psi) + \Psi\xi(\Phi)$$
$$\xi(k) = 0 \ (k\text{가 상수일 때})$$

벡터장 ξ를 정의하려면 위 대수법칙만으로 충분하다. 이것은 수학적 정리로 이미 증명되어 있다.[6]

또한, 순수하게 대수적인 방법으로 1-형식1-form (코벡터장covector field이라고도 한다. 코벡터의 기하학적 의미는 잠시 후에 설명할 것이다)을 정의할 수 있다. 코벡터장 α는 벡터장에서 스칼라장으로 가는 일종의 사상map으로 생각할 수 있다. α가 ξ에 작용한 것을 $\alpha \bullet \xi$로 표기하며(α와 ξ의 스칼라곱, 10.4절 참조), 임의의 벡터장 ξ, η와 스칼라장 Φ는 다음과 같은 선형성linearity을 갖는다.

$$\alpha \bullet (\xi + \eta) = \alpha \bullet \xi + \alpha \bullet \eta$$
$$\alpha \bullet (\Phi\xi) = \Phi(\alpha \bullet \xi)$$

이 관계식을 통해 코벡터는 벡터의 쌍대객체dual object로 정의된다(이런 의미에서 '벡터'라는 이름 앞에 코co를 붙인 것이다). 벡터와 코벡터는 서로 대칭 관계이기 때문에, 두 코벡터의 덧셈 및 코벡터와 스칼라의 곱을 다음과 같이 정의할 수 있다.

$$(\alpha + \beta) \bullet \xi = \alpha \bullet \xi + \beta \bullet \xi$$
$$(\Phi\alpha) \bullet \xi = \Phi(\alpha \bullet \xi)$$

코벡터공간에 듀얼dual, 쌍대을 취하면 그대로 다시 벡터공간이 얻어진다(즉, 코-코벡터는 벡터이다).

위 관계식은 장 전체에 적용될 수도 있고, 다양체 $\mathcal{M}$ 위의 한 점을 정의하는 양에만 적용될 수도 있다. 고정된 특정 점 o에서 취한 벡터들은 하나의 벡터공간을 이루며[11.1절에서 말한 대로, 벡터공간에서는 두 개의 요소 $\boldsymbol{\xi}$와 $\boldsymbol{\eta}$를 더하여 $\boldsymbol{\xi}+\boldsymbol{\eta}$을 만들 수 있고 $\boldsymbol{\xi}+\boldsymbol{\eta}=\boldsymbol{\eta}+\boldsymbol{\xi}$, $(\boldsymbol{\xi}+\boldsymbol{\eta})+\boldsymbol{\zeta}=\boldsymbol{\xi}+(\boldsymbol{\eta}+\boldsymbol{\zeta})$가 성립한다. 또한, 벡터와 스칼라(여기서는 실수 f와 g)를 곱하면 $(f+g)\boldsymbol{\xi}=f\boldsymbol{\xi}+g\boldsymbol{\xi}$, $f(\boldsymbol{\xi}+\boldsymbol{\eta})=f\boldsymbol{\xi}+f\boldsymbol{\eta}$, $f(g\boldsymbol{\xi})=(fg)\boldsymbol{\xi}$, $1\boldsymbol{\xi}=\boldsymbol{\xi}$가 성립한다], 이 (평탄한)벡터공간은 점 o 근방의 다양체 구조를 결정한다(그림 12.6 참조). 이 벡터공간을 '점 o에서 $\mathcal{M}$에 접하는 접공간tangent space T_0'라고 한다. 직관적으로 생각해 보면, T_0는 $\mathcal{M}$ 위의 한 점 o의 근방을 계속 줄여나갔을 때 최종적으로 도달하는 공간에 해당한다(또는 점 o를 중심으로 계속 확대했을 때 나타나는 공간이라고 생각할 수도 있다). 따라서 $\mathcal{M}$ 위의 한 점 o의 가까운 근방은 완전한 평면으로 간주할 수 있다. 극한에서 $\mathcal{M}$의 곡률은 '다리미로 다린 것처럼' 평평해지므로, T_0는 평면구조를 갖는다. 또한, 점 o에서 n개의 기저요소 $\partial/\partial x^1, \cdots, \partial/\partial x^n$을 정의할 수 있으므로 벡터공간 T_0는 (유한한) n차원 공간이다. 각각의 기저요소는 좌표축과 같은 방향을 향하며, T_0의 모든 요소는 이들의 선형조합으로 표현될 수 있다(13.5절 참조).

위에서 설명한 방법을 이용하면 T_0에 대한 쌍대 벡터공간dual vec-

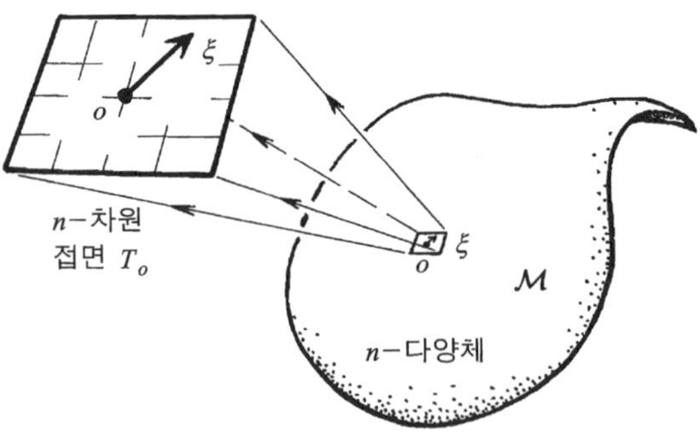

그림 12.6 점 o에서 n-다양체 $\mathcal{M}$에 접하는 접공간 T_0는 직관적으로 'o의 근방을 계속 줄여나갔을 때 최종적으로 도달하는 공간'으로 생각할 수 있다(그림 10.6과 비교해 볼 것). T_0는 평탄한 n차원 벡터공간이다.

tor space(o에서의 코벡터공간)을 만들 수 있는데, 이것을 '점 o에서 $\mathcal{M}$에 대한 여접공간cotangent space'이라 하고, 기호로는 $T_0{}^*$로 표기한다. 코벡터장의 특별한 사례로서 그래디언트gradient(기울기 또는 외미분exterior derivative이라고도 한다)가 있는데, 스칼라장 Φ의 그래디언트는 $d\Phi$로 표기한다(10.3절에서 2차원 그래디언트를 다룬 적이 있다). 코벡터 $d\Phi$(각 성분은 $\partial\Phi/\partial x^1, \cdots, \partial\Phi/\partial x^n$이다)는 다음과 같은 성질을 갖고 있다(10.4절 참조).[12.3]

$$d\Phi \bullet \boldsymbol{\xi} = \boldsymbol{\xi}(\Phi)$$

모든 코벡터가 $d\Phi$와 같은 형태로 되어 있는 것은 아니지만, 일부 Φ의 모든 코벡터들은 임의의 점에서 이와 같은 형태로 표현될 수 있다. 이 형태를 코벡터장에 적용할 수 없는 이유는 잠시 후에 설명할 것이다.

벡터와 코벡터의 기하학적 차이점은 무엇일까? 다양체 $\mathcal{M}$의 각 점에서 (0이 아닌)코벡터 $\boldsymbol{\alpha}$는 $(n-1)$차원 평면요소를 정의한다. 그리고 이 평면요소에 속하는 모든 방향은 $\boldsymbol{\alpha} \bullet \boldsymbol{\xi} = 0$을 만족하는 $\boldsymbol{\xi}$에 의해 결정된다(그림 12.7 참조). $\boldsymbol{\alpha} = d\Phi$인 특별한 경우, 이 $(n-1)$차원 평면요소들은 Φ가 상수인 $(n-1)$차원 곡면들의 족族, family에 접하게 된다.[12.4] (이것은 그림 10.8a에 제시된 '등고선contour line' 개념을 일반화한 것이다) 그러나 일반적으로 코벡터 $\boldsymbol{\alpha}$에 의해 정의된 $(n-1)$차원 평면요소들은 $(n-1)$차원 곡면들의 족과 만나지 않게끔 꼬여 돌아간다(그림

[12.3] 이런 식으로 정의된 $d\Phi$가 앞서 언급한 코벡터의 선형성(linearity)을 만족한다는 것을 증명하라.

[12.4] 왜 그런가?

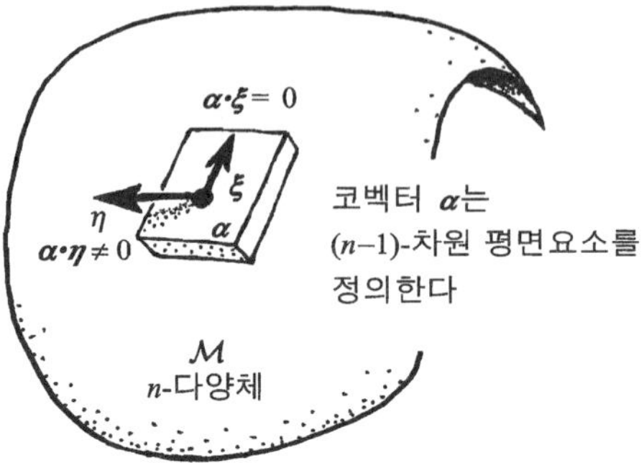

그림 12.7 다양체 $\mathcal{M}$ 위의 한 점에서 (0이 아닌)코벡터 $\boldsymbol{\alpha}$는 $(n-1)$차원 평면요소를 정의한다. 또한, $\boldsymbol{\alpha} \cdot \boldsymbol{\xi} = 0$을 만족하는 벡터 $\boldsymbol{\xi}$는 이 평면요소에 속하는 모든 방향을 결정한다.

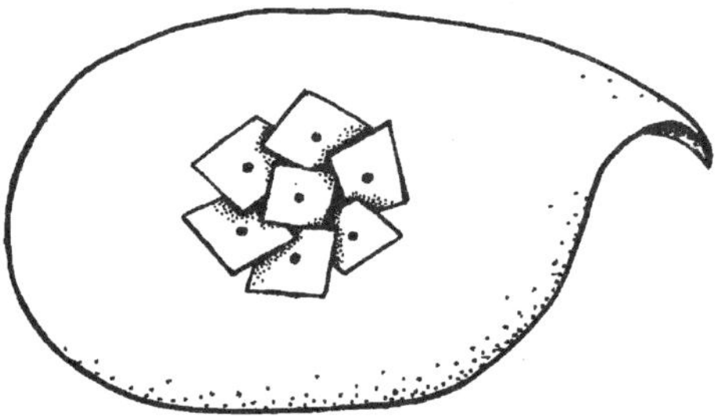

그림 12.8 코벡터장 $\boldsymbol{\alpha}$에 의해 정의된 $(n-1)$차원 평면요소들은 일반적으로 $(n-1)$차원 곡면들의 족과 만나지 않게끔 꼬여 돌아간다. 단, $\boldsymbol{\alpha} = d\Phi$($\Phi$는 스칼라장)인 특별한 경우, 위 평면요소들은 $\Phi =$ 상수인 곡면들과 접하게 된다[이것은 그림 10.8의 '등고선(contour line)'을 일반화한 것이다].

12.8 참조).[7]

$x^1, \cdots, x^n$으로 주어진 임의의 좌표조각에서 벡터(장) $\boldsymbol{\xi}$는 n개의 성분 $(\xi^1, \xi^2, \cdots, \xi^n)$으로 표현될 수 있는데, 이 성분들은 $\boldsymbol{\xi}$를 편미분 연산자

$$\boldsymbol{\xi} = \xi^1 \frac{\partial}{\partial x^1} + \xi^2 \frac{\partial}{\partial x^2} + \cdots + \xi^n \frac{\partial}{\partial x^n}$$

로 표현했을 때 각 항의 계수에 해당된다(10.4절 참조). 특정한 점에서 벡터를 취하면 $\xi^1, \cdots, \xi^n$은 n개의 실수가 된다. 그리고 어떤 좌표조각 안에서 벡터장이 정의되었을 때, 벡터의 각 성분은 $x^1, \cdots, x^n$의 매끈한 함

수로 주어진다(다시 한 번 강조하지만 ξ^n은 ξ의 n제곱이 아니라, 벡터의 n번째 성분을 의미한다). 연산자 $\partial/\partial x^r$은 각각 'r번째 (국소적)좌표축 방향으로 측정한 변화율'을 의미한다. $\boldsymbol{\xi}$에 관한 위 식은 이 벡터 $\boldsymbol{\xi}$(연산자로 보자면 $\boldsymbol{\xi}$방향으로 측정한 변화율)를 각 좌표축 방향으로 나 있는 벡터들의 선형결합으로 표현한 것이다(그림 12.9a 참조).

비슷한 방법으로 코벡터(장) $\boldsymbol{\alpha}$를 하나의 좌표조각에서 표현한 결과는 다음과 같다[$\boldsymbol{\alpha}$의 성분은 $(\alpha_1, \alpha_2, \cdots, \alpha_n)$이다].

$$\boldsymbol{\alpha} = \alpha_1\, dx^1 + \alpha_2\, dx^2 + \cdots + \alpha_n\, dx^n$$

위 식은 $\boldsymbol{\alpha}$를 기본 1-형식(코벡터) $dx^1, dx^2, \cdots, dx^n$의 선형결합으로 표현한 것이다.[8] 기하학적으로 각 dx^r은 x^r-축을 제외한 모든 좌

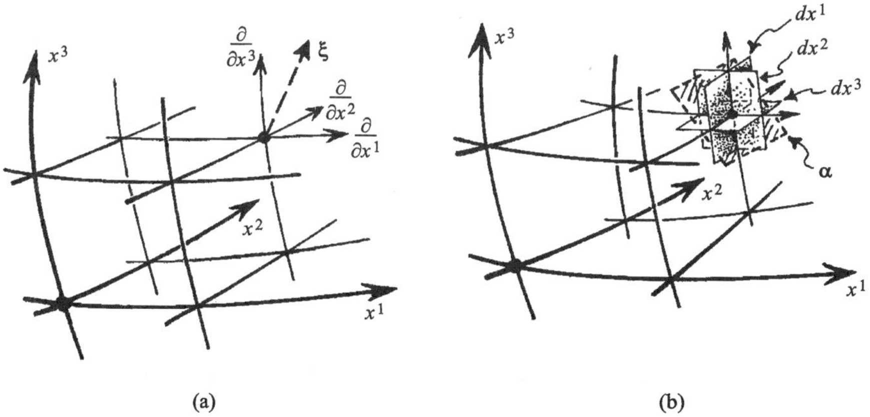

그림 12.9 좌표조각 $(x^1, \cdots, x^n)$에서의 성분들(여기서는 $n = 3$). (a) 벡터(장) $\boldsymbol{\xi}$의 경우, $\boldsymbol{\xi} = \xi^1\,\partial/\partial x^1 + \xi^2\,\partial/\partial x^2 + \cdots + \xi^n\,\partial/\partial x^n$일 때 벡터의 성분들은 계수 $(\xi^1, \xi^2, \cdots, \xi^n)$에 해당된다. 여기서 $\partial/\partial x^r$은 'r번째 (국소적)좌표축 방향으로 측정한 변화율'을 의미한다(그림 10.9 참조). (b) 코벡터(장) $\boldsymbol{\alpha}$가 $\alpha_1\, dx^1 + \alpha_2\, dx^2 + \cdots + \alpha_n\, dx^n$일 때, 성분은 $(\alpha_1, \alpha_2, \cdots, \alpha_n)$이다. 여기서 dx^r은 'x^r의 그래디언트'를 의미하며 (국소적) x^r-축을 제외한 모든 (국소적)좌표축으로 만들어지는 $(n-1)$차원 평면요소를 나타낸다.

표축으로 만들어지는 $(n-1)$차원 평면요소를 나타낸다(그림 12.9b 참조).[12.5] $\boldsymbol{\alpha}$와 $\boldsymbol{\xi}$의 스칼라곱 $\boldsymbol{\alpha}\bullet\boldsymbol{\xi}$는 다음과 같이 표현된다.[12.6]

$$\boldsymbol{\alpha}\bullet\boldsymbol{\xi} = \alpha_1 \xi^1 + \alpha_2 \xi^2 + \cdots + \alpha_n \xi^n$$

12.4 그라스만곱

이제, 11.6절에서 정의한 그라스만곱을 이용하여 다양한 다른 차원의 평면요소를 표현해 보자. $\mathcal{M}$의 한 점에서(또는 2차원 평면요소로 이루어진 장에서) 정의된 2차원 평면요소는 다음과 같은 양으로 표현된다.

$$\boldsymbol{\xi} \wedge \boldsymbol{\eta}$$

여기서 $\boldsymbol{\xi}$와 $\boldsymbol{\eta}$는 서로 독립인 벡터(또는 벡터장)로서 2차원 평면(들)을 결정한다(그림 11.6a, 12.10 참조). 가끔은 $\boldsymbol{\xi} \wedge \boldsymbol{\eta}$를 (단순)이중벡터bivector라 부르기도 한다. 이 벡터의 성분을 $\boldsymbol{\xi}$와 $\boldsymbol{\eta}$의 성분으로 표현하면 다음과 같다.

$$\xi^{[r}\eta^{s]} = \frac{1}{2}(\xi^r\eta^s - \xi^s\eta^r)$$

첨자에 붙은 꺾쇠괄호의 의미는 11장의 끝 부분에서 이미 설명한 바

[12.5] dx^2의 성분이 $(0, 1, 0, \cdots, 0)$임을 증명하고, 이것이 'x^2 =상수'에 접하는 초평면 요소임을 증명하라.

[12.6] 10.3절의 연쇄법칙(chain rule)을 이용하여, $\boldsymbol{\alpha} = d\boldsymbol{\Phi}$인 특별한 경우에 $\boldsymbol{\alpha}\bullet\boldsymbol{\xi}$의 표현이 $d\boldsymbol{\Phi}\bullet\boldsymbol{\xi} = \boldsymbol{\xi}(\boldsymbol{\Phi})$와 모순되지 않음을 증명하라.

있다. 단순 이중벡터 $\boldsymbol{\xi} \wedge \boldsymbol{\eta}$의 합 $\boldsymbol{\psi}$도 이중벡터이며, 성분 ψ^{rs}는 r과 s에 반대칭이다. 즉, $\psi^{rs} = -\psi^{sr}$이다.

이와 비슷하게, 3차원 평면요소(혹은 3차원 장)는 다음과 같은 단순 삼중벡터simple trivector로 나타낼 수 있다.

$$\boldsymbol{\xi} \wedge \boldsymbol{\eta} \wedge \boldsymbol{\zeta}$$

여기서 벡터 $\boldsymbol{\xi}$, $\boldsymbol{\eta}$, $\boldsymbol{\zeta}$는 3차원 평면을 결정하며(그림 11.6b, 12.10b 참조), 삼중벡터의 성분은 다음과 같다.

$$\begin{aligned}&\xi^{[r}\eta^{s}\zeta^{t]}\\&=\frac{1}{6}(\xi^{r}\eta^{s}\zeta^{t}+\xi^{s}\eta^{t}\zeta^{r}+\xi^{t}\eta^{r}\zeta^{s}-\xi^{r}\eta^{t}\zeta^{s}-\xi^{t}\eta^{s}\zeta^{r}-\xi^{s}\eta^{r}\zeta^{t})\end{aligned}$$

일반적인 삼중벡터 $\boldsymbol{\tau}$의 성분 τ^{rst}는 완전히 반대칭적이며, 언제나 이런 단순 삼중벡터들의 합으로 표현된다. 이 방법을 그대로 확장하면 단순 4중벡터로 표현되는 4차원 평면요소를 정의할 수 있고, 더욱 일반화하면 반대칭 성분을 갖는 n-벡터가 얻어진다. 삼중벡터에서와 마찬가지로, 일반적인 n-벡터는 항상 단순 n-벡터의 합으로 표현될 수 있다.

그런데 다소 헷갈리는 문제가 하나 있다. 지금까지 말한 바로는 $(n-1)$차원 평면요소를 1-형식(코벡터)으로 표현할 수도 있고, $(n-1)$-평면을 이루는 $n-1$개의 독립 벡터에 쐐기곱을 취하여 얻은 $(n-1)$차원 벡터량으로 표현할 수도 있다. 이 두 가지 방법으로 서술된 양들은 기하학적 차이점을 갖고 있긴 한데, 그 차이점이라는 것이 좀 미묘하다. 1-형식은 일종의 밀도density로 해석되는 반면, $(n-1)$-벡터는 이런 식의 해석이 불가능하다는 것이다. 이 점을 더 분명히 이해하기 위해 일반 p-형식을 도입해 보자.

앞으로 펼칠 논리는 기본적으로 위에서 언급한 다중벡터에 기초를 두지만, 벡터 대신 1-형식에서 출발할 것이다. p개의 (독립) 1-형식 $\boldsymbol{\alpha}$, $\boldsymbol{\beta}$, ⋯, $\boldsymbol{\delta}$의 쐐기곱

$$\boldsymbol{\alpha} \wedge \boldsymbol{\beta} \wedge \cdots \wedge \boldsymbol{\delta}$$

의 성분은 좌표조각에서 다음과 같이 주어진다.

$$\alpha_{[r}\beta_s \cdots \delta_{u]}$$

(아래첨자에 붙은 꺾쇠괄호의 의미는 11.6절에서 설명한 바와 같다) 이 값은 $(n-p)$차원 평면요소[혹은 $(n-p)$차원 장]를 결정하며, 이 요소는 각각 $\boldsymbol{\alpha}$, $\boldsymbol{\beta}$, ⋯, $\boldsymbol{\delta}$로 결정되는 다양한 $(n-1)$차원 평면요소들의 교점 intersection에 해당된다(그림 12.10c, d 참조). 이 값을 '단순 p-형식 simple p-form'이라 한다. p-벡터에서와 마찬가지로 가장 일반적인 p-형식은 코벡터의 쐐기곱으로 표현할 수 없지만($p = 0, 1, n-1, n$인 경우는 제외), 여러 항들의 합으로 표현할 수는 있다. 일반 p-형식 $\boldsymbol{\varphi}$는 (임의의 좌표조각에서)다음과 같은 형태의 성분들로 표현된다.

$$\varphi_{rs\cdots u}$$

($r, s, \cdots, u$는 1에서 n 사이의 정수 값을 가질 수 있다) 여기서 p개의 첨자 $r, s, \cdots, u$는 반대칭이다. 전에 말했던 대로, 반대칭이란 첨자 두 개를 맞바꿨을 때 값의 부호가 바뀌는 성질을 말한다. 11.6절의 꺾쇠괄호 표기법을 사용하면 반대칭적인 성질을 다음의 방정식으로 표현할 수 있다.[12.7]

$$\varphi_{[rs\cdots u]} = \varphi_{rs\cdots u}$$

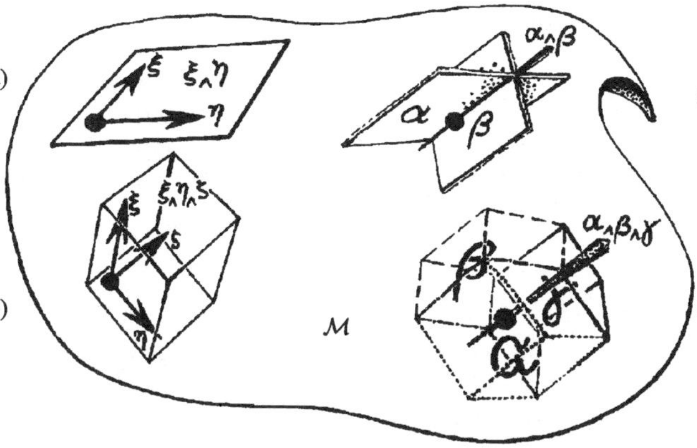

그림 12.10 (a) 다양체 $\mathcal{M}$의 한 점에서 서로 독립인 두 벡터 $\boldsymbol{\xi}$, $\boldsymbol{\eta}$로 결정되는 2차원 평면요소는 이중벡터 $\boldsymbol{\xi} \wedge \boldsymbol{\eta}$로 표현된다. (b) 이와 비슷하게, $\boldsymbol{\xi}$, $\boldsymbol{\eta}$, $\boldsymbol{\zeta}$로 결정되는 3차원 평면요소는 $\boldsymbol{\xi} \wedge \boldsymbol{\eta} \wedge \boldsymbol{\zeta}$로 표현된다. (c) 1-형식 $\boldsymbol{\alpha}$, $\boldsymbol{\beta}$로 결정되는 두 $(n-1)$차원 평면요소의 교점에 해당하는 $(n-2)$차원 평면요소는 $\boldsymbol{\alpha} \wedge \boldsymbol{\beta}$로 표현된다. (d) $\boldsymbol{\alpha}$, $\boldsymbol{\beta}$, $\boldsymbol{\gamma}$로 결정되는 세 개의 $(n-1)$차원 평면요소의 교점에 해당하는 $(n-3)$차원 평면요소는 $\boldsymbol{\alpha} \wedge \boldsymbol{\beta} \wedge \boldsymbol{\gamma}$로 표현된다.

p-형식 $\boldsymbol{\varphi}$와 q-형식 $\boldsymbol{\chi}$의 쐐기곱 $\boldsymbol{\varphi} \wedge \boldsymbol{\chi}$는 $(p+q)$-형식으로서, 성분은

$$\varphi_{[rs\cdots u}\chi_{jk\cdots m]}$$

로 표현된다. 보다시피 모든 첨자에 반대칭화가 되어 있다($\chi_{jk\cdots m}$는 $\boldsymbol{\chi}$의 성분이다).[12.8] p-벡터와 q-벡터의 쐐기곱에도 이와 비슷한 표기법을 적용할 수 있다.

[12.7] 그 이유를 설명해 보라.

[12.8] $\varphi = \alpha \wedge \cdots \wedge \gamma$이고 $\chi = \lambda \wedge \cdots \wedge \nu$일 때 $\varphi \wedge \chi = \alpha \wedge \cdots \wedge \gamma \wedge \lambda \wedge \cdots \wedge \nu$임을 증명하라.

12.5 형식의 적분

이제 'p-형식은 밀도로 해석된다'는 말로 되돌아가 보자. 밀도란 일상적인 물리학에서 '단위부피당 질량'을 의미한다. 따라서 물체의 밀도와 부피를 알면 총 질량을 계산할 수 있다. 물체의 모든 지점에서 밀도가 균일하다면 '질량 = 밀도 × 부피'로 간단하게 구할 수 있지만, 그렇지 않을 때에는 전체 부피에 대하여 밀도를 적분해야 한다. 수학적으로 말하자면, 물체의 총 질량은 적분기호($\int$) 오른쪽에 밀도가 들어가고, 그 오른쪽에 부피요소volume element가 곱해진 형태이다. 즉, 밀도는 물체가 점유하고 있는 공간에 대하여 '적분될 수 있는' 양이어야 한다. 그러나 공간의 차원이 달라지면 적분을 수행할 때 약간의 주의를 기울일 필요가 있다(예를 들어, '단위면적당 질량'은 '단위부피당 질량'과 전혀 다른 뜻이며 단위도 다르다). 그러면 지금부터 p-형식이 p-차원 공간에 대하여 적분될 수 있는 양임을 증명해 보자.

우선, 가장 간단한 경우인 1-형식부터 생각해 보자. 우리의 관심은 1차원 다양체, 즉 곡선 γ 위에서 어떤 양을 적분하는 것이다. 6.6절에서 언급했던 바와 같이 1차원 적분의 일반적인 형태는 다음과 같다.

$$\int f(x)\,dx$$

여기서 x는 곡선 γ 위에서 정의된 실변수이다. 이제, 적분기호 안에 들어 있는 '$f(x)\,dx$'를 1-형식으로 간주해 보자. 1-형식 표기법은 일상적인 적분과 상호모순을 일으키지 않도록 신중하게 개발되어 왔다. 이것은 20세기 외미적분학exterior calculus의 특징으로서, 프랑스의 저명한 수학자 엘리 카르탕Élie Cartan, 1869~1951이 처음으로 도입했다(카르탕은

13, 14, 17장에서 다시 만나게 될 것이다). 외미적분학은 17세기에 고트프리드 빌헬름 라이프니츠Gottfried Wilhelm Leibniz, 1646~1716가 도입했던 기호 'dx'와 우아하고 아름답게 연결된다. 그러나 카르탕의 체계에서 dx는 무한소infinitesimal quantity가 아니라 곡선적분의 대상인 밀도(1-형식)와 연관되어 있다.

이 표기법의 장점 중 하나는 변수를 바꿨을 때 그 여파가 자동으로 고려된다는 것이다. 예를 들어 변수 x를 X로 바꿔도 1-형식 $\alpha = f(x)dx$는 변하지 않는다. 물론 $f(x)$는 $g(X)$와 같은 식으로 변하겠지만, $\int \boldsymbol{\alpha}$가 변하지 않는 것이다.[12.9] 또한, 1-형식 $\boldsymbol{\alpha}$는 적분곡선을 포함하는 고차원 공간에서 정의된 양으로 간주할 수 있다. 이렇게 되면 매개변수 x나 X는 이 고차원 공간 좌표조각의 좌표 중 하나가 되고, 다른 좌표조각으로 넘어갈 때 마음대로 좌표를 바꿀 수 있다. 모든 것이 자동으로 고려되기 때문에, 좌표를 바꿀 때마다 신경 쓸 필요가 없는 것이다. 따라서 우리의 적분은 다음과 같이 쓸 수 있다.

$$\int \boldsymbol{\alpha} \quad \text{또는} \quad \int_{\mathcal{R}} \boldsymbol{\alpha}$$

여기서 $\mathcal{R}$은 적분이 수행되는 곡선 γ의 일부이다.

고차원 공간에서의 적분은 어떻게 될 것인가? 2차원 영역에서는 적분기호 다음에 $f(x, y)\,dx \wedge dy$와 같은 2-형식이 와야 한다(또는 이들의 합일 수도 있다).[9] 그러면 적분은

[12.9] 이 사실을 직접 증명해 보라. 또한 정적분의 경우, $\int_a^b \boldsymbol{\alpha}$의 상한과 하한을 어떻게 다뤄야 할지 설명해 보라.

$$\int_{\mathcal{R}} f(x, y)\, dx \wedge dy = \int_{\mathcal{R}} \boldsymbol{\alpha}$$

이 된다($\mathcal{R}$은 문제에서 주어진 2차원 곡면 중 적분이 수행되는 영역을 의미한다). 이 경우에도 곡면에 국소 좌표를 부여하는 변수 x와 y는 다른 변수 쌍으로 대치될 수 있고, $\boldsymbol{\alpha}$의 형태는 여전히 변하지 않는다. 또한, $\mathcal{R}$을 포함하는 고차원 공간에 2-형식이 존재하는 경우에도 이 논리는 그대로 적용되며, 3차원 영역에서 3-형식을 적분하거나 4차원 영역에서 4-형식을 적분하는 경우에도 모든 것이 정확하게 맞아 들어간다. 카르탕의 미분형식 표기법에서 쐐기곱(그리고 12.6절에서 언급한 외미분)은 좌표계를 바꿔도 아무런 문제가 발생하지 않는다(그래서 좌표계를 바꿀 때마다 등장하는 '야코비안Jacobian'도 카르탕의 표기법에서는 따로 고려할 필요가 없다).[12.10]

6.6절에서 언급한 미적분학의 기본 정리에 의하면 1차원 적분은 미분의 역과정으로서 다음과 같이 쓸 수 있다.

$$\int_a^b \frac{df(x)}{dx}\, dx = f(b) - f(a)$$

그런데 2차원 이상의 고차원에서도 이에 대응되는 규칙이 있을까? 답은 "yes!"이다. 여기에 공헌한 수학자는 많이 있지만(오스트로그라드스키Ostrogradski, 가우스, 그린Green, 켈빈Kelvin, 스톡스Stokes 등), 가장 일반적인 결과는 카르탕이 창시했던 미분형식의 외미적분에 모두 들어

[12.10] $G = \int_{-\infty}^{\infty} e^{-x^2}\, dx$일 때, $G^2 = \int_{\mathbf{R}^2} e^{-(x^2+y^2)}\, dx \wedge dy$임을 증명하라. 그리고 (x, y)를 극좌표 (r, θ)로 바꿔서 이 적분을 계산하라(5.1절 참조). 계산이 옳게 진행되면 $G = \sqrt{\pi}$가 얻어질 것이다.

있다. 앞으로 이것을 '외미적분의 기본 정리'라 부르기로 한다.[10] 이 정리는 카르탕의 외미분에 기초를 두는데, 다음 절에서 자세한 내용을 알아보기로 하자.

12.6 외미분

외미분을 '좌표와 무관하게' 정의하려면, 다음과 같은 관계를 만족하는 연산자 d부터 정의해야 한다. d가 작용되면 p-형식은 $(p+1)$-형식으로 바뀌는데, 일반적인 규칙은 다음과 같다($p=0, 1, \cdots, n-1$).

$$d(\boldsymbol{\alpha}+\boldsymbol{\beta})=d\boldsymbol{\alpha}+d\boldsymbol{\beta}$$
$$d(\boldsymbol{\alpha}\wedge\boldsymbol{\gamma})=d\boldsymbol{\alpha}\wedge\boldsymbol{\gamma}+(-1)^{p}\boldsymbol{\alpha}\wedge d\boldsymbol{\gamma}$$
$$d(d\boldsymbol{\alpha})=0$$

여기서 $\boldsymbol{\alpha}$는 p-형식이며, 0-형식(스칼라)의 경우, $d\boldsymbol{\Phi}$는 앞에서 정의한 대로 같은 의미($\boldsymbol{\Phi}$의 그래디언트)를 갖는다[이것은 $d\boldsymbol{\Phi}\bullet\boldsymbol{\xi}=\boldsymbol{\xi}(\boldsymbol{\Phi})$로부터 정의되며, dx의 d도 이와 동일한 연산자이다]. 위에 적은 마지막 방정식은 흔히 다음과 같은 형태로 표기한다.

$$d^{2}=0$$

이것은 외미분 연산자 d의 가장 중요한 특성이다[우리는 두 번째 방정식의 우변에 $(-1)^{p}$이 등장한 이유는 연산자 d가 '부적절한 위치($\boldsymbol{\alpha}$의 오른쪽)'에 놓여 있기 때문이라고 생각할 수 있다. 아래의 첨자표현을 참고하면 그 이유가 더욱 분명해질 것이다].[12.11]

$\boldsymbol{\Phi}$의 그래디언트, 즉 $\boldsymbol{\alpha}=d\boldsymbol{\Phi}$인 1-형식 $\boldsymbol{\alpha}$는 위 식에 따라 $d\boldsymbol{\alpha}=0$

을 만족한다.[12.12] 그러나 모든 1-형식이 이 조건을 만족하는 것은 아니다. 실제로 1-형식 $\boldsymbol{\alpha}$가 $d\boldsymbol{\alpha} = 0$을 만족할 때, $\boldsymbol{\alpha} = d\boldsymbol{\Phi}$의 관계는 국소적으로(주어진 점을 포함하는 충분히 작은 열린 집합에 한하여) 성립한다. 이것은 "p-형식 β가 $d\boldsymbol{\beta} = 0$을 만족하고 $\boldsymbol{\gamma}$가 $(p-1)$-형식일 때, $\boldsymbol{\beta}$는 국소적으로 $\boldsymbol{\beta} = d\boldsymbol{\gamma}$의 형태를 취한다."는 푸앵카레 도움정리Poincaré lemma의 한 사례이다.[11, [12.13]]

각 형식의 성분을 이용하면 외미분을 더욱 정확하고 명료하게 표현할 수 있다. 우선 p-형식 $\boldsymbol{\alpha}$를 생각해 보자. 좌표가 $x^1, \cdots, x^n$인 좌표조각에서 $\boldsymbol{\alpha}$는 성분 $\alpha_{r\cdots t}$의 반대칭 집합($= \alpha_{[r\cdots t]}$ $r \ldots t$의 개수는 p)를 이용하여 다음과 같이 표현할 수 있다.

$$\boldsymbol{\alpha} = \sum \alpha_{r\cdots t}\, dx^r \wedge \cdots \wedge dx^t$$

여기서 합을 나타내는 $\sum$는 r에서 t까지 p개의 모든 집합들을 각각 범위 1부터 n까지 진행시키면서 더한다는 의미이다(쐐기곱의 반대칭적 성질 때문에 위의 합에서 0이 아닌 항들은 $p!$번 반복된다. 그래서 개중에는 이런 식의 표기법을 선호하지 않는 사람들도 있다. 그러나 이 표기법은 각 항이 중복됨에도 불구하고 많은 장점을 갖는다. 나 자신도 이 표기법을 선호하는 편이다). p-형식 $\boldsymbol{\alpha}$의 외미분은 $(p+1)$-형식으로서 $d\boldsymbol{\alpha}$로 표기하고 그 성분은 다음과 같다.

[12.11] 위 관계식을 이용하여 $d(Adx + Bdy) = (\partial B/\partial x - \partial A/\partial y)\, dx \wedge dy$임을 증명하라.

[12.12] 왜 그런가?

[12.13] [예제 12.11]의 결과를 이용하여 $p = 1$일 때 푸앵카레 도움정리를 증명하라.

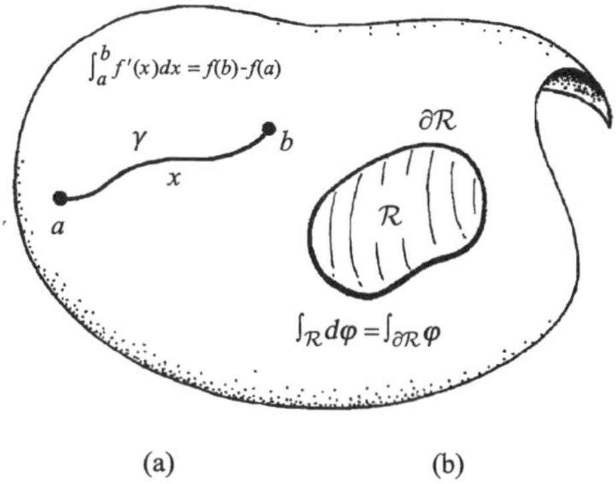

그림 12.11 외미적분의 기본 정리(fundamental theorem of exterior calculus) $\int_{\mathcal{R}} d\boldsymbol{\varphi} = \int_{\partial\mathcal{R}} \boldsymbol{\varphi}$. (a) 이 정리의 고전적(17세기) 버전 $\int_a^b f'(x)\, dx = f(b) - f(a)$ 에서는, $\varphi = f(x)$로 놓고 a와 b를 잇는 곡선 γ를 $\mathcal{R}$이라 하면, $\partial\gamma$는 γ의 두 양끝점 $x = a$(음으로 진행했을 때), $x = b$(양으로 진행했을 때)를 포함한다. (b) p-형식 $\boldsymbol{\varphi}$같은 일반적 사례에서, $\mathcal{R}$은 $(p+1)$차원의 컴팩트(compact)한 유향영역(oriented region)이다. 그리고 $\mathcal{R}$의 p차원 경계는 $\partial\mathcal{R}$로 표기한다.

$$(d\boldsymbol{\alpha})_{qr\cdots t} = \frac{\partial}{\partial x^{[q}}\, \alpha_{r\cdots t]}$$

(이 표기는 좀 독특하다. 핵심적 성질이라 할 반대칭성이 미분기호의 첨자 q를 포함하여 $p+1$개의 첨자 모두에 적용되어 있다)[12.14], [12.15]

외미적분의 기본 정리는 p-형식 $\boldsymbol{\varphi}$에 대한 다음 식을 통해 가장 우아한(그리고 강력한) 형태로 표현될 수 있다(그림 12.11 참조).

$$\int_{\mathcal{R}} d\boldsymbol{\varphi} = \int_{\partial\mathcal{R}} \boldsymbol{\varphi}$$

[12.14] 외미분에 등장하는 모든 공리(axiom)가 이 좌표계에서 만족된다는 것을 증명하라.

[12.15] 좌표계를 이렇게 정의하면 좌표의 선택에 상관없이 항상 동일한 $d\alpha$값이 얻어진다는 것을 증명하라. 성분 $\alpha_{r\cdots t}$의 변환규칙은 '좌표를 변환해도 $\boldsymbol{\alpha}$의 형태는 변하지 않는다'는 조건으로부터 구할 수 있다[도움말 : 이 변환이 13.8절에서 언급할 $\begin{bmatrix}0\\p\end{bmatrix}$-가 텐서성분의 수동적 변환(passive transformation)과 동일하다는 것을 증명하라].

여기서 $\mathcal{R}$은 $(p+1)$차원의 컴팩트한 유향영역 oriented region이며, $\partial\mathcal{R}$은 그 경계를 의미한다($\partial\mathcal{R}$은 p차원의 컴팩트한 유향영역이다).

지금 나는 여러 용어들을 아무런 설명 없이 사용하고 있다. '컴팩트하다'는 말은 영역 $\mathcal{R}$이 '무한히 크게 뻗어나가지 않으며, 그 안에 구멍이나 가장자리 경계에서 제거된 부분이 존재하지 않는다'는 뜻이다. 물론 이것은 직관적인 설명에 불과하다. 더 정확하게(그리고 우리 목적에 부합하게) 설명하자면,[12] 영역 $\mathcal{R}$이 컴팩트하다는 것은 그 위에 일정한 규칙을 따라 나열되어 있는 점들의 무한수열 infinite sequence of points이 결국은 $\mathcal{R}$에 속하는 하나의 점으로 집적된다 accumulated는 뜻이다(그림 12.12a 참조). 여기서 집적점 accumulation point y는 다음과 같은 성질을 갖고 있다 — "$\mathcal{R}$에 속하면서 y를 포함하는 모든 열린 집합(7.4절 참조)은 무한수열의 항 member들도 포함한다(따라서 점들의 수열은 y에 무한정 가까워진다)." 무한히 넓은 유클리드 평면은 컴팩트하지 않지만, 구球나 원환면의 표면은 컴팩트하다. 또한, 복소평면에 그려진 단위원의 내부에 있는

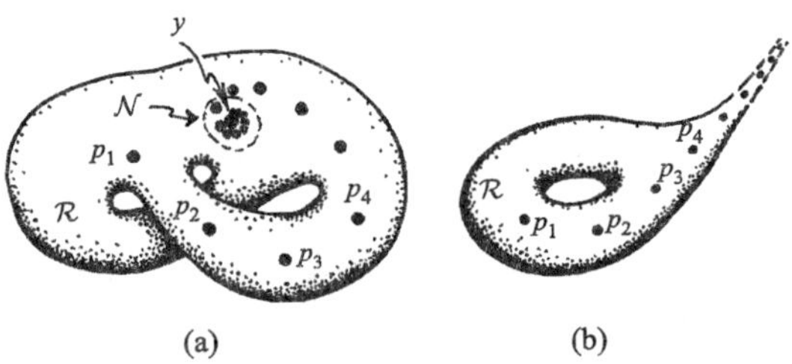

그림 12.12 컴팩트성(compactness) (a) 컴팩트한 공간 $\mathcal{R}$은 다음과 같은 성질을 갖는다 — "$\mathcal{R}$에 속한 임의의 점들의 무한수열 $p_1, p_2, p_3, \ldots$은 모두 $\mathcal{R}$ 안에 있는 점 y로 집적된다." 그러므로 $\mathcal{R}$에 속하면서 y를 포함하는 모든 열린 집합 $\mathcal{N}$은 수열의(무한히 많은)항들을 포함한다. (b) 컴팩트하지 않은 공간은 이러한 성질을 갖지 않는다.

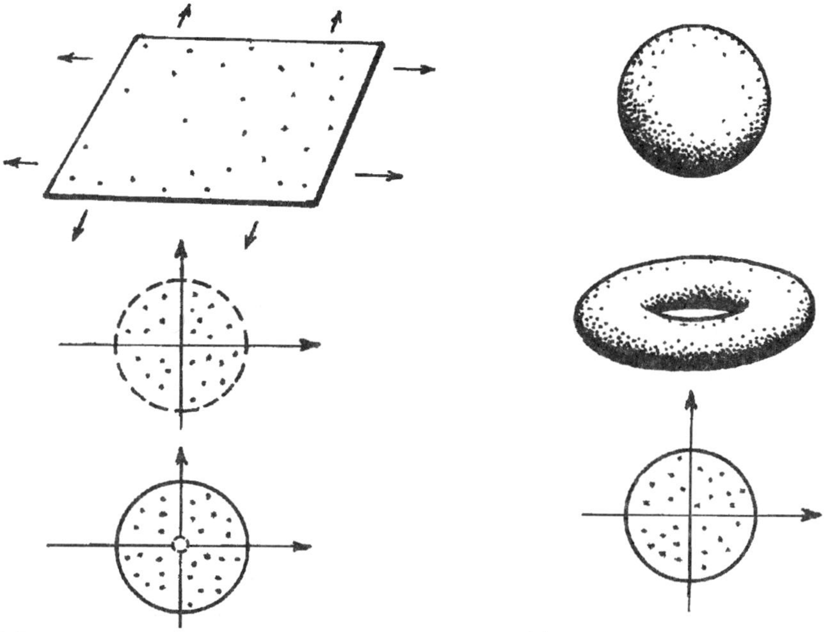

(a) (b)

그림 12.13 (a) 무한히 넓은 유클리드 평면과 열린(경계선이 없는) 단위원, 그리고 중심이 제거된 단위원 등은 컴팩트하지 않다. (b) 구면, 원환면, 그리고 닫힌 단위원 등은 컴팩트하다(그림에서 실선은 영역에 포함되고 점선은 포함되지 않는다는 뜻이다).

점들의 집합도 컴팩트하다(닫힌 단위원). 그러나 단위원의 경계선을 제거하거나 중심을 제거한 영역은 컴팩트하지 않다(그림 12.13 참조).

'유향oriented'이란, $\mathcal{R}$ 위의 모든 점에 일관된 손잡이성handedness이 부여되어 있다는 뜻이다(그림 12.14 참조). 이산 점의 집합이나 0차원 다양체에서, 배향은 단순히 각 점의 '양(+)' 또는 '음(−)'이다(그림 12.14a 참조). 1차원 다양체나 곡선에서, 향은 곡선의 진행방향을 결정한다. 이것은 곡선에 화살표를 그려서 표현할 수 있다(그림 12.14b). 2차원 다양체의 경우, 배향은 조그만 원이나 원호에 화살표를 달아서 표현할 수 있는데(그림 12.14c), 이 화살표의 방향이 접벡터의 '양(+)의 회전방향'을

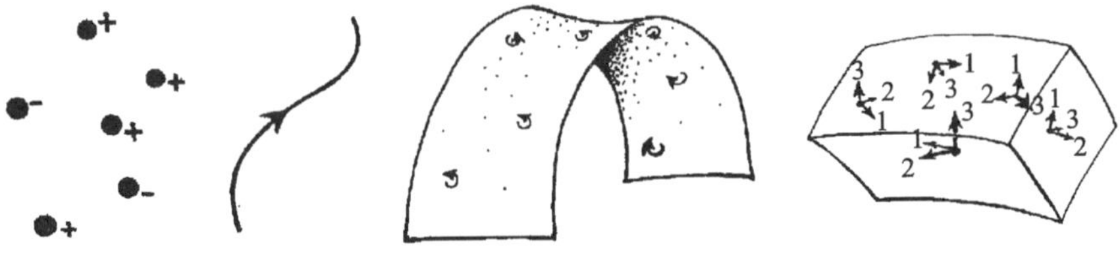

(a) (b) (c) (d)

그림 12.14 배향(orientation). (a) (다중성분) 0차원 다양체는 이산점들의 집합이다. 배향은 그저 각 점에 양(+) 또는 음(−) 값을 부여할 뿐이다. (b) 1차원 다양체(곡선)의 배향은 곡선의 진행방향을 결정한다. 이 그림에는 화살표로 표시되어 있다. (c) 2-다양체의 배향은 화살표 머리가 그려진 작은 원호로 표현할 수 있는데, 이 화살표의 방향이 접벡터의 '양(+)의 회전방향'을 결정한다. (d) 3차원 다양체의 경우에는 각 점에서 '서로 수직한 세 개의 벡터'가 '오른손향(right-handed orientation)'과 '왼손향'을 결정한다.

결정한다. 그리고 3차원 다양체의 경우에는 향은 한 점에서 '서로 수직한 세 개의 벡터'가 오른손향right-handed orientation과 왼손향으로 나타나게끔 하는(11.3절과 그림 11.1 참조) 특성을 부여한다(그림 12.14d). 개중에는 기하학적 구조가 특이하여 배향을 줄 수 없는(비가향인) 구간도 있는데, 뫼비우스의 띠가 그 대표적인 사례이다(그림 12.15).

$(p+1)$차원 영역(컴팩트한 유향영역) $\mathcal{R}$의 경계 $\partial\mathcal{R}$은 $\mathcal{R}$의 내부에 들어 있지 않은 점들로 이루어지며, 일반적으로 p차원의 컴팩트한 유

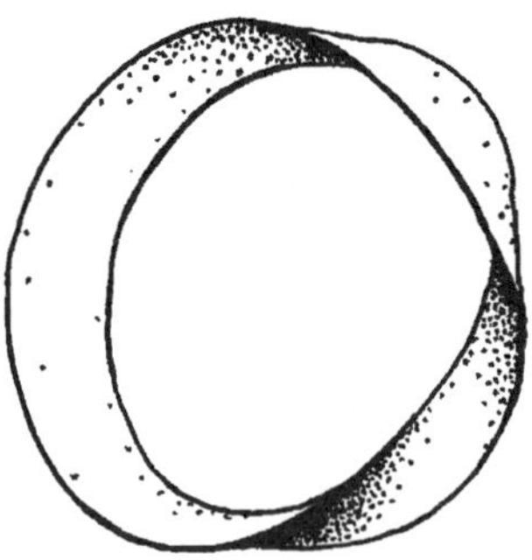

그림 12.15 뫼비우스 띠(Möbius strip)는 비가향 공간(non-orientable space)의 한 사례이다.

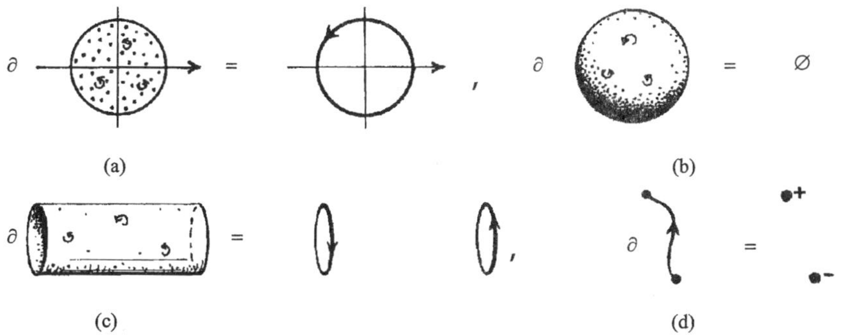

그림 12.16 $\mathcal{R}$이 $(p+1)$차원의 컴팩트한 유향영역일 때, $\mathcal{R}$의 경계인 $\partial\mathcal{R}$은 '$(p+1)$차원 내부에 들어 있지 않으면서 $\mathcal{R}$에 포함되어 있는' 점들로 이루어져 있다($\partial\mathcal{R}$은 공집합일 수도 있다). (a) 닫혀 있는 단위원판(복소평면 $\mathbb{C}$에서 $|z| \leq 1$인 영역)의 경계는 단위원이다. (b) 단위구의 경계는 공집합이다(그림에서 $\varnothing$는 공집합을 의미한다. 3.4절 참조). (c) 길이가 유한한 원통형 곡면의 경계는 양 끝에 있는 두 원이며, 이들의 배향은 서로 반대이다. (d) 길이가 유한한 선분(곡선)의 경계는 양 끝에 있는 두 개의 점이며, 이들의 배향은 서로 반대(+, −)이다.

향영역을 이루지만, 공집합일 수도 있다. 또한, $\partial\boldsymbol{R}$의 경계인 $\partial\partial\boldsymbol{R}$은 공집합이다. 따라서 $\partial^2 = 0$이며, 이것은 외미분 연산자의 특성인 $d^2 = 0$과 일맥상통한다.

복소평면에 그려진 닫힌 단위원판의 경계는 단위원이고 단위구의 경계는 공집합이다. 크기가 유한한 원통면(원통형 2차원 곡면)의 경계는 양 끝에 있는 두 개의 원으로 이루어져 있으며(그러나 각 원의 배향은 반대이다), 길이가 유한한 곡선의 경계는 배향이 반대인 두 개의 끝점으로 이루어져 있다(그림 12.16 참조).[13] '외미적분의 기본 정리'에서 $\mathcal{R}$을 선분으로 잡으면 '미적분의 기본 정리'의 1차원 버전이 자연스럽게 유도된다.

12.7 부피요소 : 합규약

이제 n-다양체 $\mathcal{M}$에서 정의된 p-형식과 $(n-p)$-벡터의 차이점 및 상호관계에 대해 알아보자. 이들 사이의 관계를 이해하려면 $p=n$인 극단적 경우부터 살펴보는 것이 최선이다. 그래서 지금부터는 $\mathcal{M}$에서 정의된 n-형식과 스칼라장(0-벡터)의 관계를 알아보기로 한다. n-형식 $\boldsymbol{\varepsilon}$의 경우, $\mathcal{M}$ 위의 점 o에서 $\boldsymbol{\varepsilon}$과 관련된 n-곡면요소는 이 점에 접하는 접평면(n-평면) 전체이다. 이때 방향성을 갖지 않는 n-밀도n-density가 $\boldsymbol{\varepsilon}$에 의해 결정된다. 이렇게 결정된 n-밀도는(모든 곳에서 0이 아니라고 가정한다) 종종 n-다양체 $\mathcal{M}$의 '부피요소volume element'라 불린다. 부피요소를 이용하면 $(n-p)$-벡터를 p-형식으로 바꿀 수 있으며, 그 반대도 가능하다[부피요소는 다양체 구조의 일부로 주어질 수도 있다. 이런 경우에는 p-형식과 $(n-p)$-벡터를 구별할 필요가 없어진다].

부피요소를 이용하여 $(n-p)$-벡터를 p-형식으로 바꾸려면 어떻게 해야 할까? 각 좌표조각에서 n-형식 $\boldsymbol{\varepsilon}$의 성분은 n개의 반대칭 아래첨자를 이용하여 다음과 같이 나타낼 수 있다.

$$\varepsilon_{r\cdots w}$$

[몇몇 학자들은 여기에 상수 $(n!)^{-1}$을 도입하기도 한다(!의 수학적 정의는 5.3절을 참조할 것). 그러나 이런 상수들은 논지를 흐리게만 할 뿐, 기본개념 이해에 별 도움이 되지 않기 때문에 생략하겠다] $\varepsilon_{r\cdots w}$를 이용하면 $(n-p)$-벡터 $\boldsymbol{\psi}$의 각 성분 $\psi^{u\cdots w}$를 p-형식 $\boldsymbol{\alpha}$의 성분 $\alpha_{r\cdots t}$로 바꿀 수 있다. 이 과정은 텐서 대수tensor algebra를 통해 이루어지는데, 자세한 내용은 다음 절에서 설명할 것이다. 텐서 대수를 적용하면 $\psi^{u\cdots w}$에 붙은 $(n-p)$개의 위첨자와 $\varepsilon_{r\cdots w}$에 붙어 있는 n개의 아래첨자 중 $(n$

$-p$)개를 결합하여 $\alpha_{r\cdots t}$에 필요한 아래첨자 p개를 남길 수 있다. 이 과정을 텐서의 '축약tensor contraction' 또는 '이환transvection'이라고 하는데, 위첨자와 아래첨자를 쌍으로 묶어서 '합을 취하면' 최종결과에서 해당 첨자가 사라지게 된다.

축약의 전형적인 사례로는 스칼라곱을 들 수 있다(12.3절 참조). 스칼라곱은 코벡터 $\boldsymbol{\beta}$의 성분 β_r과 벡터 $\boldsymbol{\xi}$의 성분 ξ^r을 각 r에 대하여 곱한 후 '모든 가능한 r에 대하여' 합을 취한 값으로 정의되어 있다.

$$\boldsymbol{\beta} \bullet \boldsymbol{\xi} = \sum \beta_r \xi^r$$

여기서 합($\sum$)은 첨자 r에 대하여 수행된다($\boldsymbol{\beta}$와 $\boldsymbol{\xi}$이 3차원 벡터인 경우, 이 값은 $\beta_1\xi^1 + \beta_2\xi^2 + \beta_3\xi^3$이다). 물론 이 합은 둘 이상의 첨자가 달려 있는 양에도 적용될 수 있다. 물리학자들은 이런 식의 합을 표현할 때 아인슈타인이 처음으로 제안했던 '합규약summation convention'을 즐겨 사용한다. 즉, 하나의 항에 위첨자와 아래첨자가 동일한 문자로 등장하면 굳이 $\sum$를 쓰지 않아도 무조건 합으로 간주한다는 것이다. 이 규약에 따르면 벡터 $\boldsymbol{\beta}$와 $\boldsymbol{\xi}$의 스칼라곱은 다음과 같이 간략한 형태로 쓸 수 있다.

$$\boldsymbol{\beta} \bullet \boldsymbol{\xi} = \beta_r \xi^r$$

또한, $(n-p)$-벡터와 부피 형식이 결합되어 p-형식이 되는 과정은 다음과 같이 나타낼 수 있다.

$$\alpha_{r\cdots t} \propto \varepsilon_{r\cdots tu\cdots w}\psi^{u\cdots w}$$

여기서는 $n-p$개의 첨자 $u, \cdots, w$에 대하여 축약이 일어난다. 위 식에서 양변 사이에 등호(=)가 아닌 '$\propto$(좌변과 우변이 비례관계에 있음을 나타내는 기호)'를 쓴 이유는 혼란을 피하기 위해 정확한 상수를 생략했기 때문이다. 이와 같은 관계가 성립할 때, $(n-p)$-벡터 $\boldsymbol{\psi}$와 p-형식 $\boldsymbol{\alpha}$는 서로 듀얼(dual, 한글로는 '쌍대'라고 번역하는데, 이 책에서는 원어 그대로 '듀얼'이라는 용어를 사용하기로 한다 : 옮긴이)이라고 한다.[14] $\boldsymbol{\psi}$와 $\boldsymbol{\alpha}$가 서로 듀얼이면 다음과 같은 역관계도 성립한다.

$$\psi^{u\cdots w} \propto \alpha_{r\cdots t}\, \epsilon^{r\cdots t u\cdots w}$$

$\boldsymbol{\epsilon}$은 역부피 형식reciprocal volume form (n-벡터)으로서, $\boldsymbol{\varepsilon}$에 대하여 다음과 같이 규격화normalization된 양을 사용한다.

$$\boldsymbol{\varepsilon} \bullet \boldsymbol{\epsilon} = \varepsilon_{r\cdots w}\epsilon^{r\cdots w} = n!$$

(규격화는 지금 주제에서 다소 벗어난 내용이므로 구체적인 설명은 생략한다)

이 공식들은 고전적 텐서 대수에 속한다(12.8절 참조). 여기에 아인슈타인 합규약과 지표 표기법을 적절히 사용하면 복잡한 계산을 간단하게 수행할 수 있다(텐서 미적분학은 14장에서 다룰 예정이다). 반대칭화antisymmetrization를 의미하는 꺽쇠괄호 [ ]도 텐서 대수에서 매우 중요한 역할을 하며(11.6절 참조), 둥근괄호 ( )는 첨자의 대칭화symmetrization를 의미한다.

$$\psi^{(ab)} = \frac{1}{2}(\psi^{ab} + \psi^{ba})$$

$$\psi^{(abc)} = \frac{1}{6}(\psi^{abc} + \psi^{acb} + \psi^{bca} + \psi^{bac} + \psi^{cab} + \psi^{cba})$$

$$\cdots.$$

보다시피, 반대칭화 괄호가 붙었을 때 마이너스(−) 부호였던 항들이 모두 플러스(+)로 바뀌었음을 알 수 있다.

괄호표기법의 확장사례로서, p-형식 $\boldsymbol{\alpha}$나 q-벡터 $\boldsymbol{\psi}$가 단순하게, 즉 1-형식 p개로 이루어진 쐐기곱이나 일반벡터 q개로 이루어진 쐐기곱으로 변하는 조건을 성분으로 표현하면 다음과 같다.[15]

$$\alpha_{[r\cdots t}\alpha_{u]v\cdots w} = 0 \qquad \text{또는} \qquad \psi^{[r\cdots t}\psi^{u]v\cdots w} = 0$$

여기서 첫 번째 인자의 모든 첨자는 두 번째 인자의 단 한 첨자와 '반대이다.' $\boldsymbol{\alpha}$와 $\boldsymbol{\psi}$가 서로 듀얼 관계에 있으면, 위 조건은 다음과 같이 쓸 수 있다.

$$\psi^{r\cdots tu}\alpha_{uv\cdots w} = 0$$

여기서 $\boldsymbol{\psi}$의 첨자 하나와 $\boldsymbol{\alpha}$의 첨자 하나가 축약된다. 이 표현의 대칭성으로부터, 단순 p-형식의 듀얼은 단순 $(n-p)$-벡터이고 그 역도 성립함을 알 수 있다.[12.16]

12.8 텐서 : 추상-지표와 다이어그램 표기법

수학자와 물리학자들은 여기 소개된 표기법을 약간 다른 방식으로 이해한다. 수학자들이 즐겨 사용하는 $\boldsymbol{\beta}\bullet\boldsymbol{\xi}$에는 '좌표에 무관하다'는 뜻이 함축되어 있다. 실제로 스칼라곱[수학자들은 $(\boldsymbol{\beta}, \boldsymbol{\xi})$나 $\langle\boldsymbol{\beta}, \boldsymbol{\xi}\rangle$라는 표기

[12.16] 단순성에 대한 이러한 모든 조건들의 등가성을 확립해 보라. $p = 2$일 때 $\alpha_{[rs}\alpha_{u]v} = 0$이 충분조건임(sufficiency)을 증명하라[도움말 : 이 표현을 두 개의 벡터와 함께 축약시켜 보라].

를 더 좋아한다]은 모든 좌표계에서 동일한 값을 갖는 대수/기하학적 양이다. 그러나 물리학자들이 즐겨 사용하는 $\beta_r\xi^r$은 '특정 좌표계에서 계산한 성분'의 의미를 갖고 있다. 다른 좌표조각으로 이동하면 β_r과 ξ^r의 값이 달라지기 때문에, 아인슈타인 합규약의 수용 여부에 따라 $\beta_r\xi^r$ 값은 얼마든지 달라질 수 있다. 그러나 물리학자의 표기법은 탁월한 유연성을 갖고 있어서, 새로운 연산을 정의할 때 매우 편리하다. 수학자들의 첨자 없는 표기법으로는 복잡한 계산(특히 위에 열거한 마지막 두 개의 식)을 수행하기가 거의 불가능하다. 그래서 순수수학자들은 이런 상황이 닥칠 때마다 (약간의 거북함을 느끼면서) '좌표조각' 계산을 고집한다. 수학자들은 합규약을 거의 따르지 않는다.

내가 보기에, 문제를 대하는 태도를 바꾸면 이러한 차이점을 효과적으로 극복할 수 있다. 물리학자가 말하는 ξ^a는 '특정 좌표계에서 측정한 벡터 $\boldsymbol{\xi}$의 a번째 성분'이 아니라, '벡터 $\boldsymbol{\xi}$ 자체'를 의미한다. 즉, 물리학자들은 ξ^a를 $\boldsymbol{\xi}$의 의미로 쓰는 것이다. α_a도 사정은 마찬가지여서, 물리학자에게는 '1-형식'이라는 의미로 통한다. 사실, 추상-지표 표기법 abstract-index notation이라는 규약을 수용하면 이 표기법은 아무런 문제가 없다.[16] 추상-지표 규약에 의하면, 지표(첨자)들은 1, 2, ⋯, n과 같은 숫자가 아니라 대수학에 입각한 일종의 추상적 표지 abstract marker이다. 이런 식으로 표기하면 특정 좌표계를 도입하지 않아도 첨자표기법의 장점을 그대로 살릴 수 있다(물론 특정 좌표계를 도입해도 상관없다). 그뿐만 아니라, 추상-지표 표기법은 스피너를 다룰 때에도 매우 편리하다.[17]

그러나 추상-지표 표기법은 수식의 중요한 세부사항을 모두 시각화하기가 어렵다는 단점을 갖고 있다. 첨자가 점점 작아져서, 첨자가 정확히 어디 붙었는지 확인하기가 쉽지 않기 때문이다. 이 단점은 앞으로 설명할 다이어그램 표기법diagrammatic notation을 도입하여 어느 정도 극복할 수 있다.

우선, 텐서의 의미부터 정확하게 짚고 넘어가자. 첨자 표기법을 도입했을 때, 다음과 같은 양을 텐서라고 한다.

$$Q_{a\cdots c}^{f\cdots h}$$

여기서 아래첨자의 개수를 q라 하고, 위첨자의 개수를 p라고 하자. p와 q는 음이 아닌 임의의 정수이며, 특별한 대칭성을 가질 필요는 없다. 위와 같은 텐서를 $\begin{bmatrix} p \\ q \end{bmatrix}$-가價 텐서, 또는 간단하게 $\begin{bmatrix} p \\ q \end{bmatrix}$-텐서라고 한다.[18] 대수적인 관점에서 볼 때, 이 양은 q개의 벡터 $\boldsymbol{A}, \cdots, \boldsymbol{C}$와 p개의 코벡터 $\boldsymbol{F}, \cdots, \boldsymbol{H}$의 (다중선형multilinear이라는 특별한 종류의[19]) 함수 $\boldsymbol{Q}$를 나타낸다.

$$\boldsymbol{Q}(\boldsymbol{A}, \cdots, \boldsymbol{C}\ ;\ \boldsymbol{F}, \cdots, \boldsymbol{H}) = A^a \ldots C^c Q_{a\cdots c}^{f\cdots h} F_f \ldots H_h$$

텐서 $\boldsymbol{Q}$를 다이어그램 표기법으로 나타내면 그림 12.17과 같이 독특한 모양의 그림이 된다($\boldsymbol{Q}$는 편의에 따라 사각형, 삼각형, 타원형 등으로 표현된다). 여기서 아래쪽을 향해 나있는 q개의 선분은 아래첨자를 나타내고(다리legs라고 한다), 위쪽을 향한 p개의 선분은 위첨자를 나타낸다(팔arms이라고 한다). 어떤 텐서 표현법에서든, 서로 곱해지는 다양한 요소들은 그림에서 병치하는 것으로 나타낸다. 다만 반드시 일렬로 줄세울 필요는 없다. 임의의 두 첨자가 텐서곱을 통해 축약되는 경우, 이에 해당되는 팔과 다리는 서로 연결되도록 그린다. 그림 12.17과 12.18에는 지금까지 다뤘던 다양한 공식들이 다이어그램 표기법으로 표현되어 있다. 두 개 이상의 팔(또는 다리)을 가로질러 그려진 굵은 선은 해당 첨자가 반

대칭화되어 있다는 뜻이고(첨자 표기법에서 꺾쇠괄호 [ ]에 해당된다),

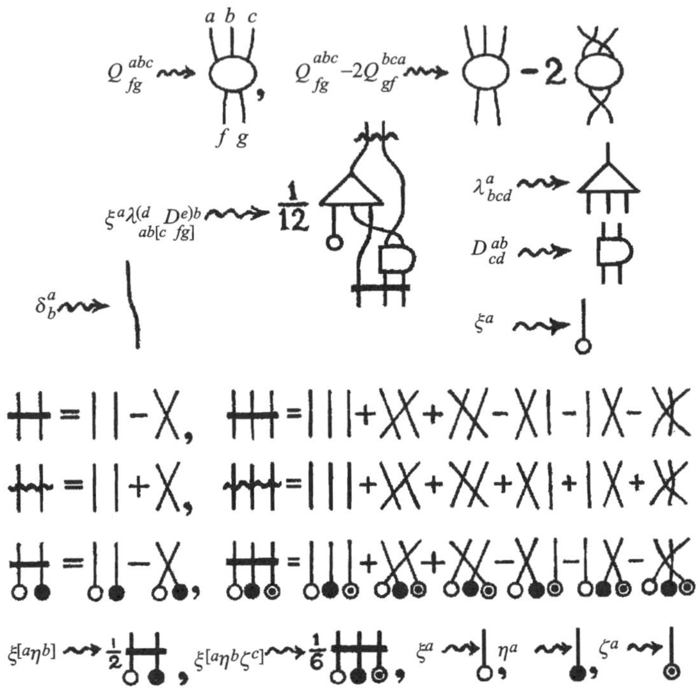

그림 12.17 다이어그램 텐서 표기법. $\begin{bmatrix}3\\2\end{bmatrix}$-가 텐서 Q는 3개의 팔(arm)과 2개의 다리(leg)가 달린 타원으로 표현된다. 일반적으로 $\begin{bmatrix}p\\q\end{bmatrix}$-가 텐서는 p개의 팔과 q개의 다리를 갖고 있다. $Q^{abc}_{fg} - 2Q^{bca}_{gf}$를 표기할 때는 각 선분의 끝에서 첨자의 순서가 지켜지도록 팔/다리를 꼬아 놓는다. 한 쌍의 팔-다리가 서로 연결되어 있으면 해당 첨자가 축약(contraction)된다는 뜻이다. 이것은 위 그림에서 $\xi^a\lambda^{(d}_{ab[c}D^{e)b}_{fg]}$를 통해 표현되어 있다. 또한, 이 다이어그램에는 반대칭 및 대칭을 의미하는 굵은 직선과 굵은 물결선도 표시되어 있다. 앞에 붙어 있는 $\frac{1}{12}$은 대칭화/반대칭화 과정에서 나타나는 상수인데, 다이어그램 표기법에서는 이 값을 별도로 나타낼 수가 없기 때문에 직접 적어 넣은 것이다($\frac{1}{2!} \times \frac{1}{3!} = \frac{1}{12}$). 그림의 아래쪽 반은 대칭화와 반대칭화를 분리하여 표현한 것이다[크로넥커 델타(Kronecker delta) δ^a_b도 다이어그램으로 표현되어 있는데, 자세한 내용은 13.3절에서 다시 언급될 것이다(그림 13.6c 참조)]. 이 표기법은 (다중벡터) 쐐기곱 $\boldsymbol{\xi} \wedge \boldsymbol{\eta}$과 $\boldsymbol{\xi} \wedge \boldsymbol{\eta} \wedge \boldsymbol{\zeta}$ 등을 표현할 때에도 사용될 수 있다.

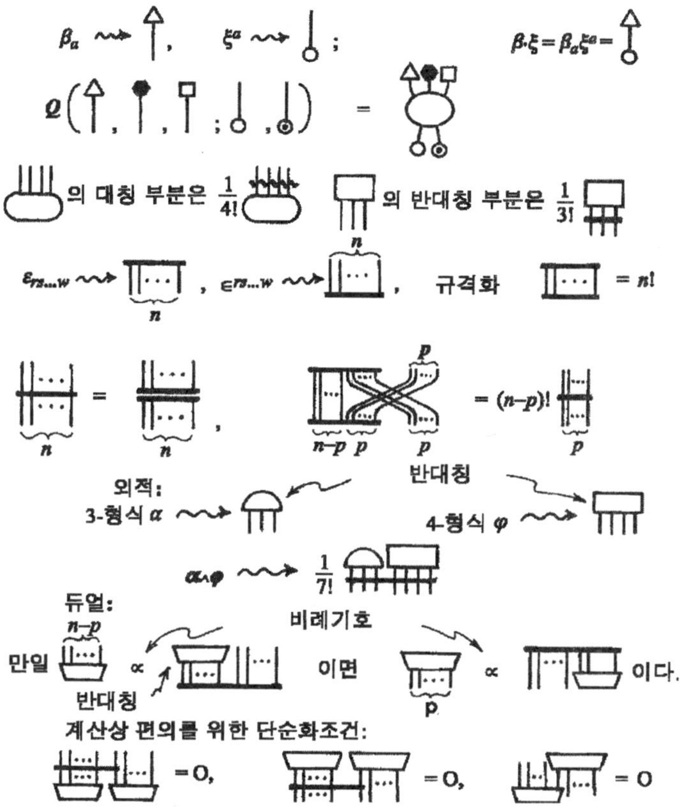

그림 12.18 다이어그램 텐서 표기법의 또 다른 사례들. 코벡터 β(1-형식)의 다이어그램은 하나의 다리를 갖고 있으며, 팔이 하나인 벡터 ξ과 결합되면 스칼라곱이 된다. 일반적으로, $\begin{bmatrix} p \\ q \end{bmatrix}$-가 텐서 Q로 정의된 다중선형 형식(multilinear form)은 p개의 팔(arm)을 코벡터의 p개의 다리에 연결시키고 q개의 다리(leg)를 벡터의 q개의 팔에 연결시키는 식으로 표현된다(그림에서는 $p=3$, $q=2$이다). 또한, 일반적 텐서의 대칭 및 반대칭 부분은 그림 12.17과 같이 굵은 직선과 굵은 물결선으로 표현된다. 이런 표기법을 사용하면 n-형식의 부피 $\varepsilon_{rs\cdots w}$(n차원 공간)과 그 듀얼에 해당되는 n-벡터 $\epsilon^{rs\cdots w}$는 $\varepsilon_{rs\cdots w}\epsilon^{rs\cdots w}=n!$로 규격화된다. 위의 그림에는 $n!\delta^{a}_{[r}\delta^{b}_{s}\cdots\delta^{f}_{w]}=\epsilon^{ab\cdots f}\varepsilon_{rs\cdots w}$($n$ 개의 반대칭 첨자)와 $\varepsilon_{a\cdots cu\cdots w}\epsilon^{a\cdots ce\cdots f}=p!(n-p)!\delta^{e}_{[u}\cdots\delta^{f}_{w]}$도 표현되어 있다(13.3절, 그림 13.6c 참조). 그 아래에는 각 형식(form)의 외적(exterior product) 및 p-형식과 $(n-p)$-벡터 사이의 듀얼관계, 그리고 계산의 편의를 위한 '단순화조건'이 다이어그램으로 표현되어 있다(외미분의 다이어그램은 그림 14.18을 참조할 것).

물결모양의 굵은 선은 대칭화되어 있음을 의미한다(첨자표기법에서 둥근 괄호 ( )에 해당된다). 다이어그램 표기법은 출판물에 인쇄하기가 어렵지만, 칠판이나 노트에 필기할 때는 더 없이 편리하다. 나는 이 표기법을 근 50년 동안 사용해 오고 있다[20](방금 지적한 대로 인쇄하기가 어렵기 때문에, 교과서로 배우는 학생들은 접할 기회가 그리 많지 않다 : 옮긴이).

12.9 복소다양체

마지막으로 10장에서 언급했던 복소다양체에 대해 생각해 보자. 리만 곡면을 1차원으로 간주한다는 것은 복소수에 적용되는 복소해석적 연산만을 다룬다는 뜻이다. 고차원 다양체에서도 좌표 $x^1, \cdots, x^n$을 복소수 $z^1, \cdots, z^n$으로 확장하고 이들로 이루어진 복소해석함수만을 다룬다면 이와 동일한 관점을 유지할 수 있다. 이 경우에도 다양체는 여러 개의 좌표조각을 이어 붙여서 만들어진 것으로 해석될 수 있으며, 각 좌표조각은 좌표공간 $\mathbb{C}^n$에서 열린 영역을 이룬다[$\mathbb{C}^n$ 내부의 각 점들은 n개의 복소수 좌표 $(z^1, \cdots, z^n)$으로 표현된다. 10.2절에서 말한 대로, $\mathbb{C}$는 복소수체계를 나타내는 기호이다]. 이렇게 되면 하나의 좌표조각에서 다른 좌표조각으로 이동할 때 좌표변환을 나타내는 추이함수는 복소해석함수로 주어진다. 그리고 벡터장, 코벡터, p-형식, 텐서 등도 n-다양체에서 했던 것과 동일한 방법으로 정의할 수 있다.

그러나 모든 복소좌표계를 $z^j = x^j + i\,y^j$와 같이 실수부와 허수부로 나눠서 생각하는 관점도 있다(수용 가능한 함수에 복소켤레의 개념을 허용하는 것도 이와 동일한 관점이다. 이런 경우에 모든 연산은 복소해석적일 필요가 없다. 10.1절 참조). 이 관점에서 볼 때 '복소 n-다양체'는

n차원 공간이 아니라 실수로 이루어진 $2n$차원 다양체가 된다(물론, 복소구조complex structure라는 특이한 국소구조를 가진 $2n$차원 다양체이다).

이 개념은 여러 가지 방법으로 체계화할 수 있다. 본질적으로는 '코시-리만 방정식의 고차원 버전'이 있어야 하지만(10.5절 참조), 대개의 경우에는 논리 자체가 이와 사뭇 다른 방법으로 진행된다. 일단, 다양체 위에서 복소벡터장과 실벡터장 사이의 관계를 알아보자. 복소벡터장 $\boldsymbol{\zeta}$는 다음과 같이 쓸 수 있다.

$$\boldsymbol{\zeta} = \boldsymbol{\xi} + i\boldsymbol{\eta}$$

여기서 $\boldsymbol{\xi}$와 $\boldsymbol{\eta}$는 $2n$차원 다양체에서 정의된 일상적인 실벡터장이다. 여기에 '복소구조'를 요구하면 실벡터장들 사이의 상호관계 및 $\boldsymbol{\zeta}$가 복소해석적이 되기 위해 만족해야 할 미분방정식을 유도할 수 있다. 이제, $\boldsymbol{\zeta}$에 i를 곱한 새로운 복소벡터장을 생각해 보자. 이 경우에는 $i\boldsymbol{\zeta} = -\boldsymbol{\eta} + i\boldsymbol{\xi}$이므로, 실벡터장 $\boldsymbol{\xi}$가 $-\boldsymbol{\eta}$로 대치되고 $\boldsymbol{\eta}$는 $\boldsymbol{\xi}$로 대치된다. 이 변환을 나타내는 연산자 $\boldsymbol{J}$를 복소구조라 한다[$\boldsymbol{J}(\boldsymbol{\xi}) = -\boldsymbol{\eta}$, $\boldsymbol{J}(\boldsymbol{\eta}) = \boldsymbol{\xi}$].

$\boldsymbol{J}$가 두 번 가해지면 원래의 벡터장은 부호가 바뀐다($i^2 = -1$). 따라서

$$\boldsymbol{J}^2 = -1$$

임을 알 수 있다. 이 조건은 소위 말하는 '근사 복소구조almost complex structure'를 정의한다. 이것을 실제의 복소구조에 적용해 다양체에 일관된 '복소해석적' 개념이 나타나게 하려면, $\boldsymbol{J}$가 등장하는 모종의 미분방정식[21]이 반드시 만족되어야 한다. 뉴랜더-니렌베르그 정리Newlander-Nirenberg theorem에 의하면[22], 이 미분방정식은 $\boldsymbol{J}$-구조를 갖는 2차원 실

다양체를 n차원 복소다양체로 재해석하기 위한 필요충분조건이다. 이 정리 덕분에 우리는 복소다양체에 대한 두 가지 관점 사이를 자유롭게 오갈 수 있는 것이다.

〈12장 후주〉

12–1절

12.1 이 '수축가능성(shrinkability)'은 7.2절에서 언급한 호모토피(homotopy, 연속변형성 : 그림 7.2 참조)의 관점에서 이해되어야 한다. 따라서 방향이 서로 반대인 폐곡선의 '상쇄(cancellation)'는 일어나지 않는다. 다중연결성은 호모토피 이론의 일부이다. Huggett and Jordan (2001), Sutherland(1975) 참조.

12.2 엄밀히 말해서 이 논리는 완전하지 않다. 양끝이 고정된 벨트를 2π만큼 꼬았을 때 연속적인 변형을 통해 원래의 모양으로 되돌릴 수 없는 이유를 제시하지 않았기 때문이다.[12.17] Penrose and Rindler(1984), pp. 41～44 참조.

12.3 여기서 분자는 점입자로 취급된다. 내부자유도나 회전자유도를 갖는 분자의 경우에는 $\boldsymbol{P}$의 차원이 훨씬 높아진다.

12–2절

12.4 '다양체(manifold)'의 통상적인 개념은 우리의 공간 $\mathcal{M}$이 '위상공간

[12.17] 일상적인 3차원 회전을 '회전축 방향으로 나있으면서 회전각과 길이가 같은 벡터'로 표현한다는 가정 하에 $\mathcal{R}$의 위상(topology)이 반지름 π인 공(ball)으로 표현될 수 있음을 증명하라. 단, 공의 경계는 일상적인 구면이며 구의 각 점들은 대척점(정 반대에 있는 점)을 갖고 있다. 또한, 2π-회전을 나타내는 폐곡선이 점으로 수축될 수 없는 이유를 설명하라.

(topological space)'임을 가정하고 있다. 공간 $\mathcal{M}$에 위상을 부여한다는 것은 어떤 점(point)들의 집합이 '열려 있는지(open : 7.4절 참조)'를 정확하게 지정한다는 뜻이다. 열린 집합은 이들 사이의 교집합과 합집합(유한, 또는 무한개)도 열린 집합이라는 특성을 갖고 있다. 다양체 $\mathcal{M}$은 하우스도르프 조건을 만족할 뿐만 아니라 위상이 파라컴팩트성(paracompactness)을 만족해야 한다. 이 문제와 관련하여 자세한 내용을 알고 싶은 독자들은 Kelley(1965), Engelking(1968), 또는 일반 위상수학 교재를 참고하기 바란다. 그러나 지금 우리에게는 $\mathcal{M}$이 열린 영역 $\mathbb{R}^n$에서 국소적으로 유한한 좌표조각을 이어 붙여 만들어졌다는 조건만으로 충분하다. '국소적으로 유한하다'는 말은 각 좌표조각이 유한한 개수의 다른 좌표조각들과 교차한다는 뜻이다.

다양체를 정의할 때 종종 부과되는 또 하나의 조건은 '연결되었다(connected)'는 것이다. 즉, 다양체는 하나의 조각(공집합이 아닌 둘 이상의 열린집합의 합이 아님)으로 이루어져 있어야 한다. 그러나 나는 본문에서 이 조건을 강조하지 않았다. 연결성이 만족되는 경우에는 그 점을 분명하게 짚고 넘어갈 것이다(유한한 개수의 분리된 조각들은 연결성을 만족할 필요가 없다).

12.5 Kobayashi and Nambu(1963), Hicks(1965), Lang(1972), Hawking and Ellis(1973) 참조. 다양체 $\mathcal{M}$을 정의할 때 한 가지 흥미로운 과정은 $\mathcal{M}$ 위에서 정의된 스칼라장의 가환대수(commutative algebra)로부터 $\mathcal{M}$을 재구성하는 것이다. Chevalley(1946), Nomizu(1956), Penrose and Rindler(1984) 참조. 이 아이디어는 비가환대수로 확장될 수 있으며, 양자시공간 기하학의 현대식 버전이라 할 수 있는 Alain Connes(1994)의 비가환 기하학도 여기에 기초하고 있다(33.1절 참조).

12–3절

12.6 Helgason(2001), Frankel(2001) 참조.

12.7 1-형식 $\boldsymbol{\alpha}$로부터 정의된 $(n-1)$-평면요소들이 '$(n-1)$곡면의 1-매개변수들과 만날' 조건(즉, 스칼라 λ, Φ에 대하여 $\boldsymbol{\alpha} = \lambda d\Phi$일 조건)은 $\boldsymbol{\alpha} \wedge d\boldsymbol{\alpha} = 0$이다. 이것을 '프로베니우스 조건(Frobenius condition)'이라 한다. Flanders(1963) 참조.

12.8 dx^r과 같은 양은 고전적으로 '무한소의 변위(벡터)'를 의미하지만, 지금 우리는 이것을 코벡터로 간주하고 있기 때문에 독자들은 약간의 혼란스러움을 느낄 것이다. 표기법 자체에는 아무런 문제가 없지만 벡터와 코벡터를 헷갈리지 않으려면 세심한 주의를 기울여야 한다! dx^r은 r이 위첨자로 붙어 있으므로 벡터적인 성격을 갖는 양이며, r이 추상-지표(abstract-index)로 사용된 경우는 더 말할 것도 없다(12.8절 참조). 반면에 r이 $r = 2$와 같이 구체적인 값을 갖게 되면 dx^2은 코벡터가 되고, 이 값은 $y = x^2$ ('엑스 제곱'이 아니라 '엑스-투'임)이라는 스칼라의 그래디언트에 해당한다. 그러나 이것은 'd'라는 문자를 어떻게 해석하느냐에 따라 달라질 수 있다. d는 고전 미적분학에서 무한히 작은 양을 나타내지만, 우리의 표기법에서는 기울기(그래디언트)를 의미한다. r을 추상-지표로 간주하고 d를 그래디언트로 해석하면 dx^r은 바로 (추상)크로넥커 델타(Kronecker delta)가 된다!

12–5절

12.9 이것은 'dx'를 바라보는 관점이 달라졌음을 의미한다. $dx \wedge dy$는 반가환적(anticommutative) 특성을 가지므로, 우리는 유향영역(oriented area)의 밀도를 다루고 있는 셈이다.

12.10 이 이름은 우드하우스(N. M. J. Woodhouse)가 명명한 것이다. 이 정

리는 종종 '스톡스 정리(Stokes' s theorem)'로 불리기도 하지만, 이 정리에 스톡스가 한 공헌이라곤 그저 분명히 윌리엄 톰슨(캘빈 경으로 잘 알려진)에게서 영감을 받은 문제를 (케임브리지 대학교의) 시험문제로 낸 사실밖에 없으므로 적절한 이름이라고 볼 수 없다.

12–6절

12.11 Flanders(1963) 참조[이 책에서는 푸앵카레의 도움정리가 역(converse)으로 표현되어 있다].

12.12 위상공간의 컴팩트성은 다른 방식으로도 얼마든지 정의할 수 있지만, 본문에서 정의한 방식이 직관적으로 이해하기가 가장 쉽다.

12.13 더 많은 정보를 원하는 독자들은 Willmore(1959)를 참고하기 바란다.

12–7절

12.14 여기서 말하는 듀얼(dual)은 "코벡터는 벡터의 듀얼(쌍대)이다"의 듀얼과 의미가 다르지만(12.3절 참조), 호지듀얼(Hodge dual)과는 밀접하게 연관되어 있다. 이것은 전자기학(19.2절 참조)과 양자중력이론(31.5, 14, 32.2, 33.11, 12절 참조), 그리고 입자물리학(25.8절 참조)에서 중요한 역할을 한다. 수학에서 같은 단어를 다른 의미로 사용하는 경우는 이밖에도 많이 있다.

12.15 Penrose and Rindler(1984), pp. 165, 166 참조.

12–8절

12.16 Penrose(1968a), pp. 135～141, Penrose and Rindler(1984), pp. 68～103, Penrose(1971) 참조.

12.17 Penrose(1968a), Penrose and Rindler(1984, 1986), Penrose (1971), O'Donnell(2003) 참조.

12.18 여기서 $p+q$를 텐서의 랭크(rank, 계수)라고도 한다. 그러나 행렬

(matrix)에서도 이런 용어가 등장하기 때문에 혼란의 소지가 있다(13.7절, [후주 13.10] 참조).

12.19 다중선형이란 $\boldsymbol{A}, \cdots, \boldsymbol{C} : \boldsymbol{F}, \cdots, \boldsymbol{H}$ 각각에 대하여 선형이라는 뜻이다(13.7～10절 참조).

12.20 Penrose and Rindler(1984), Penrose(1971b), Cvitanovic and Kennedy(1982) 참조.

12-9절

12.21 이것은 '$\boldsymbol{J}$로부터 얻어진 니젠후이스 텐서(Nijenhuis tensor)'가 0이 된다는 것을 의미한다. $J^d_{[a}\partial J^c_{b]}/\partial x^d + J^c_d \partial J^d_{[a}/\partial x^{b]} = 0$

12.22 Newlander and Nirenberg(1957) 참조.

13 대칭군

13.1 변환군

대칭성을 갖는 공간은 현대물리학에서 엄청나게 중요한 역할을 한다. 왜 그런가? 완벽한 대칭이 극히 드문 경우여서 그렇거나, 아니면 불완전한 자연을 근사적으로 표현할 때 대칭이 매우 유용하기 때문일 것이다. 정사각형이나 구와 같이 완벽한 대칭을 이루는 대상들은 이상적인 세계(플라톤의 이상향, 1.3절 참조)에 존재하는 가상의 도형이고, 물리계에 실존하는 물체들은 플라톤의 이상적 도형을 어설프게 흉내낸 것에 불과하기 때문에 완벽한 대칭을 갖고 있지 않다. 그러나 20세기에 커다란 성공을 거둔 물리학이론에 의하면, (중력을 포함한)모든 물리적 상호작용은 근본적인 단계에서 '완벽하게 대칭인' 물리적 구조에 전적으로 의존한다!

물리적 상호작용을 대칭 개념으로 설명한다는 아이디어는 게이지 접속gauge connection에 함축되어 있다. 사실, '게이지'는 그다지 적절한 이름이 아니다. 그러나 이 개념은 다양체 위에서 정의된 일반적인 양(외미분과 관련된 p-형식보다 훨씬 일반적인 양들. 12장 참조)을 미분할 때 대두하는 미묘한 문제들을 해결해 준다. 이와 관련된 내용은 14장과 15

장에서 집중적으로 다룰 예정인데, 그전에 먼저 대칭군symmetry group의 개념을 이해할 필요가 있다. 대칭군은 수학뿐만 아니라 물리학, 화학, 결정학 등의 분야에서 매우 중요하게 취급되고 있다.

가장 간단한 사례부터 생각해 보자. 정사각형은 어떤 대칭을 갖는가? 정사각형의 '반전reflection. 뒤집기'을 허용하느냐에 따라서 답은 두 가지로 나올 수 있다. 먼저 반전을 허용하지 않는 경우부터 따져 보자. 정사각형은 그것을 포함하는 평면 위에서 90°의 정수배만큼 회전시켜도 원래의 모양이 변하지 않는다. 이 회전은 5장에서 했던 것처럼 복소수로 표현할 수 있다. 정사각형이 갖는 네 꼭짓점의 좌표를 1, i, -1, $-i$라 하면(그림 13.1a), 우리의 기본회전은 i를 곱하는 것($i\times$)에 해당된다. i에 지수를 붙이면 90° 회전이 반복되는데, 이들 중 서로 다른 회전에 해당하는 것은 다음 4가지뿐이다(그림 13.1b).

$$i^0 = 1, \qquad i^1 = i, \qquad i^2 = -1, \qquad i^3 = -i$$

i의 4 제곱, 즉 i^4이 곱해지면 원래의 정사각형으로 되돌아오고, 그 다음부터는 동일한 회전이 반복된다. 위에 열거된 네 요소 중 임의로 두 개를 골라 서로 곱해도, 역시 이들 중 하나가 된다.

1, i, -1, $-i$는 수학적 군群. group의 간단한 사례이다. 이 군은 네 개의 원소로 이루어지며 원소들 사이의 '곱셈'은 결합법칙을 만족한다.

$$a(bc) = (ab)c$$

또한, 항등원identity 1은 다음 조건을 만족하고

$$1a = a1 = a$$

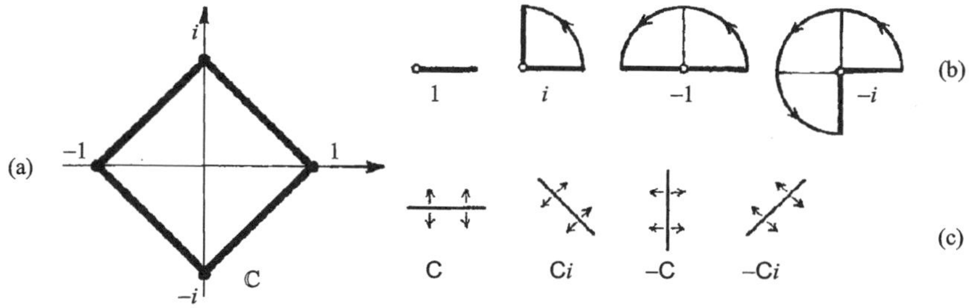

그림 13.1 정사각형의 대칭. (a) 정사각형의 네 꼭짓점은 복소평면 ℂ에서 1, i, -1, $-i$에 대응시킬 수 있다. (b) 반전변환(reflection)을 허용하지 않는 경우, 정사각형의 대칭변환은 복소평면 ℂ에서 $1 = i^0$, $i = i^1$, $-1 = i^2$, $-i = i^3$을 곱하는 연산에 해당된다. (c) 반전을 허용한 경우, 정사각형의 대칭변환에는 C(복소켤레), Ci, $-$C, $-$Ci가 추가된다.

각 원소 a에는 다음 조건을 만족하는 역원inverse a^{-1}이 존재한다.[13.1]

$$a^{-1}a = aa^{-1} = 1$$

원형(반드시 정사각형일 필요는 없음)을 그대로 보존하는 대칭연산은 위에 열거된 법칙을 항상 만족하는데, 이 법칙을 군공리group axioms라 한다.

11장에서 도입한 규약에 의하면 ab는 "b를 먼저 적용하고, 그 결과에 a를 적용한다"는 뜻이다. 이런 식으로 해석하려면 군의 원소(a나 b)는 그 오른쪽에 있는 어떤 대상에 적용되는 것으로 생각해야 한다. 따라서 어떤 대상 $\boldsymbol{\Phi}$에 b가 적용되면 $\boldsymbol{\Phi} \mapsto b(\boldsymbol{\Phi})$가 되고, 여기에 다시 a가 적용되면 $b(\boldsymbol{\Phi}) \mapsto a(b(\boldsymbol{\Phi}))$가 된다. 이 결과는 $\boldsymbol{\Phi}$에 ab가 한 번 적용

[13.1] 모든 a가 $1a = a$, $a^{-1}a = 1$, $a(bc) = (ab)c$를 만족할 때, $a1 = a$와 $aa^{-1} = 1$이 성립함을 증명하라[도움말 : 역원을 갖는 원소는 a뿐만이 아니다].

된 것, 즉 $\Phi \mapsto a(b(\Phi))$, 또는 $\Phi \mapsto ab(\Phi)$로 쓸 수 있다. Φ에 항등원 1이 적용되면 아무런 변화가 없고(당연히, 항상 대칭이다), 역원이 적용되면 원래 변환의 역과정으로 변환이 일어난다.

반전을 허용하지 않는 정사각형 변환군의 경우, 원소들 사이에는 교환법칙이 성립한다.

$$ab = ba$$

원소들이 교환법칙을 만족하는 군을 가환군Abelian group. 아벨군이라고 한다(젊은 나이에 요절한 노르웨이 수학자 닐스 헨리크 아벨Niels Henrik Abel의 이름에서 따온 명칭이다).[1] 따라서 복소수의 곱으로 표현되는 군은 가환군이다(원래 복소수는 교환법칙을 만족하기 때문이다). 5장의 끝 부분에서도 이런 사례를 접한 적이 있다. 1의 n 제곱근들은 순환군 $\mathbb{Z}_n$을 이룬다.[13.2]

이제 정사각형에 배향이 뒤집히는 반전변환을 허용해 보자. 이 경우에도 정사각형의 원형이 보존되는 변환을 복소수로 표현할 수 있다. 단, 앞에서 도입한 네 개의 복소수로는 모자라기 때문에 새로운 복소수를 도입해야 한다. 실수축을 중심으로 정사각형을 뒤집는 변환을 C로 표기하자(C는 $x+iy$를 $x-iy$로 변환시키는 복소켤레 연산자이다. 10.1절과 그림 10.1 참조). 그러면 C는 다음과 같은 곱셈법칙을 만족한다(그림 13.1c 참조).[13.3]

[13.2] 벡터공간이 가환군인 이유를 설명하라[군의 곱셈연산은 벡터공간에서 덧셈연산이 된다. 이러한 군을 덧셈 가환군(additive Abelian group)이라 한다].

[13.3] 이 관계식을 증명하라[Ci는 i를 먼저 곱하고 C(복소켤레)를 적용한다는 뜻이다]. (도움말 : 이 원소들의 적용 대상으로는 1과 i만 고려해도 충분하다. 왜 그런가?)

$$\mathrm{C}i=(-i)\mathrm{C},\quad \mathrm{C}(-1)=(-1)\mathrm{C},\quad \mathrm{C}(-i)=i\mathrm{C},\quad \mathrm{CC}=1$$

[앞으로 $(-i)\mathrm{C}$는 $-i\mathrm{C}$로 표기할 것이다[2]] 전체 군의 곱셈법칙은 다음의 기본 관계식으로부터 유추할 수 있다.[13.4]

$$i^4=1,\quad \mathrm{C}^2=1,\quad \mathrm{C}i=i^3\mathrm{C}$$

마지막 식에서 보는 바와 같이, 이 군은 비가환군이다. 서로 독립인 원소의 개수를 군의 '차수order'라 한다. 반전이 허용된 정사각형 변환군의 차수는 8이다.

그다음으로, 평범한 구球의 회전대칭군에 대해 알아보기로 하자. 앞에서와 마찬가지로 반전을 허용하지 않는 경우부터 살펴보자. 구는 정사각형과 달리 중심을 지나는 임의의 축에 대하여 임의의 각도로 회전시켜도 원래의 모양이 변하지 않으므로, 대칭군의 원소가 무한히 많다. 이 경우에 대칭군은 3차원 공간을 이루는데, 12장에서 언급했던 3-다양체 $\mathcal{R}$이 여기에 해당한다. 수학자와 물리학자들은 3차원 비반전 직교군 nonreflective orthogonal group을 SO(3)라는 이름으로 부르고 있다.[3] 여기에 반전을 허용하면 완전히 새로운 대칭군(새로운 3-다양체)이 얻어지는데, 이것은 SO(3)와 연결되어 있지 않다disconnected. 즉, 이 군에는 구의 배향의 역전reversal(구의 중심을 지나는 평면에 대한 반전을 의미함 : 옮긴이)이 포함되어 있다. 이 경우에 전체 군은 '연결되지 않은' 3-다양체를 이루며, 분리된 두 개의 조각으로 이루어진다(그림 13.2 참조). 이렇게 만들어진 전체 군공간group space을 O(3)라 한다.

[13.4] 직접 증명해 보라.

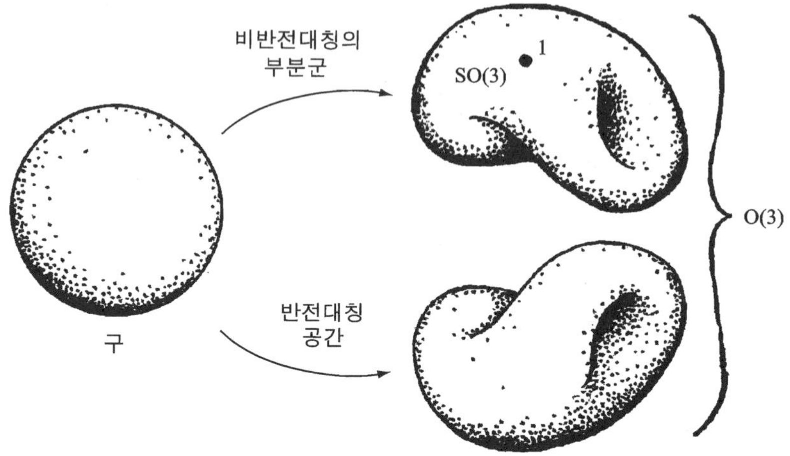

그림 13.2 구의 회전대칭. 전체 대칭군 O(3)는 연결되지 않은(disconnected) 3-다양체이며, 두 개의 조각으로 이루어져 있다. 이들 중 비반전대칭군 SO(3)는 O(3)의 (정규)부분군(subgroup)으로서 항등원 1을 포함하며, 다른 하나는 반전대칭을 포함하고 있다.

지금까지 언급한 두 가지 군은 유한군finite group과 연속군continuous group(또는 리군Lie group이라고도 한다. 13.6절 참조)의 대표적인 사례이다.[4] 물론 이들 사이에는 커다란 차이점이 있지만, 군의 중요한 성질 중 상당 부분을 공유하고 있기도 하다.

13.2 부분군과 단순군

군이론에서 중요하게 취급되는 개념 중 하나로 부분군subgroup이 있다. 주어진 군의 원소들 중 일부를 취했을 때, 이들이 원래의 군과 동일한 곱셈법칙과 역연산inversion operation을 만족한다면 이들만으로 하나의 군이 형성된다. 이렇게 만들어진 군을 원래 군의 부분군이라 한다. 부분군은 현대 입자물리학에서 매우 중요하게 취급되는 개념이다. 물리학자들은 서로 다른 입자들이 근본적인 단계에서 어떤 대칭성을 통해 연결되어 있다고 믿고 있다. 입자들뿐만 아니라 입자들 사이에서 일어나는 상호작용도 특정한 대칭성으로 연결되어 있다. 그러나 대부분 전체 대칭군이 확연하게 드러나지 않고, 대칭 일부가 부분군으로 '붕괴되어' 나타난다. 그러므로 원래 대칭군으로부터 어떤 부분군이 가능한지를 분석하는 것은 입자물리학의 체계를 세우는 데 매우 중요한 작업이라고 할 수 있다. 이 문제는 25.5 ~ 8, 26.11, 28.1절에서 자세히 다룰 예정이다.

앞에서 다뤘던 예제로 되돌아가서, 어떤 부분군이 가능한지 알아보자. 정사각형의 비반전대칭은 전체 8개의 원소 중 4 원소 $\{1, i, -1, -i\}$로 이루어진 부분군을 이룬다. 그리고 비반전 회전군 SO(3)는 전체군 O(3)의 부분군이다. 정사각형 대칭의 또 다른 부분군으로는 $\{1, -1, \mathrm{C}, -\mathrm{C}\}$로 이루어진 군을 들 수 있다. 물론, $\{1, -1\}$도 부분군이다.[13.5] 항등원 하나만으로 이루어진 군 $\{1\}$은 모든 군의 '자명한' 부분군을 이룬다(군 자체도 자신의 부분군이다. 이것은 전체 집합이 자기자신의 부분집합인 것과 같은 이치이다).

위에 언급된 모든 부분군들은 정규부분군normal subgroup의 대표적인 사례이다. 주어진 군에서 취한 임의의 원소가 특정 부분군과 가환일 때(즉, 특정 부분군의 모든 원소와 교환법칙이 성립할 때), 이 부분군을 정규부분군이라 한다. 좀 더 구체적인 사례를 들어 보자. $\mathcal{S}$가 군 $\mathcal{G}$의 부분군일 때, $\mathcal{G}$에서 하나의 원소 g를 취하여 $\mathcal{S}$에 있는 모든 원소와 일일이 곱한 결과(변환대상에 g를 먼저 적용한 후, $\mathcal{S}$의 원소를 적용한 결과)를 $\mathcal{S}g$

[13.5] 여기 제시된 모든 군이 부분군임을 증명하라([후주 13.2]를 기억할 것).

로 표기하자(이때 $\mathcal{S}$를 g의 후곱postmultiplication이라 한다). $\mathcal{S}$를 정사각형 대칭군의 부분군 $\{1, -1, \mathrm{C}, -\mathrm{C}\}$로 잡고 $g = i$를 취하면 $\mathcal{S}i = \{i, -i, \mathrm{C}i, -\mathrm{C}i\}$가 된다. 이와는 반대로 $\mathcal{S}$에 g의 전곱premultiplication을 취하여 $g\mathcal{S}$를 계산하면 $i\mathcal{S} = \{i, -i, i\mathrm{C}, -i\mathrm{C}\}$이다. 이제 $\mathcal{S}$가 $\mathcal{G}$의 정규부분군이 되려면 두 결과가 정확하게 같아야 한다. 즉,

$$\mathcal{G} \text{ 안의 모든 } g \text{ 원소에 대하여 } \mathcal{S}g = g\mathcal{S}$$

를 만족해야 한다. 우리의 예제에서는 이 조건이 만족된다는 것을 쉽게 알 수 있다($\mathrm{C}i = -i\mathrm{C}$, $-\mathrm{C}i = i\mathrm{C}$이다). 괄호{ } 안의 원소들에는 특별한 순서가 정해져 있지 않기 때문에 $\mathcal{S}g$와 $g\mathcal{S}$는 같다($i\mathrm{C}$와 $-i\mathrm{C}$의 순서가 바뀌어도 상관없다. 동일한 원소들로 구성되어 있으면 동일한 군이다. 괄호 안에서 원소가 등장하는 순서와는 상관없다).

정사각형 대칭군의 부분군 중에는 정규부분군이 아닌 것도 있다(이것을 비정규부분군non-normal subgroup이라 한다). 예를 들어 두 개의 원소로 이루어진 부분군 $\{1, \mathrm{C}\}$는 $\{1, \mathrm{C}\}i = \{i, \mathrm{C}i\}$이고 $i\{1, \mathrm{C}\} = \{i, -\mathrm{C}i\}$이므로 비정규부분군이다. 이 부분군은 정사각형의 중심에서 오른쪽 수평방향으로 화살표를 그려 넣었을 때 나타나는 대칭군에 해당된다(그림 13.3a 참조). 또 다른 비정규부분군 $\{1, \mathrm{C}i\}$는 화살표를 오른쪽 아래방향으로 그렸을 때 나타나는 대칭군이다(그림 13.3b 참조).[13.6] O(3)의 경우, 자명하지 않은 정규부분군은 SO(3) 단 하나뿐이지만,[13.7] 비정규부분군은 여러 개 존재한다. 구면 위에서 적당한 위치의 점을 유한한

[13.6] 이 사실을 직접 확인하고, 두 개의 비정규부분군을 더 찾아보라. 그리고 비정규부분군이 더는 존재하지 않음을 증명하라.

[13.7] 증명해 보라[도움말 : 회전에 대하여 불변인 회전집합을 찾아보라].

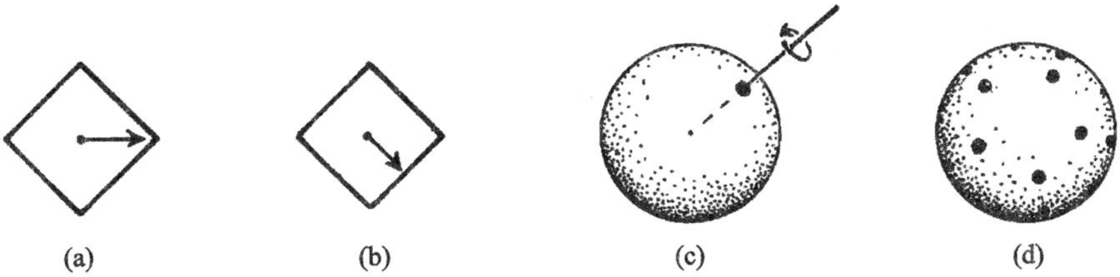

그림 13.3 (a) 그림 13.1의 정사각형에 오른쪽으로 향하는 화살표를 그려 넣으면 대칭군은 비정규부분군 $\{1, C\}$로 축소된다. (b) 화살표를 오른쪽 아래방향으로 그려 넣으면 대칭군은 또 다른 비정규부분군 $\{1, Ci\}$로 축소된다. (c) 그림 13.2의 구(球)에 점 하나를 표시해 놓으면 전체 대칭이 O(3)의 비정규부분군 O(2)로 축소된다. O(2)는 구의 원점과 이 점을 연결하는 축에 대한 회전대칭을 의미한다. (d) 구에 내접하는 정다면체의 꼭짓점을 표시해 놓았을 때(위 그림에는 정12면체가 표시되어 있다), 해당 대칭군은 O(3)의 유한 (비정규)부분군이다.

개수만큼 표시한 후, 이들의 위치가 변하지 않는 회전연산을 모으면 O(3)의 비정규부분군이 얻어진다. 표시된 점이 단 하나뿐인 경우, 여기 해당되는 부분군은 '구의 중심과 그 점을 연결하는 직선축에 대한 회전'만을 포함한다(그림 13.3c 참조). 또는 구에 내접하는 정다면체의 꼭짓점이 구의 표면과 만나는 점들을 표시해 놓았을 때, 이 점들의 위치가 보존되는 회전대칭군은 원소의 개수가 유한하고, 해당 정다면체의 대칭군으로 이루어져 있다(그림 13.3d 참조).

군 $\mathcal{G}$가 자명하지 않은 정규부분군을 갖고 있으면 여러 개의 작은 군으로 쪼갤 수 있다. 이런 이유 때문에 정규부분군은 물리학에서 중요하게 취급되고 있다. 군 $\mathcal{G}$의 정규부분군을 $\mathcal{S}$라 했을 때, $\mathcal{S}g$는 그 자체로 군을 이룬다(g는 $\mathcal{G}$의 원소들 중 어떤 것이어도 상관없다). 여기서 한 가지 짚고 넘어갈 것은 $g_1 \neq g_2$인 경우에도 $\mathcal{S}g_1 = \mathcal{S}g_2$가 될 수 있다는 점이다. 임의의 부분군 $\mathcal{S}$로 만들어진 $\mathcal{S}g$를 $\mathcal{G}$의 '잉여류coset'라고 한다. 방금 말한 대로 $\mathcal{S}$가 정규부분군이면 잉여류 $\mathcal{S}g$도 군을 이루는데, 그 이유는 다음과 같다. 두 개의 잉여류 $\mathcal{S}g$와 $\mathcal{S}h$(g와 h는 $\mathcal{G}$의 원소이다)를 서로 곱하면

$$(\mathcal{S}g)(\mathcal{S}h) = \mathcal{S}(gh)$$

이 되는데, $\mathcal{S}$가 정규부분군이면 모든 군 공리group axioms가 만족된다(좌변의 잉여류에서 g와 h로 어떤 원소를 택하느냐에 상관없이 우변은 항상 '잘 정의되어well defined' 있기 때문이다).[13.8] 이런 식으로 정의된 군을 정규부분군 $\mathcal{S}$에 의한 $\mathcal{G}$의 인자군factor group이라 하고 기호로는 $\mathcal{G}/\mathcal{S}$로 표기한다. 또한, $\mathcal{G}/\mathcal{S}$는 $\mathcal{S}$가 정규부분군이 아닌 경우에도 잉여류 $\mathcal{S}g$의 인자공간factor space(인자공간은 군이 아님)을 나타내기도 한다.[13.9]

자명하지 않은 정규부분군을 갖지 않는 군을 단순군simple group이라 하는데, 대표적인 사례로는 SO(3)를 들 수 있다. 단순군은 군론의 기본을 이루는 개념으로서, 특히 유한단순군과 연속단순군은 19～20세기에 중요한 진전을 이루었다. 연속군(즉, 리군)은 독일의 수학자 빌헬름 킬링Wilhelm Killing, 1847～1923에 의해 비약적인 발전을 이룩했는데, 1888～1890년에 걸쳐 발표된 그의 논문은 1894년에 프랑스의 위대한 기하학자이자 대수학자였던 엘리 카르탕에 의해 비로소 완성되었다(카르탕은 12장에서 이미 등장한 인물이며, 17장에서 또 마주치게 될 것이다).[5] 카

[13.8] 직접 증명해 보라. 그리고 $\mathcal{S}$가 비정규부분군이면 군 공리가 만족되지 않는다는 것을 증명하라.

[13.9] 임의의 유한부분군 $\mathcal{S}$에 대하여 $\mathcal{G}/\mathcal{S}$의 원소 개수가 '$\mathcal{G}$의 차수/$\mathcal{S}$의 차수'와 같음을 증명하라.

르탕의 논문은 수학 역사상 가장 뛰어난 논문으로 평가받으며, 그가 창안했던 군 분류법은 지금까지도 수학 및 물리학 분야에서 통용되고 있다. 이 분류법에 의하면 모든 연속군은 네 개의 고전군classical group $\mathbf{A}_m$, $\mathbf{B}_m$, $\mathbf{C}_m$, $\mathbf{D}_m$ [$m = 1, 2, 3, \cdots$: 군의 차원dimension은 각각 $m(m+2)$, $m(2m+1)$, $m(2m+1)$, $m(2m-1)$이다. 13.10절 참조]과 다섯 개의 예외군exceptional group $\mathbf{E}_6$, $\mathbf{E}_7$, $\mathbf{E}_8$, $\mathbf{F}_4$, $\mathbf{G}_2$로 분류된다(군의 차원은 각각 78, 133, 248, 52, 14이다).

유한단순군의 분류는 이보다 훨씬 복잡하여, 20세기에 활동했던 수많은 수학자에 의해 서서히 이루어져 오다가(최근에는 컴퓨터의 도움을 많이 받았다) 1982년이 되어서야 비로소 완성되었다.[6] 단순군의 분류법에도 유한한 개수의 예외군이 등장하는데, 이들 중 규모가 가장 큰 '몬스터'는 다음과 같이 엄청난 차수를 갖고 있다.

몬스터군monster group의 차수

$$= 808017424794512875886459904961710757005754368000000000$$
$$= 2^{46} \times 3^{20} \times 5^{9} \times 7^{6} \times 11^{2} \times 13^{3} \times 17 \times 19 \times 23 \times 29 \times 31 \times 41 \times 47 \times 59 \times 71$$

예외군은 현대 이론물리학에서 각별한 주목의 대상이다. 특히 $\mathbf{E}_8$군은 끈이론에서 매우 중요한 역할을 하며(31.14절 참조), 많은 사람들은 '한량없이 크지만 유한한' 몬스터군들이 미래의 물리학이론을 좌우할 것이라고 굳게 믿고 있다.[7]

단순군의 분류는 군 전체의 분류법에 중요한 실마리를 제공한다. 앞서 지적한 대로, 일반적인 군은 단순군(그리고 가환군)으로부터 만들어질 수 있기 때문이다. 그뿐만 아니라, 하나의 단순군으로부터 다른 단순군을 만들어 내는 과정에서 더욱 많은 정보를 얻을 수 있다. 가장 단순한 예를 들어 보자. 군 $\mathcal{G}$와 $\mathcal{H}$가 주어지면 이들을 결합한 '곱셈군product group' $\mathcal{G} \times \mathcal{H}$를 만들 수 있다. 곱셈군의 원소는 $\mathcal{G}$의 원소 g와 $\mathcal{H}$의 원소 h로 만들 수 있는 모든 쌍 (g, h)으로 이루어져 있다. 이때 (g_1, h_1)과 (g_2, h_2)의 곱셈은 다음과 같이 정의된다.

$$(g_1, h_1)(g_2, h_2) = (g_1 g_2, h_1 h_2)$$

이들이 군공리를 만족한다는 사실은 어렵지 않게 증명할 수 있다. 입자물리학에 등장하는 군은 대부분 단순군의 곱셈군(또는 이들의 변형)이다.[13.10]

13.3 선형변환과 행렬

일반적인 군이론에서는 벡터공간의 특정 대칭군들이 핵심적인 역할을 한다. 벡터공간의 대칭은 벡터공간의 구조가 보존되는 선형변환으로 표현될 수 있다.

벡터공간 V에서 벡터끼리의 덧셈과 벡터와 상수의 곱셈은 11.1절과 12.3절에서 이미 정의한 바 있다. 벡터덧셈의 기하학적 구조는 평행사변형법칙으로 이해할 수 있고, 상수와 벡터의 곱셈은 벡터의 길이를 상수만큼 늘이거나 줄이는 식으로 시각화할 수 있다(그림 13.4 참조). 지금까지 우리는 벡터공간을 실수 범주 안에서 이해해 왔지만, 사실은 복소 벡터공

[13.10] 임의의 두 군 $\mathcal{G}$, $\mathcal{H}$에 대하여 $\mathcal{G} \times \mathcal{H}$가 군임을 증명하라. 그리고 인자군 $(\mathcal{G} \times \mathcal{H})/\mathcal{G}$가 $\mathcal{H}$와 같음을 증명하라.

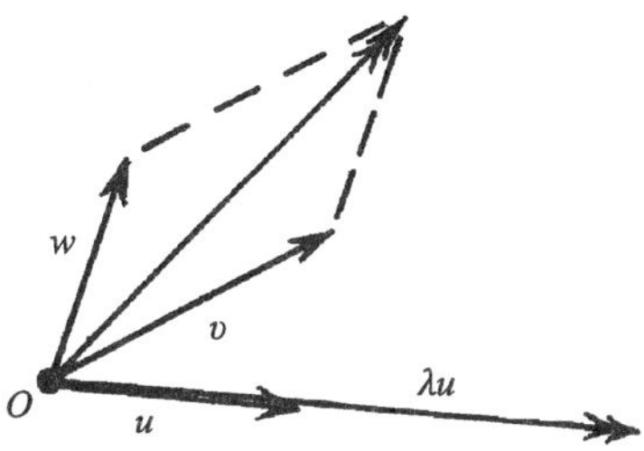

그림 13.4 선형변환은 벡터공간의 기본 구조를 변형시키지 않는다. 이 구조는 벡터끼리의 덧셈(그림 속의 평행사변형)과 상수 λ와 벡터의 곱셈(λ는 실수지만 복소 벡터공간에서는 복소수가 될 수도 있다)으로 정의된다. 이러한 변환 하에서(원점이 이동하지 않는다면) 직선의 '곧은 성질'과 '평행성'은 그대로 유지된다.

간도 얼마든지 가능하다(복소수는 마법을 부릴 수 있기 때문에, 많은 분야에서 실벡터공간보다 훨씬 중요하게 취급되고 있다!). 물론, 복소수로 확장된 벡터공간은 그림으로 이해하기가 절대 쉽지 않다. V의 선형변환은 공간의 기본구조를 변형시키지 않으면서 V를 자기 자신으로 보내는 변환이다. 일반적으로는 하나의 벡터공간을 다른 벡터공간으로 변형시키는 변환을 선형변환으로 간주한다.

선형변환은 행렬matrix이라는 숫자배열을 이용해서 말끔하게 표현할 수 있다. 행렬은 수학에서 매우 중요하게 취급되는 분야이다. 이 절에서는 행렬이 만족하는 우아한 대수법칙에 대하여 알아볼 것이다(13.4, 5절도 참고할 것). 13.3 ~ 7절에서는 '행렬의 기본이론과 연속군 이론에의 응용'을 주로 다루게 될 텐데, 이 내용은 양자이론을 이해하는 데 반드시 필요한 것들이다. 행렬과 관련된 기초수학을 이미 알고 있거나, 양자이론으로 깊이 들어가는 것을 원치 않는 독자들은 이 절을 뛰어넘어도 무방하다.

선형변환을 가시적으로 이해하기 위해, 3차원 벡터공간과 13.1절에서 언급했던 O(3) 회전군[또는 SO(3)]을 예로 들어 보자. O(3)와 관련된 구는 3차원 유클리드 공간 $\mathbb{E}^3$에 존재하며(이 공간은 구의 중심과 원점 O가 일치하는 벡터공간으로 간주할 수 있다[8]), 직교좌표 (x, y, z)를

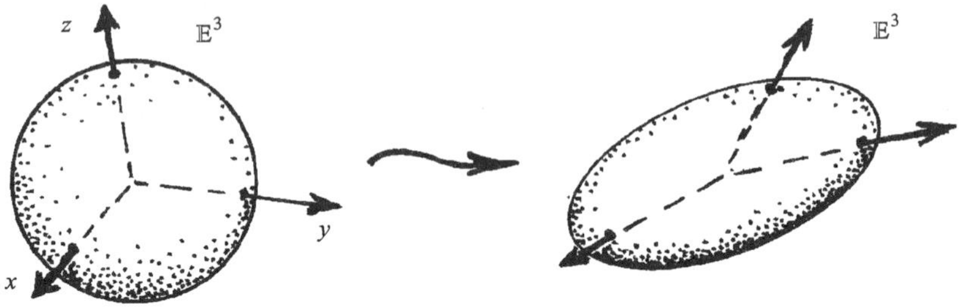

그림 13.5 $\mathbb{E}^3$에 선형변환이 가해지면(그림에는 $\mathbb{E}^3$가 직교좌표로 표현되어 있다) $x^2+y^2+z^2=1$로 표현되는 단위구가 타원체(ellipsoid)로 변한다. 직교군 O(3)는 단위구의 형태가 보존되는 $\mathbb{E}^3$-선형변환으로 이루어져 있다.

이용하여 다음 방정식으로 나타낼 수 있다.[13.11]

$$x^2+y^2+z^2=1$$

여기서 구의 회전은 $\mathbb{E}^3$의 선형변환으로 표현되며, 그중에서도 '직교변환orthogonal transformation'이라는 특수한 형태의 변환과 밀접하게 관련되어 있는데, 이에 관한 내용은 13.8절에서 다룰 것이다(13.1절 참조).

그러나 일반적인 선형변환은 그림 13.5와 같이 구를 타원체ellipsoid로 찌그러트린다(혹은 잡아 늘인다). 기하학적 관점에서 볼 때, 선형변환에서는 선의 직진성straightness과 두 직선의 '평행성'이 그대로 유지되지만, 직각을 비롯한 다양한 각도들은 비등방적으로anisotropic 달라질 수도 있다.

이제 직교좌표 x, y, z를 이용하여 선형변환을 표현해 보자. 변환이 가해진 후 새롭게 등장하는 좌표는 원래 좌표의 선형결합linear combin-

---

[13.11] 2.1절에서 언급한 피타고라스 정리에 입각하여, 이 방정식이 원점 O로부터 거리 1만큼 떨어져 있는 모든 점을 나타낸다는 것을 증명하라.

[13.12] 이유를 설명할 수 있겠는가? 차원을 2로 줄여서 증명해 보라.

ation으로 표현된다. 즉, α, β, γ가 상수일 때 새로운 좌표는 $\alpha x + \beta y + \gamma z$의 형태이다.[13.12] 세 개의 좌표들이 모두 이와 같은 형태로 표현되므로, 우리에게는 3개의 관계식이 주어지는 셈이다. 이들을 일일이 나열할 수도 있지만, 12장에서 도입했던 지표 표기법index notation을 이용하면 매우 간단한 형태로 쓸 수 있다. 이를 위해서는 직교좌표를 (x, y, z) 대신 (x^1, x^2, x^3)로 표기하는 것이 편리하다.

$$x^1 = x,\ x^2 = y,\ x^3 = z$$

(다시 한 번 강조하지만, x에 붙은 위첨자는 지수가 아니다. 12.2절 참조) 3차원 유클리드 공간에 속하는 임의의 점은 x^a라는 성분을 갖는다($a = 1, 2, 3$). 지표 표기법을 사용하면 차원을 확장했을 때 매우 편리하다. x^a의 a가 $1, 2, \cdots, n$을 취할 수 있다고 정해 놓으면 임의의 차원에서 동일한 표기법을 사용할 수 있기 때문이다. 물론, 지금은 $n = 3$에 해당된다.

지표 표기법과 아인슈타인 합규약을 채용했을 때(12.7절 참조), 선형변환의 일반적인 형태는 다음과 같이 쓸 수 있다.9, [13.13]

$$x^a \mapsto T^a{}_b x^b$$

이 선형변환을 $\boldsymbol{T}$로 표기하자. 모든 성분 $T^a{}_b$가 결정되면 하나의 선형변환 $\boldsymbol{T}$가 정의되며, 이 성분들은 $n \times n$ 행렬로 표현된다. 위에 적은 방정식을 3차원 공간에 적용한 결과는 아래와 같다.

$$\begin{pmatrix} x^1 \\ x^2 \\ x^3 \end{pmatrix} \mapsto \begin{pmatrix} T^1{}_1 & T^1{}_2 & T^1{}_3 \\ T^2{}_1 & T^2{}_2 & T^2{}_3 \\ T^3{}_1 & T^3{}_2 & T^3{}_3 \end{pmatrix} \begin{pmatrix} x^1 \\ x^2 \\ x^3 \end{pmatrix}$$

[13.13] 이것을 3차원의 경우에 구체적으로 증명해 보라.

이 관계식을 대수적으로 풀어쓰면 $x^1 \mapsto T^1{}_1 x^1 + T^1{}_2 x^2 + T^1{}_3 x^3$ 등이 된다.[13.14]

이 변환식은 첨자나 좌표기호 없이 $\boldsymbol{x} \mapsto \boldsymbol{Tx}$로 나타낼 수도 있다. 또는 추상-지표 표기법(12.8절 참조)을 이용하면 $x^a \mapsto T^a{}_b x^b$가 되는데, 이것은 성분을 표기한 것이 아니라 추상적인 변환 $\boldsymbol{x} \mapsto \boldsymbol{Tx}$를 의미한다(이럴 때는 첨자가 성분을 의미하는지, 아니면 추상적 표기인지를 말해주는 부가설명이 있어야 한다). 좀 더 시각적인 표현을 원한다면 그림 13.6a와 같은 다이어그램을 사용할 수도 있다. 이 책에서 별도의 설명이 없는 경우에는 수들의 행렬($T^a{}_b$)이나 추상적 선형변환 $\boldsymbol{T}$를 구별하지 않고 섞어서 사용할 것이다(행렬의 각 성분 $T^a{}_b$는 벡터공간 V를 서술하는 좌표계에 따라 달라지지만, $\boldsymbol{T}$는 그렇지 않다).

$\boldsymbol{T}$ 다음에 적용되는 두 번째 선형변환 $\boldsymbol{S}$를 생각해 보자. 이들의 곱 $\boldsymbol{R} = \boldsymbol{ST}$를 성분별로(또는 추상-지표 표기법으로) 표현하면 다음과 같다.

$$R^a{}_c = S^a{}_b T^b{}_c$$

(각 첨자에는 합규약이 적용된다!)[13.15] 그림 13.6b는 $\boldsymbol{ST}$를 다이어그램으로 표현한 것이다. 연속적으로 적용되는 선형변환을 다이어그램으로 표기할 때에는 이들을 수직방향 줄로 연결한다. 이렇게 하면 연속변환을 아무런 혼동 없이 편리하게 나타낼 수 있다. 그러나 '지표선index line'을 수평방향으로 그리는 방식을 채용해도 상관없다(이 방법을 사용하면 대수

[13.14] x^2, x^3에 대한 관계식도 적어 보라. 그리고 이들이 $x^a \mapsto T^a{}_b x^b$와 일치한다는 사실을 확인하라.

[13.15] 3×3 정사각행렬을 이용하여 $\boldsymbol{R}$, $\boldsymbol{S}$, $\boldsymbol{T}$사이의 관계를 표현하라. 행렬 곱셈법칙을 알고 있다면 이 관계식의 의미를 이해할 수 있을 것이다.

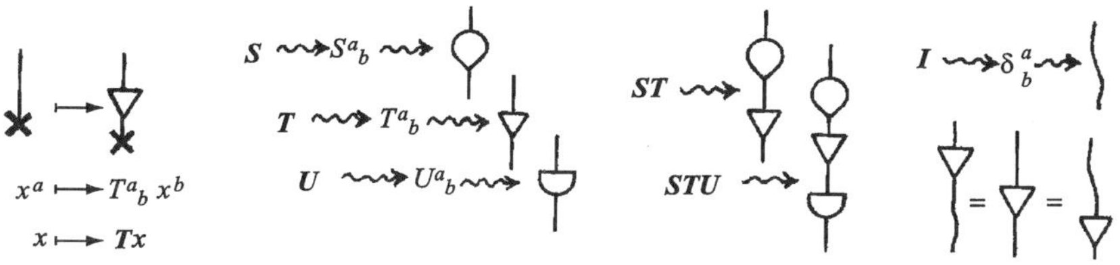

그림 13.6 (a) 선형변환 $x^a \mapsto T^a{}_b x^b$는 첨자 없이 $\boldsymbol{x} \mapsto \boldsymbol{Tx}$를 의미하는 다이어그램으로 나타낼 수 있다[또는 첨자(지표)를 추상적 의미로 이해할 수도 있다]. (b) 선형변환 $\boldsymbol{S}$, $\boldsymbol{T}$, $\boldsymbol{U}$와 이들의 곱 $\boldsymbol{ST}$, $\boldsymbol{STU}$의 다이어그램. (c) 크로넥커 델타 δ^a_b, 곧 항등변환(identity transformation) $\boldsymbol{I}$는 '기호가 빠진 선'으로 나타낼 수 있다. 이렇게 하면 $T^a{}_b\delta^b_c = T^a{}_c = \delta^a_b T^b{}_c$의 관계가 자동으로 성립한다(그림 12.17 참조).

적 표기법과 다이어그램 표기법이 직관적으로 분명하게 연결된다).

항등identity 선형변환 $\boldsymbol{I}$는 아래와 같이 δ^a_b로 표현되는 성분을 갖고 있다(크로넥커 델타의 첨자는 δ^a_b와 같이 수직위치를 이동시키지 않고 나타내는 것이 상례이다).

$$\delta^a_b = \begin{cases} a = b\text{일 때} & 1 \\ a \neq b\text{일 때} & 0 \end{cases}$$

따라서 다음 관계식이 성립하며[13.16]

$$T^a{}_b\delta^b_c = T^a{}_c = \delta^a_b T^b{}_c$$

$\boldsymbol{TI} = \boldsymbol{T} = \boldsymbol{IT}$의 대수적 관계가 성립된다. δ^a_b의 성분을 갖는 사각 행렬은 주 대각선main diagonal(왼쪽 위에서 오른쪽 아래로 이어지는 선) 방향으로 늘어선 성분의 값이 모두 1이고 나머지는 모두 0이다. 따라서

[13.16] 증명해 보라.

$n=3$일 때 δ_b^a 대각행렬은 다음과 같다.

$$\begin{pmatrix} 1 & 0 & 0 \\ 0 & 1 & 0 \\ 0 & 0 & 1 \end{pmatrix}$$

다이어그램 표기법에서 크로넥커 델타를 기호가 빠진 선으로 표현하면 위 관계식들을 자동으로 만족한다(그림 13.6c 참조).

벡터공간 전체를 낮은 차원의 부분공간subspace으로 사상하는 선형변환을 특이singular변환이라고 한다.[10] 다음과 같은 조건을 만족하는 벡터 $\boldsymbol{v}$가 존재하면 $\boldsymbol{T}$는 특이변환이 된다.[13.17]

$$\boldsymbol{Tv}=0$$

주어진 선형변환 $\boldsymbol{T}$가 특이변환이 아닌 경우에는 역변환 $\boldsymbol{T}^{-1}$이 존재하며, [13.18] 다음 조건을 만족한다.

$$\boldsymbol{TT}^{-1}=\boldsymbol{I}=\boldsymbol{T}^{-1}\boldsymbol{T}$$

다이어그램 표기법을 사용하면 역변환 $\boldsymbol{T}^{-1}$를 깔끔하게 표현할 수 있다. 그림 13.7에는 12.7절과 그림 12.18에서 도입했던 반대칭 레비치비타Levi-Civita $\varepsilon_{a\cdots c}$와 $\epsilon^{a\cdots c}$가 도식적으로 표현되어 있다(규격화조건에 의해 $\varepsilon_{a\cdots c}\epsilon^{a\cdots c}=n!$이다).[13.19]

[13.17] 왜 그런가? 특히 성분 배열에서 하나의 세로줄이 모두 0이거나 두 개의 세로줄이 완전히 같을 때 이런 현상이 일어난다는 것을 증명해 보라[도움말 : 후자의 경우는 아래에 있는 행렬식(determinant)을 참조하라].

[13.18] 구체적인 수식을 쓰지 말고 증명해 보라.

[13.19] 그림 12.18의 다이어그램 표기법을 이용하여 레비치비타(Levi-Civita)로부터 $\boldsymbol{TT}^{-1}=\boldsymbol{I}=\boldsymbol{T}^{-1}\boldsymbol{T}$를 증명하라[도움말 : 그림 13.8을 참조할 것].

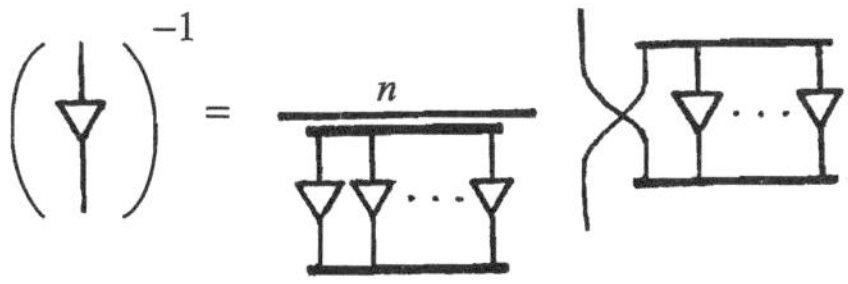

그림 13.7 반대칭 레비치비타(Levi-Civita) $\varepsilon_{a\cdots c}$와 $\epsilon^{a\cdots c}$의 다이어그램 표기법을 이용하여(규격화조건 : $\varepsilon_{a\cdots c}\epsilon^{a\cdots c} = n!$) 나타낸 비특이(non-singular) $n \times n$ 행렬 $\boldsymbol{T}$의 역행렬 $\boldsymbol{T}^{-1}$(12.7절과 그림 12.8 참조)

수학자이면서 법학자였던 영국의 아서 케일리Arthur Cayley가 1858년 처음으로 도입한 행렬대수는[11] 응용분야가 매우 다양할 뿐만 아니라(통계학, 공학, 결정학, 심리학, 컴퓨터 등 — 양자역학은 두말할 것도 없다), 11.3, 5, 6절에서 다뤘던 4원수와 클리포드 대수 및 그라스만 대수를 일반화한 체계를 갖고 있다. 앞으로 행렬을 구성하는 성분배열을 나타낼 때에는, 똑바로 선 굵은 고딕체(**A**, **B**, **C**, …)를 사용할 것이다(추상적 선형변환은 $\boldsymbol{T}$와 같이 굵은 이탤릭 체로 표기한다). 주어진 n에 대하여 $n \times n$ 정사각행렬만을 고려한다면 행렬만으로 이루어진 덧셈과 곱셈체계를 구축할 수 있다. 이들이 만족하는 표준대수는 다음과 같다.

$$\mathbf{A}+\mathbf{B}=\mathbf{B}+\mathbf{A}, \qquad \mathbf{A}+(\mathbf{B}+\mathbf{C})=(\mathbf{A}+\mathbf{B})+\mathbf{C},$$
$$\mathbf{A}(\mathbf{BC})=(\mathbf{AB})\mathbf{C}, \qquad \mathbf{A}(\mathbf{B}+\mathbf{C})=\mathbf{AB}+\mathbf{AC},$$
$$(\mathbf{A}+\mathbf{B})\mathbf{C}=\mathbf{AC}+\mathbf{BC}$$

($\mathbf{A}+\mathbf{B}$의 각 원소는 **A**의 해당 원소와 **B**의 해당 원소를 더한 것과 같다) 그러나 행렬의 곱셈에서는 일반적으로 교환법칙이 성립하지 않는다. 즉, $\mathbf{AB} \neq \mathbf{BA}$이다. 또한, 0이 아닌 $n \times n$ 행렬의 역행렬은 언제나 존재하는 것이 아니다.

행렬대수는 정사각형이 아닌 $m \times n$ 행렬($m \neq n$)에도 적용될 수 있다. 그러나 $m \times n$행렬과 $p \times q$행렬 사이에 덧셈을 수행하려면 $m = p$, $n = q$이어야 한다. 이들 사이의 곱셈은 $n = p$인 경우에만 가능하며, 그 결과는 $m \times q$행렬로 나타난다. 앞에서 언급했던 **Tx**는 $n \times n$행렬 **T**와 $n \times 1$ 열벡터column vector **x**의 곱으로서, 연산결과는 $n \times 1$ 행렬이다.[13.20]

일반선형군general linear group GL(n)은 n차원 벡터공간의 대칭군으로서, $n \times n$ 비특이 행렬의 곱셈군으로 이루어져 있다. 벡터공간이 실공간이고 모든 행렬요소가 실수인 경우, 이 사실을 강조하고 싶을 때에는 GL(n, ℝ)로 표기하기도 한다. 복소수로 확장된 군은 GL(n, ℂ)로 표기한다. 이들은 각각 SL(n, ℝ), SL(n, ℂ)로 표기되는 정규부분군을 가지며, ℝ이나 ℂ를 굳이 명기할 필요가 없을 때에는 간단하게 SL(n)으로 표기한다. 이러한 군을 특수선형군special linear group이라고 하는데, 그 이유는 군을 이루는 행렬의 행렬식determinant 값이 모두 1이기 때문이다. 행렬식에 관해서는 다음절에서 설명할 것이다.

13.4 행렬식과 대각합

$n \times n$행렬의 행렬식은 어떻게 계산되는가? 행렬식은 행렬의 원소들로부터 계산된 하나의 값이며, 특이행렬의 행렬식은 항상 0이다. 다이어그램 표기법을 이용하면 행렬식을 편리하게 나타낼 수 있다(그림 13.8a 참조). 이것을 지표 표기법으로 나타내면 다음과 같다.

[13.20] 그 이유를 설명하고, $m \times n$사각행렬이 만족하는 모든 대수법칙을 구체적으로 나열하라.

$$\frac{1}{n!}\epsilon^{ab\cdots d}T^e{}_a T^f{}_b \cdots T^h{}_d \varepsilon_{ef\cdots h}$$

$\epsilon^{a\cdots d}$와 $\varepsilon_{e\cdots h}$는 반대칭 레비치비타 텐서로서, 다음 규칙을 따라 규격화되어 있다.

$$\epsilon^{a\cdots d}\varepsilon_{a\cdots d} = n!$$

여기서 n은 공간의 차원이고($n! = 1 \times 2 \times 3 \times \cdots \times n$이다) $a, \cdots, d$와 $e, \cdots, h$는 1과 n 사이의 정수값을 가질 수 있다.

$\boldsymbol{T}$의 행렬식은 $\det(T^a{}_b)$나 $\det\boldsymbol{T}$로 표기한다(또는 $|\boldsymbol{T}|$로 표기하거나, 행렬의 원소를 모두 나열한 후 양쪽 괄호를 세로 선으로 바꿔서 나타내는 경우도 있다). 예를 들어, 2×2 행렬과 3×3 행렬의 행렬식은 다음과 같이 계산된다.[13.21]

$$\det\begin{pmatrix} a & b \\ c & d \end{pmatrix} = ad - bc$$

$$\det\begin{pmatrix} a & b & c \\ d & e & f \\ g & h & j \end{pmatrix} = aej - afh + bfg - bdj + cdh - ceg$$

행렬식은 다음과 같은 특성을 가지며,

$$\det\mathbf{AB} = \det\mathbf{A}\det\mathbf{B}$$

이 관계는 그림 13.8b의 다이어그램 표기법으로부터 쉽게 유도될 수 있다. 여기서 가장 중요한 관계식은 그림 12.18의 네 번째 줄에 예시되어

[13.21] 그림 13.8a를 이용하여 이 관계를 유도하라.

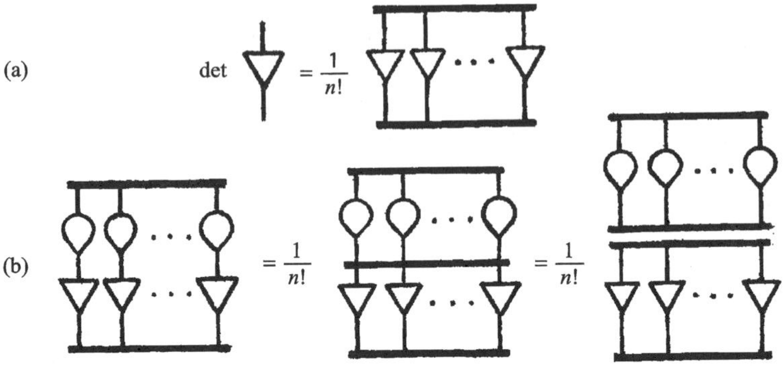

그림 13.8 (a) $\det(T^a{}_b) = \det \boldsymbol{T} = |\boldsymbol{T}|$를 다이어그램 표기법으로 나타낸 그림. (b) $\det(\boldsymbol{ST}) = \det\boldsymbol{S}\det\boldsymbol{T}$를 다이어그램으로 나타낸 그림. 반대칭을 의미하는 굵은 선이 가운데 항의 중간 부분에 그려져 있음에 주목하라(그림 12.17, 12.18 참조).

있는데[13.22] 지표 표기법을 사용하면

$$\epsilon^{a\cdots c}\varepsilon_{f\cdots h} = n!\,\delta_f^{[a}\cdots\,\delta_h^{c]}$$

(11.6절의 괄호/지표 표기법 참조)와

$$\epsilon^{ab\cdots c}\varepsilon_{fb\cdots c} = (n-1)!\,\delta_f^a$$

로 쓸 수 있다.

행렬의 대각합trace은 다음과 같이 정의된다.

$$\text{trace}\mathbf{T} = T^a{}_a = T^1{}_1 + T^2{}_2 + \cdots + T^n{}_n$$

[즉, 주 대각선을 따라 나 있는 모든 원소들의 합을 대각합이라 한다 (13.3절 참조). $\boldsymbol{T}$의 대각합은 보통 '**traceT**'로 표기한다.] 이것은 그림

[13.22] 이 식이 성립하는 이유를 설명하라.

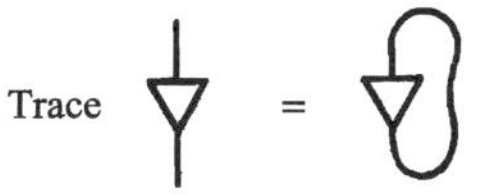

그림 13.9 $\boldsymbol{T}$의 대각합 trace$\mathbf{T}(= T^{a}{}_{a})$를 나타내는 다이어그램.

13.9에 다이어그램으로 표현되어 있다. 행렬식과는 달리, **AB**의 대각합과 **A**, **B** 각각의 대각합 사이에는 아무런 관계도 없다. 그 대신, $\mathbf{A}+\mathbf{B}$의 대각합과 각각의 대각합 사이에는 다음과 같은 관계가 성립한다.[13.23]

$$\mathrm{trace}(\mathbf{A}+\mathbf{B}) = \mathrm{trace}\mathbf{A} + \mathrm{trace}\mathbf{B}$$

행렬식과 대각합 사이에 성립하는 중요한 관계식이 하나 있다. 이것은 $\mathbf{I}+\varepsilon\mathbf{A}$로 표현되는 '무한소' 선형변환을 행렬에 가했을 때 얻어지는 식으로서, ε이 아주 작은 양이어서 ε^2 이상의 고차항($\varepsilon^2, \varepsilon^3, \varepsilon^4, \cdots$)을 무시할 수 있을 때에는 다음과 같은 관계가 성립한다.[13.24]

$$\det(\mathbf{I}+\varepsilon\mathbf{A}) = 1 + \varepsilon\,\mathrm{trace}\mathbf{A}$$

(ε^2 이상의 고차항을 무시한 결과임) 특히 SL(n)의 무한소 원소, 즉 무한히 작은 회전을 나타내는 SL(n)의 원소들은 [GL(n)과 달리] 행렬식의 값이 0이며, $\mathbf{I}+\varepsilon\mathbf{A}$의 대각합이 0인 **A**로 특징지어진다. 이와 관련된 이야기는 13.10절에서 자세히 다뤄질 것이다. 위의 관계는 아래의 식을 통해 유한finite (즉 변형된 양이 무한히 작지 않은) 선형변환으로 확장될 수 있다.[13.25]

[13.23] 증명해 보라.

[13.24] 증명해 보라.

[13.25] 증명해 보라[도움말 : 행렬을 고유값(eigenvalue)의 표준꼴(canonical form)로 나타내는 방법을 사용하면 된다(13.5절 참조). 단, 이 경우에는 고유값들이 모두 다르다고 가정해야 한다]. 이 증명이 완료되었다면, 고유값들 중 일부가 같은 경우에는 이 등식이 성립하지 않는다는 것을 증명하라.

$$\det e^{\mathbf{A}} = e^{\mathrm{trace}\mathbf{A}}$$

여기서 $e^{\mathbf{A}}$는 아래의 전개식으로 정의된 행렬이다(5.3절 참조).

$$e^{\mathbf{A}} = \mathbf{I} + \mathbf{A} + \frac{1}{2}\mathbf{A}^2 + \frac{1}{6}\mathbf{A}^3 + \frac{1}{24}\mathbf{A}^4 + \cdots$$

이와 관련된 내용은 13.6절과 14.6절에서 다시 언급될 것이다.

13.5 고유값과 고유벡터

선형변환과 관련된 여러 개념 중에서 가장 중요한 것은 단연 '고유값 eigenvalue'과 '고유벡터 eigenvector'이다. 이들은 21.5절과 22.1, 5절에서 다루게 될 양자역학에서 핵심적인 역할을 하며, 다양한 수학과 그 응용분야에서도 매우 중요하게 취급되고 있다. 선형변환 $\boldsymbol{T}$가 자신의 고유벡터 $\boldsymbol{v}$에 적용되면 상수가 곱해진 $\boldsymbol{v}$, 즉 자기자신으로 변환된다(물론, $\boldsymbol{v}$는 0이 아니다). 이때 $\boldsymbol{v}$ 앞에 곱해진 상수 λ를 고유값이라 한다.

$$\boldsymbol{T}\boldsymbol{v} = \lambda\boldsymbol{v}, \quad \text{즉} \quad T^a{}_b v^b = \lambda v^a$$

위 방정식은 $(\boldsymbol{T} - \lambda\boldsymbol{I})\,\boldsymbol{v} = 0$으로 쓸 수도 있다. 즉, λ가 $\boldsymbol{T}$의 고유값일 때 $\boldsymbol{T} - \lambda\boldsymbol{I}$는 특이행렬이며, 역으로 $\boldsymbol{T} - \lambda\boldsymbol{I}$가 특이행렬이면 λ는 $\boldsymbol{T}$의 고유값이다. 또한, v가 $\boldsymbol{T}$의 고유벡터이면 v에 상수를 곱한 벡터도 역시 $\boldsymbol{T}$의 고유벡터이다. λ로 이루어진 1차원 복소공간은 선형변환 $\boldsymbol{T}$에 대하여 불변이며, 이로부터 고유벡터 $\boldsymbol{v}$가 결정된다(그림 13.10 참조).

위 조건을 만족하려면, $\boldsymbol{T}$의 고유값 λ가 다음의 방정식을 만족해야 한다.

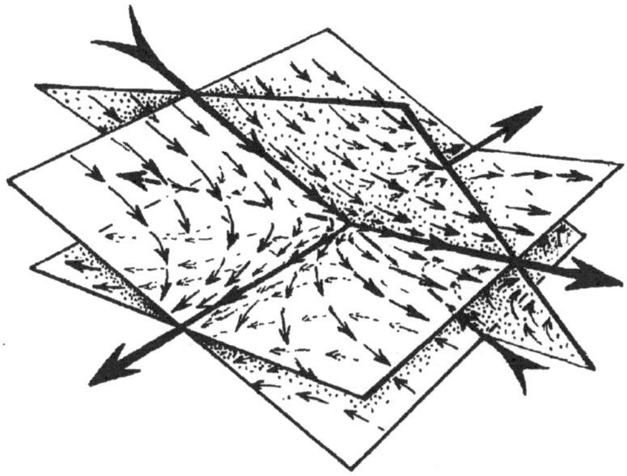

그림 13.10 선형변환 T의 작용. T의 고유벡터들은 원점을 지나는 선형공간(이 그림에서는 세 개의 선)을 형성하며, 이 공간들은 T에 대하여 불변이다. 이 그림에서는 두 개의 서로 다른 양의 고유값(바깥쪽으로 뻗어 나온 화살표)과 하나의 음의 고유값(안쪽으로 들어가는 화살표)이 표현되어 있다.

$$\det(\boldsymbol{T} - \lambda \boldsymbol{I}) = 0$$

이 식을 풀어쓰면 λ에 대한 n차 방정식이 얻어지는데,[13.26] 4.2절에서 언급한 '대수학의 기본 정리'에 따라 $\det(\boldsymbol{T} - \lambda \boldsymbol{I})$를 인수분해하면 아래와 같은 형태가 된다.

$$(\lambda_1 - \lambda)(\lambda_2 - \lambda)(\lambda_3 - \lambda)\cdots(\lambda_n - \lambda) = 0$$

복소수 $\lambda_1, \lambda_2, \lambda_3, \cdots, \lambda_n$은 $\boldsymbol{T}$의 고유값이다. 특별한 경우에는 고유값 중 일부가 중복될 수도 있는데, 이를 다중고유값multiple eigenvalue이라 한다. 위 방정식에서 $(\lambda_r - \lambda)$이 m번 중복되었을 때, m을 λ_r의 중복도multiplicity라 한다. $\boldsymbol{T}$가 $n \times n$ 행렬일 때, 중복을 포함한 고유값의 총 개수는 항상 n개이다.[13.27]

[13.26] $n = 2$, $n = 3$인 경우에 한하여 이 다항식의 계수를 다이어그램 표기법으로 나타내 보라.

[13.27] $\det \boldsymbol{T} = \lambda_1 \lambda_2 \cdots \lambda_n$, $\mathrm{trace}\, \boldsymbol{T} = \lambda_1 + \lambda_2 + \cdots + \lambda_n$을 증명하라.

고유값 λ의 중복도가 r일 때, 여기 대응되는 고유벡터들은 d차원 선형공간을 이룬다($1 \le d \le r$). 유니터리 행렬unitary matrix과 에르미트 행렬Hermitian matrix, 그리고 정규행렬 등 양자역학에 자주 등장하는 특정 행렬들은(13.9, 22.4, 6절 참조) $d = r$, 즉 최대차원을 갖는다(주어진 r에 대하여 가장 일반적인 경우는 $d = 1$이다). 사실, (더욱 일반적으로) $d < r$인 경우는 다루기가 까다롭기 때문에 이것은 매우 다행한 일이라 할 수 있다. 양자역학에서는 중복된 고유값을 '겹침degeneracy'이라 부른다(22.6, 7절 참조).

n차원 벡터공간 V는 서로 선형독립인linearly independent n개의 기저벡터basis vector $\boldsymbol{e}_1, \cdots, \boldsymbol{e}_n$을 갖는다. 즉, 전부 0이 아닌 상수 $a_1, \cdots, a_n$에 대하여 $a_1\boldsymbol{e}_1 + \cdots + a_n\boldsymbol{e}_n = 0$이 될 수 없다. 또한, V에 속하는 모든 원소들은 기저벡터의 선형결합으로 표현될 수 있다.[13.28] V의 차원이 무한대인 경우에는 "기저벡터들이 선형독립이다"라는 조건만으로 충분하지 않기 때문에, 이 조건이 중요하게 취급된다.

기저벡터 $\boldsymbol{e} = (\boldsymbol{e}_1, \cdots, \boldsymbol{e}_n)$이 주어졌을 때, V에 속하는 임의의 원소 $\boldsymbol{x}$는 다음과 같이 표현될 수 있으며, 표현방법은 이것이 유일하다.

$$\begin{aligned} \boldsymbol{x} &= x^1\boldsymbol{e}_1 + x^2\boldsymbol{e}_2 + \cdots + x^n\boldsymbol{e}_n \\ &= x^j\boldsymbol{e}_j \end{aligned}$$

(첨자 j는 추상적 표기법으로 사용된 것이 아니다) 여기서 $(x^1, x^2, \cdots, x^n)$은 기저벡터 집합 $\boldsymbol{e}$의 순서에 따라 나열된 $\boldsymbol{x}$의 성분을 의미한다(12.3절과 비교해 보라). 비특이 선형변환 $\boldsymbol{T}$는 하나의 기저벡터를 다른 기

[13.28] 증명해 보라.

저벡터로 변환시킨다. 그리고 $\boldsymbol{e}$와 $\boldsymbol{f}$가 두 개의 기저벡터 집합일 때, 각각의 $\boldsymbol{e}_j$를 해당 $\boldsymbol{f}_j$로 변환시키는 유일한 $\boldsymbol{T}$가 존재한다.

$$\boldsymbol{T}\boldsymbol{e}_j = \boldsymbol{f}_j$$

기저벡터 $\boldsymbol{e}_1, \boldsymbol{e}_2, \cdots, \boldsymbol{e}_n$을 성분으로 표기하면 (1, 0, 0, ⋯ , 0), (0, 1, 0, ⋯, 0), ⋯, (0, 0, ⋯, 1)이다. 다시 말해서, $\boldsymbol{e}_j$의 성분은 $(\delta^1_j, \delta^2_j, \delta^3_j, \cdots, \delta^n_j)$로 쓸 수 있다.[13.29] $\boldsymbol{e}$를 기저로 하여 모든 성분을 산출했을 때, 선형변환 $\boldsymbol{T}$는 행렬$(T^i{}_j)$로 표현되며 $\boldsymbol{f}_j$의 성분은 다음과 같다.[13.30]

$$(T^1{}_j,\ T^2{}_j,\ T^3{}_j, \cdots,\ T^n{}_j)$$

이처럼 선형변환과 행렬은 여러 가지 특성을 공유하지만, 이들 사이에는 분명한 차이점이 있다. 행렬은 기저벡터를 어떻게 선택하느냐에 따라 구체적인 형태가 달라지는 반면, 선형변환은 추상적 개념으로서 기저와 전혀 무관하다.

이제 $\boldsymbol{T}$의 다중고유값이(만일 있다면) $d = r$을 만족하면(즉, 겹쳐진 고유공간의 차원이 중복도와 일치하면), $\boldsymbol{T}$의 고유벡터들만으로 V의 기저 $(\boldsymbol{e}_1, \boldsymbol{e}_2, \cdots, \boldsymbol{e}_n)$을 구축할 수 있다.[13.31] 이때 여기 해당하는 고유값을 $\lambda_1, \lambda_2, \cdots, \lambda_n$이라 하자.

$$\boldsymbol{T}\boldsymbol{e}_1 = \lambda_1\boldsymbol{e}_1,\ \boldsymbol{T}\boldsymbol{e}_2 = \lambda_2\boldsymbol{e}_2, \cdots,\ \boldsymbol{T}\boldsymbol{e}_n = \lambda_n\boldsymbol{e}_n$$

[13.29] 이 표기법의 의미를 설명하라.

[13.30] 왜 그런가? f를 기저로 잡았을 때 $\boldsymbol{e}_i$는 어떻게 되는가?

[13.31] 직접 증명해 보라[도움말 : 중복도가 r인 각 고유값에 대하여 r개의 서로 독립적인 고유벡터를 선택한 후, 이 모든 벡터들 사이의 선형적 관계 앞에 $\boldsymbol{T}$가 곱해지면(premultiplied) 모순이 발생한다는 것을 증명하라].

위 경우처럼 선형변환 $\boldsymbol{T}$에 의해 기저 $\boldsymbol{e}$가 기저 $\boldsymbol{f}$로 바뀌었다면 $\boldsymbol{f}$의 기저요소들은 $\boldsymbol{f}_1 = \lambda_1\boldsymbol{e}_1$, $\boldsymbol{f}_1 = \lambda_2\boldsymbol{e}_2$, $\cdots$, $\boldsymbol{f}_n = \lambda_n\boldsymbol{e}_n$의 관계를 만족한다. 그리고 $\boldsymbol{e}$를 기저로 잡았을 때 $\boldsymbol{T}$는 다음과 같은 대각행렬diagonal matrix이 된다.

$$\begin{pmatrix} \lambda_1 & 0 & \cdots & 0 \\ 0 & \lambda_2 & \cdots & 0 \\ \vdots & \vdots & \cdots & \vdots \\ 0 & 0 & \cdots & \lambda_n \end{pmatrix}$$

즉, 행렬의 대각선을 따라 $T_1^1 = \lambda_1$, $T_2^2 = \lambda_2$, $\cdots$, $T_n^n = \lambda_n$이고 나머지 성분들은 모두 0이다. 이와 같은 선형변환의 표준꼴canonical form은 개념적인 면이나 실용적인 면에서 매우 유용하다.[12]

13.6 표현론과 리대수

군론 못지않게 중요한 것이 군의 수학적 성질을 나타내는 표현론representation theory이다(특히 양자역학에서 중요하게 취급된다). 우리는 13.1절에서 군의 간단한 표현법을 접한 적이 있다. 정사각형의 비반전 대칭을 특정 복소수의 곱셈으로 표현한 사례가 바로 그것이다. 이렇게 하면 군의 곱셈을 실제 복소수의 곱셈으로 표현할 수 있다. 그러나 복소수의 곱셈은 가환이기 때문에(즉, 교환법칙을 만족하기 때문에) 비가환군에는 이런 식의 표현법을 사용할 수 없다. 반면에, 선형변환(또는 행렬)은 교환법칙이 성립하지 않으므로 비가환군을 표현하는 데 사용할 수 있다. 13.3절에서 회전군 O(3)를 3차원 선형변환으로 나타낸 것도 바로 이 표현법의 한 사례이다.

앞으로 22장에서 보게 되겠지만, 양자역학에 등장하는 변환은 거의 다 선형변환이다. 그뿐만 아니라 회전군 O(3)와 상대성이론의 대칭군(18장 참조), 입자의 상호작용과 관련되어 있는 대칭들(25장 참조)은 현대 물리학에서 핵심적인 역할을 맡고 있다. 그러므로 이러한 군의 표현법(특히 선형변환)이 양자역학에서 중요하게 취급되는 것은 그다지 놀라운 일이 아니다.

양자역학(특히 26장의 양자장이론)에는 무한차원 공간의 선형변환이 자주 등장한다. 그러나 지금 당장은 문제의 단순화를 위해 유한차원의 선형변환만을 다룰 것이다. 유한차원과 무한차원은 특정한 경우에 커다란 차이가 있긴 하지만, 우리가 접하게 될 개념들은 대부분 무한차원에도 똑같이 적용될 수 있다.

군표현group representation이란 무엇인가? 예를 들어 군 $\mathcal{G}$를 생각해 보자. 표현론의 주된 목표는 $\mathcal{G}$에 속하는 임의의 원소 g에 대하여 '$\mathcal{G}$의 곱셈법칙이 그대로 보존되는 선형변환 $\boldsymbol{T}(g)$가 존재하는' $\mathrm{GL}(n)$($n \times n$ 행렬로 표현되는 곱셈군)의 부분군을 찾는 것이다. 이때 $\boldsymbol{T}$는 $\mathcal{G}$의 두 원소 g, h에 대하여 다음 관계를 만족해야 한다.

$$\boldsymbol{T}(g)\boldsymbol{T}(h) = \boldsymbol{T}(gh)$$

$g \neq h$일 때 $\boldsymbol{T}(g) \neq \boldsymbol{T}(h)$이면, 군의 표현이 충실하다faithful고 말한다. 이 경우 $\mathrm{GL}(n)$의 부분군은 $\mathcal{G}$의 '동일한 복사본'이 된다.

실제로, 모든 유한군의 충실한 표현은 $\mathrm{GL}(n, \mathbb{R})$ 안에서 찾을 수 있다. 여기서 n은 군 $\mathcal{G}$의 차수이다.[13.32] 물론, 개중에는 '충실하지 않은' 표현도 얼마든지 있다. 반면에, 유한차원을 갖는 연속군의 충실한 표현이

GL(n) 안에 존재하지 않을 수도 있다. 그러나 군의 대역적global 성질을 문제삼지 않는다면 (국소적)표현은 항상 가능하다.[13]

노르웨이의 수학자 소푸스 리Sophus Lie, 1842~1899는 연속군에 적용되는 아름다운 이론을 창시하였다(그의 이름을 따서 연속군을 '리군'이라고 부른다. 13.1절 참조). 이 이론은 군 원소의 무한소와 밀접하게 관련되어 있다.[14] 무한소 원소로부터 '리대수Lie algebra'라고 하는 하나의 대수체계가 정의되며, 군의 국소적 성질에 관한 모든 정보는 리대수 안에 들어 있다. 리대수만으로는 군의 대역적 성질을 알 수 없지만, 이것은 그다지 중요한 결함이 아니다.

리대수란 무엇인가? 연속군 $\mathcal{G}$의 무한소 원소 a를 $\boldsymbol{I} + \varepsilon\boldsymbol{A}$라는 행렬(또는 선형변환)로 표기해 보자. 여기서 ε은 매우 작은 상수이다(13.4절 끝 부분과 비교해 보라). 그러면 원소 a와 b의 곱 ab는 행렬 $\boldsymbol{I} + \varepsilon\boldsymbol{A}$와 $\boldsymbol{I} + \varepsilon\boldsymbol{B}$의 곱으로 나타낼 수 있는데, ε^2 값을 '계산하기엔 너무 작으니까' 무시하면

$$\begin{aligned}(\boldsymbol{I} + \varepsilon\boldsymbol{A})(\boldsymbol{I} + \varepsilon\boldsymbol{B}) &= \boldsymbol{I} + \varepsilon(\boldsymbol{A} + \boldsymbol{B}) + \varepsilon^2\boldsymbol{AB} \\ &= \boldsymbol{I} + \varepsilon(\boldsymbol{A} + \boldsymbol{B})\end{aligned}$$

가 된다. 즉, '행렬의 합' $\boldsymbol{A} + \boldsymbol{B}$는 두 개의 무한소 원소 a와 b의 군곱을 나타낸다.

사실 덧셈연산은 $\boldsymbol{A}, \boldsymbol{B}, \cdots$로 표현된 양들을 대상으로 하는 리대수의 일부이다. $\mathcal{G}$가 비가환군인 경우에도 덧셈은 교환법칙을 만족하므로, 덧셈

[13.32] 증명해 보라[도움말 : 행렬의 각 세로줄과 세로줄을 유한군 $\mathcal{G}$의 원소에 대응시킨 후, 군의 원소들 사이에 어떤 관계가 성립하도록(어떤 관계인지 찾아보라!) 행렬의 적당한 위치에 1을 부여하라. 그리고 이 관계가 성립하지 않을 때는 0을 부여하라].

(사실은 $\mathcal{G}$의 차원)만을 고려한다면 군 자체의 구조에 깊이 신경 쓸 필요는 없다. 군 $\mathcal{G}$의 비가환적 성질은 아래와 같이 정의된 군교환자group commutator로 표현할 수 있다.[13.33]

$$aba^{-1}b^{-1}$$

멱급수 표현 $(\boldsymbol{I}+\varepsilon\boldsymbol{A})^{-1}=\boldsymbol{I}-\varepsilon\boldsymbol{A}+\varepsilon^2\boldsymbol{A}^2-\varepsilon^3\boldsymbol{A}^3+\cdots$를 염두에 두고, $aba^{-1}b^{-1}$를 $\boldsymbol{I}+\varepsilon\boldsymbol{A}$ 형태로 다시 써 보자. 단, ε^3항은 너무 작으므로 무시하되 ε^2항은 유지한다. 이 약속에 따라 곱셈을 수행하면[13.34]

$$\begin{aligned}&(\boldsymbol{I}+\varepsilon\boldsymbol{A})(\boldsymbol{I}+\varepsilon\boldsymbol{B})(\boldsymbol{I}+\varepsilon\boldsymbol{A})^{-1}(\boldsymbol{I}+\varepsilon\boldsymbol{B})^{-1}\\ &=(\boldsymbol{I}+\varepsilon\boldsymbol{A})(\boldsymbol{I}+\varepsilon\boldsymbol{B})(\boldsymbol{I}-\varepsilon\boldsymbol{A}+\varepsilon^2\boldsymbol{A}^2)(\boldsymbol{I}-\varepsilon\boldsymbol{B}+\varepsilon^2\boldsymbol{B}^2)\\ &=\boldsymbol{I}+\varepsilon^2(\boldsymbol{AB}-\boldsymbol{BA})\end{aligned}$$

를 얻는다. 즉, $\mathcal{G}$가 비가환군인 경우에는 아래의 교환자commutator (리괄호Lie bracket라고도 한다)가 중요한 역할을 한다는 사실을 알 수 있다.

$$[\boldsymbol{A},\ \boldsymbol{B}]=\boldsymbol{AB}-\boldsymbol{BA}$$

리대수는 +, −와 괄호연산 [,]으로 이루어져 있으며, 여기에 실수나 복소수의 곱이 허용된다. 또한 리괄호는 아래와 같은 분배법칙을 만족하며

$$[\boldsymbol{A}+\boldsymbol{B},\ \boldsymbol{C}]=[\boldsymbol{A},\ \boldsymbol{C}]+[\boldsymbol{B},\ \boldsymbol{C}],\quad [\lambda\boldsymbol{A},\ \boldsymbol{B}]=\lambda[\boldsymbol{A},\ \boldsymbol{B}]$$

[13.33] a와 b가 가환일 때(commute) $aba^{-1}b^{-1}$이 군의 항등원과 같아진다는 것을 증명하라.

[13.34] ε^2과 관계된 항을 직접 계산해 보라.

교환자 내부의 순서가 바뀌면 전체 부호가 바뀌는 반대칭적 성질을 갖고 있다.

$$[\boldsymbol{A}, \boldsymbol{B}] = -[\boldsymbol{B}, \boldsymbol{A}]$$

($[\boldsymbol{A}, \boldsymbol{C}+\boldsymbol{D}] = [\boldsymbol{A}, \boldsymbol{C}] + [\boldsymbol{A}, \boldsymbol{D}]$와 $[\boldsymbol{A}, \lambda\boldsymbol{B}] = \lambda[\boldsymbol{A}, \boldsymbol{B}]$도 성립한다) 그리고 다음과 같은 야코비 항등식Jacobi identity을 만족한다.[13.35]

$$[\boldsymbol{A}, [\boldsymbol{B}, \boldsymbol{C}]] + [[\boldsymbol{B}, [\boldsymbol{C}, \boldsymbol{A}]] + [[\boldsymbol{C}, [\boldsymbol{A}, \boldsymbol{B}]] = 0$$

(좀 더 일반적인 식은 14.6절에서 다룰 예정이다)

행렬 $\boldsymbol{A}, \boldsymbol{B}, \boldsymbol{C}, \cdots$에 대응되는 벡터공간의 기저로서 $(\boldsymbol{E}_1, \boldsymbol{E}_2, \cdots, \boldsymbol{E}_N)$을 선택할 수 있다(표현이 충실할 때, N은 군 $\mathcal{G}$의 차원을 의미한다). 이들에게서 만들어지는 다양한 교환자 $[\boldsymbol{E}_\alpha, \boldsymbol{E}_\beta]$는 기저원소를 이용하여 다음과 같이 쓸 수 있다(합규약을 채택하였다).

$$[\boldsymbol{E}_\alpha, \boldsymbol{E}_\beta] = \gamma_{\alpha\beta}{}^{\chi}\boldsymbol{E}_\chi$$

여기서 N^3개의 $\gamma_{\alpha\beta}{}^{\chi}$를 군 $\mathcal{G}$의 '구조상수structure constant'라 한다. 구조상수는 모든 값들이 독립적이지 않으며, 위에 열거한 반대칭성과 야코비 항등식에 의해 다음 관계를 만족한다[13.36](첨자의 괄호표기법은 11.6절을 참조하라).

$$\gamma_{\alpha\beta}{}^{\chi} = -\gamma_{\beta\alpha}{}^{\chi}, \qquad \gamma_{[\alpha\beta}{}^{\xi}\gamma_{\chi]}{}^{\zeta} = 0$$

[13.35] 야코비 항등식을 증명하라.

[13.36] 증명해 보라.

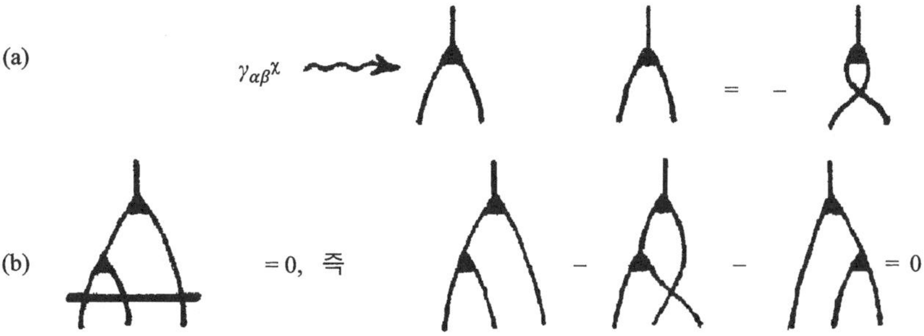

그림 13.11 (a) 다이어그램으로 표현된 구조상수 $\gamma_{\alpha\beta}{}^{\chi}$. α, β에 대하여 반대칭적이다. (b) 야코비 항등식(Jacobi identity).

이 관계는 그림 13.11에 다이어그램으로 표현되어 있다.

리대수가 충실하게 표현되어 있으면(기본적으로 상수 $\gamma_{\alpha\beta}{}^{\chi}$가 알려져 있으면), 군 $\mathcal{G}$의 국소적 성질은 모두 알려진 것이나 다름없다. 여기서 '국소적local'이라는 말은 (충분히 작은) N차원 열린 공간 $\mathcal{N}$을 의미한다. 단, $\mathcal{N}$은 '군 다양체' $\tilde{\mathcal{G}}$ 안의 항등원 $\boldsymbol{I}$를 포함하며 그 안의 모든 점은 군 $\mathcal{G}$의 각기 다른 원소에 대응된다(그림 13.12 참조). 실제로 리군의 원소 $\boldsymbol{A}$에서 출발하여 13.4절에서 정의한 '지수화 연산exponentiation operation' $e^{\boldsymbol{A}}$를 거치면 이에 해당되는 유한한(즉, 비-무한소인) 군의 원소들을 모두 만들어낼 수 있다(이 내용은 14.6절에서 더 구체적으로 다룰 것이다). 따라서 연속군을 선형변환(또는 행렬)으로 나타내는 이론은 이러한 변환에 대응되는 리대수를 표현하는 이론으로 귀결된다.

양자역학에서는 리대수의 원소들이 진기한 논리를 통해 물리적 양과 직접적으로 연결된다(예를 들어, $\mathcal{G}$가 회전군인 경우에는 각운동량에 대응된다. 자세한 내용은 22.8절에서 언급될 것이다).

비선형이 아닌 선형인 경우, 리대수 행렬은 이에 해당하는 리군의 행렬보다 구조적으로 훨씬 간단하게 나타나는 경향이 있어서(고전군의 경

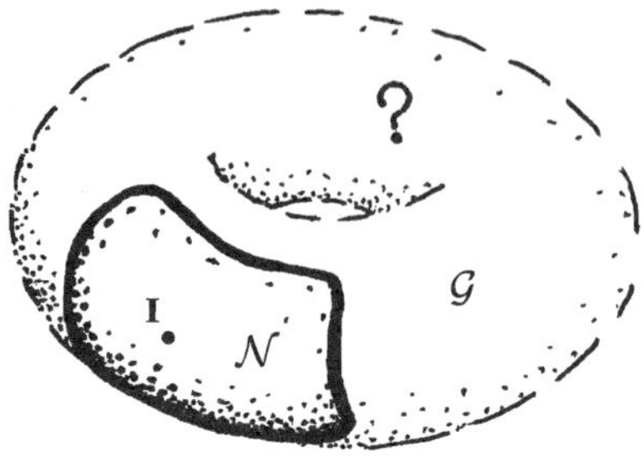

그림 13.12 리군 $\mathcal{G}$의 (충실한)표현인 리대수는 $\mathcal{G}$의 국소적 성질을 결정한다. 즉, 리대수는 항등원 **I**를 포함하는 (충분히 작은)열린 영역 $\mathcal{N}$ 안에서 $\mathcal{G}$의 구조를 결정한다. 그러나 리대수만으로는 $\mathcal{G}$의 대역적(global) 특성을 알 수 없다.

우에는 13.10절을 참조하라), 양자물리학자들의 사랑을 한몸에 받고 있다!

13.7 텐서 표현공간 : 가약성

군 $\mathcal{G}$는 좀 더 정교한 방식으로 표현될 수도 있다. 예를 들어, $\mathcal{G}$가 n차원 벡터공간 V에 작용되는 어떤 선형변환 족family $\mathcal{T}$로 표현된다고 가정해 보자. 이런 V를 $\mathcal{G}$의 '표현공간representation space'이라고 한다. 그러면 $\mathcal{G}$를 구성하는 임의의 원소 t는 $\mathcal{T}$에 속하는 선형변환 $\boldsymbol{T}$로 표현된다. 즉, $\boldsymbol{T}$는 V에 속하는 $\boldsymbol{x}$를 $\boldsymbol{x} \mapsto \boldsymbol{Tx}$로 변환한다. 이것을 추상-지표 표기법으로 나타내면(12.7절 참조) 13.3절에서와 같이 $x^a \mapsto T^a{}_b x^b$가 되고, 다이어그램 표기법으로 나타내면 그림 13.6a와 같다. 이제 V가 주어져 있을 때 군 $\mathcal{G}$를 표현하는 다른 방법으로 어떤 것이 있는지 알아보자.

첫 번째 예로서, 12.3절에서 도입했던 V의 듀얼공간dual space V*의 정의를 되새겨 보자. V*의 원소는 V에서 스칼라로 가는 선형사상linear map으로 정의된다. 지표 표기법을 사용했을 때, V의 원소 $\boldsymbol{x}$에 (V*의 원소) $\boldsymbol{y}$가 작용한 결과는 $y_a x^a$로 쓸 수 있다(12.7절 참조). 이것을 12.3절에서 도입했던 $\boldsymbol{y} \bullet \boldsymbol{x}$로 표기할 수도 있지만, 우리는 행렬표기법을

사용하여

$$\mathbf{yx} = y_a x^a$$

로 나타내기로 한다. 여기서 $\mathbf{y}$는 행벡터 row vector. $1 \times n$ 행렬이고 $\mathbf{x}$는 열벡터 column vector. $n \times 1$ 행렬이다. $\boldsymbol{x} \mapsto \boldsymbol{Tx}$ 변환과 마찬가지로, 듀얼공간 V*의 원소 $\mathbf{y}$도 다음과 같은 변환규칙을 따른다.

$$\mathbf{y} \mapsto \mathbf{yS} \quad \text{즉,} \quad y_a \mapsto y_b S^b{}_a$$

여기서 $\mathbf{S}$는 $\mathbf{T}$의 역 inverse이다.

$$\boldsymbol{S} = \boldsymbol{T}^{-1}\text{이므로} \quad S^a{}_b T^b{}_c = \delta^a_c$$

왜냐하면, $\mathbf{x} \mapsto \mathbf{Tx}$일 때 '$\mapsto$' 변환 하에서 $\mathbf{yx}$가 보존되려면 $\mathbf{y} \mapsto \mathbf{yT}^{-1}$가 되어야 하기 때문이다.

사실, 위에 등장한 $\mathbf{yS}$는 표준 곱셈순서에 어긋나는 표기이다(변환행렬을 먼저 쓴 후, 그 오른쪽에 변환대상을 표기하는 것이 정상적인 표기법이다). 이런 경우에는 행렬 $\mathbf{A}$의 전치행렬 transpose matrix인 $\mathbf{A}^{\mathrm{T}}$를 사용하는 것이 바람직하다. $\mathbf{A}^{\mathrm{T}}$는 $\mathbf{A}$의 원소들을 주 대각선을 중심으로 거울 반전시킨 행렬이다(13.3절 참조). 만일 $\mathbf{A}$가 $m \times n$ 행렬이었다면, $\mathbf{A}^{\mathrm{T}}$는 $n \times m$ 행렬이 된다. 따라서 $\mathbf{y}^{\mathrm{T}}$는 열벡터가 되고, 위 변환식 $\mathbf{y} \mapsto \mathbf{y}^{\mathrm{T}}$를 다음과 같이 바꿔 쓸 수 있다.

$$\mathbf{y}^{\mathrm{T}} \mapsto \mathbf{S}^{\mathrm{T}}\mathbf{y}^{\mathrm{T}}$$

일반적으로 전치변환 ^{T}가 가해지면 $(\mathbf{AB})^{\mathrm{T}} = \mathbf{B}^{\mathrm{T}}\mathbf{A}^{\mathrm{T}}$와 같이 곱하는 순서가 뒤바뀐다. 따라서 임의의 표현공간 V의 듀얼공간 V*도 군 $\mathcal{G}$의

표현공간이 될 수 있다. 또한, ^{T}와 마찬가지로 역연산 $^{-1}$도 $(\mathbf{AB})^{-1}=\mathbf{B}^{-1}\mathbf{A}^{-1}$와 같이 곱하는 순서를 바꾸기 때문에,[13.37] 표현에 적절한 곱셈의 순서가 회복된다.

V로부터 만들어진 텐서의 다양한 벡터공간에도 이와 동일한 논리가 적용된다(12.8절 참조). 앞서 이야기한 대로, (벡터공간 V에서) $\begin{bmatrix} p \\ q \end{bmatrix}$-가價 텐서 $\boldsymbol{Q}$는 지표 표기법으로 다음과 같이 나타낼 수 있다.

$$Q_{a\cdots c}^{f\cdots h}$$

여기서 아래첨자의 개수는 p개이고 위첨자는 q개이다. 동일한 가價의 텐서들은 서로 더할 수 있고, 모든 텐서에는 스칼라가 곱해질 수 있다. $\begin{bmatrix} p \\ q \end{bmatrix}$-가 텐서는 n^{p+q}차원(성분의 총 개수)의 벡터공간을 형성한다.[13.38] 추상적으로 말하자면, $\boldsymbol{Q}$는 V*의 복사본 q개와 V의 복사본 p개의 텐서곱tensor product으로 만들어진 벡터공간에 속한다(p, $q \geq 0$).

$$V^* \otimes V^* \otimes \cdots V^* \otimes V \otimes V \otimes \cdots \otimes V$$

(텐서곱의 개념은 23.3절에서 자세히 다룰 것이다) 12.8절에서 말한 바와 같이, 추상적인 관점에서 텐서는 '다중선형함수multilinear function'라 할 수 있다. 지금 우리의 목적 상, 텐서에 대한 정의는 이것으로 충분하다(다입자계의 양자상태를 논할 때에는 V의 차원이 무한대가 되면서 미묘한 문제가 발생하는데, 이것은 23.8절에서 설명할 것이다).[15]

[13.37] 왜 그런가?

[13.38] 왜 n^{p+q}인가?

선형변환 $x^a \mapsto T^a{}_b x^b$가 V에 적용될 때, (위에서 언급한) 텐서곱으로 만들어진 공간은 다음과 같은 변환을 겪게 된다.[13.39]

$$Q^{f\cdots h}_{a\cdots c} \mapsto S^{a'}{}_a \ldots S^{c'}{}_c T^f{}_{f'} \ldots T^h{}_{h'} Q^{f'\cdots h'}_{a'\cdots c'}$$

이 변환식을 보면서 '어떤 첨자들이 무엇과 더해지는지' 알아내려면 두 눈을 부릅뜨고 꼼꼼히 살펴 봐야 한다. 그래서 그림 13.13과 같은 다이어그램 표기법을 권하는 것이다. $Q^{\cdots}_{\cdots}$ 의 아래첨자는 역행렬 $\mathbf{S} = \mathbf{T}^{-1}$(또는 $\mathbf{S}^{\mathrm{T}}$)에 의해 y_a와 함께 변환되고, 위첨자는 $\mathbf{T}$에 의해 x_a와 함께 변환된다. 따라서 V의 $\left[\begin{smallmatrix} p \\ q \end{smallmatrix}\right]$-가 텐서공간도 군 $\mathcal{G}$를 표현하는 n^{p+q}차원 표현공간이다.

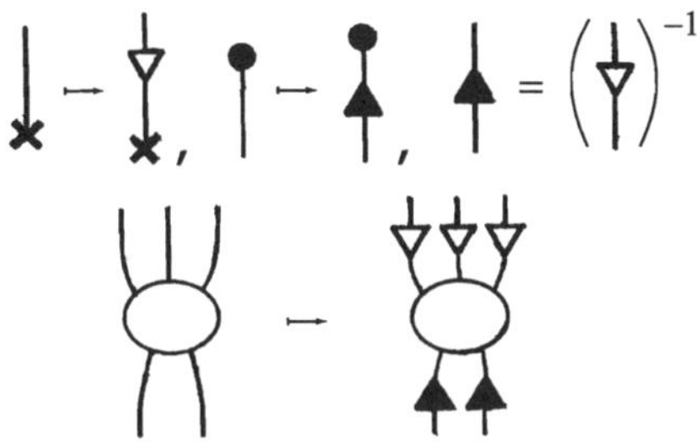

그림 13.13 벡터공간 V(그림에서 T는 흰색 화살표로 표현되었다)에서 $\boldsymbol{x}$에 적용된 선형변환 $x^a \mapsto T^a{}_b x^b$는 $S = T^{-1}$(검은 화살표)의 관계를 이용하여 쌍대공간 V*로 확장될 수 있다. 이 공간은 $\left[\begin{smallmatrix} p \\ q \end{smallmatrix}\right]$-가 텐서 $\boldsymbol{Q}$를 포함하는 V*⊗…V*⊗V⊗ …⊗V에 해당된다. 이 그림에는 $p = 3$, $q = 2$인 경우가 예시되어 있으며, $\boldsymbol{Q}$는 세 개의 팔과 두 개의 다리가 달린 타원으로 표현되어 있다. $\boldsymbol{Q}$의 변환규칙은 $Q_{ab}{}^{cde} \propto S^{a'}{}_a S^{b'}{}_b T^c{}_{c'} T^d{}_{d'} T^e{}_{e'} Q_{a'b'}{}^{c'd'e'}$이다.

[13.39] 증명해 보라.

그러나 이 표현공간은 가약적이다 reducible (더 줄일 수 있다). 이 상황을 이해하기 위해, $\begin{bmatrix}2\\0\end{bmatrix}$-가 텐서 Q^{ab}를 예로 들어 보자. 이런 형태로 되어 있는 임의의 텐서는 대칭부분 $Q^{(ab)}$와 반대칭부분 $Q^{[ab]}$로 나눌 수 있다(12.7, 11.6절 참조).

$$Q^{ab} = Q^{(ab)} + Q^{[ab]}$$

여기서 $Q^{(ab)}$와 $Q^{[ab]}$는 각각

$$Q^{(ab)} = \tfrac{1}{2}(Q^{ab} + Q^{ba}),\ Q^{[ab]} = \tfrac{1}{2}(Q^{ab} - Q^{ba})$$

이며, 대칭공간 V_+의 차원은 $\frac{1}{2}n(n+1)$, 반대칭공간 V_-의 차원은 $\frac{1}{2}n(n-1)$이다.[13.40] $x^a \mapsto T^a{}_b x^b$ 변환하에서(즉, $Q^{ab} \mapsto T^a{}_c T^b{}_d Q^{cd}$하에서) 텐서의 대칭 및 반대칭 부분은 각각 새로운 텐서의 대칭 및 반대칭 부분으로 변환된다는 것을 어렵지 않게 증명할 수 있다.[13.41] 따라서 V_+와 V_-는 각각 $\mathcal{G}$의 표현공간이다. V의 기저로서 처음 $\frac{1}{2}n(n+1)$개는 V_+에서 취하고 나머지 $\frac{1}{2}n(n-1)$개를 V_-에서 취하면, 군의 표현에 동원된 모든 행렬들은 아래와 같이 $n^2 \times n^2$ 블록-대각행렬 block-diagonal matrix이 된다.

$$\begin{pmatrix} \mathbf{A} & \mathbf{O} \\ \mathbf{O} & \mathbf{B} \end{pmatrix}$$

여기서 $\mathbf{A}$는 $\frac{1}{2}n(n+1) \times \frac{1}{2}n(n+1)$ 행렬이고 $\mathbf{B}$는 $\frac{1}{2}n(n-1) \times$

[13.40] 증명해 보라.

[13.41] 증명해 보라.

$\frac{1}{2}n(n-1)$ 행렬이며, 두 개의 **O**는 모든 원소가 0인 (해당 크기의)행렬이다.

이와 같은 표현을 행렬 **A**와 **B**로 만들어진 '직합direct sum'이라고 한다. 그러므로 $\begin{bmatrix} 2 \\ 0 \end{bmatrix}$-가 텐서로 나타낸 표현법은 이 점에서 볼 때 가약적이다.[13.42] 직합의 개념은 (무한히 많은)더 작은 표현으로 확장될 수 있다.

사실, '가약 표현'에는 이보다 훨씬 일반적인 의미가 있다. 예를 들어, 다음과 같은 표현행렬을 생각해 보자.

$$\begin{pmatrix} \mathbf{A} & \mathbf{C} \\ \mathbf{O} & \mathbf{B} \end{pmatrix}$$

A는 $p \times p$, **B**는 $q \times q$, 그리고 **C**는 $p \times q$행렬이다(p와 q는 고정된 값이며, 둘 다 1 이상의 정수이다). 모든 표현행렬이 이런 형태이면 **A**와 **B**는 군 $\mathcal{G}$를 나타내는 (더욱 작은)표현이 될 수 있다.[13.43] 만일 행렬 **C**의 성분들이 모두 0이면, 위의 경우처럼 두 작은 표현의 직합이 새로운 표현을 형성하게 된다. 가약적이지 않은 표현을 (**C**가 있건 없건 상관없이) '기약표현irreducible representation'이라 한다. 또한, 기약표현의 직합으로 이루어진 표현을 '완전가약completely reducible'이라고 한다.

연속군의 중요한 사례 중에 반단순군semi-simple group이 있다. 13.2절에서 언급했던 단순군이 바로 이 부류에 속한다. 컴팩트한 반단순군은 모든 표현이 완전가약이라는 특이한(그리고 반가운) 성질을 갖는다('컴팩트'의 정의는 12.6절, 그림 12.12를 참조하라). 이런 군의 모든 표현은

[13.42] $\begin{bmatrix} 1 \\ 1 \end{bmatrix}$-가 텐서의 표현도 가약적임을 증명하라[도움말 : 이 텐서를 '대각합이 0인 부분(trace-free part)'과 '대각합이 0이 아닌 부분(trace part)'으로 분리해 보라].

[13.43] 왜 그런지 설명해 보라.

기약표현의 직합이므로, 기약표현만 알면 모든 것을 커버할 수 있다. 사실, 이런 군의 모든 기약표현은 유한차원으로 되어 있다(그러나 반단순군이 컴팩트하지 않은 경우에는 완전가약표현이 존재하지 않을 수도 있다).

반단순군이란 무엇인가? 13.6절에 등장했던 구조상수 $\gamma_{\alpha\beta}{}^{\chi}$를 떠올려 보자. 구조상수는 리괄호Lie bracket를 결정하고, 군 $\mathcal{G}$의 국소적 특성을 정의한다. 또한, $\gamma_{\alpha\beta}{}^{\chi}$로부터 매우 중요한 개념인 '킬링 형식Killing form' κ를 만들어낼 수 있다.[16], [13.44]

$$\kappa_{\alpha\beta} = \gamma_{\alpha\zeta}{}^{\xi}\gamma_{\beta\xi}{}^{\zeta} = \kappa_{\beta\alpha}$$

그림 13.14는 κ를 다이어그램으로 표현한 것이다. 행렬 $\kappa_{\alpha\beta}$가 비특이이면 군 $\mathcal{G}$는 반단순군이다.

반단순군이 컴팩트할 조건에 관하여 약간의 설명을 추가하는 것이 좋겠다. 주어진 구조상수 $\gamma_{\alpha\beta}{}^{\chi}$의 집합이 모두 실수라는 가정하에 이로부터 실수, 또는 복소수 리대수를 생각할 수 있다. 복소수의 경우에는 컴팩트한 군 $\mathcal{G}$를 얻을 수 없지만, 실수인 경우에는 가능하다. 사실, $-\kappa_{\alpha\beta}$가 '양의 정부호positive definite(이 말의 의미는 13.8절에서 설명할 것이다)'이면 실수의 경우에 컴팩트군 $\mathcal{G}$를 얻을 수 있다. 하나의 고정된 $\gamma_{\alpha\beta}{}^{\chi}$가 주어지면, 실수군 $\mathcal{G}$에 대한 '복소화complexification' $\mathbb{C}\mathcal{G}$를 (적어도 국소적으로는)항상 구축할 수 있다. $\mathbb{C}\mathcal{G}$의 구조상수는 $\mathcal{G}$의 구조상수와 동일하지만,

킬링 형식 :

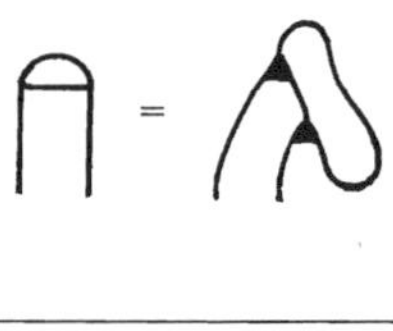

그림 13.14 구조상수 $\gamma_{\alpha\zeta}{}^{\xi}$로부터 정의된 킬링 형식 $\kappa_{\alpha\beta} = \gamma_{\alpha\zeta}{}^{\xi}\gamma_{\beta\xi}{}^{\zeta}$.

[13.44] 왜 $\kappa_{\alpha\beta} = \kappa_{\beta\alpha}$ 인가?

리대수에 복소수가 등장한다는 점이 다르다. 그러나 다른 실수군 $\mathcal{G}$로부터 동일한 $\mathbb{C}\mathcal{G}$를 얻을 수도 있다.[17] 이 '다른 실수군'을 복소군의 다른 '실수 형식real form'이라고 한다. 앞으로 18.2절에서 특수상대성이론의 4차원 유클리드 운동과 로렌츠/푸앵카레 대칭을 논할 때 이와 관련된 사례들을 구체적으로 다루게 될 것이다. 임의의 복소 반단순 리군이 단 하나의 컴팩트한 실수군 $\mathcal{G}$를 갖는다는 것은 주목할 만한 사실이다.

13.8 직교군

이제 직교군orthogonal group에 대해 알아보자. 우리는 13.3절의 서두에서 O(3)나 SO(3)를 3차원 실수 벡터공간의 선형변환으로 충실하게 faithfully 표현할 수 있음을 확인하였다. 이때 우리는 직교좌표(x, y, z)를 사용하였고, 이 변환하에서 다음의 방정식으로 표현되는 구球는 불변이었다.

$$x^2 + y^2 + z^2 = 1$$

(변수 위에 붙은 2는 제곱을 의미한다) 이 방정식을 지표 표기법으로 나타내면 n차원 공간으로 쉽게 확장할 수 있다.

$$g_{ab}x^a x^b = 1$$

이것을 일일이 풀어쓰면 $(x^1)^2 + \cdots + (x^n)^2 = 1$이며, g_{ab}의 각 성분은 다음과 같이 주어진다.

$$g_{ab} = \begin{cases} a = b\text{일 때 } 1 \\ a \neq b\text{일 때 } 0 \end{cases}$$

다이어그램 표기법에서는 g_{ab}를 그림 13.15a와 같이 반고리 모양으로 표현할 것을 권한다. 이 책에서는 또한 g_{ab}의 역을 g^{ab}로 표기할 것이다(다이어그램으로는 '뒤집힌 반고리'로 나타낼 것이다. 그림 13.15a 참조).

$$g_{ab}g^{bc} = \delta_a^c = g^{cb}g_{ba}$$

13.3절에서 δ_b^a를 도입해 놓고, 그와 성분이 똑같은 두 개의 새로운 양 g_{ab}와 g^{ab}를 다시 도입하는 이유가 궁금할지도 모르겠다. 첫 번째 이유는 표기상의 일관성을 지키기 위함이고, 두 번째는 비특이 $t^a{}_b$에서 다음과 같은 선형변환을 좌표에 가했을 때 나타나는 결과와 연관되어 있다.

$$x^a \mapsto t^a{}_b x^b$$

$t^a{}_b$의 역을 $s^a{}_b$로 표기하면 다음과 같은 관계가 성립한다.

$$t^a{}_b s^b{}_c = \delta_c^a = s^a{}_b t^b{}_c$$

위 식은 13.3절과 13.7절에 등장했던 선형변환과 동일한 형태지만, 지금 우리는 이것을 전혀 다른 관점에서 생각하고 있다. 앞에서는 선형변환을 일종의 능동적인 작용으로 간주하여 벡터공간 V가 실제로 움직인다

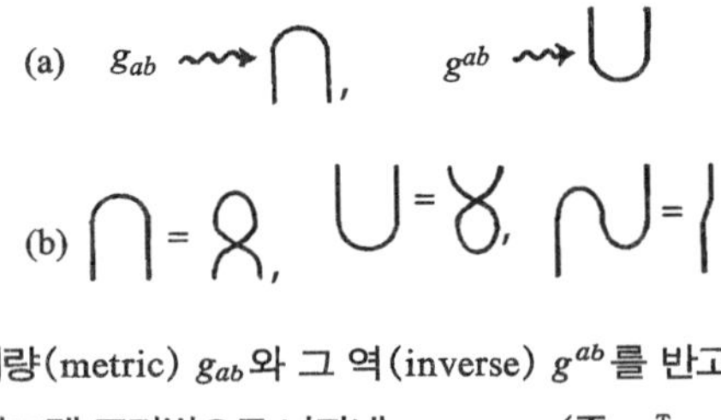

그림 13.15 (a) 계량(metric) g_{ab}와 그 역(inverse) g^{ab}를 반고리 다이어그램으로 나타낸 그림. (b) 다이어그램 표기법으로 나타낸 $g_{ab} = g_{ba}$(즉, $\mathbf{g}^{\mathrm{T}} = \mathbf{g}$), $g^{ab} = g^{ba}$, $g_{ab}g^{bc} = \delta_a^c$.

고 생각했었다. 그러나 선형변환을 '수동적인 작용'으로 간주하면 벡터공간 V는 움직이지 않고 각 점을 표현하는 좌표가 달라지는 것으로 생각할 수 있다. 다른 방식으로 설명하자면, 앞에서 사용했던 기저 ($e_1, \cdots, e_n$)(벡터나 텐서를 좌표로 나타낼 때 사용되는 기저[18])이 다른 기저로 달라졌다고 말할 수 있다(그림 13.16 참조).

13.7철에서 다뤘던 능동적 변환과 비교할 때, 텐서 Q의 성분 $Q^{a\cdots c}_{p\cdots r}$에 수동적 변환이 가해진 결과는 다음과 같다.[13.45]

$$Q^{a\cdots c}_{p\cdots r} \mapsto t^a{}_d \cdots t^c{}_f Q^{d\cdots f}_{j\cdots l} s^j{}_p \cdots s^l{}_r$$

이것을 δ^a_b에 적용하면 성분들이 전혀 변하지 않지만,[13.46] g_{ab}의 경우에는 그렇지 않다는 것을 알 수 있다. 또한, 일반적인 좌표변환을 시도하면 g^{ab}와 (역행렬) g_{ab}는 성분이 달라진다. 따라서 기호 g_{ab}와 g^{ab}를

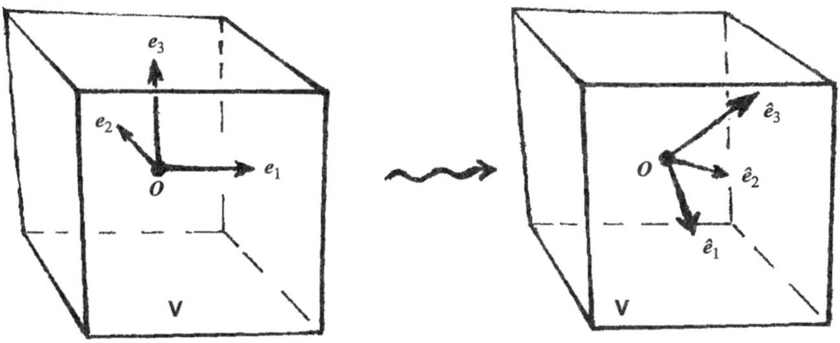

그림 13.16 벡터공간 V에 수동적인 변환이 적용되면 V의 모든 점은 이동하지 않고 각 점을 나타내는 좌표가 달라진다. 즉, 기저 $e_1, e_2, \ldots, e_n$이 다른 기저로 바뀐다(위의 그림은 $n = 3$인 경우이다)

[13.45] [후주 13.18]을 이용하여 이것을 증명하라.

추가로 도입한 것은 이들이 특별한 타입의 좌표계(직교좌표계)에서만 δ_b^a와 동일한 행렬성분을 갖기 때문이다. 일반상대성이론에서는 좌표계가 특별한 형태(직교좌표)로 정렬되지 않기 때문에 g_{ab}와 g^{ab}가 핵심적인 역할을 하게 된다.

일반적인 좌표변환을 가하면 g_{ab}의 성분이 다소 복잡해지지만, a와 b사이의 대칭성은 그대로 유지된다. 대칭행렬이란, 정사각행렬에서 주 대각선을 중심으로 양쪽 성분들이 대칭을 이루는 행렬을 말한다(즉, $\mathbf{g}^{\mathrm{T}} = \mathbf{g}$이다. 여기서 T는 전치transpode를 의미한다. 13.7절 참조). 지표 표기법을 사용했을 때, 행렬의 대칭성은 다음 중 하나의 식으로 표현될 수 있다.

$$g_{ab} = g_{ba}, \quad g^{ab} = g^{ba}$$

(위의 두 식은 동등하다[13.47]) 대칭행렬의 다이어그램 표기법은 그림 13.15b를 참조하라.

그렇다면, 반대방향으로의 접근도 가능할 것인가? 비특이 $n \times n$ 실수행렬을 크로넥커 델타의 성분형태로 줄일 수 있을까? 좌표의 실수 선형변환만을 고려한다면 항상 그렇지는 않다. 행렬의 주 대각선을 따라 일부 항들은 1이고 일부 항들에는 -1이 배치된 경우, 1의 개수 p와 -1의 개수 q는 실수 선형변환에 대하여 불변이기 때문에, 변환을 아무리 가해도 크로넥커 델타와 같은 형태를 만들 수 없다. 이 불변량 (p, q)를 $\mathbf{g}$의 부호수signature라 한다(가끔은 '$p - q$'를 부호수로 정의하는 경우도 있으

[13.46] 왜 그런가?

[13.47] 왜 동등한가?

며, 아예 $+\cdots+-\cdots-$와 같이 부호의 배열상태를 나열하는 경우도 있다). 이 논리는 특이한singular **g**에도 그대로 적용된다. 그러나 이 경우에는 주 대각선에 0도 들어 있기 때문에 0의 개수와 p, q가 함께 어우러져 부호수를 결정하게 된다. 여기서 주 대각선에 1만 들어 있는 경우, 즉 **g**가 비특이이고 $q=0$일 때 **g**를 '양의 정부호'라 하며, $p=1$이고 $q \neq 0$인(또는 $q=1$이고 $p \neq 0$인) 비특이 **g**를 로렌치안Lorentzian이라고 한다. 이 용어는 네덜란드 물리학자 로렌츠H. A. Lorentz, 1853~1928의 이름에서 따온 것으로서, 로렌츠의 이론은 훗날 상대성이론의 기본이 되었다(17.6~9, 18.1~3절 참조).

행렬 **A**가 양의 정부호임을 나타내는 또 다른 방법으로는 아래와 같은 조건을 들 수 있다(이 조건은 20.3, 24.3, 29.3절에서 매우 중요하게 취급된다).

$$0\text{이 아닌 모든 } \mathbf{x}\text{에서 : } \mathbf{x}^{\mathrm{T}}\mathbf{A}\mathbf{x} > 0$$

이것을 지표 표기법으로 표현하면 '0이 아닌 벡터 x^a에 대하여 $A_{ab}x^a x^b > 0$'이다.[13.48] 여기서 부등호 $>$가 $\geq$로 대치되면 **A**는 '음이 아닌 정부호non-negative definite', 또는 '양의 준정부호positive-semi-definite'라 한다(이렇게 되면 0이 아닌 **x**에 대하여 $\mathbf{x}^{\mathrm{T}}\mathbf{A}\mathbf{x}=0$이 될 수도 있다).

어떤 적절한 환경에서 대칭 비특이 $\begin{bmatrix}0\\2\end{bmatrix}$-가 텐서 g_{ab}를 계량metric이라 하고, **g**가 양의 정부호가 아닐 때에는 유사계량pseudo metric이라 한

[13.48] 왜 이렇게 되는지 설명할 수 있겠는가?

다. 이 용어는 $ds^2 = g_{ab}dx^a dx^b$로 정의된 ds라는 양을 '특정 곡선을 따라 측정한 거리'로 사용할 때 적용된다. 이 개념을 휘어진 다양체에 적용하는 문제는 14.7절에서 다룰 것이고(10.2절과 12.1, 2절도 참고할 것), 17.8절에서 로렌치안을 다룰 때에는 '거리'가 상대성이론의 '시간'으로 해석되는 경우를 보게 될 것이다. 또한, 벡터 $\boldsymbol{v}$의 길이는 종종 다음과 같은 형태로 정의된다.

$$|\boldsymbol{v}| = (g_{ab}v^a v^b)^{\frac{1}{2}}$$

이제 직교군 O(n)으로 되돌아가 보자. 이것은 n차원에서 양의 정부호인 $\boldsymbol{g}$가 보존되는 선형변환군이다. 여기서 '$\boldsymbol{g}$가 보존된다'는 말은 직교변환 $\boldsymbol{T}$가 다음 조건을 만족한다는 뜻이다.

$$g_{ab}T^a{}_c T^b{}_d = g_{cd}$$

이것은 13.7절에서 언급한 (능동적인)텐서변환규칙이 g_{ab}에 적용된 사례이다(이 방정식의 다이어그램 표기는 그림 13.17을 참조하라). 다른 말로 표현하자면, 위에서 정의한 ds^2이 직교변환에 대하여 불변이라는 뜻이다. 원한다면 g_{ab}를 크로넥커 델타로 간주해도 상관없다[이것은 13.1, 3절에서 주어진 O(3)의 정의이다]. 그러나 양의 정부호 $n \times n$ 행렬 중 어떤 것을 g_{ab}로 사용해도 동일한 군이 나타난다.[19, [13.49]]

g_{ab}의 성분을 크로넥커 델타로 간주했을 때, 우리의 직교변환을 나타내는 행렬은 다음의 조건을 만족한다.[[13.50]]

[13.49] 그 이유를 설명해 보라.

[13.50] 그 이유를 설명하라. 유사직교의 경우(다음 문장에 정의되어 있음)에 $\boldsymbol{T}^{-1}$는 무엇인가?

그림 13.17 $g_{ab}T^{a}{}_{c}T^{b}{}_{d} = g_{cd}$이면 T는 직교변환이다.

$$T^{-1} = T^{\mathrm{T}}$$

이런 행렬을 직교행렬이라 한다. $n \times n$ 실수 직교행렬을 이용하면 O(n)군을 구체적으로 구현할 수 있다. 그리고 비반전군 SO(n)의 행렬식은 항상 1이다.[13.51]

$$\det T = 1$$

비특이인 g가 양의 정부호가 아니라 더욱 일반적인 부호수 (p, q)를 가질 때 얻어지는 유사직교군 O(p, q)와 SO(p, q)를 고려할 수도 있다. 특히 $p = 1$, $q = 3$인 경우(또는 $p = 3$, $q = 1$인 경우)를 로렌츠군 Lorentz group이라 하는데, 이것은 상대성이론에서 핵심적인 역할을 한다. 앞으로 알게 되겠지만, 로렌츠군은 (시간반전을 고려하지 않는다면) 2.7절에서 언급한 3차원 쌍곡공간의 대칭군과 동일하며, (공간반전을 고려하지 않으면) 8.2절에 등장한 겹선형변환(또는 뫼비우스 변환)으로 얻어지는 리만 구면의 대칭군과 동일하다. 이에 관한 설명은 특수상대성이론의 민코프스키 시공간 기하학이 등장할 때까지 미뤄두는 것이 좋을 것 같다 (18.4, 5절 참조). 방금 언급한 사실들은 33.2절에 등장하는 트위스터 이론에서도 중요한 역할을 한다.

[13.51] 이 조건이 $\varepsilon_{a \cdots c}$로 주어진 부피보존(즉, $\varepsilon_{a \cdots c}T^{a}{}_{p}\ldots T^{c}{}_{r} = \varepsilon_{p \cdots r}$)과 동등한 이유를 설명하라.

n값이 고정되어 있을 때, $p+q=n$을 만족하는 $O(p, q)$군들은 어떤 차이가 있는가?(그림 13.18에는 $n=2$ 및 $n=3$일 때 양의 정부호와 로렌치안의 경우가 비교되어 있다) 이들의 차원은 모두 $\frac{1}{2}n(n-1)$이며 소위 말하는 '실수형식real form'이고, $O(n)$을 복소화한complexification 복소군 $O(n, \mathbb{C})$에 속한다. 이 복소군은 $O(n)[=O(n, \mathbb{R})]$과 같은 방식으로 정의되지만, 선형변환이 복소수까지 확장된다는 차이점을 갖고 있다. 이 장에서는 주로 실수 선형변환을 다루고 있으나, 실수를 복소수까지 확장해도 동일한 논리를 적용할 수 있다(이 경우에는 좌표 x^a와 행렬의 성분들도 복소수가 된다). 이들 사이의 근본적인 차이점은 부호수signature의 개념에서 나타난다. 복소 선형 좌표변환을 가하면 g_{ab}의 대각성분 중 -1이 $+1$로 바뀔 수가 있기 때문에(그 반대도 가능하다),[13.52] 부호수의 정의가 모호해진다. 복소수의 영역으로 확장했을 때 $\boldsymbol{g}$의 성질 중 유일하게 변하지 않는 것은[20] '계수rank'이다. 계수란, 대각성분 중에서 0이 아닌 성분의 개수를 말한다. $\boldsymbol{g}$가 비특이일 때 계수는 최댓값, 즉 n이 되어야만 한다.

다양한 실수형식들의 차이점이 중요하게 부각되는 경우는 언제이며, 그렇지 않은 경우는 언제인가? 매우 미묘한 질문이지만, 물리학자들은 대체로 이 구별에 무심한 편이다. 양의 정부호인 경우는 군이 컴팩트하기 때문에 관련된 수학이 훨씬 간단하다(13.7절 참조). 일부 사람들은 컴팩트한 경우에 얻은 결과를 컴팩트하지 않은 경우로($p \neq 0$, $q \neq 0$) 확장하곤 하는데, 이것은 어느 모로 보나 타당하지 않은 행동이다(예를 들어, 컴팩트한 경우는 유한차원 표현만 고려해도 상관없지만, 컴팩트하지 않은 경

[13.52] 왜 그런가?

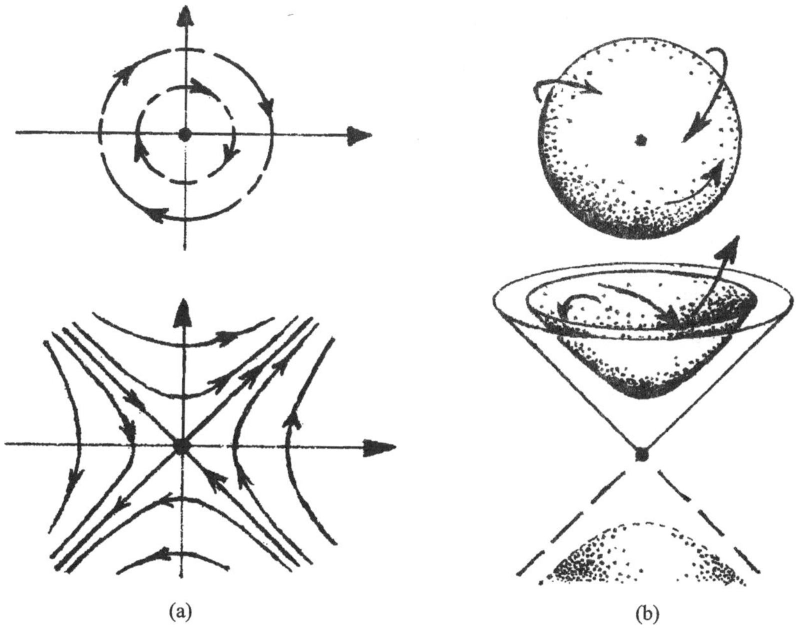

그림 13.18 (a) O(2, 0)과 O(1, 1)의 비교. (b) O(3, 0)과 O(1, 2)의 비교. 각각의 경우에 단위구가 예시되어 있다. O(1, 2)의 경우(2.4, 5절 및 18.4절 참조), 이 '구'는 하나의(또는 두 개의 동일한) 쌍곡평면에 해당된다.

우에는 무한차원 표현이 대두된다). 그러나 다른 한편으로는 이들 사이의 차이점을 무시해서 많은 부분을 이해할 수 있는 경우도 있다(이것을 2.4절에서 언급한 람베르트의 쌍곡삼각형 면적공식과 비교해 보자. 그는 구의 반지름을 복소수로 확장하여 이 공식을 유도했는데, 부호수를 바꿔서 일부 좌표에 복소수를 허용한 것도 람베르트의 시도와 비슷한 확장이라고 할 수 있다. 비유클리드 기하학에 대한 람베르트 접근법의 타당성은 18.4절의 그림 18.9에 표현되어 있다).

O(n, $\mathbb{C}$)의 다양한 실수형식들은 행렬원소들의 부등식($\det \boldsymbol{T} > 0$ 등)으로 구별할 수 있다. 양자이론의 특이한 점은 이러한 부등식들이 종

종 위배된다는 것이다. 예를 들어 양자역학에서는 허수로 표현된 양들이 물리적 의미를 갖는 경우가 종종 있기 때문에, 서로 다른 부호수들 사이의 차이점이 크게 부각되지 않는다. 그러나 내가 보기에 물리학자들은 이 차이를 지나치게 간과하는 경향이 있다. 실제로 일부 현대 이론물리학에서는 이 차이가 결정적인 실마리를 제공하는데(28.9, 31.13, 32.3절 참조), 자세한 설명은 나중에 할 기회가 있을 것이다.

13.9 유니터리군

O$(n, \mathbb{C})$군은 '회전군'을 실수에서 복소수로 확장하는 한 가지 방법을 제공해 준다. 그러나 어떤 면에서 볼 때 이보다 훨씬 중요한 방법을 제공하는 군이 있는데, 그것이 바로 유니터리군unitary group이다.

'유니터리'란 무슨 뜻인가? 직교군이 이차형식quadratic form, 즉 $g_{ab}x^a x^b$ 또는 $\mathbf{x}^T\mathbf{g}\mathbf{x}$의 보존과 밀접하게 관련되어 있는 것처럼, 유니터리군은 에르미트 형식Hermitian form이 보존되는 복소 선형변환과 관련되어 있다(19세기 프랑스의 수학자 샤를 에르미트Charles Hermite, 1822～1901의 이름에서 따온 것이다).

에르미트 형식이란 무엇인가? 우선 직교군의 경우부터 살펴보자. 이 경우에는 ($\boldsymbol{x}$에 대한)이차형식 대신 ($\boldsymbol{x}$와 $\boldsymbol{y}$에 대한)대칭 겹선형형식을 사용할 수 있다.

$$\boldsymbol{g}(\boldsymbol{x}, \boldsymbol{y}) = g_{ab}x^a x^b = \mathbf{x}^T\mathbf{g}\mathbf{y}$$

이것은 12.8절에 등장했던 '다중선형함수'를 $\begin{bmatrix} 2 \\ 0 \end{bmatrix}$-가 텐서 $\boldsymbol{g}$에 적용한 사례이다($\boldsymbol{y} = \boldsymbol{x}$로 놓으면 위 이차형식으로 되돌아간다). 따라서 $\boldsymbol{g}$

가 갖는 대칭은 다음과 같다.

$$g(x, y) = g(y, x)$$

두 번째 변수 $\mathbf{y}$의 선형성linearity은 다음과 같이 표현될 수 있다.

$$g(x, y + w) = g(x, y) + g(x, w), \; g(x, \lambda y) = \lambda g(x, y)$$

겹선형성을 가지려면 첫 번째 변수 x에도 선형성을 요구해야 하는데, 이것은 g가 갖고 있는 대칭성 덕분에 자동으로 만족된다.

에르미트 형식 $h(x, y)$는 다음과 같은 에르미트 대칭성을 만족한다.

$$h(x, y) = \overline{h(y, x)}$$

그리고 두 번째 변수 y는 선형적이다.

$$h(x, y + w) = h(x, y) + h(x, w), \; h(x, \lambda y) = \lambda h(x, y)$$

에르미트 대칭을 갖고 있다는 것은, 첫 번째 변수 x가 반선형적antilinear임을 의미한다.

$$h(x + w, y) = h(x, y) + h(w, y), \; h(\lambda x, y) = \bar{\lambda} h(x, y)$$

그런데 직교군에서는 (비특이)대칭 겹선형형식이 보존되므로, 유니터리군은 비특이 에르미트 형식이 보존되는 복소 선형변환으로부터 얻어진다.

이런 형식은 어디에 사용되는가? (반드시 대칭일 필요가 없는)비특이 겹선형형식 g는 x와 y를 포함하는 벡터공간 V와 듀얼공간 V*를 결정한다. 따라서 v가 V에 속하는 벡터일 때 $g(v, \;)$는 V 안에서 임의의 원소 $\boldsymbol{x}$를 $\boldsymbol{g}(\boldsymbol{v},\ \boldsymbol{x})$로 보내는 사상mapping을 의미한다. 다시 말해서, $\boldsymbol{g}(\boldsymbol{v},\quad)$는 V*의 원소이다(12.3절 참조). 지표 표기법을 사용하면 이것은 코벡터 $v^a g_{ab}$에 해당되며, 전통적으로 아래첨자가 붙은 v로 표기한다(14.7절 참조).

$$v_b = v^a \mathrm{g}_{ab}$$

역계량 $\left[\begin{smallmatrix}2\\0\end{smallmatrix}\right]$-가 텐서 g^{ab}를 이용하여 v_a의 지표(첨자)를 위로 올리면 역관계식이 얻어진다.

$$v^a = g^{ab} v_b$$

에르미트 형식에서도 이와 비슷한 관계가 성립한다. 위에서 했던 것처럼, 벡터공간 V에서 고른 임의의 $\boldsymbol{v}$에 대하여 듀얼공간 V*에 속하는 $\boldsymbol{h}(\boldsymbol{v},\quad)$가 존재한다. 그러나 $\boldsymbol{h}(\boldsymbol{v},\quad)$가 $\boldsymbol{v}$에 선형적이지 않고 반선형적이라는 점이 이전과 다르다. 즉, $\boldsymbol{h}(\lambda\boldsymbol{v},\quad)=\bar{\lambda}\boldsymbol{h}(\boldsymbol{v},\quad)$ 이다.

이것을 다른 말로 표현하면 "$\boldsymbol{h}(\boldsymbol{v},\quad)$는 $\bar{\boldsymbol{v}}$에 선형적이다"라고 할 수 있다. 여기서 벡터 $\bar{\boldsymbol{v}}$는 $\boldsymbol{v}$의 복소켤레를 의미한다. 복소켤레 벡터들은 별도의 벡터공간 $\bar{\mathrm{V}}$를 형성한다. 이러한 관점은 복소켤레 원소의 첨자를 알파벳 a', b', c'... 등으로 표기하는 (추상적)지표 표기법에서 특히 유용하다. 단, 프라임(′)이 붙은 첨자와 붙지 않은 첨자끼리는 (합의)축약이 일어나지 않는다. 복소켤레 연산은 프라임이 붙은 양과 붙지 않은 양을 서로 맞바꾸는 역할을 한다. 지표 표기법에서 에르미트 형식은 $h_{a'b}$와 같이, 프라임이 붙은 하나의 첨자와 프라임이 붙지 않은 하나의 첨자로 이루어진 배열로 쓸 수 있다.

$$\boldsymbol{h}(\boldsymbol{x},\ \boldsymbol{y}) = h_{a'b}\bar{x}^{a'}y^b$$

($\bar{x}^{a'}$은 x^a의 복소켤레이다) '에르미트성Hermiticity'은 다음과 같이 표현될 수 있다.

$$h_{a'b} = \overline{h_{b'a}}$$

$h_{a'b}$배열은 첨자를 올리거나 내릴 수 있지만, 그 행동은 프라임 기호가 붙은 첨자에서 프라임을 떼는 효과를(또는 그 역을)수반하므로, 이는 복소켤레공간의 듀얼로 간주된다.

$$\bar{v}_b = \bar{v}^{a'} h_{a'b}, \; v_{a'} = h_{a'b} v^b$$

에르미트 형식이 비특이라는 가정하에(즉, $h^{ab'}$의 행렬요소가 비특이라는 가정하에) 위 식을 뒤집어서 $\bar{v}^{a'}$이나 v^a를 구하려면 $h_{a'b}$의 역인 $h^{ab'}$을 알아야 한다.

$$h^{ab'} h_{b'c} = \delta^a_c, \quad h_{a'b} h^{bc'} = \delta^{c'}_{a'}$$

따라서

$$\bar{v}^{a'} = \bar{v}_b h^{ba'}, \quad v^a = h^{ab'} v_{b'}$$

이다.[13.53] 임의의 텐서값에 첨자별로 적용 가능한 이 관계식 덕분에, 프라임이 붙은 첨자들은 $h_{a'b}$와 $h^{ab'}$을 이용하여 소거할 수 있다. 따라서 복소켤레공간은 그 듀얼공간과 별개로 생각되지 않고 '동일시된다'.

(지표 표기법 형태로 주로 쓰이진 않더라도)복소켤레 개념 안에 듀얼과의 이런 동일시를 포함하는 복소켤레 연산(흔히 에르미트 켤레Hermi-

---

[13.53] 이 관계식을 증명하고 $h^{ab'}$이 표기법상으로 타당한 이유를 설명하라.

tian conjugation라고 한다)은 양자역학을 비롯한 수학, 물리학(트위스터 이론, 33.5절 참조)의 다양한 분야에서 가장 중요하게 취급되는 개념 중 하나이다. 대부분의 양자역학 관련 서적에서는 에르미트 켤레를 '대거 dagger, †로 표기하지만, 가끔은 별표 *로 표기하는 경우도 있다.

수학 책에서는 주로 *를 사용하므로, 이 책에서도 에르미트 켤레를 뜻하는 기호로 *를 쓸 것이다. *는 V와 V*의 역할을 뒤바꾸기 때문에 지금까지의 표기법과 잘 조화된다. (프라임이 붙은 첨자가 모두 제거된) $\begin{bmatrix} p \\ q \end{bmatrix}$-가 복소텐서에 복소켤레(*)을 취하면 $\begin{bmatrix} q \\ p \end{bmatrix}$-가 텐서가 된다. 즉, *가 가해지면 아래첨자는 위첨자가 되고 위첨자는 아래첨자가 된다. 그리고 스칼라(복소수)에 *가 가해지면 일상적인 복소켤레가 된다. *연산은 에르미트 형식 $\boldsymbol{h}$와 동등한 개념이다.

우리에게 가장 친숙한 에르미트 켤레는($h_{a'b}$의 성분이 크로넥커 델타로 주어진 경우) 모든 성분에 복소켤레가 취해져서 재편성되어 위-아래 첨자가 뒤바뀌는 경우이다. 이럴 때에는 선형변환 행렬에 전치transpose를 취한 후 복소켤레를 취한 결과가 얻어진다(이것을 켤레전치conjugate transpose라 부르기도 한다). 예를 들어, 2×2 행렬에 에르미트 켤레를 취한 결과는 다음과 같다.

$$\begin{pmatrix} a & b \\ c & d \end{pmatrix}^* = \begin{pmatrix} \bar{a} & \bar{c} \\ \bar{b} & \bar{d} \end{pmatrix}$$

에르미트 켤레를 취해도 변하지 않는 행렬을 '에르미트 행렬Hermitian matrix'이라고 한다. 이것은 에르미트 연산자와 함께 양자역학에서 매우 중요하게 취급되는 개념이다.

*는 다음과 같은 의미에서 반선형 연산자라 할 수 있다.

$$(\boldsymbol{T} + \boldsymbol{U})^* = \boldsymbol{T}^* + \boldsymbol{U}^*$$
$$(z\boldsymbol{T})^* = \bar{z}\boldsymbol{T}^*$$

여기서 $\boldsymbol{T}$와 $\boldsymbol{U}$는 동일한 가價를 갖는 텐서이고 z는 임의의 복소수이다. *는 텐서의 곱에도 적용될 수 있다. 다만, 이 경우에는 첨자의 축약 순서가 뒤바뀐다. 특히 *가 선형변환에 적용되면(위첨자 텐서와 아래첨자 텐서로 간주했을 때) 곱하는 순서가 뒤바뀐다.

$$(\boldsymbol{LM})^* = \boldsymbol{M}^*\boldsymbol{L}^*$$

켤레연산을 수평선에 비쳐 반사된 형태로 그려 넣으면 다이어그램 표기법이 매우 간편해진다. 수평선을 중심으로 반대쪽에 있는 양들은 위첨자와 아래첨자가 서로 뒤바뀐 관계에 있다(그림 13.19 참조).

에르미트 켤레(*)로부터, V에 속하는 $\boldsymbol{v}$와 $\boldsymbol{w}$의 에르미트 스칼라곱을 정의할 수 있다. 코벡터 $\boldsymbol{v}^*$와 벡터 $\boldsymbol{w}$의 스칼라곱은 다음과 같이 정

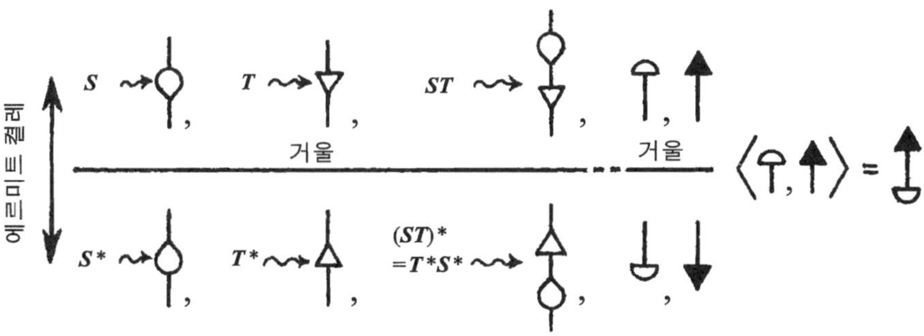

그림 13.19 에르미트 켤레(*)를 수평선에 반사된 그림으로 표현하면 여러모로 편리하다. 수평선을 건너가면(즉, 에르미트 켤레가 취해지면) 팔과 다리가 뒤바뀌고 곱하는 순서도 뒤바뀐다. $(\boldsymbol{ST})^* = \boldsymbol{T}^*\boldsymbol{S}^*$. 그림의 오른쪽 끝에는 에르미트 스칼라곱 $\langle \boldsymbol{v} | \boldsymbol{w} \rangle = \boldsymbol{v}^* \bullet \boldsymbol{w}$의 다이어그램 표기가 제시되어 있다(따라서 스칼라곱의 복소켤레는 오른쪽 끝에 있는 다이어그램을 뒤집는 연산에 해당된다).

의 된다(이와는 다른 방식으로 표기된 책들도 많이 있다).

$$\langle \boldsymbol{v} \mid \boldsymbol{w} \rangle = \boldsymbol{v}^* \cdot \boldsymbol{w} = \boldsymbol{h}(\boldsymbol{v}, \boldsymbol{w})$$

(그림 13.19 참조) 또한, 스칼라곱은 다음 관계를 만족한다.

$$\langle \boldsymbol{v} \mid \boldsymbol{w} \rangle = \overline{\langle \boldsymbol{w} \mid \boldsymbol{v} \rangle}$$

특히 $\boldsymbol{v} = \boldsymbol{w}$인 경우, 스칼라곱은 $\boldsymbol{v}$의 '노름norm. 크기'과 같다.

$$\| \boldsymbol{v} \| = \langle \boldsymbol{v} \mid \boldsymbol{v} \rangle$$

V의 기저를 $(\boldsymbol{e}_1, \boldsymbol{e}_2, \cdots, \boldsymbol{e}_n)$으로 선택했을 때, $h_{a'b}$의 성분은 다음과 같이 n^2개의 복소수로 표현된다.

$$h_{a'b} = \boldsymbol{h}(\boldsymbol{e}_a, \boldsymbol{e}_b) = \langle \boldsymbol{e}_a \mid \boldsymbol{e}_b \rangle$$

이들은 에르미트 행렬의 성분을 이룬다. 그리고 아래 조건을 만족할 때, 기저 $(\boldsymbol{e}_1, \boldsymbol{e}_2, \cdots, \boldsymbol{e}_n)$은 연산 *에 대해 '유사정규직교pseudo-orthonormal'라고 한다.

$$\langle \boldsymbol{e}_i \mid \boldsymbol{e}_j \rangle = \begin{cases} i = j\text{일 때 } \pm 1 \\ i \neq j\text{일 때 } 0 \end{cases}$$

위 조건에서 ±가 모두 +로 대치된 경우(즉, ±1을 1로 대치한 경우)에 기저는 정규직교이다.

유사정규직교 기저는 항상 찾을 수 있지만, 선택의 폭이 넓다. 이러한 기저에 대하여 행렬 $h_{a'b}$는 대각행렬이며, 대각선 원소는 1이나 −1의 값을 갖는다. 또한, 대각선상에 있는 1의 총 개수 p는 주어진 *에 대하여

기저에 상관없이 항상 동일하며, -1의 총 개수인 q도 마찬가지다. 이러한 사실로부터, *에 대한 '불변 부호수invariant signature' (p, q)의 개념을 정의할 수 있다.

$q=0$이면 *를 양의 정부호라 한다. 이런 경우에[21] 0이 아닌 임의의 벡터의 노름norm은 항상 양이다.[13.54]

$$\boldsymbol{v} \neq 0 \text{이면 } \|\boldsymbol{v}\| > 0 \text{이다.}$$

여기서 말하는 양의 정부호는 13.8절에 나오는 양의 정부호를 복소수로 확장한 것이다.

선형변환 $\boldsymbol{T}$의 역변환이 $\boldsymbol{T}^*$와 같은 경우,

$$\boldsymbol{T}^{-1} = \boldsymbol{T}^* \ldots \text{즉(i.e.)} \ldots \boldsymbol{T}\boldsymbol{T}^* = \boldsymbol{I} = \boldsymbol{T}^*\boldsymbol{T}$$

이면 *가 양의 정부호일 때 유니터리라 하고 그 외의 경우에는 유사유니터리라 한다.[13.55] '유니터리 행렬'이란, *가 일상적인 공액전치를 의미할 때 위 관계식을 만족해 $\boldsymbol{T}^{-1}$이 $\bar{\boldsymbol{T}}^{\mathrm{T}}$가 되는 행렬을 말한다.

n차원 유니터리 변환군, 또는 $(n \times n)$ 유니터리 행렬을 유니터리군 $\mathrm{U}(n)$으로 표기한다. 좀 더 일반적으로, *의 부호수가 (p, q)일 때에는 유사유니터리군 $\mathrm{U}(p, q)$가 얻어진다.[22] 만일 변환의 행렬식 값이 1이라면, $\mathrm{SU}(n)$과 $\mathrm{SU}(p, q)$가 얻어질 것이다. 유니터리 변환은 양자역학에서 핵심적인 역할을 한다(물론 다양한 수학분야에서도 매우 중요하게 다뤄지고 있다).

[13.54] 증명해 보라.

[13.55] 이 변환이 에르미트 형식에서 벡터 $\boldsymbol{v}$와 코벡터 $\boldsymbol{v}^*$의 관계가 보존되는 변환임을 증명하라. 그리고 이 변환에서 $h_{ab'}$이 보존된다는 것을 증명하라.

13.10 심플렉틱군(사교군)

지금까지 앞의 두 절에 걸쳐서 직교군과 유니터리군에 대해 알아보았다. 이들은 예외군exceptional group이 아닌 고전군classical group, 즉 단순 리군simple Lie group의 사례들이다(13.2절 참조). 여기에 심플렉틱군symplectic group('사교군'이라고도 함)을 추가하면 고전군의 목록이 완성된다. 20.4절에서 보게 되겠지만, 심플렉틱군은 고전물리학에서 매우 중요한 개념이며 양자역학에서 무한차원 공간을 다룰 때에도 핵심적인 역할을 한다(26.3절 참조).

심플렉틱군이란 무엇인가? 겹선형형식으로 되돌아가서 생각해 보자. 단, 직교군을 정의할 때 요구했던 대칭성[$\boldsymbol{g}(\boldsymbol{x}, \boldsymbol{y}) = \boldsymbol{g}(\boldsymbol{y}, \boldsymbol{x})$] 대신 아래와 같은 반대칭성을 요구해 보자.

$$\boldsymbol{s}(\boldsymbol{x}, \boldsymbol{y}) = -\boldsymbol{s}(\boldsymbol{y}, \boldsymbol{x})$$

$\boldsymbol{s}$에 선형성을 부여하면 다음 관계가 성립한다.

$$\boldsymbol{s}(\boldsymbol{x}, \boldsymbol{y}+\boldsymbol{w}) = \boldsymbol{s}(\boldsymbol{x}, \boldsymbol{y}) + \boldsymbol{s}(\boldsymbol{x}, \boldsymbol{w}), \quad \boldsymbol{s}(\boldsymbol{x}, \lambda\boldsymbol{y}) = \lambda\boldsymbol{s}(\boldsymbol{x}, \boldsymbol{y})$$

첫 번째 변수 $\boldsymbol{x}$의 선형성은 $\boldsymbol{s}$가 반대칭이라는 사실로부터 곧바로 유도된다. 반대칭성은 다음과 같이 다양한 형태로 표현할 수 있다.

$$\boldsymbol{s}(\boldsymbol{x}, \boldsymbol{y}) = x^a s_{ab} y^b = \mathbf{x}^{\mathrm{T}}\mathbf{S}\mathbf{y}$$

언뜻 보기에는 대칭인 경우와 비슷한 것 같지만, s_{ab}는 반대칭이다.

$$s_{ba} = -s_{ab} \quad \text{즉, } \mathbf{S}^{\mathrm{T}} = -\mathbf{S}$$

$\mathbf{S}$는 s_{ab}를 성분으로 갖는 행렬이다. $\mathbf{S}$가 비특이라는 조건을 부가하

면, s_{ab}의 역인 s^{ab}가 존재하게 되고 이들 사이에는 다음의 관계가 성립한다.[23]

$$s_{ab}s^{bc} = \delta_a^c = s^{cb}s_{ba}$$

여기서 $s^{ab} = -s^{ba}$이다.

대칭행렬로부터 유추해 보면, 반대칭행렬 $\mathbf{S}$의 전치는 원래의 $\mathbf{S}$와 마이너스 부호만큼 다르다는 것을 알 수 있다. 즉, $\mathbf{S} = -\mathbf{S}^{\mathrm{T}}$이다. 또한, $n \times n$ 반대칭행렬 $\mathbf{S}$는 n이 짝수일 때만 비특이가 될 수 있다.[13.56] 여기서 n은 $\mathbf{x}$와 $\mathbf{y}$가 속한 벡터공간 V의 차원이다.

비특이 반대칭 s_{ab}(또는 겹선형형식 $\boldsymbol{s}$)가 보존되는 GL(n)의 원소 $\mathbf{T}$는 다음과 같은 조건을 만족한다는 의미에서 '심플렉틱 symplectic'이라 한다.

$$s_{ab}T^a{}_cT^b{}_d = s_{cd}. \quad \text{즉,} \quad \mathbf{T}^{\mathrm{T}}\mathbf{S}\mathbf{T} = \mathbf{S}$$

이 원소들로 이루어진 군을 심플렉틱군이라 한다(20.4절에서 보게 되겠지만, 고전역학에서 매우 중요하게 취급되는 군이다). 그런데 표기법상으로는 약간의 혼란이 있을 수 있다. 수학적으로는 (실수)심플렉틱군을 복소 심플렉틱군 Sp($\frac{1}{2}n$, ℂ)의 실수형식으로 정의하는 것이 정확하다[여기서 Sp($\frac{1}{2}n$, ℂ)는 위의 관계를 만족하는 복소 $T^a{}_b$(또는 $\mathbf{T}$)로 이루어진 군을 의미한다]. 이렇게 정의된 특정한 실수형식은 컴팩트하지 않지만, 13.7절의 끝 부분에서 언급한 대로[Sp($\frac{1}{2}n$, ℂ)는 반단순군이다] 이 복소군의 컴팩트한 실수형식이 또 하나 존재한다. '(실수)심플렉틱군'이란,

---

[13.56] 증명해 보라.

바로 이 $\mathrm{Sp}(\frac{1}{2}n)$을 의미하는 것이다.

그렇다면, 이러한 실수형식을 어떻게 찾을 수 있을까? 사실은 직교군의 경우와 마찬가지로 심플렉틱군에도 부호수라는 개념이 있다(직교군이나 유니터리군의 부호수처럼 잘 알려져 있지는 않다). s_{ab}가 보존되는 실수변환의 심플렉틱군은 부호수가 $(\frac{1}{2}n, \frac{1}{2}n)$으로 양분되어 있다. 컴팩트한 심플렉틱군의 부호수는 $(n, 0)$ 또는 $(0, n)$이다.

이 부호수는 어떻게 정의되는가? $p + q = n$을 만족하는 모든 자연수 쌍 p, q에 대하여, 복소군 $\mathrm{Sp}(\frac{1}{2}n, \mathbb{C})$로부터 '유사유니터리'한[즉, $\mathrm{U}(p, q)$에 속하는] 원소들을 추출하여 실수형식을 정의할 수 있다(13.9절 참조). 이것이 바로 (유사)심플렉틱군 $\mathrm{Sp}(p, q)$이다[24][다시 말해서, $\mathrm{Sp}(p, q)$는 $\mathrm{Sp}(\frac{1}{2}n, \mathbb{C})$와 $\mathrm{U}(p, q)$의 교집합이다]. 지표 표기법을 사용했을 때, $\mathrm{Sp}(p, q)$는 반대칭 s_{ab}와 에르미트 행렬 $\mathbf{H}$($h_{a'b}$를 성분으로 갖는)를 보존하는 복소 선형변환 $T^a{}_b$의 군으로 정의될 수 있다.

$$\bar{T}^{a'}{}_{b'}T^a{}_b h_{a'a} = h_{b'b}$$

여기서 $\mathbf{H}$의 부호수는 (p, q)이다(따라서 $\mathbf{H}$의 대각원소들 중 1이 p개이고 -1이 q개가 되도록 만드는 유사직교기저를 찾을 수 있다. 13.9절 참조).[25] 컴팩트한 고전 심플렉틱군 $\mathrm{Sp}(\frac{1}{2}n)$은 내가 사용하는 표기법으로 $\mathrm{Sp}(n, 0)$ 또는 $\mathrm{Sp}(0, n)$에 해당된다. 그러나 고전물리학에서 가장 중요하게 취급하는 군은 $\mathrm{Sp}(\frac{1}{2}n, \frac{1}{2}n)$이다.[13.57]

직교군이나 유니터리군의 경우와 마찬가지로, 우리는 s_{ab}가 단순한

[13.57] 이 사실을 이용하여 $\mathrm{Sp}(1)$과 $\mathrm{Sp}(1, 1)$의 구체적인 형태를 표현해 보라. $\mathrm{Sp}(n, 0)$가 컴팩트하지 않은 이유는 무엇인가?

형태를 취하는 기저를 선택할 수 있다. 그러나 지금 당장 s_{ab}가 대각형태가 되도록 만들 수는 없다. 반대칭 대각행렬이 되려면, 모든 성분이 0이 되는 수밖에 없기 때문이다! 그 대신, s_{ab}를 아래와 같이 2×2 블록형 행렬로 선택할 수는 있다.

$$\begin{pmatrix} 0 & 1 \\ -1 & 0 \end{pmatrix}$$

부호수가 양분된 $\mathrm{Sp}(\frac{1}{2}n, \frac{1}{2}n)$의 경우에는 이 형태를 보존하는 실수 선형변환을 취할 수 있다. 그리고 일반적으로 $\mathrm{Sp}(p, q)$의 경우에는 실수 변환 대신 부호수가 (p, q)인 유사유니터리 변환을 취하면 된다.[13.58]

다양한(그리고 작은) p, q값에 대하여 일부 직교군과 유니터리군, 그리고 심플렉틱군은 동일한 리대수를 갖는다는 점에서(13.6절 참조) 동일하거나(동형 isomorphic) 국소적으로 동일하다(국소동형 local isomorphic)고 할 수 있다.[26] 가장 간단한 예로는 SO(2)를 들 수 있는데, 이것은 원의 비반전 대칭을 나타내는 군으로서 유니터리군 U(1)과 동일하다[U(1)은 절댓값이 1인 단위복소수 $e^{i\theta}$(θ는 실수)의 곱셈군이다].[13.59] 물리학에서 특히 중요한 점은 SU(2)와 Sp(1)이 동일하며, 이들이 국소적으로 SO(3)와 동등하다는 사실이다[이들은 3차원 공간의 회전을 나타내는 4원수적 표현의 이중적 성질(11.3절 참조)을 가지며 SO(3)의 이중 덮개 twofold cover가 된다]. 이는 특히 양자물리학에서 스핀을 논할 때 결정적인 역할을 한다(22.8절 참조). 또한, 상대성이론에서는 $\mathrm{SL}(2, \mathbb{C})$와 Sp

---

[13.58] $p = q = \frac{1}{2}n$인 경우에는 이 두 가지 방법이 동일하다는 것을 증명하라.

[13.59] 왜 같은가?

(1, ℂ)가 같고 이들이 국소적으로 로렌츠군의 비반전 부분인 O(1, 3)과 같다는 사실(여기서도 O(1, 3)의 이중 덮개가 됨)이 중요한 정보를 제공한다. 이 밖에도 SU(1, 1)과 Sp(1, 1), 그리고 SO(2, 1)등 서로 동형인 사례는 쉽게 찾을 수 있다. 33장에서 소개될 트위스터 이론에서는 O(2, 4)의 비반전 부분과 SU(2, 2)가 국소적으로 동형이라는 사실로부터 중요한 정보를 이끌어낼 수 있다(33.3절 참조).

심플렉틱군의 리대수는 다음의 행렬방정식을 만족하는 **X**로부터 구할 수 있다.

$$\mathbf{X}^{\mathrm{T}}\mathbf{S} + \mathbf{S}\mathbf{X} = 0 \quad \text{즉, } \mathbf{S}\mathbf{X} = (\mathbf{S}\mathbf{X})^{\mathrm{T}}$$

즉, 무한소 변환(리대수의 원소) **X**는 $\mathbf{S}^{-1}$에 $n \times n$ 대칭행렬을 곱한 것과 같다. 그리고 이 사실로부터 심플렉틱군의 차원이 $\frac{1}{2}n(n+1)$임을 어렵지 않게 알 수 있다. 단, **X**의 대각성분의 합은 0이다(즉, trace**X** = 0이다. 13.4절 참조).[13.60] 직교군의 리대수는 반대칭행렬로부터 구할 수 있고, 유니터리군의 리대수는 순허수가 곱해진 에르미트 행렬로부터 구할 수 있다. 이들의 차원은 각각 $n(n-1)/2$, n^2이다.[13.61]

13.4절에서 말한 대로, 행렬식 값이 1인 변환의 무한소 원소 행렬 $\boldsymbol{X}$의 대각합trace은 0이다. 심플렉틱의 경우에는 이 조건이 자동으로 만족되고, 직교군의 경우에는 무한소 원소 행렬의 행렬식이 모두 1이다.[13.62] 그리고 유니터리군의 경우에는 SU(n)에 또 하나의 조건이 추가되어

[13.60] 방정식 $\boldsymbol{X}^{\mathrm{T}}\boldsymbol{S} + \boldsymbol{S}\boldsymbol{X} = 0$의 출처를 설명하고 $\boldsymbol{S}\boldsymbol{X} = (\boldsymbol{S}\boldsymbol{X})^{\mathrm{T}}$를 증명하라. trace$\boldsymbol{X}$는 왜 0인가? 이 경우에 리대수를 구체적으로 제시하라. 심플렉틱군의 차원은 왜 $n(n+1)$인가?

[13.61] 각각의 경우에 리대수를 제시하고, 차원이 이렇게 주어지는 이유를 설명하라.

[13.62] 왜 그런가? 이것의 기하학적 의미를 서술하라.

(trace$\boldsymbol{X} = 0$) 군의 차원이 $n^2 - 1$로 줄어든다.

13.2절에서 언급한 대로, 고전군은 종종 A_m, B_m, C_m, D_m,($m = 1, 2, 3, \cdots$)으로 표기하는데, 이들은 각각 SU($m+1$), SO($2m+1$), Sp(m), SO($2m$)에 해당되며(13.8 ~ 10절 참조), 각 군의 차원은 위에 나열된 순서를 따라 $m(m+2)$, $m(2m+1)$, $m(2m+1)$, $m(2m-1)$임을 알 수 있다. 이로써 독자들은 고전 단순군의 중요한 특성을 대충 파악한 셈이다. 앞에서 여러 차례에 걸쳐 강조한 바와 같이, 이 군들과 이들의 다양한 '실수형식'들은 물리학에서 중요한 역할을 한다. 이 장에서 언급된 내용들은 다음 장에서도 수시로 반복될 것이다. 이 장의 서두에서 지적한 대로, 현대물리학이 말하는 모든 물리적 상호작용들은 '게이지 접속'에 지배되고 있으며, 이것은 정확한 대칭을 갖는 공간의 특성에 전적으로 좌우된다. 그러나 이 얼개를 이해하려면 무엇보다 먼저 '게이지 이론 gauge theory'을 알아야 한다. 이 내용은 15장에서 설명할 예정이다.

〈13장 후주〉

13–1절

13.1 아벨은 1802년에 태어나 1829년 26살의 나이로 결핵으로 사망하였다. 더욱 일반적인 비가환($ab \neq ba$) 군론을 구축한 사람은 아벨보다 더욱 단명했던 프랑스의 천재 수학자 에바리스트 갈루아(Évariste Galois, 1811 ~ 1832)였다. 그는 만 21세가 채 되기도 전에 한 군인과 권총결투를 벌이다가 복부에 총상을 입고 사망하였다. 갈루아는 결투 전날 밤을 꼬박 새워가며 그동안 자신이 생각했던 혁명적인 군론과 대수방정식의

해법 등을 메모지에 적어 놓았는데, 이것이 바로 '갈루아 이론'의 기원이다.

13.2 '−C'는 "복소공액을 취한 후 −1을 곱한 것"이다. 즉, −C =(−1)C 이다.

13.3 S는 'special'의 첫 글자를 따온 것인데(행렬식의 값이 1임을 뜻함), 지금은 '반전을 일으키는 회전이 금지된 군'이라는 뜻으로 이해하면 된다. O는 '직교(orthogonal)'의 첫 글자로서, 이와 관련된 변환 하에서 좌표의 직교성이 보존된다는 것을 의미한다(즉, 변환을 가하고 나서도 각 좌표축 사이의 각도는 직각을 유지한다는 뜻이다). 마지막으로, 괄호 안에 들어 있는 '3'은 회전이 일어나는 공간이 3차원임을 나타내는 숫자이다.

13.4 "모든 연속군은 매끈하며[즉, C^0이면 C^1이다(6.3절 참조). 심지어는 C^0이면 C^∞이다] 이와 동시에 해석적이다(즉, C^0이면 C^ω 이다)"라는 놀라운 정리가 있다. '힐베르트의 5번째 문제'에 해답을 제시했던 이 정리는 1953년에 앤드루 마테이 글리슨(Andrew Mattei Gleason), 딘 몽고메리(Deane Montgomery), 레오 지핀(Leo Zippin), 야마베 히데히코(Hidehiko Yamabe)에 의해 증명되었다[Montgomery and Zippin(1955) 참조]. 이 정리 덕분에 13.6절의 멱급수 전개가 가능한 것이다.경

13–2절

13.5 van der Waerden(1985), pp. 166 ~ 174.

13.6 Devlin(1988) 참조.

13.7 Conway and Norton(1972), Dolan(1966) 참조.

13–3절

13.8 14.1절로 가면 유클리드 공간이 아핀공간(affine space)의 한 사례임을

알게 될 것이다. 여기서 특별한 점(원점) O를 선택하면 벡터공간이 된다.

13.9 $T^a{}_b$와 같이 텐서의 첨자에 위-아래 및 좌-우 위치로 순서를 부여하면 (이 경우, 위첨자 a를 아래첨자 b보다 왼쪽에 표기하면) 여러모로 편리하다. 특히 선형변환에서는 첨자의 위치로부터 곱해지는 행렬의 순서를 파악할 수 있다.

13.10 이 영역은 r차원 벡터공간이다($r < n$). 이때 r을 행렬(또는 선형변환 $\boldsymbol{T}$)의 계수(rank)라 한다. 비특이(non-singular) $n \times n$ 행렬의 계수는 n이다('계수' 개념은 가로-세로가 다른 사각행렬에도 적용된다. [후주 12.18]과 비교해볼 것).

13.11 행렬이론의 역사에 관해서는 MacDuffee(1933)을 참조하라.

13–5절

13.12 고유벡터가 전체 공간을 커버하지 못하는 겹친 경우(degenerate case, 즉 일부 d가 해당 r보다 작은 경우)에도 표준꼴(canonical form)을 찾을 수는 있다. 그러나 이 경우에는 1이 주 대각선 위에서도 나타날 수 있다. 이들은 대각원소가 고유값과 같은 정사각형 블록 안에 자리잡고 있다. Anton and Busby(2003) 참조. 바이에르스트라우스(Weierstrauss)는 요르단(Jordan)보다 2년 앞선 1868년에 이 표준형식을 발견하였다. Hawkins(1977) 참조.

13–6절

13.13 이 점을 이해하기 위해, SL(n, ℝ)[GL(n, ℝ)에서 행렬식의 값이 1인 원소들]을 예로 들어 보자. 이 군은 '이중덮개(double cover)' $\widetilde{\text{SL}}$(n, ℝ)을 갖고 있다($n \geq 3$일 때). 11.3절에서 벨트를 끼운 채 책을 돌려서 SO(3)의 이중덮개인 $\widetilde{\text{SO}}$(3)을 얻은 것과 비슷한 방법을 사용하면 SL

$(n, \mathbb{R})$로부터 $\widetilde{SL}(n, \mathbb{R})$을 얻을 수 있다. 따라서 $\widetilde{SO}(3)$은 3차원 공간 스피너 물체(spinorial object)의 (비반전)회전대칭군이다. 이와 동일한 방법으로, 13.3절에서 언급한 '찌그러트리기(잡아 늘이기)'를 허용하는 일반적 선형변환 하의 스피너 물체를 생각할 수 있다. 이렇게 하면 국소적으로 $SL(n, \mathbb{R})$과 동일한 $\widetilde{SL}(n, \mathbb{R})$을 얻을 수 있다. 그러나 GL (m)으로는 이 군을 충실하게 표현할 수 없다. [후주 15.9] 참조.

13.14 이 개념은 잘 정의되어 있다(well-defined). [후주 13.4] 참조.

13–7절

13.15 Thirring(1983) 참조.

13.16 여기서도 수학용어의 비합리성을 발견할 수 있다. 이 주제와 관련된 많은 개념에 카르탕(Cartan)이라는 이름이 붙어 있는데['카르탕 부분대수(Cartan subalgebra)', '카르탕 정수(Cartan integer)' 등], 이 모든 아이디어는 킬링(Killing)이 제안한 것이다. 반면에, '킬링 형식'을 처음으로 제안한 사람은 킬링이 아니라 카르탕이었다[헤르만 바일(Hermann Weyl)도 부분적으로 기여했다]. 자세한 내용은 Hawkins (2000) 6.2절을 참조하라. 그러나 30.6절에서 등장할 '킬링 벡터'는 킬링 자신이 제안한 것이다(Hawkins 2000, p. 128의 주-20 참조).

13.17 나는 (의도적으로) '동일하다'는 말을 약간 남발하고 있다. 이 경우에는 동일하다는 말보다 '동형(isomorphic)'이라는 용어가 더 정확한 표현이다.

13–8절

13.18 본문에서는 구체적인 과정을 설명하지 않았다. $\mathbb{V}$의 기저 $\boldsymbol{e} = (\boldsymbol{e}_1, \cdots, \boldsymbol{e}_n)$은 듀얼기저[dual basis, $\mathbb{V}^*$의 기저 $\boldsymbol{e}^* = (\boldsymbol{e}^1, \cdots, \boldsymbol{e}^n)$]와 $\boldsymbol{e}^i \cdot \boldsymbol{e}_j = \delta^i_j$의 관계에 있다. $\left[\begin{smallmatrix} p \\ q \end{smallmatrix}\right]$-가 텐서 $\boldsymbol{Q}$의 성분은 12.8절에서 언급한 다중선형

함수를 p개의 듀얼기저와 q개의 기저에 적용하여 얻을 수 있다. $Q_{a\cdots c}^{f\cdots h} = Q(\boldsymbol{e}^f, \cdots, \boldsymbol{e}^h; \boldsymbol{e}_a, \cdots, \boldsymbol{e}_c)$.

13.19 [후주 13.3] 참조.

13.20 [후주 13.10] 참조. 독자들은 13.5절의 $T^a{}_b$가 고유값 $\lambda_1, \lambda_2, \lambda_3, \cdots, \lambda_n$ 등 여러 개의 불변량을 갖는데 반해 g_{ab}는 그렇지 않은 이유가 궁금할 것이다. 근본적인 원인은 지표(첨자)의 위치에 따라 변환의 속성이 달라지기 때문이다.

13–9절

13.21 양의 정부호인 경우, [후주 13.18]의 관점에서 볼 때 $(\boldsymbol{e}_1{}^*, \boldsymbol{e}_2{}^*, \cdots, \boldsymbol{e}_n{}^*)$은 $(\boldsymbol{e}_1, \boldsymbol{e}_2, \cdots, \boldsymbol{e}_n)$의 듀얼기저이다.

13.22 $p + q = n$으로 고정되어 있을 때, 군 U(p, q)와 GL$(n, \mathbb{R})$은 동일한 복소화군(complexification) GL$(n, \mathbb{C})$를 가지며, 둘 다 GL$(n, \mathbb{C})$의 실수형식으로 간주될 수 있다.

13–10절

13.23 g_{ab}와 g^{ab}처럼, s_{ab}와 s^{ab}를 적절히 이용하면 텐서의 첨자를 올리거나 내릴 수 있다. 예를 들면 $v_a = s_{ab}v^b$, $v^a = s^{ab}v_b$와 같은 식이다(13.8절 참조). 그러나 s_{ab}는 반대칭적이기 때문에, 첨자의 순서에 각별한 주의를 기울여야 한다. 2-스피너 미적분에 친숙한 독자들은[Penrose and Rindler(1984) 참조] s_{ab}와 ε_{AB}의 미묘한 차이를 알 것이다.

13.24 이 다양한 실수형식의 정식명칭이 있는지는 나도 잘 모르겠다. 이상한 이름으로 혼란을 야기하느니, 그냥 Sp(p, q)로 표기하는 편이 나을 것 같다.

13.25 모든 Sp$(\frac{1}{2}n, \mathbb{C})$군의 행렬식은 1이므로 SO$(n)$와 SU$(n)$를 나타내는데 SSp$(\frac{1}{2}n)$과 같은 표기를 사용할 필요는 없다. 왜냐하면 s_{ab}의 형태

로 레비치비타의 ε…을 나타내는 [파피안(Pfaffian)] 표현이 s_{ab}가 무엇이든 간에 보존되어야만 하기 때문이다.

13.26 [후주 13.17] 참조.

14
다양체 위에서의 미적분

14.1 다양체 위에서의 미분?

앞 장에서(13.3, 13.6 ~ 10) 우리는 벡터공간에 작용하는 대칭군을 벡터공간의 선형변환으로 표현할 수 있음을 확인하였다. 특별한 군의 경우에는 벡터공간이 선형변환 하에서 변하지 않는 특별한 구조를 갖고 있는 것으로 생각할 수 있다. 예를 들어 직교군은 선형변환 하에서 계량 metric이 변하지 않으며(13.8절 참조), 유니터리군은 에르미트 구조가 불변이다(13.9절 참조). 앞에서 지적했던 대로, 벡터공간에 작용하는 군의 표현론은 수학과 물리학에서 매우 중요한 역할을 한다. 앞으로 보게 되겠지만(22.3절 참조), 양자역학에서는 에르미트(스칼라곱) 구조를 갖는 벡터공간이 이론의 바탕을 이룬다.

그러나 벡터공간은 매우 특별한 공간이기 때문에, 현대물리학에 적용하려면 좀 더 일반적인 지식이 필요하다. 유클리드 기하학은 벡터공간에서 펼친 이론이 아니었다. 벡터공간은 (0벡터로 주어지는)원점이라는 특별한 점이 존재하지만, 유클리드 공간은 모든 점이 동등하기 때문이다. 사실, 유클리드 공간은 아핀공간 affine space의 한 사례이다. 아핀공간은 간단히 말해 '원점이 없는' 벡터공간으로서, 여기에 걸맞는 평행사변형의 개념이 존재한다.[14.1], [14.2] 따라서 아핀공간에 원점을 정해 놓기만 하면 평행사변형 규칙을 따라 벡터를 더하거나 뺄 수 있다(13.3, 그림 13.4 참조). 특정한 점을 원점으로 지정하는 그 순간부터, 평행사변형 법칙을 이용한 벡터의 덧셈이 정의되는 것이다(13.3절, 그림 13.4 참조).

아인슈타인 일반상대성이론에 등장하는 '휘어진 시공간curved spacetime'은 4차원 다양체로서, 분명히 벡터공간보다 일반적인 개념이다. 그러나 아인슈타인이 생각했던 시공간의 기하학은 '매끈한 다양체'라는 조건 이외에 (국소적인)구조를 추가로 요구한다(이 내용은 12장에서 다룬 바 있다). 이와 비슷하게, 물리계의 배위공간configuration space이나 위상공간phase space도 국소 구조를 가지려는 경향이 있다. 국소 구조는 두 점 사이의 거리(계량구조metric structure의 경우)나 곡면의 면적(심플렉틱 구조 : 13.10절 참조), 또는 곡선 사이의 각도(리만 곡면의 등각구조 : 8.2절 참조) 등을 결정한다. 이 모든 사례에서 벡터공간은 국소 기하학적 특성을 알기 위해 반드시 필요한 개념이다. 벡터공간은 다양체 $\mathcal{M}$ 위의 어떤 기준점 p에 접하는 n차원 접공간tangent space $\mathcal{T}_p$로 간주할 수 있다($\mathcal{T}_p$는 '무한히 늘여진' 다양체 $\mathcal{M}$ 위에 주어진 점 p의 가까운 근방

[14.1] "$abdc$는 평행사변형의 네 꼭짓점을 형성한다"는 명제를 $[a, b : c, d]$로 표기하기로 약속하고(a, b, d, c는 그림 5.1과 같이 시계방향으로 배열된 순서이다), 다음의 내용을 공리로 받아들이기로 하자. (i) 임의의 a, b, c에 대하여 $[a, b : c, d]$인 d가 반드시 존재한다. (ii) $[a, b : c, d]$이면 $[b, a : d, c]$이고 $[a, c : b, d]$이다. (iii) $[a, b : c, d]$이고 $[a, b : e, f]$이면 $[c, d : e, f]$이다. 이제 임의의 점 하나를 추출하여 원점으로 잡으면 이 대수적 구조가 '벡터공간'으로 축소되지만, 11.1절에서 언급했던 '스칼라 곱하기' 연산은 포함되지 않는다는 것을 증명하라. 다시 말해서, 덧셈 가환군([예제 13.2] 참조)의 법칙이 얻어진다는 것을 증명하라.

[14.2] 이것을 비가환군으로 일반화할 수 있겠는가?

으로 생각할 수 있다. 그림 12.6 참조).

그러므로 13장에서 언급한 다양한 군구조와 텐서들은 다양체 위의 각 점에서 국소적으로 연관되어 있다. 앞으로 알게 되겠지만, 아인슈타인의 휘어진 시공간이 각 접공간에서 로렌츠 (유사)계량(13.8절 참조)으로 주어지는 국소 구조를 가지는 데 반해 고전역학의 위상공간(12.1절 참조)은 국소 심플렉틱 구조(13.10절 참조)를 갖는다. 다양체와 관련된 이 두 가지 사례는 현대물리학에서 매우 중요한 역할을 한다. 그런데 이런 공간에서 미적분을 어떻게 수행해야 하는가?

12장에서 다뤘던 n차원 다양체는 매끈하다는 조건으로 충분했기 때문에, 국소 구조를 추가로 요구하지 않았다. 구조가 없는 매끈한 다양체 $\mathcal{M}$에서는 미적분에 기초를 둔 '의미 있는 연산'이 그리 많지 않다. 더욱 심각한 것은 $\mathcal{M}$의 내부에서 일반적으로 적용되는 미분의 개념조차 확립할 수 없다는 점이다.

우선 이 점을 분명히 짚고 넘어가는 편이 좋겠다. 우리는 임의의 좌표조각에서 해당좌표 $x^1, x^2, \cdots, x^n$으로 다양한 양들을 미분할 수 있다. 이때 사용하는 기호는 바로 (편)미분기호 $\partial/\partial x^1, \partial/\partial x^2, \cdots, \partial/\partial x^n$이다(10.2절 참조). 그러나 이 값들은 대부분 기하학적으로 아무런 의미가 없다. 미분이라는 것이 좌표에 따라 달라지기 때문이다. 하나의 좌표조각에서 다른 좌표조각으로 옮겨가면, 기존의 미분값을 더는 적용할 수 없게 된다(그림 10.7 참조).

그러나 우리는 12.6절에서 미분과 관련된 중요한 개념을 도입한 바 있다. 여러 좌표조각으로 이어진 매끈한(구조 없는) n-다양체에 일반적으로 적용할 수 있는 외미분을 정의한 것이다. 단, 이 연산은 p-형식에만 적용 가능하다는 한계가 있고, p-형식의 변화에 대한 정보를 충분히 제공하지 못한다는 단점을 갖는다. 그렇다면 매끈한 다양체 위에서 벡터나 텐서장을 대상으로 좀 더 완벽한 미분을 수행할 수는 없을까? 미분이 일반적으로 적용되려면 특정 좌표계와 무관해야 한다. 좌표와 무관한 미적분법이 있다면 벡터나 텐서장이 각 위치에 따라 변하는 양상을 일목요연하게 파악할 수 있을 것이다. 이것을 어떻게 구현할 수 있을까?

14.2 평행이동

10.3절과 12.3절에서 말한 바와 같이 매끈한 n-다양체 $\mathcal{M}$ 위에서 스칼라장 Φ가 정의되어 있을 때, 변화율을 나타내는 1-형식 $d\Phi$가 0이면 Φ는 $\mathcal{M}$ 위의 연결된 영역 안에서 상수라는 뜻이다. 그러나 일반적인 텐서에는 이런 식의 아이디어를 적용할 수 없다. 벡터장 ξ의 경우도 마찬가지다. 왜 그런가? 우리의 상식에 따르면, ξ에 미분(그래디언트)을 가하여 0이 되었다는 것은 ξ가 불변임을 의미한다($d\Phi = 0$이면 Φ는 불변이다). 그러나 일반적인 다양체에서는 '변하지 않는 ξ'라는 개념 자체가 성립하지 않는다(이유는 잠시 후에 설명할 것이다). 다양체 위에서 행해진 미분이 의미를 가지려면, ξ를 미분했을 때 ξ의 변화량이 얻어져야 한다.

일반적인 n-다양체 $\mathcal{M}$에서 '벡터의 불변성'이라는 개념에 문제가 발생하는 이유는 무엇인가? 일상적인 유클리드 공간에서 벡터장 ξ가 불변이면, ξ를 기하학적으로 표현한 화살표들은 모든 지점에서 평행하다. 그러므로 다양체 $\mathcal{M}$에서 벡터장의 불변성을 논하려면 평행성이라는 개념이 먼저 확립되어야 한다. 그런데 다양체 위에서는 일반적으로 유클리드의 제5공준(평행선 공준)이 성립되지 않는다(이 내용은 2장의 주제였다). 예를 들어, 쌍곡기하학에서는 '모든 지점에서 평행한 벡터장'이 아예

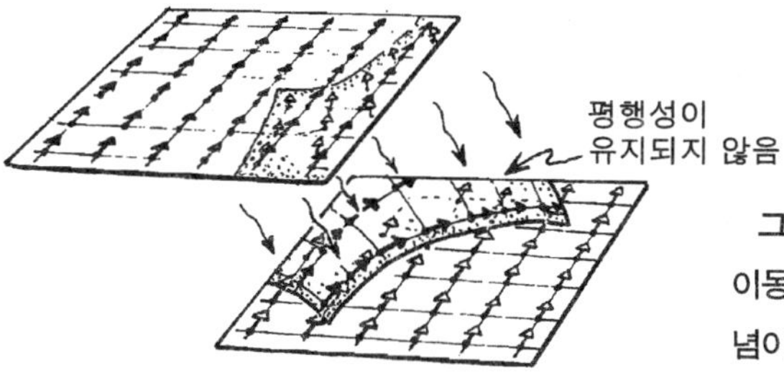

그림 14.1 다른 좌표조각으로 이동하면 유클리드식 '평행성' 개념이 더는 적용되지 않는다.

존재하지 않는다. 따라서 다양체 $\mathcal{M}$이 매끈하다고 해도, 여기에 평행성 개념을 적용할 수가 없는 것이다. 그림 14.1은 두 개의 유클리드 평면조각으로 이루어진 2-다양체에서 평행성 개념이 성립하지 않는 이유를 보여주고 있다. 다른 좌표조각으로 넘어가면 유클리드식 평행개념을 더는 적용할 수 없게 된다.

다양체에서 평행개념은 어떻게 수정되어야 하는가? 해답에 접근하기 위해, 우선 일상적인 2차원 구 S^2의 내재기하학intrinsic geometry을 분석해볼 필요가 있다. S^2 위에서 한 점 p를 취하고(편의상 북극점을 선택했다고 가정한다), 이 점에서 구에 접하는 무수히 많은 벡터 중 하나를 $\boldsymbol{v}$라고 하자(그리니치 자오선 방향이라고 하자. 그림 14.2a참조). 그렇다면 S^2 위의 다른 접벡터들 중 어떤 것이 '$\boldsymbol{v}$와 평행하다'고 말할 수 있는가? S^2가 속해 있는 3차원 유클리드 공간의 관점에서 볼 때, p가 아닌 대부분의 지점 q에서는 어떠한 접벡터도 $\boldsymbol{v}$와 평행하지 않다. q점에서 S^2에 접하는 면은 $\boldsymbol{v}$의 방향을 포함하지 않기 때문이다[p를 지나는 대원 중에서 $\boldsymbol{v}$의 방향과 직각으로 나 있는 대원 상의 접벡터들만이 $\boldsymbol{v}$와 평행하다(그림 14.2a 참조)]. S^2 위에서의 평행성은 접벡터들을 대상으로 논의해야 되기 때문에, 우리의 최선은 q를 p로부터 점차 멀리 가져가면서 $\boldsymbol{v}$를 q의 접평면으로 끌어다 놓는 것이다. 앞으로 알게 되겠지만, 이 아이디어는

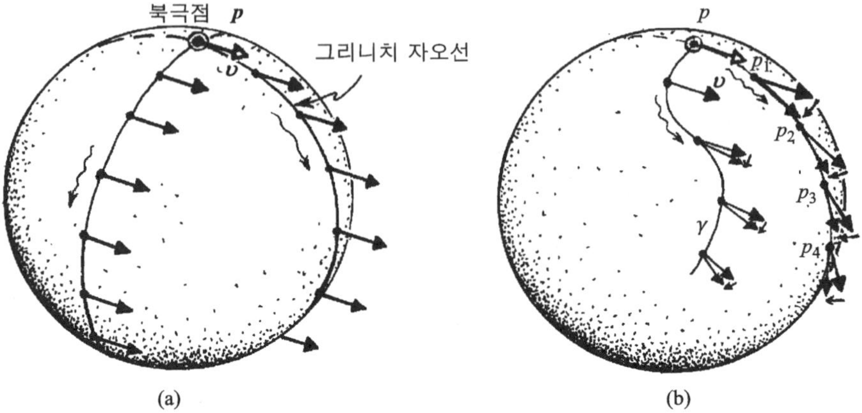

그림 14.2 구 S^2 위에서의 평행성(parallelism). 구면 위에서 한 점 p를 취하고(이 그림에서는 p = 북극점이다), 이 점에서 그리니치 자오선 방향을 향하는 접벡터를 $\boldsymbol{v}$라 하자. 그렇다면 S^2 위의 다른 점에 존재하는 수많은 접벡터 중에서, 과연 어떤 벡터를 $\boldsymbol{v}$와 '평행하다'고 말할 수 있는가? (a) S^2가 놓여 있는 3차원 유클리드 공간 $\mathbb{E}^3$의 관점에서 볼 때, p가 아닌 모든 점에서의 접벡터들은 $\boldsymbol{v}$와 평행하지 않다. S^2 위에서 $\boldsymbol{v}$를 다른 지점으로 평행이동시키면 (그리니치 자오선과 수직한 자오선을 따라가는 경우를 제외하고) 그 점에서의 접평면에 속하지 않게 되기 때문이다. (b) 이 과정을 조금 수정하여 경로 γ를 따라 $\boldsymbol{v}$를 단계적으로 이동시키되, 단계마다 $\boldsymbol{v}$를 그 점에서의 접평면으로 투영시켜 보자(γ를 작은 선분 p_0p_1, p_1p_2, p_2p_3, $\cdots$, $p_{N-1}p_N$으로 분할하여 한 단계마다 한 칸씩 이동하고, 각 선분의 길이가 무한히 작아지는 극한을 취한다). 이렇게 해서 얻은 최종벡터를 '구면 위에서 $\boldsymbol{v}$를 평행이동시킨(parallel transported) 벡터'로 간주한다. 이 과정은 그리니치 자오선뿐만 아니라 임의의 경로 γ를 따라 실행될 수 있다.

아주 훌륭하게 맞아 들어간다. 더욱 놀라운 사실은, 이런 식으로 정의한 평행성이 q점의 '이동경로와 상관없이' 항상 타당하게 적용된다는 점이다.[1] 경로와 무관한 평행성의 개념은 현대 입자물리학 이론과 아인슈타인의 일반상대성이론에서 커다란 성공을 거두었다.

지금부터 이 내용을 더 자세히 알아보자. S^2 위의 p점에서 출발하여 다른 점 q에서 끝나는 하나의 경로를 γ라 하고, 이 경로를 N개의 작은 구획으로 나눈 선분들을 p_0p_1, p_1p_2, p_2p_3, $\cdots$, $p_{N-1}p_N$이라 하자. 여기서 시작점은 $p = p_0$이고 끝점은 $q = p_n$이다. 이제 p_0에서 S^2에 접하는 벡터 $\boldsymbol{v}$를 경로 γ를 따라 선분 $p_{r-1}p_r$까지 이동시켜 보자. 단, 이동하는 동안에는 $\boldsymbol{v}$의 방향을 원래대로 유지하다가, $p_{r-1}p_r$에 도달했을 때 $\boldsymbol{v}$를 p_r에서의 접평면으로 투영한다(그림 14.2b 참조). 이런 식으로 각 선분을 거치면서 이동을 계속하다 보면 최종적으로 q 점에서 S^2에 접하는 벡터가 얻어지는데, 이것은 구면 S^2 위에서 벡터 $\boldsymbol{v}$를 p에서 q로 '최대한으로 평행상태를 유지하면서' 이동시킨 결과라고 할 수 있다. 사실 이 과정은 γ를 선분으로 쪼개는 방법에 따라 달라지는데, 각 선분조각을 무한히 짧게 잡는 극한을 취하면 주어진 γ에 대하여 '잘 정의된' 하나의 결과를 얻을 수 있다. 이 과정을 경로 γ에 대한 $\boldsymbol{v}$의 '평행이동parallel transport'이라 한다. 그림 14.3에는 p 점에서 출발하여 서로 다른 다섯 개의 경로(다섯 개의 대원)를 따라갔을 때, 최종적으로 얻어지는 평행이동의 결과가 제시되어 있다.

그러나 유클리드 공간에서의 평행이동과 달리, (위에서 정의한) S^2에서의 평행이동은 경로에 따라 결과가 달라질 수 있다. 그림 14.4에는 S^2 위의 시작점 p와 끝점 q를 연결하는 두 개의 서로 다른 경로에 대하여 $\boldsymbol{v}$

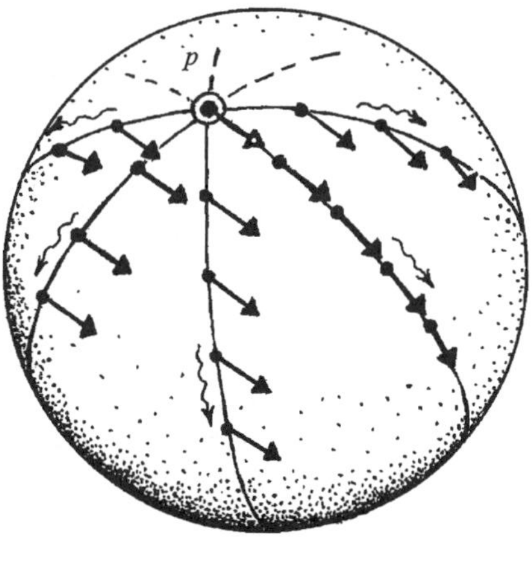

그림 14.3 다섯 개의 서로 다른 경로를 따라 일어나는 $\boldsymbol{v}$의 평행이동.

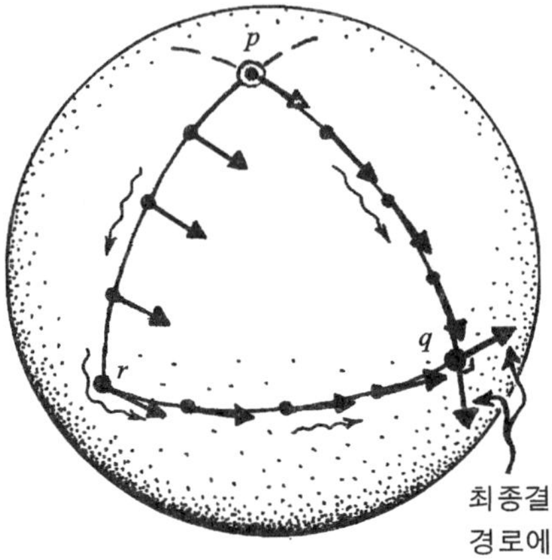

그림 14.4 구면 위에서 접벡터를 평행이동(parallel transport)한 결과는 경로에 따라 다르게 나타난다. 그림에는 p 점에서 출발하여 p와 q를 연결하는 대원(그리니치 자오선)을 따라 이동한 경우와, 그리니치 자오선과 직각을 이루는 대원을 따라 이동하다가 r에서 다른 대원을 따라 급선회하여 q에 도달한 경우가 비교되어 있다. 보다시피, 결과는 90° 만큼 차이가 난다.

를 평행이동시킨 결과가 비교되어 있다. 하나는 그리니치 자오선(애초에 $\boldsymbol{v}$가 향하고 있던 방향과 일치하는 대원)을 따라가는 경로이고, 다른 하나는 그리니치 자오선과 직각을 이루는 자오선을 따라 내려가다가 점 r에서 방향을 틀어 다른 대원을 따라 q에 도달하는 경로이다. 그림 14.3에서 알 수 있듯이, 이 두 경로를 따라 하나의 벡터($\boldsymbol{v}$)를 평행이동시키면, q 점에 도달했을 때 전혀 다른 결과가 얻어진다. 지금 경우에는 그림 14.4에서 보다시피 무려 90°의 차이가 난다. 그러나 달라지는 것은 각도일 뿐, 어떠한 경로를 따라가도 벡터의 길이는 변하지 않는다. 구면에서 벡터를 이런 방식으로 평행이동시켰을 때 길이가 변하지 않는 데에는 여러 가지 일반적인 이유가 있다(평행이동을 다른 방식으로 정의하면 벡터의 길이가 달라질 수도 있다. 14.7, 15.7 ~ 8, 19.4절 참조). 특히 γ가 닫힌 경로인 경우(즉, $p = q$인 경우)에는 벡터의 처음 방향과 평행이동 후의 방향이 매우 크게 불일치하는데, 반지름이 1인 단위구의 경우 두 벡터 사이

의 각도 차이(단위 = 라디안)는 닫힌 경로의 면적과 정확하게 같다.[14.3]

14.3 공변미분

앞에서 정의한 '평행이동'을 이용하여 벡터장(일반적으로는 텐서장)의 미분을 정의할 수 있을까? 기본 아이디어는 p점에서 특정 방향으로 특정 거리만큼 떨어진 지점 q에서의 벡터장과, 동일한 벡터장을 p점에서 취하고서 q로 평행이동시킨 결과를 비교하는 것이다. 비교하는 방법은 여러 가지가 있겠지만, 이들 사이의 차이를 표현하는 가장 좋은 방법은 전자에서 후자를 빼는 것이다. 이 과정을 곡선 γ를 따라 유한한 거리만큼 떨어진 곳에 적용할 수도 있지만, 벡터장의 (1계)미분을 정의하려면 p로부터 무한소 거리만큼 떨어진 곳에 적용해야 한다. 이 결과는 p에서 곡선이 시작되는 방식에 따라 달라진다. 즉, p점에서 곡선 γ에 접하는 벡터 $\boldsymbol{w}$에 전적으로 의존한다(그림 14.5 참조). 이런 방식으로 정의된 미분은 기호 $\boldsymbol{\nabla}$로 표기하며, '공변미분연산자covariant derivative operator' 또는 '접속connection'이라고 한다.

이 연산자가 만족해야 할 기본 조건은 벡터 $\boldsymbol{w}$에 '선형적으로' 의존해야 한다는 것이다. 따라서 $\boldsymbol{w}$의 변위(방향)로 정의된 공변미분을 $\underset{\boldsymbol{w}}{\boldsymbol{\nabla}}$로 표기하면, 벡터 $\boldsymbol{w}$와 $\boldsymbol{u}$로 정의된 공변미분은 다음 관계를 만족해야 한다.

$$\underset{\boldsymbol{w}+\boldsymbol{v}}{\boldsymbol{\nabla}} = \underset{\boldsymbol{w}}{\boldsymbol{\nabla}} + \underset{\boldsymbol{v}}{\boldsymbol{\nabla}}$$

[14.3] 이동경로가 구면삼각형(S^2에서 세 개의 대원으로 이루어진 삼각형)인 경우에 이 사실을 증명해 보라[구면삼각형의 면적은 2.6절에서 언급한 해리엇(Hariot)의 공식 $\Delta = R^2(\alpha + \beta + \gamma - \pi)$를 이용할 것]

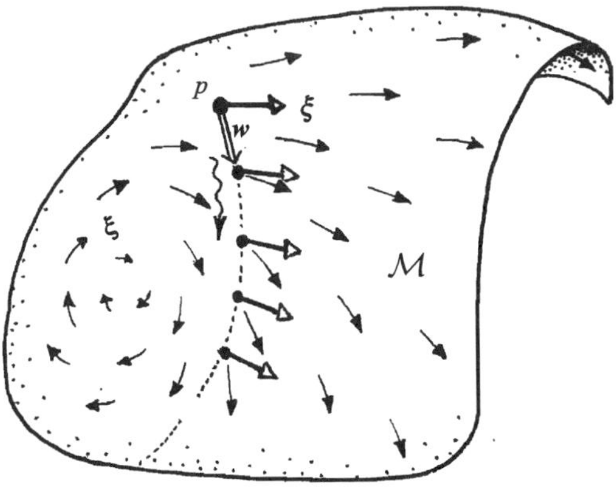

그림 14.5 공변미분 개념은 평행이동과 관련시켜 이해할 수 있다. 다양체 $\mathcal{M}$ 위에서 정의된 벡터장 $\boldsymbol{\xi}$(검은 머리 화살표)가 특정 경로를 따라 변해 가는 정도는 동일한 경로를 따라 평행이동된 결과(흰 머리 화살표)와의 '차이'로부터 알아낼 수 있다. 이 비교는 일반적으로 곡선 경로 γ(출발점 $=p$)를 따라가며 수행할 수 있지만, p 점에서 γ에 접하는 접벡터만 알면 p 점에서의 공변 1계미분 $\underset{\boldsymbol{w}}{\nabla}$이 정의된다. 또한, 이로부터 p 점에서 $\boldsymbol{w}$의 방향으로 수행된 $\boldsymbol{\xi}$의 공변미분 $\underset{\boldsymbol{w}}{\nabla}\boldsymbol{\xi}$도 결정된다.

그리고 임의의 스칼라 λ에 대하여 다음 관계를 만족한다.

$$\underset{\lambda \boldsymbol{w}}{\nabla} = \lambda \underset{\boldsymbol{w}}{\nabla}$$

사실, $\boldsymbol{\nabla}$ 바로 밑에 첨자를 추가하는 것은 그다지 좋은 표기법이 아니다. 특히 컴퓨터로 문자를 입력할 때에는 정말로 불편하다. 그러나 이것을 '$\boldsymbol{\nabla}_w$'로 표기하면 수학자와 물리학자들 사이에 커다란 혼란이 야기된다. 수학자들은 이 표기를 보면서 지금 내가 의도하고 있는 $\underset{\boldsymbol{w}}{\nabla}$를 자연스럽게 떠올리겠지만, 물리학자들은 $\boldsymbol{w}$를 벡터장이 아닌 지표index로 이해할 것이다. $\underset{\boldsymbol{w}}{\nabla}$를 물리학자들의 표기법으로 표현하면

$$\underset{\boldsymbol{w}}{\nabla} = w^a \nabla_a$$

이 되고, 위에 언급한 선형적 성질은 다음과 같이 쓸 수 있다.

$$(w^a + u^a)\nabla_a = w^a\nabla_a + u^a\nabla_a, \quad (\lambda w^a)\nabla_a = \lambda(w^a\nabla_a)$$

∇ 바로 밑에 첨자를 표기하면, 이것이 벡터장의 듀얼이라는 사실과도 일맥상통한다(여기에는 선형성이 반영되어 있다. 12.3절 참조). 즉, $\boldsymbol{\nabla}$은 코벡터 연산자($\begin{bmatrix}0\\1\end{bmatrix}$-가 연산자)이다. 따라서 $\boldsymbol{\nabla}$이 벡터장 $\boldsymbol{\xi}$ ($\begin{bmatrix}1\\0\end{bmatrix}$-가)에 적용된 결과, 즉 $\boldsymbol{\nabla\xi}$는 $\begin{bmatrix}1\\1\end{bmatrix}$-가 텐서이다. 이러한 특성은 성분표기법(또는 추상-지표표기법)을 이용하여 $\boldsymbol{\nabla\xi}$를 $\nabla_a\xi^b$로 표기할 때 가장 분명하게 드러난다. 연산자 $\boldsymbol{\nabla}$는 벡터뿐만 아니라 일반적으로 텐서에도 적용될 수 있다. $\begin{bmatrix}p\\q\end{bmatrix}$-가 텐서 $\boldsymbol{T}$에 $\boldsymbol{\nabla}$을 적용하여 만들어진 $\boldsymbol{\nabla T}$는 $\begin{bmatrix}p\\q+1\end{bmatrix}$-가 텐서이다. 지표표기법을 사용하면 이와 관련된 연산규칙을 편리하게 나타낼 수 있다. 그런데 이제 곧 알게 되겠지만, 수학자들이 사용하는 표기법에는 좀 이상한 구석이 있다.

벡터장에 $\boldsymbol{\nabla}$를 가하는 연산은 12.6절에서 도입한 미분연산자 d와 동일한 법칙을 만족한다.

$$\boldsymbol{\nabla}(\boldsymbol{\xi}+\boldsymbol{\eta}) = \boldsymbol{\nabla\xi} + \boldsymbol{\nabla\eta}$$

또한, 라이프니츠 법칙도 만족한다.

$$\boldsymbol{\nabla}(\lambda\boldsymbol{\xi}) = \lambda\boldsymbol{\nabla\xi} + \boldsymbol{\xi}\boldsymbol{\nabla}\lambda$$

$\boldsymbol{\xi}$와 $\boldsymbol{\eta}$는 벡터장이고 λ는 스칼라장이다. 또한, 접속 $\boldsymbol{\nabla}$가 스칼라장 Φ에 가해진 결과는 Φ의 그래디언트(외미분)과 같다.

$$\boldsymbol{\nabla}\Phi = d\Phi$$

∇를 텐서장에 가하는 연산은 다음의 두 조건을 요구함으로써 유일하게 결정된다.[14.4] 첫 번째 조건은 가법성additivity으로서, $\boldsymbol{T}$와 $\boldsymbol{U}$가 동일가 텐서일 때

$$\nabla(\boldsymbol{T}+\boldsymbol{U})=\nabla\boldsymbol{T}+\nabla\boldsymbol{U}$$

을 만족해야 하고, 두 번째 조건은 적절한 형식의 라이프니츠 법칙이 성립해야 한다는 것이다. 라이프니츠 법칙은 수식으로 표현하기가 좀 어려운데, 수학자들이 선호하는 '첨자 없는 표기법'을 고집한다면 더욱 난감해진다. 굳이 수식으로 표현하자면 대충 다음과 같다($\boldsymbol{T}$와 $\boldsymbol{U}$는 임의-가 텐서이다).

$$\nabla(\boldsymbol{T}\cdot\boldsymbol{U})=(\nabla\boldsymbol{T})\cdot\boldsymbol{U}+\boldsymbol{T}\cdot\nabla\boldsymbol{U}$$

이 관계식을 이해하려면 약간의 추가설명이 필요하다. 식에 등장하는 도트(•)는 $\boldsymbol{T}$의 위 또는 아래첨자가 $\boldsymbol{U}$의 아래 또는 위첨자와 축약된다contracted는 것을 의미한다(축약되는 첨자가 없으면 위 도트곱은 외적outer product이 된다). 우변에 있는 두 항에서 일어나는 축약은 좌변에서 일어나는 축약과 대칭이며, ∇에 들어가는 첨자는 모두 동일하다.

지표(첨자)가 들어 있지 않은 수학자들의 표기법으로는 라이프니츠 법칙을 표현하기가 매우 어려운데, 이 문제는 ∇ 대신 $\underset{\boldsymbol{w}}{\nabla}$를 사용함으로써 어느 정도 해결할 수 있다. $\boldsymbol{w}$를 구체적으로 명기해 놓으면 ∇의 지표를 놓치지 않고 좇아갈 수 있으므로, (원한다면)다른 지표와 비슷하게 벡터

[14.4] 그 이유를 설명하라[도움말 : $\boldsymbol{\alpha}\cdot\boldsymbol{\xi}$에 ∇를 적용해 보라].

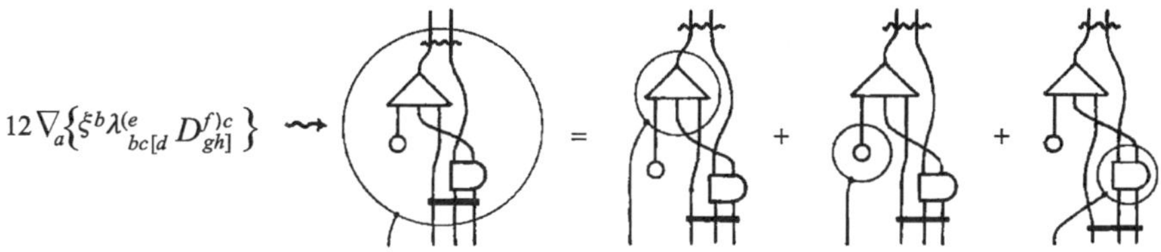

그림 14.6 다이어그램 표기법에서 미분되는 양을 원으로 에워싸면 여러모로 편리하다. 이 그림은 텐서 라이프니츠 법칙을 $\nabla_a\{\xi^b\lambda^{(e}_{bc[d}D^{f)c}_{gh]}\}$에 적용한 사례이며(그림 12.17 참조), (반)대칭 인자는 '12'이다.

와 코벡터의 축약을 시도할 수 있다. 내가 보기에, 지표를 명기하면 모든 것이 분명해지지만, 이보다는 미분이 가해지는 양을 원으로 에워싸는 다이어그램 표기법을 사용하는 것이 훨씬 편리하다. 그림 14.6에는 텐서에 대한 라이프니츠 법칙이 다이어그램 표기법으로 표현되어 있다.

이 모든 특성은 흔히 ∇_a로 표기하는 '좌표미분' 연산자 $\partial/\partial x^a$에도 그대로 적용된다. 실제로 모든 좌표조각에서 $\partial/\partial x^a$는 해당 좌표에서의 접속($\boldsymbol{\nabla}$)을 정의하는 데 사용할 수 있다. 앞으로 이것을 '좌표접속coordinate connection'이라 부르기로 한다. 그러나 좌표는 임의적이기 때문에, 그다지 흥미로운 접속은 아니다(좌표접속은 모든 좌표선들coordunate lines이 나란하게 나 있는 '평행성'의 개념을 제공한다). 두 개의 좌표조각이 겹쳐질 때, 한 좌표조각에서 정의된 접속은 다른 좌표조각에서 정의된 접속과 일반적으로 일치하지 않는다(그림 14.1 참조). 좌표접속은 물리학자들에게 그다지 흥미로운 개념이 아니지만 '분명한 표현'이 필요할 때 요긴하게 사용된다. 두 접속의 차이를 취하여 텐서 $\boldsymbol{T}$에 적용시킨 결과는 $\boldsymbol{T}$와 $\left[{1 \atop 2}\right]$-가 텐서 $\boldsymbol{\Gamma}$로 표현할 수 있다.[14.5] 그리고 이로부터 $\boldsymbol{\nabla}$가 $\boldsymbol{T}$에 적용된 결과는 $T^{a\cdots c}_{d\cdots f}$와 Γ^a_{bc}의 성분에 대한 좌표미분²으로 나타낼 수 있다.[14.6]

14.4 곡률과 꼬임률

좌표접속은 특별한 형태의 접속이다. 일반적인 경우와는 달리 좌표접속은 경로에 무관한 '평행성'을 정의하며, 이것은 좌표미분 연산자가 가환임을 의미한다(10.2절에서 $\partial^2 f/\partial x \partial y = \partial^2 f/\partial y \partial x$의 형태로 이미 언급된 바 있다).

$$\frac{\partial^2}{\partial x^a \, \partial x^b} = \frac{\partial^2}{\partial x^b \partial x^a}$$

이것을 다른 말로 표현하면, "$\partial^2/\partial x^a \, \partial x^b$는 (지표 ab에)대칭이다" 라고 할 수 있다. 미분연산자(좌표접속)의 가환성과, 경로와 무관한 평행성 사이의 관계는 잠시 후에 설명할 것이다. 일반적인 접속 $\boldsymbol{\nabla}$로 이루어진 $\nabla_a \nabla_b$는 이 같은 대칭을 갖지 않아서, 반대칭 부분 $\nabla_{[a}\nabla_{b]}$가 스칼라장이나 벡터장에 적용되면 두 종류의 특별한 텐서가 등장하게 된다. 그중 하나는 '꼬임률 텐서torsion tensor'라고 하는 $\begin{bmatrix} 1 \\ 2 \end{bmatrix}$-가 텐서 $\boldsymbol{\tau}$이고, 다른 하나는 '곡률텐서curvature tensor'라 부르는 $\begin{bmatrix} 1 \\ 3 \end{bmatrix}$-가 텐서 $\boldsymbol{R}$이다. 꼬임률은 $\nabla_{[a}\nabla_{b]}$가 스칼라에 적용되어 '0이 되지 않았을 때' 나타나는 양이다. 대부분의 물리학 이론에서 $\boldsymbol{\nabla}$은 꼬임률을 동반하지 않기 때문에($\boldsymbol{\tau} = 0$이

[14.5] 이 사실을 증명하고 구체적인 관계식을 유도하라. 도움말 : 다음 단계를 따라 진행해 보라. (1) 두 접속의 차이를 벡터장 $\boldsymbol{\xi}$에 적용시킨 결과를 $\xi^c \Gamma^a_{bc}$와 같은 지표형식으로 표현한다. (2) 접속의 차이가 코벡터 $\boldsymbol{\alpha}$에 적용되면 $-\alpha_c \Gamma^c_{ba}$가 된다는 것을 증명한다. (3) $\begin{bmatrix} p \\ q \end{bmatrix}$-가 텐서 $\boldsymbol{T}$가 q개의 벡터와 p개의 코벡터의 다중선형함수라는 사실을 이용하여(12.8절 참조) '접속의 차이'가 $\boldsymbol{T}$에 적용된 결과를 지표표기법으로 표현한다.

[14.6] 임의의 텐서에 $\boldsymbol{\nabla}$가 적용된 결과를 좌표표현법으로 표기하고, $\Gamma^a_{b1} = \nabla_b \delta^a_1, \cdots, \Gamma^a_{bn} = \nabla_b \delta^a_n$으로부터(즉, 각 좌표벡터 $\delta^a_1, \cdots, \delta^a_n$에 $\boldsymbol{\nabla}$가 적용된 결과를 이용하여) Γ^a_{bc}의 성분을 구하라(여기서 a는 벡터지표로서, 12.8절에서 언급한 '추상-지표'로 생각할 수 있다. 따라서 δ^a_1은 성분의 집합이 아니라 벡터이고, n은 공간의 차원을 의미한다).

기 때문에), 문제가 비교적 단순해지는 경향이 있다. 그러나 초중력이론이나 아인슈타인-카르탕-시아마-키블 스핀/꼬임률 이론을 비롯한 일부 이론에서는 0이 아닌 꼬임률이 핵심적인 역할을 한다(19.10, 31.3절 참조). 0이 아닌 꼬임률의 지표표기법 $\tau_{ab}{}^{c}$는 ab에 반대칭이며, 다음과 같이 정의된다.[14.7]

$$(\nabla_a\nabla_b - \nabla_b\nabla_a)\,\Phi = \tau_{ab}{}^{c}\nabla_c\Phi$$

꼬임률이 0일 때[14.8] 곡률텐서 $\boldsymbol{R}$은 다음과 같이 정의될 수 있다.[3, 14.9]

$$(\nabla_a\nabla_b - \nabla_b\nabla_a)\boldsymbol{\xi}^d = R_{abc}{}^{d}\boldsymbol{\xi}^c$$

그동안 이 책을 읽으면서 많이 익숙해졌겠지만, 지금은 지표(첨자)가 너무 많아서 다소 혼란스러울 것이다. 그래서 나는 독자들에게 그림 14.7a, b와 같은 다이어그램 표기법에 익숙해지기를 권하고 싶다. 그러나 가끔은 12.8절에서 소개했던 추상-지표 표기법이 유리할 때도 있다(지표표기에 관한 한, 책마다 여러 가지 표기법을 사용하기 때문에 딱히 어떤 표기가 가장 좋다고 주장할 근거는 없다. 표기법에 관한 나의 충고는 내 이름으로 출간된 책을 읽는 독자들을 위한 것이며, 다른 저자의 책을 읽을 때에는 굳이 다이어그램 표기에 집착하지 않아도 된다). 곡률텐서 $R_{abc}{}^{d}$는 첫 지표쌍 ab에 대하여 반대칭이다. 즉

[14.7] 우변이 이렇게 되는 이유를 설명하고, $\boldsymbol{\tau}^{a}_{bc}$의 성분을 Γ^{a}_{bc}로 표현하라([예제 14.6] 참조).

[14.8] 꼬임률이 존재할 때 추가되는 항을 계산하라.

[14.9] $\nabla_a\nabla_b - \nabla_b\nabla_a$가 코벡터에 적용되면 이 식은 어떻게 달라지는가? 일반적으로 $\begin{bmatrix} p \\ q \end{bmatrix}$-가 텐서에 적용된 결과를 계산해 보라.

$$R_{bac}{}^{d} = -R_{abc}{}^{d}$$

을 만족하는데(그림 14.7c 참조), 이 사실은 $\nabla_a\nabla_b - \nabla_b\nabla_a = 2\nabla_{[a}\nabla_{b]}$의 관계로부터 쉽게 알 수 있다. 이 성질이 중요한 역할을 한다는 것은 잠시 후에 알게 될 것이다. 꼬임률이 0인 경우에는 다음과 같은 또 하나의 대칭성이 나타난다(그림 14.7d 참조).[14.10]

$$R_{[abc]}{}^{d} = 0 \qquad \text{즉,} \quad R_{abc}{}^{d} + R_{bca}{}^{d} + R_{cab}{}^{d} = 0$$

이 관계식은 종종 '비앙키 제1항등식the first Bianchi identuty'이라 불리는데, 이 책에서는 '비앙키 대칭'이라 부르기로 한다. '비앙키 항등식'이라는 용어는 주로 비앙키의 제2항등식을 의미하는데, 이것은 꼬임률이 없는 경우에 성립하는 항등식으로서 다음과 같은 형태로 표현될 수 있다.[14.11]

$$\nabla_{[a}R_{bc]d}{}^{e} = 0 \qquad \text{즉,} \quad \nabla_a R_{bcd}{}^{e} + \nabla_b R_{cad}{}^{e} + \nabla_c R_{abd}{}^{e} = 0$$

19.6절로 가면 알게 되겠지만, 비앙키 항등식은 아인슈타인 장방정식의 핵심이다.

곡률은 (적어도 국소적인 척도에서)접속이 경로에 따라 달라진다는 사실을 말해 주는 기본적인 양이다. ∇로 정의되는 '평행이동'의 개념을 이용하여 벡터가 공간 $\mathcal{M}$ 속의 작은 폐곡선을 돌아오는 모습을 상상할 때, $\boldsymbol{R}$은 벡터가 출발점으로 되돌아왔을 때 달라진 정도를 나타내는 양이다.

[14.10] 첫 번째 식을 이용하여 두 번째 식을 유도해 보라. 그리고 $R_{abc}{}^{d}$의 정의와 $\nabla_{[a}\nabla_{b}(\xi^{d}\nabla_{d]}\Phi)$의 전개식을 이용하여 이 식을 다시 유도해 보라(다이어그램 표기법을 사용하면 쉽게 해결할 수 있다).

[14.11] $R_{abc}{}^{d}$의 정의와, $\nabla_{[a}\nabla_{b}\nabla_{d]}\xi^{e}$를 두 가지 방법으로 전개한 결과를 이용하여 이 식을 유도해 보라.

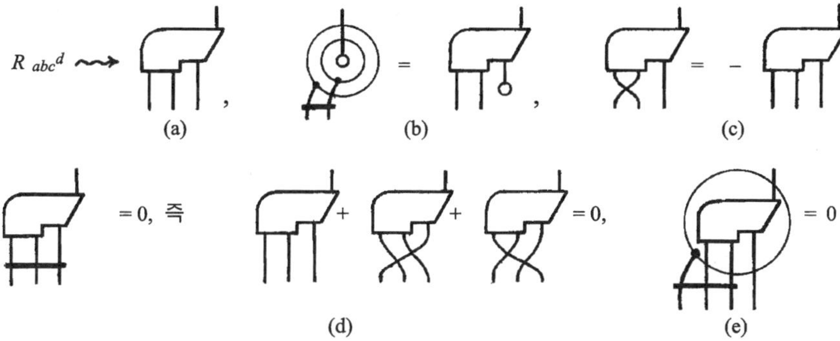

그림 14.7 (a) 다이어그램으로 표현한 곡률텐서 $R_{abc}{}^{d}$. (b) 리치 항등식(Ricci identity) $(\nabla_a\nabla_b - \nabla_b\nabla_a)\xi^d = R_{abc}{}^{d}\xi^c$. (c) 반대칭성 $R_{bac}{}^{d} = -R_{abc}{}^{d}$. (d) $R_{abc}{}^{d} + R_{bca}{}^{d} + R_{cab}{}^{d} = 0$으로 줄어드는 비앙키 대칭(Bianchi symmetry) $R_{[abc]}{}^{d} = 0$. (e) 비앙키 항등식(Bianchi identity) $\nabla_{[a}R_{bc]d}{}^{e} = 0$.

이런 식으로 $\boldsymbol{R}$을 가시화할 때에는 경로를 무한히 작은 평행사변형으로 잡는 편이 가장 쉽다(앞으로 보게 되겠지만, 이런 평행사변형은 ∇에 꼬임률이 0일 때에만 존재한다). 그러면 지금까지 등장한 다양한 개념들을 좀 더 구체적으로 살펴보자.

14.5 측지선, 평행사변형, 곡률

우선 첫째로, 평행사변형을 만들려면 ∇로부터 정의되는 측지선geodesic부터 알아야 한다. 측지선은 여러 가지 이유에서 매우 중요한 개념인데, 쉽게 말하자면 유클리드 기하학에 등장하는 '직선'과 비슷하다. 위에서 고려했던 S^2의 경우(그림 14.2 ~ 14.4), 측지선은 대원(구면에 그릴 수 있는 가장 큰 원)과 일치하며, 일반적인 유클리드 곡면에서 측지선은 '두 점을 연결하는 가장 짧은 선'이다(곡면 위에 접촉한 채로 팽팽하게 당겨진 끈을 상상하면 된다). 아인슈타인의 일반상대성이론에서 자유낙하하는 물체가 시공간에 그리는 궤적도 바로 측지선이다(17.9절 참조). 그렇다면, 앞에서 정의한 접속 $\boldsymbol{\nabla}$는 측지선과 어떤 관계에 있는가? 기본적으로, 측지선은 $\boldsymbol{\nabla}$로부터 정의된 평행성에 의거하여 '자신과 평행한' 상태를 유지한 채로 이어지는 곡선 γ이다. 이 내용을 더 정확하게 표현하기 위해, 측지선 γ의 모든 점에서 γ에 접하는 벡터 $\boldsymbol{t}$(즉, t^a)를 상상해 보자. $\boldsymbol{t}$가 γ를 따라 움직여도 항상 같은 방향을 향한다는 조건은 다음과 같이 표현될 수 있다.[4]

$$\underset{t}{\boldsymbol{\nabla}}\boldsymbol{t} \propto \boldsymbol{t}, \quad \text{즉} \quad t^a \nabla_a t^b \propto t^b$$

($\propto$는 '비례한다'는 뜻이다. 12.7절 참조) 이 조건을 만족하는 $\boldsymbol{t}$는 γ를 따라 이동하는 동안 길이가 늘어나거나 줄어들 수는 있지만, $\boldsymbol{\nabla}$로부터 정의된 평행성에 입각해서 볼 때 방향만은 절대로 변하지 않는다. 즉, 길이의 변화가 일어나지 않는다고 가정하면 $\boldsymbol{t}$는 γ를 따라 이동하는 동안 상수로 취급할 수 있다. 따라서 "γ를 따라 이동하는 $\boldsymbol{t}$는 평행이동한다"는 더욱 '강력한 조건'을 부가할 수 있으며, 이 조건은 다음과 같이 표현된다.

$$\underset{t}{\boldsymbol{\nabla}}\boldsymbol{t} = 0, \quad \text{즉} \quad t^a \nabla_a t^b = 0$$

위 조건은 측지선 γ상의 모든 곳에서 만족된다. 물론 벡터 $\boldsymbol{t}$(지표표기법으로는 t^a)는 모든 곳에서 γ에 접하는 벡터이다.

이 방정식에 의하면 γ를 따라가는 동안 $\boldsymbol{t}$의 방향뿐만 아니라 척도까지도 일정하게 유지된다. 이 조건은 무엇을 의미하는가? 제일 먼저 알아야 할 사실은 다음과 같다. (적절히 매끈한)좌표 u를 매개변수로 갖는 임의의 곡선(반드시 측지선일 필요는 없다)은 그 곡선을 따라 나 있는 접벡터 $\boldsymbol{t}$의 척도를 어떻게 선택하느냐에 따라 표현이 달라진다는 것이다. $\boldsymbol{t}$는 곡선을 따라 수행되는 변수 u에 대한 미분(d/du)과 관련되어 있기 때문이다. 이 조건은 다음과 같이 쓸 수 있다.

$$\boldsymbol{t}(u) = 1$$

또는 곡선을 따라가면서

$$\underset{t}{\boldsymbol{\nabla}} u = 1, \quad 즉 \quad t^a \nabla_a u = 1$$

로 나타낼 수도 있다.[14.12]

측지선 γ의 경우, $\boldsymbol{t}$의 척도에 가해지는 강력한 조건 $\underset{t}{\boldsymbol{\nabla}} \boldsymbol{t} = 0$은 특정 타입의 매개변수 u와 관련되어 있는데, 이를 측지선 γ에 대한 '아핀 매개변수affine parameter'라 한다(그림 14.8 참조).[14.13] 주어진 곡선에 길이 개념을 적용할 수 있는 경우에는 아핀 매개변수를 '길이의 척도'로 사용할 수 있다(이렇게 정의된 거리를 아핀거리affine distance라 한다). 그러나 아핀 매개변수는 더욱 일반적인 개념이다. 예를 들어 상대성이론에서는 빛의 경로를 서술할 때 이와 비슷한 매개변수가 사용되는데, 거기 등장하는 '거리 척도'가 희한하게도 값이 0이기 때문에 여기서는 쓸모가 없다! (17.8, 18.1절 참조)

이제 측지선으로 평행사변형을 만들어 보자. $\mathcal{M}$에 속하는 한 점 p에서 출발하여 접벡터 $\boldsymbol{L}$과 $\boldsymbol{M}$을 따라 각각 아핀 매개변수 l, m으로 표현

[14.12] 이 모든 조건이 동등하다는 것을 증명해 보라.

[14.13] u와 v가 두 개의 서로 다른 $\boldsymbol{t}$에 대하여 γ 위에서 정의된 아핀 매개변수일 때, $v = Au + B$임을 증명하라(γ 위에서 A와 B는 상수이다).

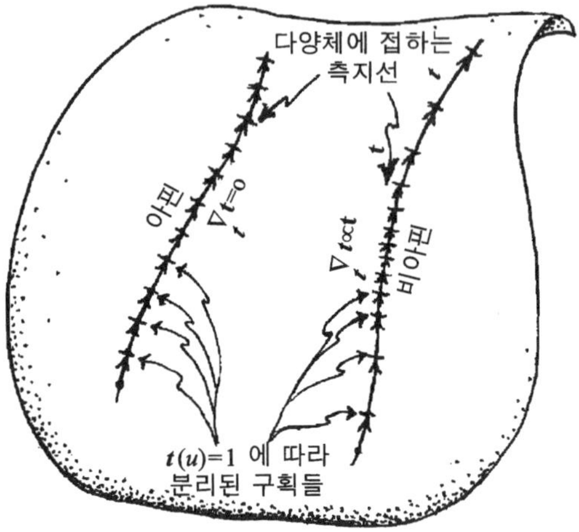

그림 14.8 곡선 γ를 따라 정의된 (적절히 매끈한)매개변수를 u라 하면, γ에 대한 접벡터장(tangent vector field) $\boldsymbol{t}$는 자연스럽게 d/du[또는 $\boldsymbol{t}(u)=1$, 또는 $t^a\nabla_a u = 1$]를 의미하게 된다. 특히 γ가 측지선(geodesic)일 때, $\boldsymbol{t}$가 γ를 따라 평행이동되는 경우($\underset{t}{\nabla}\boldsymbol{t} \propto \boldsymbol{t}$가 아니라, $\underset{t}{\nabla}\boldsymbol{t}=0$인 경우)에는 u를 '아핀 매개변수(affine parameter)'라 한다. 아핀 매개변수는 γ를 따라 균일한 간격으로 배열되어 있다.

되는 측지선 λ와 μ를 그린다. 임의의 양수 ε을 선택하여 λ의 아핀 거리를 $l=\varepsilon$으로 유지하면서 q까지 진행하고, μ를 그릴 때에는 역시 $m=\varepsilon$으로 선택하여 r까지 진행한다(그림 14.9a 참조. 직관적으로, 아주 작은 ε에 대하여 측지선의 선분 pq와 pr은 각각 $\varepsilon\boldsymbol{L}$과 $\varepsilon\boldsymbol{M}$이라는 화살표 길이를 갖는다고 생각할 수 있다). 평행사변형이 완성되려면, q에서 $\boldsymbol{M}$에 평행한 방향을 따라 새로운 측지선 μ'을 그려야 한다. 그리고 μ와 μ'이 평행하려면 λ를 따라 $\boldsymbol{M}$을 p에서 q로 평행이동시켜야 한다(즉, $\boldsymbol{M}$이 λ 위에서 $\underset{L}{\nabla}\boldsymbol{M}=0$을 만족해야 한다). 이런 식으로 μ'을 따라 아핀 거리 $m=\varepsilon$만큼 이동하면 평행사변형의 마지막 꼭짓점 s가 결정된다. 그런데 다들 짐작하다시피 s를 다른 방법으로 결정할 수도 있다. r에서 λ'을 따라 $\boldsymbol{L}$에 평행한 방향으로 아핀 거리 $l=\varepsilon$만큼 이동한 s'도 우리가 그리는 평행사변형의 네 번째 꼭짓점에 해당된다. 이렇게 만들어진 평행사변형이 수학적으로 정확하려면, 두 가지 경로를 통해 얻은 s와 s'이 한 점

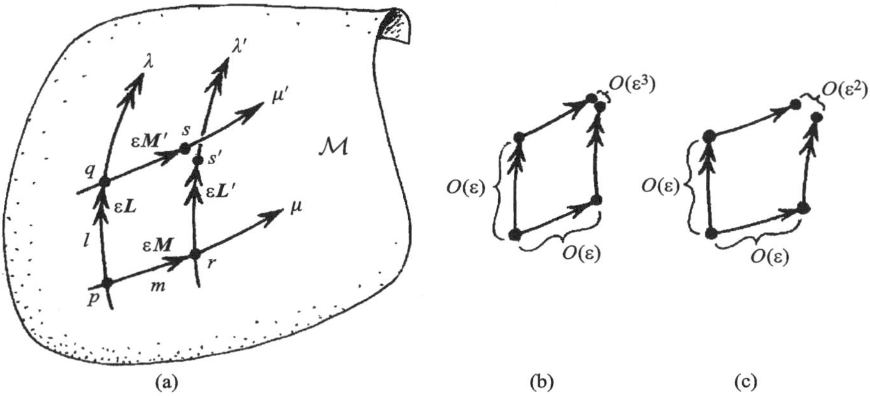

그림 14.9 (a) 측지선으로 평행사변형 만들기. 다양체 $\mathcal{M}$ 위의 점 p에서 두 개의 접벡터 $\boldsymbol{L}$, $\boldsymbol{M}$과 아핀 해당 매개변수 ℓ, m을 취하여 두 개의 측지선 λ, μ를 그린다. 이때 λ 방향으로는 아핀 거리 $l=\varepsilon$을 선택하여 q까지 진행하고, μ방향으로는 아핀 거리 $m=\varepsilon$을 선택하여 r까지 진행한다(ε은 아주 작은 고정된 양수이다). 그러면 측지선 선분 pq와 pr의 길이는 각각 $\varepsilon\boldsymbol{L}$, $\varepsilon\boldsymbol{M}$이 된다. 평행사변형을 완성하려면 γ를 따라 벡터 $\boldsymbol{M}$을 p에서 q로 평행이동시켜서(γ을 따라 $\underset{\boldsymbol{L}}{\nabla}\boldsymbol{M}=0$) 또 하나의 측지선 μ'을 만들어야 한다. q에서 출발하여 μ'을 따라(화살표 $\varepsilon\boldsymbol{M}'$을 따라) 아핀 거리 ε만큼 이동한 지점을 s라 하자. 그리고 이와 비슷하게 μ를 따라 벡터 $\boldsymbol{L}$을 p에서 r로 평행이동시켜서 또 하나의 측지선 γ'을 만들고, r에서 출발하여 λ'을 따라(화살표 $\varepsilon\boldsymbol{L}'$을 따라) 아핀 거리 ε만큼 이동한 지점을 s'이라 하자.
(b) 일반적으로 $s\neq s'$이기 때문에, 이런 식으로는 정확한 평행사변형을 만들 수 없다. 그러나 꼬임률 $\boldsymbol{\tau}$가 0일 때, 이 차이는 ε의 세제곱에 비례하여 작아진다. 즉, 차수가 $O(\varepsilon^3)$이다. (c) 0이 아닌 꼬임률 $\boldsymbol{\tau}$가 존재하는 경우, 이 차이는 $O(\varepsilon^2)$이다.

에서 일치해야 한다!($s=s'$)

그러나 아주 특별한 경우(유클리드 기하학 등)를 제외하고, 일반적으로 s와 s'은 일치하지 않는다(2.1절에서 시도했던 정사각형 작도법을 떠올려 보라!). 물론 $\varepsilon\boldsymbol{L}$과 $\varepsilon\boldsymbol{M}$이 아주 작은 경우에는 s와 s'의 차이도 그다지 크게 나타나지 않는다. 사실, 이들 사이의 차이는 꼬임률 $\boldsymbol{\tau}$와 밀접하게 관련되어 있다. 이 점을 분명하게 이해하려면 지금까지 설명했던 미적분의 개념을 좀 더 깊은 수준까지 파고들어가야 한다. 중요한 점은 유클리드 기하학에서 벗어나는 정도가 ε가 좌우하는 어떤 척도로 나타난다는 점이다. 우리의 관심은 평평함에서 "얼마나 크게 벗어나는가?"가 아니라, "ε이 작아질수록 벗어난 정도는 얼마나 작아지는가?"이다. 즉, ε의 구체적인 값이 문제가 아니라, s와 s'의 벗어난 정도 $\boldsymbol{Q}$를 ε이나 ε^2, ε^3, 또는 이보다 복잡한 (ε의)함수로 나타내는 것이 문제이다(13,6절에서도 비슷한 상황에 접한 적이 있다). ε이 0으로 접근할 때, $\boldsymbol{Q}$는 얼마나 빠르게 0으로 접근할 것인가? ε만큼 빠르게? 혹은 ε^2이나 ε^3만큼 빠르게? 여기서 '~만큼 빠르게'라는 말은 $\boldsymbol{Q}$를 어떤 좌표계에서 나타냈을 때 $\boldsymbol{Q}$의 절댓값이 ε의 상수 배(또는 ε^2이나 ε^3의 상수 배)보다 작아진다는 뜻이다(따라서 '~만큼 빠르게'라는 말 속에는 '~보다 빠르게'라는 뜻이 숨어 있다!). 어떤 양이 ε(또는 ε^2이나 ε^3 등)만큼 빠르게 감소할 때, "차수가 ε(또는 ε^2이나 ε^3 등)이다"라고 말하고, $O(\varepsilon)$[또는 $O(\varepsilon^2)$이나 $O(\varepsilon^3)$ 등]으로 표기한다. 이러한 성질은 좌표 선택과 무관하기 때문에, '작음의 차수order of smallness'는 매우 중요하고 강력한 개념이다. 그러나 독자들은 대부분 이 특별한 주제에 큰 관심이 없을 것 같아서 간단한 설명으로 대신하고자 한다.[5] 아무튼, ε이 아주 작은 양일 때 $O(\varepsilon^3)$는 $O(\varepsilon^2)$보다 훨씬 작고, $O(\varepsilon^2)$는 $O(\varepsilon)$ 보다 훨씬 작다는 사실만 알아 두기 바란다.

이제 앞에서 작도한 평행사변형으로 되돌아가 보자. p 점에서 출발한 원래의 벡터 $\varepsilon\boldsymbol{L}$과 $\varepsilon\boldsymbol{M}$은 차수가 $O(\varepsilon)$이므로 pq와 pr도 $O(\varepsilon)$이고 qs와 rs'도 $O(\varepsilon)$이다. 그렇다면 ss'의 차수는 얼마일까? 접속에 꼬임률이 없으면torsion-free, ss'은 항상 $O(\varepsilon^3)$이다(그림 14.9b 참조). 사실, 이것은 꼬임률 없음을 완벽하게 정의하는 조건이기도 하다. 그리고 0이

아닌 꼬임률 $\boldsymbol{\tau}$가 존재하는 경우에 (일부 평행사변형의) ss'은 $O(\varepsilon^2)$의 차수를 갖는다(그림 14.9c 참조).[14.14] 흔히 꼬임률 $=0$인 조건을 두고 '닫힌 평행사변형이 만들어질 조건'이라고 대충 말하기도 한다.

꼬임률이 0인 경우를 살펴보자. 다양체의 곡률을 해석하는 데 우리가 그린 평행사변형을 사용할 수 있을까? 그렇다. 할 수 있다. 점 p에서 제 3의 벡터 $\boldsymbol{N}$을 취하여 $p \to q \to s$로 평행이동시킨 결과와 $p \to r \to s'$으로 평행이동시킨 결과를 비교해 보자[꼬임률이 없을 때, 이 비교는 ε^2의 차수에서 실행되어야 한다. 그래야 s와 s'의 차이 $O(\varepsilon^3)$을 무시할 수 있기 때문이다]. 꼬임률이 0이 아닌 경우에는 새로운 항이 추가로 발생한다([예제 14.7] 참조). pqs 이동과 prs' 이동의 차이는 다음과 같다.

$$\varepsilon^2 L^a M^b N^c R_{abc}{}^d$$

이로부터 곡률텐서 $\boldsymbol{R}$에 대한 기하학적 해석을 내릴 수 있다[그림 14.10 참조. 평행사변형의 각 선분을 따라 벡터 $\boldsymbol{N}$을 이동시켜서 출발점 p로 되돌아왔을 때 꼭짓점에서 발생하는 $O(\varepsilon^3)$의 어긋남을 무시하면 위와 동일한 해석을 내릴 수 있다. 출발 전과 한 바퀴 돌고 난 후의 $\boldsymbol{N}$은 위의 식과 마찬가지로 $\varepsilon^2 L^a M^b N^c R_{abc}{}^d$만큼 차이가 난다].

$R_{abc}{}^d$는 지표 ab에 대하여 반대칭이다. 이것은 위의 $\varepsilon^2 L^a M^b N^c R_{abc}{}^d$가 $L^a M^b$의 반대칭부분인 $L^{[a} M^{b]}$, 즉 쐐기곱 $\boldsymbol{L} \wedge \boldsymbol{M}$에 의존한다는 것을 의미한다(11.6절 참조). 그러므로 우리에게 중요한 것은 p점에서 $\boldsymbol{L}$과 $\boldsymbol{M}$으로 만들어지는 2차원 평면이다. 다양체 $\mathcal{M}$이 2차원 곡면인 경우, 독립적인 곡률성분은 단 하나뿐이다(2차원 평면요소는 p점에서

[14.14] 이 $O(\varepsilon^2)$ 항을 구하라.

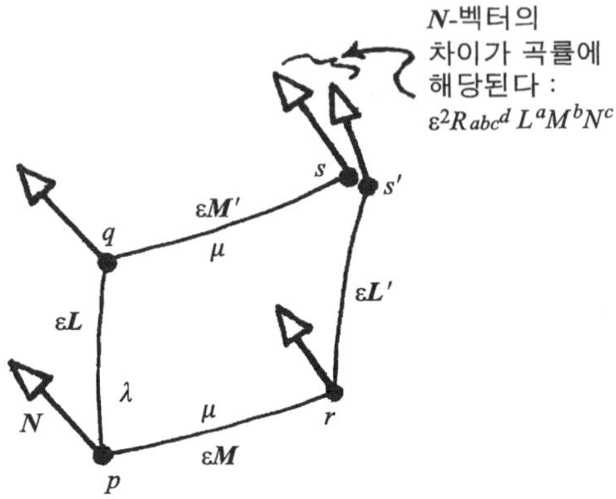

그림 14.10 $\tau=0$일 때 평행사변형을 이용한 곡률(curvature)의 해석. 제3의 벡터 $\boldsymbol{N}$을 취하여, $p\to q\to s$로 평행이동시킨 결과와 $p\to r\to s'$으로 평행이동시킨 결과를 비교한다. $O(\varepsilon^2)$에 해당되는 이들 사이의 차이는 $\varepsilon^2L^aM^bN^cR_{abc}{}^d$이다. 즉, $\varepsilon^2\boldsymbol{R}(\boldsymbol{L}, \boldsymbol{M}, \boldsymbol{N})$을 이용하면 곡률텐서 $\boldsymbol{R}$에 대하여 직접적인 기하학적 해석을 내릴 수 있다.

$\mathcal{M}$에 접하기 때문이다). 이 성분은 2.6절에서 잠시 언급했던 2-곡면의 가우스 곡률Gaussian curvature과 관련되어 있으며, 이로부터 구sphere와 유클리드 평면, 그리고 쌍곡공간의 국소적 기하학이 구별된다. 고차원 공간에서는 2-평면요소 $\boldsymbol{L}\wedge\boldsymbol{M}$의 선택 폭이 넓어져서 곡률이 여러 개의 성분을 갖기 때문에 문제가 복잡해진다.

곡률을 기하학적으로 해석하는 여러 버전 중에서 특별하게 중요한 것이 하나 있다. 벡터 $\boldsymbol{N}$을 $\boldsymbol{L}$로 선택한 경우가 바로 그것이다. 이 경우에 평행사변형의 pq와 rs'은 각각 인접한 측지선 γ와 γ'의 일부로 생각할 수 있고, $\boldsymbol{L}$은 이 측지선에 접하는 벡터이다. 또한, p점의 벡터 $\varepsilon\boldsymbol{M}$은 이 점에서 γ와 γ' 사이의 변위를 나타낸다(책에 따라서는 $\boldsymbol{M}$을 '접속벡터connecting vector'라 부르는 예도 있다). 측지선 γ와 γ'은 접속벡터의 양 끝 pr에서 서로 평행한 상태로 출발한다. prs'을 따라 벡터 $\boldsymbol{L}(=\boldsymbol{N})$을 평행이동시키면, 측지선 γ'에 평행한 상태로 s'에 도달한다. 그러나 pqs를 따라 $\boldsymbol{L}$을 평행이동시켰을 때 s에 도달한 벡터는 γ'에 평행하지 않고 조금 '나중' 점인 q에서 출발해 γ와 평행한 새로운 측지선 γ''에 평행하다.

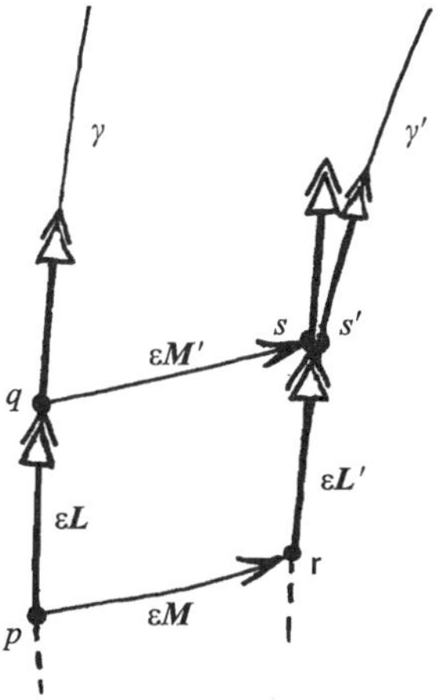

그림 14.11 측지선편차(geodesic deviation). 그림 14.10의 평행사변형에서 $N = L$로 선택한다. pq와 rs'은 인접한 두 측지선 γ와 γ'의 일부이며($\lambda = \gamma$, $\lambda' = \gamma'$), 이들은 각각 p와 r에서 출발하였다. 그리고 벡터 $\boldsymbol{L}$과 $\boldsymbol{L}'$은 각 측지선에 접한 채로 평행이동된 벡터이며, $\boldsymbol{M}$은 p 점에서의 접속벡터(connecting vector)이다. γ와 γ' 사이의 측지선편차는 $\boldsymbol{L}$을 prs'을 따라 평행이동시킨 결과와 pqs를 따라 평행이동시킨 결과의 차이로 나타나며, 그 값은 $\varepsilon^2 L^a M^b N^c R_{abc}{}^d$이다.

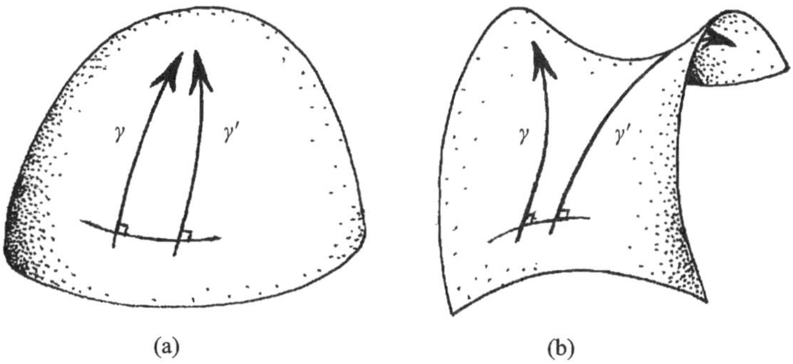

그림 14.12 2-다양체 $\mathcal{M}$에서의 측지선편차. (a) (가우스)곡률이 양(+)일 때, γ와 γ'은 서로 가까이 다가가고 (b) 곡률이 음(−)일 때에는 서로 멀어진다.

이렇게 구한 두 $\boldsymbol{L}$(하나는 s에 놓여 있고 다른 하나는 s'에 놓여 있다)의 $O(\varepsilon^2)$ 차수의 차이 $\varepsilon^2 L^a M^b N^c R_{abc}{}^d$는 γ의 '상대가속도relative acceleration', 또는 '측지선편차geodesic deviation'에 해당된다(그림 14.11 참조. 측지선편차는 야코비 방정식으로 표현된다). 그림 4.12는 2-곡면 $\mathcal{M}$에서 (가우스)곡률이 양인 경우와 음인 경우에 측지선편차를 보여주고 있다. 곡률이 양이면 서로 평행한 상태에서 출발한 두 측지선은 서로 가까이 접근하고, 곡률이 음이면 서로 멀어진다. 이러한 사실은 아인슈타인의 일반상대성이론에 매우 중요한 정보를 제공한다(17.5, 19.6절 참조).

14.6 리 도함수

지금까지 나는 경로에 따라 달라지는 평행성을 논하면서, 물리학자들이 선호하는 지표표기법을 사용해 왔다. 그러나 수학자들이 선호하는 표기법으로는 관련된 식을 이와 비슷한 형태로 나타내기 어려우므로, 조금 다른 길로 접근을 시도해 볼 것이다(다른 표기법을 사용하면 주제 자체가 다른 개념으로 흐르는 경우도 있다!). 다른 길이란, 13.6절에서 도입했던 리괄호를 좀 더 일반적인 개념으로 확장하는 것이다. 이것은 리 도함수 Lie derivative라는 중요한 개념의 한 사례로서, 접속의 선택에 무관하다(따라서 구조가 없는 매끈한 다양체에 일반적으로 적용될 수 있다). 이 절의 끝 부분으로 가면 리 도함수/리괄호와 곡률/꼬임률 사이의 관계를 논하게 될 텐데, 그전에 리 도함수와 리괄호의 개념을 확실하게 알아둘 필요가 있다.

다양체 $\mathcal{M}$에서 리 도함수를 정의하려면, 먼저 벡터장 $\boldsymbol{\xi}$가 주어져 있어야 한다. 흔히 $\pounds_{\boldsymbol{\xi}}$로 표기되는 리 도함수는 벡터장 $\boldsymbol{\xi}$를 대상으로 수행되는 연산이기 때문이다. 미분 $\pounds_{\boldsymbol{\xi}}\boldsymbol{Q}$는 $\boldsymbol{Q}$값의 변화를 '벡터장 $\boldsymbol{\xi}$의 방향을 따라 끌어다 놓은 $\boldsymbol{Q}$'와 비교한 값으로서(그림 14.13 참조), 일반적으로 텐서에 적용되는 연산이다(접속과 같이 텐서가 아닌 양에도 적용될 수 있다). 일단, 벡터장 $\boldsymbol{\xi}$를 배경으로 다른 벡터장 $\boldsymbol{\eta}(=\boldsymbol{Q})$에 적용된 리 도함수를 생각해 보자. 이것은 13.6절에서 언급했던 리괄호와 동일한 연산이지만, 여기서는 좀 더 일반화되었다. 나중에는 $\boldsymbol{\eta}$를 텐서장 $\boldsymbol{Q}$로 일반화할 것이다.

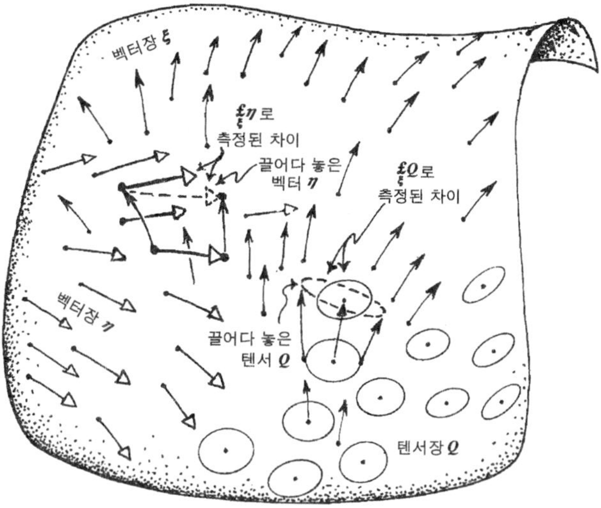

그림 14.13 리 도함수 $\pounds_\xi$ 은 일반적인 다양체 $\mathcal{M}$에 벡터장 ξ가 주어져 있을 때 정의된다. $\pounds_\xi Q$는 Q라는 양(벡터장 η이나 텐서장 Q)의 변화를 '벡터장 ξ의 방향을 따라 끌어다 놓은 Q'와 비교한 값이다.

우리는 12.3절에서 벡터장을 '스칼라장 Φ, Ψ, …에 작용하는 미분 연산자'로 해석할 수 있음을 보았다. 단, 이 연산은 다음 세 가지 법칙 (i) $\xi(\Phi + \Psi) = \xi(\Phi) + \xi(\Psi)$, (ii) $\xi(\Phi\Psi) = \Psi\xi(\Phi) + \Phi\xi(\Psi)$, (iii) $\xi(k) = 0$(k는 상수)을 만족한다. 그러면 다음과 같이 정의된 벡터장 ω도 위의 세 조건을 만족함을 어렵지 않게 증명할 수 있다.[14.15]

$$\omega(\Phi) = \xi(\eta(\Phi)) - \eta(\xi(\Phi))$$

ξ와 η의 연산을 통해 위와 같이 정의된 교환자commutator는 13.6절의 리괄호를 이용하여 다음과 같이 쓸 수 있다.

$$\omega = \xi\eta - \eta\zeta = [\xi, \eta]$$

[14.15] 증명해 보라.

벡터장 $\boldsymbol{\xi}$와 $\boldsymbol{\eta}$에 대한 교환자의 기하학적 의미는 그림 14.14에 제시되어 있다. 그림에서 화살표로 이루어진 사변형은 $\boldsymbol{\xi}$와 $\boldsymbol{\eta}$ [이들의 차수는 $O(\varepsilon)$이다]를 번갈아 적용하여 만들 수 있는데, 이때 최종적으로 나타나는 차이가 바로 ω에 해당한다[차수 $= O(\varepsilon^2)$]. 그리고 $\boldsymbol{\xi}$와 $\boldsymbol{\eta}$의 교환연산commutation은 다음 관계를 만족한다.[14.16]

$$[\boldsymbol{\xi}, \boldsymbol{\eta}] = -[\boldsymbol{\eta}, \boldsymbol{\xi}], \qquad [\boldsymbol{\xi} + \boldsymbol{\eta}, \boldsymbol{\zeta}] = [\boldsymbol{\xi}, \boldsymbol{\zeta}] + [\boldsymbol{\eta}, \boldsymbol{\zeta}],$$
$$[\boldsymbol{\xi}, [\boldsymbol{\eta}, \boldsymbol{\zeta}]] + [\boldsymbol{\eta}, [\boldsymbol{\zeta}, \boldsymbol{\xi}]] + [\boldsymbol{\zeta}, [\boldsymbol{\xi}, \boldsymbol{\eta}]] = 0$$

이것은 리군의 무한소 원소들이 만족하는 교환연산과 동일한 형태이다(13.6절 참조).

위에서 정의한 교환연산자는 리군의 무한소 원소들이 만족하는 대수(13.6절)와 어떻게 연결될 수 있을까? 주제에서 벗어난 이야기지만, 이에 관한 설명을 짧게라도 하고 넘어가는 것이 좋을 것 같다. 일단 군群을 다양체 $\mathcal{G}$로 간주해 보자. $\mathcal{G}$의 각 점은 리군의 원소에 대응한다(군다양체group manifold라 한다). 더 일반적으로는 모든 점에 매끈한 변환이 적용되는 임의의 다양체 $\mathcal{H}$를 생각할 수 있다[대표적인 예가 회전군 $\mathcal{G} =$ SO(3)에서의 구 S^2이다. 그림 13.2 참조]. 그러나 지금 우리 목적은 군

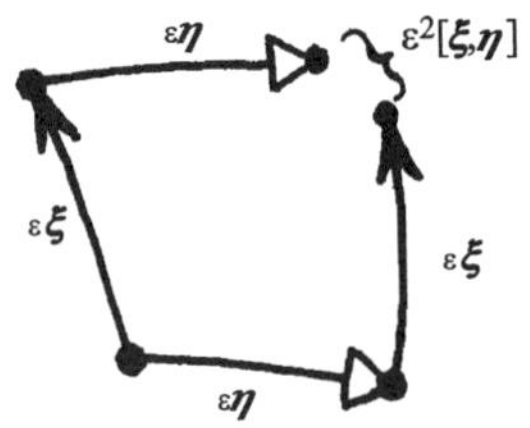

그림 14.14 두 벡터장 ξ, η 사이의 리괄호 $[\xi, \eta]$ $(= \pounds_{\xi}\eta)$는 $\varepsilon\xi$와 $\varepsilon\eta$로 만들어진 불완전한 사변형의 $O(\varepsilon^2)$차수의 오차와 관련되어 있다.

[14.16] 증명해 보라.

$\mathcal{G}$와 리대수 사이의 관계를 파악하는 것이므로, 일반적인 $\mathcal{H}$ 보다 군다양체 $\mathcal{G}$에 관심을 기울일 필요가 있다. 무한소 군원소는 $\mathcal{G}$(또는 $\mathcal{H}$)에서 정의된 특정한 벡터장으로 표현할 수 있다. $\boldsymbol{\xi}$로 표현되는 무한소 원소가 군의 각 원소에 전곱해지는 변환을 나타내기 위해, $\mathcal{G}$ 위의 벡터장 $\boldsymbol{\xi}$를 따라 군 $\mathcal{G}$ 전체가 무한소 이동하는 광경을 머릿속에 그려 보자(그림 14.15a 참조).

아주 작은 양(+)의 ε에 대하여, $\varepsilon\boldsymbol{\xi}$는 벡터장 $\boldsymbol{\xi}$를 따라 이동하는 $\mathcal{G}$의 $O(\varepsilon)$운동으로 생각할 수 있다. 단, 군의 항등원소 I는 움직이지 않는다. 이와 같은 군 운동 $\varepsilon\boldsymbol{\xi}$와 $\varepsilon\boldsymbol{\eta}$의 곱은 [$O(\varepsilon)$ 수준에서] $\varepsilon\boldsymbol{\xi}+\varepsilon\boldsymbol{\eta}$로 주어지는데, 이것은 벡터 $\varepsilon\boldsymbol{\xi}$와 $\varepsilon\boldsymbol{\eta}$을 평행사변형 법칙에 따라 더한 것과 같다(그림 14.15b 참조). 그러나 이것만으로는 군의 구조에 관하여 충분한 정보를 얻을 수 없다(군의 항등원 I에서 구한 접공간tangent space의 덧셈구조로부터 군의 차원만을 알 수 있을 뿐이다). 구조를 파악하려면 $O(\varepsilon^2)$까지 추적해야 하는데, 이것은 13.6절에서와 마찬가지로 교환자 $\boldsymbol{\xi}\boldsymbol{\eta}-\boldsymbol{\eta}\boldsymbol{\xi}=[\boldsymbol{\xi},\boldsymbol{\eta}]$로부터 알 수 있다. $\varepsilon^2[\boldsymbol{\xi},\boldsymbol{\eta}]$는 원점 I에서 $\varepsilon\boldsymbol{\xi}$와 $\varepsilon\boldsymbol{\eta}$로 만들어진 평행사변형의 $O(\varepsilon^2)$오차에 해당된다. 이와 관련된 평행성의 개념은 군의 작용에 의한 '평행이동'으로부터 유추할 수 있는데, 이때 나타나는 접속은 꼬임률 $\neq 0$이고 곡률 $=0$이다(그림 14.15c 참조).[14.17]

13.6절에서 말한 바와 같이, 이 벡터장의 리대수는 군의 국소적 구조를 결정한다. 여기서 잠시 리대수의 원소 $\boldsymbol{\xi}$로부터 보통의 '유한한'(즉, 무한소가 아닌) 군의 원소 x를 구하는 방법에 대해 알아보자. 이 과정은 종종 '멱법冪法, exponentiation'이라는 이름으로 불리기도 한다(5.3, 13.4절

[14.17] 꼬임률은 있지만 곡률이 없는 이유를 설명하라.

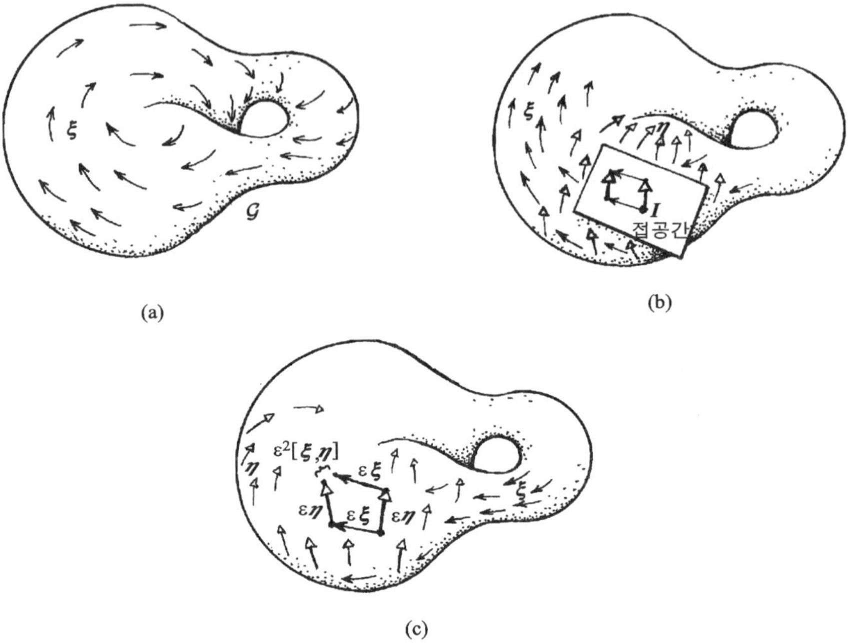

그림 14.15 연속군 다양체 $\mathcal{G}$에서 기하학적 해석된 리대수 연산. (a) $\mathcal{G}$의 모든 원소에 무한소 원소 $\boldsymbol{\xi}$(리대수의 원소)를 전곱하면, $\mathcal{G}$ 전체에 무한소 이동(infinitesimal shift)이 일어난다. (b) 이러한 무한소 이동 $\boldsymbol{\xi}$와 $\boldsymbol{\eta}$가 곱해진 결과는 [$O(\varepsilon)$ 수준에서] $\boldsymbol{\xi}+\boldsymbol{\eta}$로 나타나는데, 여기에는 ($I$에서의)접공간 구조가 반영되어 있다. (c) 군의 국소적 구조는 $\varepsilon^2[\boldsymbol{\xi}, \boldsymbol{\eta}]$에서 나타나며, 이것은 원점 I에서 $\varepsilon\boldsymbol{\xi}$와 $\varepsilon\boldsymbol{\eta}$로 만들어진 평행사변형의 $O(\varepsilon^2)$오차에 해당된다.

참조).

$$x = e^{\boldsymbol{\xi}} = I + \boldsymbol{\xi} + \frac{1}{2}\boldsymbol{\xi}^2 + \frac{1}{6}\boldsymbol{\xi}^3 + \cdots.$$

여기서 $\boldsymbol{\xi}^2$은 $\boldsymbol{\xi}$이 두 번 적용된 2계 미분연산자이고 I는 항등연산자이다. 이것은 6.4절에서 언급한 테일러 정리와 기본적으로 동일한 형태이다.[14.18] 따라서 유한한 군의 두 원소 x, y의 곱은 $e^{\boldsymbol{\xi}}e^{\boldsymbol{\eta}}$로부터 구할 수 있는데, 이것은 일반적으로 $e^{\xi+\eta}$와 같지 않다[6](5.3절과 비교해 보라).

멱법연산 e^{ξ}는 일반적인 다양체 $\mathcal{M}$에서 정의된 벡터장 $\boldsymbol{\xi}$에도 적용할 수 있다[단, $\mathcal{M}$과 $\boldsymbol{\xi}$는 해석적(C^{ω}-매끈한 함수)이어야 한다. 6.4절 참조]. 12.3절(그리고 그림 10.6)에서 말한 대로, 작은 ε에 대하여 $\varepsilon\boldsymbol{\xi}(\Phi)$는 [$O(\varepsilon)$ 수준에서] $\varepsilon\boldsymbol{\xi}$를 나타내는 화살표의 꼬리에서 머리까지 스칼라함수 Φ의 증가량을 나타낸다. 더 정확히 말하자면, $e^{t\xi}(\Phi)$는 출발점 O에서 매개변수 값이 $u=t$인 종착점까지 $\boldsymbol{\xi}$-화살표를 따라 이동했을 때 Φ에 나타나는 '총 변화량'에 해당된다(단, 매개변수 u는 $\boldsymbol{\xi}(u)=1$로 규격화되어 있다. 14.5절과 그림 14.8 참조). $e^{t\xi}(\Phi)$의 멱급수 전개에 등장하는 모든 도함수들 $\boldsymbol{\xi}^r(\Phi)$의 경우에 r-계 도함수의 값은 O에서 매기게 되어 있다(단 여기에는 모두 수렴한다는 가정이 깔린다). '화살표를 따라 이동한다'는 말은 $\boldsymbol{\xi}$의 '적분곡선'을 따라 이동한다는 뜻이다. 즉, $\boldsymbol{\xi}$는 이 곡선에 접하는 벡터이다(그림 14.16 참조).[7]

리 도함수는 어떻게 정의되는가? 우선, 리괄호를 벡터장 $\boldsymbol{\eta}$에 작용하는 연산자 $\underset{\xi}{\pounds}$($\boldsymbol{\xi}$에 의존하는 양)로 표현해 보자.

$$\underset{\xi}{\pounds}\boldsymbol{\eta}=[\boldsymbol{\xi},\ \boldsymbol{\eta}]$$

위 식은 ($\boldsymbol{\xi}$에 대한) $\left[\begin{smallmatrix}1\\0\end{smallmatrix}\right]$-가 텐서(즉, 벡터) $\boldsymbol{\eta}$의 리 도함수 $\underset{\xi}{\pounds}$의 정의이다.

이것은 꼬임률이 없는 접속 $\boldsymbol{\nabla}$을 이용하여 다음과 같이 표현할 수 있다(다이어그램 표기법은 그림 14.17a를 참조하라).

[14.18] a가 상수일 때 $e^{ad/dy}f(y)=f(y+a)$인 이유를 설명하라.

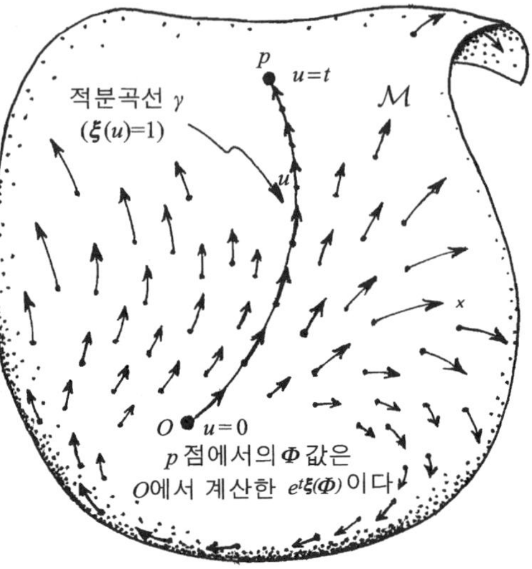

그림 14.16 다양체 $\mathcal{M}$에서 정의된 벡터장 $\boldsymbol{\xi}$의 적분곡선 γ는 '$\boldsymbol{\xi}$-화살표'를 따라가는 곡선이다. 즉, γ의 모든 점에서 접벡터는 $\boldsymbol{\xi}$와 일치하며, 매개변수 u는 $\boldsymbol{\xi}(u)=1$로 규격화되어 있다(14.5절과 그림 14.8 참조). 스칼라장 Φ와 마찬가지로 $\mathcal{M}$과 $\boldsymbol{\xi}$도 해석적(C^{ω})이라고 가정하고, γ는 기준점 $O(u=0)$와 다른 점 $p(u=t)$를 연결한다고 가정하자. 그러면 p점에서의 Φ값은 (수렴한다는 가정하에) O에서 계산된 $e^{t\boldsymbol{\xi}}(\Phi)$로 주어진다. 여기서 $e^{t\boldsymbol{\xi}}=1+t\boldsymbol{\xi}+\frac{1}{2}t^2\boldsymbol{\xi}^2+\frac{1}{6}t^3\boldsymbol{\xi}^3+\cdots$이고, $\boldsymbol{\xi}^r$은 γ를 따라 기준점 O에서 계산된 r-도함수계 d^r/du^r이다.

$$\underset{\xi}{\pounds}\boldsymbol{\eta}=\underset{\xi}{\nabla}\boldsymbol{\eta}-\underset{\eta}{\nabla}\boldsymbol{\xi},\quad \text{즉}\quad (\underset{\xi}{\pounds}\boldsymbol{\eta})^a=\xi^a\nabla_a\eta^b-\eta^a\nabla_a\xi^b$$

이 관계는 $\boldsymbol{\xi}(\Phi)=\boldsymbol{\xi}^a\nabla_a\Phi$ 등을 이용하여 유도할 수 있다.[14.19], [14.20] $\underset{\xi}{\pounds}$이 접속 $\underset{\xi}{\nabla}$와 비슷한 규칙을 만족한다는 사실을 이용하면 일반적인 텐서의 리 도함수를 구할 수 있는데($\boldsymbol{\xi}$가 비선형적인 경우는 제외), 그 결과는 다음과 같다. 스칼라 Φ의 경우, $\underset{\xi}{\pounds}\Phi=\boldsymbol{\xi}(\Phi)$이고 동일가 텐서 $\boldsymbol{T}$, $\boldsymbol{U}$

[14.19] 이 식을 $\boldsymbol{\eta}$에 대하여 유도하라.

[14.20] 꼬임률이 있을 때, [예제 14.9]의 공식은 어떻게 바뀌는가?

에 대해서는 $\underset{\xi}{£}(\boldsymbol{T}+\boldsymbol{U})=\underset{\xi}{£}\boldsymbol{T}+\underset{\xi}{£}\boldsymbol{U}$ 이다. 그리고 $\underset{\xi}{£}(\boldsymbol{T}\bullet\boldsymbol{U})=(\underset{\xi}{£}\boldsymbol{T})\bullet\boldsymbol{U}+\boldsymbol{T}\bullet\underset{\xi}{£}\boldsymbol{U}$ 이다. 단, 마지막 식에서 각 항의 축약은 동일한 순서로 일어난다. 지금까지 얻은 결과와 $\underset{\xi}{£}\boldsymbol{\eta}=[\boldsymbol{\xi},\boldsymbol{\eta}]$를 이용하면 $\underset{\xi}{£}$가 텐서에 적용된 결과를 알아낼 수 있다.[8] 특히, $\begin{bmatrix}0\\1\end{bmatrix}$-가 코벡터 $\boldsymbol{\alpha}$의 경우에는 다음과 같은 관계가 성립한다.

$$\underset{\xi}{£}\boldsymbol{\alpha}=\underset{\xi}{\boldsymbol{\nabla}}\boldsymbol{\alpha}+\boldsymbol{\alpha}\cdot(\boldsymbol{\nabla\xi}),\quad \text{즉}\quad (\underset{\xi}{£}\alpha)_a=\xi^b\nabla_b\alpha_a+\alpha_b\nabla_a\xi^b$$

($\boldsymbol{\nabla}$는 꼬임률을 갖지 않는다. 그림 14.17c 참조) 그리고 $\begin{bmatrix}1\\2\end{bmatrix}$-가 텐서 $\boldsymbol{Q}$에 $\underset{\xi}{£}$가 적용된 결과는 다음과 같다(그림 14.17c 참조).[14.21]

$$\underset{\xi}{£}Q_{ab}^{\ \ c}=\xi^u\nabla_uQ_{ab}^{\ \ c}+Q_{ub}^{\ \ c}\nabla_a\xi^u+Q_{au}^{\ \ c}\nabla_b\xi^u-Q_{ab}^{\ \ u}\nabla_u\xi^c$$

리 도함수는 $\boldsymbol{\xi}$와 $\boldsymbol{Q}$(텐서장)의 함수로 생각할 수 있으며, 꼬임률이 없는 ∇_a의 선택에 무관하다($\underset{\xi}{£}$은 그래디언트 연산자 'd'로부터 유일하게 정의되기 때문이다). ∇_a 대신 좌표 도함수 연산자 $\partial/\partial x^a$를 사용해도 (우

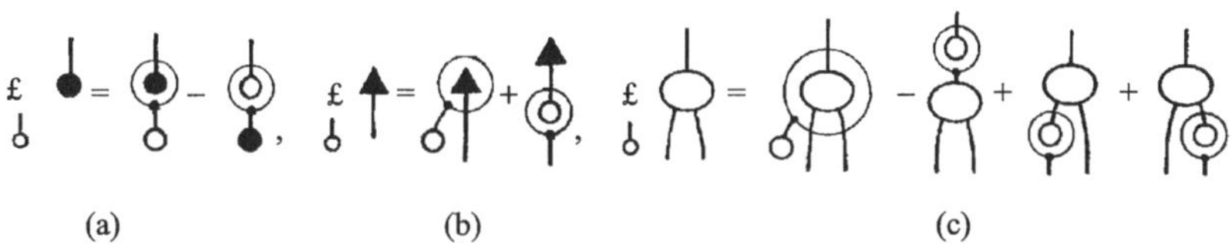

그림 14.17 리 도함수의 다이어그램 표기법. (a) 벡터 $\boldsymbol{\eta}$: $(\underset{\xi}{£}\boldsymbol{\eta})^a=\xi^a\nabla_a\eta^b-\eta^a\nabla_a\xi^b$ (b) 코벡터 α : $(\underset{\xi}{£}\boldsymbol{\alpha})_a=\xi^b\nabla_b\alpha_a+\alpha_b\nabla_a\xi^b$ (c) $\begin{bmatrix}1\\2\end{bmatrix}$-가 텐서 $\boldsymbol{Q}$: $\underset{\xi}{£}Q_{ab}^{\ \ c}=\xi^u\nabla_uQ_{ab}^{\ \ c}+Q_{ub}^{\ \ c}\nabla_a\xi^u+Q_{au}^{\ \ c}\nabla_b\xi^u-Q_{ab}^{\ \ u}\nabla_u\xi^c$

[14.21] 코벡터 공식을 증명하고, 일반적인 텐서의 리 도함수 공식을 유도하라.

리가 선택한 국소좌표계와 상관없이) 동일한 답이 얻어진다. 접속에 꼬임률이 존재하는 경우에도, 접속을 '꼬임률을 제거한 2차접속second connection'으로 표현하면 여전히 $\partial/\partial x^a$를 사용할 수 있다.[14.22]

리 도함수와 외미분(12.6절 참조)에는 접속에 무관하다는 공통점이 있다. 외미분의 경우, 임의의 p-형식 $\boldsymbol{\alpha}$에서 (지표표기법으로는 $\alpha_{b\cdots d}$) 다음 관계가 성립한다.

$$(d\boldsymbol{\alpha})_{ab\cdots d} = \nabla_{[a}\,\alpha_{b\cdots d]}$$

여기서 $\boldsymbol{\nabla}$는 꼬임률이 없는 임의의 접속이다(그림 14.18 참조). 위 식은 좌표접속 $\partial/\partial x^a$가 사용되지 않았다는 점을 제외하면 12.6절의 표현과 동일하다. 이 식이 실제로 꼬임률이 없는 접속의 선택과 무관하다는 것은 쉽게 증명할 수 있다.[14.23] 그뿐만 아니라, 외미분의 핵심조건인 $d^2\alpha = 0$도 이 식으로부터 증명된다.[14.24] 접속과 무관한 표현은 이 밖에도 많이 있다.[9]

마지막으로, 다양체 $\mathcal{M}$의 곡률 및 접속 $\boldsymbol{\nabla}$과 관련된 질문으로 되돌아가자. 수학자들이 선호하는 표기법을 사용했을 때, 곡률텐서를 정의하려면 아래와 같이 리괄호를 동원해야 한다.

$$\left(\underset{\boldsymbol{L}}{\boldsymbol{\nabla}}\underset{\boldsymbol{M}}{\boldsymbol{\nabla}} - \underset{\boldsymbol{M}}{\boldsymbol{\nabla}}\underset{\boldsymbol{L}}{\boldsymbol{\nabla}} - \underset{[\boldsymbol{L},\boldsymbol{M}]}{\boldsymbol{\nabla}}\right)\boldsymbol{N} = \boldsymbol{R}(\boldsymbol{L},\ \boldsymbol{M},\ \boldsymbol{N})$$

[14.22] 2차접속의 구체적인 형태는 어떻게 구할 수 있는가?(접속들 사이의 차이 $\boldsymbol{\Gamma}$가 두 개의 아래첨자에 대하여 반대칭적임을 이용하라. [예제 14.5] 참조).

[14.23] 이 사실을 증명하고, 꼬임률 $\boldsymbol{\tau}$가 존재할 때 이 식이 어떻게 달라지는지 설명하라.

[14.24] 증명해 보라.

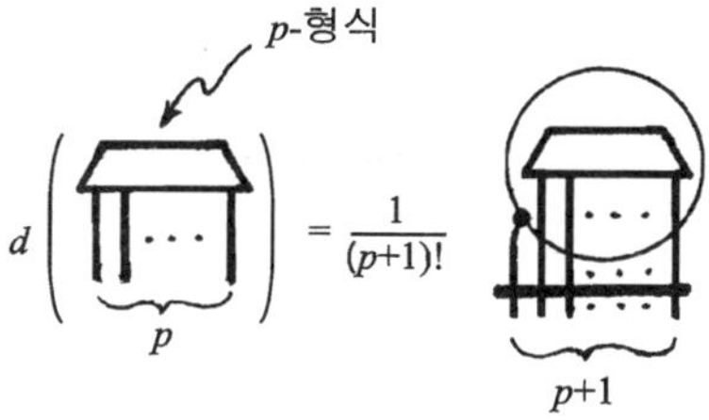

그림 14.18 다이어그램으로 표현한 p-형식의 외미분. $(d\boldsymbol{\alpha})_{ab\cdots d} = \nabla_{[a}\, \alpha_{b\cdots d]}$.

여기서 $\boldsymbol{R}(\boldsymbol{L}, \boldsymbol{M}, \boldsymbol{N})$은 벡터 $L^a M^b N^c R_{abc}{}^d$를 의미한다.[14.25] 좌변에 교환자 항이 나타나는 것은 이 표기법의 단점이라고 생각할 수도 있으나, 꼬임률이 자동으로 허용되는 것은 큰 장점이다(물리학자들의 표기법을 사용하면 꼬임률과 관련된 항이 추가로 나타난다). 여기서 잠시 교환

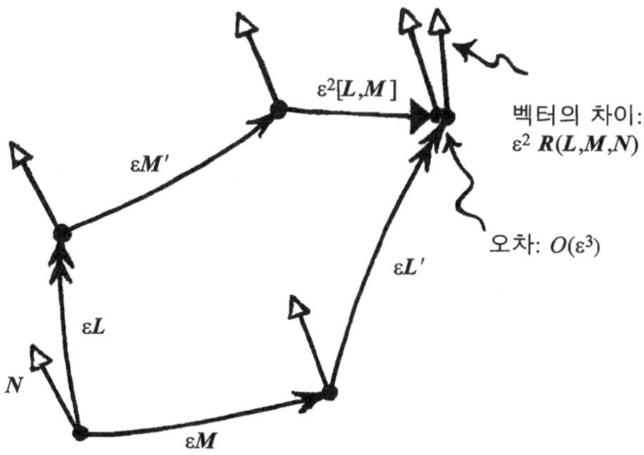

그림 14.19 수학자식 표기법으로 나타낸 곡률. $\left(\underset{\boldsymbol{L}}{\nabla} \boldsymbol{M} - \underset{\boldsymbol{M}}{\nabla} \boldsymbol{L} - \underset{[\boldsymbol{M},\boldsymbol{L}]}{\nabla}\right) = \boldsymbol{R}(\boldsymbol{L}, \boldsymbol{M}, \boldsymbol{N})$. 각 변의 길이가 $\varepsilon\boldsymbol{L}$, $\varepsilon\boldsymbol{M}$, $\varepsilon\boldsymbol{L}'$, $\varepsilon\boldsymbol{M}'$인 사변형의 테두리를 따라 벡터 $\boldsymbol{N}$을 이동시켰을 때, 최종적으로 나타나는 오차의 차수는 $O(\varepsilon^2)$이며, 리괄호 $\varepsilon^2[\boldsymbol{L}, \boldsymbol{M}]$에 의한 기여는 $O(\varepsilon^2)$ 차수의 오차를 $O(\varepsilon^3)$으로 감소시킨다[벡터 $\boldsymbol{R}(\boldsymbol{L}, \boldsymbol{M}, \boldsymbol{N})$을 지표로 표기하면 $L^a M^b N^c R_{abc}{}^d$이다].

[14.25] 이것이 앞서 제시한 물리학자의 표기법과 동일하다는 것을 증명하라(꼬임률 = 0일 때).

자가 들어 있는 항의 기하학적 의미를 살펴보자(그림 14.14 참조). 벡터장 $\boldsymbol{L}$과 $\boldsymbol{M}$으로 $O(\varepsilon)$-사변형을 만들면 차수가 $O(\varepsilon^2)$인 오차가 나타난다. 지금은 벡터 $\boldsymbol{N}$이 좇아가야 할 경로가 (이전에 요구되었던 차수에서) 반드시 평행사변형일 필요가 없기 때문에(이 또한 커다란 장점이다), 곡선으로 이루어진 다각사변형으로 확장할 수 있다(그림 14.19 참조). $[\boldsymbol{L}, \boldsymbol{M}] = 0$이면 이 다각사변형은 차수 $O(\varepsilon^2)$에서 닫혀 있다.

14.7 계량의 용도는 무엇인가?

지금까지 우리는 접속 ∇이 다양체 $\mathcal{M}$에 단순히 '부여된' 경우만을 다루었다. 이럴 때 $\mathcal{M}$은 특정한 구조를 갖게 된다. 그러나 접속을 '$\mathcal{M}$에서 정의된 계량metric으로부터 얻어지는 2차적 구조'로 생각하는 것이 더욱 일반적이다. 13.8절에서 말한 대로, 계량(또는 유사계량) g는 비특이 대칭 $\begin{bmatrix}0\\2\end{bmatrix}$-가 텐서이다. 여기에 g가 매끄러운 텐서장일 것을 요구하면, 다양한 점에서 $\mathcal{M}$에 접하는 접공간에도 적용할 수 있다. 이런 식으로 계량이 부여되어 있는 다양체를 '리마니언Riemannian', 또는 '유사pseudo리마니언'이라고 한다.[10](위대한 수학자 베른하르트 리만은 7～8장에서 이미 소개한 바 있다. 그는 가우스의 2차원 다양체를 더욱 발전시켜서 계량이 부여된 n차원 다양체의 개념을 처음으로 제안하였다) 보통 '리마니언'이라고 하면, g가 양의 정부호인 경우를 뜻한다(13.8절 참조). 이 경우에 매끈한 곡선을 따라 측정한 (양의)거리는 곡선을 따라 나 있는 아래의 ds를 적분한 값으로 정의된다(그림 14.20 참조).

$$ds^2 = g_{ab}\, dx^a\, dx^b$$

g가 양의 정부호일 때, 주어진 곡선을 따라 위의 식을 적분하면 일상적인 개념의 '길이'가 얻어진다. ds는 1-형식이 아니지만, 1-형식과 비슷한 성질을 많이 가지기 때문에 곡선을 따라 적분하는 데는 아무런 문제가 없다. 따라서 A점과 B점을 연결하는 곡선 ℓ의 길이는 다음과 같이 쓸 수 있다.[11]

$$\ell = \int_A^B ds, \quad \text{여기서} \quad ds = (g_{ab}\, dx^a\, dx^b)^{\frac{1}{2}}$$

유클리드 공간의 경우, 위의 적분은 곧바로 곡선의 길이에 대한 정의에 해당된다. 특히 직교좌표에서는 g_{ab}가 크로넥커 델타와 같아져서($a = b$이면 $g_{ab} = 1$, 그 밖에는 $g_{ab} = 0$. 13.3절 참조) 위의 식을 가장 쉽게 확인할 수 있다. 13.3절에서 언급한 바와 같이 ds의 표현식에는 기본적으로 피타고라스 정리(2.1절 참조)가 내포되어 있지만([예제 13.11] 참조), 이것은 무한히 작은 수준에서 통용되는 식이다. 일반 리만 다양체에서 위의 식에 입각한 곡선의 길이는 유클리드 기하학과 전혀 다른 기하학의 법칙을 따른다. 즉, 유한한(무한히 짧지 않은) 간격에서는 피타고라스 정리를 적용할 수 없다는 뜻이다. 그렇지만 고대에 발견된 이 정리는 무한소 영역에서 아직도 막강한 위력을 발휘하고 있다(2.7절의 마지막 문장을 다시 읽어 보기 바란다).

17.7절로 가면 상대성이론에서 부호수 $+---$가 특별한 역할을 하고, (유사)계량이 '이상적인 시계로 측정된 시간'을 정의한다는 사실을 알게 될 것이다. 또한, 벡터 $\boldsymbol{v}$의 길이 $|\boldsymbol{v}|$는

$$|\boldsymbol{v}|^2 = g_{ab}\, v^a\, v^b$$

로 정의되며, $\boldsymbol{g}$가 양의 정부호이면 $\boldsymbol{v} = 0$이 아닌 한 항상 $|\boldsymbol{v}|^2 > 0$

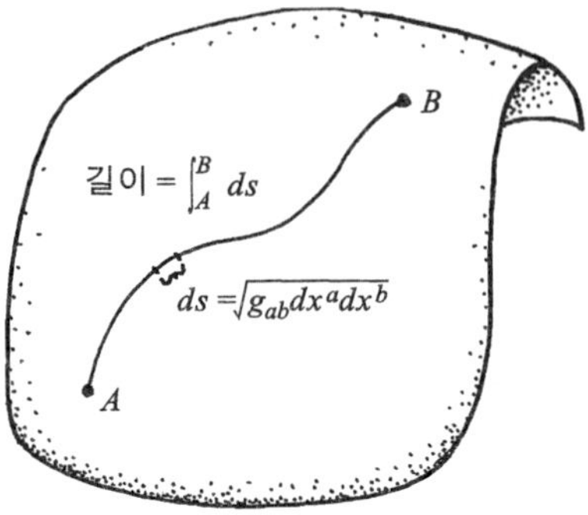

그림 14.20 매끈한 곡선의 길이는 $\int ds$이며, 여기서 $ds^2 = g_{ab}\, dx^a\, dx^b$이다.

이다. 그러나 상대성이론에서는 로렌츠 계량을 사용하기 때문에(13.8절 참조) $|\boldsymbol{v}|^2$은 $+$, $-$ 부호를 모두 가질 수 있다. 자세한 내용은 17.9절과 18.3절에서 다룰 예정이다.

(유사)계량 $\boldsymbol{g}$로부터 '꼬임률이 없는 접속 ∇'는 어떻게 유일하게 결정되는가? ∇에 요구되는 조건을 간단하게 말하면, "벡터가 평행이동되는 과정에서 길이가 변하지 않는다"로 요약할 수 있다(14.2절에서 S^2에서의 평행이동을 논할 때에도 이 조건을 요구했었다). 이 조건을 수식으로 표현하면 다음과 같이 간단명료해진다.

$$\nabla \boldsymbol{g} = 0$$

(꼬임률이 0이라는 조건과 함께)이 조건으로부터 접속 ∇이 유일하게 결정된다.[14.26] 이렇게 결정된 ∇는 리만 접속, 크리스토펠 접속, 또는 레비치비타 접속 등 다양한 이름으로 불리고 있다(이 분야에서 중요한 업적을 남긴 리만1826~1866과 엘빈 크리스토펠Elwin Christoffel, 1829~1900, 그

[14.26] 접속량(connection quantity) Γ^a_{bc}(크리스토펠 기호)의 성분이 $\Gamma^a_{bc} = \frac{1}{2} g^{ad}(\partial g_{bd}/\partial x^c + \partial g_{cd}/\partial x^b - \partial g_{cb}/\partial x^d)$임을 증명하라.

리고 툴리오 레비치비타1873~1941의 이름에서 따온 것이다).[14.27]

계량 $\boldsymbol{g}$에 의해 접속이 결정되는 이유는 다른 식으로 설명할 수도 있다(일단은 g가 양의 정부호라고 가정하자). 다양체 $\mathcal{M}$ 위에서 서로 다른 두 점을 연결하는 곡선들 중 길이 $\int ds$(그림 14.20에 표현된 양)가 최소인 곡선은 계량 g에서 정의되는 측지선이다. 이 측지선의 궤적을 알면 접속 ∇는 거의 결정된 것이나 다름없다. ∇를 완전하게 결정하기 위해 추가로 필요한 정보는 측지선을 따라 나있는 아핀 매개변수이다. 이 매개변수까지 알면 곡선의 길이가 유일한 값으로 결정되는데, 이들을 결정하는 것이 바로 $\boldsymbol{g}$이다.[14.28] $\boldsymbol{g}$가 양의 정부호가 아니어도 기본적으로는 같은 논리가 적용되지만 $\int ds$가 최소인 곡선은 측지선이 아니며, 이 적분을 주어진 계량의 '시불변stationary'이라 한다(이 내용은 17.9절과 20.1절에서 다시 언급할 것이다).

(유사)리만 기하학에서 계량 g_{ab}와 그 역에 해당하는 g^{ab} ($g^{ab}g_{bc} = \delta^a_c$)를 이용하면 텐서의 지표를 위-아래로 이동시킬 수 있다. 이 과정을 거치면 13.9절에서와 같이 벡터는 코벡터가 되고 코벡터는 벡터가 된다.

$$v_a = g_{ab}v^b,\ \alpha^a = g^{ab}\alpha_b$$

각 첨자의 위치는 주어진 양의 기하학적 특성을 구별하는 데 사용된다. 이 과정을 곡률텐서에 적용하면 $\begin{bmatrix}0\\4\end{bmatrix}$-가 리만텐서, 또는 리만-크리스

[14.27] 곡률텐서와 크리스토펠 기호 사이에 $R_{abc}{}^d = \partial\Gamma^d_{cb}/\partial x^a - \partial\Gamma^d_{ca}/\partial x^b + \Gamma^u_{cb}\Gamma^d_{ua} - \Gamma^u_{ca}\Gamma^d_{ub}$의 관계가 성립함을 증명하라. 도움말 : 14.4절에서 언급한 곡률텐서의 정의를 사용하라. 단, ξ^d는 좌표 벡터 $\delta^a_1,\cdots,\delta^a_n$에 해당한다([예제 14.6]에서와 같이 δ^a_1, δ^a_2 등은 각각 하나의 벡터이며 위첨자 a는 12.8절에 입각하여 추상지표로 생각할 수 있다).

[14.28] 그 이유를 구체적으로 설명해 보라.

토펠 텐서를 다음과 같이 정의할 수 있다.

$$R_{abcd} = R_{abc}{}^{e} g_{ed}$$

R은 앞에서 언급한 두 가지 특성 이외에[ab에 대하여 반대칭이고, abc의 반대칭부분은 0이다(비앙키 대칭)] 또 다른 대칭성을 갖고 있다. cd에 대해서는 반대칭이고, ad와 cd의 맞바꿈에 대해서는 대칭이다.[14.29]

$$R_{abcd} = -R_{abdc} = R_{cdab}$$

지금까지 언급한 대칭성은 그림 14.21에 다이어그램으로 표기되어 있다. n-다양체의 일반 $\begin{bmatrix}0\\4\end{bmatrix}$-가 텐서는 n^4개의 성분을 갖지만, 리만텐서는 고유의 대칭성 때문에 서로 독립인 성분의 수가 $\frac{1}{12}n^2(n^2-1)$개밖에 되지 않는다.[14.30]

이 시점에서, (유사)리만 다양체 $\mathcal{M}$ 위에서 정의된 킬링벡터에 관심을 기울일 필요가 있다. 킬링벡터 $\boldsymbol{\kappa}$는 일종의 벡터장으로서, 이것에 대한 리 미분(리 도함수)이 계량 g에 가해지면 항상 0이 된다.

$$\underset{\kappa}{\pounds}\, g = 0$$

이 방정식은 지표표기법을 사용하여 다음과 같이 쓸 수 있다(12.7절의 약속대로, 둥근괄호는 대칭화를 의미한다. 그림 14.21 참조).[14.31]

[14.29] 이 관계를 증명하라. 우선 $\nabla_{[a}\nabla_{b]}g_{cd} = 0$을 이용하여 cd에 대해 반대칭임을 증명한 후, 두 가지 반대칭성과 비앙키 대칭을 이용하여 맞바꿈 대칭을 증명하라.

[14.30] $n = 4$일 때, 서로 독립인 20개의 성분에 한하여 대칭성이 허용된다는 것을 증명하라.

$$\nabla_a \kappa_b + \nabla_b \kappa_a = 0 \quad \text{즉,} \quad \nabla_{(a}\kappa_{b)} = 0$$

여기서 **∇**는 표준 레비치비타 접속을 나타낸다. (유사)리만 다양체 $\mathcal{M}$ 위에서 정의된 킬링벡터는 $\mathcal{M}$의 연속 대칭을 유발하는 생성원generator이라고 할 수 있다(단, $\mathcal{M}$이 컴팩트하지 않은 경우에는 국소대칭을 유발한다[12]). $\mathcal{M}$에 킬링벡터가 두 개 이상 존재하면 이들의 교환자도 킬링벡터이다.[14.32] 앞으로 보게 되겠지만, 킬링벡터는 상대성이론에서 특별히 중요하게 취급되는 개념이다(19.5, 30.4, 6, 7절 참조).

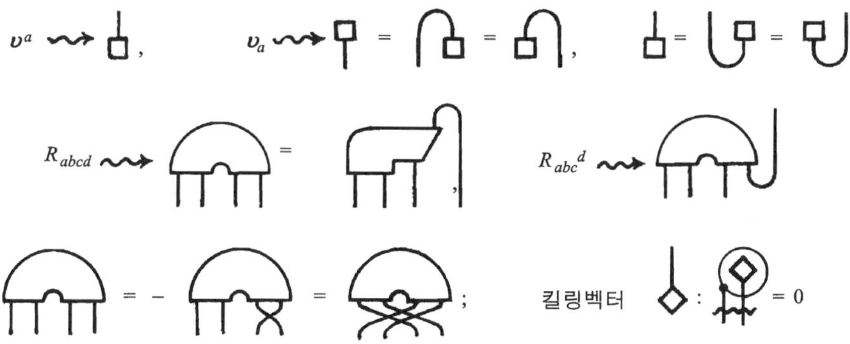

그림 14.21 지표를 올리거나 내리는 연산을 '반고리(hoop)' 표기법으로 표현한 그림. $v_a = g_{ab}v^b = v^b g_{ba}$, $v^a = g^{ab}v_b = v_b g^{ba}$, $R_{abcd} = R_{abc}{}^e g_{ed}$, $R_{abc}{}^d = R_{abce}g^{ed}$, $R_{abcd} = -R_{abdc} = R_{cdab}$, : $\nabla_{(a}\kappa_{b)} = 0$이면 κ^a는 킬링벡터이다.

[14.31] 이 방정식을 유도하라.

[14.32] '기하학적으로 분명한' 이 사실을 직접 계산으로 증명해 보라. 기하학적으로는 왜 분명한가?

14.8 심플렉틱 다양체

접속을 '유일하게' 결정하는 국소적 텐서구조는 그리 많지 않기 때문에, 우리에게 물리적으로 주어지는 양은 '계량(또는 유사계량)'인 경우가 대부분이다. 그러나 (비특이)반대칭 텐서장 $\boldsymbol{S}$의 성분 S_{ab}로부터 어떤 구조가 주어진 경우에는 '유일성uniqueness'이 성립하지 않는 일련의 사례들을 찾을 수 있다. 이러한 구조는 고전역학에서 위상공간phase space으로 표현되며(자세한 이야기는 20.1, 2, 4, 27.3절에서 하게 될 것이다), 이들이 바로 심플렉틱 다양체symplectic manifold의 사례들이다. 반대칭이나 비특이와는 달리, 심플렉틱 구조 $\boldsymbol{S}$는 다음 조건을 만족한다.[14.33]

$$d\boldsymbol{S} = 0$$

[이것은 $2m$차원 실다양체real manifold에서 정의된 '실수 심플렉틱 형태'의 전형적인 사례로서, 국소대칭은 부호수가 둘로 나뉜 심플렉틱군 Sp(m, m)에 의해 주어진다(13.10절 참조). 다른 부호수를 갖는 심플렉틱 다양체는 아직 연구된 사례가 없다]

푸아송 괄호Poisson bracket는 S_{ab}의 역 $S^{ab}(S^{ab}S_{bc} = \delta^a_c)$로부터 정의된다(프랑스의 저명한 수학자 푸아송Siméon Denis Poisson, 1781~1840의 이름에서 따옴). 위상공간에서 두 스칼라 Φ와 Ψ에 푸아송 괄호가 적용되면 제3의 스칼라가 얻어진다.

$$\{\Phi,\ \Psi\} = -\frac{1}{2}S^{ab}\nabla_a\Phi\nabla_b\Psi$$

[14.33] 이 조건을 $\nabla_a S_{bc} + \nabla_b S_{ca} + \nabla_c S_{ab} = 0$으로 쓸 수 있는 이유를 설명하라(꼬임률이 없는 임의의 접속 $\boldsymbol{\nabla}$을 사용할 것).

(우변의 $-\frac{1}{2}$은 전통적인 좌표표기법과 맞추기 위해 집어넣은 상수이다) 이것은 고전역학에서 매우 중요하게 취급되는 양이다. 20.4절로 가면 푸아송 괄호를 해밀턴 역학에 접목시켜서 고전역학의 근간을 이루는 방정식을 유도할 것이며, 이로부터 고전물리학과 양자역학 사이의 연결고리를 추적하게 될 것이다. $\boldsymbol{S}$의 반대칭성과 $d\boldsymbol{S}=0$이라는 조건을 이용하면 아래와 같이 우아한 형태의 관계식을 유도할 수 있다.[14.34]

$$\{\Phi, \Psi\} = -\{\Psi, \Phi\}, \{\Theta, \{\Phi, \Psi\}\} + \{\Phi, \{\Psi, \Theta\}\} + \{\Psi, \{\Theta, \Phi\}\} = 0$$

이 식을 14.6절에 등장한 리괄호의 교환자 항등식과 비교해 보라. 심플렉틱 다양체의 기하학적 특성은 20.4절에서 고전역학을 기하학적으로 분석할 때 다시 언급할 것이다.

심플렉틱 다양체의 국소적 구조는 '플로피 구조floppy structure'라 부르는 특수한 구조의 한 사례이다. 심플렉틱 다양체에는 곡률이라는 개념이 없는데, 이것은 국소적 영역에서 심플렉틱 다양체와 다른 다양체를 구별하는 수단이기도 하다. 우리에게 동일한 차원의 실수 심플렉틱 다양체가 두 개 주어졌다면[그리고 부호수도 같다면(13.10절 참조)], 이들은 국소적으로 완전히 동일한 다양체이다(즉, 한 다양체 위의 임의의 점 p와 다른 다양체 위의 임의의 점 q가 동일해지는 열린 영역이 존재한다[13]. 이것은 (유사)리만 다양체나 접속만이 정의되어 있는 다양체와 비교할 때 매우 놀라운 사실이다. 이런 경우에, 곡률텐서(그리고 곡률텐서의 공변미분 등)는 각 다양체의 특성을 좌우하는 국소 구조를 정의한다.

[14.34] 이 항등식을 유도하라(우선 $S^{a[b}\nabla_a S^{cd]}=0$을 증명할 것).

플로피 구조에는 여러 종류가 있는데, 12.9절에서 정의한 복소구조도 이들 중 하나이다. 복소구조를 이용하면 $2m$차원의 실다양체를 m차원 복소다양체로 재해석할 수 있다. 복소다양체들을 서로(또는 $\mathbb{C}^m$ 으로부터) 구별하는 차이점이라곤 복소차원 m밖에 없으므로, 이런 경우에는 플로피 구조가 분명하게 드러난다. 여기에 복소(해석적) 심플렉틱 구조를 부여해도 플로피 구조는 그대로 유지된다[14.35](이렇게 되면 복소 S_{ab}의 부호수에 신경 쓸 필요가 없다. 13.10절 참조).

플로피 구조는 이 밖에도 여러 종류가 있다. 벡터장의 값이 어느 곳에서도 0이 되지 않는 실다양체도 플로피 구조의 한 사례이다. 반면에, 서로 다른 두 개의 벡터장이 정의되어 있는 실다양체는 플로피 구조를 갖고 있지 않다.[14.36] 플로피 구조는 트위스터 이론을 다룰 때(33.11절) 다시 언급할 것이다.

〈14장 후주〉

14–2절

14.1 S^2의 모든 점 위에서 '$\boldsymbol{v}$에 평행한' 방향을 연속적으로 정의할 수 없는 데에는 위상학적 이유가 있다(이것은 구 모양의 개를 빗질하는 문제와 같다!). 그러나 S^3에는 이런 논리가 적용되지 않는다(15.4절에서 클리포드 평행성을 정의할 때 언급할 것이다).

[14.35] 그 이유를 설명하라.

[14.36] 각각의 경우에 이유를 설명하라[도움말 : $\boldsymbol{\xi} = \partial/\partial x^1$로 표현되는 좌표계를 구축한 후, 리 도함수를 반복적으로 취해 보라].

14–3절

14.2 많은 물리학 책과 옛날 수학책에는 좌표미분 $\partial/\partial x^a$를 표기할 때, 미분되는 양의 첨자들 끝에 콤마(,)를 찍고 그 뒤에 a를 아래첨자로 붙여 놓았다. 단, ∇_a를 사용할 때는 콤마 대신 세미콜론(;)이 사용되기도 한다.

∇_a 표기는 추상-지표 표기법에 매우 잘 어울리기 때문에(12.8절 참조), 이 책에서 방정식을 표기할 때 주로 사용하였다. 이 표기법을 사용하면 좌표도 매우 간단하게 표기할 수 있지만, 두 가지 형태의 지표(성분과 추상지표)가 필요하다는 단점이 있다. Penrose and Rindler(1984) 참조.

14–4절

14.3 계량을 도입할 때에는 첨자를 올리거나 내릴 수 있는 여백이 필요하기 때문에 첨자의 수평위치를 구별하는 것이 좋다(14.7절 참조).

14–5절

14.4 엄밀히 말해서 ∇은 $\mathcal{M}$에 나있는 곡선을 따라가며 적용되는 것이 아니라, $\mathcal{M}$에서 정의된 백터장에 적용되는 연산자이다. 그러나 이 방정식은 의미를 갖는데, 왜냐하면 연산자가 곡선을 따라가는 방향만을 미분하기 때문이다. 굳이 원한다면 t가 정의된 영역이 $\mathcal{M}$ 안에서 γ를 이탈하여 임의의 방식으로 매끈하게 확장되었다고 생각해도 상관없다. 이 과정이 어떤 방식으로 구현되었는지는 중요한 문제가 아니다. 우리는 t에 관한 방정식이 곡선 γ 상에서만 성립하기를 요구하기 때문이다.

14.5 Nayfeh(1993), Simmonds and Mann(1998) 참조.

14–6절

14.6 리대수 교환자에 관한 베이커-캠벨-하우스도르프 공식(Baker-Campbell-Hausdorf formula)의 항을 처음 몇 개 정도 나열하면 다

음과 같다. $e^{\xi} e^{\eta} = e^{\xi+\eta+\frac{1}{2}[\xi,\eta]+\frac{1}{12}([\xi,[\xi,\eta]]+[[\xi,\eta]\eta])+\cdots}$ 물론 이 뒤에는 $\boldsymbol{\xi}$와 $\boldsymbol{\eta}$의 고차 교환자들, 즉 $\boldsymbol{\xi}$와 $\boldsymbol{\eta}$가 생성하는 리대수의 원소들이 줄줄이 포함되어 있다.

14.7 좀 더 정확하게 표현하자면, $x^1 = t$를 제외한 나머지 좌표 $x^2, x^3, \cdots, x^n$은 곡선 위에서 상수로 취급할 수 있고, $\boldsymbol{\xi} = \partial/\partial t$가 된다. 위의 식이 $e^{t\boldsymbol{\xi}}(\boldsymbol{\Phi})$가 되는 것은 테일러 정리의 결과이다.

14.8 $\boldsymbol{\xi}$를 지수화한(exponentiation) $e^{t\boldsymbol{\xi}}$와 마찬가지로(유한한 거리만큼 떨어져 있는 곳에서의 스칼라장 $\boldsymbol{\Phi}$값을 취하도록 되어 있음), $\pounds_{\xi}$은 유한한 거리만큼 떨어져 있는 곳에서의 텐서장 $\boldsymbol{Q}$값을 취한다.

14.9 Schouten(1954) : Penrose and Rindler(1984), p. 202 참조.

14–7절

14.10 일부 수학책에서는 '준리마니언(semi-Riemannian)'이라고 되어 있으나[O'Neill(1983) 참조], '유사리마니언'이 더욱 적절한 표현이다.

14.11 주어진 곡선을 따라 매개변수 u를 도입하고, $ds = (ds/du)\,du$로 표기하면 이 식에 기하학적 의미를 부여할 수 있다. ds/du값은 dx^a/du로 표현되는 u의 함수이다.

14.12 여가서 말하는 '국소'의 의미는 다음과 같이 해석할 수 있다. $\mathcal{M}$ 위의 각 점 p에 대하여, $\boldsymbol{\kappa}$의 상수 배에 해당되는 작은 양을 지수화한 양이 존재하며(14.6절 참조), 이것은 p를 포함하는 어떤 열린 영역을 $\mathcal{M}$ 내부의 다른 열린 영역으로 이동시킨다(단, 이 과정에서 계량은 변하지 않는다).

14–8절

14.13 여기서 '동일하다'는 말은 각 점이 해당 심플렉틱 구조를 따라 다른 점으로 사상된다는 뜻이다.

15
파이버번들과 게이지 접속

15.1 파이버번들의 물리적 의미

12장과 14장에서 도입된(그리고 15장에서 도입될) 일련의 논리들을 잘 이해하고 있으면, 아인슈타인의 일반상대성이론과 고전물리학의 위상공간을 어렵지 않게 다룰 수 있다. 그러나 현대 입자물리학의 상당 부분은 14.3절에서 도입한 접속connection (또는 공변미분)에 의존하고 있다. 이것을 일반화한 개념이 바로 '게이지 접속gauge connection'이다. 공변미분 개념은 기본적으로 '다양체 $\mathcal{M}$ 위의 곡선을 따라 이루어지는 벡터의 평행이동'에 기초를 둔다(14.2절). 벡터의 평행이동이 정의되면, 이 개념을 텐서의 평행이동으로 확장할 수 있다(14.3절). 다들 알다시피, 벡터와 텐서는 $\mathcal{M}$ 위의 한 점에 접하는 접공간에서 정의되는 양이다(12.3절, 14.1절, 그림 12.6 참조). 그러나 게이지 접속은 접공간이 아닌 공간에서 일어나는 어떤 물리량의 평행이동과 관련되어 있다.

내용을 더 분명히 이해하기 위해, 12.3, 8절에서 다뤘던 벡터공간(한 점에서 접하는 벡터들이 이루는 공간)을 떠올려 보자. 우리는 이로부터 듀얼(코벡터공간)을 비롯하여 다양한 $\begin{bmatrix} p \\ q \end{bmatrix}$-가 텐서공간을 만들 수 있다.

p점에서의 접공간 T_p가 주어지기만 하면 $\left[\begin{smallmatrix} p \\ q \end{smallmatrix}\right]$-가 텐서공간(여접 공간도 포함해서)은 전혀 새로운 개념이 아니다(p점에서의 스피너에도 거의 동일한 논리를 적용할 수 있다. 11.3절 참조. 다른 학자들은 스피너에 관하여 나와는 다른 관점을 견지할 수도 있지만, 이 책에서는 따로 고려할 필요가 없도록 논리를 진행해 나갈 것이다). 그러나 입자 간의 상호작용(중력은 제외)을 설명하는 게이지 이론에 필요한 공간은 이런 공간이 아니라, 일상적인 공간과 시간에 새로운 '공간차원'이 추가된 공간이다(따라서 새로운 공간이라 할 수 있다). 이 여분의 차원을 흔히 '내부차원internal dimension'이라고 한다. 내부차원을 따라 움직인다 해도, 우리가 알고 있는 시공간 상에서는 아무런 움직임도 나타나지 않는다.

이 아이디어를 기하학적 관점에서 이해하려면, 우선 '번들bundle. 다발'의 개념부터 도입해야 한다. 이것은 수학적으로 완벽하게 구축된 개념으로서, 자세한 내용은 15.2절에서 다룰 예정이다. 물리학자들은 예전부터 다뤄 왔던 중요한 개념들을 번들을 써서 이해할 수 있다는 사실을 20세기 들어 알게 되었다. 그러나 이것은 순수수학 분야에서[1] 한참 전부터 연구됐던 개념이었다. 그 후로 이론물리학자들은 번들 개념을 물리학에 도입하여 많은 재미를 보았고, 일부 현대물리학에서는 이것을 조금 수정하여 5차원 이상의 고차원 시공간과 연관시키고 있다.

가장 근본적인 단계에서 우주의 특성을 연구하는 기초물리학(초중력이론, 초끈이론 등)에서는 고차원 시공간을 주로 다룬다. 여기서 여분의 차원(4차원 시공간을 제외하고 남은 차원들)을 설명하는 수단으로 내부차원의 개념이 사용되는데, 여분의 공간차원들은 기존의 시간 및 공간차원과 모든 면에서 동일한 자격을 갖는다. 따라서 이러한 논리를 통해 최종적으로 얻어진 시공간은 기존 4차원보다 높은 차원을 갖고 있다. 물리학에 여분 차원이 처음으로 도입된 것은 1919년의 일이었다. 아인슈타인 일반상대성이론을 연구하던 테오도르 칼루자Theodor Kaluza와 오스카 클라인Oskar Klein이 시공간의 차원을 4에서 5로 늘렸더니, '시공간의 기하학적 서술'에 맥스웰의 전자기방정식이 자연스럽게 추가되었던 것이다(19.2, 4절 참조). 그러나 이 '제5의 차원'은 현실세계에서 감지되지 않기 때문에, '작은 고리형태'로 감긴 채 숨어 있어야 했다.

칼루자-클라인의 논리를 따라, 수도용 호스를 이용하여 1차원 우주를 확장해 보자(그림 15.1 참조). 수도꼭지에 연결된 호스를 먼 거리에서 바라보면 1차원 물체처럼 보인다. 즉, 호스는 두께라는 것 없이 오직 길이만 갖는 것처럼 보인다. 그러나 가까이 다가가서 주의 깊게 살펴보면 호스의 표면은 분명한 2차원 곡면이다. 다만, 두 번째 차원(호스를 감고 돌아가는 방향의 차원)이 첫 번째 차원(호스의 길이방향 차원)보다 훨씬 작을 뿐이다. 칼루자-클라인은 이러한 논리를 통해 "우리가 살고 있는 우주는 원래 5차원이지만, 그중 하나의 차원이 작은 영역 속에 감겨 있기 때문에 4차원 시공간만 느낄 수 있다"고 주장했다. 칼루자-클라인의 5차원 우주 중 4개의 차원을 호스의 길이차원(1차원)에 대응시키면 수도용 호스와 동일한 논리로 이해할 수 있다.

이들의 주장은 많은 면에서 강한 설득력을 발휘했다. '숨어 있는 차원'을 끄집어낸다는 것은 확실히 매력적이고 기발한 아이디어가 아닐 수 없다. 현대물리학의 이론(초중력이론과 끈이론 등. 자세한 내용은 31장에서 다룰 것이다)을 창시했던 사람들도 칼루자-클라인 이론을 고차원에 적용하려 많은 노력을 기울였다(이들 중 26차원, 11차원, 10차원 이론이 가장 유명하다). 그리고 이렇게 만들어진 이론에 전자기력 이외의 다른 상호작용을 포함시키려면 게이지 접속을 고려해야 한다는 사실이 알려

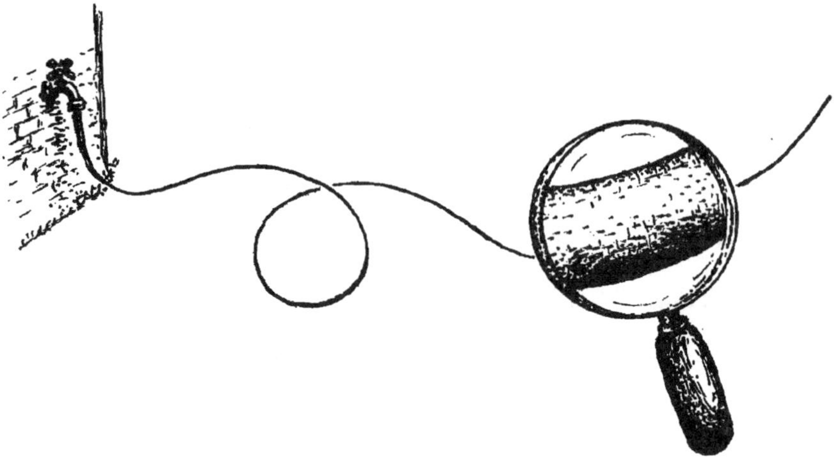

그림 15.1 칼루자-클라인 이론의 가장 간단한 적용사례. 가느다란 수도용 호스를 멀리서 바라보면 길이만 있는 1차원 물체처럼 보이지만, 가까이 다가가서 보면 호스의 면이 2차원 곡면임을 알 수 있다. 이와 마찬가지로, 우리가 살고 있는 시공간에도 아주 작은 영역 속에 '여분의 차원'이 숨어 있을 수 있다.

졌다.

그러나 칼루자-클라인의 아이디어는 순수한 가설에 불과하다. 이것이 사실이라면 입자의 상호작용을 설명하는 현대 게이지 이론은 내부차원의 구조에 크게 의존하게 되는데, 여분의 차원은 현실세계에 존재하는 차원과 결코 동등할 수 없기에 칼루자-클라인식 논리를 그대로 적용하기는 곤란하다. 이제 와서 게이지 이론의 내부차원과 (칼루자-클라인 유형의) 여분차원 사이의 관계를 추적하는 것은 순전히 흥미 상의 문제일 뿐이다.[2] 이 문제는 31.4절에서 다시 언급할 것이다.

내부차원을 고차원 시공간으로 간주하는 것보다는 시공간에 존재하는 파이버번들fiber bundle (혹은 간단히 번들)로 취급하는 편이 훨씬 현실적이다. 이것은 입자의 상호작용을 설명하는 현대 게이지 이론에서 매우 중요한 역할을 한다. 시공간의 각 점 '위에above' 파이버(섬유형태의 조직을 통칭하는 용어)라 불리는 무언가가 다른 공간을 형성하고 있다고 상상해 보자. 파이버는 위에서 언급한 물리적 얼개에 의거하여 가능한 모든 내부차원으로 이루어져 있다. 그러나 '번들'이라는 개념은 이보다 훨씬 광범위한 의미를 가지기 때문에, 앞으로 당분간은 이 용어에 특별한 물리적 해석을 내리지 않은 채로 사용할 것이다.

15.2 번들의 수학적 개념

번들(또는 파이버번들) $\mathcal{B}$는 특정 구조를 갖는 다양체로서, '기저공간 base space'으로 불리는 다양체 $\mathcal{M}$과(물리적 응용분야에서 보통 이것은 시공간 자체이다) '파이버'라 불리는 다양체 $\mathcal{V}$(대부분 내부공간에 해당된다)로부터 정의된다. 번들 $\mathcal{B}$ 자체는 모든 파이버족fiber family $\mathcal{V}$로 이루어진다고 생각할 수 있다. 사실, 번들은 '$\mathcal{M}$의 각 점에 대응되는 $\mathcal{V}$들'로 이루어져 있다(그림 15.2 참조). 번들의 가장 간단한 사례로는 '곱공간 product space'을 들 수 있다. 곱공간은 '자명한', 또는 '꼬이지 않은'번들로서, 꼬인 번들보다 흥미로운 개념이다. 이들의 구체적인 사례는 잠시 후에 소개할 것이다. 또 한 가지 중요한 사항은 공간 $\mathcal{V}$도 어떤 대칭성을 갖기 때문에, 번들 개념을 더욱 흥미롭게 만드는 '꼬임twisting'에 자유도가 어느 정도 존재한다는 점이다. $\mathcal{V}$의 대칭군 $\mathcal{G}$를 번들 $\mathcal{B}$의 '군'이라 한다. 그리고 이런 경우에 '$\mathcal{B}$는 $\mathcal{M}$ 위의 $\mathcal{G}$번들($\mathcal{B}$ is a $\mathcal{G}$ bundle over $\mathcal{M}$)'이라고 한다. 또한 많은 경우에 $\mathcal{V}$는 벡터장의 성격을 갖게 되는데, 벡터번들이라고 한다. 이 때 군 $\mathcal{G}$는 해당 차원의 일반선형군이거나 부분군이다(13.3, 6～10절 참조).

그렇다고 $\mathcal{M}$이 $\mathcal{B}$의 한 부분이라는 뜻은 아니다($\mathcal{M}$은 $\mathcal{B}$ 안에 포함되어 있지 않다). 사실 $\mathcal{B}$는 $\mathcal{M}$과 분리된 공간으로서, 어떻게 보면 '$\mathcal{M}$ 위에 놓인 다양체'로 간주하는 편이 옳다. 번들 $\mathcal{B}$의 내부에는 파이버 $\mathcal{V}$의 복사본이 여러 개 들어 있으며, 각각의 복사본은 $\mathcal{M}$의 각 점 '위에' 위치한다. 파이버의 모든 복사본들은 서로 교차하지 않으며, 이들이 한데 모여 전체 번들 $\mathcal{B}$를 이룬다. $\mathcal{M}$과 $\mathcal{B}$를 연관짓는 방법은 $\mathcal{M}$을 '파이버족 $\mathcal{V}$로 이루어진 $\mathcal{B}$의 인자공간factor space'으로 생각하는 것이다. 다시 말해서, $\mathcal{M}$의 각 점은 분리되어 있는 개개의 $\mathcal{V}$와 정확하게 대응된다. $\mathcal{B}$를 $\mathcal{M}$으로 연속사상해서continuous mapping 개개의 파이버 $\mathcal{V}$를 $\mathcal{M}$ 위의 특정한 점들로 축소시킬 수 있는데, 이 과정을 '정준투영canonical projection'이라고 한다(그림 15.2 참조).

$\mathcal{M}$과 $\mathcal{V}$로 만들어진 곱공간($\mathcal{M}$ 위에 존재하는 $\mathcal{V}$의 자명한 번들)은 $\mathcal{M} \times \mathcal{V}$로 쓸 수 있다. $\mathcal{M} \times \mathcal{V}$ 상의 한 점은 한 쌍의 원소 (a, b)로 나타낼 수 있는데, 여기서 a는 $\mathcal{M}$에 속하는 점이고 b는 $\mathcal{V}$에 속하는 점이다(그림 15.3a 참조 : 13.2절에서 동일한 아이디어를 군群에 적용한 적이

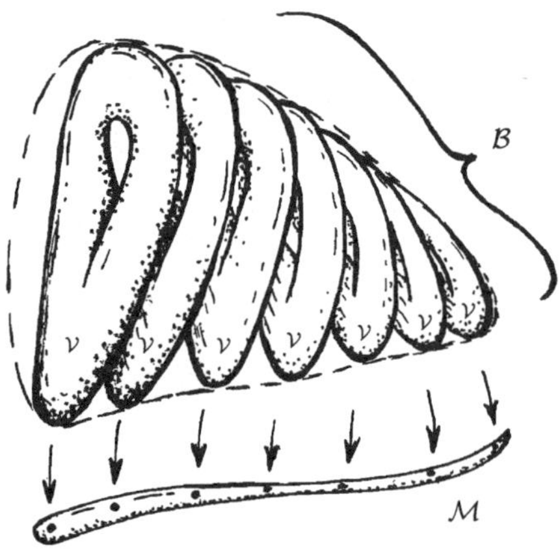

그림 15.2 $\mathcal{M}$을 기저공간으로 갖고 $\mathcal{V}$를 파이버로 갖는 번들 $\mathcal{B}$는 '$\mathcal{M}$의 각 점에 대응되는 $\mathcal{V}$들'로 이루어져 있다. $\mathcal{B}$를 $\mathcal{M}$으로 정준투영(canonical projection)하면, 각각의 파이버 $\mathcal{V}$는 $\mathcal{M}$ 위의 각 점으로 수축된다.

있다).[3] 이보다 더욱 일반적 개념인 '$\mathcal{M}$ 위의 꼬인 번들 $\mathcal{B}$'는 $\mathcal{M}$의 충분히 작은 열린 영역 위에 존재하는 $\mathcal{B}$의 일부가, 같은 영역 위에 존재하는 $\mathcal{M} \times \mathcal{V}$의 일부와 동일하다는 점에서 국소적으로 $\mathcal{M} \times \mathcal{V}$와 비슷하다(그림 15.3b 참조). 그러나 $\mathcal{M}$ 위에서 위치를 옮기면, 그 위에 있는 파이버들이 꼬이면서 $\mathcal{B}$와 $\mathcal{M} \times \mathcal{V}$는 (종종 위상적으로)달라진다. 단, $\mathcal{B}$의 차원은 꼬인 상태와 상관없이 항상 $\mathcal{M}$의 차원과 $\mathcal{V}$의 차원의 합으로 주어진다.[15.1]

지금까지 번들의 개념을 나름대로 열심히 설명했지만, 여전히 혼란스러운 독자들도 있을 것이다. 그래서 번들의 속성을 확실하게 보여주는 사

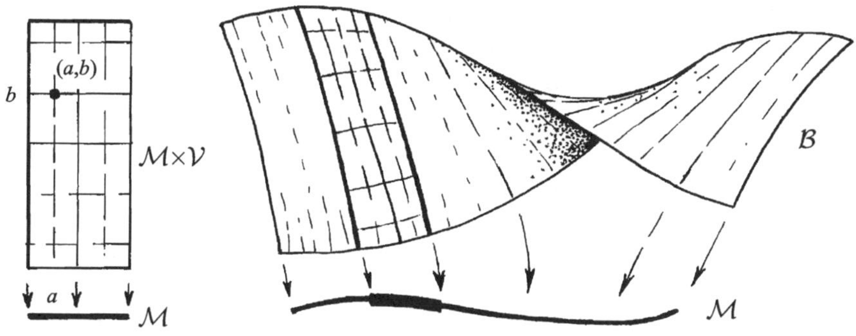

그림 15.3 (a) 두 공간 $\mathcal{M}$과 $\mathcal{V}$로 만들어진 곱공간(product space) $\mathcal{M} \times \mathcal{V}$(자명한 번들의 사례). $\mathcal{M} \times \mathcal{V}$ 위의 각 점은 $\mathcal{M}$에 속하는 점 a와 $\mathcal{V}$에 속하는 점 b를 조합한 한 쌍의 원소 (a, b)로 나타낼 수 있다. (b) 더욱 일반적 개념인 '$\mathcal{M}$ 위의 꼬인 번들 $\mathcal{B}$'는 국소적으로 $\mathcal{M} \times \mathcal{V}$와 비슷하다. 즉, $\mathcal{M}$의 충분히 작은 열린 영역 위에 존재하는 $\mathcal{B}$의 일부가, 같은 영역 위에 존재하는 $\mathcal{M} \times \mathcal{V}$의 일부와 동일하다. 그러나 파이버가 꼬여 있기 때문에 대역적으로 $\mathcal{B}$와 $\mathcal{M} \times \mathcal{V}$는 같지 않다.

[15.1] $\mathcal{M} \times \mathcal{V}$의 차원이 $\mathcal{M}$과 $\mathcal{V}$의 각 차원을 합한 것과 같은 이유를 설명하라.

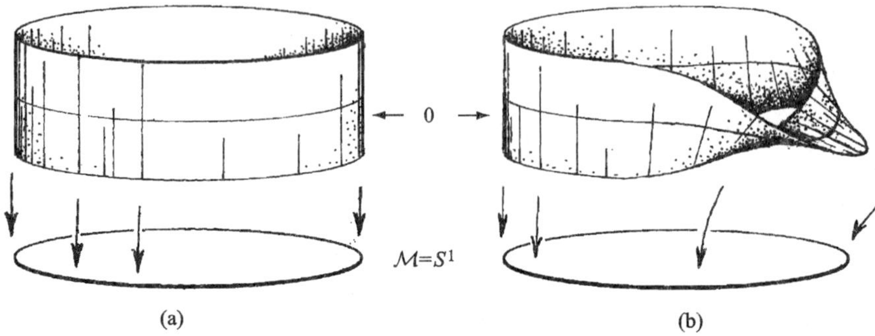

그림 15.4 '꼬임(twist)'이 나타나는 과정을 이해하기 위해 $\mathcal{M} = S^1$이고 $\mathcal{V}$가 1차원 벡터공간(0이 표시되어 있는 실수 $\mathbb{R}$의 공간)인 경우를 생각해 보자. (a) 이 경우, 자명한 $\mathcal{M} \times \mathcal{V}$는 일상적인 2차원 원통을 형성한다. (b) 꼬임이 있으면 뫼비우스의 띠가 얻어진다(그림 12.15 참조).

례를 들어 보기로 한다. 우선 첫째로, 공간 $\mathcal{M}$을 원 S^1으로 잡고 파이버 $\mathcal{V}$를 1차원 벡터공간으로 잡아 보자(위상적으로 이 벡터공간은 원점 0이 표시되어 있는 실수선 $\mathbb{R}$로 형상화할 수 있다). 이런 번들을 'S^1 위의 (실수)선형 번들'이라고 하며, $\mathcal{M} \times \mathcal{V}$는 2차원 원통면을 형성한다(그림 15.4a 참조). 이런 경우에 $\mathcal{V}$를 이용하여 '$\mathcal{M}$ 위의 꼬인 번들 $\mathcal{B}$'를 만들 수 있을까? 물론이다. 원통면을 꼬아서 뫼비우스의 띠를 만들면 된다(그림 15.4b, 12.15 참조). 이것도 번들이 될 수 있을까? 그렇다. 뫼비우스의 띠도 엄연한 번들이다(국소적으로는 원통형 곡면과 같다). 지금부터 그 이유를 따져 보자. 기저공간 S^1에서 한 점 p를 제거하면 '국소적' 영역이 만들어진다. 점 p가 제거된 S^1은 이제는 닫힌 원이 아닌 단순연결선분simply connected segment $S^1 - p$가 되며,[4,5] 이 선분 위에 있는 $\mathcal{B}$의 일부는 $S^1 - p$의 위에 서 있는 원통의 일부이다. 뫼비우스번들 $\mathcal{B}$와 원통면 사이의 차이점은 'S^1 위에 놓인 객체를 전체적으로 바라볼 때'에 한하여 우리 눈에 뜨이게 된다. S^1은 이와 같은 형태의 조각 두 개($S^1 - p$와 $S^1 -$

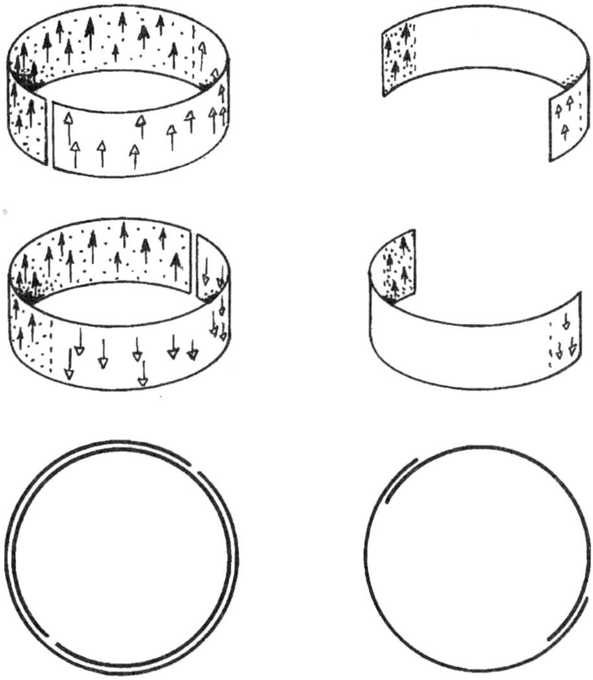

(a) (b)

그림 15.5 (a) S^1에서 한 점 p를 제거하면 국소적(단순연결) 영역 $S^1 - p$가 얻어지며, 그 위의 번들도 이와 비슷한 형태가 된다. 마찬가지로, S^1 위의 또 다른 점 q를 제거한 $S^1 - q$의 위에는 $\mathcal{B}$의 일부에 해당하는 번들이 만들어진다. 이제 $\mathcal{B}$의 두 부분을 적절히 연결하면 원통을 만들 수 있다. 그런데 둘 중 한 조각의 위/아래를 반전시키면($\mathcal{V}$의 대칭) 위 그림과 같이 뫼비우스의 띠가 얻어진다. (b) S^1의 두 조각을 작게 만들어서 겹치는 영역을 줄이면, 뫼비우스의 띠가 좀 더 분명하게 나타난다.

q)를 붙인 것으로 간주할 수 있다. 단, p와 q는 S^1 상에 있는 서로 다른 점이다. 그렇다면 두 개의 S^1 조각들 위에 있는 자명한 번들을 이어 붙여서 $\mathcal{B}$를 만들 수도 있을 것이다. 실제로 두 개의 자명한 번들을 이어 붙이면 뫼비우스번들의 '꼬임'이 나타나게 된다(그림 15.5 참조). 그림 15.5b와 같이 S^1 조각의 크기를 줄여도 뫼비우스의 띠가 나타나며, $\mathcal{B}$의 구조는 변하지 않는다.

이와 같은 '꼬임'이 가능한 이유는 파이버 $\mathcal{V}$가 특별한 대칭성을 갖기 때문이다. 즉, 1차원 벡터공간 $\mathcal{V}$는 원소의 부호를 바꾸는 변환($\mathcal{V}$의 각 원소 $\boldsymbol{v}$에 대하여 $\boldsymbol{v} \mapsto -\boldsymbol{v}$)을 가해도 벡터공간의 구조는 변하지 않는다. 그러나 이 연산은 실수체계 $\mathbb{R}$에 대칭이지 않다. 사실, $\mathbb{R}$ 자체에는 아무런 대칭성도 존재하지 않는다(예를 들어 1과 -1은 분명히 다른 수이므로 $x \mapsto -x$ 변환은 $\mathbb{R}$에 대하여 대칭이 아니며, 이러한 변환 하에서 $\mathbb{R}$의 곱셈구조는 보존되지 않는다[15.2]). 바로 이러한 이유 때문에 $\mathcal{V}$를 $\mathbb{R}$이 아닌 1차원 벡터공간으로 잡았던 것이다. 파이버의 다른 대칭에 관해서는 잠시 후에 다룰 예정이다.

15.3 번들의 절단면

원통면과 뫼비우스번들의 차이점을 설명하는 방법 중에, 번들의 절단면 cross-section. 또는 간단하게 section이라고도 함이 있다. $\mathcal{M}$ 위에 있는 번들 $\mathcal{B}$의 절단면은 기하학적으로 '$\mathcal{B}$에 그려진 $\mathcal{M}$의 연속영상'으로 생각할 수 있다(그림 15.6a 참조). 즉, 기저공간 $\mathcal{M}$을 번들이 있는 곳까지 들어 올렸을 때, 개개의 파이버들과 $\mathcal{M}$의 교점들로 만들어진 영상이 번들 $\mathcal{B}$의 절단면에 해당된다(절단면이라는 말을 들으면 '어떤 객체를 잘랐을 때 드러나는 단면'이 떠오르겠지만, 여기서 말하는 절단면은 그런 의미가 아니라 '함수'라는 뜻에 가깝다). 이것을 기저공간 $\mathcal{M}$의 '올림 lift'이라고 한다. $\mathcal{M}$의 올림을 $\mathcal{B}$의 절단면으로 사상시키고, 여기에 정준투영을 적용하면

[15.2] 그 이유를 설명하라.

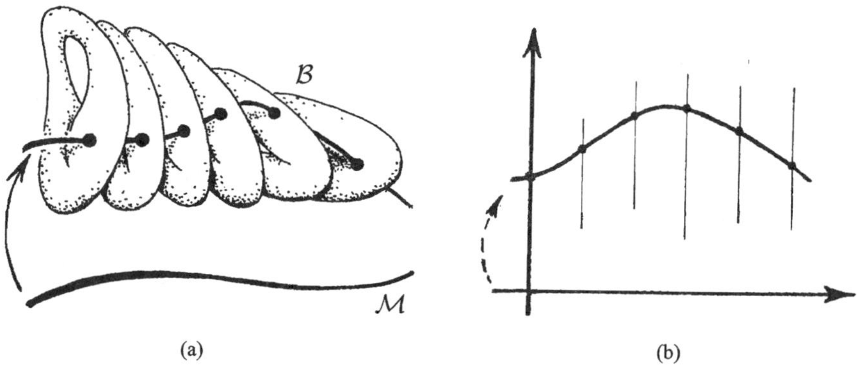

그림 15.6 (a) 번들 $\mathcal{B}$의 절단면(cross-section, 또는 간단하게 section이라고도 함)이란, '$\mathcal{B}$에 그려진 $\mathcal{M}$의 연속영상'을 의미한다. 이때 기저공간 $\mathcal{M}$과 각각의 파이버 $\mathcal{V}$는 한 점에서 만난다. (b) 이것은 함수의 그래프를 일반화한 개념이다.

$\mathcal{M}$에서 자기 자신으로 가는 항등사상이 얻어진다(즉, $\mathcal{M}$의 각 점이 자기 자신으로 사상된다).

자명한 번들 $\mathcal{M} \times \mathcal{V}$의 경우, 절단면은 공간 $\mathcal{V}$ 안의 값을 갖는 기저공간 $\mathcal{M}$ 위의 연속함수로(즉, '기저공간 $\mathcal{M}$에서 파이버 $\mathcal{V}$로 가는' 연속사상으로) 해석될 수 있다. 따라서 $\mathcal{M} \times \mathcal{V}$의 절단면은 $\mathcal{V}$의 한 점을 (연속적으로) $\mathcal{M}$의 각 점에 대응시킨다.[6] 이것은 그림 15.6b에 나와 있는 보통의 함수그래프와 비슷하다. 일반적으로 꼬인 번들 $\mathcal{B}$의 절단면은 더 일반적 개념의 함수인 '꼬인 함수'를 정의한다.

이제 15.2절에서 다뤘던 예제로 되돌아가 보자. 원통(곱번들 $\mathcal{M} \times \mathcal{V}$)의 경우, 절단면은 원통 주변을 돌면서 각 파이버들과 한 번씩 만나는 폐곡선으로 표현될 수 있다(그림 15.7a 참조). 이 경우, 번들은 단순한 곱공간이기 때문에 각 파이버들은 실수선의 복사본으로 간주할 수 있으며, 따라서 개개의 파이버에 실수로 이루어진 좌표를 할당할 수 다. 각 파이버에서 좌표값이 0인 지점들을 하나로 이은 것이 그림 15.4와 15.7의

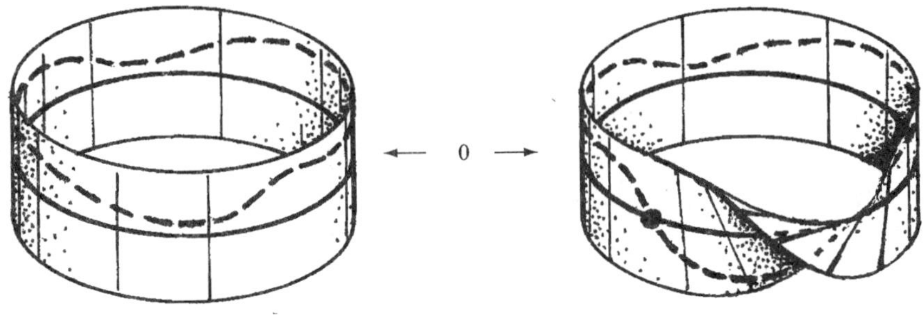

그림 15.7 S^1 위의 선형번들(line bundle)의 절단면은 개개의 파이버들을 한 번씩 만나면서 돌아가는 폐곡선이다. (a) 원통 : 절단면과 zero-단면은 어디에서도 만나지 않는다. (b) 뫼비우스번들 : 절단면을 어떻게 잡아도 zero-단면과 반드시 한 번은 만나게 된다.

'zero-단면'으로서, 벡터공간 $\mathcal{V}$의 zero 지점들을 나타낸다. 일반적으로 절단면은 원주 상에서 정의된 연속 실함수에 대응된다(zero점으로부터 측정한 '높이'는 각 점에서의 함숫값에 해당한다). 물론, zero-단면과 만나지 않는 절단면도 얼마든지 존재할 수 있다(이것은 S^1에서 '어떤 곳에서도 0이 되지 않는' 함수에 해당한다). 예를 들어, 원통의 zero-단면을 평행이동시킨 것을 절단면으로 잡았다면, 여기에는 0이 아닌 상수함수가 대응된다.

그러나 $\mathcal{B}$가 뫼비우스번들인 때에는 상황이 사뭇 달라진다. 그림 15.7b에서 보는 바와 같이, $\mathcal{B}$의 절단면을 어떻게 잡아도 zero-단면과 반드시 만날 수밖에 없다(이 경우에도 zero-단면의 개념은 여전히 유효하다. 왜냐하면 $\mathcal{V}$는 zero 지점이 '찍혀 있는' 벡터공간이기 때문이다). 앞의 예제와 비교해 볼 때, 뫼비우스번들 $\mathcal{B}$는 자명한 번들 $\mathcal{M} \times \mathcal{V}$와 위상적으로 다름을 알 수 있다. 더 명확하게 말하자면, 다양한 파이버 $\mathcal{V}$에 이전처럼 실수좌표를 할당할 수도 있지만 원주 상의 한 점에서 부호가 '바뀌는(x

$\mapsto -x$)' 특성을 함께 고려해 주어야 한다는 것이다. 따라서 $\mathcal{B}$의 절단면은 원주 상에서 정의된 실함수에 대응되지만, 한 바퀴 돌아오는 동안 부호가 바뀌어야 한다. 이런 조건을 만족하는 절단면은 어디선가 반드시 0이 되어야 한다.[15.3]

위 예제에서 알 수 있듯이, 절단면족family of cross-section의 특성을 파악하면 뫼비우스번들과 원통을 쉽게 구별할 수 있다. 동일한 기저공간 $\mathcal{M}$ 위에 존재하는 다양한 번들 사이의 차이점은 종종 절단면족에 관한 정보로부터 얻어진다. 사실, 위에서 살펴보았던 뫼비우스번들과 곱공간(원통) 사이의 차이점은 다른 번들의 경우보다 극적이지 않다. 개중에는 절단면이 아예 없는 번들도 있다! 다음절에서는 이러한 사례를 구체적으로 살펴볼 것이다.

15.4 클리포드-호프 번들

지금부터는 더 집중해서 읽어 주기 바란다! 일단, 기저공간 $\mathcal{M}$을 2차원 구 S^2로 잡아 보자. 그러면 번들 다양체 $\mathcal{B}$는 3차원 구 S^3으로 확장되며, 파이버 $\mathcal{V}$는 S^1-원(1차원 구)이 된다. 이 위상학적 구조를 최초로 규명한 사람은 하인즈 호프Heinz Hopf(1931년)였다. 이렇게 번들을 확장하는 과정을 호프 파이버화Hopf fibration라고 한다. 그런데 호프가 제안했던 과정은 윌리엄 클리포드가 이보다 앞선 1873년에 제안한 기하학적 구조인 '클리포드 평행선'을 기반으로 진행되기 때문에(11장 참조), 앞으로 S^3번들을 클리포드번들Clifford bundle(또는 클리포드-호프 번들)이라

[15.3] 두 개의 조각으로 만들어진 $\mathcal{B}$를 이용하여 이 논리의 타당성을 증명하라.

부르기로 하겠다.

클리포드-호프 번들을 머릿속에 그리는 가장 분명한 방법은 복소수 쌍 (w, z)로 이루어진 $\mathbb{C}^2$ 공간을 떠올리는 것이다(여기서는 $\mathbb{C}^2$이 2차원 복소 벡터공간이라는 사실만 기억하면 된다. 12.9절 참조). 우리의 번들 공간 $\mathcal{B}(=S^3)$는 $\mathbb{C}^2$ 공간에 놓인 단위 3차원구 S^3로 생각할 수 있으며, 다음 방정식을 만족한다(10.1절의 끝 부분에 등장한 방정식과 비교해 보라).

$$|w|^2 + |z|^2 = 1$$

이 식은 $w = u + iv$, $z = x + iy$로 표기했을 때 실수방정식 $u^2 + v^2 + x^2 + y^2 = 1$과 동등하다[유클리드 3차원구의 방정식이 직교좌표 (x, y, z)에서 일반 2차원 구 $x^2 + y^2 + z^2 = 1$로 표현되는 것과 같은 이치이다].

이것을 파이버화하기 위해, 원점을 지나는 일련의 복소직선들complex straight lines ($\mathbb{C}^2$의 1차원 복소벡터 부분공간)을 생각해 보자. 각 직선은 다음의 방정식으로 표현된다.

$$Aw + Bz = 0$$

여기서 A와 B는 복소수이다(둘이 동시에 0은 아님). 1차원 복소 벡터공간을 이루는 이 직선은 복소평면의 복사본으로서, 이 평면상의 단위원인 S^1에서 S^3와 교차한다(그림 15.8 참조). 이 원들이 바로 우리에게 주어진 파이버 $\mathcal{V} = S^1$이다. 서로 다른 직선들은 오직 원점에서만 만날 수 있으므로, 서로 다른 S^1들은 어떤 점도 공유하지 않는다. 따라서 S^1-족은 파이버를 형성하며, S^3 번들 구조를 제공한다.

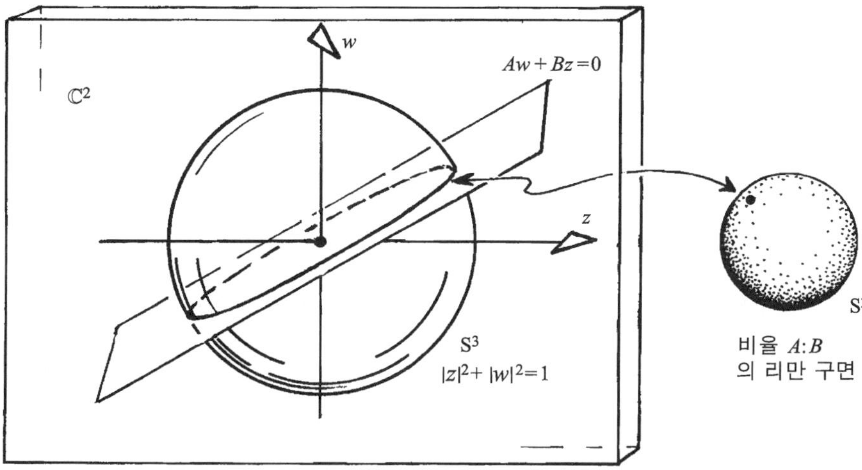

그림 15.8 클리포드-호프 번들. $|w|^2+|z|^2=1$로 주어진 3차원 구 $\mathcal{B}=S^3$를 포함하는 $\mathbb{C}^2$을 선택한다[좌표 $=(w, z)$]. 각 파이버 $\mathcal{V}=S^1$은 원점을 통과하는 복소직선 $Aw+Bz=0$에 속하는 단위원으로서($\mathbb{C}^2$의 1차원 복소벡터 부분공간), 비율 $A:B$에 의해 결정된다. 이 비율에 해당되는 S^2 리만 구면은 기저공간 $\mathcal{M}$을 이룬다.

그렇다면, 기저공간 $\mathcal{M}$은 지금 무엇인가? A와 B에 같은 복소수를 곱해도 방정식 $Aw+Bz=0$은 변하지 않으므로, 서로 다른 직선들을 구별하는 요소는 A와 B의 비율, 즉 $A:B$이다. 여기서 A와 B중 하나는 0이 될 수 있지만, 둘 다 0이 될 수는 없다. 이러한 비율로 이루어진 공간이 바로 8.3절에서 자세하게 다뤘던 리만 구면이다. 그러므로 번들의 기저공간 $\mathcal{M}$은 리만 구면 S^2로 잡을 수 있고, S^3은 S^2 위에 있는 S^1번들로 간주할 수 있다. 한 가지 명심할 것은 임의의 차원에서 번들과 기저공간, 그리고 파이버가 모두 구형으로 나타나지는 않는다는 점이다. 사실, 위 사례에서 w와 z를 4원수로 대치하면 S^7은 S^4 위에 있는 S^3 번들이며,[15.4]

[15.4] 그 이유를 논증해 보라. S^{15}의 경우도 증명할 수 있겠는가?

w와 z를 8원수로 대치하면 S^{15}는 S^8 위에 있는 S^7 번들임을 알 수 있다(물론 세심한 계산과정을 거쳐야 한다. 11.2, 16.2절 참조). 그러나 그 외의 고차원 구에서는 이와 같은 관계가 성립하지 않는다.[7]

이 S^3의 내부에 있는 원족circle family은 매우 흥미로운 개념으로서, 흔히들 '클리포드 평행Clifford parallels'이라 부른다. 이들은 모두 대원이며, 서로 다른 원을 감은 채 동일한 간격으로 떨어져 있다(평행이라 부르는 이유가 바로 이것이다). 사실, 이 원들은 서로 꼬인 위치skew에 있다(동일한 구면 위에 있지 않다not co-spherical). 알다시피, 3차원 유클리드 공간에서 서로 꼬인 위치인(동일한 평면 위에 있지 않은not co-planar) 직선들은 멀리 뻗어 나갈수록 둘 사이의 간격이 벌어진다. 그러나 3차원 구는 양의 곡률을 가지기 때문에 S^3의 측지선에 해당되는 클리포드 원들은 서로 가까이 다가가는 경향을 보인다. 이것은 14.5절(그림 14.12 참조)에서 언급했던 측지선 편차효과로 이해할 수 있다. 클리포드 평행에서는 이 두 효과가 정확하게 상쇄된다(그림 15.9 참조). 클리포드 평행관계에 있는 원들의 집합을 머릿속에 그리기 위해, S^3을 남극에서 '3차원 유클리드

(a)

(b)

그림 15.9 (a) 3차원 유클리드 공간에서 두 직선이 '꼬인 위치(skew)'일 때, 직선을 따라 길게 뻗어 나갈수록 둘 사이의 거리는 멀어진다. (b) 양의 곡률을 갖는 S^3에서 서로 꼬인 위치에 있는 측지선(대원)들이 서로 멀어지는 성질은 (그림 14.12의 측지선 편차에 의해)다시 만나려는 성질과 상쇄되는 효과를 보이는데, 클리포드 평행의 경우에는 두 성향이 정확하게 상쇄된다.

적도공간'을 향해 입체적으로 투영해 보자. 이것은 8.3절에서 리만 구면을 다룰 때 S^2를 유클리드 평면에 투영한 것과 동일한 과정이다(그림 8.7 참조). S^2를 입체투영할 때와 마찬가지로, S^3는 3차원 유클리드 공간의 원으로 투영된다. 클리포드 원들을 투영한 결과는 그림 33.15를 참조하라. 이 배치도는 트위스터 이론에서 매우 중요하게 다루어진다.[8] 이와 관련된 기하학은 33.6절에서 다룰 예정이다.

클리포드번들이 절단면을 갖지 않는 이유는 무엇인가? 클리포드번들의 '꼬임'이 존재할 수 있는 것은 원형 파이버가 원의 회전에 대칭을 갖기 때문이다[O(2), 또는 U(1). [예제 13.59] 참조]. 우리는 이 파이버들을 복소평면 ℂ의 단위원과 같은 특정 원에 대응시킬 수 없다. 만일 이것이 가능하다면 원 위에서 특정 지점을 선택하여(예를 들면 ℂ의 단위원 상의 점 '1') 클리포드번들의 절단면을 얻을 수 있을 것이다. 그러나 클리포드 원은 ℂ의 단위원 자체가 아니라 그 위에서 정형화된 것이기 때문에 절단면이 존재하지 않는다.

물론 이 논리로는 클리포드번들의 '연속적인 절단면'이 존재하지 않는 이유를 설명할 수 없다. 이를 이해하기 위해, 클리포드번들을 조금 다른 각도에서 분석해 보자. 사실, S^3구의 각 점은 S^2의 한 점에 접하는 단위길이의 '스피너 접벡터spinorial tangent vector'로 해석할 수 있다.[15.5] 11.3절에서 지적한 대로, 스피너 물체란 한 바퀴(2π) 돌아갔을 때 원래의 부호가 바뀌는 물체를 말한다. 위 설명에 의하면, 번들 $\mathcal{B}(=S^3)$의 절단면은 $\mathcal{M}(=S^2)$ 위에서 스피너(물체) 단위 벡터로 이루어진 연속장continuous field으로 간주할 수 있다. 그런데 위상수학에선 S^2 위의 일상적인

[15.5] 증명해 보라[도움말 : $u\partial/\partial v - v\partial/\partial u + x\partial/\partial y - y\partial/\partial x$를 접벡터로 잡아 보라].

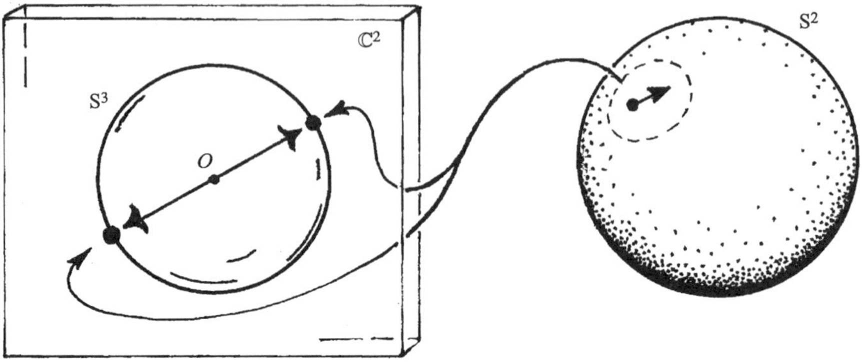

그림 15.10 클리포드번들을 조금 수정하면 S^2의 단위 접벡터 번들 $\mathcal{B}'$을 얻을 수 있으며, 이로부터 S^3의 대척점이 결정된다. 대척점이 결정되지 않으면 S^3는 S^2의 스피너 단위 접벡터로 이루어진 (클리포드-호프)번들 $\mathcal{B}$가 된다. $\mathcal{B}'$의 파이버는 여전히 원이지만, $\mathcal{B}$의 각 원형 파이버들은 $\mathcal{B}'$의 원형 파이버들을 두 번씩 감고 있다.

단위 접벡터로 대역적인 연속장을 만들 수 없다(이것은 구 모양으로 생긴 강아지의 털을 빗기는 문제와 비슷하다! 구면 전체에 걸쳐서 모든 털이 '연속적으로' 평평해지도록 만들 수는 없다. '가마'가 반드시 하나 이상 존재하게 되기 때문). 따라서 스피너 단위 접벡터로 이루어진 대역적 연속장은 존재하지 않으며, 결국 번들 $\mathcal{B}(=S^3)$는 절단면을 갖지 않는다는 결론에 도달하게 된다.

위 예제에서 얻을 수 있는 정보는 이뿐만이 아니다. 위에서 언급한 클리포드번들을 조금 수정하면 S^2의 단위 접벡터로 이루어진 실제의 번들 $\mathcal{B}'$을 얻을 수 있다. 모든 단위 접벡터는 두 가지 형태의 스피너 물체(하나는 다른 하나에 대하여 '마이너스'이다)로 나타나므로, 원한다면 이들을 스피너벡터에서 일상적인 벡터로 전환할 수 있다. 클리포드번들 $\mathcal{B}(=S^3)$를 이용하여 다시 말하자면 다음과 같다. S^2의 단위 벡터 번들 $\mathcal{B}'$에서 하나의 점을 정의하려면 S^3에서 두 개의 점이 결정되어야 한다.[9] S^3에서 결정되어야 할 한 쌍의 점들은 3차원 구의 대척점에 위치하고 있다(그림 15.10 참조). $\mathcal{B}'$의 파이버는 여전히 원이다. 이것은 $\mathcal{B}(=S^3)$의 각 원형 파이버들이 $\mathcal{B}'$의 원형 파이버들을 두 번씩 감고 있는 상황으로 이해할 수 있다. 이제 $\mathcal{B}'$의 각 점은 S^2 위의 한 점(그리고 이 점에서의 단위 접벡터)을 나타낸다. 사실, $\mathcal{B}'$ 공간은 12.1절에서 도입했던 공간 $\mathcal{R}$(3차원 유클리드 공간에서 책과 같은 물체의 회전상태를 나타내는 공간. 11.3절 참조)과 위상적으로 동등하다. 회전하는 물체를 '한 점에서의 접벡터가 화살표 형태로 그려진 S^2 구'로 대치하면 모든 것이 분명해진다. 구의 공간회전은 이 화살표로 완전하게 결정된다.

15.5 복소 벡터번들과 (여)접번들

클리포드번들 $\mathcal{B}$(와 $\mathcal{B}'$) 저변에 흐르는 사상을 조금 확장하면 복소 벡터번들complex vector bundle의 대표적인 사례를 구현할 수 있다. 앞으로는 이 번들을 $\mathcal{B}^{\mathbb{C}}$(또는 $\mathcal{B}'^{\mathbb{C}}$)로 표기할 것이다. $Aw+Bz=0$를 만족하는 직선들은 그 자체로 1차원 복소벡터공간을 이룬다[직선 전체는 하나의 벡터 (w, z)에 복소수 λ가 곱해진 $(\lambda w, \lambda z)$족으로 구성되어 있다]. 이 1차원 복소벡터공간을 파이버 $\mathcal{V}$로 간주해 보자. 마찬가지로 기저공간 $\mathcal{M}$은 리만 구면 S^2이다.

그러나 올바른 복소 벡터번들 $\mathcal{B}^{\mathbb{C}}$를 얻기 위해서는 또 한 가지 사항을 고려해야 한다. $\mathbb{C}^2$에서 서로 다른 파이버들은 원점 $(0, 0)$을 공유하므로, $\mathcal{B}^{\mathbb{C}}$를 얻으려면 $\mathbb{C}^2$의 원점을 전체 리만 구면($\mathbb{CP}^1$, 15.6절 참조)으로 대치해서, 모든 파이버들이 zero-절단면을 갖게 해야 한다(그림 15.11 참조). 이 과정을 가리켜 '$\mathbb{C}^2$의 원점 부풀리기blowing up'라고 한다

(이 개념은 대수기하학을 비롯하여 복소다양체이론과 끈이론, 트위스터 이론 등 많은 분야에서 중요하게 취급되고 있다). 이제 파이버 위에 0인 점이 허용되었으므로, $\mathcal{B}$에는 연속절단면이 존재하게 된다. 이 절단면은 S^2에서 스피너장을 서술하는 것으로 알려져 있다. S^2의 한 점에서 정의된 스피너는 단순한 '스피너 단위 접벡터'가 아니라, 양의 정수를 이용하여 척도를 늘이거나 줄일 수 있는(심지어는 0도 될 수 있는) 벡터이다. 이런 식으로 S^2에서 정의된 스피너는 2차원 복소벡터공간을 이룬다.[10, [15.6]]

번들 $\mathcal{B}^{\mathbb{C}}$는 전체적으로 복소구조(해석적 구조)를 갖고 있고, 파이버들은 1차원 복소선complex line이기 때문에, 종종 $\mathcal{B}^{\mathbb{C}}$를 '복소선 번들complex line bundle'이라 부르기도 한다. 또한, $\mathcal{B}^{\mathbb{C}}$의 구조는 복소해석적 개념으로부터 구축되었으므로 $\mathcal{B}^{\mathbb{C}}$는 복소해석적 객체이다.[[15.7]] 특히 기저공간은 복소곡선(리만 구면, 8.3절 참조)이며, 파이버는 1차원 복소 벡터공간이다. 그래서 이 경우에는 '복소해석적 절단면holomorphic cross-section'이라는 새로운 개념이 등장한다. 복소해석적 절단면이란, 그 자체로 번들의 복소부분다양체complex submanifold를 이루는 복소번들의 절단면을 의미한다(다시 말해서, 국소적으로 복소해석적 방정식으로부터 주어진다는 뜻이다). 복소선 번들의 경우에는 이러한 절단면을 기저공간의 '꼬인 복소해석적 함수twisted holomorphic function'라고 부르기도 하는데, 순수수학과 수리물리학, 그리고 트위스터 이론(33.8절 참조)에서 매우 중요하게 취급되고 있다.[11] $\mathcal{B}^{\mathbb{C}}$의 경우, zero-단면 이외의 (대역적)복소해석적 절단면은 존재하지 않는다(모든 곳에서 zero이다).

[15.6] 이렇게 정의된 모든 스피너장이 S^2 위의 '적어도 한 점에서' 0이 되는 이유는 무엇인가?

[15.7] 이 내용을 구체적으로 설명해 보라.

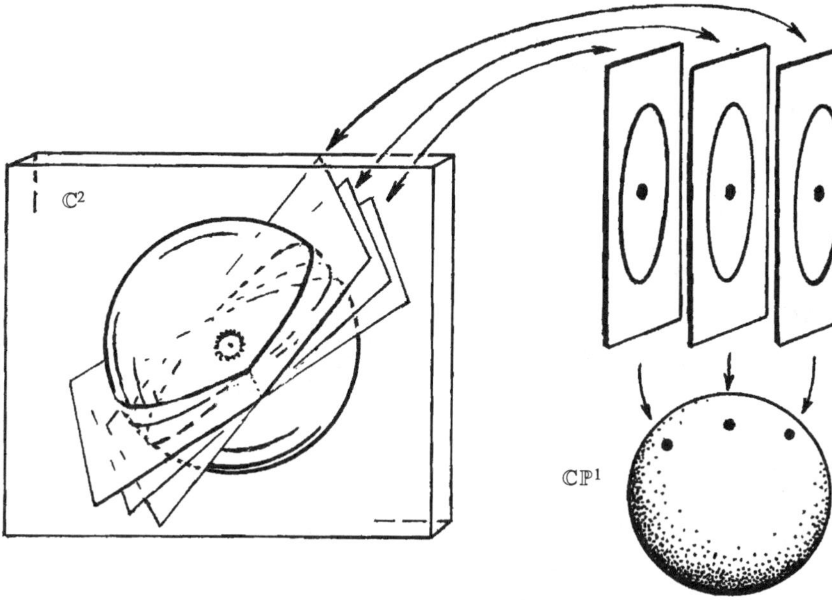

그림 15.11 단위원이 아닌 $Aw + Bz = 0$ 직선 전체를 취하면(복소평면) 복소 번들 $\mathcal{B}^{\mathrm{C}}$의 사례가 얻어진다. 이 경우에 파이버 $\mathcal{V}$는 1차원 복소 벡터공간이며, 기저공간 $\mathcal{M}$은 여전히 리만 구면 $S^2 = \mathbb{CP}^1$ (이것도 복소다양체이다. 8.3, 15.6절 참조)이다. 그러나 서로 다른 파이버들끼리 만나지 않으려면 원점 (0, 0)을 부풀려서 전체 리만 구면으로 대치시켜야 한다.

지금까지 약간의 수정과정($\mathcal{B}$에서 $\mathcal{B}'$으로 옮겨 가는 과정)을 거치면서 스피너장이 아닌 S^2의 벡터장이 얻어졌다. 번들 $\mathcal{B}'^{\mathrm{C}}$는 복소 벡터번들로 해석될 수 있는데, 이것을 벡터번들 $\mathcal{B}^{\mathrm{C}}$의 '스퀘어square'라고 한다. 번들 $\mathcal{B}'^{\mathrm{C}}$는 $\mathcal{B}^{\mathrm{C}}$와 동일한 방법으로 만들어질 수 있다. 단, (w, z)점은 대척점 $(-w, -z)$으로 이동하고, (w, z)에 복소수 λ를 곱하는 연산은 $(\lambda w, \lambda z)$가 아닌 $(\lambda^{1/2}w, \lambda^{1/2}z)$로 주어진다.

번들 $\mathcal{B}'^{\mathrm{C}}$는 S^2의 접번들tangent bundle $T(S^2)$로 해석할 수도 있다. 일반적으로 다양체 $\mathcal{M}$의 접번들 $T(\mathcal{M})$은 그 위의 각 점이 $\mathcal{M}$ 위의 점

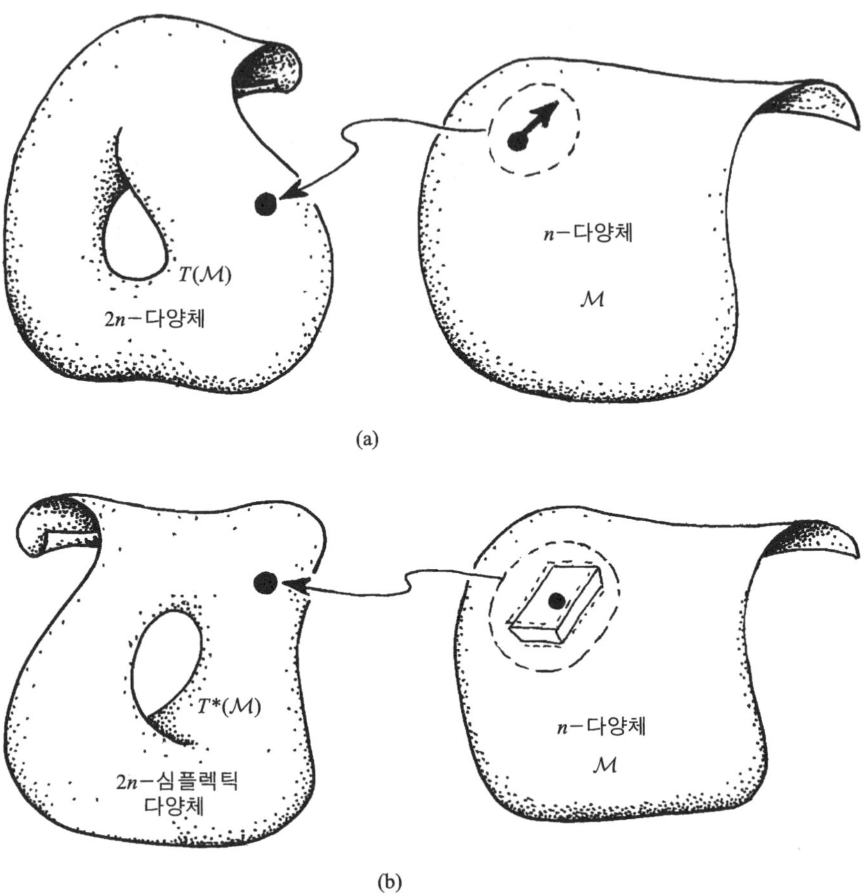

그림 15.12 (a) 일반적인 다양체 $\mathcal{M}$의 각 점에서 정의된 접번들 T($\mathcal{M}$)은 M 위의 한 점과 그 점에서의 접벡터를 나타낸다. (b) 여접번들 T*($\mathcal{M}$)도 이와 비슷하지만, 벡터가 코벡터로 대치된다. 여접번들은 항상 심플렉틱 다양체를 이룬다.

과 그 점에서의 접벡터를 나타내는 공간이며(그림 15.12a 참조),[15.8] T($\mathcal{M}$)의 절단면은 $\mathcal{M}$ 위의 벡터장을 나타낸다. 그러나 물리적 관점에서

[15.8] S^2 위의 실번들(real bundle)로 해석되는 $\mathcal{B}'^{\mathbb{C}}$가 T($S^2$)와 동일함을 증명하라(도움말 : [예제 15.5]를 다시 한 번 분석해 보라).

볼 때, 더욱 중요하게 취급해야 할 개념은 접번들보다는 여접번들 cotangent bundle T*($\mathcal{M}$)이다. 여접번들의 각 점은 $\mathcal{M}$ 위의 한 점과, 동시에 그 점에서의 코벡터를 나타낸다(그림 15.12b 참조). 20장에서 이 개념의 중요성을 얼핏 들여다볼 기회가 있을 것이다. T*($\mathcal{M}$)의 절단면은 $\mathcal{M}$ 위의 코벡터장을 나타낸다. 여접번들은 항상 심플렉틱 다양체를 이루는데(14.8, 20.2, 4절 참조), 이 사실은 고전역학에서 매우 중요하다. 또한 이로부터 다양한 텐서번들이 정의되는데, 텐서장은 텐서번들의 절단면으로 해석될 수 있다.

15.6 사영공간

일반적인 벡터공간과 관련된 또 하나의 중요한 개념으로 사영공간 projective space이 있다. 벡터공간은 그 자체로 '거의' 사영공간의 번들이라고 할 수 있다. 벡터공간의 원점을 제거하면 사영공간의 번들을 얻으며, 원점이 제거된 선번들도 함께 얻어진다. 또는 15.5절에서 들었던 $\mathcal{B}^{\mathbb{C}}$의 사례처럼 벡터공간의 원점을 부풀릴 수도 있다(이 문제는 잠시 후에 다룰 것이다). 사영공간은 수학에서 매우 중요한 개념이며, 양자역학의 기하학(21.9, 22.9절 참조)과 트위스터 이론(33.5절 참조)에서 특별한 역할을 수행한다.

사영공간은 그림을 그릴 때 사용하는 원근법으로부터 유래한 개념으로서, 유클리드 기하학에 기초를 둔다. 유클리드 평면에서 서로 다른 두 직선은 (평행하지 않은 한)어디선가 반드시 만나도록 되어 있다. 그러나 수직방향으로 놓인 캔버스 위에 풍경화를 그릴 때, 수평선을 향해 멀어져 가는 두 줄의 평행선(예를 들면 도로의 양쪽 경계선 등)을 그려 보면, 두 줄

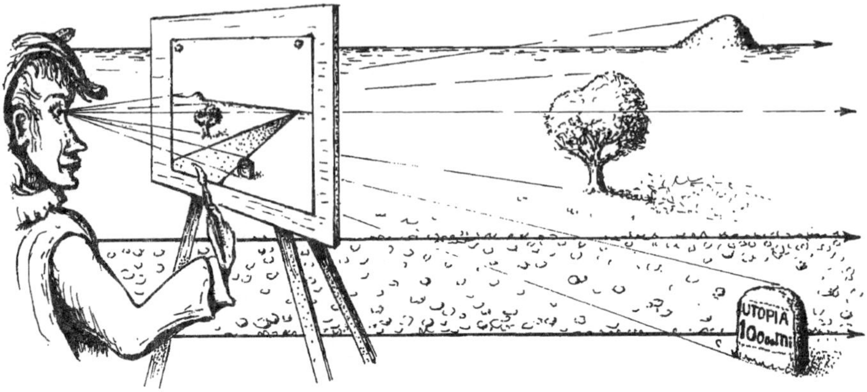

그림 15.13 유클리드 평면에 '무한원점(point of infinity)'을 도입한 사영기하학에서는 평행선도 한 점에서 만날 수 있다. 수직으로 세워진 캔버스에 그림을 그리는 화가의 눈으로 볼 때, 멀어지는 한 쌍의 평행선(도로의 양쪽 경계선)은 수평면 위에 놓인 '소실점(vanishing point)'에서 교차한다.

사이의 간격이 점차 가까워지다가 수평면 위의 '소실점vanishing point'에서 만나는 것을 볼 수 있다(그림 15.13 참조). 사영기하학에서 소실점은 '무한원점point of infinity'과 함께 매우 중요하게 취급하는 개념이다. 유클리드 평면에 그려진 한 쌍의 평행선은 어디서도 만나지 않지만, 무한원점에서는 만날 수 있다.

3차원 유클리드 기하학에는 직선의 평행성과 관련하여 말로 표현하기 곤란한 정리들이 많이 있다. 그림 15.14에는 그 유명한 파포스의 정리Pappos theorem. A.D. 3세기경[12]와 데자르그의 정리Desargues theorem. 1636년에 발견됨가 예시되어 있는데, 내용은 다음과 같다(여기서는 역converse의 형태로 표현되어 있음). 그림에 나타난 모든 직선들이(파포스의 정리에는 9개, 데자르그의 정리에는 10개의 직선이 그려져 있다) 검게 그려진 점들 중 한곳에서 3중 교점을 형성할 때(파포스의 정리에는 9

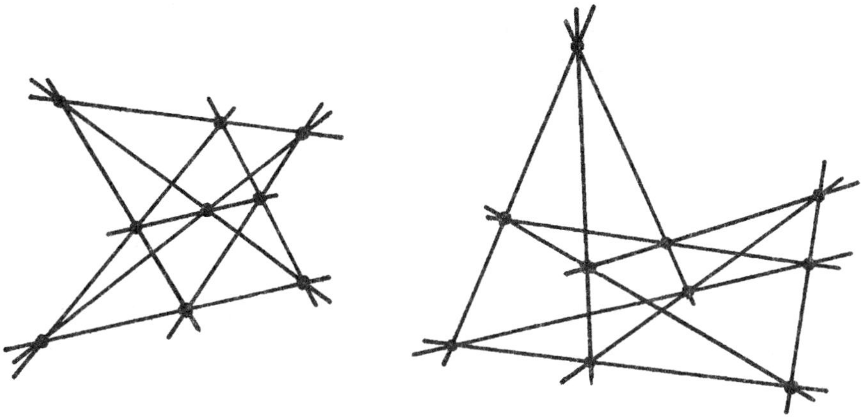

(a) (b)

그림 15.14 사영기하학을 대표하는 두 개의 정리. (a) 9개의 직선과 9개의 검은 점으로 표현된 파포스(Pappos)의 정리. (b) 10개의 직선과 10개의 검은 점으로 표현된 데자르그(Desargues)의 정리. 이들 두 정리는 같은 내용을 주장한다—"모든 직선이 검은 점 중 하나에서 3중 교점을 형성할 때, 나머지 검은 점에서 만나는 세 개의 직선은 공통된 점을 소유한다."

개, 데자르그의 정리에는 10개), 나머지 검은 점에서 만나는 세 개의 직선들은 공통된 점을 소유한다. 그러나 이런 식으로 표현된 정리는 "서로 평행한 세 개의 직선들은 '무한원점'이라는 공통된 점을 갖는다"는 사실을 고려해야 참으로 인정된다. 이렇게 해석하면 위 정리는 직선들이 서로 평행할 때 참으로 남을 수 있다. 직선 중 하나가 무한히 먼 곳에 놓여 있는 경우에도 정리는 참이다. 따라서 파포스와 데자르그의 정리는 유클리드 기하학보다 사영기하학에 어울리는 정리라고 할 수 있다.

n차원 사영공간 $\mathbb{P}^n$은 어떻게 만들어지는가? 가장 쉬운 방법은 $(n+1)$차원 벡터공간 V^{n+1}을 취하고서, $\mathbb{P}^n$을 V^{n+1}의 '1차원 부분벡터공간1-dim. vector subspace'으로 간주하는 것이다(1차원 부분벡터공간은 V^{n+1}의 원점을 지나는 직선이다). $\mathbb{P}^n$에 속하는 직선($\mathbb{P}^1$의 한 사례)

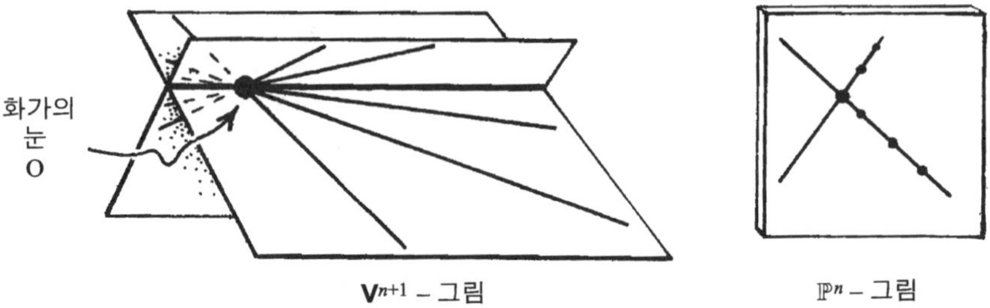

그림 15.15 n차원 사영공간 $\mathbb{P}^n$을 만드는 방법. $(n+1)$차원 벡터공간 V^{n+1}을 취한 후, $\mathbb{P}^n$을 V^{n+1}의 '1차원 부분벡터공간(1-dim. vector subspace)'으로 간주하면 된다(V^{n+1}의 원점을 지나는 직선). $\mathbb{P}^n$에 속하는 직선은 V^{n+1}의 2차원 부분공간으로 주어지며(원점을 지나는 평면), $\mathbb{P}^n$에서 동일 직선상에 놓인 점들은 이 평면에서 원점 O를 지나는 직선에 해당된다. 이것은 실수의 경우($\mathbb{RP}^n$)과 허수의 경우($\mathbb{CP}^n$)에 모두 적용될 수 있다. 특히, $\mathbb{RP}^2$의 기하학은 화가가 그림을 그릴 때 사용하는 원근법과 밀접하게 관련되어 있다. 화가의 주변을 에워싸고 있는 3차원 유클리드 공간을 V^3이라 하고, 화가의 눈이 V^3의 원점 O에 있다고 가정해 보자. 그러면 O를 거쳐 들어오는 빛줄기는 화가의 눈에 하나의 점으로 보일 것이며, 화가의 눈에 직선으로 보이는 것은($\mathbb{RP}^2$ 속의 $\mathbb{RP}^1$) 이 직선과 원점 O를 연결하는 평면(V^2)에 해당된다. 또한, O를 지나는 한 쌍의 평면들은 항상 교차한다(예를 들어, 왼쪽 그림에서 두 개의 아래쪽 경계선들은 길에 나 있는 도로의 양쪽 경계선 역할을 한다. 그림 15.13 참조).

은 V^{n+1}의 2차원 부분공간으로 주어지며(원점을 지나는 평면), $\mathbb{P}^n$에서 동일 직선상인 점들은 이 평면에 놓여 있다(그림 15.15 참조). 또한 $\mathbb{P}^n$에는 '평탄한' 고차원 부분공간도 존재할 수 있는데, 이들은 $\mathbb{P}^n$에 속하는 사영공간 $\mathbb{P}^r$에 해당된다$(r < n)$. 그리고 개개의 $\mathbb{P}^r$은 V^{n+1}의 $(r+1)$차원 부분벡터공간이다.

$n = 2$인 경우는 그림을 그릴 때 사용하는 원근법에 그대로 적용될 수 있다. 화가의 눈을 V^3의 원점 O에 갖다 놓고, 화가의 주변을 에워싸는 3차원 유클리드 공간을 V^3이라 하자. 그러면 원점 O(화가의 눈)를 거쳐서 들어오는 빛줄기는 하나의 점으로 보일 것이다. 그러므로 이러한 빛줄기

가 모여서 형성되는 화가의 시야는 사영공간 $\mathbb{P}^2$로 간주할 수 있다(그림 15.15를 다시 참조할 것). 화가의 눈에 (O를 지나지 않는)직선으로 보이는 것은 이 직선과 O를 연결하는 평면에 해당되는데, 이것은 위에서 언급한 '$\mathbb{P}^2$ 직선'의 정의와 일치한다.

원점을 지나지 않는 어떤 평면에 캔버스를 일치시키고, 보이는 대로 그림을 그린다고 가정해 보자. 이런 평면에는 전체 $\mathbb{P}^2$의 일부만이 투영된다. 이 평면에 평행한 빛줄기는 평면과 만나지 않는다. 그러나 이런 평면 여러 개를 짜 맞추면 $\mathbb{P}^2$ 전체를 표현할 수 있다(사실, 세 개면 충분하다[13, [15.9]]). 이 평면에 속하는 평행선들은 공통의 소실점을 갖는 것으로 나타날 것이다.

사영공간에는 실사영공간 $\mathbb{P}^n = \mathbb{RP}^n$도 있고, 복소사영공간 $\mathbb{P}^n = \mathbb{CP}^n$도 있다. 사실, 앞서 다뤘던 리만 구면은 복소사영공간 중 $\mathbb{CP}^1$에 해당하는 사례였다. 기억하다시피, 리만 구면은 동시에 0이 아닌 한 쌍의 복소수 (w, z)의 비율로 이루어진 공간으로서, 이들은 $\mathbb{C}^2$의 원점을 지나는 직선들로 이루어져 있다(그림 15.8 참조). 일반적으로, 임의의 사영공간에는 동차좌표homogeneous coordinate를 할당할 수 있다. 동차좌표란 $\mathbb{P}^n$의 원조격인 $(n+1)$차원 벡터공간 $\mathbb{V}^{n+1}$의 좌표 $z^0, z^1, z^2, \cdots, z^n$을 말한다. 그러나 $\mathbb{P}^n$의 동차좌표는 z의 값이 아니라, 다음과 같이 n개의 독립적인 비율로 구성된다(모든 z들은 동시에 0이 되지 않는다).[15.10]

[15.9] 이것을 구현하는 방법을 설명하라[도움말 : 직교좌표 (x, y, z)를 생각해 보라. 캔버스는 이들 중 두 개의 좌표로 서술된다. 나머지 하나는 1로 잡을 것].

[15.10] 서로 독립적인 비율이 n개 존재하는 이유를 설명하고, $n+1$개의 서로 다른 좌표조각으로부터 ($z r$로 구성된) n개의 일상적인 좌표로 이루어진 $n+1$개의 좌표계를 찾아보라.

$$z^0 : z^1 : z^2 : \cdots : z^n$$

모든 z^r이 실수일 때, 이 좌표들은 $\mathbb{RP}^n$을 서술하고, 공간 $\mathbb{V}^{n+1}$은 $\mathbb{R}^{n+1}$이 된다($n+1$개의 실수로 이루어진 공간. 12.2절 참조). 반면에 모든 z^r이 복소수이면 이 좌표들은 $\mathbb{CP}^n$을 서술하고, $\mathbb{V}^{n+1}$은 $\mathbb{C}^{n+1}$이 된다($n+1$개의 복소수로 이루어진 공간. 12.9절 참조).

동차좌표에 원점 $O = (0, 0, \cdots, 0)$이 누락되어 있으므로 $\mathbb{R}^{n+1}$을 $\mathbb{RP}^n$ 위의 번들로 간주하거나 $\mathbb{C}^{n+1}$을 $\mathbb{CP}^n$ 위의 번들로 간주할 때에는 원점을 제외해야 한다($\mathbb{R}^{n+1} - O$ 또는 $\mathbb{C}^{n+1} - O$).[14] 따라서 파이버도 원점이 제거되어 있어야 하는데, 실수의 경우에는 파이버가 두 개의 영역으로 분리되고(번들이 두 부분으로 나뉜다는 뜻은 아니다. 실제로 $\mathbb{R}^{n+1} - O$는 $n > 0$일 때 연결된 영역이다),[15.11] 복소수에서는 파이버가 '연결된' $\mathbb{C} - O$로 주어진다(흔히 $\mathbb{C}^*$로 표기한다). 두 경우 모두 파이버에 원점을 포함시키면 벡터번들이 얻어지는데, 사실 이것은 $\mathbb{R}^{n+1}$이나 $\mathbb{C}^{n+1}$에 단순히 원점을 복구한 것 이상의 의미를 갖는다. 앞에서 다뤘던 $\mathbb{C}^2$에서는, 각 파이버에 원점을 일일이 복구해서 원점을 '부풀려야' 한다. 그러면 번들 공간은 원점 O 대신 $\mathbb{RP}^n$이 삽입된 $\mathbb{R}^{n+1}$이 되거나, 원점 대신 $\mathbb{CP}^n$이 삽입된 $\mathbb{C}^{n+1}$이 된다.

복소수의 경우에는 1차원에서 클리포드번들을 구축할 때처럼 $(2n+1)$차원의 단위구 S^{2n+1}을 생각할 수 있다. 각 파이버들이 S^{2n+1}과 만나는 교점들은 S^1원을 이룬다. 따라서 S^{2n+1}은 $\mathbb{CP}^n$ 위에 있는 S^1번들이 된다. 이러한 구조는 양자역학적 기하학의 기초를 이룬다(그러나 이 아름다운

[15.11] $\mathbb{RP}^n$ 위의 번들 $\mathbb{R}^{n+1} - O$를 'S^n 위의 번들 $\mathbb{R}^{n+1} - O$의 조합'으로 해석할 수 있는 이유를 설명하라(파이버 $\mathbb{R}^+$는 양의 실수이다).

기하학적 사실은 가끔씩 양자물리학자들의 사고영역을 제한하곤 한다). 앞으로 알게 되겠지만, $(n+1)-$상태계에서 물리적으로 다른 양자상태의 공간은 $\mathbb{CP}^n$으로 주어진다. 또한, 양자역학에는 절댓값이 1인 복소수로 표현되는 '위상phase'의 개념도 등장하는데($e^{i\theta}$, θ는 실수, 5.3절 참조), 이것은 꼬인 단위절댓값 복소수이다.[15] 자세한 내용은 이 장의 끝 부분과 21, 22장에서 언급할 것이다(21.9, 22.9절 참조).

15.7 자명하지 않은 번들 접속

지금쯤 독자들의 머릿속에서는 파이버번들 및 번들과 관련된 여러 개념이 어지럽게 꼬이고 있을 것이다. 번들의 기하학과 위상은 원래 복잡하기 때문에, 혼란스럽다고 해서 낙담할 필요는 없다. 머리가 아픈 독자들을 위해, 차원의 수가 많지 않은(적어도 처음에는!) 간단한 경우를 고려해 보자. 지금부터 언급할 번들 관련 예제는 매우 간단하긴 하지만, 아직 설명하지 않은 번들의 중요한 특성이 잘 함축되어 있다. 지금까지 고려했던 모든 번들의 비자명성non-triviality은 관련된 기하학의 위상적 특성 덕분에 겉으로 드러나곤 했다. 그러나 위상학적으로 자명한 번들도, 다른 부분에서 자명하지 않은 특성을 얼마든지 가질 수 있다.

공간 $\mathcal{M}$이 S^1원으로 주어지고, 파이버 $\mathcal{V}$가 1차원 실수벡터공간이었던 처음의 예제로 되돌아가 보자. 단, 이번에는 조금 다른 방법으로 번들 $\mathcal{B}$를 만들 것이다(앞에서는 $\mathcal{M}$을 한 바퀴 돌면서 파이버 $\mathcal{V}$를 반전시켜 뫼비우스번들을 얻었다). 우선, $\mathcal{V}$의 길이를 두 배로 늘여 보자. 이 과정은 그림 15.16에 제시되어 있는데, 여기에는 뫼비우스번들에서 사용했던 반전대칭($\boldsymbol{v} \mapsto -\boldsymbol{v}$)과 다른 1차원 실수벡터공간 대칭이 존재한다. '늘이기'

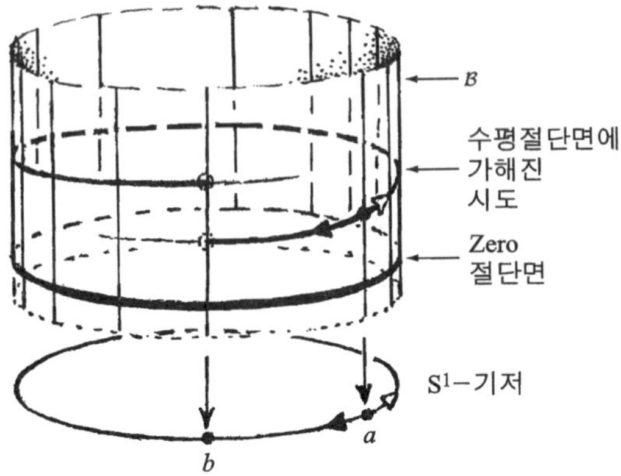

그림 15.16 기저공간 $\mathcal{M} = S^1$ 위에서 파이버 $\mathcal{V}$의 대칭성을 이용하여(그림 15.4, 15.5, 15.7 참조. $\mathcal{V}$는 여전히 1차원 실수벡터공간 $\mathcal{V}^1$이다) 두 배로 당겨진 선번들 $\mathcal{B}$. 위상은 여전히 $S^1 \times \mathbb{R}$이지만, 이 경우에는 일종의 접속으로 간주 가능한 '당김(strain)'이 개입되어 있다. 이 접속은 $\mathcal{B}$에 그려진 곡선의 국소적 '수평성'을 정의한다. 그러나 기저공간에서 a와 b를 잇는 두 개의 서로 다른 경로를 생각해 보자(검은색 화살표와 흰색 화살표). a를 출발하여 b에 도달했을 때, 최종결과는 두 배만큼 차이가 난다. 따라서 수평성의 개념은 경로에 따라 달라야 한다.

변환 $\boldsymbol{v} \mapsto 2\boldsymbol{v}$하에서는 $\mathcal{V}$로 이루어진 벡터공간의 구조가 변하지 않는다. 이제 번들의 위상topology은 우리 관심이 아니다. 위상적으로는 그림 15.4a와 마찬가지로 $S^1 \times \mathbb{R}$ 원통에 해당되지만, 지금의 번들에는 '당김strain'이라는 새로운 요소가 추가되어 있다. 그리고 이 당김은 접속connection의 개념을 이용하여 적절하게 이해될 수 있다.

14장에서 다뤘던 접속은 다양체 $\mathcal{M}$ 위에서 곡선을 따라 이동하는 접벡터의 '평행성parallelism'과 관련되어 있었다. 지금 상황에 맞춰서 이 개념을 복습하기 위해, $\mathcal{M}$의 접번들 $T(\mathcal{M})$을 떠올려 보자. $T(\mathcal{M})$의 한 점은 $\mathcal{M}$ 위의 점 a에서 $\mathcal{M}$에 접하는 접벡터 $\boldsymbol{v}$를 나타내므로, $\mathcal{M}$ 위의 곡선 γ를 따라 이동한 $\boldsymbol{v}$는 $T(\mathcal{M})$ 상의 곡선 γ_v로 표현된다(그림 15.17a

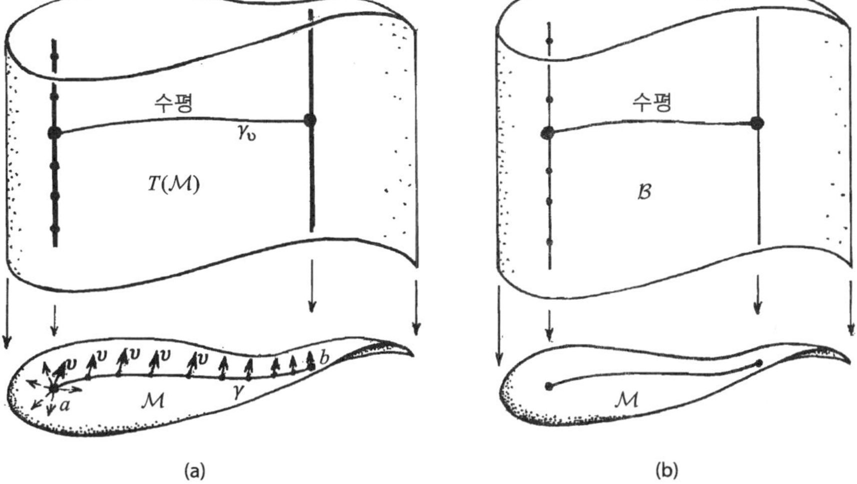

그림 15.17 일반적인 다양체 $\mathcal{M}$에 대한 접속의 유형들. (a) 접속의 원래 개념(14.3절 참조)은 $\mathcal{M}$ 위의 곡선을 따라 이동하는 접벡터의 평행성을 정의하며, $\mathcal{M}$의 접번들 T($\mathcal{M}$)으로 표현된다(그림 15.12a 참조). $\mathcal{M}$ 위의 한 점 a에서의 접벡터 $\boldsymbol{v}$는 a의 위에 있는 파이버를 통해 T($\mathcal{M}$)으로 서술된다. 또한, T($\mathcal{M}$)에 나 있는 수평곡선 γ_v는 $\mathcal{M}$에서 곡선 γ를 따라 평행이동된 $\boldsymbol{v}$를 서술한다. (b) 이 논리는 T($\mathcal{M}$)이 아닌 일반적인 번들 $\mathcal{B}$에도 똑같이 적용할 수 있다. 이 경우 '불변이동(constant transport)'은 $\mathcal{B}$에서의 '수평성'에 의해 정의된다.

참조). $\boldsymbol{v}$의 이동에 따른 '평행'의 개념이 확립되었다는 것은, 번들에 그려진 곡선 γ_v에 대한 '수평성'의 개념이 확립되었음을 의미한다(번들에서 γ_v를 수평으로 유지한다는 것은, 기저공간에서 $\boldsymbol{v}$가 곡선 γ를 따라 이동해도 변하지 않음을 의미한다). 물론 이 논리는 접번들이 아닌 일반적인 번들에도 똑같이 적용될 수 있다(그림 15.17b 참조). 우리는 14장에서 이런 식의 일반화 과정을 잠시 접한 적이 있다. 즉, 접속의 개념을 확장하여 접벡터뿐만 아니라 코벡터와 $\begin{bmatrix} p \\ q \end{bmatrix}$-가 텐서에 일반적으로 적용 가능하다는 사실을 확인한 바 있다. 그러나 15.1절에서 지적한 대로, 이것은 극히 제한적인 일반화에 불과하다. 접속을 벡터에서 다른 양으로 확장하는 과정에는 추가적인 자유도가 전혀 없기 때문이다(근본적인 이유는 여접번들cotangent bundle과 텐서번들이 접번들로부터 완벽하게 결정되기 때문이다). $\mathcal{M}$ 위의 일반적인 번들은 접번들과 특별한 관계에 있지 않기 때문에, 이러한 번들에 접속이 작용하는 방식은 접번들에 접속이 작용하는 방식과 무관하게 규정할 수 있다. $\mathcal{M}$의 접번들 $\mathrm{T}(\mathcal{M})$과 무관한 번들에 대해서는 '평행성'을 논하는 것 자체가 무의미하다. 평행성의 (국소적)개념은 방향과 관련되어 있는데, 이 방향이라는 것이 기본적으로 접벡터의 방향을 의미하기 때문이다. 따라서 번들로 표현되는 양에 대해서는 $\mathrm{T}(\mathcal{M})$으로 서술되는 평행성보다 국소적 불변성을 논하는 것이 훨씬 유용하다. 국소적인 불변성의 개념(즉, 번들의 수평성)은 '번들 접속bundle connection'이라는 새로운 개념을 낳는다.

이제 그림 15.16에 나와 있는 'S^1 위에서 잡아당긴 번들 $\mathcal{B}$'로 되돌아가 보자. 특히 S^1 중에서 위상적으로 자명한 영역 위에 있는 $\mathcal{B}$의 '자명한 부분'만을 고려해 보자. 단순연결선분 $\mathrm{S}^1 - p$ 위에 있는 $\mathcal{B}$를 $\mathcal{B}_p$로 표기하자(그림 15.5 참조). 여기서 p는 S^1 상에 있는 임의의 점이다. $\mathcal{B}_p$를 $(\mathrm{S}^1 - p)\times\mathbb{R}$ 곱공간으로 간주하면, $\mathrm{S}^1 - p$ 위에서 정의된 일상적인 실함수의 관점에서 볼 때 번들 접속의 절단면은 불변이다. 따라서 그림 5.18과 같이 $\mathcal{B}_p$에 그려진 수평선은 일정한 절단면을 나타내며, $p \neq q$인 $\mathcal{B}_q$에 대해서도 같은 논리가 통용된다. 전체 번들은 이들 두 개의 조각을 한데 이어 붙여서 만들 수 있다. 그러나 이어 붙이는 과정에서 오른손 조각영역right-hand patching region과 왼손 조각영역의 늘어난 정도(당김)는 상대적으로 2배만큼 차이가 난다(오른손 조각영역이 2배로 늘어났다). 따라서 국소적으로 수평하게 남아 있는 (0이 아닌)절단면은 기저공간 S^1을 한 바퀴 돌았을 때 2배만큼 차이가 나고(그림 15.16 참조), 번들 $\mathcal{B}$는 국소적으로 수평한(0이 아닌) 절단면을 갖지 않는다.

이 상황은 조금 다른 각도에서 바라볼 수도 있다. 기저공간 S^1의 한 점 a에서 출발하여 다른 점 b에서 끝나는 곡선을 생각해 보자. 그리고 S^1에서 정의된 파이버의 함수가 이 곡선을 따라 불변이동을 한다고 상상하자. 즉, 이 곡선 위에서 국소적으로 수평한 절단면을 갖는 $\mathcal{B}$의 곡선을 찾아보자는 뜻이다(그림 15.16 참조). 기저공간에서 a와 b를 잇는 곡선은 여러 개가 있을 수 있는데, 어떤 경로를 따라가느냐에 따라 각기 다른 답이 얻어진다. 즉, 우리가 정의한 '불변이동'은 경로에 의존하는 개념인 것이다.

이러한 경로의존성은 13장에서 언급했던 '접번들 접속 ∇의 경로의존성'과 의미가 다르다. 13장에서는 무한소의 고리loop에서도 국소적인 경로의존성이 나타났으며, 이 현상은 접속의 곡률에서 분명하게 나타났다. 그러나 '잡아당긴 번들' $\mathcal{B}$에서는, 경로의존성은 국소적이 아닌 대역적 특성이다. 물론 위의 예제에서는 기저공간이 1차원이므로 국소적 경로

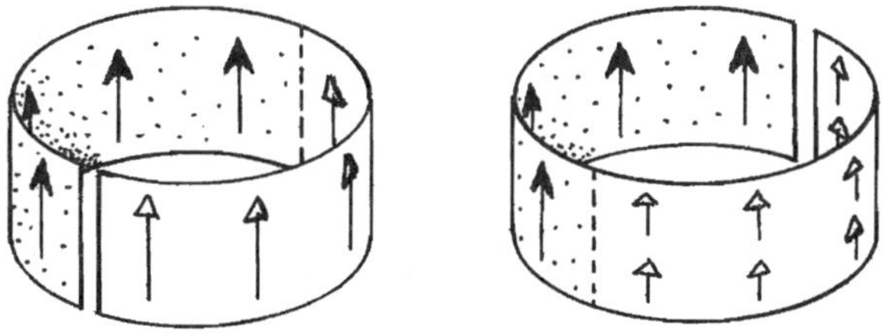

그림 15.18 S^1의 '자명한(trivial)' 영역 $S^1 - p$ 위에 놓인 $\mathcal{B}$의 일부 $\mathcal{B}_p$와(그림 15.16 참조). $p \neq q$인 $\mathcal{B}_q$를 고려해 보자(그림 15.5a 참조). 개개의 조각에서 일상적인 의미의 '수평(horizontal)'을 취한다. 그런데 조각들을 이어 붙일 때 한 영역과 다른 영역의 '당김(strain)'은 상대적으로 2배만큼 차이가 나며, 이 과정에서 그림 15.16에 예시된 접속의 개념이 대두된다.

의존성이 나타날 가능성은 없다. 그러나 우리는 이로부터 "국소적인 경로 의존성이 전혀 없는 경우에도 대역적 경로의존성이 나타날 수 있다"는 사실을 알 수 있다.

15.8 번들 곡률

위의 예제에서 기저공간을 2차원 공간으로 확장해 보자. 그러면 S^1은 2차원 공간 속에 존재하는 특정한 원에 해당된다. 편의를 위해, S^1을 복소평면에 그려진 단위원으로 잡아 보자. 그러면 새로운 번들 $\mathcal{B}^{\mathrm{C}}$의 기저공간 $\mathcal{M}^{\mathrm{C}}$는 $\mathcal{M}^{\mathrm{C}} = \mathbb{C}$로 주어지고(그림 15.19 참조) 파이버는 실수선 $\mathbb{R}$의 복사본으로 남게 된다. 그렇다면, 이 공간에서 번들 접속은 어떻게 확장될 것인가?

새로운 번들 $\mathcal{B}^{\mathrm{C}}$에 '당김'이 없다면, 접속은 복소평면 $\mathcal{M}^{\mathrm{C}}$의 표준좌표 $(z, \bar{z})$에 대한 직접미분으로 주어진다. 그러면 절단면 Φ(z와 $\bar{z}$의 실수값함수)의 불변성은 일상적인 의미의 불변성과 같아져서 $\partial\Phi/\partial z = 0$으로 표현된다(또한 $\partial\Phi/\partial\bar{z} = 0$도 되는데, Φ가 실수값을 갖기 때문이다). 이제 번들 접속에 '당김'을 도입하면, 연산자 $\partial/\partial z$는 다음과 같은 새로운 연산자 ∇로 대치된다.

$$\nabla = \partial/\partial z - A$$

여기서 A는 z의 매끈한 복소함수(복소해석적 함수일 필요는 없다)로서, 단순히 스칼라를 곱하는 연산자의 역할을 하며, ∇는 Φ와 같은 양에 작용하는 연산자이다. 위상적으로 번들 $\mathcal{B}^{\mathrm{C}}$는 자명한 번들 $\mathbb{C} \times \mathbb{R}$과 같아서 복소수 z와 실수 Φ로 이루어진 대역적 좌표 (z, Φ)를 사용할 수 있다.

$\mathcal{B}^{\mathbb{C}}$의 절단면은 z의 함수인 Φ에 의해 결정된다.

$$\Phi = \Phi(z, \bar{z})$$

(Φ 속에 $\bar{z}$가 들어 있다는 것은, Φ가 복소해석함수가 아니라는 뜻이다. 10.5절 참조) 절단면이 변하지 않으려면(수평적이 되려면) $\nabla \Phi = 0$을 요구해야 한다(Φ는 실수값함수이므로 $\bar{\nabla} \Phi = 0$도 만족해야 한다). 즉, Φ는 다음 관계를 만족해야 한다.

$$\frac{\partial \Phi}{\partial z} = A\Phi$$

A가 복소해석적이면 위 방정식을 쉽게 풀 수 있다. 답은 $B = \int A dz$일 때 $\Phi = e^{(B+\bar{B})}$이다.[15.12] 그러나 일반적인 경우, 즉 A가 복소해석함수가 아닐 때에는 다음의 교환자 관계식 때문에 0이 아닌 해가 존재하지 않게 된다.

$$\nabla \bar{\nabla} - \bar{\nabla} \nabla = \frac{\partial A}{\partial \bar{z}} - \frac{\partial \bar{A}}{\partial z}$$

단, 위의 연산자는 Φ에 적용된다[15.13] (우변은 Φ에 상수가 곱해진 형태이므로 일반적으로 0이 아니지만, 좌변은 $\partial\Phi/\partial z = A\Phi$를 만족하는 임의의 해에 항상 0이다). 이 교환자는 $\partial A/\partial \bar{z}$의 허수부로 주어지는 ∇의 곡률을 결정하며, 곡률은 번들의 국소적 '당김'을 나타낸다.

[15.12] 증명해 보라.

[15.13] 이 관계식을 증명하라.

위 연산자가 0이 아닌 상수값을 갖도록 A를 잘 선택하면(예를 들면 $A = ik\bar{z}$, k는 적절한 실상수real constant) $\mathcal{M}^{\mathbb{C}}$의 폐곡선을 따라 돌아갈 때 나타나는 '늘어남인자stretching factor'를 구할 수 있는데, 그 값은 폐곡선의 면적에 비례한다. 특히 이 결과를 단위원 S^1에 적용하면 S^1 위에서 '당겨진' 원래의 번들 $\mathcal{B}$를 재현할 수 있다. 또한, k에 적절한 값을 대입하면 단위원 위에서 '인자 2에 의해 늘어나는 현상'을 반드시 만나게 된다.[15.14]

이 교환자는 14.4절에서 다뤘던 연산자 ∇_a의 교환자와 비슷하여, 이로부터 꼬임률torsion과 곡률curvature을 구할 수 있다. 일단은 꼬임률이 0이라고 가정해 보자(꼬임률은 접속이 접벡터에 작용하는 방식과 관련이 있으며, 번들하고는 직접적인 관계가 없다. 따라서 지금 고려 중인 접번들과도 무관하다). n차원 기저공간 $\mathcal{M}$에서는 14장에서와 마찬가지로 ∇_a나 $\underset{X}{\boldsymbol{\nabla}}$과 같은 연산자들이 등장한다. 단, 지금은 이 연산자들이 번들에 작용한다는 점이 다를 뿐이다.[16] 이들의 교환자를 적절하게 정의하면 번들 접속의 곡률을 추출할 수 있다. 만일 곡률이 0이라면 국소적으로 불변인 절단면이 여러 개 얻어지고, 곡률이 0이 아닌 경우에는 불변 절단면을 구하기가 어려워진다. 즉, 접속의 국소적 경로의존성이 나타나는 것이다. 이 상황은 그림 15.19에 도식적으로 표현되어 있다.

지표표기법을 사용했을 때, 접속은 특정 좌표계에서 다음과 같은 연산자로 표현된다.

$$\nabla_a = \frac{\partial}{\partial x^a} - A_a$$

[15.14] 이 필수인자(required factor)가 2가 되는 올바른 k 값을 찾아서 이를 증명하라.

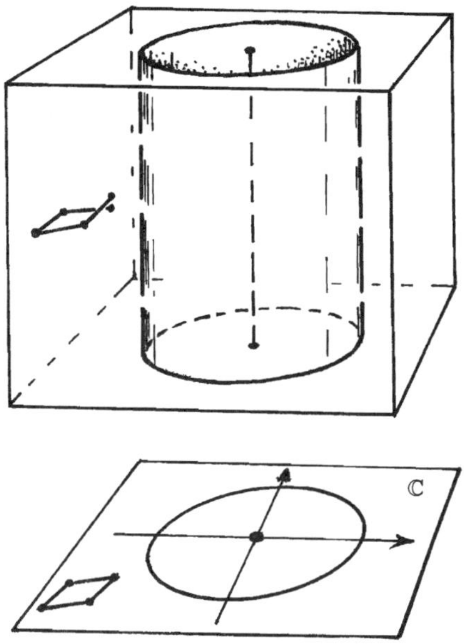

그림 15.19 기저공간 $\mathcal{M}^{\mathbb{C}}$를 2차원 복소평면 $\mathbb{C}$로 확장시키면 번들 $\mathcal{B}^{\mathbb{C}}$에 국소적 경로의존성이 부여되고, 그림 15.16의 S^1은 $\mathbb{C}$에 그려진 단위원이 된다. 단, 이 경우에도 파이버는 여전히 $\mathbb{V}^1$에 속한다(실수선 $\mathbb{R}$의 복사본이다). $\mathbb{C} = \mathcal{M}^{\mathbb{C}}$를 나타내는 복소좌표로는 z를 사용하고, 접속은 $\nabla = \partial/\partial z - A$를 사용한다. 여기서 A는 z의 매끈한 복소함수이다. A가 복소해석적이면 번들의 곡률은 0이 되지만, (적절한 k에 대하여) $A = ik\bar{z}$이면 단위원에 부분적으로 대응되는 그림 15.16의 '당겨진 번들'이 얻어진다. $\mathcal{M}^{\mathbb{C}}$에 속하는 작은 평행사변형 위의 수평다각형이 닫힌 도형을 이루지 않으면 번들의 곡률이 분명하게 나타난다.

A_a는 일종의 '번들 지표'로 간주할 수 있다. 여기에 그리스 문자를 사용하면[17](벡터번들을 다룬다고 가정하면 텐서 개념을 그대로 적용할 수 있다) A_a는 $A_a{}^{\mu}{}_{\lambda}$와 같은 형태가 될 것이다(지표표기법을 제대로 적용하려면, 다른 두 개의 항에 δ^{μ}_{λ}가 곱해져야 한다). 번들의 곡률은

$$F_{ab}{}^{\mu}{}_{\lambda}$$

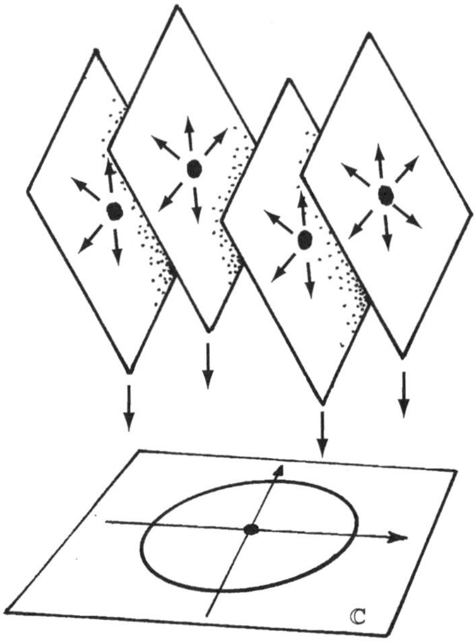

그림 15.20 파이버를 1차원 복소 벡터공간으로 잡을 수도 있다. 이것은 실수를 곱하여 '늘이는(또는 당기는)' 과정에 해당된다.

로 주어지는데, 여기서 반대칭짝 ab는 $\mathcal{M}$의 방향으로 난 2차원 접면을 나타낸다. 이것은 앞에서 다뤘던 곡률 텐서와 비슷하지만, 지표 μ와 λ는 파이버의 방향을 나타내고 있다(지표를 다루는 방법은 이전과 동일하다). 또한, 위의 곡률은 (제2)비앙키 항등식과 유사한 특성을 갖는다(14.4절 참조).($\mathcal{B}^{\mathbb{C}}$의 특별한 사례에 복소좌표계를 사용한 것은 오직 편의를 위한 선택이며, n차원의 경우와 마찬가지로 지표표기법을 사용할 수 있다)

파이버번들을 다룰 때 한 가지 주의할 것은, 번들을 구축할 때 나타나는 대칭과 파이버가 갖는 대칭이 일치하지 않을 수도 있다는 점이다. 예를 들어 S^1 위에서 '당겨진' 번들 $\mathcal{B}$, 또는 $\mathbb{C}$ 위의 번들 $\mathcal{B}^{\mathbb{C}}$에서는 1차원 파이버를 2차원 실벡터공간으로 확장할 수 있다. 이때 늘어난 파이버는

2차원 벡터공간의 균일한 팽창으로 표현된다. 또한 이 2차원 실벡터공간에 1차원 복소 벡터공간 구조를 추가로 부여할 수도 있는데, 이 늘어남은 실수를 곱하는 것에 해당된다(그림 15.20 참조). 그렇다면, 실수 대신 복소수를 곱하여 '늘이면' 어떻게 될까? 절댓값이 1인 복소수를 곱하면(× $e^{i\theta}$, θ는 실수) 늘어나는 효과가 아닌 회전효과가 나타난다(이것은 위에서 고려했던 클리포드-호프 번들의 경우와 비슷하다. 그림 15.21 참조). 여기에 관련된 군은 유니모듈라unimodular 복소수의 곱셈군인 U(1)이다(13.9절 참조). U(1) 대칭군과 번들 접속은 전자기 상호작용을 서술하기 때문에 물리학에서 특히 중요하게 취급되고 있다(19.4절 참조). 이런 번들은 전체 복소평면 ℂ가 아닌 단위원 S^1 위에서 파이버를 취할 때 그 특

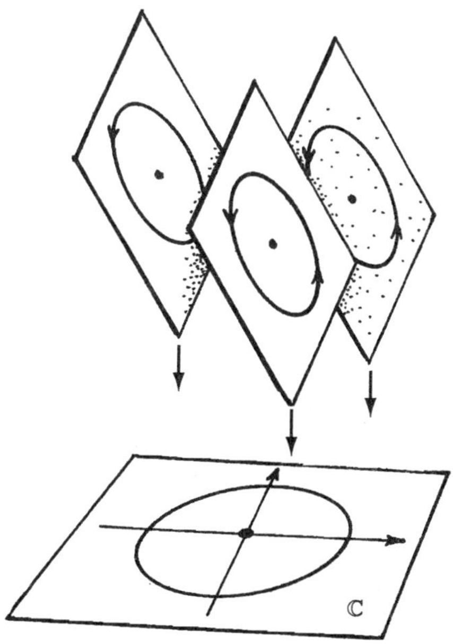

그림 15.21 또는 복소 위상($e^{i\theta}$, θ는 실수)을 곱하여 '복소 늘어남'을 적용할 수도 있다. 이 경우에 번들을 나타내는 군은 복소수의 곱셈군인 U(1)이다.

성이 더욱 분명하게 나타난다. 복소평면에서 단위원을 제외한 나머지 영역은 파이버와 관련된 새로운 정보를 주지 않기 때문에 S^1만 고려하는 것이 훨씬 경제적이다. 그러나 복소평면의 번들은 (복소)벡터번들이므로, 복소평면을 파이버로 사용하는 편이 유용할 때도 있다.[18]

지금까지 설명한 아이디어는 현대 이론물리학에서 막강한 위력을 발휘하고 있다. 책의 후반부로 가면 그 위력을 실감할 수 있을 것이다. 번들 접속의 개념은 물리력을 다루는 현대 이론에서 '게이지 접속'이 되어 실로 핵심적인 역할을 하며, 몇몇 물리장은 이 접속의 곡률이란 형태로 그 모습을 드러낸다(맥스웰의 전자기이론이 전형적인 사례이다). 이로써 우리는 정확한 대칭성을 갖는 파이버가 물리학에서 얼마나 중요한 개념인지를 알게 되었다. 이제 우리에게는 대칭의 근원과 속성을 규명하는 일만 남았다. 이 문제는 28장과 31장, 34장에서 집중적으로 다룰 것이다.

〈15장 후주〉

15–1절

15.1 Steenrod(1951) 참조. 게이지 이론이 번들 개념과 관련되어 있음을 처음으로 간파한 사람은 아마도 안드레이 트로트먼일 것이다. Trautman(1970), Penrose *et al.*(1997), p.A4 참조.

15.2 끈이론에 등장하는 여분의 시공간 차원[칼라비-야우 공간(Calabi-Yau space), 31.14절 참조]은 파이버번들의 파이버와 조금 다른 개념이다. 이 파이버들은 칼라비-야우 공간에 존재하는 어떤 스피너장의 공간에 해당된다.

15–2절

15.3 곱공간(product space)을 완벽하게 정의하려면 $\mathcal{M} \times \mathcal{V}$의 위상과 매끈함까지 올바르게 정의해야 한다. $\mathcal{M}$과 $\mathcal{V}$의 부피측도(volume measure)가 정해지면 $\mathcal{M} \times \mathcal{V}$의 부피는 $\mathcal{M}$과 $\mathcal{V}$의 부피의 곱으로 구할 수 있다. 이 문제를 자세하게 파고 들어가는 일은 주제에서는 벗어나지만, 기술적인 측면에서는 반드시 알아야 할 내용이기도 하다. Kelly (1965), Lefshetz(1949), Munkers(1954) 참조.

15.4 '단순연결(simply connected)'의 일반적인 의미는 12.1절을 참조하라.

15.5 표기상 편의를 위해 'S^1에서 점 p가 제거된 공간'을 '$S^1 - p$'로 표기할 것이다. 엄밀하게는 '$S^1 - \{p\}$'나 '$S^1 \setminus \{p\}$'로 써야 한다([후주 9.13] 참조). 이 표기에서 마이너스와 '$\setminus$' 부호는 두 집합 사이의 차이를 의미하며, $\{p\}$는 점 p만으로 이루어진 집합을 나타낸다.

15–3절

15.6 일반적으로 순수 수학자들은 문법을 잘 지키는 편이지만, 상당수는 '…와 관련된(associated with. 인과관계가 명확하지 않을 때 씀)'이 적절하지 않다고 생각하는 부분에 …와 연결된(associated to)라는 끔직한 어휘를 사용하는 습관이 있다. 나는 그들이 왜 문법적으로 올바른 '…에 할당된(assigned to)'을 안 쓰는지 영문을 모르겠다. 내가 보기에 '…와 연결된'은 이른바 '…에 준하여(according as)를 남용하는 수학계의 또 다른 악습보다 더 나쁘다(나도 이 문제에서 자유롭지 못함을 고백한다) '여부에 따르면(according to whether)' 같은 곳에 '준하여'를 쓰면, 발음하기가 조금 힘들어진다[본문에서는 전자를 '…에 대응되는'으로 번역하였다. 영어 문법에 관한 문제이므로, 한국어판을 읽는 독자들은 신경 쓰지 않아도 될 것 같다 : 옮긴이].

15–4절

15.7 Adams and Atiyah(1966) 참조.

15.8 Penrose(1987a), Penrose and Rindler(1986) 참조.

15.9 이런 경우에 $\mathcal{B}$를 $\mathcal{B}'$의 '덮개공간(covering space)'이라 한다. 사실, $\mathcal{B}$는 $\mathcal{B}'$의 '보편적 덮개공간(universal covering space)'이다. 그러나 $\mathcal{B}'$이 단순연결공간이면 더 이상 덮일 수 없다.

15–5절

15.10 2차원 스피너의 기하학적 표현에 관해서는 Penrose and Rindler (1984) 1장을 참조하라.

15.11 예를 들어, 9.5절에서와 같이 (실변수)함수를 양의 진동수와 음의 진동수로 분리하는 과정은 '복소해석함수로의 확장'을 통해 분석될 수 있지만(이것은 양자장이론에서 매우 중요한 개념이다), 상수함수의 경우에는 약간의 주의가 필요하다. 이 문제는 꼬인 복소해석함수를 허용하면 깔끔하게 해결되며, 트위스터 이론과 밀접하게 관련되어 있다(33.8, 10절 참조).

15–6절

15.12 그리스식 표기로는 Pappos지만, 라틴어 표기로는 Pappus이다. 다른 책에서는 주로 후자의 표기를 사용한다.

15.13 화가의 눈을 기준으로 잡은 시야를 $\mathbb{P}^2$가 아닌 S^2 구로 간주하는 것은 그다지 틀린 생각이 아니다. 이 관점을 채택하면 본문에서 (암묵적으로)사용했던 시야가 아닌 'O를 지나서 눈으로 들어오는 빛줄기'가 화가의 시야와 일치한다. 구는 사영평면의 이중덮개(twofold cover)이며, 유일한 문제는 한 쌍의 직선(대원)이 한 점이 아닌 두 점에서 만난다는 것이다. 따라서 화가의 시야가 S^2 구를 덮으려면 세 개가 아닌 네 개의 캔버스

가 있어야 한다.

15.14 후주 15.5 참조.

15.15 이 사실은 양자역학의 '베리 위상(Berry phase)'과 관련되어 있다 [Berry(1984, 1985), Simon(1983), Aharonov and Anandan (1987), Shankar(1994), Woodhoude(1991), pp. 225～249 참조]. 베리 위상은 "단위원 위에서 1의 위치를 알 수 없다"는 사실에서 비롯된 개념이다. 즉, 이러한 '수(number)'는 S^1-번들 위에 있는 S^1-파이버의 원소이다(본문에서는 $\mathbb{CP}^n$ 위의 S^{2n+1}에 해당한다).

15–8절

15.16 $\nabla_{[a}\nabla_{b]}$가 의미를 가지려면 ∇_a는 (여)접벡터에도 작용되어야 한다(그래야 시공간 지표에 온전하게 작용될 수 있다). 그러나 $\underset{X}{\boldsymbol{\nabla}}$의 경우에는 이와 같은 조건을 요구하지 않고서도 $\underset{L}{\boldsymbol{\nabla}}\underset{M}{\boldsymbol{\nabla}} - \underset{M}{\boldsymbol{\nabla}}\underset{L}{\boldsymbol{\nabla}} - \underset{[L,M]}{\boldsymbol{\nabla}}$ 과 같은 표현을 사용할 수 있다.

15.17 번들 지표에 그리스 문자가 처음으로 사용된 사례는 Penrose and Rindler(1984) 5장에서 찾아볼 수 있다.

15.18 그러나 파이버가 단위원이라면 번들은 주번들(principal bundle)의 한 사례에 해당하며, 이 개념은 다른 분야에서 나름대로의 이점을 갖고 있다. 주번들이란 파이버 $\mathcal{V}$가 자기 자신의 대칭군 $\mathcal{G}$로부터 만들어진 번들을 말한다. 대충 말하자면, 주번들이라는 관점에서 볼 때 $\mathcal{G}$와 $\mathcal{V}$는 동일하다.

16
무한대로 가는 사다리

16.1 유한체

물리적 우주의 작용방식은 근본적으로 '무한대'에 의존하며, 그 저변에는 무한대의 수학이 자리잡고 있다. 고대 그리스인들은 심지어 실수체계만 사용하도록 자신들을 강제하기 전부터도 유리수의 사용에 익숙해져 있었다(3.1절 참조). 무한 유리수체계를 도입하면 가늠할 수 없을 정도로 큰 양을 수학으로 다룰 수 있을 뿐만 아니라(무한 자연수체계도 마찬가지다), 아주 작은 값을 극도로 세밀하게 규정할 수 있다. 그런가 하면, 무한대와 무한소의 개념을 달갑지 않게 생각하는 사람들도 있다. 그들은 우주가 공간적으로 유한하며, 극미의 세계는 더는 쪼갤 수 없는 유한 - 최소단위 블록으로 이루어져 있다고 생각하는 경향이 있다.

이러한 관점은 파격적인 면도 있지만, 사실 따지고 보면 틀린 구석도 없다. 실제로 일부 학파의 사람들은 실수체계 $\mathbb{R}$이 유한한 개수의 수로 이루어진 '실제의' 물리적 세계를 근사적으로 서술한다고 믿는다[아마바라 Y. Ahmavaara(1965)와 그 동료들이 대표적인 학자이다. 33.1절 참조]. 정상적인 수학교육을 받은 일반인이라면 무한히 큰 수체계에 이미 익숙할 것이다. 정수는 물론이고 유리수와 무리수도 극대, 극미의 영역에서는 한계가 없다. 이런 상황에서 '유한한 수체계'를 어떻게 이해해야 하는가? 가장 간단한 사례로는 소수prime number p를 이용하여 만들어진 모듈로modulo p(대한수학회 한글용어집에서는 '법' 또는 '모듈로'로 번역하는데, 이 책에서는 모듈로를 사용하기로 한다 : 옮긴이) 체계를 들 수 있다(소수란 2, 3, 5, 7, 11, 13, 17, …과 같이 1과 자기 자신 이외에는 약수를 갖지 않는 수를 말한다. 단, 1은 소수로 간주하지 않는다). 모듈로 p의 정의는 다음과 같다. 두 개의 정수 a, b가 p의 정수배만큼 차이가 날 때, a와 b는 '모듈로 p로 같다'고 말한다. 즉,

$$a - b = kp \quad (k\text{는 정수})$$

일 때

$$a \equiv b \quad (\text{모드 } p)$$

이다. 이 규약에 의하면 모든 정수는 p개의 동치류(동치류 개념에 대해서는 책의 서문을 참조할 것)로 분류된다($a \equiv b$이면 a와 b는 동치류이다). 각 동치류는 유한체 $\mathbb{F}_p$의 원소이며, $\mathbb{F}_p$는 총 p개의 원소를 갖는다(이 장에서는 대수학자들의 용어인 '체field'를 사용할 것이다. 이것을 다양체 위에서 정의된 벡터장이나 텐서장과 혼동하지 않기 바란다. 물론 물리학자들이 말하는 전자기장, 역장 등의 장도 의미가 다르다. 대수학에서 말하는 '체'는 단순히 가환 나눗셈환commutative division ring을 의미한다. 11.1절 참조). $\mathbb{F}_p$의 원소들은 일상적인 덧셈, 뺄셈, (가환적)곱셈, 나눗셈 규칙을 그대로 따르지만,[16.1] "동일한 원소를 p번 더하면 항상 0

[16.1] 이 규칙이 성립된다는 것을 증명하라. p는 왜 소수(prime number)이어야 하는가?

이 된다"는 특이한 성질도 갖고 있다(물론 소수 p 자체는 0으로 센다).

동치류는 무수히 많은 정수들로 이루어져 있으므로, $\mathbb{F}_p$의 각 원소들은 '무한히 많은 정수들로 이루어진 집합'이다. 예를 들어, $\mathbb{F}_5$ $(p=5)$의 원소들 중 '3'에 해당되는 동치류는 $\{\cdots, -7, -2, 3, 8, 13, \cdots\}$이다. 따라서 유한수체계를 정의하려면 어쩔 수 없이 무한대를 거쳐가야 한다! 이처럼 수학자들은 종종 무한집합으로부터 수학적 양을 정의하곤 한다. 서문에서 우리 어머니의 친구 분이 그토록 골치 아파했던 분수의 약분도 동치류와 비슷한 개념이다. $\mathbb{F}_p$라는 숫자체계가 자연발생적이라고 생각하는 독자가 있다면, 나는 그들에게 이렇게 말하고 싶다. "동치류는 수학자들이 편의를 위해 도입한 개념으로서, 우리에게 친숙한 무한대 개념을 이용하여 어떤 수학적 객체를 엄밀하게 규정하는 수단일 뿐이다." 사실, 지금 우리 입장에서는 무한집합에 의존할 필요가 없다. 단지 무한집합을 도입하면 체계적인 설명이 가능하기 때문에 편의상 사용하는 것뿐이다. 어떠한 경우에도 유한집합을 대상으로 하는 연산만을 나열하여 모든 문제를 해결할 수 있다.

$p=5$인 경우를 좀 더 구체적으로 살펴보자. $\mathbb{F}_5$의 원소들은 표준기호인 0, 1, 2, 3, 4로 표현되며, 이들 사이의 덧셈과 곱셈을 표로 정리한 결과는 다음과 같다.

또한, 0이 아닌 원소는 각각 곱셈에 대한 역원을 갖는다.

$$1^{-1}=1,\ 2^{-1}=3,\ 3^{-1}=2,\ 4^{-1}=4$$

여기서 $2\times3\equiv1$(모드 5), $3\times4\equiv2$(모드 5) 등이다(앞으로는 특정한 유한수체계 원소들 사이의 상등관계를 나타낼 때 '≡' 대신 '='를 쓰기로 한다).

+	0	1	2	3	4
0	0	1	2	3	4
1	1	2	3	4	0
2	2	3	4	0	1
3	3	4	0	1	2
4	4	0	1	2	3

×	0	1	2	3	4
0	0	0	0	0	0
1	0	1	2	3	4
2	0	2	4	1	3
3	0	3	1	4	2
4	0	4	3	2	1

원소의 수 q가 어떤 소수의 거듭제곱인 경우, 즉 $q = p^m$일 때의 $\mathbb{F}_q$는 좀 더 세심하게 다루어야 한다. 가장 간단한 사례로서 $q = 4 = 2^2$인 경우를 생각해 보자. 이 경우에 서로 다른 원소들은 0, 1, ω, ω^2으로 쓸 수 있다. 단, $\omega^3 = 1$이며, 모든 원소 x에는 $x + x = 0$이라는 조건이 부과된다. 이 결과는 1의 3제곱근인 복소수 1, ω, ω^2의 곱셈군을 조금 확장한 것으로서(5.4절과 5.5절에서 강입자의 쿼크수를 설명할 때 잠시 언급한 적이 있다), 여기에 '0'을 추가하고 $x + x = 0$을 요구하면 $\mathbb{F}_4$체계가 얻어진다.[16.2] 일반적으로 $\mathbb{F}_{p^m}$에서는 p개의 x를 더한 결과, 즉 $x + x + \cdots + x = 0$이다.

16.2 물리학의 유한/무한 기하학?

이러한 개념들은 수시로 도마 위에 오르긴 하지만, 정말로 물리학에서 중요한 역할을 하는지는 분명치 않다. $\mathbb{F}_q$가 어떤 식으로든 실수체계

[16.2] $\mathbb{F}_4$의 덧셈표와 곱셈표를 완성하고 대수법칙을 확인하라($1 + \omega + \omega^2 = 0$을 가정할 것).

를 대신하려면 p는 아주 큰 소수가 되어야 한다(그러면 $x + x + \cdots + x = 0$이라는 조건도 사실에서 크게 벗어나지 않을 것이다). 내가 보기에, 지나칠 정도로 많은 소수에 의존하는 물리학이론들은 '무한대'라는 단 하나의 개념에 기초한 이론보다 훨씬 복잡하고 현실성도 없다. 그러나 이런 이론들이 나름대로 학자들의 흥미를 끄는 것도 사실이다. 좌표가 $\mathbb{F}_q$의 원소로 주어지는 기하학 중 상당수는 아직도 생명력을 유지하고 있다. 미적분학의 경우에는 좀 더 주의를 기울여야 하는데, 이 역시 상당수의 이론이 아직 통용되고 있다.

우선 유한한 개수의 점으로 이루어진 사영기하학이 성립하는 원리를 알아본 후, 체 $\mathbb{F}_q$ 위에서 정의된 n차원 사영공간 $\mathbb{P}^n(\mathbb{F}_q)$를 본격적으로 탐사해 보자. 일반적으로 $\mathbb{P}^n(\mathbb{F}_q)$는 $1 + q + q^2 + \cdots + q^n = (q^{n+1} - 1)/(q - 1)$개의 서로 다른 점들로 이루어져 있다.[16.3] 특히 사영평면 $\mathbb{P}^2(\mathbb{F}_q)$의 우아한 구조는 한번쯤 분석해 볼만한 가치가 있는데, 가장 간단한 방법은 다음과 같다. 일단 단단한 종이로 둥그런 원판을 만들어 테이블 위에 놓고, 그 중심에 핀을 꽂아서 자유롭게 돌아갈 수 있도록 만든다. 그리고 배경면(테이블) 위에 원판의 테두리를 따라 $1 + q + q^2$개의 점들을 동일간격으로 표시한 후, 각 점에 숫자 0, 1, 2, …, $q(q + 1)$을 반시계방향으로 적어 놓는다. 또한, 원판 위에는 특별하게 선택된 위치에 $1 + q$개의 점들을 표시한다. 여기서 말하는 특별한 위치란, 배경 테이블(원의 테두리)에서 숫자 두 개를 임의로 고른 후 원판을 적절히 돌렸을 때, 원판 위의 두 점이 배경에서 선택한 두 점과 항상 일치할 수 있도록 선택된 점을 말한다. 다시 말해서, 이 특별한 점들 사이의 거리(원주상

[16.3] 증명해 보라.

의 거리)를 $a_0, a_1, \cdots, a_q$라 했을 때(원주 위에서 바로 이웃한 두 점 사이의 거리를 1로 간주한다), 원주 위에서 임의로 선택한 두 점 사이의 모든 가능한 거리 1, 2, 3, ⋯, $q+1$은 a_n의 연속적인 합($a^1 + a^2$, $a^2 + a^3 + a^4$, $a^5 + a^6 + a^7 + a^8$ 등 : 중간에 빠진 항이 있으면 안 됨)으로 나타낼 수 있다는 뜻이다. 이런 식으로 만든 원판을 '마술원판magic disc'이라 부르기로 하자. 그림 16.1에는 $q = 2, 3, 4, 5$에 해당하는 마술원판들이 제시되어 있다. 각각의 경우에 $a_0, a_1, \cdots, a_q$는 1, 2, 4 : 1, 2, 6, 4 : 1, 3, 10, 2, 5 : 1, 2, 7, 4, 12, 5이다. [16.4] $q = 7, 8, 9, 11, 13, 16$일 때 마술원판의 $a_0, a_1, \cdots, a_q$는 각각 1, 2, 10, 19, 4, 7, 9, 5 : 1, 2, 4, 8, 16, 5, 18, 9, 10 : 1, 2, 6, 18, 22, 7, 5, 16, 4, 10 : 1, 2, 13, 7, 5, 14, 34, 6, 4, 33, 18, 17, 21, 8 : 1, 2, 4, 8, 16, 32, 27, 26, 11, 9, 45, 13, 10, 29, 5, 17, 18이다. 모든 $\mathbb{P}^2(\mathbb{F}_q)$에 마술원판이 항상 존재한다는 것은 수학적으로 이미 증명된 사실이다(q가 소수의 거듭제곱일 때).[1] 파포스와 데자르그의 정리(15.6절 그림 15.14 참조)에서 다양한 사례를 찾아보는 것도 재미있다[2]($q > 2$이면 겹치지 않은non-degenerate 많은 점을 확보할 수 있다!). 그림 16.2에는 두 가지 사례가 제시되어 있다(그림 16.1의 원판을 이용하여, 데자르그 정리는 $q = 3$, 파포스 정리는 $q = 5$인 경우가 할당되었다).

가장 간단한 경우, 즉 $q = 2$인 경우는 특별한 성질을 갖고 있다.[16.5]

[16.4] 본문에 제시된 마술원판들 중 하나를 선택하여 원판 위의 점에 어떤 정수를 곱하면 $q = 3, 5$일 때의 마술원판을 새롭게 구할 수 있다. 이 방법을 직접 확인하고, 그 원리를 설명하라.

[16.5] 유한체 $\mathbb{F}_8$의 원소는 $0, 1, \varepsilon, \varepsilon^2, \varepsilon^3, \varepsilon^4, \varepsilon^5, \varepsilon^6$이고 $\varepsilon^7 = 1$, $1 + 1 = 0$이다. (1) 원주를 따라 배경 테이블에 적혀 있는 임의의 숫자 a, b, c에 대하여 $\varepsilon^a + \varepsilon^b + \varepsilon^c = 0$의 형태를 갖는 항등원이 항상 존재한다는 것을 증명하거나, (2) ε을 ε^3으로 대치해도 동일한 사실이 성립한다는 것을 증명하라(즉, $\varepsilon^{3a} + \varepsilon^{3b} + \varepsilon^{3c} = 0$).

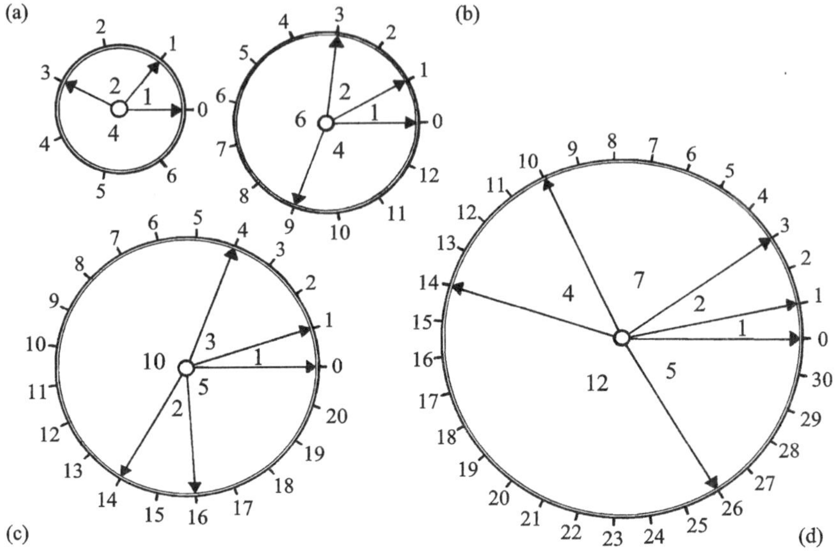

그림 16.1 유한사영평면 $\mathbb{P}^2(\mathbb{F}_q)$($q$는 소수의 거듭제곱임)의 마술원판(magic disc). 원판이 자유롭게 돌아갈 수 있도록 중심에 바늘을 꽂은 후, 원주를 따라 동일한 간격으로 $1+q+q^2$개의 점 $0, 1, 2, \cdots, q(q+1)$을 표시해 둔다(원판 위가 아니라 배경 테이블에 표시한다). 그리고 원판 위에는 $1+q$개의 특별한 점들을 엄선하여 각 위치에 그림과 같이 화살표를 그려 넣는다. 그러면 원주 위에서 두 개의 점 a, b를 임의로 선택했을 때, 원판을 적절히 돌리면 미리 그려 놓은 화살표들 중 두 개가 정확하게 a, b를 가리키게 된다. 위에 제시된 마술원판들은 (a) $q=2$, (b) $q=3$, (c) $q=4=2^2$, (d) $q=5$에 해당된다.

7개의 점으로 이루어진 이 평면을 파노 평면Fano plane이라고 하는데, 그림 16.3에서 보는 바와 같이 마술원판을 '직선'으로 해석할 수 있다. 물론 이것을 기하학적으로 응용하는 데에는 한계가 있지만, 8원수의 곱셈법칙을 표현할 때에는 막강한 위력을 발휘한다(11.2, 15.4절 참조). 파노 평면을 이루는 7개의 점에는 8원수 대수학의 생성원소generating element인 $\mathbf{i}_0, \mathbf{i}_1, \mathbf{i}_2, \cdots, \mathbf{i}_6$이 대응되며, 이들 모두는 $\mathbf{i}_r^2=-1$을 만족한다. 서로 다른 두 생성원소 간의 곱을 구하려면, 파노 평면에서 이 둘을 나타내는 점

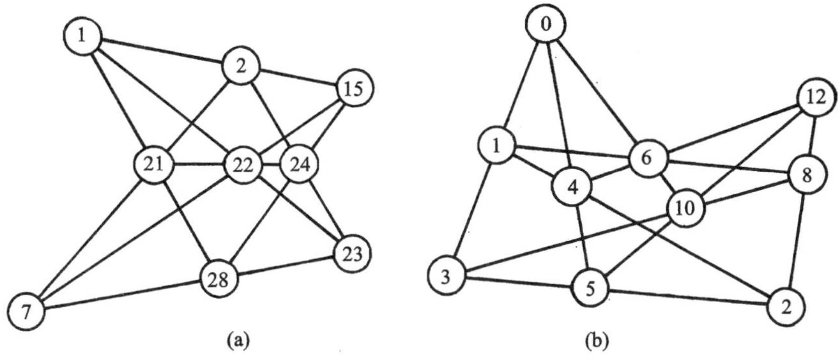

그림 16.2 그림 15.4의 정리를 유한기하학 버전으로 나타낸 그림. (a) 파포스 정리($q = 5$, 그림 16.1d 참조)와 (b) 데자르그 정리($q = 3$, 그림 16.1b 참조).

을 연결하는 선을 그려 선이 지나가는 점이 나머지 둘의 곱이 된다. 단, 부호까지 결정하려면 정보가 조금 더 필요하다. 그림 16.1a의 마술원판을 뒤집거나 그림 16.3의 화살표 다이어그램을 이용하면 생성원소들끼리 곱한 값의 부호를 결정할 수 있다. 원판 위의 점들에 반시계방향으로 순서를 부여해 보자. $\mathbf{i}_x$, $\mathbf{i}_y$, $\mathbf{i}_z$가 이 순서에 부합하면 $\mathbf{i}_x\mathbf{i}_y = \mathbf{i}_z$이고, 그렇지 않으면 $\mathbf{i}_x\mathbf{i}_y = -\mathbf{i}_z$이다. 이 규칙에 따르면 $\mathbf{i}_0\mathbf{i}_1 = \mathbf{i}_3 = -\mathbf{i}_1\mathbf{i}_0$, $\mathbf{i}_0\mathbf{i}_2 = \mathbf{i}_6$, $\mathbf{i}_1\mathbf{i}_6 = -\mathbf{i}_5$, $\mathbf{i}_4\mathbf{i}_2 = -\mathbf{i}_1$ 등이 성립한다.[16.6]

유한기하학 및 유한대수학은 수학적으로 매우 우아한 구조를 갖지만, 물리적 세계와 어떤 관계에 있는지는 분명치 않다. 사실 이는 그림 1.3과 1.4를 감안할 때 그다지 놀라운 일도 아니다. 물리법칙과 직접 관련되어 있는 수학은 플라톤이 말한 이상적 수학세계의 극히 일부에 불과하기 때문이다. 앞으로 우리 지식이 더욱 깊어지면 유한기하학과 8원수 대수학이

[16.6] a, b, c가 생성원소일 때 결합자(associator) $a(bc) - (ab)c$가 a, b, c에 대하여 반대칭임을 증명하고, 모든 원소들이 이 관계를 만족한다는 것을 증명하라[$a(ab) = a^2b$이다]. (도움말 : 그림 16.3과 파노 평면의 대칭성을 이용할 것.)

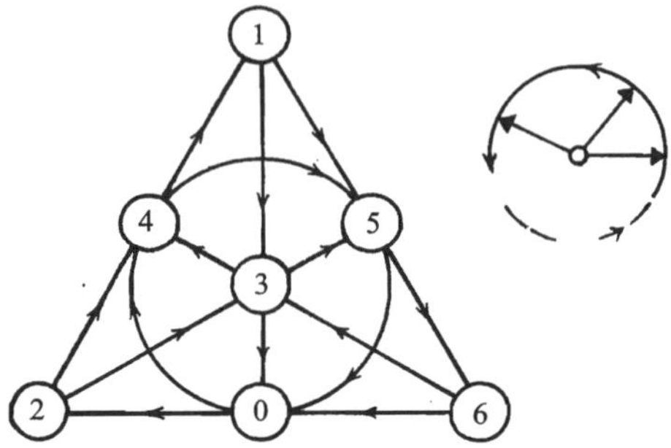

그림 16.3 7개의 점과 7개의 선으로 표현된 파노 평면 $\mathbb{P}^2(\mathbb{F}_2)$. 원주를 따라 헤아리던 것이 직선으로 바뀌었고, 각 숫자의 위치는 그림 16.1a에 의해 결정된다. 이 그림을 이용하면 8원수 대수의 생성원소인 $\mathbf{i}_0, \mathbf{i}_1, \mathbf{i}_2, \cdots, \mathbf{i}_6$의 곱셈표를 만들 수 있으며, 각 화살표들은 순방향 곱이 '+'부호가 되도록 정렬되어 있다.

중요한 역할을 하게 될지도 모르지만, 아직은 이렇다 할 이론이 정립되지 않은 상태이다.[3] 수학적으로는 충분히 아름답지만, 그것만으로 만사가 해결되지는 않는다(34.9절 참조). 우주의 법칙을 탐구할 때에는 이 점을 깊이 명심해야 한다!

이들 매력적인 유한 구조에서, 무한에 내재한 놀라운 수학적 다양성으로 우리의 관심을 다시 돌려 보자. 우선 (자연수 $\mathbb{N}$ 전체 같은)무한 구조가 실체를 기술하려는 어떤 수학 형식의 일부일 수는 있으나, 그 사실이 물리적 실재가 무한하다는(또는 무한히 작다는) 해석으로 막바로 이어진다는 뜻은 아님을 짚고 넘어가야겠다. 한 예로, 몇몇 이론은 양을 정할 수 없는(혹은 심지어 무한한) 거대 구조를 묘사할 수 있는 여지가 이론 안에 여전히 존재하지만, 극미의 영역에서 불연속성이(그리고 유한성이) 나타남을 보이려 만들어졌다. 이것은 과거에 내가 스핀네트워크를 이용하여 유한한 방법으로 구축했던 공간이론에 적용될 수 있는데(32.6절 참조), 이 이론은 물체의 스핀이 특정량($\frac{1}{2}\hbar$)의 정수배라는 표준 양자역학의 주장에 근거한다. 3.3절에서 말한 바와 같이, 양자역학의 초창기에 물리학자들은 양자이론이 가장 미세한 영역의 불연속성을 입증하는 첨단의 이론이라고 믿었다. 그러나 오늘날 상황은 바뀌어 대다수의 물리학자는 양자역학을 도입한 후에도 시공간을 여전히 연속적인 객체로 간주하며, 초미세영역에서 시공간이 불연속이라는 이론은 정도에서 벗어난 파격적 주장으로 받아들여지고 있다(33.1절 참조). 심지어 시간과 공간에 대한 구조에 양자역학 개념을 적용하려 시도하는 이론들에서도 연속성은 본질적인 방식으로 영향을 미치며, 매듭knot이론과 연결link이론 등 불연속적 개념에 기초를 두는 아쉬테카르-로벨리-스몰린-제이콥슨Ashtekar-Rovelli-Smolin-Jacobson의 고리변수이론theory of loop variable에도 연속성 개념이 그대로 적용되고 있다(이 문제는 32장에서 다룰 것이다. 33.1절에서는 불연속적 시공간과 관련된 중요한 아이디어를 소개할 예정이다).

따라서 당분간은 무한대를 신중하게 받아들이는 편이 좋을 듯싶다. 특히 연속적인 물리량을 수학으로 표현할 때에는 무한대 개념이 반드시 필요하다. 그런데, 어떤 종류의 무한대를 도입해야 하는가? 3.2절에서 데데킨트 절단Dedekind cut을 설명할 때 잠시 언급한 바와 같이 실수체계는 유리수의 무한집합을 이용하여 구축될 수 있지만, 사실 실수의 집합은 유리수보다 훨씬 큰 무한대로 이루어져 있다. 러시아에서 태어나 독일에서 활동한 덴마크계 수학자인 게오르그 칸토어Georg Cartor는 1874년에 "무한대에는 여러 가지 종류가 있다"는 놀라운 사실을 증명했고, 그의 이론은 1895년까지 꾸준하게 개발되었다! 자연수의 개수가 무한히 많다지만, 이런 무한대는 비교적 덩치가 작은 편에 속한다. 그러면 지금부터 무한대에 관한 칸토어의 획기적인 아이디어를 자세히 알아보기로 하자.

16.3 다양한 크기의 무한대

칸토어가 불러일으킨 수학혁명은 '1대 1 대응'이라는 개념에서 시작된다.[4] 두 집합의 원소들을 1대 1로 짝짓는 경우, 짝을 이루지 못하고 남는 원소가 하나도 없을 때 두 집합은 "동일한 카디널리티cardinality를 갖는다"고 말한다(일상적인 언어로 말하자면 '원소의 수가 같다'는 뜻이다). 원소의 개수가 같은 두 개의 유한집합(1, 2, 3, 4, … 등 유한한 개수의 숫자로 이루어진 집합. 심지어는 원소의 개수가 0인 집합도 가능하다)이 주어져 있다면 1대 1 대응은 당연히 성립된다. 그러나 무한집합은 놀랍게도 자기 자신의 '적절한(전체 집합과 다르다는 뜻이다)' 부분집합과 카디널리티가 같을 수 있다(이 사실은 1638년에 물리학자이자 천문학자였던 갈릴레오 갈릴레이Galileo Galilei[5]에 의해 이미 알려져 있었다).

자연수집합을 대상으로 이 사실을 확인해 보자.

$$\mathbb{N} = \{0, 1, 2, 3, 4, 5, \cdots\}$$

이 집합에서 0을 제거하여[6] 얻어진 새로운 집합 $\mathbb{N} - 0$은 원래의 집합 $\mathbb{N}$과 카디널리티가 같다. 왜냐하면 $\mathbb{N}$에 속하는 임의의 원소 r은 $\mathbb{N} - 0$에 속하는 원소 $r + 1$과 1대 1로 대응될 수 있기 때문이다. 갈릴레오는 완전제곱수의 집합 $\{0, 1, 4, 9, 16, 25, \cdots\}$이 자연수 전체의 집합 $\mathbb{N}$과 동일한 카디널리티를 갖는다는 사실을 알고 있었다. 상식적으로 생각해 보면 완전제곱수의 집합은 자연수 집합의 극히 일부분에 불과하지만, 어쨌거나 1대 1 대응은 성립한다. 그뿐만 아니라,

$$\{0, 1, -1, 2, -2, 3, -3, 4, -4, \cdots\}$$

와 같은 정수의 집합 $\mathbb{Z}$도 자연수 집합 $\mathbb{N} = \{0, 1, 2, 3, 4, 5, 6, 7, 8, \cdots\}$

과 1대 1로 대응된다. 더욱 놀라운 것은 유리수의 집합까지도 $\mathbb{N}$과 카디널리티가 같다는 사실이다. 이것은 다양한 방법으로 증명할 수 있지만,[16.7], [16.8] 지금 당장은 자세한 증명을 늘어놓기보다 이러한 사례들을 칸토어의 '무한기수이론theory of infinite cardinal number'과 연계하여 이해하는 것이 더 효과적일 듯하다.

제일 먼저 기수cardinal number의 의미부터 알아보자. 기본적으로 기수란 1대 1 대응관계에 있는 두 집합의 '원소의 개수'를 뜻한다. 동치류 개념(16.1절에서 소수 p에 대하여 $\mathbb{F}_p$를 정의할 때 사용했던 개념. 서문 참조)을 이용하면 기수를 좀 더 정확하게 정의할 수 있다. 어떤 집합 A의 기수 α는 A와 기수가 같은 모든 집합의 동치류이다. 논리학자인 고틀로프 프레게Gottlob Frege는 1884년에 이와 같은 논리를 펼친 적이 있다. 그러나 '모든 집합'과 같이 뚜렷한 경계가 없는 개념으로부터 심각한 모순이 발생하여 깔끔한 마무리를 짓지 못했다(이 내용은 16.5절에서 구체적으로 다뤄질 것이다). 이런 모순을 피해 가려면 '모든 가능한 집합'에 어떤 제한을 두어야 한다. 이 골치 아픈 문제는 잠시 후에 다루기로 하고, 당분간은 앞에서 취했던 관점을 고수하기로 한다(유리수의 동치류를 정의했던 서문의 내용을 다시 한 번 읽어 보기 바란다). 지금부터는 기수를 단순히 두 집합의 1대 1 동등관계를 의미하는(그리고 플라톤의 이상향에 존재하는!) 수학적 실체로 간주할 것이다. 앞으로는 두 집합 A와 B의 원소들이 1대 1로 남김 없이 대응될 때, "A의 카디널리티는 α이다"라거나,

---

[16.7] 모든 분수들을 적절한 순서로 나열하여 이 사실을 증명해 보라. [예제 16.8]의 결과를 이용하면 좀 더 쉽게 해결할 수 있다.

[16.8] 분수 $\frac{1}{2}((a+b)^2+3a+b)$와 자연수의 짝 (a, b)가 1대 1로 대응된다는 것을 증명하라.

"집합 A의 원소의 개수는 α이다"라고 표현할 것이다. 물론 이런 경우에는 B의 카디널리티도 α이다(또는 B의 원소의 개수도 α이다). 이런 관점에서 볼 때, 자연수도 일종의 기수로 생각할 수 있으며, 이것은 3.4절에서 도입한 자연수의 정의($0 = \{\ \}$, $1 = \{0\}$, $2 = \{0, \{0\}\}$, $3 = \{0, \{0\}, \{0, \{0\}\}\}$, …등)보다 직관적으로 이해하기 쉽다! 실제로 자연수는 [무한기수가 $\mathbb{N}$과 같은 집합의 카디널리티라는 점에서($\mathbb{N}$은 자신의 부분집합과 카디널리티가 같을 수도 있다)] 유한기수로 생각할 수 있다.

그다음으로, 기수들 사이의 관계에 대해 알아보자. 카디널리티가 α인 집합 A의 원소들이 카디널리티가 β인 집합 B의 부분집합(B 자신일 수도 있음)의 원소들과 1대 1로 대응될 때, 기수 α와 β는 다음 조건

$$\alpha \leq \beta$$

를 만족하며 "α는 β보다 작거나 같다"고 말한다($\beta \geq \alpha$로 써도 무방하다). 따라서 $\alpha \leq \beta$이고 $\beta \leq \gamma$이면 $\alpha \leq \gamma$이다.[16.9] 기수이론에서 유도되는 아름다운 결과 중 하나는 다음과 같다.

$$\alpha \leq \beta \text{이고 } \beta \leq \alpha \text{이면}$$
$$\alpha = \beta \text{이다.}$$

즉, A와 B 사이에 1대 1 대응관계가 성립한다는 뜻이다.[16.10] 그렇다면 $\alpha \leq \beta$나 $\beta \leq \alpha$가 모두 성립하지 않는 기수 쌍 α, β도 존재할 수 있을까? 만일 이런 기수들이 존재한다면 서로 비교가 불가능할 것이다 noncomparable. 그러나 1.3절에서 간단하게 언급했던 선택공리 axiom of

---

[16.9] 그 이유를 자세히 설명하라.

choice에 따르면, 비교불가능한 기수는 존재하지 않는다.

선택공리의 주장은 다음과 같다 — 공집합이 아닌 부분집합들로 이루어진 집합 A가 존재하면, A의 각 부분집합에서 원소를 하나씩 추출하여 만들어진 집합 B가 존재한다. 언뜻 듣기에는 너무도 당연한 사실 같다!(그림 16.4 참조) 그러나 선택공리가 항상 성립한다는 주장엔 논란의 여지가 있다. 나 자신도 선택공리를 전적으로 신뢰하지 않는다. 이 공리의 문제점은 집합 B를 규정하는 규칙을 일언반구도 언급하지 않으면서 그 존재를 주장한다는 점이다. 이로부터 몇 가지 놀라운 결과들을 유도할 수 있는데, 그중 하나가 바로 바나흐-타르스키 정리Banach-Tarski theorem이다.[7] 이 정리에 의하면, 일상적인 3차원 유클리드 공간의 단위구unit sphere는 유클리드 운동(병진운동과 회전운동)에 의해 두 개의 완전한 단위구로 재조립되는 다섯 조각으로 나누어질 수 있다! 여기서 말하는 '조각'이란 단단한 고체가 아니라 복잡하게 얽힌 점들의 집합을 의미하며, 이

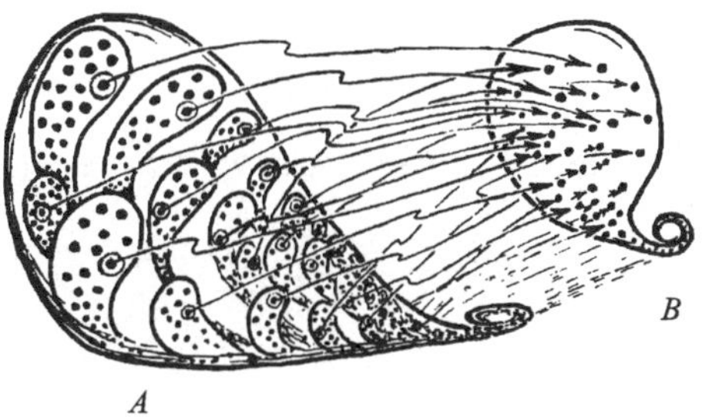

그림 16.4 선택공리에 의하면 공집합이 아닌 멤버(member)들로 구성된 임의의 집합 A가 주어졌을 때, A에 속하는 각 멤버에서 원소를 하나씩 추출하여 만들어진 집합 B가 존재한다.

[16.10] 다음을 증명하라. [개요] 집합 A를 집합 B의 부분집합 $bA(=b(A))$로 1대1 대응시키는 사상(mapping) b가 존재하고, B를 A의 부분집합 $aB(=a(B))$로 1대1 대응시키는 사상 a가 존재한다. 그러면 사상 b는 $A-aB$를 $bA-baB$로 사상하고 $abA-abaB$를 $babA-babaB$로 사상한다. 그리고 a^{-1}은 $aB-abA$를 $B-bA$로, $abaB-ababA$를 $baB-babA$로 사상한다.

점들은 선택공리를 통해서만 정의될 수 있다.

기수가 갖고 있는 기본적인 성질을 증명 없이 나열하면 다음과 같다. 첫째, 부등호 ≤가 자연수(유한기수)에 적용되면 일상적인 의미를 갖는다([후주 3.1] 참조). 또한, 임의의 자연수는 임의의 무한기수보다 작거나 같다(≤). 물론 부등호 '<'는 '같지 않고 절대적으로 작다'는 뜻이다. 무한대인 α에 대하여 $\beta \leq \alpha$이면 합집합 $A \cup B$의 카디널리티는 두 집합의 카디널리티, 즉 α보다 크지만, (유한한 경우와 달리)곱집합 $A \times B$의 카디널리티는 α와 같다[곱집합의 사례는 13.2절과 15.2절에서 다룬 적이 있다. $A \times B$는 A에서 취한 a와 B에서 취한 b의 쌍 (a, b)로 이루어진 집합이다. 유한집합의 경우, 곱집합의 카디널리티는 각 집합의 카디널리티를 곱한 값과 같다. 원소가 두 개 이상인 유한곱집합의 카디널리티는 각 집합의 카디널리티보다 항상 크다]. 그러나 이미 알고 있는 무한대보다 더 큰 무한대를 찾고자 한다면, 이것으로 충분하지 않다.

위 논리를 이용하면 적어도 자연수의 개수와 유리수의 개수가 같다는 사실만은 알 수 있다. 칸토어의 표기법을 따라, 자연수 $\mathbb{N}$의 카디널리티를 $\aleph_0$(알레프-넛aleph naught, 또는 알레프-널aleph null이라고 읽는다)이라 하자. 방금 말한 대로, 이 값은 정수 $\mathbb{Z}$의 카디널리티와 같다. 사실, 무한수 $\aleph_0$는 무한기수 중에 제일 작은 것이다. 그렇다면, 유리수의 카디널리티 ρ는 얼마인가? 임의의 유리수는 정수 a, b를 이용하여 a/b로 나타낼 수 있다. 하나의 유리수에 대하여 a, b는 여러 개가 선택될 수 있는데(예를 들면 2/3, 4/6, 6/9, … 등), 이들 중 가장 작은 수로 한정한다면 유리수 집합은 $\mathbb{N} \times \mathbb{N}$의 '부분집합'과 1대 1로 대응된다. 따라서 ρ는 $\mathbb{N} \times \mathbb{N}$의 카디널리티보다 작거나 같다. 그런데 위 논리에 따르면 (또는 [예제 11.8]의 결과를 이용하면) $\mathbb{N} \times \mathbb{N}$의 카디널리티는 $\mathbb{N}$의 카디널리티인 $\aleph_0$와 같다. 따라서 $\rho \le \aleph_0$이다. 그런데 정수는 유리수의 부분집합이므로 $\aleph_0 \le \rho$도 성립해야 한다. 그러므로 $\rho = \aleph_0$라는 결론이 자연스럽게 도출된다.

16.4 칸토어의 대각선 슬래쉬

이제, 칸토어가 증명했던 놀라운 사실을 확인해 보자. 그는 $\aleph_0$보다 큰 무한대가 존재한다는 사실을 증명했다. 실수 $\mathbb{R}$의 카디널리티가 그 대표적인 사례이다. 이것은 칸토어가 증명했던 일반적인 결과

$$\alpha < 2^{\alpha}$$

의 특별한 사례에 속한다. 여기서 부등호 $\alpha < \beta$는 '$\alpha \le \beta$이고 $\alpha \ne \beta$'임을 뜻한다(물론 $\alpha < \beta$를 $\beta > \alpha$로 쓸 수도 있다). 칸토어의 놀라운 증명(그리고 증명의 결과)은 수학 역사상 가장 위대한 업적 중 하나로 꼽히지만, 그 내용은 이 책에서 전부 소개할 수 있을 정도로 간단하다. 그러면 지금부터 칸토어의 증명을 순차적으로 따라가 보자.

우선 기호부터 정의하고 넘어가자. A, B가 두 개의 집합일 때, B^A는 A에서 B로 가는 '모든 가능한 사상'들로 이루어진 집합을 의미한다. 이런 식으로 표기하는 근거는 무엇인가? 집합 A가 우리 눈앞에 펼쳐져 있다고 상상해 보자. 그리고 A의 원소들을 여기저기 흩어져 있는 점point으로 표현하자. 이제 B^A의 원소를 표현하기 위해 B의 원소 중 하나를 각 점 위에 갖다 놓는다. 이것은 A의 모든 원소에 B의 원소를 대응시켰으므로, A에서 B로 가는 하나의 사상에 해당된다(그림 16.5 참조). B^A와 같이 지수의 형태로 표기한 이유는, 원소의 수가 a인 유한집합 A와 원

소의 수가 b인 B에 이 과정을 적용했을 때 B의 원소를 A에 할당하는 방법의 수가 b^a이기 때문이다(A의 첫 번째 원소가 대응될 수 있는 대상이 b개이고 두 번째 원소가 대응될 수 있는 대상도 b개이고…… a번째(마지막) 원소가 대응될 수 있는 대상도 b개이다. 따라서 가능한 전체 사상의 수는 $b \times b \times b \times \cdots \times b$이며, 이것은 b가 a번 곱해진 형태이므로 b^a이다). 칸토어는 B^A의 카디널리티를

$$\beta^\alpha$$

로 표기하였다. 여기서 β는 B의 카디널리티이고 α는 A의 카디널리티이다.

여기서 특별한 관심을 끄는 것은 $\beta = 2$인 경우, 즉 B의 원소가 단 두 개인 경우이다. 이것을 'in'과 'out'으로 표기하자. 그러면 B^A의 원소들은 A의 모든 원소에 'in'이나 'out'이 할당된 형태이며, 이 과정은 A

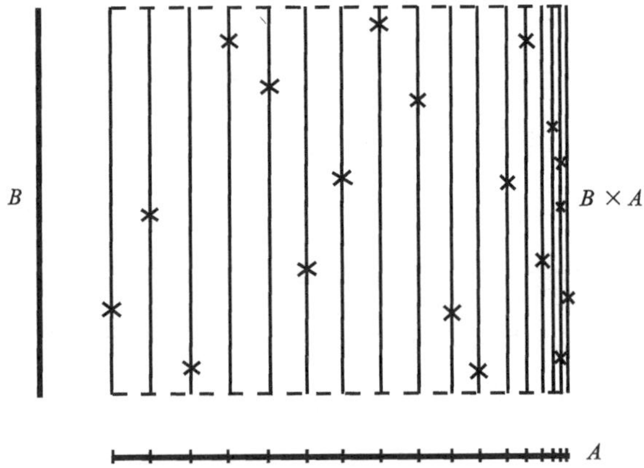

그림 16.5 두 집합 A, B가 주어져 있을 때, A에서 B로 가는 모든 가능한 사상의 집합을 B^A로 표기한다(그림 6.1 참조). A의 각 원소들은 B의 특정 원소에 대응되는데, 이것은 A 위에 있는 번들 $B \times A$의 절단면에 해당한다(그림 15.6a 참조). 단, 여기에는 연속성의 개념이 개입되어 있지 않다.

의 부분집합을 선택하는 것과 동일하다. 따라서 $\beta = 2$일 때 B^A는 'A의 부분집합으로 이루어진 집합'이 된다(이 집합은 흔히 2^A로 표기한다). 즉,

2^α는 원소의 수가 α인 집합이 갖는 부분집합의 개수이다.

이제 칸토어가 이룩했던 역사적인 증명을 따라가 보자. 이 증명은 고대 그리스 시대부터 사용되었던 귀류법을 이용하여 진행된다(2.6, 3.1절 참조). 우선 첫째로, $\alpha = 2^\alpha$라고 가정하면 집합 A와 부분집합의 집합 2^A 사이에 1대 1 대응관계가 성립되어, A의 각 원소 a가 하나의 특정한 부분집합 $S(a)$에 대응된다. $S(a)$는 a를 원소로 가질 수도, 그렇지 않을 수도 있다. 이제 '$S(a)$에 a가 포함되어 있지 않은' 모든 a를 한데 모아 보자. 이 집합은 A의 특별한 부분집합 Q를 이루며(Q는 공집합일 수도 있고, A 자체가 될 수도 있다), 가정했던 1대 1 대응관계 때문에 S에 포함된 어떤 q에 대하여 $Q = S(q)$의 관계를 만족해야 한다. 이 시점에서 하나의 질문을 제기해 보자. "q는 Q에 포함되는가?" 일단 포함되지 않는다고 가정해 보자. 그러면 q는 (정의에 의해) A에서 추출해 낸 부분집합 Q에 속해야 하고, 따라서 q는 Q에 속한다는 모순에 도달하게 된다. 이번에는 q가 Q에 속한다고 가정해 보자. 그렇다면 q는 (정의에 의해) 우리가 Q라고 부르는 집단에 속할 수 없다. 즉, 이 경우에도 가정에 모순되는 결과가 얻어진다. 따라서 A와 2^A 사이에는 1대 1 대응관계가 존재하지 않는다는 결론을 내릴 수밖에 없다.

마지막으로 $\alpha \leq 2^\alpha$를 증명하는 일이 남았다. 즉, 2^A의 어떤 부분집합과 A 사이에 1대 1 대응관계가 존재함을 증명해야 한다. 이것은 A의 원소 a를 'a만으로 이루어진 A의 부분집합'에 대응시키면 간단하게 증명된다. 따라서 $\alpha < 2^\alpha$는 확실하게 증명되었다. 즉, $\alpha \leq 2^\alpha$가 성립하긴

하지만 $\alpha \neq 2^{\alpha}$이다.

위의 논리는 다소 혼란스럽긴 하지만(이해가 안 가는 독자들은 증명 부분을 다시 한 번 읽어 보기 바란다), 별도의 수학지식이 필요 없다는 점에서 매우 기초적인 내용이라고 할 수 있다. 그러나 증명의 파급효과는 가히 상상을 초월한다. 칸토어의 증명을 이용하면 실수의 개수가 자연수의 개수보다 많다는 사실을 알 수 있으며, 이와 더불어 수의 크기에는 한계가 없다는 사실도 확인할 수 있다. 그뿐만 아니라, 칸토어의 논리를 조금 수정하면 "계산적인 방법으로는 일반적인 계산이 '언젠가' 끝날 수 있는지를 판단할 수 없다"는 결론이 얻어지고(튜링Turing), 한 걸음 더 나아가면 쿠르트 괴델Kurt Gödel의 그 유명한 불완전성 정리incompleteness theorem와도 연결되는데, 자세한 내용은 다음 장에서 소개할 예정이다.

이 절을 마무리하기 전에, 위의 결과가 칸토어의 증명, 즉 '실수의 개수는 자연수보다 많다'는 증명과 어떤 식으로 연결되는지 알아보자(이 증명에 따르면, 무한대를 다루는 자명하지 않은 이론이 존재한다!). 실수의 카디널리티 C가 $2^{\aleph_0}$와 같다는 것을 증명할 수 있으면 우리 의문은 자연스럽게 해결된다.

$$C = 2^{\aleph_0}$$

그러면 위의 논리에 의하여 $C > \aleph_0$임이 증명된다.

$C = 2^{\aleph_0}$는 여러 가지 방법으로 증명할 수 있다. $2^{\aleph_0} \leq C$의 증명은 (이것이 증명되면 $C > \aleph_0$도 증명된다) $2^{\mathbb{N}}$과 $\mathbb{R}$의 부분집합 사이에 1대 1 대응관계가 성립한다는 것을 보이는 것으로 충분하다. $2^{\mathbb{N}}$ 의 각 원소는 자연수에 0 또는 1이 할당된 무한수열로 간주할 수 있다.

$$100110001011101\ldots$$

(이것은 $2^{\mathbb{N}}$의 원소 중 하나로서 자연수 0에는 1을, 자연수 1에는 0을, 자연수 2에는 0을, 자연수 3에는 1을, 자연수 4에는 1을… 할당한 것이다. 따라서 우리의 부분집합은 {0, 3, 4, 8, …}이다) 이제 위의 수열은 소수점이 왼쪽 맨 끝에 있는 어떤 실수의 이진법전개binary expansion로 간주할 수 있다. 그러나 이런 식의 표현에는 수열이 끝에 가서 전부 0이거나 또는 1로만 무한히 이어져서 숫자를 구분하지 못할 모호성이 존재하기 때문에 명확한 답을 낼 수 없다.[16.11] 이 문제는 몇 가지 방법으로 해결할 수 있는데, 그중 하나는 숫자를 구분하는 자릿수를 앞뒤로 두 개, 예컨대 3을, 끼워 넣는 것이다.

$$.31303031313030303130313131303 1 \ldots$$

이 숫자를 일상적인 실수의 소수부분으로 간주하면 $2^{\mathbb{N}}$과 $\mathbb{R}$의 부분집합(소수점 이하의 숫자들이 위와 같이 특이하게 생긴 실수들의 집합) 사이에 1대 1 대응관계가 성립한다. 따라서 $2^{\aleph_0} \leq \mathrm{C}$이다(이것으로 칸토어의 부등식 $\mathrm{C} > \aleph_0$도 증명되었다).

이제 $\mathrm{C} = 2^{\aleph_0}$를 유추하려면 $\mathrm{C} \leq 2^{\aleph_0}$를 증명해야 한다. 0과 1 사이에 있는 모든 실수들은 이진법으로 전개될 수 있으므로(위 방식대로라면 이따금 황당하리만치 길어지지만), 이 부분집합의 카디널리티는 $2^{\aleph_0}$보다 작거나 같다. 그리고 이 구간을 실수 전체 구간 $\mathbb{R}$에 대응시키는 단순 함수는 여러 가지가 있으므로[16.12] $\mathrm{C} \leq 2^{\aleph_0}$이며, 이것으로 우리가 원했던 $\mathrm{C} = 2^{\aleph_0}$의 증명이 완성된다.

[16.11] 그 이유를 설명하라.

[16.12] 사례를 한 가지만 들어보라[도움말 : 그림 9.8을 참고할 것].

이 증명은 칸토어가 제시했던 원래의 논리와 다소 차이가 있지만, 기본적인 의미는 동등하다. 칸토어도 우리처럼 귀류법을 이용했는데, 논리 자체는 좀 더 직접적이었다. 그는 0과 1 사이에 있는 실수와 자연수 $\mathbb{N}$ 사이의 1대 1 대응관계를 가정하고 소수로 전개된 모든 실수의 목록을 세로로 나열하였다. 그리고는 '대각선논리diagonal argument'를 이용하여 "이미 만들어진 실수의 목록이 아무리 완벽하다 해도, 거기에는 새로운 실수가 첨가될 여지가 항상 남아 있다"는 것을 증명함으로써 귀류법적 증명을 완성하였다.(증명의 자세한 내용은 『황제의 새 마음The Emperor's New Mind』 3장에 소개되어 있다).[16.13] 칸토어가 펼쳤던 일반론은(이 절의 서두에서 $\alpha < 2^{\alpha}$를 증명할 때 사용했던 논리를 포함하여) 흔히 칸토어의 대각선 슬래쉬diagonal slash라고 불린다.

16.5 수학의 기초를 위협하는 난제

위에서 언급한 대로, 연속체(예를 들자면, 실수 $\mathbb{R}$ 같은)의 카디널리티 $2^{\aleph_0}$는 종종 C로 표기한다. 칸토어는 이것을 '$\aleph_0$ 다음으로 작은 기수'라는 의미에서 $\aleph_1$으로 표기했으나, $2^{\aleph_0} = \aleph_1$을 증명하지는 못했다. 그 후로 '$2^{\aleph_0} = \aleph_1$'은 연속체가설continuum hypothesis이라는 이름으로 오랜 세월 동안 미지의 가설로 남아 있었다. 그리고 지금도 '엄밀한 의미에서는' 아직 증명하지 못하고 있다. 쿠르트 괴델과 폴 코헨Paul Cohen은 "표준 집합론으로는 연속체가설(그리고 선택공리)을 증명할 수 없다"는

[16.13] 이 논리가 $\alpha = \aleph_0$인 경우에 $\alpha < 2^{\alpha}$임을 증명할 때 우리가 사용했던 논리와 기본적으로 같은 이유를 설명하라.

사실을 증명하였다. 그러나 잠시 후에 언급될 괴델의 불완전성 정리 때문에, 연속체가설의 진위는 아직 해결된 것으로 볼 수 없다. 앞으로 집합론보다 강력한 수학이론이 등장하여 연속체가설을 증명하거나 부정할 가능성은 얼마든지 남아 있다. 그러나 연속체가설의 진위는 수학을 바라보는 관점에 따라 달라질 수 있다.[8] 이 문제는 1.3절에 잠시 등장한 적이 있는데, 그곳에서는 연속체가설이 아닌 선택공리와 관련하여 언급되었다.

부등식 $\alpha < 2^{\alpha}$는 "가장 큰 무한대란 있을 수 없다"는 것을 우리에게 말해주고 있다. 누군가가 어떤 기수 Ω를 제시하면서 가장 큰 기수라고 주장한다 해도, 기수 2^{Ω}는 무조건 Ω보다 크기 때문이다. 이 사실은(이것을 증명한 칸토어의 논리와 함께) 수학의 기초에 커다란 의미를 부여했다. 특히 가장 큰 기수가 존재한다고 믿었던 철학자 버트런드 러셀Bertrand Russell은 칸토어의 결론에 회의적인 생각을 품었다가 자세한 내용을 연구한 후 1902년경에 생각을 바꾸기도 했다. 그는 칸토어의 논리를 '모든 집합으로 이루어진 집합'에 적용하여 그 유명한 '러셀의 역설Russell paradox'에 도달하였다!

역설의 내용은 다음과 같다. 자기 자신의 원소가 아닌 모든 집합들로 이루어진 집합을 $\mathcal{R}$이라 하자("어떤 집합은 자기 자신의 원소가 될 수도 있다"는 주장을 믿건 안 믿건 상관없다. 믿지 않는 사람들은 $\mathcal{R}$을 '모든 집합들로 이루어진 집합'이라고 생각하면 된다). 그렇다면 $\mathcal{R}$ 자신은 어떻게 되는가? $\mathcal{R}$도 자기 자신의 원소인가? 그렇다고 가정해 보자. 그러면 $\mathcal{R}$은 '자기 자신의 원소가 아닌 집합' 중 하나가 되어야 하는데, 이것은 방금 세운 가정에 위배된다. 즉, 모순이 발생한다! 그렇다면 이번에는 $\mathcal{R}$이 자기 자신의 원소가 아니라고 가정해 보자. 그러면 $\mathcal{R}$은 '자기 자신을 원소로 갖지 않는 집합'의 원소가 될 자격이 분명히 있다. 다시 말해서, $\mathcal{R}$은 자기 자신에 속해야 한다. 그런데 방금 전에 $\mathcal{R}$은 자기 자신의 원소가 아니라고 가정했으므로 이 경우에도 모순을 초래한다!

칸토어의 $\alpha < 2^{\alpha}$ 증명에서도 α를 '모든 집합들로 이루어진 집합'으로 간주하면 위와 동일한 모순이 발생한다.[16.14] 사실, 러셀이 그 유명한 역설에 이른 것도 칸토어의 증명을 통해서였다.[9] 이 논리에 의하면 '모든 집합으로 이루어진 집합'은 존재할 수 없다(칸토어는 러셀의 역설을 러셀이 발표하기 몇 해 전부터 이미 알고 있었다[10]). 누구나 떠올릴 수 있는 '모든 집합의 집합'이 금지된 개념이라는 것은 아무리 생각해도 이상한 결과가 아닐 수 없다. 어떤 집합의 원소가 되기 위한 조건이 명확하기만 하면, 그 집합은 아무런 문제없이 정의될 것 같다. '모든 집합의 집합'은 명확한 규칙이 있다. 상상할 수 있는 모든 집합을 원소로 갖는다고 하지 않았던가! 그런데도 이와 같이 의외의 결론이 내려진 이유는 방대한 집합과 그 원소들을 모두 '집합'이라는 이름으로 불렀기 때문이다. 역설적인 결과를 낳은 위의 논리는 집합의 속성을 어떻게 정의하느냐에 따라 달라질 수 있다. 일단 집합의 개념을 분명하게 정의했다면, 다음과 같은 질문이 제기된다. "모든 사물을 모아 놓은 집단을 집합이라고 부를 수 있는가?" 칸토어와 러셀은 단호하게 "no!"라고 외치고 있다.

수학자들은 이 역설을 해결하기 위해 집합set과 모임class을 구별하기로 했다(집합은 성질이 비슷한 객체들을 모아 놓은 집단인 반면, 모임은 공통점이 없는 객체들을 중구난방으로 모아 놓은 집단이라고 생각하면 된다). 대충 말해서, 집합을 모아 놓은 집단은 그 구성성분이 무엇이건 간에 '모임'으로 간주해야 한다는 것이다. 개중에는 집합으로 간주할 수 있

[16.14] 그 이유를 설명하라.

는 모임도 있고, '덩치가 너무 크거나,' '원소들이 너무 중구난방이어서' 집합으로 간주할 수 없는 모임도 있다. 단, 여러 개의 '모임'을 한데 모아서 더 큰 객체를 만들 필요는 없다. 이렇게 생각하면 '집합의 집합'은 허용되지 않고('모임의 모임'도 허용되지 않는다) '집합의 모임'이라는 개념만 허용된다. 칸토어는 이러한 최상위 집단에 최고모임 supreme class이라는 이름을 붙여놓고 Ω로 표기하였다. 이 논리에 따르면 Ω보다 큰 모임은 존재할 수 없다. 2^{Ω}는 다양한 '부분 모임'들을 모아 놓은 것인데, 이들 중 대부분은 집합이 아니므로 역시 허용되지 않는다.

그런데 이 모든 논리에는 다소 불만족스러운 구석이 있다. 사실, 이런 식으로 말할 수밖에 없는 나 자신에게도 실망감을 느낀다. '모임 = 집합'이 허용되는 확실한 기준을 제시할 수 있다면 아무런 문제가 없다. 그러나 집합과 모임의 '구별'은 다분히 순환적인 방법을 통해 이루어진다. 다른 모임의 구성원이 되는 모임은 집합으로 간주할 수 있다. 그러나 이것은 (내가 보기에)문제를 피해 가려는 궁여지책처럼 보인다! 문제는 모임과 집합을 구별하는 명확한 경계가 없다는 것이다. 한번 경계를 그어 놓고 조금만 지나면 경계가 너무 좁았다는 사실을 알게 된다. 사실, 우리의 집합에 덩치가 큰 모임을 포함시키면 안 된다고 주장할만한 근거는 없다. 물론 '누가 봐도 명백한' 모순은 피해가야 한다. 집합의 클럽에 가입할 수 있는 조건을 느슨하게 풀어놓을수록 집합의 개념으로 이루어지는 수학적 증명은 더욱 강력해진다. 그러나 이 클럽으로 들어가는 문을 열어 젖히는 순간, 대재앙 — 모순 — 이 찾아온다! 그동안 쌓아 왔던 모든 체계가 순식간에 허물어지고 마는 것이다! 집합과 모임의 구별은 현대수학에서 가장 미묘하고 어려운 문제로 남아 있다.[11]

많은 수학자들은 이런 '극단적 자유'에서 한 발짝 물러서는 쪽을 택하며, 심지어 완고하고 보수적인 '구성주의constructivism'를 수용하기도 한다. 구성주의자들은 집합에 속하는 원소와 그렇지 않은 원소를 구별하는 확고한 지침이 있는 경우에만 '집합'이라는 이름을 허용한다. 따라서 오직 선택공리에 의해 정의된 집합은 이 범주에 들어갈 수 없다! 그러나 이런 극단적 구성주의는 극단적 자유만큼이나 칸토어의 대각선 슬래쉬에서 자유롭지 못하다. 다음 절에서 좀 더 자세히 알아보기로 하자.

16.6 튜링머신과 괴델의 정리

우선 첫째로, 수학에서 무언가를 '구성한다construct'는 말이 무슨 뜻인지, 확실하게 짚고 넘어갈 필요가 있다. 지금 당장은 관심의 대상을 자연수 집합 $\mathbb{N}$의 부분집합으로 한정 짓는 것으로 충분하다. 과연 어떤 부분집합이 '구성적으로constructively' 정의될 수 있을까? 다행히도 20세기 초에 논리학자들은 이 문제를 해결하는 데 도움이 될만한 개념을 이미 개발해 놓았으며,[12] 1936년 앨런 튜링이 그 기초를 확고히 다졌다. '계산가능성computability'이라는 개념이 바로 그것이다. 요즘 사람들은 대부분 컴퓨터와 친숙하기 때문에, 정확한 수학적 형식을 논할 필요 없이 컴퓨터의 작동원리를 중심으로 이야기를 풀어 가도록 하겠다. 대략적으로 말해서, 계산(또는 알고리즘algorithm)이란 이상적인 컴퓨터가 수행하는 일련의 작업을 말한다. 여기서 '이상적'이라는 말은 계산이 아무리 오랫동안 진행되어도 오류를 범하지 않고, 자료의 저장공간에도 한계가 없다는 뜻이다. 수학자들은 이러한 장치를 튜링머신Turing machine이라고 부른다.[13]

특정한 튜링머신 T는 자연수를 대상으로 진행되는 특정한 계산에 대응된다. 특정 자연수 n를 대상으로 진행되는 T의 작용을 $T(n)$이라고 하자. 일반적으로 $T(n)$은 또 다른 자연수 m을 계산결과로 내놓는다.

$$T(n) = m$$

튜링머신의 계산은 종착점 없이 무한정 돌아갈 수도 있다. 자연수 n을 입력했을 때 계산이 종료되지 않는 튜링머신은 '불완전한faulty' 머신이며, 어떤 수를 입력해도 유한한 계산으로 종료되는 튜링머신은 '효율적인effective' 머신이다.

계산이 종료되지 않는(불완전한) 튜링머신 T의 대표적인 사례는 주어진 자연수 n에 대하여 '완전제곱수 n개의 합으로 표현될 수 없는 가장 작은 수'를 찾는 경우이다($0^2 = 0$도 포함한다). 이 조건에 의하면 $T(0) = 1$, $T(1) = 2$, $T(2) = 3$, $T(3) = 7$이다[$T(3)$의 경우, 자연수 3개의 완전제곱으로 표현될 수 없는 가장 작은 수는 7이다. 7보다 작은 수(0,1,2,3,4,5,6)는 모두 완전제곱수 세 개의 합으로 표현될 수 있다].[16.15] 그러나 T가 4에 적용되면 완전제곱수 4개의 합으로 표현되지 않는 자연수를 찾는 계산이 무한정 돌아가게 된다. "모든 자연수는 완전제곱수 4개의 합으로 표현된다"는 사실이 18세기의 위대한 이탈리아계 프랑스 수학자 조제프 라그랑주에 의해 이미 증명되었기 때문이다(라그랑주라는 이름은 이 책의 20장과 26장에서 다른 주제를 다룰 때 다시 한 번 등장할 것이다!).

개개의 (불완전하거나 효율적인)튜링머신들은 자신이 수행하는 알고리즘에 대하여 고유의 '지침서'를 갖고 있다. 이 지침서는 숫자의 배열

[16.15] 이 알고리즘의 원리를 간단히 서술하고, $n = 3$인 경우에 어떻게 적용되는지 설명하라.

(수열)로 이루어진 고유의 '코드'로 이루어져 있다. 숫자의 배열은 자연수 t로 재해석할 수 있으므로, 특정 알고리즘을 수행하는 튜링머신의 '프로그램'은 t라는 자연수로 대변된다고 할 수 있다. 이제, 특정 자연수 t로 대변되는 튜링머신을 T_t로 표기하자. 이 기계의 코딩은 모든 자연수 t에 대하여 작동하지는 않을 것이다. 그러나 어떻게든 모든 t에 대하여 작동하게 되었다면, T_t는 주어진 n값에 대하여 계산이 멈추지 않는 경우와 마찬가지로 '불완전한' 머신이 된다. '효율적인' T_t가 되려면 임의의 n값이 주어졌을 때 유한한 시간 내에 답을 낼 수 있어야 한다.

튜링은 임의의 튜링머신이 작동하는 방식을 똑같이 흉내낼 수 있는 만능 튜링머신 U가 논리적으로 가능하다는 사실을 알아냈다. 흉내내고 싶은 특정 튜링머신 T_t의 자연수 t를 대상으로 작동을 개시한 후 숫자 n에 대하여 동일한 과정을 반복하면 $T_t(n)$의 값을 계산할 수 있다(현대의 컴퓨터는 일종의 만능 튜링머신으로 생각할 수 있다). 이런 식으로 조합된 작용을 $U(t, n)$이라 하자. 그러면

$$U(t, n) = T_t(n)$$

으로 쓸 수 있다. 단, 위에서 정의한 튜링머신은 (t, n)과 같은 숫자 쌍에 적용되는 것이 아니라, 단 하나의 자연수에 적용되는 기계이다. 그러나 한 쌍의 자연수는 어렵지 않게 하나의 자연수로 축약할 수 있다([예제 16.8] 참조). U 자신은 어떤 자연수 u에 의해 다음과 같이 정의된다.

$$U = T_u$$

임의의 튜링머신이 불완전한 기계인지, 또는 효율적인 기계인지를 어떻게 판별할 수 있을까? 이것을 판단할 만한 알고리즘을 설계할 수 있을

까? 튜링이 알아낸 답은 'no!'였다. 칸토어의 대각선 슬래쉬를 이용하면 이 사실을 증명할 수 있다. 이전과 마찬가지로 자연수의 집합 ℕ을 생각해 보자. 단, 이번에는 ℕ의 부분집합을 모두 고려할 필요 없이, '주어진 수가 ℕ의 부분집합인지 아닌지'를 판단(계산)하는 데 필요한 부분집합만 고려하면 된다('서로 다른 계산'에 관련된 부분집합의 개수는 $\aleph_0$이고 ℕ의 모든 부분집합은 C개이므로, 이들은 같을 이유가 없다). 이와 같이 계산적으로computationally 정의된 집합을 '귀납적recursive' 집합이라 한다. 실제로, ℕ의 모든 가능한 귀납적 부분집합은 0 또는 1만을 출력하도록 설계된 효율적 튜링머신의 출력으로 정의된다. $\boldsymbol{T}(n)=1$이면 n은 $\boldsymbol{T}$로 정의되는 귀납적 집합의 원소이며('in'), $\boldsymbol{T}(n)=0$이면 n은 원소가 아니다('out'). 이제, 앞에서 언급했던 칸토어의 논리를 ℕ의 귀납적 부분집합에 적용하면 "효율적 $\boldsymbol{T}_t$의 자연수 t로 이루어진 집합은 귀납적이지 않다"는 결론이 내려진다. 즉, $\boldsymbol{T}$가 효율적인지 또는 불완전한지를 판별하는 알고리즘은 존재하지 않는다!

지금부터 이 증명을 좀 더 자세히 분석해 보자. 튜링/칸토어의 논리에 의하면 효율적 $\boldsymbol{T}_t$의 자연수 t로 이루어진 집합은 '귀납적 헤아림recursively enumerable'조차 불가능하다. 그렇다면, 귀납적으로 셀 수 있는 ℕ의 부분집합은 무엇인가? 자연수 0, 1, 2, 3, 4, ...에 연속적으로 적용되었을 때 '어떤 집합의 원소(두 개 이상일 수도 있음)를 결과로 출력하는' 효율적 튜링머신 $\boldsymbol{T}$가 항상 존재한다면, 이 집합이 바로 '귀납적으로 헤아릴 수 있는 ℕ의 부분집합'이다[즉, 어떤 자연수 n에 대하여 $m=\boldsymbol{T}(n)$이 만족되면 m은 이 집합의 원소이다]. 일반적으로, ℕ의 부분집합 S와 여집합 $ℕ-S$를 모두 귀납적으로 헤아릴 수 있으면 S는 귀납적 집합이다.[16.16] 튜링/칸토어의 논리에서 모순을 일으켰던 1대 1 대응관계는 효율적 튜링머신의 귀납적 헤아림에 해당된다. 우리가 배운 것은, 튜링머신 $T_t(n)$에서 '계산종료를 실패하는 순간'이 언제인지를 말해 주는 일반적 알고리즘이 존재하지 않는다는 것이다.

극히 보수적인 관점을 유지하면서 "계산을 통해 원소의 자격을 판별할 수 있는 집합만이 수학적으로 수용 가능한 집합(귀납적 집합)이다"라고 아무리 주장해도, 비귀납적인 집합을 어쩔 수 없이 고려해야 하는 시점은 반드시 찾아온다. 게다가 서로 다른 두 개의 효율적 튜링머신 T_t와 T_s를 통해 두 개의 귀납적 집합이 정의된 경우, 이들의 동등성을 판별하는 계산적 방법도 존재하지 않는다![16.17] 그뿐만 아니라, 보수적인 관점의 집합만을 고집하면 이와 비슷한 문제들이 다양한 수준에서 반복적으로 나타나게 된다. 미리 설정해 둔 집합의 유형에 속하지 않는 모임class을 고려해야 하는 경우가 계속해서 나타나는 것이다.

이 문제는 쿠르트 괴델의 유명한 정리와 밀접하게 연관되어 있다. 괴델은 수학자들이 사용하는 증명법 자체를 문제 삼았다. 20세기가 막 시작되던 무렵부터 몇 해 동안 수학자들은 집합론에 과도한 자유를 부여함으로써 야기된 역설들(러셀의 역설 등)을 피해가기 위해 '형식체계formal system'라는 새로운 개념을 도입하였다. 이것은 수학적 논리 속에서 '수학적 증명'에 해당하는 부분을 분명하게 규정하는 일종의 가이드라인이었다. 그러나 괴델은 엄밀한 논리를 통해 수학적 형식체계가 제대로 작동

[16.16] 증명해 보라.

[16.17] 그 이유를 설명하라[도움말 : 임의의 튜링머신 T가 n에 작용한다고 가정해 보자. 효율적 튜링머신을 Q라고 했을 때, T를 통한 r번의 계산이 진행된 후 계산이 끝나면 $Q(r)=1$이고, 끝나지 않으면 $Q(r)=0$이다. $Q(n)$과 $T_t(n)$의 합에 모듈로 2를 취하여 $T_s(n)$을 구해 보라].

할 수 없음을 증명했다. 즉, 어떤 형식체계 ***F***에 부여된 규칙이 수학적으로 옳은 결과만을 주는 것으로 인정되었다면, ***F***만으로 증명될 수 없는 분명한(수학적으로 모호하지 않은) 명제 G(***F***)도 수학적으로 참임을 인정해야 한다는 것이다. 간단히 말해서, 괴델은 우리가 신뢰하는 ***F***를 초월하는 방법을 제시한 셈이다.

그런데 일부 사람들은 이것을 잘못 이해하여 "괴델의 정리는 증명될 수 없는 수학적 정리가 존재한다는 뜻이며, 따라서 플라톤의 수학적 이상향(1.4절 참조)에는 인간이 범접할 수 없는 영역이 존재한다"고 믿고 있다. 물론 이것은 괴델의 정리와 한참 동떨어진 이야기다. 괴델의 정리는 "우리가 수학적 증명에 어떤 규칙을 부여했건 간에 일단 그 규칙을 신뢰한다면(규칙이 잘못되었음을 증명할 수 없다면), 그 규칙만으로는 이를 수 없는 어떤 수학적 진리에 도달할 수 있다"는 점을 시사한다.

괴델의 정리는 튜링의 정리로부터 직접 유도할 수 있다(처음 알려졌을 무렵에는 서로 다른 정리로 취급되었다). 이들을 어떻게 연결할 수 있을까? 형식체계의 핵심은 "***F***의 규칙이 올바르게 적용되었는지를 확인하기 위해 또 다른 수학적 검증을 거칠 필요가 없다"는 것이다. ***F***를 통한 수학적 증명이 올바르게 진행되었는지를 판단하는 것은 순전히 계산적인 문제이다. 임의의 ***F***에 부여된 규칙만으로 증명될 수 있는 수학적 정리의 집합은 귀납적으로 헤아릴 수 있다.

잘 알려진 수학명제는 '이러저러한 튜링머신의 작용이 끝나지 않는(무한히 계속되는)' 형태로 표현될 수 있다. "모든 자연수는 완전제곱수 네 개의 합으로 표현된다"는 라그랑주 정리가 대표적인 사례이다. 또 다른 예로는 20세기 말에 앤드루 와일즈에 의해 증명된 '페르마의 마지막 정리'와(1.3장 참조),[14] "2보다 큰 모든 짝수는 소수 두 개의 합으로 표현된다"는 골드바흐의 추측Goldbach conjecture을 들 수 있다(이 추측은 아직 증명되지 않았다). 논리수학자들은 이와 같은 유형의 명제를 Π_1-문장Π_1-sentences이라 부른다. 이제, 위에서 언급한 튜링의 논리에 의하면 수학적으로 참인 Π_1-문장들은 '귀납적으로 헤아릴 수 없는non-recursively enumerable' 집합을 이룬다. 이는 곧 "***F***의 규칙으로부터 얻을 수 없는 참인 Π_1-문장들이 존재한다"는 뜻이다(***F***는 신뢰할 수 있다고 가정한다). 이것이 바로 괴델 정리의 기본적인 형태이다. 사실, 이 정리를 좀 더 깊이 파고 들어가면 위에서 언급한 것과 동일한 형태의 괴델 정리를 얻을 수 있다. 그리고 G(***F***)가 참인 Π_1-문장이라고 결론을 내려야 하는 경우에도 ***F***가 올바른 Π_1-문장만을 양산한다면 ***F***가 던진 논리의 그물망에 걸리지 않는 특정 Π_1-문장 G(***F***)를 얻을 수 있다.[16.18]

16.7 무한대의 크기

마지막으로, 무한대와 구성가능성 문제를 지금까지 논의된 수학 및 현대물리학과 연관 지어 생각해 보자. 수학과 물리학의 긴밀한 관계를 고려할 때, 초한집합론transfinite set theory이나 계산가능성computability과 같이 기본적이고 중요한 수학 개념이 물리학에 별다른 영향을 미치지 못했다는 것은 실로 놀라운 일이 아닐 수 없다. 내가 보기에, 계산가능성 문제들은 미래의 물리학과 긴밀하게 연결될 것이다.[15] 그러나 지금은 수리물리학조차 이런 개념들을 거의 사용하지 않고 있다.[16]

[16.18] 그 이유를 설명할 수 있겠는가?

더욱 놀라운 것은 물리학에서 실수체계 ℝ의 카디널리티 C$(= 2^{\aleph_0})$ 이상을 고려하는 경우가 전혀 없다는 사실이다. 복소수 ℂ의 카디널리티는 ℝ의 카디널리티(C)와 같다. 왜냐하면 ℂ는 특정한 덧셈 및 곱셈법칙이 부여된 ℝ × ℝ과 동일하기 때문이다. 마찬가지로, 우리가 지금까지 고려해 온 벡터공간과 다양체들은 ℝ × ℝ × ⋯ × ℝ(또는 ℂ × ℂ × ⋯ × ℂ), 또는 이들로 만들어진 유한한 좌표조각으로 표현되는 점들의 집합으로 생각할 수 있다. 따라서 이들의 카디널리티도 모두 C이다.

이런 공간에서 정의된 함수에 대해 생각해 보자. C개의 점으로 이루어진 공간에서 정의된 실함수족은 위 논리에 따라 C^C개의 멤버로 이루어져 있다(C개의 원소로 이루어진 공간에서 C개의 원소로 이루어진 공간으로의 사상에 해당된다). 이것은 분명히 C보다 크며, 사실은 $C^C = 2^C$이다($\mathbb{R}^{\mathbb{R}}$의 각 원소들은 $2^{\mathbb{R}\times\mathbb{R}}$의 특정 원소로 해석할 수 있기 때문이다. 즉, 이것은 ℝ × ℝ번들의 절단면에 해당된다. ℝ × ℝ의 카디널리티는 C이다). 그러나 다양체 위의 연속 실함수나 복소함수(또는 텐서장이나 접속)의 개수는 C개뿐이다. 왜냐하면 연속함수는 한 세트의 유리수좌표에서 그 값이 정해지면 하나로 결정되기 때문이다. 유리수좌표를 갖는 점의 수는 $\aleph_0$이므로, 이 연속함수 값들의 개수는 $C^{\aleph_0}$이다. 그러나 $C^{\aleph_0} = (2^{\aleph_0})^{\aleph_0} = 2^{\aleph_0\times\aleph_0} = 2^{\aleph_0} = C$이다.[16.19] 우리는 6.4절과 6.6절에서 연속함수를 일반화한 초함수hyperfunction 개념을 도입한 적이 있다(9.7절 참조). 그러나 초함수는 한 쌍의 복소해석함수로 정의되기 때문에, 그 개수도 C를 초과하지 않는다.

[16.19] A, B, C가 집합일 때 $(A^B)^C = A^{B\times C}$임을 증명하라.

이 책의 22.3절로 가면 양자역학이 힐베르트 공간Hilbert space이라는 무한차원공간에서 전개된다는 사실을 알게 될 것이다. 물론 차원이 무한대인 공간은 유한차원공간과 여러 면에서 다른 성질을 갖고 있지만, 힐베르트 공간에 존재할 수 있는 연속함수의 수는 여전히 C이다. 여기서 개수를 늘일 수 있는 가장 그럴듯한 후보는 시공간에서 불규칙한 곡선(또는 물리적 장 배열)들로 이루어진 공간을 고려하는 양자장이론의 경로적분path integral이다(26.6절 참조). 그러나 앞으로 알게 되겠지만 이 경우에도 연속함수의 수는 여전히 C이다. 불규칙해 보여도 그 구조 안에는 연속성의 자취가 여실히 존재하기 때문이다.

카디널리티의 개념은 물리적 공간의 크기를 가늠할 수 있을 만큼 확고하게 정립되지 않았다. 물리학에 등장하는 대부분의 공간은 C개의 점들로 이루어져 있지만, 크기는 그야말로 천차만별이다. 공간의 크기를 생각할 때 가장 먼저 떠오르는 것은 벡터공간이나 다양체 $\mathcal{M}$의 차원인데, 이 값은 자연수이거나(일상적인 시공간은 4이고 12.1절에서 언급된 위상공간의 차원은 6×10^{19}이다) 양자역학의 힐베르트 공간처럼 무한대일 수도 있다. 수학적으로 가장 간단한 무한차원 힐베르트 공간은 복소수로 이루어진 수열$(z_1, z_2, z_3, \cdots)$로서, 이들의 제곱의 합 $|z_1|^2 + |z_2|^2 + |z_3|^2 + \cdots$는 수렴한다. 무한차원 힐베르트 공간의 '차원'은 $\aleph_0$라고 생각하는 편이 가장 합리적이다(여기에는 여러 가지 미묘한 문제들이 얽혀 있는데, 지금 당장은 언급하지 않는 편이 좋을듯하다). 실수 n차원공간은 ∞^n개의 점들로 이루어져 있다(이 점들로 이루어진 연속체는 n차원 배열로 구성되어 있다). 따라서 무한차원 공간은 ∞^∞개의 점들로 이루어진 셈이다.

다양체 $\mathcal{M}$ 위에서 정의된 다양한 공간들도 우리의 관심을 끈다. 이 공간들은 대부분 매끈하게 생겼지만, 초함수이론(9.7절 참조)이 개입되면 더욱 일반적인 성질을 띠게 된다. 이들은 특정한 (편)미분방정식을 만족하는데, 이로 인해 공간의 자유도에 어느 정도의 제약을 받게 된다. 제약이 그리 크지 않다면, 이 공간은 n차원 $\mathcal{M}$ (일상적인 시공간에서는 $n = 4$이다)에서 'n개의 변수로 이루어진 함수'로 간주할 수 있다. 그리고 공간상의 각 점에서 장field은 서로 독립인 k개의 성분을 갖는다. 이런 경우에 장의 자유도는 $\infty^{k\infty^n}$이다. 즉, ∞^n개의 점들로 이루어진 공간에서 ∞^k개의 점들로 이루어진 공간으로 사상이 이루어진다는 뜻이다.[17] 여기서는 아래와 같은 규칙이 사용되었다.

$$(\infty^k)^{\infty^n} = \infty^{k\infty^n}$$

장의 거동이 편미분방정식의 지배를 받는 경우, 장의 '초기 데이터 initial data[저차원(예를 들어, q차원) 공간 $\mathcal{S}$에서 주어진 보조장subsidiary field 데이터]'를 알고 있으면 장과 관련된 모든 것이 완벽하게 결정된다(27.1절 참조). 만일 이 데이터가 $\mathcal{S}$ 위에서 자유롭게 표현될 수 있다면(즉, $\mathcal{S}$ 위에서 미분방정식이나 대수방정식에 의해 제약받지 않는다면), 그리고 이 데이터들이 $\mathcal{S}$ 위의 각 점에서 r개의 독립성분으로 표현된다면 이 장의 자유도는 $\infty^{r\infty^q}$라고 할 수 있다. 대부분의 경우 r과 q를 쉽게 결정할 수 없지만, 여기서 중요한 것은 장 자체를 동등한 다른 양으로 재서술해도 r과 q가 변하지 않는다는 사실이다.[18] 이 문제는 23.2절과 31.10～12절, 31.15～17절에서 중요하게 다뤄질 예정이다.

〈16장 후주〉

16–2절

16.1 Howie(1989), pp. 269～271, Hirschfeld(1998), p. 098 참조. 마술원판은 완전차집합(perfect different sets)과 동일한 개념이다.

16.2 데자르그 정리나 파포스 정리가 성립되지 않는 마술원판[$\mathbb{P}^2(\mathbb{F}_q)$에서 유래하지 않은]의 존재여부에 대해서는 알려진 바가 없다. 비 데자르그(또는 비 파포스) 유한사영평면의 존재여부도 마찬가지다.

16.3 그러나 8원수의 물리적 역할은 가끔 논의된 적이 있다[Gursey and Tze(1996), Dixon(1994), Manogue and Dray(1999), Dray and Mongue(1999) 참조]. 일반적인 '8원수 양자역학'의 체계를 세우는 데에는 근본적인 어려움이 도사리고 있지만(Adler. 1995), 4원수 양자역학은 사정이 좀 나은 편이다. 물리적으로 중요한 역할을 하는 다른 수체계 중에 'p-진수(p-adic number)가 있는데, 여기에는 미적분학이 적용될 수 있고 일상적인 십진수처럼 표기할 수도 있다. 단, 각 자릿수가 1, 10, 100, 1000, …이 아니라 0, 1, 2, 3, …, $p-1$을 나타내며(p는 소수이다), 십진수와 달리 왼쪽으로 무한히 계속될 수 있다(음의 부호는 필요 없다). 예를 들어,

$$\ldots 24033200411.3104$$

는 특정 5-진수(5-adic number)를 나타낸다. 이들의 덧셈 및 곱셈규칙은 '일상적인' p-ary 대수와 동일하다(이 대수에서 기호 '10'은 소수 p를 나타낸다). Mahler(1989), Gouvea(1993), Brekke and Frend(1993), Vladimirov and Volovich(1989), Pitkaenen(1995) 참조.

16–3절

16.4 1대 1 대응은 현대수학용어로 '동형사상(isomorphism)'이라 한다. 이 밖에 하나의 집합이나 구조를 다른 대상으로 사상할 때 수학자들이 자주 사용하는 용어로는 '자기준동형사상(endomorphism)', '전사준동형사상(epimorphism)', '단사준동형사상(monomorphism, 간단하게 morphism이라고도 함)' 등이 있는데, 독자들이 혼란스러울 것 같아 이 책에서는 가능한 사용을 자제할 생각이다.

16.5 갈릴레오 이전에 알려져 있던 사실에 대해서는 Moore(1990) 제3장을 참조하라.

16.6 [후주 15.5]에서 언급한 바와 같이, $\mathbb{N}-0$은 '0을 제거한 모든 자연수의 집합'을 의미한다. 언뜻 생각하면 $\mathbb{N}-\{0\}$이 '더 정확한 표현'같지만, 3.4절에서 $\{0\}=1$이라고 이미 약속했으므로 이 규칙을 따른다면 '$\mathbb{N}-1$'이 되어 혼란만 가중될 뿐이다.

16.7 Wagon(1985), Runde(2002) 참조.

16–5절

16.8 칸토어의 '일반 연속체가설(generalized continuum hypothesis, $2^{\aleph_\alpha}=\aleph_{\alpha+1}$, 여기서 α는 '일상적인 수'임)'과 선택공리에도 이와 비슷한 논리가 적용된다.

16.9 Russell(1903), p. 362의 두 번째 각주 참조(1937년 판).

16.10 Van Heijenoort(1967), p. 114 참조.

16.11 이 문제에 관한 새로운 접근법은 Woodin(2001)에 소개되어 있다. 전통적인 수학교재로는 Abian(1965), Wilder(1965)가 있다.

16–6절

16.12 튜링에 앞서 이 문제를 연구한 사람은 알론조 처치(Alonzo Church),

하스켈 커리(Haskell B. Curry), 스티븐 클린(Stephen Kleene), 쿠르트 괴델, 에밀 포스트(Emil Post) 등이다. Gandy(1988) 참조.

16.13 튜링머신에 대한 자세한 설명은 Penrose(1989) 2장, Davis(1978), Turing(1937)을 참조하라.

16.14 Singh(1997), Wiles(1995) 참조.

16–7절

16.15 Penrose(1989, 1994, 1997 a, b) 참조.

16.16 Komar(1964), Geroch and Hartle(1986) §34.7 참조.

16.17 이 표기법은 존 휠러(John Wheeler)가 처음으로 사용하였다. Wheeler (1960), p. 67 참조.

16.18 Cartan(1945) p. 75 ~ 76 참조(초판). $\infty^{r\infty^q}$의 r을 올바르게 헤아리려면 약간의 주의가 필요하다. r 값이 다른 두 시스템이 동일한 경우도 있기 때문이다. 그러나 q의 값을 결정할 때에는 모호함이 전혀 없다. 현대의 제트번들 이론(theory of jet bundles)을 이용하면 모든 상황을 더욱 정확하게 서술할 수 있다[Bryant *et al.*(1991) 참조]. 휠러의 표기법은 현대에 와서 조금 수정되었는데[Penrose(2003)], 예를 들어 $\infty^{2\infty^2+3\infty^1+5}$는 '장(field)이 2개의 변수를 갖는 2개의 함수와 1개의 변수를 갖는 3개의 함수, 그리고 5개의 상수에 의존한다'는 뜻이다. 이 규약에 의하면 $\infty^{p(\infty)}$와 같은 표기도 가능하다. 여기서 p는 음이 아닌 정수계수를 갖는 다항식을 나타낸다.

17
시공간

17.1 아리스토텔레스의 시공간

1장부터 16장까지는 수학 이야기로 일관해 왔다. 지금부터는 관심을 돌려서, 이론과 실험을 통해 알려진 물리적 세계의 특성에 대해 알아볼 것이다. 제일 먼저, 모든 물리 현상이 발생하고 진행되는 배경, 즉 '시공간 spacetime'부터 시작해 보자. 시공간 개념은 지금부터 이 책에서 가장 핵심적인 역할을 하게 될 것이다!

우선, 가장 기본적인 질문부터 던져 보자. "왜 시공간을 문제 삼는가?"[1] 언뜻 보기에도 확연히 다른 시간과 공간을 '별개의 양'으로 간주하지 않고 굳이 시공간이라는 이름 아래 하나로 통합하려는 이유는 무엇인가? 아인슈타인은 일반상대성이론을 정립할 때 시공간을 멋지게 활용했지만, 사실 이것은 아인슈타인이 처음 떠올린 개념이 아니었고 그가 시공간을 처음 접할 무렵에는 그다지 열정적인 관심을 보이지도 않았다. 그뿐만 아니라, 과거로 거슬러 올라가서 갈릴레오나 뉴턴의 상대론적 관점을 분석해 보면 그들도 시공간의 중요성을 깊이 인식하고 있었음을 알 수 있다.

이 점을 이해하기 위해, 고대 그리스로 되돌아가서 아리스토텔레스

그림 17.1 물리적 운동은 스크린에 투영된 동영상과 같은 것인가? 스크린 위에 있는 한 점(그림에서 '×'로 표시된 부분)의 정체성은 그 위에 아무리 복잡한 영상이 투영되어도 변하지 않는다.

시대의 철학자들이 시공간을 어떤 식으로 이해했는지 알아보자. 아리스토텔레스의 물리학에는 물리적 공간을 표현하는 3차원 유클리드 공간 $\mathbb{E}^3$의 개념이 도입되었고 공간을 이루는 각 점들의 정체성은 시간이 흘러도 변하지 않는 것으로 간주되었다. 왜냐하면, 당시에는 물체가 모든 가능한 상태 중에서 '정지된 상태'를 가장 선호한다고 생각했기 때문이다. 임의의 한 순간에 공간상의 한 점을 점유하는 물체가 다음 순간에도 여전히 그 자리를 지키고 있다면, 그 지점의 속성은 시간이 흘러도 변하지 않는다는 것이 아리스토텔레스의 기본적인 생각이었다. 물리적 실체를 바라보는 우리의 시각도 이와 비슷하다. 극장에서 영화를 감상할 때, 스크린 위에 아무리 복잡한 동영상이 투영되어도 스크린 위에 있는 한 점의 정체성은 변하지 않는다(그림 17.1 참조).

시간도 유클리드 공간으로 표현할 수 있다. 그러나 공간과 달리 시간은 1차원이기 때문에($\mathbb{E}^1$) 종종 '자명한 공간'으로 치부되곤 한다. 어쨌거나, 물리적 공간과 시간은 실수선 $\mathbb{R}$의 단순한 복사본이 아닌 '유클리드 기하학'으로 서술된다. $\mathbb{R}$에는 '0(zero)'이라는 특별한 점이 존재하지만, 아리스토텔레스의 역학적 관점에는 특별한 원점 같은 것이 없기 때문이다

(여기서 말하는 '아리스토텔레스의 역학'이란, 그 시대를 지배했던 가장 이상적인 역학관을 의미한다. 실제로 아리스토텔레스가 물체의 운동에 관하여 어떤 생각을 했는지는 나로서도 알 길이 없다!).[2] 만일 시간에 '원점'이 존재한다면, 물체가 이 점을 통과하는 순간에 역학법칙이 달라질 수도 있다. 그러나 원점이 없으면 역학법칙은 모든 시간에 걸쳐 동일한 형태로 적용되어야 한다. 이 경우에는 법칙을 좌우할 만한 '시간매개변수time parameter'가 존재하지 않기 때문이다.

이 책에서는 물리적 공간도 시간과 마찬가지로 원점이 없는 것으로 간주할 것이다. 즉, 공간은 모든 방향으로 끝없이 펼쳐져 있으며, 역학법칙은 모든 곳에서 동일하게 적용된다(이것도 아리스토텔레스의 실제 생각과는 무관하다!). 1차원이건 3차원이건 간에, 유클리드 기하학에는 거리distance라는 개념이 있다. 3차원 공간에서 거리라고 하면, 보통 일상적인 유클리드 거리(미터m나 피트ft 등의 단위로 측정되는 양)를 의미하고, (시간이라는) 1차원 공간에서 거리는 초나 분 단위로 측정되는 시간간격을 의미한다.

아리스토텔레스의 물리학에는(갈릴레오와 뉴턴의 물리학도 마찬가지지만) '시간의 동시성temporal simultaneity'이라는 절대 개념이 존재한다. 이런 역학체계를 따른다면, "지금 내가 옥스퍼드 집의 서재에서 타자를 치는 '사건'과 저 멀리 안드로메다은하에서 일어나는 (초신성 폭발 같은)어떤 '사건'은 동시에 일어난 사건이다"라는 말은 절대적인 의미를 지닌다(즉, 동시성을 판별할 만한 절대적인 시간기준이 존재한다는 뜻이다). 잠시 영화가 상영되고 있는 스크린으로 되돌아가서 생각해 보자. 동일 스크린 상의 멀리 떨어진 두 지점에서 전혀 다른 두 가지 사건이 진행되고 있을 때, 이들이 과연 '동시에' 일어난 사건인지를 판별할 수 있을까?

이 경우에는 분명한 해답이 있다. 두 사건이 동일한 프레임에 기록되어 있다면, 이들은 동시에 일어난 사건이다. 따라서 우리는 두 사건이 공간의 같은 장소에서 일어났는지, 또는 같은 시간에 일어났는지를 판별할 수 있다(발생장소가 같다면 시간이 다를 것이고, 발생시간이 같다면 장소가 다를 것이다). 그뿐만 아니라, 두 사건의 발생장소가 다른 경우에는 이들이 동시에 일어났건, 그렇지 않건 간에 '두 지점 사이의 거리(스크린 위에서 정의된 거리)'라는 분명한 개념이 존재한다. 또한, 두 사건이 동시에 일어나지 않았다면 둘 사이의 '시간간격'이라는 개념도 분명하게 정의할 수 있다(이 역시 두 사건이 일어난 지점 사이의 거리와 무관하다).

결론적으로 말해서, 아리스토텔레스 물리학은 아래와 같은 시공간을 배경으로 삼고 있다.

$$\mathcal{A} = \mathbb{E}^1 \times \mathbb{E}^3$$

앞으로 $\mathcal{A}$를 '아리스토텔레스 시공간Aristotelian spacetime'이라 부르기로 한다. 이것은 $\mathbb{E}^1$의 요소인 시간 t와 $\mathbb{E}^3$의 요소인 공간좌표 $\mathbf{x}$가 결합하여 $(t, \mathbf{x})$쌍을 이루는 공간이다(그림 17.2 참조). $\mathbb{E}^1 \times \mathbb{E}^3$에 속하는 서로 다른 두 점 $(t, \mathbf{x})$와 $(t', \mathbf{x}')$(즉, 서로 다른 두 개의 사건)이

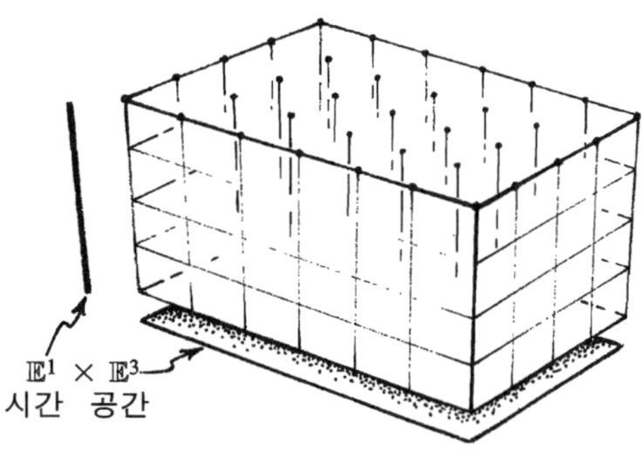

그림 17.2 아리스토텔레스 시공간 $\mathcal{A} = \mathbb{E}^1 \times \mathbb{E}^3$은 1차원 유클리드 공간 $\mathbb{E}^1$의 요소인 t와 3차원 유클리드 공간 $\mathbb{E}^3$의 요소인 $\mathbf{x}$(공간상의 점)의 쌍 $(t, \mathbf{x})$로 이루어져 있다.

주어지면, 이들 사이의 거리($\mathbb{E}^3$에서 $\mathbf{x}$와 $\mathbf{x}'$ 사이의 간격)와 시간간격($\mathbb{E}^1$에서 t와 t' 사이의 간격)이 분명하게 정의된다. 특히, 두 개의 사건이 같은 장소에서 일어났는지(공간간격이 0), 또는 동일한 시간에 일어났는지(시간간격이 0) 여부를 분명하게 판단할 수 있다.

17.2 갈릴레오의 상대성에 의한 시공간

그다음으로, 1638년에 갈릴레오가 구축했던 역학체계에는 어떤 개념의 시공간이 도입되어야 하는지 알아보자. 우리의 목적은 갈릴레오의 상대성원리를 우리가 그린 시공간에 결부시키는 것이다. 일단은 갈릴레오가 생각했던 상대성원리의 구체적인 내용부터 알아야 한다. 가장 좋은 방법은 갈릴레오가 직접 남긴 글을 읽어 보는 것이다(원문을 영어로 번역한 사람은 스틸먼 드레이크Stillman Drake이다.[3] 여기서는 축약된 내용만 소개하기로 한다. 관심 있는 독자들은 전문을 읽어 보기를 강하게 추천하는 바이다).

> 당신은 친구와 함께 항해 중인 배의 갑판 아래 주 선실에 갇혀 있다. 주변에는 파리와 나비, 여러 날짐승들이 어지럽게 날아다닌다…… 물병을 매달아 밑에 놓인 그릇에 물을 한 방울씩 떨어뜨려 보자. 배는 같은 속력으로 이동하며, 어떤 요동도 없다고 가정한다…… 물방울이 떨어지는 공간은 배와 함께 앞으로 나아가지만, 물방울은 선미 쪽으로 치우치지 않고 곧바로 떨어진다…… 선실 안에서 날아다니는 날벌레들도 배의 선미 쪽으로 몰리지 않고 배가 정지해 있을 때와 마찬가지로 자유롭게 날아다닌다. 마치 벌레들이 배와 함께 앞으로 진행하는 것 같다……

갈릴레오는 이 글을 통해 "균일하게 움직이는 좌표계에서는 역학법칙들이 모두 동일하다"는 사실을 말하고 있다(갈릴레오가 코페르니쿠스의 주장을 그대로 받아들인 것도 평소에 위와 같은 생각을 갖고 있었기 때문이다. 코페르니쿠스는 인간이 지구의 움직임을 느끼지 못한다 해도 지구는 움직이고 있다고 굳게 믿었다. 물론 이것은 아리스토텔레스의 역학을 정면으로 위배하는 생각이었다). 완전하게 정지한 상태와 균일한 속도로 움직이는 상태를 물리적으로 구별하는 방법은 이 세상에(이 우주에) 존재하지 않는다. 위에서 언급된 방식으로 설명하자면, 공간상의 특정한 점을 설정하고 나서 얼마간의 시간이 흐른 뒤에 그 점이 다른 점과 '같다' 또는 '다르다'고 주장하는 것은 역학적으로 아무런 의미가 없다. 그렇다면 앞에서 영화스크린을 예로 들어 가며 부지런히 논했던 모든 내용들은 무용지물이 된다! 시간이 흘러도 전혀 움직이지 않는 배경공간(스크린) 같은 것은 이 세상에 존재하지 않는다. 따라서 우리는 공간상의 한 점 p가(예를 들어, 내 노트북의 워드프로세서 창에 찍혀 있는 느낌표의 점이) 1분 전에 그 위치에 있었던 점과 같은지, 또는 다른지를 논할 수 없다. 이 점을 더 분명하게 이해하기 위해, 자전하는 지구를 떠올려 보자. 지구는 하루에 한 바퀴씩 돌아가므로, 지표면 상의 한 점(옥스퍼드와 위도가 같은 점)은 1분 후에 10마일가량 이동하게 된다. 따라서 내가 지정한 점 p는 1분이 지나면 옥스퍼드를 벗어나 위트니 타운 근처에 위치하게 될 것이다.

잠깐! 우리는 지구의 자전만을 고려했을 뿐, 공전을 고려하지 않았다. 공전까지 고려하면, 1분이 지났을 때 점 p는 이전과 반대방향으로 수백 배 이상 멀어져서(지금은 정오가 조금 지난 시간이기 때문에, 지구의 자전과 공전은 서로 반대방향으로 진행되고 있다. 물론 밤이 되면 같은 방향으로 진행될 것이다) 지구 대기권을 벗어나게 된다! 그런데 지구공전의 중심인 태양은 과연 그 자리에 가만히 있을까? 아니다. 태양은 은하수의 변방에 있는 조그만 별로서, 우리은하의 중심을 따라 회전하고 있다. 게다가 우리은하 자체도 국부 은하단 속에서 병진운동을 한다. 이것으로 끝나지 않는다. 국부 은하단은 처녀자리 은하단을 중심으로 회전하고 있고, 처녀자리 은하단은 거대한 머리털자리 초은하단Coma supercluster에 대하여 움직이고 있다. 그리고 이 머리털자리 초은하단마저 '거대인력체Great Attractor(27.11절 참조)'를 향해 조금씩 나아가고 있다. 1분 후에 p 점의 위치를 정확하게 파악하려면 이 복잡한 운동을 모두 고려해야 할까?

이 시점에서 우리는 갈릴레오의 상대성원리를 신중하게 받아들여야 한다. 1분이 지나고 나서 공간상의 한 점이 지금 내가 선정해 놓은 점과 동일하다고 주장하는 것은 아무런 의미가 없다. 갈릴레오 역학에서는 '하나의' 3차원 유클리드 공간 $\mathbb{E}^3$가 시간과 함께 이동하는 것이 아니라, 매 순간 새로운 공간 $\mathbb{E}^3$가 겹겹이 놓여 있는 것으로 이해해야 한다. 그리고 이렇게 겹쳐진 $\mathbb{E}^3$들 사이에는 아무런 구별도 없다.

물리적 공간이 매 순간 완전히 사라지고, 그때마다 새로운 공간이 등장한다는 것은 실로 놀라운 해석이 아닐 수 없다. 그러나 15장에서 다뤘던 수학을 이용하면 이 난해한 상황을 슬기롭게 헤쳐나갈 수 있다. 갈릴레오의 시공간 $\mathcal{G}$는 $\mathbb{E}^1 \times \mathbb{E}^3$가 아니라, 기저공간 $\mathbb{E}^1$과 파이버 $\mathbb{E}^3$로 이루어진 파이버번들에 해당한다![4] 파이버번들에서는 하나의 파이버와 그 다음 파이버 사이의 차이라는 것이 존재하지 않지만, 파이버들이 서로 적절하게 연결되어 전체 번들을 이루고 있다. 개개의 시공간에서 일어난 사건에는 '시계공간' $\mathbb{E}^1$ 상의 위치에 따라 자연스럽게 '시간'이 할당되지만, 하나의 '위치공간' $\mathbb{E}^3$에 공간상의 위치는 할당되지 않는다. 15.2절의 '번들 언어'로 표현하자면, 시간의 할당은 $\mathcal{G}$에서 $\mathbb{E}^1$로 가는 정준투영can-

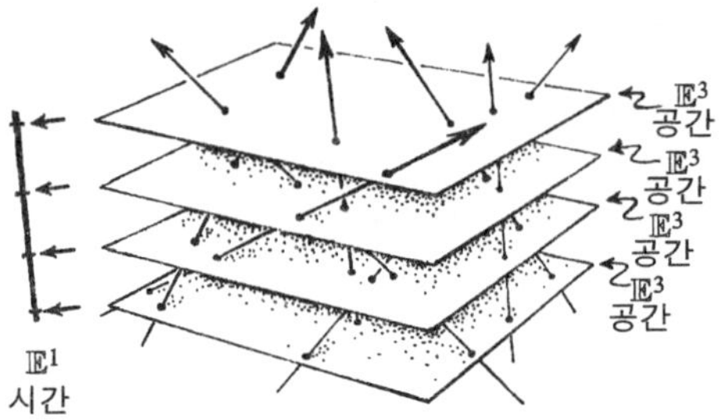

그림 17.3 갈릴레오의 시공간 $\mathcal{G}$는 기저공간 $\mathbb{E}^1$과 파이버 $\mathbb{E}^3$로 이루어진 파이버번들로 생각할 수 있다. 따라서 여러 개의 $\mathbb{E}^3$ 파이버들은 서로 구별될 수 없다(절대공간은 존재하지 않는다). 그러나 각 시공간에서 일어난 사건에는 '정준투영(canonical projection)'을 통해 고유의 시간(절대시간)이 할당된다(그림 15.2와 비교해 보라. 단, 이 그림에서는 기저공간을 향한 정준투영이 수평방향으로 일어난다). 입자의 궤적(세계선, world line)은 번들의 절단면에 해당된다(그림 15.6a와 비교해볼 것). 그림에 표현된 입자들은 모두 등속운동을 하고 있다(즉, 세계선이 모두 직선이다).

onical projection에 의해 구현된다고 할 수 있다(그림 17.3 참조. 그림 15.2와 비교해 볼 것).

17.3 뉴턴의 역학과 시공간

시공간을 번들로 간주하는 것은 그런대로 이해가 갈 것이다. 그렇다면, 갈릴레오-뉴턴의 역학까지 번들로 설명할 수 있을까? 고전역학의 법칙을 완성했던 뉴턴은 '절대공간absolute space' 개념에 깊이 빠져 있었다. 사실, 뉴턴은(적어도 처음에는) 갈릴레오식 상대성원리의 맹렬한 추종자였다. 뉴턴이 발견했던 운동법칙의 초기서술을 보면, 갈릴레오의 상대성원리를 기본법칙으로 상정했음을 분명하게 밝히고 있다(균일하게 움직이는 기준계를 역시 균일하게 움직이는 다른 기준계로 바꿔도 물리법칙은 전혀 변하지 않는다. 그리고 절대적 개념의 시간은 갈릴레오 시공간 $\mathcal{G}$ 위에 분명하게 존재한다).

처음에 뉴턴은 다섯 개(혹은 여섯 개)의 법칙을 제안했는데, 그중 네 번째가 바로 갈릴레오의 상대성원리였다.[5] 그러나 프린키피아Principia를 출판할 무렵에는 운동법칙을 세 개로 축약하여 발표하였다. 이것이 바로 우리가 알고 있는 '뉴턴의 운동법칙'이다. 뉴턴은 이 세 법칙으로부터 다른 모든 결과를 유도 가능함을 간파하고 있었다. 그는 자신이 발견한 법칙에 이론적 배경을 부여하는 수단으로 '절대공간' 개념을 도입했다. 즉, 절대공간은 뉴턴의 법칙이 적용되는 '물리적 배경'이었던 셈이다. 만일 그 시대에 파이버번들의 개념이 알려져 있었다면(물론 말도 안 되는 가정이지만), 뉴턴은 '갈릴레오 불변량Galileian invariant'만을 이용하여 자신의 법칙을 체계화했을 것이다. 그러나 뉴턴은 파이버번들을 몰랐으므로, 논리를 계속 진행하려면 절대공간을 도입하는 수밖에 없었다.

갈릴레오의 시공간 $\mathcal{G}$에는 어떤 구조를 부여해야 하는가? 우리의 파이버번들 $\mathcal{G}$에 번들 접속을 부여하기는 아무래도 무리인 것 같다(15.7절 참조).[17.1] 대신, 뉴턴의 제1법칙에 부합하는 무언가를 부여해 보자. 이 법칙에 의하면 힘이 작용하지 않는 한 입자는 등속직선운동을 하는데, 이것을 '관성운동inertial motion'이라고 한다. 시공간의 언어로 표현하자면, 임의의 입자가 그리는 운동궤적(즉, 입자의 과거)은 (등속운동이건 아니건 간에) 입자의 세계선world line으로 표현된다. 갈릴레오의 시공간에서 세계선은 갈릴레오번들의 절단면이 되어야 하며(15.3절,[17.2] 그림 17.3

[17.1] 왜 그런가?

[17.2] 그 이유를 설명하라.

참조), 균일한 직선운동(관성운동)은 시공간에서 '직선straight line'으로 해석된다. 따라서 갈릴레오 번들 $\mathcal{G}$의 구조 안에는 세계선의 '직선성 straightness'이 포함되어 있어야 한다. 이것은 다음과 같이 표현할 수 있다. "$\mathcal{G}$는 일종의 아핀공간이다. 단, 개개의 $\mathbb{E}^3$ 파이버로 한정했을 때 $\mathcal{G}$의 아핀구조는 각 $\mathbb{E}^3$의 유클리드 아핀구조와 일치한다." 다른 설명방법은 $\mathbb{E}^1 \times \mathbb{E}^3$에 속하는 직선족 ∞^6을 규정하고(아리스토텔레스의 균일운동), 이것을 이용하여 갈릴레오번들에 '직선'을 부여하는 것이다. 단, 이 과정에서 아리스토텔레스 시공간 $\mathcal{A}$의 실제 곱구조product structure는 잊어버려야 한다(∞^6은 6차원족6-dimensional family을 의미한다. 16.7절 참조). 또 다른 방법은 갈릴레오 시공간을 일종의 다양체로 간주하고, 여기에 곡률과 꼬임률이 모두 0인 접속이 존재한다고 주장하는 것이다(이것은 갈릴레오 시공간을 $\mathbb{E}^1$ 위의 번들로 간주할 때 번들 접속을 갖는다는 주장과 전혀 다른 내용이다).[17.3]

위에서 제시한 세 설명방법 중 마지막 것이 가장 바람직하다. 17.5, 17.9절에서 중력을 아인슈타인의 아이디어와 연계하여 설명할 예정인데, 이때 세 번째 설명법을 수용하면 논리를 쉽게 일반화할 수 있다. $\mathcal{G}$ 위에서 접속을 정의해 놓으면 측지선geodesic 개념을 적용할 수 있고(14.5절 참조), 개별 $\mathbb{E}^3$의 단순 직선과는 구분되는 이 측지선은 뉴턴의 관성운동을 정의한다. 물론, 세계선이 측지선과 일치하지 않는 경우도 있다. 이런 현상은 입자가 가속운동을 할 때 나타나는데, 가속도의 크기는 세계선의 곡률과 같다.[17.4] 뉴턴 제2법칙에 의하면, 입자의 가속도는 입자에 가해

[17.3] 이 세 가지 설명방법을 좀 더 구체적으로 논하라. 이들이 모두 동일한 구조를 서술하는 이유는 무엇인가?

진 힘을 입자의 질량으로 나눈 값과 같다(이것이 바로 그 유명한 $f = ma$ 이다. 단, 지금은 $a = f \div m$의 형태로 설명하고 있다. 여기서 a는 입자의 가속도이고 m은 질량, f는 입자에 가해진 총힘 total force이다). 따라서 질량이 알려진 입자가 그리는 세계선의 곡률을 알고 있으면 입자에 가해지는 총힘을 알아낼 수 있다.

표준 뉴턴 역학에서 입자에 가해지는 총힘은 다른 모든 입자가 이 입자에 가하는 힘들의 벡터합으로 주어진다(그림 17.4a 참조). 어떤 특정한 $\mathbb{E}^3$에서 한 입자가 다른 입자에 가하는 힘은 $\mathbb{E}^3$ 위에서 둘 사이를 연결하는 직선방향으로 작용한다. 다시 말해서, 두 입자가 힘을 '동시에' 행사한다는 뜻이다(그림 17.4b 참조). 뉴턴의 제3법칙에 의하면 이들 중 한 입자에 작용하는 힘은 상대입자에 작용하는 힘과 크기가 같고 방향은 정반대이다. 또한, 입자에 작용하는 다양한 힘들은 분명한 '법칙'을 따르고 있다. 이 법칙들은 두 입자 사이의 거리와 입자의 질량 등 힘의 크기를 좌우하는 요인들(매개변수들)을 우리에게 알려주고 있다. 예를 들어, 중력의 경우 힘을 나타내는 함수는 두 입자 사이 거리의 제곱에 반비례하고 두 입자의 질량의 곱에 비례하며, 여기에 중력상수 $\mathcal{G}$가 곱해진 형태를 취하고 있다. 이것을 기호로 표기하면 그 유명한 뉴턴 중력법칙이 얻어진다. 질량이 각각 m, M인 두 입자가 거리 r만큼 떨어져 있을 때, 이들 사이에 작용하는 중력(항상 인력으로 작용한다)은 다음과 같다.

$$\frac{GmM}{r^2}$$

[17.4] 이 곡률을 접속 ∇로 표현해 보라. 접벡터는 어떤 규격화조건(normalization condition)을 만족해야 하는가?

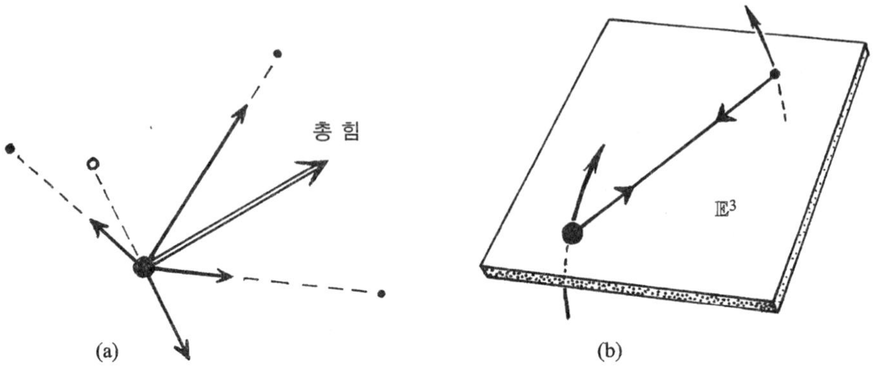

그림 17.4 (a) 뉴턴의 힘 : 임의의 한 순간에 입자에 가해지는 총힘(그림에서 두 줄로 그려진 화살표)은 다른 입자들이 가하는 힘들(인력 또는 척력)의 벡터합으로 주어진다. (b) 휘어진 세계선을 그리며 이동 중인 두 입자의 모습. 이들은 매 순간 '즉각적으로' 힘을 교환하며, 이 힘은 특정 $\mathbb{E}^3$ 상에서 둘 사이를 연결하는 직선을 따라 작용한다. 뉴턴의 제3법칙에 의하면 한 입자에 가해진 힘은 상대입자에 가해진 힘과 크기가 같고 방향은 정반대이다.

물체의 이동속도가 빛의 속도보다 현저하게 느린 경우에는 위에서 언급한 정보만으로 거시적 물체의 거동을 설명하는 매우 정확한 이론을 구축할 수 있다(미시적 입자의 거동도 기본적인 단계에서 설명할 수 있다). 특히 태양계에서 행성들의 운동을 관측한 결과는 중력이론과 거의 정확하게 맞아떨어진다. 지금까지 알려진 바로는 뉴턴의 법칙과 관측결과 사이의 오차는 10^{-7} 정도이다. 뉴턴 시대에 사용했던 관측장비가 10^{-3} 이내의 오차를 감지할 수 없었던 점을 고려할 때, 이는 실로 대단한 업적이 아닐 수 없다.

17.4 등가원리

뉴턴의 이론은 엄청난 위력을 발휘하면서 근 250년 동안 물리학의 권좌를 지켜 왔지만, 지금 우리는 그의 이론이 완벽하지 않다는 사실을 잘 알고 있다. 그뿐만 아니라, 뉴턴의 이론을 보완하려면 중력의 본성을 다루는 아인슈타인의 심오하고 혁명적인 사고방식을 따라야 한다는 것도 알고 있다. 그러나 아인슈타인의 관점을 수용하는 것만으로는 뉴턴의 이론이나 관측결과가 수정되지 않는다. 진정한 수정은 빛의 속도가 일정하다는 사실과 특수상대성이론의 아이디어를 아인슈타인의 관점과 결부시켰을 때 이루어진다. 특수상대성이론은 17.6～8절에서 다룰 예정이다. 이들이 완전히 결합된 결과물인 아인슈타인의 일반상대성이론은 17.9절과 19.6～8절에서 본격적으로 언급될 것이다.

아인슈타인의 심오하고 혁명적인 관점이란 대체 무엇인가? 무엇이 그리도 대단했기에, 무려 250년간 물리학을 지배해 온 뉴턴 이론을 권좌에서 끌어내렸는가? 그것은 바로 중력과 가속운동이 근본적으로 같은 현상임을 말해주는 '등가원리 principle of equivalence'였다. 이 아이디어의 원조는 (또다시!) 16세기 말의 갈릴레오로 알려져 있다[이보다 전에 시몬 스테빈 Simon Stevin(1586)이 비슷한 아이디어를 제안했고, 5～6세기경에 이오아네스 필리포노스 Ioannes Philiponos도 등가원리와 비슷한 개념을 떠올린 적이 있다]. 갈릴레오가 피사의 사탑 꼭대기에서 크고 작은 두 돌멩이를 낙하시켰다는 실험을 떠올려 보자(그림 17.5a 참조. 그가 이 실험을 피사에서 했다는 주장은 별로 신빙성이 없다). 갈릴레오는 그 무렵의 과학자들과 전혀 다른 생각을 갖고 있었다. "만일 공기저항이 없다면 크기가 다른 두 돌멩이는 동일한 속도로 떨어질 것이다!" 그의 돌멩이가 피사의 사탑에서 떨어졌건, 다른 곳에서 떨어졌건 간에, 이런 단순한 실험

(a) (b)

그림 17.5 (a) 갈릴레오의 실험(추정). 크고 작은 두 개의 돌멩이를 피사의 사탑 꼭대기에서 낙하시켰다. 갈릴레오는 "공기저항이 없으면 두 돌멩이는 동일한 비율로 떨어진다"고 생각했다. (b) +, − 로 대전된 두 개의 공(질량은 같음)을 전기장 안에 놓아두면 서로 반대방향으로 움직인다. 그림과 같이 전기장이 수직방향으로 형성되어 있으면 하나는 위로, 다른 하나는 아래쪽으로 이동한다.

만으로 그토록 강하게 확신하기란 불가능하다. 아마도 그는 자신의 생각을 확증할 만한 다른 실험을 별도로 수행했을 것이다.

갈릴레오의 실험에서 제일 먼저 짚고 넘어갈 것은, 그의 예측이 오직 중력장gravitational field 하에서만 통한다는 사실이다. 만일 돌멩이에 중력이 아닌 다른 힘이 작용했다면 결과는 사뭇 달라졌을 것이다. 중력장을 통해 물체에 가해지는 중력의 세기는 중력법칙에 등장하는 물체의 '질량'에 비례하며, 물체에 작용하는 저항은 뉴턴의 제2법칙에 등장하는 물체의 '질량'과 관련되어 있다. 전자를 '중력질량gravitational mass'이라 하고 후자를 '관성질량inertial mass'이라고 하는데, 이들을 별개의 질량으로 분리해서 생각하는 것이 여러모로 유용하다[중력질량을 다시 세분하면 수동적passive 중력질량과 능동적active 중력질량으로 나눌 수 있다. 중력에 대한 뉴턴의 역제곱법칙 GmM/r^2에서 'M이 m에게 행사하는 중력'을 논할 때 질량 m을 수동적 질량이라 하고, 'm이 M에게 행사하는 중력'을 논할 때 m을 능동적 질량이라고 한다. 그러나 뉴턴의 제3법칙(작용-반작용 법칙)에 의하면 수동적 질량과 능동적 질량은 정확하게 같다. 그래서 나는 이들을 굳이 구별하지 않을 것이다[6]]. 따라서 갈릴레오의 예측은 중력질량과 관성질량이 같다는 사실(또는 적어도 비례한다는 사실)에 근거하고 있다.

뉴턴 역학의 관점에서 볼 때, 중력질량과 관성질량은 같을 이유가 전혀 없다. 그런데도 이들이 정확하게 같다는 것은 커다란 행운이 아닐 수 없다. 만일 공간에 펴져 있는 장이 중력장이 아니라 전기장이었다면, 결과는 완전히 다르게 나타날 것이다. 전기력에서 수동적 중력질량에 해당하는 양은 전기전하인데, 관성질량(즉, 물체의 가속을 방해하는 요인)의 역할은 중력의 경우와 동일하다(즉, 이 경우에도 뉴턴의 제2법칙 $f = ma$의 m이 물체의 관성을 좌우한다). 갈릴레오가 떨어뜨렸던 두 개의 돌멩이를 '질량이 같고 전하량의 부호가 반대인 두 개의 조그만 구형전하'로 대치하면 그 차이를 더욱 분명하게 알 수 있다. 공간에 걸려 있는 전기장이 위에서 아래쪽을 향하고 있다면, 두 전하 중 하나(+)는 아래로 떨어지고 다른 하나(−)는 위로 끌려 올라간다. 다시 말해서, 두 입자의 가속도가 반대방향으로 나타나는 것이다!(그림 17.5b 참조) 중력장과 전기장이 이토록 다른 결과를 주는 근본적인 이유는 입자의 전하와 관성질량이 전혀 무관하기 때문이다. 심지어 전기전하는 마이너스(−) 값을 가질 수도 있다. 따라서 갈릴레오의 영감 어린 생각은 전기장에 적용되지 않는다. "질량이 다른 두 물체는 동일한 비율로 낙하한다"는 주장은 오직 중력에만 적용될 수 있다.

중력의 이러한 특성을 '등가원리'라고 부르는 이유는 무엇인가? 여기서 '등가'라는 말은 균일한 중력장이 가속도와 물리적으로 동등하다는 것을 의미한다. 소형비행기를 타고 곡예비행을 하는 비행사들은 이 효과를 잘 알고 있을 것이다. 비행기가 가속운동을 하고 있으면 어느 쪽이 '아래'인지 판단하기가 쉽지 않다(비행기가 방향을 급격하게 바꿀 때 이런 현상이 자주 일어난다). 비행기 안에서 '느껴지는' 힘만으로는 가속도에 의한 효과와 지구의 중력장에 의한 효과를 구별할 수 없다. 이 두 가지 효과가 동시에 나타나서 하나로 더해지면(그리고 가속도의 방향과 중력장의 방향이 서로 다르다면) 조종사가 느끼는 아래쪽과 실제의 아래쪽 사이에는 심각한 차이가 발생할 수 있다. 이럴 때 경험이 부족한 조종사는 바깥풍경을 바라보면서 순간적인 혼란상태에 빠지게 된다.

가속도와 중력장이 등가라는 사실과 갈릴레오의 영감 어린 생각은 어떤 관계에 있는가? 이 점을 이해하기 위해, 피사의 사탑에서 돌멩이를 떨어뜨리는 실험으로 되돌아가 보자. 실험을 시작하기 전에, 어떤 운 없는 벌레 한 마리가 한쪽 돌멩이에 올라앉았다. 그리고 실험자는 별생각 없이 두 돌멩이를 동시에 낙하시켰다. 이제 벌레는 돌멩이를 탄 채로 낙하하면서, 함께 떨어지는 다른 돌멩이를 바라보고 있다. 벌레가 볼 때, 다른 돌멩이는 마치 중력장이 없는 곳에서 허공에 가만히 떠 있는 것처럼 보일 것이다(그림 17.6a 참조). 이런 경우에 벌레의 가속도는 중력장과 정확하게 상쇄되어, 벌레는 중력을 전혀 느끼지 않게 된다. 그러다가 돌멩이가 지면에 충돌하는 순간, '무중력상태'의 황홀한 경험은 갑작스러운 종말을 맞게 된다.[7]

그림 17.6 (a) 그림 17.5a의 돌멩이에 앉아 있는 벌레가 볼 때, 다른 돌멩이는 마치 중력이 없는 곳에서 허공에 가만히 떠 있는 것처럼 보인다. (b) 마찬가지로, 지구의 주변을 자유롭게 선회하고 있는 우주비행사도 무중력상태를 느낀다. 그의 눈에는 우주정거장이 지구의 중력에도 불구하고 마치 우주공간에 가만히 떠 있는 것처럼 보일 것이다(우주정거장은 우주비행사와 동일한 운동을 하고 있다).

우주비행사들도 무중력상태를 수시로 경험한다. 그러나 이들은 '떨어지는 벌레'와 달리 지구주변을 선회하고 있기 때문에, 무중력상태가 갑자기 끝나는 끔찍한 사고는 일어나지 않는다(그림 17.6b 참조)(에어쇼에서 자유낙하를 시도하다가 거의 지면에 이르러 아슬아슬하게 상승하는 비행기 안에서도 꽤 긴 시간 동안 무중력상태를 느낄 수 있다!). 우주비행사들은 벌레와 마찬가지로 자유낙하를 하지만, 그 궤적은 대책 없는 수직방향이 아니라 신중하게 계산된 경로를 따른다. 이런 식으로 발휘된 가속도가 (등가원리에 의해)중력과 정확하게 상쇄된다는 것은 (수동적)중력질량이 관성질량과 동일하다(또는 비례한다)는 것을 의미한다. 갈릴레오는 바로 이러한 사실을 간파했던 것이다.

등가원리를 받아들인다면, 17.3절에서 채택했던 '관성운동' 개념에 약간의 수정을 가해야 한다. 앞에서 우리는 입자에 작용하는 외력(외부에서 입자에 작용하는 힘)의 총합이 0일 때 입자가 관성운동을 한다고 정의했었다. 그러나 여기에 중력이 개입되면 문제가 다소 복잡해진다. 등가원리에 의해 중력과 가속도는 같으므로, 국소적으로는 물체가 가속운동을 하는지 또는 중력의 영향을 받고 있는지를 구별할 방법이 없다. 게다가 돌멩이에 올라탄 벌레나 궤도운동을 하고 있는 우주비행사는 자유낙하를 함으로써 중력에 의한 효과를 완전히 상쇄시킬 수 있다. 이런 식으로 중력을 제거할 수 있기 때문에, 중력을 바라보는 관점도 달라져야 한다. 과연 어떻게 달라져야 할까? 바로 이 시점에서 아인슈타인의 통찰력이 그 진가를 발휘한다. 입자에 가해지는 힘 중 '중력이 아닌' 모든 힘의 합이 0인 경우, 즉 중력장 하에서 자유낙하하는 물체의 운동을 '관성운동'으로 간주한다는 것이다(이런 경우에 유효중력effective gravitational force은 0으로 줄어든다). 따라서 돌멩이와 함께 떨어지는 벌레의 운동과 지구 주변의 궤도를 선회하는 우주비행사의 운동은 관성운동에 속한다. 그러나 지구의 표면 위에 가만히 서 있는 사람의 운동은 아인슈타인의 관점에서는 관성운동이 아니다. 중력장 안에서 정지된 상태는 자유낙하가 아니기 때문이다. 뉴턴은 '정지상태'를 관성운동으로 간주하므로, 그가 볼 때는 이 상황도 관성운동에 속할 것이다. 물론, 땅 위에 가만히 서 있는 사람에게 가해지는 중력은 땅이 사람을 위로 떠받치는 힘(수직항력)과 정확하게 상쇄된다. 그러나 이 힘들은 각각 0이 아니기 때문에(중력 + 수직항력 = 0이지만 중력 ≠ 0, 수직항력 ≠ 0이다) 아인슈타인이 보기엔 관성운동이 될 수 없다. 물론 뉴턴은 벌레와 우주비행사가 관성운동을 하지 않는다고 주장할 것이다.

17.5 카르탕의 '뉴턴 시공간'

관성운동에 대한 아인슈타인의 관점을 시공간의 구조와 어떻게 결부시킬 수 있을까? 아인슈타인의 이론을 이해하는 첫걸음으로, 뉴턴 중력이론을 아인슈타인의 관점에서 분석해 보자. 17.4절의 서두에서 언급한 대로, 아인슈타인의 새로운 관점을 수용한다고 뉴턴 이론에 수정이 가해지는 것은 아니다. 그것은 단지 뉴턴 이론을 다른 각도에서 서술한 것에 불과하다. 뉴턴 이론을 재편성한 학자 중에 엘리 카르탕이 있다. 기하학자이자 대수학자였던 그는 아인슈타인이 일반상대성이론을 발표하기 6년 전에 이미 체계를 잡아 놓았으며, 연속군론 분야에서도 중요한 업적을 남겼다(12.5절, 13장 참조)

대략적으로 말해서, 카르탕의 관점에 의하면 시공간에서 세계선이 '직선'으로 나타나는 운동은 뉴턴의 관성운동이 아니라 아인슈타인의 관성운동이다. 그렇지 않으면 공간의 기하학적 구조는 17.2절에서 언급한 갈릴레오식 구조를 갖게 된다. 앞으로 이것을 '뉴턴 시공간' $\mathcal{N}$ 으로 표기할 것이다. 뉴턴이 생각했던 중력장은 $\mathcal{N}$ 의 구조 속에 모두 함축되어 있다(생각 같아서는 이것을 '카르탕 시공간'이라 부르고 싶지만, 카르탕이라는 이름이 일반인에게 생소할 것 같아 포기했다. 어쨌거나 아리스토텔레스가 곱공간의 개념을 몰랐듯이, 갈릴레오는 파이버번들을 전혀 모르고 있었다!).

뉴턴 시공간 $\mathcal{N}$ 은 앞서 도입했던 갈릴레오 시공간 $\mathcal{G}$ 와 마찬가지로 기저공간 $\mathbb{E}^1$ 과 파이버 $\mathbb{E}^3$ 로 이루어지는 번들로 생각할 수 있다. 그러나 관성운동을 나타내는 직선군이 달라졌기 때문에, $\mathcal{N}$ 은 $\mathcal{G}$ 와 사뭇 다른 공간구조를 갖는다(그림 17.7a 참조). 더 정확하게 말해서, 자유낙하하는 기준계를 선택하여 중력을 완전히 제거한 경우를 제외하고, $\mathcal{N}$ 과 $\mathcal{G}$ 는 모든

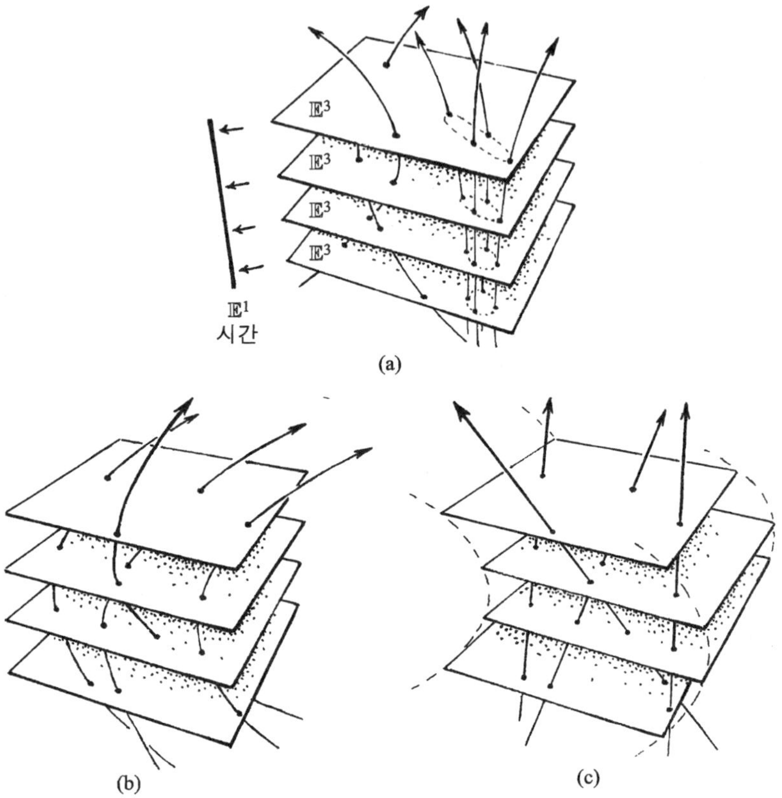

그림 17.7 (a) 갈릴레오 시공간 $\mathcal{G}$와 마찬가지로, 뉴턴-카르탕 시공간 $\mathcal{N}$ 은 공간 $\mathbb{E}^1$과 파이버 $\mathbb{E}^3$로 이루어지는 번들로 생각할 수 있다. 이 구조는 아인슈타인의 관점에서 본 일련의 관성운동, 즉 중력장 하에서의 자유낙하운동으로 구현될 수 있다. (b) 뉴턴의 중력장이 공간의 모든 곳에서 일정한 경우. (c) 이 구조는 자유낙하하는 물체의 세계선이 모두 직선이 되도록 $\mathcal{G}$의 $\mathbb{E}^3$ 파이버를 수평방향으로 이동시킨 것과 완전히 동일하다.

것이 다르다. 방금 말한 '예외적인 경우'는 뉴턴의 중력장이 공간 전체에 걸쳐 일정하게 형성되어 있을 때(중력장의 크기와 방향이 모든 곳에서 같을 때) 발생한다(단, 시간에 따른 변화는 허용된다). 이러한 중력장 안에서 누군가가 자유낙하하고 있다면, 그는 중력장의 존재를 전혀 느끼지 못할 것이다![17.5] 이런 경우에 $\mathcal{N}$ 의 구조는 $\mathcal{G}$와 동일하다(그림 17.7b, c

참조). 그러나 대부분의 중력장은 '중력장이 없을 때'와 전혀 다른 결과를 초래한다. 왜 그런가? $\mathcal{N}$과 $\mathcal{G}$의 구조가 다를 때 우리는 그 사실을 눈치챌 수 있을까? 이 문제는 잠시 후에 다루기로 한다.

주된 아이디어는 다양체 $\mathcal{N}$이 (특별한 경우에 $\mathcal{G}$가 그렇듯이)접속을 갖는다고 생각하는 것이다. 이 접속 ∇의 측지선(14.5절 참조)은 아인슈타인의 관성운동을 나타내는 '직선'에 해당된다. 또한 이 접속의 꼬임률은 0이지만, 일반적으로 곡률은 0이 아니다(14.4절 참조). 이와 같이 곡률이 존재하기 때문에, 일부 중력장이 '중력장의 부재'와 근본적으로 다른 효과를 주는 것이다. 이것은 '모든 공간에서 중력장이 균일한 경우'와 분명하게 대조된다. 그러면 지금부터 곡률의 물리적 의미에 대해 알아보자.

우주비행사 알베르트(이하 'A')가 지구 대기권 바로 위에서 지표면을 향해 자유낙하하고 있다. 어느 한 순간에 A의 상태를 알면 도움이 되겠지만, 사실 이 문제에서 중요한 것은 A의 속도가 아니라 A를 포함한 주변 입자들의 가속도이다. A가 자유낙하를 시작하기 직전에, 여러 입자가 A 주변을 구형으로 에워싸고 있었다고 가정해 보자. 추락이 시작되기 전에 이 입자들은 A에 대하여 정지된 상태였다. 여기에 뉴턴의 이론을 적용하면 구형을 이루고 있는 입자들은 지구의 중심 E를 향하여 각기 조금씩 다른 방향으로 떨어질 것이며(입자의 위치가 다르면 E를 향하는 방향도 조금씩 달라지기 때문이다), 각 입자의 가속도도 조금씩 다를 것이다(자신과 E 사이의 거리가 입자마다 다르기 때문이다). 여기서 중요한 것

[17.5] 뉴턴의 중력장 $\boldsymbol{F}(t)$가 (임의의 한 순간에)공간의 모든 점에서 균일하지만 시간에 따라 크기와 방향이 변하고 있을 때, 시간에 따른 $\mathbf{x}$의 변환 $\mathbf{x}(t)$를 구하라.

은 입자의 절대적인 가속도가 아니라, A와 비교한 상대적 가속도이다. 왜냐하면, 지금 우리는 (아인슈타인의 관점에서)관성운동을 하고 있는 관측자 — 지금은 A — 입장에서 관성운동 중인 근방의 입자들이 어떻게 보이는지 알고 싶기 때문이다. 이 상황은 그림 17.8a에 제시되어 있다. 이때 A의 좌우에 위치한 입자들은 E를 향해 가속되면서 구의 안쪽으로 A를 향해 조금씩 다가오는 것처럼 보일 것이다. 입자와 E 사이의 거리가 유한하여 이들을 연결한 선이 평행하지 않기 때문이다. 반면에, A의 상하에 위치한 입자들은 구의 바깥쪽으로 퍼져 나가는 것처럼 보인다. 왜냐하면, 중력은 E로부터의 거리가 증가할수록 감소하기 때문이다(지구의 중심 E와 입자 사이의 거리는 A의 위쪽에 있는 입자가 아래쪽에 있는 입자보다 조금 멀다. 따라서 A의 위쪽에 있는 입자에 작용하는 중력이 조금 작아서 가속도도 조금 작아진다). 이상의 결과를 종합해 보면 다음과 같다. 구형으로 분포되어 있던 입자들이 지구를 향해 자유낙하하면, 그 분포가 서서히 타원형(회전타원체)으로 변형된다! 이 타원의 장축(긴 쪽 반지름)은 A와 E를 연결한 직선상에 놓이게 된다. 그뿐만 아니라, 낙하 초기에 변형된 타원체의 부피는 처음 시작인 구의 부피와 같다.[17.6] 이것은 중력이 거리의 제곱에 반비례하기 때문에 나타나는 현상으로서, 나중에 아인슈타인 일반상대성이론을 다룰 때 우리에게 중요한 정보를 제공할 것이다. 부피가 변하지 않는 현상은 입자들이 A에 대하여 막 움직이기 시작하는 초기에만 나타난다. 이런 조건들이 붙긴 하지만, 이는 A가 진공상태에 있을 때 뉴턴 중력장이 보이는 일반적인 특성이다(단, 이 타원체가 회전대칭을

[17.6] $O(\ )$ 표기법을 사용하여, 이 특성이 어느 정도의 차수(order)까지 성립하는지 확인하라.

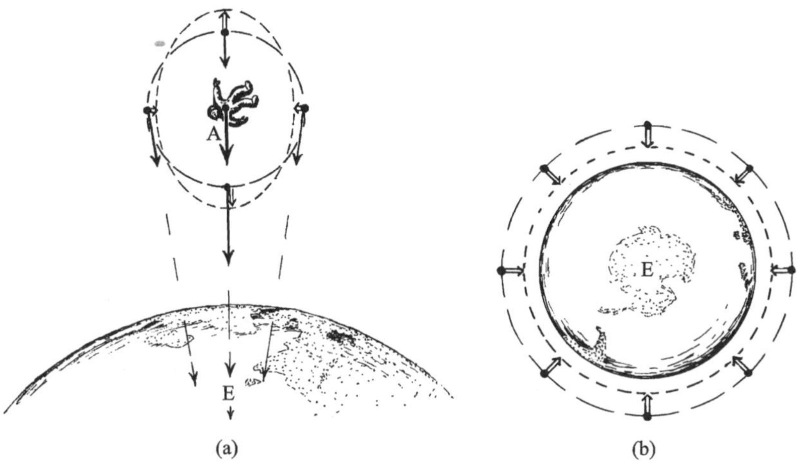

그림 17.8 (a) 조수(潮水)효과. 구형으로 분포된 입자들 속에 알베르트(이하 'A')가 들어가 있다. 이들 모두는 처음에 정지상태에 있다가, 어느 순간부터 지구의 중심 E를 향해 자유낙하를 시작했다. 뉴턴의 관점에서 볼 때, 입자들은 위치에 따라 가속도의 방향과 크기가 조금씩 다르다(그림에는 가속도가 실선 화살표 '↓'로 표시되어 있다). 각 입자의 가속도에서 A의 가속도를 빼면 'A에 대한' 상대가속도가 얻어지는데(그림에는 두 줄짜리 화살표 '⇓'로 표시되어 있다), 이때 A의 좌우에 위치한 입자들의 상대가속도는 원의 안쪽을 향하고, A의 상하에 위치한 입자의 상대가속도는 원의 바깥쪽을 향한다. 따라서 초기의 구형분포는 낙하가 진행되면서 타원형분포로 변형되며, AE축에 대칭을 갖는다. 그리고 초기에 일어나는 변형에서는 부피가 변하지 않는다. (b) 이제 A의 위치를 지구의 중심 E로 옮기고(A = E), 입자들이 대기권 바로 위에서 구형으로 지구를 감싸고 있다고 생각해 보자. 이런 경우에 A에 대한(또는 E에 대한) 입자의 상대가속도는 모든 곳에서 구의 안쪽을 향하며, 초기에 부피의 감소가속도는 $4\pi GM$이다(M은 지구를 에워싸고 있는 입자들의 총 질량이다).

갖는 것은 중력의 특성이 아니라 이 문제에서 우리가 부여한 기하학적 대칭 때문에 우연히 나타나는 특성이다).

지금까지 설명한 모든 내용을 시공간 $\mathcal{N}$과 어떻게 연결할 수 있을까? 그림 17.9a는 위에서 언급된 상황을 A와 주변입자들의 세계선으로 표현한 것이다(물론 3차원 공간을 모두 표현하지는 못했다. 사실, 4차원 시공간을 종이 위에 그린다는 것 자체가 불가능하다! 다행히도 공간을 2차원으로 축약하면 기본적인 아이디어를 어느 정도 표현할 수 있다). 입자의 구형분포(그림에서는 구를 원으로 표현하였다)에 변형이 생기는 이유는 A의 측지세계선geodesic world line 근방에 있는 입자의 측지선에 변형이 일어났기 때문이다. 14.5절에서 알아본 바로는, 측지선 변형은 접속 ∇의 곡률 $\boldsymbol{R}$로 표현된다.

뉴턴식 용어로 표현하자면, 위에서 설명한 변형효과는 다름 아닌 중력의 '조수효과潮水效果, tidal effect'이다. E와 A의 역할을 바꿔서 A를 지구의 중심이라 하고 E를 달(또는 태양)이라고 생각하면 '조수'라는 이름이 붙은 이유를 알 수 있다. 구형으로 분포된 입자들을 지구의 바다라고 생각해 보라. 그러면 달(또는 태양)의 중력장에 의해 바닷물에 변형이

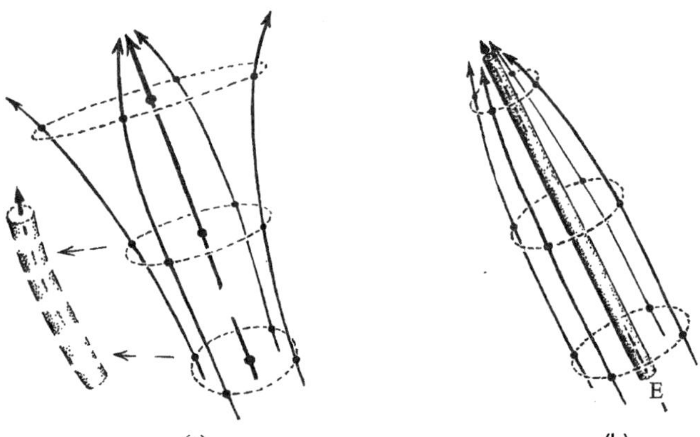

그림 17.9 그림 17.8의 시공간 버전(그림 17.7의 뉴턴-카르탕 시공간 $\mathcal{N}$ 참조). 인근 측지선의 상대적 변형이 표현되어 있다. (a) 빈 공간의 측지선변형[기본적으로 19.7절의 '바일 곡률(Weyl curvature)'에 해당됨]은 A와 주변 입자의 세계선으로 표현된다. 정확한 형상은 인근에 있는 물체 E의 중력장으로부터 유추할 수 있다. (b) 측지선 번들의 질량밀도에 의해 나타나는 내부지향 가속도[기본적으로 '리치 곡률(Ricci curvature)'에 해당됨].

일어나는데,[17.7] 이것이 바로 조수현상이다. 따라서 조수효과는 시공간의 변형을 바닷물의 움직임에 비유한 멋진 용어라고 할 수 있다.

앞에서 말한 상황에서, 지표면에 있는 입자의 상대가속도에 대한 달(또는 태양)의 효과는 입자에 작용하는 지구의 중력보다 훨씬 작다. 물론, 이 효과는 각 입자의 위치에서 관측했을 때 지구의 중심을 향해 나타난다(그림 17.8b 참조). 구형으로 분포된 입자들이 지구 대기권 바로 위에서 지구를 에워싸고 있다면(이런 경우에는 공기저항을 무시할 수 있다), 입자의 자유낙하(아인슈타인식 관성운동)는 모든 곳에서 지구의 중심을 향해 일어날 것이다. 즉, 부피를 유지한 채 구형이 타원형으로 변하는 것이 아니라, 전체적으로 부피감소가 일어나는 것이다. 일반적으로는 이 두 가지 효과가 동시에 나타난다. 텅 빈 공간에는 변형(찌그러짐)만 일어나고 초기의 부피감소는 일어나지 않는다. 반면에 구형으로 분포된 입자가 물체를 에워싸고 있으면, 물체의 질량에 비례하는 부피감소효과가 나타난다. 물체의 질량을 M이라 하면 초기의 부피감소율(내부를 향하는 가속도의 척도)은 다음과 같다.

$$4\pi GM$$

여기서 G는 뉴턴의 중력상수gravitational constant이다.[17.8], [17.9]

[17.7] 조수변형이 mr^{-3}에 비례한다는 것을 증명하라. 여기서 m은 지구에 끌리는 입자의 질량이고(크기는 점으로 간주함) r은 거리이다. 지구에서 볼 때 태양과 달은 크기가 거의 같은 원반처럼 보이지만, 달에 의한 바닷물의 움직임은 태양에 의한 움직임보다 5배나 크다. 이로부터 태양과 달의 상대적인 거리를 구하라.

[17.8] 입자의 모든 질량이 구의 중심에 모여 있다는 가정하에 이 결과를 유도하라.

[17.9] 이 식이 정지된 입자들의 분포형태나 분포규모, 그리고 질량에 상관없이 항상 성립한다는 것을 증명하라.

카르탕은 뉴턴의 중력이론을 접속 ∇에 부과된 수학적 조건을 이용하여 재구성할 수 있음을 증명하였다. 이 과정에서 곡률 $\boldsymbol{R}$이 만족하는 방정식이 얻어지는데, 이것은 위에서 언급한 조건들을 수학적으로 서술하고 있다. 또한, 이 방정식은 물질의 밀도 ρ(단위부피당 질량)와 $\boldsymbol{R}$의 '부피감소부분'을 연결해 준다. 더 자세한 내용은 이 책의 취지상 별로 중요하지 않기 때문에 설명은 생략하겠다. 그러나 카르탕의 아이디어는 우리를 아인슈타인의 이론으로 인도하는 이정표이며, 30장에서 다루게 될 양자역학의 수수께끼와 밀접하게 관련되어 있다(30.11절 참조).

17.6 변하지 않는 유한한 광속

지금까지 우리는 아인슈타인의 일반상대성이론에 등장하는 두 가지 기본 원리에 대해 알아보았다. 그중 하나는 "물리 법칙은 정지상태와 등속도운동상태를 구별하지 않는다"는 '상대성원리'이고, 또 하나는 "중력을 고려하면 상대성원리에 미묘한 수정이 가해져야 한다"는 '등가원리'이다. 그러면 지금부터 아인슈타인의 이론에 등장하는 세 번째 원리에 대해 알아보기로 하자. 이 원리는 빛의 속도가 유한하다는 사실과 밀접하게 관련되어 있다. 그런데 놀라운 것은, 그 옛날 갈릴레오도 이 세 원리를 이미 알고 있었다는 점이다. 아마도 갈릴레오는 빛의 속도가 유한하다고 생각한 최초의 과학자였을 것이다. 실제로 그는 멀리 떨어진 두 언덕 위에 두 사람을 올려 보낸 후, 한 사람이 랜턴을 비추면 다른 사람이 그 빛을 보는 순간 깃발을 들게 하는 식으로 광속의 측정을 시도한 적이 있다. 물론 빛의 속도는 엄청나게 빨라서 이런 거북이 같은 실험으로는 신뢰할 만한 값을 얻을 수 없다. 갈릴레오는 빛의 속도가 유한하다고 생각했지만, 얼마나 빠른지는 예측할 수 없었을 것이다.

갈릴레오와 뉴턴은[8] 물질의 결합에 빛이 관여한다는 강한 심증을 갖고 있었다. 그 후 20세기에 이르러 화학적 힘과 원자의 형태를 유지하는 힘의 정체가 알려지면서, 이들의 심증은 사실로 확인되었다. 지금 우리는 이 힘이 근본적으로 '전자기력electromagnetic force(하전입자와 전자기장 사이의 상호작용에 바탕을 두는 힘)'임을 잘 알고 있다. 사실, 전자기학은 '빛의 이론'이라고 해도 과언이 아닐 정도로 빛의 특성이 깊이 개입되어 있다. 원자의 구조 및 이와 관련된 화학을 이해하려면 양자이론을 알아야 한다. 그러나 전자기현상과 빛의 특성을 서술하는 방정식은 양자역학이 탄생하기 전인 1865년에 스코틀랜드 물리학자 제임스 클럭 맥스웰 James Clerk Maxwell에 의해 발견되었다. 당시 맥스웰은 마이클 패러데이 Michael Faraday가 30여년 전에 연구한 실험적 사실들을 종합하여 전자기학을 완성할 수 있었다. 맥스웰의 이론은 나중에 다루기로 하고(19.2절), 지금은 빛의 성질에 초점을 맞춰서 이야기를 진행해 보자. 맥스웰 방정식에 의하면 빛의 속도는 일정한 상수이며, 그 값은 약 3×10^8 m/s이다(앞으로는 이 값을 c로 표기할 것이다).

그러나 여기에 상대성원리를 도입하면 당장 문제가 발생한다. 예를 들어, 관측자 A가 빛의 속도를 측정하여 c라는 값을 얻었다고 하자. 그와 동시에 이 관측자에 대하여 매우 빠른 속도로 등속운동을 하고 있는 다른 관측자 B도 동일한 빛을 관측했다면 어떤 값을 얻게 될 것인가? 상식적으로 생각할 때, B의 관측결과는 B의 운동에 따라 c보다 훨씬 빠르거나 느릴 것 같다. 그러나 상대성원리에 의하면 두 관측자는 서로에 대하여 등속운동을 하고 있으므로 A가 얻은 물리법칙은 B가 얻은 물리법칙과 같아야 한다. 그런데 빛의 속도가 다르다는 것은 (맥스웰 방정식에 의해) 물리법칙이 다르다는 것을 뜻한다. 즉, 빛의 속도가 항상(누구에게나) 동일하다고 간주하면 당장 상대성원리에 모순이 발생하는 것이다! 아인슈타인은 이 문제를 깊이 파고든 끝에, 모순을 말끔하게 해결해 주는 혁명적인 아이디어를 떠올렸다(이론적 기초는 네덜란드의 물리학자 헨드릭 안톤 로렌츠Hendrick Antoon Lorentz와 프랑스 수학자 앙리 푸앵카레에 의해 이미 구축되어 있었다).

아인슈타인은 이 난해한 문제를 대체 어떻게 해결했을까? 지금까지의 상황을 정리하면 다음과 같다. (i) "빛의 속도는 절대적으로 변하지 않는다"는 맥스웰 이론과 (ii) "물리현상을 관측하는 기준계reference frame가 어떠한 속도로 움직이건 간에 물리법칙은 항상 동일하다"는 상대성원리 사이에 심각한 충돌이 발생했다. 관측자가 빛의 속도로 움직이면서 빛을 관측한다면, 빛은 과연 정지한 것처럼 보일까? 관측자가 빛보다 빠르게 움직이면 빛은 '뒤로' 가는 것처럼 보일 것인가? 그렇다면 맥스웰이 발견한 법칙은 어떻게 되는가? 모든 관측자가 자신이 움직이는 속도에 따라 제각기 다른 법칙을 적용해야 한다는 말인가? 뉴턴은(그리고 갈릴레오도) 이런 문제로 고민하지 않았다. 그는 빛을 입자로 간주했으므로, 빛의 속도는 당연히 광원의 속도에 따라 달라진다고 생각했다. 그 덕분에 뉴턴과 갈릴레오는 상대성원리를 수용하면서도 고민 없는 나날을 보낼 수 있었다. 그러나 이들의 생각은 관측자료가 쌓이면서 발생하는 모순으로 심각한 도전을 받게 된다. 지구로부터 멀리 떨어져 있는 이중성double star을 관측해 보면, 빛의 속도가 광원의 움직임에 상관없이 항상 일정하다는 결론을 내릴 수밖에 없다.[9] 더욱이, 맥스웰의 이론은 실험을 통해 엄밀하게 증명되었을 뿐만 아니라(1888년에 실행된 하인리히 헤르츠Heinrich Hertz의 실험이 가장 유명하다), 전기현상과 자기현상, 그리고 빛의 특성을 수학적으로 간단하고 우아하게 통합한 당대 최고의 이론이었다. 맥스웰의 이론에 의하면 빛은 입자가 아니라 파동이며, 그가 유도한 방정식에는 이 파동의 전달속도가 '변하지 않는 상수'의 형태로 등장한다.

17.7 빛원뿔

시공간 기하학적 관점을 유지하면 맥스웰 이론과 상대성원리 사이의 충돌을 해결할 수 있다. 앞에서 언급한 바와 같이, 이 관점은 아인슈타인이 원래 가졌던 관점이 아니다(로렌츠의 관점과도, 푸앵카레의 관점과도 분명히 다르다). 그러나 기하학적 관점에서 시공간에 접근하면 상당히 많은 정보를 얻을 수 있다. 앞으로 당분간은 중력과 등가원리를 무시한 채 논리를 진행할 것이다. 우리의 이야기는 아무것도 없이 텅 빈 실수 4차원 다양체에서 시작된다. 이 시공간 속에 광속 c처럼 근본적으로 불변인 속도가 존재한다는 것은 과연 무엇을 의미하는가? 시공간 속 임의의 점 p(임의의 '사건')를 지나면서 공간상의 여러 방향으로 진행하는 빛줄기들을 생각해 보자. 이것을 시공간의 관점에서 서술하면 'p를 지나는 세계선의 모임'이라고 할 수 있다(그림 17.10a, b 참조).

맥스웰 이론은 빛을 파동으로 간주하지만, 이 세계선을 '시공간의 p 점을 지나는 광자의 이력history'이라고 생각하면 여러모로 편리하다. 빛을 광자의 모임으로 간주해도 논리적으로 심각한 충돌은 일어나지 않는다. 광자는 맥스웰의 이론에서 전자기적 고주파 교란을 나타내는 미세한 번들로 생각할 수 있는데, 이것은 작은 입자가 빛의 속도로 진행하는 것과 동일한 효과를 준다[또는 '파동선단wave front'이나 '이중지표bi-characteristic'를 도입하거나, 빛을 입자(양자)로 간주하는 양자역학을 도입

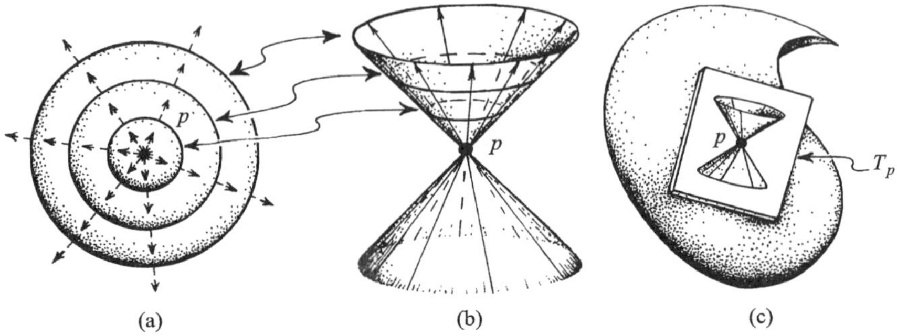

그림 17.10 빛원뿔(light cone)은 빛의 근본적인 속도를 결정한다. 위의 그림은 p 점(시공간 속에서 발생한 하나의 사건)을 지나는 광자의 이력을 보여주고 있다. (a) 공간의 관점에서 볼 때, (미래)빛원뿔은 p(파동선단)에서 바깥쪽으로 퍼져 나가는 구(球)에 해당한다. (b) 시공간의 p 점에서 만나는 광자의 이력들은 p 점의 빛원뿔을 쓸고 지나간다. (c) 휘어진 시공간을 고려할 때에는 원뿔을 시공간의 국소 구조(즉, p 점에서의 접공간 T_p)로 생각하는 것이 편리하다[이것을 p 점에서의 '빈 원뿔(null cone)이라고 한다].

할 수도 있다. 양자역학에서 말하는 '빛의 양자light quanta'란, 다름 아닌 광자를 의미한다].

그림 17.10b에서 보는 바와 같이 p 점을 지나는 광자의 세계선들은 시공간에서 하나의 원뿔cone을 형성하는데 이것을 p 점에서의 '빛원뿔light cone'이라고 한다. 시공간의 관점에서 볼 때, 빛의 속도를 근본 상수로 간주한다는 것은 빛원뿔을 근본 구조로 삼는다는 뜻이다. 사실, 다양체 기하학적 관점에서 보면(12, 14장 참조) p 점을 중심으로 하는 빛원뿔은 'p 점에서의 접공간 T_p'로 간주할 수 있다(그림 17.10c 참조. 결국 우리의 관심은 p 점에서의 속도인데, 속도는 접공간에서 정의되는 양이다). '빈 원뿔null cone'은 바로 이 접공간의 구조를 일컫는 용어이며, 빛원뿔은 시공간에서 p 점을 지나는 빛이 쓸고 지나가는 실제의 궤적을 나타낸다. 빛원뿔(또는 빈 원뿔)은 과거 원뿔past cone과 미래 원뿔future cone으로

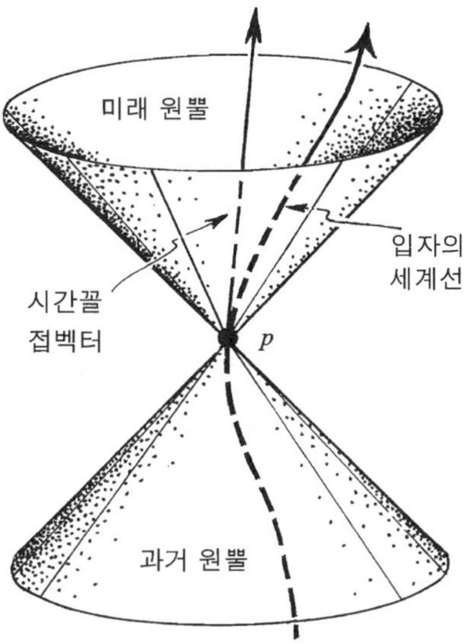

그림 17.11 과거 원뿔(past cone)과 미래 원뿔(future cone). (과거-널벡터의)과거 빈 원뿔은 p 점으로 모이는 빛을 나타내고, (미래-널벡터의)미래 원뿔은 p 점에서 발원된 빛을 나타낸다. 질량을 갖는 임의의 입자의 'p점을 지나는 세계선'은 미래-시간꼴(future-timelike) 접벡터를 가지며, p 점에서의 (미래)빈 원뿔의 내부를 통과한다.

나누어 생각할 수 있다. 과거 원뿔은 p 점에서 모이는 모든 빛의 과거궤적에 해당되는 원뿔으로서, 여기에 속한 모든 빛은 하나의 사건 p를 향해 '동시에' 수렴한다. 그리고 미래 원뿔은 p 점에서 발생한 섬광이 앞으로 따라가게 될 시공간의 궤적을 나타낸다(그림 17.11 참조).

p 점에서의 빈 원뿔을 수학적으로 어떻게 해석해야 하는가? 기본적인 개념은 13장과 14장에서 찾아볼 수 있다. p 점을 지나는 빛은 모든 방향으로 속도가 같아야 하므로, 섬광이 일어난 직후에 각 방향으로 진행하는 파동선단들은 계란형 표면이 아닌 구면을 이룰 것이다.[10] '직후'라는 말은 이 논리가 시간이 무한소만큼 짧게 흐른 직후에 p 근방에 적용된다는 뜻이다. 따라서 이 내용은 p 점에서의 접공간 T_p의 구조와 관련되어 있다. 빈 원뿔이 '구형'으로 나타난다는 것은, 원뿔의 형상이 접공간에서 2차방정식으로 표현된다는 뜻이다. 이 방정식은 다음과 같은 형태로 쓸 수 있다.

$$g_{ab}v^a v^b = 0$$

여기서 g_{ab}는 로렌치안 부호수Lorentzian signature (13.8절 참조)를 갖는 비특이 대칭 $\begin{bmatrix} 0 \\ 2 \end{bmatrix}$-가 텐서 $\boldsymbol{g}$를 지표표기법으로 나타낸 것이다.[17.10] 빈 원뿔의 '빈null'은 (유사)계량 $\boldsymbol{g}$하에서 벡터 $\boldsymbol{v}$의 길이가 0이라는 뜻이다($|\boldsymbol{v}|^2 = 0$).

지금 우리가 계량 $\boldsymbol{g}$에 관심을 갖는 이유는 빈 원뿔을 정의하는 방정식에 $\boldsymbol{g}$가 들어 있기 때문이다. $\boldsymbol{g}$에 0이 아닌 실수를 곱해도 이전과 동일한 빈 원뿔이 얻어진다(27.12, 33.3절 참조). 앞으로 우리는 $\boldsymbol{g}$가 시공간의 계량을 제공하는 물리적 역할을 하도록 요구할 것이다. 이를 위해서는 적절한 척도인자scaling factor를 도입해야 한다. 그러나 당분간은 시공간의 각 점마다 빈 원뿔이 하나씩 할당되어 있다고 생각하는 것으로 충분하다. 빛의 속도가 일정하다고 주장하려면, 서로 다른 사건에 위치한 빈 원뿔들이 '평행하다'고 생각해야 한다. 공간에서의 '속도'는 시공간에서 '기울기'에 해당되기 때문이다. 이것을 도식으로 표현하면 그림 17.12와 같다.

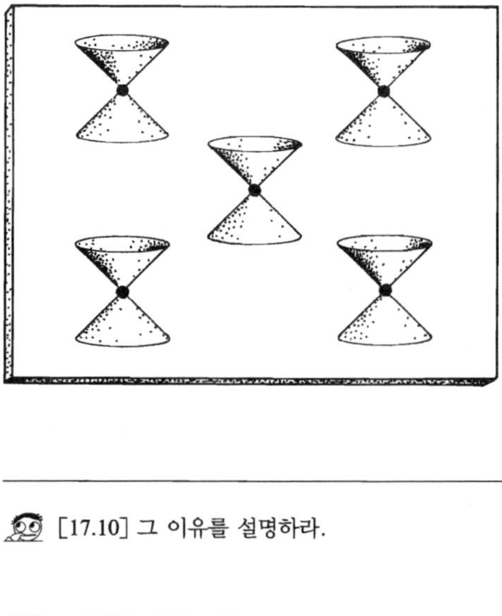

그림 17.12 민코프스키 공간 $\mathbb{M}$은 평평하며, 빈 원뿔은 균일하게 배열되어 있다. 이 그림은 서로 평행상태에 있는 빈 원뿔들을 표현한 것이다.

[17.10] 그 이유를 설명하라.

17.8 절대시간 개념을 포기하다

지금까지 언급한 시공간에 갈릴레오 시공간 $\mathcal{G}$의 번들 구조를 추가할 수 있을까? 다시 말해서, 우리가 만들어 놓은 시공간의 밑그림에 '절대 시간' 개념을 도입할 수 있을까? 이것이 가능하다면, 시공간은 그림 17.13과 같은 모습을 띠게 될 것이다. 여기서 시간축을 따라 시공간을 잘라낸 단면 $\mathbb{E}^3$는 각 접공간 T_p 안에서 빈 원뿔과 함께 3차원 평면요소를 이룬다. 그러나 다음 장에서 자세히 언급하겠지만 g는 직교성orthogonality의 개념을 정의하며, 이는 곧 개개의 사건 p가 '특별히 선호하는' 시간 방향(y에 대한 이 3차원 평면요소의 직교 여공간)을 갖고 있다는 뜻이다. 따라서 각 사건에는 특별한 '정지상태'가 존재하게 되어, 상대성원리가 더는 적용되지 않는 것처럼 보인다!

이 내용을 일상적인 언어로 풀어서 설명하자면 다음과 같다. 만일 빛의 속도가 절대적인 양이라면, 관측자의 입장에서 '모든 방향으로 빛의 속도가 동일하게 보이는' 특별한 '정지상태'라는 것이 존재하게 된다. 어느 정도 분명한 한 가지 사실은 이러한 충돌이 절대시간 개념(또는 각 T_p에서 다른 것들과 구별되는 3차원 공간)을 고집하는 경우에만 나타난다는 것이다. 그렇다면 우리에게 남은 선택은 하나뿐이다. 즉, 절대시간 개념을 포기하는 수밖에 없다(따라서 $\mathcal{G}$와 $\mathcal{N}$의 번들 구조도 포기해야 한다). 우리의 논리가 지금까지 거쳐 온 길을 생각할 때, 이 정도는 그리 놀라운 결론도 아니다. 앞에서 우리는 갈릴레오의 상대성원리를 수용하면서도 절대공간의 개념을 포기했었다(이 과정은 그다지 극적이지 않기 때문에, 일부 독자들은 인식을 못 했을 수도 있다). 따라서 공간과 마찬가지로 시간도 절대적 개념이 아니라는 주장은 '혁명'이라 부르기에 다소 부족한 감이 있다.

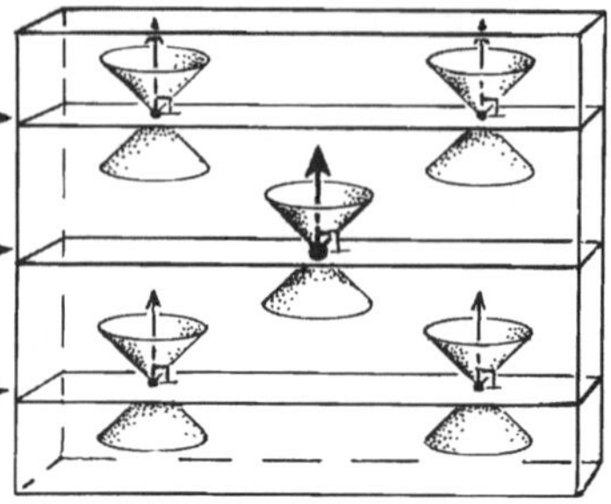

그림 17.13 민코프스키 공간 $\mathbb{M}$에 절대시간 개념을 도입하면 $\mathbb{M}$을 잘라낸 단면 $\mathbb{E}^3$가 규정되며, 이것은 각 사건의 국소적 3차원 평면요소를 형성한다. 그런데 (유사)계량 g는 개개의 빈 원뿔에 의해 정의되므로(전체적으로 g에 곱해지는 상수는 결정되지 않을 수도 있다), 직교성의 개념은 '정지상태'를 결정하게 된다.

그러므로 우리는 시공간의 $\mathbb{E}^3$단면과 작별을 고해야 한다. 그동안 절대시간의 개념이 우리의 사고 속에 깊이 뿌리를 내릴 수 있었던 것은 빛의 속도가 일상적인 물체의 속도와 비교가 안 될 정도로 빠르기 때문이다. 그림 17.14는 그림 17.13에 등장하는 빈 원뿔의 가로/세로 비율을 우리가 흔히 사용하는 단위로 환산하여 다시 그린 것이다. 원뿔의 형상이 이전보다 많이 납작해졌지만, 사실 이것도 정확한 그림은 아니다. 시간 단위로 '초'를 사용하고 길이 단위로 미터를 사용하는 단위계에서 빛의 속도 c는 무려

$$c = 299{,}792{,}458\,\text{미터/초}$$

나 된다![11] 이 값을 빛원뿔에 그대로 적용하면 생김새가 너무 납작해서 판별이 불가능해진다(사실, 이 정도로 납작한 원뿔을 그릴 방법도 없다). 그래서 물리학자들은 상대성이론을 전개할 때 $c = 1$인 단위계를 사용한다. 다시 말해서 1초를 시간의 기본단위로 취하고, 빛이 1초 동안 가는 거리(299,792,458미터)를 길이의 기본단위로 사용한다는 뜻이다. 만일 시간

그림 17.14 시간과 공간의 단위를 조금 더 현실적으로 수정하면 빈 원뿔의 형상은 이전보다 훨씬 더 납작해진다.

의 기본단위로 년year을 사용한다면, 길이의 기본단위는 1광년light-year(빛이 1년 동안 진행하는 거리 : 약 9.46×10^{15}미터)이 될 것이다. 굳이 1미터를 길이의 기본단위로 사용하고 싶다면, $3\frac{1}{3}$나노초nanosecond를 시간 기본단위로 사용해야 한다.

그림 17.12의 시공간 그림을 처음으로 도입했던 헤르만 민코프스키Hermann Minkowski, 1864~1909는 매우 섬세하고 원론에 충실한 수학자로서, 1890년대 말에 취리히에 위치한 스위스 연방공과대학에서 아인슈타인을 가르친 스승이기도 했다. 시공간 개념을 물리학에 처음으로 도입했던 민코프스키는 1908년에 다음과 같은 유명한 글을 남겼다.[12] "시간이나 공간은 실체가 드리우는 그림자에 불과하다. 앞으로는 이들이 하나로 통합된 시공간이 독립적인 실체로 부상하게 될 것이다." 내가 보기에, 특수상대성이론은 아인슈타인의 탁월한 통찰력과 로렌츠, 푸앵카레의 빛나는 업적에도 불구하고, 민코프스키가 시공간이라는 혁명적인 개념을 도입하기 전까지는 완전한 이론이 아니었다고 생각한다.

특수상대성이론의 저변에 깔린 민코프스키 기하학이 완전해지려면 g의 척도scaling가 결정되어야 한다. 이 값이 결정되면 세계선을 따라 측정한 '길이length'가 결정되고, 이로부터 민코프스키 공간 $\mathbb{M}$이 완전하게 정의된다. $\mathbb{M}$ 안에 존재하는 어떤 곡선의 접선이 모든 점에서 빈 원뿔의 내부를 통과할 때, 이 곡선을 '시간꼴 곡선timelike curve'이라 하는데(그림

17.15a, 그림 17.11 참조), 질량을 갖는 일상적인 입자들은 모두 이 곡선을 따라 시공간 속을 이동한다. 여기서 곡선의 길이는 '시간'에 해당되며, 이 값은 곡선 위 두 점 A, B 사이를 이상적인 시계로 측정한 실제의 시간 τ를 나타낸다. τ를 계산하는 공식은 다음과 같다(14.7, 13.8절 참조).

$$ds = (g_{ab}\,dx^a\,dx^b)^{\frac{1}{2}} \text{인 지점에서 } \tau = \int_A^B ds$$

여기서 시공간계량 g의 부호수는 $+---$로 선택한다(이것은 내가 선호하는 부호이다. 학자 중에는 $+++-$를 선호하는 사람도 있다).

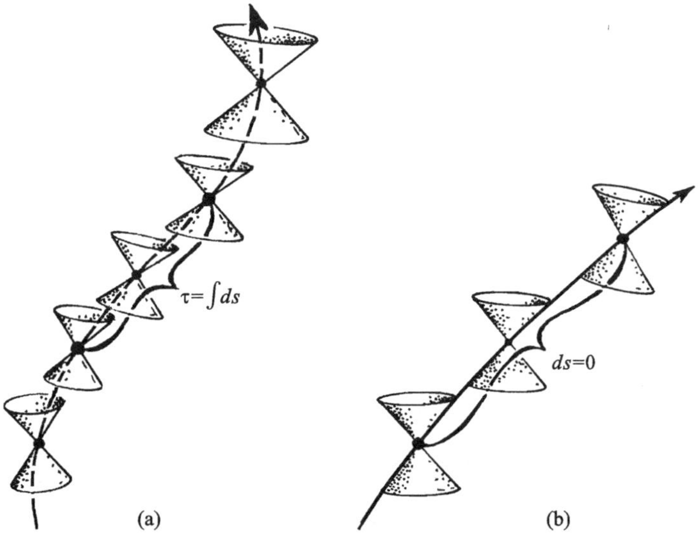

그림 17.15 (a) 질량이 있는 입자의 세계선은 시간꼴(timelike) 곡선이며, 이 곡선의 접선은 모든 점에서 국소적 빈 원뿔의 내부를 지난다. 이런 경우에는 $ds^2 = g_{ab}\,dx^a\,dx^2 > 0$이다. $ds = (g_{ab}\,dx^a\,dx^b)^{\frac{1}{2}}$은 이 곡선을 따라 측정한 무한소 시간간격을 나타내는 척도이며, 길이(length) $\tau(=\int ds)$는 곡선 위에 위치한 두 사건 사이의 시간간격을 이상적인 시계로 측정한 값에 해당된다. (b) 질량이 없는 입자(광자)의 세계선은 모든 점에서 빈 원뿔의 옆면과 접하는 방향으로 진행되며, 이 때 시간간격 $\tau = \int ds$는 항상 0이다.

광자의 세계선은 '널null(또는 빛꼴lightlike)'이라고 하며, 모든 점에서 빈 원뿔의 옆면에 접하는 방향으로 진행된다(그림 17.15b 참조). 따라서 광자는(시간을 인지하는 능력이 있다 해도) 시간의 흐름을 전혀 느끼지 않는다!

독자들도 느꼈겠지만, 나는 계량 $\boldsymbol{g}$보다 빈 원뿔의 역할을 한층 더 강조하고 있다. 어떤 면에서는 계량보다 빈 원뿔이 더욱 근본적인 개념이라고 할 수 있다. 특히 시공간의 인과적因果的 성질은 빈 원뿔으로부터 정의된다. 그림 17.15a에서 보는 바와 같이, 물질을 이루는 입자들의 세계선은 원뿔의 내부를 벗어날 수 없으며, 빛의 세계선은 원뿔의 옆면을 따라 진행한다. 질량을 가진 입자가 공간꼴 세계선spacelike world line. 원뿔의 외부을 그리는 것은 물리적으로 불가능하다.[13] 따라서 물질입자나 광자에 실려 이동하는 모든 형태의 정보들도 빈 원뿔의 내부를 벗어날 수 없다. 민코프스키 공간 $\mathbb{M}$ 내부의 한 점 p가 주어지면, 그로부터 미래에 일어날 수 있는 모든 가능한 사건들(p로부터 날아온 모든 종류의 신호를 원리적으로 수신할 수 있는 영역)은 미래-빛원뿔의 내부나 옆면에 놓이게 된다. 이와 마찬가지로, p의 과거-빛원뿔의 내부나 옆면에 놓여 있는 점들(사건들)은 점 p로 신호를 보낼 수 있는 '과거의 모든 가능한 사건들'에 해당된다(그림 17.16 참조). 이 조건은 장field의 전달과정이나 양자역학적 효과에도 그대로 적용된다[그러나 '양자 얽힘quantum entanglement'(내지 퀸글먼트)을 고려하면 좀 더 복잡한 수수께끼가 모습을 드러낸다. 23.10절 참조]. 결론적으로 말해서, 빈 원뿔은 $\mathcal{M}$의 구조 안에서 인과율causality을 정의한다. 어떠한 신호나 물질도 빛보다 빠르게 진행할 수 없다. 빛원뿔의 내부(또는 옆면)에서는 이와 같은 제한조건이 항상 적용된다.

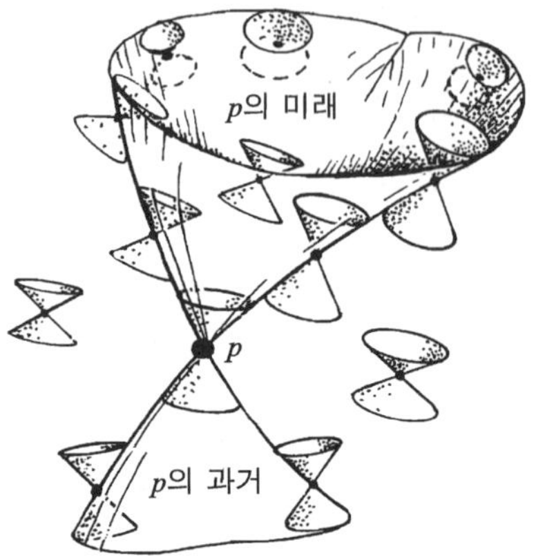

그림 17.16 p의 미래는 p에서 시간꼴 곡선(timelike curve)을 통해 다다를 수 있는 영역에 해당된다. 이 그림에서는 특별히 시공간이 휘어져 있는 경우를 표현하였다(그림 17.17 참조). 이 영역의 경계는(모든 곳에서 매끈하다) 빛원뿔과 접해 있으며, 질량이 있는 물체나 광자가 실어 나르는 모든 신호는 이 영역 내부[또는 경계면(옆면)]의 점으로 도달하게 된다. p점의 과거도 이와 비슷한 특성을 갖고 있다.

그렇다면, 상대성원리는 어떻게 되는가? ('상대성원리principle of relativity'는 앞에서 설명한 대로 "물체의 상대적인 운동만이 물리적 의미를 갖는다"는 원리이고, '상대성이론relativity'은 상대성원리에 입각하여 아인슈타인이 창시했던 이론을 칭하는 용어이다 : 옮긴이) 앞으로 18.2절에서 보게 되겠지만, 민코프스키의 뛰어난 기하학은 갈릴레오 물리학의 시공간 $\mathcal{G}$와 마찬가지로 커다란 대칭군을 갖고 있다. $\mathbb{M}$에 속하는 점들은 물리적으로 모두 동등하며, 모든 등속도운동(시간꼴 미래를 향하는 운동)도 동등한 운동으로 간주된다(즉, 다른 등속도운동과 구별되는 '특별한' 등속도운동은 존재하지 않는다는 뜻이다). 이와 관련된 내용은 18.2절에서 자세히 다뤄질 것이다. 상대성원리는 $\mathcal{G}$에서와 마찬가지로 $\mathbb{M}$에서도 아무런 모순 없이 적용된다!

17.9 아인슈타인의 일반상대성이론과 휘어진 시공간

드디어 아인슈타인의 일반상대성이론에 등장하는 시공간 $\mathcal{E}$을 언급

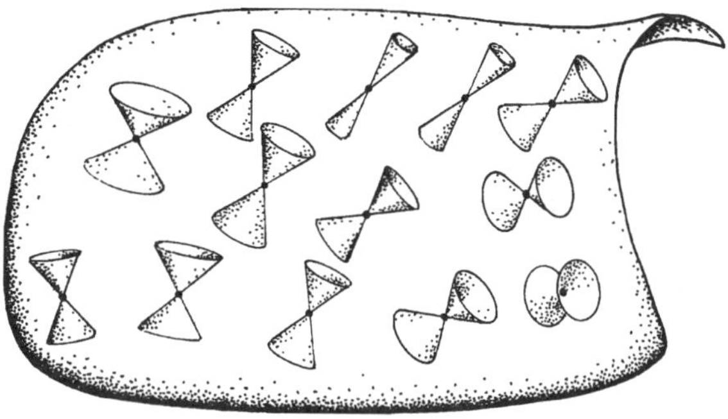

그림 17.17 아인슈타인의 일반상대성이론에 등장하는 시공간 $\mathcal{E}$은 민코프스키 공간 $\mathbb{M}$을 일반화해서 얻을 수 있는데, 이 과정은 $\mathcal{G}$에서 $\mathcal{N}$을 얻는 과정과 비슷하다(그림 17.12, 17.3, 17.7a 참조). $\mathbb{M}$과 마찬가지로, $\mathcal{E}$에서 물리적 시간은 로렌츠$(+---)$ 유사계량 g에 의해 정의된다.

할 때가 되었다. 갈릴레오 시공간 $\mathcal{G}$를 일반화해서 뉴턴(카르탕) 시공간 $\mathcal{N}$을 얻었던 것처럼, 민코프스키 공간 $\mathbb{M}$을 일반화하면 아인슈타인 시공간 $\mathcal{E}$을 얻을 수 있다. 그러나 빈 원뿔이 균일하게 분포되었던 그림 17.12와 달리, 이번에는 불규칙하게 분포된 빈 원뿔들이 등장한다(그림 17.17 참조). 또한, 이상적인 시계로 측정된 시간을 정의하는 로렌츠 계량 g의 부호는 $\mathbb{M}$에서와 마찬가지로 $(+---)$이다. $\mathbb{M}$에서는 계량 g가 균일성을 갖고 있었지만, $\mathcal{E}$의 계량은 좀 더 일반화된 형태를 띠고 있다.

민코프스키 공간 $\mathbb{M}$의 경우와 마찬가지로, g로부터 정의된 빈 원뿔의 구조는 시공간 $\mathcal{E}$의 인과율을 결정한다. 국소적으로는 $\mathbb{M}$과 $\mathcal{E}$의 차이가 크게 나타나지 않지만, 복잡하게 뒤섞인 아인슈타인 시공간 $\mathcal{E}$의 인과적 구조를 거시 영역에서 살펴보면 뚜렷한 차이가 발견된다. 극단적인 사례로는 닫힌 시간꼴 곡선closed timelike curve이 초래하는 '인과율의 위배causality violation'를 들 수 있다. 이런 경우에는 하나의 사건에서 출발한 신호가 과거로 진행할 수도 있다!(그림 17.18 참조) 이런 상황은 '비물리적'이기 때문에, 고전적인 시공간에서는 자연스럽게 제외된다. 그러나 개

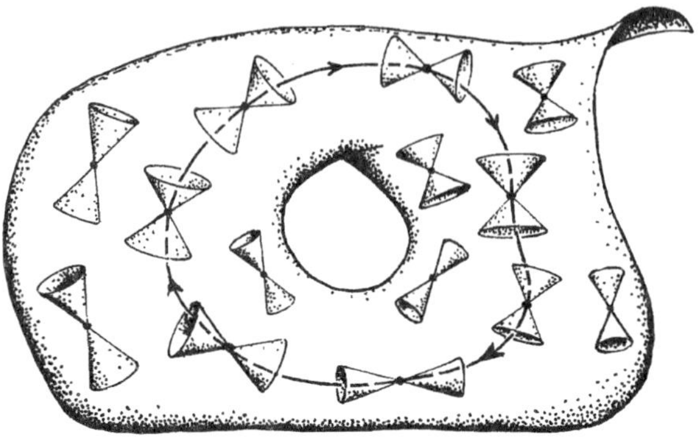

그림 17.18 $\mathbb{M}$과 마찬가지로, $\mathcal{E}$의 인과율은 g에 의해 결정된다(그림 17.16 참조). 여기에 '닫힌 시간꼴 곡선(closed time-like curve)'을 허용하면, 미래를 향해 출발한 신호가 과거로 되돌아오는 희한한 경우가 발생한다.

중에는 닫힌 시간꼴 곡선을 적극적으로 수용하여[14] 시간여행의 가능성을 연구하는 물리학자도 있다(이 문제는 30.6절에서 다룰 예정이다). 반면에, (역시 이상하긴 하지만)이보다 덜 극적인 인과율 구조로는 현대천문학의 뜨거운 감자로 불리는 블랙홀을 들 수 있는데, 이 내용은 27.8절에서 다루게 될 것이다.

우리는 14.7절에서 (유사)계량 $\boldsymbol{g}$가 꼬임률 없는 접속 ∇을 결정하여 $\nabla \boldsymbol{g} = 0$이 된다는 것을 확인한 바 있다. 이 사실을 지금 적용하면 놀라운 결과가 얻어진다. 즉, 아인슈타인의 개념에 의거한 관성운동이 시공간의 계량에 의해 유일하게 결정되는 것이다. 카르탕의 뉴턴 시공간에서는 사정이 전혀 달라서, ∇ 이외의 다른 요소들이 복합적으로 작용하여 $\boldsymbol{g}$를 결정했었다. 그러나 아인슈타인 시공간에서는 $\boldsymbol{g}$가 겹치지 않기 때문에 non-degenerated, ∇은 오직 $\boldsymbol{g}$에 의해 유일하게 결정된다. 사실, ∇의 시간꼴 측지선(관성운동)은 국소적으로 고유시간proper time을 극대화하는 곡선에 해당된다. 고유시간이란 세계선을 따라가며 이상적인 시계로 측정한 시간간격을 의미한다[이것은 계량이 양의 정부호인positive definite 일상적인 리만 곡면 위에서 측지선을 따라 끈을 팽팽하게 잡아당긴 경우와 정반대이다(14.7절 참조). 18.3절로 가면, 가속되지 않은 세계선에 대한 고유시간의 극대화 과정이 상대성이론의 '시계역설 clock paradox'과 연결된다는 사실을 알게 될 것이다].

특수상대성이론의 민코프스키 공간 $\mathbb{M}$에서는 곡률텐서 $\boldsymbol{R}$이 0이지만, 일반상대성이론의 $\mathcal{E}$에서는 그렇지 않다. 다음 장에서는 로렌츠 기하학을 좀 더 자세히 살펴본 후에 $\mathcal{E}$의 모든 특성(특히 부피감소율이 $4\pi GM$으로 표현된다는 사실. 17.5절 참조)을 담고 있는 아인슈타인의 장방정식 field equation에 대해 알아볼 것이다. 이것을 이해하고 나면 아인슈타인의 혁명적인 이론이 얼마나 뛰어나고 아름다우며, 정확한 이론인지 실감하게 될 것이다.

〈17장 후주〉

17–1절

17.1 과거에 나는 시공간(spacetime)이라는 단어 사이에 붙임표를 넣어 '시-공간(space-time)'이라고 표현하는 쪽을 선호하였으나, 이 책에서는 독자들이 혼란스러울 것 같아 그냥 '시공간'을 사용하기로 했다.

17.2 공간의 기하학적 특성을 유클리드 기하학 $\mathbb{E}^3$으로 표현하려면, 물리적 공간이 무한히 크게 뻗어 있다는 것을 사실로 받아들여야 한다. 아마도 아리스토텔레스는 무한공간 개념을 받아들이기가 쉽지 않았을 것이다. 그러나 $\mathbb{E}^3 \times \mathbb{E}^1$의 시간 $\mathbb{E}^1$이 무한히 뻗어 있다는 주장은 수용하기 훨씬 쉽다. Moore(1990), 제2장 참조.

17–2절

17.3 Drake(1953), pp. 186～87 참조.

17.4 Trauman(1965), Arnol'd(1978), Penrose(1968a), p. 126 참조.

17–3절

17.5 이 내용은 프린키피아의 전신이라 할 수 있는 『De motu corporum in mediis regulariter cedentibus(1684)』에 수록되어 있다. Penrose (1987c), p. 49 참조.

17–4절

17.6 중력질량과 관성질량을 다른 양으로 취급한 관점에 대해서는 Bondi (1957)를 참조하라.

17.7 요즘 러시아에서는 사람을 비행기에 태워서 높이 올라간 후 꽤 긴 시간 동안 자유낙하를 느끼게 하는 관광상품이 인기를 끌고 있다!

17–6절

17.8 자신의 책 『분석자(Il Saggiatore)』에서 갈릴레오가 이 문제에 주목한 부분을 알고 싶다면 Drake(1957), p. 278을 참조하라. Newton (1730), 『광학』의 질문편 30번과 Penrose(1987c), p. 20도 도움이 될 것이다.

17.9 de Sitter(1913) 참조.

17–7절

17.10 사실, 여기에는 "방향마다 거리가 다른 방식으로 재조정되기 때문에 타원체와 구를 구별할 수 없다"는 골치 아픈 문제가 도사리고 있다. 그러나 재조정이 '매끈한' 방식으로 일어나는 한, 원래 타원체가 아니었던 도형이 구로 보이는 사건은 절대 일어나지 않는다. 이러한 계란형 도형은

특수상대성이론에서 (유사)리만 곡면의 국소 대칭이 상실된 핀슬러 공간(Finsler space)을 낳는다.

17-8절

17.11 독자들은 빛의 속도가 m/초의 단위에서 정수로 딱 떨어지는 것을 보고 다소 의아하게 생각했을 것이다. 이것은 우연의 일치가 아니라 '거리의 정의'로부터 초래된 결과이다. 즉, '빛이 299,792,458 m를 진행하는 데 걸리는 시간'을 1초로 정의하면 소수점 아래 자리가 나타나지 않는 것은 너무도 당연하다. 이 정의는 파리에서 결정된 도량형 표준과 거의 정확하게 일치한다.

17.12 Minkowski(1952) 참조. 이 문장은 1908년 9월 21일에 쾰른(Cologne)에서 개최된 제 80회 독일 자연과학 및 의학 학술회의 석상에서 민코프스키가 연설한 내용을 번역한 것이다.

17.13 일부 물리학자들은 시공간에서 공간꼴 세계선(spacelike world line)을 따라 움직이는 '타키온(tachyon)'이라는 가상입자를 도입하여 이리저리 변형시켜 보고 있다(따라서 타키온은 빛보다 빠르게 움직이는 입자이다). 자세한 내용은 Bilaniuk and Sudarshan(1969)를 참조하라. 기술적인 내용은 Sudarshan and Dhar(1968)을 추천한다. 타키온을 포함하면서 이치에 맞는 이론을 구축하기란 결코 쉬운 일이 아니다. 현재는 "타키온은 존재하지 않는다"는 설이 지배적이다.

17-9절

17.14 Novikov(2001), Davies(2003) 참조.

18
민코프스키 기하학

18.1 유클리드 및 민코프스키 4차원 공간

유클리드의 2차원 공간과 3차원 공간은 우리에게 매우 친숙한 개념이다. 4차원 유클리드 공간 $\mathbb{E}^4$는 그림으로 나타내기가 어렵지만, 이와 관련된 기하학은 그리 어렵지 않다. 만일 우리가 4차원 공간(또는 4차원 배열configuration)을 볼 수만 있다면, 꿈에도 생각하지 못했던 아름다운 광경을 목격하게 될 것이다! 이들 중 가장 단순한(!) 예로는 $\mathbb{E}^4$ 안에 놓여 있는 3차원 구면상의 클리포드 평행선Clifford parallels을 들 수 있다(물론, 조금만 신경을 더 쓰면 어느 정도까지는 시각화할 수 있다. S^3는 3차원 도형이기 때문에, 그림 33.15의 입체투영을 이용하면 클리포드 배열의 공간적 특성을 머릿속에 그릴 수 있다. 만일 이 배열을 $\mathbb{E}^4$의 일부분으로 '인지'할 수 있다면, $\mathbb{C}^2$의 2차원 복소벡터공간 구조가 실제로 '어떻게 보이는지도' 이해할 수 있을 것이다.[1] 15.4절 및 그림 15.8 참조). 민코프스키 공간 $\mathbb{M}$은 여러 가지 면에서 $\mathbb{E}^4$와 비슷하지만, 중요한 부분에서 결정적으로 다른 특성을 갖고 있다.

대수적인 측면에서 볼 때, $\mathbb{E}^4$의 취급법은 일상적인 3차원 공간 $\mathbb{E}^3$의 좌표 취급법과 매우 비슷하다. 다만, 표준 (x, y, z)직교좌표에 w가 추가된다는 점만이 다를 뿐이다. $\mathbb{E}^4$에서 두 점 (w, x, y, z)와 (w', x', y', z') 사이의 거리 s는 피타고라스 정리에 따라 다음과 같이 주어진다.

$$s^2 = (w - w')^2 + (x - x')^2 + (y - y')^2 + (z - z')^2$$

(w, x, y, z)와 (w', x', y', z')가 무한히 가깝게 인접할 때, 이들 사이의 거리 $(w, x, y, z) - (w', x', y', z')$은 (dw, dx, dy, dz)로 표현된다. 즉[2]

$$w' = w + dw, \quad x' = x + dx, \quad y' = y + dy, \quad z' = z + dz$$

이며

$$ds^2 = dw^2 + dx^2 + dy^2 + dz^2$$

이다. $\mathbb{E}^4$에 그려진 곡선의 길이는 $\mathbb{E}^3$의 경우와 같은 방법으로 계산할 수 있다. 즉, 곡선의 길이는 $\int ds$이다(ds의 부호는 '+'를 택한다).

민코프스키 시공간 $\mathbb{M}$의 특성도 이와 매우 비슷하며, 단지 부호만이 다를 뿐이다. 이 분야를 연구하는 물리학자들은 대부분 유사계량의 부호수로 $(+ + + -)$를 선택한다. 이 계량에 의하면, 민코프스키 시공간에서 두 점(사건) 사이의 무한소 거리 $d\ell$은 다음과 같다.

$$d\ell^2 = - dt^2 + dx^2 + dy^2 + dz^2$$

공간기하학을 고려할 때, 위와 같은 부호수를 사용하면 공간꼴 거리(과거 빈 원뿔과 미래 빈 원뿔의 내부나 표면에 속하지 않는 거리. 그림 18.1 참조) $d\ell^2$이 양수로 나오기 때문에 계산이 편리하다. 그러나 부호수를

$(+---)$로 선택했을 때의 거리 ds^2은

$$ds^2 = dt^2 - dx^2 - dy^2 - dz^2$$

이 되어 '물리적인 양'에 한층 더 가까워진다. 왜냐하면, 질량을 가진 입자가 그리는 시간꼴 세계선에서 위와 같이 정의된 ds^2은 항상 양수이기 때문이다. 그러면 $\int ds\,(ds > 0)$는 세계선을 따라가면서 이상적인 시계로 측정한 '물리적 시간'으로 해석할 수 있다. 앞으로 이 책에서는 (유사)계량 $\boldsymbol{g}$의 부호수로 $(+---)$를 사용하고, $\boldsymbol{g}$의 성분은 g_{ab}로 표기할 것이다. 따라서 ds^2을 지표표기법으로 표현하면 다음과 같다(13.8절 참조).

$$ds^2 = g_{ab}\, dx^a\, dx^b$$

그러나 17.8절에서 확인한 바와 같이, 질량 $=0$인 광자의 세계선 위에서 $\int ds$는 0이다(즉, 광자의 세계선 위에서 서로 다른 점 사이의 거리

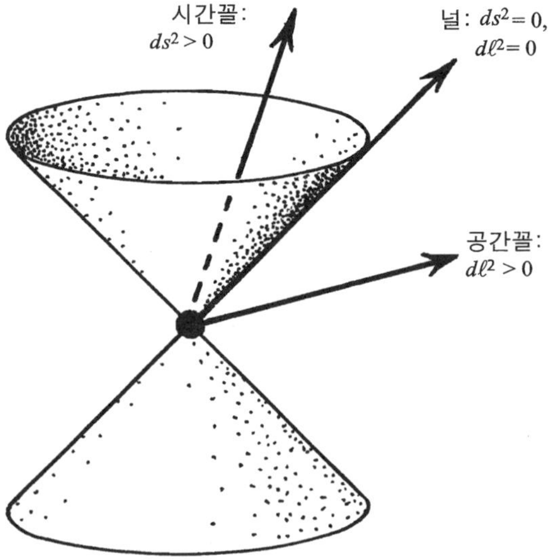

그림 18.1 민코프스키 공간 $\mathbb{M}$에서 $d\ell^2$계량은 공간꼴 간격(과거-미래 빈 원뿔의 외부)의 (거리)^{2}을 의미한다. 또한, 시간꼴 간격(빈 원뿔의 내부) ds^2은 시간(간격)^{2}이며, $\int ds\,(ds > 0)$는 이상적인 시계로 측정한 물리적 시간을 의미한다. 빈 원뿔의 옆면을 따라가는 널변위(null displacement)의 경우, $d\ell^2$과 ds^2은 모두 0이다.

는 0이 될 수 있다). 이것은 광자뿐만 아니라 빛의 속도로 움직이는 모든 입자에 적용되는 사실이다. 이런 입자들은 아무리 멀리 이동해도 시간의 흐름을 전혀 느끼지 않는다! 어떻게 이런 일이 가능한 것일까? 그 이유는 바로 g_{ab}가 양의 정부호가 아니기 때문이다.

상대성이론의 초창기에 물리학자들은 "시간좌표 t를 아래와 같이 순허수로 대치하면 민코프스키 공간 $\mathbb{M}$과 $\mathbb{E}^4$ 사이의 기하학적 유사성이 뚜렷하게 드러난다"는 점을 유난히 강조하였다.

$$t = iw$$

t를 iw로 대치하면 민코프스키 계량에 입각하여 계산된 $d\ell^2$과 $\mathbb{E}^4$의 ds^2의 형태가 동일해지기 때문이다. 그러나 '공간좌표는 실수이면서 시간좌표만 허수로 표현되는' 이상한 좌표계에 물리적 의미를 부여하기란 결코 쉬운 일이 아니다. 그뿐만 아니라, 움직이는 기준계에서는 좌표의 실수부분과 허수부분이 섞여 버리기 때문에 실체를 파악하기가 더욱 어렵다. 요즘도 '유클리드 양자장이론'이라는 이름 아래 이와 비슷한 시도가 계속되고 있는데, 나는 이것이 그리 바람직한 추세가 아니라고 생각한다. 이 문제에 관한 나의 개인적인 의견은 28.9절에 소개되어 있다(만일 이러한 시도들이 새로운 물리학이론을 개발하는 게 목적이라면, 시간을 허수로 취급하는 것이 양자장이론의 질문에 답을 구하기 위한 일종의 '트릭'일 수도 있음을 인정해야 할 것이다).

시간만 허수로 취급하는 비정상적인(적어도 내가 보기에는 그렇다) 접근법은 잊어버리고, 아예 모든 좌표를 몽땅 허수로 취급해 보자(그림 18.2 참조). 그러면 우리의 복소좌표 ω, ξ, η, ζ는 복소공간 $\mathbb{C}^4$를 이루며, 이것은 복소화된 $\mathbb{E}^4$, 즉 $\mathbb{CE}^4$로 간주할 수 있다. 복소 아핀공간의

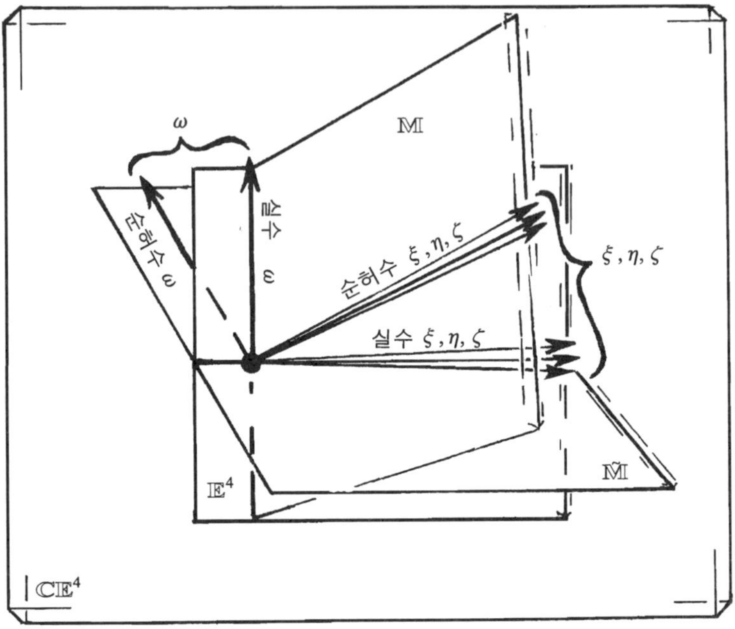

그림 18.2 복소 유클리드 공간 $\mathbb{CE}^4$의 복소(복소해석적)계량은 복소 직교좌표 (ω, ξ, η, ζ)에서 $ds^2 = d\omega^2 + d\xi^2 + d\eta^2 + d\zeta^2$이며, 4차원 유클리드 공간 $\mathbb{E}^4$는 ω, ξ, η, ζ가 모두 실수인 '실단면(real section)'에 해당된다. ds^2 계량의 부호수가 $+ - - -$인 민코프스키 공간 $\mathbb{M}$은 $\mathbb{CE}^4$의 또 다른 실단면으로서, ω만 실수이고 ξ, η, ζ는 순허수이다. 또한, 로렌츠 실단면 $\widetilde{\mathbb{M}}$은 ω가 순허수이고 ξ, η, ζ는 실수이다. 여기서 계산된 ds^2은 민코프스키 계량을 $+ + + -$로 잡았을 때 $d\ell^2$과 같다.

관점에서 볼 때(14.1절 참조), 이것은 $\mathbb{M}$을 복소화해서 $\mathbb{CM}$을 만드는 것과 동일한 과정이다. 그뿐만 아니라 4차원 복소공간 $\mathbb{CE}^4$와 $\mathbb{CM}$의 복소계량 $\mathbb{C}g$도 완전히 같다($\mathbb{C}g$의 곡률은 0이다). 이 계량은 $ds^2 = d\omega^2 + d\xi^2 + d\eta^2 + d\zeta^2$이 되도록 선택될 수 있다. 여기서 $\mathbb{E}^4$는 $\mathbb{CM}$의 실수 부분공간으로서 ω, ξ, η, ζ가 모두 실수이며, $\mathbb{M}$에서는 ω만 실수이고 ξ, η, ζ는 모두 순허수이다. 또는 ω만 허수이고 ξ, η, ζ를 실수로 취한 새로운 민코프스키 공간 $\widetilde{\mathbb{M}}$을 취할 수도 있는데, 여기서 ds^2은 민코프스

키 계량에 의한 위의 $d\ell^2$과 같다. 세 개의 부분공간 $\mathbb{E}^4$, $\mathbb{M}$, $\widetilde{\mathbb{M}}$을 $\mathbb{CE}^4$의 실단면조각real slice sections이라고 한다. $\mathbb{CE}^4$에 대항(변환을 두번 가했을 때 항등. 즉, $\mathrm{C}^2 = 1$)인 복소켤레complex conjugation 연산 C를 부여하면, 선택한 실단면조각만 항등이 됨으로 이들 중 하나를 골라낼 수 있다.[18.1]

18.2 민코프스키 공간의 대칭군

$\mathbb{E}^4$의 대칭군(유클리드 운동에 대한 대칭군)은 10차원이다. 그 이유는 (i) 원점이 고정된 회전변환에 대한 대칭군은 6차원 회전대칭군 O(4)이고[$n = 4$일 때 $n(n-1)/2 = 6$이다. 13.8절 참조], (ii) 원점이 이동한 경우의 대칭군은 4차원 대칭군을 이루기 때문이다(그림 18.3a 참조). 여기서 $\mathbb{E}^4$를 $\mathbb{CE}^4$로 복소화complexify하면 복소 10차원 대칭군이 얻어진다. $\mathbb{E}^4$의 실-유클리드 운동real Euclidean motion을 나타내는 좌표의 대수학적 공식을 복소화하기 위해 우리가 할 일이라고는 공식에 등장하는 모든 양(좌표와 계수들)을 실수에서 복소수로 확장하는 것뿐이다. 이렇게 하면 $\mathbb{CE}^4$의 '복소운동complex motion'을 나타내는 대수 공식을 구할 수 있다. $\mathbb{E}^4$의 운동에서 계량이 보존되듯이, $\mathbb{CE}^4$의 복소운동에서도 복소계량은 보존된다. $\mathbb{CE}^4$의 복소계량 $\mathbb{C}\boldsymbol{g}$가 보존되는 모든 연속운동은 이와 같은 특성을 갖고 있다.[18.2]

[18.1] $\mathbb{E}^4$, $\mathbb{M}$, $\widetilde{\mathbb{M}}$ 각각의 경우에 C의 구체적인 형태를 구하라. [도움말 : C가 ω, ξ, η, ζ에 어떤 식으로 작용하는지 생각해 보라. $\mathbb{M}$과 $\widetilde{\mathbb{M}}$의 경우에 표준 복소켤레의 '부호'가 어떻게 수정되어야 하는가?]

[18.2] 왜 그런가?

아직 분명하진 않지만, 이 단계에서 몇 가지 확인해볼 것이 있다. $\mathbb{CE}^4$의 '다른 실단면'을 취해도 대칭군이 10차원(여기서는 실수 10차원)으로 나타날 것인가? 예를 들어, ω가 순허수이고 ξ, η, ζ가 실수인 좌표를 취하거나(+ + + −), ω가 실수이고 ξ, η, ζ가 순허수인 좌표를 취해도 (+ − − −) 대칭군은 여전히 10차원일까? 일단, 병진운동translation 부분은 여전히 4차원이다. 이것은 $\mathbb{M}$의 대칭군이 추이적transitive임을 의미한다. 즉, $\mathbb{E}^4$의 경우와 마찬가지로 군의 한 원소를 이용하면 $\mathbb{M}$에 속하는 임의의 한 점을 다른 점으로 보낼 수 있다. 그렇다면, 로렌츠군[O(3, 1) 또는 O(1, 3)]은 어떤가? 이들이 O(4)와 마찬가지로 '6차원'임을 어떻게 확인할 수 있을까? 사실, 로렌츠군은 6차원이다(그림 18.3b 참조). 이 사실을 확인하는 가장 일반적인 방법은 리대수Lie algebra를 이용하는 것이다(13.6절 참조). 부호를 조금 수정하여 원하는 결과를 얻어낼 수 있으면 된다.[18.3] 리만 구면의 대칭군을 이용하면 O(1, 3)가 6차원임을 쉽게 증명할 수 있는데, 이 내용은 잠시 후에 소개할 예정이다.

민코프스키 공간 $\mathbb{M}$의 10차원 대칭군은 이 분야에서 탁월한 업적을 남긴 프랑스 수학자 앙리 푸앵카레Henri Poincaré, 1854～1912의 이름을 따서 '푸앵카레군'이라 부른다. 그는 아인슈타인이 특수상대성이론(1905)을 발표하기 전인 1898 ～ 1905년 사이에 상대성이론의 기초가 되는 수학체계를 이미 완성해 놓았다.[3] 상대성 물리학의 기초를 이루는 푸앵카레군은 특히 입자물리학과 양자장이론에서 중요하게 취급되고 있다(25, 26장 참조). 양자역학 법칙에 따르면 개개의 입자들은 푸앵카레군의 특별한 표현representation에 해당하는데(13.6, 7절 참조), 표현의 종류는 입자의

[18.3] 4 × 4 리대수 행렬을 이용하여 이 사실을 직접 증명해 보라.

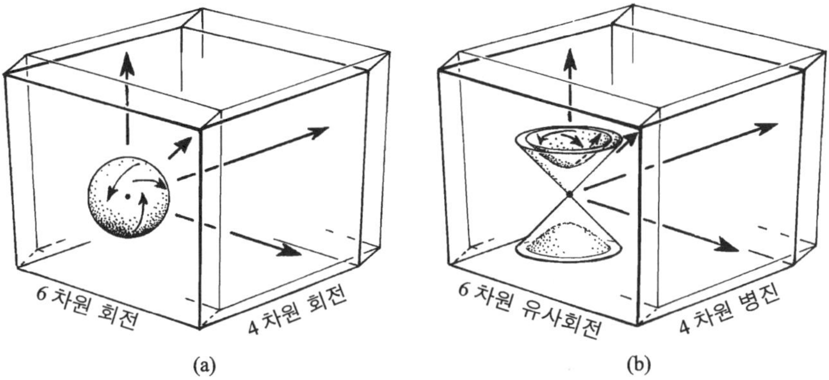

그림 18.3 (a) $\mathbb{E}^4$의 유클리드 운동에 대한 대칭군은 10차원이다. 이 중에 원점이 고정된 회전대칭군은 6차원 O(4)이고, 원점의 이동에 대한 병진대칭군은 4차원이다. (b) 민코프스키 공간 $\mathbb{M}$의 경우에는 6차원 로렌츠군[원점이 고정된 경우, O(1,3) 또는 O(3,1)]과 4차원 병진대칭군이 결합되어 10차원 푸앵카레 대칭군을 이룬다.

질량과 스핀에 의해 결정된다(22.12절 참조).

대칭군이 이토록 다양하기 때문에, 우리는 빛의 속도가 일정함에도 불구하고(17.6, 8절 참조) "$\mathbb{M}$에서도 상대성원리가 성립한다"고 자신 있게 주장할 수 있다. 무엇보다도, 병진 부분군은 추이적 특성을 갖기 때문에 시공간 $\mathbb{M}$에 속하는 모든 점은 동일하게 취급될 수 있다. 또한 $\mathbb{M}$은 완벽한 3차원 회전대칭도 갖고 있으므로 하나의 속도($< c$)에서 다른 속도로 자유롭게 이동 가능하면서도 전체 구조는 보존되는데, 기본적으로 이것은 $\mathbb{M}$의 상대성원리에 해당한다! 상대성원리를 좀 더 형식적으로 표현하면 다음과 같다. "푸앵카레군은 $\mathbb{M}$의 미래-시간꼴 방향의 번들에 추이적으로 작용한다."[4] 여기서 '미래-시간꼴 방향'이란 미래 빈 원뿔의 내부에 있는 점들을 향하는 방향을 의미하며, 이는 관측자의 세계선에서 접방향과 일치한다.[18.4] 그러나 이런 식의 설명이 통하는 이유는 갈릴레오(또는 뉴턴)의 시공간에서 동시 단면조각simultaneity slices이라는 개념을

포기했기 때문이다. 만일 이 개념을 그대로 유지한다면 시공간의 점들에 적용되는 대칭은 3차원 O(3)로 줄어들고, 하나의 속도에서 다른 속도로 이동하는 자유는 사라지게 된다.

18.3 로렌츠 직교성 : '시계역설'

이와 같은 관점은 $\mathbb{M}$을 $\mathbb{CE}^4$ (또는 $\mathbb{C}^4$)의 '실단면real section' 또는 '단면조각slice'으로 간주하지만, 이 단면은 $\mathbb{E}^4$ 자체의 단면과 다른 특성을 갖고 있다. 사실, 올바른 마음자세만 갖고 있으면 이것은 매우 편리한 관점이라고 할 수 있다. 유클리드 공간 $\mathbb{E}^4$의 직교성(모든 좌표축이 서로 직각으로 만나는 성질)을 예로 들어 보자. $\mathbb{E}^4$에 복소화 과정을 적용하여 $\mathbb{CE}^4$로 확장해도 직교성은 그대로 유지된다.[5] 그러나 일단 이 과정을 거치면 무언가 달라지는 것이 있다. 예를 들어 $\mathbb{CE}^4$에서 임의의 방향은 자기자신과도 직교하는데, 이것은 $\mathbb{E}^4$에서 결코 볼 수 없었던 특성이다. 그런데 이와 같은 성질은 새로운 실단면인 로렌치안 $\mathbb{M}$을 취해도 여전히 유지된다. 즉, 직교성의 개념은 $\mathbb{M}$에서도 유지되지만 자기자신과 직교하는 방향이 존재하게 되는 것이다. 이 방향은 광자의 세계선을 따라가는 널방향null direction에 해당된다.

직교성의 개념을 조금 더 확장하면 점 p에서 r-평면요소 η의 '직교여공간orthogonal complement' $\eta^\perp$을 정의할 수 있다. $\eta^\perp$은 점 p에서 η 내부의 모든 방향과 직교하는 방향들로 이루어진 $(4-r)$-평면요소를 의미한다. 따라서 한 직선요소의 직교여공간은 3-평면(3차원 평면)요소이

[18.4] 푸앵카레군의 작용을 좀 더 자세히 설명하라.

며, 2-평면요소의 직교여공간은 2-평면요소이다. 그리고 3-평면요소의 직교여공간은 하나의 직선으로 주어진다. 각 직교여공간에 또 다시 직교여공간을 취하면 처음의 공간으로 되돌아간다. 즉, $(\boldsymbol{\eta}^{\perp})^{\perp} = \boldsymbol{\eta}$이다. 우리는 13.9절과 14.7절에서 벡터나 텐서의 첨자를 올리거나 내리는 연산에 대해 알아본 적이 있다(g_{ab}, 또는 g^{ab}). r-평면요소를 나타내는 단순 r-벡터나 $(4-r)$형식에 적용되는 이 연산은(즉, $\eta_{ab} \mapsto \eta^{ab} = \eta_{cd}\, g^{ac} g^{bd}$, $\eta^{ab} \mapsto \eta_{ab} = \eta^{cd}\, g_{ac}\, g_{bd}$, 12.4, 7절 참조), 기하학적으로는 직교여공간을 지나가는 것과 같다(19.2절 참조).

$\mathbb{E}^4$의 3-평면요소 $\boldsymbol{\eta}$의 직교여공간인 직선요소 $\boldsymbol{\eta}^{\perp}$($\boldsymbol{\eta}$의 법선法線)는 $\boldsymbol{\eta}$에 포함되지 않는다(그림 18.4 참조). 그러나 그림 18.2에서 보는 바와 같이 $\mathbb{E}^4$는 복소화과정을 거쳐 $\mathbb{CE}^4$로 확장될 수 있으며, 이곳에서 또 다른 실단면 $\mathbb{M}$을 얻을 수 있다. 사실 17.8절에서 p점이 갖는 공간꼴 3차원 평면요소(시간단면)의 직교여공간을 도입해 '광속의 유한성과 절대시간을 동시에 요구하면 상대성원리를 적용할 수 없음'을 보이는 특별한 정지상태(시간꼴 방향)를 설명했을 적에, 이 방법을 쓸까 고민했었다(그림 17.13 참조).[18.5] 이번에는 이 방법을 반대로 풀어나가 보자. 지금 한 관측자가 $\mathbb{M}$ 내부의 점 p에서 관성운동을 하고 있다. 관측자의 세계선은 p에서 (시간꼴)방향 $\boldsymbol{\tau}$를 향하고 있다고 가정하자. 이런 경우에 3-공간 $\boldsymbol{\tau}^{\perp}$는 점 p에서 '순전히 공간적인' 방향으로 이루어져 있다. 즉, 관측자의 근방에서 일어나는 사건들은 동시에 일어난 사건처럼 보인다.

[18.5] (i) $\mathbb{M}$에서 3-평면요소 $\boldsymbol{\eta}$가 직교여공간 $\boldsymbol{\eta}^{\perp}$를 포함하는 경우는 언제 발생하는가? (ii) $\mathbb{CE}^4$에서 자기자신의 직교여공간이 되는 2-평면요소는 두 가지 족(family)으로 분류된다는 것을 증명하라. 그러나 $\mathbb{M}$에서 이 평면족들은 살아남지 못한다. 이것도 증명해 보라[이들을 '자기듀얼(self-dual)' 및 '반자기듀얼(anti-self-dual)' 복소 2-평면이라 하는데, 32.2절과 33.11절에서 매우 중요하게 취급될 것이다].

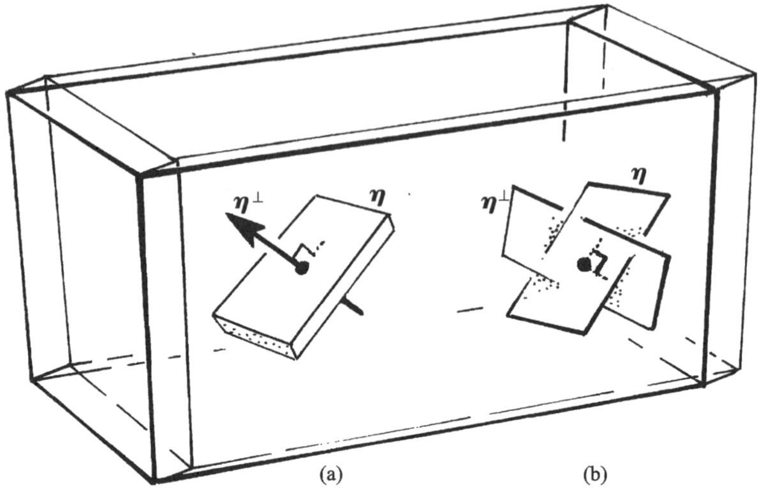

그림 18.4 $\mathbb{E}^4$공간 속의 p 점에서 r-평면요소 $\boldsymbol{\eta}$가 주어지면, 이에 대한 직교여공간 $\boldsymbol{\eta}^\perp$가 결정된다. $\boldsymbol{\eta}^\perp$는 $(4-r)$-평면요소이며, $\boldsymbol{\eta}$와 $\boldsymbol{\eta}^\perp$는 어떠한 방향도 공유하지 않는다. (a) 특히, $\boldsymbol{\eta}$가 3-평면요소이면 $\boldsymbol{\eta}^\perp$는 여기에 법선인 방향이고, (b) $\boldsymbol{\eta}$가 2-평면요소이면 $\boldsymbol{\eta}^\perp$는 이와 다른 2-평면요소이다.

지금 나는 특수상대성이론이나 동시성simultaneity의 개념을 완벽하게 설명하려는 것이 아니다. 이에 관하여 자세한 내용을 알고 싶다면, 후주에 실린 참고문헌을 읽어 보기 바란다.[6] 한 가지 짚고 넘어갈 것은, 동시성 개념이 관측자의 속도에 따라 달라진다는 사실이다. 유클리드 기하학에서 공간상의 한 방향에 대한 직교여공간은 주어진 방향에 따라 달라진다(그림 18.5a 참조). 그러므로 로렌츠 기하학에서도 직교여공간은 방향(관측자의 속도)이 변할 때마다 달라진다. 유일한 차이는 직교여공간의 달라지는 방향이 유클리드 기하학과 로렌츠 기하학에서 서로 반대로 나타난다는 것이다(그림 18.5b 참조). 따라서 로렌츠 기하학에서는 주어진 한 직선의 직교여공간에 그 직선이 포함되는 경우가 생길 수도 있다(그림

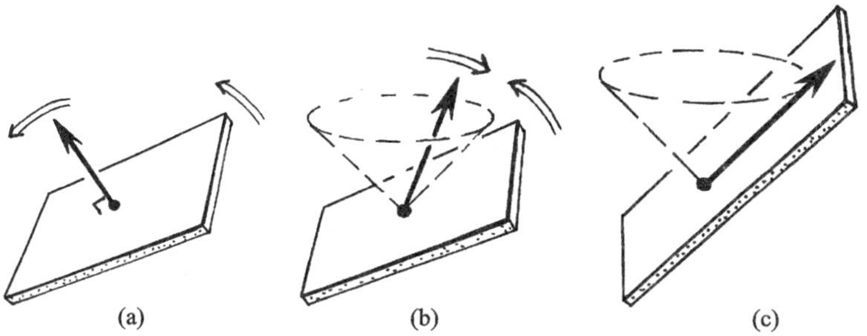

그림 18.5 (a) 4차원 유클리드 기하학에서 주어진 한 방향이 회전하면, 여기 대응되는 직교여공간(3-평면요소)도 함께 회전한다. (b) 4차원 로렌츠 기하학에서도 사정은 마찬가지다. 단, 시간꼴 방향에 대한 직교여공간(3-평면요소, '동시성' 공간방향)은 유클리드 공간의 경우와 반대방향으로 움직인다. (c) 따라서 널방향의 직교여공간은 널방향 자체를 포함한다.

18.5c 참조). 위에서 언급한 대로, 이런 경우는 널방향(즉 빛원뿔의 옆면을 따라가는 방향)에서 발생한다.

$\mathbb{E}^4$에서 $\mathbb{M}$으로 넘어갈 때, 부등식과 관련된 그 무엇도 함께 달라지는데, 이것은 특수상대성이론의 '시계역설clock paradox'과 밀접하게 관련되어 있다('쌍둥이 역설twin paradox'이라고도 한다). 이 역설에 대하여 이미 잘 아는 독자들도 있을 줄로 안다. 우주비행사가 광속에 가까운 로켓을 타고 멀리 있는 별까지 비행한 후 다시 지구로 되돌아왔을 때, 지구에서는 수백 년이 흘렀어도 정작 본인이 느낀 시간은 불과 몇 년에 불과할 수도 있다. 본디[참고문헌 Bondi(1964, 1967) 참조]가 강조한 대로, 움직이는 시계에 기록된 시간을 액면 그대로 받아들인다면 이것은 세계선을 따라 측정한 곡선의 길이arc length에 해당되며, "유클리드 공간에서 두 점 사이의 거리는 거리를 측정하는 경로에 따라 달라진다"는 지극히 당연한 사실과 크게 다르지 않다. 두 경우 모두 동일한 공식 $\int ds$로 주어진다. 그러나 유클리드 공간에서는 두 점 사이를 연결하는 선 중에서 직

선이 가장 짧지만, 민코프스키 공간에서 두 고정된 사건 사이의 시간간격은 직선, 즉 관성경로inertial path를 따라갔을 때 가장 크다(17.9절 참조). 이 모든 내용은 하나의 부등식에 담을 수 있는데, 이것을 일상적인 유클리드 공간의 삼각부등식triangle inequality이라 한다. 유클리드 삼각형의 꼭짓점을 A, B, C라 하면, 삼각형의 세 변은 다음과 같은 부등식을 만족한다(그림 18.6a 참조).

$$AB + BC \geq AC$$

등호는 A, B, C가 일직선상에 있을 때 성립한다. 물론 이들 사이의 관계는 대칭적이기 때문에, 셋 중 어떤 변을 AC로 잡아도 상관없다. 그러나 로렌츠 기하학에서는 모든 변이 시간꼴인 경우에 한하여 삼각부등식이 만족된다. 따라서 AB와 BC, 그리고 AC가 모두 미래를 향하고 있어야 한다(그림 18.6b 참조). 이런 경우에 위 부등식은 다음과 같이 수정된다.

$$AB + BC \leq AC$$

여기서도 등호는 A, B, C가 일직선상에 있을 때(세 점이 모두 관성운동을 하는 입자의 세계선상에 놓여 있을 때) 성립한다. 이 내용을 일상적인 언어로 표현한 것이 바로 시계역설이다. 우주비행사의 세계선은 '꺾인 선' ABC인 반면, 지구에 남아 있는 사람의 세계선은 AC이다. 따라서 우주비행사의 시계는 지구에 있는 시계보다 '짧은 시간간격'을 기록할 것이다.

일부 독자들은 위 설명에서 로켓의 가속도를 고려하지 않았다고 주장하고 싶을지도 모르겠다. 아닌 게 아니라, 나는 상황을 단순화하기 위해 로

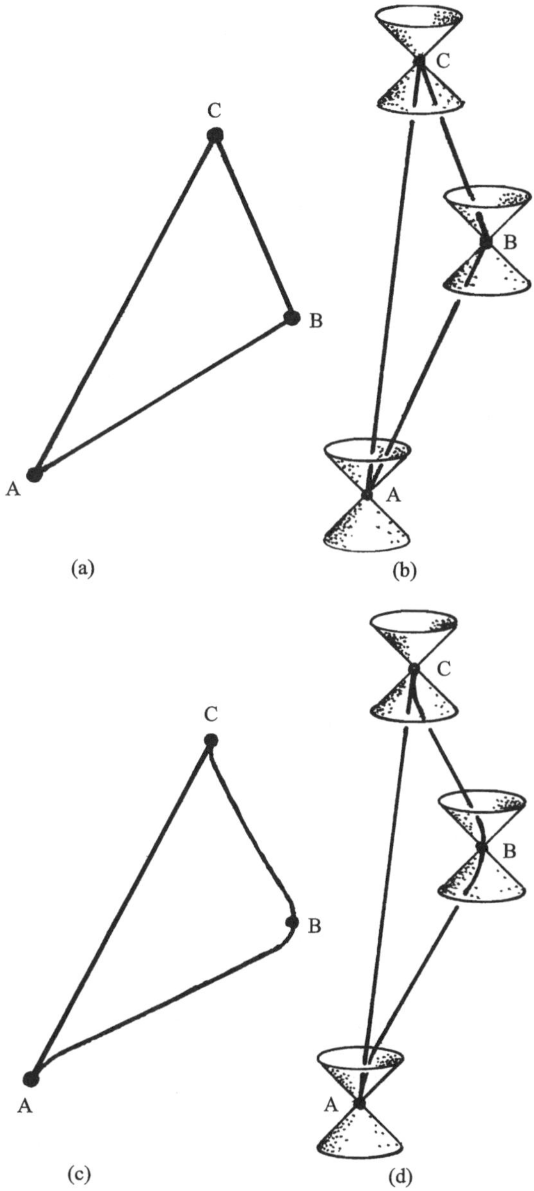

그림 18.6 (a) 유클리드 삼각부등식 AB + BC ≥ AC. 단, 등호는 A, B, C가 일직선상에 있을 때 성립한다. (b) 로렌츠 기하학에서 AB, CB, AC가 모두 미래를 향한 시간꼴 방향일 때, 위 부등식은 AB + BC ≤ AC로 수정된다. 여기서 등호는 A, B, C가 관성운동을 하는 입자의 세계선상에 놓여 있을 때 성립한다. 이것이 바로 "세계선 ABC를 따라 이동하는 우주비행사는 AC를 따라 이동하는 지구인(지구에 남아 있는 사람)보다 짧은 시간을 겪는다"는 특수상대성이론의 '시계역설(click paradox, 또는 twin paradox)'이다. (c) 유클리드 삼각형의 한 꼭짓점(B)을 매끄럽게 수정해도 변의 길이는 크게 달라지지 않으며, 가장 짧은 선은 여전히 직선이다. (d) 마찬가지로, 로켓의 가속도가 유한하다고 가정해도(즉, B 근처를 매끄럽게 수정해도) 시간간격은 크게 달라지지 않는다. 그리고 이 경우에도 가장 긴 선은 여전히 직선(관성운동 경로)이다.

켓이 B점을 지날 때 가속도가 무한대라고 가정했다(물론 로켓이 이런 식으로 비행한다면 우주비행사는 살아남기 어렵다!). 그러나 이 문제는 그림 18.6d와 같이 B 근처의 직선을 매끄럽게 수정함으로써 해결할 수 있다. 유클리드 공간에서 매끈하게 다듬어진 삼각형을 보면 알 수 있듯이, 이런 수정을 가해도 시간간격은 크게 달라지지 않는다(그림 18.6c 참조). 사람들은 흔히 "가속도를 올바르게 다루려면 아인슈타인의 일반상대성이론을 고려해야 한다"고 말하지만, 사실 이것은 완전히 틀린 생각이다. 두 이론에서 시간간격은 동일한 식 $\int ds(ds > 0)$로부터 구할 수 있다. 일반상대성이론에서와 같이, 특수상대성이론에서도 우주비행사는 얼마든지 가속운동을 할 수 있다. 이들 사이의 차이라고는 ds를 계산할 때 사용하는 계량이 다르다는 것뿐이다. 즉, 시간간격은 실제의 g_{ij}에 따라 달라진다. 만일 g_{ij}가 민코프스키 공간 $\mathbb{M}$의 평평한 계량이라면 우리는 특수상대성이론의 범주에서 놀고 있는 셈이다. 이런 경우에는 중력을 무시해도 상관없다. 그러나 중력을 고려해야 하는 상황이라면, 일반상대성이론의 휘어진 계량을 도입해야 한다. 이 내용은 다음 장에서 더 자세히 다뤄질 것이다.

18.4 민코프스키 공간의 쌍곡기하학

민코프스키 기하학과, 그것과 유클리드 기하학 사이의 관계를 더 자세히 알아보자. 유클리드 기하학에서, 고정된 한 점 O로부터 고정된 거리 a만큼 떨어져 있는 점들의 집합은 구면을 형성한다. 물론, $\mathbb{E}^4$에서 이 조건을 만족하는 점들은 3차원 구면 S^3를 이룬다. 그렇다면, $\mathbb{M}$에서는 어떻게 될까? 답은 두 가지 부류로 나눌 수 있다. a가 (양의)실수인 경우

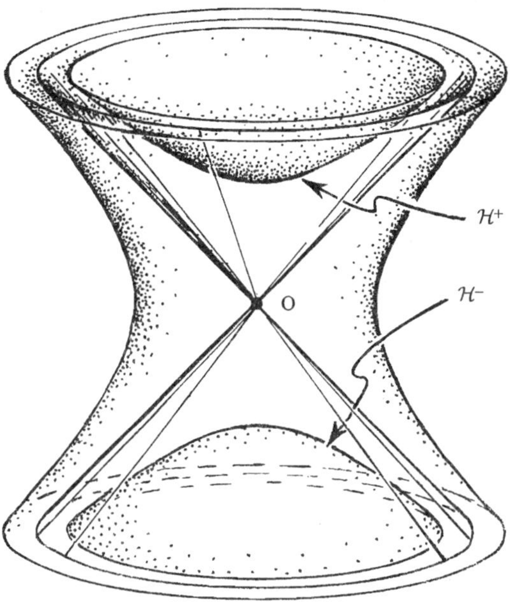

그림 18.7 민코프스키 공간에서 고정된 점 O로부터 거리 a만큼 떨어져 있는 점들의 집합. $a > 0$이면(ds^2의 부호수 : $+ - - -$) 그릇처럼 생긴 부분(미래 빛원뿔의 내부에 놓여 있는 부분)이 $\mathcal{H}^+$이고, 언덕처럼 생긴 부분(과거 빛원뿔의 내부에 놓여 있는 부분)이 $\mathcal{H}^-$이다. a가 허수이면(또는 $d\ell^2$의 부호수가 $+ + + -$이고 a가 실수이면) O로부터 공간꼴로 떨어져 있는 한 겹짜리(one-sheeted) 쌍곡면이 얻어진다.

와 순허수인 경우가 바로 그것이다(부호수는 $+ - - -$를 사용하기로 한다). 이 두 경우를 도식적으로 표현하면 그림 18.7과 같다.

a가 순허수인 경우는 우리에게 별로 중요하지 않으므로, $a > 0$이라고 가정하자($a < 0$인 경우도 별반 다르지 않다). 그림을 보면 구가 두 부분으로 나뉘어져 있는데, '그릇모양'으로 생긴 부분(미래 빛원뿔의 내부에 놓여 있는 부분)을 $\mathcal{H}^+$라 하고 '언덕모양'으로 생긴 부분(과거 빛원뿔의 내부에 놓여 있는 부분)을 $\mathcal{H}^-$라 하자. 앞으로는 $\mathcal{H}^+$에 중점을 두고 논리를 진행할 것이다($\mathcal{H}^-$에도 거의 비슷한 논리가 적용된다). 이제 질문 하나를 던져 보자. $\mathcal{H}^+$의 내재계량intrinsic metric은 어떻게 되는가? 구체적인 형태는 아직 알 수 없지만, $\mathbb{M}$에 있는 '내재계량의 동형사상'에게서 내재계량으로 유도된 계량을 분명히 이어받았을 것이다(예를 들어, $\mathcal{H}^+$에 그려진 곡선의 길이는 이를 $\mathbb{M}$ 안의 곡선이라고 간주해 보면

간단하게 정의된다). 사실, $\mathcal{H}^+$를 따라 나 있는 방향들은 공간꼴 방향이기 때문에, ds^2 보다는 $d\ell^2$을 고려하는 것이 편하다(부호수 : + + + −). 그리고 $\mathcal{H}^+$의 계량은 기본적으로 '부호가 뒤집힌' 구면에 해당하기 때문에, 그 형태를 대충 짐작할 수 있다. 과연 어떻게 생겼을까? 여기서 잠시 요한 람베르트가 1786년에 창시했던 기하학, 즉 유클리드의 제5공준이 성립하지 않는 기하학을 떠올려 보자. 람베르트는 허수 반지름을 갖는 구를 고려하면 제5공준이 위배되는 기하학을 구축할 수 있다고 제안하였다. 실제로 $\mathcal{H}^+$는 3차원 쌍곡기하학이 적용되는 공간이다. 람베르트가 말한 비유클리드 평면(쌍곡면)을 얻으려면, 위에서 말한 공간차원들 중 하나를 제거해야 한다. 각각의 경우에 '쌍곡기하학적 직선hyperbolic straight line. 측지선'은 O를 지나는 2-평면과 $\mathcal{H}^+$의 교점으로 주어진다(그림 18.8 참조).

물론, 람베르트는 자신의 기하학을 이런 식으로 구축하지 않았을 것이다. 그러나 람베르트의 기하학은 '부호수가 뒤집혀서 실수로 표현되는 양이 허수가 되고, 허수로 표현되는 양이 실수가 되는' 일반적인 아이디어의 타당성을 예증하고 있다. 그림 18.9를 예로 들어 보자. 이 그림에는 민코프스키 4차원 공간 $\mathbb{M}$의 빛원뿔이 (t, x, y, z) 좌표계에서 방정식 $t^2 - x^2 - y^2 - z^2 = 0$으로 표현되어 있고, 원뿔 자체는 아래의 방정식을 만족하는 평면들에 의해 분할되어 있다.

$$z + t + \lambda(t - z) = 2$$

그림에 제시된 평면들은 $t = 1 = z$를 만족하는 특별한 평면들이다. 이 평면으로 빛원뿔을 자른 단면은 2차원 곡면을 이루며(원뿔 자체는 3차원이다), λ가 양수일 때 이 2차원 곡면의 계량은 반지름 $\lambda^{-1/2} =$

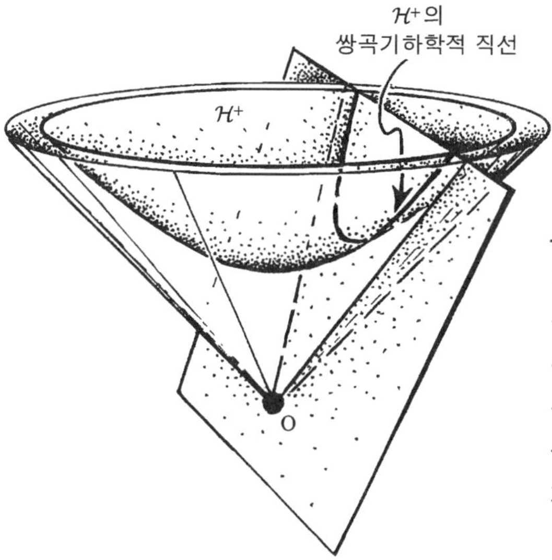

그림 18.8 $\mathcal{H}^+$에서 쌍곡기하학적 직선(측지선)은 O를 지나는 2-평면과 $\mathcal{H}^+$의 교점으로 주어진다(그림에는 2차원의 경우가 예시되어 있다. $\mathcal{H}^+$가 3차원인 경우에도 이와 비슷한 논리가 적용된다).

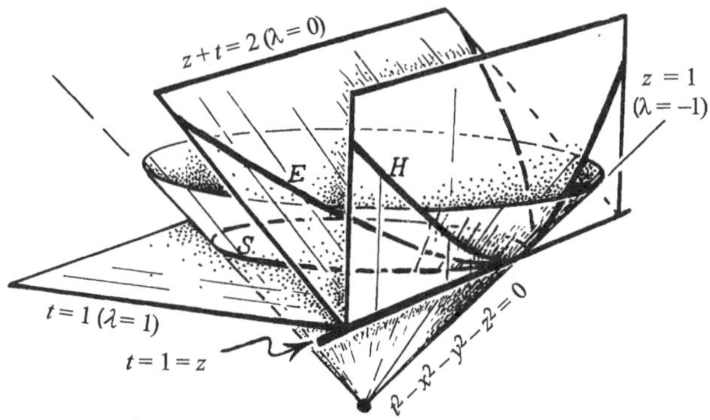

그림 18.9 3-평면 $z+t+\lambda(t-z)=2$에 의해 분할된 빛원뿔($t^2-x^2-y^2-z^2=0$)의 절단면. 좌표 y가 생략되어 차원이 하나씩 줄어들었다. $\lambda>0$이면 절단면 S는 $d\ell^2$계량 하에서 2차원 구가 된다(그림에는 $\lambda=1$인 경우가 예시되어 있다). 또한, $\lambda=0$이면 타원 절단면 E 위에서 평평한 유클리드 $d\ell^2$계량이 얻어지며, $\lambda<0$이면 쌍곡 $d\ell^2$계량이 얻어진다(그림에서는 $\lambda=-1$일 때 수직 쌍곡 절단면 H가 예시되어 있다).

$1/\sqrt{\lambda}$($d\ell^2$ 계량에서)인 구의 계량과 정확하게 일치한다. 또한, $\lambda=0$이면

일상적인 유클리드 평면의 계량이 얻어진다(이 교점은 평평하지 않은 포물면 paraboloidal을 이룬다. 그러나 내재계량은 평평하다).[18.6] λ가 음수이면, 교점은 반지름이 허수인($=1/\sqrt{\lambda}$) '람베르트의 구'를 형성한다. 람베르트의 구는 쌍곡기하학의 내재계량($d\ell^2$으로부터)을 갖고 있다. 이 방법을 이용하면 '허수 반지름을 갖는 구'라는 아이디어가 수백 년 전에 제시되었음에도 여전히 의미를 갖는다는 사실을 확인할 수 있다.

쌍곡기하학을 '유사구 pseudosphere' $\mathcal{H}^+$로 구현하는 과정은 2.4, 5절에서 언급한 벨트라미의 (2차원)등각 및 사영표현과 직접적으로 연관되어 있다. 그림 18.10은 $\mathcal{H}^+$로부터 등각표현과 사영표현이 얻어지는 과정을 보여 준다[3차원 민코프스키 공간 $\mathbb{M}^3$(좌표 $= t, x, y$)의 2차원 유사구가 예시되어 있다]. $\mathcal{H}^+$에 $t^2 - x^2 - y^2 = 1$을 요구하면, $\mathcal{H}^+$를 원점 (0, 0, 0)으로부터 $t = 1$인 평면으로 투영함으로써 벨트라미의 '클라인 표현(즉, 사영표현)'을 얻을 수 있다. 또한, 남극점 (-1, 0, 0)으로부터 $t = 0$인 적도면으로 투영시키면 벨트라미의 '푸앵카레 표현(즉, 등각표현)'이 얻어진다(8.3절, 그림 8.7의 '입체사영' 참조).[18.7]

미래-시간꼴 방향은 $\mathcal{H}^+$에 속하는 점들로 표현되는데(명확성을 기하기 위해 $a = 1$로 잡았다), 이것은 바로 질량을 가진 입자가 취할 수 있는 속도에 해당된다. 그러므로 $\mathcal{H}^+$는 상대성이론에서 속도공간 velocity space으로 간주할 수 있다(이 내용은 2.7절의 끝 부분에서 언급한 적이

[18.6] 본문에서 언급된 내용을 모두 증명하라[도움말 : 좌표 x, y, w를 이용할 것. 단, $w = (t - z - 1/\lambda)\sqrt{\lambda} = (1 - t - z)/\sqrt{\lambda}$이다].

[18.7] 쌍곡직선이 '클라인'의 경우에 직선으로 표현되고 '푸앵카레'의 경우에 경계와 수직으로 만나는 원으로 표현되는 이유는 무엇인가? '부호수 뒤집기(signature flip)'를 이용하여 푸앵카레의 경우가 등각임을 증명하라.

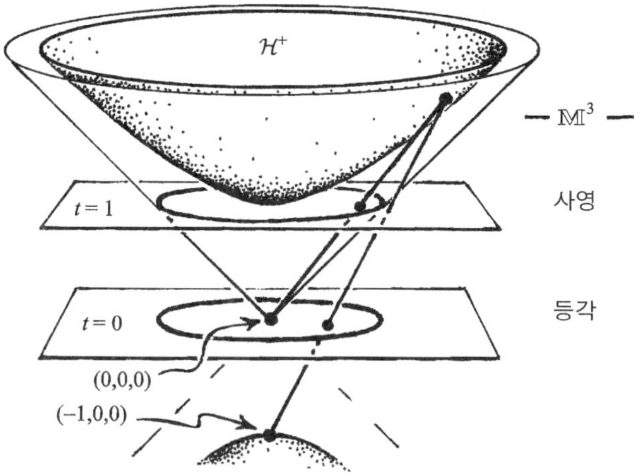

그림 18.10 3차원 민코프스키 공간 $\mathbb{M}^3$에서 $\mathcal{H}^+(t^2 - x^2 - y^2 = 1)$의 2차원 쌍곡기하학은 벨트라미의 등각표현 및 사영표현과 직접적으로 관련되어 있다[에셔(M. C. Escher)의 그림 2.11, 2.16 참조]. $\mathcal{H}^+$를 원점 (0, 0, 0)으로부터 $t = 1$인 평면에 있는 단위원의 내부에 투영하면 벨트라미의 사영모형[클라인(Klein) 모형]을 얻을 수 있다. 또한, $\mathcal{H}^+$를 $(-1, 0, 0)$으로부터 $t = 0$인 평면에 있는 단위원의 내부에 투영시키면 벨트라미의 등각모형(푸앵카레 모형)이 얻어진다(그림 2.17의 벨트라미 기하학 참조). $\mathbb{M}$에서 구축된 3차원 쌍곡기하학에도 이와 비슷한 논리를 적용할 수 있다.

있다). 상대성이론에 의하면, 움직이는 두 물체의 상대속도는 단순한 덧셈으로 계산되지 않는다. 예를 들어, 로켓이 지구에 대하여 $\frac{3}{4}c$의 속도로 비행하면서 진행방향으로 미사일을 $\frac{3}{4}c$의 속도로 발사했다면, 지구에서 바라본 미사일의 속도는 $(\frac{3}{4}+\frac{3}{4})c=\frac{3}{2}c$가 아니라 c이다(여기서 c는 광속을 나타내는 상수이며, 독자들의 이해를 돕기 위해 적어 넣은 것이다. 우리가 사용하는 단위계에서는 $c = 1$임을 명심하라). 쌍곡기하학의 길이덧셈을 이용하면 이 이상한 덧셈법칙을 어렵지 않게 이해할 수 있다(그림 18.11 참조).[18.8]

이 내용을 이해하려면, 우선 쌍곡기하학에서 말하는 '길이'의 개념

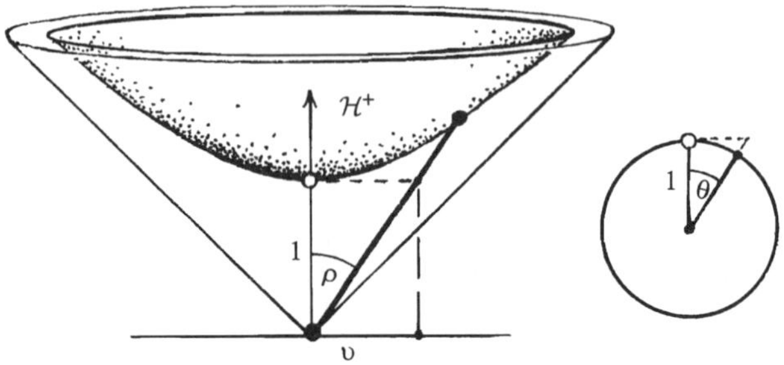

그림 18.11 $\mathcal{H}^+$는 상대성이론에서 '속도공간(velocity space)'에 해당하며, '신속도(rapidity)' $\rho(=\tanh^{-1} v)$는 $\mathcal{H}^+$를 따라 측정한 쌍곡기하학적 거리이다($c = 1$이면 $\rho = \infty$이다). 이것은(부호수 뒤집기에 의해) 단위원에서 중심각이 θ인 원호의 길이를 측정하는 것과 비슷하다.

부터 알아야 한다. 결론부터 말하자면, 이것은 아래의 식을 통해 v로부터 정의되는 '신속도rapidity' ρ에 해당된다(ρ의 그래프는 그림 18.12를 참조하라).

$$\rho = \frac{1}{2}\log\frac{1+v}{1-v} \quad \text{즉,} \quad v = \frac{e^{\rho} - e^{-\rho}}{e^{\rho} + e^{-\rho}}$$

(오른쪽 식은 바로 '쌍곡탄젠트hyperbolic tangent' ρ의 정의이며, $\tanh \rho$로 표기한다) 신속도는 쌍곡공간 $\mathcal{H}^+$에서 측정된 거리를 의미한다(여기서는 단위 유사반지름이 선택되었다. 2.4, 6절 참조). 속도 v가 광속보다 매우 느린 경우, 신속도는 v와 거의 같아진다.[18.9] 그림 2.11에 제시된 에셔의 그림에서 가장자리 경계선은 쌍곡기하학의 $\rho = \infty$에 해당되며, 이

[18.8] '부호수 뒤집기'를 이용하여 쌍곡기하학의 길이덧셈이 특수상대성이론의 속도덧셈과 동일하다는 것을 증명하라. 특수상대성이론에 의하면, 방향이 같은 두 개의 속도 uc, vc를 더한 결과는 $(u+v)c$가 아니라 $(u+v)c/(1+uv)$이다. 원이나 구에서 특정 중심각을 갖는 원호의 길이를 '속도'에 대응시켰을 때, 원호의 덧셈이 어떻게 이루어지는지 생각해 보라.

[18.9] 이 주장이 옳음을 증명하라. 위에 열거한 두 공식이 동일함을 증명하라.

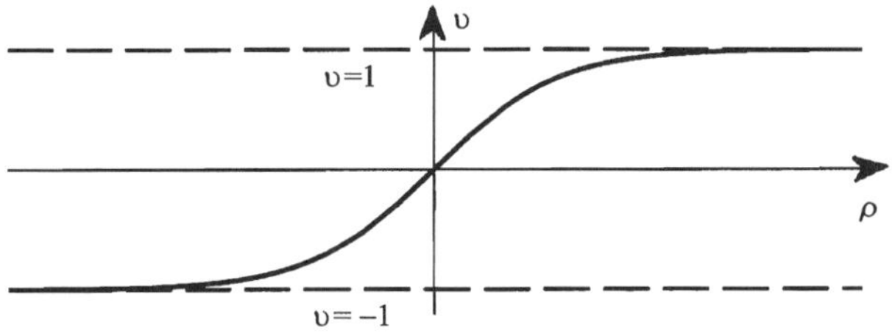

그림 18.12 $\rho = \frac{1}{2}\log\left(\frac{1+v}{1-v}\right)$로 정의된 ρ와 $v(c=1)$ 사이의 관계. $v = (e^{\rho} - e^{-\rho})/(e^{\rho} + e^{-\rho}) = \tanh\rho$이다.

는 곧 운동하는 물체가 넘을 수 없는 속도의 한계인 $c(=1)$를 나타낸다.

같은 방향의 속도를 더한다는 것은, 곧 이들의 신속도를 더한다는 뜻이다(즉, 쌍곡길이를 더한다는 뜻이다. 그림 18.13a 참조). 11.4절의 그림 11.4에서 예시된 일상적인 회전을 이용하면, 속도의 방향이 서로 다른 경우에도 어렵지 않게 더할 수 있다(물론, '부호수 뒤집기'를 적절하게 적용해야 한다). 두 개의 속도를 더할 때 '쌍곡 삼각형법칙'을 이용하면 된

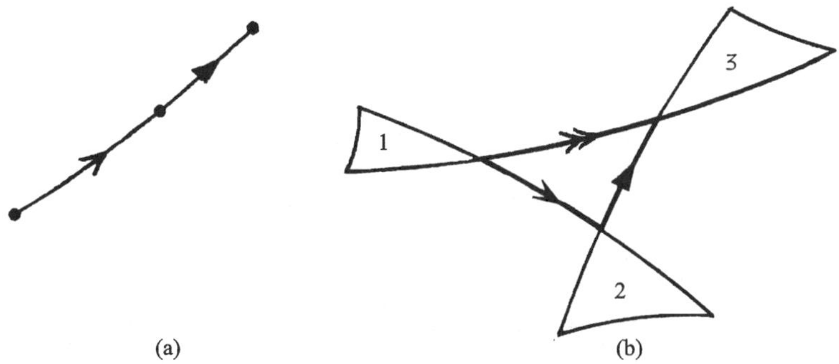

그림 18.13 쌍곡 속도공간 $\mathcal{H}^+$에서 두 개의 속도를 더하는 방법. (a) 두 속도의 방향이 같은 경우에는 각각의 신속도(rapidity)를 더하면 된다. (b) 두 속도의 방향이 다른 경우에는 삼각형법칙을 이용한다. 각각의 쌍곡 옆길이(hyperbolic side-length)는 해당 신속도의 1/2이다(일상적인 3차원 회전의 덧셈을 표현한 그림 11.4b와 비교해 보라. 증명과정은 두 경우 모두 동일하다).

다. 단, 속도를 나타내는 쌍곡선분의 쌍곡기하학적 길이는 해당 신속도의 절반으로 표현되어야 한다(이것은 그림 11.4에서 원호의 길이가 회전각도의 절반이라는 사실에서 기인한다. 그림 18.13b 참조).

18.5 리만 구면의 관점에서 바라본 천구(天球)

다음으로, '경계선이 무한히 먼 곳에 있는' 쌍곡공간 $\mathcal{H}^+$의 내부구조를 살펴보자. 앞에서 확인한 바와 같이, 이것은 4차원 민코프스키 시공간과 같다. 따라서 $\mathcal{H}^+$의 경계는 에셔의 그림(그림 2.11)처럼 원(S^1)이 아니라, 2차원 구면(S^2)을 형성한다. 이 구면 상의 각 점은 빈 원뿔의 옆면을 따라가는 방향을 나타내며, 이는 곧 질량을 가진 입자들이 도달할 수 없는 속도의 한계를 나타낸다. 그러나 질량이 없는 입자들은 속도의 한계에 도달할 수 있다. 사실 이 한계값은 질량 = 0인 자유입자들이 취할 수 있는 유일한 속도이다. 다행히도 광자는 질량이 없으며, 인간의 눈으로 볼 수 있다. 구름 없이 맑게 갠 날, 밤하늘을 바라보면 거대한 반구 위에 수 없이 많은 별들이 촘촘히 박힌 장관을 볼 수 있다. 사실 우리는 별을 바라보는 바로 그 순간에 '우리가 별을 관측하는 사건' O를 중심으로 빛원뿔을 이루는 광선의 족을 형상화하고 있는 것이다(사건의 공간적 위치는 관측자의 눈이다). 실제로 우리는 빛원뿔의 빛줄기 중에서 거의 절반만을 인식한다. 그러나 우주공간으로 나가면 우리를 에워싼 천구天球, celestial sphere의 전체모습을 볼 수 있으므로, O에서 빛원뿔을 이루는 구형 빛줄기를 모두 인식할 수 있다. 그런데 이런 상황에서는 눈에서 밖으로 방출되는 빛보다 눈으로 들어오는 빛에 더 큰 관심을 갖게 되기 때문에, 이 구형을 'O의 과거 원뿔'로 인식하기가 훨씬 쉽다. 그러나 널직선이 과거와 미래, 양방향으로 뻗어나간다는 관점에서 볼 때 빛은 과거에서 미래로 향하고 있으므로, 천구는 O를 지나는 '모든 빛줄기' $\mathcal{S}$를 나타낸다고 생각할 수도 있다(33.2절 참조).

공간 $\mathcal{S}$는 위상수학적으로 2차원 구임이 분명하다. 그런데 과연 $\mathcal{S}$는 우리가 관심을 가질 만한 특별한 구조를 갖고 있을까? 일단은 여기에 계량을 부여하여 2차원 리만 공간으로 간주해 보자. 가장 분명한 방법은 $t = -1$인 3차원 평면으로 빛원뿔을 자른 단면을 취하는 것이다. 원뿔의 방정식 $t^2 - x^2 - y^2 - z^2 = 0$에 $t = -1$을 대입하면 $x^2 + y^2 + z^2 = 1$이 된다. 즉, $\mathcal{S}$는 단위반지름을 갖는 3차원 구로 표현된다. 또는 빛원뿔을 $t = 1$인 3차원 평면으로 자를 수도 있다. 이 경우에도 반지름이 1인 단위구가 얻어지는데, 두 구는 원점에 대칭인 사상antipodal map을 통해 서로 연결되어 있다(이 사상에서 계량은 보존된다). 그러나 특별한 관측자 A의 (O를 지나는)세계선 하나를 골라내어 A의 't좌표'를 사용하지 않는 한, 원뿔의 절단면을 취하는 것은 별로 의미가 없다. 다른 관측자 B가 A보다 빠른 속도로 움직이다가 동일한 사건 O를 목격했다면, B가 그린 천구의 지도에는 (A가 그린 것과 비교할 때)약간의 왜곡이 나타나게 된다.

이러한 왜곡현상은 실제로 존재한다. 왜곡이 나타나는 이유는 1725년에 제임스 브래들리James Bradley가 발견한 광행차stellar abberation 때문이다. 이 효과에 의하면, 천구에 있는 별의 겉보기 위치는 지구의 공전운동 때문에 계절에 따라 조금씩 다르게 나타난다. 광행차는 비 오는 날 달리는 자동차에서 운전자가 경험하는 것과 비슷한 현상이다. 길거리에 선 채로 비를 맞는 사람은 빗방울이 하늘에서 수직방향으로 떨어진다고 생각하겠지만, 차 안에 있는 사람의 눈에는 마치 빗방울이 앞에서 자신을 향해 돌진하는 것처럼 보인다. 그 이유는 떨어지는 빗방울의 속도가 자동차의 속도와 적절히 더해져서(결합하여) 비스듬한 방향으로 나타나기 때문이다. 사실 이런 상황에서는 자동차의 속도가 빗방울의 속도보다 훨씬 빠르기에, 효과는 대부분 자동차의 속도에 의해 좌우된다. 그러나 별의 경우에는 지구의 공전속도가 빛의 속도보다 훨씬 느리기 때문에 계절에 따른 별의 (겉보기)위치변화가 매우 작게 나타난다(약 20″, 1″는 3600분의 1°이다). 효과가 작긴 하지만 광행차는 분명히 존재하는 현상이므로, 천구의 형상은 관측자의 속도에 따라 왜곡될 수밖에 없다. 따라서 관측자는 자신이 바라본 천구가 '누구에게나 동일한' 자연적 계량을 갖고 있다고 주장할 수 없다.

여기서 내가 제기하려는 의문은 다음과 같다. "계량구조만큼 수학적으로 치밀하진 않지만, 사건 O에서 빠른 상대속도로 움직이는 두 관측자가 보았을 때 동일하게 나타나는 수학적 구조가 S에 존재할 것인가?" 결론부터 말하자면, 이런 구조는 실제로 존재한다. 우리는 8.2와 8.3절에서 리만 구면을 다룰 때 이 구조를 접한 적이 있다. 앞서 지적한 대로, 리만 구면은 등각구조를 갖고 있다. 리만 구면은 특정한 계량을 갖지 않기 때문에 인접한 두 점 사이의 거리나 곡선의 길이와 같은 개념이 존재하지 않지만, 등각구조를 가지므로 구면 위에 그려진 두 곡선 사이의 각도를 명확하게 정의할 수 있다. 리만 구면을 자기자신으로 사상하는 모든 등각변환에서는 이 각도가 보존된다. 즉 (무한소의)작은 조각들은 이러한 변환하에서 크기는 달라질 수 있지만, 모양은 달라지지 않는다. 게다가 리만 구면 위에 그려진 임의의 원에 등각변환을 가하면 다시 원이 된다. 천구 S도 바로 이러한 구조를 갖고 있다. 따라서 한 관측자가 원형으로 분포된 별들을 발견했다면, 다른 관측자가 볼 때에도 여전히 원형분포로 보일 것

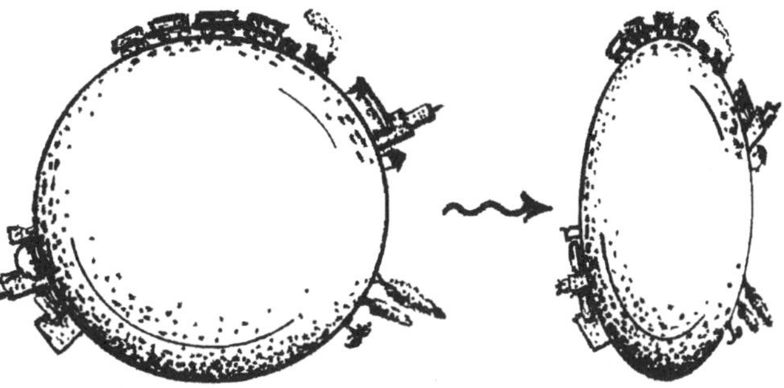

그림 18.14 피츠제럴드-로렌츠 수축효과(FitzGerald-Lorentz contraction). 구형 행성이 어떤 기준계에 대하여 광속에 가까운 속도 v로 수평이동할 때, 이 기준계에서는 행성이 진행방향으로 $(1-v^2/c^2)^{1/2}$배만큼 수축된 것으로 기술될 것이다.

이다.[18.10] 그렇다면 천구에 박혀 있는 수많은 별에 이름을 부여하는 가장 쉬운 방법은 별마다 복소수(∞ 포함)를 부여하는 것이다! 그동안 천문학계에서 이런 제안이 있었는지는 잘 모르겠지만, '입체좌표stereographic coordinate'라 불리는 복소매개변수를 $\zeta = e^{i\varphi}\cot\frac{\theta}{2}$ [18.11]를 통해 표준구면극좌표의 각도와 연결하는 것은(2.11, 22.16절 참조) 일반상대성이론에서 흔히 볼 수 있는 일상사이다.[7]

피츠제럴드-로렌츠 수축효과FitzGerald-Lorentz contraction를 알고 있는 독자들은 위 사실에 약간의 당혹감을 느낄 것이다. 이 효과에 의하면, 구형물체가 관측자에 대하여 매우 빠른 속도 v로 움직일 때, 관측자

[18.10] 이 이론을 처음 제안한 사람은 아일랜드의 뛰어난 물리학자이자 상대성이론학자였던 존 싱(John Synge)이었다. '계산이 필요없는 이론'으로 유명했던 그의 주장을 대충 설명하면 다음과 같다. 여기, 사건 O의 과거 빛원뿔 $\mathcal{C}$와, O를 지나는 (시간꼴)3-평면 P로 이루어진 기하학적 배열이 주어져 있다. $\mathcal{C}$와 P의 교점을 Σ라 하자. 특정한 민코프스키 기준계에서 봤을 때, 시간이 흐름에 따라 $\mathcal{C}$, P, Σ가 공간상에서 어떻게 변하는지 서술하라. O에 있는 관측자의 눈에 Σ가 원으로 보이는 이유는 무엇인가?

[18.11] 이 식을 유도하라.

의 눈에는 구가 진행방향으로 $r = \sqrt{(1 - v^2/c^2)}$ 배만큼 수축된 것처럼 보인다(그림 18.14 참조. 이 책에서는 수축효과에 대한 설명을 생략했는데, 움직이는 물체의 공간적 특성을 분석해 보면 어렵지 않게 알 수 있다. 자세한 내용은 상대성이론을 소개하는 대부분의 교재에 잘 설명되어 있다).[8, [18.12]] 하늘에서 구형물체가 거의 광속에 가까운 속도로 수평이동하고 있다고 상상해 보자. 땅 위에 서 있는 관측자가 이 물체를 본다면, 수평방향으로 찌그러지는 효과를 쉽게 인식할 수 있을 것이다. 상대성원리에 의하면 구형물체가 정지해 있고 관측자가 반대방향으로 (거의 광속으로)움직이는 경우에도 동일한 현상이 관측되어야 한다. 그러나 관측자가 구형물체에 대하여 정지해 있다면, 관측자의 눈에는 물체의 외곽선이 뚜렷한 원으로 인식된다. 언뜻 듣기에는 모순 같지만, 사실 여기에는 아무런 모순도 없다. 피츠제럴드-로렌츠 수축효과는 직접 관측이 불가능하기 때문이다. 움직이는 구형물체로부터 관측자의 눈으로 들어오는 빛의 경로길이를 자세히 분석해 보면 그 이유를 알 수 있다(그림 18.15 참조). 구의 뒤쪽에서 출발한 빛이 관측자의 눈에 도달하려면 구의 앞쪽에서 출발한 빛보다 더 먼 거리를 이동해야 하고, 이 시간 동안 물체는 앞으로 이동하기 때문에, 피츠제럴드-로렌츠 수축효과와 '경로차에 의한 팽창효과'가 정확하게 상쇄되어 결국 물체는 구형으로 보이게 된다.[9, [18.13]]

[18.12] 위에서 설명한 시공간 기하학을 이용하여 이 공식을 증명하라.

[18.13] 피츠제럴드-로렌츠 수축효과와 빛의 경로차에 의한 팽창효과가 '정확하게' 상쇄되는 이유를 구체적으로 증명하라. 각지름이 작을 때에는, 구는 납작해지기 보다는 회전하는 것처럼 보인다. 이 사실도 증명해 보라.

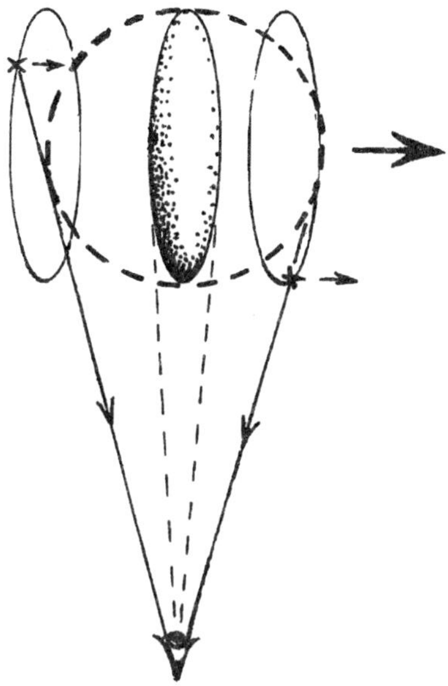

그림 18.15 피츠제럴드-로렌츠 수축효과는 직접 관측되지 않는다. 구의 뒤쪽에서 출발한 빛이 관측자의 눈에 도달하려면 구의 앞쪽에서 출발한 빛보다 먼 거리를 이동해야 하기 때문이다. 즉, 구의 뒤쪽 경계선은 앞쪽 경계선보다 '과거'의 모습을 관측자에게 보여주는 셈이다. 따라서 임의의 한 순간에 관측자가 바라보는 구는 실제보다 팽창되어 피츠제럴드-로렌츠 수축효과를 상쇄한다. 즉, 관측자의 눈에는 구가 원래대로 동그랗게 보인다.

18.6 뉴턴 역학의 에너지와 (각)운동량

민코프스키 기하학과 관련하여 언급하고 싶은 내용이 한 가지 더 있다. 상대성이론의 에너지와 운동량, 각운동량이 바로 그것이다. 이 내용은 18.7절에서 자세히 다룰 예정인데, 그전에 뉴턴 역학에서 말하는 에너지, 운동량, 각운동량을 미리 알아 두는 편이 좋을 것 같다. 이 양들을 뉴턴의 운동역학에서 중요하게 취급하는 이유는 물리계에 외력外力이 작용하지 않을 때 보존되는 양이기 때문이다. 즉, 외력이 없는 물리계의 총에너지와 운동량, 각운동량은 시간이 흘러도 변하지 않는다.

계의 에너지는 운동에너지 kinetic energy (운동에 의한 에너지)와 위치에너지 potential energy (입자들 사이에 작용하는 힘 속에 저장된 에너지)로 나누어 생각할 수 있다. 뉴턴 이론에서 (더는 내부구조가 없는)

입자의 운동에너지는 다음과 같이 주어진다.

$$\frac{1}{2}mv^2$$

여기서 m은 입자의 질량이고 v는 속도이다. 계의 총 운동에너지는 계를 이루는 각 입자의 운동에너지를 일일이 더한 값과 같다(엄청나게 많은 입자가 어지럽게 움직이는 경우에는 계의 에너지를 직접 다루지 않고 열heat로 환산하여 다룬다. 27.3절 참조). 총 위치에너지를 구하려면 계에 작용하는 모든 힘의 구체적인 성질을 알아야 한다. 운동에너지나 위치에너지는 각각 보존되는 양이 아니다. 오직 이들을 합한 총 에너지만이 보존된다(갈릴레오는 중력장 하에서 진행되는 물체의 운동을 연구하다가 에너지 보존법칙을 처음으로 암시하였다. 단진자를 평형지점에서 조금 들어 올려진 상태로 출발시키면 지면으로부터의 높이로 결정되는 위치에너지가 운동에너지로 바뀌면서 속도가 빨라진다. 그러다가 평형지점을 지나면 다시 위치에너지가 증가하면서 운동에너지는 줄어든다. 마찰이 없으면 이 과정은 끝없이 반복되는데, 어떤 순간에도 운동에너지와 위치에너지의 합은 변하지 않는다).

입자의 운동량 $\mathbf{p}$는 벡터vector이며, 정의는 다음과 같다.

$$\mathbf{p} = m\mathbf{v}$$

여기서 m은 위에서와 마찬가지로 입자의 질량이고 $\mathbf{v}$는 속도를 나타내는 벡터이다. 계의 총 운동량을 구하려면 각 입자의 운동량을 '벡터적으로' 더해야 한다. 이렇게 계산된 총 운동량은 시간이 흘러도 변하지 않는다.[18.14]

앞에서 나는 상대성원리가 뉴턴의 이론(갈릴레오 상대성)에서도 성립한다는 사실을 강조한 바 있다(17.2, 3절 참조). 하나의 관성계에서 다른 관성계로 옮겨갔을 때 에너지와 운동량이 모두 보존되지 않는다면, 지금까지 말했던 보존법칙을 어떻게 살릴 수 있을까? 예를 들어, 두 번째 관성계가 첫 번째 관성계에 대하여 **u**의 속도로 등속운동하고 있다고 하자. 어떤 입자가 첫 번째 관성계에 대하여 **v**의 속도로 움직이고 있다면, 두 번째 관성계에서 바라본 이 입자의 속도는 $\mathbf{v} - \mathbf{u}$이다. 첫 번째 관성계에서 확인한 에너지 및 운동량 보존법칙이 두 번째 관성계에서도 성립하려면 질량도 보존되어야 한다(이 과정에서 뉴턴의 제3법칙도 사용해야 한다. 17.3절의 그림 17.4b 참조). [18.15]

뉴턴 역학에서 보존되는 물리량 중에 각운동량(또는 운동량 모멘트)이란 것이 있다. 원점 O에 대한 어떤 입자의 위치벡터는

$$\mathbf{x} = (x^1,\ x^2,\ x^3)$$

이다. 여기서 x^1, x^2, x^3은 3차원 직교좌표계의 좌표값이다. 입자의 운동량이 **p**일 때, 각운동량 **M**은 다음과 같이 정의한다.

$$\mathbf{M} = 2\mathbf{x} \wedge \mathbf{p}$$

(연산자 '$\wedge$'의 의미는 11.6절을 참조하라)[10] 각 입자의 **M**을 (벡터적으로)모두 더하면 계의 총 각운동량이 얻어진다. [18.16]

[18.14] 에너지와 운동량 보존법칙을 이용하여 움직이는 당구공이 정지해 있는 당구공과 충돌했을 때(둘의 질량은 같다) 흩어지는 각도가 항상 직각임을 증명하라(당구공의 충돌은 완전탄성충돌로 가정한다. 즉, 충돌과정에서 운동에너지가 열에너지로 변환되는 일은 발생하지 않는다).

[18.15] 이 내용을 모두 증명해 보라.

[18.16] 제자리에서 회전하는 피겨스케이팅 선수가 팔을 안쪽으로 모을 때 회전속도가 빨라지는 이유는 무엇인가?

그림 18.16 계에 외력이 작용하지 않으면 $\mathbf{N} = t\mathbf{p} - m\mathbf{x}$($t$는 시간, $\mathbf{x}$는 질량중심의 위치벡터이다)가 보존된다. 즉, 질량중심은 등속직선운동을 한다(속도 $= \mathbf{p}/m$).

뉴턴 역학에서 각운동량만큼 자주 언급되진 않지만, 계에 외력이 작용하지 않을 때 보존되는 또 다른 양이 있다. 하나의 입자에 대하여 이 양을 표현하면 아래와 같다.

$$\mathbf{N} = t\mathbf{p} - m\mathbf{x}$$

여기서 t는 시간이고 $\mathbf{p}$는 운동량, $\mathbf{x}$는 입자의 위치벡터이다. 계의 총 $\mathbf{N}$은 각 입자의 $\mathbf{N}$을 벡터적으로 더하여 얻어지는데, 그 결과는 위 식과 동일하다. 단 위치벡터는 입자계의 질량중심을 나타내는 위치벡터로 바뀌고, 운동량은 계의 총 운동량으로 바뀐다. 총 $\mathbf{N}$이 변하지 않는다는 것은 (외력이 작용하지 않는 한)질량중심이 항상 등속직선운동을 한다는 것을 의미한다(그림 18.16 참조).[18.17]

이쯤에서 질문을 몇 가지 던져 보자. 지금까지 언급된 내용들은 상대성이론에서 어떻게 달라지는가? (i) 에너지보존이나 운동량보존, 각운동량보존, 또는 질량중심의 운동 같은 개념이 상대성이론에서도 통용될 것인가? (ii) 질량보존법칙은 어떻게 되는가? 질문 (i)에 대한 답은 “yes!”

[18.17] 증명해 보라(질량중심의 위치벡터는 각 입자의 $m\mathbf{x}$를 모두 더한 후 질량의 합으로 나눈 벡터이다).

이다. 단, 상대성이론에서는 이와 관련된 물리량을 다시 정의해야 한다. 그러나 질량보존법칙[질문 (ii)]은 상대성이론에서 참으로 희한한 변화를 겪게 된다. 뉴턴은 에너지와 질량을 '독립적으로 보존되는 양'으로 간주했지만, 상대성이론에서는 이들이 하나의 법칙으로 통합된다. 아인슈타인에 의하면 에너지와 질량은 근본적으로 완전히 같은 양으로서, 아래의 방정식을 통해 서로 연결된다.

$$E = mc^2$$

여기서 E는 계의 총 에너지이고 m은 총 질량, c는 광속이다. 다음 절로 넘어가서 이 식의 자세한 의미를 알아보자.

18.7 상대론적 에너지와 (각) 운동량

앞서 말한 대로, 상대성이론은 시간과 공간을 하나로 통합하여 '시공간'이라는 새로운 개념을 만들어 냈다. 4차원 시공간에서 1차원 시간좌표 t는 3차원 위치벡터 $\mathbf{x} = (x^1, x^2, x^3)$와 결합하여 아래와 같은 4-벡터를 형성한다.

$$(x^0, x^1, x^2, x^3) = (t, \mathbf{x})$$

에너지와 운동량도 이와 비슷한 방법으로 통합된다. 특수상대성이론에서 임의의 유한계finite system (관련된 물리량과 규모가 유한한 물리계)는 총 에너지 E와 총 운동량 $\mathbf{p}$(3차원 벡터)를 갖고 있는데, 이들은 에너지-운동량 4-벡터energy-momentum 4-vector를 통해 하나로 통합된다. 이 4-벡터의 공간성분은

$$(p^1, p^2, p^3) = c^2\mathbf{p}$$

이고, 시간성분 p^0은 총 에너지 E, 또는 총 질량 m에 해당된다(단, 질량으로 표현되는 경우에는 비례상수 c^2이 곱해진다).

$$p^0 = E = mc^2$$

여기에는 아인슈타인의 에너지-질량 상호관계($E = mc^2$)가 내포되어 있다.

$c = 1$인 단위계를 사용하면 $c^2 = 1$이 되어, 질량과 에너지는 표현상으로도 완전히 같아진다. 그러나 앞에서 나는 비상대론적인 경우(뉴턴 역학)와 쉽게 비교하기 위해 c를 그대로 살려 두었다. 이런 단위계를 사용하면 계량 g_{ab}의 0이 아닌 성분은 행렬의 주 대각선을 따라 $(1, -c^{-2}, -c^{-2}, -c^{-2})$이고, 역계량 g^{ab}의 0이 아닌 성분은 행렬의 주 대각선을 따라 $(1, -c^2, -c^2, -c^2)$이 된다.

위의 설명에 의하면 에너지-운동량은 시공간벡터로 생각할 수 있지만, 사실은 코벡터로 생각하는 편이 더 적절하다(20.2, 21.2절 참조). 에너지-운동량 4-코벡터는 아래첨자를 갖는 성분을 이용하여 다음과 같이 쓸 수 있다.

$$(p_0, p_1, p_2, p_3) = (E, -\mathbf{p})$$

($\mathbf{p}$에 붙은 마이너스 부호가 다소 거슬리긴 한다. 어쨌거나 c는 사라졌다) p_a나 p^a, 둘 중 어떤 것을 사용하건 간에, 4-운동량의 보존법칙은 항상 성립한다. 따라서 둘 또는 그 이상의 입자(혹은 계system)들이 충돌하거나 하나의 입자가 두 개 이상의 입자로 분해되었을 때, 또는 한 입자가 다른 입자에게 포획capture되었을 때, 전후 상태에서 4-운동량의 총합은 변

하지 않는다. 다시 말해서, 에너지 보존법칙과 운동량 보존법칙, 그리고 질량 보존법칙이 이 하나의 법칙 속에 통합되는 것이다. 이들을 하나로 묶어서 표현하는 이유는 기준좌표계가 변했을 때 이 양들이 상대성이론의 규칙에 맞게 변환되기 때문이다(지표표기법을 사용하면 정확하게 들어맞는다. 12.8절 참조).

상대성이론에서 계의 총 질량은 스칼라가 아니다. 즉, 이 값은 측정이 시도된 좌표계에 따라 달라진다. 예를 들어, 한 입자의 질량을 그 입자에 대해 정지상태에 있는 좌표계에서 측정하여 m이라는 값을 얻었다면, 입자에 대해 움직이는 좌표계에서 측정한 질량은 m보다 크다. 그러나 이 효과가 두드러지게 나타나려면 두 좌표계의 상대속도가 거의 광속에 가까워야 한다.[18.18]

상대성이론에는 또 다른 질량이 등장한다. '정지질량rest mass'이라는 개념이 바로 그것이다. 정지질량 $\mu(\geq 0)$는 기준계에 따라 달라지지 않는 양으로서, 입자에 대해 정지해 있는 기준계(즉, 입자의 운동량이 0인 좌표계)에서 측정한 질량이다. μ는 정지에너지 $(p_a p^a)^{1/2}$에 c^{-2}를 곱한 양이다. 즉,

$$(c^2 \mu)^2 = p_a p^a = E^2 - c^2 \mathbf{p}^2$$

의 관계에 있다. 따라서 $\mu = c^{-2}(E^2 - c^2 \mathbf{p}^2)^{1/2}$이다. 여기서 나는 3차원 벡터표기법을 사용하였다. 임의의 3차원 벡터 $\mathbf{a}$가 주어져 있을 때, $\mathbf{a}^2 = \mathbf{a} \bullet \mathbf{a} = a_1^2 + a_2^2 + a_3^2$이다. 여기서 도트dot $(\bullet)$는 스칼라곱scalar prod-

---

[18.18] 두 번째 좌표계에서 바라본 입자의 속도가 v일 때, 이 좌표계에서 측정한 질량이 $m(1 - v^2/c^2)^{-1/2}$임을 증명하라.

uct을 나타내는 연산자로서, 두 벡터 $\mathbf{a} = (a_1, a_2, a_3)$, $\mathbf{b} = (b_1, b_2, b_3)$의 스칼라곱은 다음과 같이 정의된다(12.3절의 표기법과 비슷하다).

$$\mathbf{a} \cdot \mathbf{b} = a_1 b_1 + a_2 b_2 + a_3 b_3$$

이 표기법은 나중에 매우 유용하게 쓰인다.

질량을 가진 입자 $\mu > 0$의 4-운동량을 정지질량 μ로 나누면 4-속도 v^a가 된다. v^a는 입자의 세계선에 접하는 (미래)시간꼴 벡터로서, 민코프스키 공간에서 c의 길이를 갖는다(따라서 $c = 1$인 단위계에서는 길이가 1인 단위벡터가 된다. 그림 18.17 참조).

$$v_a v^a = c^2\text{일 때 } p^a = \mu v^a$$

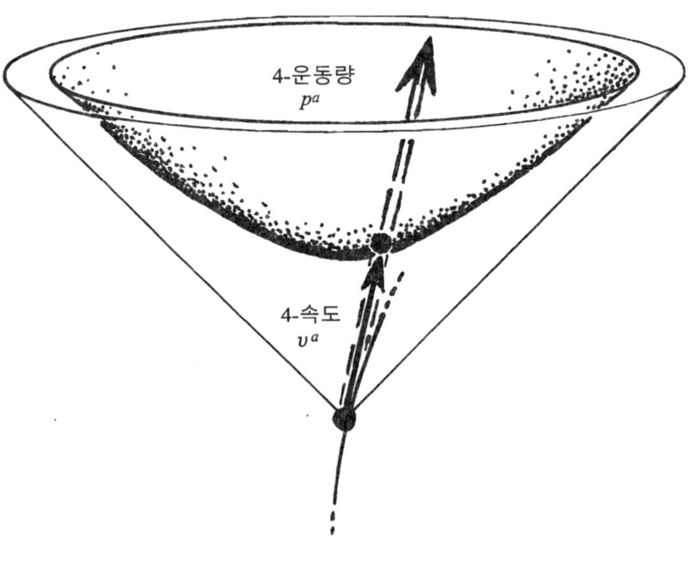

그림 18.17 질량 > 0인 입자의 경우, 4-운동량 p^a를 정지질량 $\mu(> 0)$로 나누면 4-속도 v^a가 된다. v^a는 입자의 세계선에 접하는 미래-시간꼴 단위 4-벡터이다($c = 1$인 단위계를 사용했을 때).

위에서 언급한 대로, 질량을 가진 입자의 정지질량은 정지계에서 측정한 입자의 질량(질량에너지)이다. 입자의 일상적인 3차원 속도벡터를 $\mathbf{v}$라 하면, $\mathbf{v} = (dx^1/dt,\ dx^2/dt,\ dx^3/dt)$이고 $t = x^0$이므로 아래와 같은 관계를 얻을 수 있다.[18.19], [18.20]

$$\mathbf{p} = m\mathbf{v}, \quad m = \gamma\mu, \quad v^a = \gamma(c^2, \mathbf{v})$$

여기서

$$\gamma = (1 - \mathbf{v}^2/c^2)^{-1/2}$$

이다.

광자와 같이 질량이 없는(정지질량 $\mu = 0$인) 입자의 4-운동량은 널벡터 null vector이다. 정지질량은 보존되지 않기 때문에, 질량이 있는 입자는 질량이 없는 입자로 붕괴될 수도 있고 거꾸로 질량이 없는 입자들이 결합하여 질량이 있는 입자로 변할 수도 있다. 실제로 질량을 가진 중성 파이입자neutral pion π^0은 10^{-16}초 이내에 두 개의 광자로 붕괴한다.

임의의 기준계에서 총 질량-에너지(정지질량이 아님)는 가법적으로additively 보존되며, 각 광자의 질량-에너지는 0이 아니다. 4-운동량이 더해지는 방법은 그림 18.8과 같다.

[18.19] 왜 그런가?

[18.20] (i) 6.4절의 테일러 급수(Taylor series)를 이용하여 $(1 + x)^{1/2} = 1 + \frac{1}{2}x - \frac{1}{8}x^2 + \frac{1}{16}x^3 - \cdots$을 증명하라. (ii) 정지질량이 μ이고 3-운동량이 $\mathbf{p}$인 입자의 에너지 $E = [(c^2\mu)^2 + c^2\mathbf{p}^2]^{1/2}$을 테일러 급수로 전개했을 때, 첫 번째 항은 정지질량 에너지 μ에 대한 아인슈타인의 $E = mc^2$에 해당되고 두 번째 항은 뉴턴의 운동에너지에 해당된다는 것을 증명하라. (iii) 세 번째와 네 번째 항도 계산하여 상대론적 에너지의 더욱 정확한 근사식을 구해 보라.

그림 18.18 질량을 가진 '중성 파이입자(neutral pion)' π^0은 질량이 없는 두 개의 광자로 붕괴한다. 이 과정에서 질량/에너지 4-벡터는 가법적으로 보존된다(그러나 정지질량은 보존되지 않는다).

마지막으로, 특수상대성이론에서 각운동량이 어떤 식으로 다뤄지는지 알아보자. 각운동량은 두 개의 첨자를 갖는 텐서 M^{ab}로 표현되며, 이 첨자들은 서로 반대칭이다.

$$M^{ab} = -M^{ba}$$

(양자역학에서 M^{ab}의 역할은 22.12절을 참조하라) 내부구조가 없는 단일 점입자의 각운동량은[11]

$$M^{ab} = x^a p^b - x^b p^a$$

이다. 여기서 x^a는 각운동량이 보존되는 시간에서 점입자의 세계선 상에 있는 한 점을 나타내는 위치 4-벡터이다. 입자가 관성운동을 할 때 M^{ab}는 세계선 위의 모든 점에서 동일한 값을 갖는다.[18.21] 각 입자의 각운동량 텐서를 모두 더하면 상대론적 총 각운동량이 얻어진다. 스핀이 없는 입자의 경우, 세 개의 공간성분 M^{23}, M^{31}, M^{12}는 일상적인 각운동량 $\mathbf{M} = \mathbf{2x} \wedge \mathbf{p}$의 성분($\times c^2$)과 같고(18.6절 참조), 나머지 성분 M^{01}, M^{02}, M^{03}은 $\mathbf{N} = t\mathbf{p} - m\mathbf{x}$($\times c^2$)를 형성한다(총 $\mathbf{N}$이 보존된다는 것은 질량 중심이 등속운동을 한다는 뜻이다. 그림 18.16 참조).[18.22]

18.2절에서 말한 바와 같이, 민코프스키 공간의 10차원 푸앵카레 대칭군은 4차원 시공간 병진이동과 6차원 (로렌츠)회전으로 이루어져 있다. 이제 20.6절로 가면 대칭성과 보존량 사이를 연결해 주는 뇌터 정리 Nöther's theorem가 등장할 것이고, 21.1 ~ 5절과 22.82로 가면 양자역학에서도 동일한 현상이 나타난다는 사실을 알게 될 것이다. 이것은 4-운동량 p_a와 6-각운동량 M^{ab}의 보존에 중요한 근거를 제공한다. 왜냐하면, p_a와 M^{ab}는 각각 민코프스키 공간의 4-병진대칭과 6-(로렌츠)회전대칭으로부터 탄생한 양이기 때문이다. p_a와 M^{ab}의 보존법칙은 21장과 22.8, 12, 13절에서 중요한 역할을 한다.

[18.21] 왜 그런가?

[18.22] 이 내용을 상대성이론의 경우에 대하여 구체적으로 설명하라.

〈18장 후주〉

18–1절

18.1 브라운 대학교의 토마스 밴코프(Thomas Banchoff)는 리만 곡면을 이용하여 복소함수를 그림으로 표현하는 컴퓨터시스템을 여러 해 동안 개발해 왔다. Banchoff(1990, 1996) 참조.

18.2 여기 등장하는 '*ds*'는 '무한소의 양'으로 해석해야 한다(13.6절의 ε과 비슷하다). [후주 12.8]과 비교해 보라.

18–2절

18.3 로렌츠와 푸앵카레, 그리고 아인슈타인이 특수상대성이론에 남긴 업적에 대해서는 Stachel(1995), pp. 249 ~ 356을 참조하라. 내가 보기에, 아인슈타인은 1905년에도 특수상대성이론을 완성하지 못했던 것 같다. 전체적인 그림은 1908년에 민코프스키가 4차원적 관점을 도입하면서 완성되었다(17.8절 참조).

18.4 푸앵카레군에는 미래 시간꼴 방향을 과거 시간꼴 방향으로 변환하는 시간반전(time-reverse)요소도 포함되어 있다.

18–3절

18.5 양자역학을 이미 알고 있는 독자들에게 해둘 말이 있다. 본문에서 말하는 '직교성의 복소버전'은 복소해석적 성질을 가지며(이것이 바로 '복소화'의 의미이다), 복소켤레를 동반하는 에르미시안(Hermitian, 13.9절 참조)의 개념은 아니다. 이것은 수학과 물리학의 여러 분야에 걸쳐 널리 사용되고 있다.

18.6 Rindler(1982, 2001), Synge(1956), Taylor and Wheeler(1963), Hartle(2003) 참조. 공리기하학적 접근법은 Schutz(1997)을 참조할 것.

18–5절

18.7 Newman and Penrose(1966), Penrose and Rindler(1984, 1.2～4절, 4.15절 : 1986, 9.8절) 참조.

18.8 Rindler(1982, 2001) 참조.

18.9 Terrell(1959), Penrose(1959) 참조.

18–6절

18.10 '2'라는 계수가 왜 붙었는지 이해가 안 가는 독자들은 11.6절에서 소개한 '∧'의 정의를 다시 읽어 보기 바란다. $\mathbf{x} \wedge \mathbf{p}$의 성분은 $x^{[i}p^{j]} = \frac{1}{2}(x^i p^j - x^j p^i)$이다. 따라서 $\mathbf{M}$의 성분은 $x^i p^j - x^j p^i$이다.

18–7절

18.11 22.8절에 가면 (양자)입자들이 대부분 고유스핀(intrinsic spin)을 갖고 있음을 알게 될 것이다. 고유스핀은 궤도 각운동량 M^{ab}에 더해져서 (22.2절 참조) 전체적으로 M^{ab}에 (상수)스핀만큼 기여한다.

19
맥스웰과 아인슈타인의 고전적 장(場)

19.1 뉴턴 역학과 동떨어진 곳에서 일어난 혁명

뉴턴이 그의 탁월한 역학체계를 완성하여 1687년에 『프린키피아 Principia』를 통해 발표한 후로, 기초물리학은 1905년 아인슈타인의 특수상대성이론이 등장하기 전까지 여러 분야에서 커다란 발전을 이루었다. 이 기간에 일어났던 변화 중 가장 극적인 것을 꼽는다면, 19세기에 패러데이와 맥스웰이 도입한 물리적 장場, field의 개념을 들 수 있다. 장은 모든 공간에 골고루 퍼져 있으며, 즉각적으로 힘을 주고받는 입자와 함께 공존하고 있다.[1] 1915년 아인슈타인이 휘어진 시공간을 기반으로 하는 일반상대성이론을 구축할 때에도 장의 개념은 핵심적인 역할을 했다. 현대물리학에서 말하는 '고전적 장'이란, 맥스웰의 전자기장electromagnetic field과 아인슈타인의 중력장gravitational field을 의미한다.

그러나 고전물리학만으로는 자연을 완전하게 서술할 수 없다. 1900년에 막스 플랑크Max Planck가 양자가설quantum hypothesis을 처음 도입하고서 약 25년에 걸쳐 수많은 학자의 노력으로 완성된 양자역학은 기존 뉴턴 역학을 수정-보완하면서 원자규모의 미시세계에서 일어나는 현상들을 훌륭하게 설명해 주었다. 또 한 가지 중요한 사실은 뉴턴의 물리학을 전혀 다른 관점에서 서술하는 또 하나의 수학 및 역학체계가 18세기에 수립되었다는 것이다(이 내용은 20장의 주제이기도 하다). 새로운 역학은 고전적 장이론과 양자역학을 이해하는 데 없어서는 안될 중요한 요소이다. 이와 관련된 내용은 21장부터 몇 개의 장에 걸쳐서 자세히 언급될 것이다. 또한, 열역학thermodynamics의 발전도 빼놓을 수 없다(열역학을 더 세련되게 정리한 것이 바로 통계역학statistical mechanics이다). 열역학은 입자의 수가 엄청나게 많은 계를 서술하는 물리학으로서, 각 입자의 운동을 직접 고려하지 않고 '평균적인 양'들을 통해 계의 특성을 설명한다. 19세기 중반부터 20세기 초에 걸쳐 열역학 분야에 중요한 업적을 남긴 물리학자로는 카르노Carnot와 클라우지우스Clausius, 맥스웰, 볼츠만Boltzman, 기브스Gibbs, 아인슈타인 등을 들 수 있다. 열역학에는 가장 기본적이면서도 수수께끼 같은 문제가 있는데, 이 내용은 27장에서 언급할 것이다.

이 장에서는 맥스웰과 아인슈타인의 물리적 장이론, 즉 고전적인 전자기학과 중력이론을 집중적으로 다룰 예정이다. 전자기학은 장이론의 양자역학 버전인 양자장이론에서 중요한 역할을 하는데, 이 내용은 26장에서 소개될 것이다. 반면에, 중력장의 양자역학 버전은 수많은 논쟁을 불러일으키면서 아직도 완성되지 않은 채로 남아 있다. 양자중력이론은 이 책의 28장부터 순차적으로 논의할 예정이다. 이 장에서는 고전물리학의 범주 안에서 장의 개념과 특성을 알아보기로 한다.

이 장의 서두에서 나는 20세기에 상대성이론과 양자역학 혁명이 일어나기 전인 19세기 초부터 뉴턴 물리학에 변화의 바람이 불기 시작했다고 언급한 바 있다. 최초의 변화는 1833년에 마이클 패러데이가 자신이 얻은 실험결과를 새롭게 해석하면서 시작되었다. 뉴턴은 물질을 이루는 '입자'와 이들 사이에 작용하는 '힘'을 기본적인 양으로 간주했지만, 자연에 존재하는 구성 요소는 이것뿐만이 아니었다. 이 사실을 인식하게 된 물리학자들은 실체 없이 존재하는 '장' 개념을 심각하게 받아들이기 시작했다. 그러던 중 스코틀랜드의 위대한 물리학자 제임스 클럭 맥스웰은 1864년에 이 '실체 없는' 장이 반드시 만족해야 하는 일련의 방정식을 성공적으로 유도하였으며, 장은 에너지를 한 곳에서 다른 곳으로 옮길 수 있다는 사실도 증명하였다. 맥스웰이 유도한 방정식에는 전기장과 자기장, 그리고 빛의 행동양식이 하나로 통합되어 있었는데, 이것이 바로 그 유명한 '맥스웰 방정식 Maxwell's equation'이다. 이것은 최초의 상대론적 장방정식이기도 했다.

12 ~ 15장에서 언급한 '다양체 위에서의 미적분' 같은 수학 기법들의 놀라운 발전 위에 이루어진 20세기 수학의 관점에서 볼 때, 맥스웰 방정식은 너무도 자연스럽고 간단명료하다. 전기장과 자기장이 맥스웰 방정식 이외의 다른 법칙을 따른다는 것을 상상하기 어려울 정도로 완벽한 체계를 이루고 있다. 그러나 이런 관점은, 이런 수학적 발전이 대부분 맥스웰 방정식 자체에서 초래되었다는 사실을 무시하는 처사이다. 특수상대성이론의 시공간 변환을 연구했던 로렌츠와 푸앵카레, 아인슈타인도 맥스웰 방정식을 연구의 시발점으로 삼았고, 결국 이것은 민코프스키의 시공간 개념으로 이어졌다. 4차원 시공간에서 맥스웰 방정식은 카르탕의 미분형식(12.6절 참조)과 자연스럽게 연결되며, 맥스웰 이론의 전하 보존법칙과 자기선속 magnetic flux 보존법칙은 12.5, 6절에서 다뤘던 '외미적분의 기본 정리' 속에 아름답게 융합된다.

현대물리학의 상당 부분을 맥스웰 방정식과 연관지어 생각하는 것은 나만의 편견일지도 모른다. 맥스웰 방정식이 중요하다는 데에는 이견의 여지가 없지만, 그보다 앞서 활동했던 라플라스와 달랑베르, 가우스, 그린Green, 오스트로그라드스키Ostrogradski, 쿨롱Coulomb, 앙페르 등의 업적도 결코 무시할 수 없다. 그러나 이들이 수행했던 연구의 핵심도 단연 전기장과 자기장이었다(중력장도 중요하게 취급되었다). 그러면 지금부터 전기장과 자기장, 그리고 중력장의 개념을 먼저 이해하고 나서, 이들이 현대수학 체계 속에 어떻게 융합되는지 구체적으로 알아보자.

19.2 맥스웰의 전자기이론

맥스웰 방정식은 전기장의 세 성분 E_1, E_2, E_3과 자기장의 세 성분 B_1, B_2, B_3의 시간에 따른 변화를 서술하는 편미분방정식(10.2절 참조)이다. 여기서 전하밀도 ρ와 전류밀도의 세 성분 j_1, j_2, j_3은 주어진 양으로 간주한다. 전자기장의 전달을 매개하는 주변물질과 관련된 장들도 방정식에 포함될 수 있다. 그러나 기초물리학 수준에서는 매질과 관련된 양들을 무시하는 것이 보통이다. 매질 자체는 매우 작은 입자들로 이루어져 있고, 이들은 더욱 근본적인 단계에서 다뤄져야 하기 때문이다. 앞으로는 편의를 위해 시공간의 단위로 가우스 단위Gaussian unit와 표준 민코프스키 좌표(18.1절 참조) $x^0 = t$, $x^1 = x$, $x^2 = y$, $x^3 = z$(부호수 : $+ - - -$)를 사용할 것이다. 이 단위계에서 $c = 1$이다.

전기장과 자기장은 시공간 2-형식 $\boldsymbol{F}$('맥스웰 장텐서Maxwell field tensor'라 한다) 속에 통합되고, 전하밀도와 전류밀도는 시공간 벡터 $\boldsymbol{J}$('전하-전류 벡터charge-current vector'라 한다) 속에 통합된다. $\boldsymbol{F}$와 $\boldsymbol{J}$의 성분을 행렬로 표현하면 다음과 같다.

$$\begin{pmatrix} F_{00} & F_{01} & F_{02} & F_{03} \\ F_{10} & F_{11} & F_{12} & F_{13} \\ F_{20} & F_{21} & F_{22} & F_{23} \\ F_{30} & F_{31} & F_{32} & F_{33} \end{pmatrix} = \begin{pmatrix} 0 & E_1 & E_2 & E_3 \\ -E_1 & 0 & -B_3 & B_2 \\ -E_2 & B_3 & 0 & -B_1 \\ -E_3 & -B_2 & B_1 & 0 \end{pmatrix}$$

$$\begin{pmatrix} \boldsymbol{J}^0 \\ \boldsymbol{J}^1 \\ \boldsymbol{J}^2 \\ \boldsymbol{J}^3 \end{pmatrix} = \begin{pmatrix} \rho \\ j_1 \\ j_2 \\ j_3 \end{pmatrix}$$

$\boldsymbol{F}$는 2-형식이므로 반대칭조건, 즉 $F_{ba} = -F_{ab}$를 만족한다. 또한, $\boldsymbol{F}$와 $\boldsymbol{J}$의 하지듀얼Hodge dual인 2-형식 $^*\boldsymbol{F}$와 3-형식 $^*\boldsymbol{J}$도 사용할 것이다. 이들은 아래와 같이 정의된다.

$$\begin{pmatrix} {}^*F_{00} & {}^*F_{01} & {}^*F_{02} & {}^*F_{03} \\ {}^*F_{10} & {}^*F_{11} & {}^*F_{12} & {}^*F_{13} \\ {}^*F_{20} & {}^*F_{21} & {}^*F_{22} & {}^*F_{23} \\ {}^*F_{30} & {}^*F_{31} & {}^*F_{32} & {}^*F_{33} \end{pmatrix} = \begin{pmatrix} 0 & -B_1 & -B_2 & -B_3 \\ B_1 & 0 & -E_3 & E_2 \\ B_2 & E_3 & 0 & -E_1 \\ B_3 & -E_2 & E_1 & 0 \end{pmatrix}$$

$$\begin{pmatrix} {}^*\boldsymbol{J}_{123} \\ {}^*\boldsymbol{J}_{023} \\ {}^*\boldsymbol{J}_{013} \\ {}^*\boldsymbol{J}_{012} \end{pmatrix} = \begin{pmatrix} -\rho \\ j_1 \\ -j_2 \\ j_3 \end{pmatrix}$$

하지듀얼도 반대칭 조건 $^*F_{ab} = {}^*F_{[ab]}$와 $^*J_{abc} = {}^*J_{[abc]}$를 만족한다. 전체적으로 반대칭 성분 $\varepsilon_{abcd}(=\varepsilon_{[abcd]})$를 갖는 레비치비타 텐서 $\boldsymbol{\varepsilon}$을 사용하면 하지듀얼은 다음과 같이 쓸 수 있다($\varepsilon_{0123} = 1$로 규격화되어 있다).

$$^*F_{ab} = \frac{1}{2}\varepsilon_{abcd}F^{cd} \quad \text{그리고} \quad {}^*J_{abc} = \varepsilon_{abcd}J^d$$

F_{ab}의 첨자를 위로 올린 F^{ab}는 14.7절에 의해 $g^{ac}g^{bd}F_{cd}$와 같다. 그리고 $\varepsilon^{abcd} = g^{ap}g^{bq}g^{cr}g^{ds}\varepsilon_{pqrs}$는 $\varepsilon^{0123} = -1$을 만족한다. 따라서 12.7절의 $\boldsymbol{\epsilon}$은 $\epsilon^{abcd} = -\varepsilon^{abcd}$로 주어진다.[19.1] 그림 19.1에는 듀얼화dualizing’ 연산자가 다이어그램 형식으로 표현되어 있다. 지금 말하는 ‘듀얼’ 개념은 앞으로 이 책의 여러 부분에서 다시 등장할 것이다.

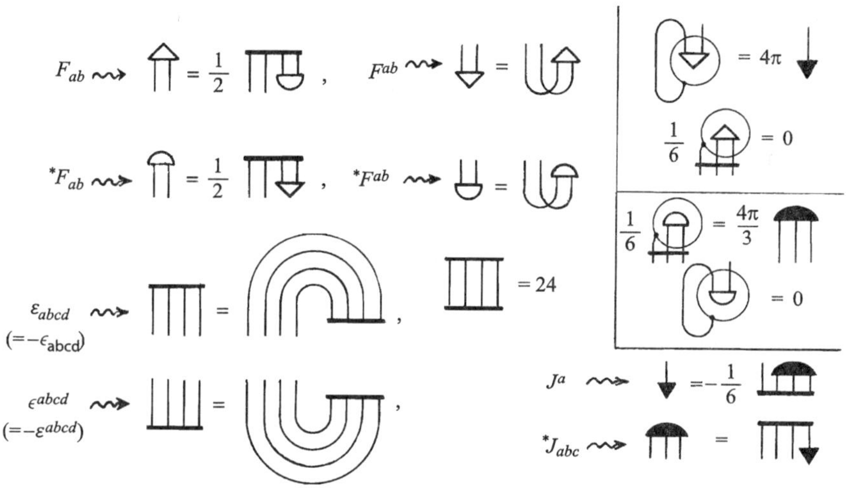

그림 19.1 하지듀얼(Hodge dual)과 맥스웰 방정식의 다이어그램. 표준 민코프스키 기준계에서 $\epsilon_{0123} = \epsilon^{0123} = 1$로 규격화된 $\varepsilon_{abcd}(= \varepsilon_{[abcd]})$와 $\epsilon^{abcd}(= \epsilon^{[abcd]})$는 g^{ab}와 g_{ab}를 통해 $\varepsilon_{abcd} = -\epsilon_{abcd}$ 및 $\epsilon^{abcd} = -\varepsilon^{abcd}$의 관계에 있다. 이 그림에서는(왼쪽 아래 두 줄) 부호의 변화가 뒤바뀐 지표 속에 흡수되어 있다. 오른쪽 위에 박스로 분리된 그림은 장텐서 $\boldsymbol{F}$를 이용하여 맥스웰 방정식 $\nabla_a F^{ab} = 4\pi J^b$, $\nabla_{[a}F_{bc]} = 0$을 나타낸 것이고 ($F^{ab} = g^{ac}g^{bd}F_{cd}$: 그림 14.21 참조), 그 아래는 듀얼 $^*\boldsymbol{F}$($^*F_{ab} = \frac{1}{2}\varepsilon_{abcd}F^{cd}$, $^*J_{abc} = \varepsilon_{abcd}J^d$)를 이용하여 $\nabla^*{}_{[a}F_{bc]} = \frac{4\pi}{3}{}^*J_{abc}$, $\nabla^*_a F^{ab} = 0$을 나타낸 것이다.

[19.1] 증명해 보라.

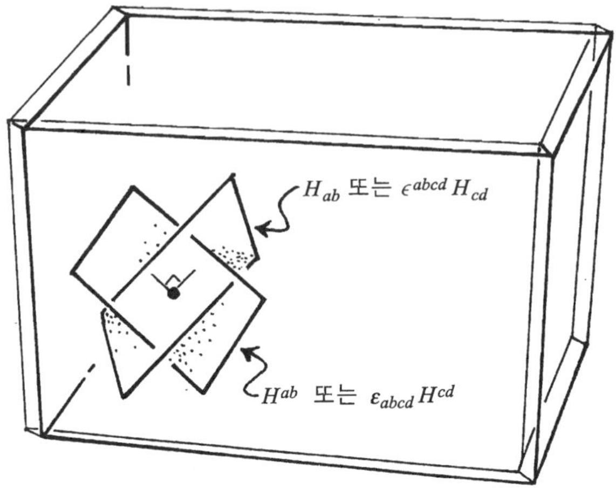

그림 19.2 4차원 공간에서 단순 이중벡터 $\boldsymbol{H}(H^{ab})$와 $\boldsymbol{H}$의 '듀얼' 2-형식 $\boldsymbol{H}^{\#}(=\frac{1}{2}\varepsilon_{abcd}H^{cd})$은 동일한 2-평면요소를 나타낸다. 그러나 $\boldsymbol{H}$의 지표를 아래로 이동시킨 단순 2-형식 H_{ab}(듀얼 이중벡터 $\frac{1}{2}\epsilon^{abcd}H_{cd}$)는 2-평면요소의 직교여공간을 나타낸다(그림 18.4 참조). 일반적으로 하지듀얼이 적용되면 대상의 지표가 위아래로 이동하면서 직교여공간으로 전환된다.

하지듀얼은 기하학적으로 매우 중요한 의미를 갖는다. 12.7절에서 말한 대로, 반대칭 H^{ab}로 표현되는 이중벡터 bivector $\boldsymbol{H}$를 '듀얼' 2-형식 $\boldsymbol{H}^{\#}$, 즉 $\frac{1}{2}\varepsilon_{abcd}H^{cd}$로 바꾸는 연산은 기하학적으로 그다지 큰 변화를 일으키지 않는다. 예를 들어 $\boldsymbol{H}$가 단순 이중벡터여서 2-형식 $\boldsymbol{H}^{\#}$도 단순한 형태라면, $\boldsymbol{H}^{\#}$에 의해 결정되는 2-평면요소는 $\boldsymbol{H}$에 의해 결정되는 2-평면요소와 정확하게 같다(유일한 차이는 $\boldsymbol{H}^{\#}$이 12.7절에서 말한 대로 '밀도'와 관련된 양이 된다는 것이다). 그러나 2-형식 H_{ab}의 지표를 위로 올려서 이중벡터 $H^{ab}(=H_{cd}g^{ca}g^{db})$로 만드는 연산은 기하학적으로 커다란 변화를 일으킨다. 단순 이중벡터의 경우, H_{ab}에 의해 결정되는 2-평면요소는 H^{ab}에 의해 결정되는 2-평면요소의 직교여공간에 해당된다(18.3절 참조). 하지듀얼이 2-형식 H_{ab}에 적용되어 $\frac{1}{2}\varepsilon_{abcd}H^{cd}$가 되면(즉, $\boldsymbol{H}^{\#}$이 되면) 지표가 $H_{ab} \mapsto H^{ab}$로 변환되어 이들 사이에 직교여공간 관계가 형성된다(그림 19.2 참조). $\boldsymbol{F}$를 $^*\boldsymbol{F}$로 변환하는 하지듀얼도 이와 비슷하게 해석될 수 있다.

이 표기법을 이용하면 맥스웰 방정식을 아래와 같이 간단한 형태로 쓸 수 있다.[19.2]

$$d\boldsymbol{F} = 0, \quad d^*\boldsymbol{F} = 4\pi^*\boldsymbol{J}$$

이것을 지표형식으로 쓰면 다음과 같다.[19.3]

$$\nabla_{[a}F_{bc]} = 0, \quad \nabla_a F^{ab} = 4\pi J^b$$

두 번째 d^*방정식 $d^*\boldsymbol{F} = 4\pi^*\boldsymbol{J}$의 양변에 외미분 연산자 d를 적용하고 $d^2 = 0$을 이용하면(12.6절 참조) 전하-전류벡터 $\boldsymbol{J}$의 다이버전스가 0임을 알 수 있다.[19.4]

$$d^*\boldsymbol{J} = 0 \quad \text{또는} \quad \nabla_a J^a = 0$$

여기서 잠시 옆길로 벗어나 맥스웰 텐서의 자기듀얼self-dual(자기쌍대)과 반자기듀얼anti-self-dual(반자기쌍대)에 대해 알아보자(이것은 32.2, 33.6, 33.8, 33.11절에서 매우 중요하게 취급될 것이다. [예제 18.5] (ii) 참조). 이들은 각각 다음과 같이 정의된다.

[19.2] 전기장과 자기장의 성분을 이용하여 이 방정식을 풀어서 써보라. 전기장과 자기장의 시간에 따른 변화($\partial/\partial t$)는 어떻게 나타나는가?

[19.3] 이 방정식이 바로 위의 방정식과 같다는 것을 증명하라.

[19.4] 이 두 방정식이 같음을 증명하라.

$$^{+}\boldsymbol{F}=\tfrac{1}{2}(\boldsymbol{F}-i{}^{*}\boldsymbol{F})\quad \text{그리고}\quad {}^{-}\boldsymbol{F}=\tfrac{1}{2}(\boldsymbol{F}+i{}^{*}\boldsymbol{F})$$

(이들은 각각 서로 복소켤레 관계에 있다) 양자역학에서 이 복소수들은 각각 오른손 스핀을 갖는 광자right-handed spinning photon와 왼손 스핀을 갖는 광자를 나타낸다(광자는 전자기장의 양자quanta에 해당된다. 22.7, 22절, 그림 22.7 참조). 자기듀얼/반자기듀얼은 다음과 같은 특성을 갖는다.[19.5]

$$^{*}(^{\pm}\boldsymbol{F})=\pm i^{\pm}\boldsymbol{F}$$

$^{*}\boldsymbol{J}$는 실수이므로, 두 맥스웰 방정식은 (실수부와 허수부 각각)아래와 같이 하나로 통합될 수 있다.

$$d^{+}\boldsymbol{F}=-2\pi i{}^{*}\boldsymbol{J}$$

광자는 빛을 구성하는 입자, 즉 '빛의 양자light quanta'로서, 양자역학에 의하면 빛은 파동성과 입자성을 동시에 갖고 있다. 자세한 내용은 21장에서 집중적으로 다뤄질 것이다. 맥스웰이 물리학사에 남긴 가장 큰 업적은 자신의 방정식을 통해 전자기파가 정확하게 빛의 속도로 전달된다는 사실을 알아낸 것이다. 또한, 전자기파는 빛이 갖는 편광 특성을 고스란히 갖고 있다(22.7절 참조). 맥스웰은 이런 사실들을 종합하여 빛이 전자기적 현상의 일종이라는 결론을 내렸다. 맥스웰이 방정식을 유도하고 근 25년이 지난 1888년, 하인리히 헤르츠Heinrich Hertz는 일련의 실험을 통해 맥스웰 이론이 옳다는 것을 확인하였다.

[19.5] 이 식을 증명하라. 듀얼을 두 번 적용하면 처음 시작한 값의 마이너스와 같아진다는 증명으로 시작하면 된다. 이 부호는 시공간의 로렌츠 계량과 어떻게 연관되어 있는가?

지금까지 나는 배경 시공간이 민코프스키 공간 $\mathbb{M}$이라는 가정하에 논리를 진행해 왔다. 이 가정은 19.3, 4절과 19.5절의 앞부분에도 똑같이 적용될 것이다. 그러나 이런 가정이 꼭 필요한 것은 아니다. 시공간에 곡률이 존재해도 모든 결론은 똑같다. 그러므로 지금까지 언급된 모든 내용은 국소적 민코프스키 기준계에 적용되는 것으로 이해해야 한다. 나머지 사항들은 지표표기법을 통해 다룰 수 있다.[19.6]

19.3 맥스웰 이론의 보존법칙과 선속법칙

전하-전류벡터의 다이버전스가 0이라는 사실을 이용하면 전하보존법칙을 나타내는 방정식을 유도할 수 있다. 이 식을 '보존방정식conservation equation'이라 부르는 이유는 다음과 같다. 외미적분의 기본정리(12.6절 참조)에 의하면 $\int_{\mathcal{R}} d{*\boldsymbol{J}} = \int_{\partial\mathcal{R}} {*\boldsymbol{J}}$이므로

$$\int_{\mathcal{Q}} {*\boldsymbol{J}} = 0$$

이다. 이 적분은 민코프스키 공간 $\mathbb{M}$에서 닫힌 3-곡면 $\mathcal{Q}$에 대하여 수행된다(그림 19.3 참조. $\mathbb{M}$에 속하는 임의의 닫힌 3-곡면은 컴팩트한 4차원 영역 $\mathcal{R}$의 경계인 $\partial\mathcal{R}$에 해당된다). 여기서 ${*\boldsymbol{J}}$는 $\mathcal{Q} = \partial\mathcal{R}$을 통과하는 '전하선속charge flux' 또는 '전하의 흐름flow of charge'으로 해석할 수 있다. 따라서 위 방정식은 이 경계를 통과하는 알짜전하net charge가 0

[19.6] 일반적인 곡선좌표계에서 $\boldsymbol{F}$와 ${*\boldsymbol{F}}$는 어떻게 달라지는가? 그리고 맥스웰 방정식이 달라지지 않는 이유는 무엇인가?

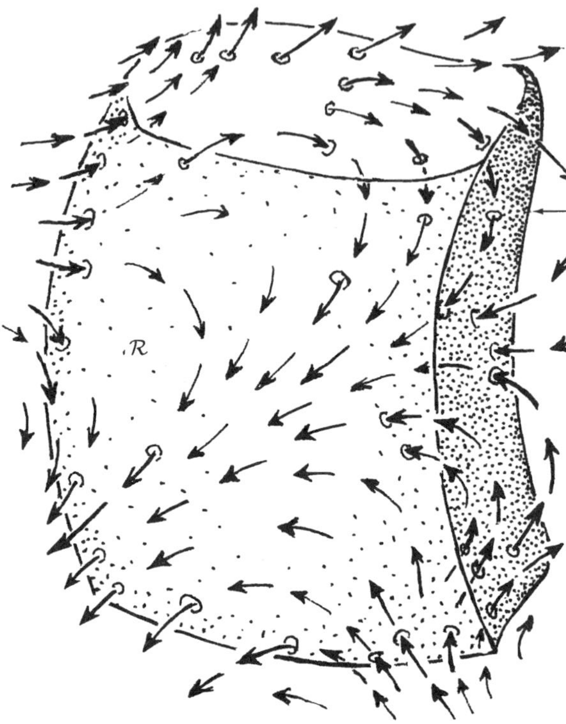

그림 19.3 시공간에서의 전하 보존법칙. 민코프스키 시공간 $\mathbb{M}$에서 닫힌 3-곡면 $\mathcal{Q}$는 컴팩트한 4-차원 입체도형 $\mathcal{R}$의 경계 $\partial\mathcal{R}$에 해당되고, 여기에 외미분의 기본정리를 적용하면 $\int_{\mathcal{Q}} {}^{*}\boldsymbol{J} = \int_{\mathcal{R}} d^{*}\boldsymbol{J} = 0$이 된다($d^{*}\boldsymbol{J} = 0$이므로). 여기서 ${}^{*}\boldsymbol{J}$는 $\mathcal{Q}$를 통과하는 전하의 선속(flux, 또는 흐름)을 나타낸다. 따라서 $\mathcal{Q}$를 통과하여 내부로 흘러들어오는 전하량은 외부로 흘러나가는 전하량과 같다. 즉, 전하 보존법칙이 성립하는 것이다.

임을 말해 주고 있다. 즉, $\mathcal{R}$의 내부로 유입되는 전하량은 $\mathcal{R}$의 외부로 유출되는 전하량과 정확하게 같다. 전기전하는 보존된다.[19.7]

[19.7] 결과는 맞지만, 사실 이것은 그다지 깔끔한 논리가 아니다. 시간이 흘러도 변하지 않는 한정된 공간과 특정 시간간격 t로 정의되는 시공간 상의 원통형(깡통형) 영역 $\mathcal{R}$에 대하여 전하보존법칙을 좀 더 자세히 논해 보라.

맥스웰의 두 번째 방정식 $d^*\boldsymbol{F} = 4\pi^*\boldsymbol{J}$를 이용하면 가우스 법칙 Gauss law을 유도할 수 있다. 이 특별한 법칙은 특정시간 $t = t_0$에 적용되므로, 외미분 기본정리의 3차원 버전을 사용하면 된다. 가우스 법칙에 의하면, 시간 t_0에 어떤 닫힌 2-곡면 $\mathcal{S}$의 내부에 놓여 있는 총 전하는(그림 19.4 참조) 맥스웰 텐서의 듀얼 $^*\boldsymbol{F}$를 $\mathcal{S}$에서 적분한 값과 같다. 다시 말해서, $\mathcal{S}$를 통과하는 전기장 $\boldsymbol{E}$의 총 선속을 적분하면 $\mathcal{S}$로 둘러싸인 전하량을 알 수 있다는 뜻이다.[19.8]

가우스 법칙은 $\mathcal{S}$가 고정된 시간 $t = t_0$에 한정되어 있지 않은 경우에도 여전히 성립한다. 예를 들어, $\mathcal{S}$가 컴팩트한 3차원 영역 $\mathcal{A}$의 2차원 경계면이라고 가정해 보자. 그러면 $\mathcal{A}$의 내부에 놓여 있는($\mathcal{S}$로 둘러싸여 있는 — 시공간 식으로 말하면, 이는 '$\mathcal{S}$에 꿰인'이다 — 그림 19.4참조) 총

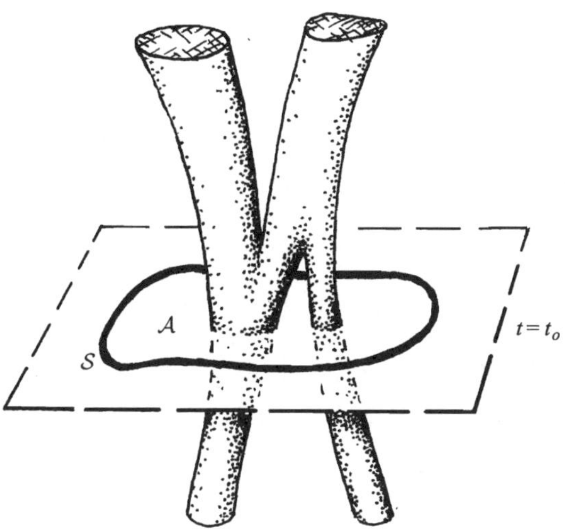

그림 19.4 시간이 $t = t_0$으로 고정된 3차원 영역에 맥스웰 방정식 $d^*\boldsymbol{F} = 4\pi^*\boldsymbol{J}$를 적용하면 가우스 법칙이 얻어진다. 즉, 2차원 폐곡면(위에서 주어진 3차원 영역의 경계면)에 대한 전기장 선속의 적분($^*\boldsymbol{F}$의 적분)은 (외미분의 기본정리에 의하여) 폐곡면으로 에워싸여 있는 총 전하량과 같다. 사실, 가우스 법칙은 시간이 고정된 2차원 폐곡면에 한정된 법칙이 아니다.

[19.8] 왜 전기장의 선속인지 설명해 보라.

전하량 χ는 다음의 식으로 주어진다.

$$\int_S \boldsymbol{F} = 4\pi\chi. \quad \text{이때} \quad \chi = \int_A {}^*\boldsymbol{J}$$

맥스웰의 첫 번째 방정식 $d\boldsymbol{F} = 0$을 이용하면 또 하나의 보존법칙을 얻을 수 있다. 이 법칙은 맥스웰의 두 번째 방정식에서 발생원source에 해당하는 $^*\boldsymbol{J}$를 0으로 놓고 $^*\boldsymbol{F}$를 $\boldsymbol{F}$로 바꾼 것과 같은 형태이다. 즉, 민코프스키 공간에서 임의의 2차원 폐곡면 $\mathcal{S}$에 대하여 $\boldsymbol{F}$를 적분한 값은 항상 0이다.[2]

$$\int_S \boldsymbol{F} = 0$$

$^*\boldsymbol{F}$에서 $\boldsymbol{F}$로(또는 $\boldsymbol{F}$에서 $^*\boldsymbol{F}$로) 넘어갈 때에는 전기장과 자기장 벡터를 맞바꾸면 된다(둘 중 하나의 부호도 바꿔 주어야 한다). $\boldsymbol{F}$의 발생원이 없다는 것은, 곧 자연계에 자기홀극magnetic monopole이 존재하지 않는다는 것을 의미한다. 우리가 흔히 보는 자석은 남극과 북극을 함께 갖고 있는데, 만일 자기홀극이 존재한다면 남극이나 북극 중 하나만 가지는 희한한 자석이 존재하게 된다(자극은 독립적인 물리량이 아니라, 전기전하로부터 계산되는 양이다). 자연계에서 알짜 '자하磁荷,magnetic charge'(즉 0이 아닌 극 세기)를 지닌 물체가 발견된 사례는 아직 한 번도 없다. 그러나 맥스웰 방정식의 관점에서 볼 때, 자기홀극이 존재하지 않을 이유는 없다. 왜냐하면, 첫 번째 맥스웰 방정식 $d\boldsymbol{F} = 0$의 우변에 어떤 값을 부여해도 방정식의 타당성에는 아무런 문제가 없기 때문이다. 때때로 물리학자들은 자기홀극을 찾아서 물리학계를 발칵 뒤집어 놓으려는 충동에 빠지기도 한다. 자기홀극의 존재 여부는 입자물리학에서 매우 중요한 의

미를 갖고 있다(28.2절 참조). 그러나 적어도 지금까지는 “이 우주 안에 자기홀극은 존재하지 않는다”는 주장이 정설로 받아들여지고 있다.

19.4 맥스웰장과 게이지 곡률

맥스웰의 첫 번째 방정식 $\boldsymbol{dF}=0$에는 다음과 같은 의미도 있다.

$$\boldsymbol{F}=2\boldsymbol{dA}$$

여기서 $\boldsymbol{A}$는 1-형식이다[여기에는 푸앵카레의 도움정리lemma가 사용되었다. 즉, r-형식 $\boldsymbol{\alpha}$가 $\boldsymbol{d\alpha}=0$을 만족하면, $\boldsymbol{\alpha}=\boldsymbol{d\beta}$를 만족하는 $(r-1)$-형식 $\boldsymbol{\beta}$가 국소적으로locally 존재한다. 12.6절 참조]. 또한, 유클리드 기하학이 성립하는 공간에서는 이 국소적 결과가 대역적으로 확장된다.[3] 위 관계를 만족하는 $\boldsymbol{A}$를 ‘전자기퍼텐셜electromagnetic potential’이라고 한다. 그런데 $\boldsymbol{A}$는 주어진 $\boldsymbol{F}$에 대하여 유일하게 결정되지 않고, 어떤 양을 더한 만큼 자유도를 갖는다. 다시 말해서, $\boldsymbol{F}=2\boldsymbol{dA}$를 만족하는 $\boldsymbol{A}$에 $\boldsymbol{d}\Theta$라는 양을 더해도[19.9] 이 관계는 여전히 성립한다. 여기서 Θ는 스칼라장이다.

$$\boldsymbol{A}\mapsto\boldsymbol{A}+\boldsymbol{d}\Theta$$

지표표기법을 사용하면 이 관계는

$$F_{ab}=\nabla_a A_b-\nabla_b A_a$$

[19.9] 이런 양을 더해도 무방한 이유는 무엇인가?

가 되고, $\boldsymbol{A}$의 자유도는

$$A_a \mapsto A_a + \nabla_a \Theta$$

로 쓸 수 있다.

전자기퍼텐셜에 '게이지 자유도gauge freedom'가 있다는 것은, $\boldsymbol{A}$가 국소적으로 관측 가능한 양이 아니라는 뜻이다. 어떤 실험도구를 동원한다 해도, 특정 지점에서 $\boldsymbol{A}$의 값을 결정할 수는 없다. $\boldsymbol{A}$에 의해 나타나는 물리적 효과는 $\boldsymbol{A} \mapsto \boldsymbol{A} + d\Theta$에 의해서도 똑같이 나타나기 때문이다. 그러나 $\boldsymbol{A}$는 맥스웰장과 다른 물리량 $\boldsymbol{\Psi}$ 사이의 상호작용을 이해하는 데 반드시 필요한 수학적 열쇠이다. 특히 A_a는 아래와 같이 게이지 접속(또는 번들 접속 : 15.8절 참조)과 관련되어 있다.

$$\nabla_a = \partial/\partial x^a - i\mathrm{e}A_a$$

여기서 e는 $\boldsymbol{\Psi}$로 서술되는 물리적 객체의 전기전하(실수)이다. 대부분의 경우에 $\boldsymbol{\Psi}$는 전자나 양성자와 같이 전하를 띤 양자적 입자를 서술하는 양자역학적 파동함수wave function이다(파동함수의 의미는 21장에서 자세히 설명할 것이다). 지금 당장은 $\boldsymbol{\Psi}$를 '전하를 띤 장을 서술하는 번들의 절단면(15.3절 참조)'으로 생각하면 된다. 그리고 $\boldsymbol{\nabla}$는 바로 이 번들에 접속으로 작용된다.

전자기장 $\boldsymbol{F}$와 퍼텐셜 $\boldsymbol{A}$ 자체는 전하가 없으므로($\mathrm{e} = 0$), ∇_a를 위와 같이 새롭게 정의해도 맥스웰 방정식은 아무런 영향을 받지 않는다. 즉, 평평한 민코프스키 좌표계나 휘어진 시공간(14.3절 참조)에서는 $\nabla_a = \partial/\partial x^a$이다. 그렇다면 이러한 접속이 작용되는 번들은 기하학적으로 어떤 특성을 갖는가? 한 가지 가능한 관점은 이 번들이 시공간 $\mathbb{M}$ 위에서 원형(S^1) 파이버를 갖는다고 생각하는 것이다. 이 원형은 $\boldsymbol{\Psi}$의 위상승수 phase multiplier $e^{i\theta}$를 나타낸다(이것은 15.1절의 칼루자-클라인 이론과 비슷하다. 그러나 칼루자-클라인 이론에서 전체 번들은 시공간 자체였다). 좀 더 타당한 시각은 번들을 '각 점에 $\boldsymbol{\Psi}$의 가능한 값이 할당된' 벡터번들로 생각하는 것이다. 이때 위상승수의 자유도는 번들을 '시공간 $\mathbb{M}$ 위의 U(1)번들'로 만들어 준다(이런 종류의 문제는 15.8절의 끝 부분에서 다룬 적이 있다). 이와 같은 해석에 의미가 있으려면 $\boldsymbol{\Psi}$는 복소장 complex field이어야 하며, $\boldsymbol{\Psi} \mapsto e^{i\theta}\boldsymbol{\Psi}$로 대치해도 물리적으로 달라지는 것이 없어야 한다(θ는 다양체 $\mathcal{M}$ 위에서 정의된 실수값real-valued field이다). 이러한 대치를 전자기적 '게이지 변환gauge transformation'이라 하고, 물리적 해석이 이 변환에 영향을 받지 않는 현상을 '게이지 불변성 gauge invariance'이라 한다. 따라서 번들 접속의 곡률은 맥스웰 장텐서 F_{ab}임을 알 수 있다.[19.10]

이 아이디어를 더 밀고 나가기 전에, 역사와 관련된 약간의 설명을 추가하고자 한다. 1915년에 아인슈타인이 일반상대성이론을 발표한 후, 1918년에 헤르만 바일은 경로에 따라 달라지는 길이length 개념을 새롭게 도입하였다(바일1885~1955은 20세기를 빛낸 위대한 수학자 중 한 사람이다. 내가 보기에 바일은 20세기에 가장 큰 영향력을 발휘한 수학자이며, 뛰어난 물리학자이기도 했다). 바일의 이론에 등장하는 빈 원뿔은 아인슈타인 이론에 나오는 빈 원뿔과 기본적으로 같은 역할을 한다(예를 들자면, 빈 원뿔은 질량을 가진 입자가 취할 수 있는 속도의 한계를 결정하고, 각

[19.10] 증명해 보라[도움말 : 15.8절을 다시 읽어볼 것].

점의 근방에서 작용하는 국소 로렌츠군을 제공한다). 따라서 로렌츠 계량(예를 들어 + − − −) $\boldsymbol{g}$는 이러한 원뿔을 정의하기 위해 국소적으로 여전히 필요한 개념이다. 그러나 바일의 이론에는 시간이나 공간에 대한 절대적 척도scaling가 존재하지 않기 때문에, 그의 계량은 '어떤 상수가 곱해질 수 있는' 자유도를 갖고 있다. 그러므로 시공간 다양체 $\mathcal{M}$에서 어떤 [예를 들어 양(+)의]스칼라 함수 λ에 대하여

$$\boldsymbol{g} \mapsto \lambda \boldsymbol{g}$$

와 같은 변환이 허용된다. 물론 이 변환은 $\mathcal{M}$의 빈 원뿔에 아무런 영향도 주지 않는다(이 변환을 계량 $\boldsymbol{g}$의 '등각 재축척conformal rescaling' 이라고 한다. 바일의 이론에서 하나의 $\boldsymbol{g}$를 선택하면 시간과 거리를 측정하는 하나의 게이지gauge가 결정된다). 바일은 공간상의 거리를 더 중요하게 생각했지만, 그의 이론은 시간에도 똑같이 적용될 수 있다(17장의 관점과 일치한다). 그러므로 바일의 기하학에는 '이상적인 시계'라는 개념이 없다. 시곗바늘이 움직이는 속도는 시계가 거쳐 온 이력에 따라 달라진다.

이것은 18.3절에서 언급한 '시계역설'보다 더욱 난처한 상황이다(그림 18.6d 참조). 바일 기하학에 따르면, 멀리 있는 별까지 왕복여행을 마치고 지구로 귀환한 우주비행사는 지구에 남아 있는 사람들이 자신보다 나이를 더 먹었을 뿐만 아니라, 현재 지구의 시계가 자신의 시계와 다른 속도로 가는 희한한 광경을 목격하게 된다!(그림 19.5a 참조) 바일은 이 놀라운 아이디어를 이용하여 맥스웰의 전자기이론을 시공간의 기하학에 접목시켰다.

바일은 조금 전에 우리가 했던 대로, 전자기퍼텐셜을 번들 접속과 결부시켰다. 그러나 그는 ∇_a의 표현에 허수단위 i를 사용하지 않았다. 우

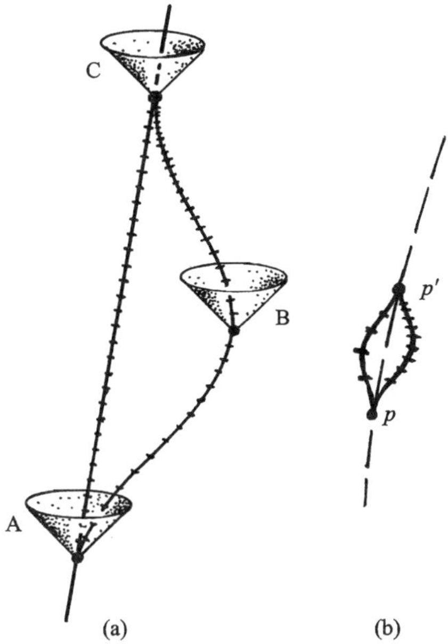

그림 19.5 바일의 전자기적 게이지 이론에서 시간간격(또는 공간간격)은 절대적 개념이 아니라 경로에 따라 달라진다. (a) '시계역설(18.6절)'과의 비교. 바일의 이론대로라면, 우주여행을 끝내고 지구로 귀환한 우주비행사는(세계선 ABC) 지구의 시간(AC)과 자신의 시간이 다를 뿐만 아니라, 현재 시곗바늘이 돌아가는 속도도 다르다는 광경을 목격하게 된다! (b) 바일의 (맥스웰장 $\boldsymbol{F}$를 주는)게이지 곡률(gauge curvature)은 무한소의 고리를 통과할 때 (등각)시간척도가 변하면서 나타난다(p와 p'을 연결하는 인접한 두 경로 사이의 차이).

리는 $\mathcal{M}$ 위의 번들이 '동일한 빈 원뿔을 갖는 로렌츠 계량 $\boldsymbol{g}$'에 의해 주어진다고 생각할 수 있다. 따라서 $\mathcal{M}$의 한 점 x 위에 있는 파이버는 일련의 '비례계량proportional metric'으로 이루어져 있다(원한다면 비례인자proportional factor를 양수로 선택해도 상관없다). 이 인자는 $\boldsymbol{g} \mapsto \lambda\boldsymbol{g}$의 변환에서 가능한 λ의 값을 의미한다. 임의의 계량 하나가 선택되면, 곡선을 따라 측정되는 시간과 거리의 특정 게이지(척도)가 결정된다. 그러나 게이지 선택에 '절대적인' 기준은 존재하지 않으므로 비례계량들의 동치류에서 계량 $\boldsymbol{g}$를 선택하는 일에도 특별한 선호는 있을 수 없다. 빈 원뿔은 등각구조 이외에 번들 접속(또는 게이지 접속)이라는 추가구조를 갖는다. 바일은 맥스웰의 $\boldsymbol{F}(F_{ab})$에 곡률을 부여하기 위해 번들 접속을 도입하였다. 이 곡률은 세계선이 무한소만큼 차이가 나는 경우에(그림 19.5a) 시곗바늘이 움직이는 속도의 차이를 나타낸다(그림 19.5b 참조. 그림

15.8, 16, 19의 '당김 번들strained bundle' $\mathcal{B}^{\mathbb{C}}$와 비교해 보라. 번들의 기본개념은 매우 비슷하다).

바일의 이론을 접한 아인슈타인은 "수학적으로는 아름답지만, 물리적 관점에서는 반대한다"는 의견을 피력하였다. 예를 들어, 원자로부터 얻어지는 스펙트럼의 진동수는 바일의 예견과 달리 원자의 이력에 전혀 무관하다. 또한, 당시에는 양자역학 체계가 완전히 세워지기 전이었음에도 불구하고(이 내용은 21.4절과 23.7, 8절에서 자세히 언급될 것이다), 바일의 이론은 동종의 다른 입자들 사이에서 반드시 나타나야 할 완전한 동일성에 모순되었다(23.7절 참조). 특히 시계의 빠르기와 입자의 질량은 직접적으로 연결되어 있다. 앞으로 알게 되겠지만, 정지질량이 m인 입자는 mc^2h^{-1}이라는 자연 진동수를 갖고 있다. 여기서 c는 빛의 속도이고 h는 플랑크 상수이다. 그러므로 바일 기하학에서는 시계의 속도뿐만 아니라 입자의 질량까지도 과거이력에 따라 달라진다. 만일 이 이론이 맞는다면, 과거 이력이 다른 두 개의 양성자는 서로 다른 질량을 가질 것이다. 그러나 양자역학에 따르면 동종의 입자들은 완전히 동일한 특성을 가져야 한다(23.7, 8절 참조).

물론 이것은 바일의 이론을 위협하는 뚜렷한 증거였다. 그러나 '게이지'를 실수(λ)에 대한 척도구성scaling이 아닌, 단위 절댓값 복소수($e^{i\theta}$)에 대한 척도구성으로 정의하면 바일의 이론을 구제할 수 있다는 사실이 나중에 밝혀졌다.[4] 언뜻 보기에는 좀 황당한 아이디어 같지만, 사실 양자역학은 물리계의 상태를 서술할 때 복소수를 상습적으로 사용하고 있다(21장과 그 뒤에 오는 장에서 자세히 설명할 예정이다. 특히 21.6, 9절을 참조할 것). 특히 양자상태(흔히 ψ로 표기함)에 단위 절댓값 복소수 $e^{i\theta}$가 곱해져도, 관측 가능한 물리량은 변하지 않는다. 이처럼 '감지되지 않는' $\psi \mapsto e^{i\theta}\psi$ 대치는 길이변화 없이 복소평면(시간이나 공간차원과 직접적인 관계가 없는 평면)의 회전효과만을 줄 뿐이다. 그러나 이것은 오늘날에도 '게이지 변환'이라는 이름으로 불리고 있다. 이런 식으로 복잡하게 꼬인 바일의 아이디어는 15장에서 논의했던 $U(1)$ 대칭을 만족하면서, 전자기장의 상호작용을 서술하는 현대물리학의 주역으로 자리 잡게 되었다. 위에서 전자기퍼텐셜로부터 정의된 연산자 $\boldsymbol{\nabla}$은($\nabla_a = \partial/\partial x^a - ieA_a$) 전하를 띤 양자적 파동함수 ψ로 이루어진 번들의 $U(1)$-번들 접속을 제공한다(21.9절 참조).

접속이 경로에 의존한다는 사실은 '아하로노프-봄 효과Aharonov-Bohm effect'로 알려진 실험을 통해 직접 확인할 수 있다.[5] 우리의 접속 $\boldsymbol{\nabla}$은 오직 양자적 수준에서 작용하기 때문에, 고전적인 실험으로는 경로의존성을 확인하기가 쉽지 않다. 아하로노프-봄의 실험은 양자간섭quantum interference에 대한 의존성을 관측하는 실험으로서(21.4절, 그림 21.4 참조), 가장 흔히 사용되는 세팅은 다음과 같다. 우선, 전자발생장치에서 전자를 발사한 후 빔 분할기beam splitter를 통과시킨다. 이 과정에서 둘로 갈라진 전자빔은 긴 원통형 솔레노이드를 중심으로 분할된 두 개의 영역을 통과한다[각 영역에서 자기장은 0이며($\boldsymbol{F} = 0$), 솔레노이드의 중심에는 자기장이 형성되어 있다]. 그 후 전자빔은 감지스크린의 한 점에서 만나게 된다(그림 19.6a 참조). 이 실험에서 전자는 자기장을 만나는 일이 전혀 없다. 그러나 자기장이 0인 영역 $\mathcal{R}$(전자발생기에서 출발하여 둘로 갈라져서 각기 솔레노이드의 좌우를 통과한 후 스크린에서 만나는 영역)은 단순연결영역이 아니며, $\mathcal{R}$ 외부의 $\boldsymbol{F}$는 $\mathcal{R}$ 내부의 모든 점에서 퍼텐셜 $\boldsymbol{A} = 0$인 게이지를 선택할 수 없다. 이처럼 단순연결영역이 아닌 $\mathcal{R}$에서 0이 아닌 퍼텐셜이 존재한다는 사실은(더 정확하게 말하자면,

$\mathcal{R}$ 에서 ∇ 이 경로에 의존한다는 것은) 스크린에 맺히는 간섭무늬(줄무늬)로 나타난다.

스크린의 간섭무늬는 $\boldsymbol{A}$의 국소적인 값에 무관하고(사실, $\boldsymbol{A}$는 국소적으로 관측될 수 없기 때문에 이것은 의외의 결과이다) $\boldsymbol{A}$의 비국소적인 적분에 따라 달라진다. 흔히 $\oint \boldsymbol{A}$로 표기되는 이 양은 $\mathcal{R}$ 내부에서 위상적으로 자명하지 않은 닫힌 경로에 대하여 계산된다(그림 19.6b 참조). $\mathcal{R}$ 내부에서는 $\boldsymbol{F} = 0$, 즉 $d\boldsymbol{A} = 0$이기 때문에, $\mathcal{R}$의 내부에서 적분경로를 연속적으로 변화시켜도 $\oint \boldsymbol{A}$의 값은 변하지 않는다.[19.11] 그러므로 자기장이 0인 영역에서 $\oint \boldsymbol{A}$는 0이 아니며, 아하로노프-봄 효과는 $\mathcal{R}$이 위상수학적으로 자명하지 않다는 사실에 기초함을 알 수 있다.

바일이 처음에 제기했던 아이디어가 워낙 탁월했기 때문에(원래는 경로에 무관한 게이징gauging 역할을 했었다), 지금도 우리는 전자기적

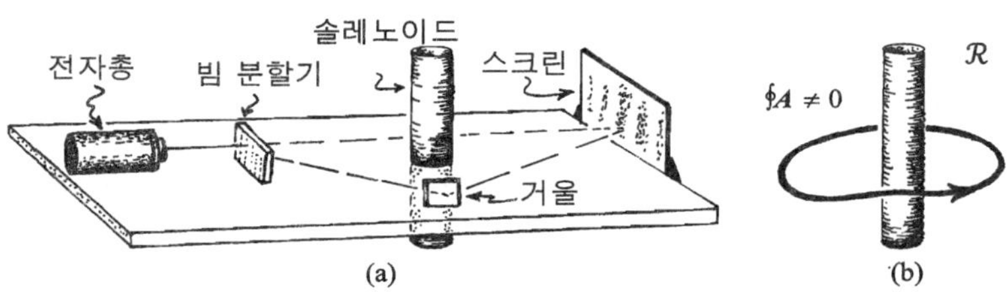

그림 19.6 아하로노프-봄 효과(Aharonov-Bohm effect). (a) 전자총에서 발사된 후 두 갈래로 갈라진 전자빔은 각기 자기선속 다발(솔레노이드)의 양쪽을 지나친 후 스크린에 도달하여 양자간섭무늬를 만든다(그림 21.4와 비교해 보라). 이 과정에서 전자는 자기장을 직접 만나지 않지만($\boldsymbol{F} = 0$), 스크린의 간섭무늬는 자기선속(magnetic flux)의 세기에 따라 달라진다. (b) 이 효과는 $\oint \boldsymbol{A}$의 값에 따라 다르게 나타난다. $\boldsymbol{F}$가 0임에도 불구하고 $\oint \boldsymbol{A}$는 위상적으로 자명하지 않은(non-trivial) 닫힌 경로에 대하여 0이 아닌 값을 가지며, $\boldsymbol{F} = 0$인 영역에서 경로를 연속적으로 변화시켜도 $\oint \boldsymbol{A}$ 값은 변하지 않는다.

[19.11] 그 이유를 설명하라.

접속 ∇을 '게이지 접속'으로 부르고 있다. 또한, 이 용어는 전자기학을 일반화해서 약한 상호작용과 강한 상호작용을 설명하는 현대물리학의 양-밀스 이론Yang-Mills theory에서도 그대로 통용되고 있다. 엄밀히 말해서, 게이지 접속이라는 아이디어 자체는 '정확하면서도 관측되지 않는' 대칭(전자기학에서는 $\psi \mapsto e^{i\theta}\psi$ 대칭)에 의존한다. 아인슈타인은 입자의 질량(그리고 입자의 고유 진동수)이 관측 가능하기 때문에 '게이지장'으로 사용될 수 없다고 생각했다. 그가 바일의 이론에 반대한 것은 바로 이런 이유 때문이었다. 그 후로 현대물리학자들이 '게이지' 개념을 사방에 갖다 붙이는 바람에, 용어의 의미가 매우 모호해졌다. 자세한 내용은 앞으로 차차 알게 될 것이다.

19.5 에너지-운동량 텐서

지금부터는 고전적인 장(주로 중력장)을 게이지 이론의 관점에서 분석해 보기로 한다. 본론으로 들어가기 전에 몇 가지 알아둘 것이 있는데, 그중에서 가장 중요한 것이 바로 장의 '에너지밀도energy density'이다. 에너지밀도는 중력장의 발생원으로 해석될 수 있다. 아인슈타인의 유명한 공식 $E = mc^2$에 의하면 에너지와 질량은 근본적으로 같은 양이다(18.6절 참조). 또한, 뉴턴의 중력이론에 의하면 중력은 질량으로부터 발생하는 힘이다. 따라서 우리는 맥스웰의 장을 비롯한 다양한 장의 에너지밀도를 표현하는 방법을 알아야 하고, 에너지밀도가 중력의 발생원으로 작용하는 원리도 이해해야 한다. 아인슈타인은 이것을 설명하기 위해 에너지-운동량 텐서energy-momentum tensor $\boldsymbol{T}$를 도입하였다. $\boldsymbol{T}$는 대칭 $\begin{bmatrix}0\\2\end{bmatrix}$-가 텐서로서(지표표기법으로는 $T_{ab} = T_{ba}$), 아래의 보존방정식conservation equation을 만족한다.

$$\nabla^a T_{ab} = 0$$

(이 장chapter의 나머지 부분에서는 $\partial/\partial x^a$ 대신 시공간 공변미분연산자 ∇_a를 사용하기로 한다. 우리가 다루는 장field은 전하를 띠지 않기 때문에, 이전에 사용했던 표기를 그대로 사용할 수 있다. 19.2절의 마지막 단락과 [후주 19.2], 그리고 [예제 19.6]을 참조하라) 위 방정식을 전하보존방정식 $\nabla^a J_a = 0$과 비교해 보라. T_{ab}의 여분 지표에 해당하는 양들, 즉 에너지-운동량이 보존되는 이유는 이들이 4-(코)벡터[18.7절에서 언급한 에너지-운동량 4-(코)벡터 p_a]를 이루기 때문이다. 계량텐서 g^{ab}를 이용하여 $T^a{}_b = g^{ac}T_{cb}$로 바꾸면 $T^a{}_b$의 각 성분들이 어떤 물리량을 나타내는지 쉽게 이해할 수 있다.[19.12] $T^a{}_b$는 에너지와 운동량의 모든 밀도와 선속을 포함하고 있다. 표준 민코프스키 좌표계에서 코벡터 $T^0{}_b$는 4-운동량의 밀도를 정의하고, 3개의 코벡터 $T^1{}_b$, $T^2{}_b$, $T^3{}_b$는 3개의 공간방향으로 진행하는 4-운동량의 선속flux에 해당한다. 사실 이것은 J^a의 경우와 매우 비슷하다. 앞서 언급한 대로 J^0는 전하밀도이고, J^1, J^2, J^3은 3개의 공간방향으로 진행하는 전하의 선속(전류)을 나타낸다. 그런데 T에는 a 이외에 b라는 지표가 추가로 붙어 있어서, 보존되는 양이 (코)벡터임을 말해 주고 있다. T_{00}은 에너지밀도, T_{11}와 T_{22}, T_{33}은 3개의 공간 좌표축방향으로 측정된 압력pressure을 나타낸다.

맥스웰이 예견한 대로, 전자기장은 에너지를 실어 나른다. 전자기장

[19.12] g_{ab}의 성분이 대각형식$(1, -1, -1, -1)$일 때, 국소 민코프스키 기준계에서 $T^a{}_b$의 각 성분들은 T_{ab}와 어떻게 연결되는가?

의 에너지-운동량 텐서를 지표표기법으로 표현하면 다음과 같다.[19.13]

$$\frac{1}{8\pi}(F_{ac}F^{c}{}_{b} + {}^{*}F_{ac}{}^{*}F^{c}{}_{b})$$

다른 물리적 장들도 그들 나름대로 에너지-운동량 텐서를 갖고 있으며, 이들을 모두 더한 총 에너지-운동량 텐서 T는 보존방정식 $\nabla^{a}T_{ab} = 0$을 만족한다.

그러나 (곧 알게 되겠지만)중력의 에너지-운동량은 매우 특이한 성질을 갖고 있다. 중력이 없으면 시공간은 평평하며(민코프스키 공간), 이런 경우에는 평평한 좌표(민코프스키 좌표)를 사용할 수 있으므로 네 벡터 $T^{a}{}_{0}$, $T^{a}{}_{1}$, $T^{a}{}_{2}$, $T^{a}{}_{3}$은 J^{a}와 동일한 형태의 보존방정식을 만족한다($\nabla_{a}J^{a} = 0$, $\nabla_{a}T^{a}{}_{0} = 0$). 다시 말해서, 에너지-운동량의 4성분들에 대하여 전하보존법칙($\int_{\mathcal{Q}} {}^{*}J = 0$)과 비슷한 형태의 적분형 보존법칙이 성립한다는 뜻이다. 따라서 총 질량은 보존되고 총 운동량의 세 성분도 각각 보존된다. 여기서 잠시 17장에서 언급했던 아인슈타인의 질량-에너지 등가원리와 휘어진 시공간의 개념을 상기해 보자. 중력이 존재하면 '∇_{a}'는 '$\partial/\partial x^{a}$'로 간단하게 대치되지 않고 $\Gamma^{b}{}_{ac}$라는 항이 추가로 등장하여 '$\nabla_{a}T^{a}{}_{0} = 0$'의 의미가 혼란스러워진다. 이렇게 되면 우리의 보존방정식 $\nabla^{a}T_{ab} = 0$으로부터 에너지-운동량의 적분형 보존방정식을 유도할 수 없다. 지표 b 때문에 T_{ab}는 3-형식의 듀얼이 될 수 없으며, 보존방정식을 좌표에 무관한 형태로 쓸 수도 없다(3-형식 ${}^{*}J$의 외미분이 0이 되는 형태, 즉 $d{}^{*}J = 0$과 같은 형태로 쓸 수 없다). 물리학에서 가장 중요한 보

[19.13] $J = 0$일 때 이 식이 보존방정식 $\nabla^{a}T_{ab} = 0$을 만족한다는 것을 증명하라. 이 텐서의 00성분을 구하고, 전기장 (E_1, E_2, E_3)과 자기장 (B_1, B_2, B_3)를 이용하여 맥스웰의 에너지밀도 $(E^2 + B^2)/8\pi$를 재현해 보라.

존법칙인 에너지-운동량 보존법칙이 어디론가 사라져 버린 것이다!

사실, 에너지/운동량 보존법칙을 휘어진 시공간이나 민코프스키 공간에서 바라보면 매우 바람직한 특성을 발견할 수 있다.(각운동량 보존법칙도 같은 특성을 갖는다. 18.6절, 22.8, 11절 참조). 이 점을 이해하기 위해, $\mathcal{M}$의 연속대칭continuous symmetry을 나타내는 킬링벡터Killing vector $\boldsymbol{\kappa}$가 주어져 있다고 가정해 보자($\boldsymbol{\kappa}$는 $\nabla_{(a}\kappa_{b)} = 0$을 만족한다. 14.7절 참조). 민코프스키 공간에는 이러한 대칭이 10개 존재하는데, 이들 중 4개는 병진대칭이고(공간 3개, 시간 1개) 나머지 6개는 회전대칭이다[로렌츠군 O(1, 3)의 비반전부분non-reflective part, 그림 18.3b 참조]. 따라서 민코프스키 공간은 10개의 킬링벡터를 갖고 있다. 다음 장에서 만나게 될 라그랑지안 체계(뇌터 정리)를 이용하면 각각의 연속대칭에 대응되는 보존법칙을 유도할 수 있다. 시간병진대칭time-translational sym-metry에는 에너지 보존법칙이 대응되고, 공간병진대칭space-translational symmetry에는 3차원 운동량 보존법칙이 대응된다. 그리고 회전대칭에는 각운동량 보존법칙이 대응된다(일상적인 공간회전에는 3개의 각운동량 성분이 대응된다. 그러나 특정 속도에서 다른 속도로 이동하는 '로렌츠 부스트Lorentz Boosts'로부터 3개의 성분이 추가되며, 이들로부터 질량중심 운동의 보존이 유도된다. 18.6, 7절, 그림 18.16 참조). 특정한 킬링벡터 $\boldsymbol{\kappa}$로부터 적절한 보존법칙을 얻으려면, 일단 아래와 같이 선속flux을 정의해야 한다.

$$L_a = T_{ab}\kappa^b$$

대칭형 T_{ab}가 $\nabla^a T_{ab} = 0$을 만족하면 L^a는 보존법칙 $\nabla_a L^a = 0$을 만족한다.[19.14] 이로써 우리는 적분형 보존법칙 $\int_{\mathcal{Q}} {}^*\boldsymbol{L} = 0$을 얻어내는

데 성공하였다.

이 보존법칙들은 시공간에 킬링벡터 $\boldsymbol{\kappa}$로 주어지는 적절한 대칭이 존재할 때에만 성립한다. 물리적인 이유는 시공간 기하학에서 자유도degree of freedom(즉, 중력)가 장과 분리되어 있기 때문이다. 시공간의 기하학적 구조는 단지 배경에 불과하기 때문에, 그 안에 퍼져 있는 장의 영향을 받지 않는다. 게다가 장은 대칭성을 갖기 때문에, 배경으로부터 필요한 양을 추출할 수도, 필요 없는 양을 배경으로 버릴 수도 없다. 이러한 사실은 30장(특히 30.6, 7절)에서 매우 중요하게 취급될 것이다. 아무튼, 이 모든 것들을 안다고 해도, 일단 중력이 개입하면 보존법칙이 어떻게 변할지 알 수가 없다. 방금 우리는 잃어버린 보존법칙을 되찾는 데 성공했지만, 중력이 존재하는 경우에도 에너지-운동량 보존법칙을 찾은 것은 아직 아니다.

일반상대성이론의 초창기부터 여러 해 동안 수많은 물리학자들은 이 골치 아픈 상황 때문에 이론 자체를 수용하지 않거나 반대의견을 피력하는 등 부정적인 반응을 보여 왔다.[6] 19.8절로 가면 알게 되겠지만, 아인슈타인의 이론은 에너지-운동량 보존법칙을 매우 세련된 방법으로 다루고 있다(반드시 필요한 경우에만 보존법칙을 언급한다). 앞으로 당분간 아인슈타인 장방정식에 등장하는 $\left[\begin{smallmatrix}0\\2\end{smallmatrix}\right]$-가 텐서 $\boldsymbol{T}$는 비중력장(중력을 제외한 다른 힘들의 장)과 그 입자의 에너지-운동량만을 포함하는 것으로 간주한다. 중력장이 어떤 종류의 에너지를 품고 있건 간에, $\boldsymbol{T}$에는 포함되지 않

[19.14] 왜 그런가? 이 과정에서 $\nabla_a T^a{}_0 = 0$ 등이 얻어지는 이유는 무엇인가? 불연속 물리계(입자계)에서 입자들이 충돌할 때 4-운동량이 보존되는 경우, 연속장 보존법칙(continuous-field conservation law) $\nabla^a(T_{ab}\kappa^b) = 0$과의 유사점을 찾을 수 있겠는가? [도움말 : 주어진 킬링벡터 κ^a에 대하여 입자들이 충돌할 때 변하지 않는 양을 찾아보라]

는다고 간주할 것이다.

등가원리를 다시 떠올려 보면 이러한 관점이 바람직하다는 것을 알 수 있다. 한 관측자가 창문이 없는 우주비행선을 타고 자유궤도를 따라 움직이고 있다고 가정해 보자. 관측자는 (적어도) 1차 근사approximation의 범위 안에서는 중력의 존재를 못 느끼고 있다. 따라서 그는 우주선의 내부에서 에너지가 보존되고, 중력장의 기여 없이 $\nabla^a T_{ab} = 0$이 만족된다고 생각할 것이다. 그러나 이 '보존'은 단지 근사적인 서술일 뿐이며, 균일하지 않은 중력장에 의한 상대적 가속효과(조수효과)가 나타나기만 하면 그 즉시 수정되어야 한다(17.5절, 그림 17.8a, 17.8b, 17.9 참조). 이것은 조금 미묘한 문제로서, 다양한 효과들이 어떤 차수order에서 효력을 발휘하는지 확인할 필요가 있다. 결론만 말하자면, 에너지-운동량 텐서 $\boldsymbol{T}$와 방정식 $\nabla^a T_{ab} = 0$은 균일하지 않은 중력장의 영향을 받지 않는다. 즉, 이들은 시공간 접속 $\boldsymbol{\nabla}$의 곡률 $\boldsymbol{R}$의 영향을 받지 않으며, 중력은 총 에너지-운동량 계산에 비국소적인 수정을 가하는 것으로 에너지-운동량 보존 법칙에 기여한다('물리적 장이 $\boldsymbol{T}$에 기여하는 방식'의 수학적 표현에 시공간의 곡률에 의한 수정을 가할 때에는 위 설명이 적용되지 않는다. 그러나 정상적인 경우에는 이런 수정을 가할 필요가 없으므로 더 이상의 논의를 생략하기로 한다). 이런 관점에서 볼 때, 중력은 국소적 방정식 $\nabla^a T_{ab} = 0$과 총 에너지-운동량의 적분형 보존법칙 사이의 틈을 메우는 역할을 한다고 생각할 수 있다.

19.6 아인슈타인의 장방정식

이 문제는 19.8절에서 다시 다루기로 하고, 일단은 아인슈타인 장방정식의 생김새부터 알아보자. 이 방정식은 텐서로 표현되어 있는데, 이 책을 처음부터 읽어온 독자들에게는 그다지 낯설지 않을 것이다(부디 그렇기를 바란다!). 그런데 아인슈타인의 장방정식은 왜 하필 텐서로 표현되어 있을까? 텐서가 필요한 이유 중 하나는 시공간이 휘어져 있기 때문이다. 17.5절에 등장했던 우리의 우주비행사 알베르트(이하 A)를 다시 떠올려 보자. 그는 지구의 중력장 안을 자유선회하고 있다. 이때 A를 에워싸고 있는 입자 중에는 (A의 입장에서 볼 때) A를 향하는 쪽으로 가속되는 입자도 있고, A로부터 멀어지는 쪽으로 가속되는 입자도 있으므로, A는 일종의 조수력 tidal force을 경험하게 된다. 조수력은 시공간이 휘어져 있음을 보여주는 증거이다. 이 복잡한 효과들을 묶어서 한 번에 나타내기 위해 R_{abcd}라는 텐서가 사용된 것이다. R_{abcd}는 텅 빈 공간에서 10개의 성분을 가지며, 주변에 물체의 밀도가 존재하는 경우에는 총 20개의 성분을 갖는다. 사실, 이 R_{abcd}는 14.7절의 리만(-크리스토펠) 텐서 $\boldsymbol{R}$을 지표표기법으로 나타낸 것이다.

이처럼 텐서는 복잡한 상황을 정리하는 데 유용하지만, 방정식에 텐서가 등장하는 이유는 이것 말고도 또 있다. 텐서의 미적분은 아인슈타인의 이론에서 핵심적인 역할을 하는데, 그 근본적인 이유는 일반상대성이론의 출발점인 등가원리로 거슬러 올라간다. 이 원리에서 중력은 힘으로 간주되지 않는다. 앞에서 지적했던 대로, 중력장 하에서 자유낙하하는 관측자는 중력을 전혀 느끼지 못한다. 이런 경우에 중력은 힘이 아니라 시공간의 곡률로 그 모습을 드러낸다. 이것이 사실이라면, 일반상대성이론에는 '특별히 선호되는' 좌표계가 존재하지 않아야 한다.[7] 만일 자연이 특별한 좌표계를 선호한다면, 이는 곧 중력을 서술하는 '가장 자연친화적인 좌표계'를 설정할 수 있다는 뜻이고, 이렇게 되면 등가원리는 의미를 잃게 된다. 이것은 매우 미묘한 문제여서, 그동안 많은 물리학자가 정면돌파를 포기한 채 우회적인 해결책을 제시하곤 했다. 그러나 내가 보기에, 좌표독립성(좌표계와 무관한 성질)이 없으면 일반상대성이론은 죽은 이론이나 다름없다. 이것이 바로 소위 말하는 '일반공변성 원리principle of general covariance'이다. 이 원리에 의하면 자연이 특별히 선호하는 좌표계란 존재하지 않으며, 두 개의 서로 다른 중력장을 나타내는 두 시공간을 점대점點對點으로 대응시키는 다양한 방법 중에서 자연이 선호하는 특별한 방법 또한 존재하지 않는다. 따라서 우리는 특정 시공간의 한 점이 다른 특정 시공간의 한 점과 같다고 단언할 수 없다! 이것은 물리학이라기보다 철학에 가까운 주제로서, 30.11절에서 일반상대성이론과 양자역학 사이의 관계를 논할 때 다시 언급될 것이다. 지금 당장은 "일반공변성 원리에 의해, 중력은 좌표에 무관하게 서술될 수 있다"는 사실을 기억하는 것으로 충분하다. 이것이 바로 아인슈타인의 이론에 텐서가 사용될 수밖에 없었던 가장 큰 이유이다.

이제, 아인슈타인의 장방정식으로 눈길을 돌려 보자. 이 방정식의 형태는 두 가지 사실을 요구함으로써 결정된다. (i) (국소)중력원gravitational source은 $\nabla^a T_{ab} = 0$을 만족하는 에너지-운동량 텐서 $\boldsymbol{T}$이며, (ii) 모든 물리적 조건을 뉴턴적 극한으로 가져가면(물체의 속도가 광속보다 훨씬 느리고, 중력장의 세기가 아주 약한 경우) 뉴턴의 중력이론과 같아져야 한다는 것이다. 17.5절에서 살펴본 바와 같이, 뉴턴의 시공간에서는 관측자의 측지세계선 γ에 평행한(그리고 인접한) 측지선들로 이루어진 도형의 부피가 감소하는 현상이 나타난다. 인접한 측지선들은 이들이 에워싸고 있는 (무한소) 공간꼴 3차원 부피 δV의 변화율이 $-4\pi G\delta M$이 되도록 γ에 대하여 가속되고 있다. 여기서 δM은 측지선으로 둘러싸인

(무한소) 부피 내부에 들어 있는 능동적 중력질량이다. 앞에 붙은 마이너스(−)부호는 부피가 증가하지 않고 감소한다는 의미이다(그림 17.8b 참조). 능동적 중력질량과 관련된 뉴턴의 중력이론은 이것이 전부이다.

시공간 곡률 $\boldsymbol{R}$과 에너지-운동량 텐서 $\boldsymbol{T}$를 연결해 주는 방정식에 뉴턴 중력이론을 어떻게 결부시킬 수 있을까? 여기서 중요한 것은 안쪽을 향하는 부피의 가속도가 $\left[{0 \atop 2}\right]$-가 대칭 텐서인 리치텐서Ricci tensor로 표현된다는 사실이다.

$$R_{ab} = R_{acb}{}^{c}$$

여기서 R_{abcd}는 리만텐서이다.[19.15](이 식의 지표표기법은 그림 19.7을 참조하라. 이 경우에도 부호와 지표의 순서, 부호수 등은 수없이 많은 방식으로 정의될 수 있는데, 독자들은 편의상 나의 표기법을 따라 주기 바란다. 14.4절 참조) 특히 부피변화의 가속도는(정지상태에서 출발했을 때) 다음과 같이 주어진다.[19.16]

$$\mathbf{D}^2(\delta V) = R_{ab}t^a t^a \delta V$$

$\mathbf{D}$는 관측자의 세계선 γ를 따라 관측자의 고유시간proper time(17.9절 참조)으로 측정한 변화율을 의미하며, 다음과 같이 쓸 수 있다(따라서 $\mathbf{D}^2$은 가속도임이 분명하다).

$$\mathbf{D} = t^a \nabla_a = \underset{t}{\boldsymbol{\nabla}}$$

[19.15] R_{ab}는 왜 대칭인가?

[19.16] 리치 항등식과 리 도함수의 특성을 이용하여 이 식을 증명해 보라.

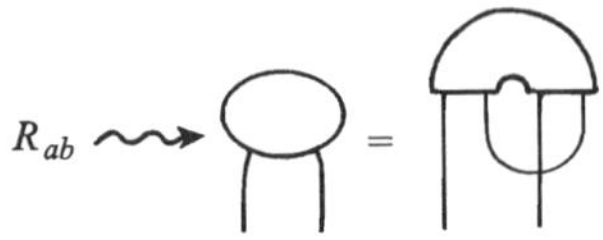

그림 19.7 다이어그램 표기법으로 나타낸 리치텐서(Ricci tensor)의 정의 $R_{ab} = R_{acb}{}^{c}$.

여기서 t^a는 γ에 접하는 미래-시간꼴 단위벡터이다(즉, $t^a t_a = 1$이다).

관측자가 측정한 질량밀도($c = 1$인 단위계에서 이것은 $E = mc^2$에 의해 에너지밀도와 같다. 18.6절 참조)는 관측자가 설정한 국소적 기준계에서 T_{ab}의 00 성분에 해당한다. 즉, 질량밀도는 $T_{ab}t^a t^b$이다. 따라서 인접한 측지선으로 둘러싸인 부피 δV 내부에 들어 있는 질량 δM은 다음과 같다.

$$\delta M = T_{ab}t^a t^b \delta V$$

따라서 뉴턴이 예상했던 '물질의 밀도에 의한 부피변화의 가속도', 즉 $-4\pi G\delta M$은

$$-4\pi G T_{ab}t^a t^b \delta V$$

이 된다. 그런데 시공간 곡률에 의한 부피변화 가속도는 $R_{ab}t^a t^b \delta V$이므로,

$$R_{ab}t^a t^b \delta V = -4\pi G T_{ab}t^a t^b \delta V$$

임을 알 수 있다. 일단 위 식의 양변을 δV로 나누고, 이 관계가 '동일한 사건을 바라보는 모든 관측자'들에게 똑같이 성립한다는 사실을 이용하면 $t^a t^b$도 제거할 수 있다.[19.17] 그 결과, 우리는 아래와 같은 장방정식에 이르게 된다.

$$R_{ab} = -4\pi G T_{ab}$$

이것이 바로 아인슈타인이 처음 생각했던 방정식이었다. 그러나 이 경우에는 보존방정식 $\nabla^a T_{ab} = 0$이 $\nabla^a R_{ab} = 0$으로 귀결되기 때문에 당장 문제가 발생한다.

무엇이 문제인가? 14.4절의 비앙키 항등식 $\nabla_{[a}R_{bc]d}{}^{e} = 0$을 떠올려 보자. 이 방정식을 축약contraction하면 아래 결과가 얻어진다.[19.18]

$$\nabla^a\left(R_{ab} - \frac{1}{2} R g_{ab}\right) = 0$$

여기서 리치스칼라 R(또는 스칼라 곡률. 리치스칼라를 양의 정부호로 정의하면 '$-R$'이 되어야 한다. 수학책들은 대부분 이 규약을 따르고 있다)은 다음과 같이 정의되는 양이다.

$$R = R_a{}^a$$

(R을 굵은 문자 $\boldsymbol{R}$과 혼동하지 말 것. $\boldsymbol{R}$은 '전체' 곡률텐서를 의미한다) 문제는 방정식 $R_{ab} = -4\pi G T_{ab}$이 축약된 비앙키 항등식과 결합하면

$$T = T_a^a$$

로 정의되는 (에너지-운동량 텐서) T의 대각합trace이 전 시공간에 걸쳐 일정한 값을 갖게 되는데,[19.19] 이것은 (중력이론을 제외한) 일상적인

[19.17] 모든 t^a를 제거할 수 있는 이유는 무엇인가?(답은 텐서에서 대칭성의 역할과 밀접하게 관련되어 있다)

[19.18] 증명해 보라. 원한다면 다이어그램 표기법을 사용해도 좋다.

[19.19] 왜 그런가?

물리학에 정면으로 위배되는 결과이다. 그래서 (1915년에)아인슈타인은 보존방정식 $\nabla^a(\ldots) = 0$을 만족하는 두 개의 텐서가 동일하다(단, 상수가 곱해진 만큼 다를 수는 있다)는 결론에 이르게 되었고, 이로부터 그 유명한 장방정식을 아래와 같은 형태로 완성할 수 있었다.[8, [19.20]]

$$R_{ab} - \tfrac{1}{2} R g_{ab} = -8\pi G T_{ab}$$

전자기장을 포함하여 물질이 전혀 없는 특별한 경우에는 $T_{ab} = 0$이며, 이런 상태를 진공vacuum이라고 한다. 이 경우에 아인슈타인 장방정식(진공 방정식)은 $R_{ab} - \tfrac{1}{2} R g_{ab} = 0$이 되는데, 이것은 다시

$$R_{ab} = 0$$

로 쓸 수 있다.[[19.21]] 리치텐서가 0인 공간을 종종 리치 평면Ricci-flat이라고 한다.

19.7 우주상수와 바일텐서

이 시점에서, 1917년에 아인슈타인이 제안했던 우주상수cosmological constant에 대해 알아볼 필요가 있다. 흔히 Λ(람다)라는 기호로 표현하는 우주상수는 현대의 천문관측 결과를 분석하면서 그 필요성이 강하게 제기되었다. 그러나 Λ는 $10^{-55}\,\mathrm{cm}^{-2}$ 이하의 엄청나게 작은 상수이다.

[19.20] 계수 $-8\pi G$의 의미를 $-4\pi G$와 비교하여 설명하라.

[19.21] 왜 그런가?

사실, 우주론적 규모를 고려하지 않는다면 아인슈타인 장방정식에 우주상수를 도입할 필요가 없다. 어쨌거나, Λ를 도입하면 위 방정식에서 $R_{ab} - \frac{1}{2}Rg_{ab}$가 $R_{ab} - \frac{1}{2}Rg_{ab} + \Lambda g_{ab}$로 대치된다. 여기서 Λ는 상수이기 때문에 보존방정식은 여전히 성립한다($\nabla \mathbf{g} = 0$). 따라서 아인슈타인 장방정식은 아래와 같이 수정된다.

$$R_{ab} - \frac{1}{2}Rg_{ab} + \Lambda g_{ab} = -8\pi G T_{ab}$$

원래 아인슈타인은 우주론적 규모에서 '닫힌 정적 우주static closed universe'가 이론적으로 가능하도록 하기 위해 우주상수를 도입하였다.[9] 그러나 1929년에 에드윈 허블Edwin Hubble은 천문관측 결과를 분석한 끝에 우주가 팽창하고 있음을 확인하였고, 여기에 수긍한 아인슈타인은 "내 일생 가장 큰 실수"임을 인정하면서, 자신이 도입했던 우주상수를 철회하였다(아인슈타인이 처음부터 우주상수를 도입하지 않았다면, 아마도 그는 우주의 팽창을 처음으로 예견한 과학자가 되었을지도 모른다!). 그러나 한 번 등장한 우주상수는 마치 튜브에서 짜낸 치약처럼 좀처럼 거둬들이기가 어려웠다. 1917년에 처음 제안된 후로 지금까지, 우주상수는 천문학의 배경을 떠돌아다니면서 어떤 학자에게는 걱정거리를, 또 어떤 학자에게는 위안을 가져다 주었다. 최근 들어 초신성의 관측결과가 학계에 알려지면서, 우주상수의 필요성이 또 다시 대두하기 시작했다. 많은 학자들은 "기존 관측결과와 상충하지 않으려면, 우주상수를 '암흑 에너지dark energy'를 나타내는 양으로 해석해야 한다"고 주장하고 있다.[10] 우주상수와 관련된 자세한 이야기는 28.10절에서 다룰 예정이다. (많은 상대성이론 학자가 공유하는 바이지만)내 개인적인 견해로는, 방정식에 0이 아닌 Λ가 존재할 가능성이 통상적으로 허용된다 해도, 자연이 이런 상수를 사용할 거란 사실을 그대로 받아들이기란 영 껄끄럽다. 그러나 (28.10절에서 알게 되겠지만)최근에 얻어진 천문관측 결과들은 우주상수의 존재를 강하게 시사하고 있다.

아인슈타인 장방정식에서 R_{ab}를 제외한 모든 항을 오른쪽으로 옮기고 수정을 약간 가하면 $R_{ab} = -8\pi G(T_{ab} - \frac{1}{2}Tg_{ab}) + \Lambda g_{ab}$로 쓸 수 있다.[19.22] 시간축이 t^a로 주어지는 국소좌표계를 사용하면 $t^a t^b$가 축약되어 00 성분이 되고, 안쪽을 향하는 부피의 가속도는 $8\pi G(T_{00} - \frac{1}{2}Tg_{00}) - \Lambda = 4\pi G(\rho + P_1 + P_2 + P_3) - \Lambda$로 주어진다. 여기서 P_1, P_2, P_3은 세 개의 공간(직교)좌표축 방향으로 측정한 물질의 압력을 나타낸다. 이 결과를 뉴턴 이론의 $4\pi G\delta M$과 비교해 보면, 아인슈타인의 일반상대성이론에서 능동적 중력질량의 밀도 ρ_G는 다음과 같다.

$$\rho_G = \rho + P_1 + P_2 + P_3 - \frac{\Lambda}{4\pi G}$$

$E = mc^2$만 고려하면 ($c = 1$인 단위계에서) $\rho_G = \rho$가 되어야 하겠지만, 일반상대성이론에서는 위 식에서 보는 바와 같이 $\rho_G \neq \rho$이다. 단, Λ의 기여도는 엄청나게 작고 추가된 압력항들도 매우 작은데, 그 이유는 (대충 말해서)물질을 이루는 구성입자들이 빛보다 훨씬 느린 속도로 움직이기 때문이다. 그러나 어떤 극단적인 상황에서는 압력의 기여도가 무시할 수 없을 정도로 커진다. 예를 들어 질량이 엄청나게 큰 별이 내부중력으로 붕괴 직전의 상황에 도달하면 내부압력이 증가하게 되는데, 언뜻 생각하면 이 압력이 별의 형태를 유지하는 데 도움이 될 것 같지만, 사실

[19.22] 왜 그런가?

은 이것이 추가적인 중력질량을 만들어 내면서 오히려 붕괴를 촉진한다!

앞서 지적한 대로(19.5절), 아인슈타인 방정식에 등장하는 에너지-운동량 텐서 T_{ab}는 맥스웰 방정식의 전하-전류 벡터 J_a와 비슷하다. J_a가 전자기장의 발생원이었던 것처럼, T_{ab}는 중력의 발생원에 해당한다. 그렇다면, 맥스웰장 텐서 F_{ab}는 아인슈타인의 장방정식에서 어떤 양에 대응되는가? 일단 계량텐서 $\boldsymbol{g}$는 아니다. $\boldsymbol{g}$는 전자기퍼텐셜 $\boldsymbol{A}$에 더 가깝다. 일부 학자는 전체 리만 곡률텐서 R_{abcd}를 $\boldsymbol{F}$에 대응시키고 있지만, 이보다 더욱 정확한 답은 전체 리만텐서에서 리치텐서 부분을 제거한 바일텐서Weyl tensor (또는 등각텐서conformal tensor) C_{abcd}일 것이다. 리치텐서는 발생원 T_{ab}와 거의 동일하기 때문이다. 따라서 바일 텐서가 중력장을 직접적으로 서술하는지 확인하려면, 이 '발생원에 의한 자유도'를 제거해야 한다. 물질이 전혀 없는 자유공간에서(우주상수 $\Lambda = 0$으로 가정한다) 바일텐서는 전체 곡률에서 리치텐서를 제거한 어딘가 복잡해 보이는 공식으로 다음과 같이 정의된다(11.6절 꺾쇠괄호 표기법을 최대한 활용하기 위해 지표 두 개를 위로 올려 놓았다).[19.23]

$$C_{ab}{}^{cd} = R_{ab}{}^{cd} - 2R_{[a}{}^{[c}g_{b]}{}^{d]} + \frac{1}{3}Rg_{[a}{}^{c}g_{b]}{}^{d}$$

바일텐서의 물리적 의미는 28.8절에서 살펴볼 것이다. 시공간이 등각적으로 평평하려면 바일텐서가 0이 되어야 한다.

[19.23] C의 모든 '대각합(trace)'이 0임을 증명하라(즉, $C_{abc}{}^{a} = 0$ 등을 증명하라). 필요하다면 지표표기법을 사용해도 좋다.

19.8 중력장 에너지

이제 중력장 자신이 갖는 질량/에너지 문제로 되돌아가 보자. 에너지-운동량 텐서 $\boldsymbol{T}$에는 그런 것이 끼어들 자리가 없지만, '분리된' 중력장 에너지가 물리적으로 중요한 역할을 하는 상황은 얼마든지 발생할 수 있다. 예를 들어 질량을 가진 두 개의 물체(행성)를 생각해 보자. 이들이 가까이 다가오면(매 순간 이들은 서로에 대하여 정지해 있다고 생각할 수 있다) (음의) 중력에너지 기여가 일어나서, 총 에너지와 총 질량이 이들이 멀리 떨어져 있을 때보다 작아진다(그림 19.8 참조). 중력의 조수로 행성의 형태가 변하는 효과를 무시한다면(이 효과는 매우 작다), 실제의 에너지-운동량 텐서 $\boldsymbol{T}$의 총 기여도는 행성들 사이 거리에 상관없이 항상 같다. 그러나 총 질량/에너지는 둘 사이의 거리에 따라 달라지는데, 이 차이는 중력장 자체의 에너지로부터 기인한다(둘 사이의 거리가 가까울수록 마이너스로 증가한다).

이제 두 행성이 서로 상대방을 중심으로 공전하는 경우를 생각해 보

그림 19.8 비국소적 중력 위치에너지. 두 개의 행성을 예로 들어 보자(이들은 임의의 한순간에 서로에 대하여 정지해 있는 것으로 간주할 수 있다). (a) 이들이 서로 멀리 떨어져 있을 때, (뉴턴의)음-위치에너지 기여도는 그리 많지 않다. (b) 이들이 서로 가까이 접근하면 총 에너지(또한 전체 계의 총 질량)는 (a)의 경우보다 커진다. 그러나 에너지-운동량 텐서로 측정되는 총 에너지밀도는 두 경우 모두 같다.

자. 여기에 아인슈타인 장방정식을 적용하면 중력파gravitational wave (시공간에 생긴 일종의 물결ripple)가 발생하여 (양의)에너지를 계의 바깥쪽으로 실어 나른다는 것을 알 수 있다. 정상적인 환경에서 이 에너지 손실은 거의 무시할 수 있을 정도로 작다. 예를 들어 우리 태양계에서는 태양과 목성 사이에서 이 효과가 가장 크게 나타나는데, 에너지 손실률은 기껏해야 40와트짜리 전구 하나에 지나지 않는다! 그러나 질량이 더 크고 훨씬 격렬한 계(두 블랙홀이 소용돌이를 이루며 접근하다 끝내 하나로 합쳐지는 경우)에서는 에너지 손실이 매우 크기 때문에 관측이 가능할 수도 있다. 현재 지구에 건설 중인 최고성능의 감지기는 15메가파섹meraparsec, 또는 4.6×10^{23}미터 떨어져 있는 곳에서 날아오는 중력파를 감지할 수 있다.

일반적인 행성과 블랙홀은 극단적인 사례이고, 그 중간쯤에 해당되는 사례로는 두 중성자별로 이루어진 연성계인 PSR 1913 + 16을 들 수 있다. 조셉 테일러Joseph Taylor와 러셀 헐스Russell Hulse는 이 연성계를 연

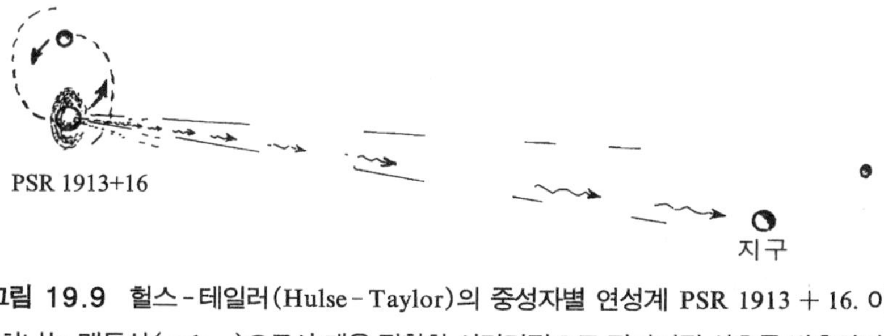

그림 19.9 헐스-테일러(Hulse-Taylor)의 중성자별 연성계 PSR 1913 + 16. 이들 중 하나는 맥동성(pulsar)으로서 매우 정확한 시간간격으로 전자기적 신호를 방출하기 때문에, 이동궤도를 매우 정확하게 추적할 수 있다. 지구에서 관측한 결과, 이 연성계는 아인슈타인의 예견대로 에너지를 잃고 있었으며, 손실된 에너지는 중력파의 형태로 방출되고 있었다. 중력파는 에너지-운동량 텐서가 0인 시공간에 생긴 일종의 물결(ripple)로 해석할 수 있다.

구하여 1993년 노벨상을 받았다(그림 19.9 참조. 중성자별이란 주로 중성자로 이루어진 아주 작고 무거운 항성으로서, 전체 밀도가 원자핵의 밀도와 거의 비슷하다. 원자핵이 테니스공 만한 크기로 똘똘 뭉쳐 있다면 총질량은 화성의 달인 데이모스Deimos와 거의 비슷하다!). 천문학자들은 25년 전에 PSR 1913 + 16을 처음 발견한 후로 지금까지 수많은 관측을 수행하여 이동궤적을 매우 정확하게 알아냈는데, 이것은 PSR 1913 + 16에서 초당 17회에 걸쳐 방출되는 전자기적 신호 덕분이었다(이런 별을 '맥동성pulsar'이라고 한다). 신호의 방출시간이 매우 정확했기 때문에, 과학자들은 이로부터 아인슈타인의 이론이 얼마나 정확한지 확인할 수 있었다. 그들이 얻은 '관측결과와 이론값 사이의 차이'는 약 10^{14} 분의 1이었는데, 이것은 이론과 실험을 비교해 온 과학 역사상 가장 정확한 값이었다.[11]

일반상대성이론은 탄생 초기부터 계속해서 실험적인 검증을 요구받아 왔고[PSR 1913 + 16과 중력렌즈 효과(28.8절 참조) 등], 모든 테스트를 의심의 여지없이 훌륭하게 통과하였다. 1915년에서 1969년 사이에 일반상대성이론을 검증하는 '세 가지 테스트'가 실행되었는데(1969년에는 전파망원경으로 퀘이사quasar. 준성 전파원를 관측하는 데 성공하여, 일반상대성이론을 새로운 시각에서 검증할 수 있게 되었다[12]), 이들 중 가장 유명한 것이 '수성의 근일점 이동'이다. 당시 천문학자들은 뉴턴 중력이론으로 계산된 수성의 근일점이 지난 50여 년 동안 조금씩 이동해 왔다는 사실을 익히 알고 있었지만(이동각 = 43초/100년이었다. 따라서 근일점이 궤도를 한 바퀴 이동하는 데 3백만 년이 걸린다!), 이 현상을 설명해 주는 마땅한 이론을 찾지 못하고 있었다(30.1, 34.9절 참조).[13] 또 하나의 실험적 증거는 태양 근처를 지나는 별빛의 궤적이 태양의 중력에 의해 휘어지는 현상이었는데, 이것은 1919년에 일식이 있던 날 아프리카 서부 해안의 프린시페 섬island of Principe에서 아서 에딩턴Arthur Eddington의 관측을 통해 사실로 확인되었다. 이들 모두는 '중력렌즈 효과gravitational lensing'를 입증하는 사례였으며, 지금은 천문학적 거리에서 질량분포를 가늠하는 수단으로 사용되고 있다(28.8절 참조). 일반상대성이론의 마지막 증거로는 중력퍼텐셜 하에서 시계가 느리게 가는 현상을 들 수 있다. 이 효과는 1925년에 아담스W. S. Adams가 시리우스의 동반성인 백색왜성white-dwarf(밀도가 태양의 수천 배에 달하는 항성)을 측정함으로써 처음으로 (감질나게)증명되었다. 그 후 1960년대에 파운드Pound와 레브카Rebka가 지구의 중력장 하에서 더욱 세밀한 실험을 수행하여 시간지연효과가 사실임을 입증하였다(그러나 이것은 일반적인 에너지이론과 양자역학의 기초이론으로부터 예견되는 효과이며, 일반상대성이론의 '약한' 검증에 해당된다). 이 밖에도 태양 뒤쪽에 있는 천체에서 방출된 빛이 지구에 도달할 때까지 시간이 지연되는 효과도 있는데, 이 현상을 1964년에 처음 예견했던 어윈 샤피로Irwin Shapiro는 1968년에서 1971년에 걸쳐 화성과 금성을 집중적으로 관측한 끝에 사실임을 확인할 수 있었다. 1971년 샤피로는 리젠버그Reasenberg와 함께 화성의 궤도를 돌고 있는 바이킹 우주선의 자동응답장치를 이용하여 0.1%의 오차 이내에서 자신의 예견이 옳았음을 입증하였다.

현재 아인슈타인 일반상대성이론은 다양한 실험과 관측을 통해 충분히 검증되었다. 헐스와 테일러는 중력파를 직접 관측하지 못했지만, 이들이 얻은 결과는 중력파의 존재를 입증하는 데 아무런 문제가 없었다. 요즘은 중력파를 직접 관측하기 위한 몇 개의 프로젝트가 범세계적 규모로 진행되고 있는데,[14] 멀리 있는 우주에서 블랙홀이 충돌할 때 발생하는 중력파를 측정하는 것이 주된 목적이다. 앞으로 중력파 망원경이 완성되면 아인슈타인의 이론은 원거리 우주탐사의 새로운 장을 열게 될 것이다.

에너지 보존에 대한 일부 학자들의 걱정에도 불구하고, 일반상대성이론은 관측을 통해 매우 놀라운 사실을 확인하였다. 예를 들어, 중력 에너지 문제를 생각해 보자. **PSR 1913 + 16**과 같은 천체들이 중력파(시공간의 물결)를 통해 에너지를 방출한다는 것은 이론 및 실험을 통해 이미 확인된 사실이다. 텅 빈 공간(진공)에서 에너지-운동량 텐서는 0이므로, 중력파에 실린 에너지는 국소적 에너지 '밀도'와 무관한 다른 방법으로 관측되어야 한다. 중력 에너지는 전적으로 '비국소적인' 양이지만, 그렇다고 해서 이것을 수학적으로 표현할 수 없다는 뜻은 아니다. 우리는 아직 중력질량/중력 에너지를 완전하게 이해하지 못하고 있으나, 이 문제와 관련하여 완벽한 답을 구할 수 있는 상황도 있다. 소위 말하는 '점근적 평평함 asymptotically flat'이 바로 이런 상황인데, 이는 우주 안 나머지 계와 외따로 떨어져 있다고 간주해도 좋을 정도의 중력계 gravitating system에 적용된다. 헐스-테일러의 이중 맥동성 같이 중력적 복사를 통해 에너지를 잃어버리고 있는 천체도 여기 해당될 것이다. 헤르만 본디 Hermann Bondi와 동료들은 이러한 천체에서 중력파가 실어 나르는 질량/에너지의 양을 수학적으로 계산하여, 이럴 때에도 에너지-운동량이 보존됨을 입증하였고(그림 19.10 참조),[15] 후에 레이너 삭스 Rayner Sachs는 본디가 세웠던 축대칭 axial symmetry 가정을 제거한 채 더욱 일반적인 계산을 수행하였다.[16] 이 보존법칙은 비중력장의 경우와 달리 국소적 성질을 갖지 않으며, 공간적으로 주변과 완전히 고립된 계에만 적용될 수 있다. 그러나 "(음의 중력 위치에너지를 포함하여)계의 총 질량은 음수가 될 수 없다"는 양의 정리 positivity theorem가 후에 증명되면서, 모든 것은 기적처럼 맞아 들어

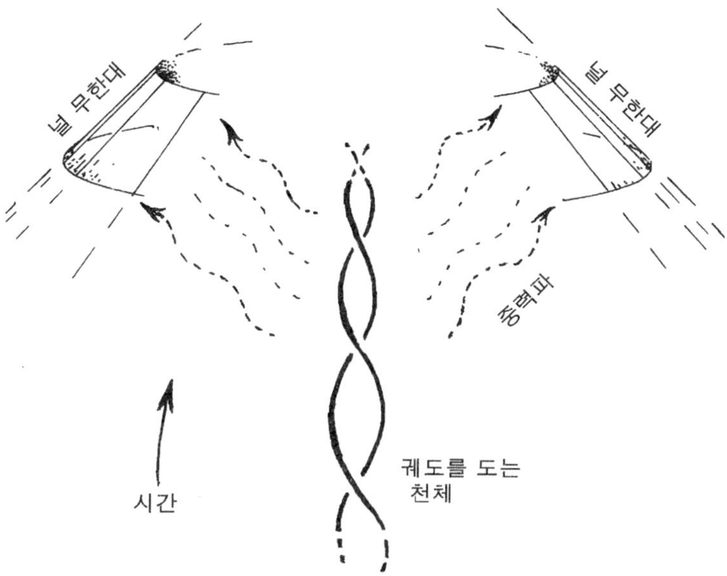

그림 19.10 시공간이 점근적으로 평평한(asymptotically flat) 곳에서 중력파를 방출하는 고립계의 경우, 본디 - 삭스 질량/에너지 보존법칙을 이용하면 중력파를 통한 총 에너지 — 운동량의 손실을 정확하게 계산할 수 있다. 이와 관련된 수학적 양은 비국소적 성질을 갖고 있으며, '널 무한대(null infinity)'에서 정의된다(기하학적 의미는 27.12절에서 논의할 것이다).

갔다.[17]

상호작용하는 장의 보존법칙을 얻어내는 일반적인 방법이 있다. 다음 장의 주제인 라그랑주 접근법Lagrange approach이 바로 그것이다. 라그랑주 접근법은 중력에 필요한 모든 정보를 제공하지 않는 것 같지만(적어도 직접적인 정보는 주지 않는다), 매우 강력하고 일반적이면서도 아름다운 체계이다. 라그랑주 접근법과 함께 현대물리학의 중추를 이루고 있는 해밀턴Hamilton 접근법도 다음 장에서 다루게 될 것이다.

〈19장 후주〉

19-1절

19.1 이처럼 물질의 입자성에 기초한 관점을 뉴턴이 끝까지 고수했는지는 분명치 않다[1730년에 출간된 뉴턴의 광학(Opticks)에서 질문(Queries) 편을 참조할 것]. 그러나 18세기에 보스코비치(R. G. Boscovich)는 이러한 뉴턴적 관점을 강력한 어조로 주장하였다. Barbour(1989) 참조.

19-3절

19.2 이 결과는 위상적으로 자명한 휘어진 시공간에도 적용된다. 따라서 닫힌 2-곡면은 항상 컴팩트한 3-부피를 에워싼다고 말할 수 있다.

19-4절

19.3 Flanders(1963) 참조.

19.4 Weyl(1929)도 참조. 고든(W. Gordon)과 파울리(Pauli), 하이젠베르크(Heisenberg)도 독립적으로 이 사실을 알아냈다. Pais(1986), p. 345 참조.

19.5 Aharanov and Bohm(1959) 참조. 이 효과는 10년 전에 Ehrenberg and Siday(1949)에 의해 이미 알려져 있었으며, 실험을 통해 확인한 사람은 챔버스(Chambers)였다. 그 후 이 효과는 Tonomura 등(1982, 1986)에 의해 더욱 정밀하게 확인되었다.

19-5절

19.6 Pais(1982) 참조.

19-6절

19.7 "특별히 선호되는 좌표가 없다"는 말은 모호하기도 하고, 어떤 의미에

서는 너무 강한 표현일 수도 있다. 예를 들어 평평한 공간에서는 직교좌표계[계량이 $ds^2 = dt^2 - dx^2 - dy^2 - dz^2$으로 표현되는 18.1절의 민코프스키 좌표계 (t, x, y, z)]가 다른 좌표계보다 훨씬 선호되며, 우주모형도 계량이 가장 간단하게 표현되는 좌표계를 갖고 있다(27.11절 [예제 27.18] 참조). 그러나 이런 좌표계에는 물리적 역할이 주어져 있지 않으며, 이론에 등장하는 방정식의 가장 자연스러운 표현은 좌표계의 선택과 무관해야 한다.

19.8 Stachel(1995), p. 353 ~ 364 참조. 일반상대성이론의 참고서적으로는 Synge(1960), Weinberg(1972), Misner, Thorne and Wheeler (1973), Wald(1984), Ludvigsen(1999), Rindler(1977, 2001), Schutz(2003), Hartle(2003) 등이 있다.

19–7절

19.9 아인슈타인의 모형은 $S^3 \times E^1$의 위상을 갖는 공간 $\mathcal{E}$이었다. 이 내용은 31.16절에서 다시 언급될 것이다.

19.10 아인슈타인이 우주상수를 도입한 것은 원래의 일반상대성이론에 가해진 여러 수정작업 중 하나에 불과하다. 19.4절에서 언급한 바일의 이론과 칼루자-클라인(Kaluza-Klein)의 고차원이론(31.4절 참조. 요즘은 초대칭과 관련하여 논의되고 있다. 31.2, 3절 참조)을 비롯하여 스칼라장을 도입한 브란스-디키(Brans-Dicke)의 수정과 1925 ~ 1955년 사이에 집중적으로 연구된 아인슈타인의 통일장이론(unified field theory)도 모두 일반상대성이론을 보완하려는 노력의 일환이었다. 이와 관련된 참고서적으로는 Einstein(1925), Einstein(1945), Einstein and Straus(1946), Einstein(1948), Einstein and Kaufman(1945), Schrödinger(1950) 등이 있고, 최근 출간된 서적으로는 Antoci(2001)을 추천한다. 지금 소개한 서적들은 전자기장을 비롯한 다른 장들을 일

반상대성이론의 체계 속에 통합시키려는 노력으로 일관하고 있다. 꼬임률(torsion)을 도입하여 스핀 밀도(22.8절 참조)의 중력적 효과를 설명한 아인슈타인-카르탕-시아마-키블 이론(Einstein-Cartan-Sciama-Kibble theory)에 대해서는 Kibble(1961), Sciama(1962), Trautman(1972, 1973)과 Cartan(1923, 1924, 1925)을 참조하라.

19–8절

19.11 여기서 아인슈타인의 이론은 뉴턴의 이론을 '부정하는 것'이 아니라, '포함하는 것'으로 이해되어야 한다. 그리고 '10^{14}분의 1'이라고 해서 뉴턴 이론보다 정확하다는 뜻은 아니다. 이 관측에서는 질량과 궤도변형, 이심률(eccentricity) 등의 변수들을 정확한 시간에 측정하는 기술도 중요한 요인으로 작용했다. '10^{14}분의 1'은 이 모든 것들을 종합한 숫자임을 명심하기 바란다.

19.12 1991년에 로빈슨(D. S. Robinson)과 동료들은 '매우 긴 기선 간섭계(Very Long Baseline Interferometry)'를 이용하여 빛이 휘어지는 현상을 10^{-4}의 정확도로 측정하였다.

19.13 수성의 근일점 이동과 관련된 자세한 내용은 Rosevesre(1982)를 참조하라.

19.14 현재 가동되고 있는 중력파 감지장치로는 LIGO, LISA, GEO 등이 있다. Shawhan(2001), Abbott(2004), Grishchuk *et al.*(2001), Throne(1995b) 참조. 존 바에즈(John Baez)의 웹사이트 http://math.ucr.edu/home/baez/week143.html을 방문하면 더 많은 정보를 얻을 수 있다.

19.15 Newman and Unti(1962), Penrose(1963, 1964), Sachs(1962b), Bonnor and Rotenberg(1966), Penrose and Rindler(1986), pp.

423 ~ 427 참조.

19.16 Bondi(1960), Bondi *et al*. (1962), Sachs(1961, 1962a) 참조. 이 내용은 Trautman(1958)에 의해 부분적으로 예견되었다.

19.17 Schoen and Yau(1979, 1982), Witten(1981), Nester(1981), Parker and Taubes(1982), Ludvigsen and Vickers(1982), Horowitz and Perry(1982), Reula and Tod(1984), Penrose and Rindler(1986) 참조. [예제 32.11]도 읽어볼 것.

20
라그랑지안과 해밀토니안

20.1 마술 같은 라그랑지안 역학체계

뉴턴의 역학법칙이 세상에 알려진 후로 오일러, 라플라스, 라그랑주, 르장드르, 가우스, 리우빌Liouville, 오스트로그라드스키Ostrogradski, 푸아송Poisson, 야코비Jacobi, 해밀턴Hamilton 등의 수학자/물리학자들은 뉴턴의 아이디어를 개선하여 하나의 통합된 체계를 완성했다. 이 위대한 학자들이 이룩한 업적을 충분히 전달할 자신은 별로 없지만, 지금부터 고전역학의 전반적인 내용을 내 나름대로 독자들에게 소개하기로 한다. 무려 250년 전에 발견된 뉴턴의 역학체계가 수학적 우아함으로 가득 차 있는 것을 보면, 우리의 우주는 아주 깊은 곳에서 수학과 매우 친밀한 것 같다. 우주의 행동양식을 서술하는 수많은 법칙 중에서 수학적으로 이토록 아름다운 법칙은 그리 흔치 않다.

뉴턴의 역학에서 수학적으로 아름다운 부분은 크게 두 가지로 나눌 수 있다. 라그랑지안Lagrangian 체계와 해밀토니안Hamiltonian 체계가 바로 그것이다(이름을 붙이는 데에는 다소 어려움이 있다. 라그랑주는 라그랑지안 체계와 해밀토니안 체계를 모두 알았고, 특히 라그랑지안 체계는

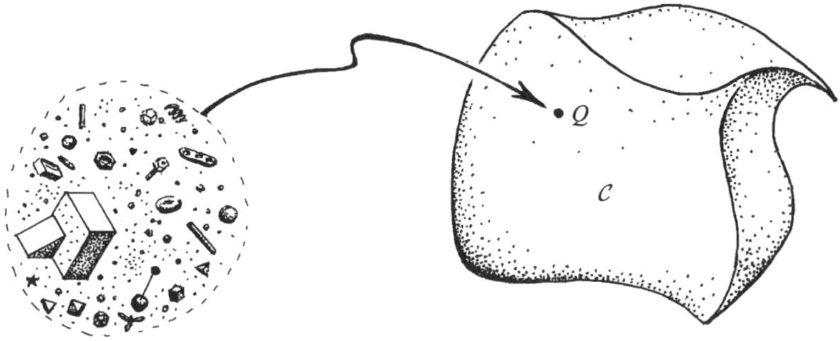

그림 20.1 배위공간(configuration space). N차원 다양체 $\mathcal{C}$ 위의 특정한 점 Q는 점입자와 강체들의 특정 배열상태를 나타낸다. 주어진 계의 상태가 시간에 따라 달라지면 Q는 $\mathcal{C}$에서 특정 곡선을 그리며 이동한다.

오일러에 의해 부분적으로 알려져 있었다). (유한한 개수의)입자와 더는 분해될 수 없는 강체rigid body들로 이루어진 뉴턴의 물리계를 생각해 보자. 이 계의 배열상태는 N차원 배위공간configuration space $\mathcal{C}$를 이용하여 나타낼 수 있다. 배위공간의 한 점은 계의 모든 입자와 강체의 특정한 공간적 배열상태에 대응한다(12.1절 참조). 계의 전체적 상황을 나타내는 한 점은 시간이 흐름에 따라 $\mathcal{C}$ 내부의 다른 점으로 이동하는데, 물론 이 과정에서 계는 뉴턴의 역학법칙을 따른다(그림 20.1 참조). 그런데 놀랍게도(그리고 계산적으로 아주 유용하게도), 이 법칙은 단 하나의 함수에서 시작하여 약간의 수학적 과정을 거쳐 얻어낼 수 있다. 라그랑지안 체계에서는 이 함수를 '라그랑주 함수Lagrangian'라 하며,[1] 배위공간 $\mathcal{C}$의 접번들 $\mathrm{T}(\mathcal{C})$ 위에서 정의된다(그림 20.2a 참조. 접번들의 개념은 15.5절을 참조하라). 또한, 해밀토니안 체계에서 이 함수('해밀턴 함수Hamiltonian'라고 한다)는 위상공간phase space이라 부르는 여접번들 $\mathrm{T}^*(\mathcal{C})$ (15.5절 참조) 위에서 정의된다(그림 20.2b 참조). $\mathrm{T}(\mathcal{C})$ (이 위에 있는 각 점은 $\mathcal{C}$ 상의 한 점 Q와 Q에서의 접벡터를 나타낸다)와 $\mathrm{T}^*(\mathcal{C})$ (이 위에

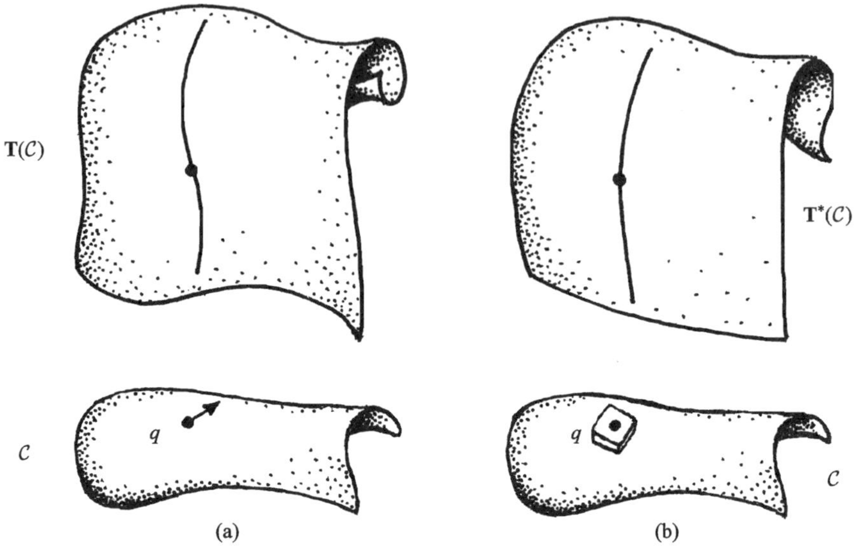

그림 20.2 (a) 표준 라그랑지안 체계에서 라그랑지안 $\mathcal{L}$은 배위공간 $\mathcal{C}$의 접번들 $T(\mathcal{C})$ 위에서 정의된 매끈한 함수이다. (b) 해밀토니안 체계에서 해밀토니안 $\mathcal{H}$는 위상 공간(phase space)이라 불리는 여접번들 T* ($\mathcal{C}$) 위에서 정의된 함수이다.

있는 각 점은 $\mathcal{C}$ 상의 한 점 Q와 Q에서의 여접벡터를 나타낸다)는 $2N$ 차원 다양체이다.

이 절에서는 라그랑지안 체계를 먼저 살펴보고, 해밀토니안 체계는 다음 절에서 알아보기로 한다. 모든 입자의 위치(강체의 회전각도 포함)와 속도(회전하는 강체의 각속도 포함)는 T($\mathcal{C}$)의 좌표로 표현된다. 위치를 나타내는 좌표 $q^1, q^2, \cdots, q^N$은 일반화좌표generalized coordinate로서, 배위공간 $\mathcal{C}$ 상의 한 점 q를 나타낸다(좌표조각일 수도 있다. 12.2절 참조). 이는 어떤 좌표계에서도 가능하다. 이것이 바로 라그랑지안 접근법의 장점이다(해밀토니안의 경우도 마찬가지다). 따라서 사용자는 주어진 문제에 따라 가장 편리한 좌표계를 마음대로 골라서 쓸 수 있다. 일단 하나의 일반 좌표계가 선택되면 $\dot{q}^1, \dot{q}^2, \cdots, \dot{q}^N$은 일반화속도generalized belocity가 된다. 여기서 '도트(점)'는 시간에 대한 변화율, 즉 미분을 의미한다.

$$\dot{q}^1 = \frac{dq^1}{dt}, \cdots, \dot{q}^N = \frac{dq^N}{dt}$$

일반적으로 라그랑지안 $\mathcal{L}$은 이들 모두의 함수이다.[2]

$$\mathcal{L} = \mathcal{L}(q^1, \cdots, q^N ; \dot{q}^1, \cdots, \dot{q}^N)$$

여기서 각각의 $\dot{q}^r$은 독립변수로 간주한다($\dot{q}^r$은 q^r과도 독립이다). 언뜻 듣기에는 이해가 가지 않겠지만, 어쨌거나 이런 식으로 밀어붙여도 라그랑지안은 잘 맞아 들어간다![3]

함수 $\mathcal{L}$을 물리적으로 해석하면 $\mathcal{L} = K - V$이다. 즉, 라그랑지안은 계의 운동에너지와 내력 또는 외력에 의한 위치에너지의 차이로 정의된다. 물론 이들은 앞에서 결정한 좌표로 표현되어야 한다(18.6절 참조). 라그랑지안이 만족하는 방정식을 '오일러-라그랑주 방정식Euler-Lagrange equation'이라고 하는데, 여기에는 뉴턴의 운동방정식이 모두 함축되어 있으며 다음과 같이 간단명료한 형태를 취하고 있다.

$$\frac{d}{dt}\frac{\partial \mathcal{L}}{\partial \dot{q}^r} = \frac{\partial \mathcal{L}}{\partial q^r} \quad (r = 1, \cdots, N)$$

앞서 지적한 대로 모든 $\dot{q}^r$은 독립변수이다. 따라서 $\partial \mathcal{L}/\partial \dot{q}^r$은(다른 변수들을 모두 상수로 취급한 채 $\mathcal{L}$을 $\dot{q}^r$로 미분한다는 뜻이다) 나름대로 의미를 가질 수 있다!

이 방정식에는 실로 놀라운 정보가 들어 있다. 물리학자들은 이것을 '해밀턴의 원리', 또는 '정적작용원리principle of stationary action'라고 부

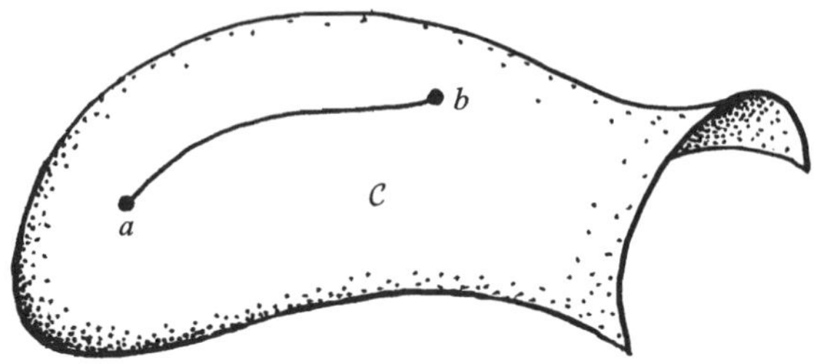

그림 20.3 해밀턴의 원리. 오일러-라그랑주 방정식에 의하면 Q는 작용(action, 배위공간 $\mathcal{C}$ 상의 고정된 두 점 a, b 사이로 난 곡선을 따라가며 라그랑지안 $\mathcal{L}$을 적분한 값)을 최소화하는 쪽으로 이동한다.

른다. 그 내용을 이해하기 위해, 계 전체의 배위공간 $\mathcal{C}$에서 움직이는 하나의 점 Q를 생각해 보자. 좌표 q^r로 표현되는 Q의 위치는 특정 곡선을 따라 특정한 빠르기로 이동하고 있으며, 임의의 순간에 Q의 속도는 $\dot{q}^r$로서, 곡선의 접선과 같은 방향이다. 오일러-라그랑주 방정식은 점 Q가 '작용action'이라는 양을 최소화하는 쪽으로 움직인다는 사실을 말해주고 있다. 작용이란, 배위공간 $\mathcal{C}$ 상의 두 고정된 끝점 a, b 사이로 난 곡선을 따라가며 라그랑지안 $\mathcal{L}$을 적분한 값이다(그림 20.3 참조).

엄밀히 말해서, 이 경우에는 '최소화minimize'보다 '정적stationary'이라는 단어가 더 적합하다. 6.2절에서 논했던 일상적인 미분을 떠올려 보면, 매끈한 실함수 $f(x)$는 $df/dx = 0$일 때 최솟값을 갖지만, 경우에 따라서는 최댓값이나 변곡점이 될 수도 있고 고차원 공간에서는 안장점saddle point이 될 수도 있다(그림 20.4b 참조). $df(x)/dx = 0$을 만족하는 이 모든 점을 '정상점定常點, stationary point'이라고 한다(그림 6.4, 20.4 참조). 14.7절과 17.9절, 그리고 18.3절에서 논의했던 '(유사)리만 공간의 측지선'은 '최단거리 경로'였고, 로렌츠 공간에서는 '최대 시간꼴 경로'가 언급된 적이 있는데, 이들은 모두 '정상경로stationary path'라는

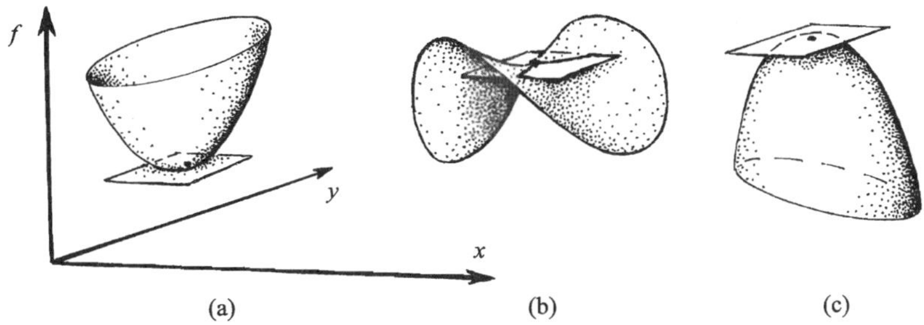

그림 20.4 매끈한 실함수 f가 가질 수 있는 여러 가지 정상값(stationary value)의 예. 이 그림에는 두 개의 변수를 갖는 $f(x, y)$의 정상값들이 표현되어 있다. 2차원 곡면 그래프의 접면이 수평방향으로 누웠을 때($\partial f/\partial x = 0 = \partial f/\partial y$일 때) $f(x, y)$는 정상값을 갖는다. 이 조건을 만족하는 경우는 (a) f가 최솟값을 가질 때, (b) 안장점(saddle point), (c) f가 최댓값을 가질 때이다. 해밀턴의 원리에서는(그림 20.3) 라그랑지안 $\mathcal{L}$이 f의 역할을 한다. 그러나 하나의 경로가 결정되려면 무한히 많은 변수가 필요하다. $\mathcal{L}$은 정상점에서 최솟값이 아닐 수도 있다.

단어로 통합된다. 따라서 Q의 궤적은 배위공간 $\mathcal{C}$에 그려진 일종의 '측지선'으로 생각할 수 있다.

예를 들어, 외부장external field에 의한 위치에너지 $V = V(x, y, z; t)$가 걸려 있는 공간에서 질량 m인 입자가 움직이는 경우를 생각해 보자. 특히 외부장이 지구에 의한 중력장인 경우(지구 표면 근처), 위치에너지는 mgz로 표현된다. 여기서 z는 지면으로부터 입자가 있는 곳까지의 높이이고 g는 중력에 의해 아래 방향으로 나타나는 중력가속도이다. 속도의 세 성분은 $\dot{x}, \dot{y}, \dot{z}$이고 운동에너지는 $\frac{1}{2}mv^2$이므로(18.6절 참조), 입자의 라그랑지안은 다음과 같이 쓸 수 있다.

$$\mathcal{L} = \tfrac{1}{2}m(\dot{x}^2 + \dot{y}^2 + \dot{z}^2) - mgz$$

따라서 변수 z에 대한 오일러-라그랑주 방정식은 $d(m\dot{z})/dt =$

$-mg$가 되어($q^r = z$인 경우), 지표면 근처에서 물체의 가속도가 지구의 중심을 향하고 크기가 일정하다는 갈릴레오의 주장과 일치한다.[20.1]

20.2 더욱 대칭적인 해밀토니안 체계

해밀토니안 체계에서도 그대로 일반화좌표를 쓰지만, 일반화된 위치좌표 $q^1, \cdots, q^N$과 이에 대응하는 일반화된 운동량좌표 $p_1, \cdots, p_N$을 함께 쓴다(속도좌표 $\dot{q}^1 \ldots$ 등은 사용하지 않는다). 단일 자유입자의 운동량은 질량에 속도를 곱한 값으로 정의된다. 그러나 일반적으로는 반드시 이 정의를 따를 필요가 없다. 라그랑지안이 주어져 있을 때, 일반화 운동량은 다음과 같이 정의된다.

$$p_r = \frac{\partial L}{\partial \dot{q}^r}$$

매개변수 p_r은 공변접공간 $\mathcal{C}$의 좌표 역할을 하며, 코벡터는 아래와 같이 쓸 수 있다.

$$p_a dq^a$$

(여기에는 12.7절의 합규약summation convention이 사용되었다. 물론, 위 표현을 12.8절의 추상-지표 표기법으로 이해해도 상관없다) 물론 $p_a dq^a$는 1-형식이며, 이것의 외미분(12.6절 참조)

[20.1] 중력장 하에서 비스듬한 각도로 던져진 물체가 포물선 궤적을 그린다는 것을 이 방법으로 증명해 보라.

$$S = dp_a \wedge dq^a$$

은 2-형식으로서($dS = 0$을 만족한다)[20.2] 위상공간 T*($\mathcal{C}$)에 심플렉틱 구조를 부여한다(14.8절 참조). 해밀토니안 체계의 강점은 위상공간이 심플렉틱 다양체라는 데 있다. 주어진 물리계에 따라서 해밀토니안은 얼마든지 달라질 수 있지만, 심플렉틱 구조는 변하지 않는다. 따라서 고전물리학은 심플렉틱 다양체의 놀랍고도 우아한 기하학과 밀접하게 연관되어 있다. 이 점에 대해서는 20.4절에서 다시 논하기로 한다.

심플렉틱 다양체 기하학이 어떤 구실을 하는지 이해하기 이해하기 위해, 일단 해밀턴의 동역학 방정식부터 살펴보자. 이 방정식은 투사체가 그리는 궤적 같은 물리계의 시간의 흐름에 따른 변화를 보여 주고 있다. 즉, 해밀턴 방정식을 풀면 위상공간 T*($\mathcal{C}$)에서 뉴턴 물리계 전체를 나타내는 P점의 궤적이 구해진다. 이 궤적을 좌우하는 것이 바로 해밀토니안 함수 Hamiltonian function $\mathcal{H}$이다.

$$\mathcal{H} = \mathcal{H}(p_1, \cdots, p_N; q^1, \cdots, q^N)$$

(일반화된)운동량과 위치의 함수인 $\mathcal{H}$는 주어진 물리계의 총 에너지를 나타내는 양이며(지금 우리는 시간에 무관한 time-independent 라그랑지안과 해밀토니안을 고려하고 있다), 아래의 식을 이용하면 라그랑지안으로부터 직접 구할 수 있다(합규약, 또는 지표표기법으로 이해하면 된다).

$$\mathcal{H} = \dot{q}^r \frac{\partial \mathcal{L}}{\partial \dot{q}^r} - \mathcal{L}$$

[20.2] 왜 그런가?

원한다면 일반 속도를 일반화 운동량으로 바꿔서 표현할 수도 있다(물론 일반적으로는 결코 쉬운 작업이 아니다!). 운동량과 위치좌표를 사용하면 해밀턴 방정식은 다음과 같이 아름다운 대칭성을 갖게 된다.

$$\frac{dp_r}{dt} = -\frac{\partial \mathcal{H}}{\partial q^r}, \frac{dq^r}{dt} = \frac{\partial \mathcal{H}}{\partial p_r}$$

이 방정식은 $T^*(\mathcal{C})$에 속하는 한 점 P의 속도를 나타내고 있다. 그런데 속도는 모든 점에서 정의되므로, 결국 우리는 $T^*(\mathcal{C})$에서 $\mathcal{H}$에 의해 정의되는 벡터장을 갖게 된 셈이다. 12.3절에서 도입한 벡터장의 '편미분 연산자'를 이용하면 다음과 같이 쓸 수 있다.[20.3]

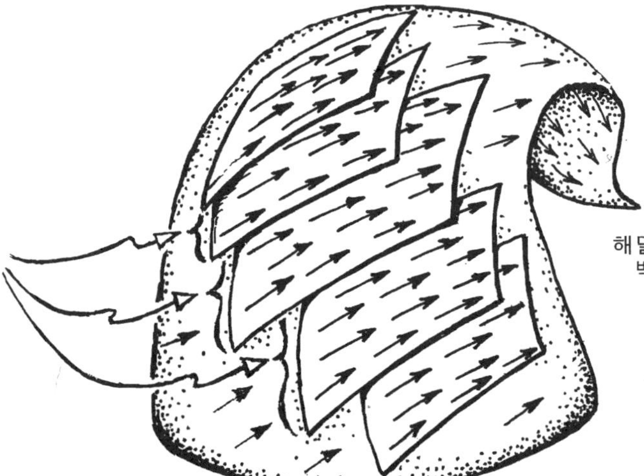

그림 20.5 뉴턴적 물리계의 시간에 따른 변화를 나타내는 해밀토니안의 흐름(flow) $\{\mathcal{H},\ \}$는(20.4절 참조) 위상공간 $T^*(\mathcal{C})$에서 정의된 벡터장에 해당된다. $\mathcal{H}$의 값이 고정된 초곡면(hypersurface)에서($\mathcal{H}$가 시간에 무관하면 에너지도 일정해진다) 궤적은 이 초곡면 상에 놓이며, 따라서 에너지는 보존된다(초곡면의 정의는 [후주 27.36]을 참조하라).

20.4절에는 이 식이 $\{\mathcal{H}, \quad\}$로 표현되어 있다. 이 식은 계의 고전역학적 거동을 나타내는 T*($\mathcal{C}$)의 '흐름flow'을 알려준다(그림 20.5 참조).

$$\frac{\partial \mathcal{H}}{\partial p_r}\frac{\partial}{\partial q^r}-\frac{\partial \mathcal{H}}{\partial q^r}\frac{\partial}{\partial p_r}$$

중력장 하에서 입자가 자유낙하하는 경우(20.1절 참조), 해밀토니안은 라그랑지안으로부터 다음과 같이 구해진다.

$$\begin{aligned}\mathcal{H} &= \frac{P_x^2+P_y^2+P_z^2}{2m}+mgz\\ &= \frac{P^2}{2m}+mgz\end{aligned}$$

여기서 p_x, p_y, p_z는 각각 직교좌표의 x, y, z 방향으로 계산된 일상적인 운동량성분이다. 물론 총 에너지를 위치와 운동량으로 표현할 수 있으면 라그랑지안을 거치지 않고 해밀토니안을 직접 구할 수 있다. 물론 앞에서 말한 대로 라그랑지안으로부터 구하는 것도 가능하다.[20.4]

이 시점에서 표기법상의 문제점을 지적하지 않을 수 없다. 사실 이 문제는 피해갈 방법이 없기에, 솔직하게 털어놓고 분명한 약속을 정해 두는 것이 최선이다! 18.7절에서 살펴본 바와 같이, 평평한 시공간을 나타내는 표준 민코프스키 좌표계에서 부호수 $(+\,-\,-\,-)$를 선택하면 공간 운동량성분 p_1, p_2, p_3은 정상적인 성분과 부호가 반대이다. 그러므로 위의 예제에서는 $p_x=-p_1$, $p_y=-p_2$, $p_z=-p_3$이다. 일반적인 관점에서 해

[20.3] 그 이유를 설명하라.

[20.4] 직접 구해 보라. 해밀턴 방정식을 이용하여 일정한 중력장 하에서 자유낙하하는 물체의 운동방정식(뉴턴 버전)을 구하라.

밀토니안을 논할 때에는 첨자가 아래쪽에 붙은 p_a를 사용하는 편이 자연스러운데, 이것은 부호수 $(+ - - -)$를 채택한 상대성이론의 p_a(즉 p_1, p_2, p_3)와 일치하지 않는다. 이 책에서는 p와 q를 연결하는 일상적인 부호규약에 따라 q^a와 p_a의 적절한 조합을 사용할 것이다(독자들은 자신이 선호하는 부호체계를 골라서 사용할 수 있다). 그러나 x^a와 p_a의 조합을 사용할 때에는 18.7절의 규약을 따를 것이다. 즉, 이 경우에 $-p_1$, $-p_2$, $-p_3$은 일상적인 공간 운동량의 세 성분을 나타낸다(표준 민코프스키 좌표계에서 p^1, p^2, p^3과 같다). 따라서 위치좌표로 q 대신 x를 사용한 경우, 해밀턴 방정식은 아래와 같이 부호가 바뀌게 된다.

$$\frac{dp_r}{dt}=\frac{\partial \mathcal{H}}{\partial x^r},\ \frac{dx^r}{dt}=-\frac{\partial \mathcal{H}}{\partial p_r}$$

지금부터 설명할 구체적인 내용을 일일이 따라올 필요가 없다고 생각하는 독자들은 부호문제 때문에 고민하지 않아도 된다(이 분야를 전공하는 학자들도 논문이나 책을 쓰기 전까지는 부호를 가지고 심각한 고민을 하지 않는다!).

20.3 작은 진동

해밀토니안 체계의 기하학적 특성을 알아보기 전에, 평형지점을 기준으로 진동하는 물리계를 잠시 살펴보자. 이 문제는 물리학의 여러 분야와 밀접한 관련이 있으며, 특히 양자역학에서 매우 중요하게 취급되는 문제이다(22.13절 참조). 진동이론은 라그랑지안 체계나 해밀토니안 체계를 이용하여 어렵지 않게 이해할 수 있는데, 우리는 해밀토니안 체계를 이용하기로 한다. 그래야 나중에 양자역학으로 자연스럽게 연결되기 때문이다(양자적 진동문제는 22.13절에서 다룰 예정이다). 진동에 관한 라그랑주 이론은 해밀턴 이론과 매우 비슷하므로, 독자들이 직접 유도할 수도 있다([예제 20.10] 참조).

진동하는 물리계의 가장 간단한 사례로는 중력장 하에서 진동하는 단진자simple pendulum를 들 수 있다. 진동의 폭(진폭)이 좁을 때, 진자는 시간에 대하여 사인파sine wave를 그리며 움직인다(그림 20.6 참조. 9.1절에서 '푸리에 성분'을 다룰 때에도 이와 비슷한 움직임을 살펴본 적이 있다). 진폭이 아주 작을 때, 진동의 주기period는 진폭의 크기(진자가 왕복하는 거리)와 무관하게 나타나는데(이 사실은 1583년에 갈릴레오가 발견하였다), 이런 종류의 운동을 통틀어 '단조화운동simple harmonic motion'이라고 한다.

단조화운동은 자연에서 가장 흔히 일어나는 운동이다. 일반적으로 물

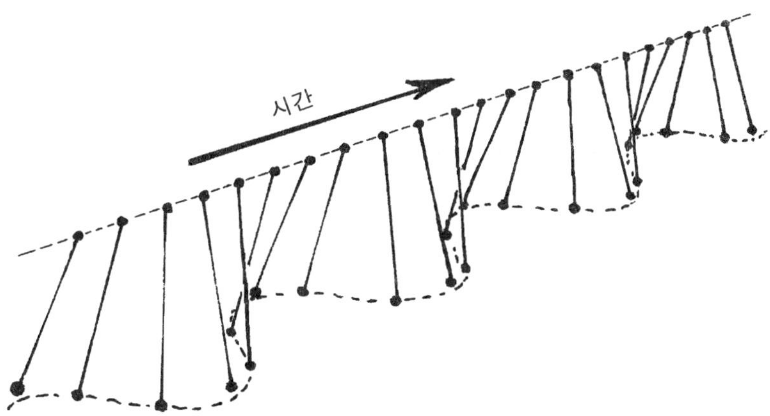

그림 20.6 중력장 하에서 진동하는 단진자. 진동의 폭(진폭)이 작을 때 진자는 단조화운동에 가까운 운동을 하며, 시간에 대한 진자의 궤적은 사인파(sine wave)를 그린다.

리계가 평형상태에서 조금 벗어나면 각기 고유한 형태로 진동하게 된다(편의상 마찰에 의한 효과는 무시한다). 이제 곧 알게 되겠지만, 진폭이 작은 진동은 여러 개의 특별한 진동 모드mode로 분해될 수 있는데, 이것을 정규 모드normal mode라고 한다. 그리고 각 (정규)진동 모드의 진동수를 정규진동수normal frequency라고 한다.

제일 먼저, 단조화진동을 분석적으로 서술해 보자. 진자가 가장 낮게 매달려 있는 지점을 기준점으로 삼고, 이 지점으로부터 현재 진자가 있는 곳까지의 수평거리를 q라 하자. 단진자가 아닌 다른 경우에도 평형상태에서 벗어난 거리를 q로 잡으면 동일한 논리를 적용할 수 있다. q가 아주 작을 때(작은 진동), 진자의 운동방정식은 다음과 같다.

$$\frac{d^2q}{dt^2} = -\omega^2 q$$

여기서 양의 상수값 $\omega/2\pi$는 진자의 진동수이다. 이 방정식을 보면 "안쪽(평형지점)을 향하는 진자의 가속도 d^2q/dt^2은 진자의 변위(평형지점에서 벗어난 거리)에 비례한다"는 것을 알 수 있다(비례상수는 ω^2이다). 6.5절의 미분규칙에 의하면 위 방정식을 만족하는 q는 $\cos\omega t$와 $\sin\omega t$이므로, 이들의 선형결합linear combination도 방정식의 해가 될 수 있다.

$$q = a\cos\omega t + b\sin\omega t$$

여기서 a와 b는 상수이다.[20.5] 길이가 h인 단진자의 경우(중력장

[20.5] 직접 증명해 보라. 진동수가 $\omega/2\pi$인 이유는 무엇인가? 이 함수의 그래프가 사인파와 비슷하게 나타나는 이유를 설명하라. 사인과 코사인의 선형결합이 일반해가 되는 이유는 무엇인가?

하에서 단진자의 운동은 하나의 평면을 벗어나지 않는다) q가 아주 작으면 위와 거의 동일한 방정식을 따르며, $\omega^2 = g/h$이다. 그러나 q가 커지면 위 방정식을 적용할 수 없다.[20.6]

일반적인 해밀토니안 물리계가 평형상태에서 $q^a = q_0^a$의 값을 갖는다고 가정해 보자(즉, $q^1 = q_0^1$, $q^2 = q_0^2$, $\cdots$ 등). 일반화된 좌표계의 원점을 평형상태로 잡으면 여러모로 편리하다. 따라서 $q_0^a = 0$을 선택하기로 한다. '평형 equilibrium'이란, 운동이 없을 때 계 전체가 정지상태에 있는 배열을 의미한다. 지금부터 이 평형상태의 안정성 stability을 판별해 보자. 안정된 평형이란, 평형상태에 있는 계에 작은 변위를 가했을 때 계가 평형에서 크게 벗어나지 않고 진동하는 경우를 말한다. 물론 우리의 주된 관심은 안정된 평형상태이므로, 일반화 좌표 q^a가 아주 작은 값을 가지는 경우만 다루면 된다. 또한, 우리의 진동은 작은 속도와 작은 교란만을 포함하고 있으므로, 운동량 p_a도 아주 작은 값으로 취급할 수 있다.

우리가 다루는 해밀토니안은 q와 p의 해석적 analytic 형태라고 가정한다('해석적'이라는 말의 의미는 6.4절을 참조하라). 따라서 우리는 해밀토니안을 q와 p의 멱급수로 전개할 수 있다. $q^a = 0$인 안정된 평형상태란 위치에너지가 (국소적으로)최소인 상태를 의미하며,[20.7] 여기에 운동이 도입되면 계의 에너지(운동에너지)가 증가한다. 물론 운동에너지는 $p_a = 0$일 때 최소이다. 따라서 총 에너지(해밀토니안의 값)는 $q^a = 0 = p_a$일 때 국소적으로 최솟값을 갖는다. 이상의 결과들을 종합해 보면 해밀

[20.6] 진폭이 큰 경우의 방정식을 (a) 라그랑주식 방법으로 유도하고 (b) 해밀턴식 방법으로 유도하라. 그리고 (c) 뉴턴 법칙만을 이용하여 유도해 보라. 도움말 : $\mathcal{L} = \frac{1}{2}mh^2\dot{q}^2(h^2 - q^2)^{-1} + mg(h^2 - q^2)^{1/2}$임을 증명하라(지금과 같이 간단한 예제에서 라그랑주와 해밀턴식 방법은 그다지 유용하지 않다. 이들은 복잡한 문제에서 위력을 발휘한다).

[20.7] 왜 그런가?

토니안의 멱급수 전개는 다음과 같이 시작되어야 한다(q나 p에 비례하는 항은 없다).

$$\mathcal{H} = \text{상수} + \tfrac{1}{2}Q_{ab}q^a q^b + \tfrac{1}{2}P^{ab}p_a p_b$$
$$+\ q\text{와 } p\text{의 세제곱 이상을 포함하는 항들}$$

여기서 Q_{ab}와 P^{ab}는 양의 정부호인 상수 대칭행렬의 성분이며($q^a \neq 0$이면 $Q_{ab}q^a q^b > 0$이고, $p_a \neq 0$이면 $P^{ab}p_a p_b > 0$이다. 13.8절 참조), 상수 $\frac{1}{2}$은 계산상 편의를 위해 집어넣은 것이다.[20.8]

우리의 관심은 진폭이 작은 진동이므로, 2차 항까지만 취하고 고차 항은 무시하기로 하자. 그러면 해밀턴 방정식은 다음과 같은 형태가 된다.

$$\frac{dq^a}{dt} = \frac{\partial \mathcal{H}}{\partial p_a} = P^{ab}p_b$$

이 식의 양변을 t로 한 번 더 미분하면

$$\frac{d^2q^a}{dt^2} = \frac{d}{dt}P^{ab}p_b = P^{ab}\frac{dp_b}{dt}$$
$$= -P^{ab}\frac{\partial \mathcal{H}}{\partial q^b} = -P^{ab}Q_{bc}q^c = -W^a{}_c q^c$$

이 된다. 여기서 $W^a{}_c = P^{ab}Q_{bc}$는 행렬 Q_{ab}와 P^{ab}의 곱으로서(13.3절 참조), 다음과 같은 형태로 쓸 수 있다.

$$\mathbf{W} = \mathbf{PQ}$$

[20.8] 이 내용을 좀 더 자세히 설명해 보라. 평형상태가 불안정적인 경우에는 해밀토니안의 멱급수에 q나 p에 비례하는 항이 나타날 수 있는가?

따라서 해밀턴 방정식은 다음과 같은 2계 미분방정식으로 전환된다.

$$\frac{d^2\mathbf{q}}{dt^2} = -\mathbf{W}\mathbf{q}$$

우리의 관심은 행렬 **W**의 고유벡터eigenvector **q**로서, 다음 관계를 만족한다.

$$\mathbf{W}\mathbf{q} = \omega^2\mathbf{q}$$

여기서 ω^2은 고유벡터 **q**에 대응하는 **W**의 고유값이다. 행렬 **P**와 **Q**는 양의 정부호이므로, 고유값은 모두 양수이다.[20.9] 따라서 우리는 고유값을 어떤 양수 ω의 완전제곱으로 표현할 수 있다. 임의의 고유벡터 **q**는 다음의 방정식을 만족한다.

$$\frac{d^2\mathbf{q}}{dt^2} = -\omega^2\mathbf{q}$$

이 방정식은 진동수가 $\omega/2\pi$인 단조화진동을 서술하고 있다.[20.10]

개개의 고유벡터 **q**는 일반화좌표 q^a의 조합으로 표현된다. 그러므로 **q**에 해당하는 진동이 일어나려면 이와 관련된 모든 q^a들이 모두 같은 진동수로 진동해야 한다. 이것이 바로 진동의 '정규 모드'이며, $\omega/2\pi$는 이 모드에 해당하는 '정규진동수'이다. 일반적으로 이 진동수는 모드에 따라 각기 다른 값을 갖지만, '겹친 상태degenerated state'에서는 이들 중 일부의 값이 일치할 수도 있다.[20.11] 단, 겹친 고유값에는 적절한 '겹침수

[20.9] 증명해 보라[도움말 : 양의 정부호인 행렬의 역행렬도 양의 정부호임을 증명하라].

[20.10] 이와 동일한 결과를 라그랑주식 방법으로 유도해 보라.

multiplicity'가 부가되어, 정규 모드의 개수와 일반화좌표 $q_1, \cdots, q_N$의 개수는 항상 같다. 임의의 두 정규모드 $\mathbf{q}$, $\mathbf{r}$은 서로 다른 진동수를 가지며, $\mathbf{Q}$로 정의된 계량 하에서($\mathbf{r}^{\mathrm{T}}\mathbf{Q}\mathbf{q} = 0$) 서로 수직이다.[20.12]

이로부터 우리는 다음과 같은 사실을 알게 되었다. 일반적으로 자유도가 N인 고전적 물리계는 안정적 평형상태를 중심으로 진동할 수 있다. 이 진동은 서로 독립인 N개의 정규 모드로 이루어져 있으며, 각 모드는 고유한 진동수를 갖는다. 우리는 마찰이나 저항력 등에 의한 에너지 손실을 전혀 고려하지 않았지만, 실제로 거시적인 진동계에서는 에너지가 꾸준하게 손실되면서 진동은 사라지고, 손실된 에너지는 구성입자의 무작위 운동으로 전환된다. 물론 구성입자(분자 등)까지 하나의 계로 취급한다면 에너지 손실은 일어나지 않는다.

지금까지는 자유도가 유한한 계만을 다루었다. 그러나 여기서 유도한 모든 결과는 무한대의 자유도를 갖는 물리계에도 똑같이 적용할 수 있다. 진동의 가장 흔한 사례로는 악기에서 흘러나오는 소리가 있다. 예를 들어 북이나 트라이앵글을 채로 두드리면 다양한 진동수로 진동하는데, 소리의 높낮이는 바로 이 진동수에 의해 결정된다. 관악기도 관 속에서 일어나는 공기의 진동에 따라 고유한 소리를 내고, 현악기는 현의 진동에 의해 다양한 소리가 창출된다.

9장에서 논했던 푸리에 해석을 이용하면 길이가 유한한 끈의 진동을 설명할 수 있다. 단, 끈의 양끝이 고정되었거나 원형으로 팽팽하게 당겨져 있다고 간주한다. 푸리에 해석에 의하면 일반적인 진동은 여러 모드의

[20.11] 겹친 경우에 계의 고유벡터를 서술해 보라.

[20.12] 증명해 보라[첨자 'T'는 13.7절의 '전치(transpose)'를 의미한다].

선형조합으로 표현될 수 있고, 각 모드는 순음pure tone을 나타내는 사인파나 코사인파로 나타낼 수 있다. 이때 진동수는 일차 모드primary mode 진동수의 정수배로 나타난다. 악기 제작자들은 이 사실을 매우 잘 알고 있다! 그러나 일반적으로 (북이나 종의 경우) 정규진동수와 소리의 관계는 그리 간단하지 않다.

이런 상황에서 라그랑지안이나 해밀토니안 체계는 $N = \infty$로 쉽게 확장 가능한데, 조금은 주의할 필요가 있다. 20.5절에서 설명하겠지만, 라그랑지안(또는 해밀토니안) 체계를 사용하는 과정에는 장 개념이 자연스럽게 개입된다. 이렇게 도입된 장은 현대물리학에서 핵심적인 역할을 하는데, 특히 자연에 존재하는 모든 입자를 끈(고리형 끈이나 열린 끈)의 진동으로 이해하는 끈이론에서는 입자에 의해 형성된 장을 '진동하는 끈의 정규 모드'로 해석하고 있다(31.5, 7, 14장 참조).

마지막으로, 한 가지 더 짚고 넘어갈 것이 있다. 지금까지 우리는 안정된 평형상태에 대한 진동만을 다뤘지만, 이 절에서 얻은 결과는 불안정한 평형상태에도 적용할 수 있다. 기본적인 차이는 실수 대칭행렬 $\mathbf{Q}$가 양의 정부호가 아니어서(음의 정부호도 아닐 수 있다) $\mathbf{W} = \mathbf{PQ}$의 고유값이 음수로 나올 수도 있다는 점이다. 이런 경우에 계가 평형상태로부터 조금만 벗어나면 변위가 지수함수적으로 증가하게 된다.[20.13]

[20.13] 이런 경우에 진동하는 계의 거동을 서술해 보라.

20.4 심플렉틱 기하학적 관점에서 바라본 해밀토니안 역학

이제 한 걸음 뒤로 물러서서, 유한차원 해밀턴 방정식의 특성을 심플렉틱 기하학과 연결해 보자. 14.8절에서 말한 바와 같이, 임의의 심플렉틱 다양체는 한 쌍의 스칼라장 $\varPhi$와 $\varPsi$에 작용하여 제3의 스칼라장 $\varTheta$를 낳는 연산자를 갖는다. 지금부터 이것을 푸아송 괄호Poisson bracket라 부르기로 한다.[20.14]

$$\varTheta = \{\varPhi,\ \varPsi\} = \frac{\partial \varPhi}{\partial p_a}\frac{\partial \varPsi}{\partial q^a} - \frac{\partial \varPhi}{\partial q^a}\frac{\partial \varPsi}{\partial p_a}$$

이 연산에서 $\varPsi$를 제외하면 미분연산자 $\{\varPhi,\ \}$가 되는데, 이것은 일종의 벡터장으로서(12.3절 참조) $\varPsi$에 적용되면 $\{\varPhi,\ \varPsi\}$가 되는 것으로 약속한다. 그러면 $\varPhi$를 $\mathcal{H}$로 대치한 벡터장 $\{\mathcal{H},\ \}$는 $T^*(\mathcal{C})$의 모든 점에서 시간에 따른 궤적의 이동방향을 가리키게 된다. 사실 $\{\mathcal{H},\ \}$는 해밀턴 방정식에 의거한 계의 진행상태를 나타낸다(20.2절 참조). 심플렉틱 기하학의 놀라운 특성 중 하나는 시간에 따른 계의 역학적 진행과정이 기하학적으로 단 하나의 스칼라 함수(해밀토니안) 속에 고스란히 담겨 있다는 점이다.

심플렉틱 기하학은 이것 말고도 많은 정보를 제공하고 있다. 예를 들어, 리우빌의 정리Liouville's theorem에 따르면 위상공간의 부피는 역학체계에 의해 보존된다(그림 20.7 참조). 위상공간의 부피요소는 $2N$-형식으로 다음과 같이 쓸 수 있다.

$$\varSigma = \boldsymbol{S} \wedge \boldsymbol{S} \wedge \cdots \wedge \boldsymbol{S}$$

[20.14] 여기 정의된 $\{\varPhi,\ \varPsi\}$가 14.9절의 정의와 같음을 증명하라.

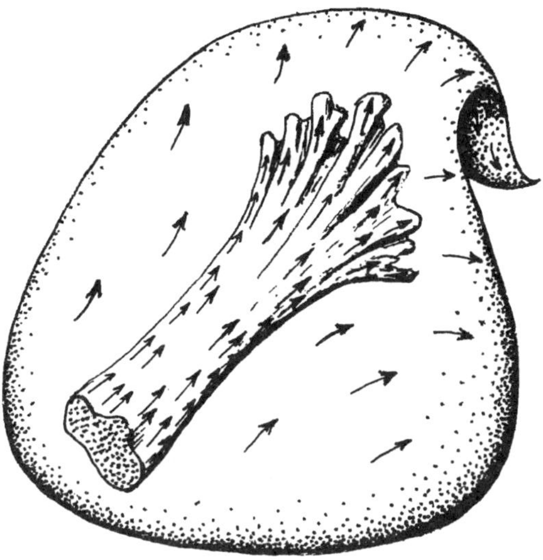

그림 20.7 리우빌의 정리(Liouville's theorem). 해밀토니안이 시간과 함께 흐름에 따라 (가능한 초기상태의 영역을 표현하는)초기 위상공간의 형태는 달라질 수도 있지만, 부피는 달라지지 않는다.

여기서 $\boldsymbol{S}$는 심플렉틱 2-형식으로서 $\boldsymbol{S} = dp_a \wedge dq^a$로 주어진다(위 식에는 N개의 $\boldsymbol{S}$가 쐐기곱으로 연결되어 있다). 이렇게 정의된 $\boldsymbol{S}$는 해밀토니안이 시간에 따라 변해도 변하지 않는다(즉, 벡터장 $\{\mathcal{H},\ \ \}$에 대한 $\boldsymbol{S}$의 리 도함수는 0이다). 이 사실은 어렵지 않게 증명 가능하다.[20.15] 그리고 이런 조건에서는 총 부피 Σ도 보존된다. 이것이 바로 리우빌의 정리이다.

$\{\mathcal{H}, \mathcal{H}\} = 0$이므로[20.16] 해밀토니안 자체는 보존된다, 즉, 해밀토니안은 궤적 위에서 일정한 상수 값을 가지며 이는 곧 "닫힌 계의 총 에너지는 보존된다"를 의미한다. 따라서 각 궤적은 $\mathcal{H}$ =상수로 주어지는 $(2N-1)$차원 곡면 위에 놓여 있다(그림 20.5 참조). 계가 거쳐 온 모든 과거는 $T^*(\mathcal{C})$에 그려진 궤적에 담겨 있으며, 이 궤적으로 이루어진 공간

[20.15] 증명해 보라.

[20.16] 왜 그런가?

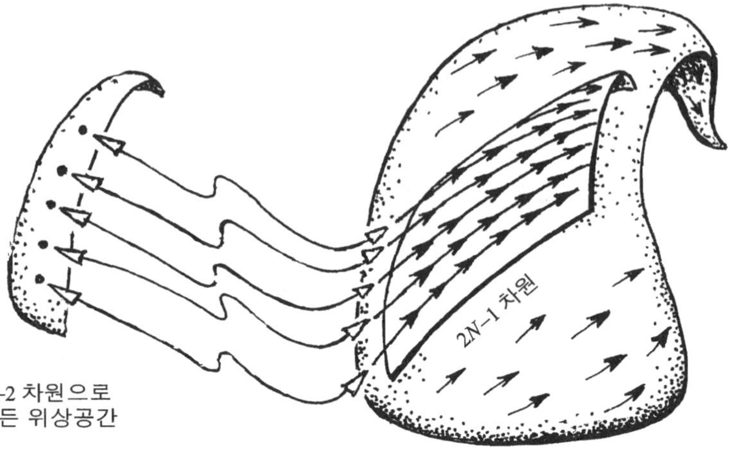

그림 20.8 N 차원 $\mathcal{C}$에 대하여 위상공간 $T^*(\mathcal{C})$는 $2N$ 차원 심플렉틱 다양체를 이룬다. 주어진 에너지 값에 대하여(상수 $\mathcal{H}$, 그림 20.5 참조) $(2N-2)$차원 해밀토니안의 흐름궤적을 포함하는 $(2N-1)$차원 영역이 존재한다. 차원이 줄어든 위상공간(이 안의 점들은 각 궤적을 나타낸다)은 $2(N-1)$차원 심플렉틱 다양체이다.

은 고정된 $\mathcal{H}$ 값에 대하여 $(2N-2)$차원 공간을 이룬다(그림 20.8 참조. $\mathcal{H}$를 고정했기 때문에 차원 하나가 줄어들었고, 1차원 궤적에 의해 또 하나의 차원이 제거되었다). 그런데 놀라운 사실은 이렇게 얻어진 $(2N-2)$-다양체도 여전히 심플렉틱하다는 것이다. 이 과정은 고전역학과 심플렉틱 기하학에 다양한 방법으로 응용될 수 있다.

물론 뉴턴 역학은 그 자체로 아름답고 논리적인 체계이다. 그러나 나중에 알게 되겠지만 뉴턴 역학의 아름다움과 종국의 이론인 듯한 수학적 그림에 현혹되지 않도록 주의해야 한다. 자연은 참으로 희한한 버릇을 가지고 있다. 우리 인간들이 강력하고 우아한 수학을 동원하여 자연을 만족스럽게 서술해 내고서 행복감에 빠져 있으면, 얼마 지나지 않아 우리 이 해방식이 완전히 틀렸음을 넌지시 알려 주는 것이다! 그러나 새로운 이론이 등장하여 구식 이론을 완전히 대치한다 해도, 옛 이론은 절대 사라지지 않고 인류의 자산으로 영원히 남는 법이다.

해밀토니안이 그 대표적인 사례이다. 해밀토니안 역학으로 구현된 고전물리학은 양자역학과 양립할 수 없지만, 우리를 양자역학 세계로 인도한 것은 다름 아닌 해밀토니안이었다. 그뿐만 아니라 해밀토니안의 양자버전은 표준 양자역학 체계의 기초를 이루고 있다. 물론 여기서 말하는 양자역학은 비상대론적 양자역학이다. 아인슈타인의 상대성이론에 입각하여 시간과 공간의 통합을 시도하는 상대론적 양자역학에서는 라그랑지안 체계를 채택해야 자연스러운 도약을 시도할 수 있다. 그런데 어느 곳으로 도약한다는 말인가? 특수상대성이론과 양자역학을 적절하게 결합해야 한다는 필요성이 대두하면서, 우리는 양자장이론의 깊은 수렁 속으로 빨려 들어갔다!

양자역학과 양자장이론은 21～23장과 26장에서 집중적으로 다룰 예정인데, 그전에 약간 기초를 닦아 놓도록 하자. '양자장이론'이라는 용어가 말해 주듯이, 양자역학의 법칙에 이르려면 입자가 아닌 장을 상대로 승부수를 던져야 한다. 따라서 우리는 라그랑지안(또는 해밀토니안)을 이용하여 장을 다루는 방법부터 알아 둘 필요가 있다.

20.5 라그랑지안 체계에서 장을 다루는 방법

지금까지 나는 라그랑지안과 해밀토니안 체계를 설명하면서 유한한 개수의 입자 및 강체로 이루어진 고전적 물리계만을 고려하였다. 이런 계는 '유한한' 자유도를 가지므로, 배위공간 다양체 $\mathcal{M}$과 $\mathcal{M}$의 접번들 $\mathrm{T}(\mathcal{M})$[그리고 여접번들 $\mathrm{T}^*(\mathcal{M})$]도 유한한 차원을 가진 다양체가 된다.

그러나 라그랑지안 체계(그리고 해밀토니안 체계)는 이보다 훨씬 일반적인 속성을 갖는 체계이므로, 입자나 강체뿐만 아니라 물리적인 장에도 적용할 수 있다. 장은 연속적으로 변하는 양이기 때문에 유한한 개수의 매개변수로 규정될 수 없다. 예를 들어, 어떤 영역에서 맥스웰 자유장free field의 배위공간은 무한차원 공간을 이룬다.

무한차원 배위공간에도 라그랑지안(또는 해밀토니안)을 사용할 수 있다. 사실 이것은 고전이론과 양자이론을 전개하는 전형적인 방법이다. 단, 입자가 아닌 장을 다룰 때에는 '범함수미분functional differentiation'이라는 새로운 개념이 등장한다. 그리고 라그랑지안은 유한한 개수의 일반화좌표 $q^1, \cdots, q^N$과 유한한 개수의 일반화속도 $\dot{q}^1, \cdots, \dot{q}^N$의 함수가 아니라, 여러 개의 장 $\Phi, \cdots, \Psi$(개개의 장은 시공간의 함수이며, 텐서나 스피너를 나타내는 지표를 수반할 수 있다)와 이들의 도함수 $\nabla_a\Phi, \cdots, \nabla_a\Psi$의 함수이다(대부분의 경우에 라그랑지안은 장과 1계 도함수에 의존하지만, 고계 도함수에 의존하는 경우도 있다). 또 한 가지 특이한 점은 시간에 대한 미분이 이제 특별한 역할을 하지 않는다는 것이다(고전적 라그랑지안에서는 시간에 대한 미분이 $\dot{q}^r$ 형태로 개입되어 있었다). 그 대신 연산자 ∇_a가 더욱 공평한 역할을 하고 있다. 따라서 전체적인 체계는 상대성이론과 자연스럽게 조화를 이루게 된다.

이런 라그랑지안을 '범함수functional'라고 부른다. 왜냐하면, 우리의 주된 관심은 특별한 변수 값에 대한 라그랑지안의 값이 아니라 라그랑지안의 형태'이기 때문이다. 이렇게 되면 오일러-라그랑주 방정식은 '장에 대한 미분' 항과 '장의 그래디언트에 대한 미분' 항으로 구성되며, 전체적인 계산은 6장에서 설명한 일상적인 미분과 거의 비슷한 형식으로 진행된다. 계산결과를 엄밀하게 검증하려면 수학적으로 미묘한 부분이 개입되어야 하지만, 물리학자들은 이런 문제 때문에 고민하지 않는다. 우리의 주된 관심은 형식적인 법칙을 올바르게 따라가는 것이다.

여기서 범함수로 표현된 라그랑지안 체계를 자세히 설명할 생각은 없다. 다만, '범함수미분'으로 표현된 오일러-라그랑주 방정식은 한 번쯤 구경하고 넘어갈 필요가 있다(범함수미분은 '∂' 대신 'δ'로 표기한다).

$$\nabla_a \frac{\delta \mathcal{L}}{\delta \nabla_a \Phi} = \frac{\delta \mathcal{L}}{\delta \Phi}, \cdots, \nabla_a \frac{\delta \mathcal{L}}{\delta \nabla_a \Psi} = \frac{\delta \mathcal{L}}{\delta \Psi}$$

위에서 말한 대로, 장 $\Phi, \cdots, \Psi$에는 지표(첨자)가 첨부될 수도 있다. 일상적인 미분법칙과 약간의 수학적 상식을 동원하면 범함수미분을 어렵지 않게 수행할 수 있다($\mathcal{L} = \Phi^a \Phi^b \nabla_a \Psi_b$일 때, $\delta\mathcal{L}/\delta\Phi^c = \Phi^b \nabla_c \Psi_b + \Phi^a \nabla_a \Psi_c$, $\delta\mathcal{L}/\delta\nabla_c \Phi^d = 0$, $\delta\mathcal{L}/\delta\Psi_c = 0$, $\delta\mathcal{L}/\delta\nabla_c \Psi_d = \Phi^c \Phi^d$이다).

독자들도 기억하다시피, 작용action이 정적stationary이라는 조건으로부터 오일러-라그랑주 방정식이 유도되었고, 이것이 바로 해밀턴의 원리였다. 작용은 배위공간의 두 점 a, b 사이를 연결하는 곡선을 따라 라그랑지안을 적분한 값이다(그림 20.3 참조). 지금 우리가 다루는 일반적인 상황에서 a, b는 시공간의 어떤 3차원 영역(들)에서 장의 배열상태로 대치되는데, 종종 시공간 속에서 동일한 2차원 공간 $\mathcal{S}$를 공유하는 두 개의 3차원 영역 $\mathcal{A}$, $\mathcal{B}$로 대치된다($\mathcal{S}$는 무한히 클 수도 있다. 그림 20.9 참조). 이것은 나중에 양자장이론의 경로적분을 수행할 때에도 중요한 정보를 제공한다(26.6절 참조). 원한다면 $\mathcal{A}$와 $\mathcal{B}$를 (둘 중 하나의 배향orientation을 뒤집어서)(컴팩트할 수도 있는—12.5절 참조) 4차원 시공간 부피 $\mathcal{D}$의 경계 $\partial\mathcal{D}$로 간주할 수도 있다(그림 20.10 참조). 어떤 경우이건 간에, 해밀턴의 원리는 영역 $\mathcal{D}$에서 라그랑지안의 시공간 적분값이 정적임을

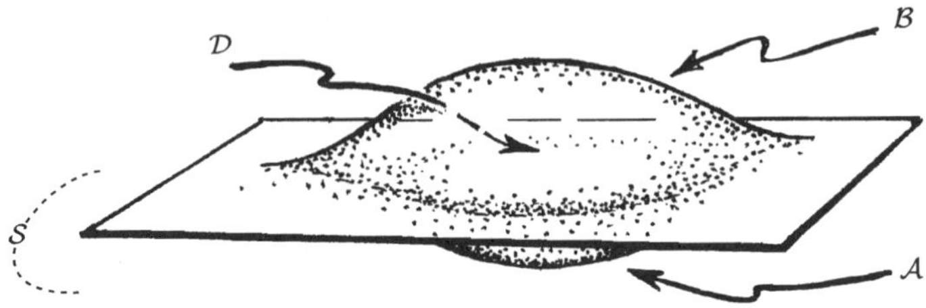

그림 20.9 장 라그랑지안(field Lagrangian)에 대한 해밀턴의 원리. 그림 20.3에서 고정된 두 끝점 a, b는 3차원 시공간의 두 영역 $\mathcal{A}$, $\mathcal{B}$에서 장의 배열상태를 나타낸다[이들은 4차원 영역 $\mathcal{D}$를 에워싸는 거품(氣泡) 모양을 하고 있다]. $\mathcal{A}$와 $\mathcal{B}$를 서로 가까이 접근시키면 유한 2차원 곡면 $\mathcal{S}$가 될 수도 있고(그림에는 표현되어 있지 않다), 이 $\mathcal{S}$는 $\mathcal{D}$의 바깥에서도 $\mathcal{A}$와 $\mathcal{B}$가 일치하는 공간꼴 초곡면을 따라 무한히 퍼져 나갈 수도 있다(그림에는 이 경우가 표현되어 있다).

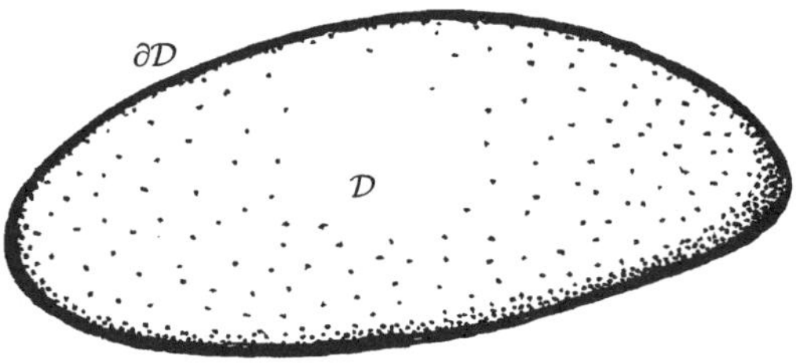

그림 20.10 그림 20.9의 $\mathcal{A}$, $\mathcal{B}$가 하나로 합쳐져서[단, 둘 중 하나의 배향(orientation)이 바뀌어야 한다] 컴팩트한 4차원 시공간 부피 $\mathcal{D}$의 경계인 $\partial\mathcal{D}$를 형성한다고 생각할 수 있다. 해밀턴의 원리(그림 20.3)는 $\int_{\mathcal{D}} \mathcal{L}\boldsymbol{\varepsilon}$에서 $\mathcal{L}\boldsymbol{\varepsilon}$의 값이 정적(stationary)임을 말해주고 있다.

말해주고 있다. 따라서 라그랑지안 $\mathcal{L}$은 시공간의 밀도 spacetime density로 해석될 수 있다. 더 엄밀히 말하자면 4-형식 불변량 $\mathcal{L}\boldsymbol{\varepsilon}$이 불변량이라는 뜻이다. 여기서 $\boldsymbol{\varepsilon}$은 4-형식으로서,[4] $\boldsymbol{\varepsilon} = dx^0 \wedge dx^1 \wedge dx^2 \wedge dx^3 \sqrt{(-\det \mathbf{g}_{ij})}$이다. 그러면 작용적분은 다음과 같이 쓸 수 있다.

$$S = \int_{\mathcal{D}} \mathcal{L} \boldsymbol{\varepsilon}$$

"모든 변수를 변화시켜도 S는 정적이다"라는 사실로부터 장방정식이 얻어지는 셈이다(20.3절의 측지선과 비슷하다). 이것은 모든 장과 그들의 도함수에 대한 $\mathcal{L}$의 변분 도함수variational derivative가 0이라는 것을 의미하며, 이 사실을 간단하게 표현하면 다음과 같다.

$$\delta S = 0$$

S는 26.6절에서 다루게 될 양자장이론의 경로적분에서 중추적인 역할을 한다.

20.6 현대물리학의 라그랑지안

라그랑지안 이론은 해밀토니안 이론과 함께 현대물리학의 기본골격을 형성하면서 다양한 응용사례를 제공하고 있다. 예를 들어, 뇌터 정리 Nöther's theorem에 의하면 일상적인 라그랑지안이 연속(매끈한) 대칭을 가지면 이 대칭성에 대응하는 보존법칙이 존재한다. 특히 라그랑지안이 시간(병진)이동에 대칭이면(즉, 시간이 흘러도 변하지 않으면) 계의 에너지가 보존되고, 공간(병진)이동에 대칭이면(위치가 달라져도 변하지 않으면) 계의 운동량이 보존된다. 또한, 어떤 축을 기준으로 계 전체가 회전해도 라그랑지안이 변하지 않으면 그 축에 대한 계의 각운동량이 보존된다. 일반적으로, 평평한 시공간에서 고립된 물리계는 이와 같은 대칭성을 갖고 있다. 라그랑지안이 일반화된 위치좌표 q_r과 무관한 형태로 표현되도록 좌표계를 설정하면, q_r에 대한 켤레운동량conjugate momentun p_r

$= \partial L/\partial \dot{q}^r$이 보존된다. p_r이 시간에 불변이라는 것은 오일러-라그랑주 방정식으로부터 곧바로 유도되는 결과이다.[20.17]

이 과정은 장의 라그랑지안 범함수로 일반화될 수 있다. 예를 들어, 게이지 불변성이 존재하는 경우에 이에 해당하는 '보존 전하량'을 찾을 수 있다(전자기학의 경우, $\Psi \mapsto e^{i\theta}\Psi$변환에 대한 전자기적 게이지 불변성에 의해 전기전하가 보존된다). 그러나 이런 상황에서는 문제가 복잡하게 꼬이기 시작한다. 예를 들어, 일반상대성이론에 이 아이디어를 그대로 적용해도 에너지-운동량 보존법칙을 찾을 수 없다. $\Psi \mapsto e^{i\theta}\Psi$게이지 대칭의 중력 버전은 '일반적인 좌표변환에 대한 불변성'에 해당되는데(일반상대성이론에서 이 과정은 일련의 텐서 연산으로 이루어진다), 여기에 뇌터 정리를 적용하면 '$0 = 0$'이라는 무의미한 결과가 얻어진다. 그러므로 일반상대성이론의 보존법칙을 이해하려면 기존과 다른 시각으로 접근해야 한다. 물론 뇌터 정리를 다른 분야에 적용하면 매우 유용한 정보를 얻을 수 있다(양자이론에 뇌터 정리를 적용한 사례는 21.1절에서 찾아볼 수 있다). 중력에 뇌터 정리를 적용하기 어려운 이유는, 점근적으로 평평한 시공간에서도 일반상대성이론의 각운동량에 의문점이 남아 있기 때문이다.[5]

아인슈타인의 이론은 라그랑지안으로부터 유도될 수 있다. 이 사실을 처음 증명한 사람은 당대의 뛰어난 수학자였던 다비드 힐베르트David Hilbert였다(1915). 힐베르트의 중력 라그랑지안은 기본적으로 곡률 R을 상수 $-16\pi G$로 나눈 값이지만, 여기에 20.5절의 4-형식 $\boldsymbol{\varepsilon}$을 곱하여 밀도의 형태로 만들어 주어야 한다. 그리고 여기에 물질 라그랑지안matter

[20.17] 그 이유를 설명하라.

Lagrangian $\mathcal{L}$을 더하여 적분하면 총 작용이 얻어진다.

$$S = \int_{\mathcal{D}} \left(\mathcal{L} - \frac{1}{16\pi G} R\right) \boldsymbol{\varepsilon}$$

힐베르트가 위 식을 제안하던 무렵 그는 당대에 유행했던 미 이론 Mie's theory에 깊이 심취해 있었기 때문에, 자신의 중력작용원리가 물질 라그랑지안에만 적용된다고 선언하였다(사실은 자신의 원리를 미 이론에 한정시킨 것이나 다름없다). 아마도 힐베르트는 자신이 구축한 총 라그랑지안이 요즘 말하는 '만물의 이론theory of everything'의 출발점이라고 생각했던 것 같다. 이 모두는 1915년에 일어난 일이었다. 그러나 요즘 들어 미 이론을 기억하는 사람은 거의 없다.

미 이론은 맥스웰 이론을 출발점으로 삼고 있다. 그러나 전자기장에 관한 표준 맥스웰이론의 라그랑지안은 그보다 훨씬 전에 아래와 같은 형태로 알려져 있었다.[6]

$$\mathcal{L}_{\mathrm{EM}} = -\frac{1}{4} F_{ab} F^{ab}$$

이 라그랑지안이 의미를 가지려면 전자기 퍼텐셜 A_a로 표현되어야 한다. 여기에 전하를 띤 장이 개입되면 상호작용 항이 새로 추가되는데, 여기에도 A_a가 포함되어 있다. 그리고 전체적으로는 게이지 불변성을 만족해야 하며, 중력이 개입되면 중력의 게이지 불변성, 즉 좌표 불변성까지 만족되어야 하는데, 이 모든 계산은 텐서를 통해 구현된다(또는 다른 기준계나 스피너 체계를 이용하여 보존성을 표현할 수도 있다).

현대 기초물리학에서 새롭게 제기되는 이론들은 거의 예외 없이 라그랑지안 범함수에서 출발하고 있다. 라그랑지안 체계를 이용하면 여러 가지 이점이 있는데, 특히 보존되는 양과 뉴턴의 제3법칙(한 물체가 다른 물체에 힘을 가하면 다른 물체도 똑같은 힘을 되돌려준다는 법칙 : 두 개의 장이 교환하는 상호작용은 서로 동등하게 일어난다는 뜻으로 해석할 수 있다)을 이론체계 안에 자연스럽게 융화시킬 수 있다(물론, 항상 그런 것은 아니다). 그뿐만 아니라, 이론에 새로운 장이 도입되었을 때 새로운 상호작용 항을 기존 라그랑지안에 더해주기만 하면 총 라그랑지안을 구할 수 있다. 이 밖에도 라그랑지안은 양자역학의 경로적분에서 핵심적인 역할을 하고 있다(26.6절 참조).

그러나 지금까지 언급된 내용은 '기초적인 접근법'에 불과하기 때문에, 내 마음이 그리 후련하지는 않다. 라그랑지안 체계를 임의의 이론에 적용하는 일반적인 방법은 아직 분명하게 구축되지 않았다. 게다가 라그랑지안이 유일하게 결정되지 않는 경우도 있고, 거의 다룰 수 없을 정도로 복잡한 경우도 있다. 특히 라그랑지안이 장에 적용되면 물리적인 이해가 쉽게 떠오르지 않는다. 맥스웰 이론의 라그랑지안 $\frac{1}{4}F_{ab}F^{ab}$조차, 물리적 의미가 분명치 않다(이 양은 3차원 전기장 벡터의 제곱과 자기장 벡터의 제곱의 차이에 $\frac{1}{8}$을 곱한 값과 같다 [12.18]). 그뿐만 아니라, 맥스웰 라그랑지안은 퍼텐셜로 표현되어야 쓸모가 있는데, 퍼텐셜 A_a는 직접 관측되는 양이 아니라는 점도 문제이다. (전자기력과는 달리) 물질이 없는 진공에서 중력의 경우 장방정식이 만족되면 아인슈타인 이론의 라그랑지안은 항등적으로 0이다($R_{ab}-\frac{1}{2}Rg_{ab}=0$이면 $R=0$이기 때문). 여기서도, R은 양으로(보통은 어떤 좌표계 안의 계량 성분으로)표현되지 않으면 라그랑지안으로써 쓸모가 없다. 이 값 역시 직접 관측되는 양이 아니다. 라그

[20.18] 증명해 보라.

랑지안 밀도의 물리적 의미는 대부분 분명하게 알려져 있지 않다. 게다가 서로 다른 라그랑지안들이 동일한 장방정식으로 귀결되는 경우도 많이 있다.

장의 라그랑지안은 수학적으로 매우 유용할 뿐만 아니라, 물리학이론에 수많은 가능성을 부여해 왔다. 그러나 나는 기초물리학 이론을 발전시키려는 시도가 라그랑지안에 너무 의존하는 것이 그다지 반갑지 않다. 그 이유는 26.6절에서 다루게 될 양자장이론과 밀접하게 연관되어 있다. 자세한 내용은 그때 가서 알아보기로 하고, 지금은 이 정도의 설명으로 충분하리라 생각한다.

〈20장 후주〉

20-1절

20.1 (비 뉴턴 물리학 체계에서) 더욱 일반적인 형태의 라그랑지안은 고차미분항을 포함할 수 있으며, $\mathcal{C}$의 '제트번들(jet bundle)'에서 정의된다. 그러나 이 책에서는 따로 설명하지 않았다.

20.2 본문에 소개된 라그랑지안의 일반론은 주어진 물리계가 '홀로노미하다(holonomic)'는 가정하에 진행된 것이다. 비홀로노미(non-holonomic) 물리계에서는 일반화 위치좌표와 관련된 속도좌표가 충분히 많지 않다. 비홀로노미계의 대표적인 사례로는 수평면 위에서 미끄러짐 없이 굴러가는 원형고리를 들 수 있다. 이때 고리와 수평면 사이의 접점을 나타내려면 두 개의 좌표가 필요한데, 이와 관련된 속도는 하나뿐이다.

기초적인 수준에서 물리계를 서술하는 한, 비홀로노미는 등장하지 않는다고 생각할 수도 있다. 굴러가는 원형고리의 경우, '미끄러지지 않는다'는 매우 이상적인 제한조건이다. 여기에 미끄러짐이 조금이라도 허용되면 홀로노미 물리계가 된다.

20.3 여기서는 문제의 단순화를 위해 '시간에 무관한' 라그랑지안을 다루고 있다. 그러나 여기에 또 다른 일반화좌표 $q^0 = t$와 $\dot{q}^0$(이 값은 항상 1이다)을 도입하면 시간에 따라 변하는 라그랑지안을 만들 수 있다.

20–5절

20.4 $\boldsymbol{\varepsilon}$을 정의하는 또 다른 방법은 $\boldsymbol{\varepsilon}$의 성분 ε_{0123}이 오른손 국소 직교좌표계에서 "ε_{0123}이 $=1$을 만족한다"고 설정하는 것이다(19.2절 참조). $\begin{bmatrix}0\\4\end{bmatrix}$-가 텐서 $\boldsymbol{\varepsilon}$은 $\varepsilon_{abcd}\,\varepsilon_{pqrs}\,g^{ap}\,g^{bq}\,g^{cr}\,g^{ds} = -24$를 통해 (부호를 제외하고)결정된다. 또한, $\boldsymbol{\varepsilon}$의 부호를 어떻게 선택하느냐에 따라 시공간 부피의 배향(orientation)이 결정된다.[20.19]

20–6절

20.5 Penrose(1982), Penrose and Rindler(1986), Winicour(1980), Rizzi(1998) 참조.

20.6 Pais(1986), p. 342, 그리고 p. 357의 참고문헌 46, 47, 48 참조.

[20.19] 이 설명이 본문의 내용과 동등하다는 것을 증명하라.

참고문헌

20세기 물리학의 눈부신 발전 못지않게, 정보를 유포하고 수집하는 기술도 장족의 발전을 이루었다. 특히 수학자와 물리학자, 생물학자, 컴퓨터 과학자 등은 자신의 논문을 학술지에 발표하기 전에 온라인 논문창고 arXiv.org에 올려서 거의 실시간으로 피드백을 확인할 수 있다. arXiv.org 덕분에 과학자들은 믿을 수 없을 만큼 빠른 속도로 의견을 교환할 수 있게 되었으며, 연구진행속도도 엄청나게 빨라졌다.

이 참고문헌은 arXiv.org의 정보를 십분 활용할 수 있도록 구성되었다. 논문을 찾는 방법은 아주 간단하다. 먼저 인터넷 브라우저에 www.arxiv.org/를 입력하고 바로 그 뒤에 이어서 해당 참고문헌의 끝에 제공된 코드(괄호 '[ ]' 안에 들어 있는 내용)를 추가로 입력하면 된다. 예를 들어 리 스몰린Lee Smolin의 2003년 논문 '우리는 양자중력이론에서 얼마나 멀리 떨어져 있는가?How far are we from the quantum theory of gravity?'를 찾고 싶다면 www.arxiv.org/hep-th/0303185를 입력하면 된다(참고문헌의 끝에 코드가 없으면 arxiv.org에 없다는 뜻이다).

인터넷을 사용할 수 있으나 대학도서관에서 멀리 떨어져 있는 독자들에게 이 정보는 매우 큰 도움이 될 것이다. 최신 과학논문에 관심이 많다면 arXiv와 친해지기를 적극적으로 권하는 바이다.

Abian, A. (1965). *The theory of sets and transfinite arithmetic*. Saunders, Philadelphia.

Abbott, B. *et al*. (2004). Detector Description and Performance for the First Coincidence Observations between LIGO and GEO. *Nucl. Instrum. Meth.* **A517**, 154–79. [gr-qc/0308043]

Adams, C. C. (2000). *The Knot Book*. Owl Books, New York.

Adams, J. F. and Atiyah, M. F. A. (1966). On K-theory and Hopf invariant. *Quarterly J. Math.* **17**, 31–8.

Adler, S. L. (1995). *Quaternionic Quantum Mechanics and Quantum Fields*. Oxford University Press, New York.

Afriat, A. (1999). The Einstein, Podolsky, and Rosen Paradox. In *Atomic, Nuclear, and Particle Physics*. Plenum Publishing Corp.

Aharonov, Y. and Albert, D. Z. (1981). Can we make sense out of the measurement process in relativistic quantum mechanics? *Phys. Rev.* **D24**, 359–70.

Aharonov, Y. and Anandan, J. (1987). Phase change during a cyclic quantum evolution. *Phys. Rev. Lett.* **58**, 1593–6.

Aharonov, Y. and Bohm, D. J. (1959). Significance of electromagnetic potentials in the quantum theory. *Phys. Rev.* **115**, 485–91.

Aharonov, Y. and Vaidman, L. (1990). Properties of a quantum system during the time interval between two measurements.

Phys. Rev. **A41**, 11.

Aharonov, Y. and Vaidman, L. (2001). The Two-State Vector Formalism of Quantum Mechanics. In *Time in Quantum Mechanics* (ed. J. G. Muga *et al.*). Springer-Verlag.

Aharonov, Y., Bergmann, P., and Lebowitz, J. L. (1964). Time symmetry in the quantum process of measurement. In *Quantum Theory and Measurement* (ed. J. A. Wheeler and W. H. Zurek). Princeton University Press, Princeton, New Jersey, 1983 ; originally in *Phys. Rev.* **134B**, 1410–6.

Ahmavaara, Y. (1965). The structure of space and the formalism of relativistic quantum theory, I. *J. Math. Phys.* **6**, 87–93.

Aitchison, I. and Hey, A. (2004). *Gauge Theories in Particle Physics : A Practical Introduction*, Vols 1 and 2. Institute of Physics Publishing, Bristol.

Albert, D., Aharanov, Y., and D'Amato, S. (1985). Curious New Statistical Prediction of Quantum Mechanics. *Phys. Rev. Lett.* **54**, 5.

Aldiss, B. W. and Penrose, R. (2000). *White Mars*. St Martin's Press, London.

Alpher, Bethe, and Gamow (1948). The Origin of Chemical Elements. *Phys. Rev.* **73**, 803.

Ambjorn, J., Nielsen, J. L., Rolf, J., and Loll, R. (1999). Euclidean and Lorentzian Quantum Gravity : Lessons from Two Dimensions. *Chaos Solitons Fractals* **10** [hep-th/9805108]

Amelino-Camelia, G. and Piran, T. (2001). Planck-scale deformations of Lorentz symmetry as a solution to the UHECR and the TeV-**MATH**-gamma paradoxes. *Phys.*

Rev. **D64**, 036005. [astro-ph/0008107]

Amelino-Camelia, G., *et al.* (1998). Potential Sensitivity of Gamma-Ray Burster Observations to Wave Dispersion in Vacuo. *Nature* **393**, 763–5. [astro-ph/9712103].

Anderson, P. W. (1997). *The Theory of Superconductivity in the High-T_c Cuprate Superconductors*. Princeton University Press, Princeton, New Jersey.

Anguige, K. (1999). Isotropic cosmological singularities 3 : The Cauchy problem for the inhomogeneous conformal Einstein-Vlasov equations. *Annals Phys.* **282**, 395–419.

Antoci, S. (2001). The origin of the electromagnetic interaction in Einstein's unified field theory with sources. [gr-qc/018052]

Anton, H. and Busby, R. C. (2003). *Contemporary Linear Algebra*. John Wiley & Sons, Hoboken, NJ.

Apostol, T. M. (1976). *Introduction to Analytic Number Theory*. Springer-Verlag, New York.

Arfken, G. and Weber, H. (2000). *Mathematical Methods for Physicists*. Harcourt/Academic Press.

Arndt, M. *et al.* (1999). Wave-particle duality of C_{60} molecules. *Nature* **401**, 680.

Arnol'd, V. I. (1978). *Mathematical Methods of Classical Mechanics*. Springer-Verlag, New York.

Arnowitt, R., Deser, S., and Misner, C. W. (1962). In *Gravitation : An Introduction to Current Research* (ed. L. Witten). John Wiley & Sons, Inc. New York.

Ashtekar, A. (1986). New variables for classical and quantum gravity. *Phys. Rev. Lett.* **57**, 2244–7.

Ashtekar, A. (1987). New Hamiltonian formulation of general

relativity. *Phys. Rev.* **D36**, 1587–1602.

Ashtekar, A. (1991). *Lectures on Non-Perturbative Canonical Gravity* (Appendix). World Scientific, Singapore.

Ashtekar, A. and Das, S. (2000). Asymptotically anti–de Sitter space–times : Conserved quantities. *Classical and Quantum Gravity* **17**, L17–L30.

Ashtekar, A. and Lewandowski, J. (2001). Relation between polymer and Fock excitations. *Class. Quant. Grav.* **18**, L117–L127.

Ashtekar, A. and Lewandowski, J. (2004). Background Independent Quantum Gravity : A Status Report. [gr-qc/0404018].

Ashtekar, A. and Magnon, A. (1980). A geometric approach to external potential problems in quantum field theory. *General Relativity and Gravity*, vol 12, 205–223.

Ashtekar, A. and Schilling, T. A. (1998). In *On Einstein's Path* (ed. A.Harvey). Springer-Verlag, Berlin.

Ashtekar, A., and Lewandowski, J. (1994). Representation theory of analytic holonomy algebras. In *Knots and Quantum Gravity* (ed J. C. Baez Oxford University Press, Oxford.)

Ashtekar, A., Baez, J. C., and Krasnov, K. (2000). Quantum geometry of isolated horizons and black hole entropy. *Adv. Theo. Math. Phys.* **4**, 1–95.

Ashtekar, A., Baez, J. C., Corichi, A., and Krasnov, K. (1998). Quantum geometry and black hole entropy. (1998). *Phys. Rev. Lett.* **80**, 904–07.

Ashtekar, A., Bojowald, M., Lewandowski, J. (2003). Mathematical structure of loop quantum cosmology. *Adv. Theor.*

Math. Phys. **7**, 233–68.

Atiyah, M. F. (1990). *The Geometry and Physics of Knots*. Cambridge University Press, Cambridge.

Atiyah, M. F. and Singer, I. M. (1963). The Index of Elliptic Operators on Compact Manifolds. *Bull. Amer. Math. Soc.* **69**, 322–433.

Atiyah, M. F., Hitchin, N. J., and Singer, I. M. (1978). Self-duality in fourdimensional Riemannian geometry. *Proc. Roy. Soc. Lond.* **A362**, 425–61.

Baez, J. C. (1998). Spin foam models. *Class. Quant. Grav.* **15**, 1827–58.

Baez, J. C. (2000). An introduction to spin foam models of quantum gravity and BF theory. *Lect. Notes Phys.* **543**, 25–94

Baez, J. C. (2001). Higher-dimensional algebra and Planck-scale physics. In *Physics Meets Philosophy at the Planck Scale* (ed. C. Callender and N. Huggett). Cambridge University Press, Cambridge. [gr-qc/9902017].

Baez, J. C. and Dolan, D. (1998). Categorification. In *Higher Category Theory* (ed. E. Getzler and M. Kapranov). Contemporary Mathematics vol. 230. AMS, Providence. RI. [http://xxx.lanl.gov/abs/math.QA/9802029]도 참고

Bahcall, N., Ostriker, J. P., Perlmutter, S., and Steinhardt., P. J. (1999). The Cosmic Triangle: Revealing the State of the Universe. *Science* **284** [astro-ph/9906463].

Bailey, T. N. and Baston, R. J. (ed.) (1990). *Twistors in Mathematics and Physics*. LMS Lecture Note Series 156. Cambridge University Press, Cambridge.

Bailey, T. N., Ehrenpreis, L. and Wells, R. O., Jr. (1982). Weak solutions of the massless field equations. *Proc. Roy. Soc. Lond.* **A384**, 403–25.

Banchoff, T. (1990, 1996). *Beyond the Third Dimension*: Scientific American Library. http://www.faculty.fairfield.edu/jmac/cl/tb4d.htm도 참고

Bar, I. (2000). Survey of Two-Time Physics. [hep-th/0008164]

Barbour, J. B. (1989). *Absolute or Relative Motion*, Vol. I: *The Discovery of Dynamics*. Cambridge University Press, Cambridge.

Barbour, J. B. (1992). *Time and the interpretation of quantum gravity*. Syracuse University Preprint.

Barbour, J. B. (2001a). *The Discovery of Dynamics: A Study from a Machian Point of View of the Discovery and the Structure of Dynamical Theories*. Oxford University Press, Oxford.

Barbour, J. B. (2001b). *The End of Time*. Oxford University Press, Oxford.

Barbour, J. B. (2004). *Absolute or Relative Motion: The Deep Structure of General Relativity*. Oxford University Press, Oxford.

Barbour, J. B., Foster, B., and O Murchadha, N. (2002). Relativity without relativity. *Class. Quant. Grav.* **19**, 3217–48. [gr-qc/0012089]

Barrett, J. W. and Crane, L. (1998). Relativistic spin networks and quantum gravity. *J. Math. Phys.* **39**, 3296–302.

Barrett, J. W. and Crane, L. (2000). A Lorentzian signature model for quantum general relativity. *Class. Quant. Grav.* **17**, 3101–18.

Barrow, J. D. and Tipler, F. J. (1988). *The Anthropic Cosmological Principle*. Oxford University Press, Oxford.

Baston, R. J. and Eastwood, M. G. (1989). *The Penrose transform : its interaction with representation theory*. Oxford University Press, Oxford.

Bateman, H. (1904). The solution of partial differential equations by means of definite integrals. *Proc. Lond. Math. Soc.* (2) **1**, 451–8.

Bateman, H. (1944). *Partial Differential Equations of Mathematical Physics*. Dover, New York.

Becker, R. (1982). *Electromagnetic Fields and Interactions*. Dover, New York.

Begelman, M. C., Blandford, R. D., and Rees, M. J. (1984). Theory of extragalactic radio sources. *Rev. Mod. Phys.* **56**, 255.

Bekenstein, J. (1972). Black holes and the second law. *Lett. Nuovo. Cim.*, **4**, 737–40.

Belinskii, V. A., Khalatnikov, I. M., and Lifshitz, E. M. (1970). Oscilliatory approach to a singular point in the relativistic cosmology. *Usp. Fiz. Nauk* **102**, 463–500. (영문 번역은 *Adv. in Phys.* **19**, 525–73.)

Bell, J. S. (1987). *Speakable and Unspeakable in Quantum Mechanics*. Cambridge University Press, Cambridge.

Beltrami, E. (1868). Essay on the interpretation of non-Euclidean geometry. Translated in Stillwell, J. C. (1996). Sources of Hyperbolic Geometry. *Hist. Math.,* **10**, AMS Publications.

Bennett, C.L. et al. (2003). First Year Wilkinson Microwave

Anisotropy Probe (WMAP) Observations : Preliminary Maps and Basic Results. *Astrophys. J. Suppl*. 148, 1. [astro–ph/0302207]

Bergmann, P. G. (1956). *Helv. Phys. Acta Suppl.* **4**, 79.

Bergmann, P. G. (1957). Two-component spinors in general relativity. *Phys. Rev.* **107**, 624–9.

Bern, Z. (2002). Perturbative Quantum Gravity and its relation to Gauge Theory. *Living Rev. Relativity,* **5**. [www.livingreviews.org/Articles/Volume5/2002–5bern/index.html]

Berry, M. V. (1984). Quantal phase factors accompanying adiabatic changes. *Proc. Roy. Soc. Lond.* **A392**, 45–57.

Berry, M. V. (1985). Classical adiabatic angles and quantal adiabatic phase. *J. Phys. A. Math. Gen.* **18**, 15–27.

Berry, M. V. and Keating, J. P. (1999). The Riemann Zeros and Eigenvalue Asymptotics. *SIAM Review* **41**, No. 2, 236–266.

Berry, M. V. and Robbins, J.M. (1997). Indistinguishability for quantum particles : spin, statistics and the geometric phase. *Proc. R. Soc. Lond*. **A453**, 1771–1790.

Biedenharn, L. C. and Louck, J. D. (1981). *Angular Momentum in Quantum Physics*. Addison-Wesley, London.

Bilaniuk, O.-M. and Sudarshan, G. (1969). Particle beyond the light barrier. *Phys. Today* **22**, 43–51.

Birrell, N. D. and Davies, P. C. W. (1984). *Quantum Fields in Curved Space*. Cambridge University Press, Cambridge.

Bjorken, J. D. and Drell, S. D. (1965). *Relativistic Quantum Mechanics*. McGraw Hill, New York & London.

Blanchard, A., Douspis,M., Rowan-Robinson,M., and Sarkar, S. (2003). An alternative to the cosmological 'concordancemodel'. *Astron. Astrophys.* **412**, 35–44.

Blanford, R. D. and Znajek, R. L. (1977). Electromagnetic Extraction of Energy from Kerr Black Holes. *Monthly Notices of the Royal Astronomical Society* **179**, 433.

Bohm, D. (1951). *Quantum Theory* (Prentice?Hall, Englewood–Cliffs.) Ch. 22, sect. 15–19. The Paradox of Einstein, Rosen and Podolsky, in *Quantum Theory and Measurement* (ed. J. A. Wheeler and W.H. Zurek) Princeton Univ. Press, Princeton, New Jersey, 1983. 으로 재출간됨

Bohm, D. and Hiley, B. (1994). *The Undivided Universe*. Routledge, London.

Bojowald, M. (2001). Absence of singularity in loop quantum cosmology. *Phys. Rev. Lett.* **86**, 5227–230.

Bondi, H. (1957). Negative mass in general relativity. *Rev. Mod. Phys.* **29**, 423–8 ; also in *Math. Rev.* **19**, 814.

Bondi, H. (1960). Gravitational waves in general relativity. *Nature* (London) **186**, 535.

Bondi, H. (1961). *Cosmology*. Cambridge University Press, Cambridge.

Bondi, H. (1964). *Relativity and Common Sense*. Heinemann, London.

Bondi, H. (1967). *Assumption and Myth in Physical Theory*. Cambridge University Press, Cambridge.

Bondi, H. and Gold, T. (1948). The Steady-State Theory of the Expanding Universe. *Mon. Not. Roy. Astron. Soc.* **108**, 252–70.

Bondi, H., van der Burg, M. G. J., and Metzner, A. W. K. (1962). Gravitational waves in general relativity, VII. Waves from axisymmetric isolated systems. *Proc. Roy. Soc. Lond.* **A269**, 21–52.

Bonnor, W. B. and Rotenberg, M. A. (1966). Gravitational waves from isolated sources. *Proc. Roy. Soc. Lond.* **A289**, 247–74.

Borner, G. (2003). *The Early Universe*. Springer - Verlag.

Bouchet, F. R., Peter, P., Riazuelo, A. and Sakellariadou, M. (2000). Evidence against or for topological defects in the BOOMERanG data? *Phys. Rev.* **D65**(2002), 021301. [astro - ph/0005022]

Boyer, C. B. (1968). *A History of Mathematics, 2nd. ed*. John Wiley & Sons, New York.

Braginsky, V. (1977). The Detection of Gravitational Waves and Quantum Non - Distributive Measurements. In *Topics in Theoretical and Experimental Gravitation Physics* (ed. V. De Sabbata and J. Weber), pp. 105–22. Plenum Press, New York.

Bramson, B.D. (1975). The alignment of frames of reference at null infinity for asymptotically flat Einstein–Maxwell manifolds. *Proc. R. Soc. London, Ser* A **341**, 451–461.

Brandhuber, A., Spence, B., and Travaglini, G. (2004). One–Loop Gauge Theory Amplitudes in N = 4 Super Yang Mills from MHV Vertices. [hep–th/0407214].

Brauer, R. and Weyl, H. (1935). Spinors in n dimensions. *Am. J. Math.* **57**, 425–49.

Brekke, L. and Freund, P. G. O. (1993). *p - adic numbers in physics*. North - Holland, Amsterdam.

Bremermann, H. (1965). *Distributions, Complex Variables and Fourier Transforms*. Addison Wesley, Reading, Massachuse-tts.

Brody, D. C. and Hughston, L. P. (1998a). Geometric models for quantum statistical inference. In *The Geometric Universe ; Science, Geometry, and the Work of Roger Penrose* (ed. S. A. Huggett, L. J. Mason, K. P. Tod, S. T. Tsou, and N. M. J. Woodhouse). Oxford University Press, Oxford.

Brody, D. C. and Hughston, L. P. (1998b). The quantum canonical ensemble. *J. Math. Phys.* **39**(**12**), 6502–8.

Brody, D. C., and Hughston, L. P. (2001). Geometric Quantum Mechanics, *J. Geom. and Phys.* **38**(**1**), 19–53.

Brown, J. W. and Churchill, R. V. (2004). *Complex Variables and Applications*. McGraw-Hill, New York & London.

Bryant, R. L., Chern, S. -S., Gardner, R. B., Goldschmidt, H. L., and Griffiths, P. A. (1991). *Exterior Differential Systems*. MSRI Publications, 18. Springer-Verlag, New York.

Bucher, M., Goldhaber, A., and Turok, N. (1995).Anopen Universe from Inflation. *Phys. Rev.* **D**52. [hep-ph/9411206]

Buckley, P. and Peat, F. D. (1996). *Glimpsing Reality*. University of Toronto Press, Toronto.

Budinich, P. and Trautman, A. (1988). *The Spinorial Chessboard*. Trieste Notes in Physics. Springer-Verlag, Berlin.

Burbidge, G. R., Burbidge, E. M., Fowler, W. A., and Hoyle, F. (1957). Synthesis of the Elements in Stars. *Revs. Mod. Phys.* **29**, 547–650.

Burkert, W. (1972). *Lore and Science in Ancient Pythagoreanism*. Harvard University Press, Harvard.

Burkill, J. C. (1962). *A First Course in Mathematical Analysis*. Cambridge University Press, Cambridge.

Byerly, W. E. (2003). *An Elementary Treatise on Fourier's Series* and Spherical, Cylindrical, and Ellipsoidal Harmonics, with Applications to Problems in Mathematical Physics. Dover, New York.

Cachazo, F., Svrcek, P., and Witten, E. (2004a). MHV Vertices and Tree Amplitudes in Gauge Theory. [hep-th/0403047]

Cachazo, F., Svrcek, P., and Witten, E. (2004b). Twistor Space Structure of One–Loop Amplitudes In Gauge Theory. [hep–th/0406177].

Cachazo, F., Svrcek, P., and Witten, E. (2004c). Gauge Theory Amplitudes In Twistor Space and Holomorphic Anomaly. [hep–th/0409245].

Candelas, P., de la Ossa, X. C., Green, P. S., and Parkes, L. (1991). A pair of Calabi-Yau manifolds as an exactly soluble superconformal theory. *Nucl. Phys.* **B359**, 21.

Cartan, E. (1923). Sur les varietes a connexion affine et la theorie de la relativite generalisee I. *Ann. Ecole Norn. Sup*. **40**, 325–412.

Cartan, E. (1924). Sur les varietes a connexion affine et la theorie de la relativite generalisee (suite). *Ann. École Norn. Sup*. **41**, 1–45.

Cartan, E. (1925). Sur les varietes a connexion affine et la theorie de la relativite generalisee II. *Ann. Ecole Norn. Sup*. **42**, 17–88.

Cartan, É. (1945). *Les Systèmes Différentiels Exterieurs et leurs Applications Géométriques*. Hermann, Paris.

Cartan, É. (1966). *The Theory of Spinors*. Hermann, Paris.

Carter, B. (1962). Cambridge Ph.D. Thesis.

Carter, B. (1966). Complete Analytic Extension of the Symmetry

Axis of Kerr's Solution of Einstein's Equations. *Phys. Rev.* **141**, 4.

Carter, B. (1971). Axisymmetric Black Hole Has Only Two Degrees of Freedom. *Phys. Rev. Lett.*, **26**, 331–2.

Carter, B. (1974). Large Number Coincidences and the Anthropic Principle. In *Confrontation of Cosmological Theory with Astronomical Data* (ed. M. S. Longair), pp. 291–8. Reidel, Dordrecht. (Reprinted in Leslie 1990.)

Cercignani, C. (1999). *Ludwig Boltzmann : The Man Who Trusted Atoms*. Oxford University Press, Oxford.

Chan, H-M. and Tsou, S. T. (1993). *Some Elementary Gauge Theory Concepts*. World Scientific Lecture Notes in Physics, Vol. 47. London.

Chan, H-M. and Tsou, S. T. (2002). Fermion Generations and Mixing from Dualized Standard Model. *Acta Physica Polonica B* **12**.

Chandrasekhar, S. (1981). The maximum mass of ideal white dwarfs. *Astrophys. J.,* **74**, 81–2.

Chandrasekhar, S. (1983). *The Mathematical Theory of Black Holes*. Clarendon Press, Oxford.

Chari, V. and Pressley, A. (1994). *A Guide to Quantum Groups*. Cambridge University Press, Cambridge.

Chen, W. W. L. (2002). *Linear Functional Analysis*. [http://www.maths.mq.edu.au/~wchen/lnlfafolder/lnlfa.html]에서 열람 가능

Cheng, K. S. and Wang, J. (1999). The formation and merger of compact objects in central engine of active galactic nuclei and quasars : gamma-ray burst and gravitational radiation.

Astrophys., J. **521**, 502.

Chern, S. S. (1979). *Complex Manifolds Without Potential Theory*. Springer-Verlag, New York.

Chernoff, P. R. and Marsden, J. E. (1974). *Properties of infinite Hamiltonian systems*. Lecture Notes in Mathematics, vol. 425. Springer-Verlag, Berlin.

Chevalley, C. (1946). *Theory of Lie Groups*. Princeton University Press, Princeton.

Chevalley, C. (1954). *The Algebraic Theory of Spinors*. Columbia University Press, New York.

Chew, G. F. (1962). *S-Matrix Theory of Strong Interactions*. Pearson Benjamin Cummings.

Choquet-Bruhat, Y. and DeWitt-Morette, C. (2000). *Analysis, Manifolds, and Physics*. Parts I and II. North-Holland, Amsterdam.

Christenson, J.H., Cronin, J.W., Fitch, V.L. and Turlay, R. (1964). Evidence for the 2p decay of the K0 meson, *Phys. Rev. Lett*. **13**, 138–140.

Christian, J. (1995). Definite events in Newton–Cartan quantum gravity. Oxford preprint, submitted to *Phys. Rev. D*.

Church, A. (1936). *The calculi of lambda–conversion*. Annals of Mathematics Studies, No. 6. Princeton University Press, Princeton, NJ.

Claudel, C. M. and Newman, K. P. (1998). Isotropic Cosmological Singularities I. Polytropic Perfect Fluid Spacetimes. *Proc. R. Soc. Lond*. 454, 1073–1107.

Clauser, J. F., Horne, M. A., Shimony, A., and Holt, R. A. (1969). Proposed experiment to test local hidden-variable theories.

Phys. Rev. Lett. **23**, 880.

Clifford, W. K. (1873). Preliminary Sketch of Biquaternions. *Proc. London Math. Soc.* **4**, 381–95.

Clifford, W. K. (1878). Applications of Grassmann's extensive algebra. *Am. J. Math.* **1**, 350–8.

Clifford, W. K. (1882). Mathematical papers by William Kingdon Clifford. (ed. R. Tucker.) London.

Cohen, P. J. (1966). *Set Theory and the Continuum Hypothesis*. W. A. Benjamin, New York.

Collins, P. D. B. (1977). *An Introduction to Regge Theory and High Energy Physics*. Cambridge University Press, Cambridge.

Colombeau, J. F. (1983). A multiplication of distributions. *J. Math. Anal. Appl.* **94**, 96–115.

Colombeau, J. F. (1985). *Elementary Introduction to New Generalized Functions*. North Holland, Amsterdam.

Connes, A. (1990). Essay on physics and non-commutative geometry. In *The Interface of Mathematics and Particle Physics* (ed. D. G. Quillen, G. B. Segal, and Tsou S. T.). Clarendon Press, Oxford.

Connes, A (1998). Noncommutative differential geometry and the structure of space-time. In *The Geometric Universe ; Science, Geometry, and the Work of Roger Penrose* (ed. S. A. Huggett, L. J. Mason, K. P. Tod, S. T. Tsou, and N. M. J. Woodhouse). Oxford University Press, Oxford.

Connes, A. and Berberian, S. K. (1995). *Noncommutative Geometry*. Academic Press.

Connes, A. and Kreimer, D. (1998). Hopf Algebras, Renormalization and Noncommutative Geometry. [hep - th/9808042]

Conway, J. H. (1976). *On Numbers and Games*. Academic Press, London.

Conway, J. H., and Norton, S. P. (1979). Monstrous Moonshine. *Bull. Lond. Math. Soc.* **11**, 308–39.

Conway, J. H. and Smith, D. A. (2003). *On Quaternions and Octonions*. A. K. Peters.

Conway, J. and Kochen, S. (2002). The geometry of the quantum paradoxes. In *Quantum [Un] speakables : From Bell to Quantum Information* (Eds. R.A.Bertlmann and A.Zeilinger) Springer–Verlag, Berlin.

Corson, E.M. (1953). *Introduction to Tensors, Spinors, and Relativistic Wave equations*. Blackie and Son Ltd., London.

Costa de Beauregard, O. (1995). Macroscopic retrocausation. *Found. Phy. Lett.* **8(3)**, 287–91.

Cotes, R. (1714). Logo Metria. *Phil. Trans. Roy. Soc. Lond*. (March).

Cox, D. A. and Katz, S. (1999). *Mirror symmetry and algebraic geometry*. Mathematical Surveys and Monographs 68. American Mathematical Society, Providence, RI.

Cramer. J. G. (1988). An overview of the transactional interpretation of quantum mechanics. *Int. J. Theor. Phys.* **27(2)**, 227–36.

Crowe, M. J. (1967). *A History of Vector Analysis : The Evolution of the Idea of a Vectorial System*. University of Notre Dame Press, Toronto. (Reprinted with additions and corrections by Dover, New York, 1985.)

Cvitanović, P. and Kennedy, A. D. (1982). Spinors in negative dimensions. *Phys. Scripta* **26**, 5–14.

Das, A. and Ferbel. T. (2004). *Introduction to Nuclear and Particle Physics*. World Scientific Publishing Company, Singapore.

Davenport, H. (1952). *The Higher Arithmetic : An Introduction to the Theory of Numbers*. Hutchinson' s University Library, London.

Davies, P. (2003). *How to Build a Time Machine*. Penguin, USA.

Davis, M. (1978). What is a Computation? In *Mathematics Today : Twelve Informal Essays* (ed. L. A. Steen). Springer-Verlag, New York.

Davis, M. (1988). Mathematical logic and the origin of modern computers. In *The Universal Turing Machine : A Half-Century Survey* (ed. R. Herken). Kammerer and Unverzagt, Hamburg.

Davies, M. (1997). *Europe : A History* (Oxford University Press, Oxford), pp. 89–94.

Davydov, A. S. (1976). *Quantum Mechanics*. Pergamon Press, Oxford.

de Bernardis, P. *et al*. (2000). A Flat Universe from High-Resolution Maps of the Cosmic Microwave Background Radiation. *Nature* **404**, 955–9.

Delduc, F., Galperin, A., Howe, P., and Sokatchev, E. (1993). A twistor formulation of the heterotic D = 10 superstring with manifest (8,0) worldsheet supersymmetry. *Phys. Rev.* **D47**, 578–93. [hep-th/9207050]

Derbyshire, J. (2003). *Prime Obsession : Bernhard Riemann and the Greatest Unsolved Problem in Mathematics*. Joseph Henry Press, Washington, DC.

Deser, S. (1999). Nonrenormalizability of D = 11 supergravity. [hep - th/9905017]

Deser, S. (2000). Infinities in quantum gravities. *Annalen Phys.* **9**, 299–307. [gr - qc/9911073]

Deser, S. and Teitelboim, C. (1977). Supergravity Has Positive Energy. *Phys. Rev. Lett.* **39**, 248–52.

Deser, S. and Zumino, B. (1976). Consistent supergravity. *Phys. Lett.* **62B**, 335–7. de Sitter, W. (1913). *Phys. Zeitz.,* **14**, 429. (in German).

Deutsch, D. (2000). *The Fabric of Reality*. Penguin, London.

Devlin, K. (1988). *Mathematics : The New Golden Age*. Penguin Books, London.

Devlin, K. (2002). *The Millennium Problems : The Seven Greatest Unsolved Mathematical Puzzles of Our Time*. Basic Books, London/Perseus Books, New York.

DeWitt, B.S. (1967). Quantum Theory of Gravity. I. The Canonical Theory. *Phys. Rev.* **160**, 1113.

DeWitt, B. S. (1984). *Supermanifolds*. Cambridge University Press, Cambridge.

DeWitt, B. S. and Graham, R. D. (ed). (1973). *The Many - Worlds Interpretation of Quantum Mechanics*. Princeton University Press, Princeton.

Diósi, L. (1984). Gravitation and quantum mechanical localization of macroobjects. *Phys. Lett.* **105A**, 199–202.

Diósi, L. (1989). Models for universal reduction of macroscopic quantum fluctuations. *Phys. Rev.* **A40**, 1165–74.

Dicke, R. H. (1961). Dirac's Cosmology and Mach's Principle. *Nature* **192**, 440–1.

Dicke, R. H. (1981). Interaction - free quantum measurements : A paradox? *Am. J. Phys.* **49**, 925.

Dicke, R. H., Peebles, P. J. E., Roll, P. G., and Wilkinson, D. T. (1965). Cosmic Black - Body Radiation. *Astrophys. J.* **142**, 414–19.

Dine, M. (2000). Some reflections on Moduli, their Stabilization and Cosmology. [hep - th/0001157]

Dirac, P. A. M. (1928). The quantum theory of the electron. *Proc. Roy. Soc. Lond.* **A117**, 610–24 ; 같은 책, part II, **A118**, 351–61.

Dirac, P. A. M. (1932). *Proc. Roy. Soc.* **A136**, 453.

Dirac, P. A. M. (1933). The Lagrangian in Quantum Mechanics. *Physicalische Zeitschrift der Sowjetunion*, Band 3, Heft 1.

Dirac, P.A.M. (1936). Relativistic Wave Equations. *Proc. Roy. Soc. London* **A155**, 447–59.

Dirac, P. A. M. (1937). The Cosmological Constants. *Nature* **139**, 323.

Dirac, P. A. M. (1938). A new basis for cosmology. *Proc. R. Soc. Lond.* **A165**, 199.

Dirac, P. A. M. (1950). Generalized Hamiltonian dynamics. *Can. J. Math.* **2**, 129.

Dirac, P. A. M. (1964). *Lectures on Quantum Mechanics*. Yeshiva University, New York.

Dirac, P. A. M. (1966). *Lectures in Quantum Field Theory*. Academic Press, New York.

Dirac, P. A. M. (1982a). *The Principles of Quantum Mechanics*

4th edn. Clarendon Press, Oxford.

Dirac, P. A. M. (1982b). Pretty mathematics. *Int. J. Theor. Phys.* **21**, 603–5.

Dirac, P. A. M. (1983). The Origin of Quantum Field Theory. In *The Birth of Particle Physics* (ed. Brown and Hoddeson). Cambridge University Press, New York.

Dixon, G. (1994). *Division Algebras, Quaternions, Complex Numbers and the Algebraic Design of Physics*. Kluwer Academic Publishers, Boston.

Dodelson, S. (2003). *Modern Cosmology*. Academic Press, London.

Dolan, L. (1996). Superstring twisted conformal field theory : Moonshine, the Monster, and related topics. (South Hadley, MA, 1994). *Contemp. Math.* **193**, 9–24.

Donaldson, S. K. and Kronheimer, P. B. (1990). *The Geometry of Four - Manifolds*. Oxford University Press, Oxford.

Domagala, M. and Lewandowski, J. (2004). Black hole entropy from Quantum Geometry. [gr–qc/0407041].

Douady, A. and Hubbard, J. (1985). On the dynamics of polynomial - like mappings. *Ann. Sci. Ecole Norm. Sup.* **18**, 287–343.

Dowker, F. and Kent, A. (1996). On the consistent histories approach to quantum mechanics. *J. Stat. Phys.* **82**. [gr - qc/ 9412067]

Drake, S. (1957). *Discoveries and Opinions of Galileo*. Doubleday, New York.

Drake, S. (trans.) (1953). *Galileo Galilei : Dialogue Concerning the Two Chief World Systems—Ptolemaic and Copernican.*

University of California, Berkeley.

Dray, T. and Manogue, C. A. (1999). The Exceptional Jordan Eigenvalue Problem. *Int. J. Theor. Phys.* **38**, 2901–16, [math - ph/99110004].

Dreyer, O., Markopoulou, F., and Smolin, L. (2004). Symmetry and entropy of black hole horizons. [hep–th/0409056].

Duffin, R. J. (1938). On the characteristic matrices of covariant systems. *Phys. Rev.* **54**, 1114.

Dunajski, M. (2002). Anti - self - dual four - manifolds with a parallel real spinor. *R. Soc. Lond. Proc. Ser. A Math. Phys. Eng. Sci.* **458(2021)**, 1205–22.

du Sautoy, M. (2004). *The Music of the Primes*. Perennial, New York.

Dunham, W. (1999). *Euler : The Master of Us All*. Math. Assoc. Amer., Washington, DC.

Dyson, F. J. (1966). *Symmetry groups in nuclear and particle physics : a lecture - note and reprint volume*. W. A. Benjamin, New York.

Eastwood, M.G., Penrose, R., and Wells, R.O., Jr. (1981). Cohomology and massless fields. *Comm. Math. Phys.* **78**, 305 –51.

Eddington, A. S. (1929a). *The Nature of the Physical World*. Cambridge University Press, Cambridge.

Eddington, A. S. (1929b). A Symmetrical Treatment of the Wave Equation. Proc. *R. Soc. Lond.* **A121**, 524–42.

Eddington, A. S. (1946). *Fundamental Theory*. Cambridge University Press, Cambridge.

Eden, R. J., Landshoff, P. V., Olive, D. I., and Polkinghorne, J.

C. (2002). *The Analytic S−Matrix*. Cambridge University Press.

Edwards, C.H. and Penney, D.E. (2002). *Calculus with Analytic Geometry*. Prentice Hall ; 6th edition.

Ehrenberg, W. and Siday, R. E. (1949). The refractive index in electron optics and the principles of dynamics. *Proc. Phys. Soc.* **LXIIB**, 8−21.

Ehrenfest, P. and Ehrenfest, T. (1959). *The Conceptual Foundations of the Statistical Approach in Mechanics*. Cornell University Press, Ithaca, NY.

Eilenberg, S. and Mac Lane, S. (1945). General theory of natural equivalences. *Trans. Am. Math. Soc.* **58**, 231−94.

Einstein, A. (1917). Kosmologische Betrachtungen zur allgemeinen Relativitatstheorie, *Sitzungsberichte der Preussischen Akademie der Wissenschaften*, 142−152.

Einstein, A. (1925). *S. B. Preuss. Akad. Wiss.* **22**, 414.

Einstein, A. (1945). A generalization of the relativistic theory of gravitation. *Ann. Math.* **46**, 578.

Einstein, A. (1948). A generalized theory of graritation. *Rev. Mod. Phys.* **20**, 35.

Einstein, A. (1955). Relativistic theory of the non - symmetric field. In Appendix II : *The Meaning of Relativity*, 5th ed., pp. 133−66. Princeton University Press, Princeton, NJ.

Einstein, A. and Kaufman, B. (1955). A new form of the general relativistic field equations. *Ann. Math.* **62**, 128.

Einstein, A. and Straus, E. G. (1946). A generalization of the relativistic theory of gravitation II. *Ann. Math.* **47**, 731.

Einstein, A., Podolsky, P., and Rosen, N. (1935). Can quantum

-mechanical description of physical reality be considered complete? In *Quantum Theory and Measurement* (ed. J. A. Wheeler and W. H. Zurek). Princeton University Press, Princeton, New Jersey, 1983 ; originally in *Phys. Rev.* **47**, 777 −80.

Elitzur, A. C. and Vaidman, L. (1993). Quantum mechanical interaction-free measurements. *Found. Phys.* **23**, 987−97.

Elliott, J. P., and Dawber, P. G. (1984). *Symmetry in Physics*, Vol. 1. Macmillan, London.

Ellis, J., Mavromatos, N. E., and Nanopoulos, D. V. (1997a). Vacuum fluctuations and decoherence in mesoscopic and microscopic systems. In *Symposium on Flavour-Changing Neutral Currents : Present and Future Studies*. UCLA.

Ellis, J., Mavromatos, N. E., and Nanopoulos, D. V. (1997b). Quantum decoherence in a D-foam background. *Mod. Phys. Lett.* **A12**, 2029−36.

Engelking, E. (1968). *Outline of General Topology*. North-Holland & PWN, Amsterdam.

Euler, L. (1748). Introductio in Analysis Infinitorum.

Everett, H. (1957). 'Relative State' formulation of quantum mechanics. In *Quantum Theory and Measurement* (ed. J. A. Wheeler and W. H. Zurek). Princeton University Press, Princeton, New Jersey, 1983 ; originally in Rev. Mod. Phys. **29**, 454−62.

Fauvel, J. and Gray, J. (1987). *The History of Mathematics : A Reader*. Macmillan, London.

Ferber, A. (1978). Supertwistors and conformal supersymmetry. *Nucl. Phys.* **B132** 55−64.

Fernow, R. C. (1989). *Introduction to Experimental Particle Physics*. Cambridge University Press, Cambridge.

Feynman, R. P. (1948). Space - time approach to nonrelativistic quantum mechanics. *Rev. Modern Phys.* **20**, 367–87.

Feynman, R. P. (1949). The theory of positrons. *Phys. Rev.* **76**, 749.

Feynman, R. P. (1987). *Elementary Particles and the Laws of Physics : The 1986 Dirac Memorial Lectures*. Cambridge Un -versity Press, Cambridge.

Feynman, R. P. and A. Hibbs. (1965). *Quantum Mechanics and Path Integrals*. McGraw - Hill, New York.

Fierz, M. (1938). Uber die Relativitische Theorie kraftefreier Teichlen mit beliebigem Spin. *Helv. Phys. Acta* **12**, 3–37.

Fierz, M. (1940). Uber den Drehimpuls von Teichlen mit Ruhemasse null und beliebigem Spin. *Helv. Phys. Acta* **13**, 45 –60.

Fierz, M. an d Pauli, W. (1939). On relativistic wave equations for particles of arbitrary spin in an electromagnetic field. *Proc. Roy. Soc. Lond.* **A173**, 211–32.

Finkelstein, D. (1969). Space - time code. Phys. *Rev.* **184**, 1261–79.

Finkelstein, D. and J. Rubinstein. (1968). Connection between spin, statistics, and kinks. *J. Math. Phys.* **9**, 1972.

Flanders, H. (1963). *Differential Forms*. Academic Press. (Reissued byDorf 1989.)

Floyd, R. M. and Penrose, R. (1971). Extraction of Rotational Energy from a Black Hole. *Nature Phys. Sci.* **229**, 177.

Fortney, L. R. (1997). *Principles of Electronics, Analog and*

Digital. Harcourt Brace Jovanovich.

Frankel, T. (2001). *The Geometry of Physics*. Cambridg e University Press,Cambridge.

Frenkel, A. (2000). A Tentative Expresion of the Károlyházy Uncertainty of the Space-time Structure through Vacuum Spreads in Quantum Gravity. [quant-ph/0002087]

Friedlander, F. G. (1982). *Introduction to the theory of distributions*. Cambridge University Press, Cambridge.

Friedrich, W. L. (2000). *Fire in the Sea : The Santorini Volcano : Natural History and the Legend of Atlantis*. (A.R. McBirney. 번역) Cambridge University Press, Cambridge.

Frittelli, S., Kozameh, C. and Newman, E. T. (1997). Dynamics of light cone cuts at null infinity. *Phys. Rev.* **D56**, 8.

Frohlich, J. and Pedrini, B. (2000). New applications of the chiral anomaly. In *Mathematical Physics 2000* (ed. A. Fokas, A. Grigoryan, T. Kibble, and B. Zegarlinski), pp. 9–47. Imperial College Press, London.

Gursey, F. and Tze, C. -H. (1996). *On the Role of Division, Jordan, and Related Algebras in Particle Physics*. World Scientific, Singapore.

Gambini, R. and Pullin, J. (1999). Nonstandard optics from quantum spacetime. *Phys. Rev.* **D59** 124021.

Gandy, R. (1988). The confluence of ideas in 1936. In *The Universal Turing Machine : A Half-Century Survey* (ed. R. Herken). Kammerer and Unverzagt, Hamburg.

Gangui, A. (2003). Cosmology from Topological Defects. *AIP Conf. Proc.* **668**. [astro-ph/0303504]

Gardner, M. (1990). *The New Ambidextrous Universe*.W. H.

Freeman, New York.

Gauss, C. F. (1900). *Werke*. Vol. VIII, pp. 357–62. Leipzig.

Gel'fand, I. and Shilov, G. (1964). *Generalized Functions*, Vol. 1. Academic Press, New York.

Gell-Mann, M. (1994). *The Quark and the Jaguar : Adventures in the Simple and the Complex*. W. H. Freeman, New York.

Gell–Mann, M. and Hartle, J. B. (1995). Strong Decoherence. In *Proceedings of the 4th Drexel Conference on Quantum Non–Integrability : The Quantum–Classical Correspondence* (ed. D.–H. Feng and B.–L. Hu). International Press of Boston, Hong Kong (1998). [gr–qc/9509054]

Gell-Mann, M. and Ne'eman, Y. (2000). *Eightfold Way*. Perseus Publishing.

Geroch, R. (1984). The Everett Interpretation. *Nous*, **18**, 617–633.

Geroch, R and Hartle, J. (1986). Computability and physical theories. *Found. Phys.* **16**, 533.

Geroch, R. (1968). Spinor structure of space-times in general relativity I. *J. Math. Phys.* **9**, 1739–44.

Geroch, R. (1970). Spinor structure of space-times in general relativity II. *J. Math. Phys.* **11**, 343–8.

Geroch, R. (unpublished). *Geometrical Quantum Mechanics*. Lecture notes given at University of Chicago.

Geroch, R., Kronheimer, E. H., and Penrose, R. (1972). Ideal points for spacetimes. *Proc. Roy. Soc. Lond.* **A347**, 545–67.

Ghirardi, G. C., Grassi, R., and Rimini, A. (1990). Continuous–spontaneous–reduction model involving gravity. *Phys. Rev.* **A42**, 1057–64.

Ghirardi, G. C., Rimini, A., and Weber, T. (1986). Unified

dynamics for microscopic and macroscopic systems. *Phys. Rev.* **D34**, 470.

Gibbons, G. W. (1984). The isoperimetric and Bogomolny inequalities for black holes. In *Global Riemannian Geometry* (ed. T. Willmore and N. J. Hitchin). Ellis Horwood, Chichester.

Gibbons, G. W. (1997). Collapsing Shells and the Isoperimetric Inequality for Black Holes. *Class. Quant. Grav.* **14**, 2905–15. [hep-th/9701049]

Gibbons, G. W. and Hartnoll, S. A. (2002). Gravitational instability in higher dimensions. [hep-th/0206202]

Gibbons, G. W. and Perry, M. J. (1978). Black Holes and Thermal Green's Function. *Proc. Roy. Soc. Lond.* **A358**, 467–94.

Gibbs, J. (1960). *Elementary Principles in Statistical Mechanics*. Dover, New York.

Gindikin, S. G. (1986). On one construction of hyperkahler metrics. *Funct. Anal. Appl.* **20**, 82–3. (Russian).

Gindikin, S. G. (1990). Between integral geometry and twistors. In *Twistors in Mathematics and Physics* (ed. T. N. Bailey and R. J. Baston). LMS Lecture Note Series 156. Cambridge University Press, Cambridge.

Gisin, N. (1989). Stochastic quantum dynamics and relativity. *Helv. Phys. Acta.* **62**, 363.

Gisin, N. (1990). *Phys. Lett.* **143A**, 1.

Gisin, N., *et al*. Two independent photon pairs versus four-photon entangled states in parametric down conversion. [quant-ph/0310167]

Gisin, N., de Riedmatten, H., Scarani, V., Marcikic, I., Acin, A.,

Tittel, W., and Zbinden, H. (2004). Two independent photon pairs versus four–photon entangled states in parametric down conversion. *J. Mod. Opt.* **51**, 1637. [quant–ph/0310167]

Glashow, S. (1959). The renormalizability of vector meson interactions. *Nucl. Phys.* **10**, 107.

Gleason, A. (1957). Measures on the Closed Subspaces of a Hilbert Space. *J. Math. and Mech.* **6**, 885–893.

Gleason, A. M. (1990). In *More Mathematical People* (ed. D. J. Albers, G. L. Alexanderson, and C. Reid). Harcourt Brace Jovanovich, Boston, p. 94.

Goddard, P. *et al.* (1973). Quantum dynamics of a massless, relativistic string. *Nucl. Phys.* **B56**, 109.

Gold, T. (1962). The Arrow of Time. *Am. J. Phys.* **30**, 403.

Goldberg, J. N., Macfarlane, A. J., Newman, E. T., Rohrlich, F., and Sudarshan, E. C. G. (1967). Spin - s spherical harmonics and eth. *J. Math. Phys.* **8**, 2155–61.

Goldblatt, R. (1979). *Topoi : The Categorial Analysis of Logic.* North - Holland Publishing Company, Oxford & New York.

Goldstein, S. (1987). Stochastic mechanics and quantum theory. *J. Stat. Phys.* **47**.

Gottesman, D. and Preskill, J. (2003). Comment on 'The black hole final state'. [hep - th/0311269]

Gouvea, F. Q. (1993). *P - Adic Numbers : An Introduction.* Springer - Verlag; 2nd edition (2000), Berlin & New York.

Grassmann, H. G. (1844). *Die lineare Ausdehnungslehre*, 4th edition, Springer - Verlag.

Grassmann, H. G. (1862). *Die lineare Ausdehnungslehre Vollständig und in strenger Form bearbeitit.*

Gray, J. (1979). *Ideas of Space : Euclidean, Non−Euclidean, and Relativistic*. Oxford University Press, Oxford.

Green, M. B. (2000). Superstrings and the unification of physical forces. In *Mathematical Physics 2000* (ed. A. Fokas, T. W. B. Kibble, A. Grigouriou, and B. Zegarlinski), pp. 59−86. Imperial College Press, London.

Greene, B. (1999). *The Elegant Universe ; Superstrings, Hidden Dimensions, and the Quest for the Ultimate Theory*. Random House, London.

Griffiths, P. and Harris, J. (1978). *Principles of Algebraic Geometry*. John Wiley & Sons, New York.

Grishchuk, L. P., et al. (2001). Gravitational Wave Astronomy : in Anticipation of First Sources to be Detected. Phys. Usp. **44**, 1−51. [astro-ph/0008481].

Groemer, H. (1996). *Geometric Applications of Fourier Series and Spherical Harmonics*. Cambridge University Press, Cambridge.

Gross, D. J. and Periwal, V. (1988). String Perturbation Theory Diverges. *Phys. Rev. Lett.* **60**, 2105.

Gross, M. W., Huybrechts, D., Joyce, D., and Winkler, G. D. (2003). *Calabi-Yau Manifolds and Related Geometries*. Springer-Verlag.

Grosser, M., Kunzinger, M., Oberguggenberger, M. and Steinbauer, R. (2001). *Geometric Theory of Generalized Functions with Applications to General Relativity*. Kluwer Academic Publishers, Boston and Dordrecht, The Netherlands.

Guenther, D. B., Krauss, L. M., and Demarque, P. (1998). Testing the Constancy of the Gravitational Constant Using Helioseismology. *Astrophys. J.* **498**, 871–6.

Gunning, R. C. and Rossi, H. (1965). *Analytic Functions of Several Complex Variables*. Prentice-Hall, Englewood Cliffs, New Jersey.

Gursey, F. (1983). Quaternionic and octonionic structures in physics: episodes in the relation between physics and mathematics. *Symm. Phys. (1600–1980)*, pp. 557–92. San Feliu de Guixols. Univ. Autonoma Barcelona, Barcelona, 1987.

Gursey, F. and Tze, C.-H. (1996). *On the Role of Division, Jordan, and Related Algebras in Particle Physics*. World Scientific, Singapore.

Gurzadyan, V. G. *et al*. (2002). Ellipticity analysis of the BOOMERANG CMB maps. *Int. J. Mod. Phys.* **D12**, 1859–74. [astro-ph/0210021]

Gurzadyan, V. G. *et al*. (2003). Is there a common origin for the WMAP low multipole and for the ellipticity in BOOMERANG CMB maps? [astro-ph/0312305]

Gurzadyan, V. G. *et al*. (2004). WMAP confirming the ellipticity in BOOMERANG and COBE CMB maps. [astro-ph/0402399]

Gurzadyan, V. G. and Kocharyan, A. A. (1992). On the problem of isotropization of cosmic background radiation. Astron. Astrophys. **260**, 14.

Gurzadyan, V. G. and Kocharyan, A. A. (1994). *Paradigms of the Large-Scale Universe*. Gordon and Breach, Lausanne, Switzerland.

Gurzadyan, V. G and Torres, S. (1997). Testing the effect of geodesic mixing with COBE data to reveal the curvature of the universe. *Astron. and Astrophys.* **321**, 19–23. [astro-ph/9610152]

Guth, A. (1997). *The Inflationary Universe*. Jonathan Cape, London.

Haag, R. (1992). *Local Quantum Physics : Fields, Particles, Algebras*. Springerverlag, Berlin.

Haehnelt, M. G. (2003). Joint Formation of Supermassive Black Holes and Galaxies. In *Carnegie Observatories Astrophysics Series, Vol 1 : Coevolution of Black Holes and Galaxies* (ed. L. C. Ho). Cambridge University Press, Cambridge. [astro-ph/0307378]

Halverson, N. W. (2001). DASI First Results : A Measurement of the Cosmic

Microwave Background Angular Power Spectrum. [astro-ph/0104489]

Halzen, F. and Martin, A. D. (1984). *Quarks and Leptons : an introductory course in modern particle physics*. John Wiley & Sons, New York.

Hameroff, S. R. (1998). Funda-mental geometry : the Penrose–Hameroff 'Orch OR' model of consciousness. In *The Geometric Universe ; Science, Geometry, and the Work of Roger Penrose* (ed. S. A. Huggett, L. J. Mason, K. P. Tod, S. T. Tsou, and N. M. J. Woodhouse). Oxford University Press, Oxford.

Hameroff, S. R. (1987). *Ultimate Computing. Biomolecular Consciousness and Nano-Technology*. North-Holland, Amsterdam.

Hameroff, S. R. and Penrose, R. (1996). Conscious events as orchestrated spacetime selections. *J. Consc. Stud.* **3**, 36–63.

Hameroff, S. R. and Watt, R. C. (1982). Information processing in microtubules. *J. Theor. Biol.* **98**, 549–61.

Hamilton, E. (1999). *Mythology : Timeless Tales of Gods and Heroes*. Warner Books, New York.

Han, M. Y. and Nambu, Y. (1965). Three-Triplet Model with Double $SU(3)$ Symmetry. *Phys. Rev.* **139**, B1006–10.

Hanany, S. *et al*. (2000). MAXIMA-1 : A Measurement of the Cosmic Microwave Background Anisotropy on angular scales of 10 arcminutes to 5 degrees. *Astrophys. J.* **545**, L5.

Hanbury Brown, R. and Twiss, R. Q. (1954). A new type of interferometer for use in radio astronomy. *Phil. Mag.* **45**, 663–682.

Hanbury Brown, R. and Twiss, R. Q. (1956). Correlation between photons in 2 coherent beams of light. *Nature* **177**.

Hannabuss, K. (1997). *An Introduction to Quantum Theory*. Oxford University Press, Oxford.

Hansen, B. M. S. and Murali, C. (1998). Gamma Ray Bursts from Stellar Collisions. [astro-ph/9806256]

Hansen, R.O., Newman, E.T., Penrose, R., and Tod, K.P. (1978). The metric and curvature properties of *H-space*. *Proc. Roy. Soc. Lond.* **A363**, 445–68.

Hardy, G. H. (1914). *A Course of Pure Mathematics*, 2nd edn. Cambridge University Press, Cambridge.

Hardy, G. H. (1940). *A Mathematician's Apology*. Cambridge University Press, Cambridge.

Hardy, G. H. (1949). *Divergent Series*. Oxford University Press, New York.

Hardy, G. H. and Wright, E. M. (1945). *An Introduction to the Theory of Numbers* (2nd edn). Clarendon Press, Oxford.

Hardy, L. (1992). Quantum mechanics, local realistic theories, and Lorentz-invariant realistic theories. Phys. Rev. Lett. **68**, 2981. [/astract/PRL/v68/i20/p2981$_1$]

Hardy, L. (1993). Nonlocality for two particles without inequalities for almost all entangled states. *Phys. Rev. Lett.* **71(11)**, 1665.

Hartle, J. B. (2003). *Gravity : An Introduction to Einstein's General Relativity*. Addison-Wesley, San Francisco, CA & London.

Hartle, J. B. (2004). The Physics of 'Now'. [gr-qc/0403001]

Hartle, J. B. and Hawking, S. W. (1983). The wave function of the Universe. *Phys. Rev.* **D28**, 2960.

Harvey, F. R. (1966). Hyperfunctions and linear differential equations. *Proc. Nat. Acad. Sci.* **5**, 1042–6.

Harvey, F. R. (1990). *Spinors and Calibrations*. Academic Press, San Diego, CA.

Haslehurst, L. and Penrose, R. (2001). The most general (2,2) self-dual vacuum : a googly approach. In *Further Advances in Twistor Theory, Vol.III : Curved Twistor Spaces* (ed. L. J. Mason, L. P. Hughston, P. Z. Kobak, and K. Pulvere), pp 345–9.

Hawking, S.W. (1972). Black holes in general relativity, *Commun. Math.Phys*. **25**, 152–66.

Hawking, S. W. (1974). Black hole explosions. *Nature* **248**, 30.

Hawking, S. W. (1975). Particle creation by black holes. *Commun. Math. Phys.* **43**.

Hawking, S. W. (1976a). Black holes and thermodynamics. *Phys. Rev.* **D13(2)**, 191.

Hawking, S. W. (1976b). Breakdown of predictability in gravitational collapse. *Phys. Rev.* **D14**, 2460.

Hawking, S. W., King, A. R. and McCarthy, P. J. (1976). A new topology for curved space-time which incorporates the causal, differential, and conformal structures. *J. Math. Phys.* **17**, 174–81.

Hawking, S. W. and Ellis, G. F. R. (1973). *The Large-Scale Structure of Space-Time*. Cambridge University Press, Cambridge.

Hawking, S. W. and Israel, W. (ed.) (1987). *300 Years of Gravitation*. Cambridge University Press, Cambridge.

Hawking, S. W. and Penrose, R. (1970). The singularities of gravitational collapse and cosmology. *Proc. Roy. Soc. Lond.* **A314**, 529–48.

Hawking, S. W. and Penrose, R. (1996). *The Nature of Space and Time*. Princeton University Press, Princeton, New Jersey.

Hawking, S. W. and Turok, N. (1998). Open Inflation Without False Vacua. *Phys. Lett.* **B425**. [hep-th/9802030]

Hawkins, T. (1977). Weiestrass and the theory of matrices. *Arch. Hist. Exact Sci.* **17**, 119–63.

Hawkins, T. (2000). *Emergence of the theory of Lie groups*. Springer-Verlag, New York.

Heisenberg, W. (1971). *Physics and Beyond*. Addison Wesley, London.

Heisenberg, W. (1989). What is an elementary particle? In *Encounters with Einstein*. Princeton University Press, Princeton.

Helgason, S. (2001). *Differential Geometry and Symmetric Spaces*. AMS Chelsea Publishing, Providence, RI.

Hestenes, D. (1990). The *Zitterwebegung* Interpretation of Quantum Mechanics. *Found. Physics.* **20**(**10**), 1213–32.

Hestenes, D. and Sobczyk, G. (1999). *Clifford Algebra to Geometric Calculus : A Unified Language for Mathematics and Physics*. Reidel, Dordrecht, Holland.

Heyting, A. (1956). *Intuitionism, Studies in Logic and the Foundations of Mathematics*. North - Holland, Amsterdam.

Heywood, P. and Redhead, M.L.G. (1983). Non–locality and the Kochen–Specker paradox, *Found. Phys*. 13 (5) 481–499. N. J. (1965). *Notes on Differential Geometry*. Van Nostrand, Princeton.

Hirschfeld, J. W. P. (1998). *Projective Geometries over Finite Fields* (Second Edition). Clarendon Press, Oxford.

Hodges, A. P. (1982). Twistor diagrams. *Physica,* **114A**, 157–75.

Hodges, A. P. (1985). A twistor approach to the regularization of divergences. *Proc. Roy. Soc. Lond.* **A397**, 341–74. Mass eigenstates in twistor theory, *ibid*, 375–96.

Hodges, A. P. (1990a). String Amplitudes and Twistor Diagrams : An Analogy. In *The Interface of Mathematics and Particle Physics* (ed. D. G. Quillen, G. B. Segal, and Tsou S. T.). Oxford University Press, Oxford.

Hodges, A. P. (1990b). Twistor diagrams and Feynman diagrams. In *Twistors in Mathematics and Physics*, LMS Lect. Note Ser.

156 (ed. T. N. Bailey and R. J. Baston). Cambridge University Press, Cambridge.

Hodges, A. P. (1998). The twistor diagram programme. In *The Geometric Universe ; Science, Geometry, and the Work of Roger Penrose* (ed. S. A. Huggett, L. J. Mason, K. P. Tod, S. T. Tsou, and N. M. J. Woodhouse). Oxford University Press, Oxford.

Hodges, A. P., Penrose, R., and Singer, M. A. (1989). A twistor conformal field theory for four space-time dimensions. *Phys. Lett.* **B216**, 48–52.

Hollands, S. and Wald, R. M. (2001). Local Wick Polynomails and Time Ordered Products of Quantum Fields in Curved Spacetime. *Commun. Math. Phys*. 223, 289–326. [gr–qc/0103074].

Home, D. (1997). *Conceptual Foundations of Quantum Physics : An Overview from Modern Perspectives*. Plenum Press, New York & London.

Hopf, H. (1931). Uber die Abbildungen der dreidimensionalen Sphare auf die Kugelflache. *Math. Ann*. **104**, 637.

Horgan, J. (1996). *The End of Science*. Perseus Publishing, New York.

Horowitz, G. T. (1998). Quantum states of black holes. In *Black Holes and Relativistic Stars* (ed. R. M.Wald), pp. 241–66. University of Chicago Press, Chicago.

Horowitz, G. T. and Maldacena, J. (2003). The black hole final state. [hep-th/0310281]

Horowitz, G. T. and Perry, M. J. (1982). Gravitational energy cannot become negative. *Phys. Rev. Lett.* **48**, 371–4.

Howie, J. (1989). On the SQ-universality of T(6)-groups. *Forum Math.* **1**, 251–72.

Hoyle, C. D. *et al*. (2001). Submillimeter Test of the Gravitational Inverse - Square Law : A Search for 'Large' Extra Dimensions. *Phys. Rev. Lett.* **86**(**8**), 1418–21.

Hoyle, F. (1948). A New Model for the Expanding Universe. *Mon. Not. Roy. Astron. Soc.* **108**, 372.

Hoyle, F., Fowler, W. A., Burbidge, G. R., and Burbidge, E. M. (1956). Origin of the elements in stars. *Science* **124**, 611–14.

Huang, K. (1952). On the Zitterbewegung of the Diral electron. *Am. J. Phys*. **20**(**8**), 479-484.

Huggett, S. A. and Jordon, D. (2001). *A Topological Aperitif*. Springer-Verlag, London.

Huggett, S.A. and Tod, K.P. (2001). *An Introduction to Twistor Theory*. Cambridge University Press, Cambridge.

Hughston, L. P. (1979). *Twistors and Particles*. Lecture Notes in Physics No. 97. Springer-Verlag, Berlin.

Hughston, L. P. (1995). Geometric Aspects of Quantum Mechanics. In *Twistor Theory* (ed. S. A. Huggett), pp. 59–79. Marcel Dekker, New York.

Hughston, L. P., Jozsa, R., and Wooters, W. K. (1993). A complete classification of quantum ensembles having a given density matrix. *Phys. Letts.* **A183**, 14–18.

Ilyenko, K. (1999). Twistor Description of Null Strings. Oxford D. Phil. thesis, 미출간

Immirzi, G. (1997). Quantum Gravity and Regge Calculus. [gr-qc/9701052]

Infeld, L. and van der Waerden, B. L. (1933). Die Wellengleichung des Elektrons in der allgemeinen Relativitatstheorie. *Sitz. Ber. Preuss. Akad. Wiss. Phisik. Math.* Kl. **9**, 380–401.

Isenberg, J., Yasskin, P. B. and Green, P. S. (1978). Non-self-dual gauge fields. *Phys. Lett.* **78B**, 462–4.

Isham, C. J. (1975). *Quantum Gravity : An Oxford Symposium*. Oxford University Press, Oxford.

Isham, C. J. (1992). Canonical Quantum Gravity and the Problem of Time. [gr-qc/9210011]

Isham, C. and Butterfield, J. (2000). Some Possible Roles for Topos Theory in Quantum Theory and Quantum Gravity. [gr–qc/9910005]

Israel, W. (1967). Event horizons in static vacuum space-times. *Phys. Rev.* **164**, 1776–9.

Jackson, J. D. (1998). *Classical Electrodynamics*. John Wiley & Sons, New York & Chichester.

Jennewein, T., Weihs, G., Pan, J., and Zeilinger, A. (2002). Experimental Nonlocality Proof of Quantum Teleportation and Entanglement Swapping, *Phys. Rev. Lett.* **88**, 017903.

Jensen, G. (1973). Einstein Metrics on Principal Fibre Bundles. *J. Diff. Geom.* **8**, 599–614.

Johnson, C. (2003). *D-Branes*. Cambridge University Press, Cambridge.

Jones, H. F. (2002). *Groups, Representations, and Physics*. Institute of Physics Publishing, Bristol.

Jozsa, R. (1981). Models in Categories and Twistor Theory. Oxford D. Phil. thesis, 미출간.

Jozsa, R. O. (1998). Entanglement and quantum computation. In

The Geometric Universe (ed. S. A, Huggett, L. J. Mason, K. P. Tod, S. T. Tsou, and N. M. J. Woodhouse), pp. 369–79. Oxford University Press, Oxford.

Jozsa, R. and Linden, N. (2002). On the role of entanglement in quantum computational speed–up. [quant–ph/0201143].

Kahn, D. W. (1995). *Topology : An Introduction to the Point - Set and Algebraic Areas*. Dover Publications, New York.

Kaku, M. (1993). *Quantum field theory : a modern introduction*. Oxford University Press, Oxford.

Kane, G. (ed.) (1999). *Perspectives on Supersymmetry (Advanced Series on Directions in High Energy Physics)*. World Scientific Pub. Co, Singapore.

Kane, G. (2001). *Supersymmetry : Unveiling the Ultimate Laws of Nature*. Perseus Publishing, New York.

Kamberov, G., *et al*. (2002). *Quaternions, Spinors, and Surfaces (Contemporary Mathematics (American Mathematical Society), v. 299.)*. American Mathematical Society, Providence, RIO.

Kapusta, J. I. (2001). Primordial Black Holes and Hot Matter. [astro - ph/0101515]

Kasper, J. E. and Feller, S. A. (2001). *The Complete Book of Holograms : How They Work and How to Make Them*. Dover Publications.

Kărolyhăzy, F. (1966). Gravitation and quantum mechanics of macroscopic bodies. *Nuovo Cim.* **A42**, 390.

Kărolyhăzy, F. (1974). Gravitation and Quantum Mechanics of Macroscopic Bodies. *Magyar Fizikai Folyoirat.* **22**, 23–24. [Thesis, in Hungarian]

Kãrolyhãzy, F., Frenkel, A., and Lukacs, B. (1986). On the possible role of gravity on the reduction of the wave function. In *Quantum Concepts in Space and Time* (ed. R. Penrose and C. J. Isham), pp. 109–28. Oxford University Press, Oxford.

Kauffman, L. H. (2001). *Knots and Physics*. World Scientific Publishing, Singapore.

Kay, B. S. (1998a). Entropy defined, entropy increase and decoherence understood, and some black hole puzzles solved. [hep-th/9802172]

Kay, B. S. (1998b). Decoherence of Macroscopic Closed Systems within Newtonian Quantum Gravity. *Class. Quant. Grav.* **15**, L89–98. [hep-th/9810077]

Kay, B. S. (2000). Application of linear hyperbolic PDE to linear quantum in curved space-times : especially black holes, time machines, and a new semilocal vacuum concept. In *Journees Équations aux Dérivées Partielles, Nantes 5–9 Juin 2000*. Groupement de Recherche 1151 du CNRS. [gr-qc/0103056]

Kay, B. S. and Wald, R. M. (1991). Theorems on the uniqueness and thermal properties of stationary, nonsingular, quasifree states on space-times with a bifurcate Killing horizon. *Phys. Rept.* **207**, 49–136.

Kay, B. S., Radzikowski, M. J., and Wald, R. M. (1996). Quantum Field Theory on Spacetimes with a Compactly Generated Cauchy Horizon. Commun. Math. Phys. 183 (1997), 533–556. [grqc/9603012].

Kelley, J. L. (1965). *General Topology*. van Nostrand, Princeton, New Jersey.

Kemmer, N. (1938). Quantum theory of Einsteim–Bose particles and nuclear interaction. *Proc. R. Soc.* **A166**, 127.

Kemmer, N. (1939). The particle aspect of meson theory. *Proc. R. Soc.* **A173**, 91.

Kerr, R. P. (1963). Gravitational field of a spinning mass as an example of algebraically special metrics. *Phys. Rev. Lett.* **11**, 237–8.

Ketov, S. V. (2000). *Quantum Non-Linear Sigma-Models : From Quantum Field Theory to Supersymmetry, Conformal Field Theories, Black Holes, and Strings*. Springer-Verlag, Berlin, London.

Kibble, T.W.B. (1961). Lorentz invariance and the gravitational field. J. *Math. Phys*. **2**, 212–221.

Kibble, T. W. B. (1979). Geometrization of quantum mechanics. *Commun. Math. Phys.* **65**, 189.

Kibble, T. W. B. (1981). Is a semi-classical theory of gravity viable? In *Quantum Gravity 2 : A Second Oxford Symposium* (ed. C. J. Isham, R. Penrose, and D. W. Sciama), pp. 63–80. Oxford University Press, Oxford.

Killing, W (1893). *Einfuehrung in die Grundlagen der Geometrie*. Paderborn.

Klein, F. (1898). Über den Stand der Herausgabe von Gauss' Werken. *Math. Ann.* **51**, 128–33.

Knott, C. G. (1900). Professor Klein's view of quaternions : A criticism. *Proc. Roy. Soc. Edinb.* **23**, 24–34.

Kobayashi, S. and Nomizu, K. (1963). *Foundations of Differential Geometry*. Interscience Publishers, New York & London.

Kochen, S. and Specker, E.P. (1967). The Problem of Hidden

Variables in Quantum Mechanics. *Journal of Mathematics and Mechanics* **17**, 59–88.

Kodaira, K. (1962). A theorem of completeness of characteristic systems for analytic submanifolds of a complex manifold. *Ann. Math.* **75**, 146–62.

Kodaira, K. and Spencer, D. C. (1958). On deformations of complex analytic structures I, II. *Ann. Math.* **67**, 328–401, 403–66.

Kolb, E. W. and Turner, M. S. (1994). *The Early Universe*. Perseus Publishing, New York.

Komar, A. B. (1964). Undecidability of macroscopically distinguishable states in quantum field theory. *Phys. Rev.* **133B**, 542–4.

Kontsevich, M. (1994). Homological algebra of mirror symmetry. *Proceedings of the International Congress of Mathematicians, Vol. 1,2.* (Zürich, 1994). Birkhaüser, Basel.

Kontsevich, M. (1995). Enumeration of rational curves via toric actions. In *The Moduli Space of Curves* (ed. R. Dijkgraaf, C. Faber, and G. van der Geer). *Progress in Math.* **129**, 335–68 [hep-th/9405035].

Koruga, D., Hameroff, S., Withers, J., Loutfy, R., and Sundareshan, M. (1993). *Fullerene C60 : History, physics, nanobiology, nanotechnology*. North-Holland, Amsterdam.

Kraus, K. (1983). *States, effects and operations : fundamental notions of quantum theory*. Lecture Notes in Physics, Vol 190. Springler-Verlag, Berlin.

Krauss, L. M. (2001). *Quintessence : The Mystery of the Missing Mass*. Basic Books, New York.

Kreimer, D. (2000). *Knots and Feynman Diagrams*. Cambridge University Press, Cambridge.

Kronheimer, E.H. and Penrose, R. (1967). On the structure of causal spaces. *Proc. Camb. Phil Soc.* **63**, 481–501.

Kruskal, M. D. (1960). Maximal Extension of Schwarzschild Metric. *Phys. Rev.* **119**, 1743–45.

Kuchar, K. (1981). Canonical methods of quantization. In *Quantum Gravity 2* (ed. D. W. Sciama, R. Penrose, and C. J. Isham). Oxford University Press, Oxford.

Kuchar, K. V. (1992). Time and interpretations of quantum gravity. In *Proceedings of the 4th Canadian Conference on General Relativity and Relativistic Astrophysics* (ed. G. Kunstatter, D. Vincent and J. Williams). World Scientific, Singapore.

Labastida, J. M. F. and Lozano, C. (1998). Lectures in Topological Quantum Field Theory. [hep-th/9709192]

Landsman, N. P. (1998). *Mathematical Topics Between Classical and Quantum Mechanics*. Springer-Verlag, Berlin.

Lang, S. (1972). *Differentiable Manifolds*. Addison-Wesley, Reading, MA.

Lange, A. E. *et al*. (2001). First Estimation of Cosmological Parameters from BOOMERanG. *Phys. Rev.* **D63**, 042001. [astro-ph/0005004]

Lange, A.E., *et al*. (2001). A measurement by BOOMERanG of multiple peaks in the angular power spectrum of the cosmic microwave background. *Astrophys. J*. **571**, 604–614. [astro-ph/0104460]

Laplace, P. S. (1799). *Allgemeine geographische Ephemeriden* herausgegeben von F. von Zach. iv Bd. 1st , 1 Abhandl., Weimar.

Laporte, O. and Uhlenbeck, G. E. (1931). Application of spinor analysis to the Maxwell and Dirac equations. *Phys. Rev.* **37**, 1380–552.

Lasenby, J., Lasenby, A. N., and Doran, C. J. L. (2000). A unified mathematical language for physics and engineering in the 21st century. *Phil. Trans. Roy. Soc. Lond.* **A358**, 21–39.

Lawrie, I. (1998). *A Unified Grand Tour of Theoretical Physics*. Institute of Physics Publishing, Bristol.

Lawson, H. B., and Michelson, M. L. (1990). *Spin Geometry*. Princeton University Press, Princeton.

Lawvere, W. and Schanuel, S. (1997). *Conceptual Mathematics : A First Introduction to Categories*. Cambridge University Press, Cambridge.

LeBrun, C. R. (1985). Ambi-twistors and Einstein's equations. *Class. And Quantum Grav.* **2**, 555–63.

LeBrun, C. R. (1990). Twistors, ambitwistors, and conformal gravity. In *Twistors in Mathematical Physics* (ed. T. N. Bailey and R. J. Baston). LMS Lecture Note Series 156. Cambridge Univ. Press, Cambridge.

Lebrun, C. and Mason, L.J. (2002). Zoll manifolds and complex surfaces. *J. Diff. Geom.* **61(3)**, 453–535.

Lefshetz, J. (1949). *Introduction to Topology*. Princeton University Press, Princeton, New Jersey.

Leggett, A. J. (2002). Testing the limits of quantum mechanics : motivation, state of play, prospects. *J. Phys.* **CM 14**, R415–451.

Lasenby, J., Lasenby, A. N., and Doran, J. L. (2000). A unified mathematical language for physics and engineering in the 21st century. *Phil. Trans. Roy. Soc. Lond.,* **A358**, 21–39.

Levitt, M. H. (2001). *Spin Dynamics : Basics of Nuclear Magnetic Resonance*. John Wiley & Sons, New York.

Lichnerowicz, A. (ed.) (1994). *Physics on Manifolds : Proceedings of the International Colloquium in Honour of Yvonne Choquet-Bruhat, Paris, June 3–5, 1992*. Kluwer Academic Publishers, Boston and Dordrecht, The Netherlands.

Liddle, A. R. (1999). *An Introduction to Modern Cosmology*. John Wiley & Sons, New York.

Liddle, A. R. and Lyth, D. H. (2000). *Cosmological Inflation and Large-Scale Structure*. Cambridge University Press, Cambridge.

Lifshitz, E. M. and Khalatnikov, I. M. (1963). Investigations in relativistic cosmology. *Adv. Phys.* **12**, 185–249.

Linda, A. (1993). Comments on Inflationary Cosmology. [astro-ph/9309043]

Linde, A. (1995). Inflation with Variable Omega. *Phys. Lett. B351*. [*hep-th/9503097*]

Littlewood, J. E. (1949). Littlewood's miscellany. 1986년 재출간, Cambridge University Press, Cambridge.

Livio, M. (2000). *The Accelerating Universe*. John Wiley & Sons, New York.

Llewellyn Smith, C. H. (1973). High energy behaviour and gauge symmetry. *Phys. Lett.* **B46(2)**, 233–6. [온라인 열람 가능]

Lockwood, M. (1989). *Mind, Brain and the Quantum ; the Com-*

pound 'I'. Basil Blackwell, Oxford.

Lorentz, H.A., Einstein, A., Minkowski, H., and Weyl, H. (1952). *The Principle of Relativity : A Collection of Original Memoirs on the Special and General Theory of Relativity*. Dover, New York.

Lounesto, P. (2001). *Clifford Algebras and Spinors*. Cambridge University Press, Cambridge.

Lüders, G. (1951). Über die Zustandsänderung durch den Messprozess. *Ann. Physik* **8**, 322–8.

Ludvigsen, M. (1999). General Relativity : A Geometric Approach.(Cambridge University Press, Cambridge).

Ludvigsen, M. and Vickers, J. A. G. (1982). A simple proof of the positivity of the Bondi mass. *J. Phys.* **A15**, L67–70.

Luminet, J.-P. et al. (2003). Dodecahedral space topology as an explanation for weak wide-angle temperature correlations in the cosmic microwave background. *Nature* **425**, 593–95.

Lyttleton, R. A. and Bondi, H. (1959). *Proc. Roy. Soc.* (London) **A252**, 313.

MacDuffee, C. C. (1933). *The theory of matrices*. Springer-Verlag, Berlin. (Reprinted by Chelsea).

MacLane, S. (1988). *Categories for the Working Mathematician*. Springer-Verlag, Berlin.

McLennan, J. A., Jr. (1956). Conformal invariance and conservation laws for relativistic wave equations for zero rest mass. *Nuovo. Cim.*, **3**, 1360–79.

MACRO Collaboration (2002). Search for massive rare particles with MACRO. *Nucl. Phys. Proc. Suppl.* **110**, 186–8. [hep-ex/0009002]

Magueijo, J. (2003). *Faster Than the Speed of Light : The Story of a Scientific Speculation*. Perseus Publishing, New York.

Magueijo, J. and Smolin, L. (2002). Lorentz invariance with an invariant energy scale. [gr-qc/0112090]

Mahler (1981). *P-Adic Numbers and Functions*. Cambridge University Press, Cambridge.

Majorana, E. (1932). Teoria relativistica di particelle con momento intrinsic arbitrario. *Nuovo Cimento,* **9**, 335–44.

Majorana, E. (1937). Teoria asimmetrica dell' elettrone del positrone. Nuovo cimento **14**, 171–84.

Maldacena, J. (1997). The Large N Limit of Superconformal Field Theories and Supergravity. [hep-th/9711200]

Manogue, C. A. and Dray, T. (1999). Dimensional Reduction. *Mod. Phys. Lett.* **A14**, 93–7. [hep-th/9807044]

Manogue, C. A. and Schray, J. (1993). Finite Lorentz transformations, automorphisms, and division algebras. *J. Math.Phys.* **34**, 3746–67.

Markopoulou, F. (1997). Dual formulation of spin network evolution. [gr-qc/970401]

Markopoulou, F. (1998). The internal description of a causal set : What the universe looks like from the inside. *Commun. Math. Phys.* **211**, 559–83. [grqc/9811053]

Markopoulou, F. and Smolin, L. (1997). Causal evolution of spin networks. *Nucl. Phys.* **B508**, 409–30. [gr-qc/9702025]

Marsden, J. E. and Tromba, A. J. (1996). *Vector Calculus*. W. H. Freeman & Co., New York. [2004년 신판]

Marshall, W., Simon, C., Penrose, R., and Bouwmeester, D. (2003). Towards Quantum Superpositions of a Mirror. *Phys.*

Rev. Lett. **91**, 13.

Mason, L. J. and Woodhouse, N. M. J. (1996). *Integrability, Self-Duality, and Twistor Theory*. Oxford University Press, Oxford.

Mattuck, R. D. (1976). *A Guide to Feynman Diagrams in the Many-Body Problem*. Dover, New York.

McLennan, J. A., Jr. (1956). Conformal invariance and conservation laws for relativistic wave equations for zero rest mass. *Nuovo. Cim.* **3**, 1360–79.

Merkulov, S. A. and Schwachhofer, L. J. (1998). Twistor solution of the holonomy problem. In *The Geometric Universe: Science, Geometry, and the Work of Roger Penrose* (ed. S. A. Huggett, L. J. Mason, K. P. Tod, S. T. Tsou, and N. M. J. Woodhouse). Oxford University Press, Oxford.

Michell, J. (1784). On the means of discovering the distance, magnitude, etc., of the fixed stars, in consequence of the diminution of their light, in case such a diminution should be found to take place in any of them, and such other data should be procured from observations, as would be further necessary for that purpose. *Phil. Trans. Roy. Soc. Lond.* **74**, 35–57.

Mielnik, B. (1974). Generalized Quantum Mechanics. *Commun. Math. Phys.* **37**, 221.

Milgrom, M. (1994). Dynamics with a non-standard inertia-acceleration relation: an alternative to dark matter. *Annals Phys.* **229**. [astro-ph/9303012]

Miller, A. (2003). Erotica, Aesthetics, and Schroedinger's Wave Equation. In *It Must Be Beautiful* (ed. G. Farmelo). Granta,

London.

Minassian, E. (2002). Spacetime singularities in (2 + 1) - dimensional quantum gravity. *Class. Quant. Grav.* **19**, 5877–900.

Minkowski, H. (1952) in Lorentz, H.A., Einstein, A., Minkowski, H., and Weyl, H. (1952). *The Principle of Relativity : A Collection of Original Memoirs on the Special and General Theory of Relativity*. Dover, New York.

Misner, C. W. (1969). Mixmaster Universe. *Phys. Rev. Lett.* **22**, 1071–4.

Misner, C. W., Thorne, K. S., and Wheeler, J. A. (1973). *Gravitation*. Freeman, San Francisco.

Mohapatra, R. N. (2002). *Unification and Supersymmetry*. Springer - Verlag, Berlin & London.

Montgomery, D. and Zippin, L. (1955). *Topological Transformation Groups*. Interscience, New York & London.

Moore, A. W. (1990). *The Infinite*. Routledge, London & New York.

Moroz, I. M., Penrose, R., and Tod, K. P. (1998). Spherically - symmetric solutions of the Schrödinger?Newton equations. *Class. Quant. Grav.* **15**, 2733–42.

Mott, N. F. (1929). The wave mechanics of α - ray tracks. In *Quantum Theory and Measurement* (ed. J. A. Wheeler and W. H. Zurek). Princeton University Press, Princeton, New Jersey, 1983 ; originally in *Proc. Roy. Soc. Lond.* **A126**, 79–84.

Moussouris, J. P. (1983). Quantum models of space - time based on recoupling theory. Oxford D. Phil. thesis, 미출간

Mukohyama, S. and Randall, L. (2003). A Dynamical Approach to the Cosmological Constant. *Phys. Rev. Lett.* **92** (2004) 211302. [hep-th/0306108]

Munkres, J. R. (1954). *Elementary Differential Topology*. Annals of Mathematics Studies, 54. Princeton University Press, Princeton, New Jersey.

Myrheim, J. (1978). Statistical geometry. CERN preprint, TH-2538, 출간되지 않았음.

Nahin, P. J. (1998). *An Imaginary Tale : The Story of Root*(−1). Princeton Univ. Press, Princeton.

Nair, V. (1988). A Current Algebra For Some Gauge Theory Amplitudes. *Phys. Lett.* **B214**, 215.

Nambu, Y. (1970). *Proceedings of the International Conference on Symmetries and Quark Models*. Wayne State Uniersity, p. 269. Gordon and Breach Publishers.

Narayan, R. *et al*. (2003). Evidence for the Black Hole Event Horizon. *Astronomy & Geophysics,* **44(6)**, 6.22−6.26.

Needham, T. (1997). *Visual Complex Analysis*. Clarendon Press, Oxford University Press, Oxford.

Negrepontis, S. (2000). The Anthyphairetic Nature of Plato's Dialectics. In *Interdisciplinary Approach to Mathematics and their Teaching, Volume 5*, pp. 15−77. University - Gutenberg, Athens. (In Greek).

Nester, J. M. (1981). A new gravitational energy expression, with a simple positivity proof. *Phys. Lett.* **83A**, 241−2.

Newlander, A., and Nirenberg, L. (1957). Complex Analytic Coordinates in Almost Complex Manifolds. *Ann. of Math.* **65**, 391−404.

Newman, E. T. and Penrose, R. (1962). An approach to gravitational radiation by a method of spin coefficients. *J. Math. Phys.* **3**, 896–902 ; errata (1963), **4**, 998.

Newman, E. T. and Penrose, R. (1966). Note on the Bondi–Metzner–Sachs group. *J. Math. Phys.* **7**, 863–70.

Newman, E. T. (2002). On a Classical, Geometric Origin of Magnetic Moments, Spin–Angular Momentum and the Dirac Gyromagnetic Ratio. *Phys. Rev.* **D65** 104005. [gr–qc/0201055].

Newman, R.P.A.C. (1993). On the Structure of Conformal Singularities in Classical General Relativity. *Proc. R. Soc. Lond.* **A443**, 473.

Newman, E. T. and Unti, T. W. J. (1962). Behavior of asymptotically flat empty space. *J. Math. Phys.* **3**, 891–901.

Newman, E. T., Couch, E., Chinnapared, K., Exton, A., Prakash, A., and Torrence, R. (1965). Metric of a rotating charged mass. *J. Math. Phys.* **6**, 918–9.

Newton, I. (1687). *The Principia : Mathematical Principles of Natural Philosophy*. University of California Press, 1999. 에서 재출간됨

Newton, I. (1730). *Opticks*. Dover, 1952.

Ng, Y. J. (2004). Quantum Foam. [gr - qc/0401015]

Nicolai, H. (2003). Remarks at AEI Symposium "Strings meet Loops", 29–31 October 2003. www.aei–potsdam.mpg.de/events/stringloop.html

Nielsen, H. B. (1970). Submitted to *Proc. of the XV Int. Conf. on High Energy Physics, Kiev* (미출간).

Nielsen, M. A. and Chuang, I. L. (2000). *Quantum Computation and Quantum Information*. Cambridge University Press, Cambridge.

Nomizu, K. (1956). *Lie Groups and Differential Geometry*. The Mathematical Society of Japan, Tokyo.

Novikov, I. D. (2001). *The River of Time*. Cambridge University Press, Cambridge.

O'Donnell, P. (2003). *Introduction to 2-Spinors in General Relativity*. World Scientific, Singapore.

O'Neill, B. (1983). *Semi-Riemannian Geometry : With Applications to Relativity*. Academic Press, New York.

Oppenheimer, J. R. (1930). On the theory of electrons and protons. *Phys. Rev.* **35**, 562–3.

Ozsvath, I. and Schucking, E. (1962). *Nature* **193**, 1168.

Ozsvath, I. and Schucking, E. (1969). *Ann. Phys.* **55**.

Page, D. N. (1995). Sensible Quantum Mechanics : Are Only Perceptions Probabilistic? [quant-ph/9506010]

Page, D. N. (1987). Geometrical description of Berry's phase. *Phys. Rev.* **A36**, 3479–81.

Page, D. N. (1976). Dirac equation around a charged, rotating black hole. *Phys. Rev. D.* **14**, 1509–10.

Pais, A. (1982). '*Subtle is the Lord*' . . . '*The Science and the Life of Albert Einstein*'. Clarendon Press, Oxford.

Pais, A. (1986). *Inward Bound : Of Matter and Forces in the Physical World*. Clarendon Press, Oxford.

Parker, T. and Taubes, C. H. (1982). On Witten's proof of the positive energy theorem. *Comm. Math. Phys.* **84**, 223–38.

Pars, L. A. (1968). *A Treatise on Analytical Dynamics*. 1981년 재출간, Ox Bow Press.

Pearle, P. (1985). Models for reduction. In *Quantum Concepts in Space and Time* (ed. C. J. Isham and R. Penrose), pp. 84–108. Oxford University Press, Oxford.

Pearle, P. and Squires, E. J. (1995). Gravity, energy conservation and parameter values in collapse models. *Durham University preprint*. DTP/95/13.

Peitgen, H.-O. and Reichter, P. H. (1986). *The Beauty of Fractals : Images of Complex Dynamical Systems*. Springer-Verlag, Berlin & Heidelberg.

Peitgen, H.-O. and Saupe, D. (1988). *The Science of Fractal Images*. Springer-Verlag, Berlin.

Penrose, R. (1959). The apparent shape of relativistically moving sphere. *Proc. Camb. Phil. Soc.* **55**, 137–9.

Penrose, R. (1960). A spinor approach to general relativity, *Ann. Phys*. (New York) **10**, 171–201.

Penrose, L.S. and Penrose, R. (1958). Impossible Objects : A Special Type of Visual Illusion *Brit. J. Psych.* **49**, 31–3.

Penrose, R. (1962). The Light Cone at Infinity. In *Proceedings of the 1962 Conference on Relativistic Theories of Gravitation Warsaw*. Polish Academy of Sciences, Warsaw. (Published 1965.)

Penrose, R. (1963). Asymptotic properties of fields and space-times. *Phys. Rev. Lett.* **10**, 66–8.

Penrose, R. (1964). Conformal approach to infinity. In *Relativity, Groups and Topology : The 1963 Les Houches Lectures* (ed. B. S. DeWitt and C. M. DeWitt). Gordon and Breach, New York.

Penrose, R. (1965a). Zero rest-mass fields including gravitation : asymptotic behaviour. *Proc. R. Soc. Lond.* **A284**, 159–203.

Penrose, R. (1965b). Gravitational collapse and space-time singularities. *Phys. Rev. Lett.* **14**, 57–59.

Penrose, R. (1966). *An analysis of the structure of space-time.* Adams Prize Essay, Cambridge University, Cambridge.

Penrose, R. (1967). Twistor algebra. *J. Math. Phys.* **8**, 345–66.

Penrose, R. (1968a). Structure of space-time. In *Battelle Rencontres, 1967* (ed. C. M. DeWitt and J. A. Wheeler). Lectures in Mathematics and Physics. Benjamin, New York.

Penrose, R. (1968b). Twistor quantization and curved space-time. *Int. J. Theor. Phys.* **1**, 61–99.

Penrose, R. (1969a). Gravitational collapse : the role of general relativity. *Revista del Nuovo Cimento Serie 1, Vol. 1* ; *Numero speciale*, 252–76.

Penrose, R. (1969b). Solutions of the zero rest-mass equations, *J. Math. Phys.* **10**, 38–9.

Penrose, R. (1971a). Angular momentum : an approach to combinatorial spacetime. In *Quantum Theory and Beyond* (ed. T. Bastin). Cambridge University Press, Cambridge.

Penrose, R. (1971b). Applications of negative dimensional tensors. In *Combinatorial Mathematics and its Applications* (ed. D. J. A. Welsh). Academic Press, London.

Penrose, R. (1975). Twistor theory : its aims and achievements. In *Quantum Gravity, an Oxford Symposium* (ed. C. J. Isham, R. Penrose, and D. W. Sciama). Oxford University Press, Oxford.

Penrose, R. (1976a). The non-linear graviton. *Gen. Rel. Grav.* **7**,

171–6.

Penrose, R. (1976b). Non-linear gravitons and curved twistor theory. *Gen. Rel. Grav.* **7**, 31–52.

Penrose, R. (1978). Gravitational collapse : a Review. In *Physics and Astrophysics of Neutron Stars and Black Holes, LXV Corso*. Soc. Italiana di Fisica, Bologna, Italy, pp. 566–82.

Penrose, R. (1978). Singularities of Space–Time. In *Theoretical Principles in Astrophysics and Relativity* (ed. N.R.Liebowitz, W.H. Reid and P.O.Vandervoort). Chicago University Press, Chicago.

Penrose, R. (1979a). Singularities and time-asymmetry. In *General Relativiy : An Einstein Centenary* (ed. S. W. Hawking and W. Israel). Cambridge University Press, Cambridge.

Penrose, R. (1979b). On the twistor description of massless fields. In *Complex Manifold Techniques in Theoretical Physics*, eds. D.E. Lerner and P.D. Sommers (Pitman, San Francisco). 또한 L.P. Hughston and R.S. Ward (Editors) (1979) *Advances in Twistor Theory* (Pitman Advanced Publishing Program, San Francisco) 에도 많은 글이 있다.

Penrose, R. (1980). On Schwarzschild causality—a problem for 'Lorentzcovariant' general relativity. In *Essays in General Relativity* (A. Taub Festschrift) (ed. F. J. Tipler), pp. 1–12. Academic Press, New York.

Penrose, R. (1982). Quasi-local mass and angular momentum in general relativity. *Proc. Roy. Soc. Lond.* **A381**, 53–63.

Penrose, R. (1986). Gravity and state-vector reduction. In *Quantum Concepts in Space and time* (ed. R. Penrose and C. J. Isham), pp. 129–46. Oxford University Press, Oxford.

Penrose, R. (1987a). Quantum physics and conscious thought. In *Quantum Implications : Essays in Honour of David Bohm* (ed. B. J. Hiley and F. D. Peat). Routledge and Kegan Paul, London & New York.

Penrose, R. (1987b). On the origins of twistor theory. In *Gravitation and Geometry : a volume in honour of I. Robinson.* (ed. W. Rindler and A. Trautman). Bibliopolis, Naples.

Penrose, R. (1987d). Newton, quantum theory, and reality. In *300 years of Gravity* (ed. S. W. Hawking and W. Israel), pp. 17–49. Cambridge University Press, Cambridge.

Penrose, R. (1988a). Topological QFT and Twistors : Holomorphic Linking ; Holomorphic Linking : Postscript. *Twistor Newsletter* **27**, 1–4.

Penrose, R. (1988b). Fundamental asymmetry in physical laws. *Proceedings of Symposia in Pure Mathematics* **48**. American Mathematical Society, pp. 317–328.

Penrose, R. (1989). *The Emperor's New Mind : Concerning Computers, Minds, and the Laws of Physics*. Oxford University Press, Oxford.

Penrose, R. (1991). On the cohomology of impossible figures [La cohomologie des figures impossibles] *Structural Topology* [*Topologie structurale*] **17**, 11–16.

Penrose, R. (1992). H–space and Twistors. In *Recent Advances in General Relativity*. Einstein Studies, Vol. 4 (ed. A. I. Janis and J. R. Porter), pp. 6–25. Birkhauser, Boston.

Penrose, R. (1994). *Shadows of the Mind : An Approach to the Missing Science of Consciousness*. Oxford University Press, Oxford.

Penrose, R. (1996). On gravity's role in quantum state reduction. *Gen. Rel. Grav.* **28**, 581–600.

Penrose, R. (1997a). *The Large, the Small and the Human Mind*. Cambridge University Press, Cambridge. Canto edition (2000).

Penrose, R. (1997b). On understanding understanding. *Internat. Stud. Philos. Sci.* **11**, 7–20.

Penrose, R. (1998a). Quantum computation, entanglement and state-reduction. *Phil. Trans. Roy. Soc. Lond.* **A356**, 1927–39.

Penrose, R. (1998b). The question of cosmic censorship. In *Black Holes and Relativistic Stars* (ed. R. M. Wald). University of Chicago Press, Chicago, Illinois. Reprinted in *J. Astrophys. Astr.* **20**, 233–48 (1999).

Penrose, R. (2000a). Wavefunction collapse as a real gravitational effect. In *Mathematical Physics 2000* (ed. A. Fokas, T. W. B. Kibble, A. Grigouriou, and B. Zegarlinski), pp. 266–82. Imperial College Press, London.

Penrose, R. (2000b). On Bell non–locality without probabilities : some curious geometry. In *Quantum Reflections*. (Eds. J.Ellis and D.Amati). Cambridge Univ. Press, Cambridge, 1–27.

Penrose, R. (2001). Towards a twistor description of general space-times ; introductory comments. In *Further Advances in Twistor Theory, Vol.III : Curved Twistor Spaces* (ed. L.J. Mason, L.P. Hughston, P.Z. Kobak, and K. Pulverer). Chapman & Hall/CRC Research Notes in Mathematics 424, London. 239–55.

Penrose, R. (2002). John Bell, State Reduction, and Quanglement.

In *Quantum [Un]speakables: From Bell to Quantum Information* (ed. R. A. Bertlmann and A. Zeilinger). Springer-Verlag, Berlin.

Penrose, R. (2003). On the instability of extra space dimensions. *The Future of Theoretical Physics and Cosmology, Celebrating Stephen Hawking's 60th Birthday* (ed. G. W. Gibbons, E. P. S. Shellard, S. J. Rankin), Cambridge University Press, Cambridge.

Penrose, R. and MacCallum, M.A.H. (1972). Twistor theory: an approach to the quantization of fields and space-time. *Phys. Repts.* **6C**, 241–315.

Penrose, R. and Rindler, W. (1984). *Spinors and Space-Time*, Vol. I: *Two-Spinor Calculus and Relativistic Fields*. Cambridge University Press, Cambridge.

Penrose, R. and Rindler, W. (1986). *Spinors and Space-Time*, Vol. II: *Spinor and Twistor Methods in Space-Time Geometry*. Cambridge University Press, Cambridge.

Penrose, R., Robinson, I., and Tafel, J. (1997). Andrzej Mariusz Trautman. *Class. Quan. Grav.* **14**, A1–A8.

Penrose, R., Sparling, G. A. J., and Tsou, S. T. (1978). Extended Regge Trajectories. *J. Phys. A. Math. Gen.* **11**, L231–L235.

Penzias, A. A. and Wilson, R. W. (1965). A Measurement of Excess Antenna Temperature at 4080 Mc/s. *Astrophys. J.* **142**, 419.

Percival, I. C. (1994). Primary state diffusion. *Proc. R. Soc. Lond.* A**447**, 189–209.

Percival, I. (1995). Quantum space–time fluctuations and primary state diffusion. [quant–ph/9508021]

Peres, A. (1991). Two Simple Proofs of the Kochen–Specker Theorem. *Journal of Physics A : Mathematical and General* **24**, L175–L178.

Peres, A. (1995). Generalized Kochen–Specker Theorem. [quant–ph/9510018].

Peres, A. (2000) Delayed choice for entanglement swapping, *J. Mod. Opt*. **47**, 531. [quant–ph/9904042]

Perez, A. (2001). Finiteness of a spinfoam model for Euclidean quantum general relativity. *Nucl. Phys.* **B599**, 427–34.

Perez, A. (2003). Spin foam models for quantum gravity. *Class. Quant. Grav.* **20**, R43–R104.

Perlmutter, S. *et al*. (1998). Cosmology from Type Ia Supernovae. *Bull. Am. Astron. Soc.* **29**. [astro - ph/9812473]

Peskin, M. E. and Schroder, P. V. (1995). *Introduction to Quantum Field Theory*. Westview Press, Reading, MA & Wokingham.

Petiau, G. (1936) Contribution a la theorie des equations d'onde corpusculaires. *Adad. Roy. Belgique*. (Cl. Sci. Mem. Collect. **16** No 2)

Pitkaenen, M. (1994). p–Adic description of Higgs mechanism I : p–Adic square root and p–adic light cone. [hep–th/9410058]

Pirani, F. A. E. and Schild, A. (1950). On the Quantization of Einstein's Gravitational Field Equations. *Phys. Rev.* **79**, 986–91.

Polchinski, J. (1998). *String Theory*. Cambridge University Press, Cambridge.

Polkinghorne, J. (2002). *Quantum Theory, A Very Short Intro-*

duction. Oxford University Press, Oxford.

Popper, K. (1934). *The Logic of Scientific Discovery*. Routledge ; New Ed edition (March 2002).

Pound, R.V. and Rebka, G. A. (1960). *Phys. Rev. Lett*. **4**, 337.

Preskill, J. (1992). Do black holes destroy information? [hep-th/9209058]

Priestley, H. A. (2003). *Introduction to Complex Analysis*. Oxford University Press, Oxford.

Rae, A. I. M. (1994). *Quantum Mechanics*. Institude of Physics Publishing, 4th edn. 2002.

Raine,D.J. (1975). Mach's principle in General Relativity. *Monthly Notices RAS* **171**, 507–528.

Randall, L. and Sundrum, R. (1999a). A Large Mass Hierarchy from a Small Extra Dimension. *Phys. Rev. Lett.* **83**, 3370–3. [hep-ph/9905221]

Randall, L. and Sundrum, R. (1999b). An Alternative to Compactification. *Phys. Rev. Lett.* **83**, 4690–3. [hep-th/9906064]

Rarita, W. and Schwinger, J. (1941). On the theory of particles with half-integer spin. *Phys. Rev.* **60**, 61.

Redhead, M.L.G. (1987) Incompleteness, Nonlocality, and Realism(Clarendon Press, Oxford).

Reed, M. and Simon, B. (1972). *Methods of Mathematical Physics Vol. 1 : Functional Analysis*. Academic Press, New York & London.

Reeves, J. N. *et al*. (2002). The signature of supernova ejecta in the X-ray afterglow of the gamma-ray burst 011211. *Nature* **416**, 512–15.

Regge, T. (1961). General Relativity without Coordinates. *Nuovo Cimento A* **19**, 558–571.

Reisenberger, M. P. (1997). A lattice worldsheet sum for 4-d Euclidean general relativity. [gr-qc/9711052]

Reisenberger, M. P. (1999). On relativistic spin network vertices. *J. Math. Phys.,* **40**, 2046–054.

Reisenberger, M. P. and Rovelli, C. (2001). Spacetime as a Feynman diagram : the connection formulation. *Class. Quant. Grav.* **18**, 121–40.

Reisenberger, M. P. and Rovelli, C. (2002). Spacetime states and covariant quantum theory. *Phys. Rev.* **D65**, 125016.

Reula, O. and Tod, K. P. (1984). Positivity of the Bondi energy. *J. Math. Phys.* **25**, 1004–8.

Riemann, G.B.F. (1854) Uber die Hypothesen, welche der Geometrie zu Grunde liegen (Habilitationsschrift, Göttingen) ; see *Collected Works of Bernhardt Riemann*, Ed. Heinrich Weber, 2nd edn. (Dover, New York, 1953), pp. 272–287.

Rindler, W. (1977). *Essential Relativity*. Springer-Verlag, New York.

Rindler, W. (1982). *Introduction to Special Relativity*. Clarendon Press, Oxford.

Rindler, W. (2001). *Relativity : Special, General, and Cosmological*. Oxford University Press, Oxford.

Rizzi, A. (1998). Angular momentum in general relativity : A new definition. *Phys. Rev. Lett.* **81(6)**, 1150.

Robinson, D. C. (1975). Uniqueness of the Kerr Black Hole. *Phys. Rev. Lett.*, **34**, 905–6.

Rogers, A. (1980). A global theory of supermanifolds. *J. Math.*

Phys. **21**, 1352–65.

Rolfsen, D. (2004). *Knots and Links*. American Mathematical Society, Providence, RI.

Roseveare, N. T. (1982). *Mercury's Perihelion from Le Verrier to Einstein*. Clarendon Press, Oxford.

Rovelli, C. (1998). Strings, loops and others : a critical survey of the present approaches to quantum gravity. In *Gravity and Relativity : At the turn of the Millennium* (15th International Conference on General Relativity and Gravitation, eds. N. Dadhich and J. Narlikar, Inter–University Centre for Astronomy and Astrophysics, Pune, India), 281–331.

Rovelli, C. (1991). Quantum mechanics without time : A model. *Phys. Rev.* **D42**, 2638.

Rovelli, C. (2003). *Quantum Gravity*. http : //www.cpt.univ-mrs.fr/~rovelli/book.pdf

Rovelli, C. and Smolin, L. (1990). Loop representation for quantum general relativity. *Nucl. Phys.* **B331**, 80–152.

Runde, V. (2002). The Banach-Tarski paradox–or–What mathematics and religion have in common. *Pi in the Sky* **2** (2000), 13–15. [math.GM/0202309]

Russell, B. (1903). *Principles of Mathematics*. Most recent republication by W. W. Norton & Company, 1996.

Russell, B. (1927). *The Analysis of Matter*. Allen and Unwin ; reprinted 1954, Dover, New York.

Ryder, L. H. (1996). *Quantum Field Theory*. Cambridge University Press, Cambridge.

Sabbagh, K. (2003). The Riemann Hypothesis : The Greatest Unsolved Problem in Mathematics. Farrar, Straus and Giroux.

Saccheri,G.(1733). *Euclides ab Omni Naevo Vindicatus*. Translation in Halsted,G.B. (1920). Euclid Freed from Every Flaw. Open Court, La Salle, Illinois.

Sachs, R. and Bergmann, P. G. (1958). Structure of Particles in Linearized Gravitational Theory. *Phys. Rev.* **112**, 674–680.

Sachs, R. K. (1961). Gravitational waves in general relativity, VI : the outgoing radiation condition. *Proc. Roy. Soc. Lond.* **A264**, 309–38.

Sachs, R. K. (1962a). Gravitational waves in general relativity, VIII : waves in asymptoticaly flat space-time. *Proc. Roy. Soc. Lond.* **A270**, 103–26.

Sachs, R. K. (1962b). Asymptotic symmetries in gravitational theory. *Phys. Rev.* **128**, 2851–64.

Sakellariadou, M. (2002). The role of topological defects in cosmology. Invited lectures in NATO ASI / COSLAB (ESF) School 'Patterns of Symmetry Breaking', September 2002 (Cracow). [hep-ph/0212365]

Salam, A. (1980). Gauge Unification of Fundamental Forces. *Rev. Mod. Phys.* **52(3)**, 515–23.

Salam, A. and Ward, J. C. (1959). Weak and electromagnetic interaction. *Nuovo Cimento* **11**, 568.

Sarkar, S. (2002). Possible astrophysical probes of quantum gravity. *Mod. Phys. Lett.* **A17**, 1025–1036. [gr–qc/0204092]

Sato, M. (1958). On the generalization of the concept of a function. *Proc. Japan Acad.* **34**, 126–30.

Sato, M. (1959). Theory of hyperfunctions I. *J. Fac. Sci. Univ. Tokyo*, Sect. I, **8**, 139–93.

Sato, M. (1960). Theory of hyperfunctions II. *J. Fac. Sci. Univ. Tokyo*, Sect. I, **8**, 387–437.

Schild, A. (1949). Discrete space-time and integral Lorentz transformations. *Can. J. Math.* **1**, 29–47.

Schoen, R. and Yau, S.–T. (1979). On the proof of the positive mass conjecture in the general relativity. *Comm. Math. Phys.* **65**, 45–76.

Schoen, R. and Yau, S.–T. (1982). Proof that Bondi mass is positive. *Phys. Rev. Lett.* **48**, 369–71.

Schrödinger, E. (1967) '*What is Life?*' *and* '*Mind and Matter*'. Cambridge Univ. Press, Cambridge.

Schrödinger, E. (1930). *Sitzungber. Preuss. Akad. Wiss. Phys. - Math. Kl.* **24**, 418.

Schrödinger, E. (1935). Probability relations between separated systems. *Proc. Camb. Phil. Soc.* **31**, 555–63.

Schrödinger, E. (1950). *Space - Time Structure*. Cambridge University Press, Cambridge.

Schrödinger, E. (1956). *Expanding Universes*. Cambridge University Press, Cambridge.

Schutz, B. (2003) Gravity from the ground up : an introductory guide to gravity and general relativity (Cambridge University Press, Cambridge)

Schutz, J.W. (1997). *Independent Axioms for Minkowski Space–Time*. Addison Wesley Longman Ltd., Harlow, Essex.

Schwartz, L. (1966). *Theorie des distributions*. Hermann, Paris.

Schwarz, J. H. (2001). String Theory. *Curr. Sci.* **81(12)**, 1547–53.

Schwarzschild, K. (1916). Über das Gravitationsfeld eines Massenpunktes nach der Einsteinschen Theorie. *Sitzber. Deut.*

Akad. Wiss. Berlin Math.-Phys. Tech. Kl. 189–96.

Schwinger, J. (1951). *Proc. Nat. Acad. Sci.* **37**, 452.

Schwinger, J. (ed.) (1958). *Quantum Electrodynamics*. Dover.

Sciama, D. (1972). *The Physical Foundations of General Relativity*. Heinemann, London.

Sciama, D.W. (1959). The Unity of the Universe. Doubleday & Company, Inc., New York.

Sciama, D.W. (1962). On the analogy between charge and spin in general relativity, in *Recent Developments in General Relativity*. Pergamon & PWN, Oxford.

Shapiro, I. I. *et al*. (1971). *Phys. Rev. Lett.* **13**, 789.

Sciama, D. W. (1998). Decaying neutrinos and the geometry of the universe. In *The Geometric Universe : Science, Geometry, and the Work of Roger Penrose* (ed. S. A. Huggett, L. J. Mason, K. P. Tod, S. T. Tsou, and N. M. J. Woodhouse). Oxford University Press, Oxford.

Seiberg, N. and Witten, E. (1994). Electric-magnetic duality, monopole condensation, and confinement in N = 2 supersymmetric Yang-Mills theory. *Nucl. Phys.* **B426**. [hep-th/9407087]

Sen, A. (1982). Gravity as a spin system. *Phys. Lett.* **B119**, 89–91.

Shankar, R. (1994). *Principles of Quantum Mechanics*, 2nd edn. Plenum Press, New York & London.

Silk, J. and Rees, M. (1998). Quasars and galaxy formation. *Astronomy and Astrophysics*, v. 331, p. L1–L4.

Shaw, W. T. and Hughston, L. P. (1990). Twistors and strings. In *Twistors in Mathematics and Physics* (ed. T. N. Bailey and R. J. Baston). *London Mathematical Society Lecture Notes Se-*

ries, 156. Cambridge University Press, Cambridge.

Shawhan, P. (2001). The Search for Gravitational Waves with LIGO : Status and Plans. *Intl. J. Mod. Phys. A* **16**, supp. 01C, 1028–30.

Shih, Y. H. *et al*. (1995). Optical Imaging by Means of Two-Photon Entanglement. *Phys. Rev. A, Rapid Comm.* **52**, R3429.

Shimony, A. (1998). Implications of transience for spacetime structures. In *The Geometric Universe : Science, Geometry, and the Work of Roger Penrose* (ed. S. A. Huggett, L. J. Mason, K. P. Tod, S. T. Tsou, and N. M. J. Woodhouse). Oxford University Press, Oxford.

Shrock, R. (2003). *Neutrinos and Implications for Physics Beyond the Standard Model*. World Scientific Pub. Co., Singapore.

Simon, B. (1983). Holonomy, the quantum adiabatic theorem, and Berry's phase. *Phys. Rev. Lett.* **51**, 2160–70.

Singh, S. (1997). *Fermat's Last Theorem*. Fourth Estate, London.

Slipher, V. A. (1917). Nebulae. *Proc. Am. Phil. Soc.* **56**, 403.

Snyder, H. S. (1947). Quantized space–time. *Physical Review*, **71**, 38–41.

Snyder (1984) is Snyder (1947). , R.J. (1984) Time, Creation, and the Continuum. Cornell University Press.

Smolin, L. (1991). Space and time in the quantum universe. In *Conceptual Problems in Quantum Gravity* (ed. A. Ashtekar and J. Stachel). Birkhauser, Boston.

Smolin, L. (1997). *The Life of the Cosmos*. Oxford University Press, Oxford.

Smolin, L. (1998). The physics of spin networks. In *The Geomet-*

ric Universe : Science, Geometry, and the Work of Roger Penrose (ed. S. A. Huggett, L. J. Mason, K. P. Tod, S. T. Tsou, and N. M. J. Woodhouse). Oxford University Press, Oxford.

Smolin, L. (2001). The exceptional Jordan algebra and the matrix string. (hep-th/0104050)

Smolin, L. (2002). *Three Roads To Quantum Gravity*. Basic Books, New York.

Smolin, L. (2003). How far are we from the quantum theory of gravity? [hep-th/0303185]

Smoot, G. F. *et al*. (1991). Preliminary results from the COBE differential microwave radiometers : large-angular-scale isotropy of the Cosmic Microwave Background. *Astrophys. J.* **371**, L1.

Sorabji, R.J. (1988) *Matter Space and Motion*. Duckworth Publishing.

Sorkin, R.D. (1991). Spacetime and Causal Sets. In *Relativity and Gravitation : Classical and Quantum* (ed. J.C. D'Olivo et al). World Scientific, Singapore.

Sorkin, R. D. (1994). Quantum Measure Theory and its Interpretation. In *Proceedings of 4th Drexel Symposium on Quantum Nonintegrability*, 8–11 Sep., Philadelphia, PA. [gr-qc/9507057]

Spergel, D. N. (2003). First Year Wilkinson Microwave Anisotropy Probe Observations : Determination of Cosmological Parameters. *Astrophys. J. Suppl.* **148**, 175.

Stachel, J. (1995). History of relativity. In *History of 20th Century Physics* (ed. L. Brown, A. Pais, and B. Pippard), Chapter 4.

American Institute of Physics (AIP) and British Institute of Physics (BIP).

Stairs, A. (1983) Quantum logic, realism and value–definiteness. Phil.Sci. 50(4), 578–602.

Stapp, H. P. (1971). S-matrix Interpretation of Quantum Mechanics. *Phys. Rev.* **D3**, 1303–20

Stapp, H. P. (1979). Whiteheadian Approach to Quantum Theory and the Generalized Bell's Theorem. *Found. Phys.* **9**, 1–25.

Steenrod, N. E. (1951). *The Topology of Fibre Bundles*. Princeton University Press, Princeton.

Steinhardt, P. J. and Turok, N. (2002). A Cyclic Model of the Universe. *Science* **296(5572)** 1436–39. [hep-th/0111030]

Stoney, G. J. (1881). On the Physical Units of Nature. *Philosophical Magazine*, vol. 11, 381.

Strauss, W. (1992). *Partial Differential Equations : An Introduction*. John Wiley and Sons.

Strominger, A. and Vafa, C. (1996). Microscopic Origin of the Bekenstein-Hawking Entropy. *Phys. Lett.* **B379**, 99–104.

Strominger, A., Yau, S-T., and Zaslow, E. (1996). Mirror symmetry is T-duality. *Nucl. Phys.* **B479**, 1–2, 243–59.

Struik, D.J. (1954). *A Concise History of Mathematics*. Dover, New York.

Sudarshan, G. and Dhar, J. (1968). Quantum Field Theory of Interacting Tachyons. *Phys. Rev.* **174**, 1808.

Sudbery, A. (1987). Division algebras, (pseudo) orthogonal groups and spinors. *J. Phys.* **A17**, 939–55.

Susskind, L. (1970). Structure of Hadrons Implied by Duality. *Nuovo Cimento* **A69**, 457.

Susskind, L. (2003). 'Twenty Years of debate with Stephen.' In *The Future of Theoretical Physics and Cosmology* (ed. G. W. Gibbons, P. Shellard, and S. Rankin). Cambridge University Press, Cambridge.

Susskind, L., Thorlacius, L., and Uglum, J. (1993). The stretched horizon and black hole complementarity. *Phys. Rev.* **48**, 3743. [hep-th/9306069]

Sutherland, W. A. (1975). *Introduction to Topology*. Oxfrord University Press, Oxford.

Swain, J. (2004). The Majorana representations of spins and the relation between $SU(\infty)$ *and S Diff* (S^2). hep-th/0405004.

Synge, J.L. (1950). The gravitational field of a particle. *Proc. Irish Acad*. **A53**, 83–114.

Synge, J.L. (1960) Relativity : The General Theory, (North–Holland Publ.Co., Amsterdam)

Synge, J. L. (1956). *Relativity : The Special Theory*. North-Holland, Amsterdam.

Szekeres, G. (1960). On the Singularities of a Riemannian Manifold. *Publ. Mat. Debrecen,* **7**, 285–301.

't Hooft, G. (1978). On the phase transition towards permanent quark confinement. *Nucl. Phys.* **B138**, 1.

't Hooft, G. (1978b). Quantum gravity : a fundamental problem and some radical ideas. In *Recent Developments in Gravitation* (ed. M. Levy and S. Deser). Plenum, New York.

Tait, P. G. (1900). On the claim recently made for Gauss to the invention (not the discovery) of quaternions. *Proc. Roy. Soc. Edinb.* **23**, 17–23.

Taylor, E.F. and Wheeler, J.A. (1963). *Spacetime Physics*. W.H.

Freeman, San Francisco.

Terrell, J. (1959). Invisibility of the Lorentz contraction. *Phys. Rev.* **116**, 1041–5.

Thiele, R. (1982). *Leonhard Euler*. Leipzig (in German).

Thiemann, T. (1996). Anomaly-free formulation of non-perturbative, fourdimensional Lorentzian quantum gravity. *Phys. Lett.* **B380**, 257–64.

Thiemann, T. (1998a). Quantum spin dynamics (QSD). *Class. Quant. Grav.* **15**, 839–73.

Thiemann, T. (1998b). QSD III : Quantum constraint algebra and physical scalar product in quantum general relativity. *Class. Quant. Grav.* **15**, 1207–47.

Thiemann, T. (1998c). QSD V : Quantum gravity as the natural regulator of matter quantum field theories. *Class Quant. Grav.* **15**, 1281–314.

Thiemann, T. (2001). QSD VII : Symplectic Structures and Continuum Lattice Formulations of Gauge Field Theories. *Class. Quant. Grav.* **18**, 3293–338.

Thirring, W. E. (1983). *A Course in Mathematical Physics : Quantum Mechanics of Large Systems*. Springer-Verlag, Berlin & London.

Thomas, I. (1939). *Selections Illustrating the History of Greek Mathematics*, Vol. I : *From Thales to Euclid*. The Loeb Classical Library, Heinemann, London.

Thorne, K. (1986). *Black Holes : The Membrane Paradigm*. Yale University Press, New Haven.

Thorne, K. (1995a). *Black Holes and Time Warps*. W. W. Norton & Company.

Thorne, K. (1995b). Gravitational Waves. [gr-qc/9506086].

Tipler, F. J. (1997). *The Physics of Immortality*. Anchor.

Tipler, F. J., Clarke, C. J. S., and Ellis, G. F. R. (1980). Singularities and horizons — a review article. In *General Relativity and Gravitation*, Vol. II (ed. A. Held), pp. 97–206. Plenum Press, New York.

Tittel, W., Brendel, J., Zbinden, H., and Gisin, N. (1998). Violation of Bell Inequalities by Photons More Than 10 km Apart. *Phys. Rev. Lett.* **81**, 3563.

Tod, K. P. and Anguige, K. (1999a). Isotropic cosmological singularities 1: Polytropic perfect fluid spacetimes. *Annals Phys.* **276**, 257–93. [gr-qc/9903008]

Tod, K. P. and Anguige, K. (1999b). Isotropic cosmological singularities 2: The Einstein-Vlasov system. *Annals Phys.* **276**, 294–320. [gr-qc/9903009]

Tolman, R. C. (1934). *Relativity, Thermodynamics, and Cosmoogy*. Clarendon Press, Oxford.

Tonomura, A., Matsuda, T., Suzuki, R., Fukuhara, A., Osakabe, N., Umezaki, H., Endo, J., Shinagawa, K., Sugita, Y., and Fujiwara, F. (1982). Observation of Aharonov–Bohm effect with magnetic field completely shielded from the electronic wave. *Phys. Rev. Lett.* **48**, 1443.

Tonomura, A., Osakabe, N., Matsuda, T., Kawasaki, T., Endo, J., Yano, S., and Yamada (1986). Evidence for Aharonov–Bohm effect with magnetic field completely shielded from electron wave. *Phys. Rev. Lett.* **56**, 792–5.

Trautman, A. (1958). Radiation and boundary conditions in the theory of gravitation. *Bull. Acad. Polon. Sci. Ser. Sci.*

- *Math., Astr. Phys.* **6**, 407–12.

Trautman, A. (1962) Conservation laws in general relativity, in Gravitation : An Introduction to Current Research, Ed. L. Witten (Wiley, New York).

Trautman, A. (1970). Fibre bundles associated with space - time. *Rep. Math. Phys.* (*Torun*) **1**, 29–34.

Trautman, A. (1972, 1973). On the Einstein–Cartan equations I–IV. *Bull. Acad. Pol. Sci., Ser. Sci*. Math. Astron. Phys. **20**, 185–90 ; 503–6 ; 895–6 ; **21**, 345–6.

Trautman, A. (1997). Clifford and the 'Square Root' Ideas. In *Contemporary Mathematics* **203**.

Trautman, A. (1956) in Trautman, A., Pirani, F.A.E., and Bondi, H.(1965) Lectures on General Relativity. Brandeis 1964 Summer Institute onTheoretical Physics, vol. I (Prentice–Hall, Englewood Cliffs, N.J.).

Treves F. (1967) *Topological Vector Spaces, Distributions and Kernels*, (Academic Press, New York).

Turing, A. M. (1937). On computable numbers, with an application to the Entscheidungsproblem. *Proc. Lond. Math. Soc.* **42** (**2**), 230–65 ; a correction (1937), **43**, 544–6.

Unruh, W. G. (1976). Notes on black hole evaporation. *Phys. Rev.* **D14**, 870.

Vafa, C. (1996). Evidence for F - theory. *Nucl. Phys.* **B469**, 403.

Valentini, A. (2002). Signal - Locality and Subquantum Information in Deterministic Hidden - Variables Theories. In *Non - Locality and Modality* (ed. T. Placek and J. Butterfield). Kluwer. [quant - ph/0112151]

van der Waerden, B. L. (1929). Spinoranalyse. *Nachr. Akad.*

Wiss. Gotting. Math.-Physik, **Kl**. 100–9.

van der Waerden, B. L. (1985). *A History of Algebra : From al-Khwrizmi to Emmy Noether*, pp. 166–74. Springer-Verlag, Berlin.

van Heijenoort, J. (ed.) (1967). *From Frege to Gödel : A Source Book in Mathematical Logic, 1879–1931*. Harvard University Press, Cambridge, MA.

van Kerkwijk, M. H. (2000). Neutron Star Mass Determinations. [astro-ph/0001077]

Varadarajan, M. (2000). Fock representations from U(1) holonomy algebras. *Phys. Rev.* **D61**, 104001.

Varadarajan, M. (2001). M. Photons from quantized electric flux representations. *Phys. Rev.* **D64**, 104003.

Veneziano, G. (1968). *Nuovo Cimento.* **57A**, 190.

Vilenkin, A. (2000). *Cosmic Strings and Other Topological Defects*. Cambridge University Press, Cambridge.

Vladimirov, V. S. and Volovich, I.V. (1994). *P–Adic Analysis and Mathematical Physics*. World Scientific Publishing Company, Inc.

von Neumann, J. (1955). *Mathematical Foundations of Quantum Mechanics*. Princeton University Press, Princeton, New Jersey.

Wald, R. M. (1984). *General Relativity*. University of Chicago Press, Chicago.

Wald, R. M. (1994). *Quantum Field Theory in Curved Spacetime and Black Hole Thermodynamics*. University of Chicago Press, Chicago.

Ward, R.S. (1977). On self–dual gauge fields. *Phys. Lett*. **61A**, 81

–2.

Ward, R.S. and Wells, R.O., Jr. (1989). *Twistor Geometry and Field Theory*. Cambridge University Press, Cambridge.

Weinberg, S. (1967). A model of leptons. *Phys. Rev. Lett.* **19**, 1264–66.

Weinberg, S. (1972) Gravitation and Cosmology : Principles and Applications of the General Theory of Relativity (Wiley, New York).

Weinberg, S. (1989). Precision Tests of Quantum Mechanics. *Phys. Rev. Lett.* **62**, 485–8

Weinberg, S. (1992). *Dreams of a Final Theory : The Scientists Search for the Ultimate Laws of Nature*. Pantheon Books, New York.

Werbos, P. (1989). Bell's theorem : the forgotten loophole and how to exploit. In *Bell's Theorem, Quantum Theory, and Conceptions of the Universe* (ed. M. Kafatos). Kluwer, Dordrecht, The Netherlands.

Werbos, P. J. and Dolmatova, L. (2000). The Backwards-Time Interpretation of Quantum Mechanics : Revisited With Experiment. [http : //arxiv.org/ftp/quantph/ papers/0008/0008036.pdf]

Wells, R. O. (1991). *Differential analysis on complex manifolds*. Prentice Hall, Englewood Cliffs.

Wess, J. and Bagger, J. (1992). *Supersymmetry and Supergravity*. Princeton University Press, Princeton.

Wess, J. and Zumino, B. (1974). Supergauge transformations in four dimansions. *Nucl. Phys*. **70**, 39–50.

Weyl, H. (1928). *Gruppentheorie und Quantenmechanik*. Hirzel,

Leipzig ; English translation of 2nd edn, *The Theory of Groups and Quantum Mechanics*. Dover, New York.

Weyl, H. (1918), in Lorentz *et al*., (1952).

Weyl, H. (1929). Elektron und Gravitation I. *Z. Phys.* **56**, 330–52.

Wheeler, J. A. (1960). *Neutrinos, Gravitation and Geometry : contribution to Rendiconti della Scuola Internazionale di Fisica' Enrico Fermi - XI, Corso, July 1959*. Zanichelli, Bologna. (1982년 재출간)

Wheeler, J. A. (1957). Assessment of Everett's 'Relative State' Formulation of Quantum Theory. *Rev. Mod. Phys.* **29**, 463–65.

Wheeler, J. A. (1965). Geometrodynamics and the issue of the final state. In *Relativity, Groups and Topology* (ed. B. S. and C. M. DeWitt). Gordon and Breach, New York.

Wheeler, J.A. (1973). From Relativity to Mutability. In *The Physicist's Conception of Nature* (ed. J. Mehra). D. Reidel, Boston, pp. 202–247.

Wheeler, J.A. (1983). Law without law, in *Quantum Theory and Measurement* (eds. J.A. Wheeler, J.A. and W.H. Zurek). Princeton Univ. Press, Princeton, 182–213.

Whittaker, E.T. (1903). On the partial differential equations of mathematical physics. *Math. Ann.* **57**, 333–55.

Wick, G. C. (1956). Spectrum of the Bethe - Salpeter equation. *Phys Rev.* **101**, 1830.

Wigner, E. P. (1960). The Unreasonable Effectiveness of Mathematics. *Commun. Pure Appl. Math.* **13**, 1–14.

Wilder, R. L. (1965). *Introduction to the foundations of mathematics*. John Wiley & Sons, New York.

Wiles, A. (1995). Modular elliptic curves and Fermat's Last Theorem. *Ann. Maths* **142**, 443–551.

Williams, R.K. (1995). Extracting X-rays, γ-rays, and Relativistic e^- e^+ Pairs from Supermassive Kerr Black Holes Using the Penrose Mechanism. *Phys. Rev.* **D51**, 5387.

Williams, R.K. (2002). Production of the High Energy–Momentum Spectra of Quasars 3C279 and 3C273 Using the Penrose Mechanism. [astro-ph/0306135]. Accepted for publication in Astrophysical Journal, 2004.

Williams, R.K. (2004). Collimated Escaping Vortical Polar e^- e^+ Jets Intrinsically Produced by Rotating Black Holes and Penrose Processes. [astro-ph/0404135].

Willmore, T. J. (1959). *An Introduction to Differential Geometry*. Clarendon Press, Oxford.

Wilson, K. (1975). *Phys. Reps.* **23**, 331.

Wilson, K. (1976). Quarks on a lattice, or the colored string, model. *Phys. Rep.* **23(3)**, 331–47.

Winicour, J. (1980). Angular momentum in general relativity. In *General Relativity and Gravitation* Vol. 2 (ed. A. Held), pp. 71–96. Plenum Press, New York.

Witten, E. (1978). An interpretation of classical Yang?Mills theory. *Phys. Lett.* **77B**, 394–8.

Witten, E. (1981). A new proof of the positive energy theorem. *Comm. Math. Phys.* **80**, 381–402.

Witten, E. (1982). Supersymmetry and Morse theory. *J. Diff. Geom.* **17**, 661–92.

Witten, E. (1988). Topological quantum field theory. *Commun. Math. Phys.* **118**, 411.

Witten, E. (1995). String theory in various dimensions. *Nucl. Phys.* **B443**, 85.

Witten, E. (1996). Reflections on the Fate of Spacetime. *Phys. Today*, April 1996.

Witten, E. (1998). Anti de Sitter Space and Holography. [hep-th/9802150]

Witten, E. (2003). Perturbative Gauge Theory as a String Theory in Twistor Space. [hep-th/0312171]

Witten, L. (1959). Invariants of general relativity and the classification of spaces. *Phys. Rev.* **113**, 357–62.

Wolf, J. (1974). *Spaces of Constant Curvature*. Publish or Perish Press, Boston, MA.

Woodhouse, N. M. J. (1991). *Geometric Quantization*, 2nd edn. Clarendon Press, Oxford.

Woodin, W. H. (2001). *The Continuum Hypothesis*. Parts I & II. Notices of the AMS. http://www.ams.org/notices/200106/feawoodin.pdf 에서 열람 가능

Wooters, W. K. and Zurek, W. H. (1982). A single quantum cannot be cloned. *Nature* **299**, 802–3.

Wykes, A. (1969). *Doctor Cardano : Physician Extraordinary*. Frederick Muller, London.

Yang, C. N. and Mills, R. L. (1954). Conservation of Isotopic Spin and Isotopic Gauge Invariance. *Phys. Rev.* **96**, 191–5.

Yui, N. and Lewis, J. D. (2003). *Calabi-Yau Varieties and Mirror Symmetry*. Fields Institute Communications, V. 38. American Mathematical Society, Providence, RI.

Zee, A. (2003). *Quantum Field Theory in a Nutshell*. Princeton University Press, Princeton.

Zeilinger, A., Gaehler, R., Shull, C. G., and Mampe, W. (1988). Single and double slit diffraction of neutrons. *Rev. Mod. Phys.* **60**, 1067.

Zel'dovich Ya, B. (1966). Number of quanta as an invariant of the classical electromagnetic field. *Soviet Phys. - Doklady* **10**, 771 –2.

Zimba, J. and Penrose, R. (1993). On Bell non-locality without probabilities : more curious geometry. *Stud. Hist. Phil. Sci.* **24**, 697–720.

Zinn-Justin, J. (1996). *Quantum Field Theory and Critical Phenomena*. Oxford University Press, Oxford.

찾아보기

Ⅰ- : 1권
Ⅱ- : 2권

ㄱ

ㄴ

ㄷ

ㄹ

ㅁ

ㅂ

ㅅ

ㅇ

ㅈ

ㅊ

ㅋ

ㅍ

ㅎ

실체에 이르는 길 1권

1판 1쇄 펴냄 2010년 11월 30일
1판 4쇄 펴냄 2026년 2월 6일

지은이 | 로저 펜로즈
옮긴이 | 박병철
펴낸이 | 황승기
마케팅 | 송선경
편집 | 서규범, 박지혜, 김범수
디자인 | 미래미디어
표지 디자인 | 디자인 소울
펴낸곳 | 도서출판 승산
등록일자 | 1998년 4월 2일
주 소 | 서울특별시 강남구 테헤란로34길 17 혜성빌딩 402호
전화번호 | 02-568-6111
팩시밀리 | 02-568-6118
이메일 | books@seungsan.com
블로그 | blog.naver.com/seungsan_b
페이스북 | www.facebook.com/seungsanbooks

ISBN 978-89-6139-036-1 93420
ISBN 978-89-6139-035-4 (세트)

● 도서출판 승산은 좋은 책을 만들기 위해 언제나 독자의 소리에 귀를 기울이고 있습니다.